BKI Baukosten 2025 Neubau
Teil 3

Statistische Kostenkennwerte für Positionen

BKI Baukosten 2025 Neubau
Statistische Kostenkennwerte für Positionen

BKI Baukosteninformationszentrum (Hrsg.)
Stuttgart: BKI, 2025

Mitarbeit:
Hannes Spielbauer (Geschäftsführer)
Brigitte Lechler (Prokuristin)
Produktmanagement: Patrick Jeske, Virginia Lammet, Wolfgang Mandl, Thomas Schmid
Jeannette Sturm

Fachautoren:
Patrick Jeske
Wolfgang Mandl
Thomas Schmid
Hans-Jürgen Schneider
Andreas Wagner

Fachautor Artikel:
Univ.-Prof. Dr.-Ing. Wolfdietrich Kalusche

Layout, Satz:
Marvin Bisceglie
Hans-Peter Freund
Thomas Fütterer

Fachliche Begleitung:
Beirat Baukosteninformationszentrum
Stephan Weber (Vorsitzender)
Markus Lehrmann (stellv. Vorsitzender)
Prof. Dr. Bert Bielefeld
Markus Fehrs
Andrea Geister-Herbolzheimer
Prof. Dr. Wolfdietrich Kalusche
David Meuer
Martin Müller
Markus Weise

Anschrift:
Seelbergstraße 4, 70372 Stuttgart
Kundenbetreuung: (0711) 954 854-0
Baukosten-Hotline: (0711) 954 854-41
Telefax: (0711) 954 854-54
info@bki.de
www.bki.de

Vorwort

Die Planung der Baukosten bildet einen wesentlichen Bestandteil der Leistung der Architektenschaft. Kompetente Kostenermittlungen beruhen auf qualifizierten Vergleichsdaten und Methoden. Daher gehört die Bereitstellung aktueller Daten zur Baukostenermittlung zu den wichtigsten Aufgaben des BKI seit seiner Gründung im Jahr 1996.

Der Band Positionen eignet sich besonders für die Ausschreibung und Bepreisung von Bauleistungen nach HOAI. Die Einsortierung der Positionen in Leistungsbereiche und die Zuordnung der Kostengruppen nach aktueller DIN 276:2018-12 ermöglichen es, die Teilleistungen flexibel in Kostenermittlungen einsetzen zu können. Ergänzt um die Ausführungsdauer der entsprechenden Leistungen kann darüber hinaus die Terminplanung unterstützt werden.

Die Fachbuchreihe erscheint jährlich. Dabei werden alle Kostenkennwerte auf Basis neu dokumentierter Objekte und neuer statistischer Auswertungen aktualisiert. Die Kosten, Kostenkennwerte und Positionen dieser neuen Objekte tragen in allen drei Bänden zur Aktualisierung bei. Mit den integrierten „BKI Regionalfaktoren 2025“ kann der Nutzer eine Anpassung der Bundesdurchschnittswerte an den jeweiligen Stadt- bzw. Landkreis seines Bauorts vornehmen.

Neben der Aktualisierung und dem Ausbau der einzelnen Kennwerte der Positionen in den verschiedenen Leistungsbereichen baut das BKI auch das Angebot weiterer Leistungsbereiche stetig aus. Somit konnte für die diesjährige Ausgabe des Statistikbandes Positionen ein neuer Leistungsbereich im Bereich der Technischen Gebäudeausrüstung gebildet werden: LB046 Gas-, Wasser- und Entwässerungsanlagen - Betriebseinrichtungen.

Die Fachbuchreihe Baukosten Neubau 2025 (Statistische Kostenkennwerte) besteht aus den drei Teilen:
Baukosten Gebäude 2025 (Teil 1)
Baukosten Bauelemente 2025 (Teil 2)
Baukosten Positionen 2025 (Teil 3)

Die Bände sind aufeinander abgestimmt und unterstützen bei der Anwendung in allen Planungsphasen. Je Band sind ausführliche Erläuterungen zur fachgerechten Anwendung enthalten.

Weitere Praxistipps und Hinweise zum Verfahren werden in den BKI-Workshops und im "BKI Handbuch Kostenplanung im Hochbau" vermittelt. Bei der einfachen Zuordnung der Baukosten nach Kostengruppen unterstützt der "BKI Bildkommentar DIN 276 / DIN 277".

Der Dank des BKI gilt allen Architektinnen und Architekten, die Daten und Unterlagen zur Verfügung stellen. Sie profitieren von der Dokumentationsarbeit des BKI und unterstützen nebenbei den eigenen Berufsstand. Die in Buchform veröffentlichten Architekt*innen-Projekte bilden eine fundierte und anschauliche Dokumentation gebauter Architektur, die sich zur Kostenermittlungen hervorragend eignet.

Zur Pflege der Baukostendatenbanken sucht BKI weitere Objekte aus allen Bundesländern. Bewerbungsbögen zur Objekt-Veröffentlichung von Hochbauten und Freianlagen werden im Internet unter www.bki.de/projekt-einreichen zur Verfügung gestellt. Auch die Bereitstellung von Leistungsverzeichnissen mit Positionen und Vergabepreisen ist jetzt möglich, mehr Info dazu finden Sie unter www.bki.de/lv-daten.

Besonderer Dank gilt abschließend auch dem BKI-Beirat, der mit seiner Expertise aus der Praxis der Architektenschaft, den Architekten- und Ingenieurkammern, Normausschüssen und Universitäten zum Gelingen der BKI-Fachinformationen beiträgt.

Wir wünschen allen Anwender*innen der neuen Fachbuchreihe 2025 viel Erfolg in allen Phasen der Kostenplanung und vor allem eine große Übereinstimmung zwischen geplanten und realisierten Baukosten im Sinne zufriedener Bauherr*innen. Anregungen und Kritik zur Verbesserung der BKI-Fachbücher sind uns jederzeit willkommen.

Hannes Spielbauer - Geschäftsführer
Brigitte Lechler - Prokuristin

Baukosteninformationszentrum
Deutscher Architektenkammern GmbH
Stuttgart, im Mai 2025

Inhalt	Seite

Vorbemerkungen und Erläuterungen

Kostenkennwerte für die Positionen der Leistungsbereiche (LB)

Bei der Prüfung der von BKI erstellten Mustertexte haben folgende Fachverbände mitgewirkt:

BAUWIRTSCHAFT Baden-Württemberg e.V.

Bauwirtschaft Baden-Württemberg e.V.

Bauwirtschaft Baden-Württemberg e.V.
70178 Stuttgart; Hohenzollernstraße 25
www.bauwirtschaft-bw.de

Die Bauwirtschaft Baden-Württemberg e.V. ist ein gemeinsamer Verband von Baugewerbe und Bauindustrie in Baden-Württemberg mit über 1.500 Mitgliedsbetrieben und etwa 40.000 Beschäftigten, die hauptsächlich in den Sparten Hochbau, Tief- und Straßenbau sowie Ausbau tätig sind. Der Verband vertritt die Interessen seiner Mitglieder gegenüber Politik, Verwaltung und Öffentlichkeit. Er setzt sich auf Landes- und Gemeindeebene für die notwendigen Rahmenbedingungen des Bauens ein und engagiert sich für eine bedarfsgerechte Investitionspolitik. Außerdem ist die Bauwirtschaft Baden-Württemberg Mitglied bei den Spitzenverbänden der Bauwirtschaft in Berlin. Dadurch hat unser Verband auch bundesweit Einfluss auf wichtige Entscheidungen in der Wirtschafts- und Tarifpolitik. Enge Vernetzungen gibt es zudem mit zahlreichen Partnerverbänden im In- und Ausland, etwa in der Schweiz und Frankreich.

BVM

Bundesverband Metall

Bundesverband Metall
Vereinigung Deutscher Metallhandwerke
45143 Essen; Altendorfer Str. 97-101
www.metallhandwerk.de

Rund 40.000 kleine und mittlere Unternehmen, 28.000 Lehrlinge, 500.000 Mitarbeiter und fast 60 Milliarden € Umsatz: Das ist Metallhandwerk in Deutschland. Nicht nur zahlenmäßig und als Arbeitgeber ist das Metallhandwerk unverzichtbar. Metallhandwerk steht für die ganze Vielfalt metallverarbeitender Unternehmen, die unser Industrieland braucht: Maschinenbau, Werkzeugbau, Metall- und Stahlkonstruktionen im Hoch- und Tiefbau, Klimaschutz und Mobilität, öffentliche Infrastruktur und modernes Wohnen. Metallbetriebe - vom Bronzegießer über den Metalldesigner bis zum Hightech-Unternehmen - finden wir überall, wo produziert, gebaut und gewohnt wird. Als Künstler und Konstrukteur, von der Planung bis zur Ausführung oder vernetzt mit Partnerbetrieben lösen Metallhandwerker die kleinen und großen Probleme ihrer Kunden. Exportweltmeister Deutschland? Nicht ohne das Metallhandwerk. Der Bundesverband Metall vertritt die berufsständischen Interessen seiner Landesverbände sowie deren Innungen mit den darin freiwillig organisierten Mitgliedsbetrieben.

Bundesverband Farbe Gestaltung Bautenschutz

Bundesverband Farbe Gestaltung Bautenschutz
Bundesinnungsverband des deutschen Maler- und Lackiererhandwerks
60486 Frankfurt a.M.; Solmsstr. 4
www.farbe.de

Der Bundesverband Farbe Gestaltung Bautenschutz vertritt als Arbeitgeber -, Wirtschafts- und Technischer Verband die Interessen des Maler-Lackiererhandwerks. Er stützt sich auf ein beachtliches Fundament: Rund 41.881 kleinere und mittlere Betriebe mit 196.500 Beschäftigten, davon 22.287 Lehrlinge arbeiten in der Branche. Zur Wahrnehmung der berufsständischen Interessen sind dem Verband 17 Landesverbände sowie deren 360 Innungen mit den darin freiwillig organisierten Mitgliedsbetrieben angeschlossen. Das Leistungsangebot des modernen Handwerksberufes Maler und Lackierer umfasst u. a. Tätigkeiten wie: Oberflächenbehandlung von mineralischen Untergründen, Metall, Holz und Kunststoffen mit Beschichtungsstoffen, WDVS-Arbeiten, Betonflächeninstandsetzung, Trockenbau, Innenraumgestaltung, Korrosionsschutz- und Brandschutzbeschichtungen. Der Bundes-verband betreut u. a. den Bundesausschuss Farbe und Sachwertschutz, dem Herausgeber der Technischen Richtlinien für Maler- und Lackiererarbeiten.

BUNDESINNUNG GERÜSTBAU

Bundesinnung für das Gerüstbauer-Handwerk
51107 Köln; Rösrather Straße 645
www.geruestbauhandwerk.de

Bundesinnung und Bundesverband Gerüstbau sind die Fachorganisationen des Gerüstbauerhandwerks mit drei Schwerpunktbereichen:
– Als Standesorganisation verbessern sie die Rahmenbedingungen für das Gerüstbauerhandwerk. Ergebnisse: 1978 Verordnung zum Geprüften Gerüstbau-Kolonnenführer, 1988 Aufnahme der DIN 18451 in Teil C der VOB, 1991 Ausbildungsberuf Gerüstbauer/Gerüstbauerin, 1998 Meisterberuf (Vollhandwerk), ab 2006 eigenes Fachregelwerk.
– Als Arbeitgebervertretung schließen sie Tarifverträge ab.
– Als Serviceorganisationen unterstützen Bundesverband und Bundesinnung jeden einzelnen Mitgliedsbetrieb in all seinen betrieblichen Belangen. Für Betriebsinhaber und Mitarbeiter werden Seminare vom Vertragsrecht bis zur Technik angeboten. Regelmäßige Verbandsmitteilungen informieren über rechtliche; fachliche und sonstige Neuerungen. Rahmenvereinbarungen verhelfen zu Preisvorteilen z. B. beim Kraftfahrzeugkauf und bieten exklusiv Berufskleidung.

Der Stuckateur
Ausbau & Fassade

Fachverband der Stuckateure für Ausbau und Fassade Baden-Württemberg
71277 Rutesheim; Siemensstr. 6-8
www.stuck-verband.de

Der Fachverband der Stuckateure für Ausbau und Fassade (SAF) ist Wirtschafts- und Arbeitsgeberverband der Stuckateure in Baden-Württemberg und vertritt auf Landes- und Kreisebene die Interessen der Mitgliedsinnungen und deren insgesamt über 1.000 Mitglieder gegenüber Öffentlichkeit, Verwaltung und Politik. Der SAF leitet als Bildungsdienstleister das Kompetenzzentrum für Ausbau und Fassade in Verbindung mit dem Bundesverband. Der SAF verfasst die Branchenregeln für die Arbeitsfelder Wärmedämmung, Innen- und Außenputz, Trocken-bau, Schimmelsanierung, Restaurierung und Stuck z. B. mit den Richtlinien zu den Themen Sockel-, Fensteranschlüsse oder auch Luftdichtheit und berät seine Mitglieder in vielfältiger Weise. Architekten und Ausschreibende erhalten telefonische Auskünfte z. B. über die Branchenregelungen, Standards sowie Aufmaß und Abrechnungsbestimmungen.

Holzbau Deutschland- Institut e.V.
Kronenstraße 55-58
10117 Berlin
www.institut-holzbau.de

Das Holzbau Deutschland Institut agiert seit 1990 als Organisation des Zimmerer- und Holzbaugewerbes mit dem Fokus auf die Praxis im Holzbau. Zur Entwicklung von Innovationen im Holzbau bringt das Holzbau Deutschland Institut als Schnittstelle zwischen Wissenschaft und Praxis die Kompetenzen aus allen relevanten Baudisziplinen zielorientiert ein, um Holzbauunternehmen und Planende mit dem nötigen Know-how für kommende Aufgaben zu unterstützen. Die Kernaufgaben sind die Durchführung und Koordinierung praxisrelevanter Forschung und Entwicklung in Zusammenarbeit mit nationalen und internationalen Partnern im Bauwesen, die technische Interessenvertretung im Normungswesen sowie der Wissenstransfer an die relevanten Zielgruppen.

Landesinnung des Gebäudereiniger-Handwerks Baden-Württemberg
Fachverband Gebäudedienste Baden-Württemberg e.V.
Zettachring 8A
70567 Stuttgart
www.die-gebaeudedienstleister-bw.de; info@die-gebaeudedienstleister-bw.de

Die Landesinnung des Gebäudereiniger-Handwerks ist Ansprechpartner für Tarif- und Vergabefragen (Mustertexte etc.) und vermittelt ö.b.u.v. Sachverständige. Auf der Homepage filtert der Service "Suche Betrieb für..." spezialisierte Betriebe für die gewünschte/n Leistung/en.
Der Qualitätsverbund Gebäudedienste bescheinigt innungsgeprüfte Fachkompetenz: Seit das Gebäudereiniger-Handwerk zulassungsfrei ist, erleichtert das „QV-Zertifikat" das Auffinden qualifizierter Meisterbetriebe und garantiert die Meistereigenschaft, eine Eingangsschulung zum nachhaltigen Wirtschaften und die kontinuierliche Weiterbildung! Bundesweit sind ca. 890 qv-zertifizierte Betriebe registriert: www.qv-gebaeudedienste.de
Im Fachforum bei www.qv-gebaeudedienste.de sind die Teilnehmer der Wissensplattform für Fachfragen zu Gebäudereinigung/-diensten/-management vernetzt. Durch das automatische Informationssystem sind sie stets auf neustem fachlichen Stand.
Die Fachakademie für Gebäudemanagement und Dienstleistungen organisiert neutrale Vergabeseminare und Weiterbildungen. Die innungsakkreditierten FA-Zertifikate sind weithin anerkannt: Zertifiziert werden: Gepr. Vorarbeiter (FA), Gepr. Objektleiter (FA), Gepr. Service-Manager (FA), Fachwirt Gebäudemanagement (FA). www.fachakademie.de

---

Zentralverband Sanitär Heizung Klima (ZVSHK)
Rathausallee 6
53757 St. Augustin

Der Zentralverband Sanitär Heizung Klima vertritt als Arbeitsgeber- und Wirtschaftsverband nach dem Gesetz zur Ordnung des Handwerks (HwO) 50.000 Unternehmen des Bauhandwerks mit rund 271.000 Beschäftigten und 37.000 Lehrverhältnissen. Dabei stützt er sich auf 17 Landesorganisationen mit 389 Innungen, in denen rund 3.000 Unternehmer ehrenamtlich tätig sind. Er ist damit der größte nationale Verband in der EU für die Planung, den Bau und die Unterhaltung gebäudetechnischer Anlagen. Als Rationalisierungsverband schließt er die Förderung, Prüfung und Durchführung von Normungs-, Typisierungs- und Spezialvorhaben ein. Insoweit ist er anhörungspflichtig und beim Deutschen Bundestag akkreditiert.

Deutsche Gesellschaft für Gartenkunst und Landschaftskultur e.V. DGGL

Deutsche Gesellschaft für Gartenkunst und Landschaftskultur
Landesverband Hamburg / Schleswig-Holstein e.V.
DGGL
Brüderstr. 22
20355 Hamburg
www.DGGL.org

Die Deutsche Gesellschaft für Gartenkunst und Landschaftskultur e.V. (DGGL) ist ein gemeinnütziger Verein der in allen Bundesländern aktiv ist, die Bundesgeschäftsstelle ist in Berlin.
Die DGGL wurde 1887 in Dresden gegründet, um die Belange der Freiraum- und Landschaftsgestaltung gegenüber Politik und Öffentlichkeit zu vertreten, die fachliche Weiterentwicklung von Ausbildung und Beruf zu fördern sowie die Planungs- und Ausführungstechniken und Methoden zu verbessern.
Die DGGL steht allen an der Freiraumentwicklung und an der Erhaltung von (historischen) Freiräumen interessierten Menschen offen, namentlich sind dieses Garten- und Landschaftsarchitekten, Ingenieure und Gutachter, öffentliche Grünverwaltungen, Garten- und Landschaftsbaubetriebe, Baumschulen und Gärtnereien, Produzenten von Baustoffen und Ausstattungen sowie Laien.
Gemeinsam mit Partnerorganisationen in an grenzenden Ländern ist die DGGL auch auf europäischer Ebene tätig.

FACHVERBAND FLIESEN UND NATURSTEIN im Zentralverband des Deutschen Baugewerbes

Fachverband Fliesen und Naturstein im Zentralverband des Deutschen Baugewerbes
Kronenstr. 55-58
10117 Berlin
www.fachverband-fliesen.de

Der Fachverband Fliesen und Naturstein (FFN) ist eine vom 10 Fachgruppen im Zentralverband des Deutschen Baugewerbes (ZDB). Der FFN vertritt die Interessen der Mitgliedsunternehmen – mit fachlicher Expertise, in allen berufsständischen Fragen. Er setzt sich für die passenden wirtschaftlichen, sozialen wie auch rechtlichen Rahmenbedingungen ein. Die Experten des Fachverbandes wirken bei der Aufstellung fachlicher Regeln, der Erstellung von Merkblättern und der Herausgabe technischer Normen mit. Sie beantworten fachtechnische Fragen und erstellen fachtechnische Gutachten. Der FFN fördert die fachtechnische Forschung und Lehre sowie die Berufsausbildung und Fortbildung wie auch die Umschulung. Der Fachverband unterstützt seine Mitglieder in allen relevanten juristischen Angelegenheiten: Beratung in arbeitsrechtlichen Streitigkeiten, Hilfe bei vertragsrechtlichen Fragestellungen, steuerrechtliche Beratung sowie Unternehmensnachfolge. Der FFN bezieht seine Mitgliedsbetriebe in die fachspezifische und zielgerichtete Öffentlichkeits- und Medienarbeit ein. Er organisiert regelmäßig Fachausstellungen, fachtechnische Wettbewerbe und Branchentagungen. Für die Mitgliedsbetriebe steht der Fachverband im engen Austausch mit herstellenden Industrieunternehmen.

Die Mitwirkung der Fachverbände beinhaltet ausschließlich die fachliche Prüfung der Mustertexte. Die veröffentlichten Positionspreise werden nicht von den Fachverbänden geprüft. Grundlage der Positionspreise ist die BKI-Positionsdatenbanken.

BKI bedankt sich bei den Fachverbänden für die erfolgreiche Zusammenarbeit. Das Prüfen der Mustertexte stellt einen wertvollen Beitrag zur Verbesserung der fachlichen Kommunikation beim Bauablauf zwischen planenden und ausführenden Berufen dar.

Einführung

Dieses Fachbuch wendet sich an Architekt*innen, Ingenieure*innen, Sachverständige und sonstige Fachleute, die mit Kostenermittlungen von Hochbaumaßnahmen befasst sind. Es enthält statistische Kostenkennwerte für „Positionen", geordnet nach den Leistungsbereichen nach STLB. Neben den Mittelwerten sind auch Von-Bis-Werte und Minimal-Maximal-Werte angegeben. Bei den Von-Bis-Werten handelt es sich um mit der Standardabweichung berechnete Bandbreiten, wobei Werte über dem Mittelwert und Werte unter dem Mittelwert getrennt betrachtet werden. Der Mittelwert muss deshalb nicht zwingend in der Mitte der Bandbreite liegen.

Durch Übernahme der BKI Regionalfaktoren in die Datenbanken wurde es möglich, die Objekte und damit auch deren Positionspreise auch hinsichtlich des Bauortes zu bewerten. Für statistische Auswertungen rechnet BKI so, als ob das Objekt nicht am Bauort, sondern in einer mit dem Bundesdurchschnitt identischen Region gebaut worden wäre.

Die regional bedingten Kosteneinflussfaktoren sind somit aus den hier veröffentlichten Positionspreisen herausgerechnet. Das soll aber nicht darüber hinwegtäuschen, dass Positionspreise vielfältigen Einflussfaktoren unterliegen, von denen die regionalen meist nicht die bestimmenden sind.

Die Kennwerte sind objektorientiert ermittelt worden und basieren auf der Analyse realer, abgerechneter Vergleichsobjekte, die derzeit in den BKI-Baukostendatenbanken verfügbar sind.

Dieses Fachbuch erscheint jährlich neu, so dass der Benutzende stets aktuelle Kostenkennwerte zur Hand hat.

Benutzerhinweise

1. Definitionen
Als Positionen werden in dieser Veröffentlichung Leistungsbeschreibungen für Bauleistungen mit den zugehörigen Texten, Mengen, Preisen und sonstigen Angaben bezeichnet. Positionstexte sind ausführliche Leistungsbeschreibungen von Bauleistungen (Langtexte) oder Kurzfassungen davon (Kurztexte). Einheitspreise sind die Preise für Bauleistungen pro definierter Einheit, Gesamtpreise sind die Preise für die Gesamtmenge einer einzelnen Bauleistung. BKI dokumentiert und veröffentlicht ausschließlich Preise abgerechneter Bauleistungen, die insofern endgültig und keinen weiteren Veränderungen durch Verhandlungen, Preisanpassungen etc. unterworfen sind.

2. Kostenstand und Mehrwertsteuer
Kostenstand aller Kennwerte ist das 1. Quartal 2025. Alle Kostenkennwerte in diesem Fachbuch werden in brutto + netto angegeben. Die Angabe aller Kostenkennwerte dieser Veröffentlichung erfolgt in Euro. Die vorliegenden Kostenkennwerte sind Orientierungswerte. Sie können nicht als Richtwerte im Sinne einer verpflichtenden Obergrenze angewendet werden.

3. Datengrundlage - Haftung
Grundlage der Tabellen sind statistische Analysen abgerechneter Bauvorhaben. Die Daten wurden mit größtmöglicher Sorgfalt vom BKI bzw. seinen Dokumentationsstellen erhoben und zusammengestellt. Für die Richtigkeit, Aktualität und Vollständigkeit dieser Daten, Analysen und Tabellen übernehmen jedoch weder die Herausgebenden noch BKI eine Haftung, ebenso nicht für Druckfehler und fehlerhafte Angaben. Die Benutzung dieses Fachbuchs und die Umsetzung der darin erhaltenen Informationen erfolgen auf eigenes Risiko.

Angesichts der vielfältigen Kosteneinflussfaktoren müssen Anwender*innen die genannten Orientierungswerte eigenverantwortlich prüfen und entsprechend dem jeweiligen Verwendungszweck anpassen.

4. Anwendungsbereiche
Die Kostenkennwerte sind als Orientierungswerte konzipiert; sie können zum Bepreisen von Leistungsverzeichnissen sowie bei Kostenberechnungen und Kostenanschlägen angewendet werden. Die formalen Mindestanforderungen hinsichtlich der Darstellung der Ergebnisse einer Kostenermittlung sind in DIN 276:2018-12 unter Ziffer 3 Grundsätze der Kostenplanung festgelegt. Die Anwendung des Positions-Verfahrens bei Kostenermittlungen setzt voraus, dass genügend Planungsinformationen vorhanden sind, um Qualitäten und Mengen von Positionen ermitteln zu können.

5. Geltungsbereiche
Die genannten Kostenkennwerte spiegeln in etwa das durchschnittliche Baukostenniveau in Deutschland wider. Die Geltungsbereiche der Tabellenwerte sind fließend. Die „von-/ bis-Werte" markieren weder nach oben noch nach unten absolute Grenzwerte. Auch die Minimal-Maximal-Werte sind nur als Minimum und Maximum der in der Stichprobe enthaltenen Werte zu verstehen. Das schließt nicht aus, dass diese Werte in der Praxis unter- oder überschritten werden können.

6. Preise
Die dokumentierten Preise wurden auf Basis abgerechneter Leistungsverzeichnisse von Neubau-Projekten erhoben. Für den Altbau gibt es ein eigenes Fachbuch. Die „von-bis Preise" sind mit der Standardabweichung ermittelt, ein statistisches Verfahren, das aus dem kompletten Spektrum der Preisbeispiele einen wahrscheinlichen Mittelbereich errechnet. Um dem Umstand Rechnung zu tragen, dass Abweichungen vom Mittelwert nach oben bei Baupreisen wahrscheinlicher sind als nach unten, wurde die Standardabweichung für Preise oberhalb des Mittelwertes getrennt von denen unterhalb des Mittelwertes ermittelt. Das Verfahren findet auch in anderen BKI Publikationen Anwendung und ist im Fachbuch „BKI Baukosten Gebäude, Statistische Kostenkennwerte (Teil 1)" näher beschrieben.

7. Kosteneinflüsse
In den Streubereichen (von-/bis-Werte) der Kostenkennwerte spiegeln sich die vielfältigen Kosteneinflüsse aus Nutzung, Markt, Gebäudegeometrie, Ausführungsstandard, Projektgröße etc. wider. Die Orientierungswerte können daher nicht schematisch übernommen werden, sondern müssen entsprechend den spezifischen Planungsbedingungen überprüft und ggf. angepasst werden. Mögliche Einflüsse, die eine Anpassung der Orientierungswerte erforderlich machen, können sein:

- besondere Nutzungsanforderungen,
- Standortbedingungen (Erschließung, Immission, Topographie, Bodenbeschaffenheit),
- Bauwerksgeometrie (Grundrissform, Geschosszahlen, Geschosshöhen, Dachform, Dachaufbauten),
- Bauwerksqualität (gestalterische, funktionale und konstruktive Besonderheiten),
- Quantität (Positionsmengen),
- Baumarkt (Zeit, regionaler Baumarkt, Vergabeart).

8. Mustertexte
BKI hat für die maßgeblichen Leistungsbereiche produktneutrale Positionsmustertexte verfasst. Die Mustertexte wurden entsprechend der Grundlage der zahlreichen Positionstexte der Datenlieferungen von Architekten neu verfasst. Die Fachautoren haben einen einheitlichen, VOB-gerechten Ausschreibungstext daraus gebildet.

Viele Mustertexte wurden von Fachverbänden der Bauberufe geprüft. Die prüfenden Fachverbände werden in den Fußzeilen der entsprechenden Seiten und zusammenfassend auf Seite 6-9 genannt. Den kooperierenden Fachverbänden gilt unser Dank. Sie unterstützen durch diese Zusammenarbeit die Kommunikation im Baubereich zwischen planenden und ausführenden Berufen.

Parallel zu unseren Positionstexten führen wir auch vergleichbare STLB-Bau Ausschreibungstexte und prüfen damit unsere Mustertexte. Nicht immer kann in dieser Veröffentlichung eine Leistung mit gleichem Leistungsumfang angeboten werden, da z.B. auch Sammelpositionen in diesem Fachbuch enthalten sind, wie in der Ausschreibungspraxis üblich.

Ungeachtet dessen kann aber das Fachbuch zur regelkonformen Erstellung von eindeutigen Ausschreibungstexten genutzt werden.

Einheitliche und praxistaugliche Positionsmustertexte in Verbindung mit Kostenangaben aus fertig gestellten Projekten sind für alle am Bau Beteiligten eine sinnvolle Unterstützung bei der täglichen Arbeit.

9. Ausführungsdauer
Seit der Ausgabe 2015 ist die Ausführungsdauer pro Leistungsposition enthalten. Diese wurde aus Literatur recherchiert und dann über unsere Baupreisdokumentation fachkundig angepasst. Die Ausführungsdauer ist somit kein Wert welcher sich aus konkreter Dokumentation ergibt, sondern einer der über Plausibilität ermittelt wurde. Er soll eine Orientierung für die Dauer der Arbeitsleistung und in Verrechnung mit Ausführungsmengen die Grundlage für die Terminplanung schaffen.

10. Regionalisierung der Daten
Grundlage der BKI Regionalfaktoren sind Daten aus der amtlichen Bautätigkeitsstatistik der statistischen Landesämter, eigene Berechnungen auch unter Verwendung von Schwerpunktpositionen und regionale Umfragen. Zusätzlich wurden von BKI Verfahren entwickelt, um die Eingangsdaten auf Plausibilität prüfen und ggf. anpassen zu können. Auf der Grundlage dieser Berechnungen hat BKI einen bundesdeutschen Mittelwert gebildet. Anhand des Mittelwertes lassen sich die einzelnen Land- und Stadtkreise prozentual einordnen. Diese Prozentwerte wurden die Grundlage der BKI Deutschlandkarte mit „Regionalfaktoren für Deutschland und Europa".

Für die größeren Inseln Deutschlands wurden separate Regionalfaktoren ermittelt. Dazu wurde der zugehörige Landkreis in Festland und Inseln unterteilt. Alle Inseln eines Landkreises erhalten durch dieses Verfahren den gleichen Regionalfaktor. Der Regionalfaktor des Festlandes enthält keine Inseln mehr und ist daher gegenüber früheren Ausgaben verringert.

Die Kosten der Objekte der BKI Datenbanken wurden auf den Bundesdurchschnitt umgerechnet. Für den Anwendenden bedeutet die Umrechnung der Daten auf den Bundesdurchschnitt, dass einzelne Kostenkennwerte oder das Ergebnis einer Kostenermittlung mit dem Regionalfaktor des Standorts des geplanten Objekts multipliziert werden können. Die BKI Landkreisfaktoren befinden sich im Anhang des Buchs.

11. Urheberrechte
Alle Objektinformationen sind urheberrechtlich geschützt. Dies gilt auch für die daraus abgeleiteten Auswertungen (Statistiken). Die Urheberrechte liegen bei den jeweiligen Büros, Personen bzw. beim BKI. Es ist ausschließlich eine Anwendung der Daten im Rahmen der praktischen Kostenplanung im Hochbau zugelassen. Die Nutzung der Objektinformationen für einen anderen als den Vertragszweck ist nicht zulässig. Dies gilt auch für die daraus abgeleiteten Auswertungen (Statistiken). Eine Vervielfältigung des Werks oder von Teilen daraus, außer für den Vertragszweck, ist nur mit ausdrücklicher Genehmigung des Herausgebers gestattet. Auch eine Übersetzung oder Bearbeitung, insbesondere eine Übertragung des Werks oder Teilen daraus in elektronische Systeme, ist nur mit ausdrücklicher Genehmigung des Herausgebers gestattet.

Neue BKI Neubau-Dokumentationen 2024-2025

1300-0313 Verwaltungsgebäude, Archiv (134 AP)
Büro- und Verwaltungsgebäude, mittlerer Standard
JSP ARCHITEKTEN Gesell. für Gesamtplanung mbH
Dresden

1300-0314 Bürogebäude (31 AP)
Büro- und Verwaltungsgebäude, mittlerer Standard
Björnsen Beratende Ingenieure GmbH
Koblenz

1300-0315 Bürogebäude (45 AP)
Büro- und Verwaltungsgebäude, mittlerer Standard
STUDIO SOZIA Calavetta Häberle Architekten BDA PartGmbB

1300-0316 Verwaltungsgebäude (191 AP)
Büro- und Verwaltungsgebäude, hoher Standard
RSE+ Architekten Ingenieure GmbH
Kassel

1300-0317 Bürogebäude (29 AP)
Büro- und Verwaltungsgebäude, mittlerer Standard
Architektur & Planung Plum & Schlemmer
Mainz

1300-0318 Bürogebäude (29 AP), Forschung (5 AP)
Büro- und Verwaltungsgebäude, Holzbauweise
pwpMAS Architekten PartG mbB
Darmstadt

Fotopräsentation der Objekte

1300-0319 Amtsverwaltung (36 AP)
Büro- und Verwaltungsgebäude, mittlerer Standard
⌂ Planungsring Mumm + Partner GbR
Treia

1300-0321 Bürogebäude (30 AP)
Büro- und Verwaltungsgebäude, mittlerer Standard
⌂ Architekturbüro Christoph Habbig
Neuss

1300-0325 Verwaltungsgebäude (90 AP)
Büro- und Verwaltungsgebäude, mittlerer Standard
⌂ NEXT Bielefeld GmbH
Bielefeld

1300-0326 Bürogebäude (43 AP)
Büro- und Verwaltungsgebäude, mittlerer Standard
⌂ Schmidt Thüner Architekten PartG mbB
Schnallenberg

1300-0327 Bürogebäude (260 AP), TG (115 STP)
Büro- und Verwaltungsgebäude, mittlerer Standard
⌂ ruby^3 architekten BDA
Darmstadt

2200-0066 Fakultätsgebäude (45 AP, 580 Studierende)
Berufliche Schulen
⌂ springmeier architekten gbr
Braunschweig

Fotopräsentation der Objekte

2200-0067 Seminargebäude
Schulen, Holzbauweise
meuer - planen beraten Architekten GmbH
München

4100-0239 Grundschule (10 Klassen, 200 Schüler)
Allgemeinbildende Schulen
Kleine + Potthoff Architekten
Korbach

4100-0241 Schule (9 Klassen, 235 Schüler)
Allgemeinbildende Schulen
NPC Naumann Petersen Conrad Joesten Architekten und beratende Ingenieure mbB, Bremen

4100-0242 Schule (31 Klassen, 650 Schüler)
Allgemeinbildende Schulen
weicken architekten partmbB
Unna

4100-0245 Gymnasium, Lernzentrum (150 Schüler)
Allgemeinbildende Schulen
jup.arc weinert jegenhorst juraschek architekten partmbb, Winsen (Luhe)

4100-0248 Grundschule (8 Klassen, 200 Schüler)
Allgemeinbildende Schulen
Architektur.SCHÖN
Wiesbaden

4100-0251 Grundschule (18 Klassen, 450 Schüler)
Allgemeinbildende Schulen
⌂ Heidacker Architekten PartG mbB, Bischofsheim & Sinopoli Architekten, Alzey

4100-0252 Grundschule (16 Klassen, 260 Schüler)
Allgemeinbildende Schulen
⌂ AG5 Architekten + Stadtplaner PartGmbB Darmstadt

4100-0257 Ganztagsschule (4 Kl), Mensa (135 Sitzplätze)
Schulen, Holzbauweise
⌂ Goergens Miklautz Partner GmbB & dreier + lauterbach architekten und ingenieure gmbh, München

4200-0042 Akademiegebäude (160 Auszubildende)
Schulen, Holzbauweise
⌂ Numrich Albrecht Klumpp Gesell. von Architekten mbH, Berlin

4200-0043 Pflegeschule (14 Klassen, 285 Schüler)
Berufliche Schulen
⌂ Architekten BDA Naujack.Rind.Hof GmbH, Koblenz & Arch. brüchner-hüttemann pasch GmbH, Bielefeld

4300-0027 Schule für Kinder mit Sehbehinderung
Förder- und Sonderschulen
⌂ Georg Scheel Wetzel Architekten GmbH, Berlin & Seitz Architektur, Aschaffenburg

4400-0333 Kindertagesstätte (3 Gruppen, 35 Kinder)
Kindergärten, Holzbauweise, nicht unterkellert
Wolfgang Helmle Freier Architekt
Ellwangen

4400-0367 Kindergarten (7 Gruppen, 130 Kinder)
Kindergärten, Holzbauweise, nicht unterkellert
K9 Architekten Borgards Lösch Pichl Piribauer
BDA DWB, Freiburg

4400-0389 Kindertagesstätte (6 Gruppen, 100 Kinder)
Kindergärten, Holzbauweise, nicht unterkellert
Hochbauamt Heidelberg und AAg Architekten GmbH
Heidelberg

4400-0392 Kindertagesstätte (4 Gruppen, 70 Kinder)
Kindergärten, Holzbauweise, nicht unterkellert
ZIEBELL + PARTNER Architektur- und Planungs GmbH
Lübeck

4400-0393 Kindertagesstätte (7 Gruppen, 136 Kinder)
Kindergärten, Holzbauweise, nicht unterkellert
Schmitt Vogels Architekten GmbH
Bamberg

4400-0394 Kindertagesstätte (6 Gruppen, 77 Kinder)
Kindergärten, nicht unterkellert, mittlerer Standard
Planungsring Mumm + Partner GbR
Treia

4400-0395 Kindertagesstätte (6 Gruppen, 130 Kinder)
Kindergärten, nicht unterkellert, hoher Standard
OKF Architekten GmbH
Osnabrück

4400-0397 Kindertagesstätte (6 Gruppen, 111 Kinder)
Kindergärten, Holzbauweise, nicht unterkellert
lucas architekten GmbH
Hainburg

4400-0398 Kindertagesstätte (6 Gruppen, 60 Kinder)
Kindergärten, nicht unterkellert, mittlerer Standard
cubus plan gmbh
Berlin

4400-0399 Kindertagesstätte (4 Gruppen, 100 Kinder)
Kindergärten, nicht unterkellert, mittlerer Standard
raum-z architekten gmbh
Frankfurt a.M.

4400-0400 Kindertagesstätte (4 Gr), Wohnungen (10 WE)
Kindergärten, unterkellert
HY Architekten Birli Fritsch Part GmbB
Griesheim

4400-0401 Kindertagesstätte (7 Gr), Familienzentrum
Kindergärten, unterkellert
Fischer Rüdenauer Architekten PartmbB
Stuttgart

Fotopräsentation der Objekte

4400-0402 Kindertagesstätte (5 Gruppen, 90 Kinder)
Kindergärten, nicht unterkellert, mittlerer Standard
MICHAEL KOPPETSCH ARCHITEKT
Burscheid

4400-0403 Kindertagesstätte (4 Gruppen, 75 Kinder)
Kindergärten, Holzbauweise, nicht unterkellert
abdelkader architekten bda Partnerschaft mbB
Münster

4400-0407 Kindertagesstätte (4 Gruppen, 90 Kinder)
Kindergärten, Holzbauweise, nicht unterkellert
ra plus | mevißen hillmann harder hille architekten-partnerschaft mbB, Hannover

4400-0408 Kinderhaus (6 Gruppen, 174 Kinder)
Kindergärten, Holzbauweise, nicht unterkellert
HILGARTH Architekten-Stadtplaner
Marktredwitz

4400-0411 Kinderhaus (3 Gruppen)
Kindergärten, nicht unterkellert, mittlerer Standard
Schnabel Architekten GmbH
Bad Kötzting

4400-0412 Kindergarten (3 Gruppen, 40 Kinder)
Kindergärten, nicht unterkellert, mittlerer Standard
JANIAK + LIPPERT Architekten und Ingenieure GmbH
Fockbek

4400-0413 Kindertagesstätte (6 Gruppen, 130 Kinder)
Kindergärten, nicht unterkellert, hoher Standard
⌂ Hüdepohl . Ferner Architektur- und Ingenieurgesellschaft mbH, Osnabrück

4400-0414 Kindertagesstätte (4 Gruppen, 77 Kinder)
Kindergärten, nicht unterkellert, einfacher Standard
⌂ Böll Architekten GmbH
Essen

4400-0415 Kindergarten (2 Gruppen, 20 Kinder)
Kindergärten, nicht unterkellert, hoher Standard
⌂ Architekturbüro Silke Zanter, Heide &
FB-Architekten, Gettorf

4400-0416 Kindertagesstätte (4 Gruppen, 74 Kinder)
Kindergärten, nicht unterkellert, mittlerer Standard
⌂ HAAS + HAAS Architekten I Stadtplaner I Beratender Ingenieur PartGmbB, Eibelstadt

4400-0417 Kindergarten (4 Gruppen, 100 Kinder)
Kindergärten, Holzbauweise, nicht unterkellert
⌂ köhler architekten + beratende Ingenieure GmbH
Gauting

4400-0418 Kindertagesstätte (8 Gruppen, 120 Kinder)
Kindergärten, nicht unterkellert, hoher Standard
⌂ Dipl.-Ing. (FH) Christian Gerhardy, Stadtverwaltung
Wittlich

Fotopräsentation der Objekte

© Hans Engels

4400-0419 Kinderhaus (2 Gruppen, 40 Kinder)
Kindergärten, Holzbauweise, nicht unterkellert
Goergens Miklautz Partner GmbB & dreier + lauterbach architekten und ingenieure gmbh, München

© Rahel Welsen, Fotografie

4500-0021 Bildungsgebäude, Sportcampus
Weiterbildungseinrichtungen
prosa Architektur + Stadtplanung BDA
Darmstadt

© KRAMPITZ Architekten

4500-0022 Seminarhaus (60 Sitzplätze)
Weiterbildungseinrichtungen
KRAMPITZ Architekten GbR
Soltau

© ams architekten

5300-0024 Umkleide-, Personalgebäude Freizeitbad (10 AP)
Gebäude für Erholungszwecke
ams architekten gbr
Hamburg

© Wolfgang Grümer

6100-1593 Mehrfamilienhaus (3 WE)
Mehrfamilienhäuser, Holzbauweise
bonfanti ARCHITEKTEN Anke und Ralph Bonfanti
Wiehl-Weiershagen

© Marco Laske

6100-1668 Wohnanlage (3 Gebäude, 24 WE)
Mehrfamilienhäuser, mit 20 oder mehr WE, mittl. Standard
mayerwittig Architektur und Stadtplanung
Cottbus

6100-1671 Einfamilienhaus
Ein- u. Zweifamilienhäuser, Holzbauweise, nicht unterkellert
BUCHER | HÜTTINGER - ARCHITEKTUR INNEN ARCHITEKTUR, Betzenstein

6100-1683 Ferienhaus
Ein- u. Zweifamilienhäuser, nicht unterkell., hoher Standard
sw I a sternberg werner architekten PartG mbB
Ahrensburg

6100-1684 Mehrfamilienhäuser (3 Gebäude, 34 WE), TG
Mehrfamilienhäuser, mit 20 oder mehr WE, mittl. Standard
Architekturbüro pk nord Blencke und Knoll BDA
Hannover

6100-1685 Mehrfamilienhäuser, Kita (9 WE, 120 Kinder)
Wohnhäuser, mit mehr als 15% Mischnutzung
ZRS Architekten GvA mbH
Berlin

6100-1687 Wohnheim (27 WE, 31 Betten)
Wohnheime und Internate
Fountis Jeschonnek Gesellschaft von Architekten mbH
Berlin

6100-1688 Mehrgenerationenhaus (2 WE, 1 GE)
Wohnhäuser, mit bis zu 15% Mischnutzung, hoh. Standard
MZ Architektur Meier + Zeug
Rostock

Fotopräsentation der Objekte

6100-1689 Wohn- und Geschäftshaus (9 WE, 1 GE)
Wohnhäuser, mit mehr als 15% Mischnutzung
kmg Architekten und Ingenieure Kablitz-Meinel-Guderian PartG mbB, Wittenberg

6100-1690 Einfamilienhaus
Ein- und Zweifamilienhäuser unterkellert, hoher Standard
wening.architekten
Groß Glienicke

6100-1691 Mehrfamilienhaus (17 WE, 2 GE)
Mehrfamilienhäuser, mit 6 bis 19 WE, mittlerer Standard
Praeger Richter Architekten BDA
Berlin

6100-1692 Mehrfamilienhaus (10 WE), TG (10 STP)
Mehrfamilienhäuser, mit 6 bis 19 WE, mittlerer Standard
BERGHAUS ARCHITEKTEN
Hamm

6100-1695 Mehrfamilienhaus (21 WE)
Mehrfamilienhäuser, mit 20 oder mehr WE, mittl. Standard
a hoch i netzwerk Lisa Groß
Dillingen

6100-1696 Zweifamilienhaus
Ein- und Zweifamilienhäuser, Holzbauweise, unterkellert
grotheer architektur
Wyk auf Föhr

© sunder plaßmann . noll

6100-1698 Zweifamilienhaus (2 WE)
Ein- u. Zweifamilienhäuser, Holzbauweise, nicht unterkellert
⌂ sunder plaßmann . noll plan + bau gmbh
Kassel

© Heribert Schindler

6100-1699 Mehrfamilienhaus (13 WE)
Mehrfamilienhäuser, mit 6 bis 19 WE, mittlerer Standard
⌂ nentwig.notbohm ARCHITEKTEN
Hamburg

© Daniel Vieser . Architekturfotografie

6100-1701 Mehrfamilienhaus (18 WE), TG (22 STP)
Mehrfamilienhäuser, mit 6 bis 19 WE, mittlerer Standard
⌂ P4_ARCHITEKTEN BDA
Frankenthal

© Vera Gröbmayr

6100-1702 Mini-Wohnhaus
Ein- u. Zweifamilienhäuser, Holzbauweise, nicht unterkellert
⌂ Peter Gröbmayr GmbH & Co.KG
Glonn

© Markus Büttner

6100-1703 Mehrfamilienhaus (6 WE), Carport
Mehrfamilienhäuser, mit 6 bis 19 WE, mittlerer Standard
⌂ vorndran design Andrè Vorndran
Hollstadt

© Martina Pipprich

6100-1705 Wohnanlage (40 WE), Kita (77 Kinder), TG
Wohnhäuser, mit bis zu 15% Mischnutzung, hoh. Standard
⌂ Wohnbau Mainz GmbH
Mainz

6100-1706 Wohnanlage (10 Gebäude, 148 WE), TG
Mehrfamilienhäuser, mit 20 oder mehr WE, mittl. Standard
Architekten PETER + PASCHEN GmbH
Hamburg

6100-1707 Mehrfamilienhäuser (7 Gebäude, 96 WE), TG
Mehrfamilienhäuser, mit 20 oder mehr WE, mittl. Standard
happarchitecture JJh Architektengesellschaft mbH
Frankfurt am Main

6100-1708 Einfamilienhaus
Ein- u. Zweifamilienhäuser, unterkellert, mittlerer Standard
+studio moeve Planungsbüro bda GmbH & Co. KG
Darmstadt

6100-1709 Einfamilienhaus, Doppelgarage
Ein- u. Zweifamilienhäuser, unterkellert, mittlerer Standard
+studio moeve Planungsbüro bda GmbH & Co. KG
Darmstadt

6100-1710 Einfamilienhaus
Ein- und Zweifamilienhäuser, Holzbauweise, unterkellert
Martin Wäsler Architekturbüro
Glonn

6100-1714 Einfamilienhaus, Sportraum, Doppelgarage
Ein- u. Zweifamilienhäuser, Holzbauweise, nicht unterkellert
Studio Hofmann Architektur und Umgebung
Passau

6100-1715 Einfamilienhaus, Doppelgarage
Ein- und Zweifamilienhäuser, Holzbauweise, unterkellert
pfanzelt architekten GmbH
Lechbruck am See

6100-1717 Einfamilienhaus, Einliegerwohnung
Ein- u. Zweifamilienhäuser, nicht unterkell., mittl. Standard
Schweikert Schilling Architektur und Gestaltung
PartGmbB, Karlsruhe

6100-1719 Doppelhaus
Doppel- und Reihenendhäuser, mittlerer Standard
MuG Architekten
München

6100-1722 Mehrfamilienhaus (12 WE)
Mehrfamilienhäuser, mit 6 bis 19 WE, hoher Standard
as2architektur schomers.schürmann
Bremen

6100-1723 Mehrfamilienhaus (5 WE)
Mehrfamilienhäuser, mit bis zu 6 WE, hoher Standard
Architekturbüro Ullrich Runge
Delmenhorst

6100-1724 Wohn- und Geschäftshaus (19 WE, 3 GE)
Mehrfamilienhäuser, mit 6 bis 19 WE, hoher Standard
k+a architekten partg mbb bda
Hannover

6100-1725 Mehrfamilienhaus (31 WE), TG (26 STP)
Mehrfamilienhäuser, mit 20 oder mehr WE, hoh. Standard
schüch & cassau architekten bda + beratender Ingenieur PartGmbB, Stade

6100-1727 Mehrfamilienhaus (4 WE)
Mehrfamilienhäuser, Holzbauweise
Freie Architektin Carina Zoth
Westernohe

6100-1728 Einfamilienhaus, Büro
Ein- und Zweifamilienhäuser unterkellert, hoher Standard
Eichenseher Architektur + Stadtplanung
Niederviehbach

6100-1729 Mehrfamilienhaus (29 WE)
Mehrfamilienhäuser, mit 20 oder mehr WE, mittl. Standard
Butzlaff Tewes Architekten + Ingenieure
Brande-Hörnerkirchen

6100-1730 Einfamilienhaus, Gästewohnung
Ein- und Zweifamilienhäuser, Holzbauweise, unterkellert
Architekturbüro Huber
Kempten

6100-1732 Einfamilienhaus
Ein- u. Zweifamilienhäuser, Holzbauweise, nicht unterkellert
arminschmitz architekt bda
Bad Neuenahr-Ahrweiler

© Caspar Sessler

6100-1734 Einfamilienhaus
Ein- u. Zweifamilienhäuser, Holzbauweise, nicht unterkellert
Wirth Architekten BDA PartgmbB
Bremen

© Jürgen Voss

6100-1735 Wohnanlage (104 WE), Kita (5 Gr), TG (92 STP)
Mehrfamilienhäuser, mit 20 oder mehr WE, mittl. Standard
HÜBOTTER + STÜRKEN + DIMITROVA Architektur & Stadtplanung BDA Partnerschaftsgesell. MBB, Hannover

© Thomas Mayer Archive

6100-1736 Mehrfamilienhaus (10 WE), TG (9 STP)
Mehrfamilienhäuser, mit 6 bis 19 WE, mittlerer Standard
Böll Architekten GmbH
Essen

© Zimmerei Müller GmbH

6100-1740 Einfamilienhaus
Ein- u. Zweifamilienhäuser, Holzbauweise, nicht unterkellert
Zimmerei Müller GmbH, Merle Müller, Architektin
Soest

© Norbert Miguletz, Frankfurt

6100-1742 Einfamilienhaus
Ein- u. Zweifamilienhäuser, Holzbauweise, nicht unterkellert
Regina Bruchhäuser Architektin
Alzenau

© LRW Architektur

6100-1743 Mehrfamilienhaus (16 WE), TG (17 STP)
Mehrfamilienhäuser, mit 6 bis 19 WE, hoher Standard
LRW Architektur und Stadtplanung PartG mbB
Hamburg

6100-1744 Mehrfamilienhaus (12 WE)
Mehrfamilienhäuser, Holzbauweise
Christoph Harney Architekt
Kassel

6100-1745 Einfamilienhaus, Garage
Ein- u. Zweifamilienhäuser, nicht unterkell., mittl. Standard
Gütig Architektur
Bornheim-Hersel

6100-1749 Mehrfamilienhäuser (131 WE), Kita, TG (132 STP)
Mehrfamilienhäuser, mit 20 oder mehr WE, hoh. Standard
planungsgruppe DREI Part GmbB
Mühltal

6200-0124 Carport, Fahrradabstellraum
Carports
BRATHUHN + KÖNIG Architektur- u. Ingenieur-PartGmbB, Braunschweig

6200-0128 Seniorenwohnanlage (2 Gebäude, 36 WE)
Seniorenwohnungen, mittlerer Standard
Fountis Jeschonnek Gesellschaft von Architekten mbH
Berlin

6200-0129 Hospiz (12 Betten)
Pflegeheime
Planungsring Mumm + Partner GbR
Treia

© Oliver Pohl

6200-0130 Betreutes Wohnen (31 WE), Tagespflege (17 Pl)
Seniorenwohnungen, hoher Standard
soleo* GmbH
Düsseldorf

© Helen Abraham

6200-0131 Wohnanlage für Menschen mit Behinderung
Seniorenwohnungen, mittlerer Standard
consilio pro
Möhnesee-Günne

© Sigurd Steinprinz

6200-0134 Studierendenwohnheim (174 WE)
Wohnheime und Internate
ACMS Architekten GmbH
Wuppertal

© DERIX-Gruppe

6200-0135 Übergangswohnheim (48 Betten)
Wohnheime und Internate
W. u. J. Derix GmbH & Co.
Niederkrüchten

© DERIX-Gruppe

6200-0136 Übergangswohnheim (120 Betten)
Wohnheime und Internate
W. u. J. Derix GmbH & Co.
Niederkrüchten

© Tom Bauer

6400-0120 Jugendfreizeitstätte (3 Gruppen, 100 Kinder)
Kindergärten, Holzbauweise, nicht unterkellert
brück.jordan architekten ingenieure PartGmbB
Würzburg

6400-0126 Gemeindehaus (140 Sitzplätze)
Gemeindezentren, Holzbauweise
Bindhammer Architekten, Stadtplaner und Beratender Ingenieur Part mbB, Bayerbach

6400-0128 Gemeindehaus, Gruppenpfarramt (6 AP)
Gemeindezentren, hoher Standard
MoRe Architekten PartGmbB
Freiburg

6400-0129 Dorfgemeinschaftshaus
Gemeindezentren, Holzbauweise
HILGARTH Architekten-Stadtplaner
Marktredwitz

6400-0130 Gemeindehaus (199 Sitzplätze)
Gemeindezentren, Holzbauweise
PLAN@K Architekten Kress PartGmbB
Erlangen

6400-0132 Dorfgemeinschaftshaus (120 Sitzplätze)
Gemeindezentren, mittlerer Standard
Haas + Haas Architekt I Stadtplaner I Beratender Ingenieur PartGmbB, Eibelstadt

6500-0062 Multifunktionsgebäude, Mensa (199 Sitze)
Gemeindezentren, mittlerer Standard
Paskopulos Architekten
Lüneburg

6500-0063 Verwaltungsgebäude (20 AP), Betriebsrestaurant
Gaststätten, Kantinen und Mensen
atelier05 Architektur + Innenarchitektur
Jürgenshagen

6600-0038 Gästehaus, Seminarhotel (28 Betten)
Hotels
A-Z Architekten BDA
Wiesbaden

6600-0039 Boardinghouse (40 Zimmer)
Hotels
ACMS Architekten GmbH
Wuppertal

7100-0074 Produktionshalle (22 AP)
Industrielle Produktionsgebäude, überwiegend Skelettbau
K + H Architekten PartG mbB
Hildesheim

7300-0113 Gewerbehalle, Showroom
Lagergebäude, mit mehr als 25% Mischnutzung
Schmidt Thüner Architekten PartG mbB
Schmallenberg

7600-0089 Rettungswache (2 Fahrzeuge)
Feuerwehrhäuser
brack architekten
Kempten

7600-0103 Feuerwehrgerätehaus (3 Fahrzeuge)
Feuerwehrhäuser
Architekturbüro Michaeli & Jung
St. Ingbert Rohrbach

7600-0104 Feuerwehrhaus (3 Fahrzeuge)
Feuerwehrhäuser
Butzlaff Tewes Architekten + Ingenieure
Brande-Hörnerkirchen

7600-0105 Feuerwehrzentrum (36 AP, 10 Fahrzeuge)
Feuerwehrhäuser
eggersmende architekten PartG mbB
Braunschweig

7600-0106 Feuerwehrhaus (2 Fahrzeuge)
Feuerwehrhäuser
Schnabel Architekten GmbH
Bad Kötzting

7700-0095 Schüttgutlager
Lagergebäude, ohne Mischnutzung
Hallmann Architekten
Havelberg

7700-0097 Lagerhalle, Werkstattgebäude (16 AP)
Lagergebäude, ohne Mischnutzung
Acconci Architekten GmbH
Soest

7800-0035 Fahrradparkhaus (1.032 STP)
Fahrradparkhäuser
SCHOYERER ARCHITEKTEN_SYRA
Mainz

7800-0037 Parkhaus (77 STP)
Hochgaragen
kg5 architekten Küstermeier I Gentner
Düsseldorf

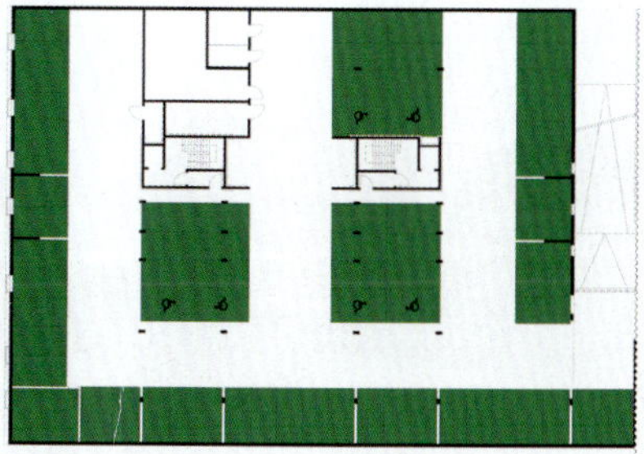

7800-0039 Tiefgarage (68 STP) für Bürogebäude
Tiefgaragen
Plan. Concept Architekten GmbH
Osnabrück

7800-0040 Tiefgarage (53 STP) für Wohnanlage
Tiefgaragen
BIWERMAU Architekten BDA
Hamburg

7800-0041 Tiefgaragen (55 STP) für Wohnanlage
Tiefgaragen
BIWERMAU Architekten BDA
Hamburg

7800-0042 Tiefgarage (31 STP) für Wohnanlage
Tiefgaragen
NEUMEISTER & PARINGER ARCHITEKTEN BDA

Fotopräsentation der Objekte

© Sommer + Sommer Architekten BDA

7800-0043 Tiefgarage (13 STP) für Mehrfamilienhaus
Tiefgaragen
⌂ Sommer + Sommer Architekten BDA
Berlin

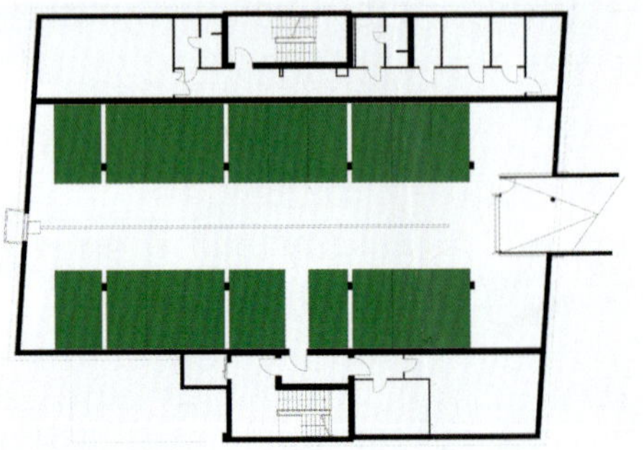

7800-0044 Tiefgarage (19 STP) für Landratsamt
Tiefgaragen
⌂ ArGe Gurland+Seher+Rapp Architekten
Biberach a.d. Riss

© ksw architekten + stadtplaner

9100-0199 Kirchenzentrum (199 Sitzplätze)
Gemeindezentren, mittlerer Standard
⌂ ksw architekten + stadtplaner gmbh
Hannover

© Albrecht Voss

9100-0217 Stadtarchiv (7 AP)
Bibliotheken, Museen und Ausstellungen
⌂ CODE UNIQUE Architekten GmbH
Dresden

© Daniel Sieker

9100-0219 Musikschule
Schulen, Holzbauweise
⌂ SIEKER ARCHITEKTEN
Bielefeld

© Lumen-Fotografie

9100-0223 Stadtteilzentrum, Veranstaltungsraum
Gemeindezentren, mittlerer Standard
⌂ pätzold kremer architekten PartG mbB
Offenbach am Main

9100-0226 Konzertsaal (1.956 Sitzplätze)
Theater

gmp International GmbH
Berlin

Erläuterungen zur Fachbuchreihe BKI Baukosten Neubau

Erläuterungen zur Fachbuchreihe BKI Baukosten Neubau

Die Fachbuchreihe BKI Baukosten besteht aus drei Bänden:
- Baukosten Gebäude Neubau 2025, Statistische Kostenkennwerte (Teil 1)
- Baukosten Bauelemente Neubau 2025, Statistische Kostenkennwerte (Teil 2)
- Baukosten Positionen Neubau 2025, Statistische Kostenkennwerte (Teil 3)

Die drei Fachbücher für den Neubau sind für verschiedene Stufen der Kostenermittlungen vorgesehen. Daneben gibt es noch eine vergleichbare Buchreihe für den Altbau (Bauen im Bestand), gegliedert in zwei Fachbücher. Nähere Informationen dazu erscheinen in den entsprechenden Büchern. Die nachfolgende Schnellübersicht erläutert Inhalt und Verwendungszweck:

BKI FACHBUCHREIHE Baukosten Neubau 2025		

BKI Baukosten Gebäude	**BKI Baukosten Bauelemente**	**BKI Baukosten Positionen**
Inhalt: Kosten des Bauwerks, 1. und 2. Ebene nach DIN 276 von 86 Gebäudearten	Inhalt: 3. Ebene DIN 276 und Elementarten nach BKI, außerdem Lebensdauern von Bauteilen, Grobelementarten und Kosten im Stahlbau	Inhalt: Positionen nach Leistungsbereichsgliederung für Rohbau, Ausbau, Technische Gebäudeausrüstung und Freianlagen
Geeignet[1] für Kostenrahmen, Kostenschätzung	Geeignet für Kostenberechnung und Kostenvoranschlag	Geeignet für bepreiste Leistungsverzeichnisse und Kostenanschlag
HOAI Phasen 1 und 2	HOAI Phasen 3 bis 6	HOAI Phasen 6 und 8
[1] BKI empfiehlt, bereits ab Vorlage erster Skizzen oder Vorentwürfe Kosten in der 2. Ebene nach DIN 276 zu ermitteln (Grobelementmethode).		

Die Buchreihe BKI Baukosten enthält für die verschiedenen Stufen der Kostenermittlung unterschiedliche Tabellen und Grafiken. Ihre Anwendung soll nachfolgend kurz dargestellt werden.

Für die Ermittlung der „ersten Zahl" werden auf der ersten Seite jeder Gebäudeart die Kosten des Bauwerks insgesamt angegeben. Je nach Informationsstand kann der Kostenkennwert (KKW) pro m³ BRI (Brutto-Rauminhalt), m² BGF (Brutto-Grundfläche) oder m² NUF (Nutzungsfläche) verwendet werden.

Diese Kennwerte sind geeignet, um bereits ohne Vorentwurf erste Kostenaussagen auf der Grundlage von Bedarfsberechnungen treffen zu können.

Für viele Gebäudearten existieren zusätzlich Kostenkennwerte pro Nutzeinheit. In allen Büchern der Reihe BKI Baukosten werden die statistischen Kostenkennwerte mit Mittelwert (Fettdruck) und Streubereich (von- und bis-Wert) angegeben (Abb. 1; BKI Baukosten Gebäude).

In der unteren Grafik der ersten Seite zu einer Gebäudeart sind die Kostenkennwerte der an der Stichprobe beteiligten Objekte zur Erläuterung der Bandbreite der Kostenkennwerte abgebildet. In allen Büchern wird in der Fußzeile der Kostenstand und die Mehrwertsteuer angegeben. (Abb. 2; BKI Baukosten Gebäude)

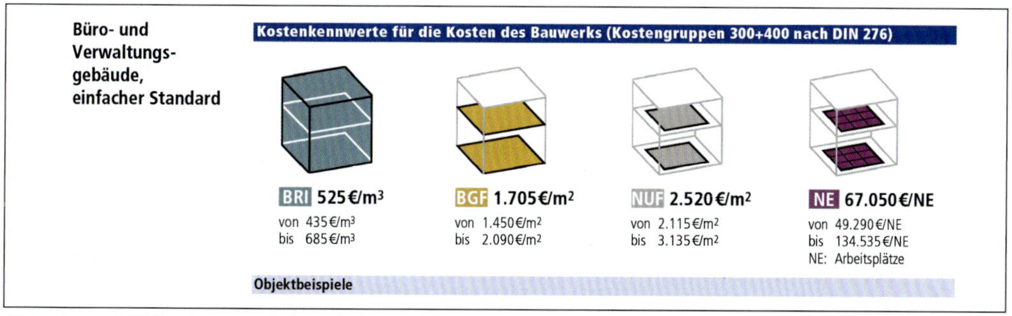

Abb. 1 aus BKI Baukosten Gebäude: Kostenkennwerte des Bauwerks

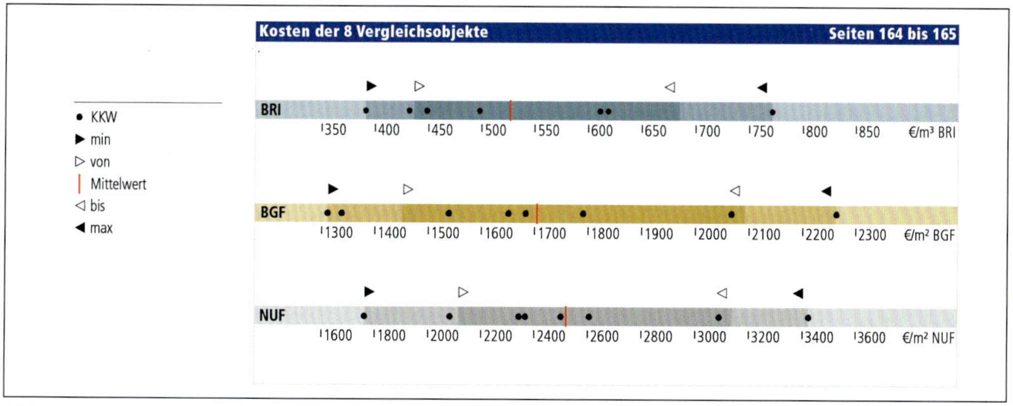

Abb. 2 aus BKI Baukosten Gebäude: Kostenkennwerte der Objekte einer Gebäudeart

Kostenrahmen, Kostenschätzung

Die obere Tabelle der zweiten Seite zu einer Gebäudeart differenziert die Kosten des Bauwerks in die Kostengruppen der 1. Ebene für den Kostenrahmen. Es werden nicht nur die Kostenkennwerte für das Bauwerk – getrennt nach Baukonstruktionen und Technische Anlagen – sondern ebenfalls für „Vorbereitende Maßnahmen" des Grundstücks, „Außenanlagen und Freiflächen", „Ausstattung und Kunstwerke", „Baunebenkosten" genannt. Für Plausibilitätsprüfungen sind zusätzlich die Prozentanteile der einzelnen Kostengruppen ausgewiesen. (Abb. 3; BKI Baukosten Gebäude)

Für die Kostenschätzung müssen nach neuer DIN 276 die Gesamtkosten nach Kostengruppen in der 2. Ebene der Kostengliederung ermittelt werden. Dazu müssen die Mengen der Kostengruppen 310 Baugrube/Erdbau bis 360 Dächer und die BGF ermittelt werden. Eine Kostenermittlung auf der 2. Ebene ist somit bereits durch Ermittlung von lediglich sieben Mengen möglich. (Abb. 4; BKI Baukosten Gebäude)

In den Benutzerhinweisen am Anfang des Fachbuchs „BKI Baukosten Gebäude, Statistische Kostenkennwerte Teil 1" ist eine „Auswahl kostenrelevanter Baukonstruktionen und Technischer Anlagen" aufgelistet. Sie unterstützen bei der Standardeinordnung einzelner Projekte. Weiterhin gibt die Auflistung Hinweise, welche Ausführungen in den Kostengruppen der 2. Ebene kostenmindernd bzw. kostensteigernd wirken. Dementsprechend sind Kostenkennwerte über oder unter dem Durchschnittswert auszuwählen. Eine rein systematische Verwendung des Mittelwerts reicht für eine qualifizierte Kostenermittlung nicht aus. (Abb. 5; BKI Baukosten Gebäude)

Kostenkennwerte für die Kostengruppen der 1. und 2. Ebene DIN 276

KG	Kostengruppen der 1. Ebene	Einheit	▷	€/Einheit	◁	▷	% an 300+400	◁
100	Grundstück	m^2 GF	–	–	–	–	–	–
200	Vorbereitende Maßnahmen	m^2 GF	4	**14**	23	1,0	**2,6**	7,3
300	Bauwerk – Baukonstruktionen	m^2 BGF	1.111	**1.415**	1.642	79,1	**83,0**	87,4
400	Bauwerk – Technische Anlagen	m^2 BGF	205	**290**	393	12,6	**17,0**	20,9
	Bauwerk 300+400	m^2 BGF	1.451	**1.705**	2.092	100,0	**100,0**	100,0
500	Außenanlagen und Freiflächen	m^2 AF	64	**125**	289	2,0	**6,0**	13,9
600	Ausstattung und Kunstwerke	m^2 BGF	70	**170**	229	5,2	**9,9**	12,2
700	Baunebenkosten*	m^2 BGF	402	**449**	495	23,6	**26,3**	29,1
800	Finanzierung	m^2 BGF	–	–	–	–	–	–

◁ * Auf Grundlage der HOAI 2021 berechnete Werte nach §§ 35, 52, 56. Weitere Informationen siehe Seite 56

Abb. 3 aus BKI Baukosten Gebäude: Kostenkennwerte der 1. Ebene

KG	Kostengruppen der 2. Ebene	Einheit	▷	€/Einheit	◁	▷	% an 1. Ebene	◁
310	Baugrube / Erdbau	m^3 BGI	16	**37**	49	1,5	**1,8**	2,3
320	Gründung, Unterbau	m^2 GRF	330	**424**	609	9,0	**15,6**	19,9
330	Außenwände / vertikal außen	m^2 AWF	401	**460**	490	23,6	**25,7**	29,8
340	Innenwände / vertikal innen	m^2 IWF	190	**297**	355	16,0	**19,4**	26,0
350	Decken / horizontal	m^2 DEF	308	**393**	478	0,0	**12,3**	18,7
360	Dächer	m^2 DAF	368	**482**	674	14,3	**21,4**	33,4
370	Infrastrukturanlagen		–	–	–	–	–	–
380	Baukonstruktive Einbauten	m^2 BGF	< 1	**4**	10	< 0,1	**0,3**	0,8
390	Sonst. Maßnahmen für Baukonst.	m^2 BGF	44	**51**	64	3,0	**3,5**	3,9
300	**Bauwerk – Baukonstruktionen**	**m^2 BGF**					**100,0**	
410	Abwasser-, Wasser-, Gasanlagen	m^2 BGF	28	**48**	79	11,6	**18,6**	22,9
420	Wärmeversorgungsanlagen	m^2 BGF	57	**73**	98	21,2	**34,5**	55,6
430	Raumlufttechnische Anlagen	m^2 BGF	–	**2**	–	0,0	**0,5**	0,8
440	Elektrische Anlagen	m^2 BGF	63	**80**	107	32,4	**33,3**	33,8
450	Kommunikationstechnische Anlagen	m^2 BGF	5	**15**	29	1,9	**6,0**	13,3
460	Förderanlagen	m^2 BGF	–	**63**	–	0,0	**6,5**	19,6
470	Nutzungsspez. / verfahrenstech. Anl.	m^2 BGF	–	**5**	–	0,0	**0,6**	1,7
480	Gebäude- und Anlagenautomation	m^2 BGF	–	–	–	–	–	–
490	Sonst. Maßnahmen f. techn. Anl.	m^2 BGF	–	–	–	–	–	–
400	**Bauwerk – Technische Anlagen**	**m^2 BGF**					**100,0**	

Abb. 4 aus BKI Baukosten Gebäude: Kostenkennwerte der 2. Ebene

Auswahl kostenrelevanter Baukonstruktionen

310 Baugrube/Erdbau
- **kostenmindernd:** Nur Oberboden abtragen, Wiederverwertung des Aushubs auf dem Grundstück, keine Deponiegebühr, kurze Transportwege, wiederverwertbares Aushubmaterial für Verfüllung
+ **kostensteigernd:** Wasserhaltung, Grundwasserabsenkung, Baugrubenverbau, Spundwände, Baugrubensicherung mit Großbohrpfählen, Felsbohrungen, schwer lösbare Bodenarten oder Fels

320 Gründung, Unterbau
- **kostenmindernd:** Kein Fußbodenaufbau auf der Gründungsfläche, keine Dämmmaßnahmen auf oder unter der Gründungsfläche
+ **kostensteigernd:** Teurer Fußbodenaufbau auf der Gründungsfläche, Bodenverbesserung, Bodenkanäle, Perimeterdämmung oder sonstige, teure Dämmmaßnahmen, versetzte Ebenen, hoher Wasserandrang

330 Außenwände/Vertikale Baukonstruktionen, außen

mauerwerk, Ganzglastüren, Vollholztüren Brandschutztüren, sonstige hochwertige Türen, hohe Anforderungen an Statik, Brandschutz, Schallschutz, Raumakustik und Optik, Edelstahlgeländer, raumhohe Verfliesung

350 Decke/Horizontale Baukonstruktionen
- **kostenmindernd:** Einfache Bodenbeläge, wenige und einfache Treppen, geringe Spannweiten
+ **kostensteigernd:** Doppelboden, hochwertige Holz- und Natursteinbeläge, Metall- und Holzbekleidungen, Edelstahltreppen, hohe Anforderungen an Brandschutz, Schallschutz, Raumakustik und Optik, hohe Spannweiten

360 Dächer
- **kostenmindernd:** Einfache Geometrie, wenig Durchdringungen
+ **kostensteigernd:** Aufwändige Geometrie wie Mansarddach, Gauben, Metalldeckung, Glasdächer oder Glasoberlichter, begeh-/befahrbare Flachdächer, Begrünung, Schutzelemente wie Edelstahl-Geländer

Abb. 5 aus BKI Baukosten Gebäude: Kostenrelevante Baukonstruktionen

Die Mengen der 2. Ebene können alternativ statistisch mit den Planungskennwerten auf der vierten Seite jeder Gebäudeart näherungsweise ermittelt werden. (Abb. 6; aus BKI Baukosten Gebäude: Planungskennwerte)
Eine Tabelle zur Anwendung dieser Planungskennwerte ist unter:
www.bki.de/kostensimulationsmodell für Neubau als Excel-Tabelle erhältlich. Die Anwendung dieser Tabelle ist dort ebenfalls beschrieben.

Die Werte, die über dieses statistische Verfahren ermittelt werden, sind für die weitere Verwendung auf Plausibilität zu prüfen und anzupassen.

In BKI Baukosten Gebäude befindet sich auf der dritten Seite zu jeder Gebäudeart eine Aufschlüsselung nach Leistungsbereichen für eine überschlägige Aufteilung der Bauwerkskosten. (Abb. 7; BKI Baukosten Gebäude)

Für die Kostenaufstellung nach Leistungsbereichen existiert folgender Ansatz:
Bereits nach Kostengruppen ermittelte Kosten können prozentual, mit Hilfe der Angaben in den Prozentspalten, in die voraussichtlich anfallenden Leistungsbereiche aufgeteilt werden.

Die Ergebnisse dieser „Budgetierung" können die positionsorientierte Aufstellung der Leistungsbereichskosten nicht ersetzen. Für Plausibilitätsprüfungen bzw. grobe Kostenaussagen z. B. für Finanzierungsanfragen sind sie jedoch gut geeignet.

Planungskennwerte für Flächen und Rauminhalte nach DIN 277

Grundflächen		▷	Fläche/NUF (%)	◁	▷	Fläche/BGF (%)	◁
NUF	Nutzungsfläche	100,0	**100,0**	100,0	66,7	**68,0**	69,2
TF	Technikfläche	2,3	**2,9**	4,3	1,6	**1,9**	2,8
VF	Verkehrsfläche	18,5	**21,8**	23,4	12,5	**14,6**	16,3
NRF	Netto-Raumfläche	122,6	**124,7**	127,6	82,2	**84,5**	85,7
KGF	Konstruktions-Grundfläche	20,1	**22,9**	26,8	14,3	**15,5**	17,8
BGF	Brutto-Grundfläche	145,2	**147,6**	150,6	100,0	**100,0**	100,0

Brutto-Rauminhalte		▷	BRI/NUF (m)	◁	▷	BRI/BGF (m)	◁
BRI	Brutto-Rauminhalt	4,55	**4,86**	5,40	3,19	**3,30**	3,83

Flächen von Nutzeinheiten	▷	NUF/Einheit (m^2)	◁	▷	BGF/Einheit (m^2)	◁
Nutzeinheit: Arbeitsplätze	23,95	**26,96**	26,96	37,34	**40,14**	40,14

Lufttechnisch behandelte Flächen	▷	Fläche/NUF (%)	◁	▷	Fläche/BGF (%)	◁
Entlüftete Fläche	2,8	**2,8**	2,8	2,0	**2,0**	2,0
Be- und entlüftete Fläche	95,1	**95,1**	95,1	61,9	**61,9**	61,9
Teilklimatisierte Fläche	–	–	–	–	–	–
Klimatisierte Fläche	–	–	–	–	–	–

KG	Kostengruppen (2. Ebene)	Einheit	▷	Menge/NUF	◁	▷	Menge/BGF	◁
310	Baugrube / Erdbau	m^3 BGI	1,29	**1,39**	1,39	0,86	**0,93**	0,93
320	Gründung, Unterbau	m^2 GRF	0,82	**0,82**	0,82	0,56	**0,58**	0,58
330	Außenwände / vertikal außen	m^2 AWF	1,14	**1,14**	1,14	0,79	**0,79**	0,82
340	Innenwände / vertikal innen	m^2 IWF	1,40	**1,40**	1,57	0,82	**0,97**	0,97
350	Decken / horizontal	m^2 DEF	0,94	**0,94**	0,94	0,64	**0,64**	0,64
360	Dächer	m^2 DAF	0,93	**0,98**	0,98	0,68	**0,69**	0,69
370	Infrastrukturanlagen		–	–	–	–	–	–
380	Baukonstruktive Einbauten	m^2 BGF	1,45	**1,48**	1,51	1,00	**1,00**	1,00
390	Sonst. Maßnahmen für Baukonst.	m^2 BGF	1,45	**1,48**	1,51	1,00	**1,00**	1,00
300	**Bauwerk – Baukonstruktionen**	**m^2 BGF**	1,45	**1,48**	1,51	1,00	**1,00**	1,00

Abb. 6 aus BKI Baukosten Gebäude: Planungskennwerte

Büro- und Verwaltungsgebäude, einfacher Standard

Prozentanteile der Kosten für Leistungsbereiche nach STLB (Kosten Bauwerk nach DIN 276)

LB	Leistungsbereiche	7,5% 15% 22,5% 30%	▷	% an 300+400	◁
000	Baustellen-, Verkehrssich.- u. Sicherh.einr. inkl. 001		0,6	**1,9**	3,2
002	Erdarbeiten		1,5	**1,9**	2,5
006	Spezialtiefbauarbeiten inkl. 005		–	–	–
009	Entwässerungskanalarbeiten inkl. 011		0,3	**0,5**	0,9
010	Drän- und Versickerarbeiten		0,0	**0,1**	0,6
012	Mauerarbeiten		1,3	**5,0**	8,4
013	Betonarbeiten		16,0	**20,2**	23,5
014	Natur-, Betonwerksteinarbeiten		< 0,1	**0,2**	0,5
016	Zimmer- und Holzbauarbeiten		0,8	**3,3**	5,6
017	Stahlbauarbeiten		0,6	**3,7**	11,9
018	Abdichtungsarbeiten		0,4	**1,1**	2,8
020	Dachdeckungsarbeiten		2,1	**3,5**	4,6
021	Dachabdichtungsarbeiten		0,0	**0,3**	1,2
022	Klempnerarbeiten		0,8	**2,0**	3,3
	Rohbau		40,1	**43,6**	50,7
023	Putz- und Stuckarbeiten, Wärmedämmsysteme		1,6	**4,6**	7,0

Abb. 7 aus BKI Baukosten Gebäude: Kostenkennwerte für Leistungsbereiche

Kostenberechnung

In der DIN 276 wird für Kostenberechnungen festgelegt, dass die Kosten bis zur 3. Ebene der Kostengliederung ermittelt werden müssen. (Abb. 8; BKI Baukosten Bauelemente)

Für die Kostengruppen 380, 390 und 410 bis 490 ist lediglich die BGF zu ermitteln, da hier sämtliche Kostenkennwerte auf die BGF bezogen sind. Da in der Regel nicht in allen Kostengruppen Kosten anfallen und viele Mengenermittlungen mehrfach verwendet werden können, ist die Mengenermittlung der 3. Ebene ebenfalls mit relativ wenigen Mengen (ca. 15 bis 25) möglich. (Abb. 9; BKI Baukosten Bauelemente)

Eine besondere Bedeutung kann der 3. Ebene der DIN 276 beim Bauen im Bestand im Rahmen der Bewertung der mitzuverarbeitenden Bausubstanz zukommen, die auch in der aktualisierten HOAI 2021 enthalten ist. Denn erst in der 3. Ebene DIN 276 ist eine Differenzierung der Bauteile in die tragende Konstruktion und die Oberflächen (innen und außen) gegeben. Beim Bauen im Bestand sind häufig die Oberflächen zu erneuern. Wesentliche Teile der Gründung und der Tragkonstruktion bleiben faktisch unverändert, werden planerisch aber erfasst und mitverarbeitet. Deren Kostenanteile werden erst durch die Differenzierung der Kosten ab der 3. Ebene ablesbar. Daher können die Neubaukosten der 3. Ebene oft wichtige Kennwerte für die Bewertung der mitzuverarbeitenden Bausubstanz darstellen.

334
Außenwand-öffnungen

Einheit: m²
Außenwandöffnungsfläche

Gebäudeart	▷	€/Einheit	◁	KG an 300
1 Büro- und Verwaltungsgebäude				
Büro- und Verwaltungsgebäude, einfacher Standard	419,00	**491,00**	621,00	7,3%
Büro- und Verwaltungsgebäude, mittlerer Standard	785,00	**1.123,00**	2.043,00	11,7%
Büro- und Verwaltungsgebäude, hoher Standard	880,00	**1.287,00**	1.756,00	12,7%
Büro- und Verwaltungsgebäude, Holzbauweise	713,00	**874,00**	990,00	8,7%
2 Gebäude für Forschung und Lehre				
Instituts- und Laborgebäude	1.121,00	**1.514,00**	2.668,00	13,5%
3 Gebäude des Gesundheitswesens				
Medizinische Einrichtungen	481,00	**762,00**	903,00	8,9%
Pflegeheime	705,00	**956,00**	1.247,00	7,6%
Gebäude für Erholungszwecke	1.193,00	**1.442,00**	2.288,00	12,0%
4 Schulen und Kindergärten				
Allgemeinbildende Schulen	825,00	**1.186,00**	1.829,00	15,2%
Schulen, Holzbauweise	1.073,00	**1.437,00**	2.997,00	9,3%
Berufliche Schulen	876,00	**1.152,00**	1.593,00	10,9%
Förder- und Sonderschulen	924,00	**3.268,00**	12.597,00	13,0%
Weiterbildungseinrichtungen	1.315,00	**1.375,00**	1.469,00	19,0%
Kindergärten, nicht unterkellert, einfacher Standard	704,00	**911,00**	1.015,00	8,9%
Kindergärten, nicht unterkellert, mittlerer Standard	879,00	**1.048,00**	1.605,00	11,0%
Kindergärten, nicht unterkellert, hoher Standard	840,00	**1.052,00**	1.264,00	11,0%
Kindergärten, Holzbauweise, nicht unterkellert	790,00	**1.003,00**	1.224,00	8,1%
Kindergärten, unterkellert	967,00	**1.045,00**	1.240,00	10,0%

Abb. 8 aus BKI Baukosten Bauelemente: Kostenkennwerte der 3. Ebene

444 Niederspannungs-installationsanlagen

Gebäudeart	▷	€/Einheit	◁	KG an 400
1 Büro- und Verwaltungsgebäude				
Büro- und Verwaltungsgebäude, einfacher Standard	28,00	**46,00**	57,00	19,9%
Büro- und Verwaltungsgebäude, mittlerer Standard	85,00	**119,00**	175,00	18,8%
Büro- und Verwaltungsgebäude, hoher Standard	94,00	**125,00**	191,00	14,1%
Büro- und Verwaltungsgebäude, Holzbauweise	58,00	**105,00**	150,00	18,7%
2 Gebäude für Forschung und Lehre				
Instituts- und Laborgebäude	48,00	**107,00**	158,00	8,2%
3 Gebäude des Gesundheitswesens				
Medizinische Einrichtungen	97,00	**140,00**	222,00	18,1%
Pflegeheime	69,00	**104,00**	125,00	11,5%
Gebäude für Erholungszwecke	103,00	**149,00**	217,00	8,2%
4 Schulen und Kindergärten				
Allgemeinbildende Schulen	61,00	**92,00**	121,00	16,6%
Schulen, Holzbauweise	66,00	**98,00**	134,00	16,7%
Berufliche Schulen	97,00	**151,00**	197,00	17,4%
Förder- und Sonderschulen	92,00	**141,00**	306,00	22,3%
Weiterbildungseinrichtungen	91,00	**176,00**	345,00	20,0%

Abb. 9 aus BKI Baukosten Bauelemente: Kostenkennwerte der 3. Ebene für Kostengruppe 400

Kostenvoranschlag

Mit dem Begriff „Kostenvoranschlag" wird in der neuen DIN 276 gegenüber der Vorgängernorm ein neuer Begriff eingeführt. Der Kostenvoranschlag wird als die Ermittlung der Kosten auf der Grundlage der Ausführungsplanung und der Vorbereitung der Vergabe definiert. Die neue Kostenermittlungsstufe entspricht dem bisherigen „Kostenanschlag". Die DIN 276 fordert, dass die Gesamtkosten nach Kostengruppen in der 3. Ebene der Kostengliederung ermittelt und darüber hinaus nach technischen Merkmalen oder herstellungsmäßigen Gesichtspunkten weiter untergliedert werden. Anschließend sollen die Kosten in Vergabeeinheiten nach der für das jeweilige Bauprojekt vorgesehenen Vergabe- und Ausführungsstruktur geordnet werden. Diese Ordnung erleichtert es in den nachfolgenden Kostenermittlungen, dass die Angebote, Aufträge und Abrechnungen zusammengestellt, kontrolliert und verglichen werden können.

Für die geforderte Untergliederung der 3. Ebene sind die im Band „Bauelemente" enthaltenen BKI Elementarten besonders geeignet. Die darin enthaltene Aufteilung in Leistungsbereiche ermöglicht eine ausführungsorientierte Gliederung. Diese Leistungsbereiche können dann zu den geforderten projektspezifischen Vergabeeinheiten zusammengestellt werden.

334.20	**Fenstertüren**				
01	**AW Fenstertür, Holz, einflüglig, Fensterbank**	1.218,00	**1.388,00**	1.643,00	
	Einheit: St Öffnung				
	026 Fenster, Außentüren				91,1%
02	**AW Fenstertür, Holz, zweiflüglig, Fensterbank**	2.443,00	**2.690,00**	2.941,00	
	Einheit: St Öffnung				
	026 Fenster, Außentüren				92,4%

Abb. 10 aus BKI Baukosten Bauelemente: Kostenkennwerte für Elementarten

Kostenanschlag

Der Kostenanschlag ist nach Kostenrahmen, Kostenschätzung, Kostenberechnung und Kostenvoranschlag die fünfte Stufe der Kostenermittlungen nach DIN 276. Er dient den Entscheidungen über die Vergaben und die Ausführung. Die HOAI-Novelle 2013 beinhaltet in der Leistungsphase 6 „Vorbereitung der Vergabe" eine wesentliche Änderung: Als Grundleistung wird hier das „Ermitteln der Kosten auf Grundlage vom Planer bepreister Leistungsverzeichnisse" aufgeführt. Auch in der HOAI 2021 ist die Grundleistung unverändert enthalten. Nach der Begründung zur 7. HOAI-Novelle wird durch diese präzisierte Kostenermittlung und -kontrolle der Kostenanschlag entbehrlich. Dies heißt jedoch nicht, dass auf die 3. Ebene der DIN 276 verzichtet werden kann. Die 3. Ebene der DIN 276 und die BKI Elementarten sind wichtige Zwischenschritte auf dem Weg zu bepreisten Leistungsverzeichnissen.

335
Außenwand-bekleidungen, außen

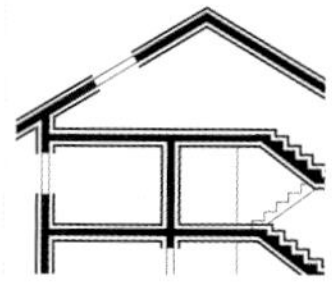

KG.OZ		▷	€/Einheit	◁	LB an EA
335.10	**Unterkonstruktion**				
01	**AW Sockelabdichtung, MDS, Sockelprofil**	59,00	**63,00**	72,00	
	Einheit: m² Sockelfläche				
	018 Abdichtungsarbeiten				66,4%
	023 Putz- und Stuckarbeiten, Wärmedämmsysteme				33,6%
02	**AW Abdichtung Bodenfeuchte, MDS**	50,00	**53,00**	61,00	
	Einheit: m² Abdichtungsfläche				
	018 Abdichtungsarbeiten				100,0%
03	**AW Abdichtung Bodenfeuchte, PMBC**	57,00	**61,00**	70,00	
	Einheit: m² Abdichtungsfläche				
	018 Abdichtungsarbeiten				100,0%
04	**AW Wärmedämmung, XPS 100, Noppenbahn**	74,00	**80,00**	91,00	
	Einheit: m² Bekleidungsfläche				
	018 Abdichtungsarbeiten				100,0%
05	**AW Wärmedämmung, XPS 120, Noppenbahn**	77,00	**83,00**	93,00	
	Einheit: m² Bekleidungsfläche				
	018 Abdichtungsarbeiten				100,0%

Abb. 11 aus BKI Baukosten Bauelemente: Kostenkennwerte für Elementarten

Positionspreise

Zum Bepreisen von Leistungsverzeichnissen, Vorbereitung der Vergabe sowie Prüfen von Preisen eignet sich der Band BKI Baukosten Positionen, Statistische Kostenkennwerte (Teil 3). In diesem Band werden Positionen aus den BKI-Positionsdatenbanken ausgewertet und tabellarisch mit Minimal-, Von-, Mittel-, Bis- sowie Maximalpreisen aufgelistet. Aufgeführt sind jeweils Brutto- und Nettopreise. (Abb. 12; BKI Baukosten Positionen)

Die Von-, Mittel-, Bis-Preise stellen dabei die übliche Bandbreite der Positionspreise dar. Minimal- und Maximalpreise bezeichnen die kleinsten und größten aufgetretenen Preise einer in den BKI-Positionsdatenbanken dokumentierten Position. Sie stellen jedoch keine absolute Unter- oder Obergrenze dar. Die Positionen sind gegliedert nach den Leistungsbereichen des Standardleistungsbuchs. Es werden Positionen für Rohbau, Ausbau, Technische Gebäudeausrüstung und Freianlagen dokumentiert.
Ergänzt werden die statistisch ausgewerteten Baupreise durch Mustertexte für die Ausschreibung von Bauleistungen. Diese werden von Fachautoren verfasst und i.d.R. von Fachverbänden geprüft. Die Verbände sind in der Fußzeile für den jeweiligen Leistungsbereich benannt. (Abb. 13; BKI Baukosten Positionen)

LB 012
Mauerarbeiten

012

Mauerarbeiten — **Preise €**

Nr.	Positionen	Einheit	►	▷	**ø brutto €** / ø netto €	◁	◄
1	Querschnittsabdichtung, Mauerwerk bis 15cm	m	1	3	**4**	5	8
			1	3	**3**	4	6
2	Querschnittsabdichtung, Mauerwerk bis 17,5cm	m	2	5	**6**	7	10
			2	4	**5**	6	8
3	Querschnittsabdichtung, Mauerwerk bis 24cm	m	3	5	**6**	8	13
			3	5	**5**	7	11
4	Querschnittsabdichtung, Mauerwerk bis 36,5cm	m	5	8	**9**	11	16
			4	7	**8**	9	13
5	Dämmstein, Mauerwerk, 11,5cm	m	33	46	**52**	61	80
			27	39	**44**	51	67
6	Dämmstein, Mauerwerk, 17,5cm	m	40	58	**65**	80	117
			33	48	**55**	67	99
7	Dämmstein, Mauerwerk, 24cm	m	55	77	**86**	109	159
			46	65	**72**	92	133
8	Dämmstein, KS-Mauerwerk, 11,5cm	m	32	38	**40**	43	47
			27	32	**33**	36	40

Abb. 12 aus BKI Baukosten Positionen: Positionspreise

LB 012
Mauerarbeiten

Nr. **Kurztext** / Langtext — Kostengruppe
► ▷ **ø netto €** ◁ ◄ [Einheit] Ausf.-Dauer Positionsnummer

A 1 Querschnittsabdichtung, Mauerwerk — Beschreibung für Pos. **1-4**

Querschnittsabdichtung in/unter Mauerwerkswänden aus Bitumenbahnen, gegen Bodenfeuchte und nichtdrückendes Wasser gem. DIN 18533; inkl. Abgleichen der Auflagerfläche.
Raumnutzungsklasse: RN1-E (geringe Anforderung)
Wassereinwirkungsklasse: W4-E (Bodenfeuchte am Wandsockel, sowie Kapillarwasser in und unter Wänden)
Rissklasse: R1-E (gering)
Rissüberbrückungsklasse: RÜ1-E (geringe Rissüberbrückung bis 0,2 mm)

1 Querschnittsabdichtung, Mauerwerk bis 15cm — KG **342**

Wie Ausführungsbeschreibung A 1
Mauerdicke: bis 15 cm
Abdichtung: Bitumendichtungsbahn G 200 DD

1€ 3€ **3€** 4€ 6€ [m] ⏱ 0,04h/m 012.000.093

Abb. 13 aus BKI Baukosten Positionen: Mustertexte

Detaillierte Kostenangaben zu einzelnen Objekten

In BKI Baukosten Gebäude existiert zu jeder Gebäudeart eine Objektübersicht mit den ausgewerteten Objekten, die zu den Stichproben beigetragen haben. (Abb. 14; BKI Baukosten Gebäude)

Diese Übersicht erlaubt den Übergang von der Kostenkennwertmethode auf der Grundlage einer statistischen Auswertung, wie sie in der Buchreihe "BKI Baukosten" gebildet wird, zur Objektvergleichsmethode auf der Grundlage einer objektorientierten Darstellung, wie sie in den "BKI Objektdaten" enthalten ist. Alle Objekte sind mit einer Objektnummer versehen, unter der eine Einzeldokumentation bei BKI geführt wird. Weiterhin ist angegeben, in welchem Fachbuch der Reihe BKI Objektdaten das betreffende Objekt veröffentlicht wurde.

Büro- und Verwaltungsgebäude, einfacher Standard

€/m² BGF

min	1.310	€/m²
von	1.450	€/m²
Mittel	**1.705**	**€/m²**
bis	2.090	€/m²
max	2.260	€/m²

Kosten:
Stand 1. Quartal 2025
Bundesdurchschnitt
inkl. 19% MwSt.

Objektübersicht zur Gebäudeart

1300-0276 Bürogebäude (41 AP) **BRI** 3.653m³ **BGF** 1.093m² **NUF** 732m²

Bürogebäude mit 41 Arbeitsplätzen. Mauerwerk.

Land: Schleswig-Holstein
Kreis: Steinburg
Standard: einfach
Bauzeit: 56 Wochen
Kennwerte: bis 1. Ebene DIN 276

BGF **2.067 €/m²**

Planung: Architekten und Ingenieure Bley und Voß PartGmbB; Breitenburg

veröffentlicht: BKI Objektdaten N18

1300-0139 Bürogebäude **BRI** 752m³ **BGF** 273m² **NUF** 196m²

Bürogebäude. Stb-Massivbau.

Land: Brandenburg
Kreis: Elbe-Elster
Standard: einfach
Bauzeit: 26 Wochen
Kennwerte: bis 3. Ebene DIN 276

BGF **1.683 €/m²**

Planung: Architekt (TU) Torsten Hensel; Finsterwalde

veröffentlicht: www.bki.de

1300-0106 Bürogebäude **BRI** 1.418m³ **BGF** 309m² **NUF** 222m²

Bürogebäude genutzt von einem Planungsbüro. Mauerwerksbau mit Stahl-Dachkonstruktion.

Land: Bayern
Kreis: Bad Kissingen
Standard: einfach
Bauzeit: 22 Wochen
Kennwerte: bis 3. Ebene DIN 276

BGF **1.791 €/m²**

Planung: k.A.

veröffentlicht: www.bki.de

Abb. 14 aus BKI Baukosten Gebäude: Objektübersicht

Erläuterungen

(1) (2)

LB 008
Wasserhaltungs-arbeiten

Wasserhaltungsarbeiten — **Preise €**

Nr.	Positionen	Einheit	►	▷	ø brutto € / ø netto €	◁	◄
1	Pumpensumpf, Betonfertigteil	St	293	587	**718**	826	1.139
			246	494	**603**	694	957
2	Tauchpumpe, Fördermenge bis 10m³/h	St	190	323	**379**	466	686
			160	271	**318**	391	577
3	Betrieb Tauchpumpe bis 10m³/h	h	4	9	**11**	12	14
			4	7	**9**	10	12
4	Saugpumpe, Fördermenge bis 20m³/h	St	256	514	**654**	839	1.139
			215	432	**550**	705	957
5	Betrieb Saugpumpe über 10m³/h	h	6	8	**9**	11	13
			5	7	**8**	9	11
6	Brunnenschacht, Grundwasserabsenkung	St	1.345	2.440	**2.646**	3.172	3.970
			1.130	2.051	**2.224**	2.666	3.336
7	Druckrohrleitung, DN100	m	17	21	**23**	27	32
			14	17	**19**	23	27
8	Saugleitung, DN100	m	13	19	**23**	29	36
			11	16	**19**	24	30
9	Stromaggregat, 10-30kVA	St	2.108	2.962	**3.357**	3.575	4.903
			1.772	2.489	**2.821**	3.004	4.120
10	Absetzbecken, Wasserhaltung	St	1.937	2.363	**3.123**	3.614	4.170
			1.628	1.986	**2.625**	3.037	3.504
11	Messeinrichtung, Wassermenge	St	260	472	**528**	614	910
			218	397	**444**	516	765
12	Wasserhaltung, Betrieb 10-20l/s	h	16	21	**22**	24	29
			13	17	**18**	20	24
13	Stundensatz, Facharbeiter/-in	h	66	73	**78**	82	88
			56	62	**66**	69	74

008

Kosten:
Stand 1. Quartal 2025
Bundesdurchschnitt

(3)

Nr. **Kurztext** / Langtext — Kostengruppe

► ▷ **ø netto €** ◁ ◄ [Einheit] Ausf.-Dauer Positionsnummer

(4) **1 Pumpensumpf, Betonfertigteil** — KG **313**

(5) Pumpensumpf aus Betonfertigteilringen herstellen, während der gesamten Bauzeit vorhalten und wieder entfernen, inkl. erforderlichem Aushub, seitlicher Lagerung und Wiederverfüllung.
Lage: innerhalb der Baugrube
Tiefe: bis 3,00 m
Durchmesser: DN1000
Lichter Sohlenquerschnitt: bis 1,00 m²
Boden: Homogenbereich ....., mit einer Bodengruppe, Bodengruppe: ..... DIN 18196
- Steinanteil: bis ..... % Massenanteil DIN EN ISO 14688-1
- Konsistenz DIN EN ISO 14688-1: .....
- Lagerungsdichte: .....

Aushubprofilprofil: .....

246€ 494€ **603€** 694€ 957€ [St] ⏱ 2,40h/St 008.000.002

(6) (7) (8)

► min
▷ von
ø Mittel
◁ bis
◄ max

(9)

Kostenstand: 1. Quartal 2025, Bundesdurchschnitt

Erläuterung nebenstehender Tabelle

Alle Kostenkennwerte werden mit und ohne Mehrwertsteuer dargestellt. Kostenstand: 1.Quartal 2025.
Kosten und Kostenkennwerte umgerechnet auf den Bundesdurchschnitt.

---

①

Leistungsbereichs-Titel

②

Datentabelle mit Angabe der Bauleistungen, der Einheit, des Minimal-Wertes, des von-Wertes, des Mittelwertes, des bis-Wertes und des Maximalwertes. Angaben jeweils mit MwSt. (1.Zeile) und ohne MwSt. (2.Zeile). Gerundete Werte. Die Ordnungsziffer verweist auf den zugehörigen Langtext.

③

Kostengruppen nach DIN 276. Die Angaben sind bei der Anwendung zu prüfen, da diese teilweise auf Positionsebene nicht zweifelsfrei zugeordnet werden können.

④

Ordnungsziffer für den Bezug zur Datentabelle. Mit A bezifferte Positionen sind Beschreibungen für die entsprechenden Folgepositionen.

⑤

Mustertexte als produktneutraler Positionstext für die Ausschreibung. Die durch Fettdruck hervorgehobenen bzw. mit Punktierung gekennzeichneten Textpassagen müssen in der Ausschreibung ausgewählt bzw. eingetragen werden um eindeutig kalkulierbar zu sein.

⑥

Abrechnungseinheit der Leistungspositionen

⑦

Ausführungsdauer der Leistung pro Stunde für die Terminplanung

⑧

Positionsnummer als ID-Kennung für das Auffinden des Datensatzes in elektronischen Medien

⑨

Name des prüfenden Fachverbandes, Anschriften siehe Seite 6-9.

310 Baugrube/Erdbau

- kostenmindernd:
Nur Oberboden abtragen, Wiederverwertung des Aushubs auf dem Grundstück, keine Deponiegebühr, kurze Transportwege, wiederverwertbares Aushubmaterial für Verfüllung

+ kostensteigernd:
Wasserhaltung, Grundwasserabsenkung, Baugrubenverbau, Spundwände, Baugrubensicherung mit Großbohrpfählen, Felsbohrungen, schwer lösbare Bodenarten oder Fels

320 Gründung, Unterbau

- kostenmindernd:
Kein Fußbodenaufbau auf der Gründungsfläche, keine Dämmmaßnahmen auf oder unter der Gründungsfläche

+ kostensteigernd:
Teurer Fußbodenaufbau auf der Gründungsfläche, Bodenverbesserung, Bodenkanäle, Perimeterdämmung oder sonstige, teure Dämmmaßnahmen, versetzte Ebenen, hoher Wasserandrang

330 Außenwände/Vertikale Baukonstruktionen, außen

- kostenmindernd:
(Monolithisches) Mauerwerk, Putzfassade, geringe Anforderungen an Statik, Brandschutz, Schallschutz und Optik

+ kostensteigernd:
Vorhangfassaden, Natursteinfassade, Pfosten-Riegel-Konstruktionen, Sichtmauerwerk, Passivhausfenster, Verblendmauerwerk, hochwertige Fenster oder Sonderverglasungen, Lärmschutzmaßnahmen, Sonnenschutzanlagen

340 Innenwände/Vertikale Baukonstruktionen, innen

- kostenmindernd:
Großer Anteil an Kellertrennwänden, Sanitärtrennwänden, einfachen Montagewänden, sparsame Verfliesung

+ kostensteigernd:
Hoher Anteil an mobilen Trennwänden, Schrankwänden, verglasten Wänden, Sichtmauerwerk, Ganzglastüren, Vollholztüren Brandschutztüren, sonstige hochwertige Türen, hohe Anforderungen an Statik, Brandschutz, Schallschutz, Raumakustik und Optik, Edelstahlgeländer, raumhohe Verfliesung

350 Decke/Horizontale Baukonstruktionen

- kostenmindernd:
Einfache Bodenbeläge, wenige und einfache Treppen, geringe Spannweiten

+ kostensteigernd:
Doppelboden, hochwertige Holz- und Natursteinbeläge, Metall- und Holzbekleidungen, Edelstahltreppen, hohe Anforderungen an Brandschutz, Schallschutz, Raumakustik und Optik, hohe Spannweiten

360 Dächer

- kostenmindernd:
Einfache Geometrie, wenig Durchdringungen

+ kostensteigernd:
Aufwändige Geometrie wie Mansarddach, Gauben, Metalldeckung, Glasdächer oder Glasoberlichter, begeh-/befahrbare Flachdächer, Begrünung, Schutzelemente wie Edelstahl-Geländer

380 Baukonstruktive Einbauten

+ kostensteigernd:
Hoher Anteil Einbauschränke, -regale und andere fest eingebaute Bauteile

390 Sonstige Maßnahmen für Baukonstruktionen

+ kostensteigernd:
Baustraße, Baustellenbüro, Schlechtwetterbau, Notverglasungen, provisorische Beheizung, aufwändige Gerüstarbeiten, lange Vorhaltzeiten

410 Abwasser-, Wasser-, Gasanlagen

- **kostenmindernd:**
Wenige, günstige Sanitärobjekte, zentrale Anordnung von Ent- und Versorgungsleitungen

+ **kostensteigernd:**
Barrierefreie Sanitärausstattung, Regenwassernutzungsanlage, Schmutzwasserhebeanlage, Benzinabscheider, Fett- und Stärkeabscheider, Druckerhöhungsanlagen, Enthärtungsanlagen

420 Wärmeversorgungsanlagen

+ **kostensteigernd:**
Solarkollektoren, Blockheizkraftwerk, Fußbodenheizung, Wärmepumpen mit Erdsonden/Erdkollektoren

430 Raumlufttechnische Anlagen

- **kostenmindernd:**
Einzelraumlüftung

+ **kostensteigernd:**
Klimaanlage, Wärmerückgewinnung

440 Elektrische Anlagen

- **kostenmindernd:**
Wenig Steckdosen, Schalter und Brennstellen

+ **kostensteigernd:**
Blitzschutzanlagen, Sicherheits- und Notbeleuchtungsanlage, Elektroleitungen in Leerrohren, Photovoltaikanlagen, Unterbrechungsfreie Ersatzstromanlagen, Zentralbatterieanlagen

450 Kommunikations-, sicherheits- und informationstechnische Anlagen

+ **kostensteigernd:**
Brandmeldeanlagen, Einbruchsmeldeanlagen, Video-Überwachungsanlage, Lautsprecheranlage, EDV-Verkabelung, Konferenzanlage, Personensuchanlage, Zeiterfassungsanlage

460 Förderanlagen

+ **kostensteigernd:**
Personenaufzüge (mit Glaskabinen), Lastenaufzug, Doppelparkanlagen, Fahrtreppen, Hydraulikanlagen

470 Nutzungsspezifische und verfahrenstechnische Anlagen

+ **kostensteigernd:**
Feuerlösch- und Meldeanlagen, Sprinkleranlagen, Feuerlöschgeräte, Küchentechnische Anlagen, Wasseraufbereitungsanlagen, Desinfektions- und Sterilisationseinrichtungen

480 Gebäude- und Anlagenautomation

+ **kostensteigernd:**
Überwachungs-, Steuer-, Regel- und Optimierungseinrichtungen zur automatischen Durchführung von technischen Funktionsabläufen

Häufig gestellte Fragen

Fragen zur Flächenberechnung (DIN 277):

1. Wie wird die BGF berechnet?	Die Brutto-Grundfläche ist die Summe der Grundflächen aller Grundrissebenen. Nicht dazu gehören die Grundflächen von nicht nutzbaren Dachflächen (Kriechböden) und von konstruktiv bedingten Hohlräumen (z. B. über abgehängter Decke). (DIN 277:2021-08) Bei den Gebäudearten Dachausbau und Aufstockung nur bezogen auf die Grundrissebene des Dachs.
2. Gehört der Keller bzw. eine Tiefgarage mit zur BGF?	Ja, im Gegensatz zur Geschossfläche nach § 20 Baunutzungsverordnung (BauNVo) gehört auch der Keller bzw. die Tiefgarage zur BGF.
3. Wie werden Luftgeschosse (z. B. Züblinhaus) nach DIN 277 berechnet?	Die Rauminhalte der Luftgeschosse zählen zum Regelfall der Raumumschließung (R) BRI (R). Die Grundflächen der untersten Ebene der Luftgeschosse und Stege, Treppen, Galerien etc. innerhalb der Luftgeschosse zählen zur Brutto-Grundfläche BGF (R). Vorsicht ist vor allem bei Kostenermittlungen mit Kostenkennwerten des Brutto-Rauminhalts geboten.
4. Welchen Flächen ist die Garage zuzurechnen?	Die Stellplatzflächen von Garagen werden zur Nutzungsfläche gezählt, die Fahrbahn ist Verkehrsfläche.
5. Wird die Diele oder ein Flur zur Nutzungsfläche gezählt?	Normalerweise nicht, da eine Diele oder ein Flur zur Verkehrsfläche gezählt wird. Wenn die Diele aber als Wohnraum genutzt werden kann, z. B. als Essplatz, wird sie zur Nutzungsfläche gezählt.
6. Zählt eine nicht umschlossene oder nicht überdeckte Terrasse einer Sporthalle, die als Eingang und Fluchtweg dient, zur Nutzungsfläche?	Die Terrasse ist nicht Bestandteil der Grundflächen des Bauwerks nach DIN 277. Sie bildet daher keine BGF und damit auch keine Nutzungsfläche. Die Funktion als Eingang oder Fluchtweg ändert daran nichts.

7. Zählt eine Außentreppe zum Keller zur BGF?

Wenn die Treppe allseitig umschlossen ist, z. B. mit einem Geländer, ist sie als Verkehrsfläche zu werten. Nach DIN 277:2021-08 gilt: Grundflächen und Rauminhalte sind nach ihrer Zugehörigkeit zu den folgenden Bereichen getrennt zu ermitteln: Regelfall der Raumumschließung (R): Räume und Grundflächen, die Nutzungen der Netto-Raumfläche entsprechend Tabelle 1 aufweisen und die bei allen Begrenzungsflächen des Raums (Boden, Decke, Wand) vollständig umschlossen sind. Dazu gehören nicht nur Innenräume, die von der Witterung geschützt sind, sondern auch solche allseitig umschlossenen Räume, die über Öffnungen mit dem Außenklima verbunden sind; Sonderfall der Raumumschließung (S): Räume und Grundflächen, die Nutzungen der Netto-Raumfläche entsprechend Tabelle 1 aufweisen und mit dem Bauwerk konstruktiv verbunden sind, jedoch nicht bei allen Begrenzungsflächen des Raums (Boden, Decke, Wand) vollständig umschlossen sind (z. B. Loggien, Balkone, Terrassen auf Flachdächern, unterbaute Innenhöfe, Eingangsbereiche, Außentreppen). Die Außentreppe stellt also demnach einen Sonderfall der Raumumschließung (S) dar. Wenn die Treppe allerdings über einen Tiefgarten ins UG führt, wird sie zu den Außenanlagen gezählt. Sie bildet dann keine BGF. Die Kosten für den Tiefgarten mit Treppe sind bei den Außenanlagen zu erfassen.

8. Ist eine Abstellkammer mit Heizung eine Technikfläche?

Es kommt auf die überwiegende Nutzung an. Wenn über 50% der Kammer zum Abstellen genutzt werden können, wird sie als Abstellraum gezählt. Es kann also Gebäude ohne Technikfläche geben.

9. Ist die NUF gleich der Wohnfläche?

Nein, die DIN 277 kennt den Begriff Wohnfläche nicht. Zur Nutzungsfläche gehören grundsätzlich keine Verkehrsflächen, während bei der Wohnfläche zumindest die Verkehrsflächen innerhalb der Wohnung hinzugerechnet werden. Die Abweichungen sind dadurch meistens nicht unerheblich.

Fragen zur Wohnflächenberechnung (WoFlV):

10. Wie wird die Wohnfläche (NE: Wohnfläche) bei Wohngebäuden bei BKI berechnet?

Die Berechnung der bei BKI auf der Startseite der Wohngebäude angegebenen "NE: Wohnfläche" erfolgt nach der Wohnflächenberechnung WoFlV.

11. Wird ein Hobbyraum im Keller zur Wohnfläche gezählt?	Wenn der Hobbyraum nicht innerhalb der Wohnung liegt, wird er nicht zur Wohnfläche gezählt. Beim Einfamilienhaus gilt: Das ganze Haus stellt die Wohnung dar. Der Hobbyraum liegt also innerhalb der Wohnung und wird mitgezählt, wenn er die Qualitäten eines Aufenthaltsraums nach LBO aufweist.
12. Wird eine Diele oder ein Flur zur Wohnfläche gezählt?	Wenn die Diele oder der Flur in der Wohnung liegt ja, ansonsten nicht.
13. In welchem Umfang sind Balkone oder Terrassen bei der Wohnfläche zu rechnen?	Balkone und Terrassen werden von BKI zu einem Viertel zur Wohnfläche gerechnet. Die Anrechnung zur Hälfte wird nicht verwendet, da sie in der WoFIV als Ausnahme definiert ist.
14. Zählt eine Empore/Galerie im Zimmer als eigene Wohnfläche oder Nutzungsfläche?	Wenn es sich um ein unlösbar mit dem Baukörper verbundenes Bauteil handelt, zählt die Empore mit. Anders beim nachträglich eingebauten Hochbett, das zählt zum Mobiliar. Für die verbleibende Höhe über der Empore ist die 1 bis 2m Regel nach WoFIV anzuwenden: „Die Grundflächen von Räumen und Raumteilen mit einer lichten Höhe von mindestens zwei Metern sind vollständig, von Räumen und Raumteilen mit einer lichten Höhe von mindestens einem Meter und weniger als zwei Metern sind zur Hälfte anzurechnen."

Fragen zur Kostengruppenzuordnung (DIN 276):

15. Wo werden Abbruchkosten zugeordnet?	Abbruchkosten ganzer Gebäude im Sinne von „Bebaubarkeit des Grundstücks herstellen" werden der KG 212 Abbruchmaßnahmen zugeordnet. Abbruchkosten einzelner Bauteile, insbesondere bei Sanierungen werden den jeweiligen Kostengruppen der 2. oder 3. Ebene (Wände, Decken, Dächer) zugeordnet. Wo diese Aufteilung nicht möglich ist, werden die Abbruchkosten der KG 394 Abbruchmaßnahmen zugeordnet, weil z. B. die Abbruchkosten verschiedenster Bauteile pauschal abgerechnet wurden. Analog gilt dies auch für die Kostengruppen 400 und 500.

16. Wo muss ich die Kosten des Aushubs für Abwasser- oder Wasserleitungen zuordnen?	Diese Kosten werden wie auch alle anderen Rohrgraben- und Schachtaushubskosten der KG 311 zugeordnet, sofern der Aushub unterhalb des Gebäudes anfällt. Die Kosten für Rohrgraben- und Schachtaushub zwischen Gebäudeaußenkante und Grundstücksgrenze gehören in die KG 511. Die Kosten des Rohrgraben- und Schachtaushubs innerhalb von Erschließungsflächen werden der KG 220 ff. oder KG 230 ff. zugeordnet.
17. Wie werden Eigenleistungen bewertet?	Nach DIN 276:2018-12, gilt: 4.2.11 Die Werte von unentgeltlich eingebrachten Gütern und Leistungen (z. B. Materialien, Eigenleistungen) sind den betreffenden Kostengruppen zuzurechnen, aber gesondert auszuweisen. Dafür sind die aktuellen Marktwerte dieser Güter und Leistungen zu ermitteln und einzusetzen. Nach HOAI §4 (2) gilt: Als anrechenbare Kosten nach Absatz 2 gelten ortsübliche Preise, wenn der Auftraggeber: • selbst Lieferungen oder Leistungen übernimmt • von bauausführenden Unternehmern oder von Lieferanten sonst nicht übliche Vergünstigungen erhält • Lieferungen oder Leistungen in Gegenrechnung ausführt oder • vorhandene oder vorbeschaffte Baustoffe oder Bauteile einbauen lässt.

Fragen zu Kosteneinflussfaktoren:

18. Welchen Einfluss hat die Konjunktur auf die Baukosten?	Der Einfluss der Konjunktur auf die Baukosten wird häufig überschätzt. Er ist meist geringer als der anderer Kosteneinflussfaktoren. BKI Untersuchungen haben ergeben, dass die Baukosten bei mittlerer Konjunktur manchmal höher sind als bei hoher Konjunktur.

19. Gibt es beim BKI Regionalfaktoren?

Der Anhang dieser Ausgabe enthält eine Liste der Regionalfaktoren aller deutschen Land- und Stadtkreise, sowie für die Nord- und Ostsee-Inseln. Die Faktoren wurden auf Grundlage von Daten aus den statistischen Landesämtern gebildet, die wiederum aus den Angaben der Antragsteller von Bauanträgen entstammen. Die Regionalfaktoren werden von BKI zusätzlich als farbiges Poster im DIN A1 Format angeboten.

Die Faktoren geben Aufschluss darüber, inwiefern die Baukosten in einer bestimmten Region Deutschlands teurer oder günstiger liegen als im Bundesdurchschnitt. Sie können dazu verwendet werden, die BKI Baukosten an das besondere Baupreisniveau einer Region anzupassen.

Die Angaben wurden durch Untersuchungen des BKI weitgehend verifiziert. Dennoch können Abweichungen zu den angegebenen Werten entstehen. In Grenznähe zu einem Land-Stadtkreis mit anderen Baupreisfaktoren sollte dessen Baupreisniveau mit berücksichtigt werden, da die Übergänge zwischen den Land-Stadtkreisen fließend sind. Die Besonderheiten des Einzelfalls können ebenfalls zu Abweichungen führen.

Siehe auch Benutzerhinweise, 10. Regionalisierung der Daten (Seite 12).

20. Standardzuordnung

Einige Gebäudearten werden vom BKI nach ihrem Standard in „einfach", „mittel" und „hoch" unterteilt. Diese Unterteilung wurde immer dann vorgenommen, wenn der Standard als ein wesentlicher Kostenfaktor festgestellt wurde. Grundsätzlich gilt, dass immer mehrere Kosteneinflussfaktoren auf die Kosten und damit auf die Kostenkennwerte einwirken. Einige dieser vielen Faktoren seien hier aufgelistet:

- Zeitpunkt der Ausschreibung
- Art der Ausschreibung
- Regionale Konjunktur
- Gebäudegröße
- Lage der Baustelle, Erreichbarkeit

usw.

Wenn bei einem Gebäude große Mengen an Bauteilen hoher Qualität die übrigen Kosteneinflussfaktoren überlagern, dann wird von einem „hohen Standard" gesprochen.

Für Gebäudearten mit Standardunterteilung gibt es in „BKI Baukosten Gebäude, Statistische Kostenkennwerte" zu Beginn der jeweiligen Gebäudeart ein Arbeitsblatt zur Standardeinordnung.

21. Wie gehe ich mit der aktuellen Baukostenentwicklung um?	Zur Bewertung aktueller Baukostenentwicklungen führen wir zusätzlich Befragungen zu regionalen Baukosten-Niveaus nach Leistungsbereichen durch. Die Ergebnisse stellen wir den Anwender*innen der BKI-Fachbuchreihe zur Verfügung, unter: *www.bki.de/baukostenentwicklungen*. Damit können die Risiken kurzfristiger Materialpreis- und Lohnkosten-Veränderungen verbessert prognostiziert werden, wie sie die normkonforme Kostenplanung nach DIN 276 verlangt.

Fragen zur Handhabung der von BKI herausgegebenen Bücher:

22. Ist die MwSt. in den Kostenkennwerten enthalten?	Bei allen Kostenkennwerten in „BKI Baukosten" ist die gültige MwSt. enthalten (zum Zeitpunkt der Herausgabe 19%). In „BKI Baukosten Positionen Neubau, Statistische Kostenkennwerte" und „BKI Baukosten Positionen Altbau, Statistische Kostenkennwerte" werden die Kostenkennwerte, wie bei Positionspreisen üblich, zusätzlich ohne MwSt. dargestellt. Kostenstand und MwSt. wird auf jeder Seite als Fußzeile angegeben.
23. Hat das Baujahr der Objekte einen Einfluss auf die angegebenen Kosten?	Nein, alle Kosten wurden über den Baupreisindex auf einen einheitlichen zum Zeitpunkt der Herausgabe aktuellen Kostenstand umgerechnet. Der Kostenstand wird auf jeder Seite als Fußzeile angegeben. Allenfalls sind Korrekturen zwischen dem Kostenstand zum Zeitpunkt der Herausgabe und dem aktuellen Kostenstand durchzuführen.
24. Wo finde ich weitere Informationen zu den einzelnen Objekten einer Gebäudeart?	Alle Objekte einer Gebäudeart sind einzeln mit Kurzbeschreibung, Angabe der BGF und anderer wichtiger Kostenfaktoren aufgeführt. Die Objektdokumentationen sind veröffentlicht in den Fachbüchern „Objektdaten" und können als PDF-Datei unter ihrer Objektnummer bei BKI bestellt werden, Telefon: 0711 954 854-41.
25. Was mache ich, wenn ich keine passende Gebäudeart finde?	In aller Regel findet man verwandte Gebäudearten, deren Kostenkennwerte der 2. Ebene (Grobelemente) wegen ähnlicher Konstruktionsart übernommen werden können.

26. Wo findet man Kostenkennwerte für Abbruch?

Im Fachbuch „BKI Baukosten Gebäude Altbau - Statistische Kostenkennwerte" gibt es Elementarten zu Abbruch und Demontagearbeiten.
Im Fachbuch „BKI Baukosten Positionen Altbau - Statistische Kostenkennwerte" gibt es Mustertexte für Teilleistungen zu „LB 384 - Abbruch und Rückbauarbeiten".
Im Fachbuch „BKI Baupreise kompakt Altbau" gibt es Positionspreise und Kurztexte zu „LB 384 - Abbruch und Rückbauarbeiten".
Die Mustertexte für Teilleistungen zu „LB 384 - Abbruch und Rückbauarbeiten" und deren Positionspreise sind auch auf der DVD BKI Positionen und im BKI Kostenplaner enthalten.

27. Warum ist die Summe der Kostenkennwerte in der Kostengruppen (KG) 310-390 nicht gleich dem Kostenkennwert der KG 300, aber bei der KG 400 ist eine Summenbildung möglich?

In den Kostengruppen 310-390 ändern sich die Einheiten (310 Baugrube/Erdbau gemessen in m^3, 320 Gründung, Unterbau gemessen in m^2); eine Addition der Kostenkennwerte ist nicht möglich. In den Kostengruppen 410-490 ist die Bezugsgröße immer BGF, dadurch ist eine Addition prinzipiell möglich.

28. Manchmal stimmt die Summe der Kostenkennwerte der 2. Ebene der Kostengruppe 400 trotzdem nicht mit dem Kostenkennwert der 1. Ebene überein; warum nicht?

Die Anzahl der Objekte, die auf der 1. Ebene dokumentiert werden, kann von der Anzahl der Objekte der 2. Ebene abweichen. Dann weichen auch die Kostenkennwerte voneinander ab, da es sich um unterschiedliche Stichproben handelt. Es fallen auch nicht bei allen Objekten Kosten in jeder Kostengruppe an (Beispiel KG 461 Aufzugsanlagen).

29. Nutzungskosten, Lebenszykluskosten

Seit 2010 bringt BKI in Zusammenarbeit mit dem Institut für Bauökonomie der Universität Stuttgart ein Fachbuch mit Nutzungskosten ausgewählter Objekte heraus. Die Reihe wird kontinuierlich erweitert. Das Fachbuch Nutzungskosten Gebäude 2020/2021 fasst einzelne Objekte zu statistischen Auswertungen zusammen.

30. Lohn- und Materialkosten

BKI dokumentiert Baukosten nicht getrennt nach Lohn- und Materialanteil.

31. Gibt es Angaben zu Kostenflächenarten?

Nein, BKI hält die Grobelementmethode für geeigneter. Solange Grobelementmengen nicht vorliegen, besteht die Möglichkeit der Ableitung der Grobelementmengen aus den Verhältniszahlen von Vergleichsobjekten (siehe Planungskennwerte und Baukostensimulation).

32. Sind die Inhalte von „BKI Baukosten Gebäude (Teil 1), Statistische Kostenkennwerte“ und „BKI Baukosten Bauelemente (Teil 2), Statistische Kostenkennwerte“ auch im Kostenplaner enthalten?

Ja, im BKI Kostenplaner Statistik sind alle Objekte mit den Kosten bis zur 3. Ebene nach DIN 276 enthalten.
Im BKI Kostenplaner Statistik plus sind zudem die vom BKI gebildeten Ausführungsklassen und Elementarten enthalten. Darüber hinaus ermöglicht der BKI Kostenplaner den Zugriff auf alle Einzeldokumentationen von tausenden Objekten.

33. Worin unterscheiden sich die Fachbuchreihen „BKI Baukosten“ und „BKI Objektdaten“

In der Fachbuchreihe BKI Objektdaten erscheinen abgerechnete Einzelobjekte eines bestimmten Teilbereichs des Bauens (A=Altbau, N=Neubau, E=Energieeffizientes Bauen, IR=Innenräume, F=Freianlagen). In der Fachbuchreihe BKI Baukosten erscheinen hingegen statistische Kostenkennwerte von Gebäudearten, die aus den Einzelobjekten gebildet werden.
Die Kostenplanung mit Einzelobjekten oder mit statistischen Kostenkennwerten haben spezifische Vor- und Nachteile:
Planung mit Objektdaten (BKI Objektdaten):

- Vorteil: Wenn es gelingt ein vergleichbares Einzelobjekt oder passende Bauausführungen zu finden ist die Genauigkeit besser als mit statistischen Kostenkennwerten. Die Unsicherheit, die der Streubereich (von-bis-Werte) mit sich bringt, entfällt.
- Nachteil: Passende Vergleichsobjekte oder Bauausführungen zu finden kann mühsam oder erfolglos sein.

Planung mit statistischen Kostenkennwerten (BKI Baukosten):

- Vorteil: Über die BKI Gebäudearten ist man recht schnell am Ziel, aufwändiges Suchen entfällt.
- Nachteil: Genauere Prüfung, ob die Mittelwerte übernommen werden können oder noch nach oben oder unten angepasst werden müssen, ist unerlässlich.

34. In welchen Produkten dokumentiert BKI Positionspreise?

Preise für Positionen mit statistischer Auswertung werden in „BKI Baukosten Positionen, Statistische Kostenkennwerte Neubau (Teil 3) und Altbau (Teil 5)" und „BKI Baupreise kompakt Neu- und Altbau" herausgegeben.
In Software-Form sind Preise mit den vorformulierten BKI-Mustertexten in der Software „BKI Kostenplaner - Statistik plus [Positionen]" und „BKI Positionen" enthalten.
Ausgewählte Positionspreise enthalten die Fachbücher „Konstruktionsdetails K1 bis K4", „Objektdaten Technische Gebäudeausrüstung G1 bis G7" sowie die BKI „Objektdaten Freianlagen".
Im Sonderband Objektdaten S2 - Barrierefreies Bauen erscheint eine Auswahl von besonderen Positionen zum Barrierefreien Bauen.

35. Worin unterscheiden sich die Bände N1 bis N20 (A1 bis A12)

Die Bücher unterscheiden sich lediglich durch die Auswahl der dokumentierten Einzelobjekte. Der Aufbau der Bände ist gleich. In der BKI Fachbuchreihe Objektdaten erscheinen in unregelmäßigen Abständen Folgebände mit neu dokumentierten Einzelobjekten. Speziell bei den Altbaubänden A1 bis A12 ist es nützlich, alle Bände zu besitzen, da es im Bereich Altbau notwendig ist, mit passenden Vergleichsobjekten zu planen. Je mehr Vergleichsobjekte vorhanden sind, desto höher ist die „Trefferquote". Bände der Fachbuchreihe Objektdaten sollten deshalb langfristig aufbewahrt werden.

BKI plant für zukünftige Ausgaben des vorliegenden Fachbuchs zusätzlich sogenannte Aufwandsdaten zu erfassen. Sofern ausreichend Daten akquiriert werden können, erfolgt die Publikation dieser Daten wie im Folgenden beschrieben:

36. Was ist mit Aufwandsdaten gemeint?	Aufwandsdaten stellen den Zeitaufwand für Produktivleistungen eines Architekturauftrags dar. Als Produktivleistungen gelten: • Beratung bzgl. Planung und die Ausführung des Bauvorhabens • Erstellung von Zeichnungen, Berechnungen und Beschreibungen • Koordination und Integration der Beiträge fachlich Beteiligter • Erstellung von Genehmigungsunterlagen • Vorbereitung und Mitwirken bei der Vergabe • Objektüberwachung und Mitwirken bei der Abnahme u.v.m. Produktivleistungen werden nicht nur von Mitarbeiter*innen, sondern auch von Inhaber*innen/Partner*innen und Dritten erbracht und den Personalaufwendungen zugeordnet. In den BKI-Objektdokumentationen werden – soweit vom Objektplaner angegeben – die Aufwandsdaten für Produktivleistungen der Leistungsphasen 1 bis 8 dargestellt. Die Angabe des Zeitaufwands erfolgt in Arbeitstagen (1 AT = 8 Stunden).

Diese Liste wird laufend erweitert und im Internet unter www.bki.de/faq-kostenplanung.html veröffentlicht.

Baukosten nach planungsorientierten und ausführungsorientierten Strukturen ermitteln

von Univ.-Prof. Dr.-Ing. Wolfdietrich Kalusche

Baukosten nach planungs-orientierten und ausführungsorientierten Strukturen ermitteln

Ein Beitrag von Wolfdietrich Kalusche

Vorbemerkung

Unter Kostenplanung im Bauwesen wird gemäß DIN 276:2018-12 die „Gesamtheit aller Maßnahmen der Kostenermittlung, der Kostenkontrolle und der Kostensteuerung" verstanden. Kostensicherheit wird zu Recht vom Bauherrn gefordert. Eine wesentliche Voraussetzung hierfür ist die Kostentransparenz. Hierbei geht es darum, „die Kosten und deren Entwicklung durch geeignete Darstellung erkennbar und nachvollziehbar zu machen."
[DIN 276:2018-12; S.4-5]

1. Strukturen im Projekt und bei der Kostenplanung

Vom Kostenrahmen als der ersten Kostenermittlung vor Beginn der Objekt- und Fachplanungen bis zum Abschluss des Projekts und der Kostenfeststellung nehmen das Wissen über das Projekt und die Menge der Kosteninformationen ständig zu. Die entsprechenden Kostenwerte und Bezugseinheiten ändern sich mehrfach.

Für die Kostenplanung werden unterschiedliche Gliederungen (nachfolgend: Strukturen) angewendet. Als bewährte Regelwerke stehen die planungsorientierte DIN 276:2018-12, Kosten im Bauwesen, und das ausführungsorientierte Standardleistungsbuch für das Bauwesen (STLB-Bau) zur Verfügung.

Bauvorhaben sind Projekte und die Kosten im Bauwesen können auch als Projektkosten bezeichnet werden. Die im Projektmanagement entwickelten Definitionen und Strukturen können zum großen Teil im Bauwesen angewendet werden.

Bauherrenaufgaben, Planungs- und Beratungsleistungen sowie Bauleistungen und Lieferungen benötigen Vorgaben. Sie erfolgen unter Bedingungen, die sich hinsichtlich der Funktion, der Zeit, des Ortes und in wirtschaftlicher oder rechtlicher Hinsicht unterscheiden. Die daraus entstehende Komplexität erfordert eine Strukturierung, die sich auf das Gesamtprojekt, dessen Vorbereitung, Planung, Durchführung und Abschluss bezieht. Inwieweit die Ausstattung des Objekts berücksichtigt werden soll, ist festzulegen.

Die notwendigen Strukturen sollen nach folgenden Gesichtspunkten angewendet werden:

- **Funktionsorientierte Strukturen:**
  Angesprochen sind die am Projekt Beteiligten. In Bezug auf die Ausführung kommen die Beauftragung an ausführende Unternehmen, dabei Fachlosvergabe, Vergabe an Generalunternehmer oder eine andere Form der Aufteilung (sogenannte Paketvergabe) in Betracht. Leistungen können – in gewissem Umfang – in Eigenerledigung durch den Auftraggeber (auch als Selbsthilfe bezeichnet) erbracht werden. Gegebenenfalls kommen mehrere Auftraggeber oder Eigentümer vor, z.B. eine Bauherrengemeinschaft oder mehrere Erwerber von Teilen des Objekts.
- **Objektorientierte Strukturen:**
  Oft bestehen Baukomplexe aus mehreren Objekten, z.B. Gebäude, Innenräume, Freianlagen, Verkehrsanlagen, Tragwerke und Anlagen der Technischen Ausrüstung. Sie können weiter in Neubau (Erstellung) und Altbau (Instandsetzung, Verbesserung, Abbruch und Beseitigung) unterschieden werden. Gebäude lassen sich zudem nach Funktionen, in Ebenen oder Geschosse, Nutzungseinheiten, Räume sowie Bauelemente und Anlagen und weiterhin nach Standards unterteilen.
- **Phasen- und ablauforientierte Strukturen:**
  Der gesamte Prozess des Planens und Bauens besteht aus Vorgängen, Abhängigkeiten und Dauern. Zu berücksichtigen sind Gesichtspunkte der Objekt- und Fachplanungen, der Baugenehmigung und der Finanzierung. In Bezug auf die Ausführung sind Bauabschnitte festzulegen sowie Vergabeverfahren, Kapazitäten der ausführenden Unternehmen, Jahreszeiten und die Witterung zu beachten.

Welche der beschriebenen Strukturen bei einem Bauvorhaben anzuwenden sind, hängt von der Komplexität, der Größe und der Dauer der Maßnahme ab. Der Bauherr soll die für sein Projekt erforderlichen Strukturen frühzeitig festlegen. Vorzugsweise lässt er sich dabei vom Architekten beraten. Viele der Regelwerke im Bauwesen, z.B. Gesetze, Normen, Verordnungen, enthalten geeignete Strukturen. Schaut man sich die vorhandenen Strukturen genauer an, sind vereinzelt Widersprüche oder Wahlmöglichkeiten zu erkennen. Sowohl in der HOAI als auch in der DIN 276 kommen Formulierungen wie „zum Beispiel" oder „beziehungsweise" vor. Dies betrifft unter anderem die planungsorientierten und die ausführungsorientierten Strukturen der Kostenplanung. Hierzu sind Entscheidungen zu treffen und vertraglich festzulegen.

2. Koordination, Mitwirkung und Integration bei der Kostenplanung

Alle Aufgaben der Kostenplanung werden arbeitsteilig erbracht. Den größten Teil davon übernimmt regelmäßig der Objektplaner, z.B. für Gebäude und Innenräume. Entsprechende Grundleistungen und normative Verweisungen sind in den Leistungsbildern der Honorarordnung für Architekten und Ingenieure (HOAI) enthalten. Sie werden in der Regel in die Verträge der an der Planung Beteiligten übernommen.

Der Bauherr hat grundsätzlich Mitwirkungspflichten auf Grund seiner Eigenschaft als Auftraggeber – auch für die Kostenplanung. Dazu gehören das Aufstellen des Kostenrahmens, die oberste Kontrolle der Projektkosten und erforderlichenfalls die Kostensteuerung. Die an der Planung fachlich Beteiligten wirken an der Kostenplanung ebenfalls mit. Die Fachingenieure für die Planung der technischen Ausrüstung übernehmen gleiche Aufgaben in Bezug auf die zu planende(n) Anlagengruppe(n), z.B. für die elektrischen Anlagen (KG 440 nach DIN 276). Auch der Fachingenieur für Tragwerksplanung hat bei der Kostenplanung mitzuwirken, jedoch selbst keine Kostenermittlung aufzustellen.

Dem Objektplaner obliegt die Koordination der an der Planung fachlich Beteiligten und die Integration von deren Beiträgen in die Gesamtplanung, auch bei der Kostenplanung. Zur Koordination gehört unter anderem die Vorgabe von Strukturen. Er hat zudem darauf zu achten, dass die genannten Beiträge vollständig und frei von Überschneidungen sind und rechtzeitig vorliegen. Der Einsatz einer einheitlichen Software sollte selbstverständlich sein. „Die Integration der Beiträge der weiteren Planungsbeteiligten schließt jeweils die Koordination in gewissem Sinne ab, um so als

Basis für weitere Arbeitsschritte dienen zu können. Integration bedeutet dabei jedoch nicht generell, dass die Beiträge der weiteren an der Planung Beteiligten in die eigene Planung übernommen werden müssen – aber natürlich sind sie zu berücksichtigen. Dabei obliegt dem Objektplaner jedoch nicht die fachtechnische Prüfung ihrer Beiträge. Solche fachtechnischen Kontrollpflichten können nicht in die Grundleistungen der Koordination und Integration „hineingelesen" werden. Eine Prüfung auf Plausibilität ist aber vorzunehmen."
[Siemon, K; Meier, F.: Koordinieren und Integrieren, in DAB 09/2015. Koordinieren und integrieren – DAB online | Deutsches Architektenblatt, aufgerufen am 09.02.2021]

3. Stufen der Kostenermittlung und deren Strukturen

Die Kostengliederung der DIN 276 umfasst die Gesamtkosten eines Bauprojekts einschließlich Grundstück, vorbereitender Maßnahmen, Ausstattung, Baunebenkosten und Finanzierung. Das gilt für alle Stufen der Kostenermittlung.

Projektvorbereitung (Bedarfsplanung und LPH 1)

Der Kostenrahmen – zum Klären der Aufgabenstellung – in der Grundlagenermittlung (LPH 1) soll vorzugsweise das Ergebnis einer vom Bauherrn oder Nutzer erstellten Bedarfsplanung sein. Entsprechend DIN 276:2018-12 werden die Gesamtkosten in der ersten Ebene der Kostengliederung (planungsorientiert) unterteilt.

Planung (LHP 2-4)

In der Vorplanung (LPH 2) werden die Kosten – so auch die des Bauwerks und der Außenanlagen oder Freiflächen entsprechend der Geometrie und nach den Bauelementen (Gründung, Wände, Decken, Dach, Technische Anlagen, Pflanzen etc.) – in der zweiten Ebene der Kostengliederung unterteilt. Ob zum Beispiel das Tragwerk eines Gebäudes aus Mauerwerk, Beton, Holz oder Stahl bestehen wird oder wie Deckenbeläge ausgeführt werden sollen, kann in der Vorplanung mit der Kostenschätzung weitgehend offenbleiben. Bei der Entwurfsplanung (LPH 3) sind bereits erste Festlegungen oder wenigstens Annahmen zu Baustoffen, Produkten und Bauverfahren zu treffen. Für die Kostenberechnung sind diesbezügliche Erläuterungen unverzichtbar. Grundsätzlich wird in dieser Leistungsphase die planungsorientierte Kostengliederung nach DIN 276, hier in der dritten Ebene der Kostengliederung, beibehalten.

Ausführungsvorbereitung (LHP 5-7) und Ausführung (LPH 8)

Für die Gliederung der Kosten im Bauwesen werden in der DIN 276 über die Kostengruppen hinaus ausführungsorientierte weitere Strukturen vorgegeben: technische Merkmale oder herstellungsgemäße Gesichtspunkte, Vergabeeinheiten und für das Bauprojekt festgelegte Strukturen. Weiter sind die Bauleistungen bei der Leistungsbeschreibung mit Leistungsverzeichnis mindestens nach Leistungsbereichen und Leistungspositionen zu unterteilen. Spätestens zur Ausführungsvorbereitung – LPH 5 (Ausführungsplanung) bis LPH 7 (Mitwirken der Vergabe) – sind die Bauleistungen ausführungsorientiert zu gliedern. Das Standardleistungsbuch für das Bauwesen STLB-Bau enthält mit den Leistungsbereichen (LB) eine geeignete ausführungsorientierte Struktur.

Die DIN 276:2018-12 gibt je nach Stufe der Kostenermittlung planungsorientierte und ausführungsorientierte Strukturen vor. Bis einschließlich der Kostenberechnung sind die Kosten grundsätzlich nach Kostengruppen (planungsorientiert) zu unterteilen. Die Gliederung nach Kostengruppen ist jedoch nicht zwingend, hierzu der Hinweis in der Norm:

„In geeigneten Fällen und bei den dafür geeigneten Kostengruppen (z.B. KG 300 Bauwerk – Baukonstruktionen), können die Kosten vorrangig ausführungsorientiert gegliedert werden. Dabei können bereits die Kostengruppen der ersten Ebene der Kostengliederung nach ausführungs- oder gewerkeorientierten Strukturen unterteilt werden. Diese Unterteilung entspricht der zweiten Ebene der Kostengliederung. Hierfür können die Gliederungen z.B. in Leistungsbereiche entsprechend dem Standardleistungsbuch (STLB-Bau) oder in Gewerke (ATV) nach VOB Teil C verwendet werden."
[DIN 276:2018-12, S. 13]

(→Tab. 1)

Für die weiteren Stufen der Kostenermittlungen nach der Kostenberechnung heißt es unter anderem in der Norm:

- „Im Kostenvoranschlag müssen die Gesamtkosten nach Kostengruppen in der dritten Ebene der Kostengliederung ermittelt und darüber hinaus nach technischen Merkmalen oder herstellungsmäßigen Gesichtspunkten weiter untergliedert werden. Unabhängig von der Art der Ermittlung bzw. dem jeweils gewählten Kostenermittlungsverfahren müssen die ermittelten Kosten auch nach den für das Bauprojekt vorgesehenen Vergabeeinheiten geordnet werden, damit die Angebote, Aufträge und Abrechnungen (einschließlich der Nachträge) aktuell zusammengestellt, kontrolliert und verglichen werden können."
[DIN 276:2018-12, S. 10]
- „Im Kostenanschlag müssen die Kosten nach den für das Bauprojekt im Kostenvoranschlag festgelegten Vergabeeinheiten zusammengestellt und geordnet werden."
[DIN 276:2018-12, S. 11]
- „In der Kostenfeststellung müssen die Gesamtkosten nach Kostengruppen bis zur dritten Ebene der Kostengliederung bzw. nach der für das Bauprojekt festgelegten Struktur des Kostenanschlags unterteilt werden."
[DIN 276:2018-12, S. 11]

Die Strukturen folgen den Zielsetzungen und dem jeweiligen Umfang der Kostenwerte und sind nicht durchgängig gleich. Was bedeutet „technische Merkmale", was ist unter „herstellungsmäßigen Gesichtspunkten" oder unter „Vergabeeinheiten" zu verstehen? Antworten auf diese Fragen finden sich auf den folgenden Seiten.

LPH	Stufen der Kostenermittlung (Kostenvoranschlag und Kostenanschlag in mehreren Schritten)					
	Bauherr	**Objektplaner, Mitwirken der an der Planung fachlich Beteiligten**				
1	**Kostenrahmen** Kostengruppen in der ersten Ebene der Kostengliederung					
2		**Kostenschätzung** Kostengruppen in der zweiten Ebene der Kostengliederung				
3			**Kostenberechnung** Kostengruppen in der dritten Ebene der Kostengliederung			
4						
5				**Kostenvoranschlag** Kostengruppen in der dritten Ebene der Kostengliederung,technische Merkmale oder herstellungsmäßige Gesichtspunkte,vorgesehene Vergabeeinheiten		
6						
7					**Kostenanschlag** festgelegte Vergabeeinheiten	
8						**Kostenfeststellung** Kostengruppen in der dritten Ebene der Kostengliederung bzw. für das Bauprojekt festgelegten Struktur des Kostenanschlags
9						

Tab. 1: Planungsorientierte und ausführungsorientierte Strukturen der Kostenplanung nach DIN 276:2018-12, zugeordnet den Leistungsphasen (LPH) nach HOAI 2021.

3.1 Vertiefte Kostenberechnung mit Leistungsbereichen – Besondere Leistung

Über die Kostengliederung der DIN 276 hinaus können die Kosten in weitere Ebenen untergliedert werden [(vgl. DIN 276:2018-12, S. 13)]. Als weiterführende Struktur bieten sich die Leistungsbereiche entsprechend dem Standardleistungsbuch (STLB-Bau) oder die Gewerke (ATV) nach VOB Teil C an.

Alternativ zur Kostengliederung ist zum Beispiel für die Bauwerkskosten (KG 300+KG 400 nach DIN 276) ab der ersten oder der zweiten Ebene der Kostengliederung die weitergehende Unterscheidung der Kosten nach Leistungsbereichen möglich. Unabhängig davon kann die Erweiterung der vollständigen planungsorientierten Kostengliederung (dritte Ebene) um eine ausführungsorientierte vierte Ebene der Kostengliederung erfolgen. Das kann neben den hier behandelten Leistungsbereichen (LB) ebenso die Gliederung nach Vergabeeinheiten sein (vgl. Definition von Vergabeeinheiten in 3.4).

Die Erweiterung der Kostengliederung erhöht die Kostengenauigkeit und damit die Kostensicherheit wesentlich. Sie ist jedoch mit einem hohen Aufwand verbunden. Insofern kann es zweckmäßig sein, wenn nur ausgewählte Kosten betrachtet werden. Für die Kostenplanung des Ausbaus ist dieser Mehraufwand oft gerechtfertigt.

Bei z.B. Deckenbelägen, Innenwandbekleidungen und Deckenbekleidungen von exklusiven Wohnanlagen, Shoppingmalls oder Krankenhausbauten kommt das in Betracht. Denn die Anforderungen an die Baukonstruktionen solcher Gebäude können hinsichtlich Funktion, Gestaltung und anderen Merkmalen sowie entsprechende Kostenvorgaben sehr unterschiedlich sein. Ab der Entwurfsplanung sind solche Überlegungen anzuraten.

(→Tab. 2)

Kostengruppen und Leistungsbereiche der Leistungspositionen – Deckenbeläge
KG 353 Deckenbeläge
LB 012 Mauerarbeiten
LB 014 Naturstein-, Betonwerksteinarbeiten
LB 016 Zimmer- und Holzbauarbeiten
LB 024 Fliesen- und Plattenarbeiten
LB 025 Estricharbeiten
LB 028 Parkett-, Holzpflasterarbeiten
LB 031 Metallbauarbeiten
LB 034 Maler- und Lackierarbeiten - Beschichtungen
LB 036 Bodenbelagarbeiten
LB 039 Trockenbauarbeiten
[...]

Tab. 2: KG 353 Deckenbeläge erweitert um ausgewählte Leistungsbereiche. Anmerkung: Die Gründungsbeläge (KG 324) von Kellerräumen können einbezogen werden.

Soll das Objekt vorerst nicht vollständig ausgebaut werden, kann anstelle eines Leistungsbereichs der Vermerk „(vorerst) nicht ausgebaut" eingetragen werden. Die Gesamtfläche der Deckenbeläge (und Gründungsbeläge) wird daneben häufig als Bezugseinheit für die Baureinigungsarbeiten (LB 033) herangezogen. Die hier beschriebene Erweiterung –, unabhängig davon, ob eine Kostenberechnung oder eine Kostenschätzung zugrunde liegt, soll als Besondere Leistung vergütet werden.

Die **Tabellen 3** und **4** zeigen beispielhaft, wie Bauelemente in der dritten Ebene der Kostengliederung mit Leistungsbereichen kombiniert werden können und umgekehrt.

Kostengruppen und Leistungsbereiche der Leistungspositionen – Beispiel Innenwände
KG 341 Tragende Innenwände
LB 012 Mauerarbeiten
LB 013 Betonarbeiten
LB 016 Zimmer- und Holzbauarbeiten
LB 017 Stahlbauarbeiten
KG 342 Nichtragende Innenwände
LB 012 Mauerarbeiten
LB 039 Trockenbauarbeiten
KG 343 Innenstützen
LB 012 Mauerarbeiten
LB 013 Betonarbeiten
LB 016 Zimmer- und Holzbauarbeiten
KG 344 Innenwandöffnungen
LB 031 Metallbauarbeiten
LB 032 Verglasungsarbeiten
LB 034 Maler- und Lackierarbeiten – Beschichtungen
LB 039 Trockenbauarbeiten
KG 345 Innenwandbekleidungen
LB 024 Fliesen- und Plattenarbeiten
LB 034 Maler- und Lackierarbeiten – Beschichtungen
LB 037 Tapezierarbeiten
LB 039 Trockenbauarbeiten
KG 346 Elementierte Innenwände
LB 031 Metallbauarbeiten
LB 039 Trockenbauarbeiten

Tab. 3: Gegenüberstellung von Kostengruppen (KG) und Leistungsbereichen (LB) der Leistungspositionen – Beispiel Innenwände.

Leistungsbereiche der Leistungspositionen und Kostengruppen – Beispiel Innenwände
LB 012 Mauerarbeiten
KG 341 Tragende Innenwände
KG 342 Nichtragende Innenwände
KG 343 Innenstützen
LB 013 Betonarbeiten
KG 341 Tragende Innenwände
KG 343 Innenstützen
LB 016 Zimmer- und Holzbauarbeiten
KG 341 Tragende Innenwände
KG 342 nichttragende Innenwände
KG 343 Innenstützen
LB 017 Stahlbauarbeiten
KG 341 Tragende Innenwände
LB 031 Metallbauarbeiten
KG 344 Innenwandöffnungen
KG 346 Elementierte Innenwände
LB 032 Verglasungsarbeiten
KG 344 Innenwandöffnungen
LB 034 Maler- und Lackierarbeiten – Beschichtungen
KG 344 Innenwandöffnungen
KG 345 Innenwandbekleidungen
LB 037 Tapezierarbeiten
KG 345 Innenwandbekleidungen
LB 039 Trockenbauarbeiten
KG 342 Nichtragende Innenwände
KG 344 Innenwandöffnungen
KG 345 Innenwandbekleidungen
KG 346 Elementierte Innenwände

Tab. 4: Gegenüberstellung von Leistungsbereichen (LB) der Leistungspositionen und Kostengruppen (KG) – Beispiel Innenwände.

3.2 Technische Merkmale (Elementarten der Bauelemente nach BKI)

Mit der Untergliederung der Kosten nach technischen Merkmalen sind die Elementarten gemeint, ohne dass die DIN 276 diesen Begriff regelrecht einführt oder verwendet. Die Elementarten stellen für die Kostengruppe „300 Bauwerk-Baukonstruktionen" gewissermaßen eine weitere Ebene der Kostengliederung dar, die jedoch nicht normativ festgelegt ist.

Anmerkung: Die Kostenermittlung nach Elementarten wird als erster Schritt des Kostenanschlags der LPH 5 (Ausführungsplanung) zugeordnet.

Kostenkennwerte nach Elementarten (AA) – Gründungsbeläge (KG 324)

KG.OZ	▷	€/Einheit	◁	LB an EA
324.10 Beschichtung				
01 **GR Bodenbeschichtung, Beton, Acryl**	23,00	**25,00**	29,00	
Einheit: m² Beschichtungsfläche				
034 Maler- und Lackierarbeiten - Beschichtungen				100,0%

Kostenstand: 1.Quartal 2025, Bundesdurchschnitt, **inkl. 19% MwSt.**

Tab. 5a: Technische Merkmale bei Kostenkennwerten nach Elementarten (EA).
(BKI (Hrsg.): Baukosten Bauelemente T2 Neubau 2025. Statistische Kostenkennwerte, S. 531)

KG.OZ	▷	€/Einheit	◁	LB an EA
324.30 Fliesen und Platten				
01 **GR Bodenfliesen, 20x20cm, Sockelfliesen**	122,00	**136,00**	153,00	
Einheit: m² Belagfläche				
024 Fliesen- und Plattenarbeiten				100,0%

Kostenstand: 1.Quartal 2025, Bundesdurchschnitt, **inkl. 19% MwSt.**

Tab. 5b: Technische Merkmale bei Kostenkennwerten nach Elementarten (EA).
(BKI (Hrsg.): Baukosten Bauelemente Neubau 2025. Statistische Kostenkennwerte, S. 532)

KG.OZ	▷	€/Einheit	◁	LB an EA
324.60 Textil				
01 **GR Textilbelag, Nadelvlies, Sockelleiste**	63,00	**68,00**	81,00	
Einheit: m² Belagfläche				
036 Bodenbelagarbeiten				100,0%
02 **GR Textilbelag, Kugelgarn, Sockelleiste**	80,00	**87,00**	114,00	
Einheit: m² Belagfläche				
036 Bodenbelagarbeiten				100,0%

Kostenstand: 1.Quartal 2025, Bundesdurchschnitt, **inkl. 19% MwSt.**

Tab. 5c: Technische Merkmale bei Kostenkennwerten nach Elementarten (EA).
(BKI (Hrsg.): Baukosten Bauelemente Neubau 2025. Statistische Kostenkennwerte, S. 533)

3.3 Kostenplanung mit Leistungsbereichen (LB)

Das Baukosteninformationszentrum Deutscher Architektenkammern (BKI) bereitet nicht nur Kostenkennwerte auf, bei denen die Kosten nach Kostengruppen unterteilt werden, um daraus Kostenkennwerte mit Bezugseinheiten wie Nutzeinheiten, Grundflächen und Rauminhalte zu bilden. Für jede Gebäudeart werden zusätzlich Kostenkennwerte aufgestellt, welche die anteiligen Bauwerkskosten der Leistungsbereiche nach STLB-Bau abbilden. Als Bezugseinheit dient hierbei die Brutto-Grundfläche (BGF).

Auf dieser Grundlage können bereits bei der Vorplanung oder der Entwurfsplanung ausführungsorientierte Kostenermittlungen erstellt werden. Diese können hinsichtlich der Systematik und der Genauigkeit ebenso den Anforderungen der DIN 276:2018-12 entsprechen. Es ist bekannt, dass z.B. Bauträger, die wiederholt gleichartige Gebäude realisieren, damit eine für sie ausreichende Kostensicherheit erhalten.

Empfohlen wird die Kostenplanung mit Leistungsbereichen für die folgenden Fälle:

- Überprüfung von Kostenermittlungen, die nach anderen Kostenermittlungsverfahren aufgestellt wurden, auch wenn dies mit so bezeichneten Mehrwertverfahren erfolgt ist, z.B. als Kostenschätzung (Gliederung der Kosten in die zweite Ebene der Kostengliederung) oder Kostenberechnung (Gliederung der Kosten in der dritten Ebene der Kostengliederung) nach DIN 276:2018-12.
- Erweiterung der Gliederung von Kostenwerten oder Kostenermittlungen nach vorzugsweise der dritten Ebene der Kostengliederung. Damit entsteht eine Struktur, die sowohl der Geometrie des Objekts und den Bauelementen genügt als auch ausführungsorientiert ist (vgl. nachfolgend die Erweiterung der KG 353 Deckenbeläge durch Untergliederung in Leistungsbereiche).
- Bewertung frühzeitig definierter Vergabeeinheiten durch Zuordnung und Zusammenfassung von Leistungsbereichen und entsprechenden Kostenkennwerten (€ LB/m² BGF) als eine Grundlage für die Einschätzung einer Vergabeeinheit.
- Vertiefte Untersuchung kostenrelevanter Konstruktionen – im Sinne einer ABC-Analyse –zur Erhöhung der Kostentransparenz. Je nach Gebäudeart können das zum Beispiel sein: Kosten der Betonarbeiten (LB 013) bei Tiefgaragen oder Kosten der Raumlufttechnischen Anlagen (LB 075) bei Instituts- und Laborgebäuden

Die Kostenkennwerte zu den Leistungsbereichen werden unter anderem im jährlich erscheinenden Band Baukosten Gebäude Neubau veröffentlicht. Dargestellt werden die Leistungsbereiche zu den Baukonstruktionen (KG 300 nach DIN 276) und den technischen Anlagen (KG 400 nach DIN 276), also den Bauwerkskosten (KG 300+400 nach DIN 276).

Die für Gebäude und Innenräume in Betracht kommenden Leistungsbereiche werden in den BKI-Produkten wie folgt aufgeteilt:

- Rohbau: Sicherheitseinrichtungen, Baustelleneinrichtungen (LB 000) bis Klempnerarbeiten (LB 022)
- Ausbau: Putz- und Stuckarbeiten, Wärmedämmsysteme (LB 023) bis Trockenbauarbeiten (LB 039)
- Technische Anlagen (Gebäudetechnik): Wärmeversorgungsanlagen – Betriebseinrichtungen (LB 040) bis Raumlufttechnische Anlagen (LB 075)

Die Unterscheidung der Bauwerkskosten in den Rohbau, den Ausbau und die Technischen Anlagen – gleichbedeutend als Gebäudetechnik bezeichnet – ist im Vergleich mit den anderen Strukturen einfach und praktisch. Für den Begriff Rohbau gibt es unterschiedliche Definitionen und Auslegungen. In einzelnen Landesbauordnungen, z.B. der Bauordnung des Landes Nordrhein-Westfalen (BauO NRW), wird der Rohbau in § 84 – Bauzustandsbesichtigung, Aufnahme der Nutzung – definiert: „Der Rohbau ist fertiggestellt, wenn die tragenden Teile, Schornsteine, Brandwände und die Dachkonstruktion vollendet sind."
[BauO NRW 2018 § 84 Absatz 3]

In der Terminplanung werden abweichend zum Rohbau gemäß Bauordnung mehrere Rohbaustufen beschrieben, um die Bedingungen für das Bauen in Abhängigkeit von den jahreszeitlichen Witterungsverhältnissen einzubeziehen:

- regenfester Rohbau (Dach und Entwässerung, keine Nässe im Gebäude)
- wetterfester Rohbau (geschlossene Gebäudehülle, kein Wind und keine Nässe)
- winterfester Rohbau (Mindesttemperaturen im Gebäude für den nassen Ausbau)

[Kalusche, W. (Hrsg.): BKI Handbuch Terminplanung für Architekten, Stuttgart 2020, S. 436]

Bei der Verwendung des Begriffs Rohbau in den BKI-Produkten handelt es sich um einen „regenfesten Rohbau". Darin sind die Baustelleneinrichtung und notwendige Gerüstarbeiten eingeschlossen. Für grundsätzliche Überlegungen zur Planung und Ausführung von Bauvorhaben ist diese Unterscheidung ausreichend. Die Aufteilung der Bauwerkskosten nach Leistungsbereichen in die Bereiche Rohbau, Ausbau und Technische Anlagen ist einfach und übersichtlich (vgl. **Tabelle 7**).

Die Anteile der Kosten von Rohbau, Ausbau und Technischen Anlagen an den Bauwerkskosten fallen je nach Gebäudeart unterschiedlich aus. Sie werden als Kostenwerte und in Prozent der Bauwerkskosten pro Brutto-Grundfläche (BGF) angegeben. Die Summe der Werte ergibt nicht immer hundert Prozent, denn weitere Bauleistungen von geringem Umfang sind nicht enthalten, z.B. manchmal die Wasserhaltungsarbeiten (LB 008).

Die Unterschiede der Kostenanteile werden anhand von Beispielen veranschaulicht (siehe vor allem **Tabelle 6**). Es handelt sich bei den Prozentangaben um Mittelwerte. Auf die Angabe der Von-bis-Werte wurde an dieser Stelle verzichtet. Für die Einschätzung von Kostenanteilen eines Kostenrahmens, für die Überprüfung auf Plausibilität einer Kostenschätzung, einer Kostenberechnung sollen diese Werte eine erste Orientierung bieten.

Wie groß können die Unterschiede insgesamt sein? Das zeigen die folgenden Angaben:

(regenfester) Rohbau, jeweils kleinster und größter Mittelwert von zwei Gebäudearten
- Instituts- und Laborgebäude mit 26,1 %
- Hochgaragen mit 71,3 %

Ausbau, jeweils kleinster und größter Mittelwert von zwei Gebäudearten
- Einzel- und Doppelgaragen mit 6,5 %
- Büro- und Verwaltungsgebäude, hoher Standard mit 39,0 %

Technische Anlagen, jeweils kleinster und größter Mittelwert von zwei Gebäudearten
- Einzel- und Doppelgaragen mit 1,1 %
- Instituts- und Laborgebäude mit 39,1 %

Forschungsgebäude mit Werten für die Technischen Anlagen von deutlich über 50 % sind dem Verfasser bekannt, aber nicht in der vorliegenden Datensammlung enthalten.

(→Tab. 6)

3.4 Unterteilung der Kosten nach Vergabeeinheiten

Ab dem Kostenanschlag „müssen die Kosten nach den für das Bauprojekt im Kostenvoranschlag festgelegten Vergabeeinheiten zusammengestellt und geordnet werden."
[DIN 276:2018-12, S. 11]

Eine Vergabeeinheit ist der Teil einer umfassenden (Bau-)Leistung, welche Gegenstand eines (Bau-)Vertrages werden soll oder gegebenenfalls zusammenhängend in Selbsthilfe erbracht werden kann. Die Kriterien der Unterteilung der Bauleistungen folgen den Gesichtspunkten der Fachlosvergabe. Grundlage der Bildung von Vergabeeinheiten soll eine Vergabestrategie oder zumindest eine Entscheidung für die Fachlosvergabe sein. Die entsprechenden Festlegungen sollen bereits beim „Klären der Aufgabenstellung" erörtert werden. Es bietet sich an, die Inhalte der einzelnen Vergabeeinheiten über die Leistungsbereiche gemäß Standardleistungsbuch für das Bauwesen STLB-Bau herzuleiten. Dies kann nach der ersten Ebene der Kostengliederung gemäß DIN 276:2018-12 (siehe beispielhaft **Tabelle 7**) oder – mit höherer Genauigkeit – nach der dritten Ebene der Kostengliederung erfolgen.

Mittelwerte der Kosten von (regenfestem) Rohbau, Ausbau und Technischen Anlagen (TA) an den Bauwerkskosten bei ausgewählten Gebäudearten	Anteile an BWK in Prozent [%]		
	Rohbau	Ausbau	TA
Einzel- und Doppelgaragen, 7 Objekte, S. 950	62,7	6,5	1,1
Mehrfachgaragen, 6 Objekte, S. 956	71,8	13,0	5,1
Hochgaragen, 6 Objekte, S. 962	75,4	12,0	8,0
Friedhofsgebäude, 17 Objekte, S. 1076	53,7	26,0	11,5
Autohäuser, 5 Objekte, S. 918	54,7	30,6	13,1
Büro- und Verwaltungsgebäude, einfacher Standard, 8 Objekte, S. 162	43,6	42,5	13,5
Theater, 6 Objekte, S. 1022	44,0	30,3	16,0
Mehrfamilienhäuser, mit bis zu 6 WE, einfacher Standard, 7 Objekte, S. 622	45,6	37,8	16,1
Kindergärten, unterkellert, 19 Objekte, S. 374	46,0	34,6	18,6
Ein- und Zweifamilienhäuser, unterkellert, mittlerer Standard, 26 Objekte, S. 430	44,7	36,0	18,9
Sport- und Mehrzweckhallen, 15 Objekte, S. 384	45,5	34,5	19,7
Reihenhäuser, mittlerer Standard, 12 Objekte, S. 604	45,6	34,4	20,0
Industrielle Produktionsgebäude, Massivbauweise, 8 Objekte, S. 852	44,6	27,1	20,8
Bibliotheken, Museen und Ausstellungen, 31 Objekte, S. 1010	44,0	32,4	21,4
Gaststätten, Kantinen und Mensen, 33 Objekte, S. 838	41,2	32,7	23,7
Berufliche Schulen, 12 Objekte, S. 286	38,7	33,3	24,6
Seniorenwohnungen, hoher Standard, 8 Objekte, S. 808	40,2	33,5	26,1
Feuerwehrhäuser, 40 Objekte, S. 988	39,6	32,5	26,4
Büro- und Verwaltungsgebäude, hoher Standard, 36 Objekte, S. 188	34,3	39,0	25,6
Verbrauchermärkte, 13 Objekte, S. 910	49,2	22,5	28,2
Medizinische Einrichtungen, 33 Objekte, S. 224	34,1	35,3	29,4
Pflegheime, 32 Objekte, S. 238	31,5	35,0	31,0
Instituts- und Laborgebäude, 38 Objekte, S. 210	26,1	32,0	39,1

Tab. 6: Mittelwerte der Kosten von (regenfestem) Rohbau, Ausbau und Technischen Anlagen (TA) an den Bauwerkskosten bei ausgewählten Gebäudearten – geordnet nach Kosten TA. (BKI (Hrsg.): Baukosten Gebäude Neubau 2025. Statistische Kostenkennwerte)

Diese Vorgehensweise hat folgende Vorteile: Der gesamte Umfang der (Bau-)Leistungen wird frühzeitig auf eine bestimmte Anzahl von Vergabeeinheiten aufgeteilt. Dabei wird darauf geachtet, dass alle Kosten der Baukonstruktionen (KG 300), der Technischen Anlagen (KG 400), der Außenanlagen und Freiflächen (KG 500) und soweit erforderlich der Ausstattung (KG 600) vollständig erfasst werden. Eventuelle Überschneidungen werden frühzeitig erkannt. Die Vergabeeinheiten stellen nicht nur ausführungsorientierte Kostenermittlungen dar, sie sind darüber hinaus als wesentliche Vorgänge bei der Terminplanung geeignet. Das betrifft vorzugsweise schon die Terminplanung in der Entwurfsplanung und der Ausführungsplanung bis zum Vergabeterminplan in der Leistungsphase 6 (Vorbereitung der Vergabe).

Entscheidet sich der Bauherr für die Fachlosvergabe, wird der Umfang der Bauleistungen in Vergabeeinheiten (VE) unterteilt. Für kleine und mittlere Projekte sollten i.d.R. 20 bis 25 Vergabeeinheiten genügen. Für die Aufteilung der Vergabeeinheiten gelten die Grundsätze der Fachlosvergabe. Die Struktur der Vergabeeinheiten ist ausführungsorientiert. Gesichtspunkte für die Zusammenfassung oder Aufteilung von Bauleistungen in einer Vergabeeinheit sind der jeweilige Fachbereich der Planung, die Fachkunde und Leistungsfähigkeit in Frage kommender ausführender Unternehmen, der Umfang der Bauleistungen, das Ineinandergreifen von Bauleistungen in technischer, terminlicher oder wirtschaftlicher Hinsicht, die Einheitlichkeit der Gewährleistung sowie gegebenenfalls unterschiedliche Anforderungen an die Qualität der Bauleistungen. Die Anzahl der Vergabeeinheiten soll so gering wie möglich, gleichzeitig so groß wie nötig sein.

Grundlage der Ermittlung können die prozentualen Verhältniswerte der Leistungsbereiche sein. Diese werden für alle Gebäudearten im Band BKI Baukosten Gebäude Neubau – Statistische Kostenkennwerte jährlich herausgegeben.

Beispiel: Wohngebäude, Holzbau, nicht unterkellert

Grundflächen und Rauminhalte:
ca. 1.000,00 m³ BRI, ca. 330,00 m² BGF,
ca. 200,00 m² WFL

Kostenkennwerte:
745,00 €/m³ BRI; 2.260 €/m² BGF,
ca. 3.730,00 €/m² WFL

Bauwerkskosten:
745.000 €, Kosten: 1. Quartal 2025, Bundesdurchschnitt, inkl. 19 % MwSt.

Art der Kostenermittlung:
ausführungsorientiert nach Leistungsbereichen (STLB-Bau)

Die Vergabeeinheiten (VE) für das Wohngebäude, Holzbau, nicht unterkellert, mittlerer Standard, können wie folgt bezeichnet und mit Kostenwerten angegeben werden:

VE 001	Baustelleneinrichtung [Angabe Objekt und Auftraggeber]	14.900 €
VE 002	Mauer- und Betonarbeiten [...]	81.400 €
VE 003	Zimmererarbeiten [...]	223.000 €
VE 004	Dachdeckungs- u. -abdichtungsarb. [...]	38.700 €
VE 005	Klempnerarbeiten [...]	14.000 €
VE 006	Putz-, Estrich u. Trockenbauarb. [...]	60.800 €
VE 007	Fliesen- und Plattenarbeiten [...]	14.200 €
VE 008	Fenster-, Türen- und Rollladenarb. [...]	72.900 €
VE 009	Tischler- und Parkettarbeiten [...]	38.700 €
VE 010	Metallbauarbeiten [...]	14.800 €
VE 011	Maler- und Lackiererarbeiten [...]	14.900 €
VE 012	Bodenbelagsarbeiten [...]	7.400 €
VE 013	Heizungs- und Sanitärarbeiten [...]	102.980 €
VE 014	Elektroarbeiten [...]	35.120 €
VE 015	Lüftungstechnische Arbeiten [...]	11.200 €
Bauwerkskosten (VE 001 bis VE 015)		745.000 €

Zusätzlich zum Beispiel: VE 016 Baureinigungsarbeiten [...]

3.5 Kostenermittlungsverfahren mit Teilleistungen der Leistungsbereiche

Zur ausführungsorientierten Kostenermittlung nach herstellungsmäßigen Gesichtspunkten gehört das Bepreisen der Leistungsverzeichnisse. Die Gliederung der Leistungsverzeichnisse ist durch die Aufteilung der (Bau-)Leistungen (Bauwerkskosten, Kosten der Außenanlage und ggf. Teile der Ausstattung) vorzubereiten. Die Einheitspreise für die Leistungspositionen stellen die höchste Differenzierung der Kostenplanung dar. Im Unterschied dazu werden bei der Baupreiskalkulation auf der Seite der ausführenden Unternehmen weitere Unterscheidungen getroffen. Das betrifft die Kosten der Teilleistungen, vereinfacht: Lohnkosten, Materialkosten, Fertigungskosten, Baustellen- und Unternehmensgemeinkosten sowie Gewinn und Wagnis.

Für das Bepreisen von Leistungsverzeichnissen mit Kostenkennwerten auf der Ebene der Positionen stehen Datensammlungen zur Verfügung, zum Beispiel BKI Baukosten Positionen Neubau, erscheint jährlich aktualisiert und erweitert.

LB	Leistungsbereiche	Kosten [€]	Anteil an BWK [%]	VE
000	Baustellen,- Verkehrssich.- u. Sicherh.einr. inkl. 001	14.900	2,1	001
002	Erdarbeiten	22.000	3,1	002
006	Spezialtiefbauarbeiten inkl. 005	–	–	–
009	Entwässerungskanalarbeiten inkl. 011	7.400	1,0	002
010	Drän- und Versickerungsarbeiten	–	–	002
012	Mauerarbeiten	7.400	1,0	002
013	Betonarbeiten	37.200	5,2	002
014	Natur-, Betonwerksteinarbeiten	3.700	0,5	002
016	Zimmer- und Holzbauarbeiten	223.000	31,3	003
017	Stahlbauarbeiten	–	–	–
018	Abdichtungsarbeiten	3.700	0,5	002
020	Dachdeckungsarbeiten	14.900	2,1	004
021	Dachabdichtungsarbeiten	23.800	3,3	004
022	Klempnerarbeiten	14.000	2,0	005
	Rohbau (besser: regenfester Rohbau)	**372.000**	**50,0**	**–**
023	Putz- und Stuckarbeiten, Wärmedämmsysteme	14.900	2,1	006
024	Fliesen- und Plattenarbeiten	14.200	2,0	007
025	Estricharbeiten	14.900	2,1	006
026	Fenster, Außentüren inkl. 029, 032	59.500	8,4	008
027	Tischlerarbeiten	23.800	3,3	009
028	Parkettarbeiten, Holzpflasterarbeiten	14.900	2,1	009
030	Rollladenarbeiten	13.400	1,9	008
031	Metallbauarbeiten inkl. 035	14.800	2,1	010
034	Maler- und Lackiererarbeiten inkl. 037	14.900	2,1	011
036	Bodenbelagsarbeiten	7.400	1,0	012
038	Vorgehängte hinterlüftete Fassaden	–	–	–
039	Trockenbauarbeiten	31.000	4,4	006
	Ausbau	**223.700**	**30,0**	**–**
040	Wärmeversorgungsanlagen – […] inkl. 041	55.900	7,9	013
042	Gas- und Wasserinstallationsarbeiten […] inkl. 043	22.430	3,2	013
044	Abwasserinstallationsarbeiten - Leitungen	7.550	1,1	013
045	GWA-Einrichtungsgegenstände inkl. 046	14.900	2,1	013
047	Dämmarbeiten an betriebstechnischen Anlagen	2.200	0,3	013
049	Feuerlöschanlagen, Feuerlöschgeräte	–	–	–
050	Blitzschutz- und Erdungsanlagen	1.500	0,2	014
052	Mittelspannungsanlagen	–	–	–
053	Niederspannungsanlagen inkl. 054	26.020	3,7	014
055	Ersatzstromversorgungsanlagen	–		–
057	Gebäudesystemtechnik	1.520	0,2	014
058	Leuchten und Lampen inkl. 059	2.300	0,3	014
060	Elektroakustische Anlagen, Sprechanlagen	1.550	0,2	014
061	Kommunikationsnetze inkl. 062	2.230	0,3	014
063	Gefahrenmeldeanlagen	–	–	–
069	Aufzüge	–	–	–
070	Gebäudeautomation	–	–	–
075	Raumlufttechnische Anlagen	11.200	1,6	015
	Technische Anlagen	**147.000**	**20,7**	–
	Bauwerkskosten (KG 300+400 nach DIN 276)	**745.000**	**100,0**	–

Kostenstand: 1. Quartal 2025, Bundesdurchschnitt, inkl. 19 % MwSt.
Tab. 7: Leistungsbereiche und Vergabeeinheiten – Beispiel Wohngebäude, Holzbau
(vgl. BKI (Hrsg.): BKI Baukosten Gebäude Neubau – Statistische Kostenkennwerte 2025)

3.6 Kostenfeststellung und Dokumentation von Kostenkennwerten

Gemäß der früheren DIN 276-1:2008-12 sollten bei der Kostenfeststellung die „Gesamtkosten nach Kostengruppen bis zur 3. Ebene der Kostengliederung unterteilt" werden. In den HOAI-Fassungen 1977 bis 2009 war in der Leistungsphase 8 (Objektüberwachung und Dokumentation) die normative Verweisung auf die DIN 276 enthalten. Sie wurde in der Regel als Leistungspflicht in die Architekten- und Ingenieurverträge übernommen. Die Zuordnung der Leistungspositionen abgerechneter Einheitspreisverträge zu Kostengruppen der DIN 276 erfolgte in der Vergangenheit nicht selten ohne unterstützende Programme. Der damit verbundene Aufwand wurde von Objekt- und Fachplanern als zu hoch empfunden. Andererseits können auf dieser Grundlage Kostenkennwerte gebildet werden, die wertvoll für das eigene Planungsbüro sind.

Mit Inkrafttreten der HOAI 2013 wurde diese Anforderung an die Kostenfeststellung gelockert. So heißt es im Verordnungstext seitdem: „Kostenfeststellung, zum Beispiel nach DIN 276". Es kann also ausdrücklich von den Parteien festgelegt werden, wie die Kosten bei der Kostenfeststellung untergliedert werden. Schließlich folgte die neue Fassung der DIN 276 dieser Überlegung. Es kam zur Formulierung: „In der Kostenfeststellung müssen die Gesamtkosten nach Kostengruppen bis zur dritten Ebene der Kostengliederung bzw. nach der für das Bauprojekt festgelegten Struktur des Kostenanschlags unterteilt werden."
[DIN 276:2018-12]

Hierzu ist anzumerken: „beziehungsweise (bzw.)" bedeutet „oder". Das ist im Hinblick auf den Bedarf umfangreicher und aktueller Kostenkennwerte bedauerlich.

Exkurs: Der häufige Umgang mit dem Kostenanschlag in früheren Jahren

Unter einem Kostenanschlag wurde bereits vor über hundert Jahren eine Kostenermittlung verstanden, auf deren Grundlage die Entscheidung über das Bauen getroffen wurde. In der ersten Fassung der DIN 276 im Jahr 1934 wurden schließlich zwei Stufen der Kostenermittlung definiert.

„A. Kostenvoranschlag

1. Der Kostenvoranschlag dient zur angenäherten Ermittlung der Kosten auf Grund eines Vorentwurfs.
2. Im Kostenvoranschlag sind die Kosten der Bauten zu berechnen durch Vervielfältigung ihres nach Normblatt DIN 277 unter I A und B ermittelten umbauten Raumes mit einem einer statistischen Zusammenstellung entnommenen oder ortsüblichen Preise für 1 m^3.
3. Zu dem Ergebnisse dieser Berechnungen treten etwaige Kosten besonders zu berechnender Bauausführungen und Bauteile 2).

2) Siehe DIN 277, I C

B. Kostenanschlag

1. Der Kostenanschlag dient zur genauen Ermittlung der Kosten auf Grund eines Bauentwurfs.
2. Im Kostenanschlage sind die Kosten nach den einzelnen Leistungen zu berechnen."

[DIN 276:1934-08, Kosten von Hochbauten und damit zusammenhängenden Leistungen]

In den Leistungsbildern der Honorarordnung für Architekten und Ingenieure (HOAI) werden in den Fassungen von 1977 bis einschließlich 2009 sowie in den Fassungen der DIN 276 im gleichen Zeitraum jeweils vier Stufen der Kostenermittlung genannt (Kostenschätzung, Kostenberechnung, Kostenanschlag, Kostenfeststellung). So hieß es in allen älteren Fassungen:

LPH 7 Kostenanschlag nach DIN 276 aus Einheits- oder Pauschalpreisen der Angebote
[§ 15, LPH 7, HOAI 1977 – 2009]

Dem jeweiligen normativen Verweis zur Fassung der DIN 276 folgend findet man die Definition der Kostenermittlung.

„Kostenanschlag

Der Kostenanschlag dient als eine Grundlage für die Entscheidung über die Ausführungsplanung und die Vorbereitung der Vergabe.

Grundlagen für den Kostenanschlag sind:

- Planungsunterlagen, z.B. endgültige, vollständige Ausführungs-, Detail- und Konstruktionszeichnungen,
- Berechnungen, z.B. für Standsicherheit, Wärmeschutz, technische Anlagen,

- Berechnung der Mengen von Bezugseinheiten der Kostengruppen,
- Erläuterungen zur Bauausführung, z.B. Leistungsbeschreibungen,
- Zusammenstellen von Angeboten, Aufträgen und entstandenen Kosten

Im Kostenanschlag sollen die Gesamtkosten nach Kostengruppen mindestens bis zur 3. Ebene der Kostengliederung ermittelt werden."
[DIN 276:1993-06, Kosten im Hochbau]

In der Baupraxis konnte beobachtet werden, dass „der Kostenanschlag" häufig als Teilleistung der LPH 7 verstanden und erstmalig in diesem Zusammenhang aufgestellt wurde als „Zusammenstellen von Angeboten, Aufträgen und entstandenen Kosten". Wenn lediglich dieser Gesichtspunkt verfolgt wurde, dann blieb die Kostenentwicklung ab der Kostenberechnung in einer Grauzone. Wenn zudem die Angebote und Aufträge nicht nach Kostengruppen aufgeteilt wurden, fehlte zudem lange Zeit die Grundlage für die Kostenkontrolle und Kostentransparenz.

4. Verknüpfung von Kostengruppen und Leistungsbereichen als Matrix

Die Anzahl möglicher Verknüpfungen von Kostengruppen (KG) und Leistungsbereichen (LB) ist groß. Mit Hilfe der folgenden Tabellen 8 bis 13 wird dies deutlich. Grundlage der Tabellen sind die Daten aus dem Band Baukosten Positionen Neubau 2025, Statistische Kostenkennwerte. Damit können sehr viele Verknüpfungen gezeigt werden, die häufig vorkommen. Ein Anspruch auf Vollständigkeit kann nicht erhoben werden, weitere Verknüpfungen kommen vor. Bei den ausgewerteten Gebäuden handelt es sich ausschließlich um Neubauten. Es werden die Bauwerkskosten (KG 300+400 nach DIN 276) in der dritten Ebene der Kostengliederung und die entsprechenden Leistungsbereiche (LB 000 Sicherheitseinrichtungen, Baustelleneinrichtungen bis LB 075 Raumlufttechnische Anlagen) erfasst.

In den BKI-Dokumentationen werden einzelne Leistungsbereiche zusammengefasst. Es handelt sich dabei um Leistungen, die in einem Zusammenhang stehen, z.B. Fertigung durch ein Unternehmen, oder deren Unterscheidung bei der Bildung von eher einfachen Kennwerten (€ LB/m^2 BGF) nicht unbedingt erforderlich ist. Dazu zählen beispielweise: Sicherheitseinrichtungen, Baustelleneinrichtungen (LB 000) inkl. Gerüstarbeiten (LB 001), Kosten der vorbereitenden Maßnahmen (KG 200), Außenanlagen und Freiflächen (KG 500). Ausstattung und Kunstwerke (KG 600) gehören nicht dazu. Soweit ein Zusammenhang mit den Bauwerkskosten besteht, wird dieser erwähnt. Das betrifft z.B. die Erdarbeiten (LB 002), die sowohl bei der Baugrube des Gebäudes als auch bei den Außenanlagen (KG 510) anfallen. Ein anderes Beispiel sind Ausstattungen für Bäder (KG 610) im Zusammenhang mit den Wasser- und Abwasserinstallationen (LB 045). Die Kosten der KG 100, KG 700 und KG 800 sind ebenfalls nicht enthalten.

Die Verknüpfung der Kostengruppen und der Leistungsbereiche lässt sich als Matrix darstellen. Beide Strukturen sind umfangreich. Obwohl nur die Bauwerkskosten berücksichtigt werden, wäre die Matrix so groß, dass sie auf einer Seite dieser Veröffentlichung nicht mehr lesbar wäre.

Deshalb werden die oben genannten Bereiche (regenfester) Rohbau), Ausbau und Technische Anlagen in sechs Tabellen geteilt.

- (regenfester) Rohbau: Baustelleneinrichtung und Baugrube (Tabelle 8),
- Tragwerk mit Gründung und Abdichtung (Tabelle 9),
- Dachdeckung, -abdichtung, -entwässerung (Tabelle 10)
- Ausbau: Teil 1 (Tabelle 11) und Teil 2 (Tabelle 12)
- Technische Anlagen (Gebäudetechnik): Tabelle 13

Der Umfang der dokumentierten Daten ist in den letzten Jahren deutlich angewachsen. Die auf dieser Grundlage erstellten Verknüpfungen von Kostengruppen und Leistungsbereichen als Matrix bilden noch nicht die Vielfalt der Möglichkeiten in der Architektur ab. Das betrifft zum einen die Gebäudearten und zum anderen die Konstruktionen. So werden Hotelgebäude oder Stahlbauten vermisst. Insofern ist die Verknüpfung Außenstützen (KG 333) – Betonbau (LB 013) eine technisch mögliche und häufig vorkommende Kombination. Im Unterschied dazu ist die Kombination Deckenkonstruktionen (KG 351), z.B. Treppen –Verglasungsarbeiten (LB 032) zwar möglich und schon hergestellt worden, aber vielleicht auch nicht unbedingt notwendig.

Es werden Kombinationen gezeigt, die im BKI Band Positionen Neubau 2025 vorzugsweise mehrfach dokumentiert wurden. Einige werden zusätzlich angegeben. Beide Fälle werden in der Matrix mit einem Kreuzchen (x) angegeben.

4.1 Baustelleneinrichtung und Baugrube

„Unter der Baustelleneinrichtung (BE) werden alle im Bereich einer Baustelle erforderlichen Produktions-, Lager-, Transport- und Arbeitsstätten verstanden, die für die Umsetzung einer Baumaßnahme notwendig sind."
[Die Baustelleneinrichtung sicher und wirtschaftlich planen (baua.de), S. 3, aufgerufen am 16.02.2021)]

Die Baustelleneinrichtung (LB 000) kann eine eigene Vergabeeinheit bilden oder sie kann ein Teil der Rohbauarbeiten sein. Das betrifft auch die erforderlichen Arbeits- und Schutzgerüste (LB 001), welche im Übrigen für Arbeiten am Tragwerk, an Fassaden und Balkonen und am Dach benötigt werden. Gleiches trifft auch für den Aushub der Baugrube und der Leitungsgräben sowie den Transport und das Verfüllen von Arbeitsräumen und Gräben (LB 002) zu. Je nachdem, ob das Gebäude unterkellert wird, je nach Beschaffenheit des Baugrunds und je nach Grundwasserstand können Dränagen (LB 010) oder eine Wasserhaltung (LB 008) während der Bauzeit erforderlich sein.

Im Zusammenhang mit der Baustelleneinrichtung und der Baugrube fallen häufig zusätzlich Arbeiten zu folgenden Kostengruppen (KG) oder Leistungsbereichen (LB) an:

- Vorbereitende Maßnahmen (KG 200): Baumschutz mit Brettermantel; Aushub von Schlitzgräben und Suchgräben; Sichern von Leitungen und Kabeln; Abtrag und Entsorgen von Oberboden; Beseitigung von Hindernissen bei den Erdarbeiten; Aufbringen von Schutzlagen und Dachabdichtungen an Gerüsten
- Baukonstruktionen/Gründung (KG 320): Herstellen von Fundamenten oder Bodenplatten aus Beton (LB 013) für den Einsatz von Baugeräten, z.B. Baukran, oder Fundamente für Baucontainer, z.B. als Büro- und Besprechungsräume oder zur Unterbringung von Werkzeugen
- Außenanlagen und Freianlagen (KG 500): Ausheben von Kabelgräben; Ummantelung von Rohrleitungen mit Beton; Verlegung von Kabelschutzrohren in Gräben; Verlegen von Warnbändern an Leitungsgräben, Herstellen eines Feinplanums (→Tab. 8)

Matrix LB und KG – Gebäude: Baustelleneinrichtung und Baugrube												
Kostengruppen (KG) nach DIN 276:2018-12	**Leistungsbereiche (LB) nach STLB-Bau**											
	LB 000 SBaustellen,- Verkehrssich.- u. Sicherh.einr	LB 001 Gerüstarbeiten	LB 002 Erdarbeiten	LB 006 Spezialtiefbauarbeiten	LB 008 Wasserhaltungsarbeiten	[...]	LB 010 Drän- und Versickerungsarbeiten	[...]				
KG 310 Baugrube [...]												
KG 311 Herstellung			x				x					
KG 312 Umschließung			x	x								
KG 313 Wasserhaltung					x							
KG 320 Gründung [...]												
KG 321 Baugrundverbesserung			x									
KG 322 Flachgründungen und Bodenplatten			x									
KG 325 Abdichtungen und Bekleidungen			x				x					
KG 326 Dränagen							x					
KG 330 Außenwände [...]												
KG 335 Außenwandbekleidungen außen							x					
KG 390 Sonstige Maßnahmen [für KG 300]												
KG 391 Baustelleneinrichtung	x											
KG 392 Gerüste		x										
KG 397 Zusätzliche Maßnahmen	x											

Tab. 8: Matrix LB und KG – Gebäude: Baustelleneinrichtung und Baugrube (x).
(BKI (Hrsg.): Baukosten Positionen Neubau 2025. Statistische Kostenkennwerte)

4.2 Tragwerk mit Gründung und Abdichtung

„Das Tragwerk bezeichnet das statische Gesamtsystem der miteinander verbundenen, lastabtragenden Konstruktionen, die für die Standsicherheit von Gebäuden, Ingenieurbauwerken und Traggerüsten bei Ingenieurbauwerken maßgeblich sind.“ [HOAI 2021, Anlage 14]

Im Zusammenhang mit insbesondere Flachgründungen und Bodenplatten (KG 322) fallen häufig auch Erdarbeiten (LB 002) an. Die wichtigsten Leistungsbereiche für diese Bauarbeiten sind Mauerarbeiten (LB 012), Betonarbeiten (LB 013), Zimmer- und Holzbauarbeiten (LB 016) sowie Stahlbauarbeiten (LB 017). Unter anderem an erdberührten Außenwänden von Kellergeschossen kommen Abdichtungsarbeiten (LB 018) hinzu. Vollständige Tragwerke aus Holz (LB 016) oder Stahl (LB 017) wurden in der vorliegenden Datensammlung noch nicht dokumentiert.

Bei Fundamenten, tragenden Wänden und Decken sind häufig folgende Kostengruppen (KG) oder Leistungsbereiche (LB) zu beachten:

- Kellerfenster in Schalungen (KG 334)
- Kellerlichtschächte und Balkonplatten als Fertigteile (KG 339)
- Schlosserarbeiten (LB 031) an Treppen, Rampen und Balkonen
- (Balkon-)Brüstungen als Fertigteile an Außenwänden (KG 359)
- Fundamenterdungen, Rohrdurchführungen, Elektrogerätedosen, Elektroleerrohre, Leuchten-Einbaugehäuse und Eingießtöpfe sowie Ankerschienen für Aufzugsanlagen (alle KG 400) in Fundamenten, Wänden und Schächten (KG 300)

(→Tab. 9)

Matrix LB und KG – Gebäude: Tragwerk mit Gründung und Abdichtung												
Kostengruppen (KG) nach DIN 276:2018-12	**Leistungsbereiche (LB) nach STLB-Bau**											
	[…]	LB 012 Mauerarbeiten	LB 013 Betonarbeiten	[…]	LB 016 Zimmer- und Holzbauarbeiten	LB 017 Stahlbauarbeiten	LB 018 Abdichtungsarbeiten (auch bei KG 324, KG 335, KG 342)	[…]	LB 031 Schlosserarbeiten	[…]		
KG 320 Gründung […]												
KG 322 Flachgründungen und Bodenplatten			x									
KG 323 Tiefgründungen			x									
KG 325 Abdichtungen und Bekleidungen			x				x					
KG 330 Außenwände […]												
KG 331 Tragende Außenwände		x	x		x	x						
KG 333 Außenstützen		x	x		x	x						
KG 337 Element. Außenwandkonstruktionen					x							
KG 340 Innenwände												
KG 341 Tragende Innenwände		x	x		x							
KG 343 Innenstützen		x	x		x							
KG 350 Decken […]												
KG 351 Deckenkonstruktionen		x	x		x	x			x			
KG 360 Dächer												
KG 361 Dachkonstruktionen			x		x	x						

Tab. 9: Matrix LB und KG – Gebäude: Tragwerk mit Gründung und Abdichtung (x).
(BKI (Hrsg.): Baukosten Positionen Neubau 2025. Statistische Kostenkennwerte)

4.3 Dachdeckung, -abdichtung, -entwässerung

Die wesentlichen Leistungsbereiche (LB) für diese Bauarbeiten sind Abdichtungsarbeiten (LB 018), Dachdeckungsarbeiten (LB 020), Dachabdichtungsarbeiten (LB 021), Klempnerarbeiten (LB 022) sowie Putz- und Stuckarbeiten einschließlich der Wärmedämmsysteme (LB 023). Das Tragwerk und das Dach bilden den regenfesten Rohbau.

In Verbindung damit stehen Baukonstruktionen (KG 300 nach DIN 276) anderer Bauelemente:

- Zwischensparrendämmungen (KG 361)
- Eckausbildung, Wandanschluss an Außenwandbekleidungen, auch bei Dachgauben (KG 335)
- Abdichtungen an Wandanschlüssen, Abdichtungen an Balkonen (KG 353)
- Zwischensparrendämmungen an Dachkonstruktionen (KG 361)
- Schneefanggitter und -rohre, Sicherheitsdachhaken, Sicherheitstritte, Standziegel sowie Dachleitern (KG 369)
- Dachplanen für den Witterungsschutz als Zusätzliche Maßnahmen (KG 397)

(→Tab. 10)

Matrix LB und KG – Gebäude: Dachdeckung, -abdichtung, -entwässerung												
Kostengruppen (KG) nach DIN 276:2018-12	**Leistungsbereiche (LB) nach STLB-Bau**											
	[...]	LB 014 Natur-, Betonwerksteinarbeiten	[...]	LB 016 Zimmer- und Holzbauarbeiten	[...]	LB 018 Abdichtungsarbeiten	[...]	LB 020 Dachdeckungsarbeiten	LB 021 Dachabdichtungsarbeiten	LB 022 Klempnerarbeiten	LB 023 Putz- und Stuckarbeiten	[...]
KG 330 Außenwände [...]												
KG 335 Außenwandbekleidungen, außen						x		x			x	
KG 350 Decken [...]												
KG 353 Deckenbeläge		x							x			
KG 360 Dächer												
KG 361 Dachkonstruktionen				x				x				
KG 362 Dachöffnungen								x	x	x		
KG 363 Dachbeläge				x				x	x	x		
KG 369 Sonstiges zu KG 360										x		
KG 390 Sonstige Maßnahmen [für KG 300]												
KG 397 Zusätzliche Maßnahmen								x				

Tab. 10: Matrix LB und KG – Gebäude: Dachdeckung, -abdichtung, -entwässerung (x).
(BKI (Hrsg.): Baukosten Positionen Neubau 2025. Statistische Kostenkennwerte)

4.4 Ausbau

Für den baulichen Ausbau (KG 300 nach DIN 276) können besonders viele und unterschiedliche Arbeiten anfallen. Das spiegelt sich in der Anzahl der Leistungsbereiche und schließlich der Vergabeeinheiten bzw. Bauverträge wider. Die vorliegenden Daten sind nach Leistungsbereichen gemäß Standardleistungsbuch für das Bauwesen STLB-Bau unterteilt.

Der Ausbau umfasst hierbei vor allem die Leistungsbereiche Putz- und Stuckarbeiten, Wärmedämmverbundsysteme (LB 023) bis Trockenbauarbeiten (LB 039). Weitere wichtige Leistungsbereiche (LB) sind in **Tabelle 11:** Putz- und Stuckarbeiten, Wärmedämmsysteme (LB 023), Fliesen- und Plattenarbeiten (LB 024), Estricharbeiten (LB 025), Fenster, Außentüren (LB 026), Tischlerarbeiten (LB 027), Parkett-, Holzpflasterarbeiten (LB 028) sowie Beschlagarbeiten (LB 029).

Matrix LB und KG – Gebäude und Innenräume – Ausbau, Teil 1												
Kostengruppen (KG) nach DIN 276:2018-12	**Leistungsbereiche (LB) nach STLB-Bau**											
	[…]	LB 012 Mauerarbeiten	LB 014 Natur-, Betonwerksteinarbeiten	LB 016 Zimmer- und Holzbauarbeiten	LB 023 Putz- und Stuckarbeiten, Wärmedämmverbundsysteme	LB 024 Fliesen- und Plattenarbeiten	LB 025 Estricharbeiten	LB 026 Fenster, Außentüren	LB 027 Tischlerarbeiten	LB 028 Parkett-, Holzpflasterarbeiten	LB 029 Beschlagarbeiten	[…]
KG 320 Gründung […]												
KG 324 Gründungsbeläge			x			x	x			x		
KG 330 Außenwände […]												
KG 332 Nichttragende Außenwände												
KG 334 Außenwandöffnungen					x			x			x	
KG 335 Außenwandbekleidungen, außen		x	x	x	x	x						
KG 336 Außenwandbekleidungen, innen				x	x	x						
KG 337 Element. Außenwandkonstruktionen				x								
KG 340 Innenwände												
KG 342 Nichttragende Innenwände		x		x								
KG 344 Innenwandöffnungen					x				x		x	
KG 345 Innenwandbekleidungen					x	x			x			
KG 346 Element. Innenwandkonstruktionen				x					x			
KG 350 Decken […]												
KG 352 Deckenöffnungen				x								
KG 353 Deckenbeläge			x	x		x	x		x	x		
KG 354 Deckenbekleidungen					x				x			
KG 359 Sonstiges zu KG 350									x		x	
KG 360 Dächer												
KG 362 Dachöffnungen				x								
KG 364 Dachbekleidungen				x								
KG 380 Baukonstruktive Einbauten												
KG 381 Allgemeine Einbauten									x			

Tab. 11: Matrix LB und KG – Gebäude und Innenräume – Ausbau, Teil 1 (x).
(BKI (Hrsg.): Baukosten Positionen Neubau 2025. Statistische Kostenkennwerte)

Weiterhin zählen zu den Ausbauarbeiten, enthalten in **Tabelle 12**: Rollladenarbeiten (LB 030), Metallbauarbeiten (LB 031), Verglasungsarbeiten (LB 032), Baureinigungsarbeiten (LB 033), Maler- und Lackierarbeiten – Beschichtungen (LB 034), Bodenbelagarbeiten (LB 036), Tapezierarbeiten (LB 037), Vorgehängte hinterlüftete Fassaden (LB 038) sowie Trockenbauarbeiten (LB 039).

In eher geringem Umfang fallen beim Ausbau weitere Arbeiten an, die den Leistungsbereichen Mauerarbeiten (LB 012), Naturstein-, Betonwerksteinarbeiten (LB 014) sowie Zimmer- und Holzbauarbeiten (LB 016) zugeordnet werden.

Die Zahl der unterschiedlichen Konstruktionen und Materialien ist grundsätzlich bei allen Ausbaukonstruktionen groß. Das betrifft die Außenwandbekleidungen, innen (KG 336) und die Innenwandbekleidungen (KG 345) einschließlich Arbeiten an deren Öffnungen (KG 334, KG 344) und die Deckenbekleidungen (KG 353) sowie die Gründungsbeläge (KG 324).

Die Menge der Grundflächen von (Gründungsbelägen und) Deckenbelägen werden häufig auch als Bezugseinheit für die Baureinigungsarbeiten (LB 033) benutzt.

Matrix LB und KG – Gebäude und Innenräume – Ausbau, Teil 2												
Kostengruppen (KG) nach DIN 276:2018-12	**Leistungsbereiche (LB) nach STLB-Bau**											
		LB 030 Rollladenarbeiten	LB 031 Metallbauarbeiten	LB 032 Verglasungsarbeiten	LB 033 Baureinigungsarbeiten	LB 034 Maler- Lackierarbeiten	LB 036 Bodenbelagarbeiten	LB 037 Tapezierarbeiten	LB 038 Vorgehängte […] Fassaden	LB 039 Trockenbauarbeiten	[…]	
KG 320 Gründung […]												
KG 324 Gründungsbeläge						x	x					
KG 330 Außenwände […]												
KG 332 Nichttragende Außenwände				x								
KG 334 Außenwandöffnungen		x	x	x		x						
KG 335 Außenwandbekleidungen, außen			x			x			x	x		
KG 336 Außenwandbekleidungen, innen						x		x		x		
KG 337 Element. Außenwandkonstruktionen				x								
KG 338 Lichtschutz zur KG 330		x										
KG 339 Sonstiges zu KG 330			x									
KG 340 Innenwände […]												
KG 342 Nichttragende Innenwände										x		
KG 344 Innenwandöffnungen			x	x		x				x		
KG 345 Innenwandbekleidungen						x		x		x		
KG 346 Element. Innenwandkonstruktionen				x						x		
KG 350 Decken […]												
KG 353 Deckenbeläge			x			x	x			x		
KG 354 Deckenbekleidungen						x		x		x		
KG 359 Sonstiges zu KG 350			x			x						
KG 360 Dächer												
KG 362 Dachöffnungen				x								
KG 364 Dachbekleidungen						x				x		
KG 390 Sonstige Maßnahmen [für KG 300]												
KG 397 Zusätzliche Maßnahmen					x	x	x	x				

Tab. 12: Matrix LB und KG – Gebäude und Innenräume – Ausbau, Teil 2 (x).
(BKI (Hrsg.): Baukosten Positionen Neubau 2025. Statistische Kostenkennwerte)

Im Zusammenhang mit dem Tragwerk sind zu beachten:

- Überdecken von Öffnungen, Beimauern und Glattstrich von Laibung und Brüstungen (KG 330)
- Schließen von Öffnungen und Aussparungen
- Anstrich und Beschichtung (LB 034) kommen auch am Tragwerk, z.B. Stahlkonstruktion, vor (LB 034) Maler- und Lackierarbeiten.
- Metallbauarbeiten (LB 031) können auch Teil des Tragwerks sein
- Schutzabdeckungen können als zusätzliche Maßnahmen (KG 397) benötigt werden

4.5 Technische Anlagen (Gebäudetechnik)

Was zählt dazu? „Die einzelnen technischen Anlagen enthalten die zugehörigen Gestelle, Befestigungen, Armaturen, Wärme- und Kältedämmung, Schall- und Brandschutzvorkehrungen, Abdeckungen, Verkleidungen, Anstriche, Kennzeichnungen sowie die werkseitig integrierten Mess-, Steuer- und Regelanlagen. Dazu gehören auch die Betriebskosten bis zur Abnahme. Die Kosten für das Erstellen und Schließen von Schlitzen und Durchführungen sowie von Rohr- und Kabelgräben werden in der Regel in der KG 300 erfasst."
[DIN 276:2018-12, S. 23]

Die vorliegenden Daten beziehen sich auf die folgenden Leistungsbereiche:

- Wärmeversorgungsanlagen – Betriebseinrichtungen (LB 040)
- Wärmeversorgungsanlagen – Leitungen, Armaturen, Heizflächen (LB 041)
- Gas- und Wasseranlagen – Leitungen, Armaturen (LB 042), inkl. Druckrohrleitungen für Gas, Wasser und Abwasser (LB 043)
- Abwasseranlagen – Leitungen, Abläufe, Armaturen (LB 044)
- Gas-, Wasser- und Entwässerungsanlagen – Ausstattung, Elemente, Fertigbäder (LB 045), inkl. Gas-, Wasser- und Entwässerungsanlagen – Betriebseinrichtungen (LB 046)
- Dämm- und Brandschutzarbeiten an technischen Anlagen (LB 047)
- Niederspannungsanlagen- Kabel/Leitungen, Verlegesysteme, Installationsgeräte (LB 053)
- Niederspannungsanlagen- Verteilersysteme und Einbaugeräte (LB 054)
- Leuchten und Lampen (LB 058), inkl. Sicherheitsbeleuchtungsanlagen (LB 059)
- Aufzüge (LB 069)
- Raumlufttechnische Anlagen (LB 075)

Zu den weiteren Leistungsbereichen nach STLB-Bau sind bei den dokumentierten Neubauten entweder (noch) keine Leistungen angefallen oder deren anteilige Kosten sind sehr gering gewesen und wurden vernachlässigt. Dazu gehören Feuerlöschanlagen (LB 049), Feuerlöschgeräte, Blitzschutz- / Erdungsanlagen, Überspannungsschutz (LB 050), Mittelspannungsanlagen (LB 052), Sicherheits- und Ersatzstromversorgungsanlagen (LB 055), Gebäudesystemtechnik (LB 057), Elektroakustische Anlagen, Sprechanlagen, Personenrufanlagen (LB 060), Kommunikationsnetze (LB 061), Kommunikationsanlagen (LB 062), Gefahrenmeldeanlagen (LB 063) sowie Gebäudeautomation (LB 070).

Was gehört sonst noch dazu und soll erwähnt werden? Zu den Abwasser- und Wasseranlagen gehören auch die Sanitärobjekte und Ausstattungselemente insbesondere für Bäder und Toiletten: WC, Hygiene-Spül-WC, (höhenverstellbare) Waschtische, Urinale, Stützgriffe, Installationselemente der Bad- und WC-Ausstattung (KG 419).

Spiegel, WC-Bürsten, WC-Toilettenpapierhalter; Duschabtrennungen, Seifenspender und Papiertuchspendenhalter mit Wandmontage bei der Bad- und WC-Ausstattung (KG 610 zu KG 410) können ebenfalls im Zusammenhang mit den Abwasser- und Wasseranlagen beauftragt und ausgeführt werden.

Für die Wärmeversorgung sind bei der Beauftragung und Bauausführung die Schornsteinarbeiten zu berücksichtigen. Bei der Bemessung von Aufzugsschächten, z.B. in Beton, sind die genauen Maße der Aufzugsanlagen und die Befestigungstechnik, z.B. Ankerschienen, rechtzeitig zu klären.

(→Tab. 13)

Matrix LB und KG – Gebäude und Innenräume: Technische Anlagen (Gebäudetechnik)												
Kostengruppen (KG) nach DIN 276:2018-12	**Leistungsbereiche (LB) nach STLB-Bau**											
	[...]	LB 040 Wärmeversorgungsanlagen – Betriebseinrichtungen	LB 041 Wärmeversorgungsanlagen – Leitungen, Armaturen, [...]	LB 042 Gas- und Wasseranlagen – Leitungen, Armaturen	LB 044 Abwasseranlagen – Leitungen, Abläufe, Armaturen	LB 045 Gas-, Wasser- und Entwässerungsanlagen – Ausstattung [...]	LB 047 Dämm- und Brandschutzarbeiten an technischen Anlagen	LB 053 Niederspannungsanlagen – Kabel/Leitungen, Verlegesysteme [...]	LB 054 Niederspannungsanlagen – Verteilersysteme und [...]	LB 058 Leuchten und Lampen	LB 069 Aufzüge	LB 075 Raumlufttechnische Anlagen
KG 400 Bauwerk – Technische Anlagen												
KG 411 Abwasseranlagen					x							
KG 412 Wasseranlagen				x		x						
KG 419 Sonstiges zu KG 410 (s.o.)						x						
KG 421 Wärmeerzeugungsanlagen		x	x									
KG 422 Wärmeverteilnetze		x	x				x					
KG 423 Raumheizflächen			x									
KG 431 Lüftungsanlagen							x					x
KG 442 Eigenstromversorgungsanlagen								x				
KG 444 Niederspannungsinstallationsanlagen								x	x			
KG 445 Beleuchtungsanlagen										x		
KG 461 Aufzugsanlagen											x	
KG 474 Feuerlöschanlagen				x								

Tab. 13: Matrix LB und KG – Gebäude und Innenräume – Technische Anlagen (GT) (x).
(BKI (Hrsg.): Baukosten Positionen Neubau 2025. Statistische Kostenkennwerte)

Zusammenfassung

Die planungsorientierte Kostengliederung nach DIN 276:2018-12, Kosten im Bauwesen, unterscheidet die Kosten von Gebäuden und Innenräumen nach Bauelementen. Bei der Ermittlung der Mengen von Bezugseinheiten ab der zweiten Ebene der Kostengliederung werden die Geometrie des Objekts und die Funktion wesentlicher Bauelemente erfasst. Von der Kostenschätzung bis zum Kostenanschlag soll diese Systematik beibehalten werden. Alternativ können die Kosten ausführungsorientiert gegliedert werden, dies kann nach unterschiedlichen Merkmalen und Gesichtspunkten erfolgen. Ab der Vorbereitung der Vergabe prägen die Unterscheidung von Vergabeeinheiten und die Bepreisung sowie die Angebotsprüfung und die Abrechnung auf der Ebene von Leistungspositionen die Kostenermittlung und Kostenkontrolle. Das gilt uneingeschränkt bei der Fachlosvergabe in Verbindung mit Einheitspreisverträgen.

Die von der DIN 276:2018-12 vorgegebenen Strukturen je Stufe der Kostenermittlung (Kostengruppen, technische Merkmale oder herstellungsmäßige Gesichtspunkte, Vergabeeinheiten, zusammengefasst als für das Bauprojekt festgelegte Strukturen) bieten bei konsequenter Anwendung eine Durchgängigkeit der Kosteninformationen von Leistungsphase zu Leistungsphase und damit von einer Stufe der Kostenermittlung bis zur nächsten. Das ist wichtig für die nachvollziehbare Kostenentwicklung im Bauprojekt und den Vergleich der Kostenermittlungen bzw. bei der Kostenkontrolle.

Bei pauschalierten Bauverträgen gehen diese für die Kostentransparenz so wichtigen Strukturen weitgehend verloren.

Wichtig ist am Ende einer Baumaßnahme die Bereitschaft der am Projekt Beteiligten, bei der Kostenfeststellung die Kosten der abgerechneten Einheitspreise in die dritte Ebene der Kostengliederung nach DIN 276 zurückzuführen. Die in diesem Beitrag gezeigten Tabellen sollen die Zusammenhänge der wesentlichen Strukturen (Kostengruppen (KG), Leistungsbereiche (LB) und Vergabeeinheiten (VE)) veranschaulichen. Beim Umgang mit Kostenermittlungen, Kostenkontrollen, Leistungsbeschreibungen und Abrechnungen sowie der Anwendung entsprechender Programme darf die Verknüpfung der genannten Strukturen niemals fehlen.

Literatur

Ausschuss der Verbände und Kammern der Ingenieure und Architekten für die Honorarordnung e.V. (Hrsg.): Besondere Leistungen bei der Objektplanung Gebäude und Innenräume, AHO Heft 34, Berlin: Bundesanzeiger, Januar 2016

Baukosteninformationszentrum Deutscher Architektenkammern (Hrsg.): BKI Baukosten Gebäude Neubau 2025. Statistische Kostenkennwerte, Baukosteninformationszentrum Deutscher Architektenkammern, Stuttgart 2025

Baukosteninformationszentrum Deutscher Architektenkammern (Hrsg.): BKI Baukosten Bauelemente Neubau 2025. Statistische Kostenkennwerte, Baukosteninformationszentrum Deutscher Architektenkammern, Stuttgart 2025

Baukosteninformationszentrum Deutscher Architektenkammern (Hrsg.): BKI Baukosten Positionen Neubau 2025. Statistische Kostenkennwerte, Baukosteninformationszentrum Deutscher Architektenkammern, Stuttgart 2025

DIN 276:1934-08, Kosten von Hochbauten und damit zusammenhängenden Leistungen

DIN 276:1993-06, Kosten im Hochbau

DIN 276:2018-12, Kosten im Bauwesen

Die Baustelleneinrichtung sicher und wirtschaftlich planen (baua.de), aufgerufen am 16.02.2021

Honorarordnung für Architekten und Ingenieure (HOAI 1977)

Honorarordnung für Architekten und Ingenieure (HOAI 2021)

Kalusche, Wolfdietrich (Hrsg.): BKI Handbuch Terminplanung für Architekten, Baukosteninformationszentrum Deutscher Architektenkammern, Stuttgart 2020

Standardleistungsbuch für das Bauwesen (STLB-Bau)

Bauordnung für das Land Nordrhein-Westfalen (Landesbauordnung 2018 - BauO NRW 2018) Vom 21. Juli 2018 (GV. NRW. S. 421) geändert am 26. März 2019 (GV. NRW. S. 193

Siemon, K; Meier, F.: Koordinieren und Integrieren, in DAB 09/2015. Koordinieren und integrieren – DAB online | Deutsches Architektenblatt, aufgerufen am 09.02.2021

Antworten auf häufig gestellte Fragen finden Sie im Internet unter: ***www.bki.de/faq***

Abkürzungsverzeichnis

Einheiten

µm	Mikrometer
m	Meter
m^2	Quadratmeter
m^3	Kubikmeter
cm	Zentimeter
cm^2	Quadratzentimeter
cm^3	Kubikzentimeter
dm	Dezimeter
dm^2	Quadratdezimeter
dm^3	Kubikdezimeter
mm	Millimeter
mm^2	Quadratmillimeter
mm^3	Kubikmillimeter
kg	Kilogramm
N	Newton
kN	Kilonewton
MN	Meganewton
mbar	Millibar
mym	Myriameter
kW	Kilowatt
W	Watt
kWel	elektrische Leistung in Kilowatt
kWth	thermische Leistung in Kilowatt
kWp	Kilowatt peak
t	Tonnen
l	Liter
lx	Lux
St	Stück
h	Stunde
min	Minute
s	Sekunde
psch	Pauschal
d	Tage
DPr	Proctordichte

Kombinierte Einheiten

h/[Einheit]	Stunde pro [Einheit] = Ausführungsdauer
mh	Meter pro Stunde
md	Meter pro Tag
mWo	Meter pro Woche
mMt	Meter pro Monat
ma	Meter pro Jahr
m^2d	Quadratmeter pro Tag
m^2Wo	Quadratmeter pro Woche
m^2Mt	Quadratmeter pro Monat
m^3d	Kubikmeter pro Tag
m^3Wo	Kubikmeter pro Woche
m^3Mt	Kubikmeter pro Monat
Sth	Stück pro Stunde
Std	Stück pro Tag
StWo	Stück pro Woche

Kombinierte Einheiten (Fortsetzung)

StMt	Stück pro Monat
td	Tonne pro Tag
tWo	Tonne pro Woche
tMt	Tonne pro Monat

Mengenangaben

A	Fläche
V	Volumen
D	Durchmesser
d	Dicke
e	Achsabstand
h	Höhe
b	Breite
l	Länge
t	Tiefe
lw	lichte Weite
k	k-Wert
R	Radius
U	u-Wert

Rechenzeichen

<	kleiner
>	größer
<=	kleiner gleich
>=	größer gleich
-	bis

Abkürzungen

AN	Auftragnehmer
AG	Auftraggeber
AK	Außenkante
AP	Arbeitsplätze
APP	Appartement
ATV	allgemeine technische Vertragsbedingungen
BB	BB-Schloss=Buntbartschloss
BK	Bodenklasse
BSH	Brettschichtholz
DD	DD-Lack=Polyurethan-Lack
DN	Durchmesser, Nennmaß (DN80)
DF	Dünnformat
DG	Dachgeschoss
DK	Dreh-/Kipp(-flügel)
DHH	Doppelhaushälfte
EG	Erdgeschoss
ELW	Einliegerwohnung
einschl.	einschließlich
ETW	Etagenwohnung
EPS	expandierter Polystyrolschaum
ESG	Einscheiben-Sicherheitsglas
FFB	Fertigfußboden

Abkürzungen

F90-A	Feuerwiderstandsklasse 90min
gem.	gemäß
ggf.	gegebenenfalls
GK	Gipskarton
GKB	Gipskarton-Bauplatten
GKF	Gipskarton-Feuerschutz
GKI	Gipskarton - imprägniert
GKL	Güteklasse
Gl	Glieder (Heizkörper)
HLz	Hochlochziegel
HDF	hochdichte Faserplatte
HT	Hochtemperatur-Abflussrohr
inkl.	inklusive
i.L.	im Lichten
i.M.	im Mittel
KG	Kellergeschoss
KG	Kunststoff Grundleitung
KFZ	Kraftfahrzeug
KITA	Kindertagesstätte
KS	Kalksandstein
KSL	Kalksandstein-Lochstein
KSV	Kalksandstein-Vollstein
KSVm	Kalksandstein-Vormauerwerk
KVH	Konstruktionsvollholz
LM	Leichtmetall
LZR	Luftzwischenraum (Isolierglas)
MF	Mineralfaser
MG	Mörtelgruppe
MW	Mauerwerk
MW	Mineralwolle
MW	Maulweite (Zargen)
NF	Normalformat
niro	nichtrostend
NUF	Nutzungsfläche
NF	Nut und Feder
NH	Nadelholz
OG	Obergeschoss
OK	Oberkante
OSB	Oriented Strand Board, Spanplatte
PE	Polyethylen
PE-HD	Polyethylen, hohe Dichte
PES	Polyester
PP	Polypropylen
PS	Polystyrol
PU	Polyurethan

Abkürzungen

PVC	Polyvinylchlorid
PZ	Profilzylinder
RD	rauchdicht
RH	Reihenhaus
RRM	Rohbaurichtmaß
RS	Rauchschutz (Türen)
RW	Regenwasser
RWA	Rauch-Wärme-Abzug
SML	Gusseisen-Abwasserrohr
Stb	Stahlbeton
STP	Stellplatz
Stg	Steigung
TG	Tiefgarage
T30	Tür mit Feuerwiderstand 30min
UG	Untergeschoss
UK	Unterkante
UK	Unterkonstruktion
VK	Vorderkante
VSG	Verbund-Sicherheitsglas
V2A / V4A	Edelstahl
WDVS	Wärmedämmverbundsystem
WE	Wohneinheit
WK	Einbruch-Widerstandsklasse
WLG	Wärmeleitgruppe
WLS	Wärmeleitstufe
WU	wasserundurchlässig (Beton)
ZTV	zusätzl. techn. Vertragsbedingungen

Abkürzungen Pflanzqualitäten

Str	Strauch
Sol	Solitär
He	Heckenpflanze
Bu	Busch
H	Hochstamm
vStr	verpflanzter Strauch
v	verpflanzt
xv	x-mal verpflanzt (1, 2 usw.)
oB	ohne Ballen
mB	mit Ballen
mDb	mit Drahtballen
P (0,5-1,0)	mit Topf (Topfgröße)
C	mit Container
Tr	Triebe
StU	Stammumfang
Sth	Stammhöhe

Gliederung in Leistungsbereiche nach STLB-Bau

Als Beispiel für eine ausführungsorientierte Ergänzung der Kostengliederung werden im Folgenden die Leistungsbereiche des Standardleistungsbuches für das Bauwesen in einer Übersicht dargestellt.

000 Baustelleneinrichtungen; Verkehrssicherungs- und Sicherheitseinrichtungen
001 Gerüstarbeiten
002 Erdarbeiten
003 Landschaftsbauarbeiten
004 Landschaftsbauarbeiten, Pflanzen
005 Brunnenbauarbeiten und Aufschlussbohrungen
006 Spezialtiefbauarbeiten
007 Untertagebauarbeiten
008 Wasserhaltungsarbeiten
009 Entwässerungskanalarbeiten
010 Drän- und Versickerungsarbeiten
011 Abscheider- und Kleinkläranlagen
012 Mauerarbeiten
013 Betonarbeiten
014 Natur-, Betonwerksteinarbeiten
016 Zimmer- und Holzbauarbeiten
017 Stahlbauarbeiten
018 Abdichtungsarbeiten
019 Kampfmittelräumarbeiten
020 Dachdeckungsarbeiten
021 Dachabdichtungsarbeiten
022 Klempnerarbeiten
023 Putz- und Stuckarbeiten, Wärmedämmsysteme
024 Fliesen- und Plattenarbeiten
025 Estricharbeiten
026 Fenster, Außentüren
027 Tischlerarbeiten
028 Parkettarbeiten, Holzpflasterarbeiten
029 Beschlagarbeiten
030 Rollladenarbeiten
031 Metallbauarbeiten
032 Verglasungsarbeiten
033 Baureinigungsarbeiten
034 Maler- und Lackierarbeiten, Beschichtungen
035 Korrosionsschutzarbeiten an Stahlbauten
036 Bodenbelagsarbeiten
037 Tapezierarbeiten
038 Vorgehängte hinterlüftete Fassaden
039 Trockenbauarbeiten
040 Wärmeversorgungsanlagen - Betriebseinrichtungen
041 Wärmeversorgungsanlagen - Leitungen, Armaturen, Heizflächen
042 Gas- und Wasseranlagen - Leitungen und Armaturen
043 Druckrohrleitungen für Gas, Wasser und Abwasser
044 Abwasseranlagen - Leitung, Abläufe, Armaturen
045 Gas-, Wasser- und Entwässerungsanlagen - Ausstattung, Elemente, Fertigbäder
046 Gas-, Wasser- und Entwässerungsanlagen - Betriebseinrichtungen
047 Dämm- und Brandschutzarbeiten an technischen Anlagen
049 Feuerlöschanlagen, Feuerlöschgeräte
050 Blitzschutz- / Erdungsanlagen, Überspannungsschutz
051 Kabelleitungstiefbauarbeiten
052 Mittelspannungsanlagen
053 Niederspannungsanlagen - Kabel/Leitungen, Verlegesysteme, Installationsgeräte
054 Niederspannungsanlagen - Verteilersysteme und Einbaugeräte
055 Sicherheits- und Ersatzstromversorgungsanlagen
057 Gebäudesystemtechnik
058 Leuchten und Lampen
059 Sicherheitsbeleuchtungsanlagen
060 Such-, Signal-, Zeitdienst-, Antennen-, elektroakustische Anlagen, Medientechnik
061 Kommunikations- und Übertragungsnetze
062 Kommunikationsanlagen
063 Gefahrenmeldeanlagen
064 Zutrittskontroll-, Zeiterfassungssysteme
069 Aufzüge
070 Gebäudeautomation
075 Raumlufttechnische Anlagen
078 Kälteanlagen für raumlufttechnische Anlagen
080 Straßen, Wege, Plätze
081 Betonerhaltungsarbeiten
082 Bekämpfender Holzschutz
084 Abbruch-, Rückbau- und Schadstoffsanierungsarbeiten
085 Rohrvortriebsarbeiten
087 Abfallentsorgung, Verwertung und Beseitigung
090 Baulogistik
091 Stundenlohnarbeiten
096 Bauarbeiten an Bahnübergängen
097 Bauarbeiten an Gleisen und Weichen
098 Witterungsschutzmaßnahmen

A

Rohbau

Titel des Leistungsbereichs	LB-Nr.
Baustelleneinrichtungen; Verkehrssicherungs- und Sicherheitseinrichtungen	000
Gerüstarbeiten	001
Erdarbeiten	002
Spezialtiefbauarbeiten	006
Wasserhaltungsarbeiten	008
Entwässerungskanalarbeiten	009
Drän- und Versickerarbeiten	010
Mauerarbeiten	012
Betonarbeiten	013
Naturwerkstein-, Betonwerksteinarbeiten	014
Zimmer- und Holzbauarbeiten	016
Stahlbauarbeiten	017
Abdichtungsarbeiten	018
Dachdeckungsarbeiten	020
Dachabdichtungsarbeiten	021
Klempnerarbeiten	022

Kosten:
Stand 1. Quartal 2025
Bundesdurchschnitt

► min
▷ von
ø Mittel
◁ bis
◄ max

Baustelleneinrichtungen; Verkehrssicherungs- und Sicherheitseinrichtungen — Preise €

Nr.	Positionen	Einheit	►	▷	**ø brutto €** ø netto €	◁	◄
1	Stammschutz, Brettermantel, bis 30cm	St	51	69	**77**	93	126
			43	58	**65**	78	106
2	Stammschutz, Brettermantel, bis 50cm	St	70	89	**99**	112	141
			59	75	**83**	94	119
3	Fußgängerschutz, Gehwege	m	60	78	**83**	87	100
			51	65	**70**	73	84
4	Übergangs-/Fußgängerbrücke	St	119	168	**187**	267	391
			100	141	**157**	225	329
5	Laufsteg - Zugang Gebäude	m	76	112	**117**	125	166
			64	94	**98**	105	140
6	Bauzaun, Bretter 2,00m	m	17	24	**25**	28	32
			14	20	**21**	23	27
7	Bauzaun, Stahlrohrrahmen 2,00m	m	7	13	**15**	18	26
			6	11	**12**	15	22
8	Bauzaun umsetzen, Bretter	m	4	7	**8**	9	14
			3	6	**7**	8	12
9	Bauzaun umsetzen, Stahlrohrrahmen	m	2	5	**6**	7	11
			2	4	**5**	6	9
10	Bauzaun vorhalten	mWo	0,2	0,4	**0,5**	0,7	1,0
			0,2	0,3	**0,4**	0,6	0,9
11	Bauzaunbeleuchtung, öffentlicher Raum	St	26	47	**48**	53	74
			22	40	**40**	44	62
12	Absturzsicherung, Seitenschutz	m	15	22	**25**	30	45
			12	18	**21**	25	38
13	Tor, Bauzaun, Breite 3,50m	St	125	155	**161**	186	247
			105	130	**135**	156	208
14	Tor, Bauzaun, Breite 5,00m	St	150	212	**225**	242	285
			126	178	**189**	203	239
15	Tür, Bauzaun, Breite 1,00m	St	101	132	**150**	159	193
			84	111	**126**	134	163
16	Tür, Bauzaun, Breite 1,50m	St	114	143	**161**	192	241
			95	120	**135**	162	203
17	Baustraße, Breite bis 2,50m	m^2	20	29	**32**	38	50
			17	25	**27**	32	42
18	Hilfsüberfahrt, Baustellenverkehr	m^2	30	47	**54**	58	79
			26	39	**46**	49	66
19	Hilfsüberfahrt, Stahlplatte	St	125	177	**194**	210	236
			105	149	**163**	176	199
20	Kabelbrücke, Strom-/Wasserleitung	St	1.265	1.903	**2.327**	2.783	3.724
			1.063	1.599	**1.955**	2.339	3.129
21	Verkehrseinrichtung, Verkehrszeichen	St	22	48	**50**	76	129
			18	40	**42**	63	108
22	Verkehrssicherung, Baustelle	m	31	53	**56**	75	103
			26	45	**47**	63	87
23	Verkehrsregelung, Lichtsignalanlage	psch	730	1.483	**1.618**	2.162	3.188
			614	1.246	**1.360**	1.817	2.679
24	Grenzstein sichern	St	38	62	**64**	71	83
			32	52	**53**	59	69

Nr.	Positionen	Einheit	►	▷	ø brutto € / ø netto €	◁	◄
25	Lagerplatz einrichten und räumen	m^2	9	18	**21**	27	36
			7	15	**18**	23	30
26	Bauwasseranschluss, 3 Zapfstellen	St	293	644	**781**	1.061	1.607
			246	541	**656**	891	1.350
27	Bauwasseranschluss heranführen	m	16	30	**36**	51	75
			13	25	**30**	43	63
28	Schmutzwasseranschluss herstellen	St	371	484	**539**	586	688
			312	406	**453**	493	578
29	Baustromanschluss	St	343	754	**903**	1.106	1.691
			289	634	**759**	930	1.421
30	Baustrom, Zuleitung	m	13	23	**27**	30	37
			11	19	**23**	25	31
31	Baustellenbeleuchtung, innen	psch	1.720	3.001	**3.537**	3.842	4.807
			1.445	2.522	**2.972**	3.228	4.039
32	Container, Bauleitung, $15m^2$	St	1.624	2.353	**2.683**	3.176	3.941
			1.364	1.977	**2.254**	2.669	3.312
33	Container, Bauleitung, $37{,}5m^2$	St	2.060	3.343	**3.866**	4.667	6.518
			1.731	2.810	**3.248**	3.922	5.478
34	WC-Kabine	St	68	112	**127**	140	173
			57	94	**107**	118	145
35	Sanitärcontainer	St	795	1.713	**2.004**	2.518	3.515
			668	1.440	**1.684**	2.116	2.953
36	Sanitärcontainer vorhalten	StWo	85	115	**123**	132	161
			71	97	**103**	111	135
37	Kranaufstandsfläche herstellen	m^2	14	19	**21**	24	30
			12	16	**18**	21	25
38	Krannutzung	h	88	161	**191**	220	290
			74	136	**161**	185	243
39	Autokran, bis 70t	h	158	237	**272**	273	370
			133	199	**229**	230	311
40	Bauaufzug, 200kg, Material und Personen	St	739	1.118	**1.226**	1.536	2.045
			621	940	**1.030**	1.291	1.718
41	Bauaufzug, 500kg, Material und Personen	St	1.471	2.176	**2.576**	2.798	3.694
			1.236	1.829	**2.165**	2.351	3.104
42	Bauaufzug, 1.000kg, Material und Personen	St	2.449	4.334	**4.868**	5.558	6.834
			2.058	3.642	**4.091**	4.671	5.743
43	Bauaufzug, 1.500kg Material	St	4.715	7.399	**9.531**	12.791	16.052
			3.962	6.218	**8.009**	10.749	13.489
44	Bauaufzug, vorhalten	StWo	–	474	**766**	1.038	–
			–	398	**644**	872	–
45	Schutzabdeckung, Boden, Holzplatten	m^2	12	18	**21**	27	35
			10	15	**18**	22	30
46	Bautrocknung, Kondensationstrockner	St	178	270	**308**	366	535
			149	227	**259**	307	450
47	Reinigen grobe Verschmutzung	m^2	34	46	**51**	56	66
			28	39	**43**	47	55
48	Bautreppe, zweiläufig	St	228	570	**751**	977	1.580
			191	479	**631**	821	1.328

Kosten:
Stand 1. Quartal 2025
Bundesdurchschnitt

Nr.	Positionen	Einheit	►	▷	ø brutto € / ø netto €	◁	◄
49	Laufbrücke, Holz	m	76	111	**116**	131	152
			64	93	**97**	110	128
50	Schutzwand, Folienbespannung	m^2	12	24	**31**	35	47
			10	20	**26**	30	40
51	Schutzwand, Holz beplankt	m^2	20	40	**46**	62	90
			17	34	**39**	52	76
52	Bautür, Stahlblech	St	94	241	**305**	423	714
			79	202	**256**	356	600
53	Bautür, Holz	St	91	211	**249**	337	516
			76	177	**209**	283	434
54	Witterungsschutz, Fensteröffnung	m^2	10	24	**29**	43	65
			8	20	**25**	36	54
55	Meterriss	St	9	25	**32**	43	69
			8	21	**27**	36	58
56	Höhenfestpunkt, Einschlagbolzen	St	25	65	**79**	109	164
			21	55	**67**	92	138
57	Bauschuttcontainer, gemischter Bauschutt, 7m^3	St	455	793	**917**	1.012	1.281
			383	667	**770**	851	1.076
58	Bauschuttcontainer, gemischter Bauschutt, bis 10m^3	St	538	1.015	**1.243**	1.482	1.833
			452	853	**1.044**	1.246	1.540
59	Bauschuttcontainer, sortierter Bauschutt, 7m^3	St	324	518	**630**	850	1.156
			273	435	**530**	715	972
60	Bauschuttcontainer, sortierter Bauschutt, bis 10m^3	St	338	674	**821**	988	1.294
			284	566	**690**	830	1.087
61	Deponiegebühr, gemischter Bauschutt	m^3	33	64	**66**	92	131
			28	54	**56**	77	110
62	Bauschild, Grundplatte	St	1.368	2.524	**2.892**	3.862	6.120
			1.149	2.121	**2.430**	3.246	5.143
63	Bauschild, Firmenleiste	St	44	95	**118**	171	270
			37	80	**99**	144	226
64	Schuttabwurfschacht, bis 12m	m	28	39	**45**	53	78
			23	33	**38**	45	66
65	Schuttabwurfschacht, bis 8m	St	152	326	**360**	403	772
			128	274	**303**	339	649
66	Stundensatz, Facharbeiter/-in	h	69	81	**87**	92	103
			58	68	**73**	77	86
67	Stundensatz, Helfer/-in	h	59	71	**77**	81	92
			50	60	**64**	68	77

► min
▷ von
ø Mittel
◁ bis
◄ max

Nr. **Kurztext** / Langtext — Kostengruppe
► ▷ **ø netto €** ◁ ◄ [Einheit] Ausf.-Dauer Positionsnummer

1 Stammschutz, Brettermantel, bis 30cm KG **211**

Stammschutz gegen mechanische Schäden, während der gesamten Bauzeit.
Stammdurchmesser: bis 30 cm, gemessen in 1 m Höhe
Material: Brettermantel mit Polsterung
Stammabstand: mind. 10 cm
Bohlendicke: ..... mm
Höhe: 2,00 m

43€ 58€ **65€** 78€ 106€ [St] ⏱ 0,90h/St 000.000.078

2 Stammschutz, Brettermantel, bis 50cm KG **211**

Stammschutz gegen mechanische Schäden, während der gesamten Bauzeit.
Stammdurchmesser: bis 50 cm, gemessen in 1 m Höhe
Material: Brettermantel mit Polsterung
Stammabstand: mind. 10 cm
Bohlendicke: ..... mm
Höhe: 2,00 m

59€ 75€ **83€** 94€ 119€ [St] ⏱ 1,00h/St 000.000.079

3 Fußgängerschutz, Gehwege KG **391**

Schutzdach zur Sicherung von Gehwegen, aus Holz-Konstruktion, mit trittsicherem Belag, einseitig offen und mit Brett auf Handlaufhöhe, einschl. wetterfester Abdeckung des Schutzdachs mit glasvliesarmierter Bitumenbahn, überlappend verlegt und auf Holzgrund genagelt.
Nutzbreite: mind. 1,00 m
Durchgangshöhe: mind. 2,10 m
Gebrauchsüberlassung: 4 Wochen

51€ 65€ **70€** 73€ 84€ [m] ⏱ 1,40h/m 000.000.063

4 Übergangs-/Fußgängerbrücke KG **391**

Fußgängerhilfsbrücke für öffentlichen Verkehr herstellen, vorhalten und beseitigen. Hilfsbrücke mit Schutzgeländer, Schutzdach, Fundamenten und Widerlagern.
Neigung Rampen: max. .....°
Dauer: Bauzeit, gem. Anlage .....
Nutzlast: 5,0 kN/m^2
Nutzbreite: 1,50 m
Länge: 2,50 m
Lichte Durchfahrtshöhe: 3,50 m
Ausführung gem. anliegender Zeichnung Nr. .....
Vorhaltedauer: ..... Wochen
Abrechnung Pauschal = 1 Stück

100€ 141€ **157€** 225€ 329€ [St] ⏱ 1,00h/St 000.000.075

Kosten:
Stand 1.Quartal 2025
Bundesdurchschnitt

Nr.	**Kurztext** / Langtext						Kostengruppe
▶	▷	**ø netto €**	◁	◀	[Einheit]	Ausf.-Dauer	Positionsnummer

5 Laufsteg - Zugang Gebäude KG **391**

Laufsteg für Baustellenzugang zum Gebäude herstellen, vorhalten und nach Abruf durch Bauüberwachung wieder beseitigen. Konstruktion unverrückbar gegründet, Ausführung gem. Vorschlag des AN und Freigabe durch die Bauüberwachung.
Laufsteg mit leichtem Gefälle: .....°
Oberfläche: rutschsicher profiliert
Spannweiten: ca. .... m
Schutzgeländer: beidseitig
Nutzlast: ..... kN/m²
Nutzbreite ..... m
Länge: ..... m
Vorhaltedauer: ..... Wochen

64€ | 94€ | **98€** | 105€ | 140€ | [m] | ⏱ 0,50h/m | 000.000.103

6 Bauzaun, Bretter 2,00m KG **391**

Bauzaun als Schutzzaun auf unbefestigten waagerechten Untergrund aufstellen, vorhalten und beseitigen, Ausführung als Umwehrung. Türen und Tore werden gesondert vergütet.
Bauart: Bretter
Zaunhöhe: 2,00 m
Vorhaltedauer: 4 Wochen

14€ | 20€ | **21€** | 23€ | 27€ | [m] | ⏱ 0,20h/m | 000.000.080

7 Bauzaun, Stahlrohrrahmen 2,00m KG **391**

Bauzaun als Schutzzaun auf unbefestigten waagerechten Untergrund aufstellen, vorhalten und beseitigen, Ausführung als Umwehrung. Türen und Tore werden gesondert vergütet.
Bauart: Stahlrohrrahmen, versetzbar
Zaunhöhe: 2,00 m
Vorhaltedauer: 4 Wochen

6€ | 11€ | **12€** | 15€ | 22€ | [m] | ⏱ 0,11h/m | 000.000.081

8 Bauzaun umsetzen, Bretter KG **391**

Bauzaun umsetzen, Ausführung als Absperrung auf unbefestigtem waagerechten Untergrund, inkl. Tore und Türen.
Zaunhöhe: 2,00 m
Bauart: Bretter
Tore/Türen: .....
Umsetzweg: bis .....

3€ | 6€ | **7€** | 8€ | 12€ | [m] | ⏱ 0,14h/m | 000.000.099

9 Bauzaun umsetzen, Stahlrohrrahmen KG **391**

Bauzaun umsetzen, Ausführung als Absperrung auf unbefestigtem waagerechten Untergrund, inkl. Tore und Türen.
Zaunhöhe: 2,00 m
Bauart: Stahlrohrrahmen
Tore/Türen: .....
Umsetzweg: bis .....

2€ | 4€ | **5€** | 6€ | 9€ | [m] | ⏱ 0,10h/m | 000.000.082

▶ min
▷ von
ø Mittel
◁ bis
◀ max

10 Bauzaun vorhalten KG **391**

Bauzaun, wie vor beschrieben, über die Grundvorhaltedauer hinaus vorhalten. Ausführung als Umwehrung, inkl. Tore und Türen.
Zaunhöhe: 2,00 m
Bauart: .....
Tore/Türen: .....
Abrechnung je weitere Woche

0,2€ 0,3€ **0,4€** 0,6€ 0,9€ [mWo] – 000.000.112

11 Bauzaunbeleuchtung, öffentlicher Raum KG **391**

Sicherungsleuchten für Bauzaun, in öffentlichem Raum, montieren und nach Aufforderung komplett entfernen.
Ausführung: **versorgungsnetzabhängig / versorgungsnetzunabhängig**
Leuchtstärke: lx
Vorhaltedauer: ..... Wochen

22€ 40€ **40€** 44€ 62€ [St] ⏱ 0,12h/St 000.000.065

12 Absturzsicherung, Seitenschutz KG **391**

Seitenschutz entsprechend DGUV Information 201-023 und DIN EN 12811-1, einschl. Vorhaltung und Rückbau, montiert an freiliegenden Treppenläufen und -podesten zur Absturzsicherung. Die Konstruktion ist so auszuführen, dass die im Bereich der Schutzeinrichtung tätigen Gewerke nicht behindert werden.
Vorhaltedauer: ..... Wochen

12€ 18€ **21€** 25€ 38€ [m] ⏱ 0,10h/m 000.000.107

A 1 Tor, Bauzaun Beschreibung für Pos. **13-14**

Behelfsmäßiges Tor im Bauzaun, abschließbar. Einbauen, Vorhalten und Beseitigen.
Ausführung: zum Bauzaun passend

13 Tor, Bauzaun, Breite 3,50m KG **391**

Wie Ausführungsbeschreibung A 1
Bodenabstand: 20 cm
Torhöhe: 2,00 m
Öffnungsbreite: 3,50 m
Vorhaltedauer: ..... Wochen

105€ 130€ **135€** 156€ 208€ [St] ⏱ 2,00h/St 000.000.083

14 Tor, Bauzaun, Breite 5,00m KG **391**

Wie Ausführungsbeschreibung A 1
Bodenabstand: 20 cm
Torhöhe: 2,00 m
Öffnungsbreite: 5,00 m
Vorhaltedauer: ..... Wochen

126€ 178€ **189€** 203€ 239€ [St] ⏱ 2,00h/St 000.000.084

Nr.	Kurztext / Langtext						Kostengruppe
▶	▷	ø netto €	◁	◀	[Einheit]	Ausf.-Dauer	Positionsnummer

A 2 Tür, Bauzaun — Beschreibung für Pos. **15-16**

Behelfsmäßige Tür im Bauzaun, abschließbar. Einbauen, Vorhalten und Beseitigen.
Ausführung: zum Bauzaun passend

15 Tür, Bauzaun, Breite 1,00m — KG **391**

Wie Ausführungsbeschreibung A 2
Bodenabstand: 20 cm
Türhöhe: 2,00 m
Öffnungsbreite: 1,00 m
Vorhaltedauer: ..... Wochen

84€ | 111€ | **126€** | 134€ | 163€ | [St] | ⏱ 1,00h/St | 000.000.100

Kosten:
Stand 1.Quartal 2025
Bundesdurchschnitt

16 Tür, Bauzaun, Breite 1,50m — KG **391**

Wie Ausführungsbeschreibung A 2
Bodenabstand: 20 cm
Türhöhe: 2,00 m
Öffnungsbreite: 1,50 m
Vorhaltedauer: ..... Wochen

95€ | 120€ | **135€** | 162€ | 203€ | [St] | ⏱ 1,05h/St | 000.000.086

17 Baustraße, Breite bis 2,50m — KG **391**

Verkehrsfläche, temporär, in Geländehöhe für nichtöffentlichen Baustellenverkehr herstellen und nach Aufforderung durch die Bauleitung wieder beseitigen.
Ausführung: hydraulisch gebunden, frostsicher
Bindemittel: nach Wahl des Auftragnehmers
Gesteinskörnung: .....
Gesteinstyp: .....
Verkehrslast: ..... kN/m²
Dicke: **20 / 30 /** ..... cm
Dicke: frostsichere Ausführung
Wegbreite: bis 2,50 m
Herstellung als: Baustraße

17€ | 25€ | **27€** | 32€ | 42€ | [m²] | ⏱ 0,18h/m² | 000.000.003

18 Hilfsüberfahrt, Baustellenverkehr — KG **391**

Überfahrt zur Baustelle für Baustellenverkehr mit niveaugleichem Schutz der Randsteinkante. Überfahrt herstellen, vorhalten und restlos entfernen.
Ausführung: über **Gehweg / Gräben**
Verkehrslast: ..... kN/m²
Randsteinkante: .....
Abmessungen: .....
Breite: ..... m
Gehwegbreite: ..... m
Vorhaltedauer: ..... Wochen

26€ | 39€ | **46€** | 49€ | 66€ | [m²] | ⏱ 0,20h/m² | 000.000.066

▶ min
▷ von
ø Mittel
◁ bis
◀ max

Nr.	**Kurztext** / Langtext						Kostengruppe
►	▷	**ø netto €**	◁	◄	[Einheit]	Ausf.-Dauer	Positionsnummer

19 Hilfsüberfahrt, Stahlplatte KG **391**

Überfahrt zur Baustelle über Aushubbereiche mit Stahlplatten für Baustellenverkehr. Überfahrt herstellen, vorhalten und restlos entfernen.
Ausführung: über Gräben
Verkehrslast: kN/m2
Grabenbreite: 2,50m
Spannweite: bis ..... m
Vorhaltedauer: ..... Wochen

105€ | 149€ | **163€** | 176€ | 199€ | [St] | ⏱ 0,20h/St | 000.000.056

20 Kabelbrücke, Strom-/Wasserleitung KG **391**

Kabelbrücke über Straße herstellen, vorhalten und wieder entfernen, Brücke aus zwei Pfosten, unverrückbar und sturmsicher verankert, sowie Fachwerkträger zur Überspannung, Konstruktion mit weiß-rotem Band umwickelt, einschl. notwendiger Beschilderung.
Nutzbreite: 0,50 m
Straßenbreite: .....
Durchfahrtshöhe: mind. 4,20 m
Vorhaltedauer: ..... Wochen
Einbauort: öffentliche Straße
Querung für: **Stromleitung / Wasserleitung**

1.063€ | 1.599€ | **1.955€** | 2.339€ | 3.129€ | [St] | ⏱ 10,00h/St | 000.000.033

21 Verkehrseinrichtung, Verkehrszeichen KG **391**

Verkehrseinrichtung mit Verkehrsschildern herstellen, vorhalten, betreiben (evtl. umsetzen) und wieder demontieren, Markierungen rot-weiß und reflektierend, gem. Verkehrszeichenplan oder nach Absprache mit Tiefbauamt, sämtliche Schilder verkehrssicher fixiert.
Eignung: **Straßenverkehr / Fußgängerverkehr**
Anzahl der Schilder: .....
weitere Anforderungen: .....
Vorhaltedauer: ..... Wochen

18€ | 40€ | **42€** | 63€ | 108€ | [St] | ⏱ 0,22h/St | 000.000.022

22 Verkehrssicherung, Baustelle KG **391**

Baustelle Verkehrssicherungseinrichtung, gem. beiliegendem Verkehrssicherungsplan, lt. Vorschriften der Straßenverkehrsordnung kennzeichnen und sichern, über die gesamte Bauzeit Tag und Nacht vorhalten und nach Fertigstellung abbauen. Leistung inkl. Sicherstellung der Funktionstüchtigkeit der Verkehrssicherung auch bei Nacht. Für die Ausführung werden vom AG Übersichtszeichnungen zur Verfügung gestellt. Abrechnungseinheit ist die angrenzende Länge zum öffentlichen Raum.
Vorhaltedauer/Bauzeit: ..... Wochen

26€ | 45€ | **47€** | 63€ | 87€ | [m] | ⏱ 0,20h/m | 000.000.037

23 Verkehrsregelung, Lichtsignalanlage KG **391**

Verkehrsregelung gem. STVO mit funkgesteuerter, automatischer Signallichtanlage, einschl. aller für den Betrieb notwendigen Komponenten, der Vorhalte- und Betriebskosten, sowie dem Versetzen der Anlage.
Anzahl funkgesteuerter Signallichtanlagen im 24/7-Betrieb: 2
Abstand der Anlagen: ..... m
Stromversorgung: netzunabhängig - Batterie
Vorhaltedauer: ..... Wochen

614€ | 1.246€ | **1.360€** | 1.817€ | 2.679€ | [psch] | ⏱ 2,20h/psch | 000.000.032

Kosten:
Stand 1. Quartal 2025
Bundesdurchschnitt

Nr.	Kurztext / Langtext						Kostengruppe
▶	▷	ø netto €	◁	◀	[Einheit]	Ausf.-Dauer	Positionsnummer

24 Grenzstein sichern KG **391**

Grenzstein sichern, über gesamte Bauzeit.
Art/Größe des Grenzsteins: .....

32€	52€	**53€**	59€	69€	[St]	⏱ 1,00 h/St	000.000.076

25 Lagerplatz einrichten und räumen KG **391**

Lagerplatz auf dem Baugrundstück einrichten und räumen. Lage siehe anliegenden Baustelleneinrichtungsplan.
Nutzung geeignet für: Sortierung und Lagerung von Baustellenabfällen

7€	15€	**18€**	23€	30€	[m²]	⏱ 0,08 h/m²	000.000.101

26 Bauwasseranschluss, 3 Zapfstellen KG **391**

Bauwasseranschluss herstellen für die Verwendung von Dritten, inkl. Beantragung beim zuständigen Versorgungsunternehmen. Abbau auf Anweisung durch die Bauleitung. Die Abrechnung an die beteiligten Firmen erfolgt über Zwischenzähler.
Zapfstellen: 3 St
Vorhaltedauer: ..... Wochen

246€	541€	**656€**	891€	1.350€	[St]	⏱ 12,50 h/St	000.000.007

27 Bauwasseranschluss heranführen KG **391**

Provisorische Anschlussleitung für Bauwasser, vom öffentlichen Anschlusspunkt lt. Baustelleneinrichtungsplan bis zum bauseitigen Bauwasserverteiler heranführen, inkl. notwendiger Erdarbeiten und Abdeckung der Leitung im öffentlichen Bereich. Leistung bestehend aus Herstellung der Leitung, Vorhalten und Beseitigung, Vergütung einer evtl. erforderlichen Begleitheizung nach gesonderter Position.
Öffentlicher Bereich: .....
Leitungsgröße: DN32
Boden: Homogenbereich 1, mit einer Bodengruppe, Bodengruppe: ..... DIN 18196

- Steinanteil: bis ..... % Massenanteil DIN EN ISO 14688-1
- Konsistenz DIN EN ISO 14688-1: .....
- Lagerungsdichte: .....

Vorhaltedauer: ..... Wochen

13€	25€	**30€**	43€	63€	[m]	⏱ 0,14 h/m	000.000.046

28 Schmutzwasseranschluss herstellen KG **391**

Schmutzwasseranschluss an Kanal herstellen, inkl. Beantragung beim zuständigen Versorgungsunternehmen, Abbau/Rückbau auf Anweisung durch die Bauleitung.
Nenngröße: **DN100 / DN150**
Material: ....
Tiefenlage: .....
Vorhaltedauer: ..... Wochen

312€	406€	**453€**	493€	578€	[St]	⏱ 2,20 h/St	000.000.067

▶ min
▷ von
ø Mittel
◁ bis
◀ max

Nr.	**Kurztext** / Langtext						Kostengruppe
►	▷	**ø netto €**	◁	◄	[Einheit]	Ausf.-Dauer	Positionsnummer

29 Baustromanschluss KG **391**

Baustrom-Hauptanschluss herstellen, vor- und unterhalten, Anfangszählerstand mit der Bauleitung feststellen und schriftlich protokollieren, vor Abbau den Zähler-Endstand festhalten.
Ausstattung: Zwischenzähler, Schuko- und Drehstromsteckdosen in ausreichender Anzahl, FI-Schutzschalter und Sicherungen
Zuleitung: bis 50 m
Vorhaltedauer: ..... Wochen

289€	634€	**759€**	930€	1.421€	[St]	⏱ 15,00h/St	000.000.004

30 Baustrom, Zuleitung KG **391**

Zuleitung zum Baustrom-Hauptanschluss, mit gummigeschützter Anschlussleitung, herstellen, vor- und unterhalten, auf Anordnung der Bauleitung abbauen.
Leistung: .... A (Ampere)
Zuleitung: bis 50 m
Vorhaltedauer: ..... Wochen

11€	19€	**23€**	25€	31€	[m]	⏱ 0,10h/m	000.000.068

31 Baustellenbeleuchtung, innen KG **391**

Baustellenbeleuchtung im Gebäude herstellen, vorhalten und betreiben, sowie wieder demontieren, inkl. aller Kabel, Schalter und dem Anschluss an den Baustromverstärker, witterungsgeschützte Montage.
Beleuchtung: Hauptverkehrswege innen
Beleuchtungsstärke: gem. Vorgaben der BG Bau und der Arbeitsstättenrichtlinie: mind. 20 lx
Anzahl der Leuchten: .....
Stromzwischenzähler: ja
Montage an: Wänden, Decken
Vorhaltedauer: ..... Wochen

1.445€	2.522€	**2.972€**	3.228€	4.039€	[psch]	⏱ 20,00h/psch	000.000.090

A 3 Container Bauleitung Beschreibung für Pos. **32-33**

Bauleitungscontainer aufstellen, betreiben, vorhalten und abfahren.
Ausführung:
Bauleitungscontainer, beheizbar, wärmegedämmt, mit Innenausstattung, als komplett funktionierendes Büro, Container dient als Arbeits- und Besprechungsraum
Ausstattung:

- Telefon- und Faxanschluss, sowie DSL-Internetanschluss (mind. ..... MBit/s)
- .... St Steckdosen und Büro-Beleuchtung
- Schreibtisch mit abschließbarer Schublade
- Besprechungstisch mit mind. ..... Stühlen
- abschließbarer Aktenschrank
- Pinnwand, mind. 2,0 m^2
- Mülleimer
- Stiefelknecht und Garderobe
- abschließbar, 3 gleichschließende Schlüssel

Nutzung/Reinigung:

- Reinigung wird gesondert vergütet

Aufstellort:
Gem. Baustelleneinrichtungsplan bzw. Absprache mit Bauüberwachung
Vorhaltedauer: ..... Wochen

Kosten:
Stand 1. Quartal 2025
Bundesdurchschnitt

Nr.	Kurztext / Langtext					Kostengruppe
▶	▷	ø netto €	◁	◀	[Einheit] Ausf.-Dauer	Positionsnummer

32 Container, Bauleitung, 15m² KG **391**

Wie Ausführungsbeschreibung A 3
Containergröße: ca. 15 m²
Zusatzausstattung: .....
WC-Kabine: ohne

1.364€ 1.977€ **2.254€** 2.669€ 3.312€ [St] ⏱ 20,00 h/St 000.000.091

33 Container, Bauleitung, 37,5m² KG **391**

Wie Ausführungsbeschreibung A 3
Containergröße: über 15 m² bis 37,5 m² (aus 2 Container zusammengesetzt)
Zusatzausstattung: .....
WC-Kabine: 1 Stück

1.731€ 2.810€ **3.248€** 3.922€ 5.478€ [St] ⏱ 20,00 h/St 000.000.092

34 WC-Kabine KG **391**

WC-Kabine aufstellen und nach Abruf wieder entfernen. Toiletteneinheit für alle Gewerke mit je 1 WC-Sitz, inkl. aller Verbrauchsmaterialien etc.
Vorhaltedauer: ca. ..... Wochen
Reinigung wird gesondert vergütet.

57€ 94€ **107€** 118€ 145€ [St] ⏱ 2,00 h/St 000.000.006

35 Sanitärcontainer KG **391**

Sanitärcontainer aufstellen, vorhalten und abfahren, beheizbar und wärmegedämmt, geeignet für die Nutzung der am Bau beteiligten Fremdfirmen, inkl. Dokumentation der Reinigung und 9 gleichschließender Schlüssel, übergeben an die Bauüberwachung, Warten, Verbrauchsmaterialien, Strom- und Heizkosten werden gesondert vergütet.
Ausstattung:

- Toilettenraum, Waschplatz und Vorraum
- 2 WC-Kabinen, 2 Waschrinnen mit je 3 Waschplätzen
- Garderobe
- Beleuchtung, Strom- und Wasseranschluss
- Abwasseranschluss an bauseitig zur Verfügung gestellte Abwasserleitung
- Warmwasserbereiter für mind. 150 l
- Heizung
- Mülleimer

Reinigung: wird gesondert vergütet
Vorhaltedauer: ..... Wochen
Aufstellort: siehe Baustelleneinrichtungsplan bzw. nach Absprache mit der Bauüberwachung

668€ 1.440€ **1.684€** 2.116€ 2.953€ [St] ⏱ 20,00 h/St 000.000.044

36 Sanitärcontainer vorhalten KG **391**

Vor beschriebenen Sanitärcontainer wöchentlich vorhalten, komplett reinigen, Verbrauchsmaterialien auffüllen und Betriebsfähigkeit überprüfen, sowie ggf. Mängel beseitigen nach Abstimmung mit der Bauüberwachung des Architekten. Einheitspreis für Vorhaltedauer von 1 Woche.
Anzahl der Sanitäreinheiten: .....

71€ 97€ **103€** 111€ 135€ [StWo] ⏱ 1,50 h/StWo 000.000.102

▶ min
▷ von
ø Mittel
◁ bis
◀ max

37 Kranaufstandsfläche herstellen KG **391**

Kranaufstandsfläche inkl. Kranfundamente, geeignet für Baustellenkran, inkl. Erdarbeiten. Nach dem Kranabbau sind die Flächen und Fundamente zurückzubauen und zu entsorgen.
Max. Tragfähigkeit Kran: .....
Ausladung: .....
Boden/Homogenbereich: .....
Gelände: eben, ohne Gefälle

12€ 16€ **18€** 21€ 25€ [m²] ⏱ 0,20 h/m² 000.000.069

38 Krannutzung KG **391**

Baukran mit Bedienung, als Leistung für Dritte, Leistung auf Anweisung der Bauüberwachung.

74€ 136€ **161€** 185€ 243€ [h] ⏱ 1,00 h/h 000.000.041

39 Autokran, bis 70t KG **391**

Autokran bereitstellen, betreiben und abbauen. Abrechnung nach festgestellten Betriebsstunden. Leistung inkl. An- und Abfahrt, sowie Betriebspersonal.
Hakenhöhe/Hubhöhe: .....
Max. Traglast: 50-70 t
Max. Ausladung: .....

133€ 199€ **229€** 230€ 311€ [h] ⏱ 1,00 h/h 000.000.045

40 Bauaufzug, 200kg, Material und Personen KG **391**

Baustellenaufzug für Personen und Material, liefern, aufstellen und wieder räumen.
Förderhöhe: 15,00 m
Traglast: bis 200 kg
Bemessungsstrom: .....
Befestigung: .....
Haltestellen: ..... St
Fahrkorbfläche: 2,00 m²
Bemessungsstrom: .....
Vorhaltedauer: ..... Wochen

621€ 940€ **1.030€** 1.291€ 1.718€ [St] ⏱ 12,00 h/St 000.000.093

41 Bauaufzug, 500kg, Material und Personen KG **391**

Baustellenaufzug für Personen und Material, liefern, aufstellen und wieder räumen.
Förderhöhe: 15,00 m
Traglast: bis 500 kg
Bemessungsstrom: .....
Befestigung: .....
Haltestellen: ..... St
Fahrkorbfläche: 2,00 m²
Bemessungsstrom: .....
Vorhaltedauer: ..... Wochen

1.236€ 1.829€ **2.165€** 2.351€ 3.104€ [St] ⏱ 13,00 h/St 000.000.094

Nr.	Kurztext / Langtext						Kostengruppe
▶	▷	ø netto €	◁	◀	[Einheit]	Ausf.-Dauer	Positionsnummer

42 Bauaufzug, 1.000kg, Material und Personen — KG **391**

Baustellenaufzug für Personen und Material, liefern, aufstellen und wieder räumen.
Förderhöhe: 15,00 m
Nutzlast: bis 1.000 kg
Bemessungsstrom: .....
Befestigung: .....
Haltestellen: ..... St
Fahrkorbfläche: ..... m²
Bemessungsstrom: .....
Vorhaltedauer: ..... Wochen

▶	▷	ø	◁	◀	Einheit	Ausf.-Dauer	Positionsnummer
2.058€	3.642€	**4.091€**	4.671€	5.743€	[St]	⏱ 14,00h/St	000.000.027

43 Bauaufzug, 1.500kg Material — KG **391**

Baustellenaufzug für Material, liefern, aufstellen und wieder räumen.
Förderhöhe: 15,00 m
Traglast: bis 1.500 kg
Bemessungsstrom: .....
Befestigung: .....
Haltestellen: ..... St
Fahrkorbfläche: 2,00 m²
Bemessungsstrom: .....
Vorhaltedauer: ..... Wochen

▶	▷	ø	◁	◀	Einheit	Ausf.-Dauer	Positionsnummer
3.962€	6.218€	**8.009€**	10.749€	13.489€	[St]	⏱ 15,00h/St	000.000.095

44 Bauaufzug, vorhalten — KG **391**

Baustellenaufzug betreiben und bedienen, nach besonderer Anordnung des AG, an Werktagen, in der Zeit von 5 bis 20 Uhr.
Angaben zum Aufzug: .....
Einheitspreis für Vorhaltedauer von 1 Woche

▶	▷	ø	◁	◀	Einheit	Ausf.-Dauer	Positionsnummer
–	398€	**644€**	872€	–	[StWo]	–	000.000.028

45 Schutzabdeckung, Boden, Holzplatten — KG **397**

Böden vollflächig mit Holzplatten, nicht verrutschend abdecken und nach Aufforderung durch die Bauleitung wieder entfernen.
Unterseitige Lage: nicht kondenswasserbildend
Oberseitige Lage: Holzplatten
Vorhaltedauer: ..... Wochen

▶	▷	ø	◁	◀	Einheit	Ausf.-Dauer	Positionsnummer
10€	15€	**18€**	22€	30€	[m²]	⏱ 0,10h/m²	000.000.009

Kosten:
Stand 1.Quartal 2025
Bundesdurchschnitt

▶ min
▷ von
ø Mittel
◁ bis
◀ max

46 Bautrocknung, Kondensationstrockner KG **397**

Bautrockengerät mit mobilem Kondensationstrockner und eingebauter Heizung aufstellen, betreiben und wieder entfernen. Leistung einschl. aller Komponenten für die Funktionstüchtigkeit der Anlage; Betriebsenergie nach gesonderter Abrechnung.
Anlage bestehend aus:

- integriertem Auffangbehälter, überlaufgesichert, vollautomatisch
- Bedien- und Kontrollfeld mit Betriebsstundenzähler auf der Oberseite
- vorbereitet für Anschluss von zwei Schläuchen (max. 5 m)
- zuschaltbare elektrische Heizung (1 kW)

Betriebsart: **elektrisch / Brennstoff**
Entfeuchtungsleistung bei + 15°C / 60% rF: 10 Liter/Tag
Kondensatbehälter Größe: 15 Liter
Arbeitsbereich: von + 3°C bis + 30°C / von 40% rF bis 100% rF
Luftdurchsatz: .....
Heizleistung: 1.000 W
Schalldruckpegel in 1,0 m Abstand: 60 dB(A)
IP-Schutzart: X4 (für elektrischen Betrieb)
Vorhaltedauer: ..... Tage

149€	227€	**259€**	307€	450€	[St]	⏱ 0,60h/St	000.000.038

47 Reinigen grobe Verschmutzung KG **391**

Reinigen der Baustelle von grober Verschmutzung, Abfällen und Rückständen, die nicht durch den AN zu verantworten sind.
Bauteil: Betonboden

28€	39€	**43€**	47€	55€	[m²]	⏱ 1,00h/m²	000.000.105

48 Bautreppe, zweiläufig KG **391**

Bautreppe gem. DGUV Regel 101-002 herstellen, vorhalten und wieder demontieren, zweiläufig, über mehrere Geschosse, mit Podesten.
Konstruktion: .....
Nutzung: **für den Bauverkehr / für öffentliche Nutzung**
Geschosshöhe: bis 3,00 m
Treppenbreite: mind. 0,90 m
Steigungen: .....
Geländer: zweiseitig an Treppe und dreiseitig an Podesten
Vorhaltedauer: ..... Wochen

191€	479€	**631€**	821€	1.328€	[St]	⏱ 6,20h/St	000.000.023

Kosten:
Stand 1. Quartal 2025
Bundesdurchschnitt

Nr.	**Kurztext** / Langtext						Kostengruppe
▶	▷	**ø netto €**	◁	◀	[Einheit]	Ausf.-Dauer	Positionsnummer

49 Laufbrücke, Holz KG **391**

Laufbrücke herstellen, vorhalten und wieder demontieren.
Konstruktion aus: Holz
Nutzung: **für den Bauverkehr / für öffentliche Nutzung**
Nutzlast: ..... kN/m²
Einbau: **eben / geneigt mit Trittleisten**
Differenzhöhe: ..... m
Spannweite: ..... m
Abmessung (B x L): mind. ..... x ..... m
Handläufe und Seitenschutz: zweiseitig
Absturzhöhe: .....
Vorhaltedauer: ..... Wochen

64€	93€	**97€**	110€	128€	[m]	⏱ 0,75 h/m	000.000.108

50 Schutzwand, Folienbespannung KG **397**

Staubschutzwand als Folienschutzwand im Gebäude, einschl. Vorhalten und wieder Beseitigen, bestehend aus Trag- und Unterkonstruktion aus Holz, Bespannung mit verstärkter Gitterfolie, Anschlüsse an umfassende Massivbauteile zusätzlich abgeklebt.
Geschosshöhe: ..... (max. 3,50 m)
Einzelgröße: mind. 5 m²
Foliendicke: mind. 0,5 mm
Vorhaltedauer: ..... Wochen

10€	20€	**26€**	30€	40€	[m²]	⏱ 0,30 h/m²	000.000.010

51 Schutzwand, Holz beplankt KG **391**

Bauschutzwand im Gebäude, als Staub- und Sichtschutz, einschl. Vorhalten und wieder Beseitigen, für diverse Raumhöhen, bestehend aus beidseitig mit Holzwerkstoffplatten beplankter Holzkonstruktion, Anschlüsse an umfassende Bauteile zusätzlich abgeklebt.
Geschosshöhe: ..... (max. 3,00 m)
Plattendicke: mind. 15 mm
Vorhaltedauer: ..... Wochen

17€	34€	**39€**	52€	76€	[m²]	⏱ 0,80 h/m²	000.000.011

52 Bautür, Stahlblech KG **391**

Bautür an bauseitigen Öffnungen, montieren und wieder demontieren, bestehend aus Stahlblechkonstruktion, abschließbar mit Schloss und Drückergarnitur und vorgerüstet für bauseitige Profilzylinder.
Einbausituation: .....
Abmessung: 1,26 x 2,26 m
Vorhaltedauer: ..... Wochen

79€	202€	**256€**	356€	600€	[St]	⏱ 0,50 h/St	000.000.025

53 Bautür, Holz KG **391**

Bautür an bauseitigen Öffnungen, montieren und wieder demontieren, bestehend aus Holz, abschließbar mit Schloss und Drückergarnitur und vorgerüstet für bauseitige Profilzylinder.
Einbausituation: .....
Abmessung: 1,00 x 2,00 m
Vorhaltedauer: ..... Wochen

76€	177€	**209€**	283€	434€	[St]	⏱ 0,45 h/St	000.000.096

▶ min
▷ von
ø Mittel
◁ bis
◀ max

54 Witterungsschutz, Fensteröffnung KG **397**

Öffnungen in Fassade behelfsmäßig schließen, als Witterungsschutz, mittels Holzunterkonstruktion mit PE-Folienbespannung. Die Konstruktion ist auf Anweisung der Bauleitung kurz vor Einbau der Fassaden oder Fensterelemente wieder zu demontieren und zu entsorgen.
Foliendicke: 0,5 mm
Vorhaltedauer: ..... Wochen

8€ | 20€ | **25€** | 36€ | 54€ | [m²] | ⏱ 0,35h/m² | 000.000.012

55 Meterriss KG **391**

Meterriss, für die Leistungen Dritter, innerhalb der Baustelle unverschiebbar herstellen. Lage und Festlegung gemeinsam mit Bauüberwachung des Architekten vor Baubeginn.

8€ | 21€ | **27€** | 36€ | 58€ | [St] | ⏱ 0,22h/St | 000.000.026

56 Höhenfestpunkt, Einschlagbolzen KG **391**

Höhenfestpunkt mittels Einschlagbolzen außerhalb der Baustelle unverrückbar herstellen. Lage und Festlegung gemeinsam mit Bauüberwachung des Architekten vor Baubeginn, Einmessung der Höhe durch einen Vermesser bauseitig.

21€ | 55€ | **67€** | 92€ | 138€ | [St] | ⏱ 1,20h/St | 000.000.034

A 4 Bauschuttcontainer, gemischter Bauschutt Beschreibung für Pos. **57-58**

Bauschuttcontainer (bzw. Absetzmulde) bereitstellen, nach Füllung und Aufforderung durch die Bauüberwachung zur Deponie abfahren.
Hinweis: Nach VOB, müssen Deponiegebühren getrennt ausgeschrieben werden.

57 Bauschuttcontainer, gemischter Bauschutt, 7m³ KG **391**

Wie Ausführungsbeschreibung A 4
Bau- und Abbruchabfälle aus: .....
Abfallschlüssel nach AVV: .....
Material: nicht schadstoffbelastet
Bodenmaterial: Klasse 0
Fahrtweg zur Deponie: ca. ..... km
Abrechnung des Sortierschutts getrennt, nach Vorlage der Wiegescheine bzw. Rechnungen.
Volumen: 7,00 m³

383€ | 667€ | **770€** | 851€ | 1.076€ | [St] | – | 000.000.015

58 Bauschuttcontainer, gemischter Bauschutt, bis 10m³ KG **391**

Wie Ausführungsbeschreibung A 4
Bau- und Abbruchabfälle aus: ......
Abfallschlüssel nach AVV: .....
Material: nicht schadstoffbelastet
Bodenmaterial: Klasse 0
Fahrtweg zur Deponie: ca. ..... km
Abrechnung des Sortierschutts getrennt, nach Vorlage der Wiegescheine bzw. Rechnungen.
Volumen: 7,00-10,00 m³

452€ | 853€ | **1.044€** | 1.246€ | 1.540€ | [St] | – | 000.000.097

Nr. **Kurztext** / Langtext — Kostengruppe
▶ ▷ **ø netto €** ◁ ◀ [Einheit] Ausf.-Dauer Positionsnummer

A 5 **Bauschuttcontainer, sortierter Bauschutt** — Beschreibung für Pos. **59-60**

Bauschuttcontainer (bzw. Absetzmulde) für sortierten Bauschutt, aufstellen, vorhalten und abfahren, entsprechend den Vorschriften für Bauschutt- und Abfallbeseitigung.
Hinweis: Nach VOB, müssen Deponiegebühren getrennt ausgeschrieben werden.

59 **Bauschuttcontainer, sortierter Bauschutt, 7m³** — KG **391**

Wie Ausführungsbeschreibung A 5
Bau- und Abbruchabfälle aus: Beton, Ziegel, Fliesen und Keramik
Abfallschlüssel nach AVV: **170101 Beton / -02 Ziegel / -03 .....**
Material: nicht schadstoffbelastet
Bodenmaterial: Klasse 0
Fahrtweg zur Deponie: ca. ..... km
Abrechnung inkl. Deponie des Sortierschutts, Vorlage der Wiegescheine bzw. Rechnungen.
Volumen: 7,00 m³

▶	▷	ø	◁	◀	Einheit	Ausf.-Dauer	Positionsnummer
273€	435€	**530€**	715€	972€	[St]	–	000.000.017

Kosten:
Stand 1. Quartal 2025
Bundesdurchschnitt

60 **Bauschuttcontainer, sortierter Bauschutt, bis 10m³** — KG **391**

Wie Ausführungsbeschreibung A 5
Bau- und Abbruchabfälle aus: Beton, Ziegel, Fliesen und Keramik
Abfallschlüssel nach AVV: **170101 Beton / -02 Ziegel / -03 .....**
Material: nicht schadstoffbelastet
Bodenmaterial: Klasse 0
Fahrtweg zur Deponie: ca. ...... km
Abrechnung inkl. Deponie des Sortierschutts, Vorlage der Wiegescheine bzw. Rechnungen.
Volumen: 8,00-10,00 m³

▶	▷	ø	◁	◀	Einheit	Ausf.-Dauer	Positionsnummer
284€	566€	**690€**	830€	1.087€	[St]	–	000.000.098

61 **Deponiegebühr, gemischter Bauschutt** — KG **391**

Deponiegebühren für Entsorgung durch AN, Abrechnung nach Wiegekarte. Entsorgung des Materials auf einer Deponie nach Wahl des Auftragnehmers.
Bau- und Abbruchabfälle aus: AVV .....
Material: nicht schadstoffbelastet oder gefährlich

▶	▷	ø	◁	◀	Einheit	Ausf.-Dauer	Positionsnummer
28€	54€	**56€**	77€	110€	[m³]	–	000.000.071

62 **Bauschild, Grundplatte** — KG **391**

Bauschild, vom Auftraggeber bereitgestellt, aufstellen, vorhalten und wieder abbauen.
Unterkonstruktion bestehend aus:
- stabilem Fundament aus Stahlbeton, inkl. notwendiger Erdarbeiten.
- Unterkonstruktion geeignet für Bauschild aus Mehrschichtplatte, (B x H): 5,00 x 2,50 m
- Montage: ca. 2,00 m über OK Gelände, sturmsicher befestigt

Vorhaltedauer: ..... Wochen

▶	▷	ø	◁	◀	Einheit	Ausf.-Dauer	Positionsnummer
1.149€	2.121€	**2.430€**	3.246€	5.143€	[St]	⏱ 15,00h/St	000.000.018

▶ min
▷ von
ø Mittel
◁ bis
◀ max

Nr.	Kurztext / Langtext					Kostengruppe
►	▷	ø netto €	◁	◄	[Einheit]	Ausf.-Dauer	Positionsnummer

63 Bauschild, Firmenleiste KG **391**

Firmenschild für Ausbaugewerke, vom AG bereitgestellt, montieren und demontieren.
Einzelgröße: ca. 2,50 x 0,15 m

37€ | 80€ | **99€** | 144€ | 226€ | [St] | ⏱ 0,40h/St | 000.000.019

64 Schuttabwurfschacht, bis 12m KG **391**

Schuttabwurfschacht, staubdicht über Schuttcontainer montieren und wieder demontieren. Abrechnung je Höhenmeter erstellter Schuttrohr-Anlage.
Durchmesser: 60 cm
Höhe: über 8 m bis 12 m
Einbauort: außerhalb des Gebäudes
Vorhaltedauer: ..... Wochen

23€ | 33€ | **38€** | 45€ | 66€ | [m] | ⏱ 0,40h/m | 000.000.020

65 Schuttabwurfschacht, bis 8m KG **391**

Schuttabwurfschacht, staubdicht über Schuttcontainer montieren und wieder demontieren. Abrechnung je Stück Schuttrohr-Anlage.
Durchmesser: 60 cm
Einbauort: außerhalb des Gebäudes
Höhe: 4,00 bis 8,00 m
Vorhaltedauer: ..... Wochen

128€ | 274€ | **303€** | 339€ | 649€ | [St] | ⏱ 4,00h/St | 000.000.021

66 Stundensatz, Facharbeiter/-in

Stundenlohnarbeiten für Facharbeiter/-in, Spezialfacharbeiter/-in, Vorarbeiter/-in und jeweils Gleichgestellte. Der Verrechnungssatz für die jeweilige Arbeitskraft umfasst sämtliche Aufwendungen wie Lohn- und Gehaltskosten, lohn- und gehaltsgebundene Kosten, Lohn- und Gehaltsnebenkosten, Gemeinkosten, Wagnis und Gewinn.Leistung nach besonderer Anordnung der Bauüberwachung. Nachweis und Anmeldung gem. VOB/B.

58€ | 68€ | **73€** | 77€ | 86€ | [h] | ⏱ 1,00h/h | 000.000.072

67 Stundensatz, Helfer/-in

Stundenlohnarbeiten für Werker/-in, Fachwerker/-in und jeweils Gleichgestellte. Der Verrechnungssatz für die jeweilige Arbeitskraft umfasst sämtliche Aufwendungen wie Lohn- und Gehaltskosten, lohn- und gehaltsgebundene Kosten, Lohn- und Gehaltsnebenkosten, Gemeinkosten, Wagnis und Gewinn. Leistung nach besonderer Anordnung der Bauüberwachung. Nachweis und Anmeldung gem. VOB/B.

50€ | 60€ | **64€** | 68€ | 77€ | [h] | ⏱ 1,00h/h | 000.000.073

001

Kosten:
Stand 1. Quartal 2025
Bundesdurchschnitt

Nr.	Positionen	Einheit	►	▷	ø brutto € / ø netto €	◁	◄
1	Fassadengerüst erstellen, LK3, W06	m²	4	6	**6**	7	8
			4	5	**5**	6	7
2	Fassadengerüst erstellen, LK3, W09	m²	5	7	**7**	8	10
			4	6	**6**	7	8
3	Fassadengerüst erstellen, LK4, W09	m²	6	8	**8**	10	11
			5	6	**7**	8	10
4	Fassadengerüst erstellen, LK5, W09	m²	7	9	**10**	11	13
			6	7	**8**	9	11
5	Fassadengerüst abbauen, LK3, W06	m²	3	3	**4**	4	5
			2	3	**3**	4	4
6	Fassadengerüst abbauen, LK3, W09	m²	3	4	**4**	5	6
			3	3	**4**	4	5
7	Fassadengerüst abbauen, LK4, W09	m²	4	5	**5**	6	7
			3	4	**4**	5	6
8	Fassadengerüst abbauen, LK5, W09	m²	4	5	**6**	7	8
			3	5	**5**	6	7
9	Fassadengerüst, Gebrauchsüberlassung, LK3, W06	m²Wo	0,2	0,3	**0,4**	0,4	0,5
			0,2	0,3	**0,3**	0,3	0,4
10	Fassadengerüst, Gebrauchsüberlassung, LK3, W09	m²Wo	0,3	0,4	**0,4**	0,5	0,6
			0,2	0,3	**0,3**	0,4	0,5
11	Fassadengerüst, Gebrauchsüberlassung, LK4, W09	m²Wo	0,4	0,5	**0,6**	0,7	0,8
			0,3	0,5	**0,5**	0,6	0,7
12	Fassadengerüst, Gebrauchsüberlassung, LK5, W09	m²Wo	0,4	0,6	**0,6**	0,7	0,8
			0,4	0,5	**0,5**	0,6	0,7
13	Fassadengerüst umsetzen	m²	6	9	**10**	12	15
			5	8	**9**	10	13
14	Abstützung, freistehendes Gerüst	m²	2	4	**4**	5	7
			2	3	**4**	4	6
15	Standfläche herstellen, Hilfsgründung	m	5	7	**7**	8	10
			4	6	**6**	7	8
16	Schutzlage, Dachabdichtung	m²	8	11	**12**	14	16
			7	9	**10**	11	14
17	Standgerüst erstellen, innen LK3	m²	5	6	**6**	7	8
			4	5	**5**	6	7
18	Standgerüst abbauen, innen LK3	m²	4	5	**5**	6	7
			3	4	**4**	5	6
19	Standgerüst, Gebrauchsüberlassung	m²Wo	0,3	0,3	**0,4**	0,4	0,5
			0,2	0,3	**0,3**	0,4	0,4
20	Raumgerüst erstellen, LK3	m³	5	6	**7**	8	9
			4	5	**6**	6	7
21	Raumgerüst abbauen, LK3	m³	4	4	**5**	6	7
			3	4	**4**	5	6
22	Raumgerüst, Gebrauchsüberlassung	m³Wo	0,2	0,4	**0,4**	0,6	0,9
			0,2	0,3	**0,4**	0,5	0,8
23	Absetzpodest erstellen, LK4	St	170	212	**233**	268	314
			143	178	**196**	225	264
24	Absetzpodest abbauen, LK4	St	87	109	**121**	138	162
			73	92	**102**	116	136

► min
▷ von
ø Mittel
◁ bis
◄ max

Nr.	Positionen	Einheit	►	▷	ø brutto € / ø netto €	◁	◄
25	Absetzpodest, Gebrauchsüberlassung	StWo	30	37	**41**	47	55
			25	31	**35**	40	47
26	Fahrgerüst erstellen, LK3	St	170	213	**236**	269	317
			143	179	**199**	226	266
27	Fahrgerüst entfernen, LK3	St	89	111	**123**	141	165
			75	93	**104**	118	139
28	Fahrgerüst, Gebrauchsüberlassung	StWo	31	39	**43**	49	58
			26	33	**36**	42	48
29	Gerüstverbreiterung erstellen, bis30cm	m	4	5	**5**	6	7
			3	4	**4**	5	6
30	Gerüstverbreiterung erstellen, bis 70cm	m	6	7	**8**	10	12
			5	6	**7**	9	10
31	Gerüstverbreiterung abbauen, bis 30cm	m	2	3	**3**	4	5
			2	2	**3**	3	4
32	Gerüstverbreiterung abbauen, bis 70cm	m	4	4	**5**	6	8
			3	4	**4**	5	6
33	Gerüstverbreiterung, Gebrauchsüberlassung	mWo	0,2	0,3	**0,4**	0,4	0,6
			0,1	0,2	**0,3**	0,4	0,5
34	Dachfanggerüst als Erweiterung erstellen, Arbeitsgerüst	m	6	8	**9**	10	12
			5	7	**8**	9	10
35	Dachfanggerüst als Erweiterung abbauen, Arbeitsgerüst	m	4	5	**5**	6	7
			3	4	**5**	5	6
36	Dachfanggerüst, Gebrauchsüberlassung	mWo	0,2	0,4	**0,5**	0,7	0,9
			0,2	0,4	**0,5**	0,6	0,8
37	Kamineinrüstung, Dachgerüst, LK4	St	741	916	**1.014**	1.089	1.396
			623	770	**852**	915	1.174
38	Gerüsttreppe erstellen, Treppenturm	St	1.505	1.876	**2.062**	2.371	2.783
			1.265	1.577	**1.733**	1.992	2.339
39	Gerüsttreppe abbauen, Treppenturm	St	568	710	**789**	899	1.057
			477	596	**663**	755	888
40	Treppenturm, Gebrauchsüberlassung	StWo	128	160	**178**	203	239
			108	135	**150**	171	201
41	Leitergang erstellen, Gerüst	St	19	24	**26**	30	35
			16	20	**22**	25	30
42	Leitergang abbauen, Gerüst	St	12	15	**16**	19	22
			10	12	**14**	16	18
43	Leitergang, Gebrauchsüberlassung	StWo	6	13	**16**	20	24
			5	11	**13**	17	20
44	Überbrückung erstellen, Gerüst	m	18	22	**25**	29	35
			15	19	**21**	25	29
45	Überbrückung abbauen, Gerüst	m	11	14	**15**	18	21
			9	12	**13**	15	18
46	Überbrückung, Gebrauchsüberlassung	mWo	0,5	1,2	**1,5**	2,6	4,6
			0,4	1,0	**1,2**	2,2	3,9
47	Seitenschutz, Arbeitsgerüst	m	3	6	**7**	10	17
			3	5	**6**	9	14
48	Baustellenaufzug, bis 500kg	St	3.318	4.157	**4.625**	5.428	6.266
			2.789	3.493	**3.887**	4.561	5.266

000 001 002 006 008 009 010 012 013 014 016 017 018 020 021 022

Kosten:
Stand 1. Quartal 2025
Bundesdurchschnitt

Nr.	Positionen	Einheit	►	▷	ø brutto € / ø netto €	◁	◄
49	Bauaufzug, Gebrauchsüberlassung	StWo	522	629	**671**	677	848
			439	528	**564**	569	712
50	Sondergerüstanker, WDVS	St	10	15	**15**	15	20
			8	12	**13**	13	17
51	Sondergerüstanker, Verblendmauerwerk	St	45	58	**63**	69	85
			38	49	**53**	58	72
52	Fußgängertunnel, Gerüst	m	28	48	**54**	69	96
			24	41	**45**	58	81
53	Fußgängertunnel, Gebrauchsüberlassung	mWo	0,5	0,7	**0,7**	0,9	1,1
			0,4	0,6	**0,6**	0,8	0,9
54	Schutzdach, Gerüst	m	34	43	**43**	49	59
			29	36	**36**	41	50
55	Schutzdach, Gebrauchsüberlassung	mWo	0,3	1,0	**1,2**	1,9	3,0
			0,2	0,9	**1,0**	1,6	2,5
56	Wetterschutzdach, Systemteile	m^2	–	84	**113**	143	–
			–	70	**95**	120	–
57	Gerüstbekleidung, PE-Folie	m^2	4	5	**6**	7	10
			3	5	**5**	6	8
58	Gerüstbekleidung, Staubschutznetz/Schutzgewebe	m^2	2	4	**5**	6	8
			1	3	**4**	5	6
59	Gerüstbekleidung, Gebrauchsüberlassung	m^2Wo	< 0,1	0,2	**0,2**	0,2	0,4
			< 0,1	0,1	**0,1**	0,2	0,3
60	Kabelbrücke, Strom-/Wasserleitung	St	1.618	2.270	**2.727**	3.101	4.053
			1.360	1.907	**2.292**	2.606	3.406
61	Statische Berechnung, Fassadengerüst	St	899	1.622	**2.069**	2.629	3.786
			755	1.363	**1.739**	2.209	3.182
62	Stundensatz, Facharbeiter/-in	h	68	79	**83**	89	104
			57	66	**70**	75	87
63	Stundensatz, Helfer/-in	h	50	66	**73**	78	90
			42	55	**62**	66	76

► min
▷ von
ø Mittel
◁ bis
◄ max

A 1 Fassadengerüst erstellen Beschreibung für Pos. **1-4**

Arbeitsgerüst nach DIN EN 12811-1, als längenorientiertes Standgerüst, aus vorgefertigten Bauteilen, als Fassadengerüst nach DIN EN 12810, mit durchlaufenden Gerüstlagen und Verankerung am Gebäude, auf tragfähiger Standfläche, Nutzung aller Gerüstlagen.

1 Fassadengerüst erstellen, LK3, W06 KG **392**

Wie Ausführungsbeschreibung A 1
Einsatz für: .....
Lastklasse: 3 (2,0 kN/m²)
Breitenklasse: W06 (Mindestbelagsbreite 0,60 m)
Höhenklasse: H1
Verankerungsgrund: .....
Standfläche: **eben / geneigt .....**°
Abstand Belag zum Bauwerk: .....
Gebäudeabmessung/Aufbauhöhe: .....

4€ 5€ **5€** 6€ 7€ [m²] ⏱ 0,08 h/m² 001.000.065

2 Fassadengerüst erstellen, LK3, W09 KG **392**

Wie Ausführungsbeschreibung A 1
Einsatz für: .....
Lastklasse: 3 (2,0 kN/m²)
Breitenklasse: W09 (Mindestbelagsbreite 0,90 m)
Verankerungsgrund: .....
Höhenklasse: H1
Standfläche: **eben / geneigt .....**°
Abstand Belag zum Bauwerk: .....
Gebäudeabmessung / Aufbauhöhe: .....

4€ 6€ **6€** 7€ 8€ [m²] ⏱ 0,08 h/m² 001.000.066

3 Fassadengerüst erstellen, LK4, W09 KG **392**

Wie Ausführungsbeschreibung A 1
Einsatz für: .....
Lastklasse: 4 (3,0 kN/m²)
Breitenklasse: W09 (Mindestbelagsbreite 0,90 m)
Verankerungsgrund: .....
Höhenklasse: H1
Standfläche: **eben / geneigt .....**°
Abstand Belag zum Bauwerk: .....
Gebäudeabmessung/Aufbauhöhe: .....

5€ 6€ **7€** 8€ 10€ [m²] ⏱ 0,09 h/m² 001.000.067

Nr.	Kurztext / Langtext						Kostengruppe
▶	▷	ø netto €	◁	◀	[Einheit]	Ausf.-Dauer	Positionsnummer

4 Fassadengerüst erstellen, LK5, W09 KG **392**

Wie Ausführungsbeschreibung A 1
Einsatz für: .....
Lastklasse: 5 (4,5 kN/m²)
Breitenklasse:W09 (Mindestbelagsbreite 0,90 m)
Höhenklasse: H1
Verankerungsgrund: .....
Standfläche: **eben / geneigt .....°**
Abstand Belag zum Bauwerk: .....
Gebäudeabmessung/Aufbauhöhe: .....

6€ | 7€ | **8€** | 9€ | 11€ | [m²] | ⏱ 0,09h/m² | 001.000.068

Kosten:
Stand 1. Quartal 2025
Bundesdurchschnitt

A 2 Fassadengerüst abbauen Beschreibung für Pos. **5-8**

Arbeitsgerüst nach DIN EN 12811-1 abbauen. Längenorientiertes Standgerüst aus vorgefertigten Bauteilen, als Fassadengerüst nach DIN EN 12810, mit durchlaufenden Gerüstlagen und Verankerung am Gebäude.

5 Fassadengerüst abbauen, LK3, W06 KG **392**

Wie Ausführungsbeschreibung A 2
Einsatz für: .....
Lastklasse: 3 (2,0 kN/m²)
Breitenklasse: W06 (Mindestbelagsbreite 0,60 m)
Höhenklasse: H1
Verankerungsgrund: .....
Standfläche: **eben / geneigt .....°**
Abstand Belag zum Bauwerk: .....
Gebäudeabmessung/Aufbauhöhe: .....

2€ | 3€ | **3€** | 4€ | 4€ | [m²] | ⏱ 0,05h/m² | 001.000.069

6 Fassadengerüst abbauen, LK3, W09 KG **392**

Wie Ausführungsbeschreibung A 2
Einsatz für: .....
Lastklasse: 3 (2,0 kN/m²)
Breitenklasse: W09 (Mindestbelagsbreite 0,90 m)
Höhenklasse: H1
Verankerungsgrund: .....
Standfläche: **eben / geneigt .....°**
Abstand Belag zum Bauwerk: .....
Gebäudeabmessung/Aufbauhöhe: .....

3€ | 3€ | **4€** | 4€ | 5€ | [m²] | ⏱ 0,06h/m² | 001.000.070

▶ min
▷ von
ø Mittel
◁ bis
◀ max

7 **Fassadengerüst abbauen, LK4, W09** KG **392**

Wie Ausführungsbeschreibung A 2
Einsatz für: .....
Lastklasse: 4 (3,0 kN/m2)
Breitenklasse: W09 (Mindestbelagsbreite 0,90 m)
Verankerungsgrund: .....
Höhenklasse: H1
Standfläche: **eben / geneigt .....°**
Abstand Belag zum Bauwerk: .....
Gebäudeabmessung/Aufbauhöhe: .....

3€ 4€ **4€** 5€ 6€ [m2] ⏱ 0,06 h/m2 001.000.071

8 **Fassadengerüst abbauen, LK5, W09** KG **392**

Wie Ausführungsbeschreibung A 2
Einsatz für: .....
Lastklasse: 5 (4,5 kN/m2)
Breitenklasse:W09 (Mindestbelagsbreite 0,90 m)
Höhenklasse: H1
Verankerungsgrund: .....
Standfläche: **eben / geneigt .....°**
Abstand Belag zum Bauwerk: .....
Gebäudeabmessung/Aufbauhöhe: .....

3€ 5€ **5€** 6€ 7€ [m2] ⏱ 0,06 h/m2 001.000.072

A 3 **Fassadengerüst, Gebrauchsüberlassung** Beschreibung für Pos. **9-12**

Gebrauchsüberlassung des Fassadengerüsts, längenorientiert, Nutzung alle Gerüstlagen.

9 **Fassadengerüst, Gebrauchsüberlassung, LK3, W06** KG **392**

Wie Ausführungsbeschreibung A 3
Lastklasse: 3 (2,0 kN/m2)
Breitenklasse: W06 (Mindestbelagsbreite 0,60 m)
Höhenklasse: H1

0,2€ 0,3€ **0,3€** 0,3€ 0,4€ [m2Wo] – 001.000.008

10 **Fassadengerüst, Gebrauchsüberlassung, LK3, W09** KG **392**

Wie Ausführungsbeschreibung A 3
Lastklasse: 3 (2,0 kN/m2)
Breitenklasse: W09 (Mindestbelagsbreite 0,90 m)
Höhenklasse: H1

0,2€ 0,3€ **0,3€** 0,4€ 0,5€ [m2Wo] – 001.000.073

000
001
002
006
008
009
010
012
013
014
016
017
018
020
021
022

Nr.	**Kurztext** / Langtext						Kostengruppe
▶	▷	**ø netto €**	◁	◀	[Einheit]	Ausf.-Dauer	Positionsnummer

11 Fassadengerüst, Gebrauchsüberlassung, LK4, W09 KG **392**

Wie Ausführungsbeschreibung A 3
Lastklasse: 4 (3,0 kN/m²)
Breitenklasse: W09 (Mindestbelagsbreite 0,90 m)
Höhenklasse: H1

0,3€	0,5€	**0,5€**	0,6€	0,7€	[m²Wo]	–	001.000.075

12 Fassadengerüst, Gebrauchsüberlassung, LK5, W09 KG **392**

Wie Ausführungsbeschreibung A 3
Lastklasse: 4 (3,0 kN/m²)
Breitenklasse: W09 (Mindestbelagsbreite 0,90 m)
Höhenklasse: H1

0,4€	0,5€	**0,5€**	0,6€	0,7€	[m²Wo]	–	001.000.074

Kosten:
Stand 1. Quartal 2025
Bundesdurchschnitt

13 Fassadengerüst umsetzen KG **392**

Arbeitsgerüst umsetzen, längenorientiertes Standgerüst aus vorgefertigten Bauteilen.
Umsetzarbeit: **im Ganzen / in ..... Abschnitten**
Transportweg: i.M. ..... m
Beschreibung Gerüst: **abgetreppt / durchlaufend**
Lastklasse: .....
Breitenklasse: .....
Höhenklasse: H1
Verankerung: am Gebäude
Verankerungsgrund: .....
Abstand Belag zum Bauwerk: .....
Standfläche: **eben / geneigt .....°**
Gebäudeabmessung/Aufbauhöhe: .....

5€	8€	**9€**	10€	13€	[m²]	⏱ 0,16 h/m²	001.000.032

14 Abstützung, freistehendes Gerüst KG **392**

Abstützung für freistehendes Gerüst, Herstellung der Standsicherheit ohne Verankerung am Bauwerk, Ausführung mit Abstützung oder Stützgerüst, gem. statischer Berechnung, Freiraum für Abstützung oder Stützgerüste umlaufend vorhanden, Standfläche waagrecht auf Gelände über Lastverteiler belastbar. Der Tragfähigkeits- und Standsicherheitsnachweis wird gesondert vergütet.
Gerüstart: .....
Last- und Breitenklasse: .....
Grundeinsatzzeit: 4 Wochen
Stütze: **Abstützung / Stützgerüst**

2€	3€	**4€**	4€	6€	[m²]	⏱ 0,04 h/m²	001.000.031

▶ min
▷ von
ø Mittel
◁ bis
◀ max

15 Standfläche herstellen, Hilfsgründung KG **392**

Unterbau für beschriebenes Gerüst, zur Herstellung einer belastbaren Standfläche.
Standfläche: .....
Neigung: eben
Gerüstbreite: .....

4€	6€	**6€**	7€	8€	[m]	⏱ 0,05 h/m	001.000.042

16 Schutzlage, Dachabdichtung KG **363**

Schutzlage über bauseitiger Dachabdichtung, lose verlegt, nach Rückbau des Gerüstes komplett entfernen.
Schutzlage: Gummischrotmatten 6 mm

7€ 9€ **10€** 11€ 14€ [m²] ⏱ 0,03 h/m² 001.000.056

17 Standgerüst erstellen, innen LK3 KG **392**

Arbeitsgerüst erstellen, als längenorientiertes Standgerüst aus vorgefertigten Bauteilen, im Innenraum, auf tragfähiger, Standfläche, Arbeitsfläche durchlaufend, mit Seitenschutz.
Einsatz für: .....
Lastklasse: 3 (2,0 kN/m²)
Breitenklasse: .....
Höhenklasse: H1
Anzahl der Gerüstlagen: .....
Verankerung: am Gebäude
Verankerungsgrund: .....
Abstand Belag zum Bauwerk: .....
Standfläche: **eben / geneigt .....°**
Gebäudeabmessung/Aufbauhöhe: .....
Angeb. System: .....

4€ 5€ **5€** 6€ 7€ [m²] ⏱ 0,11 h/m² 001.000.076

18 Standgerüst abbauen, innen LK3 KG **392**

Arbeitsgerüst abbauen. Längenorientiertes Standgerüst aus vorgefertigten Bauteilen im Innenraum, Arbeitsfläche durchlaufend, mit Seitenschutz.
Einsatz für: .....
Lastklasse: 3 (2,0 kN/m²)
Breitenklasse: .....
Höhenklasse: H1
Anzahl der Gerüstlagen: .....
Verankerung: am Gebäude
Standfläche: **eben / geneigt .....°**
Gebäudeabmessung/Aufbauhöhe: .....
Angeb. System: .....

3€ 4€ **4€** 5€ 6€ [m²] ⏱ 0,07 h/m² 001.000.077

19 Standgerüst, Gebrauchsüberlassung KG **392**

Gebrauchsüberlassung des Standgerüsts, längenorientiert, mit Seitenschutz.
Lastklasse: 3
Breitenklasse: .....
Höhenklasse: H1

0,2€ 0,3€ **0,3€** 0,4€ 0,4€ [m²Wo] – 001.000.078

Nr.	Kurztext / Langtext						Kostengruppe
▶	▷	**ø netto €**	◁	◀	[Einheit]	Ausf.-Dauer	Positionsnummer

20 Raumgerüst erstellen, LK3 KG **392**

Arbeitsgerüst erstellen als flächenorientiertes Standgerüst, aus vorgefertigten Bauteilen, auf tragfähiger Standfläche, mit einer Arbeitslage durchlaufend, mit Seitenschutz.
Einsatzort: **innerhalb / außerhalb** des Gebäudes
Lastklasse: 3 (2,0 kN/m²)
Höhenklasse: H1
Anzahl der Gerüstlagen: .....
Seitenschutz: **einseitig / zweiseitig / umlaufend**
Verankerung: am Gebäude
Verankerungsgrund: .....
Abstand Belag zum Bauwerk: .....
Standfläche: **eben / geneigt .....°**
Grundfläche/Aufbauhöhe: .....
Angeb. System: .....

▶	▷	ø	◁	◀	Einheit	Ausf.-Dauer	Positionsnummer
4€	5€	**6€**	6€	7€	[m³]	⏱ 0,08 h/m³	001.000.079

21 Raumgerüst abbauen, LK3 KG **392**

Arbeitsgerüst abbauen. Flächenorientiertes Standgerüst aus vorgefertigten Bauteilen, mit einer Arbeitslage durchlaufend, mit Seitenschutz.
Einsatzort: innerhalb / außerhalb des Gebäudes
Lastklasse: 3 (2,0 kN/m²)
Höhenklasse: H1
Anzahl der Gerüstlagen: .....
Seitenschutz: **einseitig / zweiseitig / umlaufend**
Verankerung: am Gebäude
Standfläche: **eben / geneigt .....°**
Grundfläche/Aufbauhöhe: .....
Angeb. System: .....

▶	▷	ø	◁	◀	Einheit	Ausf.-Dauer	Positionsnummer
3€	4€	**4€**	5€	6€	[m³]	⏱ 0,05 h/m³	001.000.080

22 Raumgerüst, Gebrauchsüberlassung KG **392**

Gebrauchsüberlassung Raumgerüst, LK3, H1, wie beschrieben.
Anzahl Gerüstlagen .....

▶	▷	ø	◁	◀	Einheit	Ausf.-Dauer	Positionsnummer
0,2€	0,3€	**0,4€**	0,5€	0,8€	[m³Wo]	–	001.000.048

Kosten:
Stand 1. Quartal 2025
Bundesdurchschnitt

▶ min
▷ von
ø Mittel
◁ bis
◀ max

Nr.	Kurztext / Langtext						Kostengruppe
▶	▷	**ø netto €**	◁	◀	[Einheit]	Ausf.-Dauer	Positionsnummer

23 Absetzpodest erstellen, LK4 KG **392**

Absetzpodest als Arbeitsgerüst erstellen, als flächenorientiertes Standgerüst aus vorgefertigten Bauteilen, auf tragfähiger Standfläche, mit einer durchlaufenden Arbeitslage, sowie mit Seitenschutz.
Einsatzort: **innerhalb / außerhalb** des Gebäudes
Nutzung: **.....-arbeiten / zum befördern / lagern** von Stoffen und Bauteilen
Lastklasse: 4 (3,0 kN/m²)
Höhenklasse: H1
Anzahl der Gerüstlagen: .....
Seitenschutz: **einseitig / zweiseitig / umlaufend**
Verankerung: am Gebäude
Verankerungsgrund: .....
Abstand Belag zum Bauwerk: .....
Standfläche: **eben / geneigt .....°**
Grundfläche/Aufbauhöhe: .....
Angeb. System: .....

143€ 178€ **196€** 225€ 264€ [St] ⏱ 0,80h/St 001.000.081

24 Absetzpodest abbauen, LK4 KG **392**

Absetzpodest Arbeitsgerüst abbauen, flächenorientiertes Standgerüst aus vorgefertigten Bauteilen, mit einer durchlaufenden Arbeitslage, sowie mit Seitenschutz.
Einsatzort: **innerhalb / außerhalb** des Gebäudes
Nutzung: **.....-arbeiten / zum befördern / lagern** von Stoffen und Bauteilen
Lastklasse: 4 (3,0 kN/m²)
Höhenklasse: H1
Anzahl der Gerüstlagen: .....
Seitenschutz: **einseitig / zweiseitig / umlaufend**
Verankerung: am Gebäude
Verankerungsgrund: .....
Abstand Belag zum Bauwerk: .....
Standfläche: **eben / geneigt .....°**
Grundfläche/Aufbauhöhe: .....
Angeb. System: .....

73€ 92€ **102€** 116€ 136€ [St] ⏱ 0,55h/St 001.000.082

25 Absetzpodest, Gebrauchsüberlassung KG **392**

Gebrauchsüberlassung Absetzpodest, LK4, H1, wie beschrieben.
Anzahl Gerüstlagen .....

25€ 31€ **35€** 40€ 47€ [StWo] – 001.000.083

26 Fahrgerüst erstellen, LK3 KG **392**

Fahrbares Gerüst nach DIN 4420-3 aufstellen, als Arbeitsgerüst mit einer Arbeitslage, Seitenschutz und Zugang, Standflächen eben.
Lastklasse: 3 (2,0 kN/m²)
Abmessung: .....
Aufbauhöhe: ..... (geeignet für Arbeitshöhe bis ..... m)
Aufstellort: .....

143€ 179€ **199€** 226€ 266€ [St] ⏱ 1,50h/St 001.000.084

Nr.	Kurztext / Langtext						Kostengruppe
▶	▷	ø netto €	◁	◀	[Einheit]	Ausf.-Dauer	Positionsnummer

27 Fahrgerüst entfernen, LK3 KG **392**

Fahrbares Gerüst nach DIN 4420-3 entfernen. Arbeitsgerüst mit einer Arbeitslage, Seitenschutz und Zugang.
Lastklasse: 3 (2,0 kN/m²)
Abmessung: .....
Aufbauhöhe: ..... (geeignet für Arbeitshöhe bis ..... m)
Aufstellort: .....

75€ | 93€ | **104€** | 118€ | 139€ | [St] | ⏱ 0,70h/St | 001.000.085

28 Fahrgerüst, Gebrauchsüberlassung KG **392**

Gebrauchsüberlassung Fahrgerüst, wie beschrieben.
Lastklasse: 3
Abmessungen: .....
Aufbauhöhe: .....

26€ | 33€ | **36€** | 42€ | 48€ | [StWo] | – | 001.000.086

A 4 Gerüstverbreiterung erstellen Beschreibung für Pos. **29-30**

Gerüstverbreiterung des Arbeitsgerüsts erstellen, mit Systemteilen, einschl. der notwendigen Beläge, Seitenschutz, notwendigen Absteifungen, Zugängen und Sicherungen sowie Verstärkung der Anker.
Gerüstart/Lastklasse: .....
Einbauhöhe: .....
Verbreiterung: .....seitig

29 Gerüstverbreiterung erstellen, bis30cm KG **392**

Wie Ausführungsbeschreibung A 4
Verbreiterung: bis 0,30 m

3€ | 4€ | **4€** | 5€ | 6€ | [m] | ⏱ 0,09h/m | 001.000.087

30 Gerüstverbreiterung erstellen, bis 70cm KG **392**

Wie Ausführungsbeschreibung A 4
Verbreiterung: über 0,30 bis 0,70 m

5€ | 6€ | **7€** | 9€ | 10€ | [m] | ⏱ 0,09h/m | 001.000.088

A 5 Gerüstverbreiterung abbauen Beschreibung für Pos. **31-32**

Gerüstverbreiterung des Arbeitsgerüsts abbauen. Verbreiterung aus Systemteilen und mit notwendigen Belägen sowie Seitenschutz, notwendigen Absteifungen, Zugängen und Sicherungen.
Gerüstart/Lastklasse: .....
Einbauhöhe: .....

31 Gerüstverbreiterung abbauen, bis 30cm KG **392**

Wie Ausführungsbeschreibung A 5
Verbreiterung: bis 0,30 m

2€ | 2€ | **3€** | 3€ | 4€ | [m] | ⏱ 0,03h/m | 001.000.089

Kosten:
Stand 1.Quartal 2025
Bundesdurchschnitt

▶ min
▷ von
ø Mittel
◁ bis
◀ max

Nr.	**Kurztext** / Langtext						Kostengruppe
►	▷	**ø netto €**	◁	◀	[Einheit]	Ausf.-Dauer	Positionsnummer

32 Gerüstverbreiterung abbauen, bis 70cm KG **392**

Wie Ausführungsbeschreibung A 5
Verbreiterung: über 0,30 bis 0,70 m

3€	4€	**4€**	5€	6€	[m]	⏱ 0,04h/m	001.000.090

33 Gerüstverbreiterung, Gebrauchsüberlassung KG **392**

Gebrauchsüberlassung der Gerüstverbreiterung.
Auskragung: .....
Gerüstart/Lastklasse: .....

0,1€	0,2€	**0,3€**	0,4€	0,5€	[mWo]	–	001.000.010

34 Dachfanggerüst als Erweiterung erstellen, Arbeitsgerüst KG **392**

Erweiterung des Fassadengerüsts zum Dachfanggerüst DIN 4420-1 erstellen, durch Ausbau der obersten Gerüstlage mit Systemteilen.
Dachüberstand Breite: .....
Schutzwand aus: **Geflecht / Schutznetz**
Gerüstart/Lastklasse: .....

5€	7€	**8€**	9€	10€	[m]	⏱ 0,12h/m	001.000.091

35 Dachfanggerüst als Erweiterung abbauen, Arbeitsgerüst KG **392**

Erweiterung des Fassadengerüsts zum Dachfanggerüst DIN 4420-1 abbauen. Konstruktion aus Systemteilen.
Dachüberstand Breite: .....
Schutzwand aus: **Geflecht / Schutznetz**
Gerüstart/Lastklasse: .....

3€	4€	**5€**	5€	6€	[m]	⏱ 0,05h/m	001.000.092

36 Dachfanggerüst, Gebrauchsüberlassung KG **392**

Gebrauchsüberlassung des Dachfanggerüsts.
Verbreiterung
Gerüstart/Lastklasse: .....

0,2€	0,4€	**0,5€**	0,6€	0,8€	[mWo]	–	001.000.021

37 Kamineinrüstung, Dachgerüst, LK4 KG **392**

Kamingerüst, über schrägen Dachflächen, mittels geeigneter Dachgerüstkonsolen, mit dreiteiligem Seitenschutz, geeignet für Abbruch und Neubau des Kamins.
Grundeinsatzzeit: 4 Wochen
Lastklasse: 4 (3,0 kN/m²)
Breitenklasse: W09 (Mindestbelagsbreite 0,90 m)
Höhe: 2,0 m
Hinweis: Die Leistung ist nach neuer ATV DIN 18451 Gerüstarbeiten ohne Grundeinsatzzeit und getrennt in Aufbau, Gebrauchsüberlassung und Demontage auszuschreiben.

623€	770€	**852€**	915€	1.174€	[St]	⏱ 8,00h/St	001.000.012

Nr.	Kurztext / Langtext						Kostengruppe
▶	▷	ø netto €	◁	◀	[Einheit]	Ausf.-Dauer	Positionsnummer

Kosten:
Stand 1. Quartal 2025
Bundesdurchschnitt

38 Gerüsttreppe erstellen, Treppenturm — KG **392**

Treppenturm für Gerüst erstellen, Anbau und Verankerung am Gerüst, mit Zwischenpodesten im vertikalen Raster von 2,00m, einschl. Innen- und Außengeländern.
Gerüstart/Lastklasse: Klasse **A / B**
Steigmaß: .....
Aufbauhöhe: .....
Treppe: einläufig
Laufbreite: über 0,50 bis 0,75 m

1.265€ | 1.577€ | **1.733€** | 1.992€ | 2.339€ | [St] | ⏱ 9,00h/St | 001.000.096

39 Gerüsttreppe abbauen, Treppenturm — KG **392**

Treppenturm für Gerüst abbauen. Treppenturm am Gerüst angebaut und verankert, mit Zwischenpodesten im vertikalen Raster von 2,00m und Innen- sowie Außengeländern.
Gerüstart/Lastklasse: Klasse **A / B**
Steigmaß: .....
Aufbauhöhe: .....
Treppe: einläufig
Laufbreite: über 500 bis 750 mm

477€ | 596€ | **663€** | 755€ | 888€ | [St] | ⏱ 3,00h/St | 001.000.097

40 Treppenturm, Gebrauchsüberlassung — KG **392**

Gebrauchsüberlassung des Gerüst-Treppenturms.
Ausführung: .....
Gerüstart/Lastklasse: .....

108€ | 135€ | **150€** | 171€ | 201€ | [StWo] | – | 001.000.098

41 Leitergang erstellen, Gerüst — KG **392**

Zusätzlichen Leitergang (je Gerüstlage h=2,00m) in die Gerüstkonstruktion einbauen.
Einbauort: .....
Gerüstart/Lastklasse: .....

16€ | 20€ | **22€** | 25€ | 30€ | [St] | ⏱ 0,17h/St | 001.000.099

42 Leitergang abbauen, Gerüst — KG **392**

Zusätzlichen Leitergang in Gerüstkonstruktion abbauen.
Einbauort: .....
Gerüstart/Lastklasse: .....

10€ | 12€ | **14€** | 16€ | 18€ | [St] | ⏱ 0,05h/St | 001.000.100

43 Leitergang, Gebrauchsüberlassung — KG **392**

Gebrauchsüberlassung des Leitergangs (je Gerüstlage h=2,00m).
Lastklasse: .....

5€ | 11€ | **13€** | 17€ | 20€ | [StWo] | – | 001.000.014

▶ min
▷ von
ø Mittel
◁ bis
◀ max

44 **Überbrückung erstellen, Gerüst** KG **392**

Überbrückung in Gerüst aus Gitterträger erstellen, im Gerüstsystem, einschl. Gerüstbelag und Seitenschutz.
Gerüstart/Lastklasse: .....
Spannweite: bis 6,00 m
Höhe über Standfläche: .....
Einbauort: über **Eingang / Durchfahrt**

15€ 19€ **21€** 25€ 29€ [m] ⏱ 0,30h/m 001.000.101

45 **Überbrückung abbauen, Gerüst** KG **392**

Überbrückung in Gerüst aus Gitterträger abbauen, im Gerüstsystem, einschl. Gerüstbelag und Seitenschutz.
Gerüstart/Lastklasse: .....
Spannweite: bis 6,00 m
Höhe über Standfläche: .....
Einbauort: über **Eingang / Durchfahrt**

9€ 12€ **13€** 15€ 18€ [m] ⏱ 0,20h/m 001.000.102

46 **Überbrückung, Gebrauchsüberlassung** KG **392**

Gebrauchsüberlassung der Gerüstüberbrückung.
Ausführung: ....
Lastklasse: .....

0,4€ 1,0€ **1,2€** 2,2€ 3,9€ [mWo] – 001.000.016

47 **Seitenschutz, Arbeitsgerüst** KG **392**

Zusätzlicher Seitenschutz im Arbeitsgerüst, aus Systemteilen, Einbau bei einem Abstand von mehr als 0,30m zwischen Belag und Bauwerk.
Einbau**: wandseitig / .....**
Grundeinsatzzeit: 4 Wochen
Ausführung: **mit Geländer, Zwischenholm und Bordbrett / ohne Bordbrett**
Lagenanzahl: .....
Hinweis: Die Leistung ist nach neuer ATV DIN 18451 Gerüstarbeiten ohne Grundeinsatzzeit und getrennt in Aufbau, Gebrauchsüberlassung und Demontage auszuschreiben.

3€ 5€ **6€** 9€ 14€ [m] ⏱ 0,05h/m 001.000.023

48 **Baustellenaufzug, bis 500kg** KG **391**

Baustellenaufzug aufstellen, gebrauchsüberlassen und entfernen.
Grundeinsatzzeit: 4 Wochen
Traglast: ..... (bis 500 kg)
Abstand Entladestellen: 2,00 m
Förderhöhe: .....
Personenbeförderung: **mit / ohne**
Stromanschluss: .....
Hinweis: Die Leistung ist nach neuer ATV DIN 18451 Gerüstarbeiten ohne Grundeinsatzzeit und getrennt in Aufbau, Gebrauchsüberlassung und Demontage auszuschreiben.

2.789€ 3.493€ **3.887€** 4.561€ 5.266€ [St] ⏱ 12,00h/St 001.000.018

000
001
002
006
008
009
010
012
013
014
016
017
018
020
021
022

Nr.	Kurztext / Langtext						Kostengruppe
▶	▷	**ø netto €**	◁	◀	[Einheit]	Ausf.-Dauer	Positionsnummer

49 Bauaufzug, Gebrauchsüberlassung KG **391**

Gebrauchsüberlassung des in der vorigen Position beschriebenen Bauaufzugs.

439€	528€	**564€**	569€	712€	[StWo]	–	001.000.044

50 Sondergerüstanker, WDVS KG **392**

Sondergerüstanker, konfektioniert für Einbau in WDV-System, zur Aufnahme der aus dem Gerüst auftretenden Zug-, Druck- und Querkräften.
Material: nichtrostender Stahl
Befestigung: gedübelt, thermisch getrennt
Untergrund: **Mauerwerk / gerissener Beton**
Abstand (Vorderkante Fassade bis Tragschale): bis ..... mm
inbau nach: **vorgegebenem Ankerplan / Ausführung gem. Zeichnung**

8€	12€	**13€**	13€	17€	[St]	⏱ 0,10h/St	001.000.027

51 Sondergerüstanker, Verblendmauerwerk KG **392**

Sondergerüstanker und Ringösenschraube für Einbau in hinterlüftetes Verblendmauerwerk, zur Aufnahme der aus dem Gerüst auftretenden Zug-, Druck- und Querkräften, mit Kunststoff-Schutzstopfen, Gewinde M12.
Material: nichtrostender Stahl
Befestigung: gedübelt, thermisch getrennt
Untergrund: **Mauerwerk / gerissener Beton**
Schalen Abstand (Vorderkante Vormauerung bis Tragschale): bis ..... mm
Einbau nach: **vorgegebenem Ankerplan / Ausführung gem. Zeichnung**

38€	49€	**53€**	58€	72€	[St]	⏱ 0,10h/St	001.000.063

52 Fußgängertunnel, Gerüst KG **392**

Fußgängertunnel, als Erweiterung des vorbeschriebenen Fassadengerüsts, Abdeckung aus Gerüstbelägen und Folien, seitliche Bekleidung aus Brettern und Folien.
Grundeinsatzzeit: 4 Wochen
Bekleidung: **einseitig / zweiseitig**
Lichte Breite: .....
Lichte Höhe: .....
Hinweis: Die Leistung ist nach neuer ATV DIN 18451 Gerüstarbeiten ohne Grundeinsatzzeit und getrennt in Aufbau, Gebrauchsüberlassung und Demontage auszuschreiben.

24€	41€	**45€**	58€	81€	[m]	⏱ 0,80h/m	001.000.024

53 Fußgängertunnel, Gebrauchsüberlassung KG **392**

Gebrauchsüberlassung Fußgängertunnel für die Dauer von ..... Wochen.
Ausführung: .....
Breite/Höhe: .....

0,4€	0,6€	**0,6€**	0,8€	0,9€	[mWo]	–	001.000.059

Kosten:
Stand 1. Quartal 2025
Bundesdurchschnitt

▶ min
▷ von
ø Mittel
◁ bis
◀ max

54 Schutzdach, Gerüst KG **392**

Schutzdach nach DIN 4420-1 an Arbeitsgerüst, mit seitlicher Bordwand, einschl. Abdeckung der Schutzdachbeplankung mit Rieselschutzfolie, überlappend verlegt.
Grundeinsatzzeit: 4 Wochen
Schutzdachbreite ist Gerüstbreite plus zusätzlich mind. 0,60 m
Nutzung: Sicherung von **Arbeitsbereichen / Fahrwegen**
Einbauort: ..... Gerüstebene
Höhe Bordwand: mind. 0,60 m
Material Bordwand: .....
Hinweis: Die Leistung ist nach neuer ATV DIN 18451 Gerüstarbeiten ohne Grundeinsatzzeit und getrennt in Aufbau, Gebrauchsüberlassung und Demontage auszuschreiben.

29€	36€	**36€**	41€	50€	[m]	⏱ 0,40h/m	001.000.029

55 Schutzdach, Gebrauchsüberlassung KG **392**

Gebrauchsüberlassung Schutzdach für die Dauer von ..... Wochen.
Ausführung: .....

0,2€	0,9€	**1,0€**	1,6€	2,5€	[mWo]	–	001.000.062

56 Wetterschutzdach, Systemteile KG **392**

Dachkonstruktion als Wetterschutz, aus Stahl-/Leichtmetall-Systemteilen, mind. 2,00m freier Arbeitsbereich, aufbauen, gebrauchsüberlassen und abbauen. Tragfähigkeits- und Standsicherheitsnachweis wird gesondert vergütet
Abdeckung aus: .....
Dachneigung: .....°
Schneelast: ..... kN/m²
Auflagerung auf: .....
OK Auflager: .... m
Spannweite: .....
Begehbar: **ja / nein**
Grundeinsatzzeit: 4 Wochen
Hinweis: Die Leistung ist nach neuer ATV DIN 18451 Gerüstarbeiten ohne Grundeinsatzzeit und getrennt in Aufbau, Gebrauchsüberlassung und Demontage auszuschreiben.

–	70€	**95€**	120€	–	[m²]	⏱ 0,25h/m²	001.000.064

57 Gerüstbekleidung, PE-Folie KG **392**

Bekleidung von Gerüsten mit Plane aus wetterfester, UV-stabilisierter, gitterverstärkter PE-Folie, als vollflächige Gerüstbekleidung, montieren, gebrauchsüberlassen, sowie wieder demontieren.
Grundeinsatzzeit: 4 Wochen
Nutzung: Schutz vor **Staubentwicklung / herabfallenden Teilen / Niederschlägen**
Reißkraft: **500 N / 750 N** je 5 cm
Anmerkung: Für das Einplanen des Gerüstes ist eine statische Berechnung als besondere Leistung notwendig.
Hinweis: Die Leistung ist nach neuer ATV DIN 18451 Gerüstarbeiten ohne Grundeinsatzzeit und getrennt in Aufbau, Gebrauchsüberlassung und Demontage auszuschreiben.

3€	5€	**5€**	6€	8€	[m²]	⏱ 0,08h/m²	001.000.050

000
001
002
006
008
009
010
012
013
014
016
017
018
020
021
022

Nr.	**Kurztext** / Langtext						Kostengruppe
▶	▷	**ø netto €**	◁	◀	[Einheit]	Ausf.-Dauer	Positionsnummer

58 Gerüstbekleidung, Staubschutznetz/Schutzgewebe KG **392**

Bekleidung von Gerüsten als vollflächige Gerüstbekleidung montieren, gebrauchsüberlassen, sowie wieder demontieren.
Grundeinsatzzeit: 4 Wochen
Bekleidung: randverstärktes **Staubschutznetz / Schutzgewebe**
Funktion: .....
Hinweis: Die Leistung ist nach neuer ATV DIN 18451 Gerüstarbeiten ohne Grundeinsatzzeit und getrennt in Aufbau, Gebrauchsüberlassung und Demontage auszuschreiben.

1€ | 3€ | **4€** | 5€ | 6€ | [m²] | ⏱ 0,04h/m² | 001.000.017

59 Gerüstbekleidung, Gebrauchsüberlassung KG **392**

Gebrauchsüberlassung der vor beschriebenen Gerüstbekleidung, für die Dauer von ..... Wochen.

< 0,1€ | 0,1€ | **0,1€** | 0,2€ | 0,3€ | [m²Wo] | – | 001.000.060

Kosten:
Stand 1. Quartal 2025
Bundesdurchschnitt

60 Kabelbrücke, Strom-/Wasserleitung KG **392**

Kabelbrücke, montieren, gebrauchsüberlassen, sowie wieder demontieren, mit Fachwerkträger zur Überspannung, Brücke aus zwei Feldern, unverrückbar und sturmsicher, Konstruktion einschl. notwendige Beschilderungen und Leitmale nach RSA.
Grundeinsatzzeit: 4 Wochen
Nutzung: **Strom- / Wasserleitung**
Nutzbreite: .....
Überbrückungsbreite: .....
Durchfahrtshöhe: mind. 4,20 m
Stabilisierung: **verankert / ballastiert**
Einbauort: Querung einer öffentlichen Straße
Tragfähigkeits- und Standsicherheitsnachweis für die Brückenkonstruktion werden gesondert vergütet.
Hinweis: Die Leistung ist nach neuer ATV DIN 18451 Gerüstarbeiten ohne Grundeinsatzzeit und getrennt in Aufbau, Gebrauchsüberlassung und Demontage auszuschreiben.

1.360€ | 1.907€ | **2.292€** | 2.606€ | 3.406€ | [St] | ⏱ 10,00h/St | 001.000.026

61 Statische Berechnung, Fassadengerüst KG **392**

Statische Berechnung, für vor beschriebenes Fassadengerüst, Ausführung gem. Sonderbeschreibung, inkl. Ausführungszeichnung, aufstellen und dreifach liefern.

755€ | 1.363€ | **1.739€** | 2.209€ | 3.182€ | [St] | – | 001.000.058

62 Stundensatz, Facharbeiter/-in

Stundenlohnarbeiten für Vorarbeiter/-in, Gesellin, Geselle, Facharbeiter/-in und Gleichgestellte sowie ähnliche Fachkräfte. Der Verrechnungssatz für die jeweilige Arbeitskraft umfasst sämtliche Aufwendungen wie Lohn- und Gehaltskosten, Lohn- und Gehaltsnebenkosten, lohngebundene und lohnabhängige Kosten, sonstige Sozialkosten, Gemeinkosten, Wagnis und Gewinn. Leistung nach besonderer Anordnung der Bauüberwachung. Anmeldung und Nachweis gem. VOB/B.

57€ | 66€ | **70€** | 75€ | 87€ | [h] | ⏱ 1,00h/h | 001.000.052

▶ min
▷ von
ø Mittel
◁ bis
◀ max

63 Stundensatz, Helfer/-in

Stundenlohnarbeiten für Werker/-in, Helfer/-in und Gleichgestellte. Der Verrechnungssatz für die jeweilige Arbeitskraft umfasst sämtliche Aufwendungen wie Lohn- und Gehaltskosten, Lohn- und Gehaltsnebenkosten, lohngebundene und lohnabhängige Kosten, sonstige Sozialkosten, Gemeinkosten, Wagnis und Gewinn. Leistung nach besonderer Anordnung der Bauüberwachung. Anmeldung und Nachweis gem. VOB/B.

42€ | 55€ | **62€** | 66€ | 76€ | [h] | ⏱ 1,00h/h | 001.000.053

002

Kosten:
Stand 1. Quartal 2025
Bundesdurchschnitt

► min
▷ von
ø Mittel
◁ bis
◄ max

Nr.	Positionen	Einheit	►	▷	ø brutto € / ø netto €	◁	◄
1	Aushub, Schlitzgraben/Suchgraben	m	40	49	**54**	60	73
			34	42	**45**	51	61
2	Kabelbündel sichern	m	10	14	**14**	15	18
			8	11	**12**	13	15
3	Sichern von Leitungen/Kabeln	m	15	20	**22**	26	31
			13	17	**19**	22	26
4	Entwässerungsleitung, sichern	m	20	26	**28**	30	35
			17	22	**24**	26	30
5	Oberboden abtragen, entsorgen, 30cm	m³	24	29	**31**	34	42
			20	24	**26**	29	36
6	Baugrubenaushub, bis 1,75m, lagern, GK1	m³	11	14	**16**	17	19
			9	12	**13**	14	16
7	Baugrubenaushub, bis 2,50m, lagern, GK1	m³	14	15	**19**	21	25
			12	12	**16**	18	21
8	Baugrubenaushub, bis 3,50m, lagern, GK1	m³	14	18	**20**	21	25
			12	15	**17**	18	21
9	Baugrubenaushub, bis 2,50m, abfahren, GK1	m³	22	27	**28**	32	38
			18	23	**24**	27	32
10	Baugrubenaushub, bis 3,50m, abfahren, GK1	m³	27	33	**39**	42	48
			23	28	**33**	35	40
11	Bodenabtrag, bis 40cm, entsorgen, GK1	m³	26	33	**36**	38	42
			22	28	**30**	32	36
12	Baugrubenaushub, Fels, bis 1,75m, lagern, GK1	m³	39	46	**49**	53	64
			33	38	**41**	45	54
13	Baugrubenaushub, Fels, bis 3,50m, lagern, GK1	m³	42	54	**56**	64	76
			35	45	**47**	54	64
14	Baugrubenaushub, Fels, entsorgen, GK1	m³	74	89	**100**	110	133
			62	75	**84**	93	112
15	Baugrubenaushub, Handschachtung, bis 1,75m, lagern, GK1	m³	108	121	**125**	137	160
			91	101	**105**	115	135
16	Baugrube sichern, Folienabdeckung	m²	3	4	**5**	5	7
			3	4	**4**	5	6
17	Fundamentaushub, bis 1,25m, lagern, GK1	m³	34	42	**46**	52	60
			29	36	**39**	44	51
18	Fundamentaushub, bis 1,75m, lagern, GK1	m³	44	55	**57**	65	69
			37	46	**48**	54	58
19	Fundamentaushub, bis 1,25m, entsorgen, GK1	m³	49	50	**53**	58	76
			41	42	**45**	49	64
20	Fundamentaushub, bis 1,75m, entsorgen, GK1	m³	51	60	**64**	73	84
			43	50	**54**	61	71
21	Einzelfundamentaushub, bis 1,75m, lagern, GK1	m³	42	51	**55**	60	68
			36	42	**46**	50	57
22	Einzelfundamentaushub, bis 1,75m, entsorgen, GK1	m³	58	70	**77**	81	90
			49	59	**65**	68	75
23	Streifenfundamentaushub, bis 1,75m, lagern, GK1	m³	35	50	**54**	58	67
			29	42	**46**	49	56
24	Streifenfundamentaushub, bis 1,75m, entsorgen, GK1	m³	41	64	**67**	74	82
			34	53	**56**	62	69

Nr.	Positionen	Einheit	►	▷	ø brutto € / ø netto €	◁	◄
25	Fundament, Hinterfüllung, Lagermaterial, bis 1,00m	m³	24	34	**36**	41	50
			20	29	**30**	34	42
26	Fundament, Hinterfüllung, Liefermaterial, bis 1,00m	m³	26	34	**40**	46	54
			22	29	**34**	39	46
27	Kabelgraben ausheben, bis 1,00m, lagern, GK1	m³	25	32	**35**	40	49
			21	27	**29**	34	41
28	Kabelgraben ausheben, bis 1,25m, lagern, GK1	m³	27	33	**37**	42	49
			22	28	**31**	35	41
29	Kabelgraben ausheben, bis 1,00m, entsorgen, GK1	m³	28	35	**39**	47	54
			24	29	**33**	39	45
30	Hindernisse beseitigen, Gräben	m³	85	110	**126**	147	191
			71	92	**106**	124	160
31	Aushub lagernd, entsorgen	m³	27	34	**37**	39	48
			23	29	**31**	33	40
32	Bodenaustausch, Liefermaterial	m³	38	47	**50**	64	85
			32	39	**42**	54	71
33	Bodenverbesserung, Liefermaterial	m³	31	43	**48**	55	78
			26	36	**41**	46	66
34	Planum, Baugrube	m²	2	3	**3**	4	5
			2	3	**3**	3	4
35	Planum, Wege/Fahrstraßen, verdichten	m²	2	2	**3**	3	5
			1	2	**2**	3	4
36	Gründungssohle verdichten, Baugrube	m²	1	3	**3**	4	5
			1	2	**3**	3	4
37	Lastplattendruckversuch, Baugrube	St	174	249	**267**	283	355
			146	209	**224**	238	299
38	Trennlage, Filtervlies	m²	2	3	**4**	5	6
			1	3	**3**	4	5
39	Trennlage, Bodenplatte, Folie, zweilagig	m²	2	3	**3**	5	8
			2	2	**3**	4	7
40	Kies 16/32, frei Baustelle, liefern	m³	61	70	**73**	75	82
			51	59	**61**	63	69
41	Rohrgraben verfüllen, Kies 0/32mm	m³	40	51	**55**	63	78
			34	43	**46**	53	66
42	Rohrgraben verfüllen, Boden, Liefermaterial	m³	56	65	**71**	75	85
			47	55	**60**	63	71
43	Leitungsgräben/Fundamente verfüllen, Liefermaterial	m³	36	47	**53**	66	91
			30	39	**45**	55	76
44	Arbeitsräume verfüllen, verdichten, Lagermaterial	m³	12	20	**23**	29	38
			10	17	**20**	24	32
45	Arbeitsräume verfüllen, verdichten, Liefermaterial	m³	38	45	**48**	51	60
			32	38	**40**	43	51
46	Leitungsgraben verfüllen, Lagermaterial	m³	22	27	**28**	31	38
			18	23	**24**	26	32
47	Kabelgraben verfüllen, Liefermaterial Sand 0/2	m	11	16	**19**	22	28
			9	14	**16**	19	23
48	Kabelschutzrohr, Kunststoff	m	10	12	**13**	14	17
			8	10	**11**	12	14

Kosten:
Stand 1. Quartal 2025
Bundesdurchschnitt

► min
▷ von
ø Mittel
◁ bis
◄ max

Nr.	Positionen	Einheit	►	▷	ø brutto € / ø netto €	◁	◄
49	Zugdraht für Kabelschutzrohr	m	1	2	**2**	2	2
			1	1	**2**	2	2
50	Warnband, Leitungsgraben	m	0,7	1,5	**1,7**	2,0	2,8
			0,6	1,2	**1,4**	1,7	2,3
51	Tragschicht, Kies	m³	41	58	**66**	74	91
			34	49	**56**	62	77
52	Planum herstellen	m²	2	2	**3**	3	5
			1	2	**2**	3	4
53	Stundensatz, Facharbeiter/-in	h	71	82	**87**	92	103
			60	69	**73**	78	86
54	Stundensatz, Helfer/-in	h	43	64	**74**	77	88
			36	54	**62**	65	74

Nr. **Kurztext** / Langtext Kostengruppe
► ▷ **ø netto €** ◁ ◄ [Einheit] Ausf.-Dauer Positionsnummer

1 Aushub, Schlitzgraben/Suchgraben KG **211**

Boden für Suchgraben ausheben zur Freilegung von Kabeln und Rohrleitungen, nach Abtrag der Oberflächenbefestigung, Handaushub ist einzukalkulieren. Aushub seitlich lagern, wieder verfüllen und verdichten.Verbau wird gesondert vergütet. Laden und Abfuhr von überschüssigem Boden nach getrennter Position.
Aushubtiefe: bis 1,75 m
Sohlenbreite: bis 0,80 m
Sohlenlänge: bis 4,00 m
Aushubtiefe: ..... m
Sohlenbreite: ..... m
Bodeneigenschaften und Kennwerte: .....
Baumaßnahmen der Geotechnischen Kategorie 1 DIN 4020.
Homogenbereich: 1
Homogenbereich 1 oben: ..... m
Homogenbereich 1 unten: ..... m
Anzahl der Bodengruppen: ..... St
Bodengruppen DIN 18196: .....
Konsistenz DIN EN ISO 14688-1: .....

34€ 42€ **45€** 51€ 61€ [m] ⏱ 0,80 h/m 009.000.001

2 Kabelbündel sichern KG **211**

Kabelbündel aus Elektrokabel, spannungsfrei geschaltet, sichern
Außendurchmesser: ..... mm
Leitungsachse unter Gelände: bis 1,25 m

8€ 11€ **12€** 13€ 15€ [m] ⏱ 0,25 h/m 002.001.096

3 **Sichern von Leitungen/Kabeln** KG **211**

Kabelbündel sichern und spannungsfrei unterstützen.
Kabelbündel: **Elektrokabel / Entwässerungsleitung aus Steinzeugrohr / .....**
Kabel-/Leitungsdurchmesser: ..... mm
Einzellängen: über 5 bis 10 m
Höhenlage der Kabel-/Leitungsachse unter Gelände: bis 1,25 m

13€	17€	**19€**	22€	26€	[m]	⏱ 0,25h/m	002.001.189

4 **Entwässerungsleitung, sichern** KG **211**

Entwässerungsleitung aus Steinzeugrohr, außer Betrieb, sichern.
Nenndurchmesser: ..... mm
/Leitungsachse unter Gelände: bis 1,25 m

17€	22€	**24€**	26€	30€	[m]	⏱ 0,25h/m	002.001.188Si

5 **Oberboden abtragen, entsorgen, 30cm** KG **214**

Oberboden, profilgerecht lösen, fördern und laden, mit LKW des AN zur zugelassenen Lagerstelle abfahren, dort lagenweise einarbeiten.
Bodenzuordnung: lt. **Aufstellung / Bericht / gemeinsamer Feststellung**
Bodengruppen: ..... DIN 18196
Bodengruppe: ..... DIN 19815
Gesamtabtragstiefe i.M.: 30 cm
Aushub: nicht schadstoffbelastet
Zuordnung: BM0
Lagerstätte (Bezeichnung/Ort): .....
Förderweg: bis ..... km
Mengenermittlung nach Aufmaß an der Entnahmestelle.

20€	24€	**26€**	29€	36€	[m³]	⏱ 0,20h/m³	002.000.049

A 1 **Baugrubenaushub, GK1** Beschreibung für Pos. **6-10**

Boden der Baugrube profilgerecht ausheben.
Gesamtbreite: ..... m
Gesamtlänge: ..... m
Baumaßnahmen der Geotechnischen Kategorie 1 DIN 4020.
Homogenbereich: 1
Homogenbereich 1 oberer Horizont: ..... m
Homogenbereich 1 unterer Horizont: ..... m
Anzahl der Bodengruppen: ..... St
Bodengruppen DIN 18196: .....
Massenanteile der Steine DIN EN ISO 14688-1: über .....% bis .....%
Massenanteile der Blöcke DIN EN ISO 14688-1: über .....% bis .....%
Konsistenz DIN EN ISO 14688-1: .....
Lagerungsdichte: .....
Homogenbereiche lt.: .....

Nr.	Kurztext / Langtext						Kostengruppe
▶	▷	**ø netto €**	◁	◀	[Einheit]	Ausf.-Dauer	Positionsnummer

6 Baugrubenaushub, bis 1,75m, lagern, GK1 KG **311**

Wie Ausführungsbeschreibung A 1
Leistungsumfang: lösen, fördern, auf der Baustelle lagern
Gesamtabtragstiefe: bis 1,75 m
Förderweg: ..... m
Mengenermittlung nach Aufmaß an der Entnahmestelle.

▶	▷	ø	◁	◀	Einheit	Ausf.-Dauer	Positionsnummer
9€	12€	**13€**	14€	16€	[m³]	⏱ 0,10h/m³	002.001.106

7 Baugrubenaushub, bis 2,50m, lagern, GK1 KG **311**

Wie Ausführungsbeschreibung A 1
Leistungsumfang: lösen, fördern, auf der Baustelle lagern
Gesamtabtragstiefe: bis 2,50 m
Förderweg: ..... m
Mengenermittlung nach Aufmaß an der Entnahmestelle.

▶	▷	ø	◁	◀	Einheit	Ausf.-Dauer	Positionsnummer
12€	12€	**16€**	18€	21€	[m³]	⏱ 0,12h/m³	002.001.177

8 Baugrubenaushub, bis 3,50m, lagern, GK1 KG **311**

Wie Ausführungsbeschreibung A 1
Leistungsumfang: lösen, fördern, auf der Baustelle lagern
Gesamtabtragstiefe: bis 3,50 m
Förderweg: ..... m
Mengenermittlung nach Aufmaß an der Entnahmestelle.

▶	▷	ø	◁	◀	Einheit	Ausf.-Dauer	Positionsnummer
12€	15€	**17€**	18€	21€	[m³]	⏱ 0,12h/m³	002.001.107

9 Baugrubenaushub, bis 2,50m, abfahren, GK1 KG **311**

Wie Ausführungsbeschreibung A 1
Leistungsumfang: lösen, fördern, mit LKW des AN zur zugelassenen Lagerstelle abfahren, dort lagenweise einarbeiten
Gesamtabtragstiefe: bis 2,50 m
Aushub: Aushub nicht schadstoffbelastet oder gefährlich
Lagerstätte (Bezeichnung/Ort): .....
Förderweg: bis ..... km
Mengenermittlung nach Aufmaß an der Entnahmestelle.

▶	▷	ø	◁	◀	Einheit	Ausf.-Dauer	Positionsnummer
18€	23€	**24€**	27€	32€	[m³]	⏱ 0,26h/m³	002.001.112

10 Baugrubenaushub, bis 3,50m, abfahren, GK1 KG **311**

Wie Ausführungsbeschreibung A 1
Leistungsumfang: lösen, fördern, mit LKW des AN zur zugelassenen Lagerstelle abfahren, dort lagenweise einarbeiten
Gesamtabtragstiefe: bis 3,50 m
Aushub: Aushub nicht schadstoffbelastet oder gefährlich
Lagerstätte (Bezeichnung/Ort): .....
Förderweg: bis ..... km
Mengenermittlung nach Aufmaß an der Entnahmestelle.

▶	▷	ø	◁	◀	Einheit	Ausf.-Dauer	Positionsnummer
23€	28€	**33€**	35€	40€	[m³]	⏱ 0,14h/m³	002.001.176

Kosten:
Stand 1. Quartal 2025
Bundesdurchschnitt

▶ min
▷ von
ø Mittel
◁ bis
◀ max

11 **Bodenabtrag, bis 40cm, entsorgen, GK1** KG **512**

Boden für befestigte Flächen in verschiedenen Schichtdicken lösen laden entsorgen.
Gesamtabtragstiefe: bis 40 cm
Förderweg: bis ..... km
Baumaßnahmen der Geotechnischen Kategorie 1 DIN 4020.
Homogenbereich: 1
Homogenbereich 1 oberer Horizont: ..... m
Homogenbereich 1 unterer Horizont: ..... m
Anzahl der Bodengruppen: ..... St
Bodengruppen DIN 18196: .....
Massenanteile der Steine DIN EN ISO 14688-1: über .....% bis .....%
Massenanteile der Blöcke DIN EN ISO 14688-1: über .....% bis .....%
Konsistenz DIN EN ISO 14688-1: .....
Lagerungsdichte: .....
Homogenbereiche lt.: .....
Abrechnung: **nach Verdrängung / auf Nachweisrapport / Wiegescheine der Deponie**

22€	28€	**30€**	32€	36€	[m³]	⏱ 0,25h/m³	002.001.187

A 2 **Baugrubenaushub, Fels, GK1** Beschreibung für Pos. **12-14**

Felsigen Boden der Baugrube ausheben.
Gesamtbreite: ..... m
Gesamtlänge: ..... m
Baumaßnahmen der Geotechnischen Kategorie 1 DIN 4020.
Homogenbereich: 1
Homogenbereich 1 oberer Horizont: ..... m
Homogenbereich 1 unterer Horizont: ..... m
Anzahl Gesteinsarten: .....
Gesteinsarten: .....
Veränderlichkeit DIN EN ISO 14689-1: .....
Geologische Struktur DIN EN ISO 14689-1: .....
Abstand Trennflächen DIN EN ISO 14689-1: .....
Trennflächen, Gesteinskörperform: ....
Fallrichtung Trennflächen: .....°
Fallwinkel Trennflächen: .....°
Homogenbereiche lt.: .....

12 **Baugrubenaushub, Fels, bis 1,75m, lagern, GK1** KG **311**

Wie Ausführungsbeschreibung A 2
Leistungsumfang: lösen, fördern, auf der Baustelle lagern
Abrechnung: nach dem gelösten Boden, auch außerhalb des Profils
Aushubtiefe: bis 1,75 m
Mengenermittlung nach Aufmaß an der Entnahmestelle.

33€	38€	**41€**	45€	54€	[m³]	⏱ 0,30h/m³	002.000.041

000
001
002
006
008
009
010
012
013
014
016
017
018
020
021
022

Kosten:
Stand 1. Quartal 2025
Bundesdurchschnitt

Nr.	**Kurztext** / Langtext						Kostengruppe
▶	▷	**ø netto €**	◁	◀	[Einheit]	Ausf.-Dauer	Positionsnummer

13 Baugrubenaushub, Fels, bis 3,50m, lagern, GK1 — KG **311**

Wie Ausführungsbeschreibung A 2
Leistungsumfang: lösen, fördern, auf der Baustelle lagern
Förderweg: bis 50m
Abrechnung: nach dem gelösten Boden, auch außerhalb des Profils
Aushubtiefe: über 1,75 bis 3,50 m
Mengenermittlung nach Aufmaß an der Entnahmestelle.

35€ | 45€ | **47€** | 54€ | 64€ | [m³] | ⏱ 0,45 h/m³ | 002.000.043

14 Baugrubenaushub, Fels, entsorgen, GK1 — KG **311**

Wie Ausführungsbeschreibung A 2
Leistungsumfang: lösen, laden, fördern, entsorgen, inkl. Deponiegebühren und Entsorgungsnachweis
Gesamtabtragstiefe: ..... m
Abrechnung: Wiegescheine der Deponie

62€ | 75€ | **84€** | 93€ | 112€ | [m³] | ⏱ 0,60 h/m³ | 002.000.013

15 Baugrubenaushub, Handschachtung, bis 1,75m, lagern, GK1 — KG **311**

Baugrubenaushub in Handschachtung, Aushub seitlich lagern.
Gesamtbreite: ..... m
Gesamtlänge: ..... m
Gesamtabtragstiefe: bis 1,75 m
Förderweg: ..... m
Baumaßnahmen der Geotechnischen Kategorie 1 DIN 4020.
Homogenbereich: 1
Homogenbereich 1 oberer Horizont: ..... m
Homogenbereich 1 unterer Horizont: ..... m
Anzahl der Bodengruppen: ..... St
Bodengruppen DIN 18196: .....
Massenanteile der Steine DIN EN ISO 14688-1: über .....% bis .....%
Massenanteile der Blöcke DIN EN ISO 14688-1: über .....% bis .....%
Konsistenz DIN EN ISO 14688-1: .....
Lagerungsdichte: .....
Homogenbereiche lt.: .....
Mengenermittlung nach Aufmaß an der Entnahmestelle.

91€ | 101€ | **105€** | 115€ | 135€ | [m³] | ⏱ 1,10 h/m³ | 002.001.115

16 Baugrube sichern, Folienabdeckung — KG **312**

Baugrubenwände (Böschungen) mit Planen abdecken, Planen gegen Witterung sichern und bis zum Auffüllen des Arbeitsraums bzw. Abschluss der Verbauarbeiten unterhalten und nach Aufforderung Folie aufnehmen und entsorgen, inkl. Entsorgungsgebühr.
Vorhaltezeit: .....

3€ | 4€ | **4€** | 5€ | 6€ | [m²] | ⏱ 0,05 h/m² | 002.000.042

▶ min
▷ von
ø Mittel
◁ bis
◀ max

A 3 **Fundamentaushub, GK1** Beschreibung für Pos. **17-24**

Boden für Fundamente ausheben und Fundamentsohle planieren.
Gesamtbreite: ..... m
Gesamtlänge: ..... m
Gesamtabtragstiefe: bis ..... m
Förderweg: ..... m
Baumaßnahmen der Geotechnischen Kategorie 1 DIN 4020.
Homogenbereich: 1
Homogenbereich 1 oberer Horizont: ..... m
Homogenbereich 1 unterer Horizont: ..... m
Anzahl der Bodengruppen: ..... St
Bodengruppen DIN 18196: .....
Massenanteile der Steine DIN EN ISO 14688-1: über .....% bis .....%
Massenanteile der Blöcke DIN EN ISO 14688-1: über .....% bis .....%
Konsistenz DIN EN ISO 14688-1: .....
Lagerungsdichte: .....
Homogenbereiche lt.: .....

17 **Fundamentaushub, bis 1,25m, lagern, GK1** KG **322**

Wie Ausführungsbeschreibung A 3
Leistungsumfang: lösen, fördern, auf der Baustelle lagern
Gesamtabtragstiefe: bis 1,25 m
Förderweg: ..... m
Mengenermittlung nach Aufmaß an der Entnahmestelle.

29€	36€	**39€**	44€	51€	[m³]	⏱ 0,42 h/m³	002.001.179

18 **Fundamentaushub, bis 1,75m, lagern, GK1** KG **322**

Wie Ausführungsbeschreibung A 3
Leistungsumfang: lösen, fördern, auf der Baustelle lagern
Gesamtabtragstiefe: bis 1,75 m
Förderweg: ..... m
Mengenermittlung nach Aufmaß an der Entnahmestelle.

37€	46€	**48€**	54€	58€	[m³]	⏱ 0,44 h/m³	002.001.183

19 **Fundamentaushub, bis 1,25m, entsorgen, GK1** KG **322**

Wie Ausführungsbeschreibung A 3
Leistungsumfang: lösen, fördern, zur Verwertungsanlage abfahren
Gesamtabtragstiefe: bis 1,25 m
Abrechnung: **nach Verdrängung / auf Nachweisrapport / Wiegescheine der Deponie**

41€	42€	**45€**	49€	64€	[m³]	⏱ 0,40 h/m³	002.001.180

20 **Fundamentaushub, bis 1,75m, entsorgen, GK1** KG **322**

Wie Ausführungsbeschreibung A 3
Leistungsumfang: lösen, fördern, zur Verwertungsanlage abfahren
Gesamtabtragstiefe: bis 1,75 m
Abrechnung: **nach Verdrängung / auf Nachweisrapport / Wiegescheine der Deponie**

43€	50€	**54€**	61€	71€	[m³]	⏱ 0,42 h/m³	002.001.184

Kosten:
Stand 1. Quartal 2025
Bundesdurchschnitt

Nr.	**Kurztext** / Langtext						Kostengruppe
►	▷	**ø netto €**	◁	◄	[Einheit]	Ausf.-Dauer	Positionsnummer

21 Einzelfundamentaushub, bis 1,75m, lagern, GK1 KG **322**

Wie Ausführungsbeschreibung A 3
Fundamentart: Einzelfundament
Leistungsumfang: lösen, fördern, auf der Baustelle lagern
Gesamtabtragstiefe: bis 1,75 m
Förderweg: ..... m
Mengenermittlung nach Aufmaß an der Entnahmestelle.

36€ 42€ **46€** 50€ 57€ [m³] ⏱ 0,37 h/m³ 002.001.125

22 Einzelfundamentaushub, bis 1,75m, entsorgen, GK1 KG **322**

Wie Ausführungsbeschreibung A 3
Fundamentart: Einzelfundament
Leistungsumfang: lösen, fördern, zur Verwertungsanlage abfahren
Gesamtabtragstiefe: bis 1,75 m
Abrechnung: **nach Verdrängung / auf Nachweisrapport / Wiegescheine der Deponie**

49€ 59€ **65€** 68€ 75€ [m³] ⏱ 0,37 h/m³ 002.001.127

23 Streifenfundamentaushub, bis 1,75m, lagern, GK1 KG **322**

Wie Ausführungsbeschreibung A 3
Fundamentart: Streifenfundament
Leistungsumfang: lösen, fördern, auf der Baustelle lagern
Gesamtabtragstiefe: bis 1,75 m
Förderweg: ..... m
Mengenermittlung nach Aufmaß an der Entnahmestelle.

29€ 42€ **46€** 49€ 56€ [m³] ⏱ 0,37 h/m³ 002.001.134

24 Streifenfundamentaushub, bis 1,75m, entsorgen, GK1 KG **322**

Wie Ausführungsbeschreibung A 3
Fundamentart: Streifenfundament
Leistungsumfang: lösen, fördern, zur Verwertungsanlage abfahren
Gesamtabtragstiefe: bis 1,75 m
Abrechnung: **nach Verdrängung / auf Nachweisrapport / Wiegescheine der Deponie**

34€ 53€ **56€** 62€ 69€ [m³] ⏱ 0,37 h/m³ 002.001.123

25 Fundament, Hinterfüllung, Lagermaterial, bis 1,00m KG **322**

Hinterfüllung Einzel- und Streifenfundament. Gelagerten Aushub aufnehmen, profilgerecht verfüllen und verdichten.
Förderweg: bis ..... m
Aushubtiefe/Einbauhöhe: bis 1,00 m
Bodengruppen: .....
Bodenprofil: .....
Fundamentgröße: .....
Verdichtungsgrad: DPr mind. 97%

20€ 29€ **30€** 34€ 42€ [m³] ⏱ 0,35 h/m³ 002.001.130

► min
▷ von
ø Mittel
◁ bis
◄ max

26 Fundament, Hinterfüllung, Liefermaterial, bis 1,00m — KG **322**

Hinterfüllung Einzel- und Streifenfundament.Boden liefern, profilgerecht verfüllen und verdichten.
Aushubtiefe/Einbauhöhe: bis 1,00 m
Bodengruppen: .....
Bodenprofil: .....
Fundamentgröße: .....
Verdichtungsgrad: DPr mind. 97%

►	▷	ø netto €	◁	◄	[Einheit]	Ausf.-Dauer	Positionsnummer
22€	29€	**34€**	39€	46€	[m³]	⏱ 0,30 h/m³	002.001.170

A 4 Kabelgraben ausheben, lagern, GK1 — Beschreibung für Pos. **27-28**

Boden für Kabelgraben profilgerecht lösen, Aushub seitlich lagern.
Förderweg: ..... m
Baumaßnahmen der Geotechnischen Kategorie 1 DIN 4020.
Homogenbereich: 1
Homogenbereich 1 oberer Horizont: ..... m
Homogenbereich 1 unterer Horizont: ..... m
Anzahl der Bodengruppen: ..... St
Bodengruppen DIN 18196: .....
Massenanteile der Steine DIN EN ISO 14688-1: über .....% bis .....%
Massenanteile der Blöcke DIN EN ISO 14688-1: über .....% bis .....%
Konsistenz DIN EN ISO 14688-1: .....
Lagerungsdichte: .....
Homogenbereiche lt.: .....
Mengenermittlung nach Aufmaß an der Entnahmestelle

27 Kabelgraben ausheben, bis 1,00m, lagern, GK1 — KG **511**

Wie Ausführungsbeschreibung A 4
Gesamtabtragstiefe: bis 1,00 m
Sohlenbreite: bis 50 cm

►	▷	ø netto €	◁	◄	[Einheit]	Ausf.-Dauer	Positionsnummer
21€	27€	**29€**	34€	41€	[m³]	⏱ 0,32 h/m³	002.001.140

28 Kabelgraben ausheben, bis 1,25m, lagern, GK1 — KG **511**

Wie Ausführungsbeschreibung A 4
Gesamtabtragstiefe: bis 1,25 m
Sohlenbreite: bis 50 cm

►	▷	ø netto €	◁	◄	[Einheit]	Ausf.-Dauer	Positionsnummer
22€	28€	**31€**	35€	41€	[m³]	⏱ 0,32 h/m³	002.001.171

Nr.	Kurztext / Langtext						Kostengruppe
▶	▷	ø netto €	◁	◀	[Einheit]	Ausf.-Dauer	Positionsnummer

Kosten:
Stand 1. Quartal 2025
Bundesdurchschnitt

29 Kabelgraben ausheben, bis 1,00m, entsorgen, GK1 — KG **511**

Boden für Kabelgraben profilgerecht lösen, Aushub ist zu entsorgen. Aushub nicht schadstoffbelastet oder gefährlich.
Gesamtabtragstiefe: bis 1,00 m
Sohlenbreite:bis 50 cm
Förderweg: ..... m
Baumaßnahmen der Geotechnischen Kategorie 1 DIN 4020.
Homogenbereich: 1
Homogenbereich 1 oberer Horizont: ..... m
Homogenbereich 1 unterer Horizont: ..... m
Anzahl der Bodengruppen: ..... St
Bodengruppen DIN 18196: .....
Massenanteile der Steine DIN EN ISO 14688-1: über .....% bis .....%
Massenanteile der Blöcke DIN EN ISO 14688-1: über .....% bis .....%
Konsistenz DIN EN ISO 14688-1: .....
Lagerungsdichte: .....
Homogenbereiche lt.: .....
Abrechnung: **nach Verdrängung / auf Nachweisrapport / Wiegescheine der Deponie**

24€ 29€ **33€** 39€ 45€ [m³] ⏱ 0,32 h/m³ 002.001.143

30 Hindernisse beseitigen, Gräben — KG **212**

Hindernis in Graben beseitigen und seitlich lagern, Hindernis aus Mauerwerk, einzelnen Steinen oder Fundamentresten aus Beton. Abfuhr und Entsorgung in gesonderter Position.
Grabenbreite: bis 0,80 m
Hindernis: unter 0,01 m³

71€ 92€ **106€** 124€ 160€ [m³] ⏱ 1,65 h/m³ 002.000.014

31 Aushub lagernd, entsorgen — KG **311**

Überschüssigen Aushub, bauseits gelagert, laden, abfahren und auf zugelassenen Lagerstätte nach Wahl des Auftragnehmers lagenweise einarbeiten.
Bodengruppen: ..... DIN 18196
Aushub: nicht schadstoffbelastet
Zuordnung: .....
Verwertungsanlage (Bezeichnung/Ort/Fahrweg): .....
Lagergebühren werden vom AN übernommen.
Abrechnung: **nach Verdrängung / auf Nachweisrapport / Wiegescheine der Deponie**

23€ 29€ **31€** 33€ 40€ [m³] ⏱ 0,34 h/m³ 002.001.182

▶ min
▷ von
ø Mittel
◁ bis
◀ max

32 Bodenaustausch, Liefermaterial — KG **321**

Boden verbessern, Liefermaterial
Neuboden: z.B. kornabgestufter Kiessand (Bodengruppe GW/GU) - natürliche Gesteinskörnung
Verdichtung: 103% Proctordichte
Aushubtiefe: .....
Austauschfläche: .....
Geländeprofil: .....

32€ 39€ **42€** 54€ 71€ [m³] ⏱ 0,25 h/m³ 002.000.022

33 Bodenverbesserung, Liefermaterial KG **321**

Bodenverbesserung, durch Einarbeiten von Baustoffen, inkl. Verdichten, Boden und Ausführung gem. Bodengutachten (von AG zur Verfügung gestellt).
Baustoff: **Recycling-Kies 0/56 / Kalkschotter 5/30** - natürliche Gesteinskörnung
Schichtdicke: bis 30 cm
Verdichtungsgrad DPr: 95%
Verformungsmodul EV2: ..... MN/m²

26€ 36€ **41€** 46€ 66€ [m³] ⏱ 0,14h/m³ 002.000.038

34 Planum, Baugrube KG **311**

Planum in Baugrube herstellen.
Zulässige Abweichung der Sollhöhe: +/-2 cm
Verformungsmodul EV2: ..... MN/m²

2€ 3€ **3€** 3€ 4€ [m²] ⏱ 0,02h/m² 002.000.021

35 Planum, Wege/Fahrstraßen, verdichten KG **530**

Planum von Wege/Fahrstraßen herstellen, Planum für den Belagsunterbau in den erforderlichen Gefällen nach Regelschnitten, Abrechnung nach Belagsfläche.
Zulässige Abweichung der Sollhöhe: +/-2 cm
Verformungsmodul: mind. EV2 45 MN/m²

1€ 2€ **2€** 3€ 4€ [m²] ⏱ 0,02h/m² 002.000.035

36 Gründungssohle verdichten, Baugrube KG **311**

Gründungssohle verdichten, in Baugrube.
Verdichtungsgrad: DPr 97%
Bodengruppe: ..... DIN 18196

1€ 2€ **3€** 3€ 4€ [m²] ⏱ 0,02h/m² 002.000.020

37 Lastplattendruckversuch, Baugrube KG **319**

Statischer Lastplattendruckversuch DIN 18134, Nachweis der geforderten Verdichtung des Bodens; Durchführung und Auswertung sowie Gerätestellung erfolgt durch ein neutrales Prüflabor nach Wahl des Auftragnehmers. Abrechnung je Versuch, inkl. aller Geräte, Honorare und Nebenkosten.

146€ 209€ **224€** 238€ 299€ [St] ⏱ 2,20h/St 002.000.027

38 Trennlage, Filtervlies KG **325**

Filtervlies aus Geotextilien, als Trennlage, auf Erdplanum.
GRK-Klasse: .....
Überlappung: mind. 20 cm
Einbauort: Baugrube

1€ 3€ **3€** 4€ 5€ [m²] ⏱ 0,04h/m² 002.000.029

39 Trennlage, Bodenplatte, Folie, zweilagig KG **329**

PE-Folie, in 2 Lagen, Überlappung 25cm, auf Filterschicht, unter Bodenplatte.
Folien-Dicke: je 0,3 mm
Angebotenes Produkt: .....

2€ 2€ **3€** 4€ 7€ [m²] ⏱ 0,03h/m² 002.000.030

Nr.	Kurztext / Langtext						Kostengruppe
▶	▷	ø netto €	◁	◀	[Einheit]	Ausf.-Dauer	Positionsnummer

40 Kies 16/32, frei Baustelle, liefern KG **325**

Liefern von Stoffen frei Baustelle. Abrechnung nach Lieferschein und Umrechnungstabelle ..... von t nach m³, (trockener, geschütteter Zustand).
Material: Kies 16/32 - natürliche Gesteinskörnung

51€	59€	**61€**	63€	69€	[m³]	–	002.001.185

41 Rohrgraben verfüllen, Kies 0/32mm KG **311**

Verfüllen von Rohrgraben schichtweise, inkl. Verdichten.
Einbaumaterial: Lieferkies 0/32 mm - natürliche Gesteinskörnung
Verdichtungsgrad: DPr mind. 97%
Einbauort: .....
Schichtdicke: ..... m

34€	43€	**46€**	53€	66€	[m³]	⏱ 0,35h/m³	009.001.080

42 Rohrgraben verfüllen, Boden, Liefermaterial KG **311**

Verfüllen von Rohrgraben, schichtweise, inkl. Verdichten.
Einbaumaterial: Lieferboden der Bodengruppe: .....
Verdichtungsgrad: DPr mind. 97%
Einbauort: .....
Schichtdicke: ..... m

47€	55€	**60€**	63€	71€	[m³]	⏱ 0,30h/m³	009.001.079

43 Leitungsgräben/Fundamente verfüllen, Liefermaterial KG **311**

Verfüllen von Fundamenten und Leitungsgräben, schichtweise, inkl. Verdichten.
Einbaumaterial: Lieferboden der Bodengruppe: .....
Verdichtungsgrad: DPr mind. 97%
Einbauort: .....
Schichtdicke: ..... m

30€	39€	**45€**	55€	76€	[m³]	⏱ 0,28h/m³	002.000.026

44 Arbeitsräume verfüllen, verdichten, Lagermaterial KG **311**

Verfüllen von Arbeitsräumen, mit gelagertem Bodenmaterial, schichtweise einbauen, einschl. Fördern des Lagermaterials und Verdichten.
Bodengruppen: gem. Einzelbeschreibung
Verdichtungsgrad: DPr mind. 97%
Schichtdicke: ..... m
Förderweg: bis 50 m

10€	17€	**20€**	24€	32€	[m³]	⏱ 0,26h/m³	002.000.025

45 Arbeitsräume verfüllen, verdichten, Liefermaterial KG **311**

Verfüllen von Arbeitsräumen, mit anzulieferndem Bodenmaterial, schichtweise einbauen, einschl. Fördern des Lagermaterials und Verdichten.
Bodengruppe: **GU (Kies-Schluff-Gemisch) / .....** gem. Einzelbeschreibung
Verdichtungsgrad: DPr mind. 97%
Schichtdicke: ..... m

32€	38€	**40€**	43€	51€	[m³]	⏱ 0,30h/m³	002.000.024

Kosten:
Stand 1. Quartal 2025
Bundesdurchschnitt

▶ min
▷ von
ø Mittel
◁ bis
◀ max

46 **Leitungsgraben verfüllen, Lagermaterial** KG **311**

Verfüllen von Fundamenten und Leitungen, profilgerecht verfüllen und verdichten.
Einbaumaterial: gelagerter Boden der Bodengruppe ....
Verdichtungsgrad: DPr mind. 97%
Einbauort: .....
Schichtdicke: ..... m
Förderweg: bis 50 m

18€ 23€ **24€** 26€ 32€ [m³] ⏱ 0,25h/m³ 002.000.023

47 **Kabelgraben verfüllen, Liefermaterial Sand 0/2** KG **440**

Verfüllen von Kabelgraben, profilgerecht verfüllen und verdichten, mit anzulieferndem Kabelsand.
Einbaumaterial: Kabelsand - natürliche Gesteinskörnung
Körnung: 0/2 mm
Verdichtungsgrad: DPr mind. 97%
Schichtdicke: ..... m
Grabenbreite: ..... m

9€ 14€ **16€** 19€ 23€ [m] ⏱ 0,20h/m 002.001.086

48 **Kabelschutzrohr, Kunststoff** KG **556**

Kabelschutzrohr, in Graben, verbunden mit Doppelsteckmuffen.
Werkstoff: **PE / PVC-P**
Rohrgröße: DN.....
Verlegung in: **Erdreich / Beton**
Ausführung: **starr / biegsam**
Muffen: **sanddicht / wasserdicht**
Überdeckung: ..... m

8€ 10€ **11€** 12€ 14€ [m] ⏱ 0,22h/m 002.001.087

49 **Zugdraht für Kabelschutzrohr** KG **556**

Zugdraht in verlegtes Kabelschutzrohr einlegen.
Kabelschutzrohr: .....

1€ 1€ **2€** 2€ 2€ [m] ⏱ 0,02h/m 002.001.088

50 **Warnband, Leitungsgraben** KG **556**

Trassen-Warnband aus Verbundfolie liefern, alterungs- und kältebeständig, farbecht und mit dauerhaft lesbarer Beschriftung, im Zuge der Grabenverfüllung ca. 40cm mittig über Leitung verlegen.
Farbe: .....
Art der Leitung: .....

0,6€ 1,2€ **1,4€** 1,7€ 2,3€ [m] ⏱ 0,03h/m 002.000.051

000
001
002
006
008
009
010
012
013
014
016
017
018
020
021
022

Nr.	Kurztext / Langtext						Kostengruppe
▶	▷	ø netto €	◁	◀	[Einheit]	Ausf.-Dauer	Positionsnummer

51 Tragschicht, Kies KG **325**

Tragschicht, kapillarbrechend, unter Bodenplatte oder Fundament, schichtweise einbringen und verdichten.
Material: Kies - natürliche Gesteinskörnung
Schichtdicke: i.M. .....
Art Gesteinskörnung: .....
Körnung: .....
Sieblinie: .....
Infiltrationsbeiwert: .....
Proctordichte: 103%
Abweichung von Sollhöhe: +/-2 cm

▶	▷	ø	◁	◀	Einheit	Ausf.-Dauer	Positionsnummer
34€	49€	**56€**	62€	77€	[m³]	⏱ 0,30h/m³	002.001.090

Kosten:
Stand 1. Quartal 2025
Bundesdurchschnitt

52 Planum herstellen KG **530**

Planum herstellen, zur Aufnahme einer ungebundenen Tragschicht, überschüssigen Boden seitlich lagern.
Auf- und Abtrag: bis 5 cm
Zul. Abweichung von Nennhöhe: +/-2 cm
Leistungsbereich: Zufahrt

▶	▷	ø	◁	◀	Einheit	Ausf.-Dauer	Positionsnummer
1€	2€	**2€**	3€	4€	[m²]	⏱ 0,02h/m²	002.000.034

53 Stundensatz, Facharbeiter/-in

Stundenlohnarbeiten für Facharbeiter/-in, Spezialfacharbeiter/-in, Vorarbeiter/-in und jeweils Gleichgestellte. Der Verrechnungssatz für die jeweilige Arbeitskraft umfasst sämtliche Aufwendungen wie Lohn- und Gehaltskosten, lohn- und gehaltsgebundene Kosten, Lohn- und Gehaltsnebenkosten, Gemeinkosten, Wagnis und Gewinn. Leistung nach besonderer Anordnung der Bauüberwachung. Anmeldung und Nachweis gem. VOB/B.

▶	▷	ø	◁	◀	Einheit	Ausf.-Dauer	Positionsnummer
60€	69€	**73€**	78€	86€	[h]	⏱ 1,00h/h	002.001.094

54 Stundensatz, Helfer/-in

Stundenlohnarbeiten für Werker/-in, Fachwerker/-in und jeweils Gleichgestellte. Der Verrechnungssatz für die jeweilige Arbeitskraft umfasst sämtliche Aufwendungen wie Lohn- und Gehaltskosten, lohn- und gehaltsgebundene Kosten, Lohn- und Gehaltsnebenkosten, Gemeinkosten, Wagnis und Gewinn. Leistung nach besonderer Anordnung der Bauüberwachung. Anmeldung und Nachweis gem. VOB/B.

▶	▷	ø	◁	◀	Einheit	Ausf.-Dauer	Positionsnummer
36€	54€	**62€**	65€	74€	[h]	⏱ 1,00h/h	002.001.095

▶ min
▷ von
ø Mittel
◁ bis
◀ max

006

Kosten:
Stand 1. Quartal 2025
Bundesdurchschnitt

Nr.	Positionen	Einheit	►	▷	ø brutto € / ø netto €	◁	◄
1	Graben-Normverbau, senkrecht, bis 3,0m	m²	46	51	**54**	65	69
			39	43	**46**	55	58
2	Grabenverbau, Dielen, senkrecht, bis 3,0m	m²	92	101	**106**	128	134
			77	85	**89**	107	113
3	Messung, Lärmpegel, Dokumentation	St	–	4.070	**4.153**	5.025	–
			–	3.420	**3.490**	4.223	–
4	Auf-/Umstellen Geräteeinheit	St	–	181	**186**	218	–
			–	152	**156**	183	–
5	Ramm- /Bohr-/Rüttelergebnisse, Dokumentation	St	–	2.856	**3.007**	3.608	–
			–	2.400	**2.527**	3.032	–
6	Gussrammpfähle, Mantelverpressung	m	151	166	**176**	190	212
			127	139	**148**	160	178
7	Bohrloch herstellen	m	96	135	**149**	172	207
			80	114	**125**	144	174
8	Verbauträger, Stahlprofile	t	1.480	1.771	**1.888**	2.123	2.593
			1.244	1.488	**1.587**	1.784	2.179
9	Baustelle einrichten, Geräteeinheit/Kolonne	St	15.181	25.846	**31.120**	36.021	53.945
			12.757	21.720	**26.151**	30.269	45.332
10	Träger einbinden, Beton	m	–	27	**29**	34	–
			–	23	**24**	28	–
11	Bohrloch verfüllen	m	–	19	**20**	23	–
			–	16	**17**	19	–
12	Verbauausfachung, Holzbohlen	m²	76	115	**139**	140	209
			64	96	**117**	118	175
13	Verbauausfachung, Spritzbeton	m²	–	34	**48**	57	–
			–	29	**41**	48	–
14	Verpressanker, Trägerbohlwand	m	–	106	**136**	153	–
			–	89	**114**	129	–
15	Verbauträger-/Bohrköpfe kappen	St	95	157	**177**	193	235
			80	132	**148**	162	197
16	Verbau, Trägerbohlwand, rückverankert	m²	219	302	**350**	400	502
			184	253	**294**	336	422
17	Verbau, Spundwand, Stahlprofile	m²	175	261	**290**	347	427
			147	219	**243**	291	358
18	Stillstand Geräteeinheit, inkl. Personal	h	582	717	**782**	858	1.010
			489	602	**657**	721	849
19	Stundensatz, Facharbeiter/-in	h	76	83	**85**	88	94
			64	70	**72**	74	79

► min
▷ von
ø Mittel
◁ bis
◄ max

Nr.	**Kurztext** / Langtext						Kostengruppe
►	▷	**ø netto €**	◁	◄	[Einheit]	Ausf.-Dauer	Positionsnummer

1 Graben-Normverbau, senkrecht, bis 3,0m — KG **411**

Senkrechter Normverbau für Graben herstellen, vorhalten und wieder entfernen.
Anzahl Bodengruppen: eine Bodengruppe
Bodengruppe 1: GU DIN 18196 (Kies-Schluff-Gemisch)
Vorhaltezeit: ..... Wochen
Höhe: bis 3,0 m
Sohlbreite: bis 1,5 m

39€ | 43€ | **46€** | 55€ | 58€ | [m^2] | ⏱ 0,24h/m^2 | 006.000.021

2 Grabenverbau, Dielen, senkrecht, bis 3,0m — KG **411**

Senkrechter Verbau für Graben mit Kanaldielen herstellen, vorhalten und wieder entfernen.
Anzahl Bodengruppen: eine Bodengruppe
Bodengruppe 1: GU DIN 18196 (Kies-Schluff-Gemisch)
Vorhaltezeit: ..... Wochen
Höhe: bis 3,0 m
Sohlbreite: bis 1,5 m

77€ | 85€ | **89€** | 107€ | 113€ | [m^2] | ⏱ 0,54h/m^2 | 006.000.022

3 Messung, Lärmpegel, Dokumentation — KG **312**

Durchführen und Dokumentation einer Lärmpegelmessung während der Rammarbeiten, auszuführen durch einen anerkannten Sachverständigen. Leistung inkl. An- und Abfahrt, Messung an verschiedenen Standorten, im Bereich der Lärmimmission, inkl. Dokumentation und Beurteilung des Messergebnisses in schriftlicher Form.

– | 3.420€ | **3.490€** | 4.223€ | – | [St] | ⏱ 0,50h/St | 006.000.003

4 Auf-/Umstellen Geräteeinheit — KG **312**

Auf- und Umstellen der Geräteeinheit von Einsatzstelle zu Einsatzstelle in betriebsbereitem Zustand. Leistung inkl. Einmessen des Ansatzpunkte. Fixpunkte werden bauseits zur Verfügung gestellt.
Geräteeinheit für: **Bohr- / Verpress- / Ramm- / Rüttelarbeiten**
Transportentfernung: bis 50 m

– | 152€ | **156€** | 183€ | – | [St] | ⏱ 0,25h/St | 006.000.004

5 Ramm- /Bohr-/Rüttelergebnisse, Dokumentation — KG **312**

Dokumentation inkl. Erläuterungsbericht über die Ramm-/Bohr-/Rüttelergebnisse. Übergabe an den AG auf Datenträger.

– | 2.400€ | **2.527€** | 3.032€ | – | [St] | – | 006.000.005

Nr. **Kurztext** / Langtext — Kostengruppe

► ▷ **ø netto €** ◁ ◀ [Einheit] Ausf.-Dauer Positionsnummer

6 Gussrammpfähle, Mantelverpressung — KG **312**

Fertigteil-Rammpfahl aus duktilem Gusseisen nach DIN EN 545, inkl. Mantelverpressung und höhengenauem Ablängen.
Aufgemessen wird vom planmäßigen Ansatzpunkt bis zur planmäßigen Endtiefe.
Bodenzuordnung lt.: **Aufstellung / Bericht / Einzelbeschreibung**
Verpressmaterial: Betonsuspension bzw. Zementmörtel C ..../.....
Ansatz verpresste Betonmenge: bis ..... l/m
Geforderte Lastaufnahme: ..... KN je Pfahl
Pfahllänge: über ..... bis ..... m
Schaft-Außendurchmesser und Wandstärke gem. Anforderung und Zulassung.
Einbau senkrecht, ab Geländeoberfläche
Geotechnische Kategorie der Baumaßnahme: **1 / 2** DIN 4020

►	▷	ø	◁	◀	Einheit	Ausf.-Dauer	Positionsnummer
127€	139€	**148€**	160€	178€	[m]	⏱ 0,20h/m	006.000.006

Kosten:
Stand 1. Quartal 2025
Bundesdurchschnitt

7 Bohrloch herstellen — KG **312**

Bohrlochherstellung, für Einstellen der Verbauträger.
Bodenzuordnung lt.: **Aufstellung / Bericht / Einzelbeschreibung**
Bohrloch-Durchmesser: ..... cm
Bohrlängen: ..... m
Bohrabstand: ...... m
Bohrgut: seitlich lagern

►	▷	ø	◁	◀	Einheit	Ausf.-Dauer	Positionsnummer
80€	114€	**125€**	144€	174€	[m]	⏱ 0,10h/m	006.000.007

8 Verbauträger, Stahlprofile — KG **312**

Verbauträger, als verlorener Träger.
Bodenzuordnung lt.: **Aufstellung / Bericht / Einzelbeschreibung**
Material: Stahl nach DIN EN 10025
Stahlgüte: S235JR (+AR .....)

►	▷	ø	◁	◀	Einheit	Ausf.-Dauer	Positionsnummer
1.244€	1.488€	**1.587€**	1.784€	2.179€	[t]	–	006.000.008

9 Baustelle einrichten, Geräteeinheit/Kolonne — KG **312**

Einmaliges Einrichten und Räumen der Baustelle mit allen zur Durchführung der Arbeiten und aller erforderlichen Geräte.
Art der Arbeiten: **Bohr- / Ramm- / Rüttelarbeiten**
Einheit: 1 Kolonne inkl. Gerät

►	▷	ø	◁	◀	Einheit	Ausf.-Dauer	Positionsnummer
12.757	21.720€	**26.151€**	30.269€	45.332€	[St]	⏱ 2,00h/St	006.000.001

10 Träger einbinden, Beton — KG **312**

Trägereinbindung und Fußauflager aus Ortbeton.
Betongüte: C20/25

►	▷	ø	◁	◀	Einheit	Ausf.-Dauer	Positionsnummer
–	23€	**24€**	28€	–	[m]	⏱ 0,05h/m	006.000.009

11 Bohrloch verfüllen — KG **312**

Bohrlochverfüllung
Material: **hydraulisch gebundener Siebschutt / .....**

►	▷	ø	◁	◀	Einheit	Ausf.-Dauer	Positionsnummer
–	16€	**17€**	19€	–	[m]	⏱ 0,04h/m	006.000.010

► min
▷ von
ø Mittel
◁ bis
◀ max

12 Verbauausfachung, Holzbohlen KG **312**

Holzausfachung des Verbaus liefern, einbauen und vorhalten. Ausfachung kraftschlüssig verkeilen und verlatten, Hilfsstoffe sind mit einzurechnen. Leistung inkl. komplettem Rückbau der Ausfachung.
Verbauart: **Graben / Baugrube**
Ausfachung: Nadelholzbohlen, Abmessung nach statischer und konstruktiver Vorgabe
Holzdicke: ca. ..... cm
Holzlänge bis: ..... m
Vorhaltezeit: bis zum Verfüllen der Baugrube (siehe Terminplan)

64€	96€	**117€**	118€	175€	[m2]	⏱ 0,35 h/m2	006.000.011

13 Verbauausfachung, Spritzbeton KG **312**

Spritzbeton als Ausfachung des Verbaus, bewehrt, liefern und im Zuge der Aushubarbeiten zwischen den Verbauträgern einbauen und vorhalten. Bewehrung nach gesonderter Position.
Betongüte: Spritzbeton C20/25
Dicke: bis ..... cm
Vorhaltezeit: bis zum Verfüllen der Baugrube (siehe Terminplan)

–	29€	**41€**	48€	–	[m2]	⏱ 0,10 h/m2	006.000.012

14 Verpressanker, Trägerbohlwand KG **312**

Verpressanker (Temporäranker) mit Nachverpresseinrichtungen, gem., DIN EN 1537 und den Zulassungsbescheiden bohren, einbauen, ggfs. mehrmalig verpressen und vorspannen, inkl. Verrohrung und Verpressmörtel, freie Ankerlänge mit geeignetem Material setzungsfrei verfüllen, nach Fertigstellung des Untergeschosses Anker auf Anordnung der Bauleitung entspannen.
Bodenzuordnung lt.: **Aufstellung / Bericht / Einzelbeschreibung**
Einbaubereich: Trägerbohlwand, Bereich der Gurtungs-Konstruktion
Neigung: nach Plan
Ankerkraft - Bemessungswert: Pd bis ..... KN
Ankerlänge nach Plan: ca. ..... m
Ankerköpfe: **zurückbauen / verloren**
Bohrdurchmesser: ..... mm
Bodenaufbau und Bodengruppen lt. anliegender Verbau-Berechnung und Baugrundgutachten
Für die Ausführung werden vom AG folgende Unterlagen zur Verfügung gestellt:

- Verbau-Statik, Anlage-Nr. .....
- Baugrundgutachten, Anlage-Nr. .....
- Übersichtszeichnungen, Anlage-Nr. .....

–	89€	**114€**	129€	–	[m]	⏱ 0,40 h/m	006.000.013

15 Verbauträger-/Bohrköpfe kappen KG **312**

Ramm-/Verdrängungs-Pfahlkopf auf Sollhöhe abbrennen/abstemmen, anfallende Stoffe aufnehmen, fördern und im Behälter des AG sammeln.
Material: **Stahl / Gusseisen / Beton**
Durchmesser: über ..... bis ..... mm
Abtragsdicke: bis 0,5 m
Zulässige Toleranz: +/-2 cm

80€	132€	**148€**	162€	197€	[St]	⏱ 0,50 h/St	006.000.014

000 | 001 | 002 | **006** | 008 | 009 | 010 | 012 | 013 | 014 | 016 | 017 | 018 | 020 | 021 | 022

Nr.	Kurztext / Langtext						Kostengruppe
▶	▷	ø netto €	◁	◀	[Einheit]	Ausf.-Dauer	Positionsnummer

Kosten:
Stand 1. Quartal 2025
Bundesdurchschnitt

▶ min
▷ von
ø Mittel
◁ bis
◀ max

16 Verbau, Trägerbohlwand, rückverankert KG **312**

Baugrundverbau als Trägerbohlwand bohren, herstellen, vorhalten und zurückbauen. Bemessung, Bodenaufbau und Bodengruppen gem. anliegender Verbau-Berechnung und Baugrundgutachten.
Einbringgenauigkeit: max. 1%, lotrecht

- Bohrungen im notwendigen Durchmesser, auf die statisch erforderliche Tiefe; Bohrgut seitlich lagern

Gesamtlänge Bohrungen: ..... m
Einbindetiefe je Verbau-Stahlträgern: ..... m

- Verbau-Stahlträger

Doppel-U-Profil ..... / HEB ..... / HEA .....
Material: Stahl nach DIN EN 10025
Stahlgüte: .....
Einzellänge bis l= ..... m
Abstand b= ...... m

- Trägereinbindung mit Beton

Festigkeitsklasse: C .....

- Bohrlochverfüllung

Material: .....

- Verbau-Ausfachung

Nadelholzbohlen, d= ..... cm
Abmessung nach statisch und konstruktiver Vorgabe. Zusätzlich Vergurtungskonstruktion zum Übertragen der Ankerkräfte auf die Verbauwand, inkl. aller Materiallieferungen wie Konsolen, Längsträger, Ankerkopfunterkonstruktionen usw., in den statisch erforderlichen Dimensionen.

- Rückverankerung der Bohlwand, Ausführung gem. anliegender Verbau-Berechnung
- Anker lösen und Vergurtungskonstruktion ausbauen
- Ausfachung zurückbauen

Material: Stahl nach DIN EN 10025
Stahlgüte: S235JR (+AR .....)
Gesamtlänge Stahlträger: ..... m
Höhe verbaute Ansichtsfläche: ..... m
Abrechnung Trägerbohlwand: Ansichtsfläche (UK vorgegebene Baugrubensohle bis OK Verbau)
Vorhaltezeit: ..... Monate

▶	▷	ø	◁	◀	Einheit	Ausf.-Dauer	Positionsnummer
184€	253€	**294€**	336€	422€	[m²]	⏱ 2,10 h/m²	006.000.015

17 Verbau, Spundwand, Stahlprofile KG **312**

Baugrubenverbau aus Spundwandprofilen aus Stahl. Einbau in hindernisfreien Boden durch alle Bodenschichten.
Bodenzuordnung lt.: **Aufstellung / Bericht / Einzelbeschreibung**
Verbautiefe: über 3 bis 6 m
Einbringgenauigkeit: max. 1%, lotrecht
Gesamteindringtiefe: bis 2,0 m
Spundwandprofil: .....
Widerstandsmoment Wy: über 400 bis 500 cm³/m
Vorhaltedauer: .....
Ausführung: gem. Statik und Zeichnung
Geotechnische Kategorie der Baumaßnahme: **1 / 2** DIN 4020

▶	▷	ø	◁	◀	Einheit	Ausf.-Dauer	Positionsnummer
147€	219€	**243€**	291€	358€	[m²]	⏱ 1,15 h/m²	006.000.042

Nr.	Kurztext / Langtext						Kostengruppe
▶	▷	**ø netto €**	◁	◀	[Einheit]	Ausf.-Dauer	Positionsnummer

18 Stillstand Geräteeinheit, inkl. Personal — KG **312**

Stillstand für Kolonne und Geräte, der nicht vom AN zu vertreten ist, bei **Bohr- / Ramm- / Verpress- / Rüttelarbeiten**

▶	▷	ø netto €	◁	◀	[Einheit]	Ausf.-Dauer	Positionsnummer
489€	602€	**657€**	721€	849€	[h]	⏱ 1,00h/h	006.000.018

19 Stundensatz, Facharbeiter/-in

Stundenlohnarbeiten für Kolonnenführer/-in, Facharbeiter/-in und Gleichgestellte (z.B. Spezialbaufacharbeiter/-in, Gesellin, Geselle, Maschinenführer/-in, Fahrer/-in). Der Verrechnungssatz für die jeweilige Arbeitskraft umfasst sämtliche Aufwendungen wie Lohn- und Gehaltskosten, lohn- und gehaltsgebundene Kosten, Lohn- und Gehaltsnebenkosten, Gemeinkosten, Wagnis und Gewinn. Leistung nach besonderer Anordnung der Bauüberwachung. Anmeldung und Nachweis gem. VOB/B.

▶	▷	ø netto €	◁	◀	[Einheit]	Ausf.-Dauer	Positionsnummer
64€	70€	**72€**	74€	79€	[h]	⏱ 1,00h/h	006.000.017

000
001
002
006
008
009
010
012
013
014
016
017
018
020
021
022

008

Kosten:
Stand 1. Quartal 2025
Bundesdurchschnitt

► min
▷ von
ø Mittel
◁ bis
◄ max

Nr.	Positionen	Einheit	►	▷	ø brutto € / ø netto €	◁	◄
1	Pumpensumpf, Betonfertigteil	St	293	587	**718**	826	1.139
			246	494	**603**	694	957
2	Tauchpumpe, Fördermenge bis 10m³/h	St	190	323	**379**	466	686
			160	271	**318**	391	577
3	Betrieb Tauchpumpe bis 10m³/h	h	4	9	**11**	12	14
			4	7	**9**	10	12
4	Saugpumpe, Fördermenge bis 20m³/h	St	256	514	**654**	839	1.139
			215	432	**550**	705	957
5	Betrieb Saugpumpe über 10m³/h	h	6	8	**9**	11	13
			5	7	**8**	9	11
6	Brunnenschacht, Grundwasserabsenkung	St	1.345	2.440	**2.646**	3.172	3.970
			1.130	2.051	**2.224**	2.666	3.336
7	Druckrohrleitung, DN100	m	17	21	**23**	27	32
			14	17	**19**	23	27
8	Saugleitung, DN100	m	13	19	**23**	29	36
			11	16	**19**	24	30
9	Stromaggregat, 10-30kVA	St	2.108	2.962	**3.357**	3.575	4.903
			1.772	2.489	**2.821**	3.004	4.120
10	Absetzbecken, Wasserhaltung	St	1.937	2.363	**3.123**	3.614	4.170
			1.628	1.986	**2.625**	3.037	3.504
11	Messeinrichtung, Wassermenge	St	260	472	**528**	614	910
			218	397	**444**	516	765
12	Wasserhaltung, Betrieb 10-20l/s	h	16	21	**22**	24	29
			13	17	**18**	20	24
13	Stundensatz, Facharbeiter/-in	h	66	73	**78**	82	88
			56	62	**66**	69	74

Nr. **Kurztext** / Langtext — Kostengruppe
► ▷ **ø netto €** ◁ ◄ [Einheit] Ausf.-Dauer Positionsnummer

1 Pumpensumpf, Betonfertigteil KG **313**

Pumpensumpf aus Betonfertigteilringen herstellen, während der gesamten Bauzeit vorhalten und wieder entfernen, inkl. erforderlichem Aushub, seitlicher Lagerung und Wiederverfüllung.
Lage: innerhalb der Baugrube
Tiefe: bis 3,00 m
Durchmesser: DN1.000
Lichter Sohlenquerschnitt: bis 1,00 m²
Boden: Homogenbereich ....., mit einer Bodengruppe, Bodengruppe: ..... DIN 18196
- Steinanteil: bis .....% Massenanteil DIN EN ISO 14688-1
- Konsistenz DIN EN ISO 14688-1: .....
- Lagerungsdichte: .....

Aushubprofilprofil: .....

246€ 494€ **603€** 694€ 957€ [St] ⏱ 2,40h/St 008.000.002

Nr.	Kurztext / Langtext						Kostengruppe
►	▷	ø netto €	◁	◄	[Einheit]	Ausf.-Dauer	Positionsnummer

2 Tauchpumpe, Fördermenge bis 10m³/h KG **313**

Tauchpumpe mit Schwimmer an Druckrohrleitung anschließen, einbauen, vorhalten, betreiben und entfernen.
Fördermenge: 10 m³/h
Förderhöhe: bis 5,00 m
Einbauort: Pumpensumpf in Baugrube
Vorhaltedauer: ..... Wochen

160€	271€	**318€**	391€	577€	[St]	⏱ 2,00h/St	008.000.003

3 Betrieb Tauchpumpe bis 10m³/h KG **313**

Tauchpumpe betreiben, elektrischer Antrieb.
Förderhöhe: bis 5,00 m
Fördermenge: bis 10 m³/h

4€	7€	**9€**	10€	12€	[h]	–	008.000.005

4 Saugpumpe, Fördermenge bis 20m³/h KG **313**

Saugpumpe mit Schwimmer an Druckrohrleitung anschließen, einbauen, vorhalten, betreiben und entfernen.
Fördermenge: über 10 bis 20 m³/h
Förderhöhe: bis 10,0 m
Einbauort: Pumpensumpf in Baugrube
Vorhaltedauer: ..... Wochen

215€	432€	**550€**	705€	957€	[St]	⏱ 2,00h/St	008.000.004

5 Betrieb Saugpumpe über 10m³/h KG **313**

Saugpumpe betreiben, elektrischer Antrieb.
Förderhöhe: bis 10,00 m
Fördermenge: bis 20 m³/h

5€	7€	**8€**	9€	11€	[h]	–	008.000.006

6 Brunnenschacht, Grundwasserabsenkung KG **313**

Absenkung des Grundwasserspiegels, mittels Bohrungen samt Brunneneinbauten:

- Abteufen der verrohrten Brunnenbohrung, einschl. Ziehen der Bohrrohre, das Bohrgut ist abzutransportieren - anfallendes Bohrwasser ableiten und klären; Klarspülen der verrohrten Bohrlöcher
- Filterrohre mit Schlitzbrückenlochung und stufenloser Verbindung
- Filterkiespackung als Ummantelung und Sohlschichtung entsprechend dem vorhandenen Boden
- nach Vorhaltung gesamte Anlage wieder abbauen, inkl. Verfüllen der Bohrlöcher

Boden/Homogenbereich/Geländeprofil: siehe anliegendes Bodengutachten
Bohrlochlänge: ..... m
Bohrlochdurchmesser: ..... mm
Vorhaltedauer: ..... Wochen

1.130€	2.051€	**2.224€**	2.666€	3.336€	[St]	⏱ 12,00h/St	008.000.007

Nr.	Kurztext / Langtext						Kostengruppe
▶	▷	**ø netto €**	◁	◀	[Einheit]	Ausf.-Dauer	Positionsnummer

7 Druckrohrleitung, DN100 KG **313**

Druckrohrleitung betriebsfertig herstellen, vorhalten und wieder entfernen, inkl. aller notwendigen Formstücke, Anschlüsse und Armaturen.
Vorhaltedauer: ..... Wochen
Nenngröße: DN100

14€ | 17€ | **19€** | 23€ | 27€ | [m] | ⏱ 0,35h/m | 008.000.008

8 Saugleitung, DN100 KG **313**

Saugschläuche betriebsfertig herstellen, vorhalten und wieder entfernen, inkl. aller notwendigen Formstücke, Anschlüsse und Armaturen.
Vorhaltedauer: ..... Wochen
Nenngröße: DN100

11€ | 16€ | **19€** | 24€ | 30€ | [m] | ⏱ 0,12h/m | 008.000.009

9 Stromaggregat, 10-30kVA KG **313**

Stromaggregat für Betrieb von Wasserpumpen aufstellen, anschließen und abbauen; Betrieb nach gesonderter Abrechnung.
Leistung: 10-30 kVA

1.772€ | 2.489€ | **2.821€** | 3.004€ | 4.120€ | [St] | ⏱ 15,00h/St | 008.000.001

10 Absetzbecken, Wasserhaltung KG **313**

Absetzbecken für Reinigung von abgepumptem Grund- und Tagwasser aufbauen und wieder abbauen; inkl. Messeinrichtung und Feststellen des geförderten Wassers. Beseitigung abgesetztes Material nach gesonderter Leistung.
Volumen: 5 m^3
Durchflussmenge: ..... l/s

1.628€ | 1.986€ | **2.625€** | 3.037€ | 3.504€ | [St] | ⏱ 12,00h/St | 008.000.011

11 Messeinrichtung, Wassermenge KG **313**

Messeinrichtung einbauen, vorhalten und ausbauen. Protokollierung des abgepumpten Wassers als gesonderte Leistung.
Einbauort: nach Absetzmulde und vor Einleitung ins öffentliche Entwässerungsnetz
Vorhaltedauer: ..... Wochen

218€ | 397€ | **444€** | 516€ | 765€ | [St] | ⏱ 0,50h/St | 008.000.015

12 Wasserhaltung, Betrieb 10-20l/s KG **313**

Wasserhaltung / Grundwasserabsenkung betreiben, inkl. Betriebs- und Energiekosten.
Durchflussmenge: 10-20 l/s

13€ | 17€ | **18€** | 20€ | 24€ | [h] | – | 008.000.013

13 Stundensatz, Facharbeiter/-in

Stundenlohnarbeiten der Wasserhaltungsarbeiten, Vorarbeiter/-in, Facharbeiter/-in und Gleichgestellte (z.B.: Spezialfacherbeiter/-in, Gesellin, Geselle, Maschinenführer/-in, Fahrer/-in). Der Verrechnungssatz für die jeweilige Arbeitskraft umfasst sämtliche Aufwendungen wie Lohn- und Gehaltskosten, lohn- und gehaltsgebundene Kosten, Lohn- und Gehaltsnebenkosten, Gemeinkosten, Wagnis und Gewinn. Leistung nach besonderer Anordnung der Bauüberwachung. Anmeldung und Nachweis gem. VOB/B.

56€ | 62€ | **66€** | 69€ | 74€ | [h] | ⏱ 1,00h/h | 008.000.014

Kosten:
Stand 1.Quartal 2025
Bundesdurchschnitt

▶ min
▷ von
ø Mittel
◁ bis
◀ max

Kosten:
Stand 1. Quartal 2025
Bundesdurchschnitt

► min
▷ von
ø Mittel
◁ bis
◄ max

Nr.	Positionen	Einheit	►	▷	ø brutto € / ø netto €	◁	◄
1	Abbruch, Gehwegfläche, bituminös	m²	17	30	**32**	39	50
			14	25	**27**	32	42
2	Asphalt schneiden	m	14	17	**19**	23	31
			12	14	**16**	20	26
3	Rohrgrabenaushub, bis 1,00m, lagern, GK1	m³	24	32	**36**	41	51
			20	27	**30**	35	43
4	Rohrgrabenaushub, bis 1,25m, lagern, GK1	m³	32	42	**46**	49	59
			27	35	**39**	41	49
5	Rohrgrabenaushub, bis 1,75m, lagern, GK1	m³	37	46	**47**	50	61
			31	39	**40**	42	52
6	Rohrgrabenaushub, bis 1,00m, abfahren, GK1	m³	40	48	**52**	59	68
			33	40	**44**	49	57
7	Rohrgrabenaushub, bis 1,25m, abfahren, GK1	m³	42	52	**53**	56	64
			35	43	**45**	47	54
8	Rohrgrabenaushub, bis 1,75m, abfahren, GK1	m³	43	50	**54**	59	69
			36	42	**45**	50	58
9	Aushub, Rohrgraben, schwerer Fels	m³	71	80	**86**	113	155
			60	67	**72**	95	130
10	Handaushub, bis 1,25m	m³	79	103	**117**	132	157
			66	87	**98**	111	132
11	Erdaushub, Schacht DN1.000, bis 1,25m, Verbau	m³	43	52	**55**	63	76
			36	44	**47**	53	64
12	Erdaushub, Schacht DN1.000, bis 1,75m, Verbau	m³	48	59	**63**	70	87
			41	50	**53**	58	73
13	Erdaushub, Schacht DN1.000, bis 3,50m, Verbau	m³	62	77	**83**	92	105
			52	65	**69**	78	89
14	Ummantelung, Rohrleitung, Beton, herstellen	m	39	51	**57**	63	85
			32	43	**48**	53	72
15	Anschluss, Abwasser, Kanalnetz	St	444	642	**699**	883	1.291
			373	539	**587**	742	1.085
16	Abwasserkanal, Betonrohre DN400, herstellen	m	120	147	**162**	179	207
			101	123	**136**	150	174
17	Abwasserkanal, Steinzeug, DN100	m	35	47	**52**	60	71
			30	39	**43**	50	60
18	Abwasserkanal, Steinzeug, DN125	m	44	58	**61**	63	73
			37	49	**51**	53	62
19	Abwasserkanal, Steinzeug, DN150	m	49	66	**77**	81	98
			41	56	**65**	68	83
20	Abwasserkanal, Steinzeug, DN200	m	53	87	**93**	100	115
			45	73	**78**	84	96
21	Formstück, Steinzeug, DN100, Bogen	St	40	46	**50**	51	54
			33	39	**42**	43	46
22	Formstück, Steinzeug, DN125, Bogen	St	41	63	**66**	70	80
			34	53	**56**	59	67
23	Formstück, Steinzeug, DN150, Bogen	St	48	64	**71**	86	107
			40	54	**60**	73	90
24	Formstück, Steinzeug, DN200, Bogen	St	105	121	**133**	140	161
			88	102	**112**	118	135

Nr.	Positionen	Einheit	►	▷	ø brutto € / ø netto €	◁	◄
25	Formstück, Steinzeug, DN100, Abzweig	St	52	64	**71**	76	89
			44	54	**60**	64	74
26	Formstück, Steinzeug, DN125, Abzweig	St	57	75	**84**	88	101
			48	63	**70**	74	85
27	Formstück, Steinzeug, DN150, Abzweig	St	61	88	**96**	109	133
			51	74	**81**	91	112
28	Formstück, Steinzeug, DN200, Abzweig	St	107	120	**122**	133	150
			90	101	**103**	112	126
29	Übergangsstück, Steinzeug, DN125/150	St	51	61	**65**	73	84
			43	51	**55**	61	71
30	Übergangsstück, Steinzeug, DN150/200	St	61	84	**95**	103	109
			51	71	**80**	87	92
31	Übergang, PE/PVC/Steinzeug auf Guss	St	37	53	**60**	69	81
			31	44	**50**	58	68
32	Abwasserkanal, Steinzeug, DN100, inkl. Bettung	m	39	51	**57**	67	86
			32	43	**48**	56	72
33	Abwasserkanal, Steinzeug, DN125, inkl. Bettung	m	43	58	**73**	79	100
			36	49	**61**	66	84
34	Abwasserkanal, Steinzeug, DN150, inkl. Bettung	m	52	67	**80**	87	107
			44	56	**67**	73	90
35	Abwasserkanal, Steinzeug, DN200, inkl. Bettung	m	60	82	**97**	100	119
			50	69	**81**	84	100
36	Abwasserkanal, PVC-U, DN/ID100, inkl. Bettung	m	23	34	**38**	46	65
			20	29	**32**	38	54
37	Abwasserkanal, PVC-U, DN/ID125, inkl. Bettung	m	24	39	**44**	52	67
			20	33	**37**	43	56
38	Abwasserkanal, PVC-U, DN/ID150, inkl. Bettung	m	32	44	**50**	58	71
			27	37	**42**	49	60
39	Abwasserkanal, PVC-U, DN/ID200, inkl. Bettung	m	38	63	**73**	85	105
			32	53	**62**	71	88
40	Abwasserkanal, PVC-U, DN/ID100	m	18	29	**33**	37	49
			15	25	**27**	31	41
41	Abwasserkanal, PVC-U, DN/ID125	m	19	33	**38**	47	64
			16	28	**32**	40	54
42	Abwasserkanal, PVC-U, DN/ID150	m	19	34	**41**	50	74
			16	28	**35**	42	62
43	Abwasserkanal, PVC-U, DN/ID200	m	27	47	**55**	66	90
			22	40	**46**	55	75
44	Formstück, PVC-U, DN/ID100, Abzweig	St	23	33	**38**	43	54
			19	28	**32**	36	45
45	Formstück, PVC-U, DN/ID125, Abzweig	St	24	39	**45**	46	62
			20	33	**38**	38	52
46	Formstück, PVC-U, DN/ID150, Abzweig	St	29	44	**51**	56	69
			24	37	**43**	47	58
47	Formstück, PVC-U, DN/ID200, Abzweig	St	44	54	**57**	63	73
			37	45	**48**	53	62
48	Formstück, PVC-U, DN/ID100, Bogen	St	15	18	**19**	27	38
			12	15	**16**	23	32

000 001 002 006 008 009 010 012 013 014 016 017 018 020 021 022

Kosten:
Stand 1. Quartal 2025
Bundesdurchschnitt

Nr.	Positionen	Einheit	►	▷	**ø brutto €** ø netto €	◁	◀
49	Formstück, PVC-U, DN/ID125, Bogen	St	17	24	**26**	33	50
			14	20	**22**	28	42
50	Formstück, PVC-U, DN/ID150, Bogen	St	18	26	**29**	37	60
			15	22	**25**	31	51
51	Formstück, PVC-U, DN/ID200, Bogen	St	19	37	**42**	53	75
			16	31	**35**	45	63
52	Übergang, PVC-U auf Steinzeug/Beton	St	29	50	**57**	74	106
			25	42	**48**	63	89
53	Abwasserkanal duktiles Gussrohr, DN/OD100	m	63	86	**91**	103	131
			53	72	**77**	86	110
54	Abwasserkanal duktiles Gussrohr, DN/OD125	m	68	105	**123**	139	178
			58	88	**103**	117	149
55	Abwasserkanal duktiles Gussrohr, DN/OD150	m	135	164	**179**	227	280
			113	138	**151**	191	236
56	Abwasserleitung, duktiles Gussrohr, DN/OD200	m	192	279	**319**	345	400
			161	234	**268**	290	336
57	Formstück, duktiles Gussrohr, Bogen, DN/OD100	St	27	30	**31**	33	35
			23	26	**26**	27	29
58	Formstück, duktiles Gussrohr, Übergangsstück	St	94	136	**173**	178	211
			79	114	**146**	149	178
59	Formstück, duktiles Gussrohr, Abzweig, DN/OD100	St	34	46	**49**	55	72
			29	38	**41**	46	61
60	Standrohr, duktiles Gussrohr/Grauguss	St	89	129	**143**	154	187
			74	108	**120**	129	157
61	Abwasserkanal, PP-Rohre, DN/OD110	m	26	35	**39**	50	66
			22	29	**33**	42	56
62	Abwasserkanal, PP-Rohre, DN/OD150	m	30	46	**52**	62	87
			25	39	**44**	52	73
63	Abwasserkanal, PP-Rohre, DN/OD200	m	38	57	**70**	74	88
			32	48	**59**	62	74
64	Abwasserleitung, PE-HD-Rohre, DN/OD100	m	30	35	**36**	42	52
			26	29	**31**	36	44
65	Abwasserkanal PE-HD-Rohre, DN/OD125	m	34	45	**49**	60	67
			29	38	**41**	51	56
66	Abwasserleitung, PE-HD-Rohre, DN/OD150	m	42	51	**55**	63	74
			35	43	**46**	53	63
67	Abwasserleitung, PE-HD-Rohre, DN/OD200	m	45	59	**67**	72	84
			37	50	**56**	61	71
68	Dichtheitsprüfung, Grundleitung	St	330	520	**619**	708	868
			277	437	**521**	595	729
69	Dichtheitsprüfung, Grundleitung	m	5	8	**10**	11	15
			4	7	**8**	9	13
70	Hofablauf, Polymerbeton, A15	St	322	389	**419**	437	517
			271	327	**352**	367	435
71	Straßenablauf, Polymerbeton, B125	St	360	485	**544**	569	674
			302	407	**457**	478	566
72	Straßenablauf, Polymerbeton, D400	St	485	633	**702**	804	999
			407	532	**590**	675	839

► min
▷ von
ø Mittel
◁ bis
◀ max

Nr.	Positionen	Einheit	►	▷	ø brutto € / ø netto €	◁	◄
73	Bodenablauf, Gusseisen	St	174	300	**336**	393	596
			146	252	**283**	330	500
74	Reinigungsrohr, Putzstück, DN100	St	98	143	**163**	190	238
			83	120	**137**	159	200
75	Absperreinrichtung, Kanal, Gusseisen	St	219	395	**409**	451	562
			184	332	**344**	379	472
76	Rückstaudoppelverschluss, DN100, Kunststoff	St	280	449	**508**	508	818
			235	377	**427**	427	687
77	Schachtsohle, ausformen/Gerinne einbringen	St	246	355	**430**	432	520
			207	299	**362**	363	437
78	Schachtring, DN1.000, Beton, 250mm	St	148	189	**211**	234	285
			124	159	**177**	197	239
79	Schachtring, DN1.000, Beton, 500mm	St	154	221	**245**	285	375
			130	185	**206**	239	315
80	Schachthals, Kontrollschacht	St	166	247	**290**	325	419
			140	207	**244**	273	352
81	Steigeisen, Form A/B, Stahlbetonschacht	St	85	97	**98**	102	109
			71	82	**82**	86	92
82	Auflagering, DN625, Fertigteil	St	40	62	**72**	81	102
			34	52	**61**	68	86
83	Leitungsanschluss, Schacht	St	134	206	**234**	263	338
			113	173	**197**	221	284
84	Seitenzulauf zum Schacht	St	113	163	**178**	225	299
			95	137	**149**	189	251
85	Schachtabdeckung, Klasse A15	St	195	253	**289**	318	364
			164	212	**243**	267	306
86	Schachtabdeckung, Klasse D400	St	354	500	**549**	615	752
			297	420	**461**	517	632
87	Schmutzfangkorb, Schachtabdeckung	St	38	74	**83**	88	107
			32	62	**70**	74	90
88	Schachtabdeckung anpassen	St	72	136	**166**	207	304
			61	114	**140**	174	255
89	Kontrollschacht komplett, bis 3,5m, DN1.000	St	1.533	2.158	**2.565**	2.981	3.578
			1.288	1.813	**2.156**	2.505	3.007
90	Entwässerungsrinne, Klasse B125, Beton	m	140	204	**249**	257	342
			118	172	**209**	216	287
91	Entwässerungsrinne, Klasse C250, Beton	m	182	264	**294**	337	438
			153	222	**247**	283	368
92	Entwässerungsrinne, Klasse D400, Beton	m	218	353	**416**	519	741
			183	297	**350**	436	623
93	Abdeckung Entwässerungsrinne, Guss, C250	m	90	114	**124**	146	186
			76	96	**105**	123	156
94	Abdeckung Entwässerungsrinne Guss, D400	m	175	193	**205**	206	219
			147	163	**173**	173	184
95	Abdeckung Entwässerungsrinne, Schlitzaufsatz	m	79	124	**137**	146	189
			66	104	**115**	122	159
96	Kanalreinigung, Hochdruckspülgerät	m	4	6	**7**	9	16
			3	5	**6**	7	14

Nr.	Positionen	Einheit	▶	▷	ø brutto € / ø netto €	◁	◀
97	Kanalprüfung, Kamera	m	7	8	**9**	10	13
			6	7	**8**	9	11
98	Stundensatz, Facharbeiter/-in	h	52	77	**88**	93	103
			44	64	**74**	78	86
99	Stundensatz, Helfer/-in	h	69	75	**77**	79	84
			58	63	**64**	66	71

Nr. **Kurztext** / Langtext Kostengruppe
▶ ▷ **ø netto €** ◁ ◀ [Einheit] Ausf.-Dauer Positionsnummer

Kosten:
Stand 1. Quartal 2025
Bundesdurchschnitt

1 Abbruch, Gehwegfläche, bituminös KG **221**

Bituminös befestigte Flächen streifenförmig aufbrechen, anfallendes Material laden, abfahren und entsorgen, inkl. Schneidearbeiten des Belages und Deponiegebühren.
Belagsstärke: bis 15 cm
Streifenbreite: ca. 70-100 cm
Wichte: .....
Abfallschlüssel AVV: 170302
Deponie: nach Wahl des AN
ohne Schadstoffbelastung, Zuordnung RC 1 (nach EBV)

14€ 25€ **27€** 32€ 42€ [m²] ⏱ 0,40 h/m² 009.000.003

2 Asphalt schneiden KG **221**

Befestigte Asphalt-Flächen streifenförmig schneiden.
Belagsstärke: ca. 150 mm

12€ 14€ **16€** 20€ 26€ [m] ⏱ 0,16 h/m 009.000.002

A 1 Rohrgrabenaushub, GK1 Beschreibung für Pos. **3-8**

Aushub Boden für Rohrgraben- und Schachtaushub, Gefälle gem. Entwässerungsplanung. Verbau wird gesondert vergütet.
Sohlenbreite: .....
Förderweg: ..... m
Baumaßnahmen der Geotechnischen Kategorie 1 DIN 4020.
Homogenbereich: 1
Homogenbereich 1 oberer Horizont: ..... m
Homogenbereich 1 unterer Horizont: ..... m
Anzahl der Bodengruppen: ..... St
Bodengruppen DIN 18196: .....
Massenanteile der Steine DIN EN ISO 14688-1: über .....% bis .....%
Massenanteile der Blöcke DIN EN ISO 14688-1: über .....% bis .....%
Konsistenz DIN EN ISO 14688-1: .....
Lagerungsdichte: .....
Homogenbereiche lt.: .....
Förderweg: .....

▶ min
▷ von
ø Mittel
◁ bis
◀ max

Nr.	Kurztext / Langtext						Kostengruppe
▶	▷	ø netto €	◁	◀	[Einheit]	Ausf.-Dauer	Positionsnummer

3 Rohrgrabenaushub, bis 1,00m, lagern, GK1 KG **511**

Wie Ausführungsbeschreibung A 1
Leistungsumfang: lösen, fördern, auf der Baustelle lagern
Gesamtabtragstiefe: bis 1,00 m
Mengenermittlung nach Aufmaß an der Entnahmestelle.

▶	▷	ø netto €	◁	◀	[Einheit]	Ausf.-Dauer	Positionsnummer
20€	27€	**30€**	35€	43€	[m³]	⏱ 0,32 h/m³	009.001.127

4 Rohrgrabenaushub, bis 1,25m, lagern, GK1 KG **511**

Wie Ausführungsbeschreibung A 1
Leistungsumfang: lösen, fördern, auf der Baustelle lagern
Gesamtabtragstiefe: bis 1,25 m
Mengenermittlung nach Aufmaß an der Entnahmestelle.

▶	▷	ø netto €	◁	◀	[Einheit]	Ausf.-Dauer	Positionsnummer
27€	35€	**39€**	41€	49€	[m³]	⏱ 0,32 h/m³	002.001.141

5 Rohrgrabenaushub, bis 1,75m, lagern, GK1 KG **511**

Wie Ausführungsbeschreibung A 1
Leistungsumfang: lösen, fördern, auf der Baustelle lagern
Gesamtabtragstiefe: bis 1,75 m
Mengenermittlung nach Aufmaß an der Entnahmestelle.

▶	▷	ø netto €	◁	◀	[Einheit]	Ausf.-Dauer	Positionsnummer
31€	39€	**40€**	42€	52€	[m³]	⏱ 0,34 h/m³	002.000.070

6 Rohrgrabenaushub, bis 1,00m, abfahren, GK1 KG **511**

Wie Ausführungsbeschreibung A 1
Leistungsumfang: lösen, laden, abfahren
Gesamtabtragstiefe: bis 1,00 m
Mengenermittlung nach Aufmaß an der Entnahmestelle.

▶	▷	ø netto €	◁	◀	[Einheit]	Ausf.-Dauer	Positionsnummer
33€	40€	**44€**	49€	57€	[m³]	⏱ 0,32 h/m³	002.001.151

7 Rohrgrabenaushub, bis 1,25m, abfahren, GK1 KG **511**

Wie Ausführungsbeschreibung A 1
Leistungsumfang: lösen, laden, abfahren
Gesamtabtragstiefe: bis 1,25 m
Mengenermittlung nach Aufmaß an der Entnahmestelle.

▶	▷	ø netto €	◁	◀	[Einheit]	Ausf.-Dauer	Positionsnummer
35€	43€	**45€**	47€	54€	[m³]	⏱ 0,32 h/m³	002.001.149

8 Rohrgrabenaushub, bis 1,75m, abfahren, GK1 KG **511**

Wie Ausführungsbeschreibung A 1
Leistungsumfang: lösen, laden, abfahren
Gesamtabtragstiefe: bis 1,75 m
Mengenermittlung nach Aufmaß an der Entnahmestelle.

▶	▷	ø netto €	◁	◀	[Einheit]	Ausf.-Dauer	Positionsnummer
36€	42€	**45€**	50€	58€	[m³]	⏱ 0,34 h/m³	002.001.150

Nr.	Kurztext / Langtext					Kostengruppe
►	▷	ø netto €	◁	◄	[Einheit]	Ausf.-Dauer	Positionsnummer

9 Aushub, Rohrgraben, schwerer Fels KG **511**

Graben für Abwasserkanal, schwerer Fels. Lockerung ggf. mit geeignetem Werkzeug. Abrechnung nach dem gelöstem Boden, auch außerhalb des Profils.
Aushubtiefe: bis 1,75 m
Gesamtbreite: ..... m
Gesamtlänge: ..... m
Förderweg: ..... m
Mengenermittlung nach Aufmaß an der Entnahmestelle.
Baumaßnahmen der Geotechnischen Kategorie 1 DIN 4020.
Homogenbereich: 1
Homogenbereich 1 oberer Horizont: ..... m
Homogenbereich 1 unterer Horizont: ..... m
Anzahl Gesteinsarten: .....
Gesteinsarten: .....
Verwitterung und Veränderungen DIN EN ISO 14689: .....
Veränderlichkeit DIN EN ISO 14689-1: .....
Geologische Struktur DIN EN ISO 14689-1: .....
Abstand Trennflächen DIN EN ISO 14689-1: .....
Trennflächen, Gesteinskörperform: ....
Fallrichtung Trennflächen: .....°
Fallwinkel Trennflächen: .....°
Homogenbereiche lt.: .....

60€ 67€ **72€** 95€ 130€ [m³] ⏱ 0,55 h/m³ 009.000.007

10 Handaushub, bis 1,25m KG **511**

Handaushub von **Rohrgräben / Fundamenten / Vertiefungen**, Aushubmaterial seitlich lagern, Feinabtrag profilgerecht gem. Entwässerungs- oder Fundamentplänen, einschl. aller Nebenarbeiten.
Aushubtiefe: bis 1,25 m
Lichte Breite: ..... m
Boden: Homogenbereich 1, Bodengruppe: ..... DIN 18196
- Steinanteil: bis .....% Massenanteil DIN EN ISO 14688-1
- Konsistenz DIN EN ISO 14688-1: .....
- Lagerungsdichte: .....
- Homogenbereiche lt.: .....

Bauteil: .....

66€ 87€ **98€** 111€ 132€ [m³] ⏱ 1,20 h/m³ 009.000.006

Kosten:
Stand 1. Quartal 2025
Bundesdurchschnitt

► min
▷ von
ø Mittel
◁ bis
◄ max

A 2 Erdaushub, Schacht DN1.000, Verbau — Beschreibung für Pos. **11-13**

Aushub und Wiederverfüllen von Schachtgruben, im Außenbereich. Boden der Schächte profilgerecht ausheben, Aushub seitlich lagern, nach Versetzen und Abdichten des Schachtes mit Aushubmaterial wiederverfüllen und verdichten. Leistung einschl. Verbau, zusätzlicher Vertiefungen und Planieren der Grubensohle. Laden, Abfuhr und Entsorgung des überschüssigen Bodens, inkl. Deponiegebühren, nach getrennter Position, Nachweis nach Wiegeschein.
Aushubprofil: .....
Verdichtung Schachtsohle: DPr=95%
Verdichtung Verfüllung: DPr=100%
Förderweg Lager: bis 50 m
Geländeprofil: .....
Boden: Homogenbereich ....., Bodengruppe: ..... DIN 18196
- Steinanteil: bis .....% Massenanteil DIN EN ISO 14688-1
- Konsistenz DIN EN ISO 14688-1: .....
- Lagerungsdichte: .....
- Homogenbereiche lt.: .....

11 Erdaushub, Schacht DN1.000, bis 1,25m, Verbau — KG **511**

Wie Ausführungsbeschreibung A 2
Aushubtiefe: bis 1,25 m

36€	44€	**47€**	53€	64€	[m³]	⏱ 0,70h/m³	002.001.162

12 Erdaushub, Schacht DN1.000, bis 1,75m, Verbau — KG **511**

Wie Ausführungsbeschreibung A 2
Aushubtiefe: bis 1,75 m

41€	50€	**53€**	58€	73€	[m³]	⏱ 0,80h/m³	002.001.163

13 Erdaushub, Schacht DN1.000, bis 3,50m, Verbau — KG **511**

Wie Ausführungsbeschreibung A 2
Aushubtiefe: bis 3,50 m

52€	65€	**69€**	78€	89€	[m³]	⏱ 1,95h/m³	002.001.165

14 Ummantelung, Rohrleitung, Beton, herstellen — KG **511**

Ortbeton für Betonummantelung von Rohrleitung, unbewehrt, ohne Anforderung an die Frostsicherheit, inkl. Abschalung. Abrechnung nach Länge ummanteltes Rohr.
Betongüte: C8/10
Expositionsklasse: X0
Rohrgröße: DN100
Ummantelung: ca. 300 x 300 mm

32€	43€	**48€**	53€	72€	[m]	⏱ 0,20h/m	009.000.061

000 001 002 006 008 **009** 010 012 013 014 016 017 018 020 021 022

Nr.	Kurztext / Langtext						Kostengruppe
▶	▷	ø netto €	◁	◀	[Einheit]	Ausf.-Dauer	Positionsnummer

15 Anschluss, Abwasser, Kanalnetz KG **551**

Abwasseranschluss an den vorhandenen Anschlusskanal, mit erforderlichen Dichtungs- und Anschlussmaterialien, einschl. Anschlussöffnung herstellen. Freilegen Kanal, Erd- und Verfüllarbeiten in gesonderter Position.
Kanalnennweite: DN150
Anschluss: DN.....
Kanallage/Tiefe: .....

373€ 539€ **587€** 742€ 1.085€ [St] ⏱ 2,40h/St 009.000.013

16 Abwasserkanal, Betonrohre DN400, herstellen KG **551**

Betonrohr für Abwasserkanal, Kreisquerschnitt, wandverstärkt mit Muffe, mit Gleitringdichtung, Verlegung in vorhandenem Graben mit Verbau, Bettungsschicht in gesonderter Position.
Grabentiefe: 1,75 bis 4,00 m
Betonrohr: KW-M
Nenngröße: DN400

101€ 123€ **136€** 150€ 174€ [m] ⏱ 1,40h/m 009.000.014

A 3 Abwasserkanal, Steinzeugrohre Beschreibung für Pos. **17-20**

Abwasserkanal aus Steinzeugrohren, Rohrverbindung mit Steckmuffe nach Verbindungssystem F, in vorhandenen Graben mit Verbau und Aussteifungen; Rohrbettung, Form- und Verbindungsstücke werden gesondert vergütet.

17 Abwasserkanal, Steinzeug, DN100 KG **551**

Wie Ausführungsbeschreibung A 3
Nenndurchmesser: DN100
Scheiteldruckkraft: FN34
Grabentiefe: bis 4,00 m

30€ 39€ **43€** 50€ 60€ [m] ⏱ 0,30h/m 009.000.015

18 Abwasserkanal, Steinzeug, DN125 KG **551**

Wie Ausführungsbeschreibung A 3
Nenngröße: DN125
Scheiteldruckkraft: FN34
Grabentiefe: bis 4,00 m

37€ 49€ **51€** 53€ 62€ [m] ⏱ 0,30h/m 009.001.090

19 Abwasserkanal, Steinzeug, DN150 KG **551**

Wie Ausführungsbeschreibung A 3
Nenngröße: DN150
Scheiteldruckkraft: FN34
Grabentiefe: bis 4,00 m

41€ 56€ **65€** 68€ 83€ [m] ⏱ 0,40h/m 009.000.016

Kosten:
Stand 1. Quartal 2025
Bundesdurchschnitt

▶ min
▷ von
ø Mittel
◁ bis
◀ max

Nr.	Kurztext / Langtext						Kostengruppe
▶	▷	ø netto €	◁	◀	[Einheit]	Ausf.-Dauer	Positionsnummer

20 Abwasserkanal, Steinzeug, DN200 KG **551**

Wie Ausführungsbeschreibung A 3
Nenngröße: DN200
Scheiteldruckkraft: FN34
Grabentiefe: bis 4,00 m

45€ | 73€ | **78€** | 84€ | 96€ | [m] | ⏱ 0,50h/m | 009.000.017

A 4 Formstück, Steinzeugrohr, Bogen Beschreibung für Pos. **21-24**

Form- und Verbindungssystem F für Steinzeugrohre der Abwasserleitungen.
Formteil: Bogen mit Steckmuffe

21 Formstück, Steinzeug, DN100, Bogen KG **551**

Wie Ausführungsbeschreibung A 4
Bogenwinkel: **45 / .....°**
Nenngröße: DN100

33€ | 39€ | **42€** | 43€ | 46€ | [St] | ⏱ 0,30h/St | 009.000.066

22 Formstück, Steinzeug, DN125, Bogen KG **551**

Wie Ausführungsbeschreibung A 4
Bogenwinkel: **45 / .....°**
Nennweite: DN125

34€ | 53€ | **56€** | 59€ | 67€ | [St] | ⏱ 0,35h/St | 009.000.067

23 Formstück, Steinzeug, DN150, Bogen KG **551**

Wie Ausführungsbeschreibung A 4
Bogenwinkel: **45 / .....°**
Nennweite: DN150

40€ | 54€ | **60€** | 73€ | 90€ | [St] | ⏱ 0,40h/St | 009.000.068

24 Formstück, Steinzeug, DN200, Bogen KG **551**

Wie Ausführungsbeschreibung A 4
Bogenwinkel: **45 / .....°**
Nennweite: DN200

88€ | 102€ | **112€** | 118€ | 135€ | [St] | ⏱ 0,50h/St | 009.000.069

A 5 Formstück, Steinzeugrohr, Abzweig Beschreibung für Pos. **25-28**

Form- und Verbindungssystem F für Steinzeugrohre der Abwasserleitungen.
Formteil: Abzweig mit Steckmuffe

25 Formstück, Steinzeug, DN100, Abzweig KG **551**

Wie Ausführungsbeschreibung A 5
Nennweite: DN100

44€ | 54€ | **60€** | 64€ | 74€ | [St] | ⏱ 0,30h/St | 009.000.070

000
001
002
006
008
009
010
012
013
014
016
017
018
020
021
022

Kosten:
Stand 1. Quartal 2025
Bundesdurchschnitt

► min
▷ von
ø Mittel
◁ bis
◄ max

Nr.	**Kurztext** / Langtext						Kostengruppe
►	▷	**ø netto €**	◁	◄	[Einheit]	Ausf.-Dauer	Positionsnummer

26 Formstück, Steinzeug, DN125, Abzweig KG **551**

Wie Ausführungsbeschreibung A 5
Nennweite: DN125

48€	63€	**70€**	74€	85€	[St]	⏱ 0,30h/St	009.000.071

27 Formstück, Steinzeug, DN150, Abzweig KG **551**

Wie Ausführungsbeschreibung A 5
Nennweite: DN150

51€	74€	**81€**	91€	112€	[St]	⏱ 0,35h/St	009.000.072

28 Formstück, Steinzeug, DN200, Abzweig KG **551**

Wie Ausführungsbeschreibung A 5
Nennweite: DN200

90€	101€	**103€**	112€	126€	[St]	⏱ 0,40h/St	009.000.073

29 Übergangsstück, Steinzeug, DN125/150 KG **551**

Übergangssystem F für Steinzeugrohre von Abwasserleitungen, mit Steckmuffe.
Übergang: DN125 nach DN150

43€	51€	**55€**	61€	71€	[St]	⏱ 0,25h/St	009.000.021

30 Übergangsstück, Steinzeug, DN150/200 KG **551**

Übergangssystem F für Steinzeugrohre von Abwasserleitungen, mit Steckmuffe.
Übergang: DN150 nach DN200

51€	71€	**80€**	87€	92€	[St]	⏱ 0,30h/St	009.000.022

31 Übergang, PE/PVC/Steinzeug auf Guss KG **551**

Übergangssystem F von Abwasserleitungen.
Übergang von: **PE- / PVC-Rohr / Steinzeug** auf Gussrohre
Nennweite: DN100 nach DN100

31€	44€	**50€**	58€	68€	[St]	⏱ 0,30h/St	009.000.029

A 6 Abwasserkanal, Steinzeugrohre, inkl. Bettung herstellen Beschreibung für Pos. **32-35**

Abwasserkanal aus Steinzeugrohren, Rohrverbindung mit Steckmuffe, auf vorhandener Sohle, inkl. Bettung Typ 1, untere Rohrbettung aus gebrochenen Stoffen, obere Rohrbettung aus Sand.

32 Abwasserkanal, Steinzeug, DN100, inkl. Bettung KG **551**

Wie Ausführungsbeschreibung A 6
Nenngröße: DN100
Scheiteldruckkraft: **FN34 / FN28**
Rohrverbinder: **Typ F / E / .....**
Bettungsschicht unten: mind. 15 cm
Grabentiefe: 1,00 bis 1,25 m

32€	43€	**48€**	56€	72€	[m]	⏱ 0,30h/m	009.001.091

Nr.	Kurztext / Langtext						Kostengruppe
▶	▷	**ø netto €**	◁	◀	[Einheit]	Ausf.-Dauer	Positionsnummer

33 Abwasserkanal, Steinzeug, DN125, inkl. Bettung KG **551**

Wie Ausführungsbeschreibung A 6
Nenngröße: DN125
Scheiteldruckkraft: **FN34 / FN28**
Rohrverbinder: **Typ F / E / .....**
Bettungsschicht unten: mind. 15 cm
Grabentiefe: 1,00 bis 1,25 m

36€ | 49€ | **61€** | 66€ | 84€ | [m] | ⏱ 0,30h/m | 009.001.092

34 Abwasserkanal, Steinzeug, DN150, inkl. Bettung KG **551**

Wie Ausführungsbeschreibung A 6
Nenngröße: DN150
Scheiteldruckkraft: **FN34 / FN28**
Rohrverbinder: **Typ F / E / .....**
Bettungsschicht unten: mind. 15 cm
Grabentiefe: 1,00 bis 1,25 m

44€ | 56€ | **67€** | 73€ | 90€ | [m] | ⏱ 0,35h/m | 009.001.093

35 Abwasserkanal, Steinzeug, DN200, inkl. Bettung KG **551**

Wie Ausführungsbeschreibung A 6
Nenngröße: DN200
Scheiteldruckkraft: **FN34 / FN28**
Rohrverbinder: **Typ F / E / .....**
Grabentiefe: 1,00 bis 1,25 m

50€ | 69€ | **81€** | 84€ | 100€ | [m] | ⏱ 0,37h/m | 009.001.094

A 7 Abwasserkanal, PVC-U, inkl. Bettung herstellen Beschreibung für Pos. **36-39**

Abwasserleitung aus PVC-U-Rohren, 100% recycelbar, mit Mehrlippendichtung, Rohrverbindung mit Steckmuffe, einschl. Schweiß- oder Klebe- sowie Dichtungsmaterial, auf vorhandener Sohle, inkl. unterer Rohrbettung aus gebrochenen Stoffen und oberer Rohrbettung aus Sand. Form- und Verbindungsstücke werden gesondert vergütet.

36 Abwasserkanal, PVC-U, DN/ID100, inkl. Bettung KG **551**

Wie Ausführungsbeschreibung A 7
Nenngröße: DN/ID100
Steifigkeitsklasse: SN 8 kN/m²
Bettungsschicht unten: mind. 15 cm
Grabentiefe: 1,00 bis 1,25 m

20€ | 29€ | **32€** | 38€ | 54€ | [m] | ⏱ 0,27h/m | 009.001.095

37 Abwasserkanal, PVC-U, DN/ID125, inkl. Bettung KG **551**

Wie Ausführungsbeschreibung A 7
Nenngröße: DN/ID125
Steifigkeitsklasse: SN 8 kN/m²
Bettungsschicht unten: mind. 15 cm
Grabentiefe: 1,00 bis 1,25 m

20€ | 33€ | **37€** | 43€ | 56€ | [m] | ⏱ 0,25h/m | 009.001.096

Kosten:
Stand 1. Quartal 2025
Bundesdurchschnitt

▶ min
▷ von
ø Mittel
◁ bis
◀ max

Nr.	Kurztext / Langtext						Kostengruppe
▶	▷	**ø netto €**	◁	◀	[Einheit]	Ausf.-Dauer	Positionsnummer

38 Abwasserkanal, PVC-U, DN/ID150, inkl. Bettung KG **551**

Wie Ausführungsbeschreibung A 7
Nenngröße: Nenngröße: DN/ID100
Steifigkeitsklasse: SN 8 kN/m2
Bettungsschicht unten: mind. 15 cm
Grabentiefe: 1,00 bis 1,25 m

27€	37€	**42€**	49€	60€	[m]	⏱ 0,30h/m	009.001.097

39 Abwasserkanal, PVC-U, DN/ID200, inkl. Bettung KG **551**

Wie Ausführungsbeschreibung A 7
Nenngröße: DN/ID200
Steifigkeitsklasse: SN 8 kN/m2
Bettungsschicht unten: mind. 15 cm
Grabentiefe: 1,00 bis 1,25 m

32€	53€	**62€**	71€	88€	[m]	⏱ 0,32h/m	009.001.098

A 8 Abwasserkanal, PVC-U, herstellen Beschreibung für Pos. **40-43**

Abwasserkanal aus PVC-U-Rohren, 100% recycelbar, mit Mehrlippendichtung, Rohrverbindung mit Steckmuffe, einschl. Schweiß- oder Klebe- sowie Dichtungsmaterial, in vorhandenem Graben. Form- und Verbindungsstücke, sowie Bettung und Verfüllung werden gesondert vergütet.

40 Abwasserkanal, PVC-U, DN/ID100 KG **551**

Wie Ausführungsbeschreibung A 8
Nenngröße: DN/ID100
Steifigkeitsklasse: SN 8 kN/m2
Grabentiefe: ..... m

15€	25€	**27€**	31€	41€	[m]	⏱ 0,25h/m	009.000.024

41 Abwasserkanal, PVC-U, DN/ID125 KG **551**

Wie Ausführungsbeschreibung A 8
Nenngröße: DN/ID125
Steifigkeitsklasse: SN 8 kN/m2
Grabentiefe: ..... m

16€	28€	**32€**	40€	54€	[m]	⏱ 0,27h/m	009.000.064

42 Abwasserkanal, PVC-U, DN/ID150 KG **551**

Wie Ausführungsbeschreibung A 8
Nenngröße: DN/ID150
Steifigkeitsklasse: SN 8 kN/m2
Grabentiefe: ..... m

16€	28€	**35€**	42€	62€	[m]	⏱ 0,27h/m	009.000.025

Nr.	Kurztext / Langtext						Kostengruppe
►	▷	**ø netto €**	◁	◄	[Einheit]	Ausf.-Dauer	Positionsnummer

43 Abwasserkanal, PVC-U, DN/ID200 — KG **551**

Wie Ausführungsbeschreibung A 8
Nenngröße: DN/ID200
Steifigkeitsklasse: SN 8 kN/m²
Grabentiefe: .....

22€ | 40€ | **46€** | 55€ | 75€ | [m] | ⏱ 0,30h/m | 009.000.065

A 9 Formstück, PVC-U, Abzweig KGEA — Beschreibung für Pos. **44-47**

Abzweig KGEA mit Reduzierung, Formstück aus PVC-U, mit allgemeiner bauaufsichtlicher Zulassung, Anschluss an PVC-U-Muffe DIN EN 1401-1.

44 Formstück, PVC-U, DN/ID100, Abzweig — KG **551**

Wie Ausführungsbeschreibung A 9
Nennweite: DN/ID100

19€ | 28€ | **32€** | 36€ | 45€ | [St] | ⏱ 0,20h/St | 009.001.099

45 Formstück, PVC-U, DN/ID125, Abzweig — KG **551**

Wie Ausführungsbeschreibung A 9
Nennweite: DN/ID125

20€ | 33€ | **38€** | 38€ | 52€ | [St] | ⏱ 0,20h/St | 009.001.100

46 Formstück, PVC-U, DN/ID150, Abzweig — KG **551**

Wie Ausführungsbeschreibung A 9
Nennweite: DN/ID150

24€ | 37€ | **43€** | 47€ | 58€ | [St] | ⏱ 0,20h/St | 009.001.101

47 Formstück, PVC-U, DN/ID200, Abzweig — KG **551**

Wie Ausführungsbeschreibung A 9
Nennweite: DN/ID200

37€ | 45€ | **48€** | 53€ | 62€ | [St] | ⏱ 0,20h/St | 009.001.102

A 10 Formstück, PVC-U, Bogen — Beschreibung für Pos. **48-51**

Form- und Verbindungsstücke von PVC-U-Rohren der Abwasserleitungen, mit Steckmuffe.
Formteil: Bogen KGB

48 Formstück, PVC-U, DN/ID100, Bogen — KG **551**

Wie Ausführungsbeschreibung A 10
Bogenwinkel: **45 / .....**°
Nennweite: DN/ID100

12€ | 15€ | **16€** | 23€ | 32€ | [St] | ⏱ 0,20h/St | 009.000.077

000 001 002 006 008 **009** 010 012 013 014 016 017 018 020 021 022

Kosten:
Stand 1. Quartal 2025
Bundesdurchschnitt

► min
▷ von
ø Mittel
◁ bis
◄ max

Nr.	**Kurztext** / Langtext						Kostengruppe
►	▷	**ø netto €**	◁	◄	[Einheit]	Ausf.-Dauer	Positionsnummer

49 Formstück, PVC-U, DN/ID125, Bogen KG **551**

Wie Ausführungsbeschreibung A 10
Bogenwinkel: **45 / .....°**
Nennweite: DN/ID125

14€	20€	**22€**	28€	42€	[St]	⏱ 0,23 h/St	009.000.078

50 Formstück, PVC-U, DN/ID150, Bogen KG **551**

Wie Ausführungsbeschreibung A 10
Bogenwinkel: **45 / .....°**
Nennweite: DN/ID150

15€	22€	**25€**	31€	51€	[St]	⏱ 0,26 h/St	009.000.079

51 Formstück, PVC-U, DN/ID200, Bogen KG **551**

Wie Ausführungsbeschreibung A 10
Bogenwinkel: **45 / .....°**
Nennweite: DN/ID200

16€	31€	**35€**	45€	63€	[St]	⏱ 0,30 h/St	009.000.080

52 Übergang, PVC-U auf Steinzeug/Beton KG **551**

Übergangsstücke KGR von PVC-U-Rohren der Abwasserleitungen auf Steinzeug- oder Betonrohre.
Nennweite ID: **DN100 nach DN100 / DN150 nach DN150**
Anschlussrohre: **Steinzeug / Betonrohr**

25€	42€	**48€**	63€	89€	[St]	⏱ 0,30 h/St	009.000.028

A 11 Abwasserkanal, duktiles Gussrohr herstellen Beschreibung für Pos. **53-56**

Abwasserkanal aus muffenlosen Rohren aus duktilem Gusseisen (SML), inkl. Pass-, Form- und Verbindungsstücken, innen mit zweifacher Zweikomponenten-Epoxid-Beschichtung, außen grundiert; Verbindung mit Gummimanschette und Spannhülse aus nichtrostendem Stahl. Auflager in nichtbindigem Boden, in vorhandenem Graben mit Verbau und Aussteifungen
Bettung: Typ .....

53 Abwasserkanal duktiles Gussrohr, DN/OD100 KG **551**

Wie Ausführungsbeschreibung A 11
Durchmesser: DN/OD100
Auflagerwinkel: 90°
Grabentiefe: bis 1,75 m

53€	72€	**77€**	86€	110€	[m]	⏱ 0,32 h/m	009.000.030

54 Abwasserkanal duktiles Gussrohr, DN/OD125 KG **551**

Wie Ausführungsbeschreibung A 11
Durchmesser: DN/OD125
Auflagerwinkel: 90°
Grabentiefe: bis 1,75 m

58€	88€	**103€**	117€	149€	[m]	⏱ 0,42 h/m	009.000.081

55 **Abwasserkanal duktiles Gussrohr, DN/OD150** KG **551**

Wie Ausführungsbeschreibung A 11
Durchmesser: DN/ID150
Auflagerwinkel: 90°
Grabentiefe: bis 1,75 m

►	▷	ø netto €	◁	◀	[Einheit]	Ausf.-Dauer	Positionsnummer
113€	138€	**151€**	191€	236€	[m]	⏱ 0,50h/m	009.000.031

56 **Abwasserleitung, duktiles Gussrohr, DN/OD200** KG **551**

Wie Ausführungsbeschreibung A 11
Durchmesser: DN/OD200
Auflagerwinkel: 90°
Grabentiefe: bis 1,75 m

►	▷	ø netto €	◁	◀	[Einheit]	Ausf.-Dauer	Positionsnummer
161€	234€	**268€**	290€	336€	[m]	⏱ 0,60h/m	009.000.082

57 **Formstück, duktiles Gussrohr, Bogen, DN/OD100** KG **551**

Form- und Verbindungsstücke der Abwasserleitungen aus duktilem Gussrohr.
Formteil: Bogen
Bogenwinkel: **45 / .....**°
Nennweite: DN/OD100

►	▷	ø netto €	◁	◀	[Einheit]	Ausf.-Dauer	Positionsnummer
23€	26€	**26€**	27€	29€	[St]	⏱ 0,20h/St	009.000.032

58 **Formstück, duktiles Gussrohr, Übergangsstück** KG **551**

Übergangsstücke von Abwasserleitungen aus duktilem Gussrohr.
Nennweite: DN/OD100

►	▷	ø netto €	◁	◀	[Einheit]	Ausf.-Dauer	Positionsnummer
79€	114€	**146€**	149€	178€	[St]	⏱ 0,40h/St	009.000.083

59 **Formstück, duktiles Gussrohr, Abzweig, DN/OD100** KG **551**

Abzweig von Abwasserleitungen aus duktilem Gussrohr.
Nennweite: DN/OD100

►	▷	ø netto €	◁	◀	[Einheit]	Ausf.-Dauer	Positionsnummer
29€	38€	**41€**	46€	61€	[St]	⏱ 0,25h/St	009.000.084

60 **Standrohr, duktiles Gussrohr/Grauguss** KG **551**

Standrohr, rund, im Sockelbereich einbauen, Übergang zur Grundleitung herstellen, mit lösbaren Rohrschellen am Gebäude befestigen, inkl. Anschluss an Rohrleitungsnetz.
Material: **duktiles Guss- / Grauguss**-Rohr
Nenngröße: DN/ID .....
Oberfläche: **..... / schwarz**

►	▷	ø netto €	◁	◀	[Einheit]	Ausf.-Dauer	Positionsnummer
74€	108€	**120€**	129€	157€	[St]	⏱ 0,30h/St	009.001.083

A 12 **Abwasserkanal, PP-Rohre, herstellen** Beschreibung für Pos. **61-63**

Abwasserkanal aus Polypropylen-Rohren (PP), mit EPDM-Dichtung, Rohrverbindung mit Steckmuffe, einschl. Schweiß- oder Klebe-, sowie Dichtungsmaterial, in vorhandenem Graben auf bauseitige Bettung Typ 1. Bettungsschicht oben und unten aus Sand.
Steifigkeitsklasse: SN 8 kN/m^2
Grabentief: 1,25 bis 1.75 m
Bettungsschicht unten: mind. 10 cm
Form- und Verbindungsstücke werden gesondert vergütet.

Nr.	Kurztext / Langtext						Kostengruppe
►	▷	**ø netto €**	◁	◀	[Einheit]	Ausf.-Dauer	Positionsnummer

61 Abwasserkanal, PP-Rohre, DN/OD110 — KG **551**

Wie Ausführungsbeschreibung A 12
Nenngröße: DN/OD110
Grabentiefe: bis 1,75

►	▷	ø	◁	◀	Einheit	Ausf.-Dauer	Positionsnummer
22€	29€	**33€**	42€	56€	[m]	⏱ 0,23h/m	009.001.104

62 Abwasserkanal, PP-Rohre, DN/OD150 — KG **551**

Wie Ausführungsbeschreibung A 12
Nenngröße: DN/OD150
Grabentiefe: bis 1,75

►	▷	ø	◁	◀	Einheit	Ausf.-Dauer	Positionsnummer
25€	39€	**44€**	52€	73€	[m]	⏱ 0,23h/m	009.000.062

Kosten:
Stand 1. Quartal 2025
Bundesdurchschnitt

63 Abwasserkanal, PP-Rohre, DN/OD200 — KG **551**

Wie Ausführungsbeschreibung A 12
Nenngröße: DN/OD200
Grabentiefe: bis 1,75

►	▷	ø	◁	◀	Einheit	Ausf.-Dauer	Positionsnummer
32€	48€	**59€**	62€	74€	[m]	⏱ 0,23h/m	009.001.105

A 13 Abwasserkanal PE-HD-Rohre herstellen — Beschreibung für Pos. **64-67**

Abwasserkanal aus PE-Rohren, mit Mehrlippendichtung, Rohrverbindung mit Steckmuffe, einschl. Schweiß- oder Klebe- sowie Dichtungsmaterial, in vorhandenem Graben auf bauseitige Bettung Typ 1. Obere und untere Bettung aus Sand.
Bettungsdicke: mind. 15 cm
Steifigkeitsklasse: SN 4 kN/m²
Form- und Verbindungsstücke werden gesondert vergütet.

64 Abwasserleitung, PE-HD-Rohre, DN/OD100 — KG **551**

Wie Ausführungsbeschreibung A 13
Nenngröße: DN/ID110
Grabentiefe: bis 1,75

►	▷	ø	◁	◀	Einheit	Ausf.-Dauer	Positionsnummer
26€	29€	**31€**	36€	44€	[m]	⏱ 0,25h/m	009.001.106

65 Abwasserkanal PE-HD-Rohre, DN/OD125 — KG **551**

Wie Ausführungsbeschreibung A 13
Nenngröße: DN/OD125
Grabentiefe: bis 1,75

►	▷	ø	◁	◀	Einheit	Ausf.-Dauer	Positionsnummer
29€	38€	**41€**	51€	56€	[m]	⏱ 0,35h/m	009.001.107

► min
▷ von
ø Mittel
◁ bis
◀ max

66 Abwasserleitung, PE-HD-Rohre, DN/OD150 — KG **551**

Wie Ausführungsbeschreibung A 13
Nenngröße: DN/OD150
Grabentiefe: bis 1,75

►	▷	ø	◁	◀	Einheit	Ausf.-Dauer	Positionsnummer
35€	43€	**46€**	53€	63€	[m]	⏱ 0,35h/m	009.001.108

Nr.	Kurztext / Langtext					Kostengruppe
►	▷	**ø netto €**	◁	◄	[Einheit] Ausf.-Dauer	Positionsnummer

67 Abwasserleitung, PE-HD-Rohre, DN/OD200 KG **551**

Wie Ausführungsbeschreibung A 13
Nenngröße: DN/OD200
Grabentiefe: bis 1,75

37€ | 50€ | **56€** | 61€ | 71€ | [m] | ⏱ 0,37h/m | 009.001.109

68 Dichtheitsprüfung, Grundleitung KG **551**

Dichtheitsprüfung von neu verlegten Grundleitungen, einschl. aller notwendigen Gerätschaften, Aufstellung eines Protokolls der Prüfung, sowie schadlose Entfernung aller Gerätschaften nach der Prüfung; Dokumentation der Prüfung per Prüfprotokoll.
Länge der Grundleitungen: ..... m
Nennweite Grundleitungen: bis **DN200** / über **DN200**
Prüfung mittels: **Wasser / Luft**

277€ | 437€ | **521€** | 595€ | 729€ | [St] | ⏱ 6,00h/St | 009.000.056

69 Dichtheitsprüfung, Grundleitung KG **551**

Dichtheitsprüfung von neu verlegten Grundleitungen, einschl. aller notwendigen Gerätschaften, Aufstellung eines Protokolls der Prüfung, sowie schadlose Entfernung aller Gerätschaften nach der Prüfung; Dokumentation der Prüfung per Prüfprotokoll.
Nennweite Grundleitungen: **bis DN200 / größer DN200**
Prüfung mittels: **Wasser / Luft**

4€ | 7€ | **8€** | 9€ | 13€ | [m] | ⏱ 0,20h/m | 009.000.063

70 Hofablauf, Polymerbeton, A15 KG **551**

Hofablauf als Einlaufkastenkombination, mit Wasserspiegelgefälle, liefern und in Beton setzen. Einlaufkombination bestehend aus:

- Oberteil aus Polymerbeton P, anthrazitschwarz
- Abdeckrost und Kantenschutz aus GFK
- Unterteil aus Polymerbeton P, mit Schlammeimer aus Kunststoff

Nennweite: 10 cm
Abmessungen (L x B): 500 x 300 mm
Belastungsklasse: A15
Beton: Festigkeitsklasse C12/15, X0, WF
Dicke: 15 cm

271€ | 327€ | **352€** | 367€ | 435€ | [St] | ⏱ 1,30h/St | 009.001.110

000
001
002
006
008
009
010
012
013
014
016
017
018
020
021
022

Nr.	Kurztext / Langtext						Kostengruppe
▶	▷	ø netto €	◁	◀	[Einheit]	Ausf.-Dauer	Positionsnummer

A 14 Straßenablauf, Polymerbeton — Beschreibung für Pos. **71-72**

Straßenablauf als Einlaufkastenkombination, ohne Geruchsverschluss, mit Wasserspiegelgefälle, liefern und in Beton setzen.
Einlaufkombination bestehend aus:
- Oberteil aus Polymerbeton P, anthrazitschwarz
- Abdeckrost und Kantenschutz aus GFK
- Unterteil aus Polymerbeton P, mit Schlammeimer aus Kunststoff nach DIN 4052

Beton: Festigkeitsklasse C12/15, X0, WF
Bettungsdicke: 15 cm

71 Straßenablauf, Polymerbeton, B125 — KG **551**

Wie Ausführungsbeschreibung A 14
Nennweite: 10 cm
Abmessungen (L x B): 500 x 300 cm
Belastungsklasse: B125

Kosten:
Stand 1. Quartal 2025
Bundesdurchschnitt

▶	▷	ø	◁	◀	Einheit	Ausf.-Dauer	Positionsnummer
302€	407€	**457€**	478€	566€	[St]	⏱ 1,56h/St	009.001.111

72 Straßenablauf, Polymerbeton, D400 — KG **551**

Wie Ausführungsbeschreibung A 14
Nennweite: 10 cm
Abmessungen (L x B): 500 x 300 cm
Belastungsklasse: D400

▶	▷	ø	◁	◀	Einheit	Ausf.-Dauer	Positionsnummer
407€	532€	**590€**	675€	839€	[St]	⏱ 2,80h/St	009.001.123

73 Bodenablauf, Gusseisen — KG **551**

Bodenablauf mit Rückstauverschluss, mit handverriegelbarem Notverschluss, für fäkalienfreies Abwasser, dreh- und höhenverstellbar, mit Schlammeimer, Geruchsverschluss und Gitterrost.
Material Gehäuse: Gusseisen
Abflussleistung: 1,6 l/s
Rohranschluss: DN/ID100
Durchmesser: 110 mm
Aufsatzstück: 197 x 197 mm
Höhe: ..... mm
Länge: ..... mm
Material Rost: nichtrostender Stahl - Werkstoff 1.4301
Belastungsklasse: K3

▶	▷	ø	◁	◀	Einheit	Ausf.-Dauer	Positionsnummer
146€	252€	**283€**	330€	500€	[St]	⏱ 1,50h/St	009.001.126

74 Reinigungsrohr, Putzstück, DN100 — KG **551**

Putzstück für Steinzeugleitungen, aus Guss, in Kontrollschacht, inkl. Eindichten und Betonbettung mit Zementglattstrich.
Nenngröße: DN100

▶	▷	ø	◁	◀	Einheit	Ausf.-Dauer	Positionsnummer
83€	120€	**137€**	159€	200€	[St]	⏱ 0,30h/St	009.000.023

75 Absperreinrichtung, Kanal, Gusseisen — KG **551**

Absperreinrichtung aus Gusseisen für Grundleitungsrohr, manuell nutzbar, einschl. Einbau aller Komponenten.
Nenngröße: DN100

▶	▷	ø	◁	◀	Einheit	Ausf.-Dauer	Positionsnummer
184€	332€	**344€**	379€	472€	[St]	⏱ 0,70h/St	009.000.058

▶ min
▷ von
ø Mittel
◁ bis
◀ max

76 Rückstaudoppelverschluss, DN100, Kunststoff KG **551**

Rückstau-Doppelverschluss für fäkalienfreies Abwasser, mit automatischen Rückstauklappen und Handbetätigung, mit Reinigungsöffnung, für den Einsatz in horizontaler, abwasserführender Leitung, einschl. Anschluss.
Werkstoff: Kunststoff
Nenngröße: DN100
Einsatzbereich: Typ 2

235€ 377€ **427€** 427€ 687€ [St] ⏱ 0,60h/St 009.001.112

77 Schachtsohle, ausformen/Gerinne einbringen KG **551**

Schachtsohle ausformen und Gerinne einbringen, gem. DWA-A 157, mit muffenlose Steinzeug-Halbschalen, eingebettet in Trassmörtel M 10
Rohrdurchmesser: DN.....

207€ 299€ **362€** 363€ 437€ [St] ⏱ 1,60h/St 009.001.084

A 15 Schachtring, DN1.000, Beton Beschreibung für Pos. **78-79**

Schachtring als Betonfertigteil, mit Steigeisen. Ringe mit Muffe, verbunden mit elastischen Dichteinlagen.
Schachttyp: .....
Durchmesser: DN1.000
Form: E, mit beidseitigem Steg
Steigmaß: 250 mm

78 Schachtring, DN1.000, Beton, 250mm KG **551**

Wie Ausführungsbeschreibung A 15
Bauhöhe: 250mm

124€ 159€ **177€** 197€ 239€ [St] ⏱ 0,60h/St 009.000.040

79 Schachtring, DN1.000, Beton, 500mm KG **551**

Wie Ausführungsbeschreibung A 15
Bauhöhe: 500mm

130€ 185€ **206€** 239€ 315€ [St] ⏱ 0,70h/St 009.000.041

80 Schachthals, Kontrollschacht KG **551**

Schachthals (Konus) für Kontrollschacht, als Betonfertigteil, mit Steigeisen. Hals mit Muffe, Schachtring verbunden mit elastischen Dichteinlagen.
Schachttyp: .....
Wanddicke: 120 mm
Durchmesser: DN1.000/625 mm
Steigmaß: 250 mm

140€ 207€ **244€** 273€ 352€ [St] ⏱ 1,90h/St 009.000.042

000 001 002 006 008 **009** 010 012 013 014 016 017 018 020 021 022

Nr.	Kurztext / Langtext						Kostengruppe
▶	▷	**ø netto €**	◁	◀	[Einheit]	Ausf.-Dauer	Positionsnummer

81 Steigeisen, Form A/B, Stahlbetonschacht KG **551**

Steigeisen, geeignet für einläufige Steigeisengänge (Steigbügel), liefern und in runden und geraden Schacht aus Betonfertigteile einbauen, Leistung inkl. Stemmarbeiten und Befestigungsmaterial.
Form: **A / B**
Auftrittsbreite: mind. 300 mm
Material: Edelstahl - PP-ummantelt
Steigmaß: max. 280 mm
Schachtinnendurchmesser über ...... m

71€ 82€ **82€** 86€ 92€ [St] ⏱ 0,25h/St 009.001.121

82 Auflagering, DN625, Fertigteil KG **551**

Auflagering für höhenexakte Nivellierung der Schachtabdeckung, Material: Stahlbetonfertigteil, aufgesetzt auf Konus bzw. weitere Auflageringe.
Schachttyp: .....
Bauhöhe: **60 / 80 / .....** mm
Weite: DN625

34€ 52€ **61€** 68€ 86€ [St] ⏱ 0,10h/St 009.001.087

83 Leitungsanschluss, Schacht KG **551**

Anschluss der Abwasserkanalleitung an Abwasser-Sammelschacht aus Beton, Anschlussöffnung im Schachtkörper herstellen, inkl. Dichtungsarbeiten.
Kanalleitung: ......
Nenngröße: DN.....
Anschlusswinkel: 45°

113€ 173€ **197€** 221€ 284€ [St] ⏱ 1,95h/St 009.000.033

84 Seitenzulauf zum Schacht KG **551**

Seitenzulauf zum Schacht, Ausführung mit gelenkiger Rohreinbindung, Gerinneausführung nach den Grundsätzen des Arbeitsblatts DWA-A 157
Seitenzulauf: DN.....

95€ 137€ **149€** 189€ 251€ [St] ⏱ 1,10h/St 009.001.085

85 Schachtabdeckung, Klasse A15 KG **551**

Schachtabdeckung mit rundem Rahmen und Deckel aus Gusseisen, höhengerecht in Mörtel M10 versetzen.
Deckel: mit Lüftungsöffnungen
Belastungsklasse: A15
Größe: DN800

164€ 212€ **243€** 267€ 306€ [St] ⏱ 0,20h/St 009.001.115

86 Schachtabdeckung, Klasse D400 KG **551**

Schachtabdeckung mit rundem Rahmen, Deckel aus Gusseisen mit Lüftungsöffnungen und Betonfüllung, mit dämpfender Einlage, verschließbar, mit Schmutzfänger F, höhengerecht in Mörtel M10 versetzen.
Belastungsklasse: D400
Größe: DN800

297€ 420€ **461€** 517€ 632€ [St] ⏱ 0,25h/St 009.000.045

Kosten:
Stand 1. Quartal 2025
Bundesdurchschnitt

▶ min
▷ von
ø Mittel
◁ bis
◀ max

Nr.	Kurztext / Langtext						Kostengruppe
►	▷	**ø netto €**	◁	◄	[Einheit]	Ausf.-Dauer	Positionsnummer

87 Schmutzfangkorb, Schachtabdeckung KG **551**

Schmutzfangkorb für Schachtabdeckung mit Lüftungsöffnung, **leichte / schwere** Ausführung aus verzinktem Stahlblech, Boden und Mantel aus einem Stück gezogen.
Durchmesser: **600 / .....** mm
Form: .....

32€ | 62€ | **70€** | 74€ | 90€ | [St] | ⏱ 0,10h/St | 009.001.086

88 Schachtabdeckung anpassen KG **551**

Bestehende Schachtabdeckung von Revisions- und Kontrollschächten an neue Höhe anpassen.
Anpassungshöhe: bis 500 mm

61€ | 114€ | **140€** | 174€ | 255€ | [St] | ⏱ 2,40h/St | 009.000.046

89 Kontrollschacht komplett, bis 3,5m, DN1.000 KG **551**

Kontrollschacht als komplette Leistung, rund, aus Fertigteilen, ohne Deckel:
- Schachtbettung aus Ortbeton
- Schachtunterteil für Kontrollschacht und Durchlaufschacht, Beton mit hohem Wassereindringwiderstand mit hohem Wassereindringwiderstand, mind. 25 cm hoch (über Rohrscheitel)
- Auftritt in Höhe des Rohrscheitels
- Schachtoberteil aus Betonfertigteilen, bestehend aus Schachtringen, Schachthals und Auflagerring
- Bauteilverbindung als Kompressionsdichtung mit Dichtringen aus Elastomeren, Dichtringe werkseitig fest eingebaut
- Außenwände beschichtet mit: .... , für Wassereinwirkungsklasse: .....
- Anschlüsse mit Muffe, für gelenkige Anbindung Zu- und Abläufe DN/ID......
- Schachtkörper mit Steigeisen
- Schachtsohle mit Gerinne gerade, Auskleidung Gerinne und Auftritt mit Halbschalen und Klinkerriemchen

Schachttyp: .....
Beton: Festigkeitsklasse C20/25
Dicke Bodenplatte: mind. 20 cm
Wanddicke: .....
Steigmaß Steigeisen: 333 mm
Schachttiefe: ..... m

1.288€ | 1.813€ | **2.156€** | 2.505€ | 3.007€ | [St] | ⏱ 12,00h/St | 009.000.047

A 16 Entwässerungsrinne, Beton Beschreibung für Pos. **90-92**

Entwässerungsrinne für Regenwasser als Kastenrinne, mit Kantenschutz aus verzinktem Stahl sowie Abschlusskappen, inkl. Abgang und Abdeckung mit schraublos arretiertem Stegrost aus verzinktem Stahl, inkl. Fundamentbeton.

90 Entwässerungsrinne, Klasse B125, Beton KG **551**

Wie Ausführungsbeschreibung A 16
Belastungsklasse: B125
Nenngröße: .....
Rinnenkörper: aus **Stahlbeton / Kunstharzbeton / .....**
Rinnensohle: **ohne / mit** Gefälle
Abgang: **seitlich / waagerecht / mit Sinkkasten**

118€ | 172€ | **209€** | 216€ | 287€ | [m] | ⏱ 0,50h/m | 009.001.118

000 001 002 006 008 009 010 012 013 014 016 017 018 020 021 022

Nr.	Kurztext / Langtext					Kostengruppe
▶	▷	ø netto €	◁	◀	[Einheit]	Ausf.-Dauer	Positionsnummer

91 Entwässerungsrinne, Klasse C250, Beton — KG **551**

Wie Ausführungsbeschreibung A 16
Belastungsklasse: C250
Nenngröße: .....
Rinnenkörper: aus **Stahlbeton / Kunstharzbeton / .....**
Rinnensohle: **ohne / mit** Gefälle
Abgang: **seitlich / waagerecht / mit Sinkkasten**

153€ | 222€ | **247€** | 283€ | 368€ | [m] | ⏱ 0,50h/m | 009.000.053

92 Entwässerungsrinne, Klasse D400, Beton — KG **551**

Wie Ausführungsbeschreibung A 16
Belastungsklasse: D400
Nenngröße: .....
Rinnenkörper: aus **Stahlbeton / Kunstharzbeton / .....**
Rinnensohle: **ohne / mit** Gefälle
Abgang: **seitlich / waagerecht / mit Sinkkasten**

183€ | 297€ | **350€** | 436€ | 623€ | [m] | ⏱ 0,60h/m | 009.000.054

93 Abdeckung Entwässerungsrinne, Guss, C250 — KG **551**

Abdeckung für Entwässerungsrinne, schraublos arretiert. Passend zu System.
Material: Gusseisen
Nennweite: .....
Belastungsklasse: C250
Ausführung: **Lochrost / Stegrost**

76€ | 96€ | **105€** | 123€ | 156€ | [m] | ⏱ 0,18h/m | 009.001.119

94 Abdeckung Entwässerungsrinne Guss, D400 — KG **551**

Abdeckung für Entwässerungsrinne, schraublos arretiert. Passend zu System.
Material: Gusseisen
Nennweite: .....
Belastungsklasse: D400
Ausführung: **Lochrost / Stegrost**

147€ | 163€ | **173€** | 173€ | 184€ | [m] | ⏱ 0,18h/m | 009.001.120

95 Abdeckung Entwässerungsrinne, Schlitzaufsatz — KG **551**

Abdeckung für Entwässerungsrinne, schraublos arretiert.
Material: Stahlguss
Nennweite: .....
Belastungsklasse: .....
Ausführung: als Schlitzaufsatz
Schlitzbreite: .....

66€ | 104€ | **115€** | 122€ | 159€ | [m] | ⏱ 0,15h/m | 009.000.055

Kosten:
Stand 1. Quartal 2025
Bundesdurchschnitt

▶ min
▷ von
ø Mittel
◁ bis
◀ max

Nr.	Kurztext / Langtext						Kostengruppe
▶	▷	ø netto €	◁	◀	[Einheit]	Ausf.-Dauer	Positionsnummer

96 Kanalreinigung, Hochdruckspülgerät KG **551**

Grundleitung zwischen zwei Prüfpunkten mit Hochdruckspülgerät durchspülen, Abfall aufsaugen, laden und entsorgen. Leistung inkl. aller erforderlichen Geräte, Aufstellung eines Protokolls über Beseitigung und Spülung sowie schadlosem Entfernen der Geräte nach der Prüfung.
Abwasserkanal aus: .....
Haltungslänge: ..... m
Rohrdurchmesser: bis DN.....
Nutzung Kanal: Mischwasser

▶	▷	ø netto €	◁	◀	[Einheit]	Ausf.-Dauer	Positionsnummer
3€	5€	**6€**	7€	14€	[m]	⏱ 0,10 h/m	009.000.057

97 Kanalprüfung, Kamera KG **551**

Kameraprüfung der neu verlegten Grundleitungen, mit Video-Aufzeichnung, inkl. Dokumentieren und Einmessen der Beschädigungen (Muffenversätze, Durchwurzelung, Einmündungen, Verstopfungen, Risse, Brüche, u.dgl.) der Grundleitungen und Aufstellen eines Video- und Prüfprotokolls sowie Übergeben der Unterlagen in einfacher Ausführung. Leistung einschl. aller erforderlichen Gerätschaften, Aufstellung eines Prüfprotokolls sowie schadlosem Entfernen der Gerätschaften nach der Prüfung.
Nennweite der Grundleitungen: **bis DN/ID200 / über DN/ID200 bis .....**

▶	▷	ø netto €	◁	◀	[Einheit]	Ausf.-Dauer	Positionsnummer
6€	7€	**8€**	9€	11€	[m]	⏱ 0,05 h/m	009.000.059

98 Stundensatz, Facharbeiter/-in

Stundenlohnarbeiten für Facharbeiter/-in, Spezialfacharbeiter/-in, Vorarbeiter/-in und jeweils Gleichgestellte. Der Verrechnungssatz für die jeweilige Arbeitskraft umfasst sämtliche Aufwendungen wie Lohn- und Gehaltskosten, lohn- und gehaltsgebundene Kosten, Lohn- und Gehaltsnebenkosten, Gemeinkosten, Wagnis und Gewinn. Leistung nach besonderer Anordnung der Bauüberwachung. Anmeldung und Nachweis gem. VOB/B.

▶	▷	ø netto €	◁	◀	[Einheit]	Ausf.-Dauer	Positionsnummer
44€	64€	**74€**	78€	86€	[h]	⏱ 1,00 h/h	009.000.089

99 Stundensatz, Helfer/-in

Stundenlohnarbeiten für Werker/-in, Fachwerker/-in und jeweils Gleichgestellte. Der Verrechnungssatz für die jeweilige Arbeitskraft umfasst sämtliche Aufwendungen wie Lohn- und Gehaltskosten, lohn- und gehaltsgebundene Kosten, Lohn- und Gehaltsnebenkosten, Gemeinkosten, Wagnis und Gewinn. Leistung nach besonderer Anordnung der Bauüberwachung. Anmeldung und Nachweis gem. VOB/B.

▶	▷	ø netto €	◁	◀	[Einheit]	Ausf.-Dauer	Positionsnummer
58€	63€	**64€**	66€	71€	[h]	⏱ 1,00 h/h	009.000.090

Kosten:
Stand 1. Quartal 2025
Bundesdurchschnitt

► min
▷ von
ø Mittel
◁ bis
◀ max

Nr.	Positionen	Einheit	►	▷	ø brutto € / ø netto €	◁	◀
1	Handaushub, Drängraben, GK1	m³	70	97	**107**	117	142
			59	81	**90**	98	119
2	Aushub, Drängraben, GK1, lagern	m³	35	38	**39**	42	47
			29	32	**32**	35	39
3	Aushub, Dränarbeiten, GK1, lagern/verfüllen	m³	37	44	**46**	52	63
			31	37	**38**	44	53
4	Filtervlies, Erdplanum/Frostschutz	m²	3	4	**5**	6	9
			3	4	**4**	5	7
5	Tragschicht, kapillarbrechend	m²	10	14	**16**	18	22
			9	12	**13**	15	19
6	Kiesfilter, Flächendränage	m³	45	77	**92**	103	124
			38	65	**77**	87	104
7	Dränleitung, PVC-U, DN100	m	10	14	**16**	19	25
			8	12	**14**	16	21
8	Dränleitung, PVC-U, DN125	m	12	17	**19**	20	26
			10	14	**16**	17	22
9	Dränleitung, PVC-U, DN150	m	15	20	**22**	25	31
			13	16	**18**	21	26
10	Dränleitung, PVC-U, DN200	m	22	29	**32**	37	46
			18	24	**27**	31	39
11	Formstück, Dränleitung, Abzweig	St	16	31	**40**	48	63
			14	26	**33**	40	53
12	Formstück, Dränleitung, Bogen	St	19	24	**27**	29	33
			16	21	**22**	24	28
13	Formstück, Dränleitung, Verschlussstück	St	6	10	**11**	16	25
			5	8	**9**	13	21
14	Formstück, Dränleitung, Verbindungsmuffe	St	14	22	**25**	29	39
			12	19	**21**	24	33
15	Formstück, Dränleitung, Reduzierstück	St	18	26	**31**	38	47
			15	22	**26**	32	39
16	Formstück, Dränleitung, T-Stück	St	16	24	**27**	34	44
			14	20	**23**	28	37
17	Anschluss, Dränleitung/Schacht	St	52	73	**84**	87	101
			44	61	**70**	73	85
18	Spülschacht PP, DN315	St	252	363	**406**	466	620
			211	305	**341**	391	521
19	Schachtverlängerung, PP, DN315	m	62	87	**99**	104	122
			52	73	**83**	87	102
20	Schachtabdeckung, Alu, mit Arretierung	St	119	151	**167**	183	193
			100	127	**140**	153	162
21	Schachtabdeckung, Guss, DN315, Klasse B	St	213	272	**282**	319	416
			179	228	**237**	268	350
22	Dichtung, Schachtdeckung	St	15	21	**25**	30	36
			13	17	**21**	25	30
23	Sickerpackung, Dränleitung	m	14	19	**22**	25	29
			11	16	**18**	21	24
24	Sickerpackung, Dränleitung	m³	62	81	**90**	104	138
			52	68	**76**	88	116

Nr.	Positionen	Einheit	►	▷	ø brutto € ø netto €	◁	◄
25	Sickerschacht, Betonfertigteile, B125	St	1.240	1.771	**2.024**	2.563	3.596
			1.042	1.488	**1.701**	2.154	3.022
26	Sickerschicht, Kies	m^3	51	72	**83**	88	98
			43	61	**70**	74	82
27	Dränschicht, Dränmatten, Wand	m^2	7	16	**20**	27	39
			6	14	**17**	22	32
28	Filter-/Dränageschicht, Vlies/Noppenbahn, Wand	m^2	5	12	**15**	18	24
			4	10	**13**	15	20
29	Sickerschicht, Perimeterplatte, vlieskaschiert	m^2	15	20	**23**	26	30
			13	17	**19**	22	25
30	Filter, Vlies, Dränkörper	m^2	3	5	**5**	6	8
			3	4	**4**	5	6
31	Filterschicht, Kiessand, Wand	m^3	69	79	**84**	89	99
			58	66	**71**	75	83
32	Grobkiesstreifen, Sockelbereich	m^3	68	101	**113**	119	166
			57	85	**95**	100	140
33	Dränleitung spülen, Hochdruckgerät	m	4	5	**7**	12	15
			3	4	**6**	10	13
34	Stundensatz, Facharbeiter/-in	h	52	72	**84**	93	105
			44	61	**71**	78	88

Nr. **Kurztext** / Langtext — Kostengruppe
► ▷ **ø netto €** ◁ ◄ [Einheit] Ausf.-Dauer Positionsnummer

1 Handaushub, Drängraben, GK1 KG **311**

Handaushub von Drängraben, Aushubmaterial seitlich lagern, Feinabtrag profilgerecht gem. Dränageplanung, einschl. aller Nebenarbeiten.
Aushubtiefe: bis ..... m
Lichte Breite: ..... m
Geotechnische Kategorie: 1
Boden: Homogenbereich 1, Bodengruppe: ..... DIN 18196
Bodengruppe: ..... DIN 18196

- Steinanteil: bis .....% Massenanteil DIN EN ISO 14688-1
- Konsistenz DIN EN ISO 14688-1: .....
- Lagerungsdichte: .....
- Homogenbereiche lt.: .....

Bauteil: .....

59€ 81€ **90€** 98€ 119€ [m^3] ⏱ 1,40 h/m^3 010.000.030

Kosten:
Stand 1. Quartal 2025
Bundesdurchschnitt

► min
▷ von
ø Mittel
◁ bis
◄ max

Nr.	**Kurztext** / Langtext						Kostengruppe
►	▷	**ø netto €**	◁	◄	[Einheit]	Ausf.-Dauer	Positionsnummer

2 Aushub, Drängraben, GK1, lagern KG **311**

Aushub Drängraben, Aushubmaterial profilgerecht lösen, seitlich lagern, gem. Dränageplanung, einschl. aller Nebenarbeiten.
Aushubtiefe: bis ..... m
Lichte Breite: ..... m
Geotechnische Kategorie: 1
Boden: Homogenbereich 1, Bodengruppe: ..... DIN 18196
- Steinanteil: bis .....% Massenanteil DIN EN ISO 14688-1
- Konsistenz DIN EN ISO 14688-1: .....
- Lagerungsdichte: .....
- Homogenbereiche lt.: .....

Bauteil: .....

29€ | 32€ | **32€** | 35€ | 39€ | [m3] | ⏱ 1,40 h/m3 | 010.000.049

3 Aushub, Dränarbeiten, GK1, lagern/verfüllen KG **311**

Boden für Gruben, Schächte, Kanäle u. dgl. profilgerecht lösen, laden, fördern und lagern; seitlich gelagerten Aushub nach Verlegen der Dränleitung wieder aufnehmen und lagenweise verfüllen, inkl. verdichten.
Aushubtiefe/Einbauhöhe: von ..... bis ..... m
Aushubprofil: .....
Sohlenbreite: .....
Förderweg: bis 50 m
Verfüllen Verdichtungsgrad: .....
Geotechnische Kategorie: 1
Boden: Homogenbereich 1, Bodengruppe: ..... DIN 18196
- Steinanteil: bis .....% Massenanteil DIN EN ISO 14688-1
- Konsistenz DIN EN ISO 14688-1: .....
- Lagerungsdichte: .....

Homogenbereiche lt.: .....

31€ | 37€ | **38€** | 44€ | 53€ | [m3] | ⏱ 0,30 h/m3 | 010.000.001

4 Filtervlies, Erdplanum/Frostschutz KG **326**

Filtervlies als Trennlage zwischen verdichtetem Erdplanum und Frostschutzschicht bzw. einzubauender Filterschicht, Stöße überlappt.
Material: .....
Flächengewicht: 125 g/m2
Dicke: mind. 1,1 mm
GRK-Klasse: 2
Dränleistung: 90 l/(s x m2)

3€ | 4€ | **4€** | 5€ | 7€ | [m2] | ⏱ 0,02 h/m2 | 010.000.002

5 Tragschicht, kapillarbrechend KG **325**

Tragschicht, kapillarbrechend, unter Bodenplatte oder Fundament, schichtweise einbringen und verdichten, Oberfläche abgewalzt.
Körnung/Sieblinie: .....
Schichtdicke: i.M. 30 cm
Planum: +/-2 cm
Proctordichte: 103%
Material: **gebrochenes Mineralgemisch / Kies-Schotter-Gemisch / Recyclingstoffe**

9€ | 12€ | **13€** | 15€ | 19€ | [m2] | ⏱ 0,08 h/m2 | 010.000.003

6 **Kiesfilter, Flächendränage** KG **326**

Füllmaterial für Filterschichten, zwischen Fundamenten.
Material: Filterkies - natürliche Gesteinskörnung
Körnung/Sieblinie: 8/16
Schichtdicke: mind. 15 cm

38€ 65€ **77€** 87€ 104€ [m³] ⏱ 0,60 h/m³ 010.000.004

A 1 **Dränleitung, PVC-U** Beschreibung für Pos. **7-10**

Dränleitung aus PVC-Stangenrohren für Gebäudedränage mit Doppelsteckmuffen.
Dränrohr: PVC-U
Wassereintrittsfläche: mind. 80 cm²/m
Einbauort: **Arbeitsraum / Graben / Baugrube**

7 **Dränleitung, PVC-U, DN100** KG **326**

Wie Ausführungsbeschreibung A 1
Typ/Form: .....
Nenngröße: DN100

8€ 12€ **14€** 16€ 21€ [m] ⏱ 0,10 h/m 010.000.033

8 **Dränleitung, PVC-U, DN125** KG **326**

Wie Ausführungsbeschreibung A 1
Typ/Form: .....
Nenngröße: DN125

10€ 14€ **16€** 17€ 22€ [m] ⏱ 0,11 h/m 010.000.034

9 **Dränleitung, PVC-U, DN150** KG **326**

Wie Ausführungsbeschreibung A 1
Typ/Form: .....
Nenngröße: DN150

13€ 16€ **18€** 21€ 26€ [m] ⏱ 0,12 h/m 010.000.035

10 **Dränleitung, PVC-U, DN200** KG **326**

Wie Ausführungsbeschreibung A 1
Typ/Form: .....
Nenngröße: DN200

18€ 24€ **27€** 31€ 39€ [m] ⏱ 0,13 h/m 010.000.037

11 **Formstück, Dränleitung, Abzweig** KG **326**

Form- und Verbindungsstücke für Dränageleitung, aus PVC-U Stangendränrohren mit Steckmuffe.
Formteil: Abzweig 45°
Durchmesser: DN.....
Rohrtyp: .....

14€ 26€ **33€** 40€ 53€ [St] ⏱ 0,25 h/St 010.000.041

Kosten:
Stand 1. Quartal 2025
Bundesdurchschnitt

Nr.	Kurztext / Langtext						Kostengruppe
▶	▷	**ø netto €**	◁	◀	[Einheit]	Ausf.-Dauer	Positionsnummer

12 Formstück, Dränleitung, Bogen KG **326**

Form- und Verbindungsstücke für Dränageleitung, PVC-Stangendränrohre, mit Steckmuffe.
Formteil: Bogen, ...°
Durchmesser: DN.....
Rohrtyp: .....

16€	21€	**22€**	24€	28€	[St]	⏱ 0,20h/St	010.000.024

13 Formstück, Dränleitung, Verschlussstück KG **326**

Form- und Verbindungsstücke für Dränageleitung, PVC-Stangendränrohren (PVC-U), mit Steckmuffe.
Formteil: Verschlussstück
Durchmesser: DN.....
Rohrtyp: .....

5€	8€	**9€**	13€	21€	[St]	⏱ 0,14h/St	010.000.020

14 Formstück, Dränleitung, Verbindungsmuffe KG **326**

Form- und Verbindungsstücke für Dränageleitung, PVC-Stangendränrohren (PVC-U), mit Steckmuffe.
Formteil: Verbindungsmuffe
Rohrtyp: .....

12€	19€	**21€**	24€	33€	[St]	⏱ 0,14h/St	010.000.038

15 Formstück, Dränleitung, Reduzierstück KG **326**

Form- und Verbindungsstücke für Dränageleitung, PVC-Stangendränrohren (PVC-U), mit Steckmuffe.
Formteil: Reduzierstück
Rohrtyp: .....
Durchmesser: von DN..... auf DN.....

15€	22€	**26€**	32€	39€	[St]	⏱ 0,14h/St	010.000.039

16 Formstück, Dränleitung, T-Stück KG **326**

Form- und Verbindungsstücke für Dränageleitung, PVC-Stangendränrohren (PVC-U), mit Steckmuffe.
Formteil: Anschluss bzw. T-Stück
Rohrtyp: .....
Durchmesser: .....

14€	20€	**23€**	28€	37€	[St]	⏱ 0,25h/St	010.000.040

17 Anschluss, Dränleitung/Schacht KG **326**

Anschluss von Dränleitung aus PVC-U an vorhandenen Sickerschacht aus Betonringen, einschl. aller erforderlichen Dichtungs- und Anschlussmaterialien. Aushub- und Verfüllarbeiten in gesonderter Position.
Nenngröße: .....
Schachtgröße: DN.....

44€	61€	**70€**	73€	85€	[St]	⏱ 1,50h/St	010.000.019

▶ min
▷ von
ø Mittel
◁ bis
◀ max

Nr.	Kurztext / Langtext						Kostengruppe
▶	▷	**ø netto €**	◁	◀	[Einheit]	Ausf.-Dauer	Positionsnummer

18 **Spülschacht PP, DN315** — KG **326**

Spül- und Kontrollschacht aus Polypropylen, aufgehend, für Dränage, mit 3 Anschlüssen für Dränleitung, 1 PP-Abdeckung mit Arretierung, 1 Blindstopfen, sowie mit Sandfang.
Einbauort: an **Richtungswechsel / Tiefpunkt der Dränage-Ringleitung**
Nutzhöhe: ca. 0,80 m
Spülschachtgröße: DN315
Anschlüsse: **DN100 / ..... / DN200**
Blindstopfen: **DN100 / ..... / DN200**

211€	305€	**341€**	391€	521€	[St]	⏱ 0,30h/St	010.000.011

19 **Schachtverlängerung, PP, DN315** — KG **326**

Schachtverlängerung für Dränagespül- und Kontrollschacht, PP, aufgehend.
Nutzhöhe: ca. 0,8 m
Spülschachtgröße: DN315

52€	73€	**83€**	87€	102€	[m]	⏱ 0,10h/m	010.000.047

20 **Schachtabdeckung, Alu, mit Arretierung** — KG **326**

Schachtabdeckung für Drainschacht, mit Rahmen, Deckel geschlossen, mit Arretierung.
Material: Aluminium
Schachtgröße: DN315
Belastungsklasse: .....

100€	127€	**140€**	153€	162€	[St]	⏱ 0,25h/St	010.000.042

21 **Schachtabdeckung, Guss, DN315, Klasse B** — KG **326**

Schachtabdeckung für Drainschacht, mit Rahmen, Deckel geschlossen, mit Arretierung.
Material: Guss
Schachtgröße: DN315
Belastungsklasse: B125

179€	228€	**237€**	268€	350€	[St]	⏱ 0,25h/St	010.000.043

22 **Dichtung, Schachtdeckung** — KG **326**

Profildichtung für Dränschacht, wasser- und gasdichter Verschluss.
Schachtgröße: DN315

13€	17€	**21€**	25€	30€	[St]	⏱ 0,05h/St	010.000.045

23 **Sickerpackung, Dränleitung** — KG **326**

Sickerpackung für Ummantelung der Dränleitung.
Abmessung (H x B): ..... x ..... m
Körnung: 8/16 nach DIN 4095
Material: Kies aus natürlicher Gesteinskörnung

11€	16€	**18€**	21€	24€	[m]	⏱ 0,10h/m	010.000.007

Nr.	Kurztext / Langtext						Kostengruppe
▶	▷	ø netto €	◁	◀	[Einheit]	Ausf.-Dauer	Positionsnummer

24 Sickerpackung, Dränleitung KG **326**

Sickerpackung für Ummantelung der Dränleitung.
Körnung: 8/16 nach DIN 4095
Material: Kies aus natürlicher Gesteinskörnung
Grabenbreite: .....

52€	68€	**76€**	88€	116€	[m³]	⏱ 0,30 h/m³	010.000.005

25 Sickerschacht, Betonfertigteile, B125 KG **326**

Sickerschacht aus gelochten Betonfertigteil-Schachtringen, inkl. Sickerpackung, bestehend aus:

- Sauberkeitsschicht aus Kiessand 0/4, Schichtdicke 100 mm
- Schachtringe in Höhen von 250, 500 und 1.000 mm, mit Steigeisen
- Schachthals mit Steigeisen
- Auflagering
- Schachtaufsatz mit Rahmen und Deckel aus Gusseisen, mit Schmutzfänger sowie T-Stück
- eingesetztes Sickerrohr und Prallplatte
- inkl. Sickerpackung aus Kies aus natürlicher Gesteinskörnung

Sauberkeitsschicht: Körnung 0/32 mm
Schachtringe: DN1.000
Schachthals: DN1.000/625, H= 800 mm
Auflagering: DN625, H=100 mm
Sickerrohr: DN100
Sickerpackung: aus natürlichem Material, Körnung 32/64mm, H=1,00 m
Belastungsklasse: B125
Schachttiefe: bis 3,50 m

1.042€	1.488€	**1.701€**	2.154€	3.022€	[St]	⏱ 14,00 h/St	010.000.009

Kosten:
Stand 1. Quartal 2025
Bundesdurchschnitt

26 Sickerschicht, Kies KG **326**

Sickerpackung aus Kies, für Schacht, inkl. Abdeckung mit Filtervlies.
Körnung: 32/63, natürliche Gesteinskörnung
Schachtgröße: DN.....
Schichthöhe: 1,00 m
Filtervlies: .....

43€	61€	**70€**	74€	82€	[m³]	⏱ 0,70 h/m³	010.000.010

27 Dränschicht, Dränmatten, Wand KG **326**

Dränschicht mit Dränmatten aus vlieskaschiertem Kunststoff, auf vertikale Bauwerksabdichtung.
Einbauort: erdberührte Wand
Arbeitshöhe: bis ..... m
Dränagesystem: .....

6€	14€	**17€**	22€	32€	[m²]	⏱ 0,14 h/m²	010.000.013

28 Filter-/Dränageschicht, Vlies/Noppenbahn, Wand KG **335**

Dränage-, Schutz- und Filterschicht aus Kunststoffnoppenbahn mit Vlies und Gleitfolie, auf Bauwerksabdichtung.
Einbauort: erdberührte Wand
Arbeitshöhe: bis ..... m

4€	10€	**13€**	15€	20€	[m²]	⏱ 0,12 h/m²	010.000.032

▶ min
▷ von
ø Mittel
◁ bis
◀ max

Nr.	Kurztext / Langtext						Kostengruppe
▶	▷	**ø netto €**	◁	◀	[Einheit]	Ausf.-Dauer	Positionsnummer

29 Sickerschicht, Perimeterplatte, vlieskaschiert — KG **335**

Sickerschicht vor Außenwand, aus druckstabilen Polystyrol-Platten, profiliert, mit Vlieskaschierung, Einbau dicht gestoßen, auf senkrechte Bauwerksabdichtung kleben, Einstand in Kiesfilterschicht mind. 30cm.
Plattenmaterial: XPS/EPS
Nennwert Wärmeleitfähigkeit: 0,034 W/mK
Dränleistung: <0,3 l/(s x m)
Kante: umlaufend Stufenfalz
Anwendung: PW und Dränage DIN 4095
Einbauhöhe: **bis 4,00 / über 4,00** m
Plattendicke: **50 / 60 / 80** mm

▶	▷	ø netto €	◁	◀	[Einheit]	Ausf.-Dauer	Positionsnummer
13€	17€	**19€**	22€	25€	[m^2]	⏱ 0,10h/m^2	010.000.017

30 Filter, Vlies, Dränkörper — KG **335**

Geotextilvlies als filterstabile Trennschicht zwischen Dränkörper und anstehendem Erdreich, vollständige Ummantelung des Dränkörpers, mit Überlappung.
Material: .....
Flächengewicht: ..... g/m^2
Dicke: mind. ..... mm
GRK-Klasse: **2 / 3**

▶	▷	ø netto €	◁	◀	[Einheit]	Ausf.-Dauer	Positionsnummer
3€	4€	**4€**	5€	6€	[m^2]	⏱ 0,10h/m^2	010.000.016

31 Filterschicht, Kiessand, Wand — KG **326**

Verfüllmaterial aus natürlichem Mineralstoff, humusfrei, lagenweise vor aufgehender Außenwand, inkl. Verdichten.
Material: Kiessand
Körnung: .....
Verfüllhöhe: .....

▶	▷	ø netto €	◁	◀	[Einheit]	Ausf.-Dauer	Positionsnummer
58€	66€	**71€**	75€	83€	[m^3]	⏱ 0,50h/m^3	010.000.014

32 Grobkiesstreifen, Sockelbereich — KG **326**

Auffüllung aus gewaschenem Rundkies, umlaufend um das Gebäude sowie im Bereich von Lichtschächten, verlegt auf Filtervlies.
Körnung: 32/64 mm, natürliche Gesteinskörnung
Breite: ..... cm
Tiefe: ca. ..... cm
Anmerkung: Einbau erst nach Fertigstellung des Sockelputzes.

▶	▷	ø netto €	◁	◀	[Einheit]	Ausf.-Dauer	Positionsnummer
57€	85€	**95€**	100€	140€	[m^3]	⏱ 0,50h/m^3	010.000.015

33 Dränleitung spülen, Hochdruckgerät — KG **326**

Grundleitung zwischen zwei Prüfpunkten mit Hochdruckspülgerät durchspülen, inkl. aller notwendigen Gerätschaften, Erstellung eines Protokolls sowie schadloser Entfernung aller Gerätschaften nach Abschluss der Arbeiten.

▶	▷	ø netto €	◁	◀	[Einheit]	Ausf.-Dauer	Positionsnummer
3€	4€	**6€**	10€	13€	[m]	⏱ 0,08h/m	010.000.031

34 Stundensatz, Facharbeiter/-in

Stundenlohnarbeiten für Facharbeiter/-in, Spezialfacharbeiter/-in, Vorarbeiter/-in und jeweils Gleichgestellte. Der Verrechnungssatz für die jeweilige Arbeitskraft umfasst sämtliche Aufwendungen wie Lohn- und Gehaltskosten, lohn- und gehaltsgebundene Kosten, Lohn- und Gehaltsnebenkosten, Gemeinkosten, Wagnis und Gewinn. Leistung nach besonderer Anordnung der Bauüberwachung. Nachweis gem. §15 Nr. 3 VOB/B, Anmeldung gem. §2 Nr.10 VOB/B.

▶	▷	ø netto €	◁	◀	[Einheit]	Ausf.-Dauer	Positionsnummer
44€	61€	**71€**	78€	88€	[h]	⏱ 1,00h/h	010.000.048

000
001
002
006
008
009
010
012
013
014
016
017
018
020
021
022

Nr.	Positionen	Einheit	►	▷	ø brutto € / ø netto €	◁	◄
1	Querschnittsabdichtung, Mauerwerk bis 15cm	m	1	3	**4**	5	7
			1	3	**3**	4	6
2	Querschnittsabdichtung, Mauerwerk bis 17,5cm	m	2	5	**6**	7	9
			2	4	**5**	6	8
3	Querschnittsabdichtung, Mauerwerk bis 24cm	m	3	6	**7**	9	14
			3	5	**6**	8	11
4	Querschnittsabdichtung, Mauerwerk bis 36,5cm	m	7	9	**10**	12	16
			6	8	**9**	10	13
5	Dämmstein, Mauerwerk, 11,5cm	m	37	50	**57**	64	83
			31	42	**48**	54	69
6	Dämmstein, Mauerwerk, 17,5cm	m	41	62	**70**	85	121
			35	52	**58**	71	102
7	Dämmstein, Mauerwerk, 24cm	m	56	81	**90**	112	164
			47	68	**76**	94	138
8	Dämmstein, KS-Mauerwerk, 11,5cm	m	33	40	**42**	48	59
			28	33	**36**	40	50
9	Dämmstein, KS-Mauerwerk 17,5cm	m	43	59	**67**	74	87
			36	50	**57**	62	73
10	Dämmstein, KS-Mauerwerk, 24,0cm	m	56	71	**78**	87	101
			47	59	**66**	73	85
11	Innenwand, Mauerziegel, 11,5cm	m²	75	94	**96**	101	115
			63	79	**81**	85	96
12	Innenwand, Mauerziegel, 24cm	m²	105	118	**124**	130	145
			88	99	**104**	109	122
13	Innenwand, HLz-Planstein 11,5cm, 8DF	m²	62	79	**85**	92	110
			52	66	**72**	77	93
14	Innenwand, HLz-Planstein 17,5cm, 12DF	m²	83	101	**106**	121	154
			70	85	**89**	102	129
15	Innenwand, HLz-Planstein 24cm, 12DF	m²	97	119	**126**	142	193
			81	100	**106**	119	162
16	Innenwand, KS L 17,5cm, 3DF	m²	87	101	**107**	118	141
			73	85	**90**	99	119
17	Innenwand, KS L 11,5cm, bis 3DF	m²	75	86	**90**	99	117
			63	72	**76**	83	99
18	Innenwand, KS-Sichtmauerwerk, 11,5cm, einseitig	m²	101	122	**131**	138	153
			85	102	**110**	116	129
19	Innenwand, KS Sichtmauerwerk 11,5cm, beidseitig	m²	121	148	**159**	162	189
			102	124	**133**	136	159
20	Innenwand, KS Planstein 11,5cm, 3DF	m²	62	81	**87**	93	106
			52	68	**73**	78	89
21	Innenwand, KS Planstein 17,5cm, 6DF	m²	79	97	**105**	116	146
			66	82	**89**	98	122
22	Innenwand, KS Planstein 24cm, 8DF	m²	82	109	**123**	130	148
			69	92	**104**	110	124
23	Innenwand, KS Rasterelement 11,5cm	m²	66	78	**81**	84	95
			55	66	**68**	71	80
24	Innenwand, KS Rasterelement 24cm	m²	98	118	**129**	147	184
			83	100	**109**	123	155

012

Kosten:
Stand 1. Quartal 2025
Bundesdurchschnitt

► min
▷ von
ø Mittel
◁ bis
◄ max

Nr.	Positionen	Einheit	►	▷	ø brutto € / ø netto €	◁	◄
25	Innenwand, Porenbeton Planbauplatte 5cm, nichttragend	m²	62	67	**80**	83	93
			52	56	**67**	70	78
26	Innenwand, Porenbeton Planbauplatte 10cm, nichttragend	m²	89	92	**95**	115	129
			75	78	**80**	97	108
27	Innenwand, Porenbeton 11,5cm, nichttragend	m²	68	83	**87**	95	116
			57	70	**73**	80	98
28	Innenwand, Porenbeton 17,5cm, nichttragend	m²	76	94	**102**	110	126
			64	79	**85**	92	106
29	Innenwand, Porenbeton-Planelement 24cm	m²	102	120	**127**	131	143
			86	101	**106**	110	120
30	Innenwand, Gipswandbauplatte, 6cm, nichttragend	m²	62	72	**77**	84	95
			52	61	**65**	71	80
31	Innenwand, Gipswandbauplatte, 10cm, nichttragend	m²	71	83	**88**	95	107
			60	70	**74**	80	90
32	Brüstungsmauerwerk, Breite 11,5cm	m²	77	88	**95**	96	118
			65	74	**80**	81	99
33	Brüstungsmauerwerk, Breite 24,0cm	m²	86	125	**135**	145	163
			72	105	**113**	122	137
34	Brüstungsmauerwerk, Breite 36,5cm	m²	136	167	**184**	212	280
			115	140	**155**	178	235
35	Öffnungen, Mauerwerk bis 17,5cm, 1,01/2,13	St	35	48	**54**	61	81
			29	40	**45**	52	68
36	Öffnungen, Mauerwerk bis 24cm, 1,01/2,13	St	37	55	**67**	75	99
			31	46	**56**	63	83
37	Öffnungen, Mauerwerk bis 2,50m²	m²	10	14	**15**	19	25
			9	11	**13**	16	21
38	Fensteröffnung, Mauerwerk über 2,50m²	m²	11	15	**16**	22	28
			9	13	**14**	19	23
39	Öffnungen schließen, Mauerwerk	m²	116	152	**169**	195	247
			97	128	**142**	164	208
40	Türöffnung schließen, Mauerwerk	m²	87	156	**183**	227	304
			73	131	**154**	191	256
41	Aussparung schließen, bis 0,04m²	St	23	45	**51**	66	101
			20	38	**43**	56	84
42	Aussparung schließen, bis 0,25m²	St	25	53	**65**	79	115
			21	45	**54**	66	97
43	Aussparung schließen, bis 0,50m²	St	38	75	**90**	107	137
			32	63	**76**	90	115
44	Schacht, gemauert, Formteile	m	119	169	**193**	217	278
			100	142	**162**	182	234
45	Schachtwand, Kalksandsteine	m²	64	102	**118**	143	196
			53	86	**99**	120	165
46	Schachtwand, Kalksandsteine, Brandwand	m²	99	126	**142**	148	170
			83	106	**119**	124	143
47	Öffnung überdecken, Ziegelsturz	m	32	36	**38**	42	52
			27	30	**32**	35	44
48	Öffnung überdecken, KS-Sturz, 17,5cm	m	33	47	**53**	66	90
			28	40	**44**	56	75

Kosten:
Stand 1. Quartal 2025
Bundesdurchschnitt

▶ min
▷ von
ø Mittel
◁ bis
◀ max

Mauerarbeiten **Preise €**

Nr.	Positionen	Einheit	▶	▷	ø brutto € / ø netto €	◁	◀
49	Öffnung überdecken, Betonsturz, 24cm	m	40	83	**101**	118	149
			34	70	**85**	100	125
50	Öffnung überdecken, Außenwand, Ziegelsturz, 36,5cm	m	62	79	**90**	96	114
			52	66	**76**	81	96
51	Laibung beimauern, Sichtmauerwerk	m	14	19	**20**	23	29
			12	16	**17**	19	24
52	Glattstrich, Laibungen/Brüstungen	m	7	10	**12**	15	20
			6	9	**10**	12	17
53	Schlitze herstellen, Mauerwerk	m	16	21	**25**	28	36
			13	18	**21**	23	30
54	Schlitze schließen, Mauerwerk	m	10	23	**28**	29	42
			8	19	**24**	25	36
55	Deckenrandabmauerung, Dämmung MW 80mm	m	22	26	**28**	31	42
			19	22	**24**	26	35
56	Dämmung, Ringanker, MW60mm	m	21	25	**26**	30	39
			17	21	**22**	25	33
57	Deckenanschluss, Mauerwerkswand	m	13	19	**21**	22	28
			11	16	**17**	18	24
58	Deckenanschlussfuge feuerhemmend	m	25	47	**63**	70	87
			21	40	**53**	59	73
59	Deckenanschluss gleitend, ohne Brandschutz	m	6	11	**11**	13	16
			5	9	**10**	11	13
60	Deckenanschluss gleitend, mit Brandschutz	m	37	61	**63**	69	87
			31	51	**53**	58	73
61	Mauerwerksanschluss stumpf	m	6	12	**16**	19	25
			5	10	**13**	16	21
62	Maueranschlussschiene, 25/15	m	12	19	**22**	26	34
			10	16	**19**	22	28
63	Maueranschlussschiene, 28/15	m	15	24	**28**	32	40
			12	21	**24**	27	34
64	Maueranschlussschiene, 38/17	m	23	32	**33**	40	52
			19	27	**27**	34	44
65	Maueranker, beim Aufmauern einlegen	St	1	3	**3**	4	5
			1	2	**3**	4	5
66	Mauerwerk verzahnen	m	13	18	**21**	23	29
			11	15	**18**	19	24
67	Außenwand, LHLz 24cm, tragend	m²	121	130	**134**	137	145
			102	110	**112**	115	122
68	Außenwand, LHLz 36,5cm, tragend	m²	147	175	**188**	204	240
			123	147	**158**	171	202
69	Außenwand, LHLz 42,5cm, tragend	m²	185	209	**227**	238	278
			155	176	**191**	200	233
70	Außenwand, LHLz 36,5cm, tragend, gefüllt	m²	164	187	**198**	212	250
			138	158	**166**	178	210
71	Außenwand, LHLz 42,5cm, tragend, gefüllt	m²	194	227	**237**	254	293
			163	190	**199**	213	247
72	Außenwand, KS L-R 17,5cm, tragend	m²	73	95	**104**	113	141
			61	80	**88**	95	119

Nr.	Positionen	Einheit	►	▷	ø brutto € ø netto €	◁	◄
73	Außenwand, KS L-R 24cm, tragend	m²	100	119	**131**	142	170
			84	100	**110**	119	143
74	Außenwand, Betonsteine Hbn 17,5cm	m²	73	85	**91**	101	117
			62	71	**76**	85	98
75	Außenwand, Porenbeton 30cm, tragend	m²	117	134	**136**	141	151
			98	112	**114**	119	127
76	Mauerpfeiler, rechteckig, freitragend	m	71	111	**128**	149	204
			59	93	**108**	125	172
77	Kerndämmung, MW 035, 80mm, Außenwand	m²	22	25	**27**	29	36
			19	21	**23**	24	30
78	Kerndämmung, MW 035, 140mm, Außenwand	m²	41	46	**49**	53	61
			34	39	**41**	44	51
79	Gebäudetrennfugen, MW, 20mm, Außenwand	m²	10	12	**13**	14	16
			8	10	**11**	12	13
80	Gebäudetrennfugen, MW, 50mm, Außenwand	m²	21	28	**31**	37	47
			17	24	**26**	31	39
81	Deckenranddämmung, Mehrschichtleichtbauplatte	m	10	17	**22**	27	37
			8	15	**19**	23	31
82	Drahtanker, Hintermauerung/Tragschale	m²	6	12	**14**	17	22
			5	10	**12**	14	18
83	Verblendmauerwerk, Abfangung, Winkelkonsole	St	228	353	**399**	430	572
			191	296	**335**	362	481
84	Verblendmauerwerk, Abfangung Einzelkonsole	St	31	58	**73**	87	111
			26	48	**62**	73	93
85	Verblendmauerwerk, VMz, 115mm	m²	150	209	**235**	259	331
			126	175	**198**	218	278
86	Sparverblendung WDVS, Klinkerriemchen	m²	164	200	**213**	247	301
			137	168	**179**	208	253
87	Verblendmauerwerk, Betonsteine	m²	260	286	**307**	319	350
			218	241	**258**	268	294
88	Verblendmauerwerk, Kalksandsteine	m²	194	243	**255**	282	329
			163	204	**215**	237	277
89	Verblendmauerwerk, Öffnungen	m²	31	47	**57**	65	82
			26	40	**48**	55	69
90	Verblendmauerwerk, Rollschicht	m	33	65	**81**	88	110
			28	55	**68**	74	92
91	Mauerwerk abgleichen, 17,5cm	m	5	14	**19**	24	33
			4	11	**16**	20	28
92	Mauerwerk abgleichen, 24cm	m	7	18	**24**	31	48
			6	15	**20**	26	41
93	Mauerwerk abgleichen, 36,5cm	m	8	20	**26**	37	52
			6	17	**22**	31	43
94	Ringanker, U-Schale, 11,5cm	m	36	54	**62**	63	73
			30	45	**52**	53	61
95	Ringanker, U-Schale, 24cm	m	43	63	**66**	73	89
			36	53	**55**	61	75
96	Ringanker, U-Schale, 36,5cm	m	60	72	**77**	90	115
			51	60	**64**	76	97

Nr.	Positionen	Einheit	►	▷	ø brutto € / ø netto €	◁	◄
97	Ausmauerung, Sparren	m	38	53	**60**	71	102
			32	45	**50**	60	86
98	Schornstein, Formstein, einzügig	m	242	356	**407**	496	709
			203	300	**342**	417	596
99	Schornstein, Formsteine, zweizügig	m	353	449	**482**	548	658
			296	377	**405**	461	553
100	Schornsteinkopf, Mauerwerk	m²	289	393	**403**	445	512
			243	330	**339**	374	431
101	Schornsteinkopfabdeckung, Faserzement	St	387	654	**739**	874	1.149
			325	549	**621**	735	965
102	Ziegel-Elementdecke, ZST 1,0 - 22,5	m²	161	188	**206**	210	226
			136	158	**173**	176	190
103	Stundensatz, Facharbeiter/-in	h	72	82	**87**	93	104
			60	69	**73**	78	88
104	Stundensatz, Helfer/-in	h	55	72	**79**	82	89
			46	60	**67**	69	75

Kosten:
Stand 1.Quartal 2025
Bundesdurchschnitt

Nr. **Kurztext** / Langtext — Kostengruppe
► ▷ **ø netto €** ◁ ◄ [Einheit] Ausf.-Dauer Positionsnummer

A 1 Querschnittsabdichtung, Mauerwerk — Beschreibung für Pos. **1-4**

Querschnittsabdichtung in/unter Mauerwerkswänden aus Bitumenbahnen, gegen Bodenfeuchte und nichtdrückendes Wasser gem. DIN 18533; inkl. Abgleichen der Auflagerfläche.
Raumnutzungsklasse: RN1-E (geringe Anforderung)
Wassereinwirkungsklasse: W4-E (Bodenfeuchte am Wandsockel, sowie Kapillarwasser in und unter Wänden)
Rissklasse: R1-E (gering)
Rissüberbrückungsklasse: RÜ1-E (geringe Rissüberbrückung bis 0,2 mm)

1 Querschnittsabdichtung, Mauerwerk bis 15cm — KG **342**

Wie Ausführungsbeschreibung A 1
Mauerdicke: bis 15 cm
Abdichtung: Bitumendichtungsbahn G 200 DD

1€ 3€ **3€** 4€ 6€ [m] ⏱ 0,04h/m 012.000.093

2 Querschnittsabdichtung, Mauerwerk bis 17,5cm — KG **342**

Wie Ausführungsbeschreibung A 1
Mauerdicke: über 11,5 bis 17,5 cm
Abdichtung: Bitumendichtungsbahn G 200 DD

2€ 4€ **5€** 6€ 8€ [m] ⏱ 0,04h/m 012.000.206

► min
▷ von
ø Mittel
◁ bis
◄ max

3 Querschnittsabdichtung, Mauerwerk bis 24cm KG **341**

Wie Ausführungsbeschreibung A 1
Mauerdicke: von 20 bis 24 cm
Abdichtung: Bitumendichtungsbahn G 200 DD

3€	5€	**6€**	8€	11€	[m]	⏱ 0,06h/m	012.000.094

4 Querschnittsabdichtung, Mauerwerk bis 36,5cm KG **331**

Wie Ausführungsbeschreibung A 1
Mauerdicke: über 24 bis 36,5 cm
Abdichtung: Bitumendichtungsbahn G 200 DD

6€	8€	**9€**	10€	13€	[m]	⏱ 0,08h/m	012.000.095

A 2 Dämmstein, Mauerwerk Beschreibung für Pos. **5-7**

Dämmstein als Wärmedämmelement im Ziegelmauerwerk.
Steinart: .....
Steinhöhe: 113 mm
Brandverhalten: Klasse .....
Bauaufsichtliche Zulassung: .....

5 Dämmstein, Mauerwerk, 11,5cm KG **342**

Wie Ausführungsbeschreibung A 2
Einbauort: .....
Wanddicke: 11,5 cm
Druckfestigkeit: **6 / 20**
Bemessungswert der Wärmeleitfähigkeit: max. ..... W/(mK)
Nennwert der Wärmeleitfähigkeit: ..... W/(mK)

- horizontal: ..... W/(mK)
- vertikal: ..... W/(mK)

31€	42€	**48€**	54€	69€	[m]	⏱ 0,10h/m	012.000.067

6 Dämmstein, Mauerwerk, 17,5cm KG **341**

Wie Ausführungsbeschreibung A 2
Einbauort: .....
Wanddicke: 17,5 cm
Druckfestigkeit: **6 / 20**
Bemessungswert der Wärmeleitfähigkeit: max. ..... W/(mK)
Nennwert der Wärmeleitfähigkeit: ..... W/(mK)

- horizontal: ..... W/(mK)
- vertikal: ..... W/(mK)

35€	52€	**58€**	71€	102€	[m]	⏱ 0,12h/m	012.000.090

000
001
002
006
008
009
010
012
013
014
016
017
018
020
021
022

Nr.	**Kurztext** / Langtext							Kostengruppe
▶	▷	**ø netto €**	◁	◀		[Einheit]	Ausf.-Dauer	Positionsnummer

7 Dämmstein, Mauerwerk, 24cm KG **341**

Wie Ausführungsbeschreibung A 2
Einbauort: .....
Wanddicke: 24 cm
Druckfestigkeit: **6 / 20**
Bemessungswert der Wärmeleitfähigkeit: max. ..... W/(mK)
Nennwert der Wärmeleitfähigkeit: ..... W/(mK)

- horizontal: ..... W/(mK)
- vertikal: ..... W/(mK)

47€ | 68€ | **76€** | 94€ | 138€ | [m] | ⏱ 0,14h/m | 012.000.089

A 3 Dämmstein, KS-Mauerwerk Beschreibung für Pos. **8-10**

Dämmstein als Wärmedämmelement im KS-Mauerwerk.
Steinart: KS-ISO-Kimmstein
Rohdichteklasse: 1,2
Druckfestigkeit: 20
Steinhöhe: 113 mm
Brandverhalten: Klasse .....
Bauaufsichtliche Zulassung: .....

8 Dämmstein, KS-Mauerwerk, 11,5cm KG **342**

Wie Ausführungsbeschreibung A 3
Einbauort: .....
Wanddicke: 11,5 cm
Nennwert der Wärmeleitfähigkeit:

- horizontal: ..... W/(mK)
- vertikal: ..... W/(mK)

28€ | 33€ | **36€** | 40€ | 50€ | [m] | ⏱ 0,14h/m | 012.000.207

9 Dämmstein, KS-Mauerwerk 17,5cm KG **342**

Wie Ausführungsbeschreibung A 3
Einbauort: .....
Wanddicke: 17,5 cm
Nennwert der Wärmeleitfähigkeit:

- horizontal: ..... W/(mK)
- vertikal: ..... W/(mK)

36€ | 50€ | **57€** | 62€ | 73€ | [m] | ⏱ 0,15h/m | 012.000.208

10 Dämmstein, KS-Mauerwerk, 24,0cm KG **341**

Wie Ausführungsbeschreibung A 3
Einbauort: .....
Wanddicke: 24 cm
Nennwert der Wärmeleitfähigkeit:

- horizontal: ..... W/(mK)
- vertikal: ..... W/(mK)

47€ | 59€ | **66€** | 73€ | 85€ | [m] | ⏱ 0,24h/m | 012.000.209

Kosten:
Stand 1. Quartal 2025
Bundesdurchschnitt

▶ min
▷ von
ø Mittel
◁ bis
◀ max

11 **Innenwand, Mauerziegel, 11,5cm** KG **342**

Mauerwerk der Innenwand nach Normenreihe DIN EN 1996, aus Mauerziegel (Vollziegel), für späteren Putzauftrag, mit Stoßfugenvermörtelung.
Wanddicke: 11,5 cm
Wandhöhe: bis .....
Steinart: Mz
Festigkeitsklasse: 20 N/mm²
Rohdichteklasse: 1,6 kg/dm³
Format: .....
Normalmauermörtel Mörtelklasse: M 10
Einbauort: in allen Geschossen

63€ 79€ **81€** 85€ 96€ [m²] ⏱ 0,60h/m² 012.000.071

12 **Innenwand, Mauerziegel, 24cm** KG **342**

Mauerwerk der Innenwand nach Normenreihe DIN EN 1996, aus Mauerziegel (Vollziegel), für späteren Putzauftrag, mit Stoßfugenvermörtelung.
Wanddicke: 24,0 cm
Wandhöhe: bis .....
Steinart: Mz
Festigkeitsklasse: 20 N/mm²
Rohdichteklasse: 1,6 kg/dm³
Format: 5 DF (307 x 240 x 113 mm)
Normalmauermörtel Mörtelklasse: M 10
Einbauort: in allen Geschossen

88€ 99€ **104€** 109€ 122€ [m²] ⏱ 0,65h/m² 012.000.139

13 **Innenwand, HLz-Planstein 11,5cm, 8DF** KG **342**

Mauerwerk der Innenwand nach Normenreihe DIN EN 1996, aus Hochlochziegel, für späteren Putzauftrag, ohne Stoßfugenvermörtelung.
Wanddicke: 11,5 cm
Wandhöhe: bis .....
Steinart: HLz - Planstein
Festigkeitsklasse: 8 N/mm²
Rohdichteklasse: 0,8 kg/dm³
Format: 8 DF (498 x 115 x 249 mm)
Dünnbettmörtel gem. Zulassung
Einbauort: in allen Geschossen

52€ 66€ **72€** 77€ 93€ [m²] ⏱ 0,40h/m² 012.000.199

Nr.	Kurztext / Langtext						Kostengruppe
▶	▷	ø netto €	◁	◀	[Einheit]	Ausf.-Dauer	Positionsnummer

Kosten:
Stand 1.Quartal 2025
Bundesdurchschnitt

14 Innenwand, HLz-Planstein 17,5cm, 12DF KG **342**

Mauerwerk der Innenwand nach Normenreihe DIN EN 1996, aus Hochlochziegel, für späteren Putzauftrag, ohne Stoßfugenvermörtelung.
Wanddicke: 17,5 cm
Wandhöhe: bis .....
Steinart: HLz - Planstein
Festigkeitsklasse: 12 N/mm²
Rohdichteklasse: 0,9 kg/dm³
Format: 12 DF (498 x 175 x 249 mm)
Dünnbettmörtel gem. Zulassung
Einbauort: in allen Geschossen

70€ | 85€ | **89€** | 102€ | 129€ | [m²] | ⏱ 0,45h/m² | 012.000.140

15 Innenwand, HLz-Planstein 24cm, 12DF KG **342**

Mauerwerk der Innenwand nach Normenreihe DIN EN 1996, aus Hochlochziegel, für späteren Putzauftrag, mit Stoßfugenvermörtelung.
Wanddicke: 24,0 cm
Wandhöhe: bis .....
Steinart: HLz - Planstein
Festigkeitsklasse: 10-14 N/mm²
Rohdichteklasse: 0,8-1,4 kg/dm³
Format: 12 DF (373 x 240 x 249 mm)
Dünnbettmörtel gem. Zulassung
Einbauort: in allen Geschossen

81€ | 100€ | **106€** | 119€ | 162€ | [m²] | ⏱ 0,65h/m² | 012.000.141

16 Innenwand, KS L 17,5cm, 3DF KG **341**

Mauerwerk der Innenwand nach Normenreihe DIN EN 1996, aus Kalksandstein, einschl. Deckenanschluss, für späteren Putzauftrag, mit Stoßfugenvermörtelung.
Wanddicke: 17,5 cm
Wandfunktion: **nichttragend / tragend**
Wandhöhe: bis .....
Steinart: KS L
Festigkeitsklasse: 12 N/mm²
Rohdichteklasse: **1,4 / 1,6** kg/dm³
Format: 3 DF (240 x 175 x 113 mm)
Normalmauermörtel Mörtelklasse: M 10
Einbauort: in allen Geschossen

73€ | 85€ | **90€** | 99€ | 119€ | [m²] | ⏱ 0,30h/m² | 012.000.201

▶ min
▷ von
ø Mittel
◁ bis
◀ max

17 **Innenwand, KS L 11,5cm, bis 3DF** KG **342**

Mauerwerk der Innenwand nach Normenreihe DIN EN 1996, aus Kalksandstein, für späteren Putzauftrag, mit Stoßfugenvermörtelung.
Wanddicke: 11,5 cm
Wandfunktion: **nichttragend / tragend**
Wandhöhe: bis .....
Steinart: KS L
Festigkeitsklasse: 12 N/mm²
Rohdichteklasse: **1,4 / 1,6** kg/dm³
Format: bis 3 DF (240 x 115 x 113 mm)
Normalmauermörtel Mörtelklasse: M 10
Einbauort: in allen Geschossen

63€ 72€ **76€** 83€ 99€ [m²] ⏱ 0,40 h/m² 012.000.200

18 **Innenwand, KS-Sichtmauerwerk, 11,5cm, einseitig** KG **342**

Mauerwerk nach Normenreihe DIN EN 1996, als einseitiges Sichtmauerwerk aus Kalksandstein, Rückseite für Verputz, mit Stoßfugenvermörtelung und gleichmäßigen Fugendicken; Sichtseite nur mit ausgesuchten Steinen vom selben Lieferwerk, beim Aufmauern sind Steine aus mehreren Paketen zu mischen.
Wanddicke: 11,5 cm
Wandhöhe: bis .....
Steinart: **KS Vm / KS Vb**
Festigkeitsklasse: **16 / 20** N/mm²
Rohdichteklasse: 1,8 kg/dm³
Format: **DF / NF / 2 DF**
Normalmauermörtel Mörtelklasse: M 2,5
Verband: .....
Fugenbreite: Stoß 10 mm, Lager 12 mm
Einbauort: Wohnräume, in allen Geschossen

85€ 102€ **110€** 116€ 129€ [m²] ⏱ 0,62 h/m² 012.000.006

19 **Innenwand, KS Sichtmauerwerk 11,5cm, beidseitig** KG **342**

Mauerwerk nach Normenreihe DIN EN 1996, als zweiseitiges Sichtmauerwerk aus Kalksandstein, mit Stoßfugenvermörtelung und gleichmäßigen Fugendicken. Sichtseite nur mit ausgesuchten Steinen vom selben Lieferwerk, beim Aufmauern sind Steine aus mehreren Paketen zu mischen.
Wanddicke: 11,5 cm
Wandhöhe: bis .....
Steinart: **KS Vm / KS Vb**
Festigkeitsklasse: **12 / 20** N/mm²
Rohdichteklasse: 1,8 kg/dm³
Format: .....
Normalmauermörtel Mörtelklasse: M 2,5
Verband: .....
Fugen: glatt gestrichen
Fugenbreite: Stoß 10 mm, Lager 12 mm
Einbauort: .....

102€ 124€ **133€** 136€ 159€ [m²] ⏱ 0,38 h/m² 012.000.184

000 001 002 006 008 009 010 012 013 014 016 017 018 020 021 022

Nr.	Kurztext / Langtext						Kostengruppe
▶	▷	**ø netto €**	◁	◀	[Einheit]	Ausf.-Dauer	Positionsnummer

Kosten:
Stand 1. Quartal 2025
Bundesdurchschnitt

20 Innenwand, KS Planstein 11,5cm, 3DF KG **342**

Mauerwerk der Innenwand nach Normenreihe DIN EN 1996, aus Kalksandstein, für späteren Putzauftrag, mit Nut- und Feder-System, ohne Stoßfugenvermörtelung. Leistung inkl. dem Aufmauern der obersten Mauerschicht nach dem Ausschalen der darüber liegenden Decke.
Wanddicke: 11,5 cm
Wandhöhe: bis .....
Steinart: **KS-L-R- / KS-R-**Planstein
Festigkeitsklasse: 12 N/mm²
Rohdichteklasse: 1,6 kg/dm³
Format: 3 DF (240 x 115 x 113 mm)
Normalmauermörtel Mörtelklasse: M 10
Einbauort: in allen Geschossen

52€ 68€ **73€** 78€ 89€ [m²] ⏱ 0,30 h/m² 012.000.078

21 Innenwand, KS Planstein 17,5cm, 6DF KG **341**

Mauerwerk der Innenwand nach Normenreihe DIN EN 1996, aus Kalksandstein, für späteren Putzauftrag, mit Nut- und Feder-System, ohne Stoßfugenvermörtelung.
Wanddicke: 17,5 cm
Wandfunktion: **nichttragend / tragend**
Wandhöhe: bis .....
Steinart: KS R Planstein
Festigkeitsklasse: 20 N/mm²
Rohdichteklasse: **1,8 / 2,0** kg/dm³
Format: 6 DF (248 x 175 x 248 mm)
Normalmauermörtel Mörtelklasse: M 10
Einbauort: in allen Geschossen

66€ 82€ **89€** 98€ 122€ [m²] ⏱ 0,35 h/m² 012.000.097

22 Innenwand, KS Planstein 24cm, 8DF KG **341**

Mauerwerk der Innenwand nach Normenreihe DIN EN 1996, aus Kalksandstein, für späteren Putzauftrag, mit Nut- und Feder-System, ohne Stoßfugenvermörtelung.
Wanddicke: 24,0 cm
Wandfunktion: **nichttragend / tragend**
Wandhöhe: bis .....
Steinart: KS R Planstein
Festigkeitsklasse: 20 N/mm²
Rohdichteklasse: **1,8 / 2,0** kg/dm³
Format: 8 DF (248 x 240 x 248 mm)
Normalmauermörtel Mörtelklasse: M 10
Einbauort: in allen Geschossen

69€ 92€ **104€** 110€ 124€ [m²] ⏱ 0,37 h/m² 012.000.098

▶ min
▷ von
ø Mittel
◁ bis
◀ max

Nr.	Kurztext / Langtext						Kostengruppe
▶	▷	**ø netto €**	◁	◀	[Einheit]	Ausf.-Dauer	Positionsnummer

A 4 Innenwand, KS Rasterelement — Beschreibung für Pos. **23-24**

Mauerwerk der Innenwand nach Normenreihe DIN EN 1996, aus Kalksandstein, für späteren Putzauftrag, mit Nut- und Feder-System, ohne Stoßfugenvermörtelung.

23 Innenwand, KS Rasterelement 11,5cm — KG **341**

Wie Ausführungsbeschreibung A 4
Wanddicke: 11,5 cm
Wandfunktion: **nichttragend / tragend**
Wandhöhe: bis .....
Steinart: KS XL-RE
Festigkeitsklasse: **16 / 20** N/mm²
Rohdichteklasse: 2,0 kg/dm³
Format: 16 DF (498 x 115 x 498 mm)
Normalmauermörtel Mörtelklasse: M 10
Einbauort: in allen Geschossen

55€	66€	**68€**	71€	80€	[m²]	⏱ 0,37h/m²	012.000.143

24 Innenwand, KS Rasterelement 24cm — KG **341**

Wie Ausführungsbeschreibung A 4
Wanddicke: 24 cm
Wandfunktion: **nichttragend / tragend**
Wandhöhe: bis .....
Steinart: KS XL-RE
Festigkeitsklasse: **16 / 20** N/mm²
Rohdichteklasse: 2,0 kg/dm³
Format: 498 x 240 x 498 mm
Normalmauermörtel Mörtelklasse: M 10
Einbauort: in allen Geschossen

83€	100€	**109€**	123€	155€	[m²]	⏱ 0,37h/m²	012.000.146

A 5 Innenwand, Porenbeton Planbauplatte, nichttragend — Beschreibung für Pos. **25-26**

Mauerwerk der nichttragenden Innenwand, aus Porenbeton-Planbauplatte, für späteren Putzauftrag.

25 Innenwand, Porenbeton Planbauplatte 5cm, nichttragend — KG **342**

Wie Ausführungsbeschreibung A 5
Wanddicke: 5 cm
Material: Porenbeton PPpl
Geschosshöhe: bis .....
Rohdichteklasse: **0,5 / 0,55**
Format: 624 x 50 x 249 mm
Stoßfugenvermörtelung: **mit / ohne**
Stoßfugenausbildung: .....
Lagerfugenausbildung: .....
Mörtel: Dünnbettmörtel M 10
Einbauort: in allen Geschossen

52€	56€	**67€**	70€	78€	[m²]	⏱ 0,30h/m²	012.000.153

000
001
002
006
008
009
010
012
013
014
016
017
018
020
021
022

Nr.	Kurztext / Langtext						Kostengruppe
▶	▷	ø netto €	◁	◀	[Einheit]	Ausf.-Dauer	Positionsnummer

26 Innenwand, Porenbeton Planbauplatte 10cm, nichttragend KG **342**

Wie Ausführungsbeschreibung A 5
Wanddicke: 10 cm
Material: Porenbeton PPpl
Geschosshöhe: bis .....
Rohdichteklasse: **0,5 / 0,55**
Format: 624 x 100 x 249 mm
Stoßfugenvermörtelung: **mit / ohne**
Stoßfugenausbildung: .....
Lagerfugenausbildung: .....
Mörtel: Dünnbettmörtel DM
Einbauort: in allen Geschossen

▶	▷	ø	◁	◀	Einheit	Ausf.-Dauer	Positionsnummer
75€	78€	**80€**	97€	108€	[m²]	0,30 h/m²	012.000.155

Kosten:
Stand 1. Quartal 2025
Bundesdurchschnitt

27 Innenwand, Porenbeton 11,5cm, nichttragend KG **342**

Mauerwerk der nichttragenden Innenwand, aus Porenbeton-Plansteinen, für späteren Putzauftrag.
Wanddicke: 11,5 cm
Geschosshöhe: bis .....
Festigkeitsklasse: ..... N/mm²
Rohdichteklasse: ..... kg/dm³
Format: 249 x 115 x 249 mm
Stoßfugenvermörtelung: **mit / ohne**
Stoßfugenausbildung: .....
Lagerfugenausbildung: .....
Mörtel: Dünnbettmörtel M 10
Einbauort: in allen Geschossen

▶	▷	ø	◁	◀	Einheit	Ausf.-Dauer	Positionsnummer
57€	70€	**73€**	80€	98€	[m²]	0,30 h/m²	012.000.034

28 Innenwand, Porenbeton 17,5cm, nichttragend KG **342**

Mauerwerk der nichttragenden Innenwand, aus Porenbeton-Plansteinen, für späteren Putzauftrag.
Wanddicke: 17,5 cm
Geschosshöhe: bis .....
Festigkeitsklasse: ..... N/mm²
Rohdichteklasse: ..... kg/dm³
Format: 249 x 175 x 249 mm
Stoßfugenvermörtelung: **mit / ohne**
Stoßfugenausbildung: .....
Lagerfugenausbildung: .....
Mörtel: Dünnbettmörtel M 10
Einbauort: in allen Geschossen

▶	▷	ø	◁	◀	Einheit	Ausf.-Dauer	Positionsnummer
64€	79€	**85€**	92€	106€	[m²]	0,35 h/m²	012.000.079

▶ min
▷ von
ø Mittel
◁ bis
◀ max

29 **Innenwand, Porenbeton-Planelement 24cm** KG **342**

Mauerwerk der Innenwand, aus Porenbeton-Planelementen, für späteren Dünnputzauftrag.
Wanddicke: 24,0 cm
Geschosshöhe: bis 3,00 m
Steinart: PP
Festigkeitsklasse: ..... N/mm²
Rohdichteklasse: ..... kg/dm³
Format: 999 x 240 x 624 mm
Stoßfugenvermörtelung: **mit / ohne**
Stoßfugenausbildung: .....
Lagerfugenausbildung: .....
Mörtel: Dünnbettmörtel M 10
Einbauort: in allen Geschossen

86€ 101€ **106€** 110€ 120€ [m²] ⏱ 0,35h/m² 012.000.035

A 6 **Innenwand, Gipswandbauplatte, nichttragend** Beschreibung für Pos. **30-31**

Mauerwerk der nichttragenden Trennwand, aus Gipswandbauplatten, für späteren Putzauftrag, Stoßfugen eben abgezogen.
Oberflächenqualität: Q2
Format: 666 x 500 mm
Brandverhalten: A1
Rohdichteklasse: **M / D**
Wasseraufnahmeklasse: **H3 / H2**
Einbauort: in allen Geschossen
Einbaubereich: **1 / 2**
Einbauhöhe: bis ..... m
Wandanschluss: .....
Mörtel: Gipskleber für Gips-Wandbauplatten

30 **Innenwand, Gipswandbauplatte, 6cm, nichttragend** KG **342**

Wie Ausführungsbeschreibung A 6
Wanddicke: 6 cm
Feuerwiderstand: **F30 / EI30**
Schalldämm-Maß RwP: ..... dB

52€ 61€ **65€** 71€ 80€ [m²] ⏱ 0,25h/m² 012.000.061

31 **Innenwand, Gipswandbauplatte, 10cm, nichttragend** KG **342**

Wie Ausführungsbeschreibung A 6
Wanddicke: 10 cm
Feuerwiderstand: **F180 / EI180**
Schalldämm-Maß RwP: ..... dB

60€ 70€ **74€** 80€ 90€ [m²] ⏱ 0,25h/m² 012.000.205

000
001
002
006
008
009
010
012
013
014
016
017
018
020
021
022

Nr.	Kurztext / Langtext						Kostengruppe
▶	▷	**ø netto €**	◁	◀	[Einheit]	Ausf.-Dauer	Positionsnummer

32 Brüstungsmauerwerk, Breite 11,5cm KG **359**

Brüstung aus Mauersteinen aufmauern.
Wanddicke: 11,5 cm
Steinart: **Mz / HLz**
Format: 2DF (240 x 115 x 113 mm)
Brüstungshöhe: bis 1,00 m
Einbauort: in allen Geschossen

65€	74€	**80€**	81€	99€	[m²]	⏱ 0,40 h/m²	012.000.121

33 Brüstungsmauerwerk, Breite 24,0cm KG **359**

Brüstung aus Mauersteinen aufmauern.
Wanddicke: 24 cm
Steinart: **Mz / HLz**
Format: 4DF (240 x 240 x 113 mm)
Brüstungshöhe: bis 1,00 m
Einbauort: in allen Geschossen

72€	105€	**113€**	122€	137€	[m²]	⏱ 0,46 h/m²	012.000.156

34 Brüstungsmauerwerk, Breite 36,5cm KG **359**

Brüstung aus Mauersteinen aufmauern.
Wanddicke: 36,5 cm
Steinart: **Mz / HLz**
Format: **kleinformatig / großformatig**
Brüstungshöhe: bis 1,00 m
Einbauort: in allen Geschossen

115€	140€	**155€**	178€	235€	[m²]	⏱ 0,80 h/m²	012.000.127

35 Öffnungen, Mauerwerk bis 17,5cm, 1,01/2,13 KG **341**

Öffnung in Mauerwerkswand beim Aufmauern anlegen; Herstellen der Laibungen in getrennter Position.
Öffnungsart: **Türöffnung / Fensteröffnung**
Lichte Breite: 1,01 m
Lichte Höhe: 2,13 m
Wanddicke: 17,5 cm
Ausführung Wand: .....

29€	40€	**45€**	52€	68€	[St]	⏱ 0,27 h/St	012.000.100

36 Öffnungen, Mauerwerk bis 24cm, 1,01/2,13 KG **341**

Öffnung in Mauerwerkswand beim Aufmauern anlegen; Herstellen der Laibungen in getrennter Position.
Öffnungsart: **Türöffnung / Fensteröffnung**
Lichte Breite: 1,01 m
Lichte Höhe: 2,13 m
Wanddicke: 24,0 cm
Ausführung Wand: .....

31€	46€	**56€**	63€	83€	[St]	⏱ 0,30 h/St	012.000.101

Kosten:
Stand 1. Quartal 2025
Bundesdurchschnitt

▶ min
▷ von
ø Mittel
◁ bis
◀ max

Nr.	Kurztext / Langtext						Kostengruppe
►	▷	ø netto €	◁	◄	[Einheit]	Ausf.-Dauer	Positionsnummer

37 Öffnungen, Mauerwerk bis 2,50m² KG **341**

Öffnung in Mauerwerkswand beim Aufmauern anlegen; Herstellen der Laibungen in getrennter Position.
Öffnungsart: .....
Öffnungsgröße: bis 2,5m²
Wanddicke: .....
Ausführung Wand: .....

9€ | 11€ | **13€** | 16€ | 21€ | [m²] | ⏱ 0,12 h/m² | 012.000.185

38 Fensteröffnung, Mauerwerk über 2,50m² KG **341**

Öffnung in Mauerwerkswand beim Aufmauern anlegen; Herstellen der Laibungen in getrennter Position.
Öffnungsart: Fensteröffnung
Öffnungsgröße: über 2,5 m²
Wanddicke: .....
Ausführung Wand: .....

9€ | 13€ | **14€** | 19€ | 23€ | [m²] | ⏱ 0,12 h/m² | 012.000.186

39 Öffnungen schließen, Mauerwerk KG **340**

Öffnung im Mauerwerk, sowie Mauerwerksnischen schließen, bündig mit Vorderkante der angrenzenden Bauteile, kraftschlüssiger Anschluss.
Mauerdicke: 11,5 cm
Format: 2 DF (240 x 115 x 113 mm)
Steinart: LD-Ziegel
Festigkeitsklasse: 12 N/mm²
Rohdichteklasse: 1,8
Normalmörtel: M 2,5
Einbauort: in allen Geschossen

97€ | 128€ | **142€** | 164€ | 208€ | [m²] | ⏱ 1,10 h/m² | 012.000.115

40 Türöffnung schließen, Mauerwerk KG **340**

Türöffnung im Mauerwerk schließen, mit Hochlochziegeln, Mauerwerk verzahnt, bündig mit Vorderkante der angrenzenden Bauteile.
Mauerdicke: 11,5 cm
Format: 2 DF (240 x 115 x 113 mm)
Steinart: HLz
Festigkeitsklasse: 12 N/mm²
Rohdichteklasse: 1,8
Normalmörtel: M 2,5
Einbauort: in allen Geschossen

73€ | 131€ | **154€** | 191€ | 256€ | [m²] | ⏱ 1,00 h/m² | 012.000.010

Nr.	Kurztext / Langtext						Kostengruppe
▶	▷	**ø netto €**	◁	◀	[Einheit]	Ausf.-Dauer	Positionsnummer

A 7 Aussparung schließen, Mauerwerksfläche — Beschreibung für Pos. **41-43**

Aussparungen in Mauerwerksflächen schließen, mit Hochlochziegeln; Oberflächenausführung wie Wandfläche.
Bauteil: Innenwand
Arbeitshöhe: bis 3,50 m

41 Aussparung schließen, bis 0,04m² — KG **340**

Wie Ausführungsbeschreibung A 7
Aussparungsgröße: bis 0,04 m²
Ausrichtung: **waagerecht / senkrecht**
Mauerdicke: 11,5 cm
Format: 2 DF (240 x 115 x1 13 mm)
Steinart: HLz
Festigkeitsklasse: 12 N/mm²
Rohdichteklasse: 1,8
Normalmörtel: M 2,5
Einbauort/Geschoss: ......

▶	▷	ø	◁	◀	Einheit	Ausf.-Dauer	Positionsnummer
20€	38€	**43€**	56€	84€	[St]	⏱ 0,20h/St	012.000.102

42 Aussparung schließen, bis 0,25m² — KG **340**

Wie Ausführungsbeschreibung A 7
Aussparungsgröße: 0,04 bis 0,25 m²
Ausrichtung: **waagerecht / senkrecht**
Mauerdicke: 11,5 cm
Format: 2 DF (240 x 115 x 113 mm)
Steinart: HLz
Festigkeitsklasse: 12 N/mm²
Rohdichteklasse: 1,8 kg/dm³
Normalmörtel: M 2,5
Einbauort/Geschoss: ......

▶	▷	ø	◁	◀	Einheit	Ausf.-Dauer	Positionsnummer
21€	45€	**54€**	66€	97€	[St]	⏱ 0,30h/St	012.000.103

43 Aussparung schließen, bis 0,50m² — KG **340**

Wie Ausführungsbeschreibung A 7
Aussparungsgröße: 0,25 bis 0,50 m²
Ausrichtung: **waagerecht / senkrecht**
Mauerdicke: 11,5 cm
Format: 2 DF (240 x 115 x 113 mm)
Steinart: HLz
Festigkeitsklasse: 12 N/mm²
Rohdichteklasse: 1,8 kg/dm³
Normalmörtel: M 2,5
Einbauort/Geschoss: ......

▶	▷	ø	◁	◀	Einheit	Ausf.-Dauer	Positionsnummer
32€	63€	**76€**	90€	115€	[St]	⏱ 0,60h/St	012.000.066

Kosten:
Stand 1. Quartal 2025
Bundesdurchschnitt

▶ min
▷ von
ø Mittel
◁ bis
◀ max

Nr.	Kurztext / Langtext						Kostengruppe
▶	▷	ø netto €	◁	◀	[Einheit]	Ausf.-Dauer	Positionsnummer

44 Schacht, gemauert, Formteile KG **342**

Schacht aus Fertigteil-Formsteinen, in Montagebauweise gemauert, nicht tragende Wand, inkl. Anarbeiten an begrenzende Bauteile und je 1 Öffnung pro Geschoss.
Formsteine: **Ziegel / Leichtbeton**
Ausführung: **einzügig / zweizügig**
Schachthöhe: .....
Querschnitt: .....
Einbauort/Geschoss: ......
Brandschutz: EI .....

100€ | 142€ | **162€** | 182€ | 234€ | [m] | ⏱ 0,45h/m | 012.000.123

45 Schachtwand, Kalksandsteine KG **342**

Schachtwand als Mauerwerk der tragenden Innenwand aus Kalksandstein nach erfolgten Installationen, als getrennter Arbeitsgang aufmauern. Oberste Steinlage ist gem. Brandschutzvorgabe auszuführen. Wand für einseitigen Putzauftrag vorgesehen.
Wanddicke: **11,5 / 17,5** cm
Steinart: KS L
Festigkeitsklasse: 12 N/mm^2
Rohdichteklasse: 1,8 kg/dm^3
Format: 2-3 DF (240 x 115/175 x 113 mm)
Mörtelklasse: Dünnbettmörtel M 10
Einbauort/Geschoss: .....
Brandschutz: REI .....
Arbeitshöhe: bis .....

53€ | 86€ | **99€** | 120€ | 165€ | [m^2] | ⏱ 0,42h/m^2 | 012.000.068

46 Schachtwand, Kalksandsteine, Brandwand KG **342**

Schachtwand als Mauerwerk aus Kalksandstein, Ausführung als Brandwand; Wand für einseitigen Putzauftrag vorgesehen, oberste Steinlage gem. Brandschutzvorgabe ausführen.
Wanddicke: 17,5 cm
Bauteil: **tragend / nicht tragend**
Steinart: KS L
Festigkeitsklasse: 12 N/mm^2
Rohdichteklasse: 1,8 kg/dm^3
Format: 3 DF (240 x 175 x 113 mm)
Normalmörtel: M 2,5
Einbauort/Geschoss: .....
Brandschutz: **tragende Wand REI-M 90 / nichttragende Wand EI-M 90**
Gebäudeklasse: ..... (gem. örtlicher Bauordnung)
Arbeitshöhe: bis .....

83€ | 106€ | **119€** | 124€ | 143€ | [m^2] | ⏱ 0,45h/m^2 | 012.000.091

47 Öffnung überdecken, Ziegelsturz KG **342**

Öffnung in Ziegelmauerwerk mit Ziegelflachstürzen überdecken, Bemessung nach Zulassung bzw. Statik.
Mauerwerksbreite: .....
Sturzhöhe: **71 / 113** mm
Lichte Öffnungsweite: .....

27€ | 30€ | **32€** | 35€ | 44€ | [m] | ⏱ 0,25h/m | 012.000.069

000 001 002 006 008 009 010 012 013 014 016 017 018 020 021 022

Nr.	Kurztext / Langtext						Kostengruppe
▶	▷	**ø netto €**	◁	◀	[Einheit]	Ausf.-Dauer	Positionsnummer

48 Öffnung überdecken, KS-Sturz, 17,5cm KG **341**

Öffnung mit Kalksandsteinsturz überdecken, tragend, Bemessung nach Zulassung bzw. Statik.
Wanddicke: 17,5 cm
Sturzquerschnitt: .....
Lichte Öffnungsweite: .....

28€ 40€ **44€** 56€ 75€ [m] ⏱ 0,30h/m 012.000.075

49 Öffnung überdecken, Betonsturz, 24cm KG **341**

Fertigteilsturz aus Stahlbeton, bewehrt, über Öffnung in Mauerwerkswand, Bemessung nach Zulassung bzw. Statik.
Wanddicke: 24 cm
Sturzquerschnitt: .....
Lichte Öffnungsweite: .....
Oberfläche: .....
Kanten: **scharfkantig / Dreiecksleist**e

34€ 70€ **85€** 100€ 125€ [m] ⏱ 0,35h/m 012.000.070

50 Öffnung überdecken, Außenwand, Ziegelsturz, 36,5cm KG **331**

Öffnung in Ziegelmauerwerk mit Wärmedämm-Ziegelsturz überdecken, Bemessung nach Zulassung bzw. Statik, inkl. Wärmedämmung. Füllung mit Ortbeton und Bewehrung werden gesondert vergütet.
Breite: 36,5 cm
Höhe: 238 mm
Lichte Öffnungsweite: .....
Anschlag: **mit / ohne**
Material: LD-Ziegel
Wärmedämmung: .....
U-Wert: ..... W/(m²K)
Einbauort: .....

52€ 66€ **76€** 81€ 96€ [m] ⏱ 0,35h/m 012.000.188

51 Laibung beimauern, Sichtmauerwerk KG **330**

Fensterlaibungen von Sichtmauerwerk beimauern, einseitige Sichtfläche.
Steinart: VMz
Format: NF (240 x 115 x 71 mm)
Laibungstiefe: bis 115 mm
Einbauort/Geschoss: .....

12€ 16€ **17€** 19€ 24€ [m] ⏱ 0,80h/m 012.000.051

52 Glattstrich, Laibungen/Brüstungen KG **330**

Glattstrich mit Mörtel, an Laibungen, Brüstungen und Stürzen, zur Erzielung eines ebenen und tragfähigen Untergrunds für die überputzbare Anschlussfolie.
Laibungstiefe: .....
Untergrund: .....
Mörtel: Kalkzement
Putzstärke: bis 5 mm

6€ 9€ **10€** 12€ 17€ [m] ⏱ 0,12h/m 012.000.189

Kosten:
Stand 1.Quartal 2025
Bundesdurchschnitt

▶ min
▷ von
ø Mittel
◁ bis
◀ max

53 Schlitze herstellen, Mauerwerk KG **341**

Vertikale Schlitze in Mauerwerk herstellen, Ausbruchmaterial aufnehmen und in Container des AN sammeln und abfahren. Deponierung, sowie Schließen des Schlitzes wird gesondert vergütet.
Steinart: .....
Schlitztiefen: bis 80 mm
Schlitzbreite: .....
Arbeitshöhe: bis 1,5 m über Fußboden

13€	18€	**21€**	23€	30€	[m]	⏱ 0,20h/m	012.000.012

54 Schlitze schließen, Mauerwerk KG **341**

Schlitz schließen, Ausführung in MW-Innenwand.
Untergrund: **Ziegel- / KS-Mauerwerk**
B x T: ..... x .....

8€	19€	**24€**	25€	36€	[m]	⏱ 0,20h/m	012.000.191

55 Deckenrandabmauerung, Dämmung MW 80mm KG **331**

Deckenrandausbildung mit Mauerstein und Mineralwolledämmung, auf monolithischem Mauerwerk.
Deckendicke: .....
Ziegeldicke: 60 mm
Mauerstein: .....
Dämmung: MW
Bemessungswert der Wärmeleitfähigkeit: max. ..... W/(mK)
Nennwert der Wärmeleitfähigkeit: 0,034 W/(mK)
Dämmdicke: 80 mm

19€	22€	**24€**	26€	35€	[m]	⏱ 0,20h/m	012.000.134

56 Dämmung, Ringanker, MW60mm KG **331**

Dämmung vor Ringanker, mit Mineralwolledämmung, auf Mauerwerk.
Dämmung: MW
Bemessungswert der Wärmeleitfähigkeit: max. ..... W/(mK)
Nennwert der Wärmeleitfähigkeit: 0,034 W/(mK)
Dämmdicke: 60 mm

17€	21€	**22€**	25€	33€	[m]	⏱ 0,20h/m	012.000.214

57 Deckenanschluss, Mauerwerkswand KG **342**

Deckenanschlussfuge von nichttragenden Mauerwerkswänden dicht verstopfen, mit nichtbrennbarem, mineralischem Faserdämmstoff, inkl. Fugen versiegeln.
Dämmstoff: MW
Brandverhalten: A1
Schmelzpunkt: mind. 1.000°C
Rohdichte: mind. 30 kg/m³
Wanddicke: .....
Wandhöhe: .....
Fugenverschluss: .....
Untergrund: .....

11€	16€	**17€**	18€	24€	[m]	⏱ 0,20h/m	012.000.014

Nr.	Kurztext / Langtext						Kostengruppe
▶	▷	**ø netto €**	◁	◀	[Einheit]	Ausf.-Dauer	Positionsnummer

58 Deckenanschlussfuge feuerhemmend KG **342**

Deckenanschluss von nichttragenden Mauerwerkswänden rauchdicht herstellen.
Fugenverschluss mit Fugendichtmaterial, beidseitig dauerelastisch versiegeln mit überstreichbarem Baustoff.
Feuerwiderstand: **EI30 / EI60**
Wanddicke: 24 cm
Wandhöhe: .....
Fugenverschluss: .....
Untergrund: .....

21€ | 40€ | **53€** | 59€ | 73€ | [m] | ⏱ 0,10h/m | 012.000.159

59 Deckenanschluss gleitend, ohne Brandschutz KG **342**

Gleitender Deckenanschluss des Mauerwerks, mit Anker und Ausbilden der Anschlussfuge.
Höhe: bis 2,75 m
Mauerwerk: .....
Wanddicke: **11,5 / 17,5** cm
Format: ..... DF

5€ | 9€ | **10€** | 11€ | 13€ | [m] | ⏱ 0,12h/m | 012.000.194

60 Deckenanschluss gleitend, mit Brandschutz KG **342**

Gleitender Deckenanschluss des Mauerwerks, Anker und Ausbilden der Anschlussfuge.
Höhe: bis 2,75 m
Mauerwerk: .....
Wanddicke: **11,5 / 17,5** cm
Format: ..... DF
Brandschutzanforderungen: .....

31€ | 51€ | **53€** | 58€ | 73€ | [m] | ⏱ 0,16h/m | 012.000.210

61 Mauerwerksanschluss stumpf KG **342**

Mauerwerksanschluss an vorhandenes Mauerwerk, stumpf stoßen, mittels Flachanker anschließen.
Steinart: .....
Steinformat/-höhe: .....
Mauerdicke: .....
Einbauort: Innenwand
Einbauhöhe: bis 2,75 m

5€ | 10€ | **13€** | 16€ | 21€ | [m] | ⏱ 0,20h/m | 012.000.177

A 8 Maueranschlussschiene Beschreibung für Pos. **62-64**

Anschlussschiene für den Anschluss gemauerter Wände, in Lagerlänge, auf die benötigte Länge ablängen, ausgebrochene Vollschaumfüllung aufnehmen und in Container sammeln; inkl. 4 Stück Anschlussanker je m Maueranschluss.

62 Maueranschlussschiene, 25/15 KG **341**

Wie Ausführungsbeschreibung A 8
Profil/Typ: 25/15
Material: **verzinkter / nichtrostender** Stahl

10€ | 16€ | **19€** | 22€ | 28€ | [m] | ⏱ 0,20h/m | 012.000.001

Kosten:
Stand 1. Quartal 2025
Bundesdurchschnitt

▶ min
▷ von
ø Mittel
◁ bis
◀ max

Nr.	Kurztext / Langtext						Kostengruppe
▶	▷	**ø netto €**	◁	◀	[Einheit]	Ausf.-Dauer	Positionsnummer

63 Maueranschlussschiene, 28/15 KG **341**

Wie Ausführungsbeschreibung A 8
Profil/Typ: 28/15
Material: **verzinkter / nichtrostender** Stahl

12€ | 21€ | **24€** | 27€ | 34€ | [m] | ⏱ 0,20h/m | 012.000.160

64 Maueranschlussschiene, 38/17 KG **341**

Wie Ausführungsbeschreibung A 8
Profil/Typ: 38/17
Material: **verzinkter / nichtrostender** Stahl

19€ | 27€ | **27€** | 34€ | 44€ | [m] | ⏱ 0,20h/m | 012.000.077

65 Maueranker, beim Aufmauern einlegen KG **341**

Maueranker beim Aufmauern einlegen in bauseitige Schiene, Anschluss des stumpf gestoßenen Mauerwerks.
vorh. Anschlussschiene: Profil/Typ .....
Material: Stahl **verzinkt / rostfre**i

1€ | 2€ | **3€** | 4€ | 5€ | [St] | ⏱ 0,04h/St | 012.000.064

66 Mauerwerk verzahnen KG **341**

Mauerwerksanschluss an vorhandenes Mauerwerk durch Verzahnen, nichttragend.
Steinart: .....
Steinformat (B x L x H): ..... x ..... x .....
Mauerdicke: .....
Einbauort/Geschoss: **Innenwand / .....**
Einbauhöhe: bis 2,75 m

11€ | 15€ | **18€** | 19€ | 24€ | [m] | ⏱ 0,20h/m | 012.000.050

A 9 Außenwand, LHLz, tragend Beschreibung für Pos. **67-69**

Mauerwerk der tragenden Außenwand aus Leichthochlochziegel, ungefüllt, für Putzauftrag, ohne Stoßfugenvermörtelung, Steine mit Nut und Feder.
Ziegelart: PHLz - Planhochlochziegel
Arbeitshöhe: .....

67 Außenwand, LHLz 24cm, tragend KG **331**

Wie Ausführungsbeschreibung A 9
Außenwand: zweischaliges Mauerwerk
Wanddicke: 24,0 cm
Wärmeleitfähigkeit Lambda R: ..... W/(mK)
Festigkeitsklasse: 6 N/mm^2
Rohdichteklasse: 0,65 kg/dm^3
Format: 10 DF (308 x 240 x 249 mm)
Dünnbettmörtel: M 10
Einbauort: in allen Geschossen

102€ | 110€ | **112€** | 115€ | 122€ | [m^2] | ⏱ 0,65h/m^2 | 012.000.202

Kosten:
Stand 1. Quartal 2025
Bundesdurchschnitt

Nr.	Kurztext / Langtext						Kostengruppe
▶	▷	**ø netto €**	◁	◀	[Einheit]	Ausf.-Dauer	Positionsnummer

68 **Außenwand, LHLz 36,5cm, tragend** KG **331**

Wie Ausführungsbeschreibung A 9
Außenwand: monolithisch
Wanddicke: 36,5 cm
Wärmeleitfähigkeit Lambda R: ..... W/(mK)
Festigkeitsklasse: 6 N/mm²
Rohdichteklasse: 0,6 kg/dm³
Format: 12 DF (248 x 365 x 249 mm)
Dünnbettmörtel: M 10
Einbauort: in allen Geschossen

▶	▷	ø	◁	◀	Einheit	Ausf.-Dauer	Positionsnummer
123€	147€	**158€**	171€	202€	[m²]	⏱ 0,90h/m²	012.000.203

69 **Außenwand, LHLz 42,5cm, tragend** KG **331**

Wie Ausführungsbeschreibung A 9
Außenwand: monolithisch
Wanddicke: 42,5 cm
Wärmeleitfähigkeit Lambda R: ..... W/(mK)
Festigkeitsklasse: 6 N/mm²
Rohdichteklasse: 0,65 kg/dm³
Format: 14 DF (248 x 425x 249 mm)
Dünnbettmörtel: M 10
Einbauort: in allen Geschossen

▶	▷	ø	◁	◀	Einheit	Ausf.-Dauer	Positionsnummer
155€	176€	**191€**	200€	233€	[m²]	⏱ 0,90h/m²	012.000.165

A 10 **Außenwand, LHLz, tragend, gefüllt** Beschreibung für Pos. **70-71**

Mauerwerk der tragenden Außenwand aus Leichthochlochziegel, verfüllt, für Putzauftrag, ohne Stoßfugenvermörtelung, Steine mit Nut und Feder.
Ziegelart: Plan-Hochlochziegel mit Dämmfüllung
Arbeitshöhe: .....

70 **Außenwand, LHLz 36,5cm, tragend, gefüllt** KG **331**

Wie Ausführungsbeschreibung A 10
Wanddicke: 36,5 cm
Füllung: **Perlite / Mineralwolle**
Wärmeleitfähigkeit Lambda R: ..... W/(mK)
Festigkeitsklasse: **6 / 12** N/mm²
Rohdichteklasse: **0,55 / 0,80** kg/dm³
Format: 12 DF (248 x 365 x 249 mm)
Dünnbettmörtel: M 10
Einbauort: in allen Geschossen

▶	▷	ø	◁	◀	Einheit	Ausf.-Dauer	Positionsnummer
138€	158€	**166€**	178€	210€	[m²]	⏱ 0,90h/m²	012.000.164

▶ min
▷ von
ø Mittel
◁ bis
◀ max

71 Außenwand, LHLz 42,5cm, tragend, gefüllt KG **331**

Wie Ausführungsbeschreibung A 10
Wanddicke: 42,5 cm
Füllung: **Perlite / Mineralwolle**
Wärmeleitfähigkeit Lambda R: ..... W/(mK)
Festigkeitsklasse: **6 / 12** N/mm²
Rohdichteklasse: **0,55 / 0,80** kg/dm³
Format: 14 DF (248 x 425x 249 mm)
Dünnbettmörtel: M 10
Einbauort: in allen Geschossen

163€ 190€ **199€** 213€ 247€ [m²] ⏱ 0,90 h/m² 012.000.166

A 11 Außenwand, KS L-R, tragend Beschreibung für Pos. **72-73**

Mauerwerk der tragenden Außenwand aus Kalksandstein KS L-R, für zweischaliges, hinterlüftetes Mauerwerk, für einseitigen Putzauftrag, ohne Stoßfugenvermörtelung, Steine mit Nut und Feder, Drahtanker in gesonderter Position.
Steinart: KS L-R
Arbeitshöhe: .....

72 Außenwand, KS L-R 17,5cm, tragend KG **331**

Wie Ausführungsbeschreibung A 11
Wandfunktion: **Hintermauerung / Tragschale**
Wanddicke: 17,5 cm
Festigkeitsklasse: 12 N/mm²
Rohdichteklasse: 1,6 kg/dm³
Format: 12 DF (373 x 175 x 248 mm)
Dünnbettmörtel: M 10
Einbauort: in allen Geschossen

61€ 80€ **88€** 95€ 119€ [m²] ⏱ 0,50 h/m² 012.000.204

73 Außenwand, KS L-R 24cm, tragend KG **331**

Wie Ausführungsbeschreibung A 11
Wandfunktion: **Hintermauerung / Tragschale**
Wanddicke: 24,0 cm
Festigkeitsklasse: 12 N/mm²
Rohdichteklasse: 1,8 kg/dm³
Format: 8 DF (240 x 240 x 248 mm)
Dünnbettmörtel: M 10
Einbauort: in allen Geschossen

84€ 100€ **110€** 119€ 143€ [m²] ⏱ 0,60 h/m² 012.000.057

Nr.	Kurztext / Langtext						Kostengruppe
▶	▷	ø netto €	◁	◀	[Einheit]	Ausf.-Dauer	Positionsnummer

74 **Außenwand, Betonsteine Hbn 17,5cm** KG **331**

Mauerwerk der Außenwand aus Leichtbetonsteinen Hbn, für zweischaliges, hinterlüftetes Mauerwerk, für Putzauftrag, ohne Stoßfugenvermörtelung, Drahtanker in gesonderter Position.
Wandfunktion: **Hintermauerung / Tragschale**
Wanddicke: 17,5 cm
Steinart: Hbn
Festigkeitsklasse: 12 N/mm²
Rohdichteklasse: 1,6 kg/d,3
Format: 12 DF (248 x 175 x 238 mm)
Normalmauermörtel: M 5
Einbauort/Geschoss: .....
Arbeitshöhe: .....

▶	▷	ø	◁	◀	Einheit	Ausf.-Dauer	Positionsnummer
62€	71€	**76€**	85€	98€	[m²]	⏱ 0,50h/m²	012.000.058

75 **Außenwand, Porenbeton 30cm, tragend** KG **331**

Mauerwerk der tragende Außenwand aus Porenbeton-Plansteinen, für Mauerwerk und Putzauftrag, ohne Stoßfugenvermörtelung.
Wanddicke: 30,0 cm
Steinart: PP
Festigkeitsklasse: ..... N/mm²
Rohdichteklasse: ..... kg/dm³
Format: .....
Stoßfugenvermörtelung: **mit / ohne**
Stoßfugenausbildung: .....
Lagerfugenausbildung: .....
Dünnbettmörtel: M 10
Arbeitshöhe: .....
Einbauort: in allen Geschossen

▶	▷	ø	◁	◀	Einheit	Ausf.-Dauer	Positionsnummer
98€	112€	**114€**	119€	127€	[m²]	⏱ 0,40h/m²	012.000.080

76 **Mauerpfeiler, rechteckig, freitragend** KG **333**

Mauerpfeiler aus Mauerziegel, freitragend, rechteckiger Grundriss, mit Stoßfugenvermörtelung.
Querschnitt (L x B): ..... x .....
Steinart: .....
Festigkeitsklasse: 20 N/mm²
Rohdichteklasse: 1,8 kg/dm³
Format: ..... DF
Einbauort/Geschoss: .....
Arbeitshöhe: .....

▶	▷	ø	◁	◀	Einheit	Ausf.-Dauer	Positionsnummer
59€	93€	**108€**	125€	172€	[m]	⏱ 0,50h/m	012.000.046

Kosten:
Stand 1. Quartal 2025
Bundesdurchschnitt

▶ min
▷ von
ø Mittel
◁ bis
◀ max

A 12 Kerndämmung, Mineralwolle, Außenwand Beschreibung für Pos. **77-78**

Kerndämmung für zweischalige Außenwand, aus Mineralwolle, MW DIN EN 13162, einlagig, als Platte, Anwendungsgebiet DIN 4108-10 WZ, auf vorh. Drahtanker.
Brandverhalten: nicht brennbar, Klasse A
Arbeitshöhe: .....

77 Kerndämmung, MW 035, 80mm, Außenwand KG **330**

Wie Ausführungsbeschreibung A 12
Bemessungswert der Wärmeleitfähigkeit: max. 0,035 W/(mK)
Nennwert Wärmeleitfähigkeit: max. 0,034 W/(mK)
Gesamtdicke: 80 mm

19€ 21€ **23€** 24€ 30€ [m²] ⏱ 0,12h/m² 012.000.168

78 Kerndämmung, MW 035, 140mm, Außenwand KG **330**

Wie Ausführungsbeschreibung A 12
Bemessungswert der Wärmeleitfähigkeit: max. 0,035 W/(mK)
Nennwert Wärmeleitfähigkeit: max. 0,034 W/(mK)
Gesamtdicke: 140 mm

34€ 39€ **41€** 44€ 51€ [m²] ⏱ 0,16h/m² 012.000.120

A 13 Gebäudetrennfugen, Mineralwolle, Außenwand Beschreibung für Pos. **79-80**

Dämmung zwischen Haustrennwänden mit Schallschutzanforderung.
Dämmstoff: Mineralwolle - MW
Anwendung: WTH
Brandverhalten: A1, nicht brennbar
Bemessungswert der Wärmeleitfähigkeit: max. 0,035 W/(mK)
Nennwert Wärmeleitfähigkeit: 0,034 W/(mK)
dynamische Steifigkeit: SD = 18 MN/m³
Zusammendrückbarkeit: sh
Arbeitshöhe: .....

79 Gebäudetrennfugen, MW, 20mm, Außenwand KG **341**

Wie Ausführungsbeschreibung A 13
Dicke: 20 mm

8€ 10€ **11€** 12€ 13€ [m²] ⏱ 0,14h/m² 012.000.072

80 Gebäudetrennfugen, MW, 50mm, Außenwand KG **341**

Wie Ausführungsbeschreibung A 13
Dicke: 50 mm

17€ 24€ **26€** 31€ 39€ [m²] ⏱ 0,15h/m² 012.000.092

Nr.	Kurztext / Langtext					Kostengruppe
▶	▷	ø netto €	◁	◀	[Einheit]	Ausf.-Dauer	Positionsnummer

81 Deckenranddämmung, Mehrschichtleichtbauplatte KG **351**

Dämmung Deckenrand, mit Mehrschichtschicht-Leichtbauplatten, in Schalung eingelegt und befestigt, dicht gestoßen.
Plattentyp: Mehrschicht-Leichtbauplatte mit Mineralwolledämmschicht - Typ: WW-C
Brandverhalten: schwer entflammbar - Klasse .....
Anwendungstyp: DI-dm
Bemessungswert der Wärmeleitfähigkeit: max. 0,035 W/(mK)
Nennwert Wärmeleitfähigkeit: 0,034 W/(mK)
Deckendicke: .....
Dämmdicke: .....
Einbauort/Geschoss: **Deckenrand / .....**

8€ 15€ **19€** 23€ 31€ [m] ⏱ 0,10h/m 012.000.073

Kosten:
Stand 1.Quartal 2025
Bundesdurchschnitt

82 Drahtanker, Hintermauerung/Tragschale KG **335**

Drahtanker für zweischaliges Mauerwerk, beim Aufmauern über Drahtanker darf keine Feuchte in die Dämmung geleitet werden.
Untergrund: **Mauerwerk aus ..... / Tragschale aus Stahlbeton**
Höhe über Gelände: bis 12,0 m
Schalenabstand: 160 mm
Arbeitshöhe: .....

5€ 10€ **12€** 14€ 18€ [m²] ⏱ 0,18h/m² 012.000.023

83 Verblendmauerwerk, Abfangung, Winkelkonsole KG **335**

Winkelkonsolanker zur Abfangung von Verblendmauerwerk, Element mit zwei Konsolrücken und Versatzmaß, mit allgemeiner bauaufsichtlicher Zulassung für den Konsolkopf, mit CE-Kennzeichen, versehen mit RAL Gütezeichen der Gütegemeinschaft Fassadenbefestigungstechnik e.V..
Material: nichtrostender Stahl
Höhenverstellbar: +/-35 mm
Winkellänge: .....
Versatzmaß: .....
Laststufe je Konsolrücken: ..... kN
Kragmaß: .....
Wandabstand: .....
Arbeitshöhe: .....

191€ 296€ **335€** 362€ 481€ [St] ⏱ 0,40h/St 012.000.130

84 Verblendmauerwerk, Abfangung Einzelkonsole KG **335**

Einzelkonsolanker zur Abfangung von Verblendmauerwerk, Element mit zwei Konsolrücken, mit allgemeiner bauaufsichtlicher Zulassung für den Konsolkopf, mit CE-Kennzeichen, versehen mit RAL Gütezeichen der Gütegemeinschaft Fassadenbefestigungstechnik e.V..
Material: nichtrostender Stahl
Höhenverstellbar: +/-35 mm
Winkellänge: .....
Laststufe je Konsolrücken: ..... kN
Kragmaß: .....
Wandabstand: .....
Arbeitshöhe: .....

26€ 48€ **62€** 73€ 93€ [St] ⏱ 0,20h/St 012.000.174

▶ min
▷ von
ø Mittel
◁ bis
◀ max

85 Verblendmauerwerk, VMz, 115mm KG **335**

Verblendmauerwerk DIN EN 1996 vor Luftschicht und Dämmung, Schalenabstand 200mm, vor Außenwand, Drahtanker beim Aufmauern einlegen, mit Ergänzungssteinen, mit Stoßfugenvermörtelung und Fugenglattstrich, sowie Lüftungs- und Entwässerungsöffnungen. Dämmung und Drahtanker werden gesonderter vergütet.
Steinart: VMz
Oberfläche/Farbe: .....
Festigkeitsklasse: 20
Rohdichteklasse: 2,0
Format: NF (240 x 115 x 71 mm)
Normalmauermörtel: M 5
Arbeitshöhe: bis 3,5 m
Verband: .....
Verfugung: Fugenglattstrich, leicht zurückliegend
Angeb. Fabrikat: ..... **(Steinhersteller / Steinart / Format)**

126€ 175€ **198€** 218€ 278€ [m²] ⏱ 0,95h/m² 012.000.024

86 Sparverblendung WDVS, Klinkerriemchen KG **335**

Klinkerriemchen als Sparverblendung des Wärmedämmverbundsystems, als geklebte Wetterschicht, nach Herstellervorgabe aufgebracht, inkl. Verfugung und Vorbehandlung des Untergrunds. Verblendung von Mauerpfeilern, Öffnungen anlegen und überdecken, Sturzausbildungen und Laibungen nach gesonderter Position.
Untergrund: Wärmedämmverbundsystem, d= .....
Steinart: Vormauerziegel VMz DIN 105-100
Oberfläche: .....
Farbe: .....
Format (L x B x H): **Waalformat WF 210 x 50 x ..... / Dünnformat DF 240 x 52 x ....** mm **/ ......**
Fugenbreite: **12,5 / 10,5 / .....** mm
Mörtel: Klasse M 2,5 DIN EN 998-2
Verband: .....
Verfugung: Fugenglattstrich, leicht zurückliegend
Angeb. Fabrikat: ..... **(Steinhersteller / Steinart / Format)**

137€ 168€ **179€** 208€ 253€ [m²] ⏱ 0,80h/m² 012.000.132

87 Verblendmauerwerk, Betonsteine KG **335**

Verblendmauerwerk der Außenwand aus Beton-Modulsteinen, vor Luftschicht und Dämmung mit 200mm Abstand. Drahtanker beim Aufmauern einlegen, mit Ergänzungssteinen, mit Stoßfugenvermörtelung und Fugenglattstrich. Dämmung und Drahtanker werden gesonderter vergütet.
Steinart: Betonsteinverblender
Oberfläche/Farbe: **steingrau / weiß / .....**
Festigkeitsklasse: 20
Rohdichteklasse: 2,0
Format: 290 x 190 x 90 mm
Normalmauermörtel: M 5
Arbeitshöhe: bis 3,5 m
Verband: .....
Verfugung: Fugenglattstrich, leicht zurückliegend

218€ 241€ **258€** 268€ 294€ [m²] ⏱ 0,85h/m² 012.000.025

Nr.	Kurztext / Langtext						Kostengruppe
►	▷	ø netto €	◁	◀	[Einheit]	Ausf.-Dauer	Positionsnummer

88 Verblendmauerwerk, Kalksandsteine KG **335**

Verblendmauerwerk aus Kalksandstein, als äußere hinterlüftete Schale des zweischaligen Mauerwerks, vor Mineralwolleplatten, Drahtanker beim Aufmauern einlegen, mit Stoßfugenvermörtelung; Fugenglattstrich bzw. Verfugung in gesonderter Position.
Verblenderschicht: 11,5 cm
Verband: .....
Steinart: KS Vb
Festigkeitsklasse: 20 N/mm²
Rohdichteklasse: 1,8 kg/dm³
Format: 2 DF (240 x 115 x 113 mm)
Normalmauermörtel: M 5
Farbe: **steingrau / weiß / .....**
Einbauhöhe: bis 4,00 m

Kosten:
Stand 1. Quartal 2025
Bundesdurchschnitt

163€ 204€ **215€** 237€ 277€ [m²] ⏱ 1,20 h/m² 012.000.026

89 Verblendmauerwerk, Öffnungen KG **335**

Öffnung in Verblendmauerwerk mit Sichtbeton-Flachsturz herstellen, gem. Statikangaben des Herstellers.
Querschnitt Sturz: 115 x 113 mm
Lichte Öffnung: .....
Einbauort: .....
Arbeitshöhe: .....

26€ 40€ **48€** 55€ 69€ [m²] ⏱ 0,30 h/m² 012.000.027

90 Verblendmauerwerk, Rollschicht KG **335**

Fensterbank als Rollschicht in Verblendmauerwerk herstellen, Steinformat mit Oberfläche und Farbe wie vor beschriebenes Verblendmauerwerk, einschl. Verfugung und Endstein geschlossen.
Ausführung: **waagerecht / geneigt mit .....°**

28€ 55€ **68€** 74€ 92€ [m] ⏱ 0,65 h/m 012.000.059

A 14 Mauerwerk abgleichen Beschreibung für Pos. **91-93**

Abgleichen von geneigten Abschlüssen des Giebelmauerwerks, mit Beton, inkl. beidseitiger nichtsaugender, glatter Schalung.
Untergrund: abgetreppt, Mauerwerk aus .....
Oberfläche: abreiben
Betongüte: C20/25
Arbeitshöhe: .....

► min
▷ von
ø Mittel
◁ bis
◀ max

91 Mauerwerk abgleichen, 17,5cm KG **331**

Wie Ausführungsbeschreibung A 14
Mauerdicke: 17,5 cm

4€ 11€ **16€** 20€ 28€ [m] ⏱ 0,20 h/m 012.000.082

92 Mauerwerk abgleichen, 24cm KG **331**

Wie Ausführungsbeschreibung A 14
Mauerdicke: 24,0 cm

6€ 15€ **20€** 26€ 41€ [m] ⏱ 0,25 h/m 012.000.114

93 **Mauerwerk abgleichen, 36,5cm** KG **331**

Wie Ausführungsbeschreibung A 14
Mauerdicke: 36,0 cm

6€ 17€ **22€** 31€ 43€ [m] ⏱ 0,28h/m 012.000.037

94 **Ringanker, U-Schale, 11,5cm** KG **331**

Ringanker aus U-Schale, ohne integrierte Wärmedämmung; Füllung mit Beton und Bewehrung wird gesondert vergütet.
Wanddicke: 11,5 cm
Material: **Ziegel / Porenbeton / Kalksandstein**

30€ 45€ **52€** 53€ 61€ [m] ⏱ 0,20h/m 012.000.112

95 **Ringanker, U-Schale, 24cm** KG **331**

Ringanker aus U-Schale; Füllung mit Beton und Bewehrung wird gesondert vergütet.
Wanddicke: 24,0 cm
Material: **Ziegel / Porenbeton / Kalksandstein**
Integrierte Wärmedämmung: **mit / ohne**

36€ 53€ **55€** 61€ 75€ [m] ⏱ 0,22h/m 012.000.043

96 **Ringanker, U-Schale, 36,5cm** KG **331**

Ringanker aus U-Schale, Füllung mit Beton und Bewehrung wird gesondert vergütet.
Wanddicke: 36,5 cm
Material: **Ziegel / Porenbeton / Kalksandstein**
Integrierte Wärmedämmung: **mit / ohne**

51€ 60€ **64€** 76€ 97€ [m] ⏱ 0,25h/m 012.000.084

97 **Ausmauerung, Sparren** KG **332**

Mauerwerk zwischen Holzsparren, als Sparrenfußausmauerung, aus Hochlochziegel; mit Stoßfugenvermörtelung.
Wanddicke: 11,5 cm
Steinart: HLz
Festigkeitsklasse: 12 N/mm^2
Rohdichteklasse: 1,2 kg/dm^3
Format: 2DF (240 x 115 x 113 mm)
Normalmauermörtel: M 2,5
Arbeitshöhe: unter 1,5 m

32€ 45€ **50€** 60€ 86€ [m] ⏱ 0,30h/m 012.000.044

000 001 002 006 008 009 010 **012** 013 014 016 017 018 020 021 022

Nr.	Kurztext / Langtext						Kostengruppe
▶	▷	ø netto €	◁	◀	[Einheit]	Ausf.-Dauer	Positionsnummer

98 **Schornstein, Formstein, einzügig** KG **429**

Einzügiges Schornsteinsystem, mehrschalig, Montagebauweise, feuchteunempfindlich, für Gegenstrombetrieb und überdruckdicht; Leistung komplett inkl. aller erforderlichen Anschlüsse und Zubehörteile.
Abgasanlage: (Betriebsstoff, Bauweise, Temperaturklasse, Gasdichtheitsklasse, Nominaldruck, etc.) gem. Einzelbeschreibung
System bestehend aus:

- Keramikrohr
- Distanzhalter
- Dämmung
- Mantelstein
- Heizraumabluftschacht
- Sockelstein mit Kondensatablauf
- Reinigungsöffnungen (2 St)
- Anschlussöffnung

Ausführung: einzügig
Abzugsöffnungen: .....
Mantelstein: **Ziegel / Leichtbeton**
Abgasrohr: D= ..... mm
Abluftschacht: 10 x 25 cm
Schornsteinhöhe: bis 11,00 m
Arbeitshöhe: bis 3,50 m

203€	300€	**342€**	417€	596€	[m]	⏱ 1,50h/m	012.000.173

99 **Schornstein, Formsteine, zweizügig** KG **429**

Zweizügiges Schornsteinsystem, mehrschalig, Montagebauweise, feuchteunempfindlich, für Gegenstrombetrieb und überdruckdicht; Leistung komplett inkl. aller erforderlichen Anschlüsse und Zubehörteile.
Abgasanlage: (Betriebsstoff, Bauweise, Temperaturklasse, Gasdichtheitsklasse, Nominaldruck, etc.) gem. Einzelbeschreibung
System bestehend aus:

- Keramikrohr
- Distanzhalter
- Dämmung
- Mantelstein
- Heizraumabluftschacht
- Sockelstein mit Kondensatabläufen
- Reinigungsöffnungen (je 2 St je Zug)
- Anschlussöffnung

Ausführung: zweizügig
Abzugsöffnungen: .....
Mantelstein: **Ziegel / Leichtbeton**
Abgasrohr 1: D= ..... mm
Abgasrohr 2: D= ..... mm
Abluftschacht: 10 x 25 cm
Schornsteinhöhe: bis 11,00 m
Arbeitshöhe: bis 3,50 m

296€	377€	**405€**	461€	553€	[m]	⏱ 1,50h/m	012.000.029

Kosten:
Stand 1.Quartal 2025
Bundesdurchschnitt

▶ min
▷ von
ø Mittel
◁ bis
◀ max

100 Schornsteinkopf, Mauerwerk KG **429**

Schornsteinkopfmauerwerk aus Klinkerziegel KMZ, für Montageschornstein, auf vorhandener Kragplatte.
Ausführung: als **Aufmauerung / Ummauerung**
Mauerdicke: 11,5 cm
Schornsteinabmessung: .....
Steinart: KMz
Festigkeitsklasse: 28 N/mm²
Rohdichteklasse: 1,6 kg/dm³
Format: NF
Mörtelgruppe: NM IIa
Struktur: .....
Farbe: .....
Höhe über Dach: 0,70 m i.M.
Höhe unterhalb: .....

243€	330€	**339€**	374€	431€	[m²]	⏱ 2,30h/m²	012.000.030

101 Schornsteinkopfabdeckung, Faserzement KG **429**

Stülpkopf aus beschichtetem Faserzement, passend zu Schornstein-System.
Ausführung: **im Ziegelmantelstein / im Leichtbetonmantelstein**
Struktur: .....
Farbe: .....

325€	549€	**621€**	735€	965€	[St]	⏱ 1,00h/St	012.000.031

102 Ziegel-Elementdecke, ZST 1,0 - 22,5 KG **351**

Ziegel-Elementdecke, mit mittragenden Deckenziegeln inkl. prüffähigem Tragfähigkeitsnachweis und Verlegeplan sowie erforderlicher Montagejoche und Zwischenunterstützungen, Bemessung nach typengeprüften Traglasttabellen. Auf- und Vergussbeton, Bewehrung und Ausbilden von Durchbrüchen werden gesondert vergütet.
Deckensystem: .....
Deckenziegel: ZST 1,0-22,5
Elementbreiten: 0,50-2,50 m
Spannweite: .....
Nutzlast: .....
Deckendicke: .....
Schalldämmmaß (inkl. schw. Estrich + Putz): .....
Brandschutz: **F90A / REI 90**
Einbauort/Geschoss: ......
Arbeitshöhe über Standebene: .....

136€	158€	**173€**	176€	190€	[m²]	⏱ 0,70h/m²	012.000.054

103 Stundensatz, Facharbeiter/-in

Stundenlohnarbeiten für Facharbeiter/-in, Spezialfacharbeiter/-in, Vorarbeiter/-in und jeweils Gleichgestellte. Der Verrechnungssatz für die jeweilige Arbeitskraft umfasst sämtliche Aufwendungen wie Lohn- und Gehaltskosten, lohn- und gehaltsgebundene Kosten, Lohn- und Gehaltsnebenkosten, Gemeinkosten, Wagnis und Gewinn. Leistung nach besonderer Anordnung des Auftraggebers. Nachweis und Anmeldung gem. VOB/B.

60€	69€	**73€**	78€	88€	[h]	⏱ 1,00h/h	012.000.128

000
001
002
006
008
009
010
012
013
014
016
017
018
020
021
022

Nr.	Kurztext / Langtext						Kostengruppe
▶	▷	**ø netto €**	◁	◀	[Einheit]	Ausf.-Dauer	Positionsnummer

104 Stundensatz, Helfer/-in

Stundenlohnarbeiten für Werker/-in, Fachwerker/-in und jeweils Gleichgestellte. Der Verrechnungssatz für die jeweilige Arbeitskraft umfasst sämtliche Aufwendungen wie Lohn- und Gehaltskosten, lohn- und gehaltsgebundene Kosten, Lohn- und Gehaltsnebenkosten, Gemeinkosten, Wagnis und Gewinn. Leistung nach besonderer Anordnung des Auftraggebers. Nachweis und Anmeldung gem. VOB/B.

46€	60€	**67€**	69€	75€	[h]	⏱ 1,00h/h	012.000.129

Kosten:
Stand 1.Quartal 2025
Bundesdurchschnitt

▶ min
▷ von
ø Mittel
◁ bis
◀ max

013

Kosten:
Stand 1. Quartal 2025
Bundesdurchschnitt

Nr.	Positionen	Einheit	▶	▷	ø brutto € / ø netto €	◁	◀
1	Tragschicht, Schotter, 30cm	m²	15	23	**28**	28	41
			12	19	**23**	23	34
2	Trennlage, PE-Folie	m²	1	3	**3**	4	6
			1	2	**3**	3	5
3	Glasschotter, unter Bodenplatte, 30cm	m³	135	169	**181**	209	266
			114	142	**152**	176	223
4	Glasschotter, unter Bodenplatte, 30cm	m²	50	66	**72**	80	97
			42	55	**60**	67	81
5	Sauberkeitsschicht, Beton, 5cm	m²	11	15	**17**	22	32
			9	13	**14**	19	27
6	Sauberkeitsschicht, Beton, 10cm	m²	16	22	**25**	30	40
			13	19	**21**	25	34
7	Sauberkeitsschicht, Sand, 10cm	m²	8	12	**13**	17	24
			7	10	**11**	14	20
8	Rohrdurchführung, Kunststoff	St	32	67	**71**	85	108
			27	56	**60**	72	91
9	Gleitschicht, PE-Folie, zweilagig	m²	3	5	**6**	7	8
			2	4	**5**	5	7
10	Fundament, Ortbeton C30/37	m³	221	249	**263**	295	355
			186	209	**221**	248	298
11	Schalung, Fundament, verloren	m²	57	67	**70**	80	99
			48	56	**59**	67	83
12	Schalung, Fundament, rau	m²	32	53	**61**	73	109
			27	44	**51**	62	92
13	Aufzugsunterfahrt, Ortbeton C25/30	m³	268	355	**382**	576	893
			225	299	**321**	484	750
14	Bodenplatte, Ortbeton, C25/30, bis 35cm	m³	197	242	**262**	281	328
			165	204	**220**	236	276
15	Bodenplatte, Ortbeton, C25/30, bis 40cm	m³	208	249	**267**	296	349
			174	209	**224**	249	293
16	Bodenplatte, WU-Ortbeton C30/37, bis 35cm	m³	194	263	**292**	309	362
			163	221	**246**	260	305
17	Bodenplatte, WU-Ortbeton C30/37, 40cm	m³	201	284	**307**	355	420
			169	239	**258**	298	353
18	Randschalung, Bodenplatte	m	11	18	**21**	24	31
			9	15	**17**	20	26
19	Fugenband, Blechband	m	27	35	**39**	46	61
			23	30	**33**	38	51
20	Fugenband, Blech, Formstück	St	40	72	**84**	93	125
			33	60	**71**	78	105
21	Fugenband, Kunststoff	m	30	41	**45**	52	68
			25	35	**38**	43	57
22	Fugenband, Kunststoff, Formstück	St	35	66	**82**	89	118
			29	56	**69**	75	99
23	Fugenband, Bewegungsfugen	m	37	52	**59**	68	91
			31	44	**50**	57	76
24	Fugenband, Injektionsschlauch	m	29	35	**38**	41	50
			25	30	**32**	35	42

▶ min
▷ von
ø Mittel
◁ bis
◀ max

Nr.	Positionen	Einheit	►	▷	ø brutto € / ø netto €	◁	◄
25	Verpressung, Injektionsschlauch	m	34	54	**66**	79	101
			29	45	**55**	66	85
26	Innenwand, Ortbeton, C25/30, bis 25cm	m³	190	219	**238**	263	303
			159	184	**200**	221	255
27	Außenwand, Ortbeton, C25/30, bis 25cm	m³	180	226	**246**	268	316
			151	190	**207**	225	266
28	Außenwand, WU-Ortbeton, C25/30, bis 30cm	m³	214	252	**259**	299	373
			180	212	**218**	251	313
29	Außenwand, WU-Ortbeton, C30/37, bis 30cm	m³	227	267	**284**	316	372
			191	225	**239**	266	312
30	Schalung, Aufzugsschacht	m²	58	78	**82**	88	101
			49	65	**69**	74	85
31	Schalung, Wand, rau	m²	49	56	**59**	63	79
			41	47	**49**	53	66
32	Schalung, Wand, glatt	m²	36	55	**63**	72	97
			30	46	**53**	60	81
33	Schalung, Wand, SB3	m²	61	81	**86**	90	101
			51	68	**72**	76	85
34	Schalung, Dreiecksleiste	m	4	7	**8**	10	13
			4	6	**6**	8	11
35	Wandschalung, Türe 0,885m	St	71	146	**167**	184	261
			60	122	**140**	154	220
36	Wandschalung, Türe 1,135m	St	87	152	**179**	206	332
			73	127	**150**	173	279
37	Wandschalung, Türe 2,01m	St	123	226	**271**	338	461
			103	190	**227**	284	387
38	Wandschalung, Fenster bis 2,00m²	St	81	148	**168**	246	406
			68	124	**141**	207	342
39	Wandschalung, Fenster bis 4,00m²	St	96	224	**330**	347	475
			81	188	**278**	292	399
40	Wandschalung, Stirnfläche	m	19	28	**33**	37	46
			16	23	**27**	31	39
41	Aussparung, bis 0,10m², Betonbauteile	St	21	47	**58**	78	129
			18	40	**49**	66	108
42	Öffnung, über 2,5m², Wand	m²	89	103	**108**	117	141
			75	86	**91**	99	118
43	Kernbohrung, Stb-Decke, Durchmesser 55-80mm	St	198	241	**268**	305	335
			166	202	**225**	256	281
44	Kernbohrung, Stb-Decke, Durchmesser 115-130mm	St	224	265	**298**	343	373
			188	223	**251**	288	313
45	Kernbohrung, Stahlschnitte, 16-28mm	St	5	6	**7**	8	9
			4	5	**6**	7	8
46	Betonschneidearbeiten, bis 43cm	m	180	219	**243**	277	303
			151	184	**204**	233	255
47	Unterzug/Sturz, Stahlbeton C25/30	m³	191	252	**275**	329	437
			161	212	**231**	277	367
48	Schalung, Unterzug/Sturz	m²	64	106	**120**	135	170
			54	89	**101**	113	143

Betonarbeiten **Preise €**

Kosten:
Stand 1. Quartal 2025
Bundesdurchschnitt

Nr.	Positionen	Einheit	►	▷	ø brutto € / ø netto €	◁	◄
49	Konsole, Ortbeton, Sichtbeton	m³	204	360	**418**	488	603
			172	303	**351**	410	507
50	Stütze, Stahlbeton C25/30, außen	m³	255	312	**340**	368	428
			214	262	**286**	310	359
51	Ortbeton, Stütze, C25/30, innen	m³	225	279	**300**	324	417
			189	235	**252**	273	350
52	Schalung, Stütze, rechteckig, rau	m²	69	101	**119**	137	184
			58	85	**100**	115	154
53	Schalung, Stütze, rechteckig, glatt	m²	76	113	**127**	147	202
			63	95	**106**	123	170
54	Schalung, Stütze, rund, glatt	m²	75	105	**116**	137	177
			63	88	**97**	115	149
55	Decke, Ortbeton, C25/30, bis 35cm	m³	186	210	**219**	231	280
			156	176	**184**	194	235
56	Decke, Ortbeton, C25/30, bis 35cm, SB2	m³	199	230	**247**	250	286
			167	194	**208**	210	240
57	Balkonplatte, Ortbeton, C25/30, SB2	m³	235	265	**277**	300	330
			198	223	**233**	252	277
58	Flachdach, Ortbeton, C25/30, bis 35cm	m³	187	206	**214**	231	280
			157	173	**180**	195	235
59	Schalung, Dach, glatt	m²	45	61	**66**	79	112
			38	51	**56**	67	94
60	Schalung, Decken, glatt	m²	35	60	**66**	82	112
			30	51	**56**	69	94
61	Dämmung, Deckenrand, PS	m	10	14	**16**	19	22
			9	12	**13**	16	19
62	Randschalung, Deckenplatte	m	16	23	**26**	31	46
			14	20	**22**	26	39
63	Überzug/Attika, Ortbeton, C25/30	m³	195	261	**296**	339	429
			164	219	**249**	285	361
64	Unterzug, rechteckig, Ortbeton, Schalung	m	82	128	**143**	183	294
			69	107	**120**	153	247
65	Schalung, Ringbalken/Überzug/Attika, glatt	m²	66	88	**98**	111	139
			56	74	**82**	93	117
66	Stb-Fertigteilsturz, Breite 11,5cm	m	40	70	**73**	82	95
			33	59	**61**	69	80
67	Stb-Fertigteilsturz, Breite 17,5cm	m	68	99	**113**	124	146
			57	83	**95**	104	123
68	Stb-Fertigteilsturz, Breite 24cm	m	65	109	**132**	150	178
			55	92	**111**	126	150
69	Treppenlauf, Ortbeton, C35/37	m³	310	373	**397**	474	595
			261	313	**333**	398	500
70	Schalung, Treppenlauf/Stufen, gerade	m²	193	214	**219**	229	247
			162	179	**184**	192	208
71	Treppenpodest, Ortbeton, C30/37	m³	252	321	**346**	384	469
			212	270	**291**	323	394
72	Schalung, glatt, Treppenpodest	m²	71	119	**138**	157	197
			59	100	**116**	132	165

► min
▷ von
ø Mittel
◁ bis
◄ max

Nr.	Positionen	Einheit	►	▷	ø brutto € / ø netto €	◁	◄
73	Stb-Fertigteil, Treppenpodest	St	1.181	2.244	**2.691**	3.230	4.782
			992	1.886	**2.261**	2.714	4.019
74	Stb-Fertigteil, Treppe, einläufig, 7 Stufen	St	1.050	1.714	**1.883**	2.088	2.966
			882	1.441	**1.583**	1.754	2.493
75	Stb-Fertigteil, Treppe, einläufig, 16 Stufen	St	2.844	3.697	**4.102**	4.335	5.185
			2.390	3.107	**3.447**	3.643	4.357
76	Blockstufe, Betonfertigteil	St	158	301	**356**	518	860
			133	253	**299**	435	723
77	Elementdecke, 18cm, inkl. Aufbeton	m²	70	101	**112**	126	155
			59	85	**94**	105	130
78	Elementdecke, 22cm, inkl. Aufbeton	m²	88	108	**116**	131	160
			74	91	**97**	110	135
79	Elementdecke, 25cm, inkl. Aufbeton	m²	118	138	**149**	174	210
			99	116	**125**	146	176
80	Gleitfolie, Wandaufleger	m	6	12	**14**	17	22
			5	10	**12**	14	19
81	Stb-Fertigteil, Balkonplatte	m²	198	258	**310**	331	379
			166	217	**261**	278	318
82	Stb-Fertigteil, Balkonbrüstung	m²	204	283	**306**	331	375
			171	238	**257**	278	315
83	Maschinenfundament, Ortbeton, Schalung, bis 3,0m²	m²	68	126	**168**	182	213
			57	106	**141**	153	179
84	Gefällebeton, C12/15, XC4/XF1	m²	35	42	**45**	49	55
			29	36	**38**	41	46
85	Kellerlichtschacht, Kunststoffelement	St	185	356	**417**	505	728
			155	299	**350**	425	612
86	Kellerlichtschacht, Betonfertigteil	St	373	932	**1.184**	1.487	2.194
			313	783	**995**	1.249	1.843
87	Kellerfenster, einflüglig bis 0,60m², in Schalung	St	295	405	**459**	508	609
			248	340	**386**	427	512
88	Kellerfenster, einflüglig bis 1,50m², in Schalung	St	343	466	**553**	589	679
			288	392	**464**	495	571
89	Fundamenterder, Stahlband	m	5	9	**11**	16	24
			4	8	**9**	13	20
90	Elektrogerätedose	St	7	15	**17**	23	38
			6	13	**15**	19	32
91	Elektroleerrohr, flexibel, DN25	m	5	12	**14**	29	56
			4	10	**12**	24	47
92	Leuchten-Einbaugehäuse/-Eingießtopf	St	70	120	**133**	145	187
			59	101	**112**	122	158
93	Hauseinführung/Wanddurchführung, Medien	St	249	622	**746**	1.047	1.615
			209	522	**627**	880	1.358
94	Deckenschlitz, Beton	m	15	32	**38**	47	70
			12	27	**32**	40	59
95	Wandaussparung schließen	m²	75	163	**218**	259	328
			63	137	**183**	217	275
96	Deckendurchbruch schließen, bis 250cm²	St	25	39	**45**	52	73
			21	32	**37**	44	61

Kosten:
Stand 1.Quartal 2025
Bundesdurchschnitt

Nr.	Positionen	Einheit	▶	▷	ø brutto € / ø netto €	◁	◀
97	Deckendurchbruch schließen, 500 bis 1.000cm²	St	21	46	**58**	66	88
			18	39	**48**	56	74
98	Deckendurchbruch schließen, 1.000 bis 2.500cm²	St	23	69	**79**	98	134
			19	58	**67**	83	112
99	Perimeterdämmung, Wand, XPS 040, 80mm	m²	42	47	**49**	67	78
			35	39	**41**	56	66
100	Perimeterdämmung, Wand, XPS 040, 120mm	m²	50	60	**72**	81	96
			42	51	**61**	68	81
101	Schaumglasdämmung, Bodenplatte, bis 100mm	m²	79	100	**111**	121	142
			66	84	**94**	102	119
102	Schaumglasdämmung, Bodenplatte, 120-140mm	m²	148	171	**179**	196	226
			124	144	**150**	165	190
103	Mehrschichtdämmplatte, 50mm, in Schalung	m²	35	48	**52**	58	69
			30	41	**44**	49	58
104	Trennwanddämmung, MW, schallbrückenfrei	m²	11	17	**18**	22	31
			9	14	**15**	19	26
105	Betonstahlmatten, BSt B500A/B500B	t	1.730	2.292	**2.572**	2.791	3.399
			1.454	1.926	**2.161**	2.345	2.856
106	Betonstabstahl, BSt B500B	t	1.648	2.371	**2.655**	3.030	4.057
			1.385	1.993	**2.231**	2.547	3.409
107	Bewehrungszubehör, Abstandshalter	kg	3	4	**5**	6	8
			3	4	**4**	5	7
108	Bewehrung, Gitterträger	t	2.336	2.574	**2.647**	2.786	3.094
			1.963	2.163	**2.225**	2.342	2.600
109	Bewehrungsstoß, 10-16mm	St	30	48	**50**	57	71
			25	40	**42**	48	59
110	Bewehrungsstoß, 22-28mm	St	61	81	**88**	95	117
			51	68	**74**	80	98
111	Klebeanker, M16	St	20	31	**36**	44	57
			17	26	**30**	37	48
112	Kopfbolzenleiste, Durchstanzbewehrung	St	20	44	**53**	72	123
			17	37	**44**	60	104
113	Kleineisenteile, Baustahl S235JR	kg	7	11	**12**	17	27
			6	9	**10**	14	23
114	Stahlkonstruktion, Profilstahl S235JR	kg	4	8	**9**	12	20
			4	7	**8**	10	17
115	Stahlkonstruktion, Baustahl S235JR(AR)	kg	8	15	**18**	20	31
			7	13	**15**	17	26
116	Stahlteile feuerverzinken	kg	2	3	**3**	4	5
			1	2	**2**	3	4
117	Kleineisenteile, nichtrostender Stahl	kg	21	41	**45**	60	79
			18	34	**38**	51	67
118	Ankerschiene 28/15	m	20	29	**34**	44	83
			17	25	**29**	37	70
119	Ankerschiene 38/17	m	24	49	**59**	69	91
			20	41	**49**	58	76
120	Bewehrungs-/Rückbiegeanschluss 55/85	m	18	36	**40**	45	64
			15	30	**33**	38	54

▶ min
▷ von
ø Mittel
◁ bis
◀ max

Nr.	Positionen	Einheit	►	▷	ø brutto € / ø netto €	◁	◄
121	Bewehrungs-/Rückbiegeanschluss, 80/120	m	25	41	**47**	59	77
			21	34	**39**	49	65
122	Bewehrungs-/Rückbiegeanschluss, 150/190	m	28	48	**54**	64	88
			24	40	**45**	54	74
123	Balkonanschluss, Wärmedämmelement	m	163	409	**475**	576	795
			137	343	**399**	484	668
124	TSD-Element, Anschluss, Treppenpodest//Wand	St	152	209	**226**	246	321
			128	176	**190**	207	269
125	Stundensatz, Facharbeiter/-in	h	68	81	**88**	91	102
			57	68	**74**	77	85
126	Stundensatz, Helfer/-in	h	62	72	**78**	81	86
			52	61	**66**	68	72

Nr. **Kurztext** / Langtext — Kostengruppe

► ▷ **ø netto €** ◁ ◄ [Einheit] Ausf.-Dauer Positionsnummer

1 Tragschicht, Schotter, 30cm KG **325**

Tragschicht aus Schotter, auf vorhandenes Filtervlies unter Bodenplatte und Fundament, schichtweise einbringen und verdichten, Oberfläche eben abgewalzt (+/-3cm).
Schichtdicke i.M.: 30 cm
Proctordichte: 103%
Körnung: 0/45
Sieblinie: .....

12€ 19€ **23€** 23€ 34€ [m²] ⏱ 0,10h/m² 013.000.092

2 Trennlage, PE-Folie KG **325**

Trennlage aus PE-Folie, Stoßüberlappung ca. 15cm, Stöße gegen Verschieben sichern.
Foliendicke: 0,2 mm
Verlegung: **einlagig / zweilagig**
Untergrund: **Kiesfilter / Sauberkeitsschicht**

1€ 2€ **3€** 3€ 5€ [m²] ⏱ 0,02h/m² 013.000.001

3 Glasschotter, unter Bodenplatte, 30cm KG **325**

Schüttung aus Glasschaum-Granulat, lastabtragend und kapillarbrechend, auf vorhandenes Geotextil unter Bodenplatte und Fundament, schichtweise einbringen und verdichten, Oberfläche eben abgewalzt +/-3cm.
Dicke verdichtet: 30 cm
Nennwert der Wärmeleitfähigkeit: **0,08 / 0,11** W/(mK)

114€ 142€ **152€** 176€ 223€ [m³] ⏱ 0,80h/m³ 013.000.091

Nr.	Kurztext / Langtext						Kostengruppe
▶	▷	ø netto €	◁	◀	[Einheit]	Ausf.-Dauer	Positionsnummer

4 Glasschotter, unter Bodenplatte, 30cm KG **325**

Schüttung aus Glasschaum-Granulat, lastabtragend und kapillarbrechend, auf vorhandenes Geotextil unter Bodenplatte und Fundament, schichtweise einbringen und verdichten, Oberfläche eben abgewalzt +/-3cm.
Dicke verdichtet: 30 cm
Nennwert der Wärmeleitfähigkeit: **0,08 / 0,11** W/(mK)

42€ 55€ **60€** 67€ 81€ [m2] 0,30h/m2 013.000.094

5 Sauberkeitsschicht, Beton, 5cm KG **325**

Sauberkeitsschicht aus unbewehrtem Beton, unter Gründungsbauteilen.
Zuschlagstoff: natürliche Gesteinskörnung
Betongüte: **C8/10 / C12/15**
Dicke: 5 cm

9€ 13€ **14€** 19€ 27€ [m2] 0,05h/m2 013.000.083

Kosten:
Stand 1. Quartal 2025
Bundesdurchschnitt

6 Sauberkeitsschicht, Beton, 10cm KG **325**

Sauberkeitsschicht aus unbewehrtem Beton, unter Gründungsbauteilen, Mehrdicken von ca. 3cm sind wegen Unebenheiten des Untergrunds einzurechnen.
Zuschlagstoff: natürliche Gesteinskörnung
Betongüte: **C8/10 / C12/15**
Dicke: 10 cm

13€ 19€ **21€** 25€ 34€ [m2] 0,07h/m2 013.000.117

7 Sauberkeitsschicht, Sand, 10cm KG **325**

Sandbettung unter Bodenplattendämmung, auf profilgerechtem Planum, Sand eben abziehen und verdichten.
Körnung: .....
Verdichtungsgrad: mind. DPr 97%
Dicke: 10 cm
Nachfolgende Dämmung: .....

7€ 10€ **11€** 14€ 20€ [m2] 0,06h/m2 013.000.098

8 Rohrdurchführung, Kunststoff KG **444**

Kunststoff-Leerrohr in Schalung von Ortbetonbauteilen einbauen.
Durchmesser: DN100
Rohrlänge: .....
Bauteil: .....
Angeb. Fabrikat: .....

27€ 56€ **60€** 72€ 91€ [St] 0,20h/St 013.000.080

9 Gleitschicht, PE-Folie, zweilagig KG **325**

Gleitschicht, zweilagig, auf Sauberkeitsschicht, Untergrund Beton.
Material: PE-Folie
Dicke: 0,2 mm je Lage

2€ 4€ **5€** 5€ 7€ [m2] 0,10h/m2 013.000.237

▶ min
▷ von
ø Mittel
◁ bis
◀ max

Nr.	Kurztext / Langtext					Kostengruppe
►	▷	ø netto €	◁	◄	[Einheit]	Ausf.-Dauer	Positionsnummer

10 Fundament, Ortbeton C30/37 KG **322**

Fundament aus Ortbeton, unter GOK, mit Anforderung an Frostsicherheit, ohne Taumittel. Schalung und Bewehrung in gesonderter Position.
Festigkeitsklasse: C30/37
Expositionsklasse: XC2, XF1
Feuchtigkeitsklasse: WF
Zuschlagstoff: natürliche Gesteinskörnung
Untergrund: .....
Abmessung: .....

186€ | 209€ | **221€** | 248€ | 298€ | [m³] | ⏱ 0,80 h/m³ | 013.000.239

11 Schalung, Fundament, verloren KG **322**

Verlorene Schalung, rau, für Einzel- und Streifenfundamente, Fundamentplatten und sonstige Abschalungen im Gründungsbereich.
Bauteil: .....
Schalung: .....

48€ | 56€ | **59€** | 67€ | 83€ | [m²] | ⏱ 0,60 h/m² | 013.000.061

12 Schalung, Fundament, rau KG **322**

Schalung, rau, für Einzel- und Streifenfundamente, Fundamentplatten und sonstige Abschalungen im Gründungsbereich.
Bauteil: .....
Schalung: .....

27€ | 44€ | **51€** | 62€ | 92€ | [m²] | ⏱ 0,60 h/m² | 013.000.006

13 Aufzugsunterfahrt, Ortbeton C25/30 KG **322**

Bewehrtes Bauteil der Aufzugsunterfahrt in Ortbeton, WU-Beton mit hohem Wassereindringwiderstand, Ausführung gem. Plänen. Schalung und Bewehrung in gesonderter Position.
Festigkeitsklasse: C25/30
Expositionsklassen: XC2
Feuchtigkeitsklasse: WF
Zuschlagstoff: natürliche Gesteinskörnung
Dicke: .....

225€ | 299€ | **321€** | 484€ | 750€ | [m³] | ⏱ 1,05 h/m³ | 013.000.241

14 Bodenplatte, Ortbeton, C25/30, bis 35cm KG **322**

Bodenplatte aus Ortbeton, unter GOK, ohne Frost, schwacher chem. Angriff, Schalung und Bewehrung in gesonderter Position.
Festigkeitsklasse: C25/30
Expositionsklasse: XC2/XA1
Feuchtigkeitsklasse: WF
Zuschlagstoff: natürliche Gesteinskörnung
Plattendicke: über 25-35 cm
Untergrund: waagerecht
Oberfläche: waagerecht

165€ | 204€ | **220€** | 236€ | 276€ | [m³] | ⏱ 0,80 h/m³ | 013.000.008

000 001 002 006 008 009 010 012 013 014 016 017 018 020 021 022

Nr.	Kurztext / Langtext						Kostengruppe
►	▷	ø netto €	◁	◄	[Einheit]	Ausf.-Dauer	Positionsnummer

15 Bodenplatte, Ortbeton, C25/30, bis 40cm KG **322**

Bodenplatte aus Ortbeton, unter GOK, ohne Frost, schwacher chem. Angriff, Schalung und Bewehrung in gesonderter Position.
Festigkeitsklasse: C25/30
Expositionsklasse: XC2/XA1
Feuchtigkeitsklasse: WF
Zuschlagstoff: natürliche Gesteinskörnung
Plattendicke: über 35 bis 40 cm
Untergrund: waagerecht
Oberfläche: waagerecht

►	▷	ø	◁	◄	Einheit	Ausf.-Dauer	Positionsnummer
174€	209€	**224€**	249€	293€	[m³]	0,80h/m³	013.000.262

16 Bodenplatte, WU-Ortbeton C30/37, bis 35cm KG **322**

Bodenplatte aus Ortbeton, unter GOK, WU-Beton, mit hohem Wassereindringwiderstand, Ausführung gem. Plänen. Schalung und Bewehrung in gesonderter Position.
Festigkeitsklasse: C30/37
Expositionsklassen: XC2/XA1/XF1
Feuchtigkeitsklasse: WF
Zuschlagstoff: natürliche Gesteinskörnung
Dicke: über 25 bis 35 cm
Untergrund: waagerecht
Oberfläche: waagerecht

►	▷	ø	◁	◄	Einheit	Ausf.-Dauer	Positionsnummer
163€	221€	**246€**	260€	305€	[m³]	1,00h/m³	013.000.009

17 Bodenplatte, WU-Ortbeton C30/37, 40cm KG **322**

Bodenplatte aus Ortbeton, unter GOK, WU-Beton, mit hohem Wassereindringwiderstand, Ausführung gem. Plänen. Schalung und Bewehrung in gesonderter Position.
Festigkeitsklasse: C30/37
Expositionsklassen: XC2/XA1/XF1
Feuchtigkeitsklasse: WF
Zuschlagstoff: natürliche Gesteinskörnung
Dicke: 40 cm
Untergrund: waagerecht
Oberfläche: waagerecht

►	▷	ø	◁	◄	Einheit	Ausf.-Dauer	Positionsnummer
169€	239€	**258€**	298€	353€	[m³]	1,00h/m³	013.000.266

18 Randschalung, Bodenplatte KG **322**

Randschalung der Bodenplatte, ohne Anforderungen an die Sichtfläche.
Plattendicke: bis 30 cm

►	▷	ø	◁	◄	Einheit	Ausf.-Dauer	Positionsnummer
9€	15€	**17€**	20€	26€	[m]	0,10h/m	013.000.025

Kosten:
Stand 1. Quartal 2025
Bundesdurchschnitt

► min
▷ von
ø Mittel
◁ bis
◄ max

19 Fugenband, Blechband KG **331**

Fugenblech, **einseitig / beidseitig** beschichtet, eingelegt in Arbeitsfuge, zwischen Bauteilen, sowie zwischen zwei Betonierabschnitten, für dichte Ausführung der Betonarbeitsfugen, inkl. aller Befestigungsteile und Verbindungen.
Material: .....
Abmessung: .....
Einbauort: zwischen Bodenplatte und aufgehender Wand, sowie zwischen Wandbauteilen
Arbeitshöhe: ..... m

23€ 30€ **33€** 38€ 51€ [m] ⏱ 0,20h/m 013.000.148

20 Fugenband, Blech, Formstück KG **331**

Formstück des vorbeschriebenen Fugenblechs.
Formstück: **Eckausführung / T-Stoß**

33€ 60€ **71€** 78€ 105€ [St] ⏱ 0,30h/St 013.000.149

21 Fugenband, Kunststoff KG **351**

Fugenband, aus Kunststoff, eingelegt in Arbeitsfuge, zwischen Bauteilen, sowie zwischen zwei Betonierabschnitten, für dichte Ausführung der Betonarbeitsfugen, inkl. aller Befestigungsteile und Verbindungen.
Material: .....
Abmessung: .....
Einbauort: zwischen Bodenplatte und aufgehender Wand, sowie zwischen Wandbauteilen
Arbeitshöhe: ..... m

25€ 35€ **38€** 43€ 57€ [m] ⏱ 0,20h/m 013.000.201

22 Fugenband, Kunststoff, Formstück KG **351**

Formstück des vorbeschriebenen Fugenbandes aus Kunststoff.
Formstück: **Eckausführung / T-Stoß**

29€ 56€ **69€** 75€ 99€ [St] ⏱ 0,30h/St 013.000.202

23 Fugenband, Bewegungsfugen KG **331**

Abdichtung von Bewegungsfugen an außenliegenden Bauteilen bei drückendem Wasser mit Fugenband.
Einsatzbereich: DIN 18533
Wassereinwirkungsklasse: W2.2-E
Einbauort: zwischen Wandbauteilen
Arbeitshöhe: ..... m

31€ 44€ **50€** 57€ 76€ [m] ⏱ 0,25h/m 013.000.150

24 Fugenband, Injektionsschlauch KG **331**

Injektionsschlauch, für Einfach- oder Mehrfachverpressung, eingelegt in Arbeitsfuge, zwischen Bauteilen, sowie zwischen zwei Betonierabschnitten, zum nachträglichen dichten Ausführung der Betonarbeitsfugen, inkl. aller Befestigungsteile und Verbindungen. Leistung ohne Verpressen.
Einbauort: zwischen Bodenplatte und aufgehender Wand, sowie zwischen Wandbauteilen
Dichtmittel: .....

25€ 30€ **32€** 35€ 42€ [m] ⏱ 0,20h/m 013.000.151

Nr.	Kurztext / Langtext						Kostengruppe
▶	▷	ø netto €	◁	◀	[Einheit]	Ausf.-Dauer	Positionsnummer

25 Verpressung, Injektionsschlauch KG **331**

Verpressen der bauseitig verlegten Injektionsschläuche in Fugen. Ausführungszeitpunkt nach Angaben von Hersteller und Bauüberwachung (abhängig von Betonschwund und Bauwerkssetzung).
Einsatzbereich: DIN 18533
Wassereinwirkungsklasse: W2.2-E
Dichtmittel: .....
Dichtmittelverbrauch: ..... kg/m

29€ | 45€ | **55€** | 66€ | 85€ | [m] | ⏱ 0,40h/m | 013.000.152

26 Innenwand, Ortbeton, C25/30, bis 25cm KG **341**

Innenwand in Ortbeton, Normalbeton, als Sichtbeton, mit normalen Anforderungen, einschl. Muster-/Erprobungsflächen. Schalung und Bewehrung in gesonderten Positionen. Bauteil in trockener Umgebung, ohne Frostangriff.
Festigkeitsklasse: C25/30
Expositionsklassen: XC1
Feuchtigkeitsklasse: WO
Zuschlagstoff: natürliche Gesteinskörnung
Dicke: über 15 bis 25 cm
Wandhöhe: bis 3,00 m
Sichtbetonklasse: SB 2 gem. DBV-Merkblatt "Sichtbeton"

159€ | 184€ | **200€** | 221€ | 255€ | [m³] | ⏱ 0,70h/m³ | 013.000.244

27 Außenwand, Ortbeton, C25/30, bis 25cm KG **331**

Außenwandbauteil, bewehrt, in Ortbeton, aus Sichtbeton; Bauteil wechselnd nass und trocken, ohne Tausalz; Schalung und Bewehrung in gesonderten Positionen.
Festigkeitsklasse: C25/30
Expositionsklasse: XC4/XF1
Zuschlagstoff: natürliche Gesteinskörnung
Wanddicke: 20-25 cm
Wandhöhe: bis 3,00 m
SB-Klasse: .....

151€ | 190€ | **207€** | 225€ | 266€ | [m³] | ⏱ 0,80h/m³ | 013.000.231

28 Außenwand, WU-Ortbeton, C25/30, bis 30cm KG **331**

Außenwandbauteil, bewehrt, in Ortbeton, WU-Beton mit hohem Wassereindringwiderstand, Ausführung gem. Plänen, mit direkter Beregnung; Schalung und Bewehrung in gesonderten Positionen.
Betongüte: C25/30 WU
Expositionsklasse: XC4/XF1
Feuchtigkeitsklasse: WF
Zuschlagstoff: natürliche Gesteinskörnung
Wanddicke: bis 30 cm
Wandhöhe: bis 3,00 m
Oberfläche: nicht sichtbar bleibend
Schalhaut: .....

180€ | 212€ | **218€** | 251€ | 313€ | [m³] | ⏱ 0,90h/m³ | 013.000.012

Kosten:
Stand 1.Quartal 2025
Bundesdurchschnitt

▶ min
▷ von
ø Mittel
◁ bis
◀ max

29 **Außenwand, WU-Ortbeton, C30/37, bis 30cm** KG **331**

Außenwandbauteil, bewehrt, in Ortbeton, WU-Beton mit hohem Wassereindringwiderstand, Ausführung gem. Plänen, mit direkter Beregnung; Schalung und Bewehrung in gesonderten Positionen.
Betongüte: C30/37 WU
Expositionsklasse: XC4/XF1
Feuchtigkeitsklasse: WF
Zuschlagstoff: natürliche Gesteinskörnung
Wanddicke: bis 30 cm
Wandhöhe: bis 3,00 m
Oberfläche: nicht sichtbar bleibend
Schalhaut: .....

191€ 225€ **239€** 266€ 312€ [m³] ⏱ 0,90 h/m³ 013.000.261

30 **Schalung, Aufzugsschacht** KG **341**

Schalung des Aufzugsinnenraums, als Kletterschalung.
Geschosshöhe: bis 3,50 m
Oberfläche: innen nicht sichtbar bleibend
Schalhaut: Sichtbetonklasse .....

49€ 65€ **69€** 74€ 85€ [m²] ⏱ 0,90 h/m² 013.000.153

31 **Schalung, Wand, rau** KG **331**

Schalung der Wand für Betonflächen.
Schalsystem: .....
Schalhaut: .....
Oberfläche: rau
Schalhautstöße: geordnet, stumpf, ohne zusätzliche Dichtung
Hüllrohr: Faserzement
Ankerlage: bündig
Bauteilhöhe: bis ..... m

41€ 47€ **49€** 53€ 66€ [m²] ⏱ 0,70 h/m² 013.000.013

32 **Schalung, Wand, glatt** KG **331**

Schalung der Wand für sichtbar bleibende Betonflächen.
Anforderung: Klasse SB ..... gem. DBV-Merkblatt "Sichtbeton"
Schalsystem: **Träger- / Rahmenschalung**
Schalhaut: GF-Schalungsplatte
Oberfläche: .....
Beschichtung: .....
Schalhautstöße: geordnet, stumpf, mit zusätzlicher Dichtung
Hüllrohr: Faserzement
Verschluss der Ankerstellen: Stopfen aus Faserzement
Ankerlage: .....
Kanten: **scharfkantig / gefast / Dreikantleiste**
Bauteilhöhe: bis ..... m

30€ 46€ **53€** 60€ 81€ [m²] ⏱ 0,80 h/m² 013.000.060

000 001 002 006 008 009 010 012 **013** 014 016 017 018 020 021 022

Nr.	Kurztext / Langtext					Kostengruppe
►	▷	ø netto €	◁	◄	[Einheit]	Ausf.-Dauer	Positionsnummer

33 Schalung, Wand, SB3 — KG **331**

Schalung der Wand für sichtbar bleibende Betonflächen.
Anforderung: Klasse SB 3 gem. DBV-Merkblatt "Sichtbeton"
Schalsystem: **Träger- / Rahmenschalung**
Schalhaut: .....
Oberfläche: .....
Beschichtung: .....
Schalhautstöße: geordnet, stumpf, mit zusätzlicher Dichtung
Hüllrohr: Faserzement
Verschluss der Ankerstellen: Stopfen aus Faserzement
Ankerlage: .....
Kanten: **scharfkantig / gefast / Dreikantleiste**
Bauteilhöhe: bis ..... m
Für die Ausführung werden vom AG folgende Unterlagen zur Verfügung gestellt:

- Entwurfszeichnungen, Plannr.: .....
- Übersichtszeichnungen, Plannr.: .....

51€ | 68€ | **72€** | 76€ | 85€ | [m²] | ⏱ 0,85 h/m² | 013.000.204

34 Schalung, Dreiecksleiste — KG **331**

Eck- oder Kantenausbildung von Betonteilen, mittels Profilleiste in Schalung, Oberfläche glatt und nichtsaugend.
Leiste: Dreiecksleiste
Abmessung: 15 x 15 mm
Werkstoff: **Holz / Kunststoff**
Bauteil: **Ecke / Kante**

4€ | 6€ | **6€** | 8€ | 11€ | [m] | ⏱ 0,60 h/m | 013.000.066

A 1 Wandschalung, Türe — Beschreibung für Pos. **35-37**

Türöffnung in Stahlbetonwand, inkl. Sturzausbildung, mit umlaufender glatter, nichtsaugender Schalung mit regelmäßigen Stößen und Nagelstellen, verbleibende Betonwarzen und Grate abgeschliffen.

35 Wandschalung, Türe 0,885m — KG **341**

Wie Ausführungsbeschreibung A 1
Kantenausbildung: **scharfkantig / Dreiecksleiste**
Öffnungsbreite: 0,885 m
Öffnungshöhe: ..... m
Wanddicke: **20 / 25** cm

60€ | 122€ | **140€** | 154€ | 220€ | [St] | ⏱ 1,50 h/St | 013.000.175

36 Wandschalung, Türe 1,135m — KG **341**

Wie Ausführungsbeschreibung A 1
Kantenausbildung: **scharfkantig / Dreiecksleiste**
Öffnungsbreite: 1,135 m
Öffnungshöhe: ..... m
Wanddicke: **20 / 25** cm

73€ | 127€ | **150€** | 173€ | 279€ | [St] | ⏱ 1,70 h/St | 013.000.177

Kosten:
Stand 1. Quartal 2025
Bundesdurchschnitt

► min
▷ von
ø Mittel
◁ bis
◄ max

37 **Wandschalung, Türe 2,01m** KG **341**

Wie Ausführungsbeschreibung A 1
Kantenausbildung: **scharfkantig / Dreiecksleiste**
Öffnungsgröße: 2,01 x 2,13 m
Öffnungshöhe: ..... m
Wanddicke: **20 / 25** cm

103€	190€	**227€**	284€	387€	[St]	⏱ 2,20h/St	013.000.133

A 2 **Wandschalung, Fenster** Beschreibung für Pos. **38-39**

Fensteröffnung in Stahlbetonwand, inkl. Sturzausbildung, mit umlaufender glatter, nichtsaugender Schalung mit regelmäßigen Stößen und Nagelstellen, verbleibende Betonwarzen und Grate abgeschliffen.

38 **Wandschalung, Fenster bis 2,00m²** KG **331**

Wie Ausführungsbeschreibung A 2
Kantenausbildung: **scharfkantig / Dreiecksleiste**
Öffnungsgröße: ..... (bis 2,00 m²)
Wanddicke: **20 / 25** cm

68€	124€	**141€**	207€	342€	[St]	⏱ 1,60h/St	013.000.016

39 **Wandschalung, Fenster bis 4,00m²** KG **331**

Wie Ausführungsbeschreibung A 2
Kantenausbildung: **scharfkantig / Dreiecksleiste**
Öffnungsgröße: ..... (bis 4,00 m²)
Wanddicke: **20 / 25** cm

81€	188€	**278€**	292€	399€	[St]	⏱ 2,40h/St	013.000.101

40 **Wandschalung, Stirnfläche** KG **331**

Schalung an freiem Wandende, Stirnfläche.
Wanddicke: ..... cm
Schalungshaut: **nicht sichtbar / sichtbar bleibend**
Anforderung: Klasse SB.... gem. DBV-Merkblatt
Schalsystem: .....
Schalhaut: .....
Oberfläche: .....
Schalhautstöße: .....
Bauteilhöhe: ..... m

16€	23€	**27€**	31€	39€	[m]	⏱ 0,16h/m	013.000.188

41 **Aussparung, bis 0,10m², Betonbauteile** KG **351**

Aussparung in Betonbauteil, mit umlaufender, beidseitiger Kantenausbildung.
Kanten: .....
Abmessung:
Bauteildicke: .....
Oberfläche, Schalhaut: .....

18€	40€	**49€**	66€	108€	[St]	⏱ 0,30h/St	013.000.077

000
001
002
006
008
009
010
012
013
014
016
017
018
020
021
022

Nr.	Kurztext / Langtext						Kostengruppe
▶	▷	ø netto €	◁	◀	[Einheit]	Ausf.-Dauer	Positionsnummer

42 Öffnung, über 2,5m², Wand KG **351**

Wandöffnung in Ortbetonwand, inkl. Sturzausbildung, mit umlaufender Schalung, geeignet für sichtbar bleibende Betonflächen, mit besonderen Anforderungen.
Sichtbeton Klasse: SB ..... gem. DBV-Merkblatt
Kantenausbildung: **scharfkantig / Dreiecksleiste**
Öffnungsgröße: ..... m² (über 2,5 m²)
Wanddicke: ..... cm

75€ | 86€ | **91€** | 99€ | 118€ | [m²] | ⏱ 0,85h/m² | 013.000.205

A 3 Kernbohrung, Stb-Decke Beschreibung für Pos. **43-44**

Kernbohrung in Stahlbetonbauteil, inkl. Bohrkern ausbauen, aufnehmen, Bohrabfall sammeln und abfahren. Deponierung wird gesondert vergütet.
Entfernung Deponie: ..... km
Bauteil: Decke
Dicke: .....
Ausrichtung: **senkrecht / schräg**
Einbauort/Geschoss: ......
Arbeitshöhe über Standebene: .....

Kosten:
Stand 1.Quartal 2025
Bundesdurchschnitt

43 Kernbohrung, Stb-Decke, Durchmesser 55-80mm KG **351**

Wie Ausführungsbeschreibung A 3
Durchmesser: 55-80 mm
Bohrtiefe: .....

166€ | 202€ | **225€** | 256€ | 281€ | [St] | ⏱ 2,05h/St | 013.000.224

44 Kernbohrung, Stb-Decke, Durchmesser 115-130mm KG **351**

Wie Ausführungsbeschreibung A 3
Durchmesser: 115-130 mm
Bohrtiefe: .....

188€ | 223€ | **251€** | 288€ | 313€ | [St] | ⏱ 2,45h/St | 013.000.225

45 Kernbohrung, Stahlschnitte, 16-28mm KG **351**

Schnitte des Stabstahls als Mehrpreis zu Kernbohrungen.
Stahldurchmesser: 16-28 mm

4€ | 5€ | **6€** | 7€ | 8€ | [St] | ⏱ 0,05h/St | 013.000.228

46 Betonschneidearbeiten, bis 43cm KG **351**

Schnitte in Stahlbetonbauteil, inkl. Ausschnitt ausbauen, aufnehmen, sammeln und abfahren. Deponierung wird gesondert vergütet.
Entfernung Deponie: ..... km
Bauteil: Decke
Untergrund: eben
Schnitttiefe: bis 43 cm
Ausrichtung: **rechtwinklig zum Bauteil / schräg**
Einbauort/Geschoss: .....
Arbeitshöhe über Standebene: .....

151€ | 184€ | **204€** | 233€ | 255€ | [m] | ⏱ 1,70h/m | 013.000.229

▶ min
▷ von
ø Mittel
◁ bis
◀ max

47 Unterzug/Sturz, Stahlbeton C25/30 KG **351**

Unterzüge, Überzüge, Ringanker, Stürze, Konsolen und Riegel aus Stahlbeton, mit Ortbeton, vor Außenwetter geschützt (für Innen- und Außenwände); Schalung und Bewehrung in gesonderten Positionen.
Festigkeitsklasse: C25/30
Expositionsklasse: XC1
Zuschlagstoff: natürliche Gesteinskörnung
Querschnitte: .....
Betonqualität: **Normalbeton / Sichtbeton, Klasse .....**
Arbeitshöhe: bis ..... m

161€ 212€ **231€** 277€ 367€ [m³] ⏱ 0,90h/m³ 013.000.017

48 Schalung, Unterzug/Sturz KG **351**

Schalung für Unterzüge, Stürze und dgl., mit rechteckigem Querschnitt, glatt.
Oberfläche: **glatt, nichtsaugend / Sichtbeton Klasse .....**
Schalhaut: .....
Querschnitt: .....
Arbeitshöhe: 2,00-3,00 m

54€ 89€ **101€** 113€ 143€ [m²] ⏱ 1,00h/m² 013.000.018

49 Konsole, Ortbeton, Sichtbeton KG **351**

Konsolen / Auflager aus Stahlbeton, sichtbar, aus Ortbeton, vor Außenwetter geschützt (für Innen- und Außenwände); Schalung und Bewehrung in gesonderten Positionen.
Festigkeitsklasse: C25/30
Expositionsklasse: XC..... /XF.....
Zuschlagstoff: natürliche Gesteinskörnung
Anwendung als: .....
Wanddicke: 20-25 cm
Wandhöhe: bis 3,00 m
Sichtbetonklasse: SB .....
Für die Ausführung werden vom AG folgende Unterlagen zur Verfügung gestellt:

- Detailzeichnungen, Plannr.: .....

172€ 303€ **351€** 410€ 507€ [m³] ⏱ 1,80h/m³ 013.000.206

50 Stütze, Stahlbeton C25/30, außen KG **333**

Stütze aus Stahlbeton, Ortbeton, im Außenbereich; Schalung und Bewehrung in gesonderten Positionen.
Festigkeitsklasse: C25/30
Expositionsklasse: XC4/XF1
Feuchtigkeitsklasse: WF
Zuschlagstoff: natürliche Gesteinskörnung
Querschnitte: .....
Oberfläche: .....

214€ 262€ **286€** 310€ 359€ [m³] ⏱ 1,20h/m³ 013.000.019

Nr.	Kurztext / Langtext						Kostengruppe
▶	▷	ø netto €	◁	◀	[Einheit]	Ausf.-Dauer	Positionsnummer

51 Ortbeton, Stütze, C25/30, innen KG **343**

Stützen aus Stahlbeton, Ortbeton, im Innenbereich; Schalung und Bewehrung in gesonderten Positionen.
Qualität: **nicht sichtbar / Sichtbeton Klasse .....**
Festigkeitsklasse: C25/30
Expositionsklasse: XC1
Feuchtigkeitsklasse: WO
Querschnitt: .....

189€	235€	**252€**	273€	350€	[m³]	⏱ 1,20h/m³	013.000.250

52 Schalung, Stütze, rechteckig, rau KG **343**

Schalung für Stütze ohne Anforderung, mit rechteckigem Querschnitt.
Bauteilhöhe: 2,00-3,00 m
Oberfläche: rau
Schalhaut: nach Wahl des Bieters
Stützenquerschnitt: .....
Sichtbetonklasse: .....

58€	85€	**100€**	115€	154€	[m²]	⏱ 1,00h/m²	013.000.020

53 Schalung, Stütze, rechteckig, glatt KG **343**

Schalung für Stütze, Sichtbeton, mit rechteckigem Querschnitt.
Bauteilhöhe: 2,00-3,00 m
Oberfläche: glatt, ...
Schalhaut: absatzfrei, mit einheitlicher Farbtönung und porenlos
Stützenquerschnitt: .....
Sichtbetonklasse: .....

63€	95€	**106€**	123€	170€	[m²]	⏱ 1,10h/m²	013.000.021

54 Schalung, Stütze, rund, glatt KG **343**

Schalung für Stütze, Sichtbeton, mit rundem Querschnitt, verlorene, nichtsaugende Schalung aus Papp-Schalrohren mit innerer Beschichtung.
Bauteilhöhe: 2,00-3,00 m
Oberfläche: glatt .....
Schalhaut: verlorene, nichtsaugende Schalung aus Papp-Schalrohr mit innerer Beschichtung
Stützendurchmesser: .....
Sichtbetonklasse: .....

63€	88€	**97€**	115€	149€	[m²]	⏱ 1,30h/m²	013.000.022

55 Decke, Ortbeton, C25/30, bis 35cm KG **351**

Decke aus Stahlbeton, mit Ortbeton, Bauteil in trockener Umgebung, ohne Frostangriff, Betonflächen oben waagerecht, unten sichtbar bleibend. Schalung und Bewehrung in gesonderten Positionen.
Festigkeitsklasse: C25/30
Expositionsklasse: XC1
Feuchtigkeitsklasse: WO
Zuschlagstoff: natürliche Gesteinskörnung
Oberfläche: .....
Deckenstärke: bis 35 cm

156€	176€	**184€**	194€	235€	[m³]	⏱ 0,80h/m³	013.000.023

Kosten:
Stand 1. Quartal 2025
Bundesdurchschnitt

▶ min
▷ von
ø Mittel
◁ bis
◀ max

56 Decke, Ortbeton, C25/30, bis 35cm, SB2 KG **351**

Decke aus Stahlbeton, mit Ortbeton, Bauteil in trockener Umgebung, ohne Frostangriff, Betonflächen oben waagerecht, geschalte Oberfläche in Sichtbeton, mit normalen Anforderungen. Schalung und Bewehrung in gesonderter Position.
Festigkeitsklasse: C25/30
Expositionsklassen: XC1
Feuchtigkeitsklasse: W0
Zuschlagstoff: natürliche Gesteinskörnung
Oberfläche: Sichtbeton Klasse SB2
Dicke: bis 35 cm

167€ 194€ **208€** 210€ 240€ [m³] ⏱ 0,80 h/m³ 013.000.235

57 Balkonplatte, Ortbeton, C25/30, SB2 KG **351**

Decke aus Stahlbeton, Kragplatte im Außenbereich, mit Ortbeton, Betonflächen oben waagerecht, geschalte Oberfläche in Sichtbeton. Schalung und Bewehrung in gesonderter Position.
Festigkeitsklasse: C25/30
Expositionsklassen: XC4
Feuchtigkeitsklasse: WF
Zuschlagstoff: natürliche Gesteinskörnung
Oberfläche: SB2
Schalhaut: .....
Deckenstärke: bis 30 cm
Abstützhöhe: bis ..... m

198€ 223€ **233€** 252€ 277€ [m³] ⏱ 0,82 h/m³ 013.000.236

58 Flachdach, Ortbeton, C25/30, bis 35cm KG **361**

Flachdach aus Stahlbeton, mit Ortbeton, Bauteil in trockener Umgebung, ohne Frostangriff, Betonflächen oben waagerecht, unten sichtbar bleibend. Schalung und Bewehrung in gesonderten Positionen.
Festigkeitsklasse: C25/30
Expositionsklasse: XC1
Feuchtigkeitsklasse: WO
Zuschlagstoff: natürliche Gesteinskörnung
Oberfläche: .....
Dachstärke: bis 35 cm

157€ 173€ **180€** 195€ 235€ [m³] ⏱ 0,80 h/m³ 013.000.263

59 Schalung, Dach, glatt KG **361**

Schalung der Ortbetondach, Oberfläche zum Auftrag einer Beschichtung.
Oberfläche: glatt .....
Schalhaut: .....
Höhe der Betonunterseite: bis 3,00 m

38€ 51€ **56€** 67€ 94€ [m²] ⏱ 0,80 h/m² 013.000.265

Nr.	Kurztext / Langtext						Kostengruppe
▶	▷	ø netto €	◁	◀	[Einheit]	Ausf.-Dauer	Positionsnummer

60 Schalung, Decken, glatt KG **351**

Schalung der Deckenplatte, Oberfläche zum Auftrag einer Beschichtung.
Oberfläche: glatt .....
Schalhaut: .....
Höhe der Betonunterseite: bis 3,00 m

30€ | 51€ | **56€** | 69€ | 94€ | [m²] | ⏱ 0,80 h/m² | 013.000.024

61 Dämmung, Deckenrand, PS KG **351**

Dämmung des Deckenrands aus extrudierten Polystyrol-Hartschaum-Dämmplatten, in Schalung eingelegt, einschl. Rückverankerung zur Deckenplatte.
Plattendicke: **35 / 50** mm
Höhe: ..... mm
Anwendungstyp: DAA - Druckfestigkeit **dm / ds**
Bemessungswert der Wärmeleitfähigkeit: max. 0,030 (W/mK)
Nennwert Wärmeleitfähigkeit: 0,029 W/(mK)
Brandverhalten: Klasse E nach DIN EN 13501-1

9€ | 12€ | **13€** | 16€ | 19€ | [m] | ⏱ 0,20 h/m | 013.000.075

62 Randschalung, Deckenplatte KG **351**

Randschalung der Deckenplatte.
Oberfläche Schalung: rau
Plattendicke: bis 30 cm

14€ | 20€ | **22€** | 26€ | 39€ | [m] | ⏱ 0,10 h/m | 013.000.102

63 Überzug/Attika, Ortbeton, C25/30 KG **331**

Überzug, Attika, Ringanker, Konsole u.dgl. in Ortbeton; Schalung und Bewehrung in gesonderten Positionen.
Festigkeitsklasse: C25/30
Expositionsklasse: XC4/XF1
Betonoberfläche: **unsichtbar / sichtbar bleibend (SB-Klasse .....)**
Querschnitt: .....

164€ | 219€ | **249€** | 285€ | 361€ | [m³] | ⏱ 0,90 h/m³ | 013.000.026

64 Unterzug, rechteckig, Ortbeton, Schalung KG **331**

Unterzug aus Stahlbeton, in Ortbeton, mit Schalung, mit rechteckigem Querschnitt, im Innenbereich; Bewehrung in gesonderter Position. Abrechnung nach Länge des Unterzugs.
Festigkeitsklasse: C25/30
Expositionsklasse: XC1
Zuschlagstoff: natürliche Gesteinskörnung
Oberfläche Schalung: .....
Querschnitte: .....
Höhe Betonteile: 2,00-3,00 m
Hinweis: Nach VOB/C müssen Beton, Schalung und Bewehrung getrennt ausgeschrieben werden.

69€ | 107€ | **120€** | 153€ | 247€ | [m] | ⏱ 1,30 h/m | 013.000.155

Kosten:
Stand 1. Quartal 2025
Bundesdurchschnitt

▶ min
▷ von
ø Mittel
◁ bis
◀ max

65 **Schalung, Ringbalken/Überzug/Attika, glatt** KG **351**

Schalung der Überzüge, Aufkantungen und dgl., glatt, mit rechteckigem Querschnitt, Betonfläche sichtbar bleibend.
Höhe Betonunterseite: bis 2,50 m
Querschnitte: .....
Oberfläche Schalung: .....

56€ 74€ **82€** 93€ 117€ [m²] ⏱ 0,90 h/m² 013.000.027

66 **Stb-Fertigteilsturz, Breite 11,5cm** KG **331**

Fertigteilsturz aus Stahlbeton, inkl. Bewehrung gem. statischer Bemessung, in nichttragender Wand.
Belastung: ..... kN/m
Sturzbreite: 11,5 cm
Überspannte Öffnungsbreite: max. 1,01 m
Schalhaut: **rau / Sichtbeton, Klasse .....**
Kanten: **scharfkantig / Dreiecksleiste**

33€ 59€ **61€** 69€ 80€ [m] ⏱ 0,30 h/m 013.000.210

67 **Stb-Fertigteilsturz, Breite 17,5cm** KG **332**

Fertigteilsturz aus Stahlbeton, inkl. Bewehrung gem. statischer Bemessung, in nichttragender Wand.
Belastung: ..... kN/m
Sturzbreite: 17,5 cm
Überspannte Öffnungsbreite: max. 1,01 m
Schalhaut: **rau / Sichtbeton, Klasse .....**
Kanten: **scharfkantig / Dreiecksleiste**

57€ 83€ **95€** 104€ 123€ [m] ⏱ 0,30 h/m 013.000.211

68 **Stb-Fertigteilsturz, Breite 24cm** KG **332**

Fertigteilsturz aus Stahlbeton, inkl. Bewehrung gem. statischer Bemessung, in nichttragender Wand.
Belastung: ..... kN/m
Sturzbreite: 24 cm
Überspannte Öffnungsbreite: max. 1,01 m
Schalhaut: **rau / Sichtbeton, Klasse .....**
Kanten: **scharfkantig / Dreiecksleiste**

55€ 92€ **111€** 126€ 150€ [m] ⏱ 0,30 h/m 013.000.212

69 **Treppenlauf, Ortbeton, C35/37** KG **351**

Treppenlaufplatte aus Ortbeton, Stahlbeton, inkl. Stufen.
Festigkeitsklasse: C35/37
Expositionsklasse: XC1
Feuchtigkeitsklasse: WO
Zuschlagstoff: natürliche Gesteinskörnung
Treppenplattendicke: 25 cm
Treppenlaufbreite: .....
Oberflächenbehandlung: gescheibt
Stufen: 16 Stg
Steigungsverhältnis: ..... x .....
Einbauort/Geschoss: .....

261€ 313€ **333€** 398€ 500€ [m³] ⏱ 2,20 h/m³ 013.000.028

000
001
002
006
008
009
010
012
013
014
016
017
018
020
021
022

Nr.	Kurztext / Langtext						Kostengruppe
►	▷	ø netto €	◁	◀	[Einheit]	Ausf.-Dauer	Positionsnummer

Kosten:
Stand 1. Quartal 2025
Bundesdurchschnitt

70 Schalung, Treppenlauf/Stufen, gerade KG **351**

Schalung ohne Anforderungen an Betonoberflächen, für gerade Treppenlaufplatte, inkl. Stufen.
Treppenlaufbreite: .....
Stufen: ..... Stg
Steigungsverhältnis: ..... x .....
Oberfläche: .....
Kanten: .....
Abstützhöhe: bis 3,00 m, waagerecht

►	▷	ø	◁	◀	Einheit	Ausf.-Dauer	Positionsnummer
162€	179€	**184€**	192€	208€	[m²]	⏱ 1,50 h/m²	013.000.029

71 Treppenpodest, Ortbeton, C30/37 KG **351**

Treppenpodestplatte aus Stahlbeton, mit Ortbeton, Schalung und Bewehrung in gesonderter Position.
Festigkeitsklasse: C30/37
Expositionsklasse: XC1
Feuchtigkeitsklasse: WO
Zuschlagstoff: natürliche Gesteinskörnung
Podestplattendicke: ca. 25 cm
Oberflächenbehandlung: gescheibt
Einbauort/Geschoss: .....

►	▷	ø	◁	◀	Einheit	Ausf.-Dauer	Positionsnummer
212€	270€	**291€**	323€	394€	[m³]	⏱ 1,80 h/m³	013.000.030

72 Schalung, glatt, Treppenpodest KG **351**

Schalung der Deckenplatte, aus Schalungsplatten, Betonfläche sichtbar bleibend.
Oberfläche Schalhaut: .....
Höhe Betonunterseite: 2,50-3,00 m

►	▷	ø	◁	◀	Einheit	Ausf.-Dauer	Positionsnummer
59€	100€	**116€**	132€	165€	[m²]	⏱ 1,00 h/m²	013.000.031

73 Stb-Fertigteil, Treppenpodest KG **351**

Fertigteiltreppenpodest aus Stahlbeton. Ausbildung der Konsolen, Auflager, Schallentkoppelung und Bewehrung in gesonderten Positionen.
Festigkeitsklasse: C .....
Expositionsklasse: XC1
Feuchtigkeitsklasse: WO
Zuschlagstoff: natürliche Gesteinskörnung
Abmessung: .....
Oberfläche Unterseite: Sichtbetonklasse SB .....
Oberfläche Oberseite: abgerieben und gespachtelt
Kanten: **scharfkantig / Dreiecksleiste**
Verkehrslast: **3,5 / 5,0** kN/m²
Auflagerausbildung: **gem. Skizze / gem. Systemdetail**
Einbauort/Geschoss: .....

►	▷	ø	◁	◀	Einheit	Ausf.-Dauer	Positionsnummer
992€	1.886€	**2.261€**	2.714€	4.019€	[St]	⏱ 1,80 h/St	013.000.213

► min
▷ von
ø Mittel
◁ bis
◀ max

74 Stb-Fertigteil, Treppe, einläufig, 7 Stufen KG **351**

Fertigteiltreppe aus Stahlbeton, einläufig, mit Konsolauflager, zur Auflage auf bauseitige Ortbetonpodeste, inkl. Schallentkoppelung im Podestbereich. Ausbildung der Auflager und Bewehrung in gesonderten Positionen.
Festigkeitsklasse: .....
Expositionsklasse: XC1
Feuchtigkeitsklasse: WO
Zuschlagstoff: natürliche Gesteinskörnung
Treppenlaufbreite: 100 cm
Stufen: 7 Stg
Steigungsverhältnis: 16 bis 17,5 x 27 bis 28
Oberfläche Unterseite und Seiten: Sichtbetonklasse SB .....
Oberfläche Oberseite: abgerieben und gespachtelt
Kanten: **scharfkantig / Dreiecksleiste**
Verkehrslast: **3,5 / 5,0** kN/m²
Auflagerausbildung: **gem. Skizze / gem. Systemdetail**
Einbauort/Geschoss: .....

882€ 1.441€ **1.583€** 1.754€ 2.493€ [St] ⏱ 1,40h/St 013.000.033

75 Stb-Fertigteil, Treppe, einläufig, 16 Stufen KG **351**

Fertigteiltreppe aus Stahlbeton, einläufig, mit Konsolauflager, zur Auflage auf bauseitige Ortbetonpodeste. Ausbildung der Auflager, Schallentkoppelung und Bewehrung in gesonderten Positionen.
Festigkeitsklasse: C .....
Expositionsklasse: XC1
Feuchtigkeitsklasse: WO
Zuschlagstoff: natürliche Gesteinskörnung
Treppenlaufbreite: 100 cm
Stufen: 16 Stg
Steigungsverhältnis: 16 bis 17,5 x 27 bis 28
Oberfläche Unterseite und Seiten: Sichtbetonklasse SB .....
Oberfläche Oberseite: abgerieben und gespachtelt
Kanten: **scharfkantig / Dreiecksleiste**
Verkehrslast: **3,5 / 5,0** kN/m²
Auflagerausbildung: **gem. Skizze / gem. Systemdetail**
Einbauort/Geschoss: .....

2.390€ 3.107€ **3.447€** 3.643€ 4.357€ [St] ⏱ 2,20h/St 013.000.214

76 Blockstufe, Betonfertigteil KG **544**

Blockstufen als Fertigteilstufen aus Stahlbeton, Schalungsmatrize nach Bemusterung, ohne Kiesnester und Löcher, Kanten scharfkantig, auf bauseitigem Fundament.
Festigkeitsklasse: C20/25
Expositionsklasse: XC4/XF1
Feuchtigkeitsklasse: WF
Zuschlagstoff: natürliche Gesteinskörnung
Stufengröße (H x T x L): 18 x 33 x 100 cm
Oberfläche Rutschfestigkeit: R11
Einbauort/Geschoss: **Innenbereich / Außenbereich**

133€ 253€ **299€** 435€ 723€ [St] ⏱ 0,90h/St 013.000.034

Nr.	Kurztext / Langtext						Kostengruppe
►	▷	**ø netto €**	◁	◀	[Einheit]	Ausf.-Dauer	Positionsnummer

A 4 Elementdecke, inkl. Aufbeton — Beschreibung für Pos. **77-79**

Element-Decke aus Halbfertigteilen, Untersicht der Decke sichtbar bleibend, bestehend aus einschaliger, bewehrter Fertigteilplatte und Aufbeton aus Ortbeton.
Zuschlagstoff: natürliche Gesteinskörnung
Bewehrung und flächenbündiges Verspachteln der Elementstöße in gesonderter Position.

77 Elementdecke, 18cm, inkl. Aufbeton — KG **351**

Wie Ausführungsbeschreibung A 4
Schalendicke: 5 cm
Oberfläche Schalhaut: Sichtbeton Klasse: .....
Element als Scheibe wirkend: **ja / nein**
Festigkeitsklasse: C30/37
Expositionsklasse: XC1
Plattendicke: 18 cm
Einbauort/Geschoss: .....

►	▷	ø	◁	◀	Einheit	Ausf.-Dauer	Positionsnummer
59€	85€	**94€**	105€	130€	[m2]	⏱ 0,60h/m2	013.000.036

78 Elementdecke, 22cm, inkl. Aufbeton — KG **351**

Wie Ausführungsbeschreibung A 4
Schalendicke: 5 cm
Oberfläche Schalhaut: Sichtbeton Klasse: .....
Element als Scheibe wirkend: **ja / nein**
Festigkeitsklasse: C30/37
Expositionsklasse: XC1
Plattendicke: 22 cm
Einbauort/Geschoss: .....

►	▷	ø	◁	◀	Einheit	Ausf.-Dauer	Positionsnummer
74€	91€	**97€**	110€	135€	[m2]	⏱ 0,65h/m2	013.000.035

79 Elementdecke, 25cm, inkl. Aufbeton — KG **351**

Wie Ausführungsbeschreibung A 4
Schalendicke: 5 cm
Oberfläche Schalhaut: Sichtbeton Klasse: .....
Element als Scheibe wirkend: **ja / nein**
Festigkeitsklasse: C30/37
Expositionsklasse: XC1
Plattendicke: 25 cm
Einbauort/Geschoss: .....

►	▷	ø	◁	◀	Einheit	Ausf.-Dauer	Positionsnummer
99€	116€	**125€**	146€	176€	[m2]	⏱ 0,65h/m2	013.000.251

Kosten:
Stand 1.Quartal 2025
Bundesdurchschnitt

► min
▷ von
ø Mittel
◁ bis
◀ max

80 Gleitfolie, Wandaufleger KG **361**

Gleitfolie auf Wänden als gleitende Auflagerung von Decken. Ausführung mit 2 Kunststoff-Folien, regeneratfrei, Gleitbeschichtung mit Spezialfett, zweiseitig kaschiert, bauaufsichtlich zugelassen.
Decke: .....
Spannweite: bis 6,0 m
Gleitreibungszahl ..... (0,05 bis 0,10)
Zul. Belastung: ...... N/mm²
Temperaturbereich: -30 bis +50°C
Arbeitshöhe: .....

5€ 10€ **12€** 14€ 19€ [m] ⏱ 0,10 h/m 013.000.096

81 Stb-Fertigteil, Balkonplatte KG **351**

Balkonplatte aus Stahlbeton-Fertigteil, mit Gefälle abgezogen, Unterseite und Seitenansichten aus Sichtbeton, mit dreiseitig umlaufender Tropfnut aus Viertelstab, inkl. Bewehrungselemente gem. beiliegender Statik.
Festigkeitsklasse: C25/30
Expositionsklasse: XC4/XF1
Feuchtigkeitsklasse: WF
Zuschlagstoff: .....
Plattendicke: bis 24 cm
Oberflächenneigung: .....
Sichtbetonklasse: .....

166€ 217€ **261€** 278€ 318€ [m²] ⏱ 1,50 h/m² 013.000.081

82 Stb-Fertigteil, Balkonbrüstung KG **359**

Balkonbrüstung aus Stahlbeton-Fertigteil, mit dreiseitig umlaufender Tropfnut aus Viertelstab, inkl. flächenbündigem Verspachteln der Element-Stöße; Bewehrung in gesonderter Position.
Festigkeitsklasse: C25/30
Expositionsklasse: XC4/XF1
Feuchtigkeitsklasse: WF
Zuschlagstoff: .....
Brüstungsdicke: 20 cm
Abmessungen: .....
Oberfläche: Sichtbeton
Sichtbetonklasse: .....

171€ 238€ **257€** 278€ 315€ [m²] ⏱ 0,90 h/m² 013.000.157

Nr.	Kurztext / Langtext						Kostengruppe
►	▷	**ø netto €**	◁	◀	[Einheit]	Ausf.-Dauer	Positionsnummer

83 Maschinenfundament, Ortbeton, Schalung, bis 3,0m² KG **322**

Maschinenfundament im Innenraum aus Stahlbeton, mit Ortbeton und Schalung, auf bauseitiger Unterkonstruktion; Randschalung des Fundaments mit glatter, nichtsaugender Schalung, Kanten gefast, Oberfläche eben abgescheibt, Betonfläche sichtbar bleibend. Bewehrung nach gesonderter Position.
Abmessung: bis 3,00 m²
Bauhöhe: 25 cm
Festigkeitsklasse: C20/25
Expositionsklasse: XC1
Feuchtigkeitsklasse: WO
Zuschlagstoff: .....
Hinweis: Nach ATV DIN 18331 in VOB/C müssen Beton, Schalung und Bewehrung getrennt ausgeschrieben werden.

57€ | 106€ | **141€** | 153€ | 179€ | [m²] | ⏱ 0,42h/m² | 013.000.162

84 Gefällebeton, C12/15, XC4/XF1 KG **361**

Aufbetonschicht zur Herstellung von Gefälle, aus unbewehrtem Beton, Oberfläche abgezogen, nicht sichtbar bleibend; Schalung in gesonderter Position.
Festigkeitsklasse: C12/15
Expositionsklasse: XC/XF1
Zuschlagstoff: natürliche Gesteinskörnung
Schichtdicke: 100 mm
Untergrund: **eben / geneigt**
Neigung: .....
Einbausituation: **auf Abdichtung / auf Schutzschicht**
Für die Ausführung werden vom AG folgende Unterlagen zur Verfügung gestellt:
- Entwurfszeichnungen, Plannr.: .....
- Übersichtszeichnungen, Plannr.: .....

29€ | 36€ | **38€** | 41€ | 46€ | [m²] | ⏱ 0,25h/m² | 013.000.071

85 Kellerlichtschacht, Kunststoffelement KG **339**

Kellerlichtschacht aus glasfaserverstärktem Polyester mit integriertem, höhenverstellbarem Aufsatzelement, einschl. feuerverzinktem Abdeckrost mit integrierter Einrastsicherung, inkl. Befestigungsset.
Abdeckrost: .....
Abmessung Schacht: 80 x 60 cm
Schachthöhe: 95 cm
Höhenverstellbar bis: 25 cm
Entwässerungsöffnung: 60 mm
Angeb. Fabrikat: .....

155€ | 299€ | **350€** | 425€ | 612€ | [St] | ⏱ 1,10h/St | 013.000.039

Kosten:
Stand 1. Quartal 2025
Bundesdurchschnitt

► min
▷ von
ø Mittel
◁ bis
◀ max

86 **Kellerlichtschacht, Betonfertigteil** KG **339**

Kellerlichtschacht aus Betonfertigteil, nach Maß gefertigt, als einteiliges Schachtelement inkl. Befestigungsmaterial.
Breite: .....
Bauhöhe: .....
Wandstärke: .....
Wandabstand: .....
Boden: **mit / ohne**
Ablauf: **mit / ohne**
Aussparung: **mit / ohne**
Hinterfüllplatte: **mit / ohne**
Höhe Hinterfüllplatte: .....
Mittelsteg: **mit / ohne**
Steigleiter für Notausstieg: **mit / ohne**
Gitterrost: .....
Befestigung: an Betonwand
Ausführung: **U-Lichtschacht / L-Lichtschacht / E-Lichtschacht**
Angeb. Fabrikat: .....

313€ 783€ **995€** 1.249€ 1.843€ [St] ⏱ 1,80h/St 013.000.040

A 5 **Kellerfenster, einflügelig, in Schalung** Beschreibung für Pos. **87-88**

Kellerfenster aus Wechselzarge und Fenstereinsatz, einflügelig, als Dreh-Kipp-Fenster mit Isolierglas, inkl. Schraubsystem zur nachträglichen Montage von Fenstereinsätzen.
Rahmen: Kunststoff, 3-Kammer-Profil
Dichtung: umlaufend, Gummiprofil

87 **Kellerfenster, einflüglig bis 0,60m², in Schalung** KG **334**

Wie Ausführungsbeschreibung A 5
Wechselzarge: bis 100 x 80 cm
Wandstärke: .....
Farbe: **weiß**
Fenstergröße: **passend zu Zarge**
DIN-Richtung: **rechts / links**
Verglasung: 24 mm
Wärmeschutz: Ug= 1,1 W/(m²K)
Angeb. Fabrikat: .....

248€ 340€ **386€** 427€ 512€ [St] ⏱ 1,00h/St 013.000.041

Nr.	Kurztext / Langtext						Kostengruppe
►	▷	ø netto €	◁	◀	[Einheit]	Ausf.-Dauer	Positionsnummer

Kosten:
Stand 1. Quartal 2025
Bundesdurchschnitt

88 Kellerfenster, einflüglig bis 1,50m², in Schalung KG **334**

Wie Ausführungsbeschreibung A 5
Wechselzarge: bis 120 x 100 cm
Wandstärke: .....
Farbe: weiß
Fenstergröße: passend zu Zarge
DIN-Richtung: **rechts / links**
Verglasung: 24 mm
Wärmeschutz: Ug= 1,1 W/(m²K)
Angeb. Fabrikat: .....

►	▷	ø	◁	◀	Einheit	Ausf.-Dauer	Positionsnummer
288€	392€	**464€**	495€	571€	[St]	⏱ 1,20h/St	013.000.134

89 Fundamenterder, Stahlband KG **446**

Fundamenterder DIN 18014, DIN EN 62561-2 (VDE 0185-561-2), unter Aufsicht Fachplaner verlegen, aus Bandstahl, in Fundamentlage, mit Bewehrung verschrauben, mit Abstandshaltern, einschl. Dokumentation.
Bandstahl: feuerverzinkt
Querschnitt: **30 x 3,5 / 26 x 4** mm
Freies Ende: ca. 1,50 m
Aufsicht durch: .....

►	▷	ø	◁	◀	Einheit	Ausf.-Dauer	Positionsnummer
4€	8€	**9€**	13€	20€	[m]	⏱ 0,10h/m	013.000.043

90 Elektrogerätedose KG **444**

Elektroauslassdose in Ortbeton, aus Kunststoff, mit 4 Schraubdomen zur Gerätebefestigung, Geräte- und Geräte-Verbindungsdosen verdrehungssicher anreihbar mit Kombinationsabstand von 71mm, mit Leitungsübergang bei Kombinationen auch für Spreizbefestigung der Geräte geeignet, Dosen-Rückteil mit Aufnahme für Stützrohr auch als Verbindungsdosen mit Schraubdeckel verwendbar.
Abmessung: .....
Einbauhöhe: 53 mm
Abstand: 60 mm, zweiteilig
Markierungen: 2 St bis D= 25 mm
Flammwidrigkeit: 650°C nach VDE 0606
Schutzart: IP 3X
Angeb. Fabrikat: .....

►	▷	ø	◁	◀	Einheit	Ausf.-Dauer	Positionsnummer
6€	13€	**15€**	19€	32€	[St]	⏱ 0,10h/St	013.000.079

91 Elektroleerrohr, flexibel, DN25 KG **444**

Flexibles Elektro-Leerrohr, einschl. Muffen und Bögen, in Schalung von Ortbetonbauteilen, Rohr in Teillängen, gewellt, mit Zugdraht, inkl. Einziehen und Sichern der Zugdrähte.
Außendurchmesser: 25 mm
Druckfestigkeit: Klasse 3 - mittel (750 N)
Schlagbeanspruchung: Klasse 3 - mittel
Gebrauchstemperatur: Klasse 1 (max. 60°C)
Einbaulängen: .....

►	▷	ø	◁	◀	Einheit	Ausf.-Dauer	Positionsnummer
4€	10€	**12€**	24€	47€	[m]	⏱ 0,10h/m	013.000.045

► min
▷ von
ø Mittel
◁ bis
◀ max

92 Leuchten-Einbaugehäuse/-Eingießtopf KG **445**

Leuchten-Einbaugehäuse in Stahlbetonbauteil einbauen, ohne Lieferung.
Gehäusegröße: .....
Bauteil: .....

59€	101€	**112€**	122€	158€	[St]	⏱ 0,30h/St	013.000.158

93 Hauseinführung/Wanddurchführung, Medien KG **331**

Hauseinführung inkl. Dichtstück, zum Einbetonieren in Wände oder Decken oder zum Trockeneinbau in Kernbohrungen, bestehend aus spiralförmig verstärktem Schlauchstück und vormontierter Gummipressdichtung, eine Seite mit montierter Steckmuffe, Gegenseite mit lose beigelegter Kaltschrumpfmuffe, beidseitig mit PE-Deckel verschlossen, inkl. Zubehör, geeignet zur Paketbildung. Gas- und Wasserdichtheit bis 1,5 bar geprüft.
Bauteil: .....
Einbauart: .....
Gesamtlänge: 700 mm
Muffe für Durchmesser: 63 mm
Medien: .....

209€	522€	**627€**	880€	1.358€	[St]	⏱ 1,00h/St	013.000.044

94 Deckenschlitz, Beton KG **351**

Schalen eines Schlitzes in Deckenbauteil, unterseitig, Kanten mit Dreiecksleiste, Schalmaterial nichtsaugend.
Ausrichtung: **waagerecht / senkrecht**
Querschnitt: .....

12€	27€	**32€**	40€	59€	[m]	⏱ 0,42h/m	013.000.159

95 Wandaussparung schließen KG **341**

Schließen von Aussparungen in Betonwänden, mit Ortbeton, inkl. Bewehrung und Schalung, Oberfläche wie Wandfläche.
Betongüte: C25/30
Wanddicke: ..... mm
Ausrichtung: **waagerecht / senkrecht**
Arbeitshöhe: bis 3,50 m

63€	137€	**183€**	217€	275€	[m²]	⏱ 1,20h/m²	013.000.063

A 6 Deckendurchbruch schließen Beschreibung für Pos. **96-98**

Aussparungen / Durchbrüche in Betondecken schließen, mit Ortbeton, inkl. Schalung, Oberfläche wie Deckenfläche.
Festigkeitsklasse: C20/25
Expositionsklasse: XC1
Feuchtigkeitsklasse: WO

96 Deckendurchbruch schließen, bis 250cm² KG **351**

Wie Ausführungsbeschreibung A 6
Größe Aussparung: bis 250 cm²
Deckendicke: 250 mm
Ausrichtung: waagerecht in der Decke
Arbeitshöhe: bis 3,50 m

21€	32€	**37€**	44€	61€	[St]	⏱ 0,40h/St	013.000.165

000
001
002
006
008
009
010
012
013
014
016
017
018
020
021
022

Nr.	Kurztext / Langtext						Kostengruppe
►	▷	ø netto €	◁	◀	[Einheit]	Ausf.-Dauer	Positionsnummer

97 Deckendurchbruch schließen, 500 bis 1.000cm² KG **351**

Wie Ausführungsbeschreibung A 6
Größe Aussparung: über 500-1.000 cm²
Deckendicke: 250 mm
Ausrichtung: waagerecht in der Decke
Arbeitshöhe: bis 3,50

18€	39€	**48€**	56€	74€	[St]	⏱ 0,45h/St	013.000.164

98 Deckendurchbruch schließen, 1.000 bis 2.500cm² KG **351**

Wie Ausführungsbeschreibung A 6
Größe Aussparung: über 1.000 bis 2.500 cm²
Deckendicke: über 200 bis 250 mm
Ausrichtung: waagerecht in der Decke
Arbeitshöhe: bis 3,50 m

19€	58€	**67€**	83€	112€	[St]	⏱ 0,48h/St	013.000.233

Kosten:
Stand 1.Quartal 2025
Bundesdurchschnitt

A 7 Perimeterdämmung, Wand, XPS Beschreibung für Pos. **99-100**

Perimeterdämmung aus extrudierten Polystyrolplatten, als äußere Wärmedämmung vor Wänden im Erdreich, geklebt, bauaufsichtlich zugelassen.
Untergrund: .....
Wassereinwirkungsklasse: W1.2 -E (Bodenfeuchte und nicht drückendes Wasser bei erdberührten Wänden mit Dränung)
Dämmstoff: XPS
Anwendungstyp: PW
Ausführung Kante: umlaufender Stufenfalz
Brandverhalten: Klasse E
Druckbelastbarkeit: **ds / dx**
Nennwert der Wärmeleitfähigkeit: 0,039 W/(mK)

99 Perimeterdämmung, Wand, XPS 040, 80mm KG **335**

Wie Ausführungsbeschreibung A 7
Dämmstoffdicke: 80 mm

35€	39€	**41€**	56€	66€	[m²]	⏱ 0,30h/m²	013.000.143

100 Perimeterdämmung, Wand, XPS 040, 120mm KG **335**

Wie Ausführungsbeschreibung A 7
Dämmstoffdicke: 120 mm

42€	51€	**61€**	68€	81€	[m²]	⏱ 0,32h/m²	013.000.145

► min
▷ von
ø Mittel
◁ bis
◀ max

101 Schaumglasdämmung, Bodenplatte, bis 100mm KG **325**

Wärmedämmung aus diffusionsdichten Schaumglas-Dämmplatten, hoch druckbelastbar, einlagig unter Bodenplatte, Platten mit versetzten, pressgestoßenen Fugen, verbleibende Fugen mit Sand füllen und eben abziehen.
Untergrund: .....
Wassereinwirkungsklasse: W1.1-E (Bodenfeuchte und nicht drückendes Wasser bei Bodenplatten)
Anwendungstyp: PB - dh
Bemessungswert der Wärmeleitfähigkeit: max. 0,045 W/(mK)
Nennwert Wärmeleitfähigkeit: 0,044 W/(mK)
Brandverhalten: nicht brennbar, Klasse A1
Dämmstoffdicke: bis 100 mm

66€ 84€ **94€** 102€ 119€ [m2] ⏱ 0,15h/m2 013.000.078

102 Schaumglasdämmung, Bodenplatte, 120-140mm KG **325**

Wärmedämmung aus diffusionsdichten Schaumglas-Dämmplatten, hoch druckbelastbar, einlagig unter Bodenplatte, Platten mit versetzten, pressgestoßenen Fugen, verbleibende Fugen mit Sand füllen und eben abziehen.
Untergrund: .....
Wassereinwirkungsklasse: W1.1-E (Bodenfeuchte und nicht drückendes Wasser bei Bodenplatten)
Anwendung bei: **Bodenfeuchte / drückendes Wasser**
Anwendungstyp: PB - dh
Bemessungswert der Wärmeleitfähigkeit: max. 0,045 (W/mK)
Nennwert Wärmeleitfähigkeit: 0,044 W/(mK)
Brandverhalten: nicht brennbar, Klasse A1
Dämmstoffdicke: **120 / 140** mm

124€ 144€ **150€** 165€ 190€ [m2] ⏱ 0,15h/m2 013.000.186

103 Mehrschichtdämmplatte, 50mm, in Schalung KG **351**

Wärmedämmung aus Mehrschicht-Leichtbauplatten mit Dämmkern, dicht gestoßen, in Schalung einlegen.
Dämmplatten: WW-C
Schale: beidseitig, zementgebundene Holzwolle
Dämmkern: expandiertes Polystyrol - EPS
Bemessungswert der Wärmeleitfähigkeit: max. 0,040 W/(mK)
Nennwert Wärmeleitfähigkeit: 0,039 W/(mK)
Brandverhalten Platte: A1
Plattendicke: 50 mm
Dämmstoffdicke: 40 mm
Bauteil: .....

30€ 41€ **44€** 49€ 58€ [m2] ⏱ 0,20h/m2 013.000.113

104 Trennwanddämmung, MW, schallbrückenfrei KG **331**

Dämmung zwischen Haustrennwänden mit Schallschutzanforderung.
Dämmstoff: Mineralwolle - MW
Brandverhalten: nicht brennbar, A1
Anwendungsgebiet: WTH
Dynamische Steifigkeit: SD = ... MN/m3
Zusammendrückbarkeit: **sh / sg**
Dämmstoffdicke: **20 / 30** mm

9€ 14€ **15€** 19€ 26€ [m2] ⏱ 0,14h/m2 013.000.218

Nr.	Kurztext / Langtext						Kostengruppe
▶	▷	**ø netto €**	◁	◀	[Einheit]	Ausf.-Dauer	Positionsnummer

105 **Betonstahlmatten, BSt B500A/B500B** KG **351**

Bewehrung aus Betonstahlmatten, in unterschiedlichen Mattenabmessungen.
Betonstahl: BSt **B500A / B500B**
Lieferform: **als Lagermatte (A) / als Listenmatte (A)**
Einbauort/Bauteil: .....

1.454€	1.926€	**2.161€**	2.345€	2.856€	[t]	⏱ 0,18h/t	013.000.219

106 **Betonstabstahl, BSt B500B** KG **351**

Bewehrung aus Betonstabstahl.
Betonstabstahl: Bst 500B
Durchmesser: .....
Längen: über ..... bis ..... m
Einbauort/Bauteil: .....

1.385€	1.993€	**2.231€**	2.547€	3.409€	[t]	⏱ 0,25h/t	013.000.230

107 **Bewehrungszubehör, Abstandshalter** KG **351**

Bewehrungszubehör aus Stahl (z.B. Unterstützungen) für Stahlbetonbauteile.
Schalungshaut: **nicht sichtbar/ sichtbar**
Anforderung: Klasse SB.... gem. DBV-Merkblatt
Abrechnung nach Stahlliste

3€	4€	**4€**	5€	7€	[kg]	⏱ 0,05h/kg	013.000.049

108 **Bewehrung, Gitterträger** KG **351**

Gitterträger als Bewehrung, aus **Betonstahl / Stahlband DIN 488-5**
Einbauort/Bauteil: .....

1.963€	2.163€	**2.225€**	2.342€	2.600€	[t]	⏱ 0,08h/t	013.000.220

109 **Bewehrungsstoß, 10-16mm** KG **351**

Bewehrungsstoß, als Betonstabstahlverbindung.
Stabdurchmesser: 10-16 mm
Verbindung: **geschraubt** / **geklemmt**
Einbauort/Bauteil: .....

25€	40€	**42€**	48€	59€	[St]	⏱ 0,20h/St	013.000.069

110 **Bewehrungsstoß, 22-28mm** KG **341**

Bewehrungsstoß, als Betonstabstahlverbindung.
Stabdurchmesser: 22-28 mm
Verbindung: **geschraubt** / **geklemmt**
Einbauort/Bauteil: .....

51€	68€	**74€**	80€	98€	[St]	⏱ 0,30h/St	013.000.126

Kosten:
Stand 1.Quartal 2025
Bundesdurchschnitt

▶ min
▷ von
ø Mittel
◁ bis
◀ max

Nr.	Kurztext / Langtext						Kostengruppe
▶	▷	**ø netto €**	◁	◀	[Einheit]	Ausf.-Dauer	Positionsnummer

111 Klebeanker, M16 KG **331**

Klebedübel-Set, aus Dübel, Gewindestange, Schraube und Unterlegscheibe, inkl. Bohrarbeiten.
Material: nichtrostender Stahl, Werkstoff .....
Dübelgröße: M16
Einbauort/Bauteil: .....
Arbeitshöhe: bis 3,50 m

▶	▷	ø netto €	◁	◀	[Einheit]	Ausf.-Dauer	Positionsnummer
17€	26€	**30€**	37€	48€	[St]	⏱ 0,10h/St	013.000.115

112 Kopfbolzenleiste, Durchstanzbewehrung KG **351**

Kopfbolzenleiste, als Durchstanzbewehrung im Stützenbereich von Flachdecken oder in Fundamentplatten, inkl. Klemmbügeln oder Abstandshalter.
Typ: .....
Ankerdurchmesser: .....
Ankerhöhe: .....
Ankeranzahl: .....
Länge: .....
Ankerabstände: ......
Einbauort/Bauteil: .....
Arbeitshöhe: bis 3,50 m

▶	▷	ø netto €	◁	◀	[Einheit]	Ausf.-Dauer	Positionsnummer
17€	37€	**44€**	60€	104€	[St]	⏱ 0,20h/St	013.000.129

113 Kleineisenteile, Baustahl S235JR KG **351**

Profilstahlkonstruktion, als Unterstützung für schwere Bewehrung und als einbetonierter Profilstahl und sonstiger Konstruktionen, inkl. Zuschnitt, Grundierung und einschl. aller notwendigen Befestigungsmittel.
Verzinken nach gesonderter Position.
Stahlsorte: S235JR (+AR.....), Werkstoff .....
Ausführungsklasse DIN EN 1090: EXC .....
Einbauort/Bauteil: .....
Abmessungen: .....
Für die Ausführung werden vom AG folgende Unterlagen zur Verfügung gestellt:

- Entwurfszeichnungen, Plannr.: .....
- Übersichtszeichnungen, Plannr.: .....
- Stahlliste, Plannr.: ......

▶	▷	ø netto €	◁	◀	[Einheit]	Ausf.-Dauer	Positionsnummer
6€	9€	**10€**	14€	23€	[kg]	⏱ 0,03h/kg	013.000.051

114 Stahlkonstruktion, Profilstahl S235JR KG **333**

Profilstahlkonstruktion, zur Unterstützung für schwere Bewehrung und als einbetonierte Profilstähle und sonstiger Konstruktionen,inkl. Zuschnitt, Grundierung und einschl. aller notwendigen Befestigungsmittel. Verzinken nach gesonderter Position.
Stahlsorte: S235JR (+AR .....), Werkstoff: .....
Ausführungsklasse DIN EN 1090: EXC .....
Einbauort/Bauteil: .....
Abmessungen: .....
Für die Ausführung werden vom AG folgende Unterlagen zur Verfügung gestellt:

- Entwurfszeichnungen, Plannr.: .....
- Übersichtszeichnungen, Plannr.: .....
- Stahlliste, Plannr.: .....

▶	▷	ø netto €	◁	◀	[Einheit]	Ausf.-Dauer	Positionsnummer
4€	7€	**8€**	10€	17€	[kg]	⏱ 0,02h/kg	013.000.050

Nr.	Kurztext / Langtext						Kostengruppe
▶	▷	ø netto €	◁	◀	[Einheit]	Ausf.-Dauer	Positionsnummer

115 Stahlkonstruktion, Baustahl S235JR(AR) KG **333**

Stahlkonstruktion aus Baustahl, für Konstruktionen, für Sondertragglieder inkl. Zuschnitt, Grundierung, Verschweißen, sowie Schweißnähte schleifen und aller notwendigen Befestigungsmittel. Verzinken nach gesonderter Position.
Stahlsorte: S235JR (+AR.....), Werkstoff ......
Ausführungsklasse DIN EN 1090: EXC .....
Einbauort/Bauteil: .....
Abmessungen: .....
Für die Ausführung werden vom AG folgende Unterlagen zur Verfügung gestellt:

- Entwurfszeichnungen, Plannr.: .....
- Übersichtszeichnungen, Plannr.: .....
- Stahlliste, Plannr.: ......

7€ | 13€ | **15€** | 17€ | 26€ | [kg] | ⏱ 0,05h/kg | 013.000.052

Kosten:
Stand 1.Quartal 2025
Bundesdurchschnitt

116 Stahlteile feuerverzinken KG **351**

Feuerverzinken von Stahlteilen.
Korrosivitätskategorie: mäßig - C3 (z.B. Stadt- und Industrieatmosphäre mit mäßiger Luftverunreinigung)
Schutzdauerklasse: sehr hoch - VH
Bauteil: Profil-Stahlträger

1€ | 2€ | **2€** | 3€ | 4€ | [kg] | ⏱ 0,01h/kg | 013.000.053

117 Kleineisenteile, nichtrostender Stahl KG **351**

Kleineisenteile aus nichtrostendem Stahl, gem. beiliegender Stahlliste, inkl. Montage.
Werkstoff-Nummer: .....
Bauteil: .....
Abmessungen: .....

18€ | 34€ | **38€** | 51€ | 67€ | [kg] | ⏱ 0,15h/kg | 013.000.054

A 8 Ankerschiene Beschreibung für Pos. **118-119**

Ankerschiene TA aus Stahl feuerverzinkt, kaltgewalzt.

118 Ankerschiene 28/15 KG **331**

Wie Ausführungsbeschreibung A 8
Ausführung: **feuerverzinkt / nichtrostender Stahl**, Werkstoffnummer: ......
Typ/Profil: 28/15

17€ | 25€ | **29€** | 37€ | 70€ | [m] | ⏱ 0,20h/m | 013.000.055

119 Ankerschiene 38/17 KG **331**

Wie Ausführungsbeschreibung A 8
Ausführung: **feuerverzinkt / nichtrostender Stahl**, Werkstoffnummer: ......
Typ/Profil: 38/17

20€ | 41€ | **49€** | 58€ | 76€ | [m] | ⏱ 0,20h/m | 013.000.056

▶ min
▷ von
ø Mittel
◁ bis
◀ max

Nr.	Kurztext / Langtext						Kostengruppe
►	▷	**ø netto €**	◁	◄	[Einheit]	Ausf.-Dauer	Positionsnummer

A 9 Bewehrungs-/Rückbiegeanschluss — Beschreibung für Pos. **120-122**

Bewehrungsanschluss oder Rückbiegeanschluss, einlagig, für Wände, in korrosionsfreier Ausführung inkl. Vollschaumfüllung, an Wandschalung befestigen, inkl. Entfernen der Gehäusedeckel sowie Rückbiegen der Anschlussbewehrung.

120 Bewehrungs-/Rückbiegeanschluss 55/85 — KG **331**

Wie Ausführungsbeschreibung A 9
Stabdurchmesser: .....
Stababstand: ....., **ein- / zweireihig**
Gehäusebreite: **55 / 85**

15€	30€	**33€**	38€	54€	[m]	⏱ 0,22 h/m	013.000.057

121 Bewehrungs-/Rückbiegeanschluss, 80/120 — KG **331**

Wie Ausführungsbeschreibung A 9
Stabdurchmesser: .....
Stababstand: ....., **ein- / zweireihig**
Gehäusebreite: **80 / 120**

21€	34€	**39€**	49€	65€	[m]	⏱ 0,25 h/m	013.000.109

122 Bewehrungs-/Rückbiegeanschluss, 150/190 — KG **331**

Wie Ausführungsbeschreibung A 9
Stabdurchmesser: .....
Stababstand: ....., **ein- / zweireihig**
Gehäusebreite: **150 / 190**

24€	40€	**45€**	54€	74€	[m]	⏱ 0,30 h/m	013.000.110

123 Balkonanschluss, Wärmedämmelement — KG **351**

Tragendes Wärmedämmelement, für unterstützte Balkone und Loggia-Platten, zur thermischen und trittschalltechnischen Trennung der Balkonplatte von der Deckenplatte bzw. dem Unterzug, querkraftverstärkter Typ.
Wärmedämm-Element: Typ .....
Dämmung: EPS
Bemessungswert der Wärmeleitfähigkeit: max. 0,035 (W/mK)
Nennwert Wärmeleitfähigkeit: 0,034 W/(mK)
Dämmschichtdicke: **80 / 120** mm
Balkonplattendicke: .....
Betondeckung: .....
Elementlänge: 1,00 m
Einbauort/Geschoss: .....

137€	343€	**399€**	484€	668€	[m]	⏱ 0,70 h/m	013.000.059

Nr.	Kurztext / Langtext						Kostengruppe
▶	▷	ø netto €	◁	◀	[Einheit]	Ausf.-Dauer	Positionsnummer

124 TSD-Element, Anschluss, Treppenpodest//Wand KG **351**

Trittschalldämmelement, als Anschluss Treppenpodest und Wand.
Podestdicke: .... cm
Auflast: kN/m2
Trittschallverbesserungsmaß: ..... dB
Baustoffklasse: normal entflammbar - B2
Einbauort/Geschoss: .....

▶	▷	ø	◁	◀	[Einheit]	Ausf.-Dauer	Positionsnummer
128€	176€	**190€**	207€	269€	[St]	⏱ 0,54h/St	013.000.070

125 Stundensatz, Facharbeiter/-in

Stundenlohnarbeiten für Facharbeiter/-in, Spezialfacharbeiter/-in, Vorarbeiter/-in und jeweils Gleichgestellte. Der Verrechnungssatz für die jeweilige Arbeitskraft umfasst sämtliche Aufwendungen wie Lohn- und Gehaltskosten, lohn- und gehaltsgebundene Kosten, Lohn- und Gehaltsnebenkosten, Gemeinkosten, Wagnis und Gewinn. Leistung nach besonderer Anordnung des Auftraggebers. Nachweis und Anmeldung gem. VOB/B.

▶	▷	ø	◁	◀	[Einheit]	Ausf.-Dauer	Positionsnummer
57€	68€	**74€**	77€	85€	[h]	⏱ 1,00h/h	013.000.160

126 Stundensatz, Helfer/-in

Stundenlohnarbeiten für Werker/-in, Helfer/-in und jeweils Gleichgestellte. Der Verrechnungssatz für die jeweilige Arbeitskraft umfasst sämtliche Aufwendungen wie Lohn- und Gehaltskosten, lohn- und gehaltsgebundene Kosten, Lohn- und Gehaltsnebenkosten, Gemeinkosten, Wagnis und Gewinn. Leistung nach besonderer Anordnung des Auftraggebers. Nachweis und Anmeldung gem. VOB/B.

▶	▷	ø	◁	◀	[Einheit]	Ausf.-Dauer	Positionsnummer
52€	61€	**66€**	68€	72€	[h]	⏱ 1,00h/h	013.000.161

Kosten:
Stand 1. Quartal 2025
Bundesdurchschnitt

▶ min
▷ von
ø Mittel
◁ bis
◀ max

014

Kosten:
Stand 1. Quartal 2025
Bundesdurchschnitt

Nr.	Positionen	Einheit	►	▷	ø brutto € ø netto €	◁	◄
1	Unterboden reinigen	m²	2	3	**4**	4	6
			2	3	**3**	4	5
2	Außenbelag, Betonwerkstein, Sandbett	m²	83	116	**126**	134	158
			70	97	**106**	112	132
3	Außenbelag, Naturwerkstein, Splittbett	m²	125	166	**193**	204	256
			105	139	**162**	172	215
4	Innenbelag, Terrazzoplatten	m²	156	183	**190**	192	231
			131	154	**160**	161	194
5	Innenbelag, Betonwerkstein	m²	131	147	**152**	169	206
			110	124	**127**	142	173
6	Innenbelag, Naturwerkstein, Granit	m²	217	263	**289**	309	362
			183	221	**243**	260	304
7	Innenbelag, Naturwerkstein, Marmor	m²	139	177	**190**	219	256
			117	149	**160**	184	215
8	Innenbelag, Naturwerkstein, Kalkstein	m²	150	181	**205**	221	249
			126	152	**172**	186	209
9	Innenbelag, Naturwerkstein, Solnhofer Kalkstein	m²	141	207	**219**	235	277
			118	174	**184**	198	233
10	Innenbelag, Naturwerkstein, Schiefer	m²	120	154	**169**	176	194
			101	129	**142**	148	163
11	Innenbelag, Naturwerkstein, Travertin	m²	180	231	**257**	309	329
			151	195	**216**	259	277
12	Innenbelag, Naturwerkstein, Kalkstein, R10	m²	195	219	**234**	248	297
			164	184	**197**	208	250
13	Sockel, Naturwerkstein, magmatisches Gestein	m	22	34	**39**	48	67
			19	29	**33**	40	56
14	Randplatte, Naturwerkstein, innen	m	87	112	**126**	138	159
			73	94	**105**	116	134
15	Randplatte, Naturwerkstein, Treppenauge, innen	m	90	132	**155**	174	215
			75	111	**130**	146	181
16	Bodenprofil, Bewegungsfugen, Plattenbelag	m	34	62	**71**	78	100
			28	52	**60**	65	84
17	Trennschiene, Messing	m	31	35	**35**	40	46
			26	29	**30**	34	38
18	Trennschiene, Aluminium	m	28	34	**37**	45	61
			24	29	**31**	38	51
19	Trennschiene, nichtrostender Stahl	m	28	40	**45**	52	70
			24	34	**37**	44	59
20	Fugenabdichtung, elastisch, Silikon	m	8	10	**11**	12	15
			6	8	**9**	10	13
21	Blockstufe, Naturwerkstein	m	205	297	**337**	415	563
			172	250	**284**	349	473
22	Blockstufe, Betonwerkstein	m	148	236	**273**	334	440
			124	199	**229**	281	369
23	Treppe, Naturwerkstein, Winkelstufe, 1,00m	St	142	208	**227**	262	316
			119	175	**191**	220	266
24	Treppenbelag, Naturwerkstein, Tritt-/Setzstufe	m	172	199	**212**	236	283
			145	167	**178**	199	238

► min
▷ von
ø Mittel
◁ bis
◄ max

Kostenstand: 1. Quartal 2025, Bundesdurchschnitt
Mustertexte geprüft: Fachverband Fliesen und Naturstein im Zentralverband des Deutschen Baugewerbes

Nr.	Positionen	Einheit	▶	▷	ø brutto € / ø netto €	◁	◀
25	Stufengleitschutzprofil, Treppe	m	27	31	**32**	33	36
			23	26	**27**	28	31
26	Rillenfräsung, Stufenkante	m	38	42	**46**	60	65
			32	35	**39**	50	55
27	Aufmerksamkeitsstreifen, Stufenkante, PU-Einzelrippen	m	–	48	**53**	67	–
			–	40	**44**	56	–
28	Aufmerksamkeitsstreifen, Stufenkante, Klebeband	m	–	9	**10**	13	–
			–	8	**8**	11	–
29	Aufmerksamkeitsstreifen, Setzstufe, Klebeband	m	–	6	**6**	8	–
			–	5	**5**	7	–
30	Verblendmauerwerk, Granit/Basalt, außen	m²	373	601	**701**	725	927
			313	505	**589**	609	779
31	Kerndämmung, zweischalige Außenwand	m²	33	47	**52**	55	69
			28	40	**43**	46	58
32	Trockenmauerwerk, Naturwerksteine	m²	264	458	**519**	589	720
			221	385	**436**	495	605
33	Bohrung, Plattenbelag	St	20	25	**30**	32	43
			17	21	**26**	27	36
34	Ausklinkung, Plattenbelag	St	15	26	**29**	39	58
			12	22	**25**	32	49
35	Kanten bearbeiten, Plattenbelag	m	10	16	**18**	26	36
			8	13	**15**	22	30
36	Schrägschnitte, Plattenbelag	m	37	47	**49**	58	74
			31	39	**41**	49	62
37	Rundschnittbogen, Plattenbelag	m	48	59	**69**	78	104
			40	50	**58**	65	87
38	Fries, Plattenbelag	m	64	110	**125**	141	176
			53	92	**105**	119	148
39	Trittschalldämmung, Randstreifen, MW	m²	10	13	**15**	16	20
			9	11	**13**	14	17
40	Erstreinigung, Bodenbelag	m²	6	17	**19**	23	38
			5	14	**16**	19	32
41	Betonwerksteinbeläge fluatieren	m²	5	7	**8**	11	15
			4	6	**6**	9	13
42	Mauerabdeckung, Naturwerkstein, außen	m	62	114	**131**	150	188
			52	96	**110**	126	158
43	Fensterbank, Naturwerkstein, innen	m	46	73	**82**	89	117
			38	61	**69**	75	99
44	Fensterbank, Naturwerkstein, außen	m	85	126	**139**	156	198
			71	106	**117**	131	167
45	Fensterbank, Betonwerkstein, außen	m	85	101	**112**	131	151
			72	85	**94**	110	127
46	Leitsystem, innen, Rippenfliesen, Edelstahl, 3 Rippen	m	–	195	**217**	277	–
			–	164	**182**	233	–
47	Leitsystem, innen, Rippenfliesen, Edelstahl, 7 Rippen	m	–	242	**271**	350	–
			–	203	**228**	294	–
48	Leitsystem, Rippenfliese/Begleitstreifen, Edelstahl, 200mm	m	–	261	**300**	381	–
			–	219	**252**	320	–

Kosten:
Stand 1.Quartal 2025
Bundesdurchschnitt

Nr.	Positionen	Einheit	►	▷	ø brutto € / ø netto €	◁	◄
49	Leitsystem, Rippenfliese/Begleitstreifen, Edelstahl, 400mm	m	–	275	**331**	414	–
			–	231	**278**	348	–
50	Kontraststreifen, Noppenfliesen, Edelstahl, 300mm	m	–	71	**80**	102	–
			–	60	**67**	85	–
51	Kontraststreifen, Noppenfliesen, Edelstahl, 600mm	m	–	74	**83**	106	–
			–	62	**70**	89	–
52	Edelstahlrippen, 16mm, Streifen, dreireihig	m	–	270	**314**	390	–
			–	227	**264**	328	–
53	Edelstahlrippen, 35mm, Streifen, dreireihig	m	–	279	**320**	400	–
			–	234	**269**	336	–
54	Kunststoffrippen, 16mm, Streifen, dreireihig	m	–	73	**82**	102	–
			–	61	**69**	86	–
55	Kunststoffrippen, 35mm, Streifen, dreireihig	m	–	87	**96**	121	–
			–	73	**80**	102	–
56	Aufmerksamkeitsfeld, 600/600, Noppenfliesen, Edelstahl	St	–	386	**444**	564	–
			–	325	**373**	474	–
57	Aufmerksamkeitsfeld, 1.200/1.200, Noppenfliesen, Edelstahl	St	–	1.020	**1.200**	1.487	–
			–	857	**1.008**	1.250	–
58	Aufmerksamkeitsfeld, 600/600, Noppen, Edelstahl	St	–	683	**776**	985	–
			–	574	**652**	828	–
59	Aufmerksamkeitsfeld, 900/900, Noppen, Edelstahl	St	–	1.467	**1.595**	2.057	–
			–	1.233	**1.340**	1.729	–
60	Aufmerksamkeitsfeld, 600/600, Noppen, Kunststoff	St	–	320	**359**	464	–
			–	269	**302**	390	–
61	Aufmerksamkeitsfeld, 900/900, Noppen, Kunststoff	St	–	587	**675**	850	–
			–	493	**567**	714	–
62	Stundensatz, Facharbeiter/-in	h	67	82	**89**	93	101
			56	69	**75**	78	85
63	Stundensatz, Helfer/-in	h	57	67	**74**	77	86
			48	57	**62**	65	72

► min
▷ von
ø Mittel
◁ bis
◄ max

Nr. **Kurztext** / Langtext — Kostengruppe
► ▷ **ø netto €** ◁ ◄ [Einheit] Ausf.-Dauer Positionsnummer

1 Unterboden reinigen KG **324**

Unterboden von groben Verschmutzungen reinigen, sammeln und in Container des AG lagern. Abfall weder schadstoffbelastet noch gefährlich.
Dicke: .....

2€ 3€ **3€** 4€ 5€ [m2] ⏱ 0,03h/m2 014.000.001

Nr.	Kurztext / Langtext						Kostengruppe
►	▷	ø netto €	◁	◄	[Einheit]	Ausf.-Dauer	Positionsnummer

2 Außenbelag, Betonwerkstein, Sandbett KG **533**

Bodenbelag aus Betonwerksteinplatten, einschichtig, im Außenbereich, in ungebundener Bauweise auf Sandbett, mit Fugenfüllung aus Sand.
Einbauort: .....
Witterungsbeständigkeitsklasse: .....
Untergrund: eben
Bettungsdicke: .....
Plattenmaterial: .....
Verlegeart: .....
Fugenanordnung: .....
Plattenabmessung: ..... mm
Plattendicke: ..... mm
Oberfläche: .....
Angeb. Fabrikat/Lieferant: .....

70€ 97€ **106€** 112€ 132€ [m²] ⏱ 0,70 h/m² 014.000.013

3 Außenbelag, Naturwerkstein, Splittbett KG **534**

Bodenbelag aus kleinformatigen Natursteinpflaster im Außenbereich, in ungebundener Bauweise, mit Unterbau, mit versetzten Fugen in Reihen verlegt.
Einbauort: Stellplätze
Gefälle: .....
Bettungsdicke: .....
Gesteinsart: Granit
Maße: bis 220 x 160 mm
Nenndickenabweichung: Klasse .....
Oberfläche: trittsicher rau
Bettung: Körnung 0/5 - natürliche Gesteinskörnung
TL-Pflaster StB Kategorie: GN
Angeb. Stein/Lieferant: .....

105€ 139€ **162€** 172€ 215€ [m²] ⏱ 0,80 h/m² 014.000.015

4 Innenbelag, Terrazzoplatten KG **353**

Bodenbelag aus mineralischen Kunststeinplatten im Innenbereich, einschichtig, im Verband auf Dickbett mit Verfugung mit Fugenmörtel.
Einbauort: .....
Untergrund: .....
Kunststeinplatten: Terrazzo
Verlegeart: .....
Mörtel: 30 mm
Fugenanordnung: .....
Fugenbreite: 3 mm
Plattenabmessung: ..... mm
Plattendicke: ..... mm
Farbe/Textur: .....
Oberfläche: .....
Angeb. Stein/Lieferant: .....

131€ 154€ **160€** 161€ 194€ [m²] ⏱ 1,50 h/m² 014.000.045

Nr.	Kurztext / Langtext						Kostengruppe
►	▷	ø netto €	◁	◀	[Einheit]	Ausf.-Dauer	Positionsnummer

5 Innenbelag, Betonwerkstein KG **353**

Bodenbelag aus Betonwerksteinplatten im Innenbereich, einschichtig, als kalibrierte Platte, im Verband auf Dickbett mit Verfugung mit Fugenmörtel.
Einbauort: .....
Untergrund: .....
Mörtel: 30 mm
Verlegeart: .....
Fugenanordnung: .....
Fugenbreite: 3 mm
Plattenabmessung: ..... mm
Plattendicke: ..... mm
Farbe/Textur: .....
Oberfläche: feingeschliffen
Angeb. Stein/Lieferant: .....

►	▷	ø	◁	◀	Einheit	Ausf.-Dauer	Positionsnummer
110€	124€	**127€**	142€	173€	[m2]	⏱ 1,10h/m2	014.000.026

6 Innenbelag, Naturwerkstein, Granit KG **353**

Bodenbelag aus Naturwerkstein im Innenbereich, im Verband auf Dünnbett mit Fugenmörtel.
Einbauort: .....
Untergrund: waagerecht
Gesteinsart: Granit
Handelsname: .....
Farbe/Textur: .....
Verlegeart: .....
Mörtel: .....
Fugenanordnung: .....
Fugenmörtel: .....
Plattenabmessung: ..... mm
Plattendicke: bis 30 mm
Oberfläche: poliert
Angeb. Stein: .....
Steinbruch: .....

►	▷	ø	◁	◀	Einheit	Ausf.-Dauer	Positionsnummer
183€	221€	**243€**	260€	304€	[m2]	⏱ 1,10h/m2	014.000.061

Kosten:
Stand 1. Quartal 2025
Bundesdurchschnitt

► min
▷ von
ø Mittel
◁ bis
◀ max

7 Innenbelag, Naturwerkstein, Marmor KG **353**

Bodenbelag aus Naturwerkstein im Innenbereich, im Verband auf Dünnbett mit Fugenmörtel.
Einbauort: .....
Untergrund: waagerecht
Gesteinsart: Marmor
Handelsname: .....
Farbe/Textur: .....
Verlegeart: .....
Mörtel: .....
Fugenanordnung: .....
Fugenmörtel: .....
Plattenabmessung: ..... mm
Plattendicke: 10 mm
Oberfläche: poliert
Angeb. Stein: .....
Steinbruch: .....

►	▷	ø netto €	◁	◄	[Einheit]	Ausf.-Dauer	Positionsnummer
117€	149€	**160€**	184€	215€	[m2]	⏱ 1,10 h/m2	014.000.062

8 Innenbelag, Naturwerkstein, Kalkstein KG **353**

Bodenbelag aus Naturwerkstein im Innenbereich, im Verband auf Dünnbett mit Fugenmörtel.
Einbauort: .....
Untergrund: waagerecht
Gesteinsart: Kalksandstein
Handelsname: .....
Farbe/Textur: .....
Verlegeart: .....
Mörtel: .....
Fugenanordnung: .....
Fugenmörtel: .....
Plattenabmessung: ..... mm
Plattendicke: bis 20 mm
Oberfläche: gebürstet
Angeb. Stein: .....
Steinbruch: .....

►	▷	ø netto €	◁	◄	[Einheit]	Ausf.-Dauer	Positionsnummer
126€	152€	**172€**	186€	209€	[m2]	⏱ 1,10 h/m2	014.000.063

000 001 002 006 008 009 010 012 013 014 016 017 018 020 021 022

Nr.	Kurztext / Langtext						Kostengruppe
▶	▷	**ø netto €**	◁	◀	[Einheit]	Ausf.-Dauer	Positionsnummer

9 Innenbelag, Naturwerkstein, Solnhofer Kalkstein KG **353**

Bodenbelag aus Naturwerkstein im Innenbereich, im Verband auf Dickbett mit Fugenmörtel.
Einbauort: .....
Untergrund: waagerecht
Steinart: Solnhofer Kalkstein
Farbe/Textur: .....
Verlegeart: .....
Mörtel: .....
Fugenanordnung: .....
Fugenmörtel: .....
Plattenabmessung: ..... mm
Plattendicke: bis 25 mm
Oberfläche: gebürstet
Rutschhemmung: .....
Angeb. Stein: .....

▶	▷	ø	◁	◀	Einheit	Ausf.-Dauer	Positionsnummer
118€	174€	**184€**	198€	233€	[m²]	⏱ 1,20h/m²	024.000.043

10 Innenbelag, Naturwerkstein, Schiefer KG **353**

Bodenbelag aus Naturwerkstein im Innenbereich, im Verband auf Mittelbett mit Fugenmörtel.
Einbauort: .....
Untergrund: waagerecht
Steinart: Schiefer
Farbe/Textur: .....
Verlegeart: .....
Mörtel: .....
Fugenanordnung: .....
Fugenmörtel: .....
Plattenabmessung: ..... mm
Plattendicke: 10 mm
Oberfläche: spaltrau
Rutschhemmung: .....
Angeb. Stein: .....
Steinbruch: .....

▶	▷	ø	◁	◀	Einheit	Ausf.-Dauer	Positionsnummer
101€	129€	**142€**	148€	163€	[m²]	⏱ 1,10h/m²	014.000.055

Kosten:
Stand 1. Quartal 2025
Bundesdurchschnitt

▶ min
▷ von
ø Mittel
◁ bis
◀ max

11 Innenbelag, Naturwerkstein, Travertin KG **353**

Bodenbelag aus Naturwerkstein im Innenbereich, im Verband auf Mittelbett mit Fugenmörtel.
Einbauort: .....
Untergrund: waagerecht
Gesteinsart: Travertin
Handelsname: .....
Farbe/Textur: .....
Verlegeart: .....
Mörtel: .....
Fugenanordnung: .....
Fugenmörtel: .....
Plattenabmessung: ..... mm
Plattendicke: ca. 1,5 mm
Oberfläche: geschliffen
Rutschhemmung: .....
Angeb. Stein: .....
Steinbruch: .....

▶	▷	ø netto €	◁	◀	[Einheit]	Ausf.-Dauer	Positionsnummer
151€	195€	**216€**	259€	277€	[m2]	⏱ 1,20h/m2	014.000.056

12 Innenbelag, Naturwerkstein, Kalkstein, R10 KG **353**

Bodenbelag aus Naturwerkstein im Innenbereich, rutschsicher, im Verband auf Dünnbett mit Fugenmörtel.
Einbauort: .....
Untergrund: waagerecht
Gesteinsart: Kalksandstein
Handelsname: .....
Farbe/Textur: .....
Verlegeart: .....
Mörtel: .....
Fugenanordnung: .....
Fugenmörtel: .....
Plattenabmessung: ..... mm
Plattendicke: bis 20 mm
Oberfläche: gebürstet
Rutschgefahr: R10
Angeb. Stein: .....
Steinbruch: .....

▶	▷	ø netto €	◁	◀	[Einheit]	Ausf.-Dauer	Positionsnummer
164€	184€	**197€**	208€	250€	[m2]	⏱ 1,10h/m2	014.000.059

13 Sockel, Naturwerkstein, magmatisches Gestein KG **353**

Sockelleiste aus Naturwerkstein, Magmatisches Gestein, vorstehend an Wänden im Innenbereich, auf Dünnbett, mit Verfugung auf Flächenbelag abgestimmt.
Querschnitt: 80/15 mm
Plattendicke: bis 15 mm
Gesteinsart: Magmatisches Gestein
Handelsname: .....
Oberfläche: feingeschliffen
Kanten: .....

▶	▷	ø netto €	◁	◀	[Einheit]	Ausf.-Dauer	Positionsnummer
19€	29€	**33€**	40€	56€	[m]	⏱ 0,25h/m	014.000.023

000 001 002 006 008 009 010 012 013 014 016 017 018 020 021 022

Nr.	Kurztext / Langtext						Kostengruppe
►	▷	ø netto €	◁	◄	[Einheit]	Ausf.-Dauer	Positionsnummer

Kosten:
Stand 1. Quartal 2025
Bundesdurchschnitt

► min
▷ von
ø Mittel
◁ bis
◄ max

14 Randplatte, Naturwerkstein, innen — KG 353

Randplatte aus Naturwerkstein, ein Kopf sichtbar, im Innenbereich, auf Dünnbett mit Verfugung.
Einbauort: .....
Untergrund: Zementestrich
Gesteinsart: Magmatisches Gestein
Handelsname: .....
Plattenbreite: 280 mm
Plattendicke: ..... mm
Oberfläche: .....
Kanten: .....

►	▷	ø	◁	◄	Einheit	Ausf.-Dauer	Positionsnummer
73€	94€	**105€**	116€	134€	[m]	0,40 h/m	014.000.032

15 Randplatte, Naturwerkstein, Treppenauge, innen — KG 353

Randplatte aus Naturwerkstein, Platte an den Rändern ca. 10 mm auskragend, Kopf sichtbar, im Innenbereich, auf Dünnbett mit Verfugung.
Einbauort: Treppenauge
Untergrund: Betontreppe ....
Gesteinsart: Magmatisches Gestein
Handelsname: ....
Plattenbreite: 280 mm
Plattendicke: ..... mm
Oberfläche: .....
Kanten: .....

►	▷	ø	◁	◄	Einheit	Ausf.-Dauer	Positionsnummer
75€	111€	**130€**	146€	181€	[m]	0,60 h/m	014.000.033

16 Bodenprofil, Bewegungsfugen, Plattenbelag — KG 353

Bewegungsfuge in Bodenbelag nach IVD-Merkblatt Nr. 1, mit elastischem Fugendichtstoff PW und Fugenabdeckprofil aus Aluminium.
Volumenschwund: <=5%
Fugenbreite: über 5 bis 10 mm
Fugentiefe bis 10 mm

►	▷	ø	◁	◄	Einheit	Ausf.-Dauer	Positionsnummer
28€	52€	**60€**	65€	84€	[m]	0,14 h/m	014.000.035

17 Trennschiene, Messing — KG 353

Trennschiene aus Metall in Werkstein-Bodenbelag, im Innenbereich.
Einbauort: .....
Untergrund: .....
Material: Messing
Oberfläche: .....

►	▷	ø	◁	◄	Einheit	Ausf.-Dauer	Positionsnummer
26€	29€	**30€**	34€	38€	[m]	0,12 h/m	014.000.036

18 Trennschiene, Aluminium — KG 353

Trennschiene aus Metall in Werkstein-Bodenbelag, im Innenbereich.
Einbauort: .....
Untergrund: .....
Material: Aluminium
Oberfläche: .....

►	▷	ø	◁	◄	Einheit	Ausf.-Dauer	Positionsnummer
24€	29€	**31€**	38€	51€	[m]	0,12 h/m	014.000.037

19 Trennschiene, nichtrostender Stahl KG **353**

Trennschiene aus Metall in Werkstein-Bodenbelag, im Innenbereich.
Einbauort: .....
Untergrund: .....
Material: nichtrostender Stahl
Oberfläche: .....

24€	34€	**37€**	44€	59€	[m]	⏱ 0,12 h/m	014.000.038

20 Fugenabdichtung, elastisch, Silikon KG **353**

Fuge in Bodenbelag mit elastischem Fugendichtstoff schließen.
Volumenschwund: <=15%
Zulässige Gesamtverformung: 12,5%
Fugenbreite: über 5 bis 10 mm
Fugentiefe: bis 10 mm

6€	8€	**9€**	10€	13€	[m]	⏱ 0,05 h/m	014.000.039

21 Blockstufe, Naturwerkstein KG **544**

Blockstufe aus Naturwerkstein, im Außenbereich, auf Untergrund aus Stahlbeton in Zementmörtel.
Einbauort: .....
Gesteinsart: .....
Farbe/Textur: .....
Stufenabmessung (L x B x H): 1.200 x 350 x 160 mm
Oberfläche: .....
Rutschgefahr: R9
Kantenausbildung: .....
Angeb. Stein: .....
Steinbruch: .....

172€	250€	**284€**	349€	473€	[m]	⏱ 0,60 h/m	014.000.018

22 Blockstufe, Betonwerkstein KG **544**

Blockstufe aus Betonwerkstein, zweischichtig, im Außenbereich, auf Untergrund aus Stahlbeton in Zementmörtel.
Einbauort: .....
Plattenart: .....
Farbe/Textur: .....
Stufenabmessung (L x B x H): 1.200 x 350 x 160 mm
Oberfläche: .....
Rutschgefahr: R9
Kantenausbildung: .....
Angeb. Stein/Lieferant: .....
Ausführung nach Muster des AG

124€	199€	**229€**	281€	369€	[m]	⏱ 0,60 h/m	014.000.019

Kosten:
Stand 1. Quartal 2025
Bundesdurchschnitt

Nr.	**Kurztext** / Langtext						Kostengruppe
▶	▷	**ø netto €**	◁	◀	[Einheit]	Ausf.-Dauer	Positionsnummer

23 **Treppe, Naturwerkstein, Winkelstufe, 1,00m** KG **544**

Treppenstufe als Winkelstufe aus Naturwerkstein, auf Betonuntergrund, in Zementmörtel und mit Verfugung.
Einbauort: .....
Gesteinsart: .....
Farbe/Textur: .....
Stufenabmessung (L x B x H): 1.000 x 290 x 175 mm
Materialdicke: 40 mm
Oberfläche: .....
Kantenausbildung: .....
Angeb. Stein: .....
Steinbruch: .....

119€ | 175€ | **191€** | 220€ | 266€ | [St] | ⏱ 0,55h/St | 014.000.020

24 **Treppenbelag, Naturwerkstein, Tritt-/Setzstufe** KG **353**

Treppenstufe als Tritt- und Setzstufe aus Naturwerkstein, auf Betonuntergrund, in Zementmörtel und mit Verfugung.
Trittstufe überkragend und Setzstufe stumpf gestoßen.
Einbauort: .....
Gesteinsart: .....
Farbe/Textur: .....
Stufenabmessung (L x B x H): 1.000 x 290 x 175 mm
Materialdicke: Trittstufe 30 mm, Setzstufe 20 mm
Sichtbare Köpfe: .....
Oberfläche: .....
Kantenausbildung: .....
Angeb. Stein: .....
Steinbruch: .....

145€ | 167€ | **178€** | 199€ | 238€ | [m] | ⏱ 0,60h/m | 014.000.021

25 **Stufengleitschutzprofil, Treppe** KG **353**

Stufen-Gleitschutzprofil in Stufenvorderkante einlassen, Profil nach Mustervorlage.
Profil: rutschhemmendes Kunststoff-Profil
Breite: ca. 20 mm
Farbe: schwarz
Steinart: **Naturstein / Betonwerkstein**
Abstand von Vorderkante: ..... mm

23€ | 26€ | **27€** | 28€ | 31€ | [m] | ⏱ 0,20h/m | 014.000.022

26 **Rillenfräsung, Stufenkante** KG **353**

Rillenfräsungen in der Plattenoberfläche an Stufenvorderkante als taktiles Erkennungsmerkmal gem. DIN 18040 und DIN 32984.
Ausführungsort: .....
Ausführung: 4 parallele Rillen
Breite/Tiefe: 20 x 2 mm
Steinart: **Naturstein / Betonwerkstein**
Abstand von Vorderkante: ..... mm

32€ | 35€ | **39€** | 50€ | 55€ | [m] | ⏱ 0,20h/m | 014.000.060

▶ min
▷ von
ø Mittel
◁ bis
◀ max

27 Aufmerksamkeitsstreifen, Stufenkante, PU-Einzelrippen KG **353**

Rutschsicherer Aufmerksamkeitsstreifen auf Treppenstufen, als taktiles Erkennungsmerkmal gem. DIN 18040 und DIN 32984, auf Natursteinbelag mit geklebten Einzelrippen, im Kontrast zu Belag.
Anwendungsbereich: Treppen
Ausführungsort: .....
Ausführung: dreireihig
Untergrund: .....
Material: Kunststoffrippen, Polyurethan
Höhe: ..... mm
Format: ..... mm
Abstand von Vorderkante: ..... mm
Farbe: .....

–	40€	**44€**	56€	–	[m]	⏱ 0,35h/m	014.000.064

28 Aufmerksamkeitsstreifen, Stufenkante, Klebeband KG **353**

Rutschsicherer Aufmerksamkeitsstreifen auf Treppenstufen, als taktiles Erkennungsmerkmal auf Natursteinbelag, mit geklebten Markierungsbändern, im Kontrast zu Belag.
Anwendungsbereich: Treppen
Ausführungsort: .....
Ausführung: einreihig
Untergrund: .....
Material: selbstklebendes Band
Breite: 50 mm
Abstand von Vorderkante: ..... mm
Farbe: .....

–	8€	**8€**	11€	–	[m]	⏱ 0,05h/m	014.000.084

29 Aufmerksamkeitsstreifen, Setzstufe, Klebeband KG **353**

Rutschsicherer Aufmerksamkeitsstreifen auf Treppenstufen, als taktiles Erkennungsmerkmal auf Natursteinbelag, mit geklebten Markierungsbändern, im Kontrast zu Belag.
Anwendungsbereich: Treppen
Ausführungsort: .....
Ausführung: einreihig
Untergrund: .....
Material: selbstklebendes Band
Breite: 25 mm
Abstand von Vorderkante: ..... mm
Farbe: .....

–	5€	**5€**	7€	–	[m]	⏱ 0,05h/m	014.000.085

Nr.	**Kurztext** / Langtext						Kostengruppe
▶	▷	**ø netto €**	◁	◀	[Einheit]	Ausf.-Dauer	Positionsnummer

30 Verblendmauerwerk, Granit/Basalt, außen KG **335**

Verblendmauerwerk aus Naturwerkstein vor Außenwand, als regelmäßiges Schichtmauerwerk, mit Drahtankern und Luftschicht vor Wärmedämmung.
Gesteinsart: **Granit / Basalt**
Steinformat: 240 x 115 x 190 mm
Kanten: .....
Fugen: .....
Abstand Verblendmauerwerk: ....
Verankerung: .....
Mörtelgruppe: NM IIa
Sichtflächen: .....
Einbauhöhen: bis .....
Angeb. Stein: .....
Steinbruch: .....

313€ | 505€ | **589€** | 609€ | 779€ | [m2] | ⏱ 0,80 h/m2 | 014.000.005

31 Kerndämmung, zweischalige Außenwand KG **335**

Kerndämmung für zweischalige Außenwand, mit oder ohne Luftschicht, einlagig, Mineralwolleplatte, versetzt gestoßen, verlegt auf vorhandenen Drahtankern.
Dämmstoff: MW
Anwendungsgebiet: WZ
Bemessungswert der Wärmeleitfähigkeit: max. 0,035 W/(mK)
Nennwert der Wärmeleitfähigkeit: 0,034 (W/mK)
Brandverhalten: A1
Gesamtdicke: .....

28€ | 40€ | **43€** | 46€ | 58€ | [m2] | ⏱ 0,12 h/m2 | 014.000.006

32 Trockenmauerwerk, Naturwerksteine KG **543**

Trockenmauerwerk aus Natursteinen, nicht verwittertes Material.
Steinart: **Sandstein / Kalkstein / Granit / Schiefer**
Mauerverband: **Bruchstein- / Schichten- / Quadermauerwerk**
Steinformate: ..... (von-bis)
Mauerbreite: .....
Mauerhöhe .....
Einbauort: Außenbereich, auf bauseitiges Fundament
Steinbruch: .....

221€ | 385€ | **436€** | 495€ | 605€ | [m2] | ⏱ 1,90 h/m2 | 014.000.051

33 Bohrung, Plattenbelag KG **353**

Bohrungen im Natursteinplattenbelag.
Belag: **Bodenbelag / Wandbelag**
Bohrung: Durchmesser 25 mm
Steinart: .....
Plattendicke: .....

17€ | 21€ | **26€** | 27€ | 36€ | [St] | ⏱ 0,20 h/St | 014.000.028

Kosten:
Stand 1. Quartal 2025
Bundesdurchschnitt

▶ min
▷ von
ø Mittel
◁ bis
◀ max

34 Ausklinkung, Plattenbelag KG **353**

Ausklinkung in Naturstein- oder Betonwerksteinbelag.
Belag: **Bodenbelag / Wandbelag**
Größe Ausklinkung: .....
Steinart: .....
Belagdicke: .....

12€	22€	**25€**	32€	49€	[St]	⏱ 0,18 h/St	014.000.029

35 Kanten bearbeiten, Plattenbelag KG **353**

Kanten an Platte als eckige Fase.
Plattenbelag: **Boden / Wand**
Steinart: .....
Plattendicke: .....

8€	13€	**15€**	22€	30€	[m]	⏱ 0,18 h/m	014.000.030

36 Schrägschnitte, Plattenbelag KG **353**

Gehrungsschnitte an Platte mit Bearbeitung.
Plattenbelag: **Boden / Wand**
Steinart: .....
Plattendicke: .....
Schnittwinkel: .....

31€	39€	**41€**	49€	62€	[m]	⏱ 0,40 h/m	014.000.031

37 Rundschnittbogen, Plattenbelag KG **353**

Rundschnitte an Platte mit Bearbeitung.
Plattenbelag: **Boden / Wand**
Steinart: .....
Plattendicke: .....
Schnittradius: .....

40€	50€	**58€**	65€	87€	[m]	⏱ 0,50 h/m	014.000.049

38 Fries, Plattenbelag KG **353**

Fries in Bodenbelag aus Naturstein, im Innenbereich, im Dünnbettmörtel verlegt, inkl. Verfugung.
Platten: Breite 280 mm, Länge 500 mm
Plattendicke: 20 mm
Gesteinsart. .....
Oberfläche: .....
Einbauort: .....
Angeb. Stein: .....
Steinbruch: .....

53€	92€	**105€**	119€	148€	[m]	⏱ 0,40 h/m	014.000.034

000 001 002 006 008 009 010 012 013 **014** 016 017 018 020 021 022

Nr.	Kurztext / Langtext						Kostengruppe
►	▷	ø netto €	◁	◄	[Einheit]	Ausf.-Dauer	Positionsnummer

39 Trittschalldämmung, Randstreifen, MW KG **353**

Trittschalldämmung für lotrechte Nutzlasten aus Mineralwolle.
Untergrund: .....
Dämmstoff: MW DES-sh
Lieferdicke: 25 mm
Zusammendrückbarkeit: .....
Steifigkeit: .... MN/m²

►	▷	ø	◁	◄	Einheit	Ausf.-Dauer	Positionsnummer
9€	11€	**13€**	14€	17€	[m²]	⏱ 0,60h/m²	014.000.042

40 Erstreinigung, Bodenbelag KG **353**

Reinigen von Böden im Innenbereich, Belag aus Naturwerksteinplatten.
Steinart: .....
Oberfläche: .....

►	▷	ø	◁	◄	Einheit	Ausf.-Dauer	Positionsnummer
5€	14€	**16€**	19€	32€	[m²]	⏱ 0,25h/m²	014.000.050

41 Betonwerksteinbeläge fluatieren KG **353**

Zusätzliche Oberflächenbehandlung von Betonwerksteinflächen durch Fluatieren mit Härtefluat.
Bauteil: **Boden / Wand**
Einbauort: **innen / außen**
Steinoberfläche: .....
Auftragsmenge: .....

►	▷	ø	◁	◄	Einheit	Ausf.-Dauer	Positionsnummer
4€	6€	**6€**	9€	13€	[m²]	⏱ 0,10h/m²	014.000.041

42 Mauerabdeckung, Naturwerkstein, außen KG **543**

Mauerabdeckung aus Naturwerkstein mit einseitiger Wassernase, im Außenbereich mit Neigung im Mörtelbett verlegt, inkl. Verfugung.
Einbauort: .....
Untergrund: .....
Plattenmaterial: **Sandstein / Granit**
Plattendicke: ca. 30 mm
Oberfläche: .....
Kanten: .....
Angeb. Stein: .....

►	▷	ø	◁	◄	Einheit	Ausf.-Dauer	Positionsnummer
52€	96€	**110€**	126€	158€	[m]	⏱ 0,20h/m	014.000.017

Kosten:
Stand 1. Quartal 2025
Bundesdurchschnitt

► min
▷ von
ø Mittel
◁ bis
◄ max

43 Fensterbank, Naturwerkstein, innen KG **334**

Fensterbank aus Naturwerkstein, einschichtig, innen, einteilig, vordere Kantenfläche voll und 2 Seitenflächen teilweise sichtbar, mit stumpfem Anschluss an Fensterrahmen, mit leichtem Gefälle in Mörtelbett verlegen und verfugen.
Dicke: 3 cm
Breite: bis 250 mm
Auskragung: ..... cm
Gesteinsart: **Granit / Sandstein**
Handelsname: .....
Oberfläche: .....
Sichtbare Kanten: gefast
Angeb. Stein: .....
Steinbruch: .....

38€	61€	**69€**	75€	99€	[m]	⏱ 0,42 h/m	014.000.087

44 Fensterbank, Naturwerkstein, außen KG **334**

Fensterbank aus Naturwerkstein, außen, einteilig mit Wassernase, vordere Kantenfläche voll und 2 Seitenflächen teilweise sichtbar, mit stumpfem Anschluss an Fensterrahmen, in Mörtelbett verlegen und verfugen.
Dicke: 3 cm
Breite: bis 300 mm
Auskragung: ..... cm
Gesteinsart: **Granit / Sandstein**
Handelsname: .....
Oberfläche: .....
Sichtbare Kanten: gefast
Angeb. Stein: .....
Steinbruch: .....

71€	106€	**117€**	131€	167€	[m]	⏱ 0,45 h/m	014.000.007

45 Fensterbank, Betonwerkstein, außen KG **334**

Fensterbank aus Betonwerkstein, einschichtig, außen, einteilig mit Wassernase, vordere Kantenfläche voll und 2 Seitenflächen teilweise sichtbar, mit stumpfem Anschluss an Fensterrahmen, mit leichtem Gefälle in Mörtelbett verlegen und verfugen.
Dicke: 5 cm
Breite: bis 300 mm
Auskragung: ..... cm
Oberfläche: .....
Sichtbare Kanten: gefast
Angeb. Fabrikat/Lieferant: .....

72€	85€	**94€**	110€	127€	[m]	⏱ 0,45 h/m	014.000.008

Kosten:
Stand 1. Quartal 2025
Bundesdurchschnitt

Nr.	Kurztext / Langtext					Kostengruppe
▶	▷	ø netto €	◁	◀	[Einheit] Ausf.-Dauer	Positionsnummer

A 1 Leitsystem, Rippenfliesen, Edelstahl — Beschreibung für Pos. **46-47**

Bodenindikatoren als taktiles Blindenleitsystem nach DIN 18040 und DIN 32984, aus Rippenfliesen in Edelstahl, auf Steinfeinzeug, im Innenbereich, zwischen Platten als Natursteinbelag.
Einbauort: .....
Untergrund: .....
Natursteinbelag: .....
Rippenfliese: Edelstahl, auf Fliese
Dicke: bis 12 mm

46 Leitsystem, innen, Rippenfliesen, Edelstahl, 3 Rippen — KG **353**

Wie Ausführungsbeschreibung A 1
Fliesenabmessung: ca. 122 x 600 mm
Rippenanzahl: 3

▶	▷	ø	◁	◀	Einheit	Ausf.-Dauer	Positionsnummer
–	164€	**182€**	233€	–	[m]	⏱ 0,25h/m	014.000.066

47 Leitsystem, innen, Rippenfliesen, Edelstahl, 7 Rippen — KG **353**

Wie Ausführungsbeschreibung A 1
Fliesenabmessung: ca. 298 x 600 mm
Rippenanzahl: 7

▶	▷	ø	◁	◀	Einheit	Ausf.-Dauer	Positionsnummer
–	203€	**228€**	294€	–	[m]	⏱ 0,27h/m	014.000.067

A 2 Leitsystem, Rippenfliese/Begleitstreifen, Edelstahl — Beschreibung für Pos. **48-49**

Bodenindikatoren als taktiles Blindenleitsystem aus Rippenfliesen nach DIN 18040 und DIN 32984, mit Kontraststreifen aus Noppenfliesen, in Edelstahl auf Steinfeinzeug, im Innenbereich, zwischen Platten als Natursteinbelag.
Einbauort: .....
Untergrund: .....
Natursteinbelag: .....
Rippenfliese: Edelstahl, auf Fliese
Dicke: bis 12 mm

48 Leitsystem, Rippenfliese/Begleitstreifen, Edelstahl, 200mm — KG **353**

Wie Ausführungsbeschreibung A 2
Fliesenabmessung: ca. 200 x 600 mm
Rippenanzahl: 3

▶	▷	ø	◁	◀	Einheit	Ausf.-Dauer	Positionsnummer
–	219€	**252€**	320€	–	[m]	⏱ 0,27h/m	014.000.072

49 Leitsystem, Rippenfliese/Begleitstreifen, Edelstahl, 400mm — KG **353**

Wie Ausführungsbeschreibung A 2
Fliesenabmessung: ca. 400 x 600 mm
Rippenanzahl: 7

▶	▷	ø	◁	◀	Einheit	Ausf.-Dauer	Positionsnummer
–	231€	**278€**	348€	–	[m]	⏱ 0,30h/m	014.000.073

▶ min
▷ von
ø Mittel
◁ bis
◀ max

A 3 Kontraststreifen, Noppenfliesen, Edelstahl Beschreibung für Pos. **50-51**

Kontraststreifen für Leitsystem mit Noppenfliesen nach DIN 18040 und DIN 32975, aus Edelstahl, auf Steinfeinzeug, im Innenbereich, zwischen Platten als Natursteinbelag.
Gesamtdicke: 12 mm
Anschlüsse: **gerade / schräg**

50 Kontraststreifen, Noppenfliesen, Edelstahl, 300mm KG **353**

Wie Ausführungsbeschreibung A 3
Abmessung: ca. 300 x 50 mm

–	60€	**67€**	85€	–	[m]	⏱ 0,16h/m	014.000.068

51 Kontraststreifen, Noppenfliesen, Edelstahl, 600mm KG **353**

Wie Ausführungsbeschreibung A 3
Abmessung: ca. 600 x 50 mm

–	62€	**70€**	89€	–	[m]	⏱ 0,18h/m	014.000.069

A 4 Edelstahlrippen, Streifen, dreireihig Beschreibung für Pos. **52-53**

Rutschsicherer **Aufmerksamkeitsstreifen / Leitstreifen** nach DIN 18040 und DIN 32984, auf Natursteinbelag mit geklebten Einzelrippen.
Anwendungsbereich: ....., innen
Material: nichtrostender Stahl, Werkstoff ......
Höhe: 3 mm
Querschnitt: trapezförmig, mit gerundeten Kanten
Schnitttiefe: ..... mm
Profil: .....

52 Edelstahlrippen, 16mm, Streifen, dreireihig KG **353**

Wie Ausführungsbeschreibung A 4
Einzelrippen: dreireihig
Format: 280 x 16 mm

–	227€	**264€**	328€	–	[m]	⏱ 0,25h/m	014.000.074

53 Edelstahlrippen, 35mm, Streifen, dreireihig KG **353**

Wie Ausführungsbeschreibung A 4
Einzelrippen: dreireihig
Format: 280 x 35 mm

–	234€	**269€**	336€	–	[m]	⏱ 0,28h/m	014.000.075

Kosten:
Stand 1.Quartal 2025
Bundesdurchschnitt

Nr.	**Kurztext** / Langtext						Kostengruppe
▶	▷	**ø netto €**	◁	◀	[Einheit]	Ausf.-Dauer	Positionsnummer

A 5 Kunststoffrippen, Streifen, dreireihig — Beschreibung für Pos. **54-55**

Rutschsicherer **Aufmerksamkeitsstreifen / Leitstreifen**, nach DIN 18040 und DIN 32984, auf Natursteinbelag mit geklebten Einzelrippen.
Anwendungsbereich: ....., innen
Material: Kunststoffrippen, Polyurethan
Höhe: 3,3 mm
Querschnitt: trapezförmig, mit gerundeten Kanten
Schnitttiefe: ..... mm
Profil: .....
Farbe: schwarz

54 Kunststoffrippen, 16mm, Streifen, dreireihig — KG **353**

Wie Ausführungsbeschreibung A 5
Einzelrippen: dreireihig
Format: 295 x 16 mm

▶	▷	ø	◁	◀	Einheit	Ausf.-Dauer	Positionsnummer
–	61€	**69€**	86€	–	[m]	⏱ 0,25h/m	014.000.076

55 Kunststoffrippen, 35mm, Streifen, dreireihig — KG **353**

Wie Ausführungsbeschreibung A 5
Einzelrippen: dreireihig
Format: 295 x 35 mm

▶	▷	ø	◁	◀	Einheit	Ausf.-Dauer	Positionsnummer
–	73€	**80€**	102€	–	[m]	⏱ 0,28h/m	014.000.077

A 6 Aufmerksamkeitsfeld, Noppenfliesen, Edelstahl — Beschreibung für Pos. **56-57**

Bodenindikatoren als taktiles Aufmerksamkeitsfeld, nach DIN 18040 und DIN 32984, aus Noppenfliesen, in Edelstahl auf Steinfeinzeug, im Innenbereich, zwischen Platten als Natursteinbelag.
Einbauort: .....
Untergrund: .....
Natursteinbelag: .....
Rippenfliese: Edelstahl, auf Fliese
Dicke: bis 12 mm

56 Aufmerksamkeitsfeld, 600/600, Noppenfliesen, Edelstahl — KG **353**

Wie Ausführungsbeschreibung A 6
Fliesenabmessung: 300/300 mm
Feldfläche: 600/600 mm (=4 Fliesen)

▶	▷	ø	◁	◀	Einheit	Ausf.-Dauer	Positionsnummer
–	325€	**373€**	474€	–	[St]	⏱ 0,35h/St	014.000.070

57 Aufmerksamkeitsfeld, 1.200/1.200, Noppenfliesen, Edelstahl — KG **353**

Wie Ausführungsbeschreibung A 6
Fliesenabmessung: ca. 300/300 mm
Feldfläche: 1.200/1.200 mm (=16 Fliesen)

▶	▷	ø	◁	◀	Einheit	Ausf.-Dauer	Positionsnummer
–	857€	**1.008€**	1.250€	–	[St]	⏱ 1,20h/St	014.000.071

▶ min
▷ von
ø Mittel
◁ bis
◀ max

A 7 Aufmerksamkeitsfeld, Noppen, Edelstahl Beschreibung für Pos. **58-59**

Bodenindikatoren als taktiles Aufmerksamkeitsfeld nach DIN 18040 und DIN 32984, aus diagonal verlegten Einzelnoppen mit rutschhemmender Oberfläche im Innenbereich.
Einbauort: .....
Belagsart: .....
Material: nichtrostender Stahl, Werkstoff-Nr. ......
Durchmesser: 35 mm
Dicke: 5 mm

58 Aufmerksamkeitsfeld, 600/600, Noppen, Edelstahl KG **353**

Wie Ausführungsbeschreibung A 7
Feldfläche: 600 x 600 mm
Noppen: 145 St

–	574€	**652€**	828€	–	[St]	⏱ 1,00 h/St	014.000.078

59 Aufmerksamkeitsfeld, 900/900, Noppen, Edelstahl KG **353**

Wie Ausführungsbeschreibung A 7
Feldfläche: 900 x 900 mm
Noppen: 313 St

–	1.233€	**1.340€**	1.729€	–	[St]	⏱ 1,80 h/St	014.000.079

A 8 Aufmerksamkeitsfeld, Noppen, Kunststoff Beschreibung für Pos. **60-61**

Bodenindikatoren als taktiles Aufmerksamkeitsfeld, nach DIN 18040 und DIN 32984, aus diagonal verlegten Einzelnoppen in Kunststoff mit rutschhemmender Oberfläche im Innenbereich.
Einbauort: .....
Belagsart: .....
Durchmesser: 25 mm
Dicke: 3,5 mm

60 Aufmerksamkeitsfeld, 600/600, Noppen, Kunststoff KG **353**

Wie Ausführungsbeschreibung A 8
Feldfläche: 600 x 600 mm
Noppen: 198 St

–	269€	**302€**	390€	–	[St]	⏱ 1,00 h/St	014.000.080

61 Aufmerksamkeitsfeld, 900/900, Noppen, Kunststoff KG **353**

Wie Ausführungsbeschreibung A 8
Feldfläche: 900 x 900 mm
Noppen: 446 St

–	493€	**567€**	714€	–	[St]	⏱ 1,80 h/St	014.000.081

Nr.	Kurztext / Langtext						Kostengruppe
►	▷	**ø netto €**	◁	◄	[Einheit]	Ausf.-Dauer	Positionsnummer

62 Stundensatz, Facharbeiter/-in

Stundenlohnarbeiten für Vorarbeiter/-in, Facharbeiter/-in und jeweils Gleichgestellte. Der Verrechnungssatz für die jeweilige Arbeitskraft umfasst sämtliche Aufwendungen wie Lohn- und Gehaltskosten, Lohn- und Gehaltsnebenkosten, Zuschläge, lohngebundene und lohnabhängige Kosten, sonstige Sozialkosten, Gemeinkosten, Wagnis und Gewinn. Leistung nach besonderer Anordnung der Bauüberwachung. Anmeldung und Nachweis gem. VOB/B.

56€	69€	**75€**	78€	85€	[h]	⏱ 1,00h/h	014.000.053

63 Stundensatz, Helfer/-in

Stundenlohnarbeiten für Werker/-in, Helfer/-in und jeweils Gleichgestellte. Der Verrechnungssatz für die jeweilige Arbeitskraft umfasst sämtliche Aufwendungen wie Lohn- und Gehaltskosten, Lohn- und Gehaltsnebenkosten, Zuschläge, lohngebundene und lohnabhängige Kosten, sonstige Sozialkosten, Gemeinkosten, Wagnis und Gewinn. Leistung nach besonderer Anordnung der Bauüberwachung. Anmeldung und Nachweis gem. VOB/B.

48€	57€	**62€**	65€	72€	[h]	⏱ 1,00h/h	014.000.054

Kosten:
Stand 1.Quartal 2025
Bundesdurchschnitt

► min
▷ von
ø Mittel
◁ bis
◄ max

Kosten:
Stand 1.Quartal 2025
Bundesdurchschnitt

► min
▷ von
ø Mittel
◁ bis
◄ max

Nr.	Positionen	Einheit	►	▷	ø brutto € ø netto €	◁	◄
1	Lieferung, Bauschnittholz, Nadelholz, C24	m³	486	669	**724**	823	1.162
			409	562	**608**	692	977
2	Lieferung, Bauschnittholz, Eiche, D30	m³	1.809	1.993	**2.138**	2.160	2.345
			1.520	1.675	**1.797**	1.815	1.970
3	Lieferung, Konstruktionsvollholz Si, C24	m³	654	790	**833**	894	1.071
			550	664	**700**	751	900
4	Lieferung, Balkenschichtholz Si, C24	m³	831	1.015	**1.030**	1.113	1.262
			698	853	**866**	935	1.061
5	Lieferung, Brettschichtholz, GL24h, Industriequalität	m³	964	1.140	**1.211**	1.262	1.401
			810	958	**1.018**	1.061	1.178
6	Lieferung, Brettschichtholz, Nadelholz, GL24h, Si	m³	1.013	1.203	**1.325**	1.429	1.604
			851	1.011	**1.114**	1.201	1.348
7	Lieferung, Holzstütze, Nadelholz , BSH, GL24h	m³	1.056	1.267	**1.333**	1.388	1.655
			887	1.065	**1.120**	1.167	1.391
8	Lieferung, Bohle, Nadelholz, S13TS K	m	10	13	**14**	16	18
			8	11	**12**	13	15
9	Lieferung, Kantholz, Nadelholz, C24/S10	m	16	20	**22**	23	29
			13	17	**18**	19	24
10	Abbund/Aufstellen, Dachkonstruktion, Bauschnittholz/KVH	m	12	15	**16**	20	28
			10	12	**14**	17	24
11	Abbund/Verlegen, Deckenkonstruktion, Bauschnittholz/KVH	m	10	13	**14**	16	25
			9	11	**12**	13	21
12	Abbund/Aufstellen, Dach-/Deckenkonstruktion, BSH	m	14	20	**22**	26	32
			12	16	**19**	21	27
13	Abbund/Aufstellen, Kehl-/Gratsparren, Bauschnittholz	m	16	21	**25**	25	34
			13	18	**21**	21	29
14	Lieferung/Montage, Holzstegträger, Nadelholz	m	33	40	**42**	46	67
			28	33	**35**	39	56
15	Stegverstärkung, Holzstegträger, beidseitig	St	14	17	**17**	17	20
			12	14	**14**	14	17
16	Lasche, Holzstegträger, einseitig	St	14	16	**17**	18	20
			12	14	**14**	15	17
17	Wechsel, Kamindurchdringung	St	24	48	**53**	72	104
			20	41	**44**	60	87
18	Schrägschnitt, Sparren	St	2	9	**11**	16	24
			1	7	**10**	13	20
19	Hobeln, Bauschnittholz	m	2	5	**6**	8	13
			2	4	**5**	7	11
20	Fasen, Holzbauteil	m	0,5	1,9	**2,6**	2,9	4,8
			0,4	1,6	**2,2**	2,4	4,1
21	Profilieren, Balkenkopf	St	6	12	**13**	20	30
			5	10	**11**	16	25
22	Zwischensparrendämmung MW, DZ-034, 120mm	m²	21	24	**28**	31	32
			18	20	**23**	26	27
23	Zwischensparrendämmung MW, DZ-034, 160mm	m²	23	27	**32**	35	37
			20	23	**27**	30	31
24	Zwischensparrendämmung MW, DZ-034, 220mm	m²	31	37	**39**	44	52
			26	31	**33**	37	44

Nr.	Positionen	Einheit	►	▷	ø brutto € ø netto €	◁	◄
25	Zwischensparrendämmung WF, DZ-038, 180mm	m²	33	37	**39**	42	44
			28	31	**33**	35	37
26	Zwischensparrendämmung WF, DZ-038, 220mm	m²	38	43	**45**	48	50
			32	36	**38**	40	42
27	Einblasdämmung, Dach, Zellulose, 100mm	m²	11	17	**19**	21	25
			9	14	**16**	18	21
28	Einblasdämmung, Dach, Zellulose, 120mm	m²	13	20	**22**	26	30
			11	17	**19**	22	26
29	Einblasdämmung, Dach, Zellulose, 160mm	m²	17	26	**30**	34	41
			14	22	**25**	29	34
30	Einblasdämmung, Dach, Zellulose, 200mm	m²	21	33	**37**	43	51
			18	28	**31**	36	43
31	Einblasdämmung, Dach, Zellulose, 240mm	m²	25	38	**43**	49	58
			21	32	**36**	41	49
32	Einblasdämmung, Dach, Zellulose, 300mm	m²	34	45	**50**	54	67
			29	38	**42**	46	56
33	Einblasdämmung, Wand, Zellulose	m³	118	143	**152**	169	215
			100	120	**128**	142	181
34	Dachschalung, gespundete Bretter, gehobelt, 24mm	m²	27	32	**35**	38	41
			23	27	**30**	32	35
35	Dachschalung, Bretter gehobelt, 24mm	m²	30	33	**36**	41	46
			25	28	**31**	34	39
36	Dachschalung, Rauspund, bis 28mm	m²	28	33	**36**	41	54
			23	28	**30**	34	46
37	Dachschalung, Holzspanplatte P5, 25mm	m²	26	31	**34**	39	52
			21	26	**29**	32	44
38	Dachschalung, Kehle, Rauspund, 24mm	m²	33	37	**40**	45	54
			28	31	**33**	37	45
39	Dachschalung, Traufe, Bretter gehobelt, 24mm	m	20	26	**26**	30	39
			16	22	**22**	25	33
40	Schrägschnitt, Dachschalung	m	6	8	**9**	10	12
			5	7	**8**	8	10
41	Traufbohle, konisch	m	10	13	**15**	20	30
			8	11	**13**	17	25
42	Stellbrett, zwischen Sparren	m	19	25	**28**	33	43
			16	21	**24**	27	36
43	Bauteilanschluss, Dichtungsband, vorkomprimiert	m	3	5	**6**	7	11
			2	4	**5**	6	9
44	Unterspannung, belüftetes Dach	m²	7	9	**11**	12	16
			6	8	**9**	10	14
45	Dampfbremse, unbelüftetes Dach, sd >10m	m²	8	13	**16**	21	31
			7	11	**13**	18	26
46	Trennlage, Bitumenbahn	m	2	4	**5**	7	13
			1	3	**4**	6	11
47	Nivellierschwelle, Wandelemente	m	18	27	**30**	35	49
			15	23	**25**	29	41
48	Anschluss, Bodenplatte, luftdicht	m	9	14	**16**	17	20
			8	11	**13**	15	16

Nr.	Positionen	Einheit	►	▷	ø brutto € / ø netto €	◁	◄
49	Außenwand, Holzrahmen, 160mm, Dämmung, Bekleidungen	m²	162	195	**205**	215	241
			136	164	**172**	181	203
50	Außenwand, Holzrahmen, 200mm, Dämmung, Bekleidungen	m²	183	206	**215**	236	285
			154	173	**180**	198	239
51	Außenwand, Holzrahmen, 240mm, Dämmung, Bekleidungen	m²	188	224	**241**	269	307
			158	188	**202**	226	258
52	Außenwand, tragend, Brettstapel, 120mm	m²	145	155	**167**	183	205
			122	130	**140**	154	172
53	Außenwand, tragend, Brettstapel, 160mm	m²	212	227	**244**	268	300
			178	190	**205**	225	252
54	Außenwand, tragend, Brettstapel, 200mm	m²	279	298	**321**	353	395
			235	251	**270**	297	332
55	Außenwand, tragend, Brettsperrholz, bis 85mm	m²	148	163	**168**	173	182
			124	137	**141**	145	153
56	Außenwand, tragend, Brettsperrholz, bis 100mm	m²	168	176	**178**	178	186
			141	148	**149**	149	156
57	Außenwand, tragend, Brettsperrholz, bis 120mm	m²	172	195	**200**	206	251
			144	163	**168**	173	211
58	Außenwand, tragend, Brettsperrholz, bis 160mm	m²	218	233	**250**	275	308
			183	196	**210**	231	259
59	Außenwand, Holzstegträger, Zellulose, OSB, WF-Bekleidung	m²	231	261	**276**	313	364
			194	220	**232**	263	306
60	Außenwandbekleidung, Dreischichtplatte, 30mm	m²	62	85	**95**	110	135
			52	71	**80**	93	113
61	Außenwandbekleidung, Fasenbretter, 24mm	m²	106	121	**132**	147	181
			89	102	**111**	123	152
62	Außenwandbekleidung, Boden-Deckel, 24mm	m²	118	136	**147**	162	196
			99	114	**123**	136	165
63	Außenwandbekleidung, Stülpschalung, 24mm	m²	101	118	**125**	142	174
			85	99	**105**	119	146
64	Außenbekleidung, Laibung, Holzbrett, 24mm	m	15	27	**34**	41	57
			13	23	**29**	35	47
65	Innenbekleidung, Trockenbereich, OSB/2, 18mm	m²	18	31	**32**	35	42
			15	26	**27**	29	35
66	Innenbekleidung, Trockenbereich, OSB/3, 15mm	m²	22	31	**34**	37	43
			18	26	**29**	31	36
67	Innenbekleidung, Trockenbereich, OSB/3, 22mm	m²	31	37	**40**	43	50
			26	31	**33**	36	42
68	Innenbekleidung, Feuchtebereich, OSB/4, 22mm	m²	32	41	**45**	50	59
			27	35	**38**	42	49
69	Innenbekleidung, Sperrholz, 22mm	m²	42	60	**70**	76	99
			35	51	**58**	64	83
70	Innenbekleidung, Furnierschichtholz, 27mm	m²	52	69	**75**	81	95
			44	58	**63**	68	80
71	Innenbekleidung, Dreischichtplatte, 26mm	m²	55	75	**79**	88	105
			46	63	**66**	74	89
72	Dämmung, Außenwand, MW 035, 160mm	m²	–	22	**25**	32	–
			–	18	**21**	27	–

Kosten:
Stand 1. Quartal 2025
Bundesdurchschnitt

► min
▷ von
ø Mittel
◁ bis
◄ max

Nr.	Positionen	Einheit	►	▷	ø brutto € ø netto €	◁	◄
73	Dämmung, Außenwand, MW 035, 200mm	m²	21	28	**31**	33	39
			18	23	**26**	28	33
74	Dämmung, Außenwand, MW 035, 240mm	m²	28	36	**41**	44	50
			24	30	**34**	37	42
75	Außenwanddämmung, Holzfaserplatte, 60mm	m²	38	45	**47**	48	59
			32	38	**40**	40	49
76	Außenwanddämmung, Holzfaserplatte, 80mm	m²	42	49	**53**	55	60
			35	41	**44**	46	51
77	Außenwanddämmung, Putzträger, WF, 60mm	m²	56	60	**62**	65	70
			47	50	**52**	54	59
78	Außenwanddämmung, Putzträger, WF, 100mm	m²	–	74	**87**	111	–
			–	62	**73**	93	–
79	Außenwanddämmung, Putzträger, WF, 200mm	m²	–	88	**102**	130	–
			–	74	**86**	109	–
80	Innenwand, Holzrahmen, 12cm, Dämmung, beplankt	m²	114	121	**133**	148	170
			96	101	**111**	125	143
81	Innenwand, Holzrahmen, 16cm, Dämmung, beplankt	m²	130	138	**151**	170	194
			109	116	**127**	143	163
82	Innenwand, Holzrahmen, 20cm, Dämmung, beplankt	m²	147	155	**170**	191	218
			123	130	**143**	160	183
83	Innenwand, nichttragend, Holzrahmen, 10cm, MW, beplankt	m²	88	92	**92**	95	100
			74	77	**78**	80	84
84	Innenwand, nichttragend, Holzrahmen, 10cm, WF, beplankt	m²	93	106	**107**	108	116
			79	89	**90**	91	98
85	Innenwand, nichttragend, Holzrahmen, 10cm, Zellulose, beplankt	m²	81	86	**95**	106	121
			68	72	**79**	89	102
86	Innenwand, nichttragend, Holzrahmen, 12cm, MW, beplankt	m²	100	105	**116**	130	148
			84	89	**97**	109	124
87	Türöffnung, Innenwand, Holztafel, 875x2.000mm	St	31	45	**51**	64	83
			26	38	**43**	54	70
88	Türöffnung, Innenwand, Holztafel, 1.000x2.000mm	St	42	56	**65**	81	115
			35	47	**54**	68	97
89	Ausschnitt, Holzplatte, bis 2,5m	St	12	20	**26**	28	34
			10	17	**22**	23	28
90	Innenwand, nicht tragend, Brettsperrholz, 80mm	m²	90	106	**118**	129	150
			75	89	**99**	108	126
91	Innenwand, tragend, Brettsperrholz, 100mm	m²	117	134	**140**	148	170
			98	112	**117**	124	143
92	Innenwand, tragend, Brettsperrholz, 120mm	m²	134	149	**158**	178	204
			113	126	**133**	150	171
93	Öffnung, Massivholzelement, bis 0,5m²	St	49	62	**71**	83	99
			42	52	**59**	70	83
94	Öffnung, Massivholzelement, bis 2,5m²	St	60	75	**86**	100	120
			50	63	**72**	84	101
95	Öffnung, Holztafelbauteil, Öffnung bis 2,5m²	St	36	58	**59**	63	80
			30	49	**50**	53	67

000
001
002
006
008
009
010
012
013
014
016
017
018
020
021
022

Kosten:
Stand 1.Quartal 2025
Bundesdurchschnitt

Nr.	Positionen	Einheit	▶	▷	ø brutto € / ø netto €	◁	◀
96	Öffnung, Holztafelbauteil, Öffnung bis 5m²	St	80	197	**217**	269	333
			67	166	**182**	226	279
97	Kellertrennwand, Lattenverschlag	m²	35	61	**74**	83	107
			29	52	**62**	70	90
98	Tür, Lattenverschlag	St	–	85	**109**	146	–
			–	71	**92**	123	–
99	Holzdach, Hohlkastenelemente, bis 200mm	m²	229	243	**267**	299	331
			193	204	**224**	251	278
100	Holzdach, Hohlkastenelemente, bis 250mm	m²	267	283	**311**	348	386
			225	238	**261**	293	324
101	Massivholzdecke, Brettstapel, 140mm, gehobelt	m²	138	153	**159**	168	185
			116	129	**134**	141	155
102	Massivholzdecke, Brettstapel, 160mm, gehobelt	m²	145	176	**198**	200	234
			122	148	**166**	168	197
103	Massivholzdecke, Brettstapel, 200mm, gehobelt	m²	162	209	**217**	227	256
			137	175	**183**	191	215
104	Massivholzdecke, Brettsperrholz, 120mm	m²	133	161	**177**	185	197
			111	136	**149**	155	166
105	Massivholzdecke, Brettsperrholz, 160mm	m²	154	185	**196**	201	247
			130	155	**165**	169	207
106	Massivholzdecke, Brettsperrholz, 240mm	m²	216	266	**275**	286	337
			182	224	**231**	241	283
107	Fußbodeneinschub, Nadelholz, 24mm, auf Auflager	m²	36	55	**64**	72	89
			31	46	**54**	60	75
108	Rieselschutz, Glasfaser	m²	3	6	**7**	8	12
			2	5	**6**	7	10
109	Schüttung, Sand, Decken	m²	14	19	**21**	22	33
			12	16	**17**	19	28
110	Schüttung, Splitt, Decken	m²	21	25	**34**	37	47
			17	21	**28**	31	40
111	Deckenschalung, OSB bis 25mm	m²	24	32	**35**	38	45
			20	27	**29**	32	38
112	Deckenschalung, Sperrholzplatte, 24mm	m²	44	55	**61**	66	80
			37	46	**51**	55	67
113	Fußboden, Bretter, gespundet, gehobelt, 28mm	m²	53	59	**64**	73	82
			44	50	**54**	62	69
114	Fußboden, Bretter, gespundet, gehobelt, 40mm	m²	63	70	**76**	87	97
			53	59	**64**	73	82
115	Wangentreppe, Holz, gerade	St	6.355	6.947	**7.340**	7.578	8.668
			5.341	5.837	**6.168**	6.368	7.284
116	Wangentreppe, Holz, gerade, Setzstufe	St	9.069	11.720	**13.255**	14.109	16.394
			7.621	9.849	**11.138**	11.857	13.776
117	Wangentreppe, Holz, halbgewendelt	St	9.592	10.325	**10.639**	11.022	12.034
			8.061	8.676	**8.940**	9.262	10.112
118	Einschubtreppe, gedämmt	St	943	1.746	**1.927**	3.449	6.083
			792	1.467	**1.620**	2.899	5.112
119	Einschubtreppe, EI30	St	814	1.153	**1.291**	1.912	3.039
			684	969	**1.085**	1.607	2.554

▶ min
▷ von
ø Mittel
◁ bis
◀ max

Nr.	Positionen	Einheit	►	▷	ø brutto € / ø netto €	◁	◄
120	Scherentreppe, Aluminium	St	1.208	2.352	**2.526**	2.768	3.487
			1.015	1.977	**2.123**	2.326	2.930
121	Windrispenband, 40x2mm	m	3	7	**8**	10	13
			2	6	**7**	8	11
122	Windrispenband, 60x3mm	m	5	8	**10**	12	15
			4	7	**8**	10	12
123	Verbindung, Winkelverbinder/Knagge	kg	4	9	**12**	15	23
			3	8	**10**	12	19
124	Verankerung, Profilanker, Schwelle	St	4	8	**10**	14	23
			4	7	**9**	12	20
125	Stabdübel, nichtrostender Stahl	St	2	5	**6**	10	19
			2	4	**5**	9	16
126	Gewindestange, M12, feuerverzinkt	St	6	15	**18**	27	45
			5	13	**15**	23	37
127	Dachflächenfenster, Holz, bis 1,00m²	St	1.023	1.342	**1.537**	1.664	1.887
			859	1.128	**1.291**	1.398	1.586
128	Dachflächenfenster, Holz, bis 1,85m²	St	1.455	1.683	**1.741**	2.161	2.670
			1.223	1.414	**1.463**	1.816	2.244
129	Dachflächenfenster, Kunststoff, bis 1,85m²	St	1.396	1.561	**1.622**	1.687	1.823
			1.173	1.311	**1.363**	1.418	1.532
130	Schutzabdeckung, Steildach, Folie	m²	4	7	**9**	11	14
			3	6	**7**	9	12
131	Stundensatz, Facharbeiter/-in	h	80	86	**89**	93	99
			67	73	**75**	78	84
132	Stundensatz, Helfer/-in	h	65	74	**77**	78	83
			55	62	**65**	66	70

Nr. **Kurztext** / Langtext — Kostengruppe
► ▷ **ø netto €** ◁ ◄ [Einheit] Ausf.-Dauer Positionsnummer

1 Lieferung, Bauschnittholz, Nadelholz, C24 KG **361**

Lieferung von Bauschnittholz, Nadelholz, nach DIN EN 14081-1.
Holzart: **Fichte / Tanne**
Gebrauchsklasse: GK0 nach DIN 68800-1
Festigkeitsklasse: C24 nach DIN EN 338
Holzfeuchte: bis 20%
Oberfläche: .....
Querschnitt (B x H): ..... x ..... mm
Einzellänge: bis ..... m, gem. Holzliste des AG

409€ 562€ **608€** 692€ 977€ [m³] – 016.001.127

Kosten:
Stand 1. Quartal 2025
Bundesdurchschnitt

Nr.	Kurztext / Langtext						Kostengruppe
►	▷	ø netto €	◁	◄	[Einheit]	Ausf.-Dauer	Positionsnummer

2 Lieferung, Bauschnittholz, Eiche, D30 KG **361**

Lieferung von Bauschnittholz, Laubholz, nach DIN EN 14081-1.
Holzart: Eiche
Gebrauchsklasse: GK0, nach DIN 68800-1
Festigkeitsklasse: D30 nach DIN EN 338
Holzfeuchte: .....%
Oberfläche: .....
Querschnitt (B x H): ..... x ..... mm
Einzellänge: bis ..... m, gem. Holzliste des AG

►	▷	ø netto €	◁	◄	[Einheit]	Ausf.-Dauer	Positionsnummer
1.520€	1.675€	**1.797€**	1.815€	1.970€	[m³]	–	016.000.058

3 Lieferung, Konstruktionsvollholz Si, C24 KG **361**

Lieferung von Konstruktionsvollholz KVH® Si (für den sichtbaren Bereich), Nadelholz, nach DIN EN 15497 oder DIN EN 14081-1.
Gebrauchsklasse: GK0, nach DIN 68800-1
Festigkeitsklasse: C24 nach DIN EN 338
Holzfeuchte: 15 +/-3%
Einschnittart: herzgetrennt
Oberfläche: gehobelt und gefast
Querschnitt (B x H): ..... x ..... mm
Maßhaltigkeitsklasse nach DIN EN 336: 2, aus güteüberwachter Produktion
Einzellänge: bis 12,0 m, gem. Holzliste des AG

►	▷	ø netto €	◁	◄	[Einheit]	Ausf.-Dauer	Positionsnummer
550€	664€	**700€**	751€	900€	[m³]	–	016.000.002

4 Lieferung, Balkenschichtholz Si, C24 KG **361**

Lieferung von Balkenschichtholz, Duobalken® Si (für den sichtbaren Bereich), aus zwei miteinander verklebten Einzelhölzern, nach DIN EN 14080: 2013.
Festigkeitsklasse: C24
Oberfläche: gehobelt und gefast
Holzfeuchte: bis max. 15%
Maßhaltigkeitsklasse nach EN 336: 2, aus überwachter Produktion

►	▷	ø netto €	◁	◄	[Einheit]	Ausf.-Dauer	Positionsnummer
698€	853€	**866€**	935€	1.061€	[m³]	–	016.001.113

5 Lieferung, Brettschichtholz, GL24h, Industriequalität KG **361**

Lieferung von Brettschichtholz, Nadelholz, nach DIN EN 14080 mit DIN 20000-3.
Nutzungsklasse: NKL ..... nach DIN EN 1995-1-1
Gebrauchsklasse: GK ....., nach DIN 68800-1
Festigkeitsklasse: GL 24h
Holzfeuchte: bis 15%
Oberflächenqualität: Industriequalität (gem. BS-Holz-MB)
Lamellendicke: bis 35 mm
Breite: 18 bis 24 cm
Höhe: über 20 bis 40 cm
Einzellänge: bis 12,00 m, gem. Holzliste des AG

►	▷	ø netto €	◁	◄	[Einheit]	Ausf.-Dauer	Positionsnummer
810€	958€	**1.018€**	1.061€	1.178€	[m³]	–	016.000.003

► min
▷ von
ø Mittel
◁ bis
◄ max

Nr.	Kurztext / Langtext					Kostengruppe
▶	▷	**ø netto €**	◁	◀	[Einheit] Ausf.-Dauer	Positionsnummer

6 Lieferung, Brettschichtholz, Nadelholz, GL24h, Si KG **361**

Lieferung von Brettschichtholz, Nadelholz, nach DIN EN 14080 mit DIN 20000-3.
Holzart: **Fichte / Tanne**
Nutzungsklasse: NKL ..... nach DIN EN 1995-1-1
Gebrauchsklasse: GK ....., nach DIN 68800-1
Festigkeitsklasse: GL 24h
Holzfeuchte: bis 15%
Oberflächenqualität: Sichtqualität (gem. BS-Holz-MB)
Lamellendicke: bis 35 mm
Breite: 18 bis 24 cm
Höhe: über 20 bis 40 cm
Einzellänge: bis 12,00 m, gem. Holzliste des AG

851€ 1.011€ **1.114€** 1.201€ 1.348€ [m³] – 016.001.114

7 Lieferung, Holzstütze, Nadelholz , BSH, GL24h KG **333**

Lieferung von Holzstütze in Brettschichtholz, Nadelholz, nach DIN EN 14080 mit DIN 20000-3.
Nutzungsklasse: NKL ..... nach DIN EN 1995-1-1
Gebrauchsklasse: GK 0, nach DIN 68800-1
Festigkeitsklasse: GL 24h
Holzfeuchte: bis 15%
Lamellendicke: bis 45 mm
Oberflächenqualität: ..... (gem. BS-Holz-MB)
Breite: 200 mm
Höhe: 200 mm
Einzellänge: bis 4,0 m, gem. Holzliste des AG

887€ 1.065€ **1.120€** 1.167€ 1.391€ [m³] – 016.000.056

8 Lieferung, Bohle, Nadelholz, S13TS K KG **351**

Lieferung von Kantholz als Bohle, aus Nadelholz, nach DIN 4074-1 scharfkantig.
Holzart: **Fichte / Tanne**
Sortierklasse: S13TS K
Oberfläche: allseitig gehobelt
Querschnitt (D x H): bis 60 x 120 mm
Einzellänge: bis 8 m, gem. Holzliste des AG

8€ 11€ **12€** 13€ 15€ [m] – 016.000.151

9 Lieferung, Kantholz, Nadelholz, C24/S10 KG **351**

Lieferung von Kantholz, Nadelholz, nach DIN 4074-1 scharfkantig.
Holzart: **Fichte / Tanne**
Gebrauchsklasse: GK 0, nach DIN 68800-1
Festigkeitsklasse: C24
Oberfläche: allseitig gehobelt
Querschnitt (D x H): bis 60 x 120 mm
Einzellänge: bis 8 m, gem. Holzliste des AG

13€ 17€ **18€** 19€ 24€ [m] – 016.000.013

Nr.	**Kurztext** / Langtext						Kostengruppe
▶	▷	**ø netto €**	◁	◀	[Einheit]	Ausf.-Dauer	Positionsnummer

10 Abbund/Aufstellen, Dachkonstruktion, Bauschnittholz/KVH KG **361**

Abbinden und Aufstellen der Dachkonstruktion aus Bauschnittholz/Konstruktionsvollholz nach DIN EN 14081-1/DIN EN 15497 oder DIN EN 14081-1. Anschlüsse nach statischer Berechnung und Konstruktionszeichnungen.
Holzart: .....
Querschnitt (B x H): bis 200 x 300 mm
Einzellänge: bis 8 m

▶	▷	ø	◁	◀	Einheit	Ausf.-Dauer	Positionsnummer
10€	12€	**14€**	17€	24€	[m]	⏱ 0,22h/m	016.001.128

11 Abbund/Verlegen, Deckenkonstruktion, Bauschnittholz/KVH KG **361**

Abbinden und Verlegen der Deckenkonstruktion aus Bauschnittholz/Konstruktionsvollholz nach DIN EN 14081-1/DIN EN 15497 oder DIN EN 14081-1. Anschlüsse nach statischer Berechnung und Konstruktionszeichnungen.
Holzart: .....
Querschnitt (B x H): bis 140 x 240 mm
Einzellänge: bis 8 m

▶	▷	ø	◁	◀	Einheit	Ausf.-Dauer	Positionsnummer
9€	11€	**12€**	13€	21€	[m]	⏱ 0,20h/m	016.000.086

Kosten:
Stand 1. Quartal 2025
Bundesdurchschnitt

12 Abbund/Aufstellen, Dach-/Deckenkonstruktion, BSH KG **361**

Abbinden und Aufstellen oder Verlegen der **Dachkonstruktion / Deckenkonstruktion** aus Brettschichtholz nach DIN EN 14080 mit DIN 20000-3. Anschlüsse nach statischer Berechnung und Konstruktionszeichnungen.
Holzart: .....
Querschnitt (B x H): bis 100 x 400 mm
Einzellänge: bis 12 m

▶	▷	ø	◁	◀	Einheit	Ausf.-Dauer	Positionsnummer
12€	16€	**19€**	21€	27€	[m]	⏱ 0,25h/m	016.000.005

13 Abbund/Aufstellen, Kehl-/Gratsparren, Bauschnittholz KG **361**

Abbinden und Verlegen von Kehl- und Gratsparren aus Bauschnittholz nach DIN EN 14081-1. Anschlüsse nach statischer Berechnung und Konstruktionszeichnungen.
Holzart: .....
Querschnitt (B x H): bis 160 x 300 mm
Einzellänge: bis 6 m

▶	▷	ø	◁	◀	Einheit	Ausf.-Dauer	Positionsnummer
13€	18€	**21€**	21€	29€	[m]	⏱ 0,30h/m	016.000.035

14 Lieferung/Montage, Holzstegträger, Nadelholz KG **361**

Liefern, Abbinden und Montage der Trägerelemente als Holzstegträger gem. Zulassung. Ausführung gem. Zeichnungen und Einzelbeschreibung.
Ständertyp: .....
Material Gurt: **Nadelholz C24 / Furnierschichtholz**
Material Steg: **OSB / Holzfaserplatte**
Nutzungsklasse: NKL 1 nach DIN EN 1995-1-1
Gebrauchsklasse: GK 0, nach DIN 68800-1
Holzfeuchte: 9% +/-2%
Trägerhöhe: bis 400 mm
Gurtbreite: ..... mm
Stegbreite: ..... mm
Einzellänge: bis 10 m

▶	▷	ø	◁	◀	Einheit	Ausf.-Dauer	Positionsnummer
28€	33€	**35€**	39€	56€	[m]	⏱ 0,25h/m	016.000.085

▶ min
▷ von
ø Mittel
◁ bis
◀ max

Nr.	Kurztext / Langtext						Kostengruppe
►	▷	ø netto €	◁	◄	[Einheit]	Ausf.-Dauer	Positionsnummer

15 Stegverstärkung, Holzstegträger, beidseitig KG **361**

Stegverstärkung: Holzstegträger nach Detail
Ausführung: beidseitig
Material: .....
Dicke: ..... mm
Detail: .....

12€	14€	**14€**	14€	17€	[St]	⏱ 0,10h/St	016.001.166

16 Lasche, Holzstegträger, einseitig KG **361**

Lasche: Anschluss Sparren an First nach Detail
Ausführung: einseitig
Material: .....
Dicke: ..... mm
Detail: .....

12€	14€	**14€**	15€	17€	[St]	⏱ 0,05h/St	016.001.167

17 Wechsel, Kamindurchdringung KG **361**

Auswechslung für Kamindurchdringung.
Ausführung: flächenbündig
Einbauort: **Dach / Geschossdecke**
Kaminabmessung (B x H): ..... x ..... mm
Sparren/Balkenhöhe (H): ..... mm
Material Wechsel: .....

20€	41€	**44€**	60€	87€	[St]	⏱ 0,30h/St	016.001.122

18 Schrägschnitt, Sparren KG **361**

Schrägschnitt für Querschnittsprofilierung der Sparrenknöpfe, mit wechselnden Schnittwinkeln.
Schnitttiefe: bis 20 cm

1€	7€	**10€**	13€	20€	[St]	⏱ 0,20h/St	016.000.036

19 Hobeln, Bauschnittholz KG **361**

Hobeln von Bauschnittholz, allseitig.
Profilquerschnitt: .....
Bauteil: .....

2€	4€	**5€**	7€	11€	[m]	⏱ 0,08h/m	016.000.006

20 Fasen, Holzbauteil KG **361**

Fasen von Bauschnittholz.
Profilquerschnitt: .....
Bauteil: .....

0,4€	1,6€	**2,2€**	2,4€	4,1€	[m]	⏱ 0,04h/m	016.001.115

Kosten:
Stand 1. Quartal 2025
Bundesdurchschnitt

Nr.	Kurztext / Langtext						Kostengruppe
▶	▷	ø netto €	◁	◀	[Einheit]	Ausf.-Dauer	Positionsnummer

21 Profilieren, Balkenkopf — KG **361**

Profilieren von Balkenköpfen aus Bauschnittholz.
Profilquerschnitt: .....
Bauteil: .....

5€	10€	**11€**	16€	25€	[St]	⏱ 0,12 h/St	016.001.116

A 1 Zwischensparrendämmung, MW, DZ-034 — Beschreibung für Pos. **22-24**

Zwischensparrendämmung mit Mineralwolle.
Dämmstoff: MW
Anwendungstyp: DZ
Bemessungswert der Wärmeleitfähigkeit: max. 0,034 W/(mK)
Nennwert Wärmeleitfähigkeit: 0,035 W/(mK)
Brandverhalten: nicht brennbar, Baustoffklasse A1
Sparrenabstand: 600 mm
Sparrenbreite: 60 mm

22 Zwischensparrendämmung MW, DZ-034, 120mm — KG **363**

Wie Ausführungsbeschreibung A 1
Dämmschichtdicke: 120 mm

18€	20€	**23€**	26€	27€	[m²]	⏱ 0,20 h/m²	016.000.131

23 Zwischensparrendämmung MW, DZ-034, 160mm — KG **363**

Wie Ausführungsbeschreibung A 1
Dämmschichtdicke: 160 mm

20€	23€	**27€**	30€	31€	[m²]	⏱ 0,20 h/m²	016.000.133

24 Zwischensparrendämmung MW, DZ-034, 220mm — KG **363**

Wie Ausführungsbeschreibung A 1
Dämmschichtdicke: 220 mm

26€	31€	**33€**	37€	44€	[m²]	⏱ 0,25 h/m²	016.000.136

A 2 Zwischensparrendämmung WF, DZ-038 — Beschreibung für Pos. **25-26**

Zwischensparrendämmung aus Holzweichfaser.
Dämmstoff: WF
Anwendungstyp: DZ
Bemessungswert der Wärmeleitfähigkeit: max. 0,038 W/(mK)
Nennwert Wärmeleitfähigkeit: 0,040 W/(mK)
Brandverhalten: normal entflammbar - Baustoffklasse E
Abstand Sparren: bis 600 mm
Sparrenbreite: 60 mm

25 Zwischensparrendämmung WF, DZ-038, 180mm — KG **363**

Wie Ausführungsbeschreibung A 2
Dämmschichtdicke: 180 mm

28€	31€	**33€**	35€	37€	[m²]	⏱ 0,24 h/m²	016.000.128

▶ min
▷ von
ø Mittel
◁ bis
◀ max

Nr.	Kurztext / Langtext						Kostengruppe
▶	▷	ø netto €	◁	◀	[Einheit]	Ausf.-Dauer	Positionsnummer

26 Zwischensparrendämmung WF, DZ-038, 220mm KG **363**

Wie Ausführungsbeschreibung A 2
Dämmschichtdicke: 220 mm

32€ | 36€ | **38€** | 40€ | 42€ | [m²] | ⏱ 0,25h/m² | 016.000.139

A 3 Einblasdämmung, Dach, Zellulose Beschreibung für Pos. **27-32**

Zwischensparrendämmung mit Zellulose.
Dämmstoff: Zelluloseeinblasdämmung nach Zulassung
Bemessungswert der Wärmeleitfähigkeit: max. 0,038 W/(mK)
Nennwert Wärmeleitfähigkeit: 0,040 W/(mK)
Brandverhalten: normal entflammbar, Klasse E
Sparrenabstand: ..... mm

27 Einblasdämmung, Dach, Zellulose, 100mm KG **363**

Wie Ausführungsbeschreibung A 3
Dämmschichtdicke: 100 mm
Angeb. Fabrikat: .....

9€ | 14€ | **16€** | 18€ | 21€ | [m²] | ⏱ 0,10h/m² | 016.001.104

28 Einblasdämmung, Dach, Zellulose, 120mm KG **363**

Wie Ausführungsbeschreibung A 3
Dämmschichtdicke: 120 mm
Angeb. Fabrikat: .....

11€ | 17€ | **19€** | 22€ | 26€ | [m²] | ⏱ 0,10h/m² | 016.001.105

29 Einblasdämmung, Dach, Zellulose, 160mm KG **363**

Wie Ausführungsbeschreibung A 3
Dämmschichtdicke: 160 mm
Angeb. Fabrikat: .....

14€ | 22€ | **25€** | 29€ | 34€ | [m²] | ⏱ 0,10h/m² | 016.001.106

30 Einblasdämmung, Dach, Zellulose, 200mm KG **363**

Wie Ausführungsbeschreibung A 3
Dämmschichtdicke: 200 mm

18€ | 28€ | **31€** | 36€ | 43€ | [m²] | ⏱ 0,14h/m² | 016.000.123

31 Einblasdämmung, Dach, Zellulose, 240mm KG **363**

Wie Ausführungsbeschreibung A 3
Dämmschichtdicke: 240 mm

21€ | 32€ | **36€** | 41€ | 49€ | [m²] | ⏱ 0,16h/m² | 016.000.124

32 Einblasdämmung, Dach, Zellulose, 300mm KG **363**

Wie Ausführungsbeschreibung A 3
Dämmschichtdicke: 300 mm

29€ | 38€ | **42€** | 46€ | 56€ | [m²] | ⏱ 0,20h/m² | 016.000.127

Kosten:
Stand 1. Quartal 2025
Bundesdurchschnitt

Nr.	Kurztext / Langtext						Kostengruppe
▶	▷	ø netto €	◁	◀	[Einheit]	Ausf.-Dauer	Positionsnummer

33 Einblasdämmung, Wand, Zellulose KG **332**

Wärmedämmung der Holzrahmenbaukonstruktion mit Zellulose.
Dämmstoff: Zelluloseeinblasdämmung nach Zulassung
Anwendungstyp: WH
Bemessungswert der Wärmeleitfähigkeit: max. 0,038 W/(mK)
Nennwert der Wärmeleitfähigkeit 0,040 W/(mK)
Brandverhalten: normal entflammbar, Baustoffklasse E
Rippenabstand: ..... mm
Rippenbreite: ..... mm
Dämmschichtdicke: ..... mm

100€ 120€ **128€** 142€ 181€ [m³] ⏱ 0,60 h/m³ 016.001.165

34 Dachschalung, gespundete Bretter, gehobelt, 24mm KG **363**

Dachschalung als Unterlage für Deckung, aus gespundeten Brettern, einseitig sichtbar, Befestigung mit Nägeln auf Holzuntergrund.
Bretter: nach DIN 4072
Sortierung: nach DIN 68365
Profil: Nut und Feder
Brettdicke: 24 mm
Brettbreite: bis 200 mm
Oberfläche: einseitig gehobelt

23€ 27€ **30€** 32€ 35€ [m²] ⏱ 0,28 h/m² 016.000.007

35 Dachschalung, Bretter gehobelt, 24mm KG **363**

Dachschalung als Unterlage für Deckung, aus Brettern, einseitig sichtbar, Befestigung mit Nägeln auf Holzuntergrund.
Bretter: nach 4074-1
Sortierklasse: S10
Oberfläche: einseitig gehobelt
Brettdicke: 24 mm
Brettbreite: 160 mm

25€ 28€ **31€** 34€ 39€ [m²] ⏱ 0,25 h/m² 016.000.110

36 Dachschalung, Rauspund, bis 28mm KG **363**

Dachschalung als Unterlage für Deckung, aus Rauspund, Befestigung mit Nägeln auf Holzuntergrund.
Bretter: nach DIN 4072
Brettdicke: 28 mm
Brettbreite: bis 200 mm

23€ 28€ **30€** 34€ 46€ [m²] ⏱ 0,25 h/m² 016.000.008

37 Dachschalung, Holzspanplatte P5, 25mm KG **363**

Dachschalung als Unterlage für Deckung aus kunstharzgebundenen Holzspanplatten, einseitig sichtbar, Befestigung mit Nägeln auf Holzuntergrund.
Holzspanplatten: nach DIN EN 312
Plattentyp nach DIN EN 312: P5
Profil: Nut und Feder
Dicke: bis 25 mm

21€ 26€ **29€** 32€ 44€ [m²] ⏱ 0,20 h/m² 016.001.101

▶ min
▷ von
ø Mittel
◁ bis
◀ max

Nr.	**Kurztext** / Langtext						Kostengruppe
▶	▷	**ø netto €**	◁	◀	[Einheit]	Ausf.-Dauer	Positionsnummer

38 Dachschalung, Kehle, Rauspund, 24mm KG **363**

Dachschalung der Kehle, als Unterlage für Deckung, aus Rauspund, Befestigung mit Nägeln auf Holzuntergrund.
Bretter: nach DIN 4072
Brettdicke: 24 mm
Breite: bis 200 mm

28€	31€	**33€**	37€	45€	[m²]	⏱ 0,20h/m²	016.001.098

39 Dachschalung, Traufe, Bretter gehobelt, 24mm KG **363**

Dachschalung der Traufe, als Unterlage für Dachdeckung, einseitig sichtbar bleibend, befestigt mit Nägeln auf Holzuntergrund.
Bretter: nach 4074-1
Sortierklasse: S10
Oberfläche: einseitig gehobelt
Schalungsdicke: 24 mm
Breite: ..... mm

16€	22€	**22€**	25€	33€	[m]	⏱ 0,35h/m	016.000.021

40 Schrägschnitt, Dachschalung KG **361**

Schrägschnitt für Dachschalung.
Bauteil: .....
Material: .....
Dicke: ..... mm

5€	7€	**8€**	8€	10€	[m]	⏱ 0,02h/m	016.001.130

41 Traufbohle, konisch KG **363**

Traufbohle, parallel besäumt, auf Holzuntergrund.
Bohle: nach DIN 4074-1
Holzart: Fichte
Gebrauchsklasse: GK0 nach DIN 68800-1
Sortierklasse: S13
Querschnitt (B x H): 40 x 120 mm
Oberfläche: gehobelt
Einzellänge: bis ..... m, gem. Holzliste des AG

8€	11€	**13€**	17€	25€	[m]	⏱ 0,10h/m	016.001.119

42 Stellbrett, zwischen Sparren KG **363**

Stellbrett zwischen Sparren der Dachkonstruktion, parallel besäumt, auf Holzuntergrund.
Brett: nach DIN 6836
Holzart: Fichte
Gebrauchsklasse: GK0 nach DIN 68800-1
Güteklasse: 2 nach DIN 68365
Sortierklasse: S10
Brettdicke: 24 mm
Brettbreite: 120 mm
Oberfläche: gehobelt

16€	21€	**24€**	27€	36€	[m]	⏱ 0,04h/m	016.000.152

Kosten:
Stand 1.Quartal 2025
Bundesdurchschnitt

Nr.	**Kurztext** / Langtext						Kostengruppe
▶	▷	**ø netto €**	◁	◀	[Einheit]	Ausf.-Dauer	Positionsnummer

43 Bauteilanschluss, Dichtungsband, vorkomprimiert KG **361**

Bauteilanschluss im Außenbereich, mit vorkomprimierten Fugendichtband, einschl. Fugen reinigen und ggf. grundieren.
Einbauort: .....
Beanspruchungsgruppe: BG1 nach DIN 18452
Schlagregendichtheit: mind. 600 PA nach DIN EN 1027
Fugenbreite: bis 15 mm
Beanspruchungsgruppe: BG1 nach DIN 18452
Schlagregendichtheit EN 1027: mind. 600 PA

2€ | 4€ | **5€** | 6€ | 9€ | [m] | ⏱ 0,04h/m | 016.000.034

44 Unterspannung, belüftetes Dach KG **363**

Unterspannung belüfteter Dächer mit Polypropylenfolie (PP), nach DIN EN 13859-1, Klasse USB-A nach ZVDH-Produktdatenblatt, nahtgesichert, gespannt auf Sparren befestigt.
Klasse: 4
sd-Wert: **kleiner / gleich** 0,3 m
Brandverhaltensklasse DIN EN 13501-1: E (normalentflammbar)

6€ | 8€ | **9€** | 10€ | 14€ | [m²] | ⏱ 0,08h/m² | 016.001.120

45 Dampfbremse, unbelüftetes Dach, sd >10m KG **364**

Dampfbremse als diffusionshemmende Schicht, für nicht belüftetes Dach, unter Sparren befestigt, Nähte und Stöße verkleben/verschweißen.
Dampfsperrbahn: PE-Folie
sd-Wert: über 10 m kleiner 100 m

7€ | 11€ | **13€** | 18€ | 26€ | [m²] | ⏱ 0,08h/m² | 016.000.065

46 Trennlage, Bitumenbahn KG **361**

Trennlage unter Holzwänden mit Bitumenbahn.
Untergrund: .....
Material: .....
Bauteilbreite: .....

1€ | 3€ | **4€** | 6€ | 11€ | [m] | ⏱ 0,08h/m | 016.000.047

47 Nivellierschwelle, Wandelemente KG **331**

Nivellierschwelle unter Holz-Wandelementen, vollflächig und kraftschlüssig unterfüttert, mit kontinuierlichen Verbund mit Bodenplatte.
Festigkeitsklasse: C24
Gebrauchsklasse: GK 0 nach DIN 68800-1 (Abstand zu GOK gem. DIN 68800-2, Anhang A)
Querschnitt (BxH): 60x160 mm
Untergrund: Stahlbetonbodenplatte

15€ | 23€ | **25€** | 29€ | 41€ | [m] | ⏱ 0,11h/m | 016.001.143

48 Anschluss, Bodenplatte, luftdicht KG **331**

Luftdichter Anschluss der Außenwand an Bodenplatte, inkl. Untergrundvorbehandlung.
Anschluss: Stahlbeton auf Holzwerkstoff

8€ | 11€ | **13€** | 15€ | 16€ | [m] | ⏱ 0,10h/m | 016.001.141

▶ min
▷ von
ø Mittel
◁ bis
◀ max

Nr.	Kurztext / Langtext						Kostengruppe
▶	▷	**ø netto €**	◁	◀	[Einheit]	Ausf.-Dauer	Positionsnummer

A 4 Außenwand, Holzrahmen, Dämmung, Bekleidungen Beschreibung für Pos. **49-51**

Außenwand als Holzrahmenkonstruktion, tragend, aus Konstruktionsvollholz für den nicht sichtbaren Bereich, teilvorgefertigt mit aussteifender Beplankung aus OSB-Platten, innenseitig, abgeklebt, einschl. Wärmedämmung zwischen Rahmenkonstruktion und außenseitige Bekleidung aus poröser, diffusionsoffener Holzfaserplatte, sowie Verbindung der Elemente untereinander. Anschluss an vorhandene Bauteile in gesonderter Position. Ausführung gem. Zeichnung und Einzelbeschreibung.

49 Außenwand, Holzrahmen, 160mm, Dämmung, Bekleidungen KG **337**

Wie Ausführungsbeschreibung A 4
Festigkeitsklasse: C24 (z.B. KVH NSi oder glw.)
Rippenquerschnitt (B x H): 60 x 160 mm
Rippenabstand e: **625 / 833** mm
Dämmstoff: **Mineralwolle (MW) nach DIN EN 13162 / Zelluloseeinblasdämmung nach Zulassung**
Dämmstoffdicke: 160 mm
Anwendungstyp: WH
Bemessungswert der Wärmeleitfähigkeit: max. ..... W/(mK)
Nennwert der Wärmeleitfähigkeit: ..... W/(mK)
Innenbekleidung: OSB-Platten nach DIN EN 300, aussteifend
Plattentyp: OSB/3
sd-Wert: bis 2,0 m
Plattendicke: 15 mm
Befestigung: nach statischen Vorgaben
Außenbekleidung: Holzfaserplatte (SB.E-E1)
Plattendicke: 25 mm

136€	164€	**172€**	181€	203€	[m²]	⏱ 0,80 h/m²	016.000.025

50 Außenwand, Holzrahmen, 200mm, Dämmung, Bekleidungen KG **337**

Wie Ausführungsbeschreibung A 4
Festigkeitsklasse: C24 (z.B. KVH NSi oder glw.)
Rippenquerschnitt (B x H): 60 x 200 mm
Rippenabstand e: **625 / 833** mm
Dämmstoff: **Mineralwolle (MW) nach DIN EN 13162 / Zelluloseeinblasdämmung nach Zulassung**
Dämmstoffdicke: 200 mm
Anwendungstyp: WH
Bemessungswert der Wärmeleitfähigkeit: max. ..... W/(mK)
Nennwert der Wärmeleitfähigkeit: ..... W/(mK)
Innenbekleidung: OSB-Platten nach DIN EN 300, aussteifend
Plattentyp: OSB/3
sd-Wert: bis 2,0 m
Plattendicke: 15 mm
Befestigung: nach statischen Vorgaben
Außenbekleidung: Holzfaserplatte (SB.E-E1)
Plattendicke: 25 mm

154€	173€	**180€**	198€	239€	[m²]	⏱ 0,80 h/m²	016.001.156

Nr.	Kurztext / Langtext						Kostengruppe
▶	▷	**ø netto €**	◁	◀	[Einheit]	Ausf.-Dauer	Positionsnummer

Kosten:
Stand 1. Quartal 2025
Bundesdurchschnitt

51 Außenwand, Holzrahmen, 240mm, Dämmung, Bekleidungen — KG **337**

Wie Ausführungsbeschreibung A 4
Festigkeitsklasse: C24 (z.B. KVH NSi oder glw.)
Rippenquerschnitt (B x H): 100 x 240 mm
Rippenabstand e: **625 / 833** mm
Dämmstoff: **Mineralwolle (MW) nach DIN EN 13162 / Zelluloseeinblasdämmung nach Zulassung**
Dämmstoffdicke: 240 mm
Anwendungstyp: WH
Bemessungswert der Wärmeleitfähigkeit: max. ..... W/(mK)
Nennwert der Wärmeleitfähigkeit: ..... W/(mK)
Innenbekleidung: OSB-Platten nach DIN EN 300, aussteifend
Plattentyp: OSB/3
sd-Wert: bis 2,0 m
Plattendicke: 15 mm
Befestigung: nach statischen Vorgaben
Außenbekleidung: Holzfaserplatte (SB.E-E1)
Plattendicke: 25 mm

▶	▷	ø	◁	◀	Einheit	Ausf.-Dauer	Positionsnummer
158€	188€	**202€**	226€	258€	[m2]	⏱ 0,80h/m2	016.001.173

A 5 Außenwand, tragend, Brettstapel — Beschreibung für Pos. **52-54**

Außenwand aus Brettstapelelementen, über Zulassung oder ETA geregelt, tragend und aussteifend, Nadelholz, technisch getrocknet, ohne chemischen Holzschutz. Aussparungen, Anschlussausformungen und Verbindungsmittel gem. Einzelbeschreibung und Planung.
Gebrauchsklasse: GK0 nach DIN 68800
Holzbauteilverbindung: .....
Elementlängen: ..... m

52 Außenwand, tragend, Brettstapel, 120mm — KG **331**

Wie Ausführungsbeschreibung A 5
Dicke: bis 120 mm

▶	▷	ø	◁	◀	Einheit	Ausf.-Dauer	Positionsnummer
122€	130€	**140€**	154€	172€	[m2]	⏱ 0,20h/m2	016.001.187

53 Außenwand, tragend, Brettstapel, 160mm — KG **331**

Wie Ausführungsbeschreibung A 5
Dicke: bis 160 mm

▶	▷	ø	◁	◀	Einheit	Ausf.-Dauer	Positionsnummer
178€	190€	**205€**	225€	252€	[m2]	⏱ 0,20h/m2	016.001.158

54 Außenwand, tragend, Brettstapel, 200mm — KG **331**

Wie Ausführungsbeschreibung A 5
Dicke: bis 200 mm

▶	▷	ø	◁	◀	Einheit	Ausf.-Dauer	Positionsnummer
235€	251€	**270€**	297€	332€	[m2]	⏱ 0,20h/m2	016.001.188

▶ min
▷ von
ø Mittel
◁ bis
◀ max

Nr.	Kurztext / Langtext						Kostengruppe
▶	▷	ø netto €	◁	◀	[Einheit]	Ausf.-Dauer	Positionsnummer

A 6 Außenwand, tragend, Brettsperrholz — Beschreibung für Pos. **55-58**

Außenwand aus Brettsperrholzelementen, über Zulassung oder ETA geregelt, tragend und aussteifend, Nadelholz, technisch getrocknet, ohne chemischen Holzschutz. Aussparungen, Anschlussausformungen und Verbindungsmittel gem. Einzelbeschreibung und Planung.
Gebrauchsklasse: GK0 nach DIN 68800
Verbindungsart: .....
Elementlängen: .....

55 Außenwand, tragend, Brettsperrholz, bis 85mm — KG **331**

Wie Ausführungsbeschreibung A 6
Plattendicke: bis 120 mm

▶	▷	ø netto €	◁	◀	[Einheit]	Ausf.-Dauer	Positionsnummer
124€	137€	**141€**	145€	153€	[m²]	⏱ 0,20h/m²	016.001.196

56 Außenwand, tragend, Brettsperrholz, bis 100mm — KG **331**

Wie Ausführungsbeschreibung A 6
Plattendicke: bis 120 mm

▶	▷	ø netto €	◁	◀	[Einheit]	Ausf.-Dauer	Positionsnummer
141€	148€	**149€**	149€	156€	[m²]	⏱ 0,20h/m²	016.001.197

57 Außenwand, tragend, Brettsperrholz, bis 120mm — KG **331**

Wie Ausführungsbeschreibung A 6
Plattendicke: bis 120 mm

▶	▷	ø netto €	◁	◀	[Einheit]	Ausf.-Dauer	Positionsnummer
144€	163€	**168€**	173€	211€	[m²]	⏱ 0,20h/m²	016.001.189

58 Außenwand, tragend, Brettsperrholz, bis 160mm — KG **331**

Wie Ausführungsbeschreibung A 6
Plattendicke: bis 160 mm

▶	▷	ø netto €	◁	◀	[Einheit]	Ausf.-Dauer	Positionsnummer
183€	196€	**210€**	231€	259€	[m²]	⏱ 0,20h/m²	016.001.199

Kosten:
Stand 1. Quartal 2025
Bundesdurchschnitt

Nr.	Kurztext / Langtext						Kostengruppe
▶	▷	ø netto €	◁	◀	[Einheit]	Ausf.-Dauer	Positionsnummer

59 Außenwand, Holzstegträger, Zellulose, OSB, WF-Bekleidung KG **337**

Außenwand als tragende Holzkonstruktion aus Stegträgern mit innerer und äußerer Bekleidung, sowie Wärmedämmung, inkl. Montage. Tragkonstruktion aus Doppel-Steg-Trägern, einschl. notwendiger Füllhölzer, Randbalken aus Furnierschichtholz, mit Wärmedämmung in Holzwand aus Schüttung aus Zellulosefasern. Innenbeplankung mit aussteifender Holzwerkstoffplatte, Stöße winddicht abgeklebt. Außenbekleidung mit Holzfaserdämmplatten als diffusionsoffene Wärmedämmung. Ausführung gem. Zeichnung und Einzelbeschreibung.
Trägertyp: .....
Höhe: ..... mm
Trägerabstand: .....
Elementbreite: .....
Elementlänge: .....
Wärmedämmung: **Zellulosefasern / Anwendung: DZ**
Bemessungswert der Wärmeleitfähigkeit: max. 0,040 W/(mK)
Nennwert der Wärmeleitfähigkeit: 0,038 W/(mK)
Brandverhalten: Klasse E
Dämmdicke .....
Innenbeplankung: OSB/4
Dicke: ..... mm, einlagig
sd-Wert: ..... m
Rand: N+F
Außenbekleidung: WF
sd-Wert: ..... m
Dämmstoff: WF / Anwendung: WAP
Dicke: ..... mm
Bemessungswert der Wärmeleitfähigkeit: max. 0,038 (W/mK)
Nennwert der Wärmeleitfähigkeit: 0,040 W/(mK)
Brandverhalten: E
Rand: stumpf

194€	220€	**232€**	263€	306€	[m²]	⏱ 1,30h/m²	016.000.066

60 Außenwandbekleidung, Dreischichtplatte, 30mm KG **335**

Außenwandbekleidung aus Massivholzplatten SWP/3 (Dreischichtplatte) nach DIN 13353, sichtbar geschraubt, auf Holzuntergrund.
Plattenabmessung: (L x B x D): ..... x ..... x 30 mm
Holzeinbaufeuchte: bis 15% +/-3%
Erscheinungsklasse: A/A nach DIN EN 13017
Faserrichtung der Decklage: .....
Plattenstöße: .....
Ausbildung der Kanten: .....
Arbeitshöhe: .....

52€	71€	**80€**	93€	113€	[m²]	⏱ 0,25h/m²	016.001.137

▶ min
▷ von
ø Mittel
◁ bis
◀ max

61 Außenwandbekleidung, Fasenbretter, 24mm KG **335**

Außenwandbekleidung mit gespundeten Brettern, sichtbar befestigt mit Schrauben, auf Holzuntergrund.
Bekleidungsart: geschlossen
Verlegerichtung: waagerecht
Bretterabmessung: (B x D): ..... x 24 mm
Holzeinbaufeuchte: bis 15% +/-3%
Holzart: .....
Güteklasse: 2 nach DIN 68365
Oberfläche: gehobelt
Ausbildung der Brettkanten: gefast
Arbeitshöhe: .....

89€ 102€ **111€** 123€ 152€ [m²] ⏱ 0,70h/m² 016.001.152

62 Außenwandbekleidung, Boden-Deckel, 24mm KG **335**

Außenwandbekleidung als Boden-Deckel-Bekleidung, sichtbar befestigt mit Schrauben, auf Holzuntergrund.
Bekleidungsart: geschlossen
Verlegerichtung: senkrecht
Bodenbretter (B x D): ..... x 24 mm
Deckbretter (B x D): ..... x 24 mm
Holzeinbaufeuchte: bis 20%
Holzart: .....
Güteklasse: 2 nach DIN 68365
Oberfläche: gehobelt
Ausbildung der Brettkanten: parallel besäumt
Arbeitshöhe: ..... m

99€ 114€ **123€** 136€ 165€ [m²] ⏱ 0,64h/m² 016.001.153

63 Außenwandbekleidung, Stülpschalung, 24mm KG **335**

Außenwandbekleidung als Stülpschalung, sichtbar befestigt mit Schrauben, auf Holzuntergrund.
Bekleidungsart: geschlossen
Verlegerichtung: waagerecht
Bretterabmessung: (B x D): ..... x 24 mm
Holzeinbaufeuchte: bis 20%
Holzart: .....
Güteklasse: 2 nach DIN 68365
Oberfläche: gehobelt (entspricht Maßtoleranzklasse 2 nach DIN EN 336)
Ausbildung der Brettkanten: parallel besäumt
Unterkonstruktion: .....
Arbeitshöhe: .....

85€ 99€ **105€** 119€ 146€ [m²] ⏱ 0,76h/m² 016.001.151

000 001 002 006 008 009 010 012 013 014 **016** 017 018 020 021 022

Nr.	Kurztext / Langtext						Kostengruppe
►	▷	**ø netto €**	◁	◄	[Einheit]	Ausf.-Dauer	Positionsnummer

64 Außenbekleidung, Laibung, Holzbrett, 24mm KG **335**

Bekleidung der Laibung, im Außenbereich, aus Brettern, Sichtseiten gehobelt.
Laibungstiefe: ..... mm
Brettdicke: 24 mm
Holzeinbaufeuchte: bis 20%
Gebrauchsklasse: GK 3.1 nach DIN 68800-1
Holzart: .....
Güteklasse: 2 nach DIN 68365

13€ | 23€ | **29€** | 35€ | 47€ | [m] | ⏱ 0,06 h/m | 016.000.156

65 Innenbekleidung, Trockenbereich, OSB/2, 18mm KG **336**

Innenbekleidung mit OSB-Platten nach DIN EN 13986 bzw. DIN EN 300, mit Befestigung nach statischer Berechnung und Konstruktionszeichnung, auf Unterkonstruktion aus Holz.
Plattentyp: OSB/2
Plattendicke: 18 mm
Verwendung: Trockenbereich
Nutzungsklasse: NKL 1 nach DIN EN 1995-1-1

15€ | 26€ | **27€** | 29€ | 35€ | [m²] | ⏱ 0,20 h/m² | 016.000.150

66 Innenbekleidung, Trockenbereich, OSB/3, 15mm KG **336**

Innenbekleidung, tragend, mit OSB-Platten nach DIN EN 13986 bzw. DIN EN 300, mit Befestigung nach statischer Berechnung und Konstruktionszeichnung, auf Unterkonstruktion aus Holz.
Plattentyp: OSB/3
Plattendicke: 15 mm
Verwendung: Trockenbereich
Nutzungsklasse: NKL 1 nach DIN EN 1995-1-1

18€ | 26€ | **29€** | 31€ | 36€ | [m²] | ⏱ 0,20 h/m² | 016.000.084

67 Innenbekleidung, Trockenbereich, OSB/3, 22mm KG **336**

Innenbekleidung, tragend, mit OSB-Platten nach DIN EN 13986 bzw. DIN EN 300, mit Befestigung nach statischer Berechnung und Konstruktionszeichnung, auf Unterkonstruktion aus Holz.
Plattentyp: OSB/3
Plattendicke: 22 mm
Verwendung: Trockenbereich
Nutzungsklasse: NKL 1 nach DIN EN 1995-1-1

26€ | 31€ | **33€** | 36€ | 42€ | [m²] | ⏱ 0,22 h/m² | 016.000.101

68 Innenbekleidung, Feuchtebereich, OSB/4, 22mm KG **336**

Innenbekleidung, tragend, mit OSB-Platten nach DIN EN 13986 bzw. DIN EN 300, mit Befestigung nach statischer Berechnung und Konstruktionszeichnung, auf Unterkonstruktion aus Holz.
Plattentyp: OSB/4
Plattendicke: 22 mm
Verwendung: Feuchtebereich
Nutzungsklasse: NKL 2 nach DIN EN 1995-1-1

27€ | 35€ | **38€** | 42€ | 49€ | [m²] | ⏱ 0,22 h/m² | 016.000.075

Kosten:
Stand 1. Quartal 2025
Bundesdurchschnitt

► min
▷ von
ø Mittel
◁ bis
◄ max

69 Innenbekleidung, Sperrholz, 22mm KG **336**

Innenbekleidung, tragend, mit Sperrholzplatten nach DIN EN 13986, mit Befestigung nach statischer Berechnung und Konstruktionszeichnung, auf Unterkonstruktion aus Holz.
Plattendicke: 22 mm
Verwendung: Trockenbereich
Nutzungsklasse: NKL 1 nach DIN EN 1995-1-1

35€	51€	**58€**	64€	83€	[m2]	⏱ 0,26h/m2	016.000.010

70 Innenbekleidung, Furnierschichtholz, 27mm KG **336**

Innenbekleidung, tragend, mit Furnierschichtholzplatten LVL nach DIN EN 14374 bzw. Zulassung, Befestigung mit Klammern, auf Unterkonstruktion aus Holz.
Plattendicke: 27 mm
Verwendung: Trockenbereich
Nutzungsklasse: NKL 1 nach DIN EN 1995-1-1
Oberfläche: .....

44€	58€	**63€**	68€	80€	[m2]	⏱ 0,33h/m2	016.000.063

71 Innenbekleidung, Dreischichtplatte, 26mm KG **336**

Innenbekleidung mit Massivholzplatten (Dreischichtplatte) nach DIN 13353, Befestigung mit Schrauben, auf Unterkonstruktion aus Holz.
Plattentyp: SWP/3
Plattendicke: 26 mm
Erscheinungsklasse: A/A nach DIN EN 13017
Verwendung: Trockenbereich
Nutzungsklasse: NKL 1 nach DIN EN 1995-1-1

46€	63€	**66€**	74€	89€	[m2]	⏱ 0,38h/m2	016.000.096

A 7 Dämmung, Außenwand, Mineralwolle 035 Beschreibung für Pos. **72-74**

Außenwanddämmung zwischen Wandkonstruktion aus Holz, mit Mineralwolle.
Dämmstoff: MW - einlagig
Anwendungstyp: WH
Bemessungswert der Wärmeleitfähigkeit: max. 0,034 W/(mK)
Nennwert der Wärmeleitfähigkeit: 0,035 W/(mK)
Brandverhalten: nicht brennbar, Baustoffklasse A1
Wandkonstruktion: .....
Rippenabstand: ..... mm
Arbeitshöhe: .....

72 Dämmung, Außenwand, MW 035, 160mm KG **335**

Wie Ausführungsbeschreibung A 7
Plattendicke: 160 mm

–	18€	**21€**	27€	–	[m2]	⏱ 0,22h/m2	016.001.171

000
001
002
006
008
009
010
012
013
014
016
017
018
020
021
022

Kosten:
Stand 1.Quartal 2025
Bundesdurchschnitt

Nr.	**Kurztext** / Langtext						Kostengruppe
►	▷	**ø netto €**	◁	◄	[Einheit]	Ausf.-Dauer	Positionsnummer

73 Dämmung, Außenwand, MW 035, 200mm — KG **335**

Wie Ausführungsbeschreibung A 7
Plattendicke: 200 mm

►	▷	ø	◁	◄	Einheit	Ausf.-Dauer	Positionsnummer
18€	23€	**26€**	28€	33€	[m²]	0,22 h/m²	016.000.143

74 Dämmung, Außenwand, MW 035, 240mm — KG **335**

Wie Ausführungsbeschreibung A 7
Plattendicke: 240 mm

►	▷	ø	◁	◄	Einheit	Ausf.-Dauer	Positionsnummer
24€	30€	**34€**	37€	42€	[m²]	0,22 h/m²	016.000.061

A 8 Außenwanddämmung, Holzfaserplatte — Beschreibung für Pos. **75-76**

Außenwanddämmung hinter Außenwandbekleidung mit Holzfaserplatte, auf Unterkonstruktion aus Holz.
Dämmstoff: Holzfaserplatte (SB) - einlagig
Anwendungstyp: WAB
Bemessungswert der Wärmeleitfähigkeit: max. 0,042 W/(mK)
Nennwert der Wärmeleitfähigkeit: 0,040 W/(mK)
Brandverhalten: normal entflammbar, Baustoffklasse E
Rippenabstand: 625 mm
Arbeitshöhe: ..... m

75 Außenwanddämmung, Holzfaserplatte, 60mm — KG **335**

Wie Ausführungsbeschreibung A 8
Plattendicke: 60 mm

►	▷	ø	◁	◄	Einheit	Ausf.-Dauer	Positionsnummer
32€	38€	**40€**	40€	49€	[m²]	0,22 h/m²	016.001.142

76 Außenwanddämmung, Holzfaserplatte, 80mm — KG **335**

Wie Ausführungsbeschreibung A 8
Plattendicke: 80 mm

►	▷	ø	◁	◄	Einheit	Ausf.-Dauer	Positionsnummer
35€	41€	**44€**	46€	51€	[m²]	0,22 h/m²	016.000.153

A 9 Außenwanddämmung, Putzträger, WF — Beschreibung für Pos. **77-79**

Außenwanddämmung als Putzträger mit bauaufsichtlichen Verwendbarkeitsnachweis aus Holzweichfaserdämmung, dicht gestoßen, Befestigung oberflächennah versenkt, geklebt und konstruktiv gedübelt.
Unterkonstruktion: Holz
Dämmstoff: WF - einlagig
Anwendungstyp: WAB
Bemessungswert der Wärmeleitfähigkeit: max. 0,042 W/(mK)
Nennwert der Wärmeleitfähigkeit: 0,040 W/(mK)
Brandverhalten: normal entflammbar, Baustoffklasse E
Rippenabstand: 625 mm

77 Außenwanddämmung, Putzträger, WF, 60mm — KG **335**

Wie Ausführungsbeschreibung A 9
Plattendicke: 60 mm

►	▷	ø	◁	◄	Einheit	Ausf.-Dauer	Positionsnummer
47€	50€	**52€**	54€	59€	[m²]	0,22 h/m²	016.001.198

► min
▷ von
ø Mittel
◁ bis
◄ max

Nr.	Kurztext / Langtext						Kostengruppe
▶	▷	**ø netto €**	◁	◀	[Einheit]	Ausf.-Dauer	Positionsnummer

78 Außenwanddämmung, Putzträger, WF, 100mm KG **335**

Wie Ausführungsbeschreibung A 9
Plattendicke: 100 mm

–	62€	**73€**	93€	–	[m²]	⏱ 0,24h/m²	016.000.064

79 Außenwanddämmung, Putzträger, WF, 200mm KG **335**

Wie Ausführungsbeschreibung A 9
Plattendicke: 200 mm

–	74€	**86€**	109€	–	[m²]	⏱ 0,30h/m²	016.000.145

A 10 Innenwand, tragend, Holzrahmen, Dämmung, beplankt Beschreibung für Pos. **80-82**

Innenwand als Holzrahmenkonstruktion, tragend, aus Konstruktionsvollholz, teilvorgefertigt mit aussteifender Beplankung aus OSB-Platten, mit Wärmedämmung zwischen Rahmenkonstruktion. Leistung einschl. Verbindung der Elemente untereinander. Anschluss an vorhandene Bauteile wird gesondert vergütet. Ausführung gem. Zeichnung und Einzelbeschreibung.
Elementhöhe: bis 3,0 m
Rippen: Nadelholz nach DIN 4074-1, DIN EN 14081-1 und DIN 20000-5
Festigkeitsklasse: C24
Rippenabstand e: 625 mm
Dämmstoff: **Mineralwolle (MW) nach DIN EN 13162 / Zelluloseeinblasdämmung (abZ)**
Anwendungstyp: WH
Bemessungswert der Wärmeleitfähigkeit: max. ..... W/(mK)
Nennwert der Wärmeleitfähigkeit: ..... W/(mK)
Bekleidung(en): OSB-Platten nach DIN EN 13986

80 Innenwand, Holzrahmen, 12cm, Dämmung, beplankt KG **342**

Wie Ausführungsbeschreibung A 10
Dämmstoffdicke: 120 mm

96€	101€	**111€**	125€	143€	[m²]	⏱ 0,65h/m²	016.001.178

81 Innenwand, Holzrahmen, 16cm, Dämmung, beplankt KG **342**

Wie Ausführungsbeschreibung A 10
Dämmstoffdicke: 160 mm

109€	116€	**127€**	143€	163€	[m²]	⏱ 0,65h/m²	016.001.179

82 Innenwand, Holzrahmen, 20cm, Dämmung, beplankt KG **342**

Wie Ausführungsbeschreibung A 10
Dämmstoffdicke: 200 mm

123€	130€	**143€**	160€	183€	[m²]	⏱ 0,65h/m²	016.001.180

Kosten:
Stand 1. Quartal 2025
Bundesdurchschnitt

Nr.	**Kurztext** / Langtext						Kostengruppe
►	▷	**ø netto €**	◁	◄	[Einheit]	Ausf.-Dauer	Positionsnummer

A 11 Innenwand, nichttragend, Holzrahmen, Dämmung, beplankt — Beschreibung für Pos. **83-86**

Innenwand als Holzrahmenkonstruktion, nicht tragend, aus Konstruktionsvollholz, teilvorgefertigt mit aussteifender Beplankung, mit Wärmedämmung zwischen Rahmenkonstruktion. Leistung einschl. Verbindung der Elemente untereinander. Anschluss an vorhandene Bauteile wird gesondert vergütet. Ausführung gem. Zeichnung und Einzelbeschreibung.
Elementhöhe: bis 3,0 m
Rippen: Nadelholz nach DIN 4074-1, DIN EN 14081-1 und DIN 20000-5
Festigkeitsklasse: C24
Beplankung: OSB-Platten nach DIN EN 13986

83 Innenwand, nichttragend, Holzrahmen, 10cm, MW, beplankt — KG **342**

Wie Ausführungsbeschreibung A 11
Rippenabstand: 833 mm
Dämmstoff: Mineralwolle (MW) nach DIN EN 13162
Dämmstoffdicke: 100 mm
Anwendungstyp: WH
Bemessungswert der Wärmeleitfähigkeit: max. 0,040 W/(mK)
Nennwert der Wärmeleitfähigkeit: 0,039 W/(mK)
Brandverhalten: nicht brennbar, Baustoffklasse A1

►	▷	ø	◁	◄	Einheit	Ausf.-Dauer	Positionsnummer
74€	77€	**78€**	80€	84€	[m²]	⏱ 0,65 h/m²	016.000.023

84 Innenwand, nichttragend, Holzrahmen, 10cm, WF, beplankt — KG **342**

Wie Ausführungsbeschreibung A 11
Rippenabstand: 625/833 mm
Dämmstoff: Holzweichfaserdämmung (WF) nach DIN 13171
Dämmstoffdicke: 100 mm
Anwendungstyp: WH
Bemessungswert der Wärmeleitfähigkeit: max. 0,038 W/(mK)
Nennwert der Wärmeleitfähigkeit: 0,040 W/(mK)
Brandverhalten: nicht brennbar, Baustoffklasse A1

►	▷	ø	◁	◄	Einheit	Ausf.-Dauer	Positionsnummer
79€	89€	**90€**	91€	98€	[m²]	⏱ 0,65 h/m²	016.001.175

85 Innenwand, nichttragend, Holzrahmen, 10cm, Zellulose, beplankt — KG **342**

Wie Ausführungsbeschreibung A 11
Rippenabstand: 625/833 mm
Dämmstoff: Zelluloseeinblasdämmung
Dämmstoffdicke: 100 mm
Anwendungstyp: WH
Bemessungswert der Wärmeleitfähigkeit: max. 0,038 W/(mK)
Nennwert der Wärmeleitfähigkeit: 0,040 W/(mK)
Brandverhalten: nicht brennbar, Baustoffklasse A1

►	▷	ø	◁	◄	Einheit	Ausf.-Dauer	Positionsnummer
68€	72€	**79€**	89€	102€	[m²]	⏱ 0,65 h/m²	016.001.176

► min
▷ von
ø Mittel
◁ bis
◄ max

Nr.	Kurztext / Langtext						Kostengruppe
►	▷	**ø netto €**	◁	◄	[Einheit]	Ausf.-Dauer	Positionsnummer

86 **Innenwand, nichttragend, Holzrahmen, 12cm, MW, beplankt** KG **342**

Wie Ausführungsbeschreibung A 11
Rippenabstand: 625/833 mm
Dämmstoff: Mineralwolle (MW) nach DIN EN 13162
Dämmstoffdicke: 120 mm
Anwendungstyp: WH
Bemessungswert der Wärmeleitfähigkeit: max. 0,040 W/(mK)
Nennwert der Wärmeleitfähigkeit: 0,039 W/(mK)
Brandverhalten: nicht brennbar, Baustoffklasse A1

84€	89€	**97€**	109€	124€	[m²]	⏱ 0,65h/m²	016.001.144

A 12 **Türöffnung, Innenwand, Holztafel** Beschreibung für Pos. **87-88**

Türöffnung in nicht tragender Innenwand der mehrschichtigen Holzwandkonstruktion, mit Beplankungen und Bekleidungen, einschl. Einbau der Füllhölzer und Wechsel.
Wanddicke: .....
Wandschichten: .....

87 **Türöffnung, Innenwand, Holztafel, 875x2.000mm** KG **340**

Wie Ausführungsbeschreibung A 12
Baurichtmaß (B x H): 875 x 2.000 mm

26€	38€	**43€**	54€	70€	[St]	⏱ 1,10h/St	016.001.139

88 **Türöffnung, Innenwand, Holztafel, 1.000x2.000mm** KG **340**

Wie Ausführungsbeschreibung A 12
Baurichtmaß (B x H): 1.000 x 2.000 mm

35€	47€	**54€**	68€	97€	[St]	⏱ 1,10h/St	016.000.104

89 **Ausschnitt, Holzplatte, bis 2,5m** KG **345**

Ausschnitt für rechteckige Öffnung in Holzwerkstoffplatte.
Abmessung: bis 2,50 m²
Dicke: bis 20 mm
Lagen: einlagig

10€	17€	**22€**	23€	28€	[St]	⏱ 0,10h/St	016.001.157

Nr.	Kurztext / Langtext						Kostengruppe
▶	▷	ø netto €	◁	◀	[Einheit]	Ausf.-Dauer	Positionsnummer

A 13 Innenwand, Brettsperrholz — Beschreibung für Pos. **90-92**

Innenwand aus Brettsperrholzelementen, mit allgemeiner bauaufsichtliches Zulassung (abZ) des Deutschen Instituts für Bautechnik (DIBt) oder einer europäisch technischen Bewertung (ETA). Aussparungen, Anschlussausformungen und Verbindungsmittel gem. Einzelbeschreibung und Planung.
Gebrauchsklasse: GK0 nach DIN 68800-1
Verbindungsvariante: .....
Elementlängen: ..... m

90 Innenwand, nicht tragend, Brettsperrholz, 80mm — KG **331**

Wie Ausführungsbeschreibung A 13
Ausführung: nicht tragend
Elementdicke: 80 mm

▶	▷	ø	◁	◀	Einheit	Ausf.-Dauer	Positionsnummer
75€	89€	**99€**	108€	126€	[m²]	⏱ 0,20h/m²	016.001.190

91 Innenwand, tragend, Brettsperrholz, 100mm — KG **331**

Wie Ausführungsbeschreibung A 13
Ausführung: tragend
Elementdicke: 100 mm

▶	▷	ø	◁	◀	Einheit	Ausf.-Dauer	Positionsnummer
98€	112€	**117€**	124€	143€	[m²]	⏱ 0,20h/m²	016.001.160

92 Innenwand, tragend, Brettsperrholz, 120mm — KG **331**

Wie Ausführungsbeschreibung A 13
Ausführung: tragend
Elementdicke: 120 mm

▶	▷	ø	◁	◀	Einheit	Ausf.-Dauer	Positionsnummer
113€	126€	**133€**	150€	171€	[m²]	⏱ 0,20h/m²	016.001.191

93 Öffnung, Massivholzelement, bis 0,5m² — KG **351**

Öffnung in Massivholzelement, inkl. erforderlicher Randprofilierung.
Bauteil: .....
Abmessung: bis 0,5 m²
Elementdicke: bis 200 mm

▶	▷	ø	◁	◀	Einheit	Ausf.-Dauer	Positionsnummer
42€	52€	**59€**	70€	83€	[St]	⏱ 0,70h/St	016.001.112

94 Öffnung, Massivholzelement, bis 2,5m² — KG **351**

Öffnung in Massivholzelement, inkl. erforderlicher Randprofilierung.
Bauteil: .....
Abmessung: über 0,5 bis 2,5 m²
Elementdicke: bis 200 mm

▶	▷	ø	◁	◀	Einheit	Ausf.-Dauer	Positionsnummer
50€	63€	**72€**	84€	101€	[St]	⏱ 0,90h/St	016.001.138

95 Öffnung, Holztafelbauteil, Öffnung bis 2,5m² — KG **351**

Öffnungen in Holztafeln, inkl. Füllhölzer/Wechsel als Fassung für rechteckige Öffnungen.
Bauteil: .....
Abmessung: bis 2,5 m²
Bauteildicke: ..... mm

▶	▷	ø	◁	◀	Einheit	Ausf.-Dauer	Positionsnummer
30€	49€	**50€**	53€	67€	[St]	⏱ 1,10h/St	016.001.161

Kosten:
Stand 1. Quartal 2025
Bundesdurchschnitt

▶ min
▷ von
ø Mittel
◁ bis
◀ max

96 Öffnung, Holztafelbauteil, Öffnung bis 5m² KG **351**

Herstellen planmäßiger Aussparungen/Öffnungen, in Holzrahmenkonstruktion, inkl. Füllhölzer/Wechsel als Fassung für rechteckige Öffnungen.
Bauteil: .....
Abmessung: bis 5,0 m²
Bauteildicke: ..... mm

67€	166€	**182€**	226€	279€	[St]	⏱ 3,30h/St	016.001.162

97 Kellertrennwand, Lattenverschlag KG **346**

Kellertrennwand als Lattenverschlag, mit Latten nach DIN 4074-1, bei visueller Sortierung - Sortierklasse nach DIN 4074-1 = S10 oder bei maschineller Sortierung - Festigkeitsklasse nach DIN EN 338 = C24, ohne chemischen Holzschutz. Trennwand oben und unten mit verzinkten Stahlwinkeln befestigt. Ausführung gem. Zeichnung und Einzelbeschreibung.
Oberfläche: scharfkantig gehobelt
Holzpfosten: 60 x 60 mm
Pfostenabstand: bis 1,0 m
Latten: 30 x 50 mm
Lattenabstand: 50 mm
Verschlaghöhe: bis 2,50 m
Untergrund: Stahlbeton

29€	52€	**62€**	70€	90€	[m²]	⏱ 0,70h/m²	016.000.029

98 Tür, Lattenverschlag KG **346**

Tür für Kellertrennwand: wie vorher beschrieben.
Ausführung: öffnend, vorgerichtet für Vorhängeschloss
Öffnungsrichtung: .....
Türmaße (B x H): ca. 800 x 2.000 mm

–	71€	**92€**	123€	–	[St]	⏱ 0,10h/St	016.001.181

A 14 Holzdach, Hohlkastenelemente Beschreibung für Pos. **99-100**

Dach aus Brettsperrholz-Kastenelementen, Nadelholz, technisch getrocknet, ohne chemischen Holzschutz. Aussparungen, Anschlussausformungen und Verbindungsmittel gem. Einzelbeschreibung und Planung.
Bauteil: Dach, **flach / flach geneigt**
Gebrauchsklasse: GK0 nach DIN 68800
Oberfläche: Sichtseite gehobelt

99 Holzdach, Hohlkastenelemente, bis 200mm KG **361**

Wie Ausführungsbeschreibung A 14
Zulassung: .....
Bauteilverbindung: .....
Elementlängen: ..... m
Elementbreite: ..... m
Höhe: 196 mm

193€	204€	**224€**	251€	278€	[m²]	⏱ 0,24h/m²	016.001.225

Kosten:
Stand 1. Quartal 2025
Bundesdurchschnitt

► min
▷ von
ø Mittel
◁ bis
◄ max

Nr.	Kurztext / Langtext						Kostengruppe
►	▷	**ø netto €**	◁	◄	[Einheit]	Ausf.-Dauer	Positionsnummer

100 Holzdach, Hohlkastenelemente, bis 250mm KG **361**

Wie Ausführungsbeschreibung A 14
Zulassung: .....
Bauteilverbindung: .....
Elementlängen: ..... m
Elementbreite: ..... m
Höhe: 249 mm

225€	238€	**261€**	293€	324€	[m2]	⏱ 0,26 h/m2	016.001.226

A 15 Massivholzdecke, Brettstapel, gehobelt Beschreibung für Pos. **101-103**

Decke aus Brettstapelelementen, Nadelholz, technisch getrocknet, ohne chemischen Holzschutz. Aussparungen, Anschlussausformungen und Verbindungsmittel gem. Einzelbeschreibung und Planung.
Zulassung: .....
Gebrauchsklasse: GK0 nach DIN 68800
Holzbauteilverbindung: .....
Oberfläche: Sichtseite gehobelt
Elementlängen: ..... m

101 Massivholzdecke, Brettstapel, 140mm, gehobelt KG **351**

Wie Ausführungsbeschreibung A 15
Elementdicke: 100 mm

116€	129€	**134€**	141€	155€	[m2]	⏱ 0,20 h/m2	016.001.109

102 Massivholzdecke, Brettstapel, 160mm, gehobelt KG **351**

Wie Ausführungsbeschreibung A 15
Elementdicke: 160 mm

122€	148€	**166€**	168€	197€	[m2]	⏱ 0,20 h/m2	016.000.024

103 Massivholzdecke, Brettstapel, 200mm, gehobelt KG **351**

Wie Ausführungsbeschreibung A 15
Elementdicke: 200 mm

137€	175€	**183€**	191€	215€	[m2]	⏱ 0,22 h/m2	016.001.182

A 16 Massivholzdecke, Brettsperrholz Beschreibung für Pos. **104-106**

Decke aus Brettsperrholzelementen, Nadelholz, technisch getrocknet, ohne chemischen Holzschutz. Aussparungen, Anschlussausformungen und Verbindungsmittel gem. Einzelbeschreibung und Planung.
Zulassung: .....
Gebrauchsklasse: GK0 nach DIN 68800
Festigkeitsklasse: C 24 DIN EN 338
Holzbauteilverbindung: .....
Oberfläche: Sichtseite gehobelt
Elementlängen: ..... m

Nr.	Kurztext / Langtext						Kostengruppe
▶	▷	**ø netto €**	◁	◀	[Einheit]	Ausf.-Dauer	Positionsnummer

104 Massivholzdecke, Brettsperrholz, 120mm KG **351**

Wie Ausführungsbeschreibung A 16
Elementdicke: bis 120 mm

111€	136€	**149€**	155€	166€	[m²]	⏱ 0,20h/m²	016.001.183

105 Massivholzdecke, Brettsperrholz, 160mm KG **351**

Wie Ausführungsbeschreibung A 16
Elementdicke: bis 160 mm

130€	155€	**165€**	169€	207€	[m²]	⏱ 0,20h/m²	016.001.184

106 Massivholzdecke, Brettsperrholz, 240mm KG **351**

Wie Ausführungsbeschreibung A 16
Elementdicke: 240 mm

182€	224€	**231€**	241€	283€	[m²]	⏱ 0,20h/m²	016.001.186

107 Fußbodeneinschub, Nadelholz, 24mm, auf Auflager KG **351**

Fußbodeneinschub aus gespundeter Schalung aus Nadelholz, befestigt auf Auflager aus Holz.
Balkenabstand: bis 800 mm
Auflager: .....
Schalungsdicke: 24 mm

31€	46€	**54€**	60€	75€	[m²]	⏱ 0,35h/m²	016.000.030

108 Rieselschutz, Glasfaser KG **351**

Rieselschutz für Mineralwolledämmung, von unten auf ebene Flächen, aus Glasvlies.
Einbauort: .....
Farbton: .....
Angeb. Fabrikat: .....

2€	5€	**6€**	7€	10€	[m²]	⏱ 0,10h/m²	016.000.057

109 Schüttung, Sand, Decken KG **351**

Schüttung aus Sand, trocken, zwischen **Sparren / Balken**.
Sparrenabstand: ca. 0,60 m
Schichtdicke: 60 mm
Körnung: 0,6 mm

12€	16€	**17€**	19€	28€	[m²]	⏱ 0,16h/m²	016.000.106

110 Schüttung, Splitt, Decken KG **351**

Schüttung aus Splitt, trocken, zwischen **Sparren / Balken**.
Sparrenabstand: ca. 0,60 m
Schichtdicke: 60 mm
Körnung: 2 bis 4 mm

17€	21€	**28€**	31€	40€	[m²]	⏱ 0,16h/m²	016.000.107

000
001
002
006
008
009
010
012
013
014
016
017
018
020
021
022

Nr.	**Kurztext** / Langtext						Kostengruppe
▶	▷	**ø netto €**	◁	◀	[Einheit]	Ausf.-Dauer	Positionsnummer

111 Deckenschalung, OSB bis 25mm — KG **363**

Deckenschalung aus OSB-Platten mit Nut-Feder, Befestigung auf Holzuntergrund.
Plattentyp: OSB/3
Plattendicke: über 20 bis 25 mm

20€ | 27€ | **29€** | 32€ | 38€ | [m²] | ⏱ 0,20h/m² | 016.001.099

112 Deckenschalung, Sperrholzplatte, 24mm — KG **353**

Deckenschalung mit Sperrholzplatte, ohne Anforderungen an die Sichtbarkeit, auf Holzuntergrund.
Plattendicke: bis 24 mm

37€ | 46€ | **51€** | 55€ | 67€ | [m²] | ⏱ 0,22h/m² | 016.000.037

113 Fußboden, Bretter, gespundet, gehobelt, 28mm — KG **353**

Bodenbelag aus gespundeten Brettern, gehobelt, sichtbar auf Holzbalkenlage genagelt.
Bretterdicke: 28 mm
Brettbreite: ..... mm

44€ | 50€ | **54€** | 62€ | 69€ | [m²] | ⏱ 0,24h/m² | 016.001.168

114 Fußboden, Bretter, gespundet, gehobelt, 40mm — KG **353**

Bodenbelag aus gespundeten Brettern, gehobelt, mit doppelter Nut und Feder, sichtbar auf Holzbalkenlage genagelt.
Brettdicke: 40 mm
Brettbreite: ..... mm

53€ | 59€ | **64€** | 73€ | 82€ | [m²] | ⏱ 0,64h/m² | 016.001.164

115 Wangentreppe, Holz, gerade — KG **352**

Wangentreppe aus Holz, innen, im Trockenbereich, gerade, einläufig, Stufen eingestemmt mit Unterschneidung, ohne Setzstufen, befestigt an Antritt und Austritt. Geländer wird in gesonderter Position vergütet.
Einbauort: Betondecke
Nutzlast: 3 kN/m²
Holzart: Eiche
Oberfläche: geölt
Stufendicke: 40 mm
Stufen: 15 Stg
Steigungsverhältnis: 175 x 280 mm
Laufbreite: 800 mm
Untersicht: .....

5.341€ | 5.837€ | **6.168€** | 6.368€ | 7.284€ | [St] | ⏱ 20,00h/St | 016.000.048

Kosten:
Stand 1.Quartal 2025
Bundesdurchschnitt

▶ min
▷ von
ø Mittel
◁ bis
◀ max

116 Wangentreppe, Holz, gerade, Setzstufe — KG 352

Wangentreppe aus Holz, innen, im Trockenbereich, gerade, einläufig, mit aufgesattelten Tritt- und Setzstufen, befestigt an Antritt und Austritt. Geländer wird in gesonderter Position vergütet.
Einbauort: Betondecke
Nutzlast: 3 kN/m²
Holzart: Eiche
Oberfläche: geölt
Stufendicke: 40 mm
Stufen: 15 Stg
Steigungsverhältnis: 175 x 280 mm
Laufbreite: 800 mm
Untersicht: .....

▶	▷	ø netto €	◁	◀	[Einheit]	Ausf.-Dauer	Positionsnummer
7.621€	9.849€	**11.138€**	11.857€	13.776€	[St]	⏱ 20,00h/St	016.001.146

117 Wangentreppe, Holz, halbgewendelt — KG 352

Wangentreppe aus Holz, innen, im Trockenbereich, halbgewendelt, einläufig, Stufen eingestemmt mit Unterschneidung, ohne Setzstufen, befestigt an Antritt und Austritt. Geländer wird in gesonderter Position vergütet.
Einbauort: Betondecke
Nutzlast: 3 kN/m²
Holzart: Eiche
Oberfläche: geölt
Stufendicke: 40 mm
Stufen: 15 Stg
Steigungsverhältnis: 175 x 280 mm
Laufbreite: 800 mm
Untersicht: .....

▶	▷	ø netto €	◁	◀	[Einheit]	Ausf.-Dauer	Positionsnummer
8.061€	8.676€	**8.940€**	9.262€	10.112€	[St]	⏱ 20,00h/St	016.001.147

118 Einschubtreppe, gedämmt — KG 352

Einschubtreppe aus Holz, zweiteilig, einschiebbar, von oben und unten zu öffnen, mit einseitigem Handlauf und Lukenkasten, sowie wärmegedämmtem Deckel, vorgerichtet für Bekleidung von unten.
Stufen aus Hartholz
Einbauort: .....
Dämmwert: ..... W/(m²K)
Dichtheit: ..... m³/hm
Oberflächen: .....
Raumhöhe: bis 2,75 m
Rohbauöffnungsmaß: 700 x 1.400 mm
Kastenhöhe: 180 mm

▶	▷	ø netto €	◁	◀	[Einheit]	Ausf.-Dauer	Positionsnummer
792€	1.467€	**1.620€**	2.899€	5.112€	[St]	⏱ 3,80h/St	016.001.096

Nr.	Kurztext / Langtext						Kostengruppe
▶	▷	ø netto €	◁	◀	[Einheit]	Ausf.-Dauer	Positionsnummer

119 Einschubtreppe, EI30 KG **352**

Einschubtreppe aus Holz, zweiteilig, einschiebbar, von oben und unten zu öffnen, mit einseitigem Handlauf und Lukenkasten, sowie wärmegedämmtem Deckel, vorgerichtet für Bekleidung von unten.
Stufen aus Hartholz.
Einbauort: .....
Dämmwert: ..... $W/(m^2K)$
Dichtheit: Q ..... m^3/hm
Feuerwiderstand: EI30 von **unten / von oben und unten**
Oberflächen: .....
Raumhöhe: bis 2,75 m
Rohbauöffnungsmaß: 700 x 1.400 mm
Kastenhöhe: 180 mm

▶	▷	ø	◁	◀	Einheit	Ausf.-Dauer	Positionsnummer
684€	969€	**1.085€**	1.607€	2.554€	[St]	⏱ 5,00h/St	016.000.049

120 Scherentreppe, Aluminium KG **359**

Scherentreppe aus Aluminium, einschiebbar, von oben und unten zu öffnen, mit einseitigem Handlauf und Lukenkasten, sowie wärmegedämmtem Deckel, vorgerichtet für Bekleidung von unten.
Stufen: Metall
Einbauort: .....
Dämmwert: ..... $W/(m^2K)$
Dichtheit: Q ..... m^3/hm
Oberflächen: .....
Raumhöhe: bis 2,75 m
Rohbauöffnungsmaß: 700 x 700 mm
Kastenhöhe: 180 mm

▶	▷	ø	◁	◀	Einheit	Ausf.-Dauer	Positionsnummer
1.015€	1.977€	**2.123€**	2.326€	2.930€	[St]	⏱ 2,50h/St	016.001.095

121 Windrispenband, 40x2mm KG **361**

Windrispenband zur Diagonalaussteifung, inkl. Befestigung mit Rillennägel.
Abmessung: 40 x 2 mm
Ankernägel: 4 x 40 bis 4 x 60 mm

▶	▷	ø	◁	◀	Einheit	Ausf.-Dauer	Positionsnummer
2€	6€	**7€**	8€	11€	[m]	⏱ 0,05h/m	016.000.044

122 Windrispenband, 60x3mm KG **361**

Windrispenband zur Diagonalaussteifung, inkl. Befestigung mit Rillennägel.
Abmessung: 60 x 3 mm
Ankernägel: 4 x 40 bis 4 x 60 mm

▶	▷	ø	◁	◀	Einheit	Ausf.-Dauer	Positionsnummer
4€	7€	**8€**	10€	12€	[m]	⏱ 0,05h/m	016.000.094

Kosten:
Stand 1. Quartal 2025
Bundesdurchschnitt

▶ min
▷ von
ø Mittel
◁ bis
◀ max

Nr.	Kurztext / Langtext						Kostengruppe
▶	▷	**ø netto €**	◁	◀	[Einheit]	Ausf.-Dauer	Positionsnummer

123 **Verbindung, Winkelverbinder/Knagge** KG **361**

Verbindung mit Stahlblechformteil als Winkelverbinder. Leistung einschl. Ausnagelung mit Verbindungsmittel nach Zulassung.
Nagelquerschnitt: 4 mm
Material: feuerverzinkter Stahl
Formteil: **mit / ohne** Rippenverstärkung
Typ/Länge: **90 / 105 / .....**
Einzelgewicht: bis 0,3 kg
Einbauort: .....
Untergrund: .....

3€	8€	**10€**	12€	19€	[kg]	⏱ 0,14h/kg	016.000.050

124 **Verankerung, Profilanker, Schwelle** KG **361**

Verankerung von Holzschwellen an vorhandener Ankerschiene, mit Profilanker, einschl. Verbindungsmittel nach statischer Berechnung.
Mindestlastaufnahme der Verbindung: 0,48 kN
Ankerschienenprofil: 28 x 15 mm
Befestigung an Holz mit: 4 Ankernägel 4 x 40 mm

4€	7€	**9€**	12€	20€	[St]	⏱ 0,12h/St	016.000.071

125 **Stabdübel, nichtrostender Stahl** KG **361**

Stabdübel, Oberfläche an den Enden gefast, inkl. mehrschnittige Bohrung durch 20mm starkes Stahlblech-Bauteil.
Material: nichtrostender Stahl
Werkstoffnummer: 1.4571
Länge: bis 80 mm
Durchmesser: 12 mm

2€	4€	**5€**	9€	16€	[St]	⏱ 0,05h/St	016.000.027

126 **Gewindestange, M12, feuerverzinkt** KG **361**

Gewindestange, in Holzbauteil, inkl. Bohrung im Bauteil, zwei Unterlegscheiben und Muttern.
Oberfläche: feuerverzinkt
Größe: M12
Länge: 1.000 mm

5€	13€	**15€**	23€	37€	[St]	⏱ 0,10h/St	016.000.028

127 **Dachflächenfenster, Holz, bis 1,00m²** KG **362**

Dachflächenfenster als Schwingflügel, Öffnung manuell, aus Nadelholz, beschichtet. Verglasung aus Mehrscheibenisolierglas, Verglasung mit Hagel- und Sonnenschutz. Außenabdeckung aus beschichtetem Aluminium. Der Eindeckrahmen wird gesondert vergütet.
Wärmeschutz: Uw bis 1,4 W/(m²K)
Schalldämmung: SSK 1 (Rw 25 bis 29 dB)
Abmessung: 780 x 1.180 mm

859€	1.128€	**1.291€**	1.398€	1.586€	[St]	⏱ 1,90h/St	016.000.045

000 001 002 006 008 009 010 012 013 014 **016** 017 018 020 021 022

Nr.	Kurztext / Langtext						Kostengruppe
▶	▷	ø netto €	◁	◀	[Einheit]	Ausf.-Dauer	Positionsnummer

128 Dachflächenfenster, Holz, bis 1,85m² KG **362**

Dachflächenfenster als Schwingflügel, Öffnung manuell, aus Nadelholz, beschichtet. Verglasung aus Mehrscheibenisolierglas, Verglasung mit Hagel- und Sonnenschutz. Außenabdeckung aus beschichtetem Aluminium. Der Eindeckrahmen wird gesondert vergütet.
Wärmeschutz: Uw bis 1,4 W/(m²K)
Schalldämmung: SSK 1 (Rw 25 bis 29 dB)
Abmessung: 1.140 x 1.600 mm

1.223€ 1.414€ **1.463€** 1.816€ 2.244€ [St] ⏱ 2,20h/St 016.000.125

129 Dachflächenfenster, Kunststoff, bis 1,85m² KG **362**

Dachflächenfenster als Schwingflügel, Öffnung manuell, aus Kunststoff, Verglasung aus Mehrscheibenisolierglas, Verglasung mit Hagel- und Sonnenschutz. Außenabdeckung aus beschichtetem Aluminium. Der Eindeckrahmen wird gesondert vergütet.
Wärmeschutz: Uw <=1,4 W/(m²K)
Schalldämmung: SSK 1 (Rw 25 bis 29 dB)
Abmessung: 1.140 x 1.600 mm

1.173€ 1.311€ **1.363€** 1.418€ 1.532€ [St] ⏱ 2,20h/St 016.001.155

130 Schutzabdeckung, Steildach, Folie KG **397**

Schutzabdeckung der Dachfläche mit Kunststoff-Folie, herstellen und beseitigen.
Dachfläche: Steildach
Foliendicke: 0,5 mm
Arbeitshöhe: ..... m
Vorhaltedauer: .....

3€ 6€ **7€** 9€ 12€ [m²] ⏱ 0,05h/m² 016.000.055

131 Stundensatz, Facharbeiter/-in

Stundenlohnarbeiten für Vorarbeiter/-in, Facharbeiter/-in und Gleichgestellte. Verrechnungssatz für die jeweilige Arbeitskraft inkl. aller Aufwendungen wie Lohn- und Gehaltskosten, Lohn- und Gehaltsnebenkosten, Zuschläge, lohngebundene und lohnabhängige Kosten, sonstige Sozialkosten, Gemeinkosten, Wagnis und Gewinn. Leistung nach besonderer Anordnung der Bauüberwachung. Anmeldung und Nachweis gem. VOB/B.

67€ 73€ **75€** 78€ 84€ [h] ⏱ 1,00h/h 016.000.147

132 Stundensatz, Helfer/-in

Stundenlohnarbeiten für Werker/-in, Fachwerker/-in und jeweils Gleichgestellte. Der Verrechnungssatz für die jeweilige Arbeitskraft umfasst sämtliche Aufwendungen wie Lohn- und Gehaltskosten, lohn- und gehaltsgebundene Kosten, Lohn- und Gehaltsnebenkosten, Gemeinkosten, Wagnis und Gewinn. Leistung nach besonderer Anordnung der Bauüberwachung. Nachweis und Anmeldung gem. VOB/B.

55€ 62€ **65€** 66€ 70€ [h] ⏱ 1,00h/h 016.000.148

Kosten:
Stand 1.Quartal 2025
Bundesdurchschnitt

▶ min
▷ von
ø Mittel
◁ bis
◀ max

017

Kosten:
Stand 1. Quartal 2025
Bundesdurchschnitt

Nr.	Positionen	Einheit	►	▷	ø brutto € / ø netto €	◁	◄
1	Handlauf, Rohrprofil, feuerverzinkt	m	96	112	**121**	128	142
			81	94	**102**	108	120
2	Profilstahl-Konstruktion, Profile UNP/UPE, feuerverzinkt	kg	4	5	**6**	7	9
			3	5	**5**	6	7
3	Profilstahl-Konstruktion, Profile IPE, feuerverzinkt	kg	5	6	**7**	7	9
			4	5	**6**	6	7
4	Profilstahl-Konstruktion, Profile HEA 160, feuerverzinkt	kg	4	5	**6**	7	9
			3	4	**5**	6	8
5	Rundstahl, Zugstab, feuerverzinkt	kg	6	9	**9**	10	18
			5	7	**7**	9	15
6	Stahlstütze, Rohrprofil, rund	kg	5	8	**10**	11	15
			4	7	**8**	9	12
7	Stahlstütze, Rohrprofil, eckig	kg	6	9	**11**	12	16
			5	8	**9**	10	13
8	Fußplatte, Stahlblech	kg	6	9	**10**	15	21
			5	8	**9**	13	18
9	Kopfplatte, Stahlblech	kg	4	7	**8**	10	12
			3	6	**7**	8	10
10	Trapezblechdach, Stahlblech	m²	39	49	**55**	60	73
			33	41	**46**	50	62
11	Trapezblechdach, Randverstärkung, Übergangsblech	m	24	35	**41**	52	67
			20	30	**34**	44	56
12	Trapezblechdach, Dachausschnitt	St	78	113	**140**	153	193
			65	95	**117**	129	162
13	Bohrungen, Stahlblech, Durchmesser bis 30mm	St	8	15	**15**	16	23
			7	12	**12**	14	19
14	Gitterroste, verzinkt, rutschhemmend, verankert	m²	128	159	**170**	189	238
			108	134	**142**	159	200
15	Verzinken, Stahlprofile	kg	0,8	1,3	**1,6**	1,8	2,5
			0,7	1,1	**1,4**	1,5	2,1
16	Brandschutzbeschichtung, R30, Stahlbauteile	m²	78	104	**110**	116	136
			65	87	**92**	97	115
17	Brandschutzbeschichtung, Stahlbauteile, Decklack	m²	17	35	**38**	53	71
			14	30	**32**	44	60
18	Stundensatz, Facharbeiter/-in	h	86	94	**96**	99	106
			72	79	**81**	83	89
19	Stundensatz, Helfer/-in	h	62	69	**74**	77	83
			52	58	**62**	65	70

► min
▷ von
ø Mittel
◁ bis
◄ max

1 Handlauf, Rohrprofil, feuerverzinkt KG **359**

Stahl-Handlauf aus Rohrprofil inkl. Wandhalterung, Handlauf steigend; mit Konsolen an aufgehenden Bauteilen befestigt, Handlaufrohr von unten angeschweißt.
Einbauort: Außenraum
Stahlgüte: S235JR - Werkstoff-Nr. 1.0038
Durchmesser Handlauf: 42,4 mm
Wanddicke: 2,0 mm
Form: Rundrohr
Durchmesser Konsole: ..... mm
Abstand zw. Konsolen: ..... mm
Abstand aufgehendes Bauteil: ..... mm
Oberfläche: feuerverzinkt
Befestigungsuntergrund: .....
Für die Ausführung werden vom AG folgende Unterlagen zur Verfügung gestellt:
- Entwurfszeichnungen, Plannr.: .....
- Übersichtszeichnungen, Plannr.: .....
- statische Berechnung mit Positionsplänen, Plannr.: .....

81€ 94€ **102€** 108€ 120€ [m] ⏱ 0,30h/m 017.000.009

2 Profilstahl-Konstruktion, Profile UNP/UPE, feuerverzinkt KG **351**

Stahlträger aus Walzprofil U nach DIN EN 10279, als Träger der Deckenkonstruktion, inkl. aller Kopfplatten, Aussteifungen, Bohrungen, Verbindungsmittel und Schweißnähte; inkl. Bohrungen für Verschraubung mit bauseitigen Anschlüssen.
Einbauort: ..... / Einbauhöhe: .....
Profile: **UNP** ..... **/ UPE** .....
Konstruktion der Ausführungsklasse DIN EN 1090: EXC .....
Material: Stahl nach DIN EN 10025-2
Güte: S235JR - Werkstoff Nr. 1.0038
Masse Stahlprofil: ..... kg/m
Oberfläche: feuerverzinkt
Baustellenverbindungen: geschraubt
Für die Ausführung werden vom AG folgende Unterlagen zur Verfügung gestellt:
- Entwurfszeichnungen, Plannr.: .....
- Übersichtszeichnungen, Plannr.: .....
- statische Berechnung mit Positionsplänen, Plannr.: .....

3€ 5€ **5€** 6€ 7€ [kg] ⏱ 0,02h/kg 017.000.001

3 Profilstahl-Konstruktion, Profile IPE, feuerverzinkt KG **351**

Stahlträger aus Walzprofil nach DIN EN 10279, als Träger der Deckenkonstruktion, inkl. aller Kopfplatten, Steifen, Bohrungen, Verbindungsmittel und Schweißnähte; inkl. Bohrungen für Verschraubung mit bauseitigen Anschlüssen.
Einbauort: Decke / Einbauhöhe: .....
Profil: IPE .....
Konstruktion der Ausführungsklasse DIN EN 1090: EXC .....
Material: Stahl nach DIN EN 10025
Güte: S235JR - Werkstoff-Nr. 1.0038
Masse Stahlprofil: ..... kg/m
Oberfläche: feuerverzinkt
Baustellenverbindungen: geschraubt

Nr.	Kurztext / Langtext						Kostengruppe
►	▷	ø netto €	◁	◄	[Einheit]	Ausf.-Dauer	Positionsnummer

Für die Ausführung werden vom AG folgende Unterlagen zur Verfügung gestellt:
- Entwurfszeichnungen, Plannr.: .....
- Übersichtszeichnungen, Plannr.: .....
- statische Berechnung mit Positionsplänen, Plannr.: .....

4€	5€	**6€**	6€	7€	[kg]	⏱ 0,02 h/kg	017.000.016

4 Profilstahl-Konstruktion, Profile HEA 160, feuerverzinkt KG **351**

Stahlträger aus Walzprofil nach DIN EN 10034, als Träger der Deckenkonstruktion, inkl. aller Kopfplatten, Steifen, Bohrungen, Verbindungsmittel und Schweißnähte; inkl. Bohrungen für Verschraubung mit bauseitigen Anschlüssen.
Einbauort: ..... / Einbauhöhe: .....
Profil: HEA 160
Konstruktion der Ausführungsklasse DIN EN 1090: EXC .....
Material: Stahl nach DIN EN 10027-1
Güte: S235JR - Werkstoff-Nr. 1.0038
Masse Stahlprofil: 30,4 kg/m
Oberfläche: feuerverzinkt
Baustellenverbindungen: geschraubt
Für die Ausführung werden vom AG folgende Unterlagen zur Verfügung gestellt:
- Entwurfszeichnungen, Plannr.: .....
- Übersichtszeichnungen, Plannr.: .....
- statische Berechnung mit Positionsplänen, Plannr.: .....

3€	4€	**5€**	6€	8€	[kg]	⏱ 0,02 h/kg	017.000.017

5 Rundstahl, Zugstab, feuerverzinkt KG **361**

Zugstange aus Rund-Stabstahl nach DIN EN 10060 mit Gewindeschloss, als Diagonalaussteifungssystem, inkl. aller Anschlussbleche, Steifen, Bohrungen, Verbindungsmittel, Schweißnähte; inkl. Bohrungen für Verschraubung mit bauseitigen Anschlüssen.
Einbauort: ..... / Einbauhöhe: .....
Durchmesser: .....
Einzellänge: .....
Konstruktion der Ausführungsklasse DIN EN 1090: EXC .....
Material: Stahl nach DIN EN 10025-2
Güte: Stabstahl mit Grenzzugkraft von ..... kN
Masse Stahlprofil: ..... kg/m
Oberfläche: feuerverzinkt
Baustellenverbindungen: geschraubt
Für die Ausführung werden vom AG folgende Unterlagen zur Verfügung gestellt:
- Entwurfszeichnungen, Plannr.: .....
- Übersichtszeichnungen, Plannr.: .....
- statische Berechnung mit Positionsplänen, Plannr.: .....

5€	7€	**7€**	9€	15€	[kg]	⏱ 0,04 h/kg	017.000.002

Kosten:
Stand 1. Quartal 2025
Bundesdurchschnitt

► min
▷ von
ø Mittel
◁ bis
◄ max

A 1 Stahlstützen Beschreibung für Pos. **6-7**

Rohrprofil nach DIN EN 10210 / DIN EN 10219, als Stahlstütze der Deckenkonstruktion, inkl.aller Anschlussbleche, Steifen, Bohrungen, Verbindungsmittel, Schweißnaht, inkl. Bohrungen für Verschraubung mit bauseitigen Anschlüssen.
Einbauort: ..... / Einbauhöhe: .....
Einzellänge: .....
Konstruktion der Ausführungsklasse DIN EN 1090: EXC .....
Material: Stahl DIN 10025-2
Güte: S235 J2 (+N .....) - Werkstoff-Nr. 1.0117
Masse Stahlprofil: 15,0 kg/m
Oberfläche: feuerverzinkt
Baustellenverbindungen: geschraubt und geschweißt

6 Stahlstütze, Rohrprofil, rund KG **333**

Wie Ausführungsbeschreibung A 1
Durchmesser: 114,3 mm
Wandungsdicke: 4,0 mm

4€ 7€ **8€** 9€ 12€ [kg] ⏱ 0,20 h/kg 017.000.003

7 Stahlstütze, Rohrprofil, eckig KG **333**

Wie Ausführungsbeschreibung A 1
Abmessung: 100 x 100 mm
Wandungsdicke: 4,0 mm

5€ 8€ **9€** 10€ 13€ [kg] ⏱ 0,20 h/kg 017.000.026

8 Fußplatte, Stahlblech KG **351**

Fußplatte aus Stahlblech, inkl. aller Bohrungen, Verbindungsmittel, Schweißnaht; inkl. Bohrungen für Verschraubung mit bauseitigen Anschlüssen.
Bauteil: .....
Einbauort: .....
Einbauhöhe: .....
Material: Stahl S235JR DIN EN 10025-2, Werkstoff-Nr 1.0038
Dicke: ..... mm
Oberflächenbehandlung und Korrosionsschutz werden gesondert vergütet.

5€ 8€ **9€** 13€ 18€ [kg] ⏱ 0,02 h/kg 017.000.005

9 Kopfplatte, Stahlblech KG **351**

Kopfplatte aus Stahlblech, inkl. aller Bohrungen, Verbindungsmittel, Schweißnähte; inkl. Bohrungen für Verschraubung mit bauseitigen Anschlüssen.
Bauteil: .....
Einbauort: Deckenebene
Einbauhöhe: .....
Material: Stahl S235JR DIN EN 10025-2, Werkstoff-Nr 1.0038
Dicke: ..... mm
Oberflächenbehandlung und Korrosionsschutz werden gesondert vergütet.

3€ 6€ **7€** 8€ 10€ [kg] ⏱ 0,02 h/kg 017.000.025

Nr.	Kurztext / Langtext						Kostengruppe
▶	▷	ø netto €	◁	◀	[Einheit]	Ausf.-Dauer	Positionsnummer

10 Trapezblechdach, Stahlblech KG **363**

Stahltrapezblech für einschaliges, ebenes Flachdach, befestigt auf bauseitigem Untergrund, in den Längsstößen verbunden, mit eingelassenem Flachstahl; inkl. aller Verbindungsmittel; inkl. Ausbildung der Längs- und Querstöße.
Einbauort: .....
Einbauhöhe: bis 6,00 m
Stat. System: **Einfeld- / Zweifeld- / Dreifeld- / Fünffeldträger** (mit biegesteifem Stoß) in Positivlage
Stützweite: 3,0 bis 4,0 m
Ständige Last ohne Blecheigengewicht: ..... kN/m²
Verkehrslast: ..... kN/m²
Schneelast: ..... kN/m²
Horizontallast: ..... kN/m²
Durchbiegung: max. l/300
Material: Stahlblech DIN EN 10346 S320GD
Blechstärke: 0,88 mm
Profil: 161,5/250 mm (Höhe/Rippenbreite)
Korrosivitätskategorie DIN EN ISO 12944-2: .....
Korrosionsschutz: Klasse II
Oberfläche: **sendzimirverzinkt, beidseitig / Bandbeschichtung, beidseitig, RAL .....**
Dachneigung: bis 10°
Für die Ausführung werden vom AG folgende Unterlagen zur Verfügung gestellt:

- Entwurfszeichnungen, Plannr.: .....
- Übersichtszeichnungen, Plannr.: .....
- statische Berechnung mit Positionsplänen, Plannr.: .....

33€ 41€ **46€** 50€ 62€ [m²] ⏱ 0,15 h/m² 017.000.006

11 Trapezblechdach, Randverstärkung, Übergangsblech KG **363**

Randverstärkung der Trapezblechdeckung an Attika, aus bandverzinkten Formblechen, inkl. Verbindung mit Trapezblechdeckung mit nichtrostenden Befestigungsmitteln; inkl. Ausbildung der Längs- und Querstöße. Sonderteile und Ecken in getrennter Position.
Untergrund: Stahlbeton
Material: Stahl-Blech
Blechstärke: 0,88 mm
Zuschnitt: 333 mm
Kantungen: dreifach
Oberfläche: **sendzimirverzinkt, beidseitig / Bandbeschichtung, beidseitig, RAL .....**
Querneigung: **mit / ohne**
Traufhöhe: bis 6,00 m

20€ 30€ **34€** 44€ 56€ [m] ⏱ 0,20 h/m 017.000.008

12 Trapezblechdach, Dachausschnitt KG **363**

Dachausschnitt herstellen in Trapezprofil, Werkstoff und Korrosionsschutz wie vor beschriebene Tragschale, oberseitig mit Verstärkungsblech, Ausführung nach DIN EN 1090-4.
Blechdicke: bis 1 mm
Form: rechteckig
Ausschnitt-Abmessung: ..... mm

65€ 95€ **117€** 129€ 162€ [St] ⏱ 0,15 h/St 017.000.024

Kosten:
Stand 1. Quartal 2025
Bundesdurchschnitt

▶ min
▷ von
ø Mittel
◁ bis
◀ max

13 Bohrungen, Stahlblech, Durchmesser bis 30mm KG **359**

Bohrungen in Stahlblechen, Stegen oder Flanschen von Stahlträgern oder -stützen, für Installationsleitungen.
Ausführung: **in der Werkstatt / auf der Baustelle**
Durchmesser: bis 30 mm
Materialstärke: ..... mm

7€ 12€ **12€** 14€ 19€ [St] ⏱ 0,20h/St 017.000.010

14 Gitterroste, verzinkt, rutschhemmend, verankert KG **339**

Gitterrostbelag als Treppenpodestabdeckung, rutschhemmend und abhebesicher, auf bauseitiger Stahlkonstruktion; inkl. Bohrungen und Verbindungsmitteln für Verschraubung mit den herzustellenden Anschlüssen.
Einbauort: .....
Gitterrost-Außenmaß (B x L): 500 x 1.000 mm
Maschenteilung: 30 x 10 mm
Tragstab: 30 x 3 mm
Randstab/Einfassung: umlaufend, Profil 30 x 3 mm
Oberfläche: verzinkt
Anforderung: R9
Für die Ausführung werden vom AG folgende Unterlagen zur Verfügung gestellt:

- Entwurfszeichnungen, Plannr.: .....
- Übersichtszeichnungen, Plannr.: .....
- statische Berechnung mit Positionsplänen, Plannr.: .....

108€ 134€ **142€** 159€ 200€ [m²] ⏱ 0,45h/m² 017.000.015

15 Verzinken, Stahlprofile KG **333**

Korrosionsschutz für Stahlkonstruktion, inkl. Entrostung; bei der Montage beschädigte Stellen sind vom AN entsprechend zu behandeln
Bauteil: IPE-Träger
Ausführungsart: Stückverzinkung nach DASt-Richtlinie 022 (mit DIN EN ISO 1461)
Korrosivitätskategorie: C5
Schutzdauer: Klasse H (hoch = 10 <20 Jahre)

0,7€ 1,1€ **1,4€** 1,5€ 2,1€ [kg] ⏱ 0,01h/kg 017.000.004

16 Brandschutzbeschichtung, R30, Stahlbauteile KG **333**

Brandschutzbeschichtung von Stahlbauteilen, wasserbasierende Beschichtung, gem. Zulassung aufbringen; inkl. Vorbehandlung, Grundierung und Deckbeschichtung.
Einbauort: **Innenraum / Arbeitshöhe: .....**
Stahlkonstruktion: **Stahlträger / Fachwerkbinder / Stützen**
Beschichtungsverfahren: **Pinsel / Rolle / Spritzverfahren**
Farbton: **RAL / NCS**
Herstellerfarbkarte: .....
Gef. Feuerwiderstand: R30

65€ 87€ **92€** 97€ 115€ [m²] ⏱ 0,30h/m² 017.000.013

Nr.	Kurztext / Langtext						Kostengruppe
►	▷	ø netto €	◁	◄	[Einheit]	Ausf.-Dauer	Positionsnummer

17 Brandschutzbeschichtung, Stahlbauteile, Decklack KG **333**

Brandschutzbeschichtung auf Stahl, im Innenbereich, als Decklack.
Einbauort: .....
Stahlkonstruktion: **Stahlträger / Fachwerkbinder / Stützen**
Profile und Abmessungen: .....
Beschichtungsverfahren: **Pinsel / Rolle / Spritzverfahren**
Farbton: **RAL / NCS**
Herstellerfarbkarte: .....
Gef. Feuerwiderstand: **R30 / R60 / R90**
Beschichtungsstoff: .....
Arbeitshöhe: .....

14€	30€	**32€**	44€	60€	[m²]	⏱ 0,20h/m²	017.000.014

Kosten:
Stand 1. Quartal 2025
Bundesdurchschnitt

18 Stundensatz, Facharbeiter/-in

Stundenlohnarbeiten für Vorarbeiter/-in, Facharbeiter/-in und jeweils Gleichgestellte. Leistung nach besonderer Anordnung der Bauüberwachung. Der Verrechnungssatz für die jeweilige Arbeitskraft umfasst sämtliche Aufwendungen wie Lohn- und Gehaltskosten, Lohn- und Gehaltsnebenkosten, Zuschläge, lohngebundene und lohnabhängige Kosten, sonstige Sozialkosten, Gemeinkosten, Wagnis und Gewinn. Leistung nach besonderer Anordnung der Bauüberwachung. Anmeldung und Nachweis gem. VOB/B.

72€	79€	**81€**	83€	89€	[h]	⏱ 1,00h/h	017.000.022

19 Stundensatz, Helfer/-in

Stundenlohnarbeiten für Werker/-in, Helfer/-in und jeweils Gleichgestellte. Leistung nach besonderer Anordnung der Bauüberwachung. Der Verrechnungssatz für die jeweilige Arbeitskraft umfasst sämtliche Aufwendungen wie Lohn- und Gehaltskosten, Lohn- und Gehaltsnebenkosten, Zuschläge, lohngebundene und lohnabhängige Kosten, sonstige Sozialkosten, Gemeinkosten, Wagnis und Gewinn.

52€	58€	**62€**	65€	70€	[h]	⏱ 1,00h/h	017.000.023

► min
▷ von
ø Mittel
◁ bis
◄ max

018

Kosten:
Stand 1. Quartal 2025
Bundesdurchschnitt

Nr.	Positionen	Einheit	►	▷	ø brutto € / ø netto €	◁	◄
1	Untergrund reinigen	m²	1	3	**4**	6	9
			1	2	**3**	5	8
2	Voranstrich, Abdichtung, Betonbodenplatte	m²	2	4	**5**	6	10
			1	3	**4**	5	8
3	Wandanschluss, Bitumen-Dichtbahn	m	6	9	**10**	10	13
			5	8	**8**	9	11
4	Wandanschluss, Dickbeschichtung	m	12	15	**17**	23	28
			10	12	**15**	19	23
5	Dichtungsanschluss, Anschweißflansch	St	14	24	**29**	34	44
			12	20	**25**	28	37
6	Dichtungsanschluss, Klemm-/Klebeflansch	St	29	55	**68**	78	110
			24	47	**57**	66	92
7	Perimeterdämmung, XPS, bis 60mm, Fundament	m²	28	41	**45**	50	63
			24	35	**38**	42	53
8	Perimeterdämmung, XPS bis 100mm, Bodenplatte	m²	30	38	**43**	48	56
			25	32	**36**	40	47
9	Perimeterdämmung, XPS bis 150mm, Bodenplatte	m²	44	52	**54**	56	64
			37	43	**45**	47	54
10	Perimeterdämmung, XPS bis 240mm, Bodenplatte	m²	75	84	**86**	89	100
			63	71	**72**	75	84
11	Perimeterdämmung, XPS 100mm, Wand	m²	43	52	**55**	60	68
			36	44	**46**	51	57
12	Perimeterdämmung, XPS 160mm, Wand	m²	47	60	**66**	75	89
			39	50	**56**	63	75
13	Perimeterdämmung, XPS 240mm, Wand	m²	–	68	**80**	101	–
			–	57	**68**	85	–
14	Perimeterdämmung, CG, 120mm, Wand	m²	117	128	**133**	150	167
			98	107	**112**	126	141
15	Perimeterdämmung, CG, 200mm, Wand	m²	157	168	**178**	200	225
			132	141	**150**	168	189
16	Trennlage, PE-Folie, unter Bodenplatte	m²	2	3	**3**	4	6
			2	3	**3**	3	5
17	Querschnittsabdichtung, G200DD, Mauerwerk 11,5cm	m	2	4	**4**	5	8
			2	3	**3**	5	7
18	Querschnittsabdichtung, G200DD, Mauerwerk 24cm	m	6	9	**10**	14	21
			5	7	**9**	11	18
19	Querschnittsabdichtung, G200DD, Mauerwerk 36,5cm	m	8	14	**14**	21	29
			7	12	**12**	18	24
20	Bodenabdichtung, Bodenfeuchte, G200DD	m²	19	21	**23**	24	27
			16	18	**20**	20	22
21	Bodenabdichtung, Bodenfeuchte, PMBC	m²	39	43	**44**	50	55
			33	36	**37**	42	46
22	Bodenabdichtung, Bodenfeuchte, MDS	m²	45	48	**51**	57	63
			38	41	**43**	48	53
23	Bodenabdichtung, Bodenfeuchte, PV200 DD	m²	34	37	**38**	44	48
			29	31	**32**	37	41
24	Bodenabdichtung, Bodenfeuchte, PYE G200S4	m²	34	36	**39**	44	48
			29	31	**33**	37	40

► min
▷ von
ø Mittel
◁ bis
◄ max

Nr.	Positionen	Einheit	►	▷	ø brutto € / ø netto €	◁	◄
25	Bodenabdichtung, gegen mäßige Einwirkung von drückendem Wasser, PMBC	m²	55	60	**63**	71	79
			47	50	**53**	60	66
26	Hohlkehle, Mörtel	m	6	11	**13**	16	26
			5	9	**11**	13	22
27	Voranstrich, Wandabdichtung	m²	3	5	**6**	8	12
			2	4	**5**	7	10
28	Wandabdichtung, Bodenfeuchte, MDS	m²	37	40	**42**	47	52
			31	34	**35**	40	43
29	Wandabdichtung, Bodenfeuchte, PMBC	m²	45	48	**50**	57	62
			38	40	**42**	48	52
30	Wandabdichtung, nicht drückendes Wasser, MDS	m²	41	45	**47**	53	58
			35	38	**40**	44	49
31	Wandabdichtung, nicht drückendes Wasser, KSP	m²	37	42	**46**	52	55
			31	35	**38**	43	46
32	Wandabdichtung, drückendes Wasser, PYE-PV200S5	m²	41	44	**47**	52	57
			34	37	**39**	44	48
33	Wandabdichtung, drückendes Wasser, G200DD/PYE-PV200DD	m²	54	58	**61**	69	75
			45	49	**51**	58	63
34	Wandabdichtung, drückendes Wasser, R500N Kupfer	m²	63	68	**72**	81	88
			53	57	**60**	68	74
35	Wandabdichtung, drückendes Wasser, R500N Kupfer, dreilagig	m²	77	83	**86**	98	108
			65	70	**72**	83	91
36	Fugenabdichtung, Wand, Feuchte, Dichtmasse	m	16	17	**20**	22	25
			13	15	**17**	19	21
37	Fugenabdichtung, Wand, Feuchte, Fugenband	m	40	45	**51**	58	63
			34	38	**43**	49	53
38	Fugenabdichtung, Wand, Feuchte, Kunststoffbahn	m	26	29	**34**	37	41
			22	25	**28**	31	35
39	Fugenabdichtung, Bodenplatte, Feuchte, Schweißbahn, PYE-PV200S5	m	37	41	**47**	52	58
			31	35	**39**	44	49
40	Fugenabdichtung, Bodenplatte, Feuchte, KSP-Streifen	m	26	29	**33**	36	40
			22	24	**27**	31	34
41	Fugenabdichtung, Wand, drückendes Wasser, Schweißbahn	m	31	35	**40**	44	49
			26	29	**34**	37	41
42	Bewegungsfuge, Wand, drückendes Wasser, Kupferband	m	36	40	**46**	51	56
			30	33	**38**	43	47
43	Bewegungsfuge, Wand, drückendes Wasser, Kunststoffbahn	m	32	36	**41**	46	51
			27	30	**34**	39	43
44	Bewegungsfuge, Wand, drückendes Wasser, Kupferband/Bitumen	m	43	47	**54**	60	67
			36	40	**45**	51	56

Nr.	Positionen	Einheit	►	▷	ø brutto € / ø netto €	◁	◄
45	Bewegungsfuge, Decke, drückendes Wasser, vierstegiges Fugenband	m	49	55	**63**	70	78
			42	46	**53**	59	65
46	Bewegungsfuge, drückendes Wasser, Los-Festflansch	m	60	67	**76**	85	94
			50	56	**64**	71	79
47	Rohrdurchführung, Los-/Festflansch, Faserzementrohr	St	194	370	**428**	517	643
			163	311	**359**	434	540
48	Abdichtungsanschluss, Decke, Anschweißflansch DN100	St	17	31	**40**	49	69
			14	26	**34**	41	58
49	Abdichtungsanschluss, Anschweißflansch DN250	St	27	48	**61**	74	99
			23	41	**52**	62	84
50	Dränschicht, EPS-Polystyrolplatte/Vlies	m²	14	27	**32**	42	58
			12	22	**27**	35	49
51	Sickerschicht, Kunststoffnoppenbahn/Vlies	m²	7	12	**14**	17	23
			6	10	**12**	15	20
52	Filtervlies, Schutzschicht	m²	3	5	**6**	7	9
			3	4	**5**	6	7
53	Rohrdurchführung, Faserzementrohr	St	297	645	**803**	1.228	2.225
			249	542	**675**	1.032	1.869
54	Dichtsatz, Rohrdurchführung	St	104	232	**305**	345	404
			87	195	**256**	290	340
55	Stundensatz, Facharbeiter/-in	h	76	87	**93**	99	110
			64	73	**78**	83	93
56	Stundensatz, Helfer/-in	h	61	71	**78**	81	89
			51	60	**65**	68	75

Kosten:
Stand 1. Quartal 2025
Bundesdurchschnitt

► min
▷ von
ø Mittel
◁ bis
◄ max

Nr. **Kurztext** / Langtext — Kostengruppe
► ▷ **ø netto €** ◁ ◄ [Einheit] Ausf.-Dauer Positionsnummer

1 Untergrund reinigen — KG **324**

Betondecke von Staub, groben Verschmutzungen und losen Teilen besenrein abkehren, Schutt aufnehmen, sammeln und entsorgen. Abfall ist nicht gefährlich, nicht schadstoffbelastet.

1€ 2€ **3€** 5€ 8€ [m²] ⏱ 0,02 h/m² 018.000.001

2 Voranstrich, Abdichtung, Betonbodenplatte — KG **324**

Voranstrich bzw. Haftgrund für Bitumendichtbahn, auf gereinigte, oberflächentrockene Bodenflächen, vollflächig.
Haftgrund: **kalt streichbarer Bitumen-Voranstrich / Bitumen-Emulsion**
Verbrauch: 300 g/m²
Einbauort: vorgereinigte Stahlbeton-Bodenplatte

1€ 3€ **4€** 5€ 8€ [m²] ⏱ 0,03 h/m² 018.000.002

3 Wandanschluss, Bitumen-Dichtbahn KG **325**

Abdichtungsanschluss der vorbeschriebenen Bitumenbahn an aufgehende Bauteile, an Übergang zwischen Bodenplatte/Sohle und aufgehender Wand, rechtwinklig, Abdichtung geklebt.
Wassereinwirkungsklasse: .....
Rissklasse: .....
Rissüberbrückungsklasse: .....
Unterlage: .....
Ausführung: .....

►	▷	ø netto €	◁	◄	[Einheit]	Ausf.-Dauer	Positionsnummer
5€	8€	**8€**	9€	11€	[m]	⏱ 0,08h/m	018.000.004

4 Wandanschluss, Dickbeschichtung KG **325**

Abdichtungsanschluss der Bitumendickbeschichtung an aufgehende Bauteile, an Übergang zwischen Bodenplatte/Sohle und aufgehender Wand, rechtwinklig.
Wassereinwirkungsklasse: .....
Rissklasse: .....
Rissüberbrückungsklasse: .....
Abdichtung: Dickbeschichtung ......
Unterlage: .....
Ausführung: .....

►	▷	ø netto €	◁	◄	[Einheit]	Ausf.-Dauer	Positionsnummer
10€	12€	**15€**	19€	23€	[m]	⏱ 0,10h/m	018.000.046

5 Dichtungsanschluss, Anschweißflansch KG **324**

Abdichtungsanschluss an Durchdringungen, mit vorh. Anschweißflansch, inkl. Dichtungsbeilage.
Wassereinwirkungsklasse: W1.1-E
Rissklasse: .....
Rissüberbrückungsklasse: .....
Durchdringung: DN.....
Einbauort: Bodenplatte

►	▷	ø netto €	◁	◄	[Einheit]	Ausf.-Dauer	Positionsnummer
12€	20€	**25€**	28€	37€	[St]	⏱ 0,20h/St	018.000.005

6 Dichtungsanschluss, Klemm-/Klebeflansch KG **324**

Abdichtungsanschluss an Durchdringungen mit vorh. Klemm- oder Klebeflansch.
Wassereinwirkungsklasse: W1.1-E
Rissklasse: .....
Rissüberbrückungsklasse: .....
Durchdringung: DN100
Flanschart: .....
Einbauort: Bodenplatte

►	▷	ø netto €	◁	◄	[Einheit]	Ausf.-Dauer	Positionsnummer
24€	47€	**57€**	66€	92€	[St]	⏱ 0,40h/St	018.000.006

Nr. **Kurztext** / Langtext — Kostengruppe

► ▷ **ø netto €** ◁ ◄ [Einheit] Ausf.-Dauer Positionsnummer

Kosten:
Stand 1. Quartal 2025
Bundesdurchschnitt

7 Perimeterdämmung, XPS, bis 60mm, Fundament — KG **325**

Perimeterdämmung aus extrudierten Polystyrol-Hartschaumplatten, als Wärmedämmung an Fundamenten im Erdreich, geklebt, mit umlaufendem Stufenfalz, dicht gestoßen.
Untergrund: abgedichtete Stahlbeton-Fundamente und -Außenwände
Wassereinwirkungsklasse: .....
Dämmstoff: XPS
Anwendungstyp: PW - .....
Druckbelastbarkeit: **dh / ds / dx**
Dämmstoffdicke: 60 mm
Ausführung Kante: umlaufender Stufenfalz
Einbauort: Stahlbeton-Fundamente

24€ 35€ **38€** 42€ 53€ [m²] ⏱ 0,10 h/m² 018.000.022

A 1 Perimeterdämmung, XPS, Bodenplatte — Beschreibung für Pos. **8-10**

Perimeterdämmung aus extrudierten Polystyrol-Hartschaumplatten, als Wärmedämmung unterhalb der Bodenplatte, mit umlaufendem Stufenfalz, Platten dicht gestoßen.
Untergrund: .....
Dämmstoff: XPS
Anwendungstyp: PB
Wassereinwirkungsklasse: .....
Druckbelastbarkeit: **dh / ds / dx**
Bemessungswert Wärmeleitfähigkeit: ..... W/(mK)
Nennwert Wärmeleitfähigkeit: ..... W/(mK)

8 Perimeterdämmung, XPS bis 100mm, Bodenplatte — KG **325**

Wie Ausführungsbeschreibung A 1
Dämmstoffdicke: bis 100 mm

25€ 32€ **36€** 40€ 47€ [m²] ⏱ 0,10 h/m² 018.000.032

9 Perimeterdämmung, XPS bis 150mm, Bodenplatte — KG **325**

Wie Ausführungsbeschreibung A 1
Dämmstoffdicke: bis 150 mm

37€ 43€ **45€** 47€ 54€ [m²] ⏱ 0,11 h/m² 018.000.033

10 Perimeterdämmung, XPS bis 240mm, Bodenplatte — KG **325**

Wie Ausführungsbeschreibung A 1
Dämmstoffdicke: über bis 240 mm

63€ 71€ **72€** 75€ 84€ [m²] ⏱ 0,12 h/m² 018.000.034

► min
▷ von
ø Mittel
◁ bis
◄ max

Nr.	Kurztext / Langtext						Kostengruppe
►	▷	ø netto €	◁	◄	[Einheit]	Ausf.-Dauer	Positionsnummer

A 2 Perimeterdämmung, XPS, Wand — Beschreibung für Pos. **11-13**

Perimeterdämmung aus extrudierten Polystyrol-Hartschaumplatten, als Wärmedämmung vor Wänden im Erdreich, geklebt, Platten mit umlaufendem Stufenfalz, dicht gestoßen.
Untergrund: abgedichtete Stahlbeton-Fundamente und -Außenwände
Dämmstoff: XPS
Anwendungstyp: PW
Wassereinwirkungsklasse: .....
Druckbelastbarkeit: **dh / ds / dx**
Nennwert Wärmeleitfähigkeit: ..... W/(mK)
Bemessungswert Wärmeleitfähigkeit: ..... (W/mK)

11 Perimeterdämmung, XPS 100mm, Wand — KG **335**

Wie Ausführungsbeschreibung A 2
Dämmstoffdicke: 100 mm

►	▷	ø netto €	◁	◄	[Einheit]	Ausf.-Dauer	Positionsnummer
36€	44€	**46€**	51€	57€	[m²]	⏱ 0,25h/m²	018.000.083

12 Perimeterdämmung, XPS 160mm, Wand — KG **335**

Wie Ausführungsbeschreibung A 2
Dämmstoffdicke: 160 mm

►	▷	ø netto €	◁	◄	[Einheit]	Ausf.-Dauer	Positionsnummer
39€	50€	**56€**	63€	75€	[m²]	⏱ 0,28h/m²	018.000.031

13 Perimeterdämmung, XPS 240mm, Wand — KG **335**

Wie Ausführungsbeschreibung A 2
Dämmstoffdicke: 240 mm

►	▷	ø netto €	◁	◄	[Einheit]	Ausf.-Dauer	Positionsnummer
–	57€	**68€**	85€	–	[m²]	⏱ 0,28h/m²	018.000.090

A 3 Perimeterdämmung, CG, Wand — Beschreibung für Pos. **14-15**

Perimeterdämmung aus Schaumglas, als Wärmedämmung vor Wänden im Erdreich, punktförmig geklebt, Platten mit umlaufendem Stufenfalz, dicht gestoßen.
Untergrund: abgedichtete Stahlbeton-Fundamente und -Außenwände
Dämmstoff: CG
Anwendungstyp: PW
Wassereinwirkungsklasse: .....
Druckbelastbarkeit: **ds / dx**
Bemessungswert Wärmeleitfähigkeit: ..... W/(mK)
Nennwert Wärmeleitfähigkeit: ..... W/(mK)

14 Perimeterdämmung, CG, 120mm, Wand — KG **335**

Wie Ausführungsbeschreibung A 3
Dämmschichtdicke: 120 mm

►	▷	ø netto €	◁	◄	[Einheit]	Ausf.-Dauer	Positionsnummer
98€	107€	**112€**	126€	141€	[m²]	⏱ 0,25h/m²	018.000.047

15 Perimeterdämmung, CG, 200mm, Wand — KG **335**

Wie Ausführungsbeschreibung A 3
Dämmschichtdicke: 200 mm

►	▷	ø netto €	◁	◄	[Einheit]	Ausf.-Dauer	Positionsnummer
132€	141€	**150€**	168€	189€	[m²]	⏱ 0,28h/m²	018.000.050

000 001 002 006 008 009 010 012 013 014 016 017 **018** 020 021 022

Nr.	Kurztext / Langtext					Kostengruppe
▶	▷	**ø netto €**	◁	◀	[Einheit]	Ausf.-Dauer	Positionsnummer

16 Trennlage, PE-Folie, unter Bodenplatte KG **325**

Trennlage aus PE-Folie, einlagig, Stoßüberlappung ca.15cm, Stöße gegen Verschieben sichern.
Foliendicke: 0,2 mm
Untergrund: .....

▶	▷	ø	◁	◀	Einheit	Ausf.-Dauer	Positionsnummer
2€	3€	**3€**	3€	5€	[m²]	⏱ 0,03h/m²	018.000.008

A 4 Querschnittsabdichtung, G200DD, Mauerwerk Beschreibung für Pos. **17-19**

Abdichtung aus bitumenverträglicher Bahn, einlagig, gegen aufsteigende Feuchtigkeit **in / unter** Mauerwerkswänden, mit seitlichem Überstand und Überdeckung von je mind. 20cm; inkl. Abgleichen der Auflagerfläche.
Abdichtung: G 200 DD, MSB-Q
Wassereinwirkungsklasse: W4-E
Rissklasse: .....
Rissüberbrückungsklasse: .....

Kosten:
Stand 1.Quartal 2025
Bundesdurchschnitt

17 Querschnittsabdichtung, G200DD, Mauerwerk 11,5cm KG **342**

Wie Ausführungsbeschreibung A 4
Mauerdicke: bis 11,5 cm

▶	▷	ø	◁	◀	Einheit	Ausf.-Dauer	Positionsnummer
2€	3€	**3€**	5€	7€	[m]	⏱ 0,04h/m	018.000.035

18 Querschnittsabdichtung, G200DD, Mauerwerk 24cm KG **341**

Wie Ausführungsbeschreibung A 4
Mauerdicke: bis 24,0 cm

▶	▷	ø	◁	◀	Einheit	Ausf.-Dauer	Positionsnummer
5€	7€	**9€**	11€	18€	[m]	⏱ 0,06h/m	018.000.037

19 Querschnittsabdichtung, G200DD, Mauerwerk 36,5cm KG **331**

Wie Ausführungsbeschreibung A 4
Mauerdicke: bis 36,5 cm

▶	▷	ø	◁	◀	Einheit	Ausf.-Dauer	Positionsnummer
7€	12€	**12€**	18€	24€	[m]	⏱ 0,08h/m	018.000.038

20 Bodenabdichtung, Bodenfeuchte, G200DD KG **324**

Abdichtung von Bodenplatten gegen Bodenfeuchte und nichtdrückendes Wasser.
Wassereinwirkungsklasse: W1.1-E / W1.2-E
Rissklasse Untergrund: R1-E (geringe Anforderung)
Rissüberbrückungsklasse: RÜ1-E (<=0,2 mm)
Raumnutzungsklasse: **RN1-E / RN2-E**
Unterlage: Betonbodenflächen mit Bitumenvoranstrich
Abdichtung: G200DD, einlagig, BA
Einbauort: Bodenplatte

▶	▷	ø	◁	◀	Einheit	Ausf.-Dauer	Positionsnummer
16€	18€	**20€**	20€	22€	[m²]	⏱ 0,20h/m²	018.000.086

▶ min
▷ von
ø Mittel
◁ bis
◀ max

Nr.	Kurztext / Langtext					Kostengruppe
►	▷	**ø netto €**	◁	◄	[Einheit] Ausf.-Dauer	Positionsnummer

21 Bodenabdichtung, Bodenfeuchte, PMBC KG **325**

Abdichtung von Bodenflächen gegen Bodenfeuchte mit kunststoffmodifizierter Bitumendickbeschichtung (PMBC) als Spachtelmasse in zwei Arbeitsgängen.
Wassereinwirkungsklasse: **W1.1-E / W1.2-E**
Rissklasse Untergrund: R1-E (geringe Anforderung)
Rissüberbrückungsklasse: RÜ1-E (<=0,2 mm)
Raumnutzungsklasse: **RN1-E / RN2-E**
Untergrund: Beton
Lage: Kellersohle
Trockenschichtdicke: mind. 3 mm

33€ 36€ **37€** 42€ 46€ [m^2] ⏱ 0,16 h/m^2 018.000.051

22 Bodenabdichtung, Bodenfeuchte, MDS KG **325**

Abdichtung von Bodenplatten gegen Bodenfeuchte und nichtdrückendes Wasser mit rissüberbrückender mineralischer Schlämme (MDS).
Wassereinwirkungsklasse: **W1.1-E / W1.2-E**
Rissklasse Untergrund: R1-E (geringe Anforderung)
Rissüberbrückungsklasse: RÜ1-E (<=0,2 mm)
Raumnutzungsklasse: **RN1-E / RN2-E**
Untergrund: Beton
Lage: Kellersohle
Trockenschichtdicke: mind. 2 mm

38€ 41€ **43€** 48€ 53€ [m^2] ⏱ 0,18 h/m^2 018.000.053

23 Bodenabdichtung, Bodenfeuchte, PV200 DD KG **325**

Abdichtung von Bodenplatten gegen Bodenfeuchte und nichtdrückendes Wasser mit Bitumen-Dachdichtungsbahn.
Wassereinwirkungsklasse: **W1.1-E / W1.2-E**
Rissklasse Untergrund: R1-E (geringe Anforderung)
Rissüberbrückungsklasse: RÜ1-E (<=0,2 mm)
Raumnutzungsklasse: **RN1-E / RN2-E**
Untergrund: Beton
Dichtungsbahn: PV 200 DD

29€ 31€ **32€** 37€ 41€ [m^2] ⏱ 0,17 h/m^2 018.000.054

24 Bodenabdichtung, Bodenfeuchte, PYE G200S4 KG **325**

Abdichtung von Bodenplatten gegen Bodenfeuchte und nichtdrückendes Wasser mit Elastomerbitumen-Schweißbahn.
Wassereinwirkungsklasse: **W1.1-E / W1.2-E**
Rissklasse Untergrund: R1-E (geringe Anforderung)
Rissüberbrückungsklasse: RÜ1-E (<=0,2 mm)
Raumnutzungsklasse: **RN1-E / RN2-E**
Untergrund: Beton
Lage: Kellersohle
Dichtungsbahn: PYE G 200 S4
Anwendungstyp DIN/TS 20000-202 BA

29€ 31€ **33€** 37€ 40€ [m^2] ⏱ 0,17 h/m^2 018.000.055

Nr.	Kurztext / Langtext						Kostengruppe
►	▷	ø netto €	◁	◄	[Einheit]	Ausf.-Dauer	Positionsnummer

Kosten:
Stand 1. Quartal 2025
Bundesdurchschnitt

► min
▷ von
ø Mittel
◁ bis
◄ max

25 Bodenabdichtung, gegen mäßige Einwirkung von drückendem Wasser, PMBC KG **325**

Abdichtung erdberührter Bodenplatten gegen mäßige Einwirkung von drückendem Wasser, mäßige Beanspruchung, mit kunststoffmodifizierter Bitumendickbeschichtung als (PMBC) Spachtelmasse in zwei Arbeitsgängen mit Gewebeeinlage.
Wassereinwirkungsklasse: W2.1-E
Rissklasse: R2-E (mäßige Anforderung)
Rissüberbrückungsklasse: RÜ3-E (bis 1 mm)
Raumnutzungsklasse: **RN1-E / RN2-E**
Untergrund: Beton
Trockenschichtdicke: mind. 4 mm

47€	50€	**53€**	60€	66€	[m²]	⏱ 0,22 h/m²	018.000.057

26 Hohlkehle, Mörtel KG **335**

Hohlkehle/Dichtungskehle aus kunststoffmodifiziertem Mörtel zwischen Fundament und Wand, inkl. Grundierung, Hohlkehle gerundet, in die Flächenabdichtung eingebunden.
Material: .....

5€	9€	**11€**	13€	22€	[m]	⏱ 0,13 h/m	018.000.014

27 Voranstrich, Wandabdichtung KG **335**

Voranstrich bzw. Haftgrund für Wandabdichtung, auf gereinigte oberflächentrockene Wandfläche, vollflächig.
Haftgrund: **Bitumenlösung / Bitumen-Emulsion**
Bauteil: erdberührte Außenwand, mit Dränung
Untergrund: .....

2€	4€	**5€**	7€	10€	[m²]	⏱ 0,08 h/m²	018.000.015

28 Wandabdichtung, Bodenfeuchte, MDS KG **335**

Außenabdichtung von erdberührten Wänden mit Dränung gegen Bodenfeuchte und nicht drückendes Wasser, mit rissüberbrückender mineralischer Schlämme (MDS), in zwei Arbeitsgängen.
Wassereinwirkungsklasse: **W1.1-E / W1.2-E**
Rissklasse Untergrund: R1-E (geringe Anforderung)
Rissüberbrückungsklasse: RÜ1-E (bis 0,2 mm)
Raumnutzungsklasse: **RN1-E / RN2-E**
Untergrund: Beton
Trockenschichtdicke: mind. 2 mm

31€	34€	**35€**	40€	43€	[m²]	⏱ 0,17 h/m²	018.000.061

29 Wandabdichtung, Bodenfeuchte, PMBC KG **335**

Außenabdichtung von erdberührten Wänden mit Dränung gegen Bodenfeuchte und nicht drückendes Wasser, mit kunststoffmodifizierter Bitumendickbeschichtung als (PMBC) Spachtelmasse in zwei Arbeitsgängen.
Wassereinwirkungsklasse: W1.2-E
Rissklasse: R2-E (mäßige Anforderung)
Rissüberbrückungsklasse: RÜ2-E
Raumnutzungsklasse: **RN1-E / RN2-E**
Untergrund: Mauerwerk
Trockenschichtdicke: mind. 3 mm

38€	40€	**42€**	48€	52€	[m²]	⏱ 0,15 h/m²	018.000.062

30 **Wandabdichtung, nicht drückendes Wasser, MDS** KG **335**

Außenabdichtung von erdberührten Wänden mit Dränung gegen Bodenfeuchte und nicht drückendes Wasser mit rissüberbrückender mineralischer Dichtungsschlämme MDS.
Rissklasse: R1-E (geringe Anforderung)
Rissüberbrückungsklasse: RÜ2-E
Raumnutzungsklasse: **RN1-E / RN2-E**
Untergrund: **Beton / Mauerwerk**
Trockenschichtdicke: mind. 2 mm

35€ 38€ **40€** 44€ 49€ [m2] ⏱ 0,17 h/m2 018.000.064

31 **Wandabdichtung, nicht drückendes Wasser, KSP** KG **335**

Außenabdichtung von erdberührten Wänden mit Dränung gegen Bodenfeuchte und nicht drückendes Wasser, mit kaltselbstklebenden Polymerbitumenbahn mit Trägereinlage.
Wassereinwirkungsklasse: W1.2-E
Rissklasse: R2-E (mäßige Anforderung)
Rissüberbrückungsklasse: RÜ2-E
Raumnutzungsklasse: **RN1-E / RN2-E**
Untergrund: Mauerwerk
Ausführung: PYE KTG KSP 2,8, einlagig, BA

31€ 35€ **38€** 43€ 46€ [m2] ⏱ 0,16 h/m2 018.000.089

32 **Wandabdichtung, drückendes Wasser, PYE-PV200S5** KG **335**

Außenabdichtung von erdberührten Wänden gegen drückendes Wasser mit Polymerbitumen-Schweißbahn.
Wassereinwirkungsklasse: W2.1-E
Rissklasse: R1-E (mäßige Anforderung)
Rissüberbrückungsklasse: RÜ3-E (hohe Rissüberbrückung)
Raumnutzungsklasse: RN1-E
Untergrund: Mauerwerk
Abdichtung: PYE-PV200 S5, zweilagig
Anwendungstyp DIN/TS 20000-202 BA
Eintauchtiefe: bis 3,00 m

34€ 37€ **39€** 44€ 48€ [m2] ⏱ 0,24 h/m2 018.000.068

33 **Wandabdichtung, drückendes Wasser, G200DD/PYE-PV200DD** KG **335**

Außenabdichtung von erdberührten Wänden gegen drückendes Wasser mit Polymerbitumen-Schweißbahn.
Wassereinwirkungsklasse: W2.1-E
Rissklasse: R2-E (mäßige Anforderung)
Rissüberbrückungsklasse: RÜ3-E (hohe Rissüberbrückung)
Raumnutzungsklasse: RN1-E
Untergrund: Mauerwerk
Abdichtung: G 200 DD und PYE PV 200 DD, zweilagig
Anwendungstyp DIN/TS 20000-202 BA
Eintauchtiefe: bis 3,00 m

45€ 49€ **51€** 58€ 63€ [m2] ⏱ 0,30 h/m2 018.000.067

Nr.	Kurztext / Langtext						Kostengruppe
▶	▷	ø netto €	◁	◀	[Einheit]	Ausf.-Dauer	Positionsnummer

34 Wandabdichtung, drückendes Wasser, R500N Kupfer KG **335**

Außenabdichtung von erdberührten Wänden gegen drückendes Wasser mit nackten Bitumenbahnen und Metallbändern.
Wassereinwirkungsklasse: W2.2-E
Rissklasse: R2-E (mäßige Anforderung)
Rissüberbrückungsklasse: RÜ4-E (sehr hohe Rissüberbrückung)
Raumnutzungsklasse: RN2-E
Untergrund: Mauerwerk
Abdichtung: R500N, zweilagig, mit Kupferband .....
Eintauchtiefe: > 4,00 m

▶	▷	ø	◁	◀	Einheit	Ausf.-Dauer	Positionsnummer
53€	57€	**60€**	68€	74€	[m2]	⏱ 0,28 h/m2	018.000.070

35 Wandabdichtung, drückendes Wasser, R500N Kupfer, dreilagig KG **335**

Außenabdichtung von erdberührten Wänden gegen drückendes Wasser mit nackten Bitumenbahnen.
Wassereinwirkungsklasse: W2.2-E
Rissklasse: R2-E (mäßige Anforderung)
Rissüberbrückungsklasse: RÜ4-E (sehr hohe Rissüberbrückung)
Raumnutzungsklasse: RN1-E
Untergrund: Mauerwerk
Abdichtung: R500N, dreilagig, + 1 Lage Kupferband Dicke 0,1 mm
Eintauchtiefe: > 4,00 m

▶	▷	ø	◁	◀	Einheit	Ausf.-Dauer	Positionsnummer
65€	70€	**72€**	83€	91€	[m2]	⏱ 0,32 h/m2	018.000.071

36 Fugenabdichtung, Wand, Feuchte, Dichtmasse KG **325**

Abdichtung von Fugen mit elastischer Dichtungsmasse, flexibler mineralischer Dichtschlämme und Gewebeband. Leistung mit Fugenvorbereitung und Hinterfüllprofil.
Bauteil: erdberührte Außenwand.
Wassereinwirkungsklasse: W1-E (Bodenfeuchte, nicht drückendes Wasser)
Untergrund: .....
Fugenbreite: 15 mm
Bewegung: ..... mm
Fugentyp: .....
Verformungsklasse: .....

▶	▷	ø	◁	◀	Einheit	Ausf.-Dauer	Positionsnummer
13€	15€	**17€**	19€	21€	[m]	⏱ 0,13 h/m	018.000.072

37 Fugenabdichtung, Wand, Feuchte, Fugenband KG **325**

Abdichtung über Fugen mit elastischem Fugenband.
Bauteil: erdberührte Außenwand
Wassereinwirkungsklasse: W1.1-E (Bodenfeuchte, nicht drückendes Wasser)
Untergrund: .....
Fugenbreite: .....
Bewegung: ..... mm
Fugentyp: .....
Verformungsklasse: .....

▶	▷	ø	◁	◀	Einheit	Ausf.-Dauer	Positionsnummer
34€	38€	**43€**	49€	53€	[m]	⏱ 0,17 h/m	018.000.073

Kosten:
Stand 1. Quartal 2025
Bundesdurchschnitt

▶ min
▷ von
ø Mittel
◁ bis
◀ max

Nr.	Kurztext / Langtext						Kostengruppe
▶	▷	**ø netto €**	◁	◀	[Einheit]	Ausf.-Dauer	Positionsnummer

38 Fugenabdichtung, Wand, Feuchte, Kunststoffbahn KG **325**

Abdichtung über Fugen mit bitumenverträglichen Streifen aus Kunststoff-Dichtungsbahnen. Dichtungsbahn mit Vlies-/Gewebe-kaschierung zum Einbetten in Bitumendickbeschichtung.
Bauteil: erdberührte Außenwand.
Wassereinwirkungsklasse: W1.1-E (Bodenfeuchte, nicht drückendes Wasser)
Untergrund: .....
Fugenbreite: .....
Verformungsklasse: .....
Anwendungstyp: DIN/TS 20000-202 BA
Fugentyp: .....

22€	25€	**28€**	31€	35€	[m]	⏱ 0,20h/m	018.000.074

39 Fugenabdichtung, Bodenplatte, Feuchte, Schweißbahn, PYE-PV200S5 KG **325**

Abdichtung über Fugen auf Bodenplatten mit Polymerbitumen-Schweißbahn. Flächenabdichtung an beiden Seiten der Abdichtung mit Bitumen-Schweißbahnen über der Fuge verstärken.
Bauteil: Bodenplatte
Wassereinwirkungsklasse: W1.1-E (Bodenfeuchte)
Untergrund: .....
Fugentyp: .....
Verformungsklasse: .....
Schweißbahn: Schweißbahn: PYE - PV 200 S5, BA
Bahnenbreite: 300 mm

31€	35€	**39€**	44€	49€	[m]	⏱ 0,30h/m	018.000.075

40 Fugenabdichtung, Bodenplatte, Feuchte, KSP-Streifen KG **325**

Abdichtung über Bewegungsfugen mit kaltselbstklebender Polymerbitumenbahn. Flächenabdichtung an beiden Seiten der Abdichtung mit Streifen über der Fuge verstärken.
Bauteil: Bodenplatte
Wassereinwirkungsklasse: W1.1-E (Bodenfeuchte)
Untergrund: .....
Fugentyp: I
Verformungsklasse: .....
Bitumenbahn: PYE KTG KSP 2,8, einlagig
Anwendungstyp: DIN/TS 20000-202 BA
Bahnenbreite: 300 mm

22€	24€	**27€**	31€	34€	[m]	⏱ 0,20h/m	018.000.076

000
001
002
006
008
009
010
012
013
014
016
017
018
020
021
022

Kosten:
Stand 1. Quartal 2025
Bundesdurchschnitt

Nr.	Kurztext / Langtext						Kostengruppe
▶	▷	**ø netto €**	◁	◀	[Einheit]	Ausf.-Dauer	Positionsnummer

41 Fugenabdichtung, Wand, drückendes Wasser, Schweißbahn KG **325**

Abdichtung über Fugen mit Schweißbahn. Flächenabdichtung an beiden Seiten der Abdichtung mit Bitumen-Schweißbahnen über der Fuge verstärken.
Bauteil: erdberührte Außenwand
Wassereinwirkungsklasse: W2-E (drückendes Wasser)
Untergrund: .....
Fugentyp: .....
Verformungsklasse: .....
Schweißbahn: PYE-PV 200 S5
Anwendungstyp: DIN/TS 20000-202 BA
Bahnenbreite: 300 mm

26€	29€	**34€**	37€	41€	[m]	⏱ 0,30 h/m	018.000.077

42 Bewegungsfuge, Wand, drückendes Wasser, Kupferband KG **325**

Abdichtung über Bewegungsfugen mit kalottengeriffeltem Kupferband. Flächenabdichtung an beiden Seiten der Abdichtung mit Streifen über der Fuge verstärken.
Bauteil: erdberührte Außenwand
Wassereinwirkungsklasse: W2-E (drückendes Wasser)
Fugentyp: I
Verformungsklasse: .....
Kupferband: 0,2 mm, CU-DHP
Bahnenbreite: 300 mm

30€	33€	**38€**	43€	47€	[m]	⏱ 0,30 h/m	018.000.078

43 Bewegungsfuge, Wand, drückendes Wasser, Kunststoffbahn KG **325**

Abdichtung über Bewegungsfugen mit Kunststoffbahn. Flächenabdichtung an beiden Seiten der Abdichtung mit Streifen über der Fuge verstärken.
Bauteil: erdberührte Außenwand
Wassereinwirkungsklasse: W2-E (drückendes Wasser)
Anwendungstyp DIN/TS 20000-202 BA
Fugentyp: I
Verformungsklasse: .....
Kunststoffbahn: .....
Bahnendicke: 2,0 mm
Bahnenbreite: 300 mm

27€	30€	**34€**	39€	43€	[m]	⏱ 0,30 h/m	018.000.079

▶ min
▷ von
ø Mittel
◁ bis
◀ max

Nr.	Kurztext / Langtext						Kostengruppe
►	▷	**ø netto €**	◁	◀	[Einheit]	Ausf.-Dauer	Positionsnummer

44 Bewegungsfuge, Wand, drückendes Wasser, Kupferband/Bitumen KG **325**

Abdichtung über Bewegungsfugen mit kalottengeriffeltem Kupferband und Schutzlage aus aufgeschweißter Bitumenbahn.
Bauteil: erdberührte Außenwand
Wassereinwirkungsklasse: W2-E (drückendes Wasser)
Fugentyp: I
Verformungsklasse: .....
Kunststoffbahn: .....
Kupferband: CU-DHP 0,1 mm
Bitumenbahn: G 200 S4
Anwendungstyp: DIN/TS 20000-202 BA
Bahnenbreite: 300 mm

36€ 40€ **45€** 51€ 56€ [m] ⏱ 0,30h/m 018.000.080

45 Bewegungsfuge, Decke, drückendes Wasser, vierstegiges Fugenband KG **325**

Abdichtung über Bewegungsfugen mit vierstegigen, verschweißten Fugenbändern.
Flächenabdichtung mit lose verlegten Kunststoffbahnen.
Bauteil: Terrasse bzw. Tiefgarage
Wassereinwirkungsklasse: W2-E (drückendes Wasser)
Fugentyp: I
Verformungsklasse: .....
Breite Fugenband: .....

42€ 46€ **53€** 59€ 65€ [m] ⏱ 0,30h/m 018.000.081

46 Bewegungsfuge, drückendes Wasser, Los-Festflansch KG **325**

Abdichtung über Bewegungsfugen mit Los-Festflansch in doppelter Ausführung.
Bauteil: .....
Wassereinwirkungsklasse: W2-E (drückendes Wasser)
Fugentyp: II
Verformungsklasse: .....
Flanschbreite: .....

50€ 56€ **64€** 71€ 79€ [m] ⏱ 0,50h/m 018.000.082

47 Rohrdurchführung, Los-/Festflansch, Faserzementrohr KG **335**

Durchführung der Abdichtung, als Faserzement-Futterrohr, für Medienrohr, Ausführung mit Los- und Festflansch, einseitig zum Einklemmen der Abdichtung.
Bauteil: .....
Wassereinwirkungsklasse: W2-E (drückendes Wasser)
Bauteildicke: 25 cm
Baulänge FZ-Rohr: 200-300 mm
Nenndicke: DN100
Abdichtungssystem: .....

163€ 311€ **359€** 434€ 540€ [St] ⏱ 1,50h/St 018.000.020

Nr.	Kurztext / Langtext						Kostengruppe
►	▷	ø netto €	◁	◄	[Einheit]	Ausf.-Dauer	Positionsnummer

48 Abdichtungsanschluss, Decke, Anschweißflansch DN100 KG **335**

Abdichtungsanschluss an Bauteil-Durchdringungen, für Rohrleitungen mit Anschweißflansch.
Bauteil: Deckenflächen
Wassereinwirkungsklasse: W3-E (nicht drückendes Wasser auf erdüberschütteten Decken)
Durchdringung: DN100
Abdichtungssystem: .....

14€ 26€ **34€** 41€ 58€ [St] ⏱ 0,24h/St 018.000.019

49 Abdichtungsanschluss, Anschweißflansch DN250 KG **335**

Abdichtungsanschluss an Durchdringungen, inkl. Dichtungsbeilage, für Rohrleitungen mit Anschweißflansch.
Bauteil: .....
Wassereinwirkungsklasse: W1-E (Bodenfeuchte und nicht drückendes Wasser)
Durchdringung: bis DN250
Abdichtungssystem: .....

23€ 41€ **52€** 62€ 84€ [St] ⏱ 0,50h/St 018.000.021

50 Dränschicht, EPS-Polystyrolplatte/Vlies KG **335**

Sickerschicht vor Außenwand, aus druckstabilen Polystyrol-Platten, profiliert, mit Vlieskaschierung, Einbau dicht gestoßen, punktförmig auf senkrechte Bauwerksabdichtung kleben, Einstand in Kiesfilterschicht mind. 30cm.
Wassereinwirkungsklasse: W1.2-E (nicht drückendes Wasser, mit Dränung)
Abdichtungssystem: .....
Einbauhöhe: bis 3,0 m
Plattenmaterial: EPS
Plattendicke: bis 65 mm
Bemessungswert der Wärmeleitfähigkeit: max. 0,035 W/(mK)
Nennwert Wärmeleitfähigkeit: 0,034 W/mK
Anwendung: PW und Dränage DIN 4095
Dränleistung: <0,3 l/(s x m)
Kante: umlaufend Stufenfalz

12€ 22€ **27€** 35€ 49€ [m²] ⏱ 0,18h/m² 018.000.023

51 Sickerschicht, Kunststoffnoppenbahn/Vlies KG **335**

Sickerschicht aus druckstabiler Kunststoffnoppenbahn mit Filtervlieskaschierung, Bahnen dicht gestoßen, auf senkrechte Bauwerksabdichtung, mind. 30cm in Kiesfilter eingebunden.
Bauteil: erdverbundene Außenwand
Abdichtungssystem: .....
Material: PE, d= 8 mm
Dränleistung: <1,2 l/(s x m)

6€ 10€ **12€** 15€ 20€ [m²] ⏱ 0,12h/m² 018.000.024

52 Filtervlies, Schutzschicht KG **335**

Filtervliesmatten, als senkrechte Schutzschicht vor Dämmplatten, Schutzplatten und Sickerplatten. Die Matten oben bis über OK/Erdreich führen.

3€ 4€ **5€** 6€ 7€ [m²] ⏱ 0,10h/m² 018.000.091

Kosten:
Stand 1.Quartal 2025
Bundesdurchschnitt

► min
▷ von
ø Mittel
◁ bis
◄ max

53 Rohrdurchführung, Faserzementrohr KG **411**

Außenwand-Durchführung als Futterrohr/Hüllrohr aus Faserzement, gegen drückendes Wasser, für Medienrohr, mit Los- und Festflansch einseitig zum Einklemmen der Abdichtung.
Bauteil: Außenwand gegen Erdreich
Wassereinwirkungsklasse: W1.2-E (nicht drückendes Wasser, mit Dränung)
Rissklasse: .....
Rissüberbrückungsklasse: .....
Raumnutzungsklasse: RN2-E
Abdichtungssystem: .....
Untergrund: Beton
Wanddicke: **25 / 30** cm
Baulänge: über 200 bis 300 mm
Durchmesser: **DN100 / DN125 / DN150**

249€ 542€ **675€** 1.032€ 1.869€ [St] ⏱ 1,00h/St 009.000.034

54 Dichtsatz, Rohrdurchführung KG **411**

Abdichten des Ringraumes durch Dichtring aus Elastomeren (EPDM).
Bauteil: **Wand- / Deckendurchführung**
Werkstoff Rohrdurchführung: .....
Anwendung: ..... (z.B. für 1 Kabel mit Außendurchmesser 24-48 mm)

87€ 195€ **256€** 290€ 340€ [St] ⏱ 0,35h/St 009.000.035

55 Stundensatz, Facharbeiter/-in

Stundenlohnarbeiten für Vorarbeiter/-in, Gesellin, Geselle, Facharbeiter/-in und Gleichgestellte, sowie ähnliche Fachkräfte. Der Verrechnungssatz für die jeweilige Arbeitskraft umfasst sämtliche Aufwendungen wie Lohn- und Gehaltskosten, lohn- und gehaltsgebundene Kosten, Lohn- und Gehaltsnebenkosten, Gemeinkosten, Wagnis und Gewinn. Leistung nach besonderer Anordnung der Bauüberwachung. Anmeldung und Nachweis gem. VOB/B.

64€ 73€ **78€** 83€ 93€ [h] ⏱ 1,00h/h 018.000.043

56 Stundensatz, Helfer/-in

Stundenlohnarbeiten für Werker/-in, Helfer/-in und Gleichgestellte. Leistung nach besonderer Anordnung der Bauüberwachung. Der Verrechnungssatz für die jeweilige Arbeitskraft umfasst sämtliche Aufwendungen wie Lohn- und Gehaltskosten, Lohn- und Gehaltsnebenkosten, Zuschläge, lohngebundene und lohnabhängige Kosten, sonstige Sozialkosten, Gemeinkosten, Wagnis und Gewinn.

51€ 60€ **65€** 68€ 75€ [h] ⏱ 1,00h/h 018.000.044

Kosten:
Stand 1. Quartal 2025
Bundesdurchschnitt

▶ min
▷ von
ø Mittel
◁ bis
◀ max

Nr.	Positionen	Einheit	▶	▷	ø brutto € / ø netto €	◁	◀
1	Zwischensparrendämmung, MW, 140mm	m²	27	30	**31**	34	36
			22	25	**26**	29	30
2	Zwischensparrendämmung, MW, 180mm	m²	30	33	**41**	45	47
			25	27	**34**	38	39
3	Zwischensparrendämmung, MW, 220mm	m²	32	37	**47**	47	52
			27	31	**39**	40	44
4	Zwischensparrendämmung, WF, 180mm	m²	52	59	**63**	66	70
			44	50	**53**	56	59
5	Zwischensparrendämmung, WF, 200mm	m²	57	65	**67**	73	77
			48	55	**56**	61	65
6	Zwischensparrendämmung, WF, 240m	m²	68	75	**77**	86	92
			57	63	**64**	73	77
7	Aufsparrendämmung, DAD, PUR, 140mm	m²	77	88	**95**	100	104
			65	74	**80**	84	87
8	Aufsparrendämmung, DAD, PUR, 180mm	m²	93	103	**108**	120	126
			79	87	**91**	100	106
9	Einblasdämmung, Zellulosefaser	m³	123	156	**162**	169	190
			104	131	**136**	142	160
10	Unterdach, Behelfsdeckung, Bitumenbahn V13	m²	8	11	**12**	13	17
			7	9	**10**	11	14
11	Vordeckung, unter Stehfalzdeckung	m²	11	12	**13**	14	15
			9	10	**11**	11	13
12	Unterdeckung, WF, bis 22mm, auf Sparren	m²	25	29	**31**	33	37
			21	25	**26**	28	31
13	Unterdeckung, WF, bis 35mm, auf Sparren	m²	34	40	**40**	42	47
			28	34	**34**	36	40
14	Unterdeckung, unbelüftetes Dach	m²	8	10	**11**	13	17
			7	8	**9**	11	14
15	Unterspannung, belüftetes Dach	m²	7	9	**11**	12	14
			6	8	**9**	10	12
16	Luftdichtheitsschicht, Dampfsperre	m	5	9	**10**	13	19
			4	7	**9**	11	16
17	Luftdichtheitsschicht, Dampfbremse	m²	7	11	**13**	17	27
			6	9	**11**	14	22
18	Dampfbremse, unter Dachsparren	m²	9	12	**14**	16	19
			7	10	**12**	13	16
19	Anschluss, Dampfsperre/-bremse, Klebeband	m	8	13	**15**	23	36
			7	11	**12**	20	30
20	Konterlattung, 30x50mm, Dach	m	4	4	**4**	5	5
			3	4	**4**	4	4
21	Konterlattung, 40x60mm, Dach	m	4	5	**6**	7	8
			3	4	**5**	6	7
22	Traglattung, 30x50mm, Dachziegel/Betondachstein	m²	9	13	**13**	15	19
			8	11	**11**	13	16
23	Traglattung, 40x60mm, Dachziegel/Betondachstein	m²	13	14	**15**	17	20
			11	12	**13**	14	17
24	Traglattung, 30x50mm, Biberschwanzdeckung	m²	15	18	**21**	24	28
			12	15	**17**	20	23

Nr.	Positionen	Einheit	►	▷	**ø brutto €** ø netto €	◁	◄
25	Nagelabdichtung, Konterlattung	m	3	4	**5**	7	9
			3	4	**4**	6	7
26	Kantholz, Nadelholz S10TS, scharfkantig	m	13	17	**20**	22	27
			11	14	**17**	18	23
27	Dachschalung, Nadelholz, Rauspund 24mm	m²	26	35	**40**	46	59
			22	29	**33**	39	49
28	Dachschalung, Nadelholz, Rauspund 28mm	m²	27	36	**40**	43	48
			22	30	**34**	36	41
29	Dachschalung, Holzspanplatte P5, bis 25mm	m²	30	36	**39**	43	50
			25	30	**32**	36	42
30	Dachschalung, Holzspanplatte P7, bis 25mm	m²	31	38	**40**	47	59
			26	32	**33**	39	49
31	Traufbohle, Nadelholz, bis 60/240mm	m	12	15	**16**	19	25
			10	13	**14**	16	21
32	Trauf-/Ortgangschalung, N+F, bis 28mm, gehobelt	m²	37	47	**51**	58	70
			31	39	**43**	49	59
33	Ortgangbrett, Windbrett, bis 28 mm, gehobelt	m	21	34	**39**	42	51
			17	28	**32**	35	43
34	Insektenschutzgitter, Traufe	m	7	11	**13**	17	27
			6	10	**11**	14	23
35	Zahnleiste, Nadelholz, gehobelt	m	29	50	**63**	67	86
			24	42	**53**	57	72
36	Dachdeckung, Hohlfalzziegel	m²	41	49	**53**	56	60
			34	41	**45**	47	51
37	Dachdeckung, Doppelmuldenfalzziegel	m²	45	51	**54**	57	65
			38	43	**45**	48	55
38	Dachdeckung, Flachdachziegel	m²	37	45	**49**	53	64
			31	38	**41**	45	54
39	Dachdeckung, Glattziegel	m²	38	46	**49**	52	61
			32	39	**41**	43	51
40	Dachdeckung, Biberschwanzziegel	m²	56	67	**73**	77	88
			47	56	**61**	65	74
41	Dachdeckung, Betondachsteine	m²	31	39	**42**	46	57
			26	33	**35**	39	48
42	Dachdeckung, Dachsteine, eben	m²	37	43	**45**	47	52
			31	36	**38**	40	44
43	Dachdeckung, Faserzement, Wellplatte	m²	44	52	**56**	59	66
			37	44	**47**	49	55
44	Dachdeckung, Faserzement, Doppeldeckung	m²	–	91	**106**	128	–
			–	77	**89**	108	–
45	Dachdeckung, Faserzement, Deutsche Deckung	m²	–	112	**129**	157	–
			–	94	**108**	132	–
46	Dachdeckung, Holzschindeln	m²	111	147	**159**	170	209
			93	123	**134**	143	176
47	Dachdeckung, Schiefer	m²	123	135	**137**	139	156
			103	114	**115**	117	131
48	Dachdeckung, Bitumenschindeln	m²	38	46	**52**	60	82
			32	39	**44**	51	69

Nr.	Positionen	Einheit	►	▷	ø brutto € ø netto €	◁	◄
49	Ortgang, Ziegeldeckung, Formziegel	m	44	62	**69**	79	101
			37	52	**58**	66	85
50	Ortgang, Biberschwanzdeckung, Formziegel	m	48	67	**73**	88	115
			41	56	**61**	74	96
51	Kehle eingebunden, Biberschwanz	m	82	97	**112**	123	141
			69	82	**94**	104	119
52	Ortgang, Dachsteindeckung, Formziegel	m	40	57	**61**	68	95
			34	48	**51**	57	80
53	Ortgang, Schiefer	m	45	52	**54**	59	69
			38	44	**45**	49	58
54	Firstanschluss, Ziegeldeckung, Formziegel	m	26	50	**50**	63	84
			22	42	**42**	53	71
55	First, Firstziegel, mörtellos, inkl. Lüfter	m	55	80	**91**	98	112
			46	67	**77**	82	94
56	First, Firstziegel, vermörtelt	m	55	73	**91**	99	111
			46	62	**77**	83	93
57	First, Firststein, geklammert, Dachstein	m	46	75	**85**	97	119
			39	63	**71**	81	100
58	Pultdachabschluss, Abschlussziegel	m	67	99	**114**	125	170
			56	84	**95**	105	143
59	Pultdachanschluss, Metallblech Z333	m	30	53	**70**	74	84
			25	44	**59**	62	70
60	Grateindeckung, Ziegel, mörtellos	m	75	96	**101**	109	134
			63	81	**85**	91	113
61	Grateindeckung, Ziegel, vermörtelt	m	82	102	**112**	116	138
			69	86	**94**	97	116
62	Gratdeckung, Schiefer	m	28	33	**39**	42	73
			24	28	**32**	36	61
63	Durchgangsziegel, Dunstrohr, DN100	St	152	217	**234**	254	309
			128	182	**197**	214	259
64	Durchgangselement, Dunstrohr, Kunststoff, DN100	St	93	120	**132**	153	195
			78	101	**111**	129	164
65	Durchgangselement, Solarleitung	St	61	133	**156**	224	363
			51	111	**131**	188	305
66	Lüfterelement, Dachziegel	St	24	32	**36**	41	48
			21	27	**31**	34	40
67	Durchgangselement, Antenne, Formziegel	St	98	142	**161**	179	239
			83	120	**135**	150	201
68	Tonziegel, Reserve	St	4	6	**7**	9	14
			3	5	**6**	8	12
69	Wandanschluss Ziegel/Dachstein	m	19	32	**40**	44	59
			16	27	**34**	37	49
70	Ziegel beidecken, Dachdeckung	m	13	21	**24**	29	35
			11	18	**20**	24	30
71	Verklammerung, Dachdeckung	m²	4	7	**8**	11	16
			3	6	**7**	9	14
72	Wandbekleidung Holzschindel	m²	141	200	**228**	283	384
			119	168	**192**	238	323

Kosten:
Stand 1. Quartal 2025
Bundesdurchschnitt

► min
▷ von
ø Mittel
◁ bis
◄ max

Nr.	Positionen	Einheit	▶	▷	ø brutto € / ø netto €	◁	◀
73	Eckausbildung Holzschindelbekleidung	m	16	37	**39**	44	65
			14	31	**32**	37	55
74	Randanschluss Holzschindelbekleidung	m	16	32	**46**	49	65
			14	27	**39**	41	55
75	Dachfenster/Dachausstieg	St	517	802	**822**	1.002	1.363
			434	674	**691**	842	1.146
76	Dachflächenfenster, gedämmt, Holz, Lasur	St	901	1.404	**1.604**	1.869	2.536
			757	1.180	**1.348**	1.570	2.131
77	Stundensatz, Facharbeiter/-in	h	80	90	**95**	98	106
			68	76	**80**	83	89
78	Stundensatz, Helfer/-in	h	53	67	**76**	79	88
			44	56	**64**	67	74

Nr. **Kurztext** / Langtext — Kostengruppe

▶ ▷ **ø netto €** ◁ ◀ [Einheit] Ausf.-Dauer Positionsnummer

A 1 Zwischensparrendämmung, MW — Beschreibung für Pos. **1-3**

Wärmedämmung zwischen Sparren bzw. Holzbalken, aus Mineralwolle.
Anwendung: DZ
Dämmstoff: MW
Brandverhalten: .....

1 Zwischensparrendämmung, MW, 140mm — KG **361**

Wie Ausführungsbeschreibung A 1
Bemessungswert der Wärmeleitfähigkeit: max. 0,032 (W/mK)
Nennwert der Wärmeleitfähigkeit: 0,031 W/(mK)
Dämmschichtdicke: 140 mm
Balkenabstand: ..... mm
Einbauort: .....

22€ 25€ **26€** 29€ 30€ [m²] ⏱ 0,20 h/m² 020.000.079

2 Zwischensparrendämmung, MW, 180mm — KG **361**

Wie Ausführungsbeschreibung A 1
Bemessungswert der Wärmeleitfähigkeit: max. 0,032 (W/mK)
Nennwert der Wärmeleitfähigkeit: 0,031 (W/mK)
Dämmschichtdicke: 180 mm
Balkenabstand: ..... mm
Einbauort: .....

25€ 27€ **34€** 38€ 39€ [m²] ⏱ 0,22 h/m² 020.000.081

Kosten:
Stand 1. Quartal 2025
Bundesdurchschnitt

Nr.	Kurztext / Langtext						Kostengruppe
►	▷	ø netto €	◁	◄	[Einheit]	Ausf.-Dauer	Positionsnummer

3 Zwischensparrendämmung, MW, 220mm KG **361**

Wie Ausführungsbeschreibung A 1
Bemessungswert der Wärmeleitfähigkeit: max. 0,032 (W/mK)
Nennwert der Wärmeleitfähigkeit: 0,031 (W/mK)
Dämmschichtdicke: 220 mm
Balkenabstand: ..... mm
Einbauort: .....

►	▷	ø	◁	◄	Einheit	Ausf.-Dauer	Positionsnummer
27€	31€	**39€**	40€	44€	[m²]	⏱ 0,25h/m²	020.000.042

A 2 Zwischensparrendämmung, WF Beschreibung für Pos. **4-6**

Wärmedämmung zwischen Sparren bzw. Holzbalken, aus Holzfasern.
Anwendung: DZ
Dämmstoff: WF
Brandverhalten: .....

4 Zwischensparrendämmung, WF, 180mm KG **361**

Wie Ausführungsbeschreibung A 2
Bemessungswert der Wärmeleitfähigkeit: max. 0,035 (W/mK)
Nennwert der Wärmeleitfähigkeit: 0,033 (W/mK)
Dämmschichtdicke: 180 mm
Balkenabstand: ..... mm
Einbauort: .....

►	▷	ø	◁	◄	Einheit	Ausf.-Dauer	Positionsnummer
44€	50€	**53€**	56€	59€	[m²]	⏱ 0,24h/m²	020.000.085

5 Zwischensparrendämmung, WF, 200mm KG **361**

Wie Ausführungsbeschreibung A 2
Bemessungswert der Wärmeleitfähigkeit: max. 0,035 (W/mK)
Nennwert der Wärmeleitfähigkeit: 0,033 (W/mK)
Dämmschichtdicke: 180 mm
Balkenabstand: ..... mm
Einbauort: .....

►	▷	ø	◁	◄	Einheit	Ausf.-Dauer	Positionsnummer
48€	55€	**56€**	61€	65€	[m²]	⏱ 0,24h/m²	020.001.127

6 Zwischensparrendämmung, WF, 240m KG **361**

Wie Ausführungsbeschreibung A 2
Bemessungswert der Wärmeleitfähigkeit: max. 0,035 (W/mK)
Nennwert der Wärmeleitfähigkeit: 0,033 (W/mK)
Dämmschichtdicke: 240 mm
Balkenabstand: ..... mm
Einbauort: .....

►	▷	ø	◁	◄	Einheit	Ausf.-Dauer	Positionsnummer
57€	63€	**64€**	73€	77€	[m²]	⏱ 0,25h/m²	020.000.088

► min
▷ von
ø Mittel
◁ bis
◄ max

A 3 Aufsparrendämmung DAD, PUR Beschreibung für Pos. **7-8**

Aufsparrendämmung, aus Polyurethan-Hartschaumplatten, mit oberseitiger Kaschierung und beidseitiger Vliesbeschichtung, einlagig, Platten umlaufend mit Stufenfalz.
Untergrund: auf Sparren
Dämmstoff: PUR (PIR)
Anwendung: DAD
Brandverhalten: .....

7 Aufsparrendämmung, DAD, PUR, 140mm KG **363**

Wie Ausführungsbeschreibung A 3
Bemessungswert der Wärmeleitfähigkeit max. 0,027 W/(mK)
Nennwert der Wärmeleitfähigkeit: 0,026 W/(mK)
Sparrenabstand: ca. 600 mm
Dämmstoffdicke: 140 mm
Kaschierung: UDB-A, als Behelfsdeckung, sd-Wert <=0,1 m

65€ 74€ **80€** 84€ 87€ [m²] ⏱ 0,22 h/m² 020.000.091

8 Aufsparrendämmung, DAD, PUR, 180mm KG **363**

Wie Ausführungsbeschreibung A 3
Bemessungswert der Wärmeleitfähigkeit max. 0,027 W/(mK)
Nennwert der Wärmeleitfähigkeit: 0,026 W/(mK)
Sparrenabstand: ca. 600 mm
Dämmstoffdicke: 180 mm
Kaschierung: UDB-A, als Behelfsdeckung, sd-Wert <=0,1 m

79€ 87€ **91€** 100€ 106€ [m²] ⏱ 0,22 h/m² 020.000.093

9 Einblasdämmung, Zellulosefaser KG **363**

Wärmedämmung aus Zellulosefasern, zwischen Sparren und Wandpfosten; Einblasdämmung.
Sparren-/Pfostenabstand: bis 90 cm
Querschnitt Sparren (B x H): 80 x 240 mm
Dämmstoff: WF
Anwendung: DZ
Dämmstoffdicke: 240 mm
Bemessungswert der Wärmeleitfähigkeit max. 0,040 W/(mK)
Nennwert der Wärmeleitfähigkeit: 0,038 W/(mK)
Brandverhalten: E - normal entflammbar

104€ 131€ **136€** 142€ 160€ [m³] ⏱ 0,60 h/m³ 020.000.069

10 Unterdach, Behelfsdeckung, Bitumenbahn V13 KG **363**

Unterdeckung für belüftete, überdeckte Dächer, Klasse UDB-A als Behelfsdeckung, Bitumenbahn mit Glasvlieseinlage.
Bahnenart: V13
Überdeckung: mind. 80 mm (Dachfläche)
Anschlüsse an Durchdringungen und Bauteile als gesonderte Position

7€ 9€ **10€** 11€ 14€ [m²] ⏱ 0,08 h/m² 020.000.036

000 001 002 006 008 009 010 012 013 014 016 017 018 020 021 022

Nr.	Kurztext / Langtext						Kostengruppe
▶	▷	ø netto €	◁	◀	[Einheit]	Ausf.-Dauer	Positionsnummer

11 Vordeckung, unter Stehfalzdeckung KG **363**

Vordeckung aus Bitumenbahn mit Glasvlieseinlage, unter Stehfalzdeckungen.
Bahnenart: V13
Verlegung: horizontal
Überdeckung: mind. 80 mm (Dachfläche)

▶	▷	ø netto €	◁	◀	[Einheit]	Ausf.-Dauer	Positionsnummer
9€	10€	**11€**	11€	13€	[m²]	⏱ 0,08h/m²	020.000.077

12 Unterdeckung, WF, bis 22mm, auf Sparren KG **363**

Unterdeckung aus poröser Holzfaserplatte auf Sparren.
Unterdeckplatte: UDP-A, Klasse 5
Frei bewitterbar: bis 3 Monate
Plattenart: WF
Nennwert der Wärmeleitfähigkeit: 0,045 W/(mK)
Brandverhalten: E
Plattendicke: 22 mm
Ränder: verfalzt
Dachneigung: .....°
Untergrund: Holz

▶	▷	ø netto €	◁	◀	[Einheit]	Ausf.-Dauer	Positionsnummer
21€	25€	**26€**	28€	31€	[m²]	⏱ 0,16h/m²	020.000.003

13 Unterdeckung, WF, bis 35mm, auf Sparren KG **363**

Unterdeckung aus poröser Holzfaserplatte auf Sparren.
Unterdeckplatte: UDP-A, Klasse 5
Frei bewitterbar: bis 3 Monate
Plattenart: WF
Nennwert der Wärmeleitfähigkeit: 0,045 W/(mK)
Brandverhalten: E
Plattendicke: bis 35 mm
Ränder: verfalzt
Dachneigung: .....°
Untergrund: Holz

▶	▷	ø netto €	◁	◀	[Einheit]	Ausf.-Dauer	Positionsnummer
28€	34€	**34€**	36€	40€	[m²]	⏱ 0,16h/m²	020.001.103

14 Unterdeckung, unbelüftetes Dach KG **363**

Unterdeckbahn, diffusionsoffen, für unbelüftetes, geneigtes Dach, als Behelfsdeckung nach ZVDH-Produktdatenblatt, naht- und perforationsgesichert (Klasse 3 gem. Merkblatt für Unterdächer, Unterdeckungen und Unterspannungen des ZVDH), auf Wärmedämmung.
Unterdeckbahn: UDB-A
sd-Wert: **kleiner / gleich 1,0 0,2 m**
Brandverhalten: DIN EN 13501-1 E (normalentflammbar)
Dachneigung: .....°
Untergrund: Dämmung aus .....

▶	▷	ø netto €	◁	◀	[Einheit]	Ausf.-Dauer	Positionsnummer
7€	8€	**9€**	11€	14€	[m²]	⏱ 0,08h/m²	020.001.115

Kosten:
Stand 1. Quartal 2025
Bundesdurchschnitt

▶ min
▷ von
ø Mittel
◁ bis
◀ max

Nr.	Kurztext / Langtext						Kostengruppe
▶	▷	**ø netto €**	◁	◀	[Einheit]	Ausf.-Dauer	Positionsnummer

15 Unterspannung, belüftetes Dach KG **363**

Unterspannung für belüftete Dächer, frei hängend hinterlüftet, als Behelfsdeckung nach ZVDH-Produktdatenblatt, aus Polyurethanfolie (PUR) mit Verstärkung aus Polyestergewebe, auf Sparren, durchhängend verlegen und befestigen.
Frei bewitterbar: ..... Wochen
Unterspannbahn: USB-A, Klasse 6
Brandverhalten: Klasse E
Unterspannbahn Typ: PUR-Folie, gewebeverstärkt
Dachneigung: .....°
Untergrund: Holz

6€ | 8€ | **9€** | 10€ | 12€ | [m2] | ⏱ 0,08 h/m2 | 020.000.001

16 Luftdichtheitsschicht, Dampfsperre KG **363**

Luftdichtungsschicht mit variablem sd-Wert, unterseitig an Sparren.
Werkstoff: Polyamid

4€ | 7€ | **9€** | 11€ | 16€ | [m] | ⏱ 0,06 h/m | 020.000.064

17 Luftdichtheitsschicht, Dampfbremse KG **363**

Dampfbremse als Luftdichtheits- und diffusionshemmende Schicht für unbelüftetes Dach, unterseitig an Sparren befestigt, Nähte und Stöße verkleben/verschweißen.
Werkstoff: .....
sd-Wert: über 0,5 bis kleiner 100 m

6€ | 9€ | **11€** | 14€ | 22€ | [m2] | ⏱ 0,08 h/m2 | 020.000.002

18 Dampfbremse, unter Dachsparren KG **363**

Luftdichtungs- und Dampfbremsbahn, überlappend verlegt, Nähte und Stöße luftdicht verbinden.
Dampfbremsbahn: Polyethylenfolie, 0,2 mm
sd-Wert: ..... m
Untergrund: Holzsparren, Montage von unten

7€ | 10€ | **12€** | 13€ | 16€ | [m2] | ⏱ 0,08 h/m2 | 020.000.037

19 Anschluss, Dampfsperre/-bremse, Klebeband KG **363**

Anschluss der Dampfsperr- und Luftdichtheitsschicht an Durchdringungen und Einbauten, mit geeignetem Klebe-/Dichtmittel, inkl. Nebenarbeiten.
Anschluss an: .....
Dampfsperrbahn: .....
Dichtband: .....
Untergrund: Beton

7€ | 11€ | **12€** | 20€ | 30€ | [m] | ⏱ 0,08 h/m | 020.000.043

Nr.	Kurztext / Langtext						Kostengruppe
▶	▷	**ø netto €**	◁	◀	[Einheit]	Ausf.-Dauer	Positionsnummer

20 Konterlattung, 30x50mm, Dach KG **363**

Konterlattung zur Hinterlüftung der Dachfläche, aus Nadelholz, Befestigung mit korrosionsgeschützten Schrauben oder Nägeln.
Sortierklasse: S10
Festigkeitsklasse DIN EN 338: C27 M
Holzquerschnitt: 30 x 50 mm
Oberfläche: **allseitig gehobelt / sägerau**
Sparrenabstand: ..... mm
Untergrund: .....

3€ 4€ **4€** 4€ 4€ [m] ⏱ 0,04 h/m 020.000.004

21 Konterlattung, 40x60mm, Dach KG **363**

Konterlattung zur Hinterlüftung der Dachfläche, aus Nadelholz, Befestigung mit korrosionsgeschützten Schrauben oder Nägeln.
Sortierklasse: S10
Festigkeitsklasse DIN EN 338: C24 M
Querschnitt: 40 x 60 mm
Abstand: 600 mm
Untergrund: Holz

3€ 4€ **5€** 6€ 7€ [m] ⏱ 0,05 h/m 020.000.076

22 Traglattung, 30x50mm, Dachziegel/Betondachstein KG **363**

Dachlattung aus Nadelholz, für Dachziegel- oder Betondachsteindeckung, Befestigung mit korrosionsgeschützten Schrauben bzw. Nägeln.
Sortierklasse: S10
Festigkeitsklasse DIN EN 338: C27 M
Abstand: ca. 330 mm
Sparrenabstand: ..... mm
Dachdeckung: .....
Dachfläche: eben
Dachneigung: .....°
Lattenquerschnitt: 30 x 50 mm
Untergrund: Holz

8€ 11€ **11€** 13€ 16€ [m²] ⏱ 0,06 h/m² 020.000.005

23 Traglattung, 40x60mm, Dachziegel/Betondachstein KG **363**

Dachlattung aus Nadelholz, für Dachziegel- oder Betondachsteindeckung, Befestigung mit korrosionsgeschützten Schrauben bzw. Nägeln.
Sortierklasse: S10
Festigkeitsklasse DIN EN 338: C24 M
Abstand: ca. 330 mm
Sparrenabstand: ..... mm
Dachdeckung: .....
Dachfläche: eben
Dachneigung: .....°
Lattenquerschnitt: 40 x 60 mm
Untergrund: Holz

11€ 12€ **13€** 14€ 17€ [m²] ⏱ 0,08 h/m² 020.000.071

Kosten:
Stand 1. Quartal 2025
Bundesdurchschnitt

▶ min
▷ von
ø Mittel
◁ bis
◀ max

24 Traglattung, 30x50mm, Biberschwanzdeckung KG **363**

Dachlattung aus Nadelholz, für Biberschwanz-Doppeldeckung, Befestigung mit korrosionsgeschützten Schrauben bzw. Nägeln.
Sortierklasse: S10
Festigkeitsklasse DIN EN 338: C27 M
Abstand: ca. 150 mm
Sparrenabstand: ..... mm
Dachdeckung: .....
Dachfläche: eben
Dachneigung: .....°
Lattenquerschnitt: 30 x 50 mm
Untergrund: Holz

12€ 15€ **17€** 20€ 23€ [m2] ⏱ 0,10h/m2 020.000.006

25 Nagelabdichtung, Konterlattung KG **363**

Konterlattung mit zusätzlichem Nageldichtstreifen, auf Unterdeckung bzw. Unterspannung.
Lattenquerschnitt: 40 x 60 mm,
Dichtmaterial: selbstklebender, elastischer Dichtstreifen
Unterdeckung: .....

3€ 4€ **4€** 6€ 7€ [m] ⏱ 0,01h/m 020.000.053

26 Kantholz, Nadelholz S10TS, scharfkantig KG **361**

Kantholz aus Bauschnittholz.
Holzart: Kiefer,
Festigkeitsklasse: C24
Holzgüte: S10
Oberfläche: scharfkantig, allseitig gehobelt
Querschnitt (B x H): 60 x 120 mm
Einzellänge: bis 8,0 m, gem. Holzliste des AG
Chem. Holzschutz: ohne
Gebrauchsklasse: .....
Einbau: sichtbar
Einbauort: Carport

11€ 14€ **17€** 18€ 23€ [m] ⏱ 0,10h/m 020.000.073

27 Dachschalung, Nadelholz, Rauspund 24mm KG **363**

Dachschalung als Rauspund, Unterlage für Deckung, mechanisch befestigt mit korrosionsgeschützten Schrauben bzw. Nägeln.
Holzart: Nadelholz, Sortierklasse: S10
Schalungsdicke: 24 mm
Brettbreite: 80-160 mm
Chem. Holzschutz: **ohne / mit**
Gebrauchsklasse: .....
Untergrund: Holz

22€ 29€ **33€** 39€ 49€ [m2] ⏱ 0,25h/m2 020.000.049

Nr.	Kurztext / Langtext						Kostengruppe
▶	▷	ø netto €	◁	◀	[Einheit]	Ausf.-Dauer	Positionsnummer

Kosten:
Stand 1.Quartal 2025
Bundesdurchschnitt

▶ min
▷ von
ø Mittel
◁ bis
◀ max

28 Dachschalung, Nadelholz, Rauspund 28mm — KG **363**

Dachschalung als Rauspund, Unterlage für Deckung, mechanisch befestigt mit korrosionsgeschützten Schrauben bzw. Nägeln.
Holzart: Nadelholz, Sortierklasse: S10
Schalungsdicke: 28 mm
Brettbreite: 80-160 mm
Chem. Holzschutz: **ohne / mit**
Gebrauchsklasse: .....
Untergrund: Holz

22€ | 30€ | **34€** | 36€ | 41€ | [m²] | ⏱ 0,27 h/m² | 020.000.038

29 Dachschalung, Holzspanplatte P5, bis 25mm — KG **363**

Dachschalung als Unterlage für Deckung, aus kunstharzgebundenen Holzspanplatten, mechanisch befestigt.
Einsatzbereich: tragend, Feuchtbereich
Plattentyp: P5
Plattendicke: 25 mm
Kante: .....
Untergrund: Holz

25€ | 30€ | **32€** | 36€ | 42€ | [m²] | ⏱ 0,20 h/m² | 020.000.063

30 Dachschalung, Holzspanplatte P7, bis 25mm — KG **363**

Dachschalung als Unterlage für Deckung, aus kunstharzgebundenen Holzspanplatten, mechanisch befestigt.
Einsatzbereich: tragend, Feuchtbereich
Plattentyp: P7
Plattendicke: 25 mm
Kante: .....
Untergrund: Holz

26€ | 32€ | **33€** | 39€ | 49€ | [m²] | ⏱ 0,20 h/m² | 020.001.104

31 Traufbohle, Nadelholz, bis 60/240mm — KG **363**

Traufbohle, trapezförmig, auf Holzkonstruktion, einschl. Höhenausgleich bis 30 mm, Befestigung mit korrosionsgeschützten Nägeln.
Holzart: Nadelholz
Abmessung: Höhe 20-60 mm, Breite 160-240 mm
Oberfläche: .....
Chem. Holzschutz: .....
Gebrauchsklasse: .....
Sortierklasse: .....
Einbau: **sichtbar / unsichtbar**

10€ | 13€ | **14€** | 16€ | 21€ | [m] | ⏱ 0,10 h/m | 020.000.035

32 Trauf-/Ortgangschalung, N+F, bis 28mm, gehobelt — KG **363**

Dachschalung an Traufe, Nadelholz, gespundet, sichtbar bleibend, mit chem. Holzschutz, Vergütung nach gesonderter Position.
Schalungsdicke: 24 mm
Oberfläche: einseitig gehobelt
Gebrauchsklasse: 2
Untergrund: Holz

31€ | 39€ | **43€** | 49€ | 59€ | [m²] | ⏱ 0,30 h/m² | 020.000.051

33 Ortgangbrett, Windbrett, bis 28 mm, gehobelt KG **363**

Ortgangbrett aus Nadelholz, Unterseite mit schrägem Anschnitt als Tropfkante.
Holzart: Kiefer
Sortierklasse: S10
Güteklasse: 1
Brettdicke: 28 mm
Breite: ca. 120 mm
Oberfläche: parallel besäumt, gehobelt
Chem. Holzschutz: ohne
Gebrauchsklasse: .....
Untergrund: Holz

▶	▷	ø	◁	◀	Einheit	Ausf.-Dauer	Positionsnummer
17€	28€	**32€**	35€	43€	[m]	⏱ 0,20h/m	020.000.008

34 Insektenschutzgitter, Traufe KG **363**

Insektenschutz an Zuluftöffnung der Traufe.
Breite: ca. 150 mm
Material: Metall, ...

▶	▷	ø	◁	◀	Einheit	Ausf.-Dauer	Positionsnummer
6€	10€	**11€**	14€	23€	[m]	⏱ 0,05h/m	020.000.009

35 Zahnleiste, Nadelholz, gehobelt KG **363**

Zahnleiste aus Nadelholz, am Ortgang passgenau zur Dachdeckung, Unterseite mit schrägem Anschnitt als Tropfkante, Oberseite profiliert.
Holzart: Fichte
Sortierklasse: S10
Güteklasse: 1
Dicke: 30 mm
Breite: 120 mm
Oberfläche: parallel besäumt, gehobelt
Chem. Holzschutz: ohne
Gebrauchsklasse: .....
Dachdeckung: .....
Deckweite: .....

▶	▷	ø	◁	◀	Einheit	Ausf.-Dauer	Positionsnummer
24€	42€	**53€**	57€	72€	[m]	⏱ 0,30h/m	020.000.010

36 Dachdeckung, Hohlfalzziegel KG **363**

Dachdeckung mit Hohlfalzziegeln, auf vorhandene Lattung.
Falzziegel-Form: .....
Oberfläche: .....
Farbton: naturfarben, rot
Verlegung: .....
Dachneigung: über 40 bis 45°
Dachform: .....
Frostwiderstand: B
Hagelwiderstand: Klasse .....

▶	▷	ø	◁	◀	Einheit	Ausf.-Dauer	Positionsnummer
34€	41€	**45€**	47€	51€	[m²]	⏱ 0,30h/m²	020.001.108

Nr.	Kurztext / Langtext						Kostengruppe
►	▷	**ø netto €**	◁	◄	[Einheit]	Ausf.-Dauer	Positionsnummer

37 Dachdeckung, Doppelmuldenfalzziegel KG **363**

Dachdeckung mit Doppelmuldenfalzziegeln, auf vorhandene Lattung.
Falzziegel-Form: Standardformat, <=10 St/m²
Oberfläche: .....
Farbton: naturfarben, rot
Verlegung: .....
Dachneigung: über 40 bis 45°
Dachform: .....
Frostwiderstand: B
Hagelwiderstand: Klasse .....

38€ | 43€ | **45€** | 48€ | 55€ | [m²] | ⏱ 0,30h/m² | 020.001.109

Kosten:
Stand 1.Quartal 2025
Bundesdurchschnitt

38 Dachdeckung, Flachdachziegel KG **363**

Dachdeckung mit Flachdachziegeln, auf vorhandene Lattung.
Form: Standardformat, **kleiner / gleich** 10 St/m²
Oberfläche: .....
Farbton: naturfarben, rot
Verlegung: .....
Dachneigung: über 40 bis 45°
Dachform: .....
Frostwiderstand: B
Hagelwiderstand: Klasse .....

31€ | 38€ | **41€** | 45€ | 54€ | [m²] | ⏱ 0,30h/m² | 020.001.110

39 Dachdeckung, Glattziegel KG **363**

Dachdeckung mit Glattziegeln, auf vorhandene Lattung.
Form: Standardformat, **kleiner / gleich** 10 St/m²
Oberfläche: .....
Farbton: naturfarben, rot
Verlegung: .....
Dachneigung: über 40 bis 45°
Dachform: .....
Frostwiderstand: B
Hagelwiderstand: Klasse .....

32€ | 39€ | **41€** | 43€ | 51€ | [m²] | ⏱ 0,30h/m² | 020.001.111

► min
▷ von
ø Mittel
◁ bis
◄ max

Nr.	Kurztext / Langtext						Kostengruppe
►	▷	ø netto €	◁	◄	[Einheit]	Ausf.-Dauer	Positionsnummer

40 Dachdeckung, Biberschwanzziegel KG **363**

Dachdeckung mit Biberschwanzziegeln, auf vorhandene Lattung.
Deckungsart: Doppeldeckung
Form: gerader Schnitt
Format: 180 x 380 mm
Oberfläche: .....
Farbton: naturfarben, rot
Verlegung: .....
Dachneigung: über 40 bis 45°
Dachform: .....
Frostwiderstand: B
Hagelwiderstand: Klasse .....

47€	56€	**61€**	65€	74€	[m²]	⏱ 0,35h/m²	020.001.112

41 Dachdeckung, Betondachsteine KG **363**

Dachdeckung mit Betondachsteinen, auf vorhandene Lattung.
Dachstein-Form: mit symmetrischen Mittelwulst
Format: 330 x 400 mm, ... St/m²
Oberfläche: matt
Farbe: rot
Vorderkante: regelmäßig
Profilhöhe: .....
Verlegung: .....
Dachneigung: über 35 bis 40°
Dachform: .....
Hagelwiderstand: Klasse .....

26€	33€	**35€**	39€	48€	[m²]	⏱ 0,25h/m²	020.000.013

42 Dachdeckung, Dachsteine, eben KG **363**

Dachdeckung mit Betondachsteinen, auf vorhandene Lattung.
Dachstein-Form: eben
Format: 330 x 420 mm, ... St/m²
Oberfläche: matt
Farbe: .....
Vorderkante: abgerundete Schnittkante
Profilhöhe: .....
Verlegung: .....
Dachneigung: über 35 bis 40°
Dachform: .....
Hagelwiderstand: Klasse .....

31€	36€	**38€**	40€	44€	[m²]	⏱ 0,30h/m²	020.001.124

Nr.	Kurztext / Langtext						Kostengruppe
▶	▷	**ø netto €**	◁	◀	[Einheit]	Ausf.-Dauer	Positionsnummer

Kosten:
Stand 1. Quartal 2025
Bundesdurchschnitt

43 Dachdeckung, Faserzement, Wellplatte — KG **363**

Dachdeckung mit Faserzement-Wellplatten, auf vorhandene Pfetten, Stöße mit Dichtband hinterlegt , dauerplastischem Kitt in der Höhenüberdeckung, mechanisch befestigt mit verzinkten Schrauben, mind. 50mym.
Untergrund: Holz
Pfettenabstand: .....
Profil: 177 x 51
Zahl der Wellen: Profil 5
Produkttyp: .....
Profilhöhe: 51 mm
Bruchlast/Biegemoment: .....
Brandverhalten: A1
Hagelwiderstand: Klasse .....
Farbe: .....
Dachneigung: 10 bis kleiner 15°
Sparrenlänge: 10,0 m

▶	▷	ø	◁	◀	Einheit	Ausf.-Dauer	Positionsnummer
37€	44€	**47€**	49€	55€	[m²]	⏱ 0,20 h/m²	020.000.039

44 Dachdeckung, Faserzement, Doppeldeckung — KG **363**

Dachdeckung mit Faserzement-Dachplatten, auf vorhandene Lattung, mechanisch befestigt.
Untergrund: Holz
Lattenabstand: .....
Deckungsart: Doppeldeckung
Form: vollkantig
Format: 20 x 40 cm
Oberfläche: glatt
Bruchlast/Biegemoment: .....
Brandverhalten: A1
Hagelwiderstand: Klasse .....
Farbe: anthrazit,
Dachneigung: über 30 bis 35°

▶	▷	ø	◁	◀	Einheit	Ausf.-Dauer	Positionsnummer
–	77€	**89€**	108€	–	[m²]	⏱ 0,60 h/m²	020.001.113

45 Dachdeckung, Faserzement, Deutsche Deckung — KG **363**

Dachdeckung mit Faserzement-Dachplatten, auf vorhandene Lattung, mechanisch befestigt.
Unterkonstruktion: .....
Deckungsart: Deutsche Deckung
Form: Bogenschnitt
Format: 30 x 30 cm
Oberfläche: glatt
Farbe: anthrazit
Hagelwiderstand: Klasse .....
Dachform: .....
Dachneigung: über 30 bis 35°

▶	▷	ø	◁	◀	Einheit	Ausf.-Dauer	Positionsnummer
–	94€	**108€**	132€	–	[m²]	⏱ 0,65 h/m²	020.001.114

▶ min
▷ von
ø Mittel
◁ bis
◀ max

Nr.	Kurztext / Langtext						Kostengruppe
►	▷	ø netto €	◁	◄	[Einheit]	Ausf.-Dauer	Positionsnummer

46 Dachdeckung, Holzschindeln KG **363**

Dachdeckung aus gespaltenen Holzschindeln auf Schalung, Verlegung gem. Verlegeplan, mit nichtrostenden Befestigungsmitteln.
Verband: .....
Deckung: .....
Holzart: .....
Güteklasse: 1
Spaltung: .....
Form: .....
Schindellänge/Reihenabstand: ..... / ..... mm
Mindestdicke: ..... mm
Breite: ..... mm
Oberfläche: spaltrau
Unterseite: **gefast / rechtwinklig**
Dachneigung: .....°
Höhe: über Gelände bis ..... m

93€	123€	**134€**	143€	176€	[m2]	⏱ 0,85 h/m2	020.001.116

47 Dachdeckung, Schiefer KG **363**

Dachdeckung mit Schiefer, auf vorhandene Schalung mit Vordeckung, mit korrosionsgeschützten Befestigungsmitteln.
Deckung: Rechteck-Doppeldeckung
Format/Hieb: 40 x 40 cm
Ursprung Schiefer: .....
Karbonatgehalt: >5% Masseanteil
Frost-Tau-Wechsel-Beständigkeit: W1
Temperatur-Wechsel-Beständigkeit: T1
Säurebeständigkeit: S2
Verlegung: geschraubt
Dachneigung: >50-55°
Dachform: .....

103€	114€	**115€**	117€	131€	[m2]	⏱ 0,80 h/m2	020.000.040

48 Dachdeckung, Bitumenschindeln KG **363**

Dachdeckung mit Bitumenschindeln, mechanisch befestigt mit korrosionsbeständigen Breitkopfstiften. Anschlüsse, Abschlüsse und Anarbeiten an Dachdurchdringungen in gesonderten Positionen.
Unterlage: Holzschalung und Vordeckung
Schindelform: rechteckig
Dicke: über 3 mm
Einlage: Glasvlies
Material: Bitumen
Format: 1.000 x 330 mm
Farbe: blauschwarz
Oberfläche: mineralisches Granulat
Dachneigung: >15-20°
Länge: bis 10,0 m

32€	39€	**44€**	51€	69€	[m2]	⏱ 0,30 h/m2	020.000.044

Kosten:
Stand 1. Quartal 2025
Bundesdurchschnitt

Nr.	Kurztext / Langtext						Kostengruppe
►	▷	ø netto €	◁	◄	[Einheit]	Ausf.-Dauer	Positionsnummer

49 Ortgang, Ziegeldeckung, Formziegel KG **363**

Ortgang der Dachfläche mit Form-Ziegel, passend zur vorhandener Dachdeckung.
Dachdeckung: .....
Deckung der Ortgangkanten: Doppelwulstziegel
Oberfläche: .....
Farbe: .....
Verlegung: .....
Dachneigung: .....°

37€ | 52€ | **58€** | 66€ | 85€ | [m] | ⏱ 0,10h/m | 020.000.014

50 Ortgang, Biberschwanzdeckung, Formziegel KG **363**

Ortgang der Dachfläche mit Formsteinen, passend zur vorhandenen Betonstein-Dachdeckung.
Deckung der Ortgangkanten: mit Schlusssteinen
Oberfläche/Form: .....
Verlegung: trocken verlegt
Dachneigung: .....°

41€ | 56€ | **61€** | 74€ | 96€ | [m] | ⏱ 0,16h/m | 020.000.015

51 Kehle eingebunden, Biberschwanz KG **363**

Kehlausbildung für vor beschriebenes Biberschwanzdach, gem. Fachregeln eindecken, mit allen Nebenarbeiten. Kehlbleche werden in gesonderter Position vergütet.
Deckungsart: .....
Ausführung: eingebundene Kehlen, gleichhüftig
Breite Kehle: 3 Ziegel breit
Befestigung: Schraubstifte und Draht
Neigung: .....°

69€ | 82€ | **94€** | 104€ | 119€ | [m] | ⏱ 0,35h/m | 020.001.099

52 Ortgang, Dachsteindeckung, Formziegel KG **363**

Ortgang der Dachfläche mit Formsteinen, passend zur vorhandener Betonstein-Dachdeckung.
Deckung der Ortgangkanten: mit Schlusssteinen
Oberfläche/Form: .....
Verlegung: trocken verlegt
Dachneigung: .....°

34€ | 48€ | **51€** | 57€ | 80€ | [m] | ⏱ 0,18h/m | 020.000.016

53 Ortgang, Schiefer KG **363**

Ortgangdeckung mt Überstand für vor beschriebenes Schieferdach mit Anfangort und Endort als Doppelort gedeckt, entsprechend aktuell gültiger Fachregeln.
Dachdeckung: Altdeutsche Deckung, normaler Hieb
Ortausbildung: eingebunden
Anfangort: Anfangortstichstein, Anfangortstein, ggfs. Anfangortzwischenstein
Doppelort: kleiner und großer Endortstein
Gratneigung: .....°

38€ | 44€ | **45€** | 49€ | 58€ | [m] | ⏱ 0,40h/m | 020.001.098

► min
▷ von
ø Mittel
◁ bis
◄ max

Nr.	Kurztext / Langtext						Kostengruppe
►	▷	ø netto €	◁	◄	[Einheit]	Ausf.-Dauer	Positionsnummer

54 Firstanschluss, Ziegeldeckung, Formziegel KG **363**

First-Anschluss der Dachdeckung, mit Anschluss-Formziegeln, passend zur Deckung.
Dachdeckung: .....
Dachneigung: .....°

22€ | 42€ | **42€** | 53€ | 71€ | [m] | ⏱ 0,10h/m | 020.000.017

55 First, Firstziegel, mörtellos, inkl. Lüfter KG **363**

Firstdeckung mit konischen Formziegeln, passend zur Deckung, einschl. Anfängerziegel, Lüfterelement, Firstlatte und Lattenhalter.
Dachdeckung: .....
Dachneigung: .....°
Befestigung: .....

46€ | 67€ | **77€** | 82€ | 94€ | [m] | ⏱ 0,35h/m | 020.000.018

56 First, Firstziegel, vermörtelt KG **363**

Firstdeckung mit konischen Formziegeln, passend zur Deckung. Ziegel vermörtelt und zusätzlich gesichert, einschl. Anfängerziegel, Latte, Lattenhalter. Mörtel der Ziegelfarbe angepasst.
Dachneigung: .....°
Befestigung: .....

46€ | 62€ | **77€** | 83€ | 93€ | [m] | ⏱ 0,32h/m | 020.000.019

57 First, Firststein, geklammert, Dachstein KG **363**

Firstdeckung mit konischen Formsteinen, passend zur Deckung, einschl. Anfängerstein, Lüfterelement, Firstlatte und Lattenhalter.
Dachdeckung: .....
Dachneigung: .....°

39€ | 63€ | **71€** | 81€ | 100€ | [m] | ⏱ 0,36h/m | 020.000.020

58 Pultdachabschluss, Abschlussziegel KG **363**

Pultfirstdeckung mit Pultfirstziegeln, bei oberen Abschlüssen von Pultdächern, ohne Verblechung, passend zur Deckung, einschl. Pult-Ortgangziegel, Lüfterelement, Firstlatte und Lattenhalter.
Dachdeckung: .....
Dachneigung: .....°

56€ | 84€ | **95€** | 105€ | 143€ | [m] | ⏱ 0,15h/m | 020.000.021

59 Pultdachanschluss, Metallblech Z333 KG **363**

Firstdeckung mit Abdeckblech, passend zur Dachdeckung, mechanisch befestigt, einschl. Holzleiste S10, 60x60mm.
Metallblech: Titanzink
Blechdicke: 0,7 mm
Zuschnitt: ca. 333 mm
Kantungen: vierfach
Oberfläche: vorbewittert

25€ | 44€ | **59€** | 62€ | 70€ | [m] | ⏱ 0,25h/m | 020.000.022

Nr.	Kurztext / Langtext						Kostengruppe
▶	▷	ø netto €	◁	◀	[Einheit]	Ausf.-Dauer	Positionsnummer

60 Grateindeckung, Ziegel, mörtellos KG **363**

Gratdeckung mit konischen Formziegeln, passend zur Dachdeckung, mörtellos, Gratlatte und Gratlattenhalter, einschl. Anfängerziegel und Lüfterelementen.
Gratneigung: .....°
Befestigung: .....

▶	▷	ø	◁	◀	Einheit	Ausf.-Dauer	Positionsnummer
63€	81€	**85€**	91€	113€	[m]	⏱ 0,35h/m	020.000.023

61 Grateindeckung, Ziegel, vermörtelt KG **363**

Gratdeckung mit Formziegeln, passend zur Dachdeckung, vermörteln, einschl. Anfängerziegel und Mörtel in Ziegelfarbe.
Gratneigung: .....°
Befestigung: .....

▶	▷	ø	◁	◀	Einheit	Ausf.-Dauer	Positionsnummer
69€	86€	**94€**	97€	116€	[m]	⏱ 0,32h/m	020.000.024

Kosten:
Stand 1.Quartal 2025
Bundesdurchschnitt

62 Gratdeckung, Schiefer KG **363**

Gratdeckung mit Überstand, passend zur Schieferdeckung, beidseitig mit Anfangort und Endort als Doppelort gedeckt.
Dachdeckung: Altdeutsche Deckung, normaler Hieb
Ortausbildung: eingebunden
Anfangort: Anfangortstichstein, Anfangortstein, ggfs. Anfangortzwischenstein
Doppelort: kleiner und großer Endortstein
Gratneigung: .....°

▶	▷	ø	◁	◀	Einheit	Ausf.-Dauer	Positionsnummer
24€	28€	**32€**	36€	61€	[m]	⏱ 0,45h/m	020.001.097

63 Durchgangsziegel, Dunstrohr, DN100 KG **363**

Dunstrohr-Formziegel, passend zur Dachdeckung, mit schlagregensicherem Dunstrohraufsatz.
Material: Ton
Dunstrohr: DN100
Farbe/Oberfläche: passend zur Dacheindeckung

▶	▷	ø	◁	◀	Einheit	Ausf.-Dauer	Positionsnummer
128€	182€	**197€**	214€	259€	[St]	⏱ 0,45h/St	020.000.025

64 Durchgangselement, Dunstrohr, Kunststoff, DN100 KG **363**

Dunstrohr-Durchgangsformstück, einstellbar auf Dachneigung, mit schlagregensicherer Abdeckhaube.
Material: Kunststoff
Dunstrohr: DN100
Farbe: passend zur Dachziegel-Deckung

▶	▷	ø	◁	◀	Einheit	Ausf.-Dauer	Positionsnummer
78€	101€	**111€**	129€	164€	[St]	⏱ 0,30h/St	020.000.026

65 Durchgangselement, Solarleitung KG **363**

Durchgangselement/Formziegel für Solarleitung
Material: passend zur Dacheindeckung
Typ: .....

▶	▷	ø	◁	◀	Einheit	Ausf.-Dauer	Positionsnummer
51€	111€	**131€**	188€	305€	[St]	⏱ 0,25h/St	020.001.119

▶ min
▷ von
ø Mittel
◁ bis
◀ max

Nr.	**Kurztext** / Langtext					Kostengruppe
►	▷	**ø netto €**	◁	◄	[Einheit]	Ausf.-Dauer	Positionsnummer

66 Lüfterelement, Dachziegel KG **363**

Lüfterziegel, passend zur Ziegel-Dachdeckung, inkl. Lüftungsprofil (Insektenschutz) aus korrosionsgeschütztem Material.
Freier Lüftungsquerschnitt: .....
Baustoff: **Keramik / Kunststoff**

21€ | 27€ | **31€** | 34€ | 40€ | [St] | ⏱ 0,01 h/St | 020.000.027

67 Durchgangselement, Antenne, Formziegel KG **363**

Formziegel (Antennenziegel) für Leitungsdurchgang, passend zur Ziegel-Dachdeckung, Einbau in Dachaufbau, Durchgang eines Antennenfußes.
Material: Ton, mit Aufsatz aus PVC

83€ | 120€ | **135€** | 150€ | 201€ | [St] | ⏱ 0,40 h/St | 020.000.028

68 Tonziegel, Reserve KG **363**

Reserveziegel, passend zur Dachdeckung, liefern und nach Vorgabe durch den Auftraggeber im Gebäude lagern.

3€ | 5€ | **6€** | 8€ | 12€ | [St] | – | 020.000.029

69 Wandanschluss Ziegel/Dachstein KG **363**

Anarbeiten der Dachdeckung an aufgehende Wand, inkl. erforderlicher Zuschneide- oder Fräsarbeiten. Anschlussbleche nach gesonderter Position.
Dachdeckung: **Ziegel / Dachstein**
Bauteilanschluss: aufgehende Wand, trocken verlegt

16€ | 27€ | **34€** | 37€ | 49€ | [m] | ⏱ 0,35 h/m | 020.001.120

70 Ziegel beidecken, Dachdeckung KG **363**

Beidecken der Ziegel-Dachdeckung.
Bauteilanschluss: .....
Deckung: .....

11€ | 18€ | **20€** | 24€ | 30€ | [m] | ⏱ 0,20 h/m | 020.000.030

71 Verklammerung, Dachdeckung KG **363**

Dachdeckung im Flächenbereich zusätzlich sturmsicher verklammern; Klammeranzahl gem. Regelwerk des Deutschen Dachdeckerhandwerks DDH.
Deckung: .....
Windzone: **1 / 2 / 3 / 4**
Gebäudehöhe: .....
Gebäudelage: .....
Verklammerung: .....
Befestigung: **korrosionsgeschützt / nichtrostend**

3€ | 6€ | **7€** | 9€ | 14€ | [m²] | ⏱ 0,06 h/m² | 020.000.031

Nr.	Kurztext / Langtext						Kostengruppe
▶	▷	**ø netto €**	◁	◀	[Einheit]	Ausf.-Dauer	Positionsnummer

Kosten:
Stand 1. Quartal 2025
Bundesdurchschnitt

72 Wandbekleidung Holzschindel — KG 335

Fassadenbekleidung als vorgehängte, hinterlüftete Fassade aus gespaltenen Holzschindeln nach DIN 18516-1 auf vorhanden Holzschalung, mit nichtrostenden Befestigungsmitteln.
Holzart: Rotzeder
Güteklasse: 1
Spaltung: mit Hand
Form: Keilförmig
Reihenabstand: ..... mm
Abmessung: ..... x ..... mm
Mindestdicke am Fuß: 8 mm
Oberfläche: spaltrau
Unterseite: gefast
Verlegung gem. Verlegeplan: im .....-Verband als Dreifachdeckung
Wandhöhe: über Gelände bis ..... m
Für die Ausführung werden vom AG folgende Unterlagen zur Verfügung gestellt:

- Entwurfszeichnungen, Plannr.: .....
- Übersichtszeichnungen, Plannr.: .....

▶	▷	ø	◁	◀	Einheit	Ausf.-Dauer	Positionsnummer
119€	168€	**192€**	238€	323€	[m²]	⏱ 1,50 h/m²	020.001.100

73 Eckausbildung Holzschindelbekleidung — KG 335

Außenecke, passend zur Bekleidung aus Holzschindeln, mit profiliertem Holz-Eckprofil, Profil gem. anliegender Skizze.
Abmessung: ..... x ..... mm
Oberfläche: allseitig gehobelt
Befestigung: korrosionsbeständige Schrauben

▶	▷	ø	◁	◀	Einheit	Ausf.-Dauer	Positionsnummer
14€	31€	**32€**	37€	55€	[m]	⏱ 0,30 h/m	020.001.101

74 Randanschluss Holzschindelbekleidung — KG 335

Seitlicher Abschluss, passend zur Bekleidung aus Holzschindeln, gem. anliegender Skizze.
Abmessung: ..... x ..... mm

▶	▷	ø	◁	◀	Einheit	Ausf.-Dauer	Positionsnummer
14€	27€	**39€**	41€	55€	[m]	⏱ 0,27 h/m	020.001.102

▶ min
▷ von
ø Mittel
◁ bis
◀ max

75 Dachfenster/Dachausstieg KG **362**

Dachausstiegs-Fenster aus Kunststoff, inkl. Eindeckrahmen, bestehend aus:

- Fenster mit stufenlosem 180°-Öffnungswinkel und Schwingfunktion
- Anschlag oben, Öffnungsgriff unten
- mit Sicherheitsöffnung und Teleskop-Montageschienen
- profilierte rutschsichere Trittfläche
- Blend- und Eindeckrahmen aus Polyurethan, wärmegedämmt
- inkl. dichtem Anschluss an Fensterrahmen und innenseitiger Luft-/Dampfsperre

Einbauort: Dachfläche, Neigung .....°
Dachdeckung mit: Falzziegel
Bauphysik Fenster:
Wärmeschutz: Uw .....
Schalldämmung: Rw,R ......
Nennmaß (L x B): ..... x ..... mm
Verglasung: .....
Hagelwiderstand: Klasse ....
Oberfläche: ......
Oberfläche Eindeckrahmen: .....

434€ | 674€ | **691€** | 842€ | 1.146€ | [St] | ⏱ 1,80h/St | 020.000.033

76 Dachflächenfenster, gedämmt, Holz, Lasur KG **362**

Dachflächenfenster aus Nadelholz, lasiert, als Klapp-Schwing-Fenster, inkl. Eindeck- und Dämmrahmen bestehend aus:

- Fenster mit stufenlosem 45°-Öffnungswinkel und stufenloser Schwingfunktion, Öffnungsgriff unten, mit Lüftungsklappe und Luftfilter, und manuelle Öffnung
- Außenabdeckung aus Aluminium, einbrennlackiert
- Eindecken mit Nocken
- Verglasung bestehend aus Mehrscheiben-Isolierverglasung mit Hagel- und Sonnenschutzfunktion
- Dämmrahmen aus ..... mit Anschlussausbildung zur Dachdämmung
- Anschlussschürze aus diffusionsoffenem Material mit Wasserableitrinne

Einbauort: Dachfläche, Neigung .....°
Deckung mit: gefälzte Betondachsteine
Bauphysik Fenster
Wärmeschutz: Uw .....
Schalldämmung: SSK 1 (RW 25 - 29 dB)
Einbruchhemmung: RC 2
Blendrahmen-Außenmaß: 1.340 x 1.400 mm
Oberfläche: 2-K-PU-Beschichtung
Farbe: .....
Oberfläche Eindeckrahmen: .....

757€ | 1.180€ | **1.348€** | 1.570€ | 2.131€ | [St] | ⏱ 6,25h/St | 020.000.034

Nr.	Kurztext / Langtext						Kostengruppe
▶	▷	ø netto €	◁	◀	[Einheit]	Ausf.-Dauer	Positionsnummer

77 Stundensatz, Facharbeiter/-in

Stundenlohnarbeiten für Vorarbeiter/-in, Facharbeiter/-in und Gleichgestellte. Leistung nach besonderer Anordnung der Bauüberwachung. Anmeldung und Nachweis gem. VOB/B.

▶	▷	ø netto €	◁	◀	[Einheit]	Ausf.-Dauer	Positionsnummer
68€	76€	**80€**	83€	89€	[h]	⏱ 1,00h/h	020.001.095

78 Stundensatz, Helfer/-in

Stundenlohnarbeiten für Werker/-in, Helfer/-in und Gleichgestellte. Leistung nach besonderer Anordnung der Bauüberwachung. Anmeldung und Nachweis gem. VOB/B.

▶	▷	ø netto €	◁	◀	[Einheit]	Ausf.-Dauer	Positionsnummer
44€	56€	**64€**	67€	74€	[h]	⏱ 1,00h/h	020.001.096

Kosten:
Stand 1. Quartal 2025
Bundesdurchschnitt

▶ min
▷ von
ø Mittel
◁ bis
◀ max

021

Kosten:
Stand 1. Quartal 2025
Bundesdurchschnitt

► min
▷ von
ø Mittel
◁ bis
◄ max

Nr.	Positionen	Einheit	►	▷	ø brutto € / ø netto €	◁	◄
1	Voranstrich, Dampfsperre	m²	1,0	2,8	**3,4**	4,7	8,0
			0,8	2,3	**2,9**	3,9	6,7
2	Trennlage/untere Lage, V13, auf Holz	m²	3	6	**7**	8	11
			2	5	**6**	7	9
3	Trennlage/untere Lage, G200 DD, auf Holz	m²	14	14	**16**	18	20
			11	12	**13**	15	17
4	Dampfsperre hochführen, aufgehende Bauteile	m	5	8	**9**	12	17
			4	7	**8**	10	14
5	Trennlage/Ausgleichsschicht, PE-Folie	m²	1	5	**6**	7	11
			0,9	3,8	**4,9**	6,2	8,9
6	Dampfsperre, V60S4 Al01, auf Beton	m²	11	16	**18**	20	29
			10	13	**15**	17	25
7	Dampfsperre, Alu-Verbundfolie, mind. 1.500m	m²	3	8	**9**	13	20
			2	6	**8**	11	17
8	Wärmedämmung DAA, EPS 035, bis 80mm	m²	22	26	**28**	31	39
			18	22	**24**	26	32
9	Wärmedämmung DAA, EPS 035, bis 140mm	m²	29	38	**41**	47	59
			24	32	**34**	39	50
10	Wärmedämmung DAA, EPS 035, bis 240mm	m²	37	50	**59**	64	79
			31	42	**50**	54	66
11	Wärmedämmung DAA, PUR 024 bis 120mm, kaschiert	m²	32	41	**43**	48	57
			27	34	**36**	40	48
12	Wärmedämmung DAA, PUR 024, 180mm, kaschiert	m²	56	71	**79**	91	127
			47	59	**67**	77	107
13	Wärmedämmung DAA, CG 045, 140mm	m²	109	135	**144**	166	203
			92	114	**121**	139	170
14	Wärmedämmung DUK, XPS 040, 140 mm	m²	38	55	**58**	69	89
			32	46	**48**	58	75
15	Wärmedämmung DAA, MW 038, 160mm	m²	–	42	**47**	57	–
			–	35	**40**	48	–
16	Übergang, Dämmkeil, EPS-Hartschaum, 60x60mm	m	2	5	**6**	9	15
			2	4	**5**	7	13
17	Unterkonstruktion, Kantholz, bis 100x60mm	m	10	14	**17**	18	22
			9	12	**14**	15	19
18	Unterkonstruktion, Holzbohlen, 40x120mm	m	23	28	**30**	33	40
			19	23	**25**	28	34
19	Fugenabdichtung, Silikon	m	3	6	**7**	9	12
			2	5	**6**	8	10
20	Bewegungsfuge, Typ I, Schleppstreifen, Bitumenbahn	m	36	46	**50**	58	76
			31	39	**42**	49	64
21	Dachabdichtung PYE G200, S4/S5, untere Lage	m²	15	19	**21**	22	27
			12	16	**17**	19	23
22	Dachabdichtung PYE PV200 S5, obere Lage	m²	18	25	**28**	39	61
			15	21	**24**	33	51
23	Dachabdichtung PYE PV 200 S5 Cu01, Wurzelschutz, obere Lage	m²	33	43	**44**	46	55
			28	36	**37**	38	46

Nr.	Positionen	Einheit	▶	▷	ø brutto € ø netto €	◁	◀
24	Dachabdichtung PYE PV 200 S5, Wurzelschutz, obere Lage	m²	21	29	**33**	38	57
			18	25	**28**	32	48
25	Dachabdichtung zweilagig, Polymerbitumen-Schweißbahnen	m²	34	43	**46**	50	57
			28	36	**38**	42	48
26	Wandanschluss, gedämmt EPS 035, zweilagige Abdichtung	m	36	49	**55**	69	94
			30	41	**47**	58	79
27	Attikaabschluss, gedämmt, zweilagige Abdichtung	m	37	61	**75**	86	104
			31	52	**63**	72	88
28	Dachabdichtung, Kunststoffbahn, PVC 1,5mm, einlagig	m²	–	38	**43**	52	–
			–	32	**36**	44	–
29	Dachabdichtung, Kunststoffbahn, FPO, einlagig	m²	36	42	**47**	54	61
			30	35	**40**	45	51
30	Dachabdichtung, Kunststoffbahn, PIB, einlagig	m²	49	55	**59**	63	70
			41	47	**50**	53	59
31	Dachabdichtung, Kunststoffbahn, EVA, einlagig, 1,5mm	m²	28	38	**42**	47	58
			24	32	**36**	40	49
32	Dachabdichtung, Kunststoffbahn, EVA, einlagig, 2,0mm	m²	33	43	**47**	52	63
			28	36	**40**	44	53
33	Dachabdichtung, Kunststoffbahn, EPDM, einlagig, 2,5mm	m²	44	54	**56**	61	69
			37	45	**47**	52	58
34	Wandabschluss, Dachdichtung, EPDM	m	43	54	**54**	55	63
			36	45	**46**	46	53
35	Dachabdichtung, Befestigung, Schienen	m²	8	14	**15**	18	24
			7	12	**13**	15	20
36	Wandanschluss, gedämmt, Kunststoffbahn, einlagig	m	31	53	**60**	76	113
			26	44	**51**	64	95
37	Attikaanschluss, Kunststoffbahn, einlagig	m	25	45	**56**	63	76
			21	38	**47**	53	63
38	Balkonabdichtung, zweilagig, PYE PV 200 S5 und PYE G200 S5	m²	45	53	**56**	65	78
			38	44	**47**	55	65
39	Wandanschluss, Abdichtung, Balkon, zweilagig	m	30	53	**66**	83	110
			25	45	**56**	69	93
40	Flüssigabdichtung, PMMA, 2,1mm	m²	–	77	**88**	108	–
			–	64	**74**	90	–
41	Flüssigabdichtung, PU-Harz/Vlies, 2,1mm	m²	–	129	**148**	180	–
			–	108	**124**	152	–
42	Abdichtungsanschluss, Fenstertür, Abdeckblech	m	51	76	**82**	102	132
			43	64	**69**	86	111
43	Wandanschluss, Dachabdichtung, Aluminiumprofil	m	15	23	**27**	31	39
			13	19	**22**	26	33
44	Notüberlauf, Attika, DN100, Freispiegel	St	146	301	**357**	591	964
			123	253	**300**	496	810
45	Flachdachablauf, mit Kiesfang, UP-GF, DN70, Freispiegel	St	135	184	**212**	258	326
			113	154	**178**	217	274
46	Flachdachablauf, mit Kiesfang, PUR, DN100, Druckstrom	St	157	273	**316**	412	629
			132	229	**265**	346	528

Kosten:
Stand 1.Quartal 2025
Bundesdurchschnitt

Nr.	Positionen	Einheit	►	▷	ø brutto € / ø netto €	◁	◄
47	Aufstockelement, bauseitigen Dachablauf	St	85	108	**127**	147	202
			72	91	**106**	124	170
48	FD-Dunstrohreinfassung, bis 150mm	St	79	139	**160**	179	225
			66	117	**134**	151	189
49	Durchführung andichten, Anschweißflansch	St	35	59	**75**	88	109
			29	50	**63**	74	91
50	Blitzschutzdurchführung, Formteil, D=100	St	41	58	**66**	89	128
			34	49	**55**	75	107
51	Leitungseinfassung, Flachdach, Klemmanschluss	St	49	111	**126**	200	360
			41	94	**106**	168	303
52	Lichtkuppel, zweischalig, rund, Aufsetzkranz, 800mm	St	920	1.831	**2.251**	2.585	3.218
			774	1.539	**1.892**	2.172	2.704
53	Lichtkuppel, zweischalig, rechteckig, Aufsetzkranz, 1.200x1.200, RWA	St	1.315	2.088	**2.313**	3.011	4.179
			1.105	1.754	**1.943**	2.530	3.512
54	Anschluss Flachdachdichtung an Lichtkuppel	St	168	236	**273**	353	505
			141	198	**230**	297	424
55	Schutzmatte, Gummigranulat, Dachdichtung	m²	12	18	**21**	27	44
			10	15	**18**	23	37
56	Kiesschüttung, 16/32, Dach	m²	9	18	**20**	31	61
			7	15	**17**	26	51
57	Trennlage, PE-Folie, Dach	m²	3	5	**6**	8	11
			2	4	**5**	7	10
58	Stundensatz, Facharbeiter/-in	h	67	86	**92**	97	108
			57	72	**77**	82	90
59	Stundensatz, Helfer/-in	h	52	70	**78**	85	94
			44	59	**66**	71	79

Nr. **Kurztext** / Langtext — Kostengruppe
► ▷ **ø netto €** ◁ ◄ [Einheit] Ausf.-Dauer Positionsnummer

1 Voranstrich, Dampfsperre KG **363**

Voranstrich bzw. Haftgrund für Dampfsperre aus Bitumenbahnen, vollflächig, auf oberflächentrockene Fläche.
Ausführung: Bitumenemulsion
Untergrund: Beton
Neigung: .....

0,8€ 2,3€ **2,9€** 3,9€ 6,7€ [m²] ⏱ 0,04h/m² 021.000.003

► min
▷ von
ø Mittel
◁ bis
◄ max

Nr.	Kurztext / Langtext						Kostengruppe
▶	▷	**ø netto €**	◁	◀	[Einheit]	Ausf.-Dauer	Positionsnummer

2 Trennlage/untere Lage, V13, auf Holz — KG **363**

Trennlage oder Vordeckung, aus Bitumenbahn mit Glasvlieseinlage, Nähte überlappend, im Nahtbereich mechanisch befestigt.
Funktion: .....
Untergrund: Holzwerkstoff aus .....
Ausführung Bahn: V13
Einbauort: Dach
Neigung: .....

2€	5€	**6€**	7€	9€	[m²]	⏱ 0,10h/m²	021.000.004

3 Trennlage/untere Lage, G200 DD, auf Holz — KG **363**

Trennlage oder Vordeckung, Bitumenbahn mit Glasvlieseinlage, Nähte überlappend, im Nahtbereich mechanisch befestigt.
Funktion: .....
Untergrund: Holz oder Holzwerkstoff aus .....
Ausführung Bahn: Bitumen-Dachdichtungsbahn - G 200 DD mit Glasgewebeeinlage 200 g/m²
Einbauort: Dach
Neigung: .....

11€	12€	**13€**	15€	17€	[m²]	⏱ 0,10h/m²	021.000.054

4 Dampfsperre hochführen, aufgehende Bauteile — KG **363**

Hochführen der Dampfsperre aus Bitumenbahn an aufgehenden Bauteilen, bis **OK Wärmedämmung / Dämmkeil,** starr anschließen.
Bauteil: Außenwand, Attika
Untergrund: Beton
Dampfsperre: Bitumenbahn V60S4

4€	7€	**8€**	10€	14€	[m]	⏱ 0,10h/m	021.000.055

5 Trennlage/Ausgleichsschicht, PE-Folie — KG **363**

Trennlage / Ausgleichsschicht, lose verlegt unter der lose verlegten Kunststoff-Dampfsperre.
Bahnentyp: PE-Folie, 0,2 mm
Untergrund: Betondecke

0,9€	3,8€	**4,9€**	6,2€	8,9€	[m²]	⏱ 0,02h/m²	021.000.146

6 Dampfsperre, V60S4 Al01, auf Beton — KG **363**

Dampfsperre aus Bitumen-Schweißbahn mit Metalleinlage, Stöße und Nähte verschweißt.
Untergrund: Betondecke mit Bitumenvoranstrich
Einbauort: Flachdach, nicht belüftet
Bahnentyp: V60S4+Al01
Verklebung: punkt- oder streifenweise
sd-Wert: mind. 1.500 m

10€	13€	**15€**	17€	25€	[m²]	⏱ 0,10h/m²	021.000.005

Nr.	Kurztext / Langtext						Kostengruppe
▶	▷	ø netto €	◁	◀	[Einheit]	Ausf.-Dauer	Positionsnummer

7 Dampfsperre, Alu-Verbundfolie, mind. 1.500m KG **363**

Dampfsperre aus Aluminium-Verbundfolie, selbstklebend, Stöße überlappend.
Untergrund: Betondecke
Einbauort: Flachdach, nicht belüftet
Bahnentyp: Alu-Verbundfolie
Verklebung: selbstklebend
sd-Wert: mind. 1.500 m
Einbauort: .....

▶	▷	ø	◁	◀	Einheit	Ausf.-Dauer	Positionsnummer
2€	6€	**8€**	11€	17€	[m²]	⏱ 0,04h/m²	021.000.007

A 1 Wärmedämmung DAA, EPS 035 Beschreibung für Pos. **8-10**

Wärmedämmung aus Polystyrol-Hartschaumplatten, für nichtbelüftetes Flachdach, einlagig und dicht gestoßen verlegen, streifenweise geklebt.
Untergrund: Dampfsperre
Dämmstoff: EPS
Anwendungstyp: DAA - dm
Brandverhaltensklasse: .....

Kosten:
Stand 1. Quartal 2025
Bundesdurchschnitt

8 Wärmedämmung DAA, EPS 035, bis 80mm KG **363**

Wie Ausführungsbeschreibung A 1
Plattenrand: umlaufend gefalzt
Bemessungswert der Wärmeleitfähigkeit max. 0,035 W/(mK)
Nennwert der Wärmeleitfähigkeit: 0,034 W/(mK)
Dämmstoffdicke: über 60 bis 80 mm
Angeb. Fabrikat: .....

▶	▷	ø	◁	◀	Einheit	Ausf.-Dauer	Positionsnummer
18€	22€	**24€**	26€	32€	[m²]	⏱ 0,14h/m²	021.000.008

9 Wärmedämmung DAA, EPS 035, bis 140mm KG **363**

Wie Ausführungsbeschreibung A 1
Plattenrand: umlaufend gefalzt
Bemessungswert der Wärmeleitfähigkeit max. 0,035 W/(mK)
Nennwert der Wärmeleitfähigkeit: 0,034 W/(mK)
Dämmstoffdicke: über 80 bis 140 mm

▶	▷	ø	◁	◀	Einheit	Ausf.-Dauer	Positionsnummer
24€	32€	**34€**	39€	50€	[m²]	⏱ 0,14h/m²	021.000.009

10 Wärmedämmung DAA, EPS 035, bis 240mm KG **363**

Wie Ausführungsbeschreibung A 1
Plattenrand: umlaufend gefalzt
Bemessungswert der Wärmeleitfähigkeit max. 0,035 W/(mK)
Nennwert der Wärmeleitfähigkeit: 0,034 W/(mK)
Dämmstoffdicke: 240 mm

▶	▷	ø	◁	◀	Einheit	Ausf.-Dauer	Positionsnummer
31€	42€	**50€**	54€	66€	[m²]	⏱ 0,15h/m²	021.000.096

▶ min
▷ von
ø Mittel
◁ bis
◀ max

A 2 Wärmedämmung DAA, PUR FD 024, kaschiert Beschreibung für Pos. **11-12**

Wärmedämmung aus Polyurethan-Hartschaumplatten mit beidseitiger Kaschierung aus Aluminium, für nichtbelüftetes Flachdach, einlagig und dicht gestoßen verlegen, streifenweise geklebt, Stöße der Kaschierung überlappt und verklebt.
Untergrund: Dampfsperre aus .....
Einbauort: Flachdach
Dämmstoff: PUR
Anwendungstyp: DAA - dh (Wert der Druckbelastbarkeit nach Leistungserklärung/CE-Kennzeichnung des Produkts bei einer Stauchung von 10%)
Brandverhaltensklasse: .....

11 Wärmedämmung DAA, PUR 024 bis 120mm, kaschiert KG **363**

Wie Ausführungsbeschreibung A 2
Plattenrand: umlaufend gefalzt
Bemessungswert der Wärmeleitfähigkeit max. 0,024 W/(mK)
Nennwert der Wärmeleitfähigkeit: 0,023 W/(mK)
Dämmstoffdicke: **80 / 100 / 120** mm

27€ 34€ **36€** 40€ 48€ [m2] ⏱ 0,14h/m2 021.000.010

12 Wärmedämmung DAA, PUR 024, 180mm, kaschiert KG **363**

Wie Ausführungsbeschreibung A 2
Plattenrand: umlaufend gefalzt
Bemessungswert der Wärmeleitfähigkeit max. 0,024 W/(mK)
Nennwert der Wärmeleitfähigkeit: 0,023 W/(mK)
Dämmstoffdicke: 180 mm

47€ 59€ **67€** 77€ 107€ [m2] ⏱ 0,18h/m2 021.000.097

13 Wärmedämmung DAA, CG 045, 140mm KG **363**

Wärmedämmung aus Schaumglas-Dämmplatten, hoch druckbelastbar, einlagig dicht stoßen und mit Heißbitumen vollflächig verkleben, Platten mit versetzten, pressgestoßenen und bitumengefüllten Fugen, inkl. Deckaufstrich aus Heißbitumen.
Untergrund: Rohbetondecke
Einbauort: Flachdach
Dämmstoff: CG
Anwendungstyp: DAA - ds
Bemessungswert der Wärmeleitfähigkeit max. 0,045 W/(mK)
Nennwert der Wärmeleitfähigkeit: 0,044 W/(mK)
Brandverhaltensklasse: A1, nicht brennbar
Dämmstoffdicke: 140 mm
Plattenrand: ohne Profil

92€ 114€ **121€** 139€ 170€ [m2] ⏱ 0,25h/m2 021.000.013

Nr.	Kurztext / Langtext						Kostengruppe
▶	▷	ø netto €	◁	◀	[Einheit]	Ausf.-Dauer	Positionsnummer

Kosten:
Stand 1. Quartal 2025
Bundesdurchschnitt

14 Wärmedämmung DUK, XPS 040, 140 mm — KG **363**

Wärmedämmung aus extrudierten Polystyrol-Hartschaumplatten, für Umkehrdach, oberhalb der Dachabdichtung lose verlegt, einlagig.
Untergrund: Dachabdichtung mit Trennlage
Einbauort: Flachdach, Gefälle .....°
Nutzung: .....
Dämmstoff: XPS
Anwendungstyp: DUK - ds
Bemessungswert der Wärmeleitfähigkeit max. 0,040 W/(mK)
Nennwert der Wärmeleitfähigkeit: 0,039 W/(mK)
Brandverhaltensklasse: E, normal entflammbar
Dämmstoffdicke: bis 140 mm
Plattenrand: umlaufend profiliert

▶	▷	ø	◁	◀	Einheit	Ausf.-Dauer	Positionsnummer
32€	46€	**48€**	58€	75€	[m²]	⏱ 0,20h/m²	021.000.062

15 Wärmedämmung DAA, MW 038, 160mm — KG **363**

Wärmedämmung aus Mineralwolle-Dämmplatten, für nichtbelüftetes Flachdach, dicht gestoßen und punktweise verklebt, einlagig.
Untergrund: Dampfsperre aus .....
Einbauort: Flachdach
Dämmstoff: MW
Anwendungstyp: DAA-dm
Bemessungswert der Wärmeleitfähigkeit max. 0,037 W/(mK)
Nennwert der Wärmeleitfähigkeit: 0,036 W/(mK)
Brandverhaltensklasse: A1, nicht brennbar
Dämmstoffdicke: 160 mm
Plattenrand: ohne Profil

▶	▷	ø	◁	◀	Einheit	Ausf.-Dauer	Positionsnummer
–	35€	**40€**	48€	–	[m²]	⏱ 0,22h/m²	021.000.099

16 Übergang, Dämmkeil, EPS-Hartschaum, 60x60mm — KG **363**

Dämmkeil aus Hartschaum, am Anschluss der Flachdachdämmung an aufgehenden Bauteilen, Ecken mit Gehrungsschnitt.
Dämmstoff: EPS
Zuschnittwinkel: 45°
Abmessung: 60 x 60 mm

▶	▷	ø	◁	◀	Einheit	Ausf.-Dauer	Positionsnummer
2€	4€	**5€**	7€	13€	[m]	⏱ 0,04h/m	021.000.014

17 Unterkonstruktion, Kantholz, bis 100x60mm — KG **363**

Unterkonstruktion aus Kantholz, für Flachdach, Befestigung mit korrosionsgeschützten Befestigungsmitteln. Chem. Holzschutz wird gesondert vergütet.
Einbauort: **Dachaufbau / Attika / Brüstung**
Funktion: .....
Untergrund: .....
Holzart: Nadelholz
Sortierklasse: S10 DIN 4074-1
Querschnitt (H x B): 60 x 100 mm
Gebrauchsklasse: 3.1
Oberfläche: .....

▶	▷	ø	◁	◀	Einheit	Ausf.-Dauer	Positionsnummer
9€	12€	**14€**	15€	19€	[m]	⏱ 0,10h/m	021.000.015

▶ min
▷ von
ø Mittel
◁ bis
◀ max

18 Unterkonstruktion, Holzbohlen, 40x120mm KG **363**

Unterkonstruktion aus Holzbohle, für Flachdach, Befestigung mit korrosionsgeschützten Befestigungsmitteln. Chem. Holzschutz wird gesondert vergütet.
Einbauort: Attika
Funktion: .....
Untergrund: .....
Holzart: Nadelholz
Festigkeitsklasse: C24 DG DIN EN 14081-1
Querschnitt (H x B): 40 x 120 mm
Gebrauchsklasse: 3.1
Oberfläche: .....

▶	▷	ø netto €	◁	◀	[Einheit]	Ausf.-Dauer	Positionsnummer
19€	23€	**25€**	28€	34€	[m]	⏱ 0,20h/m	021.000.016

19 Fugenabdichtung, Silikon KG **363**

Elastische Verfugung mit Silikon, inkl. notwendiger Flankenvorbehandlung an den Anschlussflächen und Hinterlegen der Fugenhohlräume mit geeignetem Hinterstopfmaterial.
Fuge: .....
Fugendicke: .....

▶	▷	ø netto €	◁	◀	[Einheit]	Ausf.-Dauer	Positionsnummer
2€	5€	**6€**	8€	10€	[m]	⏱ 0,05h/m	021.000.017

20 Bewegungsfuge, Typ I, Schleppstreifen, Bitumenbahn KG **363**

Bewegungsfuge für Flachdachaufbau, Ausbildung mit Schleppstreifen der Dachdichtungsbahnen.
Fugentyp: I
Fugenbewegung: max. 5 mm
Aufbau Flachdach: .....
Breite Schleppstreifen: 200 mm

▶	▷	ø netto €	◁	◀	[Einheit]	Ausf.-Dauer	Positionsnummer
31€	39€	**42€**	49€	64€	[m]	⏱ 0,35h/m	021.000.141

21 Dachabdichtung PYE G200, S4/S5, untere Lage KG **363**

Untere Lage der Dachabdichtung, für nicht genutzte Dächer, aus Polymerbitumen-Schweißbahn, Stöße überlappend, vollflächig verschweißen.
Flachdachgefälle: über 2%
Anwendungsklasse Flachdach: **K1 / K2** DIN 18531
Untergrund: EPS-Gefälledämmung
Bahnenart: PYE-G 200 **S4 / S5**
Eigenschaftsklasse: E1 - DIN 18351
Anwendungstyp: DU
Höhe Dachrand über Grund: ..... m

▶	▷	ø netto €	◁	◀	[Einheit]	Ausf.-Dauer	Positionsnummer
12€	16€	**17€**	19€	23€	[m²]	⏱ 0,12h/m²	021.000.019

Nr.	Kurztext / Langtext						Kostengruppe
▶	▷	**ø netto €**	◁	◀	[Einheit]	Ausf.-Dauer	Positionsnummer

22 Dachabdichtung PYE PV200 S5, obere Lage KG **363**

Obere Lage der Dachabdichtung, für **nicht genutzte / genutzte** Dächer, aus Polymerbitumen-Schweißbahn, Stöße überlappend, vollflächig verschweißen.
Flachdachgefälle: über 2%
Anwendungsklasse: **K1 / K2**
Untergrund: Bitumenbahn
Bahnenart: PYE-PV 200 S5
Eigenschaftsklasse: E1 - DIN 18351
Anwendungstyp: DO
Brandverhaltensklasse: E
Höhe Dachrand über Grund: .....

▶	▷	ø	◁	◀	Einheit	Ausf.-Dauer	Positionsnummer
15€	21€	**24€**	33€	51€	[m²]	⏱ 0,14h/m²	021.000.020

Kosten:
Stand 1. Quartal 2025
Bundesdurchschnitt

23 Dachabdichtung PYE PV 200 S5 Cu01, Wurzelschutz, obere Lage KG **363**

Obere Lage der Dachabdichtung als Wurzelschutzbahn, aus Polymerbitumen-Schweißbahn, Stöße überlappend, vollflächig verschweißen.
Flachdachgefälle: über 2%
Anwendungsklasse: **K1 / K2**
Untergrund: PYE-Schweißbahn
Bahnenart: PYE-PV 200 S5+Cu01
Eigenschaftsklasse: E1 - DIN 18351
Anwendungstyp: DO
Brandverhaltensklasse: E
Höhe der Attika über Grund: .....

▶	▷	ø	◁	◀	Einheit	Ausf.-Dauer	Positionsnummer
28€	36€	**37€**	38€	46€	[m²]	⏱ 0,20h/m²	021.000.021

24 Dachabdichtung PYE PV 200 S5, Wurzelschutz, obere Lage KG **363**

Obere Lage der Dachabdichtung als Wurzelschutzbahn, aus Polymerbitumen-Schweißbahn, Stöße überlappend, vollflächig verschweißen.
Flachdachgefälle: über 2%
Anwendungsklasse: **K1 / K2**
Untergrund: PYE-Schweißbahn
Bahnenart: PYE-PV 200 S5
Eigenschaftsklasse: E1 - DIN 18351
Anwendungstyp: DO
Brandverhaltensklasse: E
Höhe der Attika über Grund: .....

▶	▷	ø	◁	◀	Einheit	Ausf.-Dauer	Positionsnummer
18€	25€	**28€**	32€	48€	[m²]	⏱ 0,20h/m²	021.000.110

▶ min
▷ von
ø Mittel
◁ bis
◀ max

25 Dachabdichtung zweilagig, Polymerbitumen-Schweißbahnen KG **363**

Dachabdichtung aus Polymerbitumenbahnen, zweilagig, Stöße überlappend, vollflächig verschweißen.
Flachdachgefälle: über 2%
Untergrund: EPS-Gefälledämmung
Anwendungsklasse: **K1 / K2**
1.Untere Lage: PYE-G 200 S4/S5
Anwendungstyp: DU/E1 - DIN 18531
2.Obere Lage: PYE-PV200 S5
Anwendungstyp: DO/E1 - DIN 18531
Höhe Attika über Grund: .....

28€	36€	**38€**	42€	48€	[m²]	⏱ 0,25h/m²	021.000.065

26 Wandanschluss, gedämmt EPS 035, zweilagige Abdichtung KG **363**

Dachabdichtung DIN 18531 gegen nichtdrückendes Wasser für hohe Beanspruchung, durchwurzelungsfest nach FLL-Verfahren, für genutzte Dachflächen mit Begrünung.
Neigung: mind. 2%
Anwendungsklasse Flachdach: K1
Unterlage: Beton
Abdichtung zweilagig
1. Untere Lage: PV 200 DD mit Polyestervlieseinlage 200/250 g/m²
Anwendungstyp: DU, in Polymer-Bitumen vollflächig vergossen
Eigenschaftsklasse: E1
punkt-/streifenweise kleben
2. Obere Lage: PYE - PV 200 S5 mit Polyestervlieseinlage 200/250 g/m²
Anwendungstyp DO, vollflächig schweißen
Bemessungswert der Wärmeleitfähigkeit max. 0,035 W/(mK)
Nennwert Wärmeleitfähigkeit: 0,034 W/(mK)

30€	41€	**47€**	58€	79€	[m]	⏱ 0,40h/m	021.000.022

27 Attikaabschluss, gedämmt, zweilagige Abdichtung KG **363**

Anschluss der Dachabdichtung aus Polymerbitumenbahnen an aufgehende Bauteile, zweilagige, wie Flächenabdichtung, einschl.:

- hochgeführte Wärmedämmung aus Polystyrol-Hartschaumplatte
- Kantholz als oberer Abschluss der Dämmung
- Dämmstoffkeil
- Klemmschiene aus Aluminium als mechanischer Befestigung am oberen Rand des Anschlusses
- Schutz aus Überhangstreifen/Abdeckprofil, inkl. elastischer Versiegelung der Anschlussfuge

Höhe ü. OK Dachbelag: mind. 150 mm
Aufgehendes Bauteil: Wand, aus .....
Anwendungskategorie Flachdach: **K1 / K2** DIN 18531
Abdichtungsbahnen Typ: **DU/E2 und DO/E1** bzw. **DU/E1 und DO/E1**
Einwirkungsklasse: IA
Wärmedämmung: EPS 035, 80 mm
Bemessungswert der Wärmeleitfähigkeit max. 0,035 W/(mK)
Nennwert Wärmeleitfähigkeit: 0,034 W/(mK)
Dämmkeil: EPS 035, 60 x 60 mm
Nadelholz, Festigkeitsklasse: S10, 80 x 60 mm
Überhangblech: **Titanzink / Aluminium / .....**, Z = 250 mm, dreifach gekantet

31€	52€	**63€**	72€	88€	[m]	⏱ 0,30h/m	021.000.023

000 001 002 006 008 009 010 012 013 014 016 017 018 020 **021** 022

Nr.	Kurztext / Langtext						Kostengruppe
▶	▷	ø netto €	◁	◀	[Einheit]	Ausf.-Dauer	Positionsnummer

Kosten:
Stand 1.Quartal 2025
Bundesdurchschnitt

28 Dachabdichtung, Kunststoffbahn, PVC 1,5mm, einlagig KG **363**

Dachabdichtung für nicht genutztes Dach aus Kunststoffbahn, einlagig, mit Verstärkungslage, beidseitig beschichtet mit thermoplastischem Elastomer, Naht- und Stoßverbindungen verschweißen, Bahn lose verlegen und mechanisch befestigt. Mechanische Befestigung wird in gesonderter Position vergütet.
Untergrund: Dämmung aus .....
Anwendungsklasse Flachdach: K1
Einwirkungsklasse: IA
Flachdachgefälle: mind. 2%
Bahnenart: PVC-P (PVC-P-NB-V-GV), mit Verstärkungslage, beidseitig beschichtet mit thermoplastischem Elastomer
Bahnendicke: 1,5 mm
Eigenschaftsklasse: E1
Anwendungstyp: DE
Brandverhaltensklasse: E
Höhe Attika über Grund: .....

▶	▷	ø	◁	◀	Einheit	Ausf.-Dauer	Positionsnummer
–	32€	**36€**	44€	–	[m²]	⏱ 0,18h/m²	021.000.113

29 Dachabdichtung, Kunststoffbahn, FPO, einlagig KG **363**

Dachabdichtung für nicht genutztes Dach aus Kunststoffbahn, einlagig, Naht- und Stoßverbindungen verschweißen, Bahn lose verlegen und mechanisch befestigt. Mechanische Befestigung wird in gesonderter Position vergütet.
Untergrund: Dämmung aus .....
Anwendungsklasse Flachdach: K1
Einwirkungsklasse: IA
Flachdachgefälle: mind. 2%
Bahnenart: FPO, mit Glasvlieseinlage, beidseitig beschichtet mit thermoplastischem Elastomer
Bahnendicke: 2,0 mm
Eigenschaftsklasse: E1
Anwendungstyp: DE
Brandverhaltensklasse: E
Höhe Attika über Grund: .....

▶	▷	ø	◁	◀	Einheit	Ausf.-Dauer	Positionsnummer
30€	35€	**40€**	45€	51€	[m²]	⏱ 0,14h/m²	021.000.114

30 Dachabdichtung, Kunststoffbahn, PIB, einlagig KG **363**

Dachabdichtung für nicht genutztes Dach aus Kunststoffbahn, einlagig, Naht- und Stoßverbindungen verschweißen, Bahn lose verlegen und mechanisch befestigt. Mechanische Befestigung wird in gesonderter Position vergütet.
Untergrund: Dämmung aus .....
Anwendungsklasse Flachdach: K1
Einwirkungsklasse: IA,
Flachdachgefälle: mind. 2%
Bahnenart: PIB-BV-K-PV, beidseitig beschichtet mit thermoplastischem Elastomer
Bahnendicke: 1,5 mm
Eigenschaftsklasse: E1
Anwendungstyp: DE
Brandverhaltensklasse: E
Höhe Attika über Grund: .....

▶	▷	ø	◁	◀	Einheit	Ausf.-Dauer	Positionsnummer
41€	47€	**50€**	53€	59€	[m²]	⏱ 0,18h/m²	021.000.115

▶ min
▷ von
ø Mittel
◁ bis
◀ max

31 Dachabdichtung, Kunststoffbahn, EVA, einlagig, 1,5mm KG **363**

Dachabdichtung für nicht genutztes Dach aus Kunststoffbahn, einlagig und wurzelfest nach FLL-Richtlinien, Naht- und Stoßverbindungen selbstklebend, Bahn lose verlegen und mechanisch befestigt, inkl. korrosionsbeständige Befestiger.
Untergrund: Dämmung aus .....
Anwendungsklasse Flachdach: K1
Einwirkungsklasse: IA
Flachdachgefälle: mind. 2%
Bahnenart: Ethylen-Vinyl-Acetat Terpolymer - EVA-BV-SK
Bahnendicke: 1,5 mm
Eigenschaftsklasse: E1
Anwendungstyp: DE
Brandverhaltensklasse: E
Höhe Attika über Grund: .....

24€ 32€ **36€** 40€ 49€ [m2] ⏱ 0,14h/m2 021.000.024

32 Dachabdichtung, Kunststoffbahn, EVA, einlagig, 2,0mm KG **363**

Dachabdichtung für nicht genutztes Dach aus Kunststoffbahn, einlagig und wurzelfest FLL, Naht- und Stoßverbindungen selbstklebend, Bahn lose verlegen und mechanisch befestigt, inkl. korrosionsbeständige Befestiger.
Untergrund: Dämmung aus .....
Anwendungsklasse Flachdach: K1
Einwirkungsklasse: IA,
Flachdachgefälle: mind. 2%
Bahnenart: Ethylen-Vinyl-Acetat Terpolymer - EVA-BV-SK
Bahnendicke: 2,0 mm
Eigenschaftsklasse: E1
Anwendungstyp: DE
Brandverhaltensklasse: E
Höhe Attika über Grund: .....

28€ 36€ **40€** 44€ 53€ [m2] ⏱ 0,14h/m2 021.000.044

33 Dachabdichtung, Kunststoffbahn, EPDM, einlagig, 2,5mm KG **363**

Dachabdichtung für nicht genutztes Dach aus Kunststoffbahn, einlagig, Naht- und Stoßverbindungen selbstklebend, Bahn lose verlegen und mechanisch befestigt, inkl. korrosionsbeständige Befestiger.
Untergrund: Dämmung aus .....
Anwendungsklasse Flachdach: K1
Einwirkungsklasse: IA
Flachdachgefälle: mind. 2%
Bahnenart: Ethylen-Propylen-Dien-Kautschuk- EPDM, mit Verstärkungslage
Bahnendicke: 2,5 mm
Eigenschaftsklasse: E1
Anwendungstyp: DE
Brandverhaltensklasse: E
Höhe Attika über Grund: .....

37€ 45€ **47€** 52€ 58€ [m2] ⏱ 0,18h/m2 021.000.142

Nr.	Kurztext / Langtext						Kostengruppe
▶	▷	ø netto €	◁	◀	[Einheit]	Ausf.-Dauer	Positionsnummer

34 **Wandabschluss, Dachdichtung, EPDM** KG **363**

Wandanschluss der Dachabdichtung mit Elastomerbahnen, Ethylen-Propylen-Dien-Kautschuk (EPDM) DIN EN 13956, bitumenverträglich, vollflächig kleben und durch Nageln mechanisch befestigen.
Anschluss: starr
Höhe über Belag: bis 50 cm

36€ | 45€ | **46€** | 46€ | 53€ | [m] | ⏱ 0,10 h/m | 021.000.144

35 **Dachabdichtung, Befestigung, Schienen** KG **363**

Mechanische Befestigung der einlagigen Kunststoff-Dachdichtung, linear, Anzahl und Anordnung der Befestiger gem. Verlegeplan, befestigt durch Dämmung in den tragfähigen Untergrund, mit korrosionsbeständigem Material.
Untergrund: .....
Windzone: .....
Befestigungsbereich: **Eckbereich / Randbereich / Feldmitte**
Befestigungen: Schienen

7€ | 12€ | **13€** | 15€ | 20€ | [m^2] | ⏱ 0,08 h/m^2 | 021.000.045

36 **Wandanschluss, gedämmt, Kunststoffbahn, einlagig** KG **363**

Anschluss der Dachabdichtung aus Kunststoffbahnen an aufgehende Bauteile, einlagig, einschl.:
- hochgeführte Wärmedämmung aus Polyurethan, kaschiert, mind. 200 mm über wasserführender Schicht
- Kantholz als oberer Abschluss der Dämmung
- Dämmstoffkeile
- Klemmprofil aus Aluminium zur mechanischen oberen Befestigung der Kunststoffbahn
- elastische Versiegelung der Anschlussfuge
- Abdeckprofil aus Metallblech über Dämmung, Kantholz und Klemmprofil

Aufgehendes Bauteil: **Wand / Brüstung**
Untergrund: **Leichtbeton / Beton / Ziegelmauerwerk**
Abdichtungsbahn: .....
Wärmedämmung: PUR, 60 mm
Bemessungswert der Wärmeleitfähigkeit max. 0,025 W/(mK)
Nennwert Wärmeleitfähigkeit: 0,034 W/(mK)
Nennwert der Wärmeleitfähigkeit: 0,024 W/(mK)
Dämmkeil: PUR 60 x 60 mm
Kantholz: S10 80 x 60 mm
Klemmschiene: Aluminium, natur
Abdeckprofil: **Titanzink / Kupfer / .....**
Zuschnitt: Z300, vierfach gekantet
Flachdachgefälle: >2°
Höhe Attika über Grund: .....
Angeb. Fabrikat: .....

26€ | 44€ | **51€** | 64€ | 95€ | [m] | ⏱ 0,45 h/m | 021.000.025

Kosten:
Stand 1. Quartal 2025
Bundesdurchschnitt

▶ min
▷ von
ø Mittel
◁ bis
◀ max

37 Attikaanschluss, Kunststoffbahn, einlagig KG **363**

Anschluss der Dachabdichtung an Attika, einlagige Kunststoffbahn, Ausführung wie Flächenabdichtung, einschl.:
- Wärmedämmung aus PUR Hartschaumplatte hochführen bis UK bauseitige Holzwerkstoffplatte
- Dämmstoffkeil,
- Dachdichtungsbahn hochführen und Attika-Aufsicht abdecken,

Aufgehendes Bauteil: Attika, aus .....
Zuschnitt (H x B): ..... x ..... m
Anwendungskategorie Flachdach: **K1 / K2** DIN 18531
Abdichtungsbahnen Typ: DE
Einwirkungsklasse: IA
Wärmedämmung: PUR 025, 80 mm
Bemessungswert der Wärmeleitfähigkeit max. 0,025 W/(mK)
Nennwert Wärmeleitfähigkeit: 0,024 W/(mK)
Dämmkeil: EPS 035, 60 x 60 mm
Attikaabdeckung mit Halterung werden gesondert vergütet.

21€ 38€ **47€** 53€ 63€ [m] ⏱ 0,40 h/m 021.000.026

38 Balkonabdichtung, zweilagig, PYE PV 200 S5 u. PYE G200 S5 KG **353**

Abdichtung von Balkonflächen aus Bitumenschweißbahnen, zweilagig, Stöße überlappend; inkl. Voranstrich.
Untergrund: Stahlbetonbalkonplatte
Voranstrich: **Bitumen / Emulsion**, 300 g/m²
Untere Lage: PYE-PV 200 S5, DU-E1 DIN 18531, punkt-/streifenweise schweißen
Obere Lage: PYE-G 200 S5, DO-E1 DIN 18531, vollflächig schweißen
Einwirkungsklasse: IA
Balkongefälle: größer 2%
Einbauort: in allen Geschossen

38€ 44€ **47€** 55€ 65€ [m²] ⏱ 0,25 h/m² 021.000.042

39 Wandanschluss, Abdichtung, Balkon, zweilagig KG **353**

Anschluss der Balkonabdichtung aus Bitumenbahnen an aufgehende Bauteile, zweilagige Ausführung wie Flächenabdichtung, einschl.:
- hochgeführte Wärmedämmung aus Polystyrol-Hartschaumplatte
- Dämmstoffkeil
- Anschluss mind. 150 mm über Oberkante Belag
- Klemmprofil aus Aluminium, natur, mechanische obere Befestigung der Abdichtung
- Schutz aus Abdeckprofil aus Metallblech, inkl. elastische Versiegelung der Anschlussfuge

Aufgehendes Bauteil: Wand, aus .....
Anwendungskategorie Flachdach: **K1 / K2** DIN 18531
Abdichtungsbahnen Typ: **DU/E2 und DO/E1** bzw. **DU/E1 und DO/E1**
Einwirkungsklasse: IA
Wärmedämmung: EPS 035, 80 mm
Bemessungswert der Wärmeleitfähigkeit max. 0,035 W/(mK)
Nennwert Wärmeleitfähigkeit: 0,034 W/(mK)
Dämmkeil: EPS, 60 x 60 mm
Abdeckprofil: **Titanzink / Aluminium / .....**, Z=250 mm, dreifach gekantet

25€ 45€ **56€** 69€ 93€ [m] ⏱ 0,50 h/m 021.000.043

Nr.	Kurztext / Langtext						Kostengruppe
▶	▷	**ø netto €**	◁	◀	[Einheit]	Ausf.-Dauer	Positionsnummer

Kosten:
Stand 1. Quartal 2025
Bundesdurchschnitt

40 Flüssigabdichtung, PMMA, 2,1mm — KG **363**

Abdichtung mit zweikomponentigem Polymethylacrylat-Harz und Vlies, für nicht genutzte Dachflächen, mit Wurzelfestigkeit nach FLL-Richtlinien, lösemittelfrei und UV-stabil. Verarbeitung nach Verarbeitungsrichtlinien bzw. Herstellerrichtlinien und technischen Informationen.
Einbauort: .....
Dachneigung: mind. 2%
Anwendungsklasse: K1
Einwirkungsklasse: IA
Eigenschaftsklasse: E1
Dauerhaftigkeit: W3 (25 Jahre)
Temperaturbeständigkeit: TL4 (-30°C) - TH4 (+90°C)
Brandverhalten: E und B ROOF (t1) - DIN EN 13501-1 und -5
Schichtdicke: mind. 2,1 mm
Vlies: Polyethylen, mind. 110 g/m²
Farbton: **grüngrau / gelbgrau**
Ökol. Anforderung: 80% der Harze aus nachwachsenden Rohstoffen

▶	▷	ø	◁	◀	Einheit	Ausf.-Dauer	Positionsnummer
–	64€	**74€**	90€	–	[m²]	⏱ 0,20h/m²	021.000.121

41 Flüssigabdichtung, PU-Harz/Vlies, 2,1mm — KG **363**

Abdichtung mit zweikomponentigem Polymethylacrylat-Harz und Vlies, für nicht genutzte Dachflächen, mit Wurzelfestigkeit nach FLL-Richtlinien, lösemittelfrei und UV-stabil. Verarbeitung nach Verarbeitungsrichtlinien bzw. Herstellerrichtlinien und technischen Informationen.
Einbauort: .....
Dachneigung: mind. 2%
Anwendungsklasse: K1
Einwirkungsklasse: IA
Eigenschaftsklasse: E1
Dauerhaftigkeit: W3 (25 Jahre)
Temperaturbeständigkeit: TL4 (-30°C) - TH4 (+90°C)
Brandverhalten: E und B ROOF (t1) - DIN EN 13501-1 und -5
Schichtdicke: mind. 2,1 mm
Vlies: Polyethylen, mind. 110 g/m²
Farbton: **grüngrau / gelbgrau**
Ökol. Anforderung: 80% der Harze aus nachwachsenden Rohstoffen

▶	▷	ø	◁	◀	Einheit	Ausf.-Dauer	Positionsnummer
–	108€	**124€**	152€	–	[m²]	⏱ 0,40h/m²	021.000.084

▶ min
▷ von
ø Mittel
◁ bis
◀ max

42 Abdichtungsanschluss, Fenstertür, Abdeckblech — KG **363**

Hochführen der Dachabdichtung und anschließen an Fenstertürprofil, Befestigung am unterem Querrahmen, mit Klemmprofil aus Metall und Überhangblech; einschl. Versiegelung der obenliegenden Fuge mit elastischem Dichtungsband.
Einbauort: .....
Art der Abdichtung: Bitumen-Dachdichtungsbahn, zweilagig
Klemmprofil: Aluminium, natur
Überhangprofil: Aluminium, Z ..... mm, ...fach gekantet

▶	▷	ø	◁	◀	Einheit	Ausf.-Dauer	Positionsnummer
43€	64€	**69€**	86€	111€	[m]	⏱ 0,60h/m	021.000.049

Nr.	Kurztext / Langtext						Kostengruppe
▶	▷	**ø netto €**	◁	◀	[Einheit]	Ausf.-Dauer	Positionsnummer

43 Wandanschluss, Dachabdichtung, Aluminiumprofil KG **363**

Wandanschlussprofil aus stranggepresstem Aluminiumblech, für den Anschluss der Abdichtungsbahnen an aufgehendem Bauteil, Stöße hinterlegt, inkl. elastischer Versiegelung der obenliegenden Fuge.
Einbauort: .....
Material: Aluminium
Oberfläche: eloxiert .....
Art der Abdichtung: ......, ...lagig

▶	▷	ø	◁	◀	Einheit	Ausf.-Dauer	Positionsnummer
13€	19€	**22€**	26€	33€	[m]	⏱ 0,20h/m	021.000.028

44 Notüberlauf, Attika, DN100, Freispiegel KG **363**

Notüberlauf Attika, mit Gefällestrecke und eingeschäumter Anschlussmanschette, mit Klebeflansch. Anschließen der Dachbahnen wird gesondert vergütet.
Dachdichtungsbahn: .....
Entwässerungsart: Freispiegel
Nenngröße: DN100
Abflussvermögen: ca. ..... l/s
Attikabreite: ..... m

▶	▷	ø	◁	◀	Einheit	Ausf.-Dauer	Positionsnummer
123€	253€	**300€**	496€	810€	[St]	⏱ 0,80h/St	021.000.060

45 Flachdachablauf, mit Kiesfang, UP-GF, DN70, Freispiegel KG **363**

Flachdachablauf, mehrteilig, zum Anschluss an Abwasserleitung, mit Aufstockelement, stufenlos höhenverstellbar, mit Dichtringen und Anschlussmanschetten für Dampfsperre und Abdichtung, mit Kiesfang, Nivellierstück und Balkonrost. Anschließen der Dachbahnen wird gesondert vergütet.
Einbauort: .....
Dampfsperre: .....
Dachdichtungsbahn: .....
Dämmstoffstärke: 160 mm
Baustoff: glasfaserverstärkter Kunststoff UP-GF
Nenngröße: DN70
Abgang Bauteil: wärmegedämmt, 2,5°
Anschlusskragen: .....
Entwässerungsart: Freispiegel
Abflussvermögen: ..... l/s
Heizung: .....

▶	▷	ø	◁	◀	Einheit	Ausf.-Dauer	Positionsnummer
113€	154€	**178€**	217€	274€	[St]	⏱ 0,65h/St	021.000.036

000 001 002 006 008 009 010 012 013 014 016 017 018 020 **021** 022

Nr.	**Kurztext** / Langtext						Kostengruppe
▶	▷	**ø netto €**	◁	◀	[Einheit]	Ausf.-Dauer	Positionsnummer

46 Flachdachablauf, mit Kiesfang, PUR, DN100, Druckstrom — KG **363**

Flachdachablauf, mehrteilig, zum Anschluss an Abwasserleitung, mit Aufstockelement, stufenlos höhenverstellbar, mit Dichtringen und Anschlussmanschetten für Dampfsperre und Abdichtung, mit Kiesfang, Nivellierstück und Balkonrost. Anschließen der Dachbahnen wird gesondert vergütet.
Einbauort: .....
Dampfsperre: .....
Dachdichtungsbahn: .....
Dämmstoffstärke: 160 mm
Baustoff: Polyurethan - PUR
Nenngröße: DN100
Abgang Bauteil: wärmegedämmt, 2,5°
Anschlusskragen: .....
Entwässerungsart: Druckströmung
Abflussvermögen: ..... l/s
Heizung: .....

132€ | 229€ | **265€** | 346€ | 528€ | [St] | ⏱ 0,70h/St | 021.000.035

47 Aufstockelement, bauseitigen Dachablauf — KG **363**

Aufstockelement für Flachdachablauf, zur Überbrückung der Dämmschicht, mit stufenlos einstellbarem Höhenausgleichstück, Dichtring, Dichtmanschetten und Schraubflansch zum Einklemmen von Dachdichtungsbahnen. Anschließen der Dachbahnen wird gesondert vergütet.
Einbauort: .....
Dampfsperre: .....
Dachdichtungsbahn: .....
Entwässerungsart: Freispiegel
Nennweite: **DN70 / DN100**
Dämmstoffdicke: **80 / ..... / 300** mm
Baustoff: **Gusseisen / Polyurethan**

72€ | 91€ | **106€** | 124€ | 170€ | [St] | ⏱ 0,30h/St | 021.000.061

48 FD-Dunstrohreinfassung, bis 150mm — KG **363**

Dunstrohreinfassung, wärmegedämmt, mit regensicherer Abdeckung, inkl. anschließen an Flachdachabdichtung, Klemmring und elastische Versiegelung.
Nennweite: 100-150 mm
Einbauort: .....

66€ | 117€ | **134€** | 151€ | 189€ | [St] | ⏱ 0,40h/St | 021.000.037

49 Durchführung andichten, Anschweißflansch — KG **363**

Anschluss der Dachabdichtung, an Stab-/Rohrdurchführung, mit **Anschweiß- / Klebeflansch**.
Dachabdichtung: Bitumenbahn
Nennweite: bis DN 100
Ausführung nach Herstellervorgabe.

29€ | 50€ | **63€** | 74€ | 91€ | [St] | ⏱ 0,18h/St | 021.000.147

Kosten:
Stand 1.Quartal 2025
Bundesdurchschnitt

▶ min
▷ von
ø Mittel
◁ bis
◀ max

Nr.	Kurztext / Langtext						Kostengruppe
▶	▷	**ø netto €**	◁	◀	[Einheit]	Ausf.-Dauer	Positionsnummer

50 Blitzschutzdurchführung, Formteil, D=100 KG **363**

Anschluss Dachabdichtung an Blitzschutzdurchführung, mit Anschweiß-/Klebeflansch, für Material der Dachdichtung.
Dachabdichtung: Bitumenbahn
Durchmesser: bis 100 mm

34€ | 49€ | **55€** | 75€ | 107€ | [St] | ⏱ 0,15h/St | 021.000.145

51 Leitungseinfassung, Flachdach, Klemmanschluss KG **363**

Leitungsdurchführung für Flachdach, zweiteilig, mit Manschette und Dichtring. Anarbeiten und anschließen des Dachaufbaus an Durchführung wird getrennt vergütet.
Nenngröße Durchführung: DN100
Material: nichtrostender Stahl
Werkstoffnummer: .....
Dicke: 0,7 mm
Länge: 150 mm

41€ | 94€ | **106€** | 168€ | 303€ | [St] | ⏱ 0,30h/St | 021.000.038

52 Lichtkuppel, zweischalig, rund, Aufsetzkranz, 800mm KG **362**

Lichtkuppel für Flachdach, mit runder, zweischaliger Oberlichthaube, lichtdurchlässig und opal weiß, und Aluminium-Einfassrahmen, mit nichtrostenden Öffnungseinrichtung und wärmegedämmtem Aufsetzkranz.
Untergrund: Stahlbeton
Funktion: Lüftung
wirksame Abzugsfläche: Aw = ... m²
Kuppel: zweischalig lichtdurchlässig, opal-weiß, Acrylglas
Kuppelgröße: Durchmesser 800mm
Aufsatzkranz: Glasfaserkunststoff - UP-GF, Höhe ca. 500 mm, abgewickelte Fläche ca. ..... m²
Anschluss Dachdichtung: für **Bitumendach / .....-Foliendach** mit Anschlussbahn
Wärmedämmung:
- Kuppel U-Wert: ..... W/(m²K)
- Aufsetzkranz U-Wert: ..... W/(m²K)

Schalldämmwert: ..... dB
Einbruchsicherheit: RC .....
Hagelwiderstand: Klasse .....
Brandverhaltensklasse: C-s2, d0
Dachaufbau: .....

774€ | 1.539€ | **1.892€** | 2.172€ | 2.704€ | [St] | ⏱ 4,75h/St | 021.000.040

Nr.	Kurztext / Langtext						Kostengruppe
▶	▷	ø netto €	◁	◀	[Einheit]	Ausf.-Dauer	Positionsnummer

Kosten:
Stand 1. Quartal 2025
Bundesdurchschnitt

▶ min
▷ von
ø Mittel
◁ bis
◀ max

53 Lichtkuppel, zweischalig, rechteckig, Aufsetzkranz, 1.200x1.200, RWA — KG 362

Lichtkuppel für Flachdach, mit runder, zweischaliger Oberlichthaube, mit Aluminium-Einfassrahmen, mit nichtrostenden Öffnungseinrichtung und wärmegedämmtem Aufsetzkranz.
Untergrund: Stahlbeton
Funktion: RWA - Anlage, Rauchableitung
wirksame Abzugsfläche: Aw= 1,08 m²
Kuppel: zweischalig, lichtdurchlässig, klar-farblos, Acrylglas
Kuppelgröße: 1.200 x 1.200 mm
Aufsatzkranz: Glasfaserkunststoff - UP-GF, Höhe ca. 500 mm, abgewickelte Fläche ca. ..... m²
Anschlussdichtung: .....
Wärmedämmung:
- Kuppel U-Wert: ..... W/(m²K)
- Aufsetzkranz U-Wert: ..... W/(m²K)

Schalldämmwert: ..... dB
Hagelwiderstand: Klasse .....
Einbruchwiderstand: RC .....
Brandverhaltensklasse: C-s2, d0
Dachaufbau: .....

▶	▷	ø	◁	◀	Einheit	Ausf.-Dauer	Positionsnummer
1.105€	1.754€	**1.943€**	2.530€	3.512€	[St]	⏱ 5,50 h/St	021.000.041

54 Anschluss Flachdachdichtung an Lichtkuppel — KG 363

Lichtkuppel anschließen an Dachabdichtung, mit Eckausbildungen und Verfugen der Anschlussoberkante mit Dichtungsmasse.
Einbauort: Flachdach
Dachabdichtung: Bitumenbahnen
Kuppelgröße (L x B): 1,0 x 1,0 m
Höhe der Einfassung: 500 mm
Anschlussprofil: Klebeflansch

▶	▷	ø	◁	◀	Einheit	Ausf.-Dauer	Positionsnummer
141€	198€	**230€**	297€	424€	[St]	⏱ 0,80 h/St	021.000.122

55 Schutzmatte, Gummigranulat, Dachdichtung — KG 363

Bautenschutzmatte, Schutzlage über Dachabdichtung verrottungsfest, bitumenbeständig, Matten stumpf stoßen und lose verlegen.
Material: Polyurethan-Kautschuk (Gummischrotmatte)
Mattendicke: ca. 10 mm
Einbauort: Flachdach

▶	▷	ø	◁	◀	Einheit	Ausf.-Dauer	Positionsnummer
10€	15€	**18€**	23€	37€	[m²]	⏱ 0,10 h/m²	021.000.030

56 Kiesschüttung, 16/32, Dach — KG 363

Kiesschüttung, aus gewaschenem Rollkies.
Unterlage: Bautenschutzmatte
Körnung: 16/32 mm
Streifenbreite: ca. 50 cm
Schütthöhe i.M: bis 140 mm
Einbauort: begrüntes Flachdach
Höhe über Grund: ..... m

▶	▷	ø	◁	◀	Einheit	Ausf.-Dauer	Positionsnummer
7€	15€	**17€**	26€	51€	[m²]	⏱ 0,16 h/m²	021.000.032

Nr.	**Kurztext** / Langtext						Kostengruppe
►	▷	**ø netto €**	◁	◄	[Einheit]	Ausf.-Dauer	Positionsnummer

57 **Trennlage, PE-Folie, Dach** KG **363**

Schutzlage über Dachdichtung, lose verlegt, mit Nahtüberlappung.
Material: 0,2 mm PE-Folie
Einbauort: begrüntes Flachdach
Höhe über Grund: ..... m

2€	4€	**5€**	7€	10€	[m^2]	⏱ 0,03 h/m^2	021.000.031

58 **Stundensatz, Facharbeiter/-in**

Stundenlohnarbeiten für Vorarbeiter/-in,Facharbeiter/-in und Gleichgestellte. Leistung nach besonderer Anordnung der Bauüberwachung. Anmeldung und Nachweis gem. VOB/B.

57€	72€	**77€**	82€	90€	[h]	⏱ 1,00 h/h	021.000.078

59 **Stundensatz, Helfer/-in**

Stundenlohnarbeiten für Werker/-in, Helfer/-in und Gleichgestellte. Leistung nach besonderer Anordnung der Bauüberwachung. Anmeldung und Nachweis gem. VOB/B.

44€	59€	**66€**	71€	79€	[h]	⏱ 1,00 h/h	021.000.079

022

Kosten:
Stand 1. Quartal 2025
Bundesdurchschnitt

► min
▷ von
ø Mittel
◁ bis
◄ max

Nr.	Positionen	Einheit	►	▷	ø brutto € / ø netto €	◁	◄
1	Kleintierschutz, Metall	m	9	16	**19**	21	27
			8	13	**16**	18	23
2	Kleintierschutz, Kunststoff	m	6	9	**10**	11	17
			5	7	**9**	9	14
3	Traufblech, Titanzink, Z 333	m	20	28	**30**	36	54
			17	24	**25**	31	45
4	Traufblech, Kupfer, Z 333	m	25	34	**39**	44	62
			21	29	**32**	37	52
5	Traufblech, Aluminium, Z 333	m	21	26	**30**	34	40
			18	22	**25**	28	34
6	Traufblech, Eckausbildung	St	24	29	**36**	44	48
			20	24	**30**	37	41
7	Dachrinne, Titanzink, Z 250	m	35	44	**48**	51	60
			30	37	**40**	43	50
8	Dachrinne, Titanzink, Z 400	m	48	56	**60**	64	76
			40	47	**50**	54	64
9	Dachrinne, Titanzink, Kastenrinne, bis Z 333	m	44	52	**56**	62	79
			37	44	**47**	52	66
10	Dachrinne, Kupfer, bis Z 333	m	46	55	**60**	62	70
			38	46	**51**	52	59
11	Dachrinne, Aluminium, bis Z 333	m	48	55	**58**	62	71
			40	47	**49**	52	59
12	Rinnenstutzen, Titanzink	St	22	33	**37**	43	56
			18	28	**31**	36	47
13	Rinnenstutzen, Kupfer	St	32	50	**51**	57	70
			27	42	**43**	48	59
14	Wasserfangkasten, Titanzink	St	114	161	**180**	218	301
			96	135	**151**	183	253
15	Wasserfangkasten, Kupfer	St	127	239	**266**	300	470
			107	201	**224**	252	395
16	Wasserspeier, bis DN100	St	125	185	**211**	256	355
			105	156	**178**	215	298
17	Rinnenendstück, Titanzink	St	8	12	**14**	18	24
			6	10	**12**	15	20
18	Rinnenendstück, Kupfer	St	8	13	**15**	21	31
			7	11	**13**	18	26
19	Eckausbildung Dachrinne	St	43	59	**65**	79	104
			36	50	**55**	67	88
20	Außenecke Dachrinne, Titanzink	St	39	49	**53**	62	75
			32	41	**45**	52	63
21	Rinnenwinkel außen, Dachrinne, Kupfer	St	38	57	**65**	81	104
			32	48	**55**	68	88
22	Rinnenwinkel innen, Dachrinne, Titanzink	St	38	47	**51**	58	70
			32	40	**43**	49	59
23	Rinnenwinkel innen, Dachrinne, Kupfer	St	38	60	**67**	83	104
			32	51	**57**	70	88
24	Fallrohr, Titanzink, DN100	m	30	41	**45**	51	71
			26	35	**38**	43	60

Nr.	Positionen	Einheit	►	▷	ø brutto € ø netto €	◁	◄
25	Fallrohr, Kupfer, DN100	m	37	61	**63**	69	91
			31	51	**53**	58	77
26	Fallrohr, Aluminium, DN100	m	42	55	**57**	69	91
			35	46	**48**	58	76
27	Fallrohrabzweig, Titanzink, DN80/DN100	St	39	55	**60**	63	74
			33	46	**50**	53	62
28	Fallrohrbogen, Titanzink, bis DN100	St	14	22	**25**	29	41
			12	18	**21**	25	35
29	Fallrohrbogen, Kupfer, bis DN100	St	21	35	**37**	45	62
			18	30	**31**	38	53
30	Etagen-/Sockelknie, Regenfallrohr	St	29	38	**41**	45	54
			25	32	**34**	38	46
31	Standrohrkappe, Fallrohr, Titanzink	St	5	10	**12**	15	21
			4	8	**10**	12	18
32	Fallrohrklappe, Fallrohr, Titanzink/Kupfer	St	41	59	**66**	70	89
			34	50	**55**	59	74
33	Fallrohrschelle, WDVS	St	11	16	**19**	23	31
			9	14	**16**	19	26
34	Laubfangkorb, Abläufe, Kupfer	St	7	10	**12**	15	22
			6	9	**10**	13	18
35	Standrohr, Guss/SML	St	83	98	**105**	114	137
			70	82	**88**	96	115
36	Standrohr, Titanzink	St	90	129	**136**	161	210
			76	108	**114**	135	177
37	Notüberlauf, Flachdach	St	137	223	**269**	351	510
			115	187	**226**	295	428
38	Traufstreifen, Kupfer, Z 333	m	22	38	**42**	51	69
			18	32	**35**	43	58
39	Traufstreifen, Titanzink, Z 333	m	20	29	**33**	43	59
			17	25	**28**	36	49
40	Traufe, Verbundblech, bis 500mm	m	45	65	**74**	89	113
			38	55	**63**	75	95
41	Kiesfangleiste, Lochblech	m	20	33	**36**	41	54
			17	28	**30**	34	46
42	Blechkehle, Titanzink, bis Z 667	m	38	52	**59**	77	117
			32	44	**49**	65	99
43	Blechkehle, Kupfer, bis Z 667	m	46	78	**86**	140	202
			39	66	**72**	118	170
44	Ortgangblech, Titanzink, Z 500	m	32	52	**60**	73	111
			27	43	**50**	62	94
45	Ortgangblech, Kupfer, Z 333	m	37	53	**63**	105	149
			31	44	**53**	88	126
46	Ortgangblech, Verbundblech, Z 500	m	27	41	**47**	68	113
			23	35	**40**	57	95
47	Attika-/Dachrand-UK, Holzbohle, Holzschutz	m	14	26	**30**	36	46
			11	22	**25**	30	39
48	Attika-UK, Mehrschichtplatte	m	31	38	**41**	45	61
			26	32	**35**	38	51

Klempnerarbeiten — Preise €

Kosten:
Stand 1. Quartal 2025
Bundesdurchschnitt

Nr.	Positionen	Einheit	►	▷	ø brutto € / ø netto €	◁	◄
49	Attikaabdeckung, Titanzink, bis Z 700	m	46	78	**93**	117	181
			39	65	**78**	98	152
50	Attikaabdeckung, Kupfer, bis Z 700	m	98	123	**134**	147	182
			82	103	**113**	123	153
51	Attikaabdeckung, Aluminium, bis Z 700	m	54	85	**99**	123	179
			46	71	**83**	103	151
52	Firstanschlussblech, Titanzink, gekantet, Z 500	m	50	68	**77**	98	129
			42	57	**65**	82	108
53	Wandanschlussblech, Titanzink, Z 500	m	31	47	**53**	66	98
			26	39	**45**	55	82
54	Wandanschlussblech, Kupfer, Z 500	m	34	67	**77**	101	142
			29	56	**65**	85	120
55	Firsthaube, mehrfach gekantet	m	44	88	**107**	135	188
			37	74	**90**	113	158
56	Überhangblech, Titanzink/Kupfer, bis Z 200	m	16	29	**35**	42	60
			14	24	**29**	35	51
57	Überhangblech, Titanzink/Kupfer, bis Z 400	m	28	38	**41**	49	66
			24	32	**35**	41	55
58	Wandanschluss, Verbundblech, Z 500	m	39	57	**65**	88	126
			33	48	**54**	74	106
59	Fassadenrinne, Stahlblech	m	158	219	**247**	297	395
			133	184	**208**	249	332
60	Wandanschluss, Nocken, Titanzink	m	33	48	**55**	69	85
			28	40	**46**	58	71
61	Schornsteinbekleidung, Winkel-/Stehfalzdeckung, Titanzink	m²	175	215	**236**	251	331
			147	181	**198**	211	278
62	Schornsteinverwahrung, Kupfer	St	179	269	**315**	328	418
			151	226	**264**	276	351
63	Dachfenster /-oberlicht einfassen	St	434	505	**531**	608	748
			365	425	**446**	511	629
64	Walzbleianschluss, Blechstreifen	m²	54	72	**90**	98	112
			45	61	**76**	82	94
65	Trennlage, Blechflächen, V13	m²	6	12	**14**	17	23
			5	10	**12**	14	19
66	Trennlage, Kunststoffbahn, Gespinstlage	m²	12	16	**18**	20	23
			10	13	**15**	16	20
67	Gaubendeckung, Doppelstehfalz, Titanzink/Kupfer	m²	99	153	**179**	233	322
			83	129	**151**	196	270
68	Gaubendeckung, Doppelstehfalz, Edelstahl	m²	149	154	**193**	212	289
			125	130	**162**	178	243
69	Dachdeckung, Doppelstehfalz, Titanzink	m²	93	140	**159**	184	233
			78	118	**134**	155	195
70	Dachdeckung, Doppelstehfalz, Kupfer	m²	107	173	**191**	202	250
			90	146	**161**	169	210
71	Dachdeckung, Bandblech, Aluminium	m²	61	102	**103**	118	139
			51	86	**87**	99	117
72	Anschluss Blechdach, Titanzink	m	56	74	**84**	93	105
			47	63	**71**	78	88

► min
▷ von
ø Mittel
◁ bis
◄ max

Nr.	Positionen	Einheit	▶	▷	ø brutto € / ø netto €	◁	◀
73	Anschluss Blechdach, Kupfer	m	–	86	**96**	106	–
			–	72	**81**	89	–
74	Traufe, Blechdach, Titanzink	m	27	44	**48**	61	84
			23	37	**40**	51	70
75	Traufe, Blechdach, Kupfer	m	–	54	**67**	91	–
			–	46	**56**	76	–
76	Ortgang, Blechdach, Titanzink	m	35	53	**70**	78	91
			29	44	**59**	66	76
77	Ortgang, Blechdach, Kupfer	m	–	85	**96**	107	–
			–	72	**81**	90	–
78	Fassadenbekleidung, Bandblechscharen, Titanzink	m^2	95	133	**151**	159	189
			80	112	**127**	134	159
79	Fassadenbekleidung, Bandblechscharen, Kupfer	m^2	–	192	**214**	258	–
			–	161	**180**	217	–
80	Schneefangrohr, Stehfalzdeckung	m	36	60	**70**	75	88
			30	50	**58**	63	74
81	Schneefangrohr, Rundprofil	m	47	66	**74**	98	138
			39	56	**62**	83	116
82	Schneefanggitter, Titanzink	m	43	52	**55**	68	87
			36	44	**46**	57	73
83	Schneefanggitter, Kupfer	m	64	84	**92**	126	165
			54	71	**77**	106	139
84	Sicherheitsdachhaken, verzinkt	St	18	24	**28**	32	40
			15	20	**23**	26	34
85	Sicherheitstritt, Standgitter	St	90	121	**135**	143	165
			75	102	**113**	120	139
86	Dachleiter, Aluminium	St	143	339	**411**	513	701
			120	284	**345**	431	589
87	Stundensatz, Facharbeiter/-in	h	74	83	**87**	93	104
			62	70	**73**	78	87
88	Stundensatz, Helfer/in	h	59	69	**74**	80	94
			50	58	**62**	67	79

Nr. **Kurztext** / Langtext — Kostengruppe
▶ ▷ **ø netto €** ◁ ◀ [Einheit] Ausf.-Dauer Positionsnummer

1 Kleintierschutz, Metall — KG **363**

Kleintierschutz an der Traufe, aus Metall, passend zur Dachdeckung, freier Querschnitt gem. Klempnerfachregel des ZVSHK.
Untergrund: Holzunterkonstruktion
Breite: bis 150 mm

8€ 13€ **16€** 18€ 23€ [m] ⏱ 0,10h/m 022.000.006

Nr.	Kurztext / Langtext						Kostengruppe
▶	▷	ø netto €	◁	◀	[Einheit]	Ausf.-Dauer	Positionsnummer

2 Kleintierschutz, Kunststoff KG **363**

Kleintierschutz als Kammleiste an der Traufe, aus Kunststoff passend zur Dachdeckung, freier Querschnitt gem. Klempnerfachregel des ZVSHK.
Untergrund: Holzunterkonstruktion
Breite: .....

5€ | 7€ | **9€** | 9€ | 14€ | [m] | ⏱ 0,10h/m | 022.000.156

A 1 Traufblech Beschreibung für Pos. **3-5**

Traufblech als Einhängeblech, am Übergang von Dachfläche zu Dachrinne, mit Tropfkante, an den Stößen lose überlappt, aus Metallblech, verdeckt befestigen mit Haften, auf Holzuntergrund, mit Tropfkante, inkl. Befestigungsmittel.

Kosten:
Stand 1. Quartal 2025
Bundesdurchschnitt

3 Traufblech, Titanzink, Z 333 KG **363**

Wie Ausführungsbeschreibung A 1
Material: Titanzink
Blechdicke: 0,7 mm
Zuschnitt: 333 mm
Kantungen: .....
Oberfläche: .....
Tropfkante: **gekantet / mit Wulst**

17€ | 24€ | **25€** | 31€ | 45€ | [m] | ⏱ 0,20h/m | 022.000.007

4 Traufblech, Kupfer, Z 333 KG **363**

Wie Ausführungsbeschreibung A 1
Material: Kupfer
Blechdicke: 0,7 mm
Zuschnitt: 333 mm
Kantungen: .....
Oberfläche: .....
Tropfkante: **gekantet / mit Wulst**

21€ | 29€ | **32€** | 37€ | 52€ | [m] | ⏱ 0,25h/m | 022.000.008

5 Traufblech, Aluminium, Z 333 KG **363**

Wie Ausführungsbeschreibung A 1
Material: Aluminium
Blechdicke: 0,7 mm
Zuschnitt: 333 mm
Kantungen: .....
Oberfläche: .....
Tropfkante: **gekantet / mit Wulst**

18€ | 22€ | **25€** | 28€ | 34€ | [m] | ⏱ 0,20h/m | 022.000.058

▶ min
▷ von
ø Mittel
◁ bis
◀ max

6 Traufblech, Eckausbildung KG **363**

Eckausbildung für Traufblech, verdeckt befestigen mit Haftstreifen, einschl. Befestigungsmittel.
Untergrund: Holz
Material: .....
Winkel: 90°
Oberfläche: .....

20€	24€	**30€**	37€	41€	[St]	⏱ 0,25h/St	022.000.089

A 2 Dachrinne Titanzink Beschreibung für Pos. **7-8**

Dachrinne als Halbrundrinne, vorgehängt, mit Wulst und Falz, sowie Stoßverbindung, Rinne verlegt im Gefälle, inkl. geeigneter Rinnenhalter und Befestigungsmittel.
Material: Titanzink
Einbauort: Steildach

7 Dachrinne, Titanzink, Z 250 KG **363**

Wie Ausführungsbeschreibung A 2
Blechdicke: 0,7 mm
Zuschnitt: 250 mm
Oberfläche: .....
Einhängung: ....

30€	37€	**40€**	43€	50€	[m]	⏱ 0,30h/m	022.000.009

8 Dachrinne, Titanzink, Z 400 KG **363**

Wie Ausführungsbeschreibung A 2
Blechdicke: 0,7 mm
Zuschnitt: 400 mm
Oberfläche: .....
Einhängung: ....

40€	47€	**50€**	54€	64€	[m]	⏱ 0,30h/m	022.000.010

9 Dachrinne, Titanzink, Kastenrinne, bis Z 333 KG **363**

Dachrinne als kastenförmige Hängedachrinne mit Rinnenwulst und Falz, im Gefälle, vorgehängt mit Rinnenhaltern auf Holz.
Einbauort: geneigtes Dach
Material: Titanzink
Blechdicke: 0,7 mm
Zuschnitt: 333 mm
Oberfläche: .....
Einhängung: ....

37€	44€	**47€**	52€	66€	[m]	⏱ 0,34h/m	022.000.011

Nr.	Kurztext / Langtext						Kostengruppe
▶	▷	ø netto €	◁	◀	[Einheit]	Ausf.-Dauer	Positionsnummer

A 3 Dachrinne, Halbrund — Beschreibung für Pos. **10-11**

Dachrinne als Halbrundrinne, vorgehängt, mit Wulst und Falz, sowie Stoßverbindung, Rinne verlegt im Gefälle, inkl. Rinnenhalter und Befestigungsmittel.
Untergrund: Holz
Einbauort: Steildach

10 Dachrinne, Kupfer, bis Z 333 — KG **363**

Wie Ausführungsbeschreibung A 3
Material: Kupfer
Blechdicke: 0,7 mm
Zuschnitt: 333 mm
Oberfläche: .....
Einhängung: ....

▶	▷	ø	◁	◀	Einheit	Ausf.-Dauer	Positionsnummer
38€	46€	**51€**	52€	59€	[m]	⏱ 0,30 h/m	022.000.012

11 Dachrinne, Aluminium, bis Z 333 — KG **363**

Wie Ausführungsbeschreibung A 3
Material: Aluminium
Blechdicke: 0,7 mm
Zuschnitt: 333 mm
Oberfläche: .....
Einhängung: ....

▶	▷	ø	◁	◀	Einheit	Ausf.-Dauer	Positionsnummer
40€	47€	**49€**	52€	59€	[m]	⏱ 0,30 h/m	022.000.059

A 4 Rinnenstutzen — Beschreibung für Pos. **12-13**

Rinnenstutzen, in Dachrinne und Fallrohr eingepasst, inkl. aller notwendigen Anpass- und Fügearbeiten.

12 Rinnenstutzen, Titanzink — KG **363**

Wie Ausführungsbeschreibung A 4
Material: Titanzink
Form: **G / S / zylindrisch**
Nenngröße: .....
Oberfläche: .....
Fallrohr: rund

▶	▷	ø	◁	◀	Einheit	Ausf.-Dauer	Positionsnummer
18€	28€	**31€**	36€	47€	[St]	⏱ 0,15 h/St	022.000.013

13 Rinnenstutzen, Kupfer — KG **363**

Wie Ausführungsbeschreibung A 4
Material: Kupfer
Form: **G / S / zylindrisch**
Nenngröße: .....
Oberfläche: .....
Fallrohr: rund

▶	▷	ø	◁	◀	Einheit	Ausf.-Dauer	Positionsnummer
27€	42€	**43€**	48€	59€	[St]	⏱ 0,15 h/St	022.000.014

Kosten:
Stand 1. Quartal 2025
Bundesdurchschnitt

▶ min
▷ von
ø Mittel
◁ bis
◀ max

Nr.	**Kurztext** / Langtext						Kostengruppe
►	▷	**ø netto €**	◁	◀	[Einheit]	Ausf.-Dauer	Positionsnummer

A 5 Wasserfangkasten — Beschreibung für Pos. **14-15**

Wasserfangkasten für Fallrohre, in Dachrinne und Fallrohr eingepasst, inkl. aller notwendigen Anpass- und Fügearbeiten.

14 Wasserfangkasten, Titanzink — KG **363**

Wie Ausführungsbeschreibung A 5
Material: Titanzink
Nenngröße: .....
Oberfläche: .....
Ornament: .....
Fallrohr/Rinne: **rund / rechteckig**

96€ | 135€ | **151€** | 183€ | 253€ | [St] | ⏱ 0,60h/St | 022.000.015

15 Wasserfangkasten, Kupfer — KG **363**

Wie Ausführungsbeschreibung A 5
Material: Kupfer
Nenngröße: .....
Oberfläche: .....
Ornament: .....
Fallrohr/Rinne: **rund / rechteckig**

107€ | 201€ | **224€** | 252€ | 395€ | [St] | ⏱ 0,60h/St | 022.000.097

16 Wasserspeier, bis DN100 — KG **363**

Wasserspeier, angeschlossen an Abdichtung. Anschluss **an Dachrinne / durch Attika**.
Material: **Kupfer- / Zink- / Edelstahl- / Alu-**Blech
Blechdicke: .....
Nennnweite: DN100
Attikabreite: .....
Form: .....
Oberfläche: .....
Einbauort: **Dachrinne / Attikablech**

105€ | 156€ | **178€** | 215€ | 298€ | [St] | ⏱ 0,35h/St | 022.000.050

A 6 Rinnenendstück — Beschreibung für Pos. **17-18**

Rinnenendstück für Dachrinne, passend zur Dachrinne, in Rinnenquerschnitt eingepasst und gefügt.

17 Rinnenendstück, Titanzink — KG **363**

Wie Ausführungsbeschreibung A 6
Material: Titanzink
Oberfläche: .....
Nenngröße Rinne: .....

6€ | 10€ | **12€** | 15€ | 20€ | [St] | ⏱ 0,10h/St | 022.000.016

000
001
002
006
008
009
010
012
013
014
016
017
018
020
021
022

Nr.	Kurztext / Langtext						Kostengruppe
►	▷	ø netto €	◁	◀	[Einheit]	Ausf.-Dauer	Positionsnummer

18 Rinnenendstück, Kupfer KG **363**

Wie Ausführungsbeschreibung A 6
Material: Kupfer
Oberfläche: .....
Nenngröße Rinne: .....

7€	11€	**13€**	18€	26€	[St]	⏱ 0,10h/St	022.000.017

19 Eckausbildung Dachrinne KG **363**

Eckausbildung, passend zur vorgehängten Dachrinne.
Ecke: Innen- und Außenecke
Winkel: .....°
Material: .....
Ausführung: **Außenwinkel / Innenwinkel**

36€	50€	**55€**	67€	88€	[St]	⏱ 0,30h/St	022.000.087

20 Außenecke Dachrinne, Titanzink KG **363**

Rinnenwinkel als Außenwinkel, passend zur vorgehängten Dachrinne, inkl. aller notwendigen Anpass- und Fügearbeiten.
Rinnentyp: Halbrundrinne, mit Wulst und Falz
Winkel: 90°
Material: Titanzink
Nenngröße: .....
Oberfläche: .....

32€	41€	**45€**	52€	63€	[St]	⏱ 0,05h/St	022.000.157

21 Rinnenwinkel außen, Dachrinne, Kupfer KG **363**

Rinnenwinkel als Außenwinkel, passend zur vorgehängten Dachrinne, inkl. aller notwendigen Anpass- und Fügearbeiten.
Rinnentyp: Halbrundrinne, mit Wulst und Falz
Winkel: 90°
Material: Kupfer
Nenngröße: .....
Oberfläche: .....

32€	48€	**55€**	68€	88€	[St]	⏱ 0,06h/St	022.000.158

22 Rinnenwinkel innen, Dachrinne, Titanzink KG **363**

Rinnenwinkel innen, Dachrinne, passend zur vorgehängten Dachrinne, inkl. aller notwendigen Anpass- und Fügearbeiten.
Rinnentyp: Halbrundrinne, mit Wulst und Falz
Winkel: 90°
Material: Titanzink
Blechdicke: .....
Nenngröße: .....
Oberfläche: .....

32€	40€	**43€**	49€	59€	[St]	⏱ 0,05h/St	022.000.159

Kosten:
Stand 1.Quartal 2025
Bundesdurchschnitt

► min
▷ von
ø Mittel
◁ bis
◀ max

23 Rinnenwinkel innen, Dachrinne, Kupfer KG **363**

Rinnenwinkel innen, Dachrinne, passend zur vorgehängten Dachrinne, inkl. aller notwendigen Anpass- und Fügearbeiten.
Rinnentyp: Halbrundrinne, mit Wulst und Falz
Winkel: 90°
Material: Kupfer
Nenngröße: .....
Oberfläche: .....

32€	51€	**57€**	70€	88€	[St]	⏱ 0,06h/St	022.000.160

A 7 Fallrohr, Metallblech, rund Beschreibung für Pos. **24-26**

Regenfallrohr, rund, aus Metallblech, befestigt mittels Rohrschellen und Schraubstift.

24 Fallrohr, Titanzink, DN100 KG **363**

Wie Ausführungsbeschreibung A 7
Material: Titanzink
Blechdicke: 0,7 mm
Nenngröße: DN100
Oberfläche: .....
Befestigungsuntergrund: .....
Verankerungstiefe: .....

26€	35€	**38€**	43€	60€	[m]	⏱ 0,21h/m	022.000.167

25 Fallrohr, Kupfer, DN100 KG **363**

Wie Ausführungsbeschreibung A 7
Material: Kupfer
Blechdicke: .....
Nenngröße: DN100
Oberfläche: .....
Befestigungsuntergrund: .....
Verankerungstiefe: .....

31€	51€	**53€**	58€	77€	[m]	⏱ 0,20h/m	022.000.020

26 Fallrohr, Aluminium, DN100 KG **363**

Wie Ausführungsbeschreibung A 7
Material: Aluminium
Blechdicke: 0,7 mm
Nenngröße: DN100
Oberfläche: .....
Befestigungsuntergrund: .....
Verankerungstiefe: .....

35€	46€	**48€**	58€	76€	[m]	⏱ 0,20h/m	022.000.062

Nr.	**Kurztext** / Langtext						Kostengruppe
►	▷	**ø netto €**	◁	◀	[Einheit]	Ausf.-Dauer	Positionsnummer

27 Fallrohrabzweig, Titanzink, DN80/DN100 KG **363**

Fallrohrabzweig, rund, aus Metallblech, verbunden mit Fallrohr.
Material: Titanzink
Blechdicke: 0,7 mm
Nenngröße: **DN80 / DN100**
Anschlusswinkel: .....°
Oberfläche: .....

33€ | 46€ | **50€** | 53€ | 62€ | [St] | ⏱ 0,08h/St | 022.000.161

A 9 Fallrohrbogen Beschreibung für Pos. **28-29**

Fallrohrbogen, rund, verbunden mit Fallrohr.

Kosten:
Stand 1. Quartal 2025
Bundesdurchschnitt

28 Fallrohrbogen, Titanzink, bis DN100 KG **363**

Wie Ausführungsbeschreibung A 9
Material: Titanzink
Blechdicke: 0,7 mm
Nenngröße: bis DN100
Bogenwinkel: .....°
Oberfläche: .....

12€ | 18€ | **21€** | 25€ | 35€ | [St] | ⏱ 0,10h/St | 022.000.021

29 Fallrohrbogen, Kupfer, bis DN100 KG **363**

Wie Ausführungsbeschreibung A 9
Material: Kupfer
Blechdicke: 0,7 mm
Nenngröße: bis DN100
Bogenwinkel: .....
Anschlüsse: gelötet
Oberfläche: .....

18€ | 30€ | **31€** | 38€ | 53€ | [St] | ⏱ 0,10h/St | 022.000.022

30 Etagen-/Sockelknie, Regenfallrohr KG **363**

Etagen-/Sockelknie, rund, aus Metallblech, mit Fallrohr verbunden.
Material: .....
Blechdicke: .....
Nenngröße: bis DN100
Ausladung: ..... mm
Oberfläche: .....

25€ | 32€ | **34€** | 38€ | 46€ | [St] | ⏱ 0,16h/St | 022.000.063

31 Standrohrkappe, Fallrohr, Titanzink KG **363**

Standrohrkappe für Standrohre, passend zum angeschlossenen Fallrohr.
Material: Titanzink
Oberfläche: .....
Ausführung: **mit / ohne Muffe**

4€ | 8€ | **10€** | 12€ | 18€ | [St] | ⏱ 0,10h/St | 022.000.025

► min
▷ von
ø Mittel
◁ bis
◀ max

32 Fallrohrklappe, Fallrohr, Titanzink/Kupfer KG **363**

Fallrohrklappe, passend zum Fallrohr.
Material: **Titanzink / Kupfer**
Oberfläche: .....
Laubfang: **mit / ohne**

▶	▷	ø netto €	◁	◀	[Einheit]	Ausf.-Dauer	Positionsnummer
34€	50€	**55€**	59€	74€	[St]	⏱ 0,15h/St	022.000.026

33 Fallrohrschelle, WDVS KG **363**

Rohrschellen mit Schraubstift für Fallrohr DN100.
Material: .....
Untergrund: .....
Dämmdicke WDVS: .....

▶	▷	ø netto €	◁	◀	[Einheit]	Ausf.-Dauer	Positionsnummer
9€	14€	**16€**	19€	26€	[St]	⏱ 0,12h/St	022.000.155

34 Laubfangkorb, Abläufe, Kupfer KG **363**

Laubfangkorb, für Dachrinnen-Ablauf.
Material: Kupferdraht
Oberfläche: .....
Ablaufgröße: .....

▶	▷	ø netto €	◁	◀	[Einheit]	Ausf.-Dauer	Positionsnummer
6€	9€	**10€**	13€	18€	[St]	⏱ 0,06h/St	022.000.027

35 Standrohr, Guss/SML KG **363**

Standrohr, rund, im Sockelbereich der Dachentwässerung, als Übergang zur Grundleitung, Standrohr mit Rohrschellen am Gebäude befestigt, inkl. Anschluss an Rohrleitungsnetz.
Material: **Gussrohr / SML-Rohr**
Form: **rund / rechteckig**
Nenngröße: DN.....
Oberfläche: .....
Revisionsöffnung: **mit / ohne**

▶	▷	ø netto €	◁	◀	[Einheit]	Ausf.-Dauer	Positionsnummer
70€	82€	**88€**	96€	115€	[St]	⏱ 0,36h/St	022.000.023

36 Standrohr, Titanzink KG **363**

Standrohr abgestimmt auf Fallrohr, vor Gebäudesockel einbauen, mit runder Revisionsöffnung einschl. Deckel und Schrauben, mit Muffe, wasserdicht verbunden mit Fallrohr.
Material: Titanzink
Form: **rund / rechteckig**
Nenngröße: DN.....
Materialstärke: ..... mm

▶	▷	ø netto €	◁	◀	[Einheit]	Ausf.-Dauer	Positionsnummer
76€	108€	**114€**	135€	177€	[St]	⏱ 0,36h/St	022.000.024

Nr.	Kurztext / Langtext						Kostengruppe
►	▷	ø netto €	◁	◄	[Einheit]	Ausf.-Dauer	Positionsnummer

37 **Notüberlauf, Flachdach** KG **363**

Notüberlauf in Attika, außenseitig mit Tropfnase, innenseitig mit Kragen, einschl. Anschluss an Dachdichtung.
Anschlussart/Eindichtung: .....
Abdichtung Dachfläche: .....
Einbau: waagerecht
Gefälle: .....°
Material: .....
Materialdicke: .....
Anstauhöhe: .....
Abflussleistung: .....
Form: **rund / rechteckig**
Abmessung: .....
Länge: ..... mm
Oberfläche: .....

115€ | 187€ | **226€** | 295€ | 428€ | [St] | ⏱ 0,80h/St | 022.000.069

A 11 **Traufblech/Traufstreifen** Beschreibung für Pos. **38-39**

Traufstreifen aus Metallblech, mit Tropfkante, befestigt mit Haftstreifen auf Holzunterkonstruktion, an den Stößen lose überlappt, inkl. Befestigungsmittel. Ecken in gesonderter Position.

38 **Traufstreifen, Kupfer, Z 333** KG **363**

Wie Ausführungsbeschreibung A 11
Material: Kupfer
Blechdicke: 0,7 mm
Zuschnitt: ca. 333 mm
Kantungen: dreifach gekantet
Oberfläche: .....

18€ | 32€ | **35€** | 43€ | 58€ | [m] | ⏱ 0,15h/m | 022.000.029

39 **Traufstreifen, Titanzink, Z 333** KG **363**

Wie Ausführungsbeschreibung A 11
Material: Titanzink
Blechdicke: 0,7 mm
Zuschnitt: ca. 333 mm
Kantungen: dreifach gekantet
Oberfläche: .....

17€ | 25€ | **28€** | 36€ | 49€ | [m] | ⏱ 0,15h/m | 022.000.028

Kosten:
Stand 1.Quartal 2025
Bundesdurchschnitt

► min
▷ von
ø Mittel
◁ bis
◄ max

40 **Traufe, Verbundblech, bis 500mm** KG **363**

Einlaufblech/Traufblech als Verbundblech, folienkaschiertes, verzinktes Stahlblech, auf Holzunterkonstruktion, an den Stößen überlappt, unter 10° Dachneigung mit Falzen verbunden. Endausbildungen und Ecken in gesonderter Position.
Blechdicke: .....
Zuschnitt: bis 500 mm
Kantungen: .....
Oberfläche: .....
Dachneigung: .....°

38€ 55€ **63€** 75€ 95€ [m] ⏱ 0,35h/m 022.000.072

41 **Kiesfangleiste, Lochblech** KG **363**

Kiesfangleiste, als Abschluss im Randbereich der Kiesschüttung, mit Montagehaltern fixiert, inkl. Anschluss an die Dachabdichtung.
Material: **verzinktes Stahlblech / Aluminiumblech / nichtrostendes Stahlblech**
Ausführung: gelocht
Abmessung: .....
Einbauort: Gründach

17€ 28€ **30€** 34€ 46€ [m] ⏱ 0,10h/m 022.000.053

A 12 **Blechkehle** Beschreibung für Pos. **42-43**

Kehle aus Metallblech, mit seitlichem Wasserfalz, überlappend verlegt, befestigt auf Holzunterkonstruktion, inkl. Befestigungsmittel.

42 **Blechkehle, Titanzink, bis Z 667** KG **363**

Wie Ausführungsbeschreibung A 12
Material: Titanzink
Blechdicke: .....
Ausführung: .....
Zuschnitt: bis 667 mm
Oberfläche: .....
Dachneigung: .....°

32€ 44€ **49€** 65€ 99€ [m] ⏱ 0,20h/m 022.000.030

43 **Blechkehle, Kupfer, bis Z 667** KG **363**

Wie Ausführungsbeschreibung A 12
Material: Kupfer
Blechdicke: .....
Ausführung: .....
Zuschnitt: bis 667 mm
Oberfläche: .....
Dachneigung: .....°

39€ 66€ **72€** 118€ 170€ [m] ⏱ 0,20h/m 022.000.031

Nr.	Kurztext / Langtext					Kostengruppe
►	▷	ø netto €	◁	◄	[Einheit]	Ausf.-Dauer	Positionsnummer

A 13 Ortgangblech — Beschreibung für Pos. **44-45**

Ortgangverblechung, Nahtausbildung überlappt, verdeckt befestigt mit Vorstoßblechen auf Holzunterkonstruktion, inkl. Befestigungsmittel.

44 Ortgangblech, Titanzink, Z 500 — KG **363**

Wie Ausführungsbeschreibung A 13
Material: Titanzink
Blechdicke: 0,7 mm
Ausführung: **gefalzt / glatt / .....**
Zuschnitt: 500 mm
Oberfläche: .....
Dachneigung: .....°

►	▷	ø	◁	◄	Einheit	Ausf.-Dauer	Positionsnummer
27€	43€	**50€**	62€	94€	[m]	⏱ 0,20h/m	022.000.032

45 Ortgangblech, Kupfer, Z 333 — KG **363**

Wie Ausführungsbeschreibung A 13
Material: Kupfer
Blechdicke: 0,7 mm
Ausführung: **gefalzt / glatt / .....**
Zuschnitt: 333 mm
Oberfläche: .....
Dachneigung: .....°

►	▷	ø	◁	◄	Einheit	Ausf.-Dauer	Positionsnummer
31€	44€	**53€**	88€	126€	[m]	⏱ 0,20h/m	022.000.033

46 Ortgangblech, Verbundblech, Z 500 — KG **363**

Dachrandverblechung, aus folienkaschiertem Verbundblech, mit Tropfkante, zum Anschluss an Dachabdichtung aus Kunststoffbahnen, auf Holzunterkonstruktion, inkl. Befestigungsmittel, an den Stößen verbunden, ggf. mit Schiebenähten.
Einbauort: Flachdach
Blechdicke: .....
Zuschnitt: bis 500 mm
Kantungen: .....
Oberfläche: .....

►	▷	ø	◁	◄	Einheit	Ausf.-Dauer	Positionsnummer
23€	35€	**40€**	57€	95€	[m]	⏱ 0,16h/m	022.000.054

Kosten:
Stand 1. Quartal 2025
Bundesdurchschnitt

► min
▷ von
ø Mittel
◁ bis
◄ max

47 Attika-/Dachrand-UK, Holzbohle, Holzschutz KG **363**

Holzbohle als Unterkonstruktion auf Dachrand, Attika oder für Mauerabdeckung.
Befestigung: sichtbar, im Abstand von e= ..... cm
Gebäudehöhe: **bis 10 / über 10 bis 18 / über 18 bis 25 / über 25** m
Windzone: .....
Untergrund: **Holz / Beton**
Material: Nadelholz, Sortierklasse S13 K, visuell sortiert
Zuschnitt: konisch
Dicke: 40 mm
Breite: ..... mm
Oberfläche: scharfkantig, allseitig auf Fertigmaß gehobelt
Einbau auf: .....
chem. Holzschutz: Iv, P, W
Gebrauchsklasse: GK 3.1.

11€	22€	**25€**	30€	39€	[m]	⏱ 0,18h/m	022.000.083

48 Attika-UK, Mehrschichtplatte KG **363**

Mehrschichtplatte als Unterkonstruktion auf Attika oder für Mauerabdeckung.
Material: Furnierholzplatte nach DIN EN 14 374
Holzart: .....
Befestigung: sichtbar, im Abstand von e= ..... cm
Gebäudehöhe: **bis 10 / über 10 bis 18 / über 18 bis 25 / über 25** m
Windzone: .....
Untergrund: **Holz / Beton**
Mehrschichtplatte als Unterkonstruktion auf Attika oder für Mauerabdeckung.
Einbau auf: .....
Verwendungsbereich: Außenbereich
Dicke: **20 / 26 / .....** mm
Breite: ..... mm

26€	32€	**35€**	38€	51€	[m]	⏱ 0,15h/m	022.000.165

Nr.	Kurztext / Langtext						Kostengruppe
▶	▷	ø netto €	◁	◀	[Einheit]	Ausf.-Dauer	Positionsnummer

A 14 Attikaabdeckung, Metallblech — Beschreibung für Pos. **49-51**

Attika- oder Mauerabdeckung aus Metallblech, verdeckt befestigt, inkl. Haftstreifen und Befestigungsmittel, an den Längsstößen verbunden, ggf. mittels Schiebenähten.

49 Attikaabdeckung, Titanzink, bis Z 700 — KG **363**

Wie Ausführungsbeschreibung A 14
Material: Titanzink
Blechdicke: 0,7 mm
Zuschnitt: bis 700 mm
Kantungen: .....
Oberfläche: .....
Bauteil: **Attika / Mauer**
Attika-/Mauerlänge: .....
Attika-/Mauerbreite: .....
Querneigung: .....°
Untergrund: **Stahlbeton / Mauerwerk / Holzwerkstoffplatte**
Gebäudehöhe: ..... m
Windzone: .....

▶	▷	ø	◁	◀	Einheit	Ausf.-Dauer	Positionsnummer
39€	65€	**78€**	98€	152€	[m]	⏱ 0,40h/m	022.000.034

50 Attikaabdeckung, Kupfer, bis Z 700 — KG **363**

Wie Ausführungsbeschreibung A 14
Material: Kupfer
Blechdicke: 0,7 mm
Zuschnitt: bis 700 mm
Kantungen: .....
Oberfläche: .....
Bauteil: **Attika / Mauer**
Attika-/Mauerlänge: .....
Attika-/Mauerbreite: .....
Querneigung: .....°
Untergrund: **Stahlbeton / Mauerwerk / Holzwerkstoffplatte**
Gebäudehöhe: ..... m
Windzone: .....

▶	▷	ø	◁	◀	Einheit	Ausf.-Dauer	Positionsnummer
82€	103€	**113€**	123€	153€	[m]	⏱ 0,45h/m	022.000.035

Kosten:
Stand 1. Quartal 2025
Bundesdurchschnitt

▶ min
▷ von
ø Mittel
◁ bis
◀ max

51 **Attikaabdeckung, Aluminium, bis Z 700** KG **363**

Wie Ausführungsbeschreibung A 14
Material: Aluminium
Blechdicke: 0,7 mm
Zuschnitt: bis 700 mm
Kantungen: .....
Oberfläche: .....
Bauteil: **Attika / Mauer**
Attika-/Mauerlänge: .....
Attika-/Mauerbreite: .....
Querneigung: .....°
Untergrund: **Stahlbeton / Mauerwerk / Holzwerkstoffplatte**
Gebäudehöhe: ..... m
Windzone: .....

46€ 71€ **83€** 103€ 151€ [m] ⏱ 0,45h/m 022.000.120

52 **Firstanschlussblech, Titanzink, gekantet, Z 500** KG **363**

Firstanschlussblech, auf Holzunterkonstruktion, inkl. Befestigungsmittel.
Material: Titanzink
Blechdicke: .....
Zuschnitt: bis 500 mm
Kantungen: .....
Oberfläche: .....
Dachneigung: .....°

42€ 57€ **65€** 82€ 108€ [m] ⏱ 0,30h/m 022.000.073

A 15 **Wandanschluss, Metalldach** Beschreibung für Pos. **53-54**

Wandanschluss aus Metallblech, als Schutz der Dachabdichtung an aufgehenden Bauteilen, an den Stößen verbunden, inkl. Abdichtung der oben liegenden Fuge zwischen Wandbelag und Blechstreifen.

53 **Wandanschlussblech, Titanzink, Z 500** KG **363**

Wie Ausführungsbeschreibung A 15
Material: Titanzink
Blechdicke: 0,7 mm
Zuschnitt: 500 mm
Kantungen: .....
Oberfläche: .....
Untergrund: .....

26€ 39€ **45€** 55€ 82€ [m] ⏱ 0,35h/m 022.000.038

Nr.	Kurztext / Langtext						Kostengruppe
▶	▷	**ø netto €**	◁	◀	[Einheit]	Ausf.-Dauer	Positionsnummer

54 Wandanschlussblech, Kupfer, Z 500 KG **363**

Wie Ausführungsbeschreibung A 15
Material: Kupfer
Blechdicke: 0,7 mm
Zuschnitt: 500 mm
Kantungen: .....
Oberfläche: .....
Untergrund: .....

29€	56€	**65€**	85€	120€	[m]	⏱ 0,35h/m	022.000.039

55 Firsthaube, mehrfach gekantet KG **363**

Firstabdeckung bzw. Firsthaube aus Metallblech, auf Holzunterkonstruktion, inkl. Befestigungsmittel.
Material: .....
Blechdicke: .....
Zuschnitt: .....
Kantungen: .....
Oberfläche: .....
Dachneigung: .....°

37€	74€	**90€**	113€	158€	[m]	⏱ 0,50h/m	022.000.074

A 16 Überhangblech, Metalldach Beschreibung für Pos. **56-57**

Überhangstreifen für Wandanschluss der Dachabdichtung, aus Metallblech, mit Tropfkante, an den Stößen verbunden, ggf. mit Schiebenähten, inkl. elastischer Abdichtung der oben liegenden Fuge zwischen Wandbelag und Blechstreifen.

56 Überhangblech, Titanzink/Kupfer, bis Z 200 KG **363**

Wie Ausführungsbeschreibung A 16
Material: **Titanzink / Kupfer**
Blechdicke: 0,7 mm
Zuschnitt: bis 200 mm
Kantungen: .....
Oberfläche: .....
Anschluss an: **Putzprofil / Profilschiene**
Untergrund: **Stahlbeton / Mauerwerk**

14€	24€	**29€**	35€	51€	[m]	⏱ 0,15h/m	022.000.036

57 Überhangblech, Titanzink/Kupfer, bis Z 400 KG **363**

Wie Ausführungsbeschreibung A 16
Material: **Titanzink / Kupfer**
Blechdicke: 0,7 mm
Zuschnitt: bis 400 mm
Kantungen: .....
Oberfläche: .....
Anschluss an: **Putzprofil / Profilschiene**
Untergrund: **Stahlbeton / Mauerwerk**

24€	32€	**35€**	41€	55€	[m]	⏱ 0,20h/m	022.000.037

Kosten:
Stand 1. Quartal 2025
Bundesdurchschnitt

▶ min
▷ von
ø Mittel
◁ bis
◀ max

58 **Wandanschluss, Verbundblech, Z 500** KG **363**

Wandanschluss aus Verbundblech, als Anschluss für einlagige Dachdichtungsbahn aus Kunststoff an aufgehenden Bauteilen, an den Stößen verbunden, inkl. elastischer Abdichtung der oben liegenden Fuge zwischen Wandbelag und Blechstreifen.
Material: folienkaschiertes Verbundblech
Blechdicke: .....
Dachdichtungsbahn: .....
Zuschnitt: 500 mm
Kantungen: .....
Oberfläche: .....
Untergrund: .....

33€ 48€ **54€** 74€ 106€ [m] ⏱ 0,35h/m 022.000.055

59 **Fassadenrinne, Stahlblech** KG **363**

Fassaden-/Terrassenrinne, begehbar und rollstuhlbefahrbar, gegen Ausheben gesichert, bestehend aus:

- beidseitiger Kiesleiste
- geschlossenem Rinnenboden
- Dränschlitzen 3-5 mm
- eingepasstem Rost

Rinne stufenlos höhenverstellbar bis 80 mm
Endstücke und Ecken nach gesonderter Position
Material: Stahl, verzinkt
Belastungsklasse: L 15
Rinnenbreite: .....
Rinnenhöhe: .....
Maschenweite 30 x 10 mm
Abflussleistung: ..... l/s*m

133€ 184€ **208€** 249€ 332€ [m] ⏱ 0,80h/m 022.000.064

60 **Wandanschluss, Nocken, Titanzink** KG **363**

Wandanschluss aus unterlegten Nockenblechen; Endausbildungen und Ecken in gesonderter Position.
Untergrund: .....
Dachdeckung: .....
Material: Titanzink
Blechdicke: .....
Nockengröße: .....
Oberfläche: .....

28€ 40€ **46€** 58€ 71€ [m] ⏱ 0,25h/m 022.000.040

61 **Schornsteinbekleidung, Winkel-/Stehfalzdeckung, Titanzink** KG **363**

Metallblechbekleidung des Schornsteins, mit Winkel-Stehfalzdeckung als hinterlüftete Konstruktion, mit UK aus Metallprofilen und Mineralwolle-Dämmung, inkl. sämtlicher Befestigungsmittel.
Material: Titanzink-Blech
Blechdicke: .....
Bandbreite: .....
Oberfläche: .....
Dachneigung: .....°

147€ 181€ **198€** 211€ 278€ [m²] ⏱ 1,00h/m² 022.000.044

000 001 002 006 008 009 010 012 013 014 016 017 018 020 021 **022**

Nr.	Kurztext / Langtext						Kostengruppe
▶	▷	ø netto €	◁	◀	[Einheit]	Ausf.-Dauer	Positionsnummer

62 Schornsteinverwahrung, Kupfer KG **363**

Einfassung von Dacheinbauten, aus Metallblech, traufseitig mit Brustblech, seitlich mit Winkelblechen, firstseitig mit Nackenblechen, überlappend, inkl. Befestigungsmittel, Überhangblech und elastischer Abdichtung der oben liegenden Fuge zwischen Wandbelag und Einfassung.
Bauteil: Schornstein
Grundrisslänge: .....
Grundrissbreite: .....
Material: Kupfer
Blechdicke: .....
Zuschnitt: .....
Zuschnitt Überhangblech: .....
Oberfläche: .....
Dachneigung: .....°
Anschlusshöhe: mind. 150 mm
Untergrund: Holzkonstruktion

151€ | 226€ | **264€** | 276€ | 351€ | [St] | ⏱ 1,20 h/St | 022.000.065

63 Dachfenster /-oberlicht einfassen KG **362**

Einfassung von Dachfenster, aus Metallblech, traufseitig mit Brustblech, seitlich mit Winkelblechen, firstseitig mit Nackenblechen, überlappend verlegt, inkl. Befestigungsmittel
Abmessung Dachfenster/Oberlicht (B x L): ..... x ..... mm
Dachfläche Neigung: .....°
Dachdeckung aus: ......
Deckmaß (B x L): ..... x ..... mm

365€ | 425€ | **446€** | 511€ | 629€ | [St] | ⏱ 1,50 h/St | 022.000.166

64 Walzbleianschluss, Blechstreifen KG **363**

Anschluss an aufgehendes Bauteil mit Walzbleistreifen, inkl. Überhangstreifen.
Material: Walzblei
Blechdicke: .....
Zuschnitt: **250 / 400** mm
Überhangstreifen: Material: ....., Z..... , ...fach gekantet
Dachneigung: .....°
Anschlusshöhe: mind. 150 mm
Untergrund: .....

45€ | 61€ | **76€** | 82€ | 94€ | [m²] | ⏱ 0,40 h/m² | 022.000.056

65 Trennlage, Blechflächen, V13 KG **363**

Trennlage für Metallblechdeckung, aus Bitumen-Dachbahn mit Glasvlieseinlage, auch als Vor- und Notdeckung geeignet, Bahnenstöße überlappt, auf Holzschalung genagelt.
Dachdeckung: Stehfalzdeckung
Dachneigung: .....°
Trennlage: V13 besandet
Anmerkung: Bei Titanzinkdeckung ist unter 15° eine Dränagebahn bzw. strukturierte Trennlage einzubauen.

5€ | 10€ | **12€** | 14€ | 19€ | [m²] | ⏱ 0,06 h/m² | 022.000.047

Kosten:
Stand 1. Quartal 2025
Bundesdurchschnitt

▶ min
▷ von
ø Mittel
◁ bis
◀ max

66 Trennlage, Kunststoffbahn, Gespinstlage KG **363**

Trennlage, strukturiert, diffusionsoffen, unter Metallblechdeckung auf Holzschalung befestigt.
Dachdeckung: Metall-Stehfalzdeckung
Dachneigung: unter 15°
Trennlage: Kunststoff-Faservlies mit Kunststoffgespinstlage
Höhe: ca. 8 mm
Brandverhalten: Klasse E
Widerstand Wasserdurchgang: W1
Wasserdampfdurchlässigkeit: <=0,1

10€ 13€ **15€** 16€ 20€ [m2] ⏱ 0,08h/m2 022.000.170

A 19 Gaubendeckung, Doppelstehfalz Beschreibung für Pos. **67-68**

Metallblechdeckung auf Dachgauben, aus Metallblech, als Doppelstehfalzdeckung, Falze gekantet.

67 Gaubendeckung, Doppelstehfalz, Titanzink/Kupfer KG **363**

Wie Ausführungsbeschreibung A 19
Material: **Titanzink / Kupfer**
Blechdicke: .....
Bandbreite: .....
Oberfläche: .....
Dachneigung: .....°
Untergrund: Holzschalung mit Trennlage

83€ 129€ **151€** 196€ 270€ [m2] ⏱ 1,00h/m2 022.000.049

68 Gaubendeckung, Doppelstehfalz, Edelstahl KG **363**

Wie Ausführungsbeschreibung A 19
Material: nichtrostendes Stahlblech, Werkstoff Nr.: .....
Blechdicke: .....
Bandbreite: .....
Oberfläche: .....
Dachneigung: .....°
Untergrund: Holzschalung mit Trennlage

125€ 130€ **162€** 178€ 243€ [m2] ⏱ 1,20h/m2 022.000.066

A 20 Dachdeckung, Metallblech, Doppelstehfalz Beschreibung für Pos. **69-70**

Blechdachdeckung als Doppel-Stehfalzdeckung. Falze mit Dichtbändern für flach geneigte Dächer.

69 Dachdeckung, Doppelstehfalz, Titanzink KG **363**

Wie Ausführungsbeschreibung A 20
Untergrund: Holzschalung mit Trennlage
Material: Titanzinkblech
Blechdicke: .....
Bandbreite: .....
Oberfläche: .....
Dachneigung: .....°

78€ 118€ **134€** 155€ 195€ [m2] ⏱ 0,85h/m2 022.000.045

000 001 002 006 008 009 010 012 013 014 016 017 018 020 021 022

Nr.	Kurztext / Langtext						Kostengruppe
►	▷	**ø netto €**	◁	◄	[Einheit]	Ausf.-Dauer	Positionsnummer

70 Dachdeckung, Doppelstehfalz, Kupfer KG **363**

Wie Ausführungsbeschreibung A 20
Material: Kupfer
Blechdicke: .....
Bandbreite: .....
Oberfläche: .....
Dachneigung: .....°
Untergrund: Holzschalung mit Trennlage

►	▷	ø	◁	◄	Einheit	Ausf.-Dauer	Positionsnummer
90€	146€	**161€**	169€	210€	[m²]	0,80 h/m²	022.000.046

71 Dachdeckung, Bandblech, Aluminium KG **363**

Blechdachdeckung mit selbsttragenden, gefalzten Band-Elementen aus Aluminium.
Blechdicke: .....
Bandbreite: .....
Oberfläche: .....
Dachneigung: .....°
Untergrund: Holzpfetten

►	▷	ø	◁	◄	Einheit	Ausf.-Dauer	Positionsnummer
51€	86€	**87€**	99€	117€	[m²]	0,70 h/m²	022.000.057

A 21 Anschlüsse Blechdach Beschreibung für Pos. **72-73**

Anschluss der Blechdachdeckung an aufgehende Bauteile, verdeckt befestigt.

72 Anschluss Blechdach, Titanzink KG **363**

Wie Ausführungsbeschreibung A 21
Deckungsart: **Stehfalz / Winkelfalz / Doppelstehfalz**
Material: Titanzink
Blechdicke: .....
Bahnenbreite: .....
Anschluss: **parallel / im Winkel von .....**° zur Verlegerichtung
Dachneigung: .....

►	▷	ø	◁	◄	Einheit	Ausf.-Dauer	Positionsnummer
47€	63€	**71€**	78€	88€	[m]	0,38 h/m	022.000.084

73 Anschluss Blechdach, Kupfer KG **363**

Wie Ausführungsbeschreibung A 21
Deckungsart: **Stehfalz / Winkelfalz / Doppelstehfalz**
Material: Kupfer
Blechdicke: .....
Bahnenbreite: .....
Anschluss: **parallel / im Winkel von .....**° zur Verlegerichtung
Dachneigung: .....
Untergrund: Holzschalung mit Trennlage

►	▷	ø	◁	◄	Einheit	Ausf.-Dauer	Positionsnummer
–	72€	**81€**	89€	–	[m]	0,38 h/m	022.000.140

Kosten:
Stand 1. Quartal 2025
Bundesdurchschnitt

► min
▷ von
ø Mittel
◁ bis
◄ max

A 22 Traufe, Blechdach — Beschreibung für Pos. **74-75**

Traufen eindecken, Bandblechdachdeckung, mit Traufblech, durchlaufend befestigt mit Haften. Falze umgelegt.
Untergrund: Holzschalung mit Trennlage

74 Traufe, Blechdach, Titanzink — KG **363**

Wie Ausführungsbeschreibung A 22
Deckungsart: **Stehfalz / Winkelfalz / Doppelstehfalz**
Material: Titanzink
Blechdicke: .....
Zuschnitt: .....
Kantungen: .....
Dachneigung: .....°
Traufe: **gekantet / mit Wulst**

23€	37€	**40€**	51€	70€	[m]	⏱ 0,30 h/m	022.000.085

75 Traufe, Blechdach, Kupfer — KG **363**

Wie Ausführungsbeschreibung A 22
Deckungsart: **Stehfalz / Winkelfalz / Doppelstehfalz**
Material: Kupfer
Blechdicke: .....
Zuschnitt: .....
Kantungen: .....
Dachneigung: .....°
Traufe: **gekantet / mit Wulst**

–	46€	**56€**	76€	–	[m]	⏱ 0,30 h/m	022.000.143

A 23 Ortgang, Blechdach — Beschreibung für Pos. **76-77**

Ortgang der Metallblechdeckung eindecken, verdeckt befestigt mit Haften. Falze umgelegt, Anschluss mit Dichtungsband.
Untergrund: Holzschalung mit Trennlage.

76 Ortgang, Blechdach, Titanzink — KG **363**

Wie Ausführungsbeschreibung A 23
Deckungsart: .....
Material: Titanzink
Blechdicke: .....
Zuschnitt: .....
Kantungen: .....
Dachneigung: .....°
Untergrund: Holzschalung mit Trennlage
Für die Ausführung werden vom AG folgende Unterlagen zur Verfügung gestellt:
- Entwurfszeichnungen, Plannr.: .....
- Übersichtszeichnungen, Plannr.: .....

29€	44€	**59€**	66€	76€	[m]	⏱ 0,32 h/m	022.000.086

Nr.	Kurztext / Langtext						Kostengruppe
▶	▷	ø netto €	◁	◀	[Einheit]	Ausf.-Dauer	Positionsnummer

77 **Ortgang, Blechdach, Kupfer** KG **363**

Wie Ausführungsbeschreibung A 23
Deckungsart: .....
Material: Kupfer
Blechdicke: .....
Zuschnitt: .....
Kantungen: .....
Dachneigung: .....°
Untergrund: Holzschalung mit Trennlage
Für die Ausführung werden vom AG folgende Unterlagen zur Verfügung gestellt:

- Entwurfszeichnungen, Plannr.: .....
- Übersichtszeichnungen, Plannr.: .....

▶	▷	ø	◁	◀	[Einheit]	Ausf.-Dauer	Positionsnummer
–	72€	**81€**	90€	–	[m]	⏱ 0,32h/m	022.000.146

Kosten:
Stand 1. Quartal 2025
Bundesdurchschnitt

A 24 **Fassadenbekleidung, Bandblech** Beschreibung für Pos. **78-79**

Fassadenbekleidung aus Metallblech, mit Bandblechscharen, senkrecht verlegt, mit Haften unsichtbar befestigen.
Untergrund: Holzschalung mit Trennlage

78 **Fassadenbekleidung, Bandblechscharen, Titanzink** KG **363**

Wie Ausführungsbeschreibung A 24
Deckungsart: **Stehfalz / Winkelfalz / Doppelstehfalz**
Material: Titanzink
Blechdicke: .....
Bandbreite: .....
Oberfläche: .....
Dachneigung: .....°
Untergrund: Holzschalung mit Trennlage
Angeb. Fabrikat: .....
Für die Ausführung werden vom AG folgende Unterlagen zur Verfügung gestellt:

- Verlegeplan, Plannr.: .....
- Übersichtszeichnungen, Plannr.: .....

▶	▷	ø	◁	◀	[Einheit]	Ausf.-Dauer	Positionsnummer
80€	112€	**127€**	134€	159€	[m²]	⏱ 1,20h/m²	022.000.067

79 **Fassadenbekleidung, Bandblechscharen, Kupfer** KG **363**

Wie Ausführungsbeschreibung A 24
Deckungsart: **Stehfalz / Winkelfalz / Doppelstehfalz**
Material: Kupfer
Blechdicke: .....
Bandbreite: .....
Oberfläche: .....
Dachneigung: .....°
Untergrund: Holzschalung mit Trennlage
Angeb. Fabrikat: .....
Für die Ausführung werden vom AG folgende Unterlagen zur Verfügung gestellt:

- Verlegeplan, Plannr.: .....
- Übersichtszeichnungen, Plannr.: .....

▶	▷	ø	◁	◀	[Einheit]	Ausf.-Dauer	Positionsnummer
–	161€	**180€**	217€	–	[m²]	⏱ 1,20h/m²	022.000.149

▶ min
▷ von
ø Mittel
◁ bis
◀ max

000 001 002 006 008 009 010 012 013 014 016 017 018 020 021 022

80 Schneefangrohr, Stehfalzdeckung KG **369**

Schneefangrohr passend zur Stehfalzdeckung, inkl. Halteprofilen, geklemmt, inkl. Anpassen der Dachdeckung.
Schneelastzone: .....
Gebäudehöhe über NN: ..... m
Dachneigung: .....
Länge oberhalb der Schneefangkonstruktion: ..... m
Sparrenabstand: ..... cm
Ausführung: .....

30€ 50€ **58€** 63€ 74€ [m] ⏱ 0,25h/m 022.000.068

81 Schneefangrohr, Rundprofil KG **369**

Schneefangrohr passend zur Dachdeckung, inkl. Halteprofilen, in Holz-Dachkonstruktion befestigen.
Dachdeckung: .....
Schneelastzone: .....
Gebäudehöhe über NN: ..... m
Dachneigung: .....
Länge oberhalb der Schneefangkonstruktion: ..... m
Sparrenabstand: ..... cm
Ausführung: .....
Befestigungsabstand: ca. 80 cm

39€ 56€ **62€** 83€ 116€ [m] ⏱ 0,25h/m 022.000.002

82 Schneefanggitter, Titanzink KG **369**

Schneefanggitter, passend zur Dachdeckung, mit verstärkten Stützen und zusätzlicher Traglatte, in Holz-Dachkonstruktion befestigen.
Schneelastzone: .....
Gebäudehöhe über NN: ..... m
Dachneigung: .....
Länge oberhalb der Schneefangkonstruktion: ..... m
Material: Titanzink
Dachdeckung: .....
Gitterhöhe: bis 200 mm
Befestigungsabstand: ..... cm

36€ 44€ **46€** 57€ 73€ [m] ⏱ 0,25h/m 022.000.003

83 Schneefanggitter, Kupfer KG **369**

Schneefanggitter, passend zur Dachdeckung, mit verstärkten Stützen, mit zusätzlicher Traglatte, in Holz-Dachkonstruktion befestigen.
Schneelastzone: .....
Gebäudehöhe über NN: ..... m
Dachneigung: .....
Länge oberhalb der Schneefangkonstruktion: ..... m
Material: Kupfer
Dachdeckung: .....
Gitterhöhe: bis 200 mm
Befestigungsabstand: ..... cm

54€ 71€ **77€** 106€ 139€ [m] ⏱ 0,25h/m 022.000.004

Nr.	Kurztext / Langtext						Kostengruppe
►	▷	ø netto €	◁	◄	[Einheit]	Ausf.-Dauer	Positionsnummer

84 Sicherheitsdachhaken, verzinkt KG **369**

Sicherheits-Dachhaken, in Holz-Dachkonstruktion verankert, inkl. Anpassarbeiten der Dachdeckung, Haken mit Einhängelasche.
Material: verzinkter Stahl
Ausführung: Typ B
Abmessung: 25 x 6 mm

15€	20€	**23€**	26€	34€	[St]	⏱ 0,15h/St	022.000.001

85 Sicherheitstritt, Standgitter KG **369**

Sicherheitstritt für Schornsteinfeger, aus Standgitter und Auflagerbügeln, an Dachlattung mit zusätzlicher Unterstützung befestigen, passend zur Dachdeckung.
Trittlänge: ca. 41 cm
Dachdeckung: .....

75€	102€	**113€**	120€	139€	[St]	⏱ 0,35h/St	022.000.005

Kosten:
Stand 1. Quartal 2025
Bundesdurchschnitt

86 Dachleiter, Aluminium KG **369**

Sicherheits-Dachleiter, an bauseitigem Sicherheitsdachhaken fixieren.
Material: Aluminium
Oberfläche: .....
Dachneigung: .....°
Leiterbreite: ca. 350 mm
Leiterlänge: .....

120€	284€	**345€**	431€	589€	[St]	⏱ 0,20h/St	022.000.075

87 Stundensatz, Facharbeiter/-in

Stundenlohnarbeiten für Vorarbeiter/-in, Gesellin, Geselle, Facharbeiter/-in und Gleichgestellte, sowie ähnliche Fachkräfte. Der Verrechnungssatz für die jeweilige Arbeitskraft umfasst sämtliche Aufwendungen wie Lohn- und Gehaltskosten, lohn- und gehaltsgebundene Kosten, Lohn- und Gehaltsnebenkosten, Gemeinkosten, Wagnis und Gewinn.Leistung nach besonderer Anordnung der Bauüberwachung. Anmeldung und Nachweis gem. VOB/B.

62€	70€	**73€**	78€	87€	[h]	⏱ 1,00h/h	022.000.077

88 Stundensatz, Helfer/in

Stundenlohnarbeiten für Werker/-in, Helfer/-in und Gleichgestellte. Der Verrechnungssatz für die jeweilige Arbeitskraft umfasst sämtliche Aufwendungen wie Lohn- und Gehaltskosten, lohn- und gehaltsgebundene Kosten, Lohn- und Gehaltsnebenkosten, Gemeinkosten, Wagnis und Gewinn.Leistung nach besonderer Anordnung der Bauüberwachung. Anmeldung und Nachweis gem. VOB/B.

50€	58€	**62€**	67€	79€	[h]	⏱ 1,00h/h	022.000.078

► min
▷ von
ø Mittel
◁ bis
◄ max

B Ausbau

Titel des Leistungsbereichs	LB-Nr.
Putz- und Stuckarbeiten, Wärmedämmsysteme	023
Fliesen- und Plattenarbeiten	024
Estricharbeiten	025
Fenster, Außentüren	026
Tischlerarbeiten	027
Parkett-, Holzpflasterarbeiten	028
Beschlagarbeiten	029
Rollladenarbeiten	030
Metallbauarbeiten	031
Verglasungsarbeiten	032
Baureinigungsarbeiten	033
Maler- und Lackierarbeiten - Beschichtungen	034
Bodenbelagarbeiten	036
Tapezierarbeiten	037
Vorgehängte hinterlüftete Fassaden	038
Trockenbauarbeiten	039

023

Kosten:
Stand 1. Quartal 2025
Bundesdurchschnitt

Nr.	Positionen	Einheit	►	▷	ø brutto € / ø netto €	◁	◄
1	Schutzabdeckung	m²	3	5	**6**	8	10
			2	4	**5**	6	9
2	Untergrund prüfen	m²	0,3	0,9	**1,1**	1,5	2,5
			0,3	0,8	**1,0**	1,3	2,1
3	Haftbrücke, Betonfläche, für Gipsputze	m²	2	5	**6**	9	15
			2	4	**5**	8	13
4	Haftbrücke, Betonfläche, für Kalk-/Kalkzementputz	m²	3	7	**9**	11	15
			2	6	**8**	9	13
5	Installationsschlitz schließen, spachteln	m	7	16	**20**	28	49
			6	14	**16**	23	41
6	Putzarmierung, Glasfasergewebe, innen, Teilbereich	m	2	3	**4**	5	5
			2	3	**3**	4	5
7	Putzträger, Metallgittergewebe	m²	10	18	**21**	26	39
			9	15	**18**	22	33
8	Putzträger verzinkt, Fachwerk	m	5	12	**15**	17	22
			4	10	**13**	14	19
9	Ausgleichsputz, bis 10mm	m²	7	14	**17**	20	30
			6	11	**14**	17	25
10	Ausgleichsputz, bis 20mm	m²	10	20	**23**	26	36
			8	17	**19**	22	30
11	Unterputzprofil, verzinkt, innen	m	5	8	**10**	11	16
			4	7	**8**	10	14
12	Unterputzprofil, nichtrostender Stahl, innen	m	9	12	**14**	16	19
			8	10	**12**	13	16
13	Kantenprofil , verzinkt	m	3	6	**7**	9	13
			2	5	**6**	8	11
14	Kantenprofil , Aluminium	m	4	8	**10**	12	15
			4	7	**9**	10	13
15	Kantenprofil , Kunststoff	m	4	8	**11**	13	18
			3	7	**9**	11	15
16	Kantenprofil, nichtrostender Stahl	m	6	13	**15**	17	21
			5	11	**12**	14	18
17	Abschlussprofil, innen, verzinkt	m	3	9	**11**	13	17
			2	7	**9**	11	14
18	Abschlussprofil, innen, nichtrostender Stahl	m	9	15	**16**	21	29
			8	13	**13**	17	24
19	Kalkzementputz, Innenwand, einlagig, Q3, abgezogen	m²	22	27	**29**	31	36
			19	22	**24**	26	30
20	Gipskalkputz, Innenwand, einlagig, Q3, gefilzt	m²	20	24	**27**	30	35
			17	20	**22**	25	29
21	Mehrdicke, 5mm, Putz	m²	4	7	**8**	10	13
			3	6	**7**	8	11
22	Mehrdicke, 10mm, Putz	m²	5	10	**11**	13	18
			4	9	**9**	11	15
23	Laibung, Putz, innen, bis 150mm	m	6	10	**12**	15	23
			5	8	**10**	13	20
24	Laibung, Putz, innen, 250-400mm	m	12	21	**25**	28	36
			10	18	**21**	24	30

► min
▷ von
ø Mittel
◁ bis
◄ max

Nr.	Positionen	Einheit	►	▷	**ø brutto €** ø netto €	◁	◄
25	Ebenheit, Mehrpreis Q3	m²	5	6	**6**	6	7
			4	5	**5**	5	6
26	Gipsputz, Innenwand, einlagig, Q3	m²	18	24	**27**	30	35
			15	20	**22**	25	29
27	Gipsputz, Innenwand, Dünnlage, Q3, geglättet	m²	13	20	**24**	27	34
			11	16	**21**	23	28
28	Gipsputz B1, innen, Q2, geglättet, längenorientiert	m	5	12	**15**	17	26
			5	10	**12**	15	22
29	Lehmputz, Innenwand, einlagig, gefilzt	m²	31	37	**39**	41	46
			26	31	**33**	34	39
30	Lehmputz, Innenwand, zweilagig	m²	53	67	**69**	72	78
			44	56	**58**	61	66
31	Beiputzen, Tür-/Türzarge	m	8	14	**16**	20	29
			7	12	**14**	16	24
32	Stuckprofil, innen	m	56	84	**99**	144	196
			47	70	**83**	121	164
33	Putzbänder, Faschen, Putzdekor	m	10	20	**23**	29	39
			9	17	**19**	25	33
34	Trennschnitt, Wand/Deckenübergang	m	1	2	**3**	3	5
			1,0	1,8	**2,3**	2,9	4,0
35	Kalk-Gipsputz, Decken, einlagig, Q3, geglättet	m²	21	29	**32**	37	48
			18	24	**27**	31	40
36	Gipsputz, Decken, einlagig, Q2, geglättet	m²	21	23	**26**	26	31
			17	19	**22**	22	26
37	Gipsputz, Decken, einlagig, Q3, geglättet	m²	21	26	**30**	32	35
			18	22	**25**	27	30
38	WDVS, MW 035, 120mm, Silikat-Reibeputz	m²	113	124	**129**	136	148
			95	104	**109**	114	124
39	WDVS, MW 035, 180mm, Silikat-Reibeputz	m²	134	146	**157**	167	178
			112	123	**132**	140	150
40	WDVS, EPS, 120mm, Silikat-Reibeputz	m²	108	115	**118**	122	133
			91	97	**99**	103	112
41	WDVS, EPS, 180mm, Silikat-Reibeputz	m²	134	143	**149**	164	176
			113	120	**125**	138	148
42	WDVS, Wärmedämmung, EPS 035, 100mm	m²	33	47	**55**	59	67
			27	39	**47**	50	57
43	WDVS, Wärmedämmung, EPS 035, 180mm	m²	75	83	**88**	93	97
			63	69	**74**	78	82
44	WDVS, Wärmedämmung, EPS 035, 300mm	m²	101	124	**130**	141	153
			85	104	**109**	118	128
45	WDVS, Wärmedämmung, MW 035, 160mm	m²	81	93	**99**	104	116
			68	78	**83**	88	98
46	WDVS, Wärmedämmung, MW 035, 200mm	m²	92	105	**112**	119	132
			77	88	**94**	100	111
47	WDVS, Brandbarriere, 200mm	m	9	14	**17**	22	34
			7	12	**14**	18	28
48	WDVS, Montagequader, Druckplatte	St	25	73	**93**	122	199
			21	61	**78**	103	167

Kosten:
Stand 1.Quartal 2025
Bundesdurchschnitt

Nr.	Positionen	Einheit	►	▷	ø brutto € / ø netto €	◁	◄
49	WDVS, Dübelung, Wärmedämmung	m²	8	18	**20**	23	33
			7	15	**17**	20	28
50	WDVS, Armierungsputz, Glasfasereinlage	m²	22	28	**30**	33	41
			18	23	**26**	27	34
51	WDVS, Kantenausbildung, Profil	m	6	10	**12**	14	21
			5	8	**10**	12	18
52	WDVS, Sockeldämmung, XPS	m²	54	66	**74**	87	109
			45	56	**62**	73	91
53	WDVS, Sockelprofil	m	11	19	**21**	25	32
			10	16	**18**	21	27
54	WDVS, Fensteranschluss	m	5	8	**10**	12	15
			4	7	**8**	10	13
55	WDVS, Laibungsausbildung	m	23	29	**32**	34	38
			19	24	**27**	28	32
56	WDVS, Kompriband BG1	m	4	6	**6**	8	11
			3	5	**5**	7	10
57	Mineralischer Oberputz, WDVS	m²	19	23	**25**	26	29
			16	19	**21**	22	24
58	Oberputz, Dispersions-Silikatputz, WDVS	m²	26	32	**34**	37	43
			22	27	**29**	31	36
59	Organischer Oberputz, Silikonharz, WDVS	m²	18	24	**28**	31	36
			15	21	**24**	26	30
60	Sockelputz, zweilagig, Kalkzementmörtel CS III - wasserhemmend	m²	30	45	**53**	57	80
			25	38	**45**	48	67
61	Außenputz, zweilagig, Wand, mineralisch	m²	33	46	**52**	54	61
			27	39	**44**	45	51
62	Außenputz, zweilagig, Wand, organischem Oberputz	m²	25	28	**30**	36	43
			21	24	**25**	30	36
63	Schlämmputz, außen, einlagig, Kalkzementmörtel	m²	14	21	**25**	28	33
			12	18	**21**	24	28
64	Außenputz, zweilagig, Laibungen	m	12	23	**26**	31	39
			10	19	**22**	26	33
65	Abschlussprofil, Außenputz 15mm, verzinkter Stahl	m	9	12	**13**	14	17
			8	10	**11**	12	14
66	Verblendmauerwerk, Klinkerriemchen	m²	179	203	**213**	230	252
			150	171	**179**	193	212
67	Fensteranschluss, Putzprofil	m	6	9	**10**	12	15
			5	8	**9**	10	13
68	Dämmung, Kellerdecke, EPS 040, bis 140mm	m²	70	74	**81**	88	105
			59	62	**68**	74	88
69	Dämmung, Kellerdecke, MW 035, bis 140mm	m²	89	94	**102**	112	138
			75	79	**85**	94	116
70	Mehrschichtplatte WW-C, EPS, Decke, 50mm	m²	32	50	**55**	65	85
			27	42	**46**	55	71
71	Mehrschichtplatte WW-C, EPS, Decke, 75mm	m²	42	60	**69**	82	107
			36	51	**58**	69	90

► min
▷ von
ø Mittel
◁ bis
◄ max

Nr.	Positionen	Einheit	►	▷	ø brutto € / ø netto €	◁	◄
72	Gerüstankerlöcher schließen	St	2	5	**6**	8	12
			2	4	**5**	7	10
73	Stundensatz, Facharbeiter/-in	h	67	78	**83**	87	98
			56	66	**70**	73	82
74	Stundensatz, Helfer/-in	h	53	68	**75**	78	85
			44	57	**63**	66	72

Nr. **Kurztext** / Langtext Kostengruppe
► ▷ **ø netto €** ◁ ◄ [Einheit] Ausf.-Dauer Positionsnummer

1 Schutzabdeckung KG **397**

Schutzabdeckung von Fenstern und anderen Bauteilen. Abdeckung während der Putzarbeiten und WDVS-Arbeiten vorhalten, nach Ende der Arbeiten restlos entfernen und entsorgen.
Arbeitshöhe: 1,50 m bis 3,50 m über der Standfläche des hierfür erforderlichen Gerüstes

2€ 4€ **5€** 6€ 9€ [m2] ⏱ 0,02 h/m2 023.000.188

2 Untergrund prüfen KG **335**

Untergrund von verputzten Wandflächen akustisch (Klopfprobe oder Hohlstellensonde) auf Schad- und Hohlstellen prüfen, Schadstellen und Rissverläufe markieren.
Bauteil: Innenwand
Arbeitshöhe: 1,50 m bis 3,50 m über der Standfläche des hierfür erforderlichen Gerüstes

0,3€ 0,8€ **1,0€** 1,3€ 2,1€ [m2] ⏱ 0,01 h/m2 023.000.048

3 Haftbrücke, Betonfläche, für Gipsputze KG **336**

Haftbrücke auf Betonfläche, Innenwand, für Gipsputz, auf organischer Basis, quarzgefüllt, pigmentiert, wasserverdünnbar.
Arbeitshöhe: 1,50 m bis 3,50 m über der Standfläche des hierfür erforderlichen Gerüstes

2€ 4€ **5€** 8€ 13€ [m2] ⏱ 0,05 h/m2 023.000.003

4 Haftbrücke, Betonfläche, für Kalk-/Kalkzementputz KG **336**

Haftbrücke auf Betonfläche, Innenwand, für Kalk- und Kalkzementputze, mineralisch, kunststoffvergütet.
Arbeitshöhe: 1,50 m bis 3,50 m über der Standfläche des hierfür erforderlichen Gerüstes

2€ 6€ **8€** 9€ 13€ [m2] ⏱ 0,05 h/m2 023.000.078

Nr.	Kurztext / Langtext						Kostengruppe
►	▷	ø netto €	◁	◄	[Einheit]	Ausf.-Dauer	Positionsnummer

5 Installationsschlitz schließen, spachteln KG **345**

Wandschlitz auffüllen, als Untergrundvorbereitung für neuen Deckputz, in mehreren Arbeitsgängen, wie folgt:

- Fläche mit Mineralwolle ausstopfen
- Schlitz überspannen mit vollflächigem verzinktem Putzträger
- Putzträger mit geeignetem Grundputz verputzen
- Fläche komplett feinspachteln

Leistung inkl. aller für die Schlitzauffüllung notwendigen Materialien.
Putzart: .....
Schlitz (B x T): ..... x .....
Deckputz: .....
Angeb. Fabrikat: .....

6€ 14€ **16€** 23€ 41€ [m] ⏱ 0,20 h/m 023.000.051

Kosten:
Stand 1. Quartal 2025
Bundesdurchschnitt

6 Putzarmierung, Glasfasergewebe, innen, Teilbereich KG **345**

Putzarmierung, in rissegefährdetem Bereich, eingebettet in Armierungsputz, Stöße überlappt.
Material: Glasfasergewebe
Bauteil: Wand, innen
Breite: bis 50 cm
Arbeitshöhe: bis 3,50 m

2€ 3€ **3€** 4€ 5€ [m] ⏱ 0,10 h/m 023.000.082

7 Putzträger, Metallgittergewebe KG **345**

Putzträger aus Metallgittergewebe, vollflächig verlegt, zur Überdeckung von nachträglich verschlossenen Längsschlitzen in Beton- und Mauerwerkswänden, sowie an Betondecken und an Übergängen von Beton und Mauerwerk.
Material: verzinkter Stahl
Bauteil: Wand, innen
Arbeitshöhe: bis 3,50 m

9€ 15€ **18€** 22€ 33€ [m^2] ⏱ 0,14 h/m^2 023.000.010

8 Putzträger verzinkt, Fachwerk KG **345**

Putzträger über Fachwerkholzbalken, Ausführung wie folgt:

- Holzbalken mit Bitumenbahn überlappend belegen
- Putzträger aus verzinktem Drahtgitter aus Stahl über Balken spannen und auf Putzuntergrund befestigen

Spannweite: 500 mm
Arbeitshöhe: bis 3,50 m

4€ 10€ **13€** 14€ 19€ [m] ⏱ 0,15 h/m 023.000.059

► min
▷ von
ø Mittel
◁ bis
◄ max

9 Ausgleichsputz, bis 10mm KG **345**

Ausgleichsputz als Unterputz, auf unebenen Untergrund, Oberfläche entsprechend aufzubringendem Unter- bzw. Oberputz plan ziehen und horizontal aufkämmen. Standzeit mindestens 1 Tag pro mm.
Untergrund: Mauerwerk, **stark / schwach** saugend
Mörteldicke: 5 bis 10 mm
Arbeitshöhe: bis 3,00 m
Mörtel: Kalkzement-Putzmörtel
Arbeitshöhe: 1,50 m bis 3,50 m über der Standfläche des hierfür erforderlichen Gerüstes

6€ 11€ **14€** 17€ 25€ [m^2] ⏱ 0,20 h/m^2 023.000.047

Nr.	**Kurztext** / Langtext						Kostengruppe
▶	▷	**ø netto €**	◁	◀	[Einheit]	Ausf.-Dauer	Positionsnummer

10 Ausgleichsputz, bis 20mm KG **345**

Ausgleichsputz als Unterputz, auf unebenen Untergrund, Oberfläche entsprechend aufzubringendem Unter- bzw. Oberputz plan ziehen und horizontal aufkämmen. Standzeit mindestens 1 Tag pro mm.
Untergrund: Mauerwerk, **stark / schwach** saugend
Mörteldicke: über 10 bis 20 mm
Arbeitshöhe: bis 3,00 m
Mörtel: Kalkzement-Putzmörtel
Arbeitshöhe: 1,50 m bis 3,50 m über der Standfläche des hierfür erforderlichen Gerüstes

8€ | 17€ | **19€** | 22€ | 30€ | [m²] | ⏱ 0,22 h/m² | 023.000.009

11 Unterputzprofil, verzinkt, innen KG **345**

Unterputzprofil mit geeignetem Ansetzmörtel anbringen.
Putzdicke: bis 15 mm
Profil-Nr.: .....
Material: verzinkter Stahl

4€ | 7€ | **8€** | 10€ | 14€ | [m] | ⏱ 0,08 h/m | 023.000.011

12 Unterputzprofil, nichtrostender Stahl, innen KG **345**

Unterputzprofil mit geeignetem Ansetzmörtel anbringen.
Putzdicke: bis 15 mm
Profil-Nr.: .....
Material: nichtrostender Stahl

8€ | 10€ | **12€** | 13€ | 16€ | [m] | ⏱ 0,08 h/m | 023.000.083

13 Kantenprofil , verzinkt KG **345**

Kantenprofil mit geeignetem Ansetzmörtel anbringen.
Putzdicke: .....
Profil-Nr.: .....
Material: verzinkter Stahl

2€ | 5€ | **6€** | 8€ | 11€ | [m] | ⏱ 0,06 h/m | 023.000.085

14 Kantenprofil , Aluminium KG **345**

Kantenprofil mit geeignetem Ansetzmörtel anbringen.
Putzdicke: .....
Profil-Nr.: .....
Material: Aluminium

4€ | 7€ | **9€** | 10€ | 13€ | [m] | ⏱ 0,06 h/m | 023.000.173

15 Kantenprofil , Kunststoff KG **345**

Kantenprofil mit geeignetem Ansetzmörtel anbringen.
Putzdicke: .....
Profil-Nr.: .....
Material: Kunststoff

3€ | 7€ | **9€** | 11€ | 15€ | [m] | ⏱ 0,10 h/m | 023.000.087

Nr.	Kurztext / Langtext						Kostengruppe
▶	▷	**ø netto €**	◁	◀	[Einheit]	Ausf.-Dauer	Positionsnummer

16 Kantenprofil, nichtrostender Stahl KG **345**

Kantenprofil mit geeignetem Ansetzmörtel anbringen.
Putzdicke: .....
Profil-Nr.: .....
Material: nichtrostender Stahl

5€	11€	**12€**	14€	18€	[m]	⏱ 0,06h/m	023.000.086

17 Abschlussprofil, innen, verzinkt KG **345**

Putzan- und -abschlussprofil zu angrenzenden Bauteilen
Putzdicke: ca. 10-15 mm
Profil-Nr.: .....
Material: verzinkter Stahl

2€	7€	**9€**	11€	14€	[m]	⏱ 0,09h/m	023.000.014

18 Abschlussprofil, innen, nichtrostender Stahl KG **345**

Putzan- und -abschlussprofil zu angrenzenden Bauteilen
Putzdicke: ca. 10-15 mm
Profil-Nr.: .....
Material: nichtrostender Stahl

8€	13€	**13€**	17€	24€	[m]	⏱ 0,09h/m	023.000.088

19 Kalkzementputz, Innenwand, einlagig, Q3, abgezogen KG **345**

Einlagiger Innenputz, geeignet für matte, fein strukturierte Beschichtungen oder fein strukturierte Wandbekleidungen oder Wandbeläge aus Feinkeramik und großformatige Fliesen.
Putzart: Kalkzementputz
Druckfestigkeitsklasse: CS II
Putzdicke: 10 mm
Untergrund: .....
Oberfläche: Q3 - abgezogen
Arbeitshöhe: bis 3,50 m
Arbeitshöhe: 1,50 m bis 3,50 m über Standfläche des hierfür erforderlichen Gerüsts

19€	22€	**24€**	26€	30€	[m²]	⏱ 0,20h/m²	023.000.133

20 Gipskalkputz, Innenwand, einlagig, Q3, gefilzt KG **345**

Einlagiger Innenputz, geeignet für matte, **nicht strukturierte / nicht gefüllte** Beschichtungen.
Putzart: Gipskalkputz B3
Putzdicke: 10 mm
Untergrund: .....
Oberfläche: Q3 - gefilzt
Arbeitshöhe: bis 3,50 m
Arbeitshöhe: 1,50 m bis 3,50 m über Standfläche des hierfür erforderlichen Gerüsts

17€	20€	**22€**	25€	29€	[m²]	⏱ 0,20h/m²	023.000.134

Kosten:
Stand 1. Quartal 2025
Bundesdurchschnitt

▶ min
▷ von
ø Mittel
◁ bis
◀ max

Nr.	Kurztext / Langtext						Kostengruppe
▶	▷	**ø netto €**	◁	◀	[Einheit]	Ausf.-Dauer	Positionsnummer

21 Mehrdicke, 5mm, Putz KG **345**

Mehrdicke für einlagigen Putz an Wandflächen.
Putzart: .....
Mehrdicke: bis 5 mm

3€	6€	**7€**	8€	11€	[m²]	⏱ 0,07 h/m²	023.000.135

22 Mehrdicke, 10mm, Putz KG **345**

Mehrdicke für einlagigen Putz an Wandflächen.
Putzart: .....
Mehrdicke: bis 10 mm

4€	9€	**9€**	11€	15€	[m²]	⏱ 0,09 h/m²	023.000.136

A 1 Laibung, Putz, innen Beschreibung für Pos. **23-24**

Laibungen mit Putz an Öffnungen, Aussparungen oder Nischen verputzen, Gewebeeckwinkel, APU-Profil bzw. Fugendichtband in gesonderten Positionen.
Oberfläche: Q2, abgezogen

23 Laibung, Putz, innen, bis 150mm KG **336**

Wie Ausführungsbeschreibung A 1
Putzart: .....
Oberfläche: .....
Laibungstiefe: bis 150 mm
Arbeitshöhe: bis 3,50 m

5€	8€	**10€**	13€	20€	[m]	⏱ 0,13 h/m	023.000.138

24 Laibung, Putz, innen, 250-400mm KG **336**

Wie Ausführungsbeschreibung A 1
Putzart: Kalkzementputz
Druckfestigkeitsklasse: CS II
Laibungstiefe: über 250-400 mm
Arbeitshöhe: bis 3,50 m

10€	18€	**21€**	24€	30€	[m]	⏱ 0,20 h/m	023.000.139

25 Ebenheit, Mehrpreis Q3 KG **345**

Erhöhte Anforderung an die Ebenheit des Putzsystems, gem. DIN 18202 Tab. 3 Zeile 7. Leistung inkl. Putzlehren.
Putzart: .....
Oberflächenqualität: Q3
Arbeitshöhe: bis 3,50 m

4€	5€	**5€**	5€	6€	[m²]	⏱ 0,05 h/m²	023.000.091

Nr.	Kurztext / Langtext						Kostengruppe
▶	▷	ø netto €	◁	◀	[Einheit]	Ausf.-Dauer	Positionsnummer

26 **Gipsputz, Innenwand, einlagig, Q3** KG **345**

Einlagiger Gipsputz, Innenwand, für Raufasertapete (Körnung fein) oder matte, **nicht gefüllte / nicht strukturierte** Beschichtung.
Untergrund: .....
Putzdicke: 15 mm
Oberflächenqualität: Q3 - **geglättet / gefilzt**
Putzart: Gipsputz B1
Arbeitshöhe: 1,50 m bis 3,50 m über Standfläche des hierfür erforderlichen Gerüsts

15€ 20€ **22€** 25€ 29€ [m²] ⏱ 0,23 h/m² 023.000.175

27 **Gipsputz, Innenwand, Dünnlage, Q3, geglättet** KG **345**

Gips-Dünnputz auf Wänden, innen, nach dem Ansteifen abglätten, für feinstrukturierte Wandbeläge und matte, fein strukturierte Beschichtungen.
Untergrund: .....
Putzdicke: 3-5 mm
Oberflächenqualität: Q3 - geglättet
Dünnputz: C6/20/2
Arbeitshöhe: 1,50 m bis 3,50 m über Standfläche des hierfür erforderlichen Gerüsts

11€ 16€ **21€** 23€ 28€ [m²] ⏱ 0,20 h/m² 023.000.072

28 **Gipsputz B1, innen, Q2, geglättet, längenorientiert** KG **336**

Einlagiger Gipsputz, innen, für mittel- bis grobstrukturierte Wandbekleidungen, z.B. Raufasertapeten mit Körnung RM oder RG nach BFS-Info und matte, gefüllte Beschichtungen, die mit langfloriger Farbrolle oder mit Strukturrolle aufgetragen werden.
Untergrund: .....
Bauteil: Laibung
Tiefe: 150 mm
Putzart: Gipsmörtel B1
Putzdicke: 15 mm
Oberflächenqualität: Q2 - geglättet
Arbeitshöhe: 1,50 m bis 3,50 m über Standfläche des hierfür erforderlichen Gerüsts

5€ 10€ **12€** 15€ 22€ [m] ⏱ 0,12 h/m 023.000.024

29 **Lehmputz, Innenwand, einlagig, gefilzt** KG **345**

Lehmputz, einlagig, Innenwand, maschinengängig.
Untergrund: .....
Putzdicke: 10 mm
Körnung: bis ..... mm
Druckfestigkeitsklasse: S II
Oberfläche: gefilzt
Oberbelag: .....
Arbeitshöhe: 1,50 m bis 3,50 m über Standfläche des hierfür erforderlichen Gerüsts

26€ 31€ **33€** 34€ 39€ [m²] ⏱ 0,25 h/m² 023.000.040

Kosten:
Stand 1. Quartal 2025
Bundesdurchschnitt

▶ min
▷ von
ø Mittel
◁ bis
◀ max

Nr.	Kurztext / Langtext						Kostengruppe
▶	▷	**ø netto €**	◁	◀	[Einheit]	Ausf.-Dauer	Positionsnummer

30 Lehmputz, Innenwand, zweilagig KG **345**

Lehmputz, zweilagig, auf Innenwand, Ausführung gem. Regeln "Lehmputz auf Innenwand".
Untergrund: .....
Unterputz: Lehmputz, 10 mm
Oberputz: Lehmputz, Körnung 3 mm
Druckfestigkeitsklasse: S **I / II**
Oberfläche: gerieben
Arbeitshöhe: 1,50 m bis 3,50 m über Standfläche des hierfür erforderlichen Gerüsts

44€	56€	**58€**	61€	66€	[m²]	⏱ 0,42 h/m²	023.000.186

31 Beiputzen, Tür-/Türzarge KG **345**

Stahlzarge nachträglich einputzen, an Flächenputz angleichen.
Breite einzuputzender Wandbereichs: bis 300 mm
Stahlzargenprofil: .....
Putz: Gipsmörtel, 15 mm
Oberflächenqualität: Q2 - ......

7€	12€	**14€**	16€	24€	[m]	⏱ 0,10 h/m	023.000.058

32 Stuckprofil, innen KG **345**

Vorgefertigtes Stuckprofil, als Gesims. Oberfläche poliert und profiliert.
Einbau: am Übergang Wand zu Decke
Untergrund: vorbereitet, als aufgerauter Unterputz
Profilbreite: bis 150 mm
Profil-Nr.: .....
Arbeitshöhe: bis 3,50 m

47€	70€	**83€**	121€	164€	[m]	⏱ 0,50 h/m	023.000.041

33 Putzbänder, Faschen, Putzdekor KG **335**

Putzfaschen an Fensteröffnungen, außen.
Breite: ca. 100 mm
Putz: ......
Putzdicke: 15 mm
Arbeitshöhe: bis 3,50 m

9€	17€	**19€**	25€	33€	[m]	⏱ 0,20 h/m	023.000.042

34 Trennschnitt, Wand/Deckenübergang KG **335**

Trennschnitt des frisch verputzten Bauteils, am Übergang zwischen Wand und Decke.
Arbeitshöhe: bis 3,50 m

1,0€	1,8€	**2,3€**	2,9€	4,0€	[m]	⏱ 0,01 h/m	023.000.163

023
024
025
026
027
028
029
030
031
032
033
034
036
037
038
039

Kosten:
Stand 1. Quartal 2025
Bundesdurchschnitt

Nr.	Kurztext / Langtext						Kostengruppe
►	▷	ø netto €	◁	◄	[Einheit]	Ausf.-Dauer	Positionsnummer

35 Kalk-Gipsputz, Decken, einlagig, Q3, geglättet — KG **354**

Einlagiger Kalkgips-Leichtputz, an Deckenflächen, innen, für Beschichtung oder mittel bis grob strukturierte Wandbekleidung.
Untergrund: .....
Putzart: Leicht-Kalkgipsmörtel B6
Putzdicke: 15 mm
Oberflächenqualität: Q3 - geglättet
Arbeitshöhe: 1,50 m bis 3,50 m über Standfläche des hierfür erforderlichen Gerüsts

18€	24€	**27€**	31€	40€	[m2]	⏱ 0,25 h/m2	023.000.102

36 Gipsputz, Decken, einlagig, Q2, geglättet — KG **354**

Einlagiger Gipsleichtputz, an Deckenflächen, innen, für mittel bis grob strukturierte Wandbekleidung und matte, gefüllte Beschichtung.
Untergrund: .....
Putzart: Leicht-Gipsmörtel B4
Putzdicke: 10 mm
Oberflächenqualität: Q2 - geglättet
Arbeitshöhe: 1,50 m bis 3,50 m über Standfläche des hierfür erforderlichen Gerüsts

17€	19€	**22€**	22€	26€	[m2]	⏱ 0,25 h/m2	023.000.218

37 Gipsputz, Decken, einlagig, Q3, geglättet — KG **354**

Einlagiger Gipsputz, an Deckenflächen innen, für fein strukturierte Wandbekleidung und matte, fein strukturierte Beschichtung.
Untergrund: .....
Putzart: Gipsmörtel B1
Putzdicke: 10 mm
Oberflächenqualität: Q3 - geglättet
Arbeitshöhe: 1,50 m bis 3,50 m über Standfläche des hierfür erforderlichen Gerüsts

18€	22€	**25€**	27€	30€	[m2]	⏱ 0,28 h/m2	023.000.177

A 2 WDVS, MW, Silikat-Reibeputz — Beschreibung für Pos. **38-39**

Wärmedämm-Verbundsystem, alle Teile auf das System abgestimmt, bauaufsichtlich zugelassen, aus Mineralwolle-Lamellenplatten, einlagig, auf tragfähigen Untergrund der Außenwand dicht gestoßen geklebt und gedübelt, Armierungsputz aus mineralischem Werktrockenmörtel, inkl. Armierungsgewebe. Oberputz aus Silikatputz, einschl. Grundierung, in Reibeputz-Struktur.
Dämmstoff: MW
Brandverhalten: A1 - nicht brennbar
Anwendung: WAP - zh
Bauwerkshöhe: .....
Windlastzone: .....

38 WDVS, MW 035, 120mm, Silikat-Reibeputz — KG **335**

Wie Ausführungsbeschreibung A 2
Untergrund: .....
Bemessungswert der Wärmeleitfähigkeit: max. 0,035 W/(mK)
Nennwert der Wärmeleitfähigkeit: 0,034 W/(mK)
Dämmplattendicke: 120 mm
Plattenrand: stumpf
Armierungs-Putzdicke: ca. 5 mm
Oberputz - Körnung: 3 mm
Arbeitshöhe: 1,50 m bis 3,50 m über Standfläche des hierfür erforderlichen Gerüsts

95€	104€	**109€**	114€	124€	[m2]	⏱ 1,00 h/m2	023.000.140

► min
▷ von
ø Mittel
◁ bis
◄ max

39 WDVS, MW 035, 180mm, Silikat-Reibeputz KG **335**

Wie Ausführungsbeschreibung A 2
Untergrund: .....
Bemessungswert der Wärmeleitfähigkeit: max. 0,035 W/(mK)
Nennwert der Wärmeleitfähigkeit: 0,034 W/(mK)
Dämmplattendicke: 180 mm
Plattenrand: stumpf
Armierungs-Putzdicke: ca. 5 mm
Oberputz - Körnung: 3 mm
Arbeitshöhe: 1,50 m bis 3,50 m über Standfläche des hierfür erforderlichen Gerüsts

112€	123€	**132€**	140€	150€	[m²]	⏱ 1,00h/m²	023.000.181

A 3 WDVS, EPS, Silikat-Reibeputz Beschreibung für Pos. **40-41**

Wärmedämm-Verbundsystem, bauaufsichtlich zugelassen, alle Teile auf das System abgestimmt, aus Polystyrol-Hartschaumplatte, einlagig, auf tragfähigen Untergrund der Außenwand dicht gestoßen geklebt und gedübelt, Armierungsputz aus mineralischem Werktrockenmörtel, inkl. Armierungsgewebe. Oberputz aus Silikatputz, einschl. Grundierung, in Reibeputz-Struktur.
Dämmstoff: EPS, HBCD-frei
Brandverhalten: schwer entflammbar
Bauwerkshöhe: .....
Windlastzone: .....

40 WDVS, EPS, 120mm, Silikat-Reibeputz KG **335**

Wie Ausführungsbeschreibung A 3
Untergrund: .....
Bemessungswert der Wärmeleitfähigkeit: max. 0,035 W/(mK)
Nennwert der Wärmeleitfähigkeit: 0,034 W/(mK)
Dämmplattendicke: 120 mm
Plattenrand: Stufenfalz
Armierungs-Putzdicke: 6 bis 8 mm
Oberputz - Körnung: 3 mm
Arbeitshöhe: 1,50 m bis 3,50 m über Standfläche des hierfür erforderlichen Gerüsts

91€	97€	**99€**	103€	112€	[m²]	⏱ 0,95h/m²	023.000.108

41 WDVS, EPS, 180mm, Silikat-Reibeputz KG **335**

Wie Ausführungsbeschreibung A 3
Untergrund: .....
Bemessungswert der Wärmeleitfähigkeit: max. 0,035 W/(mK)
Nennwert der Wärmeleitfähigkeit: 0,034 W/(mK)
Dämmplattendicke: 180 mm
Plattenrand: Stufenfalz
Armierungs-Putzdicke: 6 bis 8 mm
Oberputz - Körnung: 3 mm
Arbeitshöhe: 1,50 m bis 3,50 m über Standfläche des hierfür erforderlichen Gerüsts

113€	120€	**125€**	138€	148€	[m²]	⏱ 1,00h/m²	023.000.185

Kosten:
Stand 1. Quartal 2025
Bundesdurchschnitt

► min
▷ von
ø Mittel
◁ bis
◄ max

Nr. **Kurztext** / Langtext — Kostengruppe

► ▷ **ø netto €** ◁ ◄ [Einheit] Ausf.-Dauer Positionsnummer

A 4 WDVS, Wärmedämmung, EPS 035 — Beschreibung für Pos. **42-44**

Wärmedämmung aus Polystyrol-Hartschaumplatten, für Wärmedämm-Verbundsystem, geklebt und konstruktiv gedübelt.
Dämmstoff: EPS, HBCD-frei
Anwendung: WAP
Brandverhalten: schwer entflammbar
Bauwerkshöhe: .....
Windlast: .....

42 WDVS, Wärmedämmung, EPS 035, 100mm — KG **335**

Wie Ausführungsbeschreibung A 4
Untergrund: .....
Bemessungswert der Wärmeleitfähigkeit: max. 0,035 W/(mK)
Nennwert der Wärmeleitfähigkeit: 0,034 W/(mK)
Plattenrand: stumpf
Plattendicke: 100 mm
Arbeitshöhe: 1,50 m bis 3,50 m über Standfläche des hierfür erforderlichen Gerüsts

27€ 39€ **47€** 50€ 57€ [m²] ⏱ 0,30 h/m² 023.000.117

43 WDVS, Wärmedämmung, EPS 035, 180mm — KG **335**

Wie Ausführungsbeschreibung A 4
Untergrund: .....
Bemessungswert der Wärmeleitfähigkeit: max. 0,035 W/(mK)
Nennwert der Wärmeleitfähigkeit: 0,034 W/(mK)
Plattenrand: stumpf
Plattendicke: 180 mm
Arbeitshöhe: 1,50 m bis 3,50 m über Standfläche des hierfür erforderlichen Gerüsts

63€ 69€ **74€** 78€ 82€ [m²] ⏱ 0,32 h/m² 023.000.195

44 WDVS, Wärmedämmung, EPS 035, 300mm — KG **335**

Wie Ausführungsbeschreibung A 4
Untergrund: .....
Bemessungswert der Wärmeleitfähigkeit: max. 0,035 W/(mK)
Nennwert der Wärmeleitfähigkeit: 0,034 W/(mK)
Plattenrand: stumpf
Plattendicke: 300 mm
Arbeitshöhe: 1,50 m bis 3,50 m über Standfläche des hierfür erforderlichen Gerüsts

85€ 104€ **109€** 118€ 128€ [m²] ⏱ 0,35 h/m² 023.000.124

A 5 WDVS, Wärmedämmung, Mineralwolle Beschreibung für Pos. **45-46**

Wärmedämmung aus Mineralwolle-Platten, für Wärmedämm-Verbundsystem, geklebt und durch Armierungsgewebe gedübelt.
Untergrund: ....
Dämmstoff: MW
Anwendung: WAP
Bemessungswert der Wärmeleitfähigkeit: max. 0,035 W/(mK)
Nennwert der Wärmeleitfähigkeit: 0,034 W/(mK)
Zugfestigkeit: .....
Brandverhalten: nicht brennbar
Bauwerkshöhe: .....
Windlast: .....

45 WDVS, Wärmedämmung, MW 035, 160mm KG **335**

Wie Ausführungsbeschreibung A 5
Plattenrand: stumpf
Plattendicke: 160 mm
Arbeitshöhe: 1,50 m bis 3,50 m über Standfläche des hierfür erforderlichen Gerüsts

68€	78€	**83€**	88€	98€	[m²]	⏱ 0,38h/m²	023.000.113

46 WDVS, Wärmedämmung, MW 035, 200mm KG **335**

Wie Ausführungsbeschreibung A 5
Plattenrand: stumpf
Plattendicke: 200 mm
Arbeitshöhe: 1,50 m bis 3,50 m über Standfläche des hierfür erforderlichen Gerüsts

77€	88€	**94€**	100€	111€	[m²]	⏱ 0,40h/m²	023.000.115

47 WDVS, Brandbarriere, 200mm KG **335**

Brandbarriere im Wärmedämm-Verbundsystem, aus Mineralwolle-Lamellenplatten, linienartig in Flächendämmung integriert, auf tragfähigen Untergrund der Außenwand.
Dämmstoff: MW
Bemessungswert der Wärmeleitfähigkeit max. 0,035 W/(mK)
Nennwert der Wärmeleitfähigkeit: 0,034 W/(mK)
Brandverhalten: nicht brennbar
Plattendicke: 200 mm
Streifenbreite: 200 mm
Einbauort: **Sturzbereich / durchlaufender Brandriegel**
Flächendämmung: EPS-Platten, schwer entflammbar
Arbeitshöhe: bis 3,50 m

7€	12€	**14€**	18€	28€	[m]	⏱ 0,20h/m	023.000.146

Kosten:
Stand 1. Quartal 2025
Bundesdurchschnitt

Nr.	Kurztext / Langtext						Kostengruppe
▶	▷	ø netto €	◁	◀	[Einheit]	Ausf.-Dauer	Positionsnummer

48 WDVS, Montagequader, Druckplatte — KG **335**

Montagequader aus druckbeständigem Hartschaum oberflächenbündig integriert in WDVS, für wärmebrückenfreie Befestigung von Lasten.
Lasten/Druckkraft: 0,15 N/mm²
Dämmstoffstärke: 140 mm
Material: PUR-Hartschaum
Bemessungswert der Wärmeleitfähigkeit: ..... W/(mK)
Nennwert Wärmeleitfähigkeit: ..... W/(mK)
Abmessung: 198 x 198 mm
Arbeitshöhe: bis 3,50 m

21€ | 61€ | **78€** | 103€ | 167€ | [St] | ⏱ 0,80 h/St | 023.000.166

49 WDVS, Dübelung, Wärmedämmung — KG **335**

Wärmedämmschicht des Wärmedämm-Verbundsystems dübeln, aus PS-Hartschaumplatten, auf nicht tragfähigen Untergründen, Dübel bauaufsichtlich zugelassen.
Dämmplattendicke: .....
Dübelanzahl: .....
Gebäudehöhe: .....
Windzone: .....
Arbeitshöhe: bis 3,50 m

7€ | 15€ | **17€** | 20€ | 28€ | [m²] | ⏱ 0,10 h/m² | 023.000.034

50 WDVS, Armierungsputz, Glasfasereinlage — KG **335**

Armierungsputz für Wärmedämm-Verbundsystem, inkl. Bewehrung aus Armierungsgewebe, Armierungsgewebe in Armierungsputz einbetten, Gewebestöße überlappend.
Untergrund: Dämmplatten aus .....
Armierungsputz: mineralischem Werktrockenmörtel
Putzdicke: 6 bis 8 mm
Putzfarbe: .....
Arbeitshöhe: bis 3,50 m

18€ | 23€ | **26€** | 27€ | 34€ | [m²] | ⏱ 0,18 h/m² | 023.000.037

51 WDVS, Kantenausbildung, Profil — KG **335**

Kantenausbildung in Wärmedämm-Verbundsystem, mit Kantenprofil, eingebettet in Armierungsschicht.
Eckprofil: aus **Kunststoff / Leichtmetall**
Schenkelbreite/Profil: 100 x 230 mm
Flächendämmung: .....
Arbeitshöhe: bis 3,50 m

5€ | 8€ | **10€** | 12€ | 18€ | [m] | ⏱ 0,13 h/m | 023.000.045

▶ min
▷ von
ø Mittel
◁ bis
◀ max

52 WDVS, Sockeldämmung, XPS KG **335**

Sockeldämmung, abgestimmt auf das getrennt beschriebene WDVS, auf bauseitigen Untergrund geklebt, angearbeitet an Sockelabschlussprofil.
Material: XPS
Anwendung: PW - dh
Brandverhalten: schwer entflammbar
Dicke: .....
Sockelhöhe: .....
Profil: .....

▶	▷	ø netto €	◁	◀	[Einheit]	Ausf.-Dauer	Positionsnummer
45€	56€	**62€**	73€	91€	[m²]	⏱ 0,15h/m²	023.000.167

53 WDVS, Sockelprofil KG **335**

Sockelabschlussprofil des Wärmedämm-Verbundsystems, für Abschluss Flächendämmung und Anschluss Sockeldämmung, mit Tropfkante, über Gelände, Profil vollflächig in Armierungsschicht eingebettet.
Material: Leichtmetall
Dämmstoffdicke: 140 mm

▶	▷	ø netto €	◁	◀	[Einheit]	Ausf.-Dauer	Positionsnummer
10€	16€	**18€**	21€	27€	[m]	⏱ 0,20h/m	023.000.116

54 WDVS, Fensteranschluss KG **334**

Fensteranschluss des Wärmedämm-Verbundsystems: Heranführen aller Systemschichten an Fenster, inkl. Abschlussprofil und Dichtband.
Material: .....
Flächendämmung: .....
Oberputz-Stärke: .....

▶	▷	ø netto €	◁	◀	[Einheit]	Ausf.-Dauer	Positionsnummer
4€	7€	**8€**	10€	13€	[m]	⏱ 0,12h/m	023.000.053

55 WDVS, Laibungsausbildung KG **334**

Gedämmte Fensterlaibungen, für vor beschriebenes Wärmedämm-Verbundsystem, inkl. Dämmplatte, Gewebe, Armierungsschicht und Oberputz. Eckausbildung, Fenster-/Türanschluss mit Anputzprofil und Fugendichtband, werden gesondert vergütet.
Untergrund: .....
Laibungstiefe: .....
Dämmdicke: .....

▶	▷	ø netto €	◁	◀	[Einheit]	Ausf.-Dauer	Positionsnummer
19€	24€	**27€**	28€	32€	[m]	⏱ 0,15h/m	023.000.164

56 WDVS, Kompriband BG1 KG **335**

Fugenabdichtung für vor beschriebenes Wärmedämm-Verbundsystem, mit Fugendichtband BG1, im Übergang begrenzender Bauteile, inkl. Trennschnitt.
Fugendichtband: 5-10 mm

▶	▷	ø netto €	◁	◀	[Einheit]	Ausf.-Dauer	Positionsnummer
3€	5€	**5€**	7€	10€	[m]	⏱ 0,03h/m	023.000.200

Kosten:
Stand 1. Quartal 2025
Bundesdurchschnitt

▶ min
▷ von
ø Mittel
◁ bis
◀ max

Nr.	**Kurztext** / Langtext						Kostengruppe
▶	▷	**ø netto €**	◁	◀	[Einheit]	Ausf.-Dauer	Positionsnummer

57 Mineralischer Oberputz, WDVS KG **335**

Oberputz, mineralisch, für Wärmedämm-Verbundsystem, auf Armierungsputz, inkl. Grundierung.
Putzart: .....
Korngröße: 3 mm
Struktur: Reibeputz
Untergrund Dämmstoff: .....
Untergrund Armierungsputz: .....
Arbeitshöhe: 1,50 m bis 3,50 m über Standfläche des hierfür erforderlichen Gerüsts

▶	▷	ø	◁	◀	Einheit	Ausf.-Dauer	Positionsnummer
16€	19€	**21€**	22€	24€	[m2]	⏱ 0,25 h/m2	023.000.049

58 Oberputz, Dispersions-Silikatputz, WDVS KG **335**

Oberputz, Dispersions-Silikatputz, für Wärmedämm-Verbundsystem, auf Armierungsputz, inkl. Grundierung.
Putzart: .....
Korngröße: 3 mm
Struktur: Reibeputz
Untergrund Dämmstoff: .....
Untergrund Armierungsputz: .....
Arbeitshöhe: 1,50 m bis 3,50 m über Standfläche des hierfür erforderlichen Gerüsts

▶	▷	ø	◁	◀	Einheit	Ausf.-Dauer	Positionsnummer
22€	27€	**29€**	31€	36€	[m2]	⏱ 0,26 h/m2	023.000.216

59 Organischer Oberputz, Silikonharz, WDVS KG **335**

Oberputz, organisch, für Wärmedämm-Verbundsystem, auf Armierungsputz, inkl. Grundierung und algizide und fungizide Zusatzstoffe.
Putzart: Silikonharzputz
Korngröße: 3 mm
Struktur: Reibeputz
Untergrund Dämmstoff: .....
Untergrund Armierungsputz: .....
Arbeitshöhe: 1,50 m bis 3,50 m über Standfläche des hierfür erforderlichen Gerüsts

▶	▷	ø	◁	◀	Einheit	Ausf.-Dauer	Positionsnummer
15€	21€	**24€**	26€	30€	[m2]	⏱ 0,28 h/m2	023.000.141

60 Sockelputz, zweilagig, Kalkzementmörtel CS III - wasserhemmend KG **335**

Sockelputz an Außenwand als Unterputz, Armierungslage wird gesondert vergütet.
Untergrund: .....
Mörtel: Kalkzement-Mörtel
Druckfestigkeit: CS III
Putzdicke: nach DIN 18550-2
Kapillare Wasseraufnahme: Wc 1, wasserhemmend
Sockelhöhe: .....

▶	▷	ø	◁	◀	Einheit	Ausf.-Dauer	Positionsnummer
25€	38€	**45€**	48€	67€	[m2]	⏱ 0,32 h/m2	023.000.193

61 Außenputz, zweilagig, Wand, mineralisch KG **335**

Putzsystem auf Außenwänden, mineralisch, bestehend aus Unterputz und Oberputz.
Untergrund: Ziegelmauerwerk
Unterputz: Kalkzement-Putzmörtel, CS II
Unterputzdicke: 20 mm
Oberputz: Normalmörtel GP
Druckfestigkeit: CS II
Kapillare Wasseraufnahme: Wc1, wasserhemmend
Körnung Oberputz: 3,0 mm
Farbton: .....
Struktur: gerieben
Arbeitshöhe: 1,50 m bis 3,50 m über Standfläche des hierfür erforderlichen Gerüsts

▶	▷	ø netto €	◁	◀	[Einheit]	Ausf.-Dauer	Positionsnummer
27€	39€	**44€**	45€	51€	[m2]	⏱ 0,48 h/m2	023.000.036

62 Außenputz, zweilagig, Wand, organischem Oberputz KG **335**

Putzsystem auf Außenwänden, bestehend aus mineralischem Unterputz und organischem Oberputz, Kunstharzputz, außen, mit algizider und fungizider Filmkonservierung.
Untergrund: .....
Unterputz: Kalkzementputz, CS II, D=15 mm
Oberputz: Dispersionsputz DIN EN 15824
Struktur: Kratzputzstruktur
Korngröße: 2,0 mm
Wasserdampfdiffusion: V1
Kapillare Wasseraufnahme: W2
Farbton: nach Bemusterung, durch den Auftraggeber
Arbeitshöhe: 1,50 m bis 3,50 m über Standfläche des hierfür erforderlichen Gerüsts

▶	▷	ø netto €	◁	◀	[Einheit]	Ausf.-Dauer	Positionsnummer
21€	24€	**25€**	30€	36€	[m2]	⏱ 0,25 h/m2	023.000.112

63 Schlämmputz, außen, einlagig, Kalkzementmörtel KG **335**

Schlämmputz, einlagig, an Außenwandflächen aus Ziegelmauerwerk, glatt, wenig saugend.
Putz: Kalkzementputzmörtel
Druckfestigkeit: CS II
Kapillare Wasseraufnahme: W2 - wasserhemmend
Putzdicke: 2-5 mm
Arbeitshöhe: 1,50 m bis 3,50 m über Standfläche des hierfür erforderlichen Gerüsts

▶	▷	ø netto €	◁	◀	[Einheit]	Ausf.-Dauer	Positionsnummer
12€	18€	**21€**	24€	28€	[m2]	⏱ 0,18 h/m2	023.000.044

Kosten:
Stand 1. Quartal 2025
Bundesdurchschnitt

Nr.	**Kurztext** / Langtext						Kostengruppe
▶	▷	**ø netto €**	◁	◀	[Einheit]	Ausf.-Dauer	Positionsnummer

64 Außenputz, zweilagig, Laibungen KG **335**

Zweilagiger Außenputz, auf Fensterlaibungen. Gewebeeckwinkel, APU-Profil oder Fugendichtband in gesonderter Position.
Untergrund: Mauerwerk, saugfähig, rau
Unterputz: Normalputzmörtel GP, CS II
Oberputz: Edelputzmörtel CR
Oberfläche: gerieben
Körnung: 2,5 mm
Kapillare Wasseraufnahme: W1 - wasserhemmend
Laibungsbreite: 300 mm
Farbton: nach Bemusterung, durch den Auftraggeber
Arbeitshöhe: bis 3,50 m

10€	19€	**22€**	26€	33€	[m]	⏱ 0,22 h/m	023.000.046

65 Abschlussprofil, Außenputz 15mm, verzinkter Stahl KG **335**

Abschlussprofil nach DIN EN 13658-2 für den Außenputz.
Profil: verzinkter Stahl
Putzdicke: 15 mm

8€	10€	**11€**	12€	14€	[m]	⏱ 0,08 h/m	023.000.155

66 Verblendmauerwerk, Klinkerriemchen KG **335**

Sparverblendung mit Klinkerriemchen als geklebte Wetter-/ Sichtschicht, nach Herstellervorgabe aufgebracht, inkl. Vorbehandlung des Untergrunds und Verfugung. Verblendung von Mauerpfeilern, Öffnungen anlegen und überdecken sowie Sturzausbildungen und Laibungen nach gesonderter Position.
Untergrund: .....
Verblendung: **VMz / KMz**
Format (L x H): 240 x 52 mm
Fugenbreite: .....
Verlegeart: Im Verband
Mörtelklasse: M 2,5 DIN EN 998-2
Farbton: .....
Oberfläche: .....
Arbeitshöhe: 1,50 m bis 3,50 m über Standfläche des hierfür erforderlichen Gerüsts

150€	171€	**179€**	193€	212€	[m²]	⏱ 0,90 h/m²	023.000.189

67 Fensteranschluss, Putzprofil KG **335**

Anputz-Profil aus verzinktem Stahl, mit Kunststoffkante, Übergang zu angrenzendem Fensterprofil.
Einbaubereich: außen, Fensterlaibung
Putzdicke: 15 mm
Profil-Nr.: .....
Ausführung: **dicht / schlagregendicht**

5€	8€	**9€**	10€	13€	[m]	⏱ 0,10 h/m	023.000.063

▶ min
▷ von
ø Mittel
◁ bis
◀ max

68 Dämmung, Kellerdecke, EPS 040, bis 140mm KG **354**

Wärmedämmung aus HBCD-freien Polystyrol-Hartschaumplatten, als Untersicht der Kellerdecke, dicht gestoßen verklebt und ggf. gedübelt.
Dämmstoff: EPS
Anwendung: DI
Oberfläche: .....
Bemessungswert der Wärmeleitfähigkeit: max. 0,035 W/(mK)
Nennwert der Wärmeleitfähigkeit: 0,039 W/(mK)
Brandverhalten: .....
Plattenrand: ohne Profil
Plattendicke: 140 mm
Arbeitshöhe: bis 3,50 m

59€ 62€ **68€** 74€ 88€ [m²] ⏱ 0,32 h/m² 023.000.148

69 Dämmung, Kellerdecke, MW 035, bis 140mm KG **354**

Wärmedämmung aus Mineralwolleplatten, als Untersicht der Kellerdecke, dicht gestoßen verklebt und ggf. gedübelt.
Dämmstoff: MW
Anwendung: DI
Oberfläche: .....
Bemessungswert der Wärmeleitfähigkeit: max. 0,035 W/(mK)
Nennwert der Wärmeleitfähigkeit: 0,034 W/(mK)
Dämmplattendicke: 140 mm
Brandverhalten: nicht brennbar
Plattenrand: ohne Profil
Arbeitshöhe: bis 3,50 m

75€ 79€ **85€** 94€ 116€ [m²] ⏱ 0,32 h/m² 023.000.149

70 Mehrschichtplatte WW-C, EPS, Decke, 50mm KG **335**

Wärmedämmung aus Holzwolle-Mehrschicht-Leichtbauplatten WW-C mit Polystyrol-Dämmkern, auf Bauteilen dicht gestoßen verklebt und ggf. gedübelt.
Bauteil: Decke
Untergrund: Stahlbeton, schalungsrau
Dämmstoff: EPS
Anwendung: DI
Brandverhalten: schwer entflammbar
Bemessungswert der Wärmeleitfähigkeit: max. 0,035 W/(mK)
Nennwert der Wärmeleitfähigkeit: 0,034 W/(mK)
Dämmschichtdicke EPS: 40 mm
Dicke Holzwolle: 2 x 5 mm
Plattenrand: .....
Arbeitshöhe: bis 3,50 m

27€ 42€ **46€** 55€ 71€ [m²] ⏱ 0,30 h/m² 023.000.152

Nr.	Kurztext / Langtext						Kostengruppe
►	▷	ø netto €	◁	◄	[Einheit]	Ausf.-Dauer	Positionsnummer

71 **Mehrschichtplatte WW-C, EPS, Decke, 75mm** KG **335**

Wärmedämmung aus Holzwolle-Mehrschicht-Leichtbauplatten WW-C mit Polystyrol-Dämmkern, auf Bauteilen dicht gestoßen verklebt und ggf. gedübelt.
Bauteil: Decke
Untergrund: Stahlbeton, schalungsrau
Dämmstoff: EPS
Anwendung: DI
Brandverhalten: schwer entflammbar
Bemessungswert der Wärmeleitfähigkeit: max. 0,035 W/(mK)
Nennwert der Wärmeleitfähigkeit: 0,034 W/(mK)
Dämmschichtdicke EPS: 65 mm
Dicke Holzwolle: 2 x 5 mm
Plattenrand: .....
Arbeitshöhe: bis 3,50 m

36€ | 51€ | **58€** | 69€ | 90€ | [m²] | ⏱ 0,33h/m² | 023.000.151

72 **Gerüstankerlöcher schließen** KG **335**

Dübellöcher der Gerüstanker, im Zuge des Abbaus des Gerüstes, schließen und Oberfläche nahtlos angleichen und beschichten, Dämmverschluss der Löcher und Beschichtung mit Oberputz, Art und Ausführung abgestimmt auf das verwendete WDVS-System, dessen Putzstruktur und Beschichtung.

2€ | 4€ | **5€** | 7€ | 10€ | [St] | ⏱ 0,15h/St | 023.000.168

73 **Stundensatz, Facharbeiter/-in**

Stundenlohnarbeiten für Vorarbeiter/-in, Facharbeiter/-in und Gleichgestellte. Der Verrechnungssatz für die jeweilige Arbeitskraft umfasst sämtliche Aufwendungen wie Lohn- und Gehaltskosten, Lohn- und Gehaltsnebenkosten, Zuschläge, lohngebundene und lohnabhängige Kosten, sonstige Sozialkosten, Gemeinkosten, Wagnis und Gewinn. Leistung nach besonderer Anordnung der Bauüberwachung. Anmeldung und Nachweis gem. VOB/B.

56€ | 66€ | **70€** | 73€ | 82€ | [h] | ⏱ 1,00h/h | 023.000.153

74 **Stundensatz, Helfer/-in**

Stundenlohnarbeiten für Werker/-in, Helfer/-in und Gleichgestellte. Der Verrechnungssatz für die jeweilige Arbeitskraft umfasst sämtliche Aufwendungen wie Lohn- und Gehaltskosten, Lohn- und Gehaltsnebenkosten, Zuschläge, lohngebundene und lohnabhängige Kosten, sonstige Sozialkosten, Gemeinkosten, Wagnis und Gewinn. Leistung nach besonderer Anordnung der Bauüberwachung. Anmeldung und Nachweis gem. VOB/B.

44€ | 57€ | **63€** | 66€ | 72€ | [h] | ⏱ 1,00h/h | 023.000.154

Kosten:
Stand 1.Quartal 2025
Bundesdurchschnitt

► min
▷ von
ø Mittel
◁ bis
◄ max

Kosten:
Stand 1. Quartal 2025
Bundesdurchschnitt

► min
▷ von
ø Mittel
◁ bis
◀ max

Nr.	Positionen	Einheit	►	▷	ø brutto € / ø netto €	◁	◀
1	Feuchtemessung	St	44	57	**60**	66	76
			37	47	**51**	56	64
2	Untergrund prüfen, Haftzugfestigkeit	St	30	37	**39**	45	50
			26	31	**33**	38	42
3	Haftbrücke, Fliesenbelag	m²	2	5	**5**	7	10
			2	4	**4**	6	9
4	Voranstrich, Fliesenbelag	m²	1	3	**4**	5	7
			1	2	**3**	4	6
5	Verbundabdichtung, Wand	m²	14	21	**24**	29	40
			12	18	**21**	24	34
6	Verbundabdichtung, Boden	m²	12	20	**24**	28	37
			10	17	**20**	23	31
7	Verbundabdichtung, Kunststoffbahn, Boden	m²	18	21	**24**	26	30
			15	17	**20**	22	25
8	Verbundabdichtung, Kunststoffbahn, Wand	m²	19	24	**26**	29	32
			16	20	**22**	24	27
9	Verbundabdichtung, Reaktionsharz	m²	31	37	**43**	51	55
			26	31	**36**	43	46
10	Verbundabdichtung, Dichtungsschlämme	m²	22	26	**30**	36	38
			18	22	**25**	30	32
11	Innenecken, Verbundabdichtung, Dichtband	m	6	11	**13**	15	22
			5	9	**11**	13	19
12	Dichtmanschette, Rohre	St	6	11	**12**	15	21
			5	9	**10**	13	17
13	Dichtmanschette, Bodenablauf	St	16	27	**33**	39	53
			14	22	**28**	33	45
14	Revisionstür, 20x20	St	26	45	**55**	72	106
			22	38	**46**	60	89
15	Revisionstür, 30x30	St	28	55	**66**	88	126
			23	46	**55**	74	106
16	Trennschiene, Aluminium	m	13	19	**21**	25	34
			11	16	**17**	21	28
17	Trennschiene, Messing	m	16	24	**27**	31	41
			13	20	**23**	26	34
18	Trennschiene, nichtrostender Stahl	m	18	26	**29**	38	57
			15	22	**25**	32	48
19	Eckschutzschiene, Aluminium	m	18	21	**23**	27	33
			15	18	**19**	22	28
20	Eckschutzschiene, nichtrostender Stahl	m	14	25	**29**	36	54
			12	21	**25**	31	46
21	Eckschutzschiene, Kunststoff	m	9	14	**15**	18	26
			8	12	**13**	15	22
22	Wandfliesen, 15x15	m²	83	95	**105**	117	132
			70	80	**88**	98	111
23	Wandfliesen, 10x10	m²	70	89	**97**	104	131
			59	74	**82**	88	110
24	Wandfliesen, 10x20	m²	90	104	**114**	125	144
			76	87	**96**	105	121

Nr.	Positionen	Einheit	▶	▷	ø brutto € / ø netto €	◁	◀
25	Wandfliesen, 15x20	m²	87	102	**109**	120	137
			73	86	**92**	101	115
26	Wandfliesen, 20x20	m²	68	80	**86**	98	134
			57	67	**73**	83	113
27	Wandfliesen, 25x20	m²	69	80	**88**	101	117
			58	67	**74**	85	99
28	Wandfliesen, 25x33	m²	74	83	**86**	98	111
			62	70	**72**	82	93
29	Wandfliesen, 30x60	m²	92	112	**121**	129	146
			77	94	**102**	108	123
30	Wandfliesen, 60x60	m²	139	158	**165**	178	203
			117	132	**139**	149	170
31	Wandbelag, Glasmosaik	m²	212	243	**256**	294	325
			179	204	**215**	247	273
32	Sockelfliesen, Fliesenbelag	m	14	23	**27**	30	39
			12	19	**22**	25	33
33	Kehlsockel, Fliesenbelag	m	22	38	**45**	49	62
			19	32	**38**	41	52
34	Bordüre, Fliesen	m	16	27	**31**	35	46
			13	23	**26**	29	39
35	Bodenfliesen, 10x10	m²	81	119	**137**	153	185
			68	100	**115**	128	156
36	Bodenfliesen, 15x15	m²	78	103	**116**	133	172
			66	86	**97**	111	145
37	Bodenfliesen, 20x20	m²	75	97	**107**	119	147
			63	81	**90**	100	123
38	Bodenfliesen, 30x30	m²	69	92	**100**	112	140
			58	77	**84**	94	118
39	Bodenfliesen, 40x40	m²	66	85	**92**	106	118
			56	72	**77**	89	99
40	Bodenfliesen, 30x60	m²	77	93	**99**	116	125
			65	78	**83**	97	105
41	Bodenfliesen, 60x60	m²	92	133	**154**	165	227
			77	112	**130**	138	191
42	Bodenfliesen, 20x20, strukturiert	m²	92	105	**119**	139	148
			77	88	**100**	116	125
43	Bodenfliesen, 30x30, strukturiert	m²	96	109	**121**	140	154
			80	92	**102**	118	129
44	Bodenfliesen, 30x30, R11	m²	103	119	**128**	133	144
			87	100	**108**	112	121
45	Bodenfliesen, Großküche, 20x20, R12	m²	78	94	**107**	121	133
			66	79	**90**	102	112
46	Bodenfliesen, Großküche, 30x30, R12	m²	110	138	**145**	161	188
			93	116	**122**	135	158
47	Treppenbelag, Tritt- und Setzstufe	m	150	181	**187**	198	221
			126	152	**157**	166	186
48	Sockelfliesenbeläge, Treppen	m	24	33	**37**	43	53
			20	28	**31**	36	44

Kosten:
Stand 1.Quartal 2025
Bundesdurchschnitt

Nr.	Positionen	Einheit	►	▷	ø brutto € ø netto €	◁	◄
49	Bodenfliesen, BIa-Feinsteinzeug, bis 20x20	m²	75	93	**101**	118	147
			63	78	**85**	99	123
50	Bodenfliesen, BIIa/BIIb-Steinzeug, glasiert, bis 20x20	m²	68	88	**99**	116	150
			57	74	**83**	97	126
51	Bodenfliesen, AI/AII-Spaltplatte, frostsicher, bis 20x20	m²	84	114	**119**	136	173
			70	96	**100**	114	145
52	Bodenfliesen, AI/AII-Klinker, frostsicher, bis 20x20	m²	87	106	**111**	134	173
			73	89	**94**	112	145
53	Begleitstreifen, Kontraststreifen, Steinzeug, innen	m	–	87	**98**	124	–
			–	73	**82**	105	–
54	Aufmerksamkeitsfeld, Noppenfliesen, Steinzeug, innen	St	–	294	**338**	423	–
			–	247	**284**	355	–
55	Leitsystem, Rippenfliesen, Steinzeug, innen	m	–	108	**125**	159	–
			–	91	**105**	134	–
56	Wandfliesen, BIII-Steingut, glasiert, bis 20x20	m²	71	90	**103**	109	128
			59	75	**86**	92	108
57	Wandfliesen, BIIa/BIIb-Steinzeug, glasiert, bis 20x20	m²	73	103	**114**	122	140
			61	86	**95**	103	117
58	Duschwannenträger einfliesen	St	46	59	**69**	89	128
			38	50	**58**	74	107
59	Badewannenträger einfliesen	St	98	118	**128**	168	212
			82	99	**108**	141	178
60	Gehrungsschnitt, Fliesen	m	8	16	**18**	23	32
			7	13	**15**	19	27
61	Untergrund reinigen, Boden	m²	1	2	**2**	3	5
			0,9	1,6	**1,8**	2,4	3,9
62	Mattenrahmen, Edelstahl, 150x120cm	St	5.042	5.445	**6.723**	8.000	9.614
			4.237	4.576	**5.649**	6.723	8.079
63	Mattenrahmen, Edelstahl, 200x200cm	St	496	780	**927**	1.034	1.614
			417	655	**779**	869	1.356
64	Sauberlaufsystem, Rahmen, bis 2,00m²	St	398	802	**975**	1.257	1.688
			334	674	**819**	1.056	1.418
65	Sauberlaufsystem, Rahmen, über 2,00m	St	1.558	2.234	**2.686**	2.792	3.072
			1.309	1.878	**2.258**	2.346	2.581
66	Elastische Verfugung, Fliesen, Silikon	m	5	8	**9**	10	15
			5	6	**7**	8	12
67	Elastoplastische Verfugung, Fliesen, Acryl	m	8	11	**12**	15	17
			7	9	**10**	13	14
68	Elastische Verfugung, Fliesen, chemisch beständig	m	10	12	**13**	17	19
			8	10	**11**	14	16
69	Bewegungsfugen, Fliesenbelag, Profil	m	28	33	**38**	43	47
			23	28	**32**	36	39
70	Randstreifen abschneiden	m	0,5	1,3	**1,7**	2,3	3,7
			0,4	1,1	**1,4**	1,9	3,1
71	Fliesen anarbeiten, Stützen	m	31	37	**39**	45	50
			26	31	**33**	38	42

► min
▷ von
ø Mittel
◁ bis
◄ max

Nr.	Positionen	Einheit	▶	▷	ø brutto € / ø netto €	◁	◀
72	Stundensatz, Facharbeiter/-in	h	72	83	**87**	91	100
			60	70	**74**	77	84
73	Stundensatz, Helfer/-in	h	53	67	**73**	79	93
			45	56	**61**	66	78

023
024
025
026
027
028
029
030
031
032
033
034
036
037
038
039

Nr. **Kurztext** / Langtext — Kostengruppe

▶ ▷ **ø netto €** ◁ ◀ [Einheit] Ausf.-Dauer Positionsnummer

1 Feuchtemessung KG **353**

Feuchtemessung des Fliesenuntergrunds als Prüfung der Belegreife, über die Prüfpflicht des Auftragnehmers hinaus. Messung mit CM-Prüfinstrument, Preis je Prüfung inkl. Protokollierung und Übergabe an den Auftraggeber.

37€ 47€ **51€** 56€ 64€ [St] ⏱ 0,25h/St 024.000.061

2 Untergrund prüfen, Haftzugfestigkeit KG **353**

Fliesenuntergrund durch Haftzugprüfung prüfen. Preis je Prüfung inkl. Protokollierung und Übergabe an den Auftraggeber.
Hinweis: Vergütet nur, wenn über die Prüfpflicht des Auftragnehmers hinausgehende Leistung.

26€ 31€ **33€** 38€ 42€ [St] ⏱ 0,50h/St 024.000.066

3 Haftbrücke, Fliesenbelag KG **353**

Haftbrücke für Fliesenbelag.
Bauteil: **Wand / Boden**
Untergrund: .....
Haftbrücke: .....

2€ 4€ **4€** 6€ 9€ [m²] ⏱ 0,05h/m² 024.000.005

4 Voranstrich, Fliesenbelag KG **353**

Voranstrich für Fliesenbelag.
Bauteil: **Wand / Boden**
Untergrund: .....
Voranstrichmittel: .....

1€ 2€ **3€** 4€ 6€ [m²] ⏱ 0,05h/m² 024.000.004

5 Verbundabdichtung, Wand KG **345**

Abdichtung im Verbund mit Wandbekleidung aus Fliesen, im Dünnbettverfahren.
Untergrund: .....
Abdichtung: .....
Rissklasse: R1-I
Abdichtungsart: AIV-F
Einwirkungsklasse: W1-I DIN EN 18534
Einbauort: .....
Angeb. Fabrikat: .....

12€ 18€ **21€** 24€ 34€ [m²] ⏱ 0,20h/m² 024.000.007

Kosten:
Stand 1. Quartal 2025
Bundesdurchschnitt

Nr.	Kurztext / Langtext						Kostengruppe
▶	▷	**ø netto €**	◁	◀	[Einheit]	Ausf.-Dauer	Positionsnummer

6 Verbundabdichtung, Boden — KG **353**

Abdichtung im Verbund mit Bodenbelag aus Fliesen, im Dünnbettverfahren.
Untergrund: .....
Abdichtung: .....
Rissklasse: R1-I
Abdichtungsart: AIV-F
Einwirkungsklasse: W1-I DIN EN 18534
Einbauort: .....
Angeb. Fabrikat: .....

▶	▷	ø	◁	◀	Einheit	Ausf.-Dauer	Positionsnummer
10€	17€	**20€**	23€	31€	[m2]	⏱ 0,20h/m2	024.000.008

7 Verbundabdichtung, Kunststoffbahn, Boden — KG **353**

Abdichtung im Verbund mit Bodenbelag aus Fliesen, im Dünnbettverfahren, mit beidseitig vlieskaschierten Kunststoffbahnen.
Untergrund: .....
Rissklasse: R1-I
Abdichtungsart: AIV-B
Einwirkungsklasse: W2-I DIN EN 18534
Einbauort: .....
Angeb. Fabrikat: .....

▶	▷	ø	◁	◀	Einheit	Ausf.-Dauer	Positionsnummer
15€	17€	**20€**	22€	25€	[m2]	⏱ 0,20h/m2	024.000.067

8 Verbundabdichtung, Kunststoffbahn, Wand — KG **345**

Abdichtung im Verbund mit Wandbekleidung aus Fliesen, im Dünnbettverfahren, mit beidseitig vlieskaschierten Kunststoffbahnen.
Untergrund: .....
Rissklasse: R1-I
Abdichtungsart: AIV-B
Einwirkungsklasse: W2-I DIN EN 18534
Einbauort: .....
Angeb. Fabrikat: .....

▶	▷	ø	◁	◀	Einheit	Ausf.-Dauer	Positionsnummer
16€	20€	**22€**	24€	27€	[m2]	⏱ 0,20h/m2	024.000.068

9 Verbundabdichtung, Reaktionsharz — KG **353**

Abdichtung im Verbund mit Bodenbelag,mit sehr hoher Wassereinwirkung, Abdichtung in Verbindung mit Fliesenbelag, mit Reaktionsharz.
Untergrund: .....
Rissklasse: R1-I
Abdichtungsart: AIV-F
Einwirkungsklasse: W3-I DIN EN 18534
Trockenschichtdicke: mind. 1 mm
Einbauort: Innenraum **Boden / Wand**
Angeb. Fabrikat: .....

▶	▷	ø	◁	◀	Einheit	Ausf.-Dauer	Positionsnummer
26€	31€	**36€**	43€	46€	[m2]	⏱ 0,25h/m2	024.000.011

▶ min
▷ von
ø Mittel
◁ bis
◀ max

Nr.	**Kurztext** / Langtext						Kostengruppe
►	▷	**ø netto €**	◁	◄	[Einheit]	Ausf.-Dauer	Positionsnummer

10 Verbundabdichtung, Dichtungsschlämme KG **353**

Innenraum-Verbundabdichtung an Flächen mit geringer Wassereinwirkung, Abdichtung in Verbindung mit Fliesenbelag, mit rissüberbrückenden Dichtungsschlämmen.
Untergrund: .....
Einwirkungsklasse: W0-I DIN EN 18534
Rissklasse: R1-I
Trockenschichtdicke: mind. 2 mm
Einbauort: Innenraum **Boden / Wand**
Angeb. Fabrikat: .....

18€ 22€ **25€** 30€ 32€ [m2] – 024.000.124

11 Innenecken, Verbundabdichtung, Dichtband KG **353**

Anschluss der Verbundabdichtung in Innenecken an Übergang von Wand und Boden mit elastischer Dichtbandeinlage.
Einwirkungsklasse: .....
Bandbreite: .....

5€ 9€ **11€** 13€ 19€ [m] ⏱ 0,10h/m 024.000.009

12 Dichtmanschette, Rohre KG **353**

Anschluss der Innenabdichtung an Rohrdurchdringungen, mit Dichtmanschetten.
Einwirkungsklasse: .....
Durchdringung: bis D= 42 mm
Einbauort: **Wand / Boden**

5€ 9€ **10€** 13€ 17€ [St] ⏱ 0,16h/St 024.000.010

13 Dichtmanschette, Bodenablauf KG **324**

Anschluss der Innenabdichtung an Bodeneinlauf, mit Dichtmanschetten.
Einwirkungsklasse: .....
Durchdringung: bis D= 100 mm

14€ 22€ **28€** 33€ 45€ [St] ⏱ 0,18h/St 024.000.012

A 1 Revisionstür Beschreibung für Pos. **14-15**

Revisionstür mit Rahmen und Fliesen, Einbau in Wandbekleidung, Klappe ohne sichtbaren Verschluss, Einbau- und Klapprahmen aus Aluminium, Öffnen der Klappe durch leichtes Andrücken, Ausführung mit Fangarmsicherung.

14 Revisionstür, 20x20 KG **345**

Wie Ausführungsbeschreibung A 1
Brandschutz: F0
Untergrund: .....
Plattendicke: ..... mm
Klappengröße: 20 x 20 cm

22€ 38€ **46€** 60€ 89€ [St] ⏱ 0,20h/St 024.000.013

Kosten:
Stand 1. Quartal 2025
Bundesdurchschnitt

Nr.	**Kurztext** / Langtext						Kostengruppe
▶	▷	**ø netto €**	◁	◀	[Einheit]	Ausf.-Dauer	Positionsnummer

15 Revisionstür, 30x30 — KG **345**

Wie Ausführungsbeschreibung A 1
Brandschutz: F0
Untergrund: .....
Plattendicke: ..... mm
Klappengröße: 30 x 30 cm

▶	▷	ø	◁	◀	Einheit	Ausf.-Dauer	Positionsnummer
23€	46€	**55€**	74€	106€	[St]	⏱ 0,20h/St	024.000.062

A 2 Trennschiene — Beschreibung für Pos. **16-18**

Trennschiene in Fliesenbelag
Schienenhöhe: bis 6 mm

16 Trennschiene, Aluminium — KG **353**

Wie Ausführungsbeschreibung A 2
Untergrund: .....
Material: Aluminium
Einbauort: **Abschluss / Übergang**
Anker: **mit / ohne**

▶	▷	ø	◁	◀	Einheit	Ausf.-Dauer	Positionsnummer
11€	16€	**17€**	21€	28€	[m]	⏱ 0,10h/m	024.000.018

17 Trennschiene, Messing — KG **353**

Wie Ausführungsbeschreibung A 2
Untergrund: .....
Material: Messing
Einbauort: **Abschluss / Übergang**
Anker: **mit / ohne**

▶	▷	ø	◁	◀	Einheit	Ausf.-Dauer	Positionsnummer
13€	20€	**23€**	26€	34€	[m]	⏱ 0,10h/m	024.000.017

18 Trennschiene, nichtrostender Stahl — KG **353**

Wie Ausführungsbeschreibung A 2
Untergrund: .....
Material: nichtrostender Stahl, Werkstoff .....
Einbauort: **Abschluss / Übergang**
Anker: **mit / ohne**

▶	▷	ø	◁	◀	Einheit	Ausf.-Dauer	Positionsnummer
15€	22€	**25€**	32€	48€	[m]	⏱ 0,10h/m	024.000.019

▶ min
▷ von
ø Mittel
◁ bis
◀ max

Nr.	Kurztext / Langtext							Kostengruppe
▶	▷	**ø netto €**	◁	◀	[Einheit]	Ausf.-Dauer		Positionsnummer

A 3 Eckschutzschiene — Beschreibung für Pos. **19-21**

Eckschutzschiene, mit Anker, in Fliesen-Wandbelag, an Ecken und Abschlüssen.
Abmessung/Höhe: abgestimmt auf Fliesendicke
Schienenhöhe: bis 8 mm

19 Eckschutzschiene, Aluminium — KG **345**

Wie Ausführungsbeschreibung A 3
Material: Aluminium
Untergrund: .....
Einbauort: **Außenecke / Fliesenabschluss**
Form: .....
Oberfläche: matt, eloxiert

▶	▷	ø netto €	◁	◀	[Einheit]	Ausf.-Dauer	Positionsnummer
15€	18€	**19€**	22€	28€	[m]	⏱ 0,12h/m	024.000.050

20 Eckschutzschiene, nichtrostender Stahl — KG **345**

Wie Ausführungsbeschreibung A 3
Material: nichtrostender Stahl, Werkstoff-Nr. .....
Untergrund: .....
Einbauort: **Außenecke / Fliesenabschluss**
Form: .....
Oberfläche: matt, geschliffen

▶	▷	ø netto €	◁	◀	[Einheit]	Ausf.-Dauer	Positionsnummer
12€	21€	**25€**	31€	46€	[m]	⏱ 0,12h/m	024.000.020

21 Eckschutzschiene, Kunststoff — KG **345**

Wie Ausführungsbeschreibung A 3
Material: Hartkunststoff
Untergrund: .....
Einbauort: **Außenecke / Fliesenabschluss**
Form: .....
Oberfläche/Farbe: .....

▶	▷	ø netto €	◁	◀	[Einheit]	Ausf.-Dauer	Positionsnummer
8€	12€	**13€**	15€	22€	[m]	⏱ 0,12h/m	024.000.021

A 4 Wandfliesen — Beschreibung für Pos. **22-30**

Wandbekleidung aus frostbeständigen Fliesen in zementhaltigem Dünnbettmörtel und mit Fugenmörtel. Arbeitshöhe der zu bearbeitenden oder zu bekleidenden Fläche bis 3,5m über der Standfläche des hierfür erforderlichen Gerüstes.

22 Wandfliesen, 15x15 — KG **345**

Wie Ausführungsbeschreibung A 4
Untergrund: .....
Material: **Steinzeug / Feinsteinzeug**
Gruppe: .....
Fliesendicke: .....
Fliesenformat: 15 x 15 cm
Oberfläche: **glasiert / unglasiert**
Farbton: uni, ...
Verlegung: .....

▶	▷	ø netto €	◁	◀	[Einheit]	Ausf.-Dauer	Positionsnummer
70€	80€	**88€**	98€	111€	[m²]	⏱ 0,85h/m²	024.000.070

023
024
025
026
027
028
029
030
031
032
033
034
036
037
038
039

Kosten:
Stand 1. Quartal 2025
Bundesdurchschnitt

Nr.	**Kurztext** / Langtext						Kostengruppe
▶	▷	**ø netto €**	◁	◀	[Einheit]	Ausf.-Dauer	Positionsnummer

23 **Wandfliesen, 10x10** KG **345**

Wie Ausführungsbeschreibung A 4
Untergrund: .....
Material: **Steinzeug / Feinsteinzeug**
Gruppe: .....
Fliesendicke: .....
Fliesenformat: 10 x 10 cm
Oberfläche: **glasiert / unglasiert**
Farbton: uni, ...
Verlegung: .....

▶	▷	ø	◁	◀	Einheit	Ausf.-Dauer	Positionsnummer
59€	74€	**82€**	88€	110€	[m²]	⏱ 0,90 h/m²	024.000.022

24 **Wandfliesen, 10x20** KG **345**

Wie Ausführungsbeschreibung A 4
Untergrund: .....
Material: **Steinzeug / Feinsteinzeug**
Gruppe: .....
Fliesendicke: .....
Fliesenformat: 10 x 20 cm
Oberfläche: **glasiert / unglasiert**
Farbton: uni, ...
Verlegung: .....

▶	▷	ø	◁	◀	Einheit	Ausf.-Dauer	Positionsnummer
76€	87€	**96€**	105€	121€	[m²]	⏱ 0,90 h/m²	024.000.069

25 **Wandfliesen, 15x20** KG **345**

Wie Ausführungsbeschreibung A 4
Untergrund: .....
Material: **Steinzeug / Feinsteinzeug**
Gruppe: .....
Fliesendicke: .....
Fliesenformat: 15 x 20 cm
Oberfläche: **glasiert / unglasiert**
Farbton: uni, ...
Verlegung: .....

▶	▷	ø	◁	◀	Einheit	Ausf.-Dauer	Positionsnummer
73€	86€	**92€**	101€	115€	[m²]	⏱ 0,85 h/m²	024.000.071

26 **Wandfliesen, 20x20** KG **345**

Wie Ausführungsbeschreibung A 4
Untergrund: .....
Material: **Steinzeug / Feinsteinzeug**
Gruppe: .....
Fliesendicke: .....
Fliesenformat: 20 x 20 cm
Oberfläche: **glasiert / unglasiert**
Farbton: uni, ...
Verlegung: .....

▶	▷	ø	◁	◀	Einheit	Ausf.-Dauer	Positionsnummer
57€	67€	**73€**	83€	113€	[m²]	⏱ 0,80 h/m²	024.000.023

▶ min
▷ von
ø Mittel
◁ bis
◀ max

Nr.	Kurztext / Langtext						Kostengruppe
►	▷	**ø netto €**	◁	◄	[Einheit]	Ausf.-Dauer	Positionsnummer

27 Wandfliesen, 25x20 KG **345**

Wie Ausführungsbeschreibung A 4
Untergrund: .....
Material: **Steinzeug / Feinsteinzeug**
Gruppe: .....
Fliesendicke: .....
Fliesenformat: 25 x 20 cm
Oberfläche: **glasiert / unglasiert**
Farbton: uni, ...
Verlegung: .....

►	▷	ø netto €	◁	◄	[Einheit]	Ausf.-Dauer	Positionsnummer
58€	67€	**74€**	85€	99€	[m²]	⏱ 0,80h/m²	024.000.113

28 Wandfliesen, 25x33 KG **345**

Wie Ausführungsbeschreibung A 4
Untergrund: .....
Material: **Steinzeug / Feinsteinzeug**
Gruppe: .....
Fliesendicke: .....
Fliesenformat: 25 x 33 cm
Oberfläche: **glasiert / unglasiert**
Farbton: uni, ...
Verlegung: .....

►	▷	ø netto €	◁	◄	[Einheit]	Ausf.-Dauer	Positionsnummer
62€	70€	**72€**	82€	93€	[m²]	⏱ 0,80h/m²	024.000.073

29 Wandfliesen, 30x60 KG **345**

Wie Ausführungsbeschreibung A 4
Untergrund: .....
Material: **Steinzeug / Feinsteinzeug**
Gruppe: .....
Fliesendicke: .....
Fliesenformat: 30 x 60 cm
Oberfläche: **glasiert / unglasiert**
Farbton: uni, ...
Verlegung: .....

►	▷	ø netto €	◁	◄	[Einheit]	Ausf.-Dauer	Positionsnummer
77€	94€	**102€**	108€	123€	[m²]	⏱ 0,95h/m²	024.000.125

30 Wandfliesen, 60x60 KG **345**

Wie Ausführungsbeschreibung A 4
Untergrund: .....
Material: **Steinzeug / Feinsteinzeug**
Gruppe: .....
Fliesendicke: .....
Fliesenformat: 60 x 60 cm
Oberfläche: **glasiert / unglasiert**
Farbton: uni, ...
Verlegung: .....

►	▷	ø netto €	◁	◄	[Einheit]	Ausf.-Dauer	Positionsnummer
117€	132€	**139€**	149€	170€	[m²]	⏱ 1,00h/m²	024.000.126

Nr.	Kurztext / Langtext						Kostengruppe
▶	▷	**ø netto €**	◁	◀	[Einheit]	Ausf.-Dauer	Positionsnummer

31 Wandbelag, Glasmosaik KG **345**

Wandbekleidung aus Glasmosaik in zementhaltigem Dünnbettmörtel mit Verfugung. Arbeitshöhe der zu bearbeitenden oder zu bekleidenden Fläche bis 3,5m über der Standfläche des hierfür erforderlichen Gerüstes.
Einbauort: .....
Angeb. Fabrikat: .....

179€	204€	**215€**	247€	273€	[m²]	⏱ 1,10h/m²	024.000.080

32 Sockelfliesen, Fliesenbelag KG **353**

Sockel aus frostbeständigen Fliesen in zementhaltigem Dünnbettmörtel mit farblich abgestimmter Verfugung.
Untergrund: .....
Material: **Steinzeug / Feinsteinzeug**
Gruppe: ......
Fliesendicke: .....
Fliesenformat: .....
Verlegung: .....
Oberfläche: **glasiert / unglasiert**
Farbton: .....

12€	19€	**22€**	25€	33€	[m]	⏱ 0,14h/m	024.000.026

33 Kehlsockel, Fliesenbelag KG **353**

Kehlsockel aus frostbeständigen Fliesen in zementhaltigem Dünnbettmörtel mit farblich abgestimmter Verfugung.
Untergrund: .....
Material: **Steinzeug / Feinsteinzeug**
Gruppe: ......
Fliesenformat: .....
Oberfläche: **glasiert / unglasiert**
Farbton: .....

19€	32€	**38€**	41€	52€	[m]	⏱ 0,18h/m	024.000.027

34 Bordüre, Fliesen KG **345**

Bordüre (Dekorband) aus Fliesen in zementhaltigem Dünnbettmörtel mit farblich abgestimmter Verfugung.
Untergrund: .....
Material: **Steinzeug / Feinsteinzeug**
Gruppe: ......
Fliesenformat: .....
Oberfläche: **glasiert / unglasiert**
Farbton: .....

13€	23€	**26€**	29€	39€	[m]	⏱ 0,10h/m	024.000.028

Kosten:
Stand 1. Quartal 2025
Bundesdurchschnitt

▶ min
▷ von
ø Mittel
◁ bis
◀ max

Nr.	**Kurztext** / Langtext						Kostengruppe
▶	▷	**ø netto €**	◁	◀	[Einheit]	Ausf.-Dauer	Positionsnummer

A 5 Bodenfliesen Beschreibung für Pos. **35-41**

Bodenbelag aus frostbeständigen Fliesen in zementhaltigem Dünnbettmörtel mit farblich abgestimmter Verfugung.
Einbauort: .....

35 Bodenfliesen, 10x10 KG **353**

Wie Ausführungsbeschreibung A 5
Untergrund: .....
Material: **Steinzeug / Feinsteinzeug**
Gruppe: .....
Nennmaß: 10 x 10 cm
Fliesendicke: .....
Oberfläche: **glasiert / unglasiert**
Rutschhemmung: .....
Farbton: .....
Verlegung: .....
Angeb. Fabrikat: .....

68€	100€	**115€**	128€	156€	[m²]	⏱ 1,00h/m²	024.000.029

36 Bodenfliesen, 15x15 KG **353**

Wie Ausführungsbeschreibung A 5
Untergrund: .....
Material: **Steinzeug / Feinsteinzeug**
Gruppe: .....
Nennmaß: 15 x 15 cm
Fliesendicke: .....
Oberfläche: **glasiert / unglasiert**
Rutschhemmung: .....
Farbton: .....
Verlegung: .....
Angeb. Fabrikat: .....

66€	86€	**97€**	111€	145€	[m²]	⏱ 0,90h/m²	024.000.030

37 Bodenfliesen, 20x20 KG **353**

Wie Ausführungsbeschreibung A 5
Untergrund: .....
Material: **Steinzeug / Feinsteinzeug**
Gruppe: .....
Nennmaß: 20 x 20 cm
Fliesendicke: .....
Oberfläche: **glasiert / unglasiert**
Rutschhemmung: .....
Farbton: .....
Verlegung: .....
Angeb. Fabrikat: .....

63€	81€	**90€**	100€	123€	[m²]	⏱ 0,80h/m²	024.000.031

Nr.	Kurztext / Langtext						Kostengruppe
►	▷	ø netto €	◁	◄	[Einheit]	Ausf.-Dauer	Positionsnummer

38 **Bodenfliesen, 30x30** KG **353**

Wie Ausführungsbeschreibung A 5
Untergrund: .....
Material: **Steinzeug / Feinsteinzeug**
Gruppe: .....
Nennmaß: 30 x 30 cm
Fliesendicke: .....
Oberfläche: **glasiert / unglasiert**
Rutschhemmung: .....
Farbton: .....
Verlegung: .....
Angeb. Fabrikat: .....

►	▷	ø	◁	◄	Einheit	Ausf.-Dauer	Positionsnummer
58€	77€	**84€**	94€	118€	[m²]	⏱ 0,70h/m²	024.000.032

Kosten:
Stand 1. Quartal 2025
Bundesdurchschnitt

39 **Bodenfliesen, 40x40** KG **353**

Wie Ausführungsbeschreibung A 5
Untergrund: .....
Material: **Steinzeug / Feinsteinzeug**
Gruppe: .....
Nennmaß: 40 x 40 cm
Fliesendicke: .....
Oberfläche: **glasiert / unglasiert**
Rutschhemmung: .....
Farbton: .....
Verlegung: .....
Angeb. Fabrikat: .....

►	▷	ø	◁	◄	Einheit	Ausf.-Dauer	Positionsnummer
56€	72€	**77€**	89€	99€	[m²]	⏱ 0,70h/m²	024.000.087

40 **Bodenfliesen, 30x60** KG **353**

Wie Ausführungsbeschreibung A 5
Untergrund: .....
Material: **Steinzeug / Feinsteinzeug**
Gruppe: .....
Nennmaß: 30 x 60 cm
Fliesendicke: .....
Oberfläche: **glasiert / unglasiert**
Rutschhemmung: .....
Farbton: .....
Verlegung: .....
Angeb. Fabrikat: .....

►	▷	ø	◁	◄	Einheit	Ausf.-Dauer	Positionsnummer
65€	78€	**83€**	97€	105€	[m²]	⏱ 0,65h/m²	024.000.088

► min
▷ von
ø Mittel
◁ bis
◄ max

Nr.	Kurztext / Langtext						Kostengruppe
▶	▷	**ø netto €**	◁	◀	[Einheit]	Ausf.-Dauer	Positionsnummer

41 Bodenfliesen, 60x60 KG **353**

Wie Ausführungsbeschreibung A 5
Untergrund: .....
Material: **Steinzeug / Feinsteinzeug**
Gruppe: .....
Nennmaß: 60 x 60 cm
Fliesendicke: .....
Oberfläche: **glasiert / unglasiert**
Rutschhemmung: .....
Farbton: .....
Verlegung: .....
Angeb. Fabrikat: .....

77€	112€	**130€**	138€	191€	[m²]	⏱ 0,70 h/m²	024.000.127

A 6 Bodenfliesen, strukturiert Beschreibung für Pos. **42-43**

Bodenbelag aus frostbeständigen Fliesen mit strukturierter Oberfläche in zementhaltigem Dünnbettmörtel mit farblich abgestimmter Verfugung.
Einbauort: .....

42 Bodenfliesen, 20x20, strukturiert KG **353**

Wie Ausführungsbeschreibung A 6
Untergrund: .....
Material: **Steinzeug / Feinsteinzeug**
Gruppe: .....
Nennmaß: 20 x 20 cm
Fliesendicke: .....
Rutschhemmung: .....
Verlegung: .....
Angeb. Fabrikat: .....

77€	88€	**100€**	116€	125€	[m²]	⏱ 0,80 h/m²	024.000.089

43 Bodenfliesen, 30x30, strukturiert KG **353**

Wie Ausführungsbeschreibung A 6
Untergrund: .....
Material: **Steinzeug / Feinsteinzeug**
Gruppe: .....
Nennmaß: 30 x 30 cm
Fliesendicke: .....
Rutschhemmung: .....
Verlegung: .....
Angeb. Fabrikat: .....

80€	92€	**102€**	118€	129€	[m²]	⏱ 0,80 h/m²	024.000.090

Nr.	**Kurztext** / Langtext						Kostengruppe
►	▷	**ø netto €**	◁	◄	[Einheit]	Ausf.-Dauer	Positionsnummer

44 Bodenfliesen, 30x30, R11 KG **353**

Bodenbelag aus frostbeständigen Fliesen mit profilierter Oberfläche und Anforderung an Rutschgefahr, in zementhaltigem Dünnbettmörtel mit farblich abgestimmter Verfugung.
Einbauort: .....
Untergrund: .....
Material: **Steinzeug / Feinsteinzeug**
Gruppe: Ia
Nennmaß: 30 x 30 cm
Fliesendicke: .....
Rutschhemmung: R11
Verdrängungsraum: .....
Oberfläche: unglasiert
Verlegung: .....
Angeb. Fabrikat: .....

87€ | 100€ | **108€** | 112€ | 121€ | [m²] | ⏱ 0,75h/m² | 024.000.114

45 Bodenfliesen, Großküche, 20x20, R12 KG **353**

Öl- und säurebeständiger Bodenbelag aus frostbeständigen Fliesen mit profilierter Oberfläche und Anforderung an Rutschgefahr, in Dünnbettmörtel aus Reaktionsharz mit farblich abgestimmter Verfugung aus Reaktionsharzmörtel.
Einbauort: Großküche
Untergrund: .....
Material: **Steinzeug / Feinsteinzeug**
Gruppe: **BIa / BIb**
Nennmaß: 20 x 20 cm
Fliesendicke: .....
Rutschhemmung: R12
Verdrängungsraum: V4
Oberfläche: unglasiert
Verlegung: .....
Angeb. Fabrikat: .....

66€ | 79€ | **90€** | 102€ | 112€ | [m²] | ⏱ 0,80h/m² | 024.000.091

46 Bodenfliesen, Großküche, 30x30, R12 KG **353**

Öl- und säurebeständiger Bodenbelag aus frostbeständigen Fliesen mit profilierter Oberfläche und Anforderung an Rutschgefahr, in Dünnbettmörtel aus Reaktionsharz mit farblich abgestimmter Verfugung aus Reaktionsharzmörtel.
Einbauort: Großküche
Untergrund: .....
Material: **Steinzeug / Feinsteinzeug**
Gruppe: **BIa / BIb**
Nennmaß: 30 x 30 cm
Fliesendicke: .....
Rutschhemmung: R12
Verdrängungsraum: V4
Oberfläche: unglasiert
Verlegung: .....
Angeb. Fabrikat: .....

93€ | 116€ | **122€** | 135€ | 158€ | [m²] | ⏱ 0,75h/m² | 024.000.092

Kosten:
Stand 1.Quartal 2025
Bundesdurchschnitt

► min
▷ von
ø Mittel
◁ bis
◄ max

Nr.	Kurztext / Langtext							Kostengruppe
▶	▷	**ø netto €**	◁	◀		[Einheit]	Ausf.-Dauer	Positionsnummer

47 Treppenbelag, Tritt- und Setzstufe KG **353**

Stufenbelag mit trockengepressten Fliesen, frostbeständig, Vorderkante mit Rillenfräsung, im Dünnbett mit zementhaltigem Mörtel, sowie Verfugung mit zementhaltigem Fugenmörtel.
Untergrund: .....
Steigungsverhältnis: ..... x .....
Material: **Feinsteinzeug / Keramik**
Gruppe: BIa
Nennmaß: ..... x .....
Fliesendicke: .....
Rutschhemmung: .....
Verdrängungsraum: .....
Oberfläche: .....
Verlegung: .....
Angeb. Fabrikat: .....

126€ 152€ **157€** 166€ 186€ [m] ⏱ 1,30h/m 024.000.034

48 Sockelfliesenbeläge, Treppen KG **353**

Sockel für Stufenbelag aus frostbeständigen Fliesen in zementhaltigem Mörtel mit farblich abgestimmter Verfugung.
Untergrund: .....
Material: **Feinsteinzeug / Keramik**
Gruppe: BIa
Nennmaß: ..... x .....
Fliesendicke: .....
Oberfläche: **glasiert / unglasiert**
Verlegung: .....
Mörtel: **Dickbettmörtel / Dünnbettmörtel**

20€ 28€ **31€** 36€ 44€ [m] ⏱ 0,20h/m 024.000.035

49 Bodenfliesen, BIa-Feinsteinzeug, bis 20x20 KG **553**

Bodenbelag aus frostbeständigen Fliesen aus Feinsteinzeug in zementhaltigem Dünnbettmörtel mit farblich abgestimmter Verfugung.
Einbauort: **Innen- / Außenbereich**
Untergrund: .....
Gruppe: BIa
Nennmaß: bis 20 x 20 cm
Fliesendicke: .....
Rutschhemmung: .....
Oberfläche: unglasiert
Farbton: .....
Verlegung: .....
Angeb. Fabrikat: .....

63€ 78€ **85€** 99€ 123€ [m²] ⏱ 0,70h/m² 024.000.053

Nr.	Kurztext / Langtext						Kostengruppe
▶	▷	**ø netto €**	◁	◀	[Einheit]	Ausf.-Dauer	Positionsnummer

50 **Bodenfliesen, BIIa/BIIb-Steinzeug, glasiert, bis 20x20** KG **353**

Bodenbelag aus frostbeständigen Fliesen aus Steinzeug in zementhaltigem Dünnbettmörtel mit farblich abgestimmter Verfugung.
Einbauort: **Innen- / Außenbereich**
Untergrund: .....
Gruppe: **BIIa / BIIb**
Nennmaß: bis 20 x 20 cm
Fliesendicke: .....
Rutschhemmung: .....
Oberfläche: glasiert
Farbton: .....
Verlegung: .....
Angeb. Fabrikat: .....

▶	▷	ø	◁	◀	Einheit	Ausf.-Dauer	Positionsnummer
57€	74€	**83€**	97€	126€	[m²]	⏱ 0,70 h/m²	024.000.054

Kosten:
Stand 1. Quartal 2025
Bundesdurchschnitt

51 **Bodenfliesen, AI/AII-Spaltplatte, frostsicher, bis 20x20** KG **353**

Bodenbelag aus frostbeständigen Fliesen aus Spaltplatten in zementhaltigem Dünnbettmörtel mit farblich abgestimmter Verfugung.
Einbauort: Außenbereich
Untergrund: .....
Gruppe: **AI / AII**
Nennmaß: bis 20 x 20 cm
Fliesendicke: .....
Rutschhemmung: .....
Oberfläche: **glasiert / unglasiert**
Farbton: .....
Verlegung: .....
Angeb. Fabrikat: .....

▶	▷	ø	◁	◀	Einheit	Ausf.-Dauer	Positionsnummer
70€	96€	**100€**	114€	145€	[m²]	⏱ 0,90 h/m²	024.000.056

52 **Bodenfliesen, AI/AII-Klinker, frostsicher, bis 20x20** KG **353**

Bodenbelag aus frostbeständigen Fliesen aus Klinkerplatten in zementhaltigem Dünnbettmörtel mit farblich abgestimmter Verfugung.
Einbauort: Außenbereich
Untergrund: .....
Gruppe: **AI / AII**
Nennmaß: bis 20 x 20 cm
Fliesendicke: .....
Rutschhemmung: .....
Oberfläche: **glasiert / unglasiert**
Farbton: .....
Verlegung: .....
Angeb. Fabrikat: .....

▶	▷	ø	◁	◀	Einheit	Ausf.-Dauer	Positionsnummer
73€	89€	**94€**	112€	145€	[m²]	⏱ 0,70 h/m²	024.000.057

▶ min
▷ von
ø Mittel
◁ bis
◀ max

53 Begleitstreifen, Kontraststreifen, Steinzeug, innen KG **345**

Kontrastreicher Begleitstreifen zum Leitsystem mit unglasierten Steinzeugfliesen im Innenbereich.
Einbauort: .....
Untergrund: .....
Fliesenabmessung: 30 x 30 cm
Dicke: 12 mm
Oberfläche: R11
Farbe: .....
Verlegung: Dünnbett
Angeb. Fabrikat: .....

►	▷	ø netto €	◁	◄	[Einheit]	Ausf.-Dauer	Positionsnummer
–	73€	**82€**	105€	–	[m]	⏱ 0,24h/m	024.000.116

54 Aufmerksamkeitsfeld, Noppenfliesen, Steinzeug, innen KG **353**

Bodenindikatoren als taktiles Aufmerksamkeitsfeld, nach DIN 18040 und DIN 32984, aus Noppenfliesen mit unglasierten Steinzeugfliesen im Innenbereich.
Einbauort: .....
Untergrund: .....
Fliesenabmessung: 30 x 30 cm
Dicke: 14 mm
Oberfläche: R10
Farbe: .....
Verlegung: Dünnbett
Feldfläche: 90 x 90 cm
Angeb. Fabrikat: .....

►	▷	ø netto €	◁	◄	[Einheit]	Ausf.-Dauer	Positionsnummer
–	247€	**284€**	355€	–	[St]	⏱ 0,70h/St	024.000.117

55 Leitsystem, Rippenfliesen, Steinzeug, innen KG **345**

Bodenindikatoren als taktiles Blindenleitsystem, nach DIN 18040 und DIN 32984, aus Rippenfliesen in Reihe verlegt im Innenbereich.
Einbauort: .....
Untergrund: .....
Fliese: Feinsteinzeug, unglasiert
Fliesenabmessung: 30 x 30 cm
Dicke: 14 mm
Oberfläche: mind. R11
Farbe: .....
Verlegung: Dünnbett
Angeb. Fabrikat: .....

►	▷	ø netto €	◁	◄	[Einheit]	Ausf.-Dauer	Positionsnummer
–	91€	**105€**	134€	–	[m]	⏱ 0,22h/m	024.000.115

Nr.	Kurztext / Langtext						Kostengruppe
▶	▷	**ø netto €**	◁	◀	[Einheit]	Ausf.-Dauer	Positionsnummer

56 Wandfliesen, BIII-Steingut, glasiert, bis 20x20 KG **345**

Wandbelag aus nicht frostbeständigen Fliesen aus Steingut in zementhaltigem Dünnbettmörtel mit farblich abgestimmter Verfugung. Arbeitshöhe der zu bearbeitenden oder zu bekleidenden Fläche bis 3,5 m über der Standfläche des hierfür erforderlichen Gerüstes.
Einbauort: Innenbereich
Untergrund: .....
Gruppe: BIII
Nennmaß: bis 20 x 20 cm
Fliesendicke: .....
Oberfläche: glasiert
Farbton: .....
Verlegung: .....
Angeb. Fabrikat: .....

▶	▷	ø	◁	◀	Einheit	Ausf.-Dauer	Positionsnummer
59€	75€	**86€**	92€	108€	[m2]	⏱ 0,75h/m2	024.000.055

57 Wandfliesen, BIIa/BIIb-Steinzeug, glasiert, bis 20x20 KG **345**

Wandbelag aus frostbeständigen Fliesen aus Steinzeug in zementhaltigem Dünnbettmörtel mit farblich abgestimmter Verfugung.
Einbauort: **Innen- / Außenbereich**
Untergrund: .....
Arbeitshöhe: bis 3,5 m
Gruppe: **BIIa / BIIb**
Nennmaß: bis 20 x 20 cm
Fliesendicke: .....
Oberfläche: glasiert
Farbton: .....
Verlegung: .....
Angeb. Fabrikat: .....

▶	▷	ø	◁	◀	Einheit	Ausf.-Dauer	Positionsnummer
61€	86€	**95€**	103€	117€	[m2]	⏱ 0,70h/m2	024.000.119

58 Duschwannenträger einfliesen KG **345**

Bekleidung der Stirnseite einer Duschtasse mit Fliesen in zementhaltigem Dünnbettmörtel mit Verfugung.
Abmessung zu bekleidende Fläche (B x H): ..... x .....
Fliesen: .....
Nennmaß Fliesen: ..... x .....
Fliesendicke: .....
Oberfläche: .....
Farbe: .....

▶	▷	ø	◁	◀	Einheit	Ausf.-Dauer	Positionsnummer
38€	50€	**58€**	74€	107€	[St]	⏱ 0,25h/St	024.000.098

Kosten:
Stand 1.Quartal 2025
Bundesdurchschnitt

▶ min
▷ von
ø Mittel
◁ bis
◀ max

Nr.	Kurztext / Langtext						Kostengruppe
►	▷	**ø netto €**	◁	◄	[Einheit]	Ausf.-Dauer	Positionsnummer

59 Badewannenträger einfliesen KG **345**

Bekleidung der Stirn- und Längsseite eines Badewannenträgers mit Fliesen in zementhaltigem Dünnbettmörtel mit farblich abgestimmter Verfugung.
Abmessung zu bekleidende Fläche (B x H): ..... x .....
Fliesen: .....
Nennmaß Fliesen: ..... x .....
Fliesendicke: .....
Oberfläche: .....
Farbe: .....

82€ | 99€ | **108€** | 141€ | 178€ | [St] | ⏱ 0,40 h/St | 024.000.064

60 Gehrungsschnitt, Fliesen KG **353**

Schrägschnitt für Fliesen, alle Winkel.
Fliesenart: .....
Fliesengröße: ..... x ......
Fliesendicke: .....

7€ | 13€ | **15€** | 19€ | 27€ | [m] | ⏱ 0,20 h/m | 024.000.047

61 Untergrund reinigen, Boden KG **353**

Reinigen des Untergrundes von grober Verschmutzung, aufgenommene Stoffe sammeln, in vom AG gestellten Behälter lagern. Abfall ist nicht gefährlich, nicht schadstoffbelastet.
Behältergröße bis 0,05 m^3

0,9€ | 1,6€ | **1,8€** | 2,4€ | 3,9€ | [m^2] | ⏱ 0,04 h/m^2 | 024.000.001

A 7 Mattenrahmen, Edelstahl Beschreibung für Pos. **62-63**

Mattenrahmen aus nichtrostendem Stahl für Sauberlaufsystem.
Untergrund: .....

62 Mattenrahmen, Edelstahl, 150x120cm KG **353**

Wie Ausführungsbeschreibung A 7
Rahmengröße: ca. 150 x 120 cm
Angeb. Fabrikat: .....

4.237€ | 4.576€ | **5.649€** | 6.723€ | 8.079€ | [St] | ⏱ 0,45 h/St | 024.000.101

63 Mattenrahmen, Edelstahl, 200x200cm KG **353**

Wie Ausführungsbeschreibung A 7
Rahmengröße: ca. 200 x 200 cm
Angeb. Fabrikat: .....

417€ | 655€ | **779€** | 869€ | 1.356€ | [St] | ⏱ 0,50 h/St | 024.000.037

Nr.	Kurztext / Langtext						Kostengruppe
▶	▷	ø netto €	◁	◀	[Einheit]	Ausf.-Dauer	Positionsnummer

A 8 Sauberlaufsystem, Rahmen — Beschreibung für Pos. **64-65**

Sauberlaufsystem aus Mattenrahmen und eingelegtem Reinstreifen. Mattenrahmen aus Aluminium, Reinstreifen mit Träger aus Aluminium und abwechselnden Gummistreifen und Bürstenleisten.
Untergrund: .....
Einsatz: **innen / außen**
Belastung: .....

64 Sauberlaufsystem, Rahmen, bis 2,00m² — KG **353**

Wie Ausführungsbeschreibung A 8
Anlagengröße: bis 2,00 m²
Anlagenhöhe: bis 27 mm
Winkelrahmen: bis 30 x 30 x 3 mm
Angeb. Fabrikat: .....

▶	▷	ø	◁	◀	Einheit	Ausf.-Dauer	Positionsnummer
334€	674€	**819€**	1.056€	1.418€	[St]	⏱ 0,60h/St	024.000.038

65 Sauberlaufsystem, Rahmen, über 2,00m — KG **353**

Wie Ausführungsbeschreibung A 8
Anlagengröße: über 2,00 m²
Anlagenhöhe: bis 27mm
Winkelrahmen: bis 30 x 30 x 3 mm
Angeb. Fabrikat: .....

▶	▷	ø	◁	◀	Einheit	Ausf.-Dauer	Positionsnummer
1.309€	1.878€	**2.258€**	2.346€	2.581€	[St]	⏱ 1,40h/St	024.000.039

66 Elastische Verfugung, Fliesen, Silikon — KG **345**

Fuge mit elastischem Dichtstoff und Hinterfüllprofil schließen.
Dichtstoff: Silikon
Fugentyp: .....
Fugenbreite: .....
Fugentiefe: .....
Farbe: .....

▶	▷	ø	◁	◀	Einheit	Ausf.-Dauer	Positionsnummer
5€	6€	**7€**	8€	12€	[m]	⏱ 0,06h/m	024.000.040

67 Elastoplastische Verfugung, Fliesen, Acryl — KG **345**

Fuge mit elastoplastischem Dichtstoff und Hinterfüllprofil schließen.
Dichtstoff: Acryl
Fugentyp: .....
Fugenbreite: .....
Fugentiefe: .....
Farbe: .....

▶	▷	ø	◁	◀	Einheit	Ausf.-Dauer	Positionsnummer
7€	9€	**10€**	13€	14€	[m]	⏱ 0,06h/m	024.000.102

Kosten:
Stand 1. Quartal 2025
Bundesdurchschnitt

▶ min
▷ von
ø Mittel
◁ bis
◀ max

Nr.	Kurztext / Langtext						Kostengruppe
▶	▷	**ø netto €**	◁	◀	[Einheit]	Ausf.-Dauer	Positionsnummer

68 Elastische Verfugung, Fliesen, chemisch beständig KG **345**

Fuge mit elastischen Dichtstoff und Hinterfüllprofil, chemisch beständig, schließen.
Dichtstoff: Silikon
Fugentyp: .....
Fugenbreite: .....
Fugentiefe: .....
Farbe: .....

8€	10€	**11€**	14€	16€	[m]	⏱ 0,06 h/m	024.000.103

69 Bewegungsfugen, Fliesenbelag, Profil KG **345**

Bewegungsfuge mit Kunststoffprofil aus PVC, mit Dichtmasse aus Weichkunststoff.
Fugenbreite: .....
Fugentiefe: .....
Farbe: nach Bemusterung

23€	28€	**32€**	36€	39€	[m]	⏱ 0,14 h/m	024.000.105

70 Randstreifen abschneiden KG **353**

Randdämmstreifen oberhalb Bodenbelag abschneiden, sammeln, aufnehmen und Abfall entsorgen, inkl. Deponiegebühren.
Streifenmaterial: .....

0,4€	1,1€	**1,4€**	1,9€	3,1€	[m]	⏱ 0,01 h/m	024.000.049

71 Fliesen anarbeiten, Stützen KG **353**

Anpassen des Fliesen-Bodenbelages an Stütze.
Stütze: .....
Fliesenart: .....
Gruppe: .....
Fliesenformat: ..... x .....
Fliesendicke: .....
Radius Rundung: .....

26€	31€	**33€**	38€	42€	[m]	⏱ 0,33 h/m	024.000.108

72 Stundensatz, Facharbeiter/-in

Stundenlohnarbeiten für Vorarbeiter/-in, Facharbeiter/-in und Gleichgestellte. Der Verrechnungssatz für die jeweilige Arbeitskraft umfasst sämtliche Aufwendungen wie Lohn- und Gehaltskosten, Lohn- und Gehaltsnebenkosten, Zuschläge, lohngebundene und lohnabhängige Kosten, sonstige Sozialkosten, Gemeinkosten, Wagnis und Gewinn. Leistung nach besonderer Anordnung der Bauüberwachung. Anmeldung und Nachweis gem. VOB/B.

60€	70€	**74€**	77€	84€	[h]	⏱ 1,00 h/h	024.000.059

73 Stundensatz, Helfer/-in

Stundenlohnarbeiten für Werker/-in, Helfer/-in und Gleichgestellte. Der Verrechnungssatz für die jeweilige Arbeitskraft umfasst sämtliche Aufwendungen wie Lohn- und Gehaltskosten, Lohn- und Gehaltsnebenkosten, Zuschläge, lohngebundene und lohnabhängige Kosten, sonstige Sozialkosten, Gemeinkosten, Wagnis und Gewinn. Leistung nach besonderer Anordnung der Bauüberwachung. Anmeldung und Nachweis gem. VOB/B.

45€	56€	**61€**	66€	78€	[h]	⏱ 1,00 h/h	024.000.060

025

Kosten:
Stand 1. Quartal 2025
Bundesdurchschnitt

► min
▷ von
ø Mittel
◁ bis
◀ max

Nr.	Positionen	Einheit	►	▷	ø brutto € / ø netto €	◁	◀
1	Untergrundreinigung, Estricharbeiten	m²	0,6	1,3	**1,6**	2,4	3,7
			0,5	1,1	**1,4**	2,0	3,1
2	Estrich abstellen, bis 70mm	m	6	10	**11**	14	22
			5	8	**10**	12	19
3	Bodenabdichtung, Bodenfeuchte, Bitumenbahn	m²	12	17	**19**	20	25
			10	14	**16**	17	21
4	Trockenschüttung, 10mm	m²	5	6	**6**	6	7
			4	5	**5**	5	6
5	Trockenschüttung, bis 30mm	m²	7	13	**17**	18	21
			6	11	**14**	15	18
6	Trittschalldämmung MW 15-5mm DES	m²	5	7	**8**	10	14
			4	6	**7**	8	12
7	Trittschalldämmung MW 30-5mm DES	m²	7	12	**14**	17	22
			6	10	**12**	14	18
8	Trittschalldämmung EPS 20-2mm 045 DES sm	m²	4	6	**7**	11	18
			3	5	**6**	10	15
9	Trittschalldämmung EPS 30-3mm 045 DES sm	m²	5	8	**9**	15	24
			4	6	**7**	13	20
10	Wärmedämmung, Estrich EPS 40mm DEO	m²	9	11	**14**	16	20
			7	10	**12**	13	17
11	Wärmedämmung, Estrich EPS 60mm DEO	m²	9	13	**15**	17	24
			8	11	**13**	15	20
12	Wärmedämmung, Estrich EPS 100mm DEO	m²	14	18	**19**	23	29
			12	15	**16**	19	24
13	Wärmedämmung, Estrich EPS 200mm DEO	m²	34	43	**44**	51	63
			28	36	**37**	43	53
14	Wärmedämmung, Estrich PUR 20mm DEO	m²	12	15	**17**	20	24
			10	12	**15**	17	20
15	Wärmedämmung, Estrich PUR 60mm DEO	m²	20	25	**32**	35	44
			17	21	**27**	29	37
16	Wärmedämmung, Estrich PUR 80mm DEO	m²	23	29	**36**	40	51
			19	24	**31**	34	43
17	Wärmedämmung, Estrich EPB bis 40mm DEO	m²	19	23	**23**	24	28
			16	19	**19**	21	24
18	Wärmedämmung, Estrich CG bis 70mm DEO	m²	38	66	**72**	77	87
			32	55	**60**	64	73
19	Trennlage, Dämmung, Estrich	m²	1,0	1,5	**1,8**	2,7	4,5
			0,8	1,3	**1,5**	2,3	3,8
20	Trennlage, Dämmung, Gussasphalt	m²	1	2	**2**	3	4
			1,0	1,6	**2,0**	2,4	3,2
21	Randdämmstreifen, Polystyrol	m	0,8	1,6	**2,0**	3,1	5,3
			0,7	1,4	**1,7**	2,6	4,5
22	Randdämmstreifen, PE-Schaum	m	0,7	1,3	**1,7**	2,5	5,0
			0,5	1,1	**1,4**	2,1	4,2
23	Estrich, CT C25 F4 S45	m²	21	24	**26**	28	33
			18	21	**22**	23	27
24	Estrich, CT C25 F4 S70	m²	30	33	**34**	37	43
			25	28	**29**	31	36

Nr.	Positionen	Einheit	►	▷	ø brutto € / ø netto €	◁	◄
25	Heizestrich, CT C25 F4 S65 H45	m²	23	29	**31**	33	39
			19	24	**26**	28	33
26	Estrich, CT C40 F7, modifiziert	m²	33	39	**43**	46	51
			28	33	**36**	38	43
27	Estrich, CA C25 S45	m²	22	26	**28**	31	35
			18	22	**24**	26	30
28	Heizestrich, CA C25 S65 H45	m²	27	31	**32**	34	40
			23	26	**27**	29	34
29	Estrich, CAF C25 F4 S45	m²	22	26	**27**	31	37
			18	21	**23**	26	31
30	Heizestrich, CAF C25 F4 S65 H45	m²	24	30	**33**	34	38
			20	25	**28**	29	32
31	Estrich, AS IC10 S25	m²	40	51	**55**	60	70
			34	43	**46**	50	59
32	Estrich, CT C25 F4 V45	m²	21	24	**26**	27	29
			17	20	**22**	22	24
33	Estrich glätten, maschinell	m²	2	4	**6**	7	10
			2	4	**5**	6	8
34	Sinterschicht abschleifen, Boden	m²	2	3	**3**	4	5
			2	2	**3**	3	4
35	Scheinfugen schneiden, schließen	m	12	16	**16**	18	22
			10	13	**14**	15	19
36	Bewegungsfuge, elastische Dichtmasse	m	6	10	**11**	13	19
			5	8	**9**	11	16
37	Bewegungsfuge, Metallprofil	m	45	85	**97**	108	163
			38	71	**81**	91	137
38	Aussparung, Mattenrahmen	St	37	84	**121**	126	159
			31	71	**102**	106	134
39	Markierung, Messstellen	St	4	8	**9**	11	14
			4	6	**7**	9	11
40	Messung, Feuchte, Estrich	St	39	58	**61**	73	90
			33	49	**52**	61	75
41	Stundensatz, Facharbeiter/-in	h	70	81	**85**	91	105
			59	68	**71**	76	88
42	Stundensatz, Helfer/-in	h	61	68	**71**	76	84
			51	57	**60**	63	70

Nr. **Kurztext** / Langtext Kostengruppe

► ▷ **ø netto €** ◁ ◄ [Einheit] Ausf.-Dauer Positionsnummer

1 Untergrundreinigung, Estricharbeiten KG **353**

Untergrund von groben Verschmutzungen reinigen, aufgenommene Stoffe in Behältnis des AN sammeln, abfahren und entsorgen. Abfall ist nicht gefährlich, nicht schadstoffbelastet.
Untergrund: Beton

0,5€ 1,1€ **1,4€** 2,0€ 3,1€ [m²] ⏱ 0,02h/m² 025.000.001

Nr.	Kurztext / Langtext						Kostengruppe
►	▷	ø netto €	◁	◀	[Einheit]	Ausf.-Dauer	Positionsnummer

2 Estrich abstellen, bis 70mm KG **353**

Randschalung für Estrich.
Estrichdicke: bis 70 mm

5€	8€	**10€**	12€	19€	[m]	0,10h/m	025.000.035

3 Bodenabdichtung, Bodenfeuchte, Bitumenbahn KG **324**

Abdichtung der erdberührten Bodenplatte mit Bitumen-Schweißbahnen, einlagig, gegen Bodenfeuchte.
Einbauort: .....
Untergrund: Betonboden mit Voranstrich
Bitumenbahn: G 200 S4
Anwendungstyp: BA
Wassereinwirkungsklasse: W1-E
Rissklasse: R1-E
Rissüberbrückungsklasse: RÜ1-E
Raumnutzungsklasse: .....

10€	14€	**16€**	17€	21€	[m²]	0,12h/m²	025.000.003

4 Trockenschüttung, 10mm KG **353**

Ausgleichsschüttung auf Rohdecke, gebundene Form.
Funktion: Flächenausgleich
Nutzlast: ..... kN/m²
Dicke i.M.: 10 mm

4€	5€	**5€**	5€	6€	[m²]	0,03h/m²	024.000.051

5 Trockenschüttung, bis 30mm KG **353**

Ausgleichsschüttung auf Rohdecke, gebundene Form.
Funktion: Flächenausgleich
Nutzlast: ..... kN/m²
Dicke i.M.: 30 mm

6€	11€	**14€**	15€	18€	[m²]	0,06h/m²	025.000.004

A 1 Trittschalldämmung MW, DES Beschreibung für Pos. **6-7**

Trittschalldämmschicht aus Mineralwolle unter schwimmenden Estrich.
Untergrund: Rohdecke
Dämmstoff: MW-TSD
Anwendungstyp: DES

6 Trittschalldämmung MW 15-5mm DES KG **353**

Wie Ausführungsbeschreibung A 1
Bemessungswert der Wärmeleitfähigkeit: max. 0,045 W/(mK)
Nennwert Wärmeleitfähigkeit: 0,044 W/(mK)
Dämmstoffdicke: 15-5 mm
Druckbelastbarkeit: sh
Nutzlast: ..... kN/m²
Dynamische Steifigkeit: .....

4€	6€	**7€**	8€	12€	[m²]	0,04h/m²	025.000.047

Kosten:
Stand 1. Quartal 2025
Bundesdurchschnitt

► min
▷ von
ø Mittel
◁ bis
◀ max

7 Trittschalldämmung MW 30-5mm DES KG **353**

Wie Ausführungsbeschreibung A 1
Bemessungswert der Wärmeleitfähigkeit: max. 0,045 W/(mK)
Nennwert Wärmeleitfähigkeit: 0,043 W/(mK)
Dämmstoffdicke: 30-5 mm
Druckbelastbarkeit: sh
Nutzlast: ..... kN/m²
Dynamische Steifigkeit: .....

▶	▷	ø netto €	◁	◀	[Einheit]	Ausf.-Dauer	Positionsnummer
6€	10€	**12€**	14€	18€	[m²]	⏱ 0,05h/m²	025.000.048

A 2 Trittschalldämmung EPS, 045 DES sm Beschreibung für Pos. **8-9**

Trittschalldämmschicht aus Polystyrol-Dämmplatten unter schwimmenden Estrich.
Untergrund: Rohdecke
Dämmstoff: EPS
Anwendungstyp: DES

8 Trittschalldämmung EPS 20-2mm 045 DES sm KG **353**

Wie Ausführungsbeschreibung A 2
Bemessungswert der Wärmeleitfähigkeit: max. 0,045 W/(mK)
Nennwert Wärmeleitfähigkeit: 0,043 W/(mK)
Dämmstoffdicke: 20-2 mm
Druckbelastbarkeit: sm
Nutzlast: ..... kN/m²
Dynamische Steifigkeit: .....

▶	▷	ø netto €	◁	◀	[Einheit]	Ausf.-Dauer	Positionsnummer
3€	5€	**6€**	10€	15€	[m²]	⏱ 0,04h/m²	025.000.050

9 Trittschalldämmung EPS 30-3mm 045 DES sm KG **353**

Wie Ausführungsbeschreibung A 2
Nennwert Wärmeleitfähigkeit: 0,045 W/mK
Bemessungswert der Wärmeleitfähigkeit: .....
Dämmstoffdicke: 30-3 mm
Druckbelastbarkeit: sm
Nutzlast: ..... kN/m²
Dynamische Steifigkeit: .....

▶	▷	ø netto €	◁	◀	[Einheit]	Ausf.-Dauer	Positionsnummer
4€	6€	**7€**	13€	20€	[m²]	⏱ 0,04h/m²	025.000.051

Nr.	Kurztext / Langtext						Kostengruppe
►	▷	ø netto €	◁	◀	[Einheit]	Ausf.-Dauer	Positionsnummer

Kosten:
Stand 1. Quartal 2025
Bundesdurchschnitt

A 3 Wärmedämmung, Estrich EPS, DEO — Beschreibung für Pos. **10-13**

Wärmedämmschicht aus Polystyrol-Dämmplatten unter schwimmendem Estrich.
Untergrund: .....
Dämmstoff: EPS
Anwendungstyp: DEO

10 Wärmedämmung, Estrich EPS 40mm DEO — KG **353**

Wie Ausführungsbeschreibung A 3
Bemessungswert der Wärmeleitfähigkeit: max. 0,040 W/(mK)
Nennwert Wärmeleitfähigkeit: 0,037 W/(mK)
Dämmstoffdicke: 40 mm

►	▷	ø	◁	◀	Einheit	Ausf.-Dauer	Positionsnummer
7€	10€	**12€**	13€	17€	[m²]	⏱ 0,05 h/m²	025.000.042

11 Wärmedämmung, Estrich EPS 60mm DEO — KG **353**

Wie Ausführungsbeschreibung A 3
Bemessungswert der Wärmeleitfähigkeit: max. 0,040 W/(mK)
Nennwert Wärmeleitfähigkeit: 0,037 W/(mK)
Dämmstoffdicke: 60 mm

►	▷	ø	◁	◀	Einheit	Ausf.-Dauer	Positionsnummer
8€	11€	**13€**	15€	20€	[m²]	⏱ 0,05 h/m²	025.000.043

12 Wärmedämmung, Estrich EPS 100mm DEO — KG **353**

Wie Ausführungsbeschreibung A 3
Bemessungswert der Wärmeleitfähigkeit: max. 0,040 W/(mK)
Nennwert Wärmeleitfähigkeit: 0,037 W/(mK)
Dämmstoffdicke: 100 mm

►	▷	ø	◁	◀	Einheit	Ausf.-Dauer	Positionsnummer
12€	15€	**16€**	19€	24€	[m²]	⏱ 0,07 h/m²	025.000.045

13 Wärmedämmung, Estrich EPS 200mm DEO — KG **353**

Wie Ausführungsbeschreibung A 3
Bemessungswert der Wärmeleitfähigkeit: max. 0,040 W/(mK)
Nennwert Wärmeleitfähigkeit: 0,037 W/(mK)
Dämmstoffdicke: 200 mm, zweilagig

►	▷	ø	◁	◀	Einheit	Ausf.-Dauer	Positionsnummer
28€	36€	**37€**	43€	53€	[m²]	⏱ 0,07 h/m²	025.000.090

► min
▷ von
ø Mittel
◁ bis
◀ max

A 4 Wärmedämmung, Estrich PUR, DEO — Beschreibung für Pos. **14-16**

Wärmedämmschicht aus kaschierten Polyurethan-Dämmplatten unter schwimmenden Estrich.
Untergrund: .....
Dämmstoff: PUR, Aluminiumkaschierung
Anwendungstyp: DEO - dh

14 Wärmedämmung, Estrich PUR 20mm DEO — KG **353**

Wie Ausführungsbeschreibung A 4
Bemessungswert der Wärmeleitfähigkeit: max. 0,025 W/(mK)
Nennwert Wärmeleitfähigkeit: 0,024 W/(mK)
Dämmstoffdicke: 25 mm

►	▷	ø	◁	◀	Einheit	Ausf.-Dauer	Positionsnummer
10€	12€	**15€**	17€	20€	[m²]	⏱ 0,05 h/m²	025.000.053

Nr.	Kurztext / Langtext						Kostengruppe
▶	▷	ø netto €	◁	◀	[Einheit]	Ausf.-Dauer	Positionsnummer

15 Wärmedämmung, Estrich PUR 60mm DEO KG **353**

Wie Ausführungsbeschreibung A 4
Bemessungswert der Wärmeleitfähigkeit: max. 0,025 W/(mK)
Nennwert Wärmeleitfähigkeit: 0,024 W/(mK)
Dämmstoffdicke: 60 mm

17€ 21€ **27€** 29€ 37€ [m2] ⏱ 0,08 h/m2 025.000.055

16 Wärmedämmung, Estrich PUR 80mm DEO KG **353**

Wie Ausführungsbeschreibung A 4
Bemessungswert der Wärmeleitfähigkeit: max. 0,025 W/(mK)
Nennwert Wärmeleitfähigkeit: 0,024 W/(mK)
Dämmstoffdicke: 80 mm

19€ 24€ **31€** 34€ 43€ [m2] ⏱ 0,08 h/m2 025.000.056

17 Wärmedämmung, Estrich EPB bis 40mm DEO KG **353**

Wärmedämmschicht aus Perlite-Dämmplatten, unter schwimmenden Estrich.
Untergrund: Rohdecke
Dämmstoff: expandierte Perlite
Bemessungswert der Wärmeleitfähigkeit: max. ..... W/(mK)
Nennwert Wärmeleitfähigkeit: 0,037 W/(mK)
Anwendungstyp: DEO - .....
Dämmstoffdicke: 40 mm

16€ 19€ **19€** 21€ 24€ [m2] ⏱ 0,08 h/m2 025.000.009

18 Wärmedämmung, Estrich CG bis 70mm DEO KG **353**

Wärmedämmschicht unter Estrich aus Schaumglas-Dämmplatten vollflächig in Heißbitumen eingebettet.
Untergrund: .....
Dämmstoff: CG
Nennwert Wärmeleitfähigkeit: 0,041 W/(mK)
Bemessungswert der Wärmeleitfähigkeit: max. 0,042 W/(mK)
Dämmstoffdicke: 70 mm

32€ 55€ **60€** 64€ 73€ [m2] ⏱ 0,14 h/m2 025.000.010

19 Trennlage, Dämmung, Estrich KG **353**

Abdeckung aus PE-Folie auf Dämmschichten, mit Stoßüberlappung, als Unterlage für Estrich.
Folie: 0,2 mm

0,8€ 1,3€ **1,5€** 2,3€ 3,8€ [m2] ⏱ 0,03 h/m2 025.000.011

20 Trennlage, Dämmung, Gussasphalt KG **353**

Abdeckung auf Dämmschichten, mit Stoßüberlappung, als Unterlage für Gussasphaltestrich.
Trennlage: **Rippenpappe / Rohfilzpappe**

1,0€ 1,6€ **2,0€** 2,4€ 3,2€ [m2] ⏱ 0,03 h/m2 025.000.012

023 024 025 026 027 028 029 030 031 032 033 034 036 037 038 039

Nr.	Kurztext / Langtext						Kostengruppe
▶	▷	**ø netto €**	◁	◀	[Einheit]	Ausf.-Dauer	Positionsnummer

21 Randdämmstreifen, Polystyrol KG **353**

Randdämmstreifen für schwimmenden Estrich an Wänden und aufgehenden Bauteilen. Ausführung mit Überstand über Estrich und die Lage der Trittschalldämmung einbeziehend.
Material: Polystyrol
Einbauhöhe: .....
Form: .....

▶	▷	ø	◁	◀	Einheit	Ausf.-Dauer	Positionsnummer
0,7€	1,4€	**1,7€**	2,6€	4,5€	[m]	⏱ 0,02h/m	025.000.023

22 Randdämmstreifen, PE-Schaum KG **353**

Randdämmstreifen für schwimmenden Estrich an Wänden und aufgehenden Bauteilen. Ausführung mit Überstand über Estrich und die Lage der Trittschalldämmung einbeziehend.
Material: Polyethylen-Schaum, ca. 10 mm
Einbauhöhe: .....
Form: .....

▶	▷	ø	◁	◀	Einheit	Ausf.-Dauer	Positionsnummer
0,5€	1,1€	**1,4€**	2,1€	4,2€	[m]	⏱ 0,02h/m	025.000.036

23 Estrich, CT C25 F4 S45 KG **353**

Zementestrich als schwimmender Estrich für Bodenbelag auf Dämmschicht mit Abdeckung.
Einbauort: .....
Untergrund: eben
Nutzlast: ..... kN/m²
Estrichart: CT
Druckfestigkeitsklasse: C25
Biegezugfestigkeitsklasse: F4
Estrichdicke: 45 mm
Oberfläche: .....

▶	▷	ø	◁	◀	Einheit	Ausf.-Dauer	Positionsnummer
18€	21€	**22€**	23€	27€	[m²]	⏱ 0,20h/m²	025.000.013

24 Estrich, CT C25 F4 S70 KG **353**

Zementestrich als schwimmender Estrich für Bodenbelag auf Dämmschicht mit Abdeckung.
Einbauort: .....
Untergrund: eben
Nutzlast: ..... kN/m²
Estrichart: CT
Druckfestigkeitsklasse: C25
Biegezugfestigkeitsklasse: F4
Estrichdicke: 70 mm

▶	▷	ø	◁	◀	Einheit	Ausf.-Dauer	Positionsnummer
25€	28€	**29€**	31€	36€	[m²]	⏱ 0,25h/m²	025.000.041

Kosten:
Stand 1. Quartal 2025
Bundesdurchschnitt

▶ min
▷ von
ø Mittel
◁ bis
◀ max

25 **Heizestrich, CT C25 F4 S65 H45** KG **353**

Zementestrich als Heizestrich in Bauart A, für Bodenbelag auf Dämmschicht mit Abdeckung. Leistung inkl. Aufheizen und Abheizen des Fußbodenaufbaus sowie Protokollieren des Vorgangs und CM-Messung als Nachweis.
Einbauort: .....
Untergrund: eben
Nutzlast: ..... kN/m²
Estrichart: CT
Druckfestigkeitsklasse: C25
Biegezugfestigkeitsklasse: F4
Estrichdicke: 65 mm
Rohrüberdeckung: 45 mm
Rohrdurchmesser: .....

▶	▷	ø netto €	◁	◀	[Einheit]	Ausf.-Dauer	Positionsnummer
19€	24€	**26€**	28€	33€	[m²]	⏱ 0,25h/m²	025.000.034

26 **Estrich, CT C40 F7, modifiziert** KG **353**

Kunstharzmodifizierter Zementestrich als Verbundestrich, Oberfläche von Hand glätten.
Einbauort: .....
Untergrund: eben
Nutzlast: ..... kN/m²
Estrichart: CT, kunstharzmodifiziert
Druckfestigkeitsklasse: C40
Biegezugfestigkeitsklasse: F7
Verschleißwiderstandsklasse: .....
Estrichdicke: 30 mm

▶	▷	ø netto €	◁	◀	[Einheit]	Ausf.-Dauer	Positionsnummer
28€	33€	**36€**	38€	43€	[m²]	⏱ 0,30h/m²	025.000.019

27 **Estrich, CA C25 S45** KG **353**

Calciumsulfat-Estrich als schwimmender Estrich, für Bodenbelag auf Dämmschicht mit Abdeckung.
Einbauort: .....
Untergrund: eben
Nutzlast: ..... kN/m²
Estrichart: CA
Druckfestigkeitsklasse: C25
Biegezugfestigkeitsklasse: F4
Estrichdicke: 45 mm

▶	▷	ø netto €	◁	◀	[Einheit]	Ausf.-Dauer	Positionsnummer
18€	22€	**24€**	26€	30€	[m²]	⏱ 0,20h/m²	025.000.014

Nr.	Kurztext / Langtext						Kostengruppe
►	▷	**ø netto €**	◁	◄	[Einheit]	Ausf.-Dauer	Positionsnummer

28 Heizestrich, CA C25 S65 H45 KG **353**

Calciumsulfat-Estrich als Heizestrich in Bauart A, für Bodenbelag auf Dämmschicht mit Abdeckung. Leistung inkl. Aufheizen und Abheizen des Fußbodenaufbaus sowie Protokollieren des Vorgangs und CM-Messung als Nachweis.
Einbauort: .....
Untergrund: eben
Nutzlast: ..... kN/m²
Estrichart: CA
Druckfestigkeitsklasse: C25
Biegezugfestigkeitsklasse: F4
Estrichdicke: 65 mm
Rohrüberdeckung: 45 mm
Rohrdurchmesser: .....

►	▷	ø	◁	◄	[Einheit]	Ausf.-Dauer	Positionsnummer
23€	26€	**27€**	29€	34€	[m²]	⏱ 0,22 h/m²	025.000.016

29 Estrich, CAF C25 F4 S45 KG **353**

Calciumsulfat-Estrich als Fließestrich, für Bodenbelag auf Dämmschicht mit Abdeckung.
Einbauort: .....
Untergrund: eben
Nutzlast: ..... kN/m²
Estrichart: CAF
Druckfestigkeitsklasse: C25
Biegezugfestigkeitsklasse: F4
Estrichdicke: 45 mm

►	▷	ø	◁	◄	[Einheit]	Ausf.-Dauer	Positionsnummer
18€	21€	**23€**	26€	31€	[m²]	⏱ 0,20 h/m²	025.000.030

30 Heizestrich, CAF C25 F4 S65 H45 KG **353**

Calciumsulfat-Estrich als Fließestrich in Bauart A, für Bodenbelag auf Dämmschicht mit Abdeckung. Leistung inkl. Aufheizen und Abheizen des Fußbodenaufbaus sowie Protokollieren des Vorgangs und CM-Messung als Nachweis.
Einbauort: .....
Untergrund: eben
Nutzlast: ..... kN/m²
Estrichart: CAF
Druckfestigkeitsklasse: C25
Biegezugfestigkeitsklasse: F4
Estrichdicke: 65 mm
Rohrüberdeckung: 45 mm
Rohrdurchmesser: .....

►	▷	ø	◁	◄	[Einheit]	Ausf.-Dauer	Positionsnummer
20€	25€	**28€**	29€	32€	[m²]	⏱ 0,25 h/m²	025.000.029

Kosten:
Stand 1. Quartal 2025
Bundesdurchschnitt

► min
▷ von
ø Mittel
◁ bis
◄ max

Nr.	Kurztext / Langtext						Kostengruppe
▶	▷	**ø netto €**	◁	◀	[Einheit]	Ausf.-Dauer	Positionsnummer

31 Estrich, AS IC10 S25 KG **353**

Gussasphaltestrich als schwimmender Estrich, für Bodenbelag auf Dämmschicht mit Abdeckung.
Einbauort: .....
Untergrund: eben
Nutzlast: kN/m2
Estrichart: AS
Härteklasse: IC 10
Estrichdicke: 25 mm

34€ 43€ **46€** 50€ 59€ [m2] ⏱ 0,35h/m2 025.000.015

32 Estrich, CT C25 F4 V45 KG **353**

Zementestrich für Beschichtung, im Verbund mit Untergrund.
Einbauort: .....
Untergrund: eben
Nutzlast: kN/m2
Estrichart: CT
Druckfestigkeitsklasse: C25
Biegezugfestigkeitsklasse: F4
Estrichdicke: 45 mm
Oberfläche: geglättet

17€ 20€ **22€** 22€ 24€ [m2] ⏱ 0,20h/m2 025.000.022

33 Estrich glätten, maschinell KG **324**

Glätten der Frischbetonoberfläche, maschinell, an der Oberseite waagerechter Bauteile, als flächenfertiger Nutzboden.
Estrich: .....
Anforderungen: .....

2€ 4€ **5€** 6€ 8€ [m2] ⏱ 0,02h/m2 025.000.021

34 Sinterschicht abschleifen, Boden KG **353**

Mineralische Sinterschicht entfernen, aufgenommene Stoffe sammeln, laden sowie abfahren und entsorgen. Abfall ist nicht gefährlich, nicht schadstoffbelastet. Entsorgung wird gesondert vergütet.
Untergrund: .....

2€ 2€ **3€** 3€ 4€ [m2] ⏱ 0,04h/m2 025.000.017

35 Scheinfugen schneiden, schließen KG **353**

Herstellen und Schließen von Scheinfugen in Estrich nach DIN EN 13318. Einschneiden in den frischen Estrichmörtel und kraftschlüssig mit Kunstharz schließen.
Estrich: .....
Fugenbreite: .....
Fugentiefe: .....

10€ 13€ **14€** 15€ 19€ [m] ⏱ 0,12h/m 025.000.073

023
024
025
026
027
028
029
030
031
032
033
034
036
037
038
039

Nr.	Kurztext / Langtext						Kostengruppe
▶	▷	ø netto €	◁	◀	[Einheit]	Ausf.-Dauer	Positionsnummer

36 Bewegungsfuge, elastische Dichtmasse KG **353**

Bewegungsfuge nach DIN EN 13318, in Estrich mit elastischen Dichtstoff und Hinterfüllprofil.
Fugentyp: .....
Fugenbreite: .....
Fugentiefe: .....
Farbe: .....

▶	▷	ø	◁	◀	Einheit	Ausf.-Dauer	Positionsnummer
5€	8€	**9€**	11€	16€	[m]	⏱ 0,12h/m	025.000.020

37 Bewegungsfuge, Metallprofil KG **353**

Bewegungsfuge in Estrich nach DIN EN 13318, aus Aluminium und Bewegungsfugenprofil.
Fugenbreite: .....
Profilhöhe: .....
Angeb. Fabrikat: .....

▶	▷	ø	◁	◀	Einheit	Ausf.-Dauer	Positionsnummer
38€	71€	**81€**	91€	137€	[m]	⏱ 0,20h/m	025.000.038

Kosten:
Stand 1. Quartal 2025
Bundesdurchschnitt

38 Aussparung, Mattenrahmen KG **353**

Aussparung im Zementestrich für Einbau eines Winkelrahmens.
Abmessung (B x L): bis 100 x 120 cm
Höhe: .....

▶	▷	ø	◁	◀	Einheit	Ausf.-Dauer	Positionsnummer
31€	71€	**102€**	106€	134€	[St]	⏱ 0,30h/St	025.000.075

39 Markierung, Messstellen KG **353**

Messstellenmarkierung zur Ermittlung der Restfeuchte eines Heizestrichs anlegen.

▶	▷	ø	◁	◀	Einheit	Ausf.-Dauer	Positionsnummer
4€	6€	**7€**	9€	11€	[St]	⏱ 0,10h/St	025.000.059

40 Messung, Feuchte, Estrich KG **353**

Feuchtigkeitsmessung nach dem CM-Verfahren, Ausführung auf Anordnung des AG.
Estrich: .....

▶	▷	ø	◁	◀	Einheit	Ausf.-Dauer	Positionsnummer
33€	49€	**52€**	61€	75€	[St]	⏱ 0,50h/St	025.000.060

41 Stundensatz, Facharbeiter/-in

Stundenlohnarbeiten für Vorarbeiter/-in, Gesellin/Geselle, Facharbeiter/-in und Gleichgestellte, sowie ähnliche Fachkräfte. Der Verrechnungssatz für die jeweilige Arbeitskraft umfasst sämtliche Aufwendungen wie Lohn- und Gehaltskosten, Lohn- und Gehaltsnebenkosten, Zuschläge, lohngebundene und lohnabhängige Kosten, sonstige Sozialkosten, Gemeinkosten, Wagnis und Gewinn. Leistung nach besonderer Anordnung der Bauüberwachung. Anmeldung und Nachweis gem. VOB/B.

▶	▷	ø	◁	◀	Einheit	Ausf.-Dauer	Positionsnummer
59€	68€	**71€**	76€	88€	[h]	⏱ 1,00h/h	025.000.061

▶ min
▷ von
ø Mittel
◁ bis
◀ max

42 Stundensatz, Helfer/-in

Stundenlohnarbeiten für Arbeitskräfte ohne Facharbeiterqualifikation (Helfer/-in, Hilfsarbeiter/-in). Der Verrechnungssatz für die jeweilige Arbeitskraft umfasst sämtliche Aufwendungen wie Lohn- und Gehaltskosten, Lohn- und Gehaltsnebenkosten, Zuschläge, lohngebundene und lohnabhängige Kosten, sonstige Sozialkosten, Gemeinkosten, Wagnis und Gewinn. Leistung nach besonderer Anordnung der Bauüberwachung. Anmeldung und Nachweis gem. VOB/B.

▶	▷	ø	◁	◀	Einheit	Ausf.-Dauer	Positionsnummer
51€	57€	**60€**	63€	70€	[h]	⏱ 1,00h/h	025.000.062

026

Kosten:
Stand 1. Quartal 2025
Bundesdurchschnitt

► min
▷ von
ø Mittel
◁ bis
◀ max

Nr.	Positionen	Einheit	►	▷	**ø brutto €** ø netto €	◁	◀
1	Haustürelement, Holz, einflüglig	St	2.540	3.709	**4.126**	4.655	6.069
			2.134	3.116	**3.467**	3.912	5.100
2	Haustürelement, Holz, einflüglig, Seitenteil	St	3.284	4.927	**5.593**	6.333	8.238
			2.760	4.140	**4.700**	5.322	6.923
3	Haustürelement, Holz, mehrteilig	St	4.705	6.596	**7.394**	8.775	11.603
			3.954	5.543	**6.214**	7.374	9.750
4	Haustürelement, Kunststoff, einflüglig	St	–	2.746	**4.020**	4.927	–
			–	2.307	**3.378**	4.140	–
5	Haustürelement, Kunststoff, einflüglig, Seitenteil	St	–	3.996	**5.479**	6.843	–
			–	3.358	**4.604**	5.750	–
6	Haustürelement, Kunststoff, mehrteilig	St	4.482	5.500	**6.021**	6.785	8.997
			3.767	4.622	**5.060**	5.702	7.561
7	Haustürelement, Holz, Passivhaus, einflüglig	St	4.030	4.825	**5.232**	5.518	6.011
			3.387	4.055	**4.397**	4.637	5.051
8	Haustürelement, Passivhaus, zweiflüglig	St	–	9.420	**10.752**	14.312	–
			–	7.916	**9.036**	12.027	–
9	Seitenteil, Holz, verglast, Haustür	St	1.176	1.411	**1.568**	1.787	1.960
			988	1.186	**1.317**	1.502	1.647
10	Seitenteil, Kunststoff, verglast, Haustür	St	935	1.134	**1.246**	1.371	1.533
			785	953	**1.047**	1.152	1.288
11	Metall-Türelement, einflüglig	St	1.309	2.796	**3.474**	4.087	5.492
			1.100	2.350	**2.920**	3.435	4.615
12	Holzfenster, einflüglig, Zweifach-Isolierglas, bis 0,70m²	St	493	537	**555**	633	725
			414	451	**467**	532	609
13	Holzfenster, einflüglig, Zweifach-Isolierglas, über 0,70m²	St	752	828	**873**	886	939
			632	696	**734**	745	789
14	Holzfenster, einflüglig, Dreifach-Isolierglas, über 1,0-3,0m²	St	662	822	**879**	951	1.083
			557	691	**739**	799	910
15	Holzfenster, einflüglig, Dreifach-Isolierglas, Passivhaus	St	959	1.126	**1.200**	1.269	1.438
			806	946	**1.008**	1.066	1.209
16	Holzfenster, mehrteilig, Dreifach-Isolierglas, Passivhaus, über 2,50m²	St	1.899	2.767	**3.180**	3.536	4.528
			1.596	2.325	**2.672**	2.971	3.805
17	Holz-Alu-Fenster, einflüglig, Zweifach-Isolierglas, bis 0,70m²	St	700	819	**889**	960	1.114
			588	689	**747**	806	936
18	Holz-Alu-Fenster, einflüglig, Zweifach-Isolierglas, bis 2,00m²	St	1.012	1.131	**1.194**	1.245	1.346
			850	950	**1.003**	1.046	1.131
19	Holz-Alu-Fenster, einflüglig, Dreifach-Isolierglas, bis 0,70m²	St	877	980	**1.020**	1.084	1.243
			737	824	**857**	911	1.044
20	Holz-Alu-Fenster, einflüglig, Dreifach-Isolierglas, bis 2,00m²	St	880	1.193	**1.336**	1.424	1.626
			739	1.002	**1.123**	1.197	1.366
21	Holz-Alu-Fenstertür, einflüglig, Zweifach-Isolierglas	St	1.275	1.844	**2.013**	2.162	2.721
			1.072	1.550	**1.691**	1.817	2.286

Nr.	Positionen	Einheit	▶	▷	ø brutto € ø netto €	◁	◀
22	Fenstertür, einflüglig, Dreifach-Isolierglas, Passivhaus, bis 2,50m²	St	1.905	2.345	**2.593**	3.002	3.529
			1.601	1.971	**2.179**	2.523	2.966
23	Holz-Alu-Fenster, zweiflüglig, Zweifach-Isolierglas, bis 4,5m²	St	1.893	2.888	**3.290**	3.957	5.488
			1.591	2.426	**2.765**	3.325	4.612
24	Kunststofffenster, einflüglig, Dreifach-Isolierglas, bis 0,7m²	St	462	497	**512**	545	612
			388	418	**430**	458	514
25	Kunststofffenster, einflüglig, Dreifach-Isolierglas, bis 1,70m²	St	548	616	**647**	751	977
			461	517	**543**	631	821
26	Kunststofffenster, mehrteilig, Zweifach-Isolierglas, bis 1,70m²	St	698	862	**969**	1.016	1.124
			587	725	**815**	854	944
27	Kunststofffenster, mehrteilig, Zweifach-Isolierglas, über 1,70m²	St	808	1.213	**1.447**	1.649	2.113
			679	1.020	**1.216**	1.386	1.776
28	Kunststofffenster, einflüglig, Zweifach Isolierglas, bis 0,70m²	St	342	430	**465**	508	602
			288	361	**391**	427	506
29	Kunststofffenster, einflüglig, Zweifach-Isolierglas, bis 1,70m²	St	404	519	**565**	583	636
			339	436	**475**	490	535
30	Kunststofffenster, mehrteilig, Dreifach-Isolierglas, über 1,70m²	St	1.381	1.632	**1.793**	1.841	2.016
			1.161	1.372	**1.506**	1.547	1.694
31	Kunststofffenster, einflüglig, Dreifach-Isolierglas, Passivhaus	St	680	751	**987**	1.015	1.532
			571	631	**829**	853	1.287
32	Holzfenster, mehrteilig, über 2,50m²	St	1.302	2.151	**2.417**	3.208	5.142
			1.095	1.807	**2.031**	2.696	4.321
33	Holz-Alu-Fenster, einflüglig, Dreifach-Isolierglas, Passivhaus, bis 1,70m²	St	–	1.262	**1.479**	1.871	–
			–	1.061	**1.243**	1.572	–
34	Metall-Glas-Fenster, einflüglig, Zweifach-Isolierglas, bis 2,00m²	St	759	1.241	**1.399**	1.719	2.335
			638	1.043	**1.176**	1.444	1.962
35	Metall-Glas-Fenster, zweiflüglig, Zweifach-Isolierglas, bis 4,5m²	St	1.576	2.715	**3.147**	3.896	5.352
			1.325	2.282	**2.644**	3.274	4.497
36	Metall-Glas-Fenster, mehrteilig, Zweifach-Isolierglas, außen, 5,00m²	St	2.899	4.201	**4.755**	7.163	11.199
			2.436	3.530	**3.996**	6.020	9.411
37	Metall-Glas-Fenstertür, einflüglig, Zweifach-Isolierglas	St	1.526	3.432	**4.336**	5.144	6.416
			1.282	2.884	**3.644**	4.322	5.391
38	Pfosten-Riegel-Fassade, Holz/Holz-Aluminium	m²	609	983	**1.128**	1.350	1.853
			512	826	**948**	1.134	1.557

Kosten:
Stand 1. Quartal 2025
Bundesdurchschnitt

Nr.	Positionen	Einheit	►	▷	ø brutto € / ø netto €	◁	◄
39	Pfosten-Riegel-Fassade, Metall	m²	669	1.071	**1.268**	1.593	2.246
			563	900	**1.066**	1.339	1.887
40	Einsatzelement, Türe, PR-Fassade	St	1.398	2.655	**3.213**	4.089	5.887
			1.175	2.231	**2.700**	3.436	4.947
41	Einsatzelement, Fenster, PR-Fassade	St	490	919	**1.150**	1.360	1.893
			412	772	**967**	1.143	1.591
42	Einsatzelement, Paneel, PR-Fassade	m²	125	298	**342**	367	439
			105	251	**288**	308	369
43	Sicherheitsglas, Mehrpreis, PR-Fassade	m²	41	87	**103**	125	173
			34	73	**87**	105	145
44	Fensterbank, außen, Aluminium, beschichtet	m	27	50	**58**	69	92
			23	42	**49**	58	77
45	Türschwelle, außen, Aluminium, rutschsicher	m	–	91	**108**	138	–
			–	77	**90**	116	–
46	Abdichtung, Fensteranschluss	m	6	12	**16**	27	41
			5	10	**13**	23	34
47	RAL-Anschluss, Fenster	m	–	36	**45**	57	–
			–	30	**37**	48	–
48	Stundensatz, Facharbeiter/-in	h	76	86	**90**	97	109
			64	72	**75**	81	92
49	Stundensatz, Helfer/-in	h	64	74	**76**	80	89
			54	62	**64**	68	75

Nr. **Kurztext** / Langtext Kostengruppe
► ▷ **ø netto €** ◁ ◄ [Einheit] Ausf.-Dauer Positionsnummer

1 Haustürelement, Holz, einflüglig KG **334**

Hauseingangstürelement aus Holz, einflüglig, Drehflügeltür, aus Türblatt, Zarge, Bändern, Türgriff, Bodendichtung und Verriegelung, vorgerichtet für Profilzylinder. Leistung inkl. Einbau in Rohbau und Ausstopfen der Fuge mit Mineralwolle. Äußere und innere Abdichtungen nach gesonderter Position.
Material/Profilsystem: **Holz / IV.....**
Anschlag: DIN **rechts / links,** nach innen öffnend, doppelt gefälzt
Lichtes Rohbaumaß (B x H): ..... x .....
Anforderungen:
- Wärmeschutz, Ud = 1,3 W/(m²K)
- Einbruchhemmung: Klasse RC .....

Türblatt:
- wärmegedämmte mehrschichtige Konstruktion
- mit Dämmstoffeinlage
- Türblattdicke: .....
- Beplankung: Nadelholz, astfrei, Holzart: .....
- Kantenprofil/Anleimer: .....

► min
▷ von
ø Mittel
◁ bis
◄ max

 Erläuterungen zu den Tabellen siehe Seite 52

Zarge:
- Holz-Blockrahmen
- Profil: .....
- Kante: **eckig / rund**
- verdeckte Befestigung, innenseitige Abdeckleisten, dreiseitig
- Hinterfüllung des Zargenhohlraums mit Mineralwolle
- Türschwelle thermisch getrennt

Bänder/Beschläge:
- Bänder: ..... St, Stahl vernickelt
- ..... fache Verriegelung
- Drücker-Knauf-Wechselgarnitur für Hauseingangstüren auf Rosetten
- Material: Aluminium, Klasse ES 2, mit Zylinderziehschutz

Schloss/Zubehör:
- Schloss für Hausabschlusstüren, Klasse 3, vorgerichtet für Profilzylinder
- Falzdichtung: dreiseitig umlaufend
- Bodendichtung: automatisch absenkbar
- Stulp aus nichtrostendem Stahl
- elektromagnetischer Türöffner mit Tagesfalle
- Spion

Oberflächen:
- Holzprofile: **lasierend / deckend** beschichtet, Farbe: .....
- sichtbare Aluminiumteile: anodisch oxidiert, E6, Farbton: natur
- sichtbare Edelstahlteile: gebürstet

Montage:
- Wandaufbau im Anschlussbereich: einschalig
- Untergrund: .....
- Einbauebene: .....

Einbauort: **Geschoss / Raum**: .....
Zeichnung, Plan-Nr.: .....
Hinweis: Position ggf. mit Anforderungen zu Windlast, Luftdurchlässigkeit, Schlagregendichtheit, Schalldämm-Maß, mechanische Festigkeit und Bedienkräften erweitern.

2.134€ 3.116€ **3.467€** 3.912€ 5.100€ [St] ⏱ 5,50h/St 026.000.029

2 Haustürelement, Holz, einflüglig, Seitenteil KG **334**

Hauseingangstürelement aus Holz, einflüglig, Drehflügeltür, aus Türblatt, mit Seitenteil verglast mit Sicherheitsglas, Zarge, Bändern, Türgriff, Bodendichtung und Verriegelung, vorgerichtet für Profilzylinder. Leistung inkl. Einbau in Rohbau und Ausstopfen der Fuge mit Mineralwolle. Äußere und innere Abdichtungen nach gesonderter Position.
Material/Profilsystem: **Holz / IV.....**
Anschlag: DIN **rechts / links,** nach innen öffnend, doppelt gefälzt
Lichtes Rohbaumaß (B x H): ..... x .....
Seitenteilgröße: bis 500 x 2.200 mm
Anforderungen:
- Wärmeschutz, Ud = 1,3 W/(m²K)
- Einbruchhemmung: Klasse RC .....

Nr.	Kurztext / Langtext						Kostengruppe
►	▷	ø netto €	◁	◄	[Einheit]	Ausf.-Dauer	Positionsnummer

Türblatt:
- wärmegedämmte mehrschichtige Konstruktion
- mit Dämmstoffeinlage
- Türblattdicke: .....
- Beplankung: Nadelholz, astfrei, Holzart: .....
- Kantenprofil/Anleimer: .....

Zarge:
- Holz-Blockrahmen
- Profil: .....
- Kante: **eckig / rund**
- verdeckte Befestigung, innenseitige Abdeckleisten, dreiseitig
- Hinterfüllung des Zargenhohlraums mit Mineralwolle
- Türschwelle thermisch getrennt

Bänder/Beschläge:
- Bänder: ..... St, Stahl vernickelt
- .....fache Verriegelung
- Drücker-Knauf-Wechselgarnitur für Hauseingangstüren auf Rosetten
- Material: Aluminium, Klasse ES 2, mit Zylinderziehschutz

Schloss/Zubehör:
- Schloss für Hausabschlusstüren, Klasse 3, vorgerichtet für Profilzylinder
- Falzdichtung: dreiseitig umlaufend
- Bodendichtung: automatisch absenkbar
- Stulp aus nichtrostendem Stahl
- elektromagnetischer Türöffner mit Tagesfalle
- Spion

Oberflächen:
- Holzprofile: **lasierend / deckend** beschichtet, Farbe: .....
- sichtbare Aluminiumteile: anodisch oxidiert, E6, Farbton: natur
- sichtbare Edelstahlteile: gebürstet

Montage:
- Wandaufbau im Anschlussbereich: einschalig
- Untergrund: .....
- Einbauebene: .....

Einbauort: **Geschoss / Raum**: .....
Zeichnung, Plan-Nr.: .....
Hinweis: Position ggf. mit Anforderungen zu Windlast, Luftdurchlässigkeit, Schlagregendichtheit, Schalldämm-Maß, mechanische Festigkeit und Bedienkräften erweitern.

2.760€	4.140€	**4.700€**	5.322€	6.923€	[St]	⏱ 6,50h/St	026.000.056

Kosten:
Stand 1.Quartal 2025
Bundesdurchschnitt

► min
▷ von
ø Mittel
◁ bis
◄ max

3 Haustürelement, Holz, mehrteilig KG **334**

Hauseingangstürelement aus Holz, zweiflüglig, Drehflügeltür, aus Geh- und Stand-Türflügel, Zarge, Bändern, Türgriff, Bodendichtung, Verriegelung, vorgerichtet für Profilzylinder. Leistung inkl. Einbau in Rohbau und Ausstopfen der Fuge mit Mineralwolle. Äußere und innere Abdichtungen nach gesonderter Position.
Material/Profilsystem: **Holz / IV.....**
Anschlag: DIN **rechts / links**, nach innen öffnend, doppelt gefälzt
Lichtes Rohbaumaß (B x H): ..... x .....
Teilung: senkrecht
Feld 1: Gehflügel, Breite: .....
Feld 2: Stehflügel mit Anschlag, Breite: .....
Anforderungen:
- Wärmeschutz, Ud = 1,3 W/(m^{2}K)
- Einbruchhemmung: Klasse RC .....

Türblatt:
- wärmegedämmte mehrschichtige Konstruktion
- mit Dämmstoffeinlage
- Türblattdicke: .....
- Beplankung: Nadelholz, astfrei, Holzart: .....
- Kantenprofil/Anleimer: .....

Zarge:
- Holz-Blockrahmen
- Profil: .....
- Kante: **eckig / rund**
- verdeckte Befestigung, innenseitige Abdeckleisten, dreiseitig
- Hinterfüllung des Zargenhohlraums mit Mineralwolle
- Türschwelle thermisch getrennt

Bänder/Beschläge:
- Bänder: ..... St, Stahl vernickelt
- ..... fache Verriegelung, Stehflügel mit ..... -Riegel
- Drücker-Knauf-Wechselgarnitur für Hauseingangstüren auf Rosetten
- Material: Aluminium, Klasse ES 2, mit Zylinderziehschutz

Schloss/Zubehör:
- Schloss für Hausabschlusstüren, Klasse 3, vorgerichtet für Profilzylinder
- Falzdichtung: dreiseitig umlaufend
- Bodendichtung: automatisch absenkbar
- Stulp aus nichtrostendem Stahl
- elektromagnetischer Türöffner mit Tagesfalle
- Spion

Oberflächen:
- Holzprofile: **lasierend / deckend** beschichtet, Farbe: .....
- sichtbare Aluminiumteile: anodisch oxidiert, E6, Farbton: natur
- sichtbare Edelstahlteile: gebürstet

Nr. **Kurztext** / Langtext — Kostengruppe
► ▷ **ø netto €** ◁ ◄ [Einheit] Ausf.-Dauer Positionsnummer

Montage:

- Wandaufbau im Anschlussbereich: einschalig
- Untergrund: .....
- Einbauebene: .....

Einbauort: **Geschoss / Raum**: .....
Zeichnung, Plan-Nr.: .....
Hinweis: Position ggf. mit Anforderungen zu Windlast, Luftdurchlässigkeit, Schlagregendichtheit, Schalldämm-Maß, mechanische Festigkeit und Bedienkräften erweitern.

►	▷	ø	◁	◄	Einheit	Ausf.-Dauer	Positionsnummer
3.954€	5.543€	**6.214€**	7.374€	9.750€	[St]	⏱ 11,00h/St	026.000.001

Kosten:
Stand 1. Quartal 2025
Bundesdurchschnitt

4 Haustürelement, Kunststoff, einflüglig KG **334**

Hauseingangstürelement aus Kunststoff, einflüglig, Drehflügeltür, aus Türblatt und Zarge, mit Bändern, Türgriff, Bodendichtung und Verriegelung, vorgerichtet für Profilzylinder. Leistung inkl. Einbau in Rohbau und Ausstopfen der Fuge mit Mineralwolle. Äußere und innere Abdichtungen nach gesonderter Position.
Material/Profilsystem: **PVC-U / .....**
Anschlag: **flächenversetzt / -bündig**, DIN **rechts / links**, nach innen öffnend
Lichtes Rohbaumaß (B x H): ..... x .....
Anforderungen:

- Wärmeschutz, Ud <= 1,3 W/(m²K)
- Einbruchhemmung: Klasse RC .....

Türblatt:

- Paneel mit zweifacher Beplankung Kunststoff, Dämmkern aus Mineralwolle und Dampfsperre
- Oberfläche:.....
- mit Wetterschenkel
- mit Glasausschnitt (B x H): ..... x .....
- Füllung: Isolier-Verglasung, **2x VSG / 2x ESG**, Ug = ... W/(m²K), Psi = ... W/(mK), Lichtdurchlässigkeit 75 bis 80%

Zarge:

- Profil: .....
- verdeckte Befestigung, innenseitige Abdeckleisten, dreiseitig
- Hinterfüllung des Zargenhohlraums mit Mineralwolle
- Türschwelle thermisch getrennt

Bänder/Beschläge:

- Bänder: ..... Stück, Stahl vernickelt
- ..... fache Verriegelung
- Drücker-Knauf-Wechselgarnitur für Hauseingangstüren auf Rosetten
- Material: Aluminium, Klasse ES 2, mit Zylinderziehschutz

Schloss/Zubehör:

- Schloss für Hausabschlusstüren, Klasse 3, vorgerichtet für Profilzylinder
- Falzdichtung: dreiseitig umlaufend
- Bodendichtung: automatisch absenkbar
- Stulp aus nichtrostendem Stahl

Oberflächen:

- Rahmen- und Flügelprofil **weiß / mit farbiger Folienbeschichtung** in **gleichem / unterschiedlichem** Farbton
- sichtbare Aluminiumteile: anodisch oxidiert, E6, Farbton: natur
- sichtbare Edelstahlteile: gebürstet

► min
▷ von
ø Mittel
◁ bis
◄ max

Montage:

- Wandaufbau im Anschlussbereich: .....
- Untergrund: .....
- Einbauebene: .....

Einbauort: **Geschoss / Raum**: .....
Zeichnung, Plan-Nr.: .....
Hinweis: Position ggf. mit Anforderungen zu Windlast, Luftdurchlässigkeit, Schlagregendichtheit, Schalldämm-Maß, mechanische Festigkeit und Bedienkräften erweitern.

–	2.307€	**3.378€**	4.140€	–	[St]	⏱ 5,50h/St	026.000.048

5 **Haustürelement, Kunststoff, einflüglig, Seitenteil** KG **334**

Hauseingangstürelement aus Kunststoff, einflüglig, Drehflügeltür, aus Türblatt und Zarge, mit Seitenteil verglast mit Sicherheitsglas, mit Bändern, Türgriff, Bodendichtung und Verriegelung, vorgerichtet für Profilzylinder. Leistung inkl. Einbau in Rohbau und Ausstopfen der Fuge mit Mineralwolle. Äußere und innere Abdichtungen nach gesonderter Position.
Material/Profilsystem: **PVC-U / .....**
Anschlag: **flächenversetzt / -bündig**, DIN **rechts / links**, nach innen öffnend
Lichtes Rohbaumaß (B x H): ..... x .....
Seitenteilgröße: bis 500 x 2.200 mm
Anforderungen:

- Wärmeschutz, Ud <= 1,3 W/(m^{2}K)
- Einbruchhemmung: Klasse RC .....

Türblatt:

- Paneel mit zweifacher Beplankung Kunststoff, Dämmkern aus Mineralwolle und Dampfsperre
- Oberfläche:.....
- mit Wetterschenkel
- mit Glasausschnitt (B x H): ..... x .....
- Füllung: Isolier-Verglasung, **2x VSG / 2x ESG**, Ug = ... W/(m^{2}K), Psi = ... W/(mK) Lichtdurchlässigkeit 75 bis 80%

Zarge:

- Profil: .....
- verdeckte Befestigung, innenseitige Abdeckleisten, dreiseitig
- Hinterfüllung des Zargenhohlraums mit Mineralwolle
- Türschwelle thermisch getrennt

Bänder/Beschläge:

- Bänder: ..... St, Stahl vernickelt
- ..... fache Verriegelung
- Drücker-Knauf-Wechselgarnitur für Hauseingangstüren auf Rosetten
- Material: Aluminium, Klasse ES 2, mit Zylinderziehschutz

Schloss/Zubehör:

- Schloss für Hausabschlusstüren, Klasse 3, vorgerichtet für Profilzylinder
- Falzdichtung: dreiseitig umlaufend
- Bodendichtung: automatisch absenkbar
- Stulp aus nichtrostendem Stahl

Oberflächen:

- Rahmen- und Flügelprofil **weiß / mit farbiger Folienbeschichtung** in **gleichem / unterschiedlichem** Farbton
- sichtbare Aluminiumteile: anodisch oxidiert, E6, Farbton: natur
- sichtbare Edelstahlteile: gebürstet

Nr.	Kurztext / Langtext						Kostengruppe
▶	▷	ø netto €	◁	◀	[Einheit]	Ausf.-Dauer	Positionsnummer

Montage:
- Wandaufbau im Anschlussbereich: .....
- Untergrund: .....
- Einbauebene: .....

Einbauort: **Geschoss / Raum**: .....
Zeichnung, Plan-Nr.: .....
Hinweis: Position ggf. mit Anforderungen zu Windlast, Luftdurchlässigkeit, Schlagregendichtheit, Schalldämm-Maß, mechanische Festigkeit und Bedienkräften erweitern.

–	3.358€	**4.604€**	5.750€	–	[St]	⏱ 6,50h/St	026.000.057

6 Haustürelement, Kunststoff, mehrteilig KG **334**

Kosten:
Stand 1. Quartal 2025
Bundesdurchschnitt

Hauseingangstürelement aus Kunststoff, mehrteilig, Drehflügeltür, aus Türblatt und Rahmenelement mit Fest-Verglasung, mit Bändern, Türgriff, Bodendichtung und Verriegelung, vorgerichtet für Profilzylinder. Leistung inkl. Einbau in Rohbau und Ausstopfen der Fuge mit Mineralwolle. Äußere und innere Abdichtungen nach gesonderter Position.
Material/Profilsystem: **PVC-U / .....**
Anschlag: **flächenversetzt / -bündig**, DIN **rechts / links**, nach innen öffnend
Lichtes Rohbaumaß (B x H): ..... x .....
Teilung: senkrecht
Feld 1: Türelement, verglast, Drehflügel (B): .....
Feld 2: festverglast (B): .....
Anforderungen:
- Wärmeschutz, Ud = 1,3 W/(m²K)
- Einbruchhemmung: Klasse RC .....

Türblatt:
- Paneel mit zweifacher Beplankung Kunststoff, Dämmkern aus Mineralwolle und Dampfsperre
- Oberfläche: .....
- mit Wetterschenkel

Seitenfeld:
- mit Glasausschnitt (B x H): ..... x .....
- Füllung: Isolier-Verglasung, **2x VSG / 2x ESG**, Ug = ... W/(m²K), Psi = ... W/(mK) Lichtdurchlässigkeit 75 bis 80%

Zarge/Rahmen:
- Profil: .....
- verdeckte Befestigung, innenseitige Abdeckleisten, dreiseitig
- Hinterfüllung des Zargenhohlraums mit Mineralwolle
- Türschwelle thermisch getrennt

Bänder/Beschläge:
- Bänder: ..... St, Stahl vernickelt
- ..... fache Verriegelung
- Drücker-Knauf-Wechselgarnitur für Hauseingangstüren auf Rosetten
- Material: Aluminium, Klasse ES 2, mit Zylinderziehschutz

Schloss/Zubehör:
- Schloss für Hausabschlusstüren, Klasse 3, vorgerichtet für Profilzylinder
- Falzdichtung: dreiseitig umlaufend
- Bodendichtung: automatisch absenkbar
- Stulp aus nichtrostendem Stahl

Oberflächen:
- Rahmen- und Flügelprofil **weiß / mit farbiger Folienbeschichtung** in **gleichem / unterschiedlichem** Farbton: .....
- sichtbare Aluminiumteile: anodisch oxidiert, E6, Farbton: natur
- sichtbare Edelstahlteile: gebürstet

▶ min
▷ von
ø Mittel
◁ bis
◀ max

Montage:

- Wandaufbau im Anschlussbereich: .....
- Untergrund: .....
- Einbauebene: .....

Einbauort: **Geschoss / Raum**: .....
Zeichnung, Plan-Nr.: .....
Hinweis: Position ggf. mit Anforderungen zu Windlast, Luftdurchlässigkeit, Schlagregendichtheit, Schalldämm-Maß, mechanische Festigkeit und Bedienkräften erweitern.

3.767€	4.622€	**5.060€**	5.702€	7.561€	[St]	⏱ 8,00h/St	026.000.002

7 Haustürelement, Holz, Passivhaus, einflüglig KG **334**

Hauseingangstürelement aus Holz, einflüglig, Drehflügeltür, aus Türblatt, Zarge, Bändern, Türgriff, Bodendichtung und Verriegelung, vorgerichtet für Profilzylinder. Leistung inkl. Einbau in Rohbau und Ausstopfen der Fuge mit Mineralwolle. Äußere und innere Abdichtungen nach gesonderter Position.
Lichtes Rohbaumaß (B x H): ..... x .....
Material/Profilsystem: **Holz / .....**
Anschlag: DIN **rechts / links**, nach innen öffnend, mehrfach gefälzt
Anforderungen:

- Wärmeschutz, Ud = 0,8 W/(m²K)
- Einbruchhemmung: Klasse RC .....

Türblatt:

- wärmegedämmte mehrschichtige Konstruktion
- mit Dämmstoffeinlage
- Türblattdicke: .....
- Beplankung: Nadelholz, astfrei, Holzart .....
- Kantenprofil/Anleimer: .....

Zarge:

- Holz-Blockrahmen, Verbundkonstruktion
- Profil: .....
- verdeckte Befestigung, innenseitige Abdeckleisten, dreiseitig
- Hinterfüllung des Zargenhohlraums mit Mineralwolle
- Türschwelle thermisch getrennt

Bänder/Beschläge:

- Bänder: ..... St, Stahl vernickelt
- ..... fache Verriegelung
- Drücker-Knauf-Wechselgarnitur für Hauseingangstüren auf Rosetten
- Material: Aluminium, Klasse ES 2, mit Zylinderziehschutz

Schloss/Zubehör:

- Schloss für Hausabschlusstüren, Klasse 3, vorgerichtet für Profilzylinder
- Falzdichtung: dreiseitig umlaufend
- Bodendichtung: automatisch absenkbar
- Stulp aus nichtrostendem Stahl
- elektromagnetischer Türöffner mit Tagesfalle
- Spion

Oberflächen:

- Holzprofile: **lasierend / deckend** beschichtet, Farbe: .....
- sichtbare Aluminiumteile: anodisch oxidiert, E6, Farbton: natur
- sichtbare Edelstahlteile: gebürstet

Nr.	Kurztext / Langtext						Kostengruppe
►	▷	ø netto €	◁	◀	[Einheit]	Ausf.-Dauer	Positionsnummer

Montage:
- Wandaufbau im Anschlussbereich: .....
- Untergrund: .....
- Einbauebene: .....

Einbauort: **Geschoss / Raum**: .....
Zeichnung, Plan-Nr.: .....
Hinweis: Position ggf. mit Anforderungen zu Windlast, Luftdurchlässigkeit, Schlagregendichtheit, Schalldämm-Maß, mechanische Festigkeit und Bedienkräften erweitern.

3.387€	4.055€	**4.397€**	4.637€	5.051€	[St]	⏱ 5,80h/St	026.000.038

8 Haustürelement, Passivhaus, zweiflüglig KG **334**

Kosten:
Stand 1. Quartal 2025
Bundesdurchschnitt

Hauseingangstürelement, zweiflüglig, Drehflügeltür, aus Geh- und Stand-Türflügel, Zarge, Bändern, Türgriff, Bodendichtung, Verriegelung, vorgerichtet für Profilzylinder. Leistung inkl. Einbau in Rohbau und Ausstopfen der Fuge mit Mineralwolle. Äußere und innere Abdichtungen nach gesonderter Position.
Lichtes Rohbaumaß (B x H): ..... x .....
Standflügel (B): .....
Gehflügel (B): .....
Material: **Holz / PVC-U**
Profilsystem: .....
Anschlag: DIN **rechts / links**, nach innen öffnend
Anforderungen:
- Wärmeschutz, Ud = 0,8 W/(m²K)
- Einbruchhemmung: Klasse RC .....

Türblatt:
- wärmegedämmte mehrschichtige Konstruktion
- mit Dämmstoffeinlage
- Türblattdicke: .....
- Oberfläche: .....

Zarge/Rahmen:
- Profil: .....
- verdeckte Befestigung, innenseitige Abdeckleisten, dreiseitig
- Hinterfüllung des Zargenhohlraums mit Mineralwolle
- Türschwelle thermisch getrennt

Bänder/Beschläge:
- Bänder: ..... St, Stahl vernickelt
- ..... fache Verriegelung
- Stehflügel mit .....-Riegel
- Drücker-Knauf-Wechselgarnitur für Hauseingangstüren auf Rosetten
- Material: Aluminium, Klasse ES 2, mit Zylinderziehschutz

Schloss/Zubehör:
- Schloss für Hausabschlusstüren, Klasse 3, vorgerichtet für Profilzylinder
- Falzdichtung: dreiseitig umlaufend
- Bodendichtung: automatisch absenkbar
- Stulp aus nichtrostendem Stahl
- elektromagnetischer Türöffner mit Tagesfalle
- Spion

► min
▷ von
ø Mittel
◁ bis
◀ max

Oberflächen:

- Holzprofile: **lasierend / deckend** beschichtet, Farbe: .....
- Kunststoffprofile: **..... / mit farbiger Folienbeschichtung,** Farbton: .....
- sichtbare Aluminiumteile: anodisch oxidiert, E6, Farbton: natur
- sichtbare Edelstahlteile: gebürstet

Montage:

- Wandaufbau im Anschlussbereich: .....
- Untergrund: .....
- Einbauebene: .....

Einbauort: **Geschoss / Raum**: .....
Zeichnung, Plan-Nr.: .....
Hinweis: Position ggf. mit Anforderungen zu Windlast, Luftdurchlässigkeit, Schlagregendichtheit, Schalldämm-Maß, mechanische Festigkeit und Bedienkräften erweitern.

–	7.916€	**9.036€**	12.027€	–	[St]	⏱ 8,50h/St	026.000.052

9 Seitenteil, Holz, verglast, Haustür KG **334**

Seitenteil für Hauseingangstür aus Holz, verglast mit Sicherheitsglas.
Seitenteilgröße (B x H): bis 500 x 2.200 mm
Verglasung: Isolierverglasung aus .....
U-Wert: ..... W/(m²K)
Rahmen-Profil/Holzart: .....

988€	1.186€	**1.317€**	1.502€	1.647€	[St]	⏱ 1,40h/St	027.000.111

10 Seitenteil, Kunststoff, verglast, Haustür KG **334**

Seitenteil für Hauseingangstür aus wärmegedämmten Kunststoffprofilen, verwindungsfrei, verglast mit Sicherheitsglas.
Seitenteilgröße (B x H): bis 500 x 2.200 mm
Verglasung: Isolierverglasung aus .....
U-Wert: ..... W/(m²K)
Rahmen-Profil: .....

785€	953€	**1.047€**	1.152€	1.288€	[St]	⏱ 1,40h/St	027.000.112

11 Metall-Türelement, einflüglig KG **334**

Kellereingangstüranlage aus Metallkonstruktion, einflüglig, Drehflügeltür, aus Türflügel und Zarge, mit Bändern, Türgriff, Bodendichtung und Verriegelung, vorgerichtet für Profilzylinder. Leistung inkl. Einbau in Rohbau und Ausstopfen der Fuge mit Mineralwolle. in Rohbau. Äußere und innere Abdichtungen nach gesonderter Position.
Lichtes Rohbaumaß (B x H): ..... x .....
Wanddicke: .....
Bodeneinstand: .....
Anschlag: DIN **rechts / links**, **nach außen / innen** öffnend
Anforderungen:

- Außentür
- Klimaklasse: .....
- mechanische Festigkeit: .....
- Einbruchhemmung: Klasse RC .....
- Wärmeschutz: Ud = ... W/(m²K)
- Schalldämmmaß Rw = ... dB

Nr.	Kurztext / Langtext						Kostengruppe
►	▷	ø netto €	◁	◀	[Einheit]	Ausf.-Dauer	Positionsnummer

Zarge:
- Z-Zarge aus Stahl t = ... mm, mit Gegenzarge
- verdeckte Befestigung, Maueranker
- eingeschweißte Bandtaschen
- Hinterfüllung des Zargenhohlraums mit Mineralwolle

Türflügel:
- Volltürblatt, d: ....., Stahlblech t = ...
- Füllung aus Mineralwolle
- dreiseitig **gefälzt / flächenbündig**
- mit Glasausschnitt (B x H): ..... x .....
- Füllung: zweifach Isolierverglasung, Ug = ... W/(m²K), Psi = ... W/(mK) Lichtdurchlässigkeit 75 bis 80%, innenseitige Glasleisten, vierseitig

Kosten:
Stand 1. Quartal 2025
Bundesdurchschnitt

Bänder/Beschläge:
- Federbänder: 2 St, mat. Edelstahl
- Drücker-Knauf-Wechselgarnitur für Hauseingangstüren auf Rosetten
- Material: Edelstahl, Klasse ..... mit Zylinderziehschutz

Schloss/Zubehör:
- Schloss für Hausabschlusstüren, Klasse ....., vorgerichtet für Profilzylinder
- Falzdichtung: Silikonprofil, umlaufend
- Stulp aus nichtrostendem Stahl

Oberflächen:
- Türblatt endbeschichtet, verzinkt grundiert und Farb-Beschichtung **Nasslack / PES-Pulverbeschichtung**
- Korrosionsbelastung: C3
- Farbe: .....

Montage/Einbauort
- Einbauebene: in Dämmebene, ca. ..... vor Wandöffnung

Zeichnungen, Plan-Nr.: .....

Montage:
- Untergrund: Stahlbeton, einschalig, im Anschlussbereich mit WDVS
- Einbauebene: in Dämmebene, ca. ..... vor Wandöffnung

Einbauort: **Geschoss / Raum**: .....

Zeichnung, Plan-Nr.: .....

Hinweis: Position ggf. mit Anforderungen zu Windlast, Luftdurchlässigkeit, Schlagregendichtheit, Schalldämm-Maß, mechanische Festigkeit und Bedienkräften erweitern.

1.100€	2.350€	**2.920€**	3.435€	4.615€	[St]	⏱ 5,00h/St	026.000.005

► min
▷ von
ø Mittel
◁ bis
◀ max

A 1 Holzfenster, einflüglig, Zweifach-Isolierglas

Beschreibung für Pos. **12-13**

Einflügliges Drehflügelfenster aus Holz, aus Fenster- und Flügelrahmen, Dreh- Kipp-Beschlagsgarnitur mit Fenstergriff. Leistung inkl. Einbau in Rohbau und Ausstopfen der Fuge mit Mineralwolle. Äußere und innere Abdichtungen nach gesonderter Position.
Holzart: .....
Profilsystem: IV..... mit **Mittel- und innere Überschlagdichtung / Anschlagdichtung**, mit Wetterschenkel
Rahmen/Flügel: **flächenversetzt / bündig**
Anschluss unten: an Fensterbank **außen / innen**
Anschluss oben: an Rollladenkasten
Anforderungen:

- Wärmeschutz Uw = 1,3 W/(m²K)
- Gesamtenergiedurchlass: .....%
- Einbruchhemmung: Widerstandsklasse **RC-2 (Erdgeschoss) / RC-1-N (Obergeschoss)**

Füllung/Ausfachung:

- Zweifach-Isolierverglasung
- Lichtdurchlässigkeit 75 bis 80%

Beschlag/Zubehör:

- Dreh-Kipp-Beschlag, **verdeckt liegend / aufliegend** eingebaut, mit Fehlbedienungssperre
- Fenstergriff: Aluminium mit Rosette, Befestigung verdeckt, Einhandbedienung
- Alu-Schutzschiene des Wetterschenkels, mit Endkappen, Profil: .....

Oberflächen:

- Holzprofile: **transparent / lasierend / deckend** beschichtet, imprägniert
- Rahmen- und Flügelprofil **weiß / ..... in gleichem / unterschiedlichem** Farbton
- Aluminium-Oberflächen, anodisch oxidiert, E6, natur
- Stahloberfläche: verzinkt, chromatiert

Montage:

- Wandaufbau im Anschlussbereich: .....
- Untergrund: .....
- Einbauebene: .....

Einbauort: **Geschoss / Raum**: .....
Zeichnung, Plan-Nr.: .....
Hinweis: Position ggf. mit Anforderungen zu Windlast, Luftdurchlässigkeit, Schlagregendichtheit, Schalldämm-Maß, Mechanische Festigkeit und Bedienkräften erweitern.

12 Holzfenster, einflüglig, Zweifach-Isolierglas, bis 0,70m²

KG **334**

Wie Ausführungsbeschreibung A 1
Lichtes Rohbaumaß (B x H): ..... x .....
Fenstergröße: bis 0,70 m²

414€	451€	**467€**	532€	609€	[St]	⏱ 1,80h/St	026.000.009

13 Holzfenster, einflüglig, Zweifach-Isolierglas, über 0,70m²

KG **334**

Wie Ausführungsbeschreibung A 1
Lichtes Rohbaumaß (B x H): ..... x .....
Fenstergröße: über 0,70 m²

632€	696€	**734€**	745€	789€	[St]	⏱ 1,80h/St	026.000.055

Nr.	Kurztext / Langtext						Kostengruppe
▶	▷	ø netto €	◁	◀	[Einheit]	Ausf.-Dauer	Positionsnummer

Kosten:
Stand 1. Quartal 2025
Bundesdurchschnitt

▶ min
▷ von
ø Mittel
◁ bis
◀ max

14 Holzfenster, einflüglig, Dreifach-Isolierglas, über 1,0-3,0m² KG **334**

Einflügliges Drehflügelfenster aus Holz, aus Fenster- und Flügelrahmen, Dreh- Kipp-Beschlagsgarnitur mit Fenstergriff. Leistung inkl. Einbau in Rohbau und Ausstopfen der Fuge mit Mineralwolle. Äußere und innere Abdichtungen nach gesonderter Position.
Holzart: .....
Profilsystem: IV..... mit **Mittel- und innere Überschlagdichtung / Anschlagdichtung**, mit Wetterschenkel
Rahmen/Flügel: **flächenversetzt / bündig**
Anschluss unten: an Fensterbank **außen / innen**
Anschluss oben: an Rollladenkasten
Anforderungen:

- Wärmeschutz Uw = 1,3 W/(m²K)
- Gesamtenergiedurchlass: .....%
- Einbruchhemmung: Widerstandsklasse **RC-2 (Erdgeschoss) / RC-1-N (Obergeschoss)**

Füllung/Ausfachung:

- Dreifach-Isolierverglasung
- Lichtdurchlässigkeit 75 bis 80%

Beschlag/Zubehör:

- Dreh-Kipp-Beschlag, **verdeckt liegend / aufliegend** eingebaut, mit Fehlbedienungssperre
- Fenstergriff: Aluminium mit Rosette, Befestigung verdeckt, Einhandbedienung
- Alu-Schutzschiene des Wetterschenkels, mit Endkappen, Profil: .....

Oberflächen:

- Holzprofile: **transparent / lasierend / deckend** beschichtet, imprägniert
- Rahmen- und Flügelprofil **weiß / ..... in gleichem / unterschiedlichem** Farbton
- Aluminium-Oberflächen, anodisch oxidiert, E6, natur
- Stahloberfläche: verzinkt, chromatiert

Montage:

- Wandaufbau im Anschlussbereich: .....
- Untergrund: .....
- Einbauebene: .....

Einbauort: **Geschoss / Raum**: .....
Zeichnung, Plan-Nr.: .....
Hinweis: Position ggf. mit Anforderungen zu Windlast, Luftdurchlässigkeit, Schlagregendichtheit, Schalldämm-Maß, Mechanische Festigkeit und Bedienkräften erweitern.
Lichtes Rohbaumaß (B x H): ..... x .....
Fenstergröße: über 1,00 m²

▶	▷	ø	◁	◀	Einheit	Ausf.-Dauer	Positionsnummer
557€	691€	**739€**	799€	910€	[St]	⏱ 1,80h/St	026.000.060

15 Holzfenster, einflüglig, Dreifach-Isolierglas, Passivhaus KG **334**

Einflügliges Drehflügelfenster aus Holz, für Passivhaus, aus Fenster- und Flügelrahmen, Dreh- Kipp-Beschlagsgarnitur mit Fenstergriff. Leistung inkl. Einbau in Rohbau und Ausstopfen der Fuge mit Mineralwolle. Äußere und innere Abdichtungen nach gesonderter Position.
Holzart: .....
Profilsystem: ..... mit **Mittel- und innere Überschlagdichtung / Anschlagdichtung**, mit Wetterschenkel
Rahmen/Flügel: **flächenversetzt / bündig**
Anschluss unten: an Fensterbank **außen / innen**
Anschluss oben: an Rollladenkasten
Lichtes Rohbaumaß (B x H): ..... x .....

Anforderungen:

- Wärmeschutz Uw >= 0,8 W/(m²K)
- Gesamtenergiedurchlass: .....%
- Einbruchhemmung: Widerstandsklasse **RC-2 (Erdgeschoss) / RC-1-N (Obergeschoss)**

Füllung/Ausfachung:

- Dreifach-Isolierverglasung
- Lichtdurchlässigkeit 75 bis 80%

Beschlag/Zubehör:

- Dreh-Kipp-Beschlag, **verdeckt liegend / aufliegend** eingebaut, mit Fehlbedienungssperre
- Fenstergriff: Aluminium mit Rosette, Befestigung verdeckt, Einhandbedienung
- Alu-Schutzschiene des Wetterschenkels, mit Endkappen, Profil: .....

Oberflächen:

- Holzprofile: **transparent / lasierend / deckend** beschichtet, imprägniert
- Rahmen- und Flügelprofil **weiß / ..... in gleichem / unterschiedlichem** Farbton
- Aluminium-Oberflächen, anodisch oxidiert, E6, natur
- Stahloberfläche: verzinkt, chromatiert

Montage:

- Wandaufbau im Anschlussbereich: .....
- Untergrund: .....
- Einbauebene: .....

Einbauort: **Geschoss / Raum**: .....
Zeichnung, Plan-Nr.: .....
Hinweis: Position ggf. mit Anforderungen zu Windlast, Luftdurchlässigkeit, Schlagregendichtheit, Schalldämm-Maß, Mechanische Festigkeit und Bedienkräften erweitern.

806€	946€	**1.008€**	1.066€	1.209€	[St]	⏱ 1,80h/St	026.000.034

16 **Holzfenster, mehrteilig, Dreifach-Isolierglas, Passivhaus, über 2,50m²** KG **334**

Mehrteiliges Drehflügelfenster aus Holz, für Passivhaus, aus Fenster- und Flügelrahmen, Pfosten und Riegel, Beschlagsgarnituren, Fenstergriffen und Öffnungsgestängen. Leistung inkl. Einbau in Rohbau und Ausstopfen der Fuge mit Mineralwolle. Äußere und innere Abdichtungen nach gesonderter Position.
Holzart: .....
Profilsystem: ..... mit **Mittel- und innere Überschlagdichtung / Anschlagdichtung**, mit Wetterschenkel
Rahmen/Flügel: **flächenversetzt / bündig**
Anschluss unten: an Fensterbank **außen / innen**
Anschluss oben: an Rollladenkasten
Lichtes Rohbaumaß (B x H): ..... x .....
Teilung: senkrecht und waagerecht

- Feld 1: Dreh-Kipp (B x H): ..... x .....
- Feld 2: Dreh-Kipp (B x H): ..... x .....
- Feld 3: Kipp (B x H): ..... x .....
- Feld 4: Kipp (B x H): ..... x .....

Anforderungen:

- Wärmeschutz Uw = 0,8 W/(m²K)
- Gesamtenergiedurchlass: .....%
- Einbruchhemmung: Widerstandsklasse **RC-2 (Erdgeschoss) / RC-1-N (Obergeschoss)**

Füllung/Ausfachung:

- Dreifach-Isolierverglasung,
- Lichtdurchlässigkeit 75 bis 80%

Kosten:
Stand 1. Quartal 2025
Bundesdurchschnitt

Nr.	**Kurztext** / Langtext						Kostengruppe
▶	▷	**ø netto €**	◁	◀	[Einheit]	Ausf.-Dauer	Positionsnummer

Beschlag/Zubehör:

- Dreh-Kipp-Beschlag, **verdeckt liegend / aufliegend** eingebaut, mit Fehlbedienungssperre
- Fenstergriff: Aluminium mit Rosette, Befestigung verdeckt, Einhandbedienung
- OL-Beschlag, sichtbar, mit Öffnungsgestänge und Griff
- Alu-Schutzschiene des Wetterschenkels, mit Endkappen, Profil: .....

Oberflächen:

- Holzprofile: **transparent / lasierend / deckend** beschichtet, imprägniert
- Rahmen- und Flügelprofil **weiß / ...... in gleichem / unterschiedlichem** Farbton
- Aluminium-Oberfläche anodisch oxidiert, E6, natur
- Stahloberfläche: verzinkt, chromatiert

Einbauort: .....

Montage:

- Wandaufbau im Anschlussbereich: .....
- Untergrund: .....
- Einbauebene: .....

Einbauort: **Geschoss / Raum**: .....

Zeichnung, Plan-Nr.: .....

Hinweis: Position ggf. mit Anforderungen zu Windlast, Luftdurchlässigkeit, Schlagregendichtheit, Schalldämm-Maß, Mechanische Festigkeit und Bedienkräften erweitern.

1.596€	2.325€	**2.672€**	2.971€	3.805€	[St]	⏱ 3,20h/St	026.000.042

A 3 Holz-Alu-Fenster, einflüglig, Zweifach-Isolierglas Beschreibung für Pos. **17-18**

Einflügliges Drehflügelfenster aus Holz-Alu-Konstruktion, aus Fenster- und Flügelrahmen, Dreh- Kipp-Beschlagsgarnitur, mit Fenstergriff. Leistung inkl. Einbau in Rohbau und Ausstopfen der Fuge mit Mineralwolle. Äußere und innere Abdichtungen nach gesonderter Position.

Holzart: .....

Deckschale: Aluminium

Profilsystem: ..... mit **Mittel- und innere Überschlagdichtung / Anschlagdichtung**, mit Wetterschenkel

Anschluss unten: an Fensterbank **außen / innen**

Anschluss oben: an Rollladenkasten

Anforderungen:

- Wärmeschutz Uw = 1,3 W/(m²K)
- Gesamtenergiedurchlass: .....%
- Einbruchhemmung: Widerstandsklasse **RC-2 (Erdgeschoss) / RC-1-N (Obergeschoss)**

Füllung/Ausfachung:

- Zweifach-Isolierverglasung
- Lichtdurchlässigkeit 75 bis 80%

Beschlag/Zubehör:

- Dreh-Kipp-Beschlag, verdeckt liegend, mit Fehlbedienungssperre
- Fenstergriff: Aluminium mit Rosette, Befestigung verdeckt, Einhandbedienung

Oberflächen:

- Holzprofile innen: **transparent / lasierend / deckend beschichtet**, imprägniert
- Deckschale - Aluminium: PES-pulverbeschichtet, Schichtdicke / Korrosionsbelastung: **..... / C3**
- Rahmen- und Flügelprofil **weiß / .....** in **gleichem / unterschiedlichem** Farbton
- Aluminium sichtbar, anodisch oxidiert, E6, natur
- Stahloberfläche: verzinkt, chromatiert

▶ min
▷ von
ø Mittel
◁ bis
◀ max

Montage:

- Wandaufbau im Anschlussbereich: .....
- Untergrund: .....
- Einbauebene: .....

Einbauort: **Geschoss / Raum**: .....
Zeichnung, Plan-Nr.: .....
Hinweis: Position ggf. mit Anforderungen zu Windlast, Luftdurchlässigkeit, Schlagregendichtheit, Schalldämm-Maß, Mechanische Festigkeit und Bedienkräften erweitern.

17 Holz-Alu-Fenster, einflüglig, Zweifach-Isolierglas, bis 0,70m² KG **334**

Wie Ausführungsbeschreibung A 3
Lichtes Rohbaumaß (B x H): ..... x .....
Fenstergröße: bis 0,70 m²

588€	689€	**747€**	806€	936€	[St]	⏱ 1,80h/St	026.000.012

18 Holz-Alu-Fenster, einflüglig, Zweifach-Isolierglas, bis 2,00m² KG **334**

Wie Ausführungsbeschreibung A 3
Lichtes Rohbaumaß (B x H): ..... x .....
Fenstergröße: 0,70 bis 1,70 m²

850€	950€	**1.003€**	1.046€	1.131€	[St]	⏱ 2,60h/St	026.000.013

A 4 Holz-Alu-Fenster, einflüglig, Dreifach-Isolierglas Beschreibung für Pos. **19-20**

Einflügliges Drehflügelfenster aus Holz-Alu-Konstruktion, aus Fenster- und Flügelrahmen, Dreh- Kipp-Beschlagsgarnitur, mit Fenstergriff. Leistung inkl. Einbau in Rohbau und Ausstopfen der Fuge mit Mineralwolle. Äußere und innere Abdichtungen nach gesonderter Position.
Holzart: .....
Deckschale: Aluminium
Profilsystem: ..... mit **Mittel- und innere Überschlagdichtung / Anschlagdichtung**, mit Wetterschenkel
Anschluss unten: an Fensterbank: **außen / innen**
Anschluss oben: an Rollladenkasten
Anforderungen:

- Wärmeschutz Uw = 1,3 W/(m²K)
- Gesamtenergiedurchlass: .....%
- Einbruchhemmung: Widerstandsklasse **RC-2 (Erdgeschoss) / RC-1-N (Obergeschoss)**

Füllung/Ausfachung:

- Dreifach-Isolierverglasung
- Lichtdurchlässigkeit 75 bis 80%

Beschlag/Zubehör:

- Dreh-Kipp-Beschlag, verdeckt liegend, mit Fehlbedienungssperre
- Fenstergriff: Aluminium mit Rosette, Befestigung verdeckt, Einhandbedienung

Oberflächen:

- Holzprofile innen: **transparent / lasierend / deckend beschichtet**, imprägniert
- Deckschale - Aluminium: PES-pulverbeschichtet, Schichtdicke / Korrosionsbelastung: **..... / C3**
- Rahmen- und Flügelprofil **weiß / .....** in **gleichem / unterschiedlichem** Farbton
- Aluminium sichtbar, anodisch oxidiert, E6, natur
- Stahloberfläche: verzinkt, chromatiert

Nr.	**Kurztext** / Langtext						Kostengruppe
▶	▷	**ø netto €**	◁	◀	[Einheit]	Ausf.-Dauer	Positionsnummer

Montage:
- Wandaufbau im Anschlussbereich: .....
- Untergrund: .....
- Einbauebene: .....

Einbauort: **Geschoss / Raum**: .....
Zeichnung, Plan-Nr.: .....
Hinweis: Position ggf. mit Anforderungen zu Windlast, Luftdurchlässigkeit, Schlagregendichtheit, Schalldämm-Maß, Mechanische Festigkeit und Bedienkräften erweitern.

Kosten:
Stand 1. Quartal 2025
Bundesdurchschnitt

19 Holz-Alu-Fenster, einflüglig, Dreifach-Isolierglas, bis 0,70m² KG **334**

Wie Ausführungsbeschreibung A 4
Lichtes Rohbaumaß (B x H): ..... x .....
Fenstergröße: bis 0,70 m²

▶	▷	ø	◁	◀	Einheit	Ausf.-Dauer	Positionsnummer
737€	824€	**857€**	911€	1.044€	[St]	⏱ 1,80h/St	026.000.061

20 Holz-Alu-Fenster, einflüglig, Dreifach-Isolierglas, bis 2,00m² KG **334**

Wie Ausführungsbeschreibung A 4
Lichtes Rohbaumaß (B x H): ..... x .....
Fenstergröße: 0,70 bis 1,70 m²

▶	▷	ø	◁	◀	Einheit	Ausf.-Dauer	Positionsnummer
739€	1.002€	**1.123€**	1.197€	1.366€	[St]	⏱ 2,60h/St	026.000.062

21 Holz-Alu-Fenstertür, einflüglig, Zweifach-Isolierglas KG **334**

Einflüglige Drehflügel-Fenstertür aus Holz-Alu-Konstruktion, aus Fenster- und Flügelrahmen, Beschlagsgarnitur mit Fenstergriff. Leistung inkl. Bohrungen und Verbindungsmitteln für die Verschraubung mit den bauseitigen Anschlüssen.
Holzart: .....
Deckschale: Aluminium
Profilsystem: ..... mit **Mittel- und innere Überschlagdichtung / Anschlagdichtung**, mit Wetterschenkel
Rahmen/Flügel: **flächenversetzt / bündig**
Anschluss unten: an Fensterbank **außen / innen**
Anschluss oben: an Rollladenkasten
Lichtes Rohbaumaß (B x H): ..... x .....
Teilung: senkrecht
- Feld 1: Dreh-Kipp, (B x H): ..... x.....
- Feld 2: Dreh, (B x H): ..... x ....., mit Anschlag

Anforderungen:
- Wärmeschutz Uw = 1,3 W/(m²K)
- Gesamtenergiedurchlass: .....%
- Einbruchhemmung: Widerstandsklasse **RC-2 (Erdgeschoss) / RC-1-N (Obergeschoss)**

Füllung/Ausfachung:
- Zweifach-Isolierverglasung, innen VSG, außen ESG
- Lichtdurchlässigkeit 75 bis 80%

Beschlag/Zubehör:
- Dreh-Kipp-Beschlag, **verdeckt liegend / aufliegend**, mit Fehlbedienungssperre
- Fenstergriff: Aluminium mit Rosette, Befestigung verdeckt, Einhandbedienung
- Fenstertür-Ziehgriff, Aluminium
- Systembodenschwelle: Aluminium-Formteil
- Wetterschutzschiene aus Aluminium

▶ min
▷ von
ø Mittel
◁ bis
◀ max

Oberflächen:
- Holzprofile innen: **transparent / lasierend / deckend beschichtet**, imprägniert
- Deckschale - Aluminium: PES-pulverbeschichtet, Schichtdicke / Korrosionsbelastung: **..... / C3**
- Rahmen- und Flügelprofil **weiß / ..... in gleichem / unterschiedlichem** Farbton
- Aluminium sichtbar, anodisch oxidiert, E6, natur
- Stahloberfläche: verzinkt, chromatiert

Montage:
- Wandaufbau im Anschlussbereich: .....
- Untergrund: .....
- Einbauebene: .....

Einbauort: **Geschoss / Raum**: .....
Zeichnung, Plan-Nr.: .....
Hinweis: Position ggf. mit Anforderungen zu Windlast, Luftdurchlässigkeit, Schlagregendichtheit, Schalldämm-Maß, Mechanische Festigkeit und Bedienkräften erweitern.

1.072€ 1.550€ **1.691€** 1.817€ 2.286€ [St] ⏱ 3,80h/St 026.000.030

22 Fenstertür, einflüglig, Dreifach-Isolierglas, Passivhaus, bis 2,50m² KG **334**

Einflüglige Drehflügel-Fenstertür aus Holz, für Passivhaus, aus Fenster- und Flügelrahmen, Dreh- Kipp-Beschlagsgarnitur mit Fenstergriff. Leistung inkl. Einbau in Rohbau und Ausstopfen der Fuge mit Mineralwolle. Äußere und innere Abdichtungen nach gesonderter Position.
Holzart: .....
Profilsystem: ..... mit **Mittel- und innere Überschlagdichtung / Anschlagdichtung**, mit Wetterschenkel
Rahmen/Flügel: **flächenversetzt / bündig**
Anschluss unten: an Fensterbank: **außen / innen**
Anschluss oben: an Rollladenkasten
Lichtes Rohbaumaß B x H: ..... x .....
Anforderungen:
- Wärmeschutz Uw = 0,8 W/(m²K)
- Gesamtenergiedurchlass: .....%
- Windlast, Prüfdruck ....., Klasse .....
- Rahmendurchbiegung: B
- Luftdurchlässigkeit, Klasse .....
- Schlagregendichtheit, Klasse .....
- Schalldämm-Maß: Rw ..... dB
- Mechanische Festigkeit: Klasse .....
- Einbruchhemmung: Widerstandsklasse **RC-2 (Erdgeschoss) / RC-1-N (Obergeschoss)**
- Bedienungskräfte: Klasse .....

Füllung/Ausfachung:
- Dreifach-Isolierverglasung
- Lichtdurchlässigkeit 75 bis 80%

Beschlag/Zubehör:
- Dreh-Kipp-Beschlag, **verdeckt liegend / aufliegend** eingebaut, mit Fehlbedienungssperre
- Fenstergriff: Aluminium mit Rosette, Befestigung verdeckt, Einhandbedienung
- Öffnungsbegrenzer im Fensterfalz
- Systembodenschwelle: Aluminium-Formteil,
- Alu-Schutzschiene des Wetterschenkels, mit Endkappen, Profil: .....

Nr.	Kurztext / Langtext					Kostengruppe
►	▷	ø netto €	◁	◀	[Einheit]	Ausf.-Dauer	Positionsnummer

Oberflächen:

- Holzprofile: **transparent / lasierend / deckend** beschichtet, imprägniert
- Rahmen- und Flügelprofil **weiß / ..... in gleichem / unterschiedlichem** Farbton
- Aluminium-Oberfläche anodisch oxidiert, E6, natur
- Stahloberfläche: verzinkt, chromatiert

Montage:

- Wandaufbau im Anschlussbereich: .....
- Untergrund: .....
- Einbauebene: .....

Einbauort: **Geschoss / Raum**: .....
Zeichnung, Plan-Nr.: .....

Kosten:
Stand 1. Quartal 2025
Bundesdurchschnitt

►	▷	ø	◁	◀	Einheit	Ausf.-Dauer	Positionsnummer
1.601€	1.971€	**2.179€**	2.523€	2.966€	[St]	⏱ 2,60h/St	026.000.039

23 Holz-Alu-Fenster, zweiflüglig, Zweifach-Isolierglas, bis 4,5m² KG **334**

Zweiflügliges Drehflügelfenster aus Holz-Alu-Konstruktion, aus einem Fenster- und zwei Flügelrahmen, Beschlagsgarnitur mit Fenstergriff. Leistung inkl. Einbau in Rohbau und Ausstopfen der Fuge mit Mineralwolle. Äußere und innere Abdichtungen nach gesonderter Position.
Holzart: .....
Deckschale: Aluminium
Profilsystem: ..... mit **Mittel- und innere Überschlagdichtung / Anschlagdichtung**, mit Wetterschenkel
Rahmen/Flügel: **flächenversetzt / bündig**
Anschluss unten: an Fensterbank **außen / innen**
Anschluss oben: an Rollladenkasten
Lichtes Rohbaumaß (B x H): ..... x ..... (bis ca. 4,50m²)
Teilung: senkrecht
Feld 1: Dreh-Kipp (B): .....
Feld 2: Dreh, mit Anschlag (B): .....
Anforderungen:

- Wärmeschutz Uw = 1,3 W/(m²K)
- Gesamtenergiedurchlass: .....%
- Einbruchhemmung: Widerstandsklasse **RC-2 (Erdgeschoss) / RC-1-N (Obergeschoss)**

Füllung/Ausfachung:

- Zweifach-Isolierverglasung,
- Lichtdurchlässigkeit 75 bis 80%

Beschlag/Zubehör:

- Dreh-Kipp-Beschlag, **verdeckt liegend/ aufliegend**, mit Fehlbedienungssperre
- Fenstergriff: Aluminium mit Rosette, Befestigung verdeckt, Einhandbedienung

Oberflächen:

- Holzprofile innen: **transparent / lasierend / deckend** beschichtet, imprägniert
- Deckschale:
- Aluminium: PES-pulverbeschichtet, Schichtdicke / Korrosionsbelastung: **..... / C3**
- Rahmen- und Flügelprofil **weiß / .....** in **gleichem / unterschiedlichem** Farbton
- Aluminium sichtbar, anodisch oxidiert, E6, natur
- Stahloberfläche: verzinkt, chromatiert

► min
▷ von
ø Mittel
◁ bis
◀ max

Montage:

- Wandaufbau im Anschlussbereich: .....
- Untergrund: .....
- Einbauebene: .....

Einbauort: **Geschoss / Raum**: .....

Zeichnung, Plan-Nr.: .....

Hinweis: Position ggf. mit Anforderungen zu Windlast, Luftdurchlässigkeit, Schlagregendichtheit, Schalldämm-Maß, Mechanische Festigkeit und Bedienkräften erweitern.

1.591€	2.426€	**2.765€**	3.325€	4.612€	[St]	⏱ 3,20h/St	026.000.014

A 5 Kunststofffenster, einflüglig, Dreifach-Isolierglas Beschreibung für Pos. **24-25**

Einflügliges Drehflügelfenster aus Kunststoff, aus Fenster- und Flügelrahmen, Dreh- Kipp-Beschlagsgarnitur mit Fenstergriff. Leistung inkl. Einbau in Rohbau und Ausstopfen der Fuge mit Mineralwolle. Äußere und innere Abdichtungen nach gesonderter Position.

Material: Polyvinylchlorid (PVC-U), mit bleifreien Stabilisatoren

Profilsystem: Mehrkammerprofilsystem mit Stahlverstärkung, mit **Mitteldichtung / Anschlagdichtung**, mit Wetterschenkel

Rahmen/Flügel: **flächenversetzt / bündig**

Anschluss unten: an Fensterbank: **außen / innen**

Anschluss oben: an Rollladenkasten

Anforderungen:

- Wärmeschutz Uw = 1,3 W/(m²K)
- Gesamtenergiedurchlass: .....%
- Einbruchhemmung: Widerstandsklasse **RC-2 (Erdgeschoss) / RC-1-N (Obergeschoss)**

Füllung/Ausfachung:

- Dreifach-Isolierverglasung,
- Lichtdurchlässigkeit 75 bis 80%

Beschlag/Zubehör:

- Dreh-Kipp-Beschlag, **verdeckt liegend / aufliegend** eingebaut, mit Fehlbedienungssperre
- Fenstergriff: Aluminium mit Rosette, Befestigung verdeckt, Einhandbedienung

Oberflächen:

- Rahmen- und Flügelprofil **weiß / mit Folienbeschichtung Dekor / Farbe: ....., in gleichem / unterschiedlichem** Farbton
- Aluminium-Oberflächen, anodisch oxidiert, E6, natur
- Stahloberfläche: verzinkt, chromatiert

Montage:

- Wandaufbau im Anschlussbereich: .....
- Untergrund: .....
- Einbauebene: .....

Einbauort: **Geschoss / Raum**: .....

Zeichnung, Plan-Nr.: .....

Hinweis: Position ggf. mit Anforderungen zu Windlast, Luftdurchlässigkeit, Schlagregendichtheit, Schalldämm-Maß, Mechanische Festigkeit und Bedienkräften erweitern.

Nr.	Kurztext / Langtext						Kostengruppe
▶	▷	**ø netto €**	◁	◀	[Einheit]	Ausf.-Dauer	Positionsnummer

24 **Kunststofffenster, einflüglig, Dreifach-Isolierglas, bis 0,7m²** KG **334**

Wie Ausführungsbeschreibung A 5
Lichtes Rohbaumaß (B x H): ..... x .....
Fenstergröße: bis 0,70 m²

▶	▷	ø	◁	◀	[Einheit]	Ausf.-Dauer	Positionsnummer
388€	418€	**430€**	458€	514€	[St]	⏱ 1,60h/St	026.000.063

25 **Kunststofffenster, einflüglig, Dreifach-Isolierglas, bis 1,70m²** KG **334**

Wie Ausführungsbeschreibung A 5
Lichtes Rohbaumaß (B x H): ..... x .....
Fenstergröße: 0,70 bis 1,70 m²

▶	▷	ø	◁	◀	[Einheit]	Ausf.-Dauer	Positionsnummer
461€	517€	**543€**	631€	821€	[St]	⏱ 1,60h/St	026.000.064

Kosten:
Stand 1.Quartal 2025
Bundesdurchschnitt

A 6 **Kunststofffenster, mehrteilig, Zweifach-Isolierglas** Beschreibung für Pos. **26-27**

Drehflügelfenster aus Kunststoff, mehrteilig, aus Fenster- und Flügelrahmen, Dreh- Kipp-Beschlagsgarnituren und Fenstergriffen, OL-Kipp-Beschlagsgarnituren mit Öffnungsgestängen und Griffen. Leistung inkl. Einbau in Rohbau und Ausstopfen der Fuge mit Mineralwolle. Äußere und innere Abdichtungen nach gesonderter Position.
Holzart: .....
Profilsystem: ..... mit **Mittel- und innere Überschlagdichtung / Anschlagdichtung**, mit Wetterschenkel
Rahmen/Flügel: **flächenversetzt / bündig**
Anschluss unten: an Fensterbank **außen / innen**
Anschluss oben: an Rollladenkasten
Anforderungen:
- Wärmeschutz Uw = 1,3 W/(m²K)
- Gesamtenergiedurchlass: .....%
- Einbruchhemmung: Widerstandsklasse **RC-2 (Erdgeschoss) / RC-1-N (Obergeschoss)**

Füllung/Ausfachung:
- Zweifach-Isolierverglasung,
- Lichtdurchlässigkeit 75 bis 80%

Beschlag/Zubehör:
- Dreh-Kipp-Beschlag, **verdeckt liegend / aufliegend** eingebaut, mit Fehlbedienungssperre
- Fenstergriff: Aluminium mit Rosette, Befestigung verdeckt, Einhandbedienung
- OL-Beschlag, aufliegend eingebaut, mit Öffnungsgestänge

Oberflächen:
- Rahmen- und Flügelprofil **weiß / mit Folienbeschichtung Dekor / Farbe ..... in gleichem / unterschiedlichem** Farbton
- Aluminium-Oberflächen, anodisch oxidiert, E6, natur
- Stahloberfläche: verzinkt, chromatiert

Montage:
- Wandaufbau im Anschlussbereich: .....
- Untergrund: .....
- Einbauebene: .....

Einbauort: **Geschoss / Raum**: .....
Zeichnung, Plan-Nr.: .....
Hinweis: Position ggf. mit Anforderungen zu Windlast Luftdurchlässigkeit,Schlagregendichtheit, Schalldämm-Maß, mechanische Festigkeit und Bedienkräften erweitern.

▶ min
▷ von
ø Mittel
◁ bis
◀ max

Nr.	Kurztext / Langtext						Kostengruppe
▶	▷	ø netto €	◁	◀	[Einheit]	Ausf.-Dauer	Positionsnummer

26 **Kunststofffenster, mehrteilig, Zweifach-Isolierglas, bis 1,70m²** KG **334**

Wie Ausführungsbeschreibung A 6
Lichtes Rohbaumaß (B x H): ..... x .....
Teilung: senkrecht und waagerecht

- Feld 1: Dreh-Kipp (B x H): ..... x .....
- Feld 2: Dreh-Kipp (B x H): ..... x .....
- Feld 3: Kipp (B x H): ..... x .....
- Feld 4: Kipp (B x H): ..... x .....

Fenstergröße: bis 1,70 m²

587€ 725€ **815€** 854€ 944€ [St] ⏱ 2,00h/St 026.000.033

27 **Kunststofffenster, mehrteilig, Zweifach-Isolierglas, über 1,70m²** KG **334**

Wie Ausführungsbeschreibung A 6
Lichtes Rohbaumaß (B x H): ..... x .....
Teilung: senkrecht und waagerecht

- Feld 1: Dreh-Kipp (B x H): ..... x .....
- Feld 2: Dreh-Kipp (B x H): ..... x ......
- Feld 3: Kipp (B x H): ..... x .....
- Feld 4: Kipp (B x H): ..... x .....

Fenstergröße: über 1,70 m²

679€ 1.020€ **1.216€** 1.386€ 1.776€ [St] ⏱ 3,50h/St 026.000.008

A 7 **Kunststofffenster, einflüglig, Zweifach-Isolierglas** Beschreibung für Pos. **28-29**

Einflügliges Drehflügelfenster aus Kunststoff, aus Fenster- und Flügelrahmen, Dreh- Kipp-Beschlagsgarnitur mit Fenstergriff. Leistung inkl. Einbau in Rohbau und Ausstopfen der Fuge mit Mineralwolle. Äußere und innere Abdichtungen nach gesonderter Position.
Material: Polyvinylchlorid (PVC-U), mit bleifreien Stabilisatoren
Profilsystem: Mehrkammerprofilsystem mit Stahlverstärkung, mit **Mitteldichtung / Anschlagdichtung**, mit Wetterschenkel
Rahmen/Flügel: **flächenversetzt / bündig**
Anschluss unten: an Fensterbank **außen / innen**
Anschluss oben: an Rollladenkasten
Lichtes Rohbaumaß (B x H): siehe Unterposition
Anforderungen:

- Wärmeschutz Uw = 1,3 W/(m²K)
- Gesamtenergiedurchlass: .....%
- Einbruchhemmung: Widerstandsklasse **RC-2 (Erdgeschoss) / RC-1-N (Obergeschoss)**

Füllung/Ausfachung:

- Zweifach-Isolierverglasung,
- Lichtdurchlässigkeit 75 bis 80%

Beschlag/Zubehör:

- Dreh-Kipp-Beschlag, **verdeckt liegend / aufliegend** eingebaut, mit Fehlbedienungssperre
- Fenstergriff: Aluminium mit Rosette, Befestigung verdeckt, Einhandbedienung

Oberflächen:

- Rahmen- und Flügelprofil **weiß / mit Folienbeschichtung Dekor / Farbe ....., in gleichem / unterschiedlichem** Farbton
- Aluminium-Oberflächen, anodisch oxidiert, E6, natur
- Stahloberfläche: verzinkt, chromatiert

Nr.	Kurztext / Langtext						Kostengruppe
►	▷	ø netto €	◁	◀	[Einheit]	Ausf.-Dauer	Positionsnummer

Montage:
- Wandaufbau im Anschlussbereich: .....
- Untergrund: .....
- Einbauebene: .....

Einbauort: **Geschoss / Raum**: .....
Zeichnung, Plan-Nr.: .....
Hinweis: Position ggf. mit Anforderungen zu Windlast, Luftdurchlässigkeit, Schlagregendichtheit, Schalldämm-Maß, Mechanische Festigkeit und Bedienkräften erweitern.

Kosten:
Stand 1. Quartal 2025
Bundesdurchschnitt

28 Kunststofffenster, einflüglig, Zweifach Isolierglas, bis 0,70m² KG **334**

Wie Ausführungsbeschreibung A 7
Lichtes Rohbaumaß (B x H): ..... x .....
Fenstergröße: bis 0,70 m²

288€	361€	**391€**	427€	506€	[St]	⏱ 1,60h/St	026.000.006

29 Kunststofffenster, einflüglig, Zweifach-Isolierglas, bis 1,70m² KG **334**

Wie Ausführungsbeschreibung A 7
Lichtes Rohbaumaß (B x H): ..... x .....
Fenstergröße: 0,70 bis 1,70 m²

339€	436€	**475€**	490€	535€	[St]	⏱ 1,60h/St	026.000.007

30 Kunststofffenster, mehrteilig, Dreifach-Isolierglas, über 1,70m² KG **334**

Drehflügelfenster aus Kunststoff, mehrteilig, aus Fenster- und Flügelrahmen, Dreh- Kipp-Beschlagsgarnituren und Fenstergriffen, OL-Kipp-Beschlagsgarnituren mit Öffnungsgestängen und Griffen. Leistung inkl. Einbau in Rohbau und Ausstopfen der Fuge mit Mineralwolle. Äußere und innere Abdichtungen nach gesonderter Position.
Holzart: .....
Profilsystem: ..... mit **Mittel- und innere Überschlagsdichtung / Anschlagdichtung**, mit Wetterschenkel
Rahmen/Flügel: **flächenversetzt / bündig**
Anschluss unten: an Fensterbank **außen / innen**
Anschluss oben: an Rollladenkasten
Anforderungen
- Wärmeschutz Uw = 1,3 W/(m²K)
- Gesamtenergiedurchlass: .....%
- Einbruchhemmung: Widerstandsklasse **RC-2 (Erdgeschoss) / RC-1-N (Obergeschoss)**

Füllung/Ausfachung:
- Dreifach-Isolierverglasung,
- Lichtdurchlässigkeit 75 bis 80%

Beschlag/Zubehör:
- Dreh-Kipp-Beschlag, **verdeckt liegend / aufliegend** eingebaut, mit Fehlbedienungssperre
- Fenstergriff: Aluminium mit Rosette, Befestigung verdeckt, Einhandbedienung
- OL-Beschlag, aufliegend eingebaut, mit Öffnungsgestänge

Oberflächen:
- Rahmen- und Flügelprofil **weiß / mit Folienbeschichtung** Dekor/Farbe ..... **in gleichem / unterschiedlichem** Farbton
- Aluminium-Oberflächen, anodisch oxidiert, E6, natur
- Stahloberfläche: verzinkt, chromatiert

► min
▷ von
ø Mittel
◁ bis
◀ max

Montage:
- Wandaufbau im Anschlussbereich: .....
- Untergrund: .....
- Einbauebene: .....

Einbauort: **Geschoss / Raum**: .....
Zeichnung, Plan-Nr.: .....
Hinweis: Position ggf. mit Anforderungen zu Windlast, Luftdurchlässigkeit,Schlagregendichtheit, Schalldämm-Maß, Mechanische Festigkeit und Bedienkräften erweitern.
Lichtes Rohbaumaß (B x H): ..... x .....
Teilung: senkrecht und waagerecht
- Feld 1: Dreh-Kipp (B x H): ..... x .....
- Feld 2: Dreh-Kipp (B x H): ..... x .....
- Feld 3: Kipp (B x H): ..... x .....
- Feld 4: Kipp (B x H): ..... x .....

Fenstergröße: über 1,70 m²

1.161€	1.372€	**1.506€**	1.547€	1.694€	[St]	⏱ 3,50h/St	026.000.065

31 Kunststofffenster, einflüglig, Dreifach-Isolierglas, Passivhaus KG **334**

Einflügliges Drehflügelfenster aus Kunststoff, für Passivhaus, aus Fenster- und Flügelrahmen, Dreh- Kipp-Beschlagsgarnitur mit Fenstergriff. Leistung inkl. Anschluss an Rohbau und Ausstopfen der Fuge mit Mineralwolle. Äußere und innere Abdichtungen nach gesonderter Position.
Material: Polyvinylchlorid (PVC-U), mit bleifreien Stabilisatoren
Profilsystem: Mehrkammerprofil mit Stahlverstärkung, mit **Mitteldichtung / Anschlagdichtung**
Rahmen/Flügel: **flächenversetzt / bündig**
Anschluss unten: an Fensterbank **außen / innen**
Anschluss oben: an Rollladenkasten
Lichtes Rohbaumaß (B x H): ..... x .....
Anforderungen:
- Wärmeschutz Uw = 0,8 W/(m²K)
- Gesamtenergiedurchlass: .....%
- Einbruchhemmung: Widerstandsklasse **RC-2 (Erdgeschoss) / RC-1-N (Obergeschoss)**

Füllung/Ausfachung:
- Dreifach-Isolierverglasung
- Lichtdurchlässigkeit 75 bis 80%

Beschlag/Zubehör:
- Dreh-Kipp-Beschlag, **verdeckt liegend / aufliegend** eingebaut, mit Fehlbedienungssperre
- Fenstergriff mit Rosette, Einhandbedienung, aus Aluminium eloxiert, Befestigung verdeckt

Oberflächen:
- Rahmen- und Flügelprofil **weiß / mit Folienbeschichtung Dekor / Farbe ....., in gleichem / unterschiedlichem** Farbton
- Aluminium-Oberfläche anodisch oxidiert, E6, natur
- Stahloberfläche: verzinkt, chromatiert

Nr.	Kurztext / Langtext						Kostengruppe
►	▷	ø netto €	◁	◄	[Einheit]	Ausf.-Dauer	Positionsnummer

Montage:
- Wandaufbau im Anschlussbereich: .....
- Untergrund: .....
- Einbauebene: .....

Einbauort: **Geschoss / Raum**: .....
Zeichnung, Plan-Nr.: .....
Hinweis: Position ggf. mit Anforderungen zu Windlast, Luftdurchlässigkeit, Schlagregendichtheit, Schalldämm-Maß, Mechanische Festigkeit und Bedienkräften erweitern.

►	▷	ø	◁	◄	Einheit	Ausf.-Dauer	Positionsnummer
571€	631€	**829€**	853€	1.287€	[St]	⏱ 1,60h/St	026.000.035

32 Holzfenster, mehrteilig, über 2,50m² KG **334**

Drehflügelfenster aus Holz, mehrteilig, aus Fenster- und Flügelrahmen, mit Beschlagsgarnituren, Fenstergriffe und Öffnungsgestängen. Leistung inkl. Einbau in Rohbau und Ausstopfen der Fuge mit Mineralwolle. Äußere und innere Abdichtungen nach gesonderter Position.
Holzart: .....
Profilsystem: ..... mit **Mittel- und innere Überschlagsdichtung / Anschlagdichtung**, mit Wetterschenkel
Rahmen/Flügel: **flächenversetzt / bündig**
Anschluss unten: an Fensterbank: **außen / innen**
Anschluss oben: an Rollladenkasten
Lichtes Rohbaumaß (B x H): ..... x .....
Teilung: senkrecht und waagerecht
- Feld 1: Dreh-Kipp (B x H): ..... x .....
- Feld 2: Dreh-Kipp (B x H): ..... x .....
- Feld 3: Kipp (B x H): ..... x .....
- Feld 4: Kipp (B x H): ..... x .....

Anforderungen:
- Wärmeschutz Uw = 1,1 W/(m²K)
- Gesamtenergiedurchlass: .....%
- Einbruchhemmung: Widerstandsklasse **RC-2 (Erdgeschoss) / RC-1-N (Obergeschoss)**

Füllung/Ausfachung:
- Dreifach-Isolierverglasung
- Lichtdurchlässigkeit 75 bis 80%

Beschlag/Zubehör:
- Dreh-Kipp-Beschläge, **verdeckt liegend / aufliegend** eingebaut, mit Fehlbedienungssperre
- Fenstergriff: Aluminium mit Rosette, Befestigung verdeckt, Einhandbedienung
- OL-Beschlag, aufliegend, mit Öffnungsgestänge und Griff
- Alu-Schutzschiene des Wetterschenkels, mit Endkappen, Profil: .....

Oberflächen:
- Holzprofile: **transparent / lasierend / deckend** beschichtet, imprägniert
- Rahmen- und Flügelprofil **weiß / ... in gleichem / unterschiedlichem** Farbton
- Aluminium-Oberfläche anodisch oxidiert, E6, natur
- Stahloberfläche: verzinkt, chromatiert

Kosten:
Stand 1.Quartal 2025
Bundesdurchschnitt

► min
▷ von
ø Mittel
◁ bis
◄ max

Montage:
- Wandaufbau im Anschlussbereich: .....
- Untergrund: .....
- Einbauebene: .....

Einbauort: **Geschoss / Raum**: .....
Zeichnung, Plan-Nr.: .....
Hinweis: Position ggf. mit Anforderungen zu Windlast, Luftdurchlässigkeit, Schlagregendichtheit, Schalldämm-Maß, Mechanische Festigkeit und Bedienkräften erweitern.

1.095€ 1.807€ **2.031€** 2.696€ 4.321€ [St] ⏱ 3,00h/St 026.000.011

33 Holz-Alu-Fenster, einflüglig, Dreifach-Isolierglas,Passivhaus, bis 1,70m² KG **334**

Einflüglige Drehflügel-Fenstertür aus Holz-Alu-Konstruktion, aus Fenster- und Flügelrahmen, Beschlagsgarnitur mit Fenstergriff. Leistung inkl. Bohrungen und Verbindungsmitteln für die Verschraubung mit den bauseitigen Anschlüssen.
Holzart: .....
Deckschale: Aluminium
Profilsystem: ..... mit **Mittel- und innere Überschlagsdichtung / Anschlagdichtung**, mit Wetterschenkel
Rahmen/Flügel: **flächenversetzt / bündig**
Anschluss unten: an Fensterbank **außen / innen**
Anschluss oben: an Rollladenkasten
Lichtes Rohbaumaß (B x H): ..... x ..... (bis ca. 1,70 m²)
Anforderungen:
- Wärmeschutz Uw = 0,8 W/(m²K)
- Gesamtenergiedurchlass: .....%
- Einbruchhemmung: Widerstandsklasse **RC-2 (Erdgeschoss) / RC-1-N (Obergeschoss)**

Füllung/Ausfachung:
- Dreifach-Isolierverglasung, innen VSG, außen ESG
- Lichtdurchlässigkeit 75 bis 80%

Beschlag/Zubehör:
- Dreh-Kipp-Beschlag, **verdeckt liegend / aufliegend** mit Fehlbedienungssperre
- Fenstergriff mit Rosette, Einhandbedienung, aus Aluminium, Befestigung verdeckt
- Fenstertür-Ziehgriff, Aluminium,
- Systembodenschwelle: Aluminium-Formteil
- Wetterschutzschiene aus Aluminium

Oberflächen:
- Holzprofile innen: **transparent / lasierend / deckend** beschichtet, imprägniert
- Deckschale - Aluminium: PES-pulverbeschichtet, Schichtdicke/Korrosionsbelastung: **..... / C3**
- Rahmen- und Flügelprofil **weiss / ...... in gleichem / unterschiedlichem** Farbton
- Aluminium sichtbar, anodisch oxidiert, E6, natur
- Stahloberfläche: verzinkt, chromatiert

Nr.	Kurztext / Langtext						Kostengruppe
►	▷	ø netto €	◁	◄	[Einheit]	Ausf.-Dauer	Positionsnummer

Montage:

- Wandaufbau im Anschlussbereich: .....
- Untergrund: .....
- Einbauebene: .....

Einbauort: **Geschoss / Raum**: .....
Zeichnung, Plan-Nr.: .....
Hinweis: Position ggf. mit Anforderungen zu Windlast, Luftdurchlässigkeit, Schlagregendichtheit, Schalldämm-Maß, Mechanische Festigkeit und Bedienkräften erweitern.

–	1.061€	**1.243€**	1.572€	–	[St]	⏱ 2,10h/St	026.000.051

34 Metall-Glas-Fenster, einflüglig, Zweifach-Isolierglas, bis 2,00m² KG **334**

Einflügliges Drehflügelfenster aus Metallprofil, aus Fenster- und Flügelrahmen, Dreh-Kipp-Beschlagsgarnitur mit Fenstergriff. Leistung inkl. Einbau in Rohbau und Ausstopfen der Fuge mit Mineralwolle. Äußere und innere Abdichtungen nach gesonderter Position.
Rahmenmaterial: Aluminium
Profilsystem: ..... mit **Mittel- und innere Überschlagdichtung / Anschlagdichtung**, mit Wetterschenkel
Rahmen/Flügel: **flächenversetzt / bündig**
Anschluss unten: an Fensterbank **außen / innen**
Anschluss oben: an Rollladenkasten
Lichtes Rohbaumaß (B x H): ..... x ..... (bis ca. 2,00 m²)
Anforderungen:

- Wärmeschutz Uw = 1,3 W/(m²K)
- Gesamtenergiedurchlass: .....%
- Einbruchhemmung: Widerstandsklasse **RC-2 (Erdgeschoss) / RC-1-N (Obergeschoss)**

Füllung/Ausfachung:

- Zweifach-Isolierverglasung,
- Lichtdurchlässigkeit 75 bis 80%

Beschlag/Zubehör:

- Dreh-Kipp-Beschlag, **verdeckt liegend / aufliegend**, mit Fehlbedienungssperre
- Fenstergriff: Aluminium mit Rosette, Befestigung verdeckt, Einhandbedienung

Oberflächen:

- Fensterprofile: PES-pulverbeschichtet, Schichtdicke / Korrosionsbelastung: **..... / C3**, Farbton: .....
- Rahmen- und Flügelprofil in **gleichem / unterschiedlichem** Farbton
- Aluminium sichtbar, anodisch oxidiert, C-0
- Stahloberfläche: verzinkt, chromatiert

Montage:

- Wandaufbau im Anschlussbereich: .....
- Untergrund: .....
- Einbauebene: .....

Einbauort: **Geschoss / Raum**: .....
Zeichnung, Plan-Nr.: .....
Hinweis: Position ggf. mit Anforderungen zu Windlast, Luftdurchlässigkeit, Schlagregendichtheit, Schalldämm-Maß, Mechanische Festigkeit und Bedienkräften erweitern.

638€	1.043€	**1.176€**	1.444€	1.962€	[St]	⏱ 2,00h/St	026.000.015

Kosten:
Stand 1. Quartal 2025
Bundesdurchschnitt

► min
▷ von
ø Mittel
◁ bis
◄ max

35 Metall-Glas-Fenster, zweiflüglig, Zweifach-Isolierglas, bis 4,5m² KG **334**

Zweiflügliges Drehflügelfenster aus Metallprofil, aus einem Fenster- und zwei Flügelrahmen, Beschlagsgarnitur mit Fenstergriff. Leistung inkl. Einbau in Rohbau und Ausstopfen der Fuge mit Mineralwolle. Äußere und innere Abdichtungen nach gesonderter Position.
Rahmenmaterial: Aluminium
Profilsystem: Mehrkammerprofil mit **Mitteldichtung / Anschlagdichtung**
Rahmen/Flügel: **flächenversetzt / bündig**
Anschluss unten: an Fensterbank **außen / innen**
Anschluss oben: an Rollladenkasten
Lichtes Rohbaumaß (B x H): ..... x ..... (bis ca. 4,50 m²)
Teilung: senkrecht
Feld 1: Dreh-Kipp (B): .....
Feld 2: Dreh, mit Anschlag (B): .....
Anforderungen:
- Wärmeschutz Uw = 1,3 W/(m²K)
- Gesamtenergiedurchlass: .....%
- Einbruchhemmung: Widerstandsklasse **RC-2 (Erdgeschoss) / RC-1-N (Obergeschoss)**

Füllung/Ausfachung:
- Zweifach-Isolierverglasung,
- Lichtdurchlässigkeit 75 bis 80%

Beschlag/Zubehör:
- Dreh-Kipp-Beschlag für zweiflügliges Fenster, **verdeckt liegend / aufliegend**, mit Fehlbedienungssperre
- Fenstergriff: Aluminium mit Rosette, Befestigung verdeckt, Einhandbedienung

Oberflächen:
- Fensterprofile: **nasslackiert / PES-pulverbeschichtet**,
- Schichtdicke/Korrosionsbelastung: **..... / C3**
- Rahmen- und Flügelprofil **weiss / .....** in **gleichem / unterschiedlichem** Farbton
- Aluminium sichtbar, anodisch oxidiert, C-0
- Stahloberfläche: verzinkt, chromatiert

Montage:
- Wandaufbau im Anschlussbereich: .....
- Untergrund: .....
- Einbauebene: .....

Einbauort: **Geschoss / Raum**: .....
Zeichnung, Plan-Nr.: .....
Hinweis: Position ggf. mit Anforderungen zu Windlast, Luftdurchlässigkeit, Schlagregendichtheit, Schalldämm-Maß, Mechanische Festigkeit und Bedienkräfte

1.325€ 2.282€ **2.644€** 3.274€ 4.497€ [St] ⏱ 4,00h/St 026.000.016

36 Metall-Glas-Fenster, mehrteilig, Zweifach-Isolierglas, außen, 5,00m² KG **334**

Mehrteiliges Drehflügelfenster aus Metallprofil, aus einem Fenster- und zwei Flügelrahmen, Beschlagsgarnitur mit Fenstergriff. Leistung inkl. Einbau in Rohbau und Ausstopfen der Fuge mit Mineralwolle. Äußere und innere Abdichtungen nach gesonderter Position.
Rahmenmaterial: Aluminium
Profilsystem: Mehrkammerprofil mit **Mitteldichtung / Anschlagdichtung**
Rahmen/Flügel: **flächenversetzt / bündig**
Anschluss unten: an Fensterbank **außen / innen**
Anschluss oben: .....
Lichtes Rohbaumaß (B x H): ..... x ..... (ca. 5,00 m²)

Nr.	Kurztext / Langtext						Kostengruppe
▶	▷	ø netto €	◁	◀	[Einheit]	Ausf.-Dauer	Positionsnummer

Teilung: senkrecht und waagerecht
- Feld 1: Dreh-Kipp (B x H): ..... x .....
- Feld 2: Dreh-Kipp (B x H): ..... x .....
- Feld 3: Kipp (B x H): ..... x .....
- Feld 4: Kipp (B x H): ..... x .....

Anforderungen:
- Wärmeschutz Uw = 1,3 W/(m^{2}K)
- Gesamtenergiedurchlass: .....%

Einbruchhemmung: Widerstandsklasse **RC-2 (Erdgeschoss) / RC-1-N (Obergeschoss)**
Füllung/Ausfachung:
- Zweifach-Isolierverglasung
- Lichtdurchlässigkeit 75 bis 80%

Beschlag/Zubehör:
- Mat.: Aluminium, Befestigung verdeckt
- Dreh-Kipp-Beschläge, **verdeckt liegend / aufliegend** eingebaut, mit Fehlbedienungssperre
- Fenstergriff mit Rosette, Einhandbedienung
- OL-Beschlag, aufliegend, mit Öffnungsgestänge und Griff

Oberflächen:
- Fensterprofile: **nasslackiert / PES-pulverbeschichtet**, Schichtdicke / Korrosionsbelastung: **..... / C3**
- Rahmen- und Flügelprofil **weiß / ......** in **gleichem / unterschiedlichem** Farbton
- Aluminium sichtbar, anodisch oxidiert, C-0
- Stahloberfläche: verzinkt, chromatiert

Montage:
- Wandaufbau im Anschlussbereich: .....
- Untergrund: .....
- Einbauebene: .....

Einbauort: **Geschoss / Raum**: .....
Zeichnung, Plan-Nr.: .....
Hinweis: Position ggf. mit Anforderungen zu Windlast, Luftdurchlässigkeit, Schlagregendichtheit, Schalldämm-Maß, Mechanische Festigkeit und Bedienkräften erweitern.

2.436€	3.530€	**3.996€**	6.020€	9.411€	[St]	⏱ 4,40h/St	026.000.032

37 Metall-Glas-Fenstertür, einflüglig, Zweifach-Isolierglas KG **334**

Einflüglige Drehflügel-Fenstertür in Metall-Konstruktion, aus Fenster- und Flügelrahmen, Dreh-Kipp-Beschlagsgarnitur mit Fenstergriff. Leistung inkl. Einbau in Rohbau und Ausstopfen der Fuge mit Mineralwolle. Äußere und innere Abdichtungen nach gesonderter Position.
Rahmen-Material: Aluminium
Profilsystem: ..... mit **Mittel- und innere Überschlagsdichtung / Anschlagdichtung**
Rahmen/Flügel: **flächenversetzt / bündig**
Anschluss unten: an Fensterbank: **außen / innen**
Anschluss oben: an Rollladenkasten
Lichtes Rohbaumaß (B x H): ..... x .....
Anforderungen:
- Wärmeschutz Uw = 1,3 W/(m^{2}K)
- Gesamtenergiedurchlass: .....%
- Einbruchhemmung: Widerstandsklasse **RC-2 (Erdgeschoss) / RC-1-N (Obergeschoss)**

Kosten:
Stand 1. Quartal 2025
Bundesdurchschnitt

▶ min
▷ von
ø Mittel
◁ bis
◀ max

Füllung/Ausfachung:

- Zweifach-Isolierverglasung, innen VSG, außen ESG
- Lichtdurchlässigkeit 75 bis 80%

Beschlag/Zubehör:

- Dreh-Kipp-Beschlag, **verdeckt liegend / aufliegend**, mit Fehlbedienungssperre
- Fenstergriff: Aluminium mit Rosette, Befestigung verdeckt, Einhandbedienung
- Ziehgriff außen: Aluminium,
- Systembodenschwelle: Aluminium-Formteil

Oberflächen:

- Fensterprofile: PES-pulverbeschichtet, Schichtdicke/ Korrosionsbelastung: **..... / C3**
- Rahmen- und Flügelprofil **weiss / .....** in **gleichem / unterschiedlichem** Farbton
- Aluminium sichtbar, anodisch oxidiert, C-0
- Stahloberfläche: verzinkt, chromatiert

Montage:

- Wandaufbau im Anschlussbereich: .....
- Untergrund: .....
- Einbauebene: .....

Einbauort: **Geschoss / Raum**: .....
Zeichnung, Plan-Nr.: .....
Hinweis: Position ggf. mit Anforderungen zu Windlast, Luftdurchlässigkeit, Schlagregendichtheit, Schalldämm-Maß, mechanische Festigkeit und Bedienkräften erweitern.

1.282€ 2.884€ **3.644€** 4.322€ 5.391€ [St] ⏱ 3,80h/St 026.000.031

38 Pfosten-Riegel-Fassade, Holz/Holz-Aluminium KG **334**

Paneel für Einsatz in beschriebener Pfosten-Riegel-Fassade. Leistung inkl. Lieferung und Einbau aller Komponenten.
Paneelmaterial: **Metall- / Glas-Metall**
Elementgröße (B x H): ..... x .....
Paneeldicke: .....
Art/Form:

- Innenblech t = ... mm, **Aluminium / Stahlblech** verzinkt, umlaufend zweifach gekantet
- Außenblech: t= ..... mm **Aluminium / Stahlblech, inkl. erforderlicher Aussteifungen / ESG-H, rückseitig farb-emailliert / beschichtet**
- Füllung Paneelkern: ....., Raumgewicht mind. ..... kg/m³
- Paneelhersteller: .....

Anforderungen:

- Schallschutz Rw = ... dB
- Wärmeschutz Up = ... W/(m²K)

Oberfläche:

- außen/innen: **Nasslackierung / PES-Pulverbeschichtung / Aluminium-Rahmenoberfläche, anodisch oxidiert, C-0**
- Schichtdicke/Korrosionsbelastung: **..... / C3**
- Farbton: .....

Einbauebene: bündig mit VK Fassade
Einbauort: **Geschoss / PR-Fassade**: .....
Zeichnung, Plan-Nr.: .....

512€ 826€ **948€** 1.134€ 1.557€ [m²] ⏱ 2,50h/m² 026.000.017

Nr.	Kurztext / Langtext					Kostengruppe
▶	▷	ø netto €	◁	◀	[Einheit] Ausf.-Dauer	Positionsnummer

39 **Pfosten-Riegel-Fassade, Metall** KG **334**

Pfosten-Riegel-Konstruktion aus Metallprofilen für mehrgeschossige Fassade, selbsttragend, wärmegedämmt, aus Tragprofil, innerem und äußerem Anpressprofil mit Dichtungen und Abdeckprofil, geeignet für **versetzten / bündigen** Einbau von Öffnungselementen. Leistung inkl. Bohrungen und Verbindungsmitteln für die Verschraubung mit den bauseitigen Anschlüssen und Einbau aller Komponenten. Anschlüsse an begrenzende Bauteile, Öffnungselemente und Paneele nach gesonderter Position.
Lichtes Rohbaumaß (B x H): ..... x .....
Aufteilung/Form:
mehrteilig, mit durchlaufendem Pfosten .....
Profilausbildung:
Ansichtsbreite des Profils: **50 / 60** mm
Profiltiefe: ..... mm
Bautiefe des Tragprofils: ..... mm
Bautiefe des Riegelprofils: ..... mm
Form der Deckleiste: **rechteckig / U-förmig**, Abmessung: .....
Rahmenmaterial
- Tragprofil aus Metall, Material **Stahl / Aluminium**
- Wärmedurchgang Rahmen Uf = ... W/(m²K)

Anforderungen:
- Wärmeschutz Ucw = ... W/(m²K)
- Gesamtenergiedurchlass: .....%
- Windlast: .....
- Rahmendurchbiegung: B
- Luftdurchlässigkeit: Klasse: .....
- Schlagregendichtheit: Klasse: .....
- Schalldämm-Maß: Rw ..... dB
- Stoßfestigkeit: Klasse .....

Glasfüllung:
- transparent, Isolierverglasung / Sonnenschutz- / Wärmeschutzverglasung, zweifach
- Wärmedurchgang Glas Ug = ... W/(m²K)
- Wärmedurchgang Glasrand Psi = ... W/(mK)
- Lichtdurchlässigkeit: .....%
- Abstandhalter: **Aluminium / Edelstahl / Kunststoff**

Oberflächen
- Tragprofil und Deckleiste in **gleichem / unterschiedlichem** Farbton
- äußere Pressleiste: **Nasslackierung / Pulverbeschichtung, RAL- / NCS,** Farbe: .....

Montage:
- Wandaufbau im Anschlussbereich: mehrschalig, hinterlüftete Konstruktion
- Untergrund: Stahlbeton
- Einbauebene: .....

Einbauort: **Geschoss / Fassade .....**
Zeichnung, Plan-Nr.: .....

▶	▷	ø	◁	◀	Einheit	Ausf.-Dauer	Positionsnummer
563€	900€	**1.066€**	1.339€	1.887€	[m²]	⏱ 2,50h/m²	026.000.018

Kosten:
Stand 1. Quartal 2025
Bundesdurchschnitt

▶ min
▷ von
ø Mittel
◁ bis
◀ max

40 **Einsatzelement, Türe, PR-Fassade** KG **334**

Türanlage wärmegedämmt, Drehflügeltür, für Einsatz in beschriebener Pfosten-Riegel-Fassade, aus thermisch getrennten Rohrrahmenprofilen, ein- und zweiflüglig.
Profilsystem: .....
Elementmaß (B x H): ..... x .....
Grund- und Türkonstruktion: .....
Aufteilung/Form:
- zweiteilig, aus Zarge und Türflügel, DIN **rechts / links,** nach **innen / außen** aufschlagend
- doppelte Anschlagdichtung seitlich und oben, beidseitig mit umlaufender Schattenfuge b = ... mm

Rahmen:
- Rohrrahmen aus Aluminium, Mehrkammerprofilsystem, mit thermischer Trennung, mit **Mitteldichtung / Anschlagdichtung**

Füllung/Ausfachung:
- transparent, Isolierverglasung, zweifach
- Lichtdurchlässigkeit 75 bis 80%

Nutzung/Anforderungen:
- Klimaklasse: .....
- Nutzungskategorie DIN EN 1192: Klasse 3-4
- Beanspruchungsgruppe: Klasse .....
- Schalldämmmaß Rw,R: ..... dB
- Wärmeschutz Ud = ... W/(m²K)
- Gesamtenergiedurchlass: .....%
- Luftdurchlässigkeit: Klasse .....
- Schlagregendichtheit: Klasse .....
- Einbruchhemmung: Widerstandsklasse RC .....
- Bedienungskräfte: Klasse .....

Beschlag/Zubehör:
- Türgriff aus Aluminium, Einhandbedienung, eloxiert, Befestigung verdeckt liegend
- Öffnungsbegrenzer

Oberflächen:
- Rahmen- und Flügelprofil in **gleichem / unterschiedlichem** Farbton
- Beschichtung aus **Nasslackierung / PES-Pulverbeschichtung**, **RAL- / NCS**-Farbton nach Mustervorlage
- Schichtdicke/Korrosionsbelastung: **..... / C3**
- Aluminium sichtbar, anodisch oxidiert, C-0

Montage:
- im Schwellenbereich ist mindestens eine Dichtung einzusetzen
- Einbauebene: bündig mit VK Fassade

Einbauort: **Geschoss / Fassade / Raum .....**
Zeichnung, Plan-Nr.: .....

►	▷	ø netto €	◁	◄	[Einheit]	Ausf.-Dauer	Positionsnummer
1.175€	2.231€	**2.700€**	3.436€	4.947€	[St]	⏱ 4,50h/St	026.000.019

Nr.	Kurztext / Langtext						Kostengruppe
▶	▷	ø netto €	◁	◀	[Einheit]	Ausf.-Dauer	Positionsnummer

Kosten:
Stand 1. Quartal 2025
Bundesdurchschnitt

▶ min
▷ von
ø Mittel
◁ bis
◀ max

41 Einsatzelement, Fenster, PR-Fassade — KG **334**

Fensterelement mit Dreh-Kippfunktion, für Einsatz in beschriebener Pfosten-Riegel-Fassade. Leistung inkl. Bohrungen und Verbindungsmittel für den Einbau, Einbau aller Komponenten und Gangbarmachen des Fensters.
Material: **Holz / Aluminium**
Abmessung (B x H): ..... x .....
Wärmeschutz Uw = 1,3 W/(m²K)
Beschlag und Griff: .....
Füllung: Zweifach-Isolierverglasung, Lichtdurchlässigkeit 75 bis 80%
Einbauebene: bündig mit VK Fassade
Einbauort: **Geschoss / PR-Fassade .....**
Zeichnung, Plan-Nr.: .....

▶	▷	ø	◁	◀	Einheit	Ausf.-Dauer	Positionsnummer
412€	772€	**967€**	1.143€	1.591€	[St]	⏱ 2,00 h/St	026.000.020

42 Einsatzelement, Paneel, PR-Fassade — KG **334**

Paneel für Einsatz in beschriebener Pfosten-Riegel-Fassade inkl. erforderlicher Aussteifungen. Leistung inkl. Lieferung und Einbau aller Komponenten.
Paneelmaterial: **Metall- / Glas-Metall**
Elementgröße (B x H): ..... x .....
Paneeldicke: .....
Art/Form:
- Innenblech t = ... mm, **Aluminium / Stahlblech** verzinkt, umlaufend zweifach gekantet
- Außenblech t = ... mm, Aluminium beschichtet
- Füllung Paneelkern: ....., Raumgewicht mind. ..... kg/m³
- Paneelhersteller: .....

Anforderung:
- Schallschutz Rw = ... dB
- Wärmeschutz Up = ... W/(m²K)

Oberfläche:
- außen/innen: .....
- Schichtdicke/Korrosionsbelastung: **..... / C3**
- Farbton: .....

Einbauebene: bündig mit VK Fassade
Einbauort: **Geschoss / PR-Fassade**: .....
Zeichnung, Plan-Nr.: .....

▶	▷	ø	◁	◀	Einheit	Ausf.-Dauer	Positionsnummer
105€	251€	**288€**	308€	369€	[m²]	⏱ 0,80 h/m²	026.000.021

43 Sicherheitsglas, Mehrpreis, PR-Fassade — KG **334**

Isolierverglasung als Sicherheitsglas für den Einsatz in vor beschriebener Pfosten-Riegel-Fassade, montiert im Brüstungsbereich der Fassade als absturzsichernde Verglasung DIN 18008-4, inkl. Befestigung mit Glashalteleisten und Dichtstoff. Preis als Mehrpreis zur Systemverglasung.
Einbau in: Pfosten-Riegel-Fassade
Art/Form:
- Innenscheibe: **ESG / VSG**, t= ..... mm
- Scheibenzwischenraum: d= ..... mm
- Außenscheiben: **ESG / VSG**, t= ..... mm
- Glashersteller: .....

Anforderung:
- transparent
- Wärmedurchgang Glas Ug = ... W/(m²K)
- Wärmedurchgang Glasrand Psi = ... W/(mK)
- Lichtdurchlässigkeit ca. 75%
- Schallschutz: Rw = ... dB

Einbaulage: .....
Einbauort: **Geschoss / PR-Fassade**: .....
Zeichnung, Plan-Nr.: .....

34€ | 73€ | **87€** | 105€ | 145€ | [m²] | ⏱ 0,50 h/m² | 026.000.022

44 Fensterbank, außen, Aluminium, beschichtet KG **334**

Fensterbank aus Aluminium-Strangpressprofil, außen, verdeckt befestigt, Unterstopfen mit Mineralwolle, mit Bordstücken mit Bewegungsausgleich, eingebaut im Gefälle von mind. 8%, Profil entdröhnt, mit Schutz gegen Abheben.
Profilsystem: .....
Ausladung: .....
Fensterbanklänge: .....
Abwicklung: .....
Kantungen: .....
Oberfläche: anodisch oxidiert
Farbton: C-0, natur
Einbauort: .....
Einbauhöhe: .....
Montage
- Wandaufbau im Anschlussbereich: einschalig mit WDVS
- Untergrund: Stahlbeton

Einbauort: **Geschoss / Fassade**: .....

23€ | 42€ | **49€** | 58€ | 77€ | [m] | ⏱ 0,30 h/m | 026.000.023

45 Türschwelle, außen, Aluminium, rutschsicher KG **334**

Türschwellenabdeckung aus Aluminium, eloxiert mit Gleitabschluss, verdeckt befestigt, mit Antidröhn, mit hinterer Aufkantung und Wasserfalz, mit Tropfkante.
Länge: .....
Zuschnittsbreite: .....
Kantung: .....
Oberfläche: rutschsicher, ...
Untergrund: .....
Einbauort: .....

– | 77€ | **90€** | 116€ | – | [m] | ⏱ 0,30 h/m | 026.000.058

023 024 025 026 027 028 029 030 031 032 033 034 036 037 038 039

Nr.	Kurztext / Langtext						Kostengruppe
▶	▷	**ø netto €**	◁	◀	[Einheit]	Ausf.-Dauer	Positionsnummer

46 Abdichtung, Fensteranschluss KG **334**

Luftdichte und schlagregendichte Anschlüsse an Fensterprofile, Einbau an Fugeninnen- und außenseite, Material innen mit höherem Diffusionswiderstand als außen. Außen als diffusionsoffenes Klebeband, Klebeband befestigt auf der Stirnseite des Fensterprofils. Leistung inkl. Material und Nebenarbeiten.
Innenseite: .....
Außenseite: .....
Anschluss: .....
Angeb. Fabrikat: .....

5€ | 10€ | **13€** | 23€ | 34€ | [m] | ⏱ 0,10h/m | 026.000.036

47 RAL-Anschluss, Fenster KG **334**

RAL-Anschluss des Fensters an Massivwand, inkl. Ausstopfen der Fuge mit Mineralwolle.
Ausführung: Laibungsmontage, stumpfer Anschluss, bündig mit Vorderkante der Wandöffnung
Fenstergewicht: .....
vertikale Nutzlast: Klasse 2 (P=400 N)
Gebäudehöhe: .....
Windzone: .....
Untergrund: .....

– | 30€ | **37€** | 48€ | – | [m] | ⏱ 0,17h/m | 026.000.054

48 Stundensatz, Facharbeiter/-in

Stundenlohnarbeiten für Vorarbeiter/-in, Facharbeiter/-in und Gleichgestellte. Verrechnungssatz für die jeweilige Arbeitskraft inkl. aller Aufwendungen wie Lohn- und Gehaltskosten, Lohn- und Gehaltsnebenkosten, Zuschläge, lohngebundene und lohnabhängige Kosten, sonstige Sozialkosten, Gemeinkosten, Wagnis und Gewinn. Leistung nach besonderer Anordnung der Bauüberwachung. Anmeldung und Nachweis gem. VOB/B.

64€ | 72€ | **75€** | 81€ | 92€ | [h] | ⏱ 1,00h/h | 026.000.043

49 Stundensatz, Helfer/-in

Stundenlohnarbeiten für Werker/-in, Helfer/-in und Gleichgestellte. Verrechnungssatz für die jeweilige Arbeitskraft inkl. aller Aufwendungen wie Lohn- und Gehaltskosten, Lohn- und Gehaltsnebenkosten, Zuschläge, lohngebundene und lohnabhängige Kosten, sonstige Sozialkosten, Gemeinkosten, Wagnis und Gewinn. Leistung nach besonderer Anordnung der Bauüberwachung. Anmeldung und Nachweis gem. VOB/B.

54€ | 62€ | **64€** | 68€ | 75€ | [h] | ⏱ 1,00h/h | 026.000.044

Kosten:
Stand 1. Quartal 2025
Bundesdurchschnitt

▶ min
▷ von
ø Mittel
◁ bis
◀ max

027

Kosten:
Stand 1. Quartal 2025
Bundesdurchschnitt

Nr.	Positionen	Einheit	▶	▷	ø brutto € / ø netto €	◁	◀
1	Türblatt, einflüglig, Röhrenspan, HPL, 750x2.000/2.125	St	225	296	**505**	587	744
			189	248	**424**	493	625
2	Türblatt, einflüglig, Röhrenspan, HPL, 875x2.000/2.125	St	245	342	**545**	620	848
			206	287	**458**	521	712
3	Türblatt, einflüglig, Röhrenspan, HPL, 1.000x2.000/2.125	St	274	391	**612**	628	883
			230	328	**515**	528	742
4	Innentür, rauchdicht, S200-C5, einflüglig, 875x2.000/2.125	St	550	890	**1.010**	1.308	1.732
			462	748	**849**	1.099	1.455
5	Innentür, rauchdicht, S200-C5, einflüglig, 1.000x2.000/2.125	St	1.048	1.405	**1.517**	1.712	3.001
			881	1.181	**1.275**	1.439	2.522
6	Innentür, EI2 30-SaC5, einflüglig, 750x2.000/2.125	St	1.330	1.973	**2.176**	2.412	4.270
			1.118	1.658	**1.828**	2.027	3.588
7	Innentür, EI2 30-SaC5, einflüglig, 875x2.000/2.125	St	1.441	2.198	**2.431**	3.222	4.818
			1.211	1.847	**2.043**	2.707	4.049
8	Innentür, EI2 30-SaC5, einflüglig 1.000x2.000/2.125	St	1.828	2.784	**3.006**	3.565	5.131
			1.536	2.340	**2.526**	2.995	4.312
9	Innentür, Röhrenspan, einflüglig, 750x2.000/2.125	St	460	637	**756**	923	1.287
			386	536	**635**	776	1.082
10	Innentür, Röhrenspan, einflüglig, 875x2.000/2.125	St	523	783	**879**	1.080	1.473
			440	658	**739**	907	1.238
11	Innentür, Röhrenspan, einflüglig, 1.000x2.000/2.125	St	579	872	**982**	1.236	1.696
			487	733	**825**	1.038	1.425
12	Innentür, zweiflüglig, Röhrenspan	St	1.888	2.659	**2.971**	3.464	4.534
			1.587	2.234	**2.497**	2.911	3.810
13	Türblatt, einflüglig, Vollspan, 750x2.000/2.125	St	353	454	**505**	560	651
			297	382	**424**	471	547
14	Türblatt, einflüglig, Vollspan, 875x2.000/2.125	St	329	547	**646**	776	971
			277	459	**543**	652	816
15	Türblatt, einflüglig, Vollspan, 1.000x2.000/2.125	St	371	569	**705**	914	1.171
			312	478	**592**	768	984
16	Türblatt, Vollspan, zweiflüglig	St	1.185	1.498	**1.690**	1.708	2.264
			996	1.259	**1.420**	1.435	1.903
17	Schiebetürelement, innen, einflüglig, 1.510x2.135	St	1.000	1.599	**1.812**	2.212	3.171
			840	1.344	**1.522**	1.859	2.665
18	Ganzglas-Türblatt, innen	St	621	951	**1.135**	1.502	2.137
			521	799	**954**	1.262	1.796
19	Stahleckzarge, innen, 750x2.000/2.125	St	175	208	**230**	262	294
			147	175	**193**	220	247
20	Stahleckzarge, innen, 875x2.000/2.125	St	193	228	**246**	278	319
			162	192	**206**	233	268
21	Stahleckzarge, innen, 1.000x2.000/2.125	St	195	230	**258**	294	322
			164	193	**216**	247	271
22	Stahl-Umfassungszarge, innen, 750x2.000/2.125	St	211	292	**342**	363	400
			177	245	**288**	305	336
23	Stahl-Umfassungszarge, innen, 1.000x2.000/2.125	St	278	396	**444**	489	598
			233	333	**373**	411	503
24	Holz-Umfassungszarge, innen, 750x2.000/2.125	St	236	303	**330**	388	488
			199	255	**278**	326	410

▶ min
▷ von
ø Mittel
◁ bis
◀ max

Nr.	Positionen	Einheit	►	▷	ø brutto € / ø netto €	◁	◄
25	Holz-Umfassungszarge, innen, 1.000x2.000/2.125	St	459	520	**570**	584	644
			386	437	**479**	490	541
26	Anschlussdichtung, Tür	St	7	9	**10**	12	13
			6	8	**8**	10	11
27	Anschlagschiene, Aluminium, Tür	St	36	41	**46**	51	57
			30	35	**39**	43	48
28	Anschlagschiene, Messing, Tür	St	47	57	**63**	70	80
			40	48	**53**	59	67
29	Fensterbank, innen, Holz; bis 875mm	St	80	104	**118**	131	160
			67	87	**99**	110	135
30	Fensterbank, innen, Holz; über 875 bis 1.500mm	St	111	148	**166**	202	260
			93	124	**140**	170	219
31	Fensterbank, innen, Holz; über 1.500 bis 2.500mm	St	191	271	**322**	348	406
			161	227	**271**	293	341
32	Holz-/Abdeckleisten, Fichte	m	22	36	**44**	54	79
			19	30	**37**	45	66
33	Verfugung, elastisch	m	8	10	**11**	13	22
			7	8	**9**	11	18
34	Bodentreppe, gedämmt	St	760	1.005	**1.116**	1.447	1.983
			639	844	**937**	1.216	1.667
35	Bodentreppe, EI30	St	1.813	2.139	**2.851**	3.694	5.459
			1.524	1.798	**2.395**	3.104	4.587
36	Unterkonstruktion, Innenwandbekleidung	m²	40	49	**64**	69	96
			34	41	**53**	58	81
37	Innenwandbekleidung, Sperrholz	m²	136	228	**252**	285	391
			114	192	**212**	239	329
38	Innenwandbekleidung, Sperrholzplatten, mit UK	m²	153	292	**364**	417	593
			129	246	**306**	351	498
39	Innenwandbekleidung, Dekorspanplatte, mit UK	m²	187	264	**264**	290	332
			157	221	**221**	244	279
40	Schalung, Spanplatten	m²	43	99	**121**	140	201
			36	84	**102**	118	169
41	Unterkonstruktion, Trennwand	m²	–	121	**139**	162	–
			–	101	**117**	136	–
42	Büro-Trennwand, Tragprofile/Paneele	m²	203	245	**309**	415	702
			171	206	**260**	349	590
43	Trennwand, Spanplatten/HPL, Rahmen	m²	–	281	**320**	363	–
			–	236	**269**	305	–
44	Trennwandanlage, Spanplatten/Melamin	m²	–	266	**307**	326	–
			–	224	**258**	274	–
45	Trennwandanlage, HPL-Kompaktplatten	m²	131	240	**287**	358	493
			110	202	**242**	301	414
46	WC-Schamwand Urinale	St	176	283	**333**	542	841
			148	238	**280**	455	707
47	Prallwand-Unterkonstruktion	m²	45	69	**76**	83	100
			38	58	**64**	70	84
48	Prallwandbekleidung, ballwurfsicher	m²	68	129	**158**	179	223
			57	109	**133**	150	187

Nr.	Positionen	Einheit	►	▷	ø brutto € / ø netto €	◁	◄
49	Akustikvlies-Abdeckung, schwarz	m²	7	11	**13**	15	20
			6	9	**11**	13	17
50	Geräteraum-Schwingtor, Metall/Holz	St	3.085	5.171	**5.818**	6.829	9.147
			2.592	4.346	**4.889**	5.738	7.686
51	Sporthallentür, zweiflüglig	St	6.501	8.498	**9.346**	12.210	16.105
			5.463	7.141	**7.854**	10.260	13.533
52	Garderobenleiste	m	79	168	**209**	230	324
			66	141	**175**	193	273
53	Garderobenschrank	St	437	671	**778**	854	1.082
			367	564	**654**	718	910
54	Einbauküche, melaminharzbeschichtet	St	2.212	4.705	**5.775**	7.061	9.414
			1.859	3.954	**4.853**	5.934	7.911
55	Teeküche, melaminharzbeschichtet	St	2.510	5.606	**6.612**	8.885	13.444
			2.110	4.711	**5.557**	7.467	11.298
56	Unterschrank, Küche, bis 600mm	St	290	577	**713**	876	1.240
			244	485	**599**	737	1.042
57	Oberschrank, Küche, bis 600mm	St	233	373	**400**	464	585
			196	314	**336**	390	492
58	Treppenstufe, Holz	St	109	206	**254**	355	656
			92	173	**213**	298	551
59	Handlauf-Profil, Holz	m	46	78	**87**	109	154
			39	66	**73**	92	129
60	Geländer, gerade, Rundstabholz	m	322	512	**564**	663	899
			271	430	**474**	557	755
61	Stundensatz, Facharbeiter/-in	h	72	87	**94**	99	110
			61	73	**79**	83	93
62	Stundensatz, Helfer/-in	h	54	65	**71**	77	88
			46	55	**60**	65	74

Kosten:
Stand 1.Quartal 2025
Bundesdurchschnitt

► min
▷ von
ø Mittel
◁ bis
◄ max

A 1 Innentürblatt, einflüglig, Röhrenspan, HPL Beschreibung für Pos. **1-3**

Innentürblatt aus Holzwerkstoff mit Kern aus Röhrenspanplatte, mit Anschlagfalz, als Drehflügeltür.
Einsatzbereich: **Wohnung / Objektbereich**
Material: .....
Türblattdicke: 42 mm
Deckplatte: HPL .....
Oberfläche: .....
Kantenausbildung: Massivholz-Anleimer, verdeckt
Anforderungen:

- Anwendungsbereich: **Normalraum / Feuchtraum / Nassraum**

Zubehör:

- ..... St dreiteilige Bänder, H= ..... mm, Stahl vernickelt
- PZ-Schloss
- Türdrückergarnitur auf Rosetten, Aluminium, mit Stift ..... mm
- Drückerhöhe: **1050 / 850 mm barrierefrei**

Anschlag: DIN **rechts / links**

1 Türblatt, einflüglig, Röhrenspan, HPL, 750x2.000/2.125 KG **344**

Wie Ausführungsbeschreibung A 1
Türblatt für Baurichtmaß (B x H): 750 x **2.000 / 2.125** mm
Einbauort: **Geschoss / Raum**: .....

189€ 248€ **424€** 493€ 625€ [St] ⏱ 0,10h/St 027.000.059

2 Türblatt, einflüglig, Röhrenspan, HPL, 875x2.000/2.125 KG **344**

Wie Ausführungsbeschreibung A 1
Türblatt für Baurichtmaß (B x H): 875 x **2.000 / 2.125** mm
Einbauort: **Geschoss / Raum**: .....

206€ 287€ **458€** 521€ 712€ [St] ⏱ 0,10h/St 027.000.060

3 Türblatt, einflüglig, Röhrenspan, HPL, 1.000x2.000/2.125 KG **344**

Wie Ausführungsbeschreibung A 1
Türblatt für Baurichtmaß (B x H): 1.000 x **2.000 / 2.125** mm
Einbauort: **Geschoss / Raum**: .....

230€ 328€ **515€** 528€ 742€ [St] ⏱ 0,15h/St 027.000.061

Nr.	Kurztext / Langtext						Kostengruppe
▶	▷	ø netto €	◁	◀	[Einheit]	Ausf.-Dauer	Positionsnummer

A 2 **Innentür, rauchdicht, S200-C5** — Beschreibung für Pos. **4-5**

Innentürelement mit Türblatt aus Holzwerkstoff und Zarge, rauchdicht und selbstschließend, einflüglig, als Drehtür. Inkl. Bänder, Obentürschließer, Türgriffe und Verriegelung, vorgerichtet für Profilzylinder. Oberflächen, Türblatt und Kanten, Zargenform, Füllungen, Falzdichtungen, Absenkdichtung, Bänder, Türgriffe und Verriegelung gem. Einzelbeschreibung.
Anschlag: DIN **rechts / links**
Anforderung Brandschutz:

- Klasse: S200 – selbstschließende Eigenschaften: C5
- Zulassung: .....

Anforderung Türelement:

- Klimaklasse DIN EN 1121: II
- Beanspruchungsgruppe DIN EN 1192: Klasse 2 - Büroräume
- Einbruchhemmung DIN EN 1627: .....
- Schalldämmmaß Rw,R: ..... dB
- Geltungsbereich DIN 16580: Normalraum

Anforderung Zarge:

- Umfassungszarge
- Material: Stahl, 2,0 mm
- mit Bodeneinstand

Kosten:
Stand 1. Quartal 2025
Bundesdurchschnitt

4 **Innentür, rauchdicht, S200-C5, einflüglig, 875x2.000/2.125** — KG **344**

Wie Ausführungsbeschreibung A 2
Baurichtmaß (B x H): 875 x **2.000 / 2.125** mm
Maulweite Zarge: .....
Untergrund: .....
Einbauort: **Geschoss / Raum**: .....

▶	▷	ø	◁	◀	Einheit	Ausf.-Dauer	Positionsnummer
462€	748€	**849€**	1.099€	1.455€	[St]	⏱ 2,80h/St	027.000.049

5 **Innentür, rauchdicht, S200-C5, einflüglig, 1.000x2.000/2.125** — KG **344**

Wie Ausführungsbeschreibung A 2
Baurichtmaß (B x H): 1.000 x **2.000 / 2.125** mm
Maulweite Zarge: .....
Untergrund: .....
Einbauort: **Geschoss / Raum**: .....

▶	▷	ø	◁	◀	Einheit	Ausf.-Dauer	Positionsnummer
881€	1.181€	**1.275€**	1.439€	2.522€	[St]	⏱ 2,80h/St	027.000.050

▶ min
▷ von
ø Mittel
◁ bis
◀ max

A 3 Innentür, EI2 30-SaC5, einflüglig Beschreibung für Pos. **6-8**

Innentürelement mit Türblatt aus Holzwerkstoff und Zarge, feuerhemmend und selbstschließend, einflüglig, als Drehtür. Inkl. Bänder, Obentürschließer, Türgriffe und Verriegelung, vorgerichtet für Profilzylinder. Oberflächen, Türblatt und Kanten, Zargenform, Füllungen, Falzdichtungen, Bänder, Türgriffe und Verriegelung gem. Einzelbeschreibung.

Anforderung Brandschutz:

- Klasse: EI2 30-Sa - selbstschließende Eigenschaften C5

Anforderung Türelement:

- Klimaklasse DIN EN 1121: II
- Beanspruchungsgruppe DIN EN 1192: Klasse 2 - Büroräume
- Einbruchhemmung DIN EN 1627: .....
- Schalldämmmaß Rw,R: ..... dB
- Geltungsbereich DIN 16580: Normalraum

Anforderung Zarge:

- Umfassungszarge
- Material: Stahl, 2,0 mm
- mit Bodeneinstand

6 Innentür, EI2 30-SaC5, einflüglig, 750x2.000/2.125 KG **344**

Wie Ausführungsbeschreibung A 3
Baurichtmaß (B x H): 750 x **2.000 / 2.125** mm
Maulweite Zarge: .....
Anschlag: DIN **rechts / links**
Untergrund: .....
Einbauort: **Geschoss / Raum**: .....

1.118€	1.658€	**1.828€**	2.027€	3.588€	[St]	⏱ 3,00h/St	027.000.051

7 Innentür, EI2 30-SaC5, einflüglig, 875x2.000/2.125 KG **344**

Wie Ausführungsbeschreibung A 3
Baurichtmaß (B x H): 875 x **2.000 / 2.125** mm
Maulweite Zarge: .....
Anschlag: DIN **rechts / links**
Untergrund: .....
Einbauort: **Geschoss / Raum**: .....

1.211€	1.847€	**2.043€**	2.707€	4.049€	[St]	⏱ 3,00h/St	027.000.052

8 Innentür, EI2 30-SaC5, einflüglig 1.000x2.000/2.125 KG **344**

Wie Ausführungsbeschreibung A 3
Baurichtmaß (B x H): 1.000 x **2.000 / 2.125** mm
Maulweite Zarge: .....
Anschlag: DIN **rechts / links**
Untergrund: .....
Einbauort: **Geschoss / Raum**: .....

1.536€	2.340€	**2.526€**	2.995€	4.312€	[St]	⏱ 3,00h/St	027.000.053

Nr.	Kurztext / Langtext						Kostengruppe
►	▷	ø netto €	◁	◀	[Einheit]	Ausf.-Dauer	Positionsnummer

A 4 Innentür, Röhrenspan, einflüglig — Beschreibung für Pos. **9-11**

Innentürelement aus Türblatt aus Holzwerkstoff mit Kern aus Röhrenspanplatte, inkl. Zarge mit Anschlagfalz, als Drehflügeltür. Oberflächen, Türblatt und Kanten, Zargenform, Füllungen, Falzdichtungen, Bänder, Türgriffe und Verriegelung gem. Einzelbeschreibung.
Zarge: .....
Anforderungen
- Klimaklasse: I
- mechanische Beanspruchungsgruppe DIN EN 1192: 2: mittlere Beanspruchung
- Schallschutz DIN 4109 und VDI 2719: Rwp= ..... dB
- Geltungsbereich RAL RG 426 Teil 3: **Normalraum / Feuchtraum / Nassraum**

Oberflächen:
- Türblatt: .....
- Kanten: .....
- Zarge: .....

Kosten:
Stand 1. Quartal 2025
Bundesdurchschnitt

9 Innentür, Röhrenspan, einflüglig, 750x2.000/2.125 — KG **344**

Wie Ausführungsbeschreibung A 4
Baurichtmaß (B x H): 750 x **2.000 / 2.125** mm
Maulweite Zarge: .....
Anschlag: DIN **rechts / links**
Untergrund: .....
Einbauort: **Geschoss / Raum**: .....

386€ | 536€ | **635€** | 776€ | 1.082€ | [St] | ⏱ 1,50h/St | 027.000.054

10 Innentür, Röhrenspan, einflüglig, 875x2.000/2.125 — KG **344**

Wie Ausführungsbeschreibung A 4
Baurichtmaß (B x H): 875 x **2.000 / 2.125** mm
Maulweite Zarge: .....
Anschlag: DIN **rechts / links**
Untergrund: .....
Einbauort: **Geschoss / Raum**: .....

440€ | 658€ | **739€** | 907€ | 1.238€ | [St] | ⏱ 1,50h/St | 027.000.055

11 Innentür, Röhrenspan, einflüglig, 1.000x2.000/2.125 — KG **344**

Wie Ausführungsbeschreibung A 4
Baurichtmaß (B x H): 1.000 x **2.000 / 2.125** mm
Maulweite Zarge: .....
Anschlag: DIN **rechts / links**
Untergrund: .....
Einbauort: **Geschoss / Raum**: .....

487€ | 733€ | **825€** | 1.038€ | 1.425€ | [St] | ⏱ 1,50h/St | 027.000.056

► min
▷ von
ø Mittel
◁ bis
◀ max

12 Innentür, zweiflüglig, Röhrenspan KG **344**

Innentürelement aus Türblatt aus Holzwerkstoff mit Kern aus Röhrenspanplatte, einschl. Zarge mit Anschlagfalz, als zweiflüglige Drehflügeltür. Oberflächen, Zargenform, Füllungen, Falzdichtungen, Bänder, Türgriffe und Verriegelung gem. Einzelbeschreibung.
Anschlag: DIN **rechts / links**
Baurichtmaß (B x H): ..... x .....
Geflügel (B): .....
Maulweite Zarge: .....
Zarge: .....
Anforderungen:

- Klimaklasse: I
- mechanische Beanspruchungsgruppe DIN EN 1192: 2: mittlere Beanspruchung
- Schallschutz DIN 4109 und VDI 2719: Rwp= ..... dB
- Geltungsbereich RAL RG 426 Teil 3: **Normalraum / Feuchtraum / Nassraum**

Oberflächen:

- Türblatt: .....
- Kanten: .....
- Zarge: .....

Untergrund: .....
Einbauort: **Geschoss / Raum**: .....

1.587€	2.234€	**2.497€**	2.911€	3.810€	[St]	⏱ 4,00h/St	027.000.006

A 5 Innentürblatt, einflüglig, Vollspan Beschreibung für Pos. **13-15**

Innentürblatt aus Holzwerkstoff mit Kern aus Vollspanplatte, mit Anschlagfalz, als Drehflügeltür.
Einsatzbereich: **Wohnung / Objektbereich**
Material: .....
Türblattdicke: .....
Deckplatte: Hochdruck-Schichtpressstoffplatten
Oberfläche: .....
Kantenausbildung: Massivholz-Anleimer, verdeckt
Anforderungen:

- Anwendungsbereich: **Normalraum / Feuchtraum / Nassraum**

Zubehör:

- ..... St dreiteilige Bänder, H= ..... mm, Stahl vernickelt
- PZ-Schloss
- Türdrückergarnitur auf Rosetten, Aluminium, mit Stift ..... mm
- Drückerhöhe: **1.050** mm **/ 850** mm **barrierefrei**

13 Türblatt, einflüglig, Vollspan, 750x2.000/2.125 KG **344**

Wie Ausführungsbeschreibung A 5
Türblatt für Baurichtmaß (B x H): 750 x **2.000 / 2.125** mm
Anschlag: DIN **rechts / links**
Einbauort: **Geschoss / Raum**: .....

297€	382€	**424€**	471€	547€	[St]	⏱ 0,18h/St	027.000.087

023 024 025 026 027 028 029 030 031 032 033 034 036 037 038 039

Kosten:
Stand 1. Quartal 2025
Bundesdurchschnitt

Nr.	**Kurztext** / Langtext						Kostengruppe
►	▷	**ø netto €**	◁	◄	[Einheit]	Ausf.-Dauer	Positionsnummer

14 Türblatt, einflüglig, Vollspan, 875x2.000/2.125 KG **344**

Wie Ausführungsbeschreibung A 5
Türblatt für Baurichtmaß (B x H): 875 x **2.000 / 2.125** mm
Anschlag: DIN **rechts / links**
Einbauort: **Geschoss / Raum**: .....

►	▷	ø	◁	◄	Einheit	Ausf.-Dauer	Positionsnummer
277€	459€	**543€**	652€	816€	[St]	⏱ 0,20h/St	027.000.063

15 Türblatt, einflüglig, Vollspan, 1.000x2.000/2.125 KG **344**

Wie Ausführungsbeschreibung A 5
Türblatt für Baurichtmaß (B x H): 1.000 x **2.000 / 2.125** mm
Anschlag: DIN **rechts / links**
Einbauort: **Geschoss / Raum**: .....

►	▷	ø	◁	◄	Einheit	Ausf.-Dauer	Positionsnummer
312€	478€	**592€**	768€	984€	[St]	⏱ 0,20h/St	027.000.064

16 Türblatt, Vollspan, zweiflüglig KG **344**

Innentürblatt aus Holzwerkstoff mit Kern aus Vollspanplatte, mit Anschlagfalz, als zweiflügelige Drehflügeltür.
Baurichtmaß (B x H): ..... x .....
Gehflügel (B): ..... mm
Einsatzbereich: **Wohnung / Objektbereich**
Form/Material:

- Türblattdicke: 50 mm
- Rahmen, dreiseitig gefälzt
- Kantenausbildung: Massivholz-Anleimer, verdeckt, ...
- Deckplatte: Hochdruck-Schichtpressstoffplatten, beidseitig
- Einlage/Füllung: Vollspan-Einlage
- emissionsfreie Materialien

Anforderungen:

- Anwendungsbereich: **Normal- / Feucht- / Nassraum**

Zubehör:

- ..... St dreiteilige Bänder, Höhe ..... mm, Stahl vernickelt
- PZ-Schloss
- Türdrückergarnitur auf Rosetten, Aluminium, mit Stift ..... mm
- Drückerhöhe: **1.050** mm **/ 850** mm **barrierefrei**

Oberfläche:

- Decklage: Furnier, Holzart .....
- Beschichtung: **transparent lackiert / gebeizt und transparent lackiert / unbehandelt**

Einbauort: **Geschoss / Raum**: .....

►	▷	ø	◁	◄	Einheit	Ausf.-Dauer	Positionsnummer
996€	1.259€	**1.420€**	1.435€	1.903€	[St]	⏱ 0,30h/St	027.000.037

► min
▷ von
ø Mittel
◁ bis
◄ max

17 **Schiebetürelement, innen, einflüglig, 1.510x2.135** KG **344**

Schiebetür mit Kern aus Röhrenspan und Decklagen aus Hochdruck-Schichtpressstoffplatten, einflüglig. Einbau in bauseitiges Montagewand-Element mit Laufschiene und Laufwagen, Schiebetürblatt inkl. Riegel-Einsteckschloss mit Klappring, Griffmuscheln beidseitig, mit Bodenführung, montiert auf Fertigbelag, inkl. gangbar machen der Türanlage.
Elementgröße: 1.510 x 2.135 mm
Einsatzbereich: .....
Ständertiefe: **75 / 100** mm
Fertigwanddicke: **100 / 125 / 150** mm
Anforderungen:
- bewertetes Schalldämmmaß Rw,R = ... dB
- Anwendungsbereich: **Normalraum / Feuchtraum / Nassraum**

Form/Material:
- dreiseitig gefälzter Rahmen mit verdecktem Massivholz-Anleimer
- Material: .....
- Türblattdicke: 42 mm
- emissionsfreie Materialien
- Deckplatte: HPL ..... mm

Oberfläche:
- glatt, Furnier .....
- Beschichtung: **transparent lackiert / gebeizt und transparent lackiert**
- Farbe/Beizton: .....

Einbauort: **Geschoss / Raum**: .....

840€	1.344€	**1.522€**	1.859€	2.665€	[St]	⏱ 2,40h/St	027.000.021

18 **Ganzglas-Türblatt, innen** KG **344**

Ganzglastürblatt mit Band, Schloss und Drücker, Einbau in bauseitige Normzarge, inkl. Einbau aller Komponenten und gangbar machen der Türanlage.
Türblattgröße für Baurichtmaß (B x H): **625 / 750 / 875 / 1.000** x **2.000 / 2.125**
Einsatzbereich: **Wohnbereich / Objektbereich / Sondertür**
Anschlag: DIN **rechts / links**
Profil/Art:
- Einscheibensicherheitsglas d= **8 / 10** mm
- Glasfläche: **neutral / strukturiert / satiniert**
- Kanten gefast, geschliffen und poliert

Zubehör
- Beschlagform (Schlosskasten und Bänder): **eckig / rund**
- ..... St Spezial-Bänder mit Edelstahl-Bolzen (für Feuchträume) für ..... kg Flügelgewicht
- Glastürschloss nach DIN 18251, Klasse 3, vorgerichtet für Profil-Zylinder
- Wechselgarnitur mit Rundformdrücker und Drehknauf - mit Funktion, Edelstahl
- Stift: ..... mm
- untere Türschiene zum Aufstecken, Höhe .....

Oberfläche
- Türschloss Aluminium E6EV1

Einbauort: **Geschoss / Raum**: .....

521€	799€	**954€**	1.262€	1.796€	[St]	⏱ 0,20h/St	027.000.016

Nr. **Kurztext** / Langtext — Kostengruppe
▶ ▷ **ø netto €** ◁ ◀ [Einheit] Ausf.-Dauer Positionsnummer

Kosten:
Stand 1. Quartal 2025
Bundesdurchschnitt

A 6 Stahleckzarge, innen — Beschreibung für Pos. **19-21**

Stahleckzarge für Türblatt mit gefälzten Türflügel, einflüglig, vorgerichtet für Bänder.
Falztiefe: .....
Aufteilung/Form:
- dreiseitig umlaufendes Profil
- Zarge einteilig für nachträglichen Einbau

Zarge:
- Blechdicke: **1,5 / 2,0** mm
- Ecken verschweißt
- Zargenprofil .....

Bänder/Beschläge:
- Bänder: 2 St dreidimensional einstellbar
- Drückerhöhe: **1.050** mm **/ 850** mm **barrierefrei**

Zubehör:
- Falzdichtung: dreiseitig umlaufende Dichtung EPDM (APTK)
- Farbe: .....

Oberflächen:
- verzinkt

Befestigung: **verschraubt / mit Anker**

19 Stahleckzarge, innen, 750x2.000/2.125 — KG **344**

Wie Ausführungsbeschreibung A 6
Baurichtmaß (B x H): 750 x **2.000 / 2.125** mm
Gegenzarge: **ohne / mit**
Anschlag: DIN **rechts / links**
Wanddicke: .....
Untergrund: Mauerwerk, beidseitig verputzt
Einbauort: **Geschoss / Raum**: .....

▶	▷	ø	◁	◀	Einheit	Ausf.-Dauer	Positionsnummer
147€	175€	**193€**	220€	247€	[St]	⏱ 1,15h/St	027.000.097

20 Stahleckzarge, innen, 875x2.000/2.125 — KG **344**

Wie Ausführungsbeschreibung A 6
Baurichtmaß (B x H): 875 x **2.000 / 2.125** mm
Gegenzarge: **ohne / mit**
Anschlag: DIN **rechts / links**
Wanddicke: .....
Untergrund: Mauerwerk, beidseitig verputzt
Einbauort: **Geschoss / Raum**: .....

▶	▷	ø	◁	◀	Einheit	Ausf.-Dauer	Positionsnummer
162€	192€	**206€**	233€	268€	[St]	⏱ 1,20h/St	027.000.098

▶ min
▷ von
ø Mittel
◁ bis
◀ max

21 Stahleckzarge, innen, 1.000x2.000/2.125 KG **344**

Wie Ausführungsbeschreibung A 6
Baurichtmaß (B x H): 1.000 x **2.000 / 2.125** mm
Gegenzarge: **ohne / mit**
Anschlag: DIN **rechts / links**
Wanddicke: .....
Untergrund: Mauerwerk, beidseitig verputzt
Einbauort: **Geschoss / Raum**: .....

164€	193€	**216€**	247€	271€	[St]	⏱ 1,30h/St	027.000.099

A 7 Stahl-Umfassungszarge, innen Beschreibung für Pos. **22-23**

Stahl-Umfassungszarge für Türblatt mit gefälzten Türflügel, einflüglig, vorgerichtet für Bänder.
Falztiefe: .....
Aufteilung/Form:
- dreiseitig umlaufendes Profil
- Zarge **einteilig / zweiteilig für nachträglichen Einbau**
- Zarge **ohne / mit** beidseitiger Schattennut aus Aluprofil

Zarge:
- Blechdicke: **1,5 / 2,0** mm
- Ecken verschweißt
- Zargenspiegel ....
- Zargenprofil .....

Bänder/Beschläge:
- Bänder: ..... St, dreidimensional einstellbar
- eingebautes Schließblech, vernickelt
- Drückerhöhe: **1.050** mm **/ 850** mm **barrierefrei**

Zubehör:
- Falzdichtung: dreiseitig umlaufende Dichtung EPDM (APTK)
- Farbe: .....

Oberflächen:
- verzinkt

Befestigung: **verschraubt / mit Anker**

22 Stahl-Umfassungszarge, innen, 750x2.000/2.125 KG **344**

Wie Ausführungsbeschreibung A 7
Baurichtmaß (B x H): 750 x **2.000 / 2.125** mm
Maulweite Zarge: .....
Anschlag: DIN **rechts / links**
Untergrund: Mauerwerk, beidseitig verputzt
Einbauort: **Geschoss / Raum**: .....

177€	245€	**288€**	305€	336€	[St]	⏱ 1,10h/St	027.000.068

Nr.	Kurztext / Langtext						Kostengruppe
▶	▷	ø netto €	◁	◀	[Einheit]	Ausf.-Dauer	Positionsnummer

Kosten:
Stand 1. Quartal 2025
Bundesdurchschnitt

▶ min
▷ von
ø Mittel
◁ bis
◀ max

23 Stahl-Umfassungszarge, innen, 1.000x2.000/2.125 KG **344**

Wie Ausführungsbeschreibung A 7
Baurichtmaß (B x H): 1.000 x **2.000 / 2.125** mm
Maulweite Zarge: .....
Anschlag: DIN **rechts / links**
Untergrund: Mauerwerk, beidseitig verputzt
Einbauort: **Geschoss / Raum**: .....

▶	▷	ø	◁	◀	Einheit	Ausf.-Dauer	Positionsnummer
233€	333€	**373€**	411€	503€	[St]	⏱ 1,10h/St	027.000.070

A 8 Holz-Umfassungszarge, innen Beschreibung für Pos. **24-25**

Umfassungszarge aus Holzwerkstoff, für Türblatt mit gefälzten Türflügel, einflüglig, vorgerichtet für Bänder.
Befestigung: **verschraubt / mit Anker**
Falztiefe: .....
Zarge:

- Futterzarge, mehrteilig, aus Holzwerkstoff
- Zargenspiegel .....
- Zargenprofil .....

Bänder/Beschläge:

- Bänder: ..... St, dreidimensional einstellbar
- eingebautes Schließblech, vernickelt
- Drückerhöhe: **1.050** mm / **850** mm **barrierefrei**

Zubehör:

- Falzdichtung: dreiseitig umlaufende Dichtung EPDM (APTK)

Oberfläche:

- Holzflächen: .....

24 Holz-Umfassungszarge, innen, 750x2.000/2.125 KG **344**

Wie Ausführungsbeschreibung A 8
Baurichtmaß (B x H): 750 x **2.000 / 2.125** mm
Maulweite Zarge: .....
Anschlag: DIN **rechts / links**
Untergrund: Mauerwerk, beidseitig verputzt
Einbauort: **Geschoss / Raum**: .....

▶	▷	ø	◁	◀	Einheit	Ausf.-Dauer	Positionsnummer
199€	255€	**278€**	326€	410€	[St]	⏱ 1,10h/St	027.000.065

25 Holz-Umfassungszarge, innen, 1.000x2.000/2.125 KG **344**

Wie Ausführungsbeschreibung A 8
Baurichtmaß (B x H): 1.000 x **2.000 / 2.125** mm
Maulweite Zarge: .....
Anschlag: DIN **rechts / links**
Untergrund: Mauerwerk, beidseitig verputzt
Einbauort: **Geschoss / Raum**: .....

▶	▷	ø	◁	◀	Einheit	Ausf.-Dauer	Positionsnummer
386€	437€	**479€**	490€	541€	[St]	⏱ 1,10h/St	027.000.067

Nr.	Kurztext / Langtext						Kostengruppe
▶	▷	ø netto €	◁	◀	[Einheit]	Ausf.-Dauer	Positionsnummer

26 Anschlussdichtung, Tür KG **344**

Anschlussdichtung der Tür mit komprimiertem Dichtband.
Fugenbreite: bis 10 mm
Dichtband: .....
Mauerwerk: .....

▶	▷	ø netto €	◁	◀	[Einheit]	Ausf.-Dauer	Positionsnummer
6€	8€	**8€**	10€	11€	[St]	⏱ 0,10h/St	027.000.107

27 Anschlagschiene, Aluminium, Tür KG **344**

Anschlagschiene aus Metallwinkel, mit Abstandhalter, Klemmanker und Dichtungsprofil, in Türzarge einrichten.
Werkstoff: Aluminium
Profil: bis 40 x 40 x 3 mm

▶	▷	ø netto €	◁	◀	[Einheit]	Ausf.-Dauer	Positionsnummer
30€	35€	**39€**	43€	48€	[St]	⏱ 0,30h/St	027.000.108

28 Anschlagschiene, Messing, Tür KG **344**

Anschlagschiene aus Metallwinkel, mit Abstandhalter, Klemmanker und Dichtungsprofil, in Türzarge einrichten.
Werkstoff: Messing
Profil: bis 40 x 40 x 3 mm

▶	▷	ø netto €	◁	◀	[Einheit]	Ausf.-Dauer	Positionsnummer
40€	48€	**53€**	59€	67€	[St]	⏱ 0,30h/St	027.000.109

A 9 Fensterbank, innen, Holz Beschreibung für Pos. **29-31**

Fensterbank, innen, auf Ausgleichhölzern aus Sperrholz oder Hartfaserplatten, befestigt im Mauerwerk. Anschluss an aufgehende Bauteile mit transparenter Silikonfuge.

29 Fensterbank, innen, Holz; bis 875mm KG **344**

Wie Ausführungsbeschreibung A 9
Material: .....
Plattendicke: .....
Oberfläche: furniert, transparent lackiert
Holzart Furnier: .....
Kanten: **gerundet / gefast**
Einzellänge: bis 875 mm
Tiefe: .....
Einbauort: **Geschoss / Raum**: .....

▶	▷	ø netto €	◁	◀	[Einheit]	Ausf.-Dauer	Positionsnummer
67€	87€	**99€**	110€	135€	[St]	⏱ 0,25h/St	027.000.072

30 Fensterbank, innen, Holz; über 875 bis 1.500mm KG **344**

Wie Ausführungsbeschreibung A 9
Material: .....
Plattendicke: .....
Oberfläche: furniert, transparent lackiert
Holzart Furnier: .....
Kanten: **gerundet / gefast**
Einzellänge: bis 875 bis 1.500 m
Tiefe: .....
Einbauort: **Geschoss / Raum**: .....

▶	▷	ø netto €	◁	◀	[Einheit]	Ausf.-Dauer	Positionsnummer
93€	124€	**140€**	170€	219€	[St]	⏱ 0,30h/St	027.000.073

023
024
025
026
027
028
029
030
031
032
033
034
036
037
038
039

Nr.	**Kurztext** / Langtext						Kostengruppe
▶	▷	**ø netto €**	◁	◀	[Einheit]	Ausf.-Dauer	Positionsnummer

31 Fensterbank, innen, Holz; über 1.500 bis 2.500mm KG **344**

Wie Ausführungsbeschreibung A 9
Material: .....
Plattendicke: .....
Oberfläche: furniert, transparent lackiert
Holzart Furnier: .....
Kanten: **gerundet / gefast**
Einzellänge: über 1.500 bis 2.500 m
Tiefe: .....
Einbauort: **Geschoss / Raum**: .....

161€	227€	**271€**	293€	341€	[St]	⏱ 0,35h/St	027.000.074

Kosten:
Stand 1. Quartal 2025
Bundesdurchschnitt

32 Holz-/Abdeckleisten, Fichte KG **344**

Deckleisten, sichtbar bleibend, im Innenbereich.
Material: Fichte
Abmessung: 20 x 50 mm
Einzellängen: 2.800 mm
Klassensortierung: Klasse J2
Flächenkategorie: Offene Flächen mit durchsichtiger Behandlung
Oberfläche: Sichtseiten gehobelt und feingeschliffen
Kanten: allseitig gefast
Eckstöße: **stumpf gestoßen / Gehrung**
Befestigung: nicht sichtbar, Befestigungslöcher mit Holzstopfen verschlossen
Untergrund: .....

19€	30€	**37€**	45€	66€	[m]	⏱ 0,10h/m	027.000.023

33 Verfugung, elastisch KG **344**

Elastische Verfugung mit 1-Komponenten-Dichtstoff, Fuge glatt gestrichen, inkl. notwendiger Flankenvorbehandlung an den Anschlussflächen und Hinterlegen der Fugenhohlräume mit geeignetem Hinterstopfmaterial.
Material: **Silikonbasis / Acrylbasis**
Fugenbreite: .....

7€	8€	**9€**	11€	18€	[m]	⏱ 0,05h/m	027.000.017

▶ min
▷ von
ø Mittel
◁ bis
◀ max

34 Bodentreppe, gedämmt KG **359**

Einschubtreppe zwischen bauseitiger Konstruktion, gedämmt, von oben und unten zu öffnen, vorgerüstet für Profilzylinder, mit Stufen aus Hartholz, Deckel vorgerichtet für bauseitige Bekleidung von unten.
Decken-Öffnung (L x B): **600 / 700** mm
Aufteilung/Form: **zwei- / dreiteilig**
Handlauf: **mit / ohne**
Schutzgeländer: **mit / ohne**
Oberflächen: beschichtet mit .....
Dämmwert: U = ... W/(m^{2}K)
Dichtwert: a = ... m^3/hm
Raumhöhe: .....
Kastenhöhe: .....
Untergrund: vorh. Konstruktion aus **Gebälk / Spanplattenschalung**
Einbauort: **Geschoss / Raum**: .....

639€	844€	**937€**	1.216€	1.667€	[St]	⏱ 2,40h/St	027.000.076

35 Bodentreppe, EI30 KG **359**

Einschubtreppe zwischen bauseitiger Konstruktion, mit Brandschutzanforderungen, von oben und unten zu öffnen, vorgerüstet für Profilzylinder, mit Stufen aus Hartholz, Deckel vorgerichtet für bauseitige Bekleidung von unten.
Decken-Öffnung (L x B): **600 / 700** mm
Aufteilung/Form: **zwei- / dreiteilig**
Handlauf: **mit / ohne**
Schutzgeländer: **mit / ohne**
Oberflächen: beschichtet mit .....
Dämmwert: U = ... W/(m^{2}K)
Dichtwert: a = ... m^3/hm
Feuerwiderstandsklasse: EI30
Einbauort: .....
Raumhöhe: .....
Kastenhöhe: .....
Untergrund: vorh. Konstruktion aus **Gebälk / Spanplattenschalung**
Einbauort: **Geschoss / Raum**: .....

1.524€	1.798€	**2.395€**	3.104€	4.587€	[St]	⏱ 2,40h/St	027.000.077

36 Unterkonstruktion, Innenwandbekleidung KG **345**

Unterkonstruktion der Innenwandbekleidung aus Holz.
Material: Nadelholz
Sortierklasse: S10
Querschnitt: 50 x 30 mm
Montage: **horizontal / vertikal**
Abstand Unterkonstruktion: .....
Untergrund: Mauerwerk
Arbeitshöhe: bis .....
Einbauort: **Geschoss / Raum**: .....

34€	41€	**53€**	58€	81€	[m^2]	⏱ 0,35h/m^2	027.000.025

Nr.	Kurztext / Langtext						Kostengruppe
►	▷	ø netto €	◁	◀	[Einheit]	Ausf.-Dauer	Positionsnummer

Kosten:
Stand 1. Quartal 2025
Bundesdurchschnitt

37 Innenwandbekleidung, Sperrholz KG **345**

Wandbekleidung aus Sperrholzplatten, im Innenbereich, Sichtseite in A-Qualität, sichtbar befestigen mit korrosionsgeschützten Schrauben.
Deckfurnier bzw. Gütemerkmal der Sichtseite: I
Erscheinungsklasse: A
Befestigung: sichtbar
Dicke: 15 mm
Untergrund: Holz
Arbeitshöhe: bis .....
Einbauort: **Geschoss / Raum**: .....

►	▷	ø	◁	◀	[Einheit]	Ausf.-Dauer	Positionsnummer
114€	192€	**212€**	239€	329€	[m2]	⏱ 0,35 h/m2	027.000.026

38 Innenwandbekleidung, Sperrholzplatten, mit UK KG **345**

Wandbekleidung aus Sperrholzplatten im Innenbereich, Sichtseite in A-Qualität, mit Unterkonstruktion aus sägerauer Lattung, mit korrosionsgeschützten Schrauben auf Rohwand befestigen; inkl. ggf. hinterfüttern.
Deckfurnier bzw. Gütemerkmal der Sichtseite: I
Erscheinungsklasse: A
Befestigung: sichtbar
Plattendicke: ......
Lattenquerschnitt: .....
Raster: .....
Dübelabstand: .....
Arbeitshöhe: bis .....
Untergrund UK: .....
Einbauort: **Geschoss / Raum**: .....

►	▷	ø	◁	◀	[Einheit]	Ausf.-Dauer	Positionsnummer
129€	246€	**306€**	351€	498€	[m2]	⏱ 0,55 h/m2	027.000.028

39 Innenwandbekleidung, Dekorspanplatte, mit UK KG **345**

Wandbekleidung , aus Dekorspanplatten DIN EN 312, im Innenausbau, Trockenbereich, Sichtseite mit Dekorlage, inkl. Unterkonstruktion aus sägerauer Lattung, mit korrosionsgeschützten Schrauben auf Rohwand befestigen; inkl. ggf. hinterfüttern.
Plattentyp: P2 - Spanplatte DIN EN 312
Dicke: 18 mm
Oberfläche: Dekorlage ....
Profil/Kante: .....
Lattenquerschnitt: .....
Raster: .....
Dübelabstand: .....
Arbeitshöhe: bis .....
Untergrund UK: .....
Einbauort: **Geschoss / Raum**: .....

►	▷	ø	◁	◀	[Einheit]	Ausf.-Dauer	Positionsnummer
157€	221€	**221€**	244€	279€	[m2]	⏱ 0,55 h/m2	027.000.119

► min
▷ von
ø Mittel
◁ bis
◀ max

40 **Schalung, Spanplatten** KG **344**

Schalung aus kunstharzgebundenen Spanplatten, als Unterlage für Bekleidungen, Befestigung mit Schrauben.
Plattentyp: **P7 / P5** DIN EN 312
Dicke: 22 mm
Profil/Kante: Nut-Feder
Arbeitshöhe: bis .....
Untergrund: Holz
Einbauort:

- **Boden / Wand / Steildach**
- **Geschoss / Raum**: .....

36€ 84€ **102€** 118€ 169€ [m²] ⏱ 0,30h/m² 027.000.027

41 **Unterkonstruktion, Trennwand** KG **346**

Unterkonstruktion für nichttragende innere Trennwand als Montagewand, aus verzinkten Stahlblechstützen- und Querprofilen, montiert zwischen Decken-, Wand- und Bodenprofilen aus pulverbeschichteten Stahlblechen, auf Estrich.
Wandhöhe: bis 3,00 m
Wanddicke: 100 mm
Modulbreite: **900 / 1.200** mm bei vertikaler Linienführung, 1.800 mm bei horizontaler Linienführung
Nachfolgende Beplankung: **einlagig / zweilagig**
Arbeitshöhe: bis 3,0 m
Untergrund: .....
Einbauort: **Geschoss / Raum**: .....

– 101€ **117€** 136€ – [m²] ⏱ 0,40h/m² 027.000.048

42 **Büro-Trennwand, Tragprofile/Paneele** KG **346**

Modulares Trennwand-System für Büroräume, mit Grundkonstruktion aus verzinkten Stahlblechstützen- und Querprofilen, montiert zwischen Decken-, Wand- und Bodenprofilen, aus pulverbeschichteten Stahlblechen, wie folgt:

- Glaselemente mit Stahl- oder Aluminiumglasrahmen mit Einfach- oder Doppelverglasung
- Türelemente aus Aluminiumzargen für Einzel- oder Doppeltüren mit stumpf einschlagendem Türblatt, Edelstahl-Rollentürbändern, PZ-Schloss und Aluminium-Türdrückergarnitur
- wahlweise mit Trennwandfüllung bei opaken Flächen mit 40 mm Mineralwolle
- Modulbreite **900 / 1.200** mm bei vertikaler Linienführung, 1.800 mm bei horizontaler Linienführung
- Fugenabdeckung mit Variantprofilen mit Füllstreifen oder verzinkten Hutprofile mit PVC-Abdeckleisten

Elementhöhe: .....
Elementdicke: .....
Beplankung: **2 x 13 mm Dekorspanplatten / beschichtete Stahlblechpaneele**
Farbe: .....
Schallschutz: **Vollwände bis Rw,P = 42 dB / Doppelverglasungen bis Rw,P = 36 dB / Türen in den Schallschutzklassen 1 und 2**
Brandschutz: **Vollwand EI30 / Verglasung E30**
Arbeitshöhe: bis .....
Untergrund: .....
Einbauort: **Geschoss / Raum**: .....

171€ 206€ **260€** 349€ 590€ [m²] ⏱ 1,40h/m² 027.000.029

Nr.	**Kurztext** / Langtext						Kostengruppe
►	▷	**ø netto €**	◁	◄	[Einheit]	Ausf.-Dauer	Positionsnummer

43 **Trennwand, Spanplatten/HPL, Rahmen** KG **346**

Trennwand aus Holzspanplatten DIN EN 13986 mit HPL-Deckflächen, mit sichtbarer Rahmenkonstruktion aus Aluminiumprofilen und Systembeschlägen.
Füße aus Aluminium mit trittsicherer Abdeckrosette
Einsatzbereich: .....
Trennwandhöhe: .....
Bodenfreistellung: .....
Trennwanddicke: 40 mm
Metallprofile: .....
Arbeitshöhe: bis .....
Untergrund: .....
Einbauort: **Geschoss / Raum**: .....

–	236€	**269€**	305€	–	[m²]	⏱ 1,70 h/m²	027.000.137

44 **Trennwandanlage, Spanplatten/Melamin** KG **346**

Sanitär-Trennwandanlage aus Holzspanplatten DIN EN 13986 mit Melaminharzbeschichtung, mit sichtbarer Rahmenkonstruktion aus Aluminiumprofilen und Systembeschlägen, Füße aus Aluminium mit trittsicherer Abdeckrosette.
Einsatzbereich: .....
Trennwandhöhe: .....
Bodenfreistellung: .....
Trennwanddicke: 28 mm
Metallprofile: .....
Zwischenwände: .....
Türelemente: .....
Einbauort: **Geschoss / Raum**: .....

–	224€	**258€**	274€	–	[m²]	⏱ 1,70 h/m²	027.000.138

45 **Trennwandanlage, HPL-Kompaktplatten** KG **346**

Sanitär-Trennwandanlage aus HPL-Kompaktplatten DIN EN 438-7, mit sichtbarer Rahmenkonstruktion aus Aluminiumprofilen und Systembeschlägen, Füße aus Aluminium mit trittsicherer Abdeckrosette.
Einsatzbereich: .....
Trennwandhöhe: .....
Bodenfreistellung: ..... mm
Trennwanddicke: 13 mm
Oberfläche: .....
Metallprofile: .....
Zwischenwände: .....
Türelemente: .....
Untergrund: .....
Einbauort: **Geschoss / Raum**: .....

110€	202€	**242€**	301€	414€	[m²]	⏱ 1,70 h/m²	027.000.031

Kosten:
Stand 1. Quartal 2025
Bundesdurchschnitt

► min
▷ von
ø Mittel
◁ bis
◄ max

46 **WC-Schamwand Urinale** KG **346**

Schamwand liefern und montieren. Ausführung und Oberflächen hergestellt im System der WC-Trennwandanlagen, Farbe abgestimmt auf die eingebauten Trennwände, wie vor beschrieben.
Abmessung (B x H): ..... x .....
Untergrund: .....
Einbauort: **Geschoss / Raum**: .....

148€ 238€ **280€** 455€ 707€ [St] ⏱ 1,40h/St 027.000.081

47 **Prallwand-Unterkonstruktion** KG **346**

Unterkonstruktion für Prallwand, mit Kraftabbau aus Grundlattung, Schwinglattung und Montagelattung.
Anforderungsprofil: Prüfung gem. FA Bau Nr. 390
Ballwurfsicherheit: **ja / nein**
Grundlattung:

- aus Massivholzriegeln, an Metallwinkelaufständerung, zur Schaffung von Hinterlüftungsraum
- Mindestquerschnitt: 40 x 60 mm
- Festigkeitsklasse: **C30 / C24**
- Sortierklasse: S13
- Güteklasse: **I / II**
- Achsabstand: ca. 700 mm

Schwinglattung:

- quer zur Aufstandslattung verlaufend
- als durchgehender Streifen aus siebenfach verleimtem Sperrholz, BFU-verleimt (B x D): ca. 60 x 12 mm
- im Achsabstand von ca. 485 mm auf der Grundlattung montiert

Montagelattung:

- quer zur Schwinglattung verlaufend
- als durchgehender Streifen aus siebenfach verleimtem Sperrholz, BFU-verleimt (B x D): ca. 60 x 12 mm
- im Achsabstand von ca. 350 mm auf Schwinglattung montiert

Arbeitshöhe: bis ..... m
Untergrund: .....
Einbauort: **Geschoss / Raum**: .....

38€ 58€ **64€** 70€ 84€ [m²] ⏱ 0,20h/m² 027.000.032

48 **Prallwandbekleidung, ballwurfsicher** KG **345**

Ballwurf- und anprallsichere Wandbekleidung mit Furnierschichtholzplatte auf Unterkonstruktion.
Abmessungen:

- Plattenbreite: .....
- Längeneinteilung: Platten in diversen Einzellängen (max. Länge von ..... mm)
- Dicke: **20 / 26** mm
- Fugenbreite: max. ..... mm

Qualität:

- Sichtqualität
- Oberflächengüte: **E / I / II**
- Erscheinungsklasse: **0 / A**
- Holzart Furnier: .....

Nr.	Kurztext / Langtext						Kostengruppe
▶	▷	ø netto €	◁	◀	[Einheit]	Ausf.-Dauer	Positionsnummer

Oberfläche:
- Längskanten fein geschliffen sowie gerundet (Radius max. 3 mm), anschließend lackiert
- Stirnkanten rechtwinklig besäumt, geschliffen sowie gebrochen
- Furnierverlauf: horizontal

Verwendungsbereich: **Trockenbereich / Feuchtbereich / Außenbereich**
Verleimung
- baubiologisch einwandfrei, Emissionsklasse E 0

Befestigung:
- sichtbare Verschraubung mit Linsen-Senkkopfschrauben, Oberfläche verzinkt und hell bichromatisiert, höhengleich und splitterfrei montiert
- Verbrauch: 4 Schrauben/m², max. Schraubabstand: ..... mm
- Verdeckte Befestigung ist aus Gründen der Revisionsfähigkeit ausdrücklich untersagt

Verlegehöhe: max. .... mm über OK FFB
Arbeitshöhe: bis ..... m
Untergrund: .....
Einbauort: **Geschoss / Raum**: .....

57€	109€	**133€**	150€	187€	[m²]	⏱ 0,40 h/m²	027.000.033

Kosten:
Stand 1. Quartal 2025
Bundesdurchschnitt

49 Akustikvlies-Abdeckung, schwarz — KG **345**

Akustisch wirksamer Vliesstoff, in Decken und Wänden.
Material: Rohglasvlies
Baustoffklasse: A2
Flächengewicht: 75-80 g/m²
Luftdurchlässigkeit: 2.300 l/m²/s
Farbe: schwarz
Einbauort: .....

6€	9€	**11€**	13€	17€	[m²]	⏱ 0,10 h/m²	027.000.035

50 Geräteraum-Schwingtor, Metall/Holz — KG **344**

Geräteraumtor in Prallwand, als Rahmenkonstruktion, komplette Anlage einschl. Blendrahmen, bestehend aus:
- 2 Seitenpfosten, 1 Querverbinder (Torstock) in verleimter Holzrahmenkonstruktion, Sichtseiten gehobelt und geschliffen
- Torrahmen als Schwingtorrahmen aus Gitterrahmenkonstruktion aus Stahlrechteckrohr

Torgröße (B x H): ca. 4.500 x 2.850 mm
Rahmendicke: mind. 56 mm
Beschichtung Stahlteile: .....
Untergrund: .....
Einbauort: **Geschoss / Raum**: .....

2.592€	4.346€	**4.889€**	5.738€	7.686€	[St]	⏱ 4,50 h/St	027.000.036

▶ min
▷ von
ø Mittel
◁ bis
◀ max

51 Sporthallentür, zweiflüglig KG **344**

Sporthallen-Türelement, zweiflüglig, geeignet für kraftabbauende Anforderungen in Sporthalle, Element bestehend aus:

- Türzarge und zwei Türflügeln
- zwei vertikale Seitenzargen, ein horizontaler Zargenverbinder, zusätzliche horizontale Aussteifungstraverse
- zwei Türflügelrahmen, mit Schall- u. Wärmedämmung durch vollflächige Kernfüllung der Rahmenfelder mittels MDF-Platten, sowie Anpressdichtung
- Aufdoppelung hallenseitig aus Sperrholzplatte
- Hallengegenseite aus Spanplatte mit Schichtstoffplatte, Kantenbelegung in Buche
- Beschläge: zwei Bänder pro Türflügel, ein Einsteckschloss, ein Treibriegel, eine Bodenschließmulde, eine Treibriegelstange, ein Turnhallenbeschlag mit Drückergarnitur, zwei Bodentürstopper und feststehendem Bauteil
- Montage aller Teile nicht sichtbar

Baurichtmaß (B x H): 2.500 x 2.350 mm
Sperrholzplatte: 12 mm BFU-20
Spanplatte: 19 mm
Untergrund: .....
Einbauort: **Geschoss / Raum**: .....

▶	▷	ø netto €	◁	◀	[Einheit]	Ausf.-Dauer	Positionsnummer
5.463€	7.141€	**7.854€**	10.260€	13.533€	[St]	⏱ 8,00h/St	027.000.039

52 Garderobenleiste KG **381**

Garderobenleiste mit integrierten Garderobenhaken, Leiste aus profiliertem Rundstabprofil, in aufgehender Wand mittels Dübeln und Schrauben unsichtbar befestigt.
Rundstahl: D= 42 mm
Material: **Esche / Eiche / Buche**
Oberfläche: transparent DD-lackiert
Haken: **Einzel- / Doppelhaken**
Material: **Edelstahl / Aluminium**
Oberfläche: .....
Länge: .....
Wandabstand: .....
Anzahl Haken: .....
Arbeitshöhe: .....
Untergrund: .....
Einbauort: **Geschoss / Raum**: .....

▶	▷	ø netto €	◁	◀	[Einheit]	Ausf.-Dauer	Positionsnummer
66€	141€	**175€**	193€	273€	[m]	⏱ 0,40h/m	027.000.038

023 024 025 026 **027** 028 029 030 031 032 033 034 036 037 038 039

Nr.	Kurztext / Langtext						Kostengruppe
►	▷	ø netto €	◁	◀	[Einheit]	Ausf.-Dauer	Positionsnummer

53 Garderobenschrank KG **381**

Garderoben-Wertschrank GS- und TÜV-geprüft, liefern und auf zu liefernder Unterkonstruktion montieren.

Konstruktion bestehend aus:

- Korpus aus HPL-Vollkernplatten und Aluminiumprofilen in Steckbauweise
- Material wasserbeständig, reinigungsfreundlich und fäulnissicher
- Oberfläche kratz- und schlagbeständig
- Tür aus HPL-Vollkernplatte, Ecken abgerundet, Radius 5 mm
- Türbänder aus Edelstahl 1.430, stabile Ausführung
- Tür mit Türstopper und Öffnungsbegrenzer. Ausrüstung mit: 1 Wertfach oben (Höhe innen = ... mm), darunter 1 Garderobenteil (Höhe innen = ... mm) mit Kleiderstange und ..... Haken
- Nummerierung/Stahlblechsockel/untergebaute Sitzbank/untergebaute Aufbewahrungsbox als gesonderte Option

Schließung: **Sicherheits-Zylinder-Hebel-Schloss als Hauptschließanlage / Münzpfandschloss für den Einwurf von 1 Euro als Hauptschließanlage**
Farbe: nach Musterkarte und Wahl durch den Bauherrn (mind. ..... Wahlfarben)
Montage Schränke: auf Sockelkonstruktion aus Aluminium
Konstruktion mit verstellbaren Schraubfüßen: h=100-150 mm
Oberfläche: **pulverbeschichtet Farbe wie Schrankanlage / eloxiert C.....**
Höhe: ..... mm
Tiefe: 525 mm
Breite: 300 mm
Untergrund: .....
Einbauort: **Geschoss / Raum**: .....

►	▷	ø	◁	◀	[Einheit]	Ausf.-Dauer	Positionsnummer
367€	564€	**654€**	718€	910€	[St]	⏱ 0,55h/St	027.000.082

Kosten:
Stand 1. Quartal 2025
Bundesdurchschnitt

► min
▷ von
ø Mittel
◁ bis
◀ max

54 **Einbauküche, melaminharzbeschichtet** KG **381**

Einbauküche mit Arbeitsplatte, Hochschrank, Unter- und Oberschränken aus melaminharzbeschichteten Holzwerkstoffplatten.
Arbeitshöhe: ca. 860 mm, Tiefe: ca. 630 mm
Bestehend aus:

- drei Unterschränke je 600 x 600 mm
- ein Unterschrank 1.200 x 600 mm
- ein Hochschrank 600 x 2.150 mm
- eine Arbeitsplatte 3.000 x 630 mm
- fünf Oberschränke je 600 x 680 mm

Ausführung:

- ein Unterschrank mit seitlicher Sichtseite, bündig mit Arbeitsplatte, mit fünf Auszügen, einschl. zwei Besteckeinsätzen und fünf Griffstangen ca. 580 mm
- ein Unterschrank, für integrierbaren Backofen mit Schaltkasten für Kochfeld, unten mit feststehender Blende
- ein Unterschrank, für integrierbare Spülmaschine
- ein Spülen-Unterschrank, mit zwei Türen; Blende vor Spülbecken, Abfallsammler mit selbst öffnendem Deckel für getrennte Müllsortierung (3 Behälter), zwei Griffstangen
- ein Hochschrank, unten eine Türe und zwei Fachböden, oben vorgerichtet für integrierbaren Kühlschrank, einschl. Dekorblende, UK Kühlschrank-Türe = OK Arbeitsplatte, zwei Griffstangen
- vier Oberschränke, davon 1 Oberschrank mit Sichtseite, Schränke jeweils mit 2 Fachböden und Tür, ohne Griffstangen, die Türen und die Sichtseiten unten ca. 15 mm überstehend
- ein Oberschrank, vorgerüstet für integrierbaren Dunstabzug, innenliegender Blende des Abzugs und Regalfächern, eine Türe mit Griffstange
- eine Rückwand zwischen Unter- und Oberschrank, ca. 30 mm vor der Betonwand geführt, einschl. Unterkonstruktion
- eine Arbeitsplatte, bündig mit Unterschrank, einschl. zweier Ausschnitte für Spül- und Abtropfbecken und Kochfeld, Sichtkante zweiseitig (vorne und seitlich) mit Multiplex-Anleimer; Sockel, einschl. Zuluft-Lüftungsgitter für Kühlschrank Be- und Entlüftung

Oberflächen:

- alle Korpusse: melaminharzbeschichtet
- Arbeitsplatte: melaminharzbeschichtet
- Farbe: .....

Einbauort: **Geschoss / Raum**: .....

1.859€ 3.954€ **4.853€** 5.934€ 7.911€ [St] ⏱ 7,50h/St 027.000.042

Nr.	Kurztext / Langtext						Kostengruppe
▶	▷	ø netto €	◁	◀	[Einheit]	Ausf.-Dauer	Positionsnummer

Kosten:
Stand 1.Quartal 2025
Bundesdurchschnitt

55 Teeküche, melaminharzbeschichtet — KG 381

Teeküche mit Arbeitsplatte, Unter- und Oberschränken aus melaminharzbeschichteten Holzwerkstoffplatten.
Arbeitshöhe: ca. 860 mm
Tiefe: ca. 630 mm
Bestehend aus:

- 4 Unterschränke 600 x 600 mm
- 1 Arbeitsplatte 2.400 x 630 mm
- 4 Oberschränke 600 x 380 mm

Ausführung:

- ein Unterschrank mit seitlicher Sichtseite, bündig mit Arbeitsplatte, mit fünf Auszügen, einschl. zwei Besteckeinsätzen und 5 Griffstangen
- ein Unterschrank mit seitlicher Sichtseite, für Kochfeld mit integriertem Schaltkasten, unten mit feststehender Blende, ein Tür und Abfallsammler mit selbst öffnendem Deckel für getrennte Müllsortierung (3 Behälter), eine Griffstange
- ein Unterschrank, für integrierbare Spülmaschine
- vier Oberschränke, davon ein Oberschrank mit Sichtseite, Schränke jeweils mit zwei Fachböden und Tür, ohne Griffstangen, die Türen und die Sichtseiten unten ca. 15 mm überstehend, ein Oberschrank vorgerüstet für integrierbaren Dunstabzug, mit innenliegender Blende des Abzugs und Regalfächern
- eine Arbeitsplatte als Dreischichtplatte, seitlich bündig mit Unterschränken, einschl. einem Ausschnitt für Kochfeld, Sichtkante zweiseitig (vorne und seitlich) mit Multiplex-Anleimer; Sockel

Oberflächen:

- alle Korpusse: melaminharzbeschichtet, Farbe: .....
- Arbeitsplatte: Dekor .....

Einbauort: **Geschoss / Raum**: .....

▶	▷	ø	◁	◀	Einheit	Ausf.-Dauer	Positionsnummer
2.110€	4.711€	**5.557€**	7.467€	11.298€	[St]	⏱ 6,00h/St	027.000.041

56 Unterschrank, Küche, bis 600mm — KG 381

Unterschrank für Küche, vorn und seitlich Sichtseiten, unten mit feststehender Blende, mit 3 Einlege-Fachböden sowie einer Tür mit Griffstange.
Material: Gütespanplatte
Oberflächen: melaminharzbeschichtet
Farbe: .....
Schrankgröße: 600 x 600 mm
Arbeitshöhe: 860 mm
Griffstange: 550 mm
Vorgerichtet für: Kochfeld mit integriertem Schaltkasten

▶	▷	ø	◁	◀	Einheit	Ausf.-Dauer	Positionsnummer
244€	485€	**599€**	737€	1.042€	[St]	⏱ 0,60h/St	027.000.043

57 Oberschrank, Küche, bis 600mm — KG 381

Oberschrank für Küche, vorn und seitlich Sichtseiten, mit 3 Einlege-Fachböden sowie einer Tür mit Griffstange.
Material: Gütespanplatte
Oberflächen: melaminharzbeschichtet
Farbe: .....
Schrankgröße: 600 x 450 mm
Schrankhöhe: 700 mm
Griffstange: 500 mm
Untergrund: .....

▶	▷	ø	◁	◀	Einheit	Ausf.-Dauer	Positionsnummer
196€	314€	**336€**	390€	492€	[St]	⏱ 1,00h/St	027.000.044

▶ min
▷ von
ø Mittel
◁ bis
◀ max

58 **Treppenstufe, Holz** KG **353**

Treppenstufe aus Massivholz, feingehobelt und geschliffen, auf bauseitiger Stahlbetonunterkonstruktion, schallentkoppelt verlegt, unsichtbar befestigt, Vorderkante gerundet. Endstufen nach gesonderter Position.
Material: Eiche massiv, d= 42 mm
Setzstufen: **..... mm Untertritt / bündig ohne Untertritt**
Stufenbreite: .....
Trittstufe Tiefe: .....
Setzstufe Höhe: ....
Oberfläche: transparent beschichtet
Steigungsverhältnis Treppe: ..... x .....

92€ 173€ **213€** 298€ 551€ [St] ⏱ 0,14h/St 027.000.045

59 **Handlauf-Profil, Holz** KG **359**

Holz-Handlauf aus Massivholz, steigend und eben, in verschiedenen Längen, Stab unten gefräst, für Anschluss an bauseitiges Stahl-Tragprofil, Befestigung von unten mit Senkkopfschrauben. Wandlaufhalter, Rundungen und **Abkröpfung / Gehrung** nach gesonderter Position.
Einbau: **außen / innen**
Material: Buche
Durchmesser Handlauf: **30 / 40** mm
Oberfläche: **geschliffen und poliert, natur / transparent lackiert**
Nutmaß: ca. 20 x 5 mm
Untergrund: .....

39€ 66€ **73€** 92€ 129€ [m] ⏱ 0,25h/m 027.000.046

60 **Geländer, gerade, Rundstabholz** KG **359**

Geländer als Holzkonstruktion mit Handlauf aus geformtem Vollholzprofil und Füllung aus senkrechten Vollstäben, auf bauseitige Treppenwangen, Befestigungen des Handlaufs an den Enden an die aufgehenden Wände mittels Schrauben und Dübeln.
Gesamthöhe: ca. 1,00 m
Länge: .....
Geländerform: .....
Material Handlauf und Füllstäbe: **Eiche / Buche**
Handlauf: Rundstab D = 42,4 mm
Senkrechte Füllstäbe: Rundstab D = ... mm
Oberflächen: **geschliffen und poliert / transparent lackiert**
Untergrund: .....

271€ 430€ **474€** 557€ 755€ [m] ⏱ 0,70h/m 027.000.047

61 **Stundensatz, Facharbeiter/-in**

Stundenlohnarbeiten für Vorarbeiter/-in, Facharbeiter/-in und Gleichgestellte. Verrechnungssatz für die jeweilige Arbeitskraft inkl. aller Aufwendungen wie Lohn- und Gehaltskosten, Lohn- und Gehaltsnebenkosten, Zuschläge, lohngebundene und lohnabhängige Kosten, sonstige Sozialkosten, Gemeinkosten, Wagnis und Gewinn. Leistung nach besonderer Anordnung der Bauüberwachung. Anmeldung und Nachweis gem. VOB/B.

61€ 73€ **79€** 83€ 93€ [h] ⏱ 1,00h/h 027.000.079

Nr.	Kurztext / Langtext						Kostengruppe
▶	▷	**ø netto €**	◁	◀	[Einheit]	Ausf.-Dauer	Positionsnummer

62 Stundensatz, Helfer/-in

Stundenlohnarbeiten für Werker/-in, Helfer/-in und Gleichgestellte. Verrechnungssatz für die jeweilige Arbeitskraft inkl. aller Aufwendungen wie Lohn- und Gehaltskosten, Lohn- und Gehaltsnebenkosten, Zuschläge, lohngebundene und lohnabhängige Kosten, sonstige Sozialkosten, Gemeinkosten, Wagnis und Gewinn. Leistung nach besonderer Anordnung der Bauüberwachung. Anmeldung und Nachweis gem. VOB/B.

46€	55€	**60€**	65€	74€	[h]	⏱ 1,00h/h	027.000.080

Kosten:
Stand 1. Quartal 2025
Bundesdurchschnitt

▶ min
▷ von
ø Mittel
◁ bis
◀ max

023
024
025
026
027
028
029
030
031
032
033
034
036
037
038
039

028

Kosten:
Stand 1. Quartal 2025
Bundesdurchschnitt

► min
▷ von
ø Mittel
◁ bis
◀ max

Nr.	Positionen	Einheit	►	▷	ø brutto € / ø netto €	◁	◀
1	Untergrund reinigen	m²	0,6	1,2	**1,4**	2,2	3,8
			0,5	1,0	**1,2**	1,8	3,2
2	Sinterschicht abschleifen	m²	1	2	**3**	4	6
			1,0	2,0	**2,4**	3,1	4,8
3	Zementestrich anschleifen	m²	1	2	**3**	4	6
			1,0	2,1	**2,4**	3,3	5,3
4	Untergrund prüfen, Haftzugfestigkeit	St	31	38	**40**	45	51
			26	32	**34**	38	43
5	Untergrund vorstreichen, Haftgrund	m²	2	3	**4**	5	6
			1	3	**3**	4	5
6	Trennlage, Baumwollfilz	m²	2	4	**5**	6	8
			2	4	**4**	5	7
7	Unterlage, Rippenpappe	m²	3	5	**6**	7	9
			3	4	**5**	5	8
8	Unterlage, Korkschrotpappe	m²	–	10	**14**	18	–
			–	8	**12**	15	–
9	Unterboden, Holzspanplatte P2, 28mm	m²	–	42	**51**	67	–
			–	36	**42**	56	–
10	Blindboden, Nadelholz	m²	34	53	**67**	68	79
			28	45	**56**	57	67
11	Dielenbodenbelag, Fichte, 24mm	m²	225	249	**271**	295	317
			189	209	**228**	248	266
12	Dielenbodenbelag, Lärche, 24mm	m²	227	252	**277**	299	321
			191	212	**233**	251	270
13	Dielenbodenbelag, Ahorn, 22mm	m²	249	270	**300**	327	351
			209	227	**252**	275	295
14	Dielenbodenbelag, Esche, 22mm	m²	204	222	**249**	269	291
			172	186	**209**	226	245
15	Dielenbodenbelag, Eiche, 22mm	m²	191	207	**233**	252	275
			160	174	**196**	211	231
16	Stabparkett, Eiche, 22mm	m²	120	142	**156**	168	192
			101	120	**131**	141	161
17	Stabparkett, Buche, 22mm	m²	114	152	**160**	176	215
			96	128	**134**	148	180
18	Vollholzparkett, Hochkantlamellen, Eiche, bis 12mm	m²	79	93	**99**	105	116
			66	78	**83**	89	97
19	Fertigparkett, Ahorn, 14mm, versiegelt	m²	88	114	**126**	130	143
			74	96	**106**	109	120
20	Fertigparkett, Eiche 14mm, versiegelt	m²	119	132	**146**	169	183
			100	111	**122**	142	154
21	Fertigparkett, Esche, 14mm, versiegelt	m²	113	125	**136**	156	172
			95	105	**114**	131	145
22	Fertigparkett, Buche, 14mm, versiegelt	m²	107	119	**131**	149	165
			90	100	**110**	126	139
23	Lamparkett, Eiche, 10mm	m²	88	131	**178**	200	251
			74	110	**149**	168	211
24	Lamparkett, Ahorn, 10mm	m³	–	131	**185**	207	–
			–	110	**155**	174	–

Nr.	Positionen	Einheit	▶	▷	ø brutto € / ø netto €	◁	◀
25	Lamparkett, Esche, 10mm	m²	–	125	**175**	197	–
			–	105	**147**	166	–
26	Mosaikparkett, Eiche, 8mm	m²	65	83	**94**	103	135
			54	70	**79**	87	114
27	Mosaikparkett, Esche, 8mm	m²	–	107	**125**	137	–
			–	90	**105**	115	–
28	Mosaikparkett, Buche, 8mm	m²	–	106	**117**	136	–
			–	89	**98**	114	–
29	Holzpflaster, bis 50mm	m²	114	134	**136**	143	153
			96	112	**114**	120	129
30	Vollholzparkett schleifen	m²	13	18	**20**	21	28
			11	15	**17**	18	24
31	Vollholzparkett beschichten	m²	16	22	**24**	30	39
			14	18	**20**	25	33
32	Randstreifen abschneiden	m	0,5	0,7	**0,8**	1,0	1,4
			0,4	0,6	**0,6**	0,8	1,2
33	Randabschluss, Korkstreifen, Dehnfuge	m	5	9	**11**	13	19
			4	8	**9**	11	16
34	Sockelleiste, Buche	m	12	15	**17**	20	26
			10	13	**14**	17	22
35	Sockelleiste, Eiche	m	12	18	**20**	23	30
			10	15	**17**	19	25
36	Sockelleiste, Ahorn	m	14	17	**19**	22	28
			12	15	**16**	19	23
37	Eckausbildung, vorgefertigt, Sockelleiste	St	0,6	2,3	**2,8**	3,7	5,3
			0,5	1,9	**2,4**	3,1	4,4
38	Parkettbelag anarbeiten, gerade	m	8	15	**18**	20	28
			7	13	**15**	17	23
39	Parkettbelag anarbeiten, schräg	m	12	18	**19**	22	29
			10	15	**16**	19	24
40	Aussparung, Parkett	St	24	43	**51**	59	77
			21	36	**43**	50	65
41	Trennschiene, Metall	m	19	27	**30**	36	53
			16	22	**25**	31	44
42	Übergangsprofil/Abdeckschiene, nichtrostender Stahl	m	21	30	**35**	39	49
			17	26	**30**	32	41
43	Übergangsprofil/Abdeckschiene, Aluminium	m	19	30	**34**	39	49
			16	25	**29**	33	41
44	Übergangsprofil/Abdeckschiene, Messing	m	20	33	**38**	46	63
			17	28	**32**	39	53
45	Verfugung, elastisch, Silikon	m	7	10	**10**	13	15
			6	8	**9**	11	13
46	Erstpflege, Parkettbelag	m²	3	5	**6**	9	13
			2	4	**5**	7	11
47	Schutzabdeckung, Platten/Folie	m²	4	6	**7**	8	9
			3	5	**6**	6	8

Parkett-, Holzpflasterarbeiten **Preise €**

Nr.	Positionen	Einheit	►	▷	ø brutto € / ø netto €	◁	◄
48	Stundensatz, Facharbeiter/-in	h	73	81	**85**	89	96
			61	68	**72**	74	81
49	Stundensatz, Helfer/-in	h	58	66	**70**	75	82
			49	56	**59**	63	69

Nr. **Kurztext** / Langtext — Kostengruppe

► ▷ **ø netto €** ◁ ◄ [Einheit] Ausf.-Dauer Positionsnummer

1 Untergrund reinigen KG **353**

Untergrund von groben Verschmutzungen reinigen, anfallende Stoffe aufnehmen, in Behältnis des AN sammeln, abfahren und entsorgen. Abfall ist nicht gefährlich, nicht schadstoffbelastet.

0,5€ 1,0€ **1,2€** 1,8€ 3,2€ [m²] ⏱ 0,02 h/m² 028.000.001

2 Sinterschicht abschleifen KG **353**

Sinterschicht von Calciumsulfatestrichen abschleifen, Staub absaugen, sortieren und in Container des AN lagern. Inkl. Abfahren und Entsorgen auf Nachweis.
Geforderte Ebenheit: Tabelle 3 **Zeile 3 / Zeile 4** DIN 18202

1,0€ 2,0€ **2,4€** 3,1€ 4,8€ [m²] ⏱ 0,06 h/m² 028.000.072

3 Zementestrich anschleifen KG **353**

Zement-Estrich anschleifen als Vorbereitung für Bodenverlegung, Schleifgut sammeln, aufnehmen sortieren und in Container des AN lagern. Inkl. Abfahren und Entsorgen auf Nachweis.
Estrichoberfläche: .....
Geforderte Ebenheit: Tabelle 3 **Zeile 3 / Zeile 4** DIN 18202

1,0€ 2,1€ **2,4€** 3,3€ 5,3€ [m²] ⏱ 0,06 h/m² 028.000.071

4 Untergrund prüfen, Haftzugfestigkeit KG **353**

Untergrund des Parkettbelags durch Haftzugprüfung prüfen. Preis je Prüfung inkl. Protokollierung und Übergabe an den Auftraggeber.
Untergrund: .....
Hinweis: Nur über Prüfpflicht des Auftragnehmers hinausgehende Leistung.

26€ 32€ **34€** 38€ 43€ [St] ⏱ 0,50 h/St 028.000.067

5 Untergrund vorstreichen, Haftgrund KG **353**

Voranstrich für Verklebung der Parkettbeläge.
Untergrund: .....

1€ 3€ **3€** 4€ 5€ [m²] ⏱ 0,03 h/m² 028.000.004

Kosten:
Stand 1. Quartal 2025
Bundesdurchschnitt

► min
▷ von
ø Mittel
◁ bis
◄ max

Nr.	Kurztext / Langtext						Kostengruppe
▶	▷	**ø netto €**	◁	◀	[Einheit]	Ausf.-Dauer	Positionsnummer

6 Trennlage, Baumwollfilz KG **353**

Trennlage auf Estrich aus Baumwollfilz, einlagig, unter nachfolgenden Bodenbelag.
Estrich: .....
Dicke Trennlage: 6 mm
Angeb. Fabrikat: .....

2€ | 4€ | **4€** | 5€ | 7€ | [m2] | ⏱ 0,03 h/m2 | 028.000.006

7 Unterlage, Rippenpappe KG **353**

Unterlage für Bodenbelag aus Rippenpappe, auf Zementestrich.
Dicke: 2,5 mm

3€ | 4€ | **5€** | 5€ | 8€ | [m2] | ⏱ 0,04 h/m2 | 028.000.049

8 Unterlage, Korkschrotpappe KG **353**

Unterlage aus gepressten Korkbahnen, auf Estrich.
Dicke: 3,2 mm

– | 8€ | **12€** | 15€ | – | [m2] | ⏱ 0,05 h/m2 | 028.000.050

9 Unterboden, Holzspanplatte P2, 28mm KG **353**

Unterboden für Parkettbelag, aus kunstharzgebundenen Holzspanplatten, mit Nut-Feder-Verbindung, für schwimmende Verlegung, Platten verleimen und mechanisch befestigen.
Untergrund: Holzkonstruktion
Plattentyp: P2
Emissionsklasse: E1
Plattendicke: 28 mm

– | 36€ | **42€** | 56€ | – | [m2] | ⏱ 0,26 h/m2 | 028.000.053

10 Blindboden, Nadelholz KG **353**

Blindboden aus gespundeter, einseitig gehobelter Schalung, auf Deckenbalken, als Untergrund für Parkettbelag.
Holzart: .....
Güteklasse: .....
Brettdicke: 24 mm
Brettbreite: .....

28€ | 45€ | **56€** | 57€ | 67€ | [m2] | ⏱ 0,45 h/m2 | 028.000.025

A 2 Dielenbodenbelag, Nadelholz Beschreibung für Pos. **11-12**

Fußbodenbelag aus massiven Nadelholzdielen DIN EN 13990, gehobelt und geschliffen, parallel zur Wand im Verband verlegen; mit Parkettklebstoff und regelmäßigem Stoß, unter Beachtung der TRGS 610.

11 Dielenbodenbelag, Fichte, 24mm KG **353**

Wie Ausführungsbeschreibung A 2
Holzart: Fichte PCAB
Sortierung: .....
Feuchtegehalt: .....
Dicke: 24 mm
Format (B x L): ..... x .....

189€ | 209€ | **228€** | 248€ | 266€ | [m2] | ⏱ 0,95 h/m2 | 028.000.078

Kosten:
Stand 1. Quartal 2025
Bundesdurchschnitt

► min
▷ von
ø Mittel
◁ bis
◀ max

Nr.	**Kurztext** / Langtext						Kostengruppe
►	▷	**ø netto €**	◁	◀	[Einheit]	Ausf.-Dauer	Positionsnummer

12 Dielenbodenbelag, Lärche, 24mm — KG **353**

Wie Ausführungsbeschreibung A 2
Holzart: Lärche LADC
Sortierung: .....
Feuchtegehalt: .....
Dicke: 24 mm
Format (B x L): ..... x .....

191€	212€	**233€**	251€	270€	[m2]	⏱ 0,95h/m2	028.000.070

A 3 Dielenboden, Laubholz — Beschreibung für Pos. **13-15**

Fußbodenbelag aus massiven Laubholzdielen DIN EN 13629, gehobelt und geschliffen, parallel zur Wand im Verband, mit regelmäßigem Stoß, mit Parkettklebstoff, unter Beachtung der TRGS 610, verlegen.

13 Dielenbodenbelag, Ahorn, 22mm — KG **353**

Wie Ausführungsbeschreibung A 3
Holzart: Ahorn
Sortierung: .....
Feuchtegehalt: .....
Dicke: 22 mm
Format (B x L): ..... x .....

209€	227€	**252€**	275€	295€	[m2]	⏱ 0,95h/m2	028.000.079

14 Dielenbodenbelag, Esche, 22mm — KG **353**

Wie Ausführungsbeschreibung A 3
Holzart: Esche FXEX
Sortierung: .....
Feuchtegehalt: .....
Dicke: 22 mm
Format (B x L): ..... x .....

172€	186€	**209€**	226€	245€	[m2]	⏱ 0,95h/m2	028.000.080

15 Dielenbodenbelag, Eiche, 22mm — KG **353**

Wie Ausführungsbeschreibung A 3
Holzart: Eiche QCXE
Sortierung: .....
Feuchtegehalt: .....
Dicke: 22 mm
Format (B x L): ..... x .....

160€	174€	**196€**	211€	231€	[m2]	⏱ 0,95h/m2	028.000.007

Nr.	Kurztext / Langtext						Kostengruppe
▶	▷	**ø netto €**	◁	◀	[Einheit]	Ausf.-Dauer	Positionsnummer

A 4 Stabparkett, 22mm — Beschreibung für Pos. **16-17**

Parkett aus Massivholz-Elementen (Parkettstäben) mit Nut und Feder, mit Parkettklebstoff unter Beachtung der TRGS 617 verlegen. Oberfläche nach dem Verlegen schleifen.

16 Stabparkett, Eiche, 22mm — KG **353**

Wie Ausführungsbeschreibung A 4
Einbauort: .....
Untergrund: .....
Holzart: Eiche QCXE
Sortierung: .....
Fußboden-Heizung: .....
Anordnung/Optik: .....
Stoßausbildung: .....
Parkettformat (B x L): ..... x .....
Dicke: 22 mm
Farbe/Struktur: festgelegt von AG, nach Bemusterung

101€	120€	**131€**	141€	161€	[m2]	⏱ 0,70h/m2	028.000.034

17 Stabparkett, Buche, 22mm — KG **353**

Wie Ausführungsbeschreibung A 4
Einbauort: .....
Untergrund: .....
Holzart: Buche FASY, gedämpft
Sortierung: .....
Fußboden-Heizung: .....
Anordnung/Optik: .....
Stoßausbildung: .....
Parkettformat (B x L): ..... x .....
Dicke: 22 mm
Farbe/Struktur: festgelegt von AG, nach Bemusterung

96€	128€	**134€**	148€	180€	[m2]	⏱ 0,70h/m2	028.000.035

18 Vollholzparkett, Hochkantlamellen, Eiche, bis 12mm — KG **353**

Vollholzparkett mit Hochkantlamellen, mit Parkettklebstoff unter Beachtung der TRGS 610 verlegen. Oberfläche nach dem Verlegen schleifen.
Einbauort: .....
Untergrund: .....
Holzart: Eiche QCXR
Sortierung: .....
Fußboden-Heizung: .....
Anordnung/Optik: .....
Parkettformat (B x L): ..... x .....
Dicke: bis 22 mm
Farbe/Struktur: festgelegt von AG, nach Bemusterung

66€	78€	**83€**	89€	97€	[m2]	⏱ 0,60h/m2	028.000.032

Nr.	Kurztext / Langtext						Kostengruppe
▶	▷	ø netto €	◁	◀	[Einheit]	Ausf.-Dauer	Positionsnummer

A 6 Mehrschicht-/Fertigparkett, versiegelt — Beschreibung für Pos. **19-22**

Mehrschichtparkettelemente (Fertigparkett) in Dielenform, werksseitig versiegelt, mit Parkettklebstoff unter Beachtung der TRGS 610 verlegen.

19 Fertigparkett, Ahorn, 14mm, versiegelt — KG **353**

Wie Ausführungsbeschreibung A 6
Einbauort: .....
Untergrund: .....
Holzart: Ahorn
Sortierung: .....
Fußboden-Heizung: .....
Anordnung/Optik: .....
Stoßausbildung: .....
Parkettformat (B x L): ..... x .....
Dicke: 14 mm
Nutzschicht: mind. 2,5 mm
Farbe/Struktur: festgelegt von AG, nach Bemusterung

▶	▷	ø	◁	◀	Einheit	Ausf.-Dauer	Positionsnummer
74€	96€	**106€**	109€	120€	[m²]	⏱ 0,40h/m²	028.000.013

Kosten:
Stand 1.Quartal 2025
Bundesdurchschnitt

20 Fertigparkett, Eiche 14mm, versiegelt — KG **353**

Wie Ausführungsbeschreibung A 6
Einbauort: .....
Untergrund: .....
Holzart: Eiche OCXE
Sortierung: .....
Fußboden-Heizung: .....
Anordnung/Optik: .....
Stoßausbildung: .....
Parkettformat (B x L): ..... x .....
Dicke: 14 mm
Nutzschicht: mind. 2,5 mm
Farbe/Struktur: festgelegt von AG, nach Bemusterung

▶	▷	ø	◁	◀	Einheit	Ausf.-Dauer	Positionsnummer
100€	111€	**122€**	142€	154€	[m²]	⏱ 0,40h/m²	028.000.058

21 Fertigparkett, Esche, 14mm, versiegelt — KG **353**

Wie Ausführungsbeschreibung A 6
Einbauort: .....
Untergrund: .....
Holzart: Esche FXEX
Sortierung: .....
Fußboden-Heizung: .....
Anordnung/Optik: .....
Stoßausbildung: .....
Parkettformat (B x L): ..... x .....
Dicke: 14 mm
Nutzschicht: mind. 2,5 mm
Farbe/Struktur: festgelegt von AG, nach Bemusterung

▶	▷	ø	◁	◀	Einheit	Ausf.-Dauer	Positionsnummer
95€	105€	**114€**	131€	145€	[m²]	⏱ 0,40h/m²	028.000.059

▶ min
▷ von
ø Mittel
◁ bis
◀ max

Nr.	Kurztext / Langtext						Kostengruppe
▶	▷	**ø netto €**	◁	◀	[Einheit]	Ausf.-Dauer	Positionsnummer

22 Fertigparkett, Buche, 14mm, versiegelt KG **353**

Wie Ausführungsbeschreibung A 6
Einbauort: .....
Untergrund: .....
Holzart: Buche FASY
Sortierung: .....
Fußboden-Heizung: .....
Anordnung/Optik: .....
Stoßausbildung: .....
Parkettformat (B x L): ..... x .....
Dicke: 14 mm
Nutzschicht: mind. 2,5 mm
Farbe/Struktur: festgelegt von AG, nach Bemusterung

90€	100€	**110€**	126€	139€	[m²]	⏱ 0,40h/m²	028.000.060

A 7 Lamparkett, 10mm Beschreibung für Pos. **23-25**

Lamparkett (Dünnparkett) mit Parkettklebstoff unter Beachtung der TRGS 610 verlegen. Oberfläche nach dem Verlegen schleifen.

23 Lamparkett, Eiche, 10mm KG **353**

Wie Ausführungsbeschreibung A 7
Einbauort: .....
Untergrund: .....
Holzart: Eiche QCXE
Sortierung: .....
Fußboden-Heizung: .....
Parkettformat (B x L): ..... x .....
Dicke: 10 mm
Farbe/Struktur: festgelegt von AG, nach Bemusterung

74€	110€	**149€**	168€	211€	[m²]	⏱ 0,65h/m²	028.000.036

24 Lamparkett, Ahorn, 10mm KG **353**

Wie Ausführungsbeschreibung A 7
Einbauort: .....
Untergrund: .....
Holzart: Ahorn
Sortierung: .....
Fußboden-Heizung: .....
Parkettformat (B x L): ..... x .....
Dicke: 10 mm
Farbe/Struktur: festgelegt von AG, nach Bemusterung

–	110€	**155€**	174€	–	[m³]	⏱ 0,65h/m³	028.000.061

023
024
025
026
027
028
029
030
031
032
033
034
036
037
038
039

Kosten:
Stand 1. Quartal 2025
Bundesdurchschnitt

Nr.	Kurztext / Langtext						Kostengruppe
▶	▷	**ø netto €**	◁	◀	[Einheit]	Ausf.-Dauer	Positionsnummer

25 **Lamparkett, Esche, 10mm** KG **353**

Wie Ausführungsbeschreibung A 7
Einbauort: .....
Untergrund: .....
Holzart: Esche FXEX
Sortierung: .....
Fußboden-Heizung: .....
Parkettformat (B x L): ..... x .....
Dicke: 10 mm
Farbe/Struktur: festgelegt von AG, nach Bemusterung

▶	▷	ø netto €	◁	◀	[Einheit]	Ausf.-Dauer	Positionsnummer
–	105€	**147€**	166€	–	[m²]	⏱ 0,65h/m²	028.000.062

A 8 **Mosaikparkett, 8mm,** Beschreibung für Pos. **26-28**

Parkett aus Mosaikparkettelementen, mit Parkettklebstoff unter Beachtung der TRGS 610 verlegen. Oberfläche nach dem Verlegen schleifen.

26 **Mosaikparkett, Eiche, 8mm** KG **353**

Wie Ausführungsbeschreibung A 8
Einbauort: .....
Untergrund: .....
Holzart: Eiche QCXE
Sortierung: .....
Fußboden-Heizung: .....
Parkettformat (B x L): ..... x .....
Dicke: 8 mm
Farbe/Struktur: festgelegt von AG, nach Bemusterung

▶	▷	ø netto €	◁	◀	[Einheit]	Ausf.-Dauer	Positionsnummer
54€	70€	**79€**	87€	114€	[m²]	⏱ 0,50h/m²	028.000.037

27 **Mosaikparkett, Esche, 8mm** KG **353**

Wie Ausführungsbeschreibung A 8
Einbauort: .....
Untergrund: .....
Holzart: Esche FXEX
Sortierung: .....
Fußboden-Heizung: .....
Parkettformat (B x L): ..... x .....
Dicke: 8 mm
Farbe/Struktur: festgelegt von AG, nach Bemusterung

▶	▷	ø netto €	◁	◀	[Einheit]	Ausf.-Dauer	Positionsnummer
–	90€	**105€**	115€	–	[m²]	⏱ 0,50h/m²	028.000.063

▶ min
▷ von
ø Mittel
◁ bis
◀ max

Nr.	Kurztext / Langtext						Kostengruppe
▶	▷	ø netto €	◁	◀	[Einheit]	Ausf.-Dauer	Positionsnummer

28 Mosaikparkett, Buche, 8mm KG **353**

Wie Ausführungsbeschreibung A 8
Einbauort: .....
Untergrund: .....
Holzart: Buche, FASY gedämpft
Sortierung: .....
Fußboden-Heizung: .....
Parkettformat (B x L): ..... x .....
Dicke: 8 mm
Farbe/Struktur: festgelegt von AG, nach Bemusterung

–	89€	**98€**	114€	–	[m²]	⏱ 0,50h/m²	028.000.064

29 Holzpflaster, bis 50mm KG **353**

Holzpflaster im Verband, vollflächig verklebt, unter Beachtung der TRGS 610 verlegen. Oberfläche nach dem Verlegen schleifen.
Einbauort: .....
Untergrund: .....
Holzart: .....
Format (B x H): ..... x .....
Dicke: bis 50 mm
Farbe/Struktur: festgelegt von AG, nach Bemusterung

96€	112€	**114€**	120€	129€	[m²]	⏱ 0,85h/m²	028.000.044

30 Vollholzparkett schleifen KG **353**

Parkettböden für Oberflächenbehandlung schleifen und reinigen, inkl. Schleifgut entsorgen.
Schleifkörnung: bis Körnung 180
Parkett: .....
Holzart: .....

11€	15€	**17€**	18€	24€	[m²]	⏱ 0,15h/m²	028.000.010

31 Vollholzparkett beschichten KG **353**

Geschliffene Rohböden mit Vollholz-Parkettoberfläche beschichten.
Beschichtung: .....
Parkett: .....
Angeb. Fabrikat: .....

14€	18€	**20€**	25€	33€	[m²]	⏱ 0,20h/m²	028.000.011

32 Randstreifen abschneiden KG **353**

Abschneiden des Überstandes des Randdämmstreifens für Bodenbelagsarbeiten.
Werkstoff Randstreifen: .....

0,4€	0,6€	**0,6€**	0,8€	1,2€	[m]	⏱ 0,01h/m	028.000.023

33 Randabschluss, Korkstreifen, Dehnfuge KG **353**

Sichtbar bleibende Randfuge in Parkettfußboden, mit Kork, einschl. Fugenvorbereitung und -hinterfüllung, Fugenbreite bis 10mm.

4€	8€	**9€**	11€	16€	[m]	⏱ 0,10h/m	028.000.020

Nr.	Kurztext / Langtext							Kostengruppe
▶	▷	**ø netto €**	◁	◀	[Einheit]	Ausf.-Dauer		Positionsnummer

34 Sockelleiste, Buche KG **353**

Sockelleiste mit gerundetem Viertelstab, Stöße und Stirnseiten schräg abgeschnitten.
Untergrund: .....
Holzart: Buche FASY
Profil: 14 x 14 mm
Oberfläche: farblos matt lackiert
Befestigung: Nägel

10€ | 13€ | **14€** | 17€ | 22€ | [m] | ⏱ 0,08h/m | 028.000.014

35 Sockelleiste, Eiche KG **353**

Sockelleiste mit Rechteckprofil, Stöße und Stirnseiten schräg abgeschnitten.
Holzart: Eiche QCXE
Profil: ..... x .....
Oberfläche: farblos matt lackiert
Befestigung: Senkkopf-Schrauben, verdübelt

10€ | 15€ | **17€** | 19€ | 25€ | [m] | ⏱ 0,08h/m | 028.000.015

36 Sockelleiste, Ahorn KG **353**

Sockelleiste mit gerundetem Schmetterlings-Profil, Stöße und Stirnseiten schräg abgeschnitten.
Holzart: Ahorn
Profil: 25 x 25 mm
Oberfläche: farblos matt lackiert
Befestigung: Nägel

12€ | 15€ | **16€** | 19€ | 23€ | [m] | ⏱ 0,08h/m | 028.000.016

37 Eckausbildung, vorgefertigt, Sockelleiste KG **353**

Eckausbildung der Sockelleiste, Ausführung mit vorgefertigten Innen- und Außenecken.
Leistenprofil: ..... x .....
Holzart: .....
Höhe: .....
Holzdicke: .....

0,5€ | 1,9€ | **2,4€** | 3,1€ | 4,4€ | [St] | ⏱ 0,02h/St | 028.000.045

38 Parkettbelag anarbeiten, gerade KG **353**

Parkettbelag an nicht mit Leisten überdeckte Anschlüsse anarbeiten, wie Randfriese, raumhohe Fenster, Treppenaugen, etc.
Parkett: .....
Parkettdicke: .....

7€ | 13€ | **15€** | 17€ | 23€ | [m] | ⏱ 0,25h/m | 028.000.017

39 Parkettbelag anarbeiten, schräg KG **353**

Parkettbelag anarbeiten an nicht parallel zur Verlegerichtung verlaufende, lineare Bauteile.
Parkettart: **Hochkantlamelle / Stabparkett / .....**
Dicke: .....

10€ | 15€ | **16€** | 19€ | 24€ | [m] | ⏱ 0,25h/m | 028.000.046

Kosten:
Stand 1.Quartal 2025
Bundesdurchschnitt

▶ min
▷ von
ø Mittel
◁ bis
◀ max

Nr.	Kurztext / Langtext						Kostengruppe
▶	▷	**ø netto €**	◁	◀	[Einheit]	Ausf.-Dauer	Positionsnummer

40 Aussparung, Parkett — KG **353**

Öffnung oder Aussparung in Parkett herstellen.
Format: rechteckig
Abmessung: ..... x .....
Parkett: .....

21€	36€	**43€**	50€	65€	[St]	⏱ 0,30 h/St	028.000.027

41 Trennschiene, Metall — KG **353**

Metall-Trennschiene in Holz-Bodenbelag.
Material: .....
Schenkellänge: ..... x .....
Einbauort: Bodenbelagswechsel
Anker: .....
Untergrund: .....
Belag/Parkett: .....

16€	22€	**25€**	31€	44€	[m]	⏱ 0,12 h/m	028.000.021

A 9 Übergangsprofil/Abdeckschiene — Beschreibung für Pos. **42-44**

Abdeckschienen aus leicht gerundetem Profil, im Bereich des Belagwechsels unter dem Türblatt befestigen.

42 Übergangsprofil/Abdeckschiene, nichtrostender Stahl — KG **353**

Wie Ausführungsbeschreibung A 9
Material: nichtrostender Stahl
Oberfläche: .....
Belag/Parkett: .....

17€	26€	**30€**	32€	41€	[m]	⏱ 0,12 h/m	028.000.039

43 Übergangsprofil/Abdeckschiene, Aluminium — KG **353**

Wie Ausführungsbeschreibung A 9
Material: Aluminium, eloxiert
Oberfläche: .....
Belag/Parkett: .....

16€	25€	**29€**	33€	41€	[m]	⏱ 0,12 h/m	028.000.040

44 Übergangsprofil/Abdeckschiene, Messing — KG **353**

Wie Ausführungsbeschreibung A 9
Material: Messing
Oberfläche: .....
Belag/Parkett: .....

17€	28€	**32€**	39€	53€	[m]	⏱ 0,12 h/m	028.000.041

45 Verfugung, elastisch, Silikon — KG **353**

Bewegungsfuge in vollflächig verklebtem Parkettfußboden füllen, mit elastischem Dichtstoff.
Fugenbreite: bis 10 mm

6€	8€	**9€**	11€	13€	[m]	⏱ 0,05 h/m	028.000.022

Nr.	**Kurztext** / Langtext						Kostengruppe
▶	▷	**ø netto €**	◁	◀	[Einheit]	Ausf.-Dauer	Positionsnummer

46 Erstpflege, Parkettbelag KG **353**

Erstpflege des Parkettbelags, Leistungsausführung innerhalb einer Woche nach Aufforderung durch die Bauleitung des Architekten. Angestrebte Rutschhemmung: .....

2€	4€	**5€**	7€	11€	[m²]	⏱ 0,03 h/m²	028.000.024

47 Schutzabdeckung, Platten/Folie KG **353**

Parkettböden mit gewebeverstärkter Folie vor Beschädigungen der verlegten Böden schützen und abschließend wieder beseitigen. Schutzabdeckung: Holzplatte und PE-Folie

3€	5€	**6€**	6€	8€	[m²]	⏱ 0,05 h/m²	028.000.030

Kosten:
Stand 1. Quartal 2025
Bundesdurchschnitt

48 Stundensatz, Facharbeiter/-in

Stundenlohnarbeiten für Vorarbeiter/-in, Facharbeiter/-in und Gleichgestellte (z.B. Spezialbaufacharbeiter/-in, Baufacharbeiter/-in, Obermonteur/-in, Monteur/-in, Geselle/Gesellin, Maschinenführer/-in, Fahrer/-in und ähnliche Fachkräfte). Verrechnungssatz für die jeweilige Arbeitskraft inkl. aller Aufwendungen wie Lohn- und Gehaltskosten, Lohn- und Gehaltsnebenkosten, Zuschläge, lohngebundene und lohnabhängige Kosten, sonstige Sozialkosten, Gemeinkosten, Wagnis und Gewinn. Leistung nach besonderer Anordnung der Bauüberwachung. Anmeldung und Nachweis gem. VOB/B.

61€	68€	**72€**	74€	81€	[h]	⏱ 1,00 h/h	028.000.042

49 Stundensatz, Helfer/-in

Stundenlohnarbeiten für Werker/-in, Helfer/-in und Gleichgestellte. Verrechnungssatz für die jeweilige Arbeitskraft inkl. aller Aufwendungen wie Lohn- und Gehaltskosten, Lohn- und Gehaltsnebenkosten, Zuschläge, lohngebundene und lohnabhängige Kosten, sonstige Sozialkosten, Gemeinkosten, Wagnis und Gewinn. Leistung nach besonderer Anordnung der Bauüberwachung. Anmeldung und Nachweis gem. VOB/B.

49€	56€	**59€**	63€	69€	[h]	⏱ 1,00 h/h	028.000.043

▶ min
▷ von
ø Mittel
◁ bis
◀ max

029

Kosten:
Stand 1. Quartal 2025
Bundesdurchschnitt

► min
▷ von
ø Mittel
◁ bis
◄ max

Nr.	Positionen	Einheit	►	▷	ø brutto € / ø netto €	◁	◄
1	Fenstergriff, Aluminium	St	23	38	**44**	51	68
			19	32	**37**	43	57
2	Fenstergriff, Aluminium, abschließbar	St	35	76	**94**	113	173
			29	64	**79**	95	146
3	Drückergarnitur, Wohnungstür, Metall	St	189	270	**297**	330	410
			159	227	**250**	277	344
4	Drückergarnitur, Wohnungstür, Stahl-Nylon	St	46	75	**90**	109	153
			38	63	**75**	92	129
5	Drückergarnitur, Objekttür, Aluminium	St	74	108	**129**	151	196
			62	91	**108**	127	164
6	Drückergarnitur, niro	St	123	243	**290**	365	518
			104	204	**243**	307	435
7	Drückergarnitur, Objekttür, niro, barrierefrei	St	–	488	**548**	674	–
			–	410	**460**	566	–
8	Drückergarnitur, Objekttür, niro, Ellenbogenbetätigung	St	–	525	**604**	730	–
			–	441	**507**	614	–
9	Bad-/WC-Garnitur, Objektbereich, Aluminium	St	45	87	**106**	126	166
			38	73	**89**	106	140
10	Bad-/WC-Garnitur, Objektbereich, Edelstahl	St	73	192	**210**	248	356
			61	161	**176**	208	299
11	Stoßgriff, Tür, Aluminium	St	181	385	**485**	694	1.042
			152	323	**407**	583	876
12	Obentürschließer, einflüglige Tür	St	306	432	**467**	607	965
			257	363	**393**	510	811
13	Obentürschließer, zweiflüglige Tür	St	622	963	**1.172**	1.425	1.909
			523	809	**985**	1.197	1.604
14	Bodentürschließer, einflüglige Tür	St	650	705	**787**	876	987
			546	592	**661**	737	829
15	Obentürschließer Innentür ohne Anforderung	St	240	283	**286**	328	388
			202	237	**241**	276	326
16	Türantrieb, kraftbetätigte Tür, einflüglig	St	3.969	5.753	**6.535**	7.610	9.709
			3.335	4.835	**5.492**	6.395	8.159
17	Türantrieb, kraftbetätigte Tür, zweiflüglig	St	4.121	7.149	**8.407**	9.899	12.888
			3.463	6.008	**7.065**	8.318	10.831
18	Elektrischer Türantrieb	St	3.844	4.581	**5.266**	5.792	6.740
			3.230	3.850	**4.425**	4.867	5.664
19	Sensorleiste, Türblatt	St	703	948	**1.038**	1.189	1.544
			591	797	**872**	999	1.297
20	Fingerschutz, Türkante	St	127	238	**284**	347	462
			107	200	**239**	292	388
21	Türöffner elektrisch	St	120	218	**242**	331	610
			101	183	**203**	278	513
22	Fluchttürsicherung, elektrische Verriegelung	St	1.167	1.551	**1.787**	2.065	2.435
			981	1.303	**1.502**	1.735	2.046
23	Türstopper, Wandmontage	St	26	47	**54**	66	96
			22	40	**45**	55	81
24	Türstopper, Bodenmontage	St	21	41	**46**	60	93
			17	34	**38**	51	78

Nr.	Positionen	Einheit	►	▷	ø brutto € / ø netto €	◁	◄
25	Türspion, Aluminium	St	18	38	**45**	73	108
			15	32	**38**	62	90
26	Lüftungsprofil, Fenster	St	130	247	**291**	326	472
			109	208	**245**	274	397
27	Lüftungsgitter, Türblatt	St	41	69	**81**	101	171
			35	58	**68**	85	144
28	Halb-Schließzylinder	St	34	69	**85**	111	169
			29	58	**71**	93	142
29	Doppel-Schließzylinder	St	41	84	**99**	135	236
			34	70	**83**	113	198
30	Profilzylinderverlängerung, je 5mm	St	3	7	**8**	10	14
			3	6	**7**	9	11
31	Profilzylinderverlängerung, je 10mm	St	4	7	**9**	11	17
			3	6	**7**	10	14
32	Profilblindzylinder	St	15	25	**29**	43	68
			13	21	**25**	36	57
33	Generalhaupt-, Generalschlüssel	St	10	18	**21**	28	43
			8	15	**17**	23	36
34	Gruppen-, Hauptschlüssel	St	6	12	**14**	19	28
			5	10	**12**	16	23
35	Schlüssel, Buntbart	St	10	16	**18**	21	31
			8	14	**15**	18	26
36	Schlüsselschrank, wandhängend	St	136	369	**500**	586	1.159
			114	310	**421**	493	974
37	Riegelschloss	St	93	183	**234**	248	307
			78	154	**197**	209	258
38	Absenkdichtung, Tür	St	90	168	**197**	298	453
			76	141	**165**	250	381
39	Hausbriefkasten, Aufputz	St	1.807	1.985	**2.124**	2.159	2.241
			1.518	1.668	**1.785**	1.814	1.883
40	WC-Schild, taktil, Kunststoff	St	–	64	**74**	93	–
			–	54	**62**	78	–
41	WC-Schild, taktil, Aluminium	St	–	87	**98**	123	–
			–	73	**82**	103	–
42	Handlaufbeschriftung, taktil, Alu, 36,5/43, Blinden-/ Profilschrift	St	–	68	**79**	97	–
			–	57	**66**	82	–
43	Handlaufbeschriftung, taktil, Alu, 36,5/173, Blinden-/ Profilschrift	St	–	116	**133**	168	–
			–	97	**112**	141	–

Nr.	Kurztext / Langtext						Kostengruppe
▶	▷	ø netto €	◁	◀	[Einheit]	Ausf.-Dauer	Positionsnummer

1 Fenstergriff, Aluminium KG **334**

Fenstergriff, als RAL-geprüfte Konstruktion, inkl. Rosette. 4-Punkt-Kugelrastung, spürbarer Positionierung.
Ausführung: Dreh-Kipp-Griff
Form/Typ: .....
Benutzerkategorie DIN EN 1906: Klasse 2
Befestigung: unsichtbar
Dauerhaftigkeit DIN EN 1906: **6 / 7**
Rosette: **oval / eckig**
Material: Aluminium
Oberfläche: naturfarbig
Angeb. Fabrikat: .....

19€	32€	**37€**	43€	57€	[St]	⏱ 0,28h/St	029.000.013

Kosten:
Stand 1. Quartal 2025
Bundesdurchschnitt

2 Fenstergriff, Aluminium, abschließbar KG **334**

Fenstergriff, abschließbar, als RAL-geprüfte Konstruktion, Kugelrastung für spürbare Positionierung, inkl. Stift, Rosette und 3 Schlüssel.
Ausführung: Dreh-Kipp-Griff
Form/Typ: .....
Benutzerkategorie DIN EN 1906: Klasse 2
Befestigung: unsichtbar
Dauerhaftigkeit DIN EN 1906: **6 / 7**
Rosette: **oval / eckig**
Material: Aluminium
Oberfläche: .....
Angeb. Fabrikat: .....

29€	64€	**79€**	95€	146€	[St]	⏱ 0,30h/St	029.000.040

3 Drückergarnitur, Wohnungstür, Metall KG **344**

Drückergarnitur aus Metall, RAL-geprüfte Konstruktion, inkl. Drückerstift und Rosette mit Hochhaltefeder.
Türtyp: Wohnungstür
Türblattdicke: .....
Ausführung: **Normal- / Wechselgarnitur**
Form/Typ: .....
Gebrauchskategorie DIN EN 1906: Klasse .....
Sicherheit: Klasse .....
Einbruchschutz: Klasse .....
Korrosionsbeständigkeit: Klasse .....
Befestigung: unsichtbar
Dauerhaftigkeit DIN EN 1906: **6 / 7**
Rosette: **rund / oval / eckig** für **Buntbart / PZ**
Material: **nichtrostender Stahl / Aluminium**
Oberfläche: .....
Angeb. Fabrikat: .....

159€	227€	**250€**	277€	344€	[St]	⏱ 0,30h/St	029.000.004

▶ min
▷ von
ø Mittel
◁ bis
◀ max

4 Drückergarnitur, Wohnungstür, Stahl-Nylon KG **344**

Drückergarnitur aus Stahlkern mit Nylonoberfläche, als RAL-geprüfte Konstruktion, inkl. Drückerstift und Rosette mit Hochhaltefeder.
Art der Tür: Wohnungstür
Türblattdicke: .....
Ausführung: **Normal- / Wechselgarnitur**
Form/Typ: .....
Gebrauchskategorie DIN EN 1906: Klasse .....
Sicherheit: Klasse .....
Einbruchschutz: Klasse .....
Korrosionsbeständigkeit: Klasse .....
Befestigung: unsichtbar
Dauerhaftigkeit DIN EN 1906: **6 / 7**
Rosette: **rund / oval / eckig** für **Buntbart / PZ**
Material: Kern aus Stahl, Oberfläche aus Nylon
Farbe: .....
Angeb. Fabrikat: .....

38€	63€	**75€**	92€	129€	[St]	⏱ 0,30h/St	029.000.014

5 Drückergarnitur, Objekttür, Aluminium KG **344**

Drückergarnitur aus Aluminium; für Objektbereich, RAL-geprüfte Konstruktion, inkl. Drückerstift 9mm und Rosette mit Hochhaltefeder, Feuerschutzbeschlag, ohne Panikfunktion.
Türtyp: Wohnungstür
Türblattdicke: .....
Ausführung: **Normal- / Wechselgarnitur**
Form/Typ: .....
Gebrauchskategorie DIN EN 1906: Klasse .....
Sicherheit: Klasse .....
Einbruchschutz: Klasse .....
Korrosionsbeständigkeit: Klasse .....
Befestigung: unsichtbar
Dauerhaftigkeit DIN EN 1906: **6 / 7**
Rosette für PZ: **rund / oval / eckig**
Material: **nichtrostender Stahl / Aluminium**
Angeb. Fabrikat: .....

62€	91€	**108€**	127€	164€	[St]	⏱ 0,30h/St	029.000.007

Nr.	Kurztext / Langtext						Kostengruppe
▶	▷	**ø netto €**	◁	◀	[Einheit]	Ausf.-Dauer	Positionsnummer

Kosten:
Stand 1.Quartal 2025
Bundesdurchschnitt

6 Drückergarnitur, niro KG **344**

Drückergarnitur aus nichtrostendem Stahl; für Objektbereich, RAL-geprüfte Konstruktion, inkl. Drückerstift und Rosette mit Hochhaltefeder, Feuerschutzbeschlag, ohne Panikfunktion.
Türtyp: .....
Türblattdicke: .....
Ausführung: **Normal- / Wechselgarnitur**
Form/Typ: .....
Gebrauchskategorie DIN EN 1906: Klasse .....
Sicherheit: Klasse .....
Einbruchschutz: Klasse .....
Korrosionsbeständigkeit: Klasse .....
Befestigung: unsichtbar
Dauerhaftigkeit DIN EN 1906: **6 / 7**
Rosette für: **rund / oval / eckig**
Material: nichtrostender Stahl, Werkstoff: .....
Oberfläche: **matt gebürstet / spiegelpoliert / .....**
Angeb. Fabrikat: .....

▶	▷	ø	◁	◀	Einheit	Ausf.-Dauer	Positionsnummer
104€	204€	**243€**	307€	435€	[St]	⏱ 0,30h/St	029.000.008

7 Drückergarnitur, Objekttür, niro, barrierefrei KG **344**

Drückergarnitur aus nichtrostendem Stahl, Anordnung auf 850mm Höhe, für Handbetätigung aus Rollstuhl, inkl. Drückerstift und Langschild.
Türtyp: Objekttür - Verwaltung
Türblattdicke: .....
Ausführung: Wechselgarnitur mit Langschild
Abstand: .....
Form/Typ: .....
Gebrauchskategorie DIN EN 1906: Klasse .....
Sicherheit: Klasse .....
Einbruchschutz: Klasse .....
Korrosionsbeständigkeit: Klasse .....
Befestigung: unsichtbar
Dauerhaftigkeit DIN EN 1906: **6 / 7**
Material: nichtrostender Stahl, Werkstoff: .....
Oberfläche: **matt gebürstet / spiegelpoliert / .....**
Angeb. Fabrikat: **.....**

▶	▷	ø	◁	◀	Einheit	Ausf.-Dauer	Positionsnummer
–	410€	**460€**	566€	–	[St]	⏱ 0,30h/St	029.000.041

▶ min
▷ von
ø Mittel
◁ bis
◀ max

8 Drückergarnitur, Objekttür, niro, Ellenbogenbetätigung KG **344**

Drückergarnitur aus nichtrostendem Stahl, zur Hand- und Ellenbogenbetätigung, als RAL-geprüfte Konstruktion, inkl. Drückerstift und Langschild.
Türtyp: Objekttür - Pflegebereich
Türblattdicke: .....
Ausführung: Drückergarnitur
Form/Typ: .....
Gebrauchskategorie DIN EN 1906: Klasse .....
Sicherheit: Klasse .....
Einbruchschutz: Klasse .....
Korrosionsbeständigkeit: Klasse .....
Befestigung: unsichtbar
Dauerhaftigkeit DIN EN 1906: **6 / 7**
Langschild: .....
Material: nichtrostender Stahl
Werkstoff: .....
Oberfläche: **matt gebürstet / spiegelpoliert / .....**
Angeb. Fabrikat: .....

–	441€	**507€**	614€	–	[St]	⏱ 0,30h/St	029.000.042

9 Bad-/WC-Garnitur, Objektbereich, Aluminium KG **344**

Bad-WC-Garnitur aus Aluminium, als RAL-geprüfte Konstruktion, einschl. Drückerstift und Rosette. Präzise Einhaltung der Montageposition und minimiertes Spiel.
Art der Tür: Objektbereich
Türblattdicke: .....
Ausführung: Bad-WC-Garnitur mit beidseitigem Drücker und frei/besetzt Anzeige
Ausrichtung: DIN **rechts / links**
Form/Typ: .....
Gebrauchskategorie DIN EN 1906: Klasse .....
Sicherheit: Klasse .....
Einbruchschutz: Klasse .....
Korrosionsbeständigkeit: Klasse .....
Befestigung: unsichtbar
Dauerhaftigkeit DIN EN 1906: **6 / 7**
Rosette: **rund / oval / eckig**
Material: Aluminium
Oberfläche: **eloxiert / anodisiert**
Farbton: **Hellsilber / Dunkelbronze**
Angeb. Fabrikat: .....

38€	73€	**89€**	106€	140€	[St]	⏱ 0,35h/St	029.000.015

Nr.	Kurztext / Langtext						Kostengruppe
►	▷	ø netto €	◁	◄	[Einheit]	Ausf.-Dauer	Positionsnummer

Kosten:
Stand 1. Quartal 2025
Bundesdurchschnitt

10 Bad-/WC-Garnitur, Objektbereich, Edelstahl KG **344**

Bad-WC-Garnitur aus nichtrostendem Stahl, RAL-geprüfte Konstruktion, mit präziser Einhaltung der Montageposition und minimiertem Spiel, einschl. Drückerstift und Rosette.
Art der Tür: Objektbereich, ...
Türblattdicke: .....
Ausführung: Bad-WC-Garnitur mit beidseitigem Drücker
Ausrichtung: DIN **rechts / links**
Form/Typ: .....
Gebrauchskategorie DIN EN 1906: Klasse .....
Sicherheit: Klasse .....
Einbruchschutz: Klasse .....
Korrosionsbeständigkeit: Klasse .....
Befestigung: unsichtbar
Dauerhaftigkeit DIN EN 1906: **6 / 7**
Rosette: **oval / eckig**
Material: Edelstahl
Oberfläche: **matt gebürstet / spiegelpoliert**
Angeb. Fabrikat: .....

61€	161€	**176€**	208€	299€	[St]	⏱ 0,50 h/St	029.000.016

11 Stoßgriff, Tür, Aluminium KG **344**

Stoßgriff für Türen, verdeckt verschraubt, mit Rosette.
Grifflänge: .... mm
Griffdurchmesser: 30 mm
Türblattdicke: .....
Material: Aluminium
Oberfläche: **eloxiert / anodisiert**
Farbton: .....
Angeb. Fabrikat: .....

152€	323€	**407€**	583€	876€	[St]	⏱ 0,60 h/St	029.000.017

12 Obentürschließer, einflüglige Tür KG **344**

Obentürschließer DIN EN 1154 für Rauch-/Feuerschutztür, einflüglig, mit Zulassung.
Art/Form: Basisschließer und Normalgestänge
Anforderungen:

- Schließergröße EN 2-4
- Schließgeschwindigkeit und Endanschlag von vorn einstellbar über Ventil
- Sicherheitsventil gegen Überlastung
- Normalgestänge, für DIN links und DIN rechts, Normalmontage (Türblatt) auf der Bandseite und Kopfmontage (Sturz) auf der Bandgegenseite

Für Türflügelbreite: max. 1.100 mm
Öffnungswinkel: max. 180°
Feststellbereich ca. 70-150°
Oberfläche: .....
Angeb. Fabrikat/Typ: .....

257€	363€	**393€**	510€	811€	[St]	⏱ 1,50 h/St	029.000.009

► min
▷ von
ø Mittel
◁ bis
◄ max

13 Obentürschließer, zweiflüglige Tür KG **344**

Obentürschließer für zweiflüglige Türanlage, mit mechanischer Feststellung.
Art/Form: Basisschließer und Normalgestänge
Anforderungen:

- mit integrierter mechanischer Schließfolgeregelung
- von vorn einstellbare Schließkraft, Schließergröße EN 2-6
- Schließgeschwindigkeit und Endanschlag mit von vorne regulierbarer Öffnungsdämpfung mit optischer Größenanzeige
- Sicherheitsventil gegen Überlastung
- Normalmontage auf Türblatt oder auf Bandseite, mit Montageplatte

Oberfläche: .....
Angeb. Fabrikat/Typ: .....

523€ 809€ **985€** 1.197€ 1.604€ [St] ⏱ 2,00h/St 029.000.018

14 Bodentürschließer, einflüglige Tür KG **344**

Bodentürschließer für Drehflügeltür, mit Endanschlag, Schließgeschwindigkeit einstellbar, mit fixer Öffnungsdämpfung.
Einbau in bauseitig hergestellte Vertiefung Bodenaufbau
Türtyp: Innentür
Schließkraft Größe nach DIN EN 1154: .....
Bauhöhe: 42 mm
Feststellung: **ohne Feststellung / mit Feststellung .....**
Material Deckplatte: .....
Oberfläche/Farbe: .....
Angeb. Fabrikat: .....

546€ 592€ **661€** 737€ 829€ [St] ⏱ 2,00h/St 029.000.019

15 Obentürschließer Innentür ohne Anforderung KG **344**

Obentürschließer für Innentür, einflüglig, mit einstellbarer Geschwindigkeit und Gleitschiene, für Türen ohne Brandschutzanforderung.
Türgröße: .....
Art der Tür: .....
Angeb. Fabrikat/Typ: .....

202€ 237€ **241€** 276€ 326€ [St] ⏱ 0,50h/St 027.000.114

16 Türantrieb, kraftbetätigte Tür, einflüglig KG **344**

Drehtür-Automatik nach DIN 18650 / EN 16005, für kraftbetätigte, barrierefreie Türanlage, einflüglig, für bauseitige Anschlagtür, als geräuscharmer elektromechanischer Drehtürantrieb für Innen- und Außentür, mit Montageplattensatz. Ausrüstung der Türflügels mit Sensorleiste, Notschalter, Flächentaster, Türöffner, integrierter Öffnungsbegrenzer und Programmschalter in gesonderter Position.
Ausführung:

- drückend oder ziehend
- Montage: **Türblattmontage / Kopfmontage** auf **Band- / Bandgegenseite** mit Gleitschiene
- Digitale Steuerung (Kategorie 2 - DIN EN 954-1 und Performance Level "d" - DIN EN ISO 13849-1)

Bauhöhe: 70 mm
Türblattabmessung (B x H): ..... x .....
Angeb. Fabrikat/Typ: .....

3.335€ 4.835€ **5.492€** 6.395€ 8.159€ [St] ⏱ 2,50h/St 029.000.035

Nr.	**Kurztext** / Langtext						Kostengruppe
▶	▷	**ø netto €**	◁	◀	[Einheit]	Ausf.-Dauer	Positionsnummer

17 Türantrieb, kraftbetätigte Tür, zweiflüglig KG **344**

Drehtür-Automatik nach DIN 18650 / EN 16005, für kraftbetätigte, barrierefreie Türanlage, zweiflüglig, für bauseitige Anschlagtür, als geräuscharmer elektromechanischer Drehtürantrieb für Innen- und Außentür, mit Montageplattensatz. Ausrüstung der Türflügels mit Sensorleiste, Notschalter, Flächentaster, Türöffner, integrierter Öffnungsbegrenzer und Programmschalter in gesonderter Position.
Ausführung:

- drückend oder ziehend
- Montage: **Türblattmontage / Kopfmontage** auf **Band- / Bandgegenseite** mit Gleitschiene
- Digitale Steuerung (Kategorie 2 - DIN EN 954-1 und Performance Level "d" - DIN EN ISO 13849-1)

Bauhöhe: .....
Türblattabmessung (B x H): ..... x .....
Angeb. Fabrikat/Typ: .....

Kosten:
Stand 1. Quartal 2025
Bundesdurchschnitt

▶	▷	ø	◁	◀	Einheit	Ausf.-Dauer	Positionsnummer
3.463€	6.008€	**7.065€**	8.318€	10.831€	[St]	⏱ 3,00h/St	029.000.036

18 Elektrischer Türantrieb KG **344**

Antrieb für einflüglige Tür, elektrisch, mit Bewegungsmeldern, Tastern, Sicherheitseinrichtung und Einstellungsmöglichkeiten.
Tür: ......
Flügelgewicht: .....
Türbreite: .....
Tiefe der Laibung: .....
Angeb. Fabrikat/Typ: .....

▶	▷	ø	◁	◀	Einheit	Ausf.-Dauer	Positionsnummer
3.230€	3.850€	**4.425€**	4.867€	5.664€	[St]	⏱ 5,30h/St	027.000.116

19 Sensorleiste, Türblatt KG **344**

Sensorleiste, geprüft nach DIN 18650 / EN 16005, auf dem Türblatt montiert, zur Absicherung des Schwenkbereiches der Tür in Öffnungs- und Schließrichtung pro Türflügel sind 2 Stück Sensorleisten anzubieten. Die Nebenschließkantenabsicherung im Bereich der Türbänder erfolgt aufgrund der durchgeführten Sicherheitsanalyse **bauseitig / durch den Türhersteller**. Anlenkelement mit Sensorik integriert, zur platzsparenden Montage von Sensor und Gestänge bzw. Gleitschiene in einer Ebene geprüft nach DIN 18650 / EN 16005, auf dem Türblatt montiert.
Türflügelbreite: 1.125 mm
Sensorleiste für Innen- und Außentüren und für alle Bodenverhältnisse (z.B. Reinstreifenmatte, Metallschiene, dunkle und absorbierende Böden, glänzende und nasse Fliesen, Gitterroste). Mit integrierter Wandausblendung und Energiesparmodus.
Ausführung:

- GC GR, mit integriertem, zweiteiligem Gleitschienenprofil
- Adapter für die Integration der Sensorleiste mit dem Gestänge

Abrechnung je Türflügel (2 Sensorleisten je Türflügel !)
Angeb. Fabrikat .....

▶	▷	ø	◁	◀	Einheit	Ausf.-Dauer	Positionsnummer
591€	797€	**872€**	999€	1.297€	[St]	⏱ 1,00h/St	029.000.047

▶ min
▷ von
ø Mittel
◁ bis
◀ max

20 Fingerschutz, Türkante KG **344**

Fingerschutz zur Sicherung der Türkante. Ausführung für **handbetätigte / kraftbetätigte** Türflügel. Sicherung unsichtbar befestigt.
Montage: **Band- / Gegenbandseite**
Material: **Aluminium, eloxiert / farbbeschichtet RAL .....**
Ausführung: feuerhemmend
Länge: bis 2500 mm
Angeb. Fabrikat: ......

107€ 200€ **239€** 292€ 388€ [St] ⏱ 0,30h/St 029.000.037

21 Türöffner elektrisch KG **344**

Türöffner elektrisch, zur Freigabe der Tür, 24 V DC, 100% Einschaltdauer und Riegelschaltkontakt zur Abschaltung des Antriebs bei verriegelter Tür mit Fallen Riegel-Schloss (1 Stück pro Antrieb)
Angeb. Fabrikat: .....

101€ 183€ **203€** 278€ 513€ [St] ⏱ 0,30h/St 029.000.048

22 Fluchttürsicherung, elektrische Verriegelung KG **344**

Fluchttürsicherung zur Sicherung einer Tür im Verlauf von Flucht- und Rettungswegen mit elektrischer Verriegelung gem. EltVTR. Geeignet zum Anschluss an Drehtürantriebe, Motorschlösser, Brandmeldeanlagen, Einbruchmeldeanlagen sowie zur Weiterleitung von Meldungen an die Gebäudeleittechnik, u.v.m.
System bestehend aus:
Türzentrale in Bus-Technik mit integrierter Steuerung, Nottasten Hinweisschild und Netzteil. Geprüft nach EltVTR.
Ausstattung:
Steuerung mit beleuchteter Nottaste
LED-Anzeigen für die Betriebszustände:

- Tür **verriegelt / entriegelt / kurzzeitentriegelt**
- Tür **offen / geschlossen**
- Alarm, Voralarm, Störung

Farbige Klemmen zur Unterscheidung der Anschlüsse für die Peripherie. Flächig zu betätigende, barrierefreie Schlaghaube mit Sabotageschutz.
Integriertes Nottasten-Hinweisschild, unbeleuchtet
Netzteil:

- Netzspannung 230 V AC
- Betriebsspannung 24 V DC
- Ausgangsstrom max. 650 mA (bei AP-Zentralen)
- Ausgangsstrom max. 600 mA (bei UP-Zentralen)

Anschlüsse:
3 programmierbare Eingänge zum Anschluss von Zeitschaltuhr, Brandmeldeanlage, Einbruchmeldeanlage, Zutrittskontrolle, Schlösser mit Zylinderkontakt u.v.m.
Funktion: High aktiv, Low aktiv und Deaktiv je Zustand wählbar
2 programmierbare Ausgänge zum Anschluss von Drehtürantrieb, Motorschloss, Drückersperrschloss, zusätzlichem Türöffner, optischer oder akustischer Alarmanzeige u.v.m.
Funktion: Öffner, Schließer und Deaktiv je Zustand wählbar

Nr. **Kurztext** / Langtext — Kostengruppe
▶ ▷ **ø netto €** ◁ ◀ [Einheit] Ausf.-Dauer Positionsnummer

Eingang für indirekte Freischaltung durch externe Nottasten

- Eingang für Beleuchtung des Nottasten-Hinweisschildes
- Eingang für externen Schlüsseltaster zur Steuerung der Betriebsarten
- Eingang für Rückmeldung des Türzustands
- Eingang für Rückmeldung des Verriegelungszustands

Vorgerichtet zur Vernetzung über BUS mit Visualisierungssoftware.
Tableau TE 220/TTE 220 und OPC-Schnittstelle OPC 220
Funktionen:

- Abbruch und Nachtriggern in Verbindung mit Kurzzeitentriegelung
- Kombination mit Drehtürantrieben ohne zusätzliche Komponenten möglich
- EMA, - BMA Signale sowie der Zeitschaltuhr können über den BUS an alle Teilnehmer einer BUS-Linie weitergeleitet werden, jeweils 5 Gruppen möglich
- Integrierte Schleusenfunktion (Aktiv, Passiv und kombiniert), 10 Gruppen möglich
- Weiterleitung von Systemzuständen an GLT über potenzialfreie Ausgänge
- Weiterleitung von Sammelmeldungen wie Türzustand, Alarm und Verriegelt an GLT
- Integrierter Summer zu akustischen Signalisierung bei Alarmen und Voralarm
- Integrierte Wochenzeitschaltuhr
- Alarmspeicher mit Datum und Uhrzeit
- Automatische Speicherung des Betriebszustandes und der Nutzerdaten nach Netzausfällen bis zu 24h

System bestehend aus den Einzelkomponenten:

- TZ 320 UP Steuerungseinheit
- NET 320, Netzteil
- FWS 320, Fluchtwegschild
- dreifach-Rahmen
- Aufputzmontage
- Verwendung für Türen: **einflüglig / zweiflüglig**
- kontaktloser Kartenleser (RFID)
- Leserreichweiten 3 cm (Key) bis 8 cm (Card)
- Zur Montage in verschiedene Schalterprogramme
- optische und akustische Anzeige, 3 LEDs (rot, grün, orange)
- Signalgeber
- Sabotageerkennung
- Schutzart in Abhängigkeit der Schalterprogramme unterschiedlichster Hersteller
- Spannungsversorgung 8-30 V DC
- Stromaufnahme max. 100 mA/ 24V
- Umgebungstemperatur -25°C bis +60°C
- (B x H x T): ca. 50 x 50 x 43 mm
- Zur Integration in dreifach-Rahmen der Türzentrale
- Verkabelung durch AN Elektro

Angeb. Fabrikat: .....

981€ 1.303€ **1.502€** 1.735€ 2.046€ [St] ⏱ 1,50h/St 029.000.049

Kosten:
Stand 1.Quartal 2025
Bundesdurchschnitt

▶ min
▷ von
ø Mittel
◁ bis
◀ max

Nr.	Kurztext / Langtext						Kostengruppe
▶	▷	ø netto €	◁	◀	[Einheit]	Ausf.-Dauer	Positionsnummer

23 Türstopper, Wandmontage KG **344**

Wand-Türstopper mit schwarzem Gummipuffer, befestigt mit korrosionsgeschützter Schraube.
Untergrund: .....
Einbaubereich **Außenbereich / Innenbereich**
Gehäuse: nichtrostender Stahl, Werkstoff .....
Oberfläche: **poliert / gebürstet**
Form: **rund / eckig**
Angeb. Fabrikat: .....

▶	▷	ø netto €	◁	◀	[Einheit]	Ausf.-Dauer	Positionsnummer
22€	40€	**45€**	55€	81€	[St]	⏱ 0,10h/St	029.000.010

24 Türstopper, Bodenmontage KG **344**

Boden-Türstopper mit schwarzem Gummipuffer, befestigt mit korrosionsgeschützter Schraube.
Untergrund: .....
Einbaubereich **Außenbereich / Innenbereich**
Gehäuse: nichtrostender Stahl, Werkstoff .....
Oberfläche: **poliert / gebürstet**
Form: **rund / eckig**
Angeb. Fabrikat: .....

▶	▷	ø netto €	◁	◀	[Einheit]	Ausf.-Dauer	Positionsnummer
17€	34€	**38€**	51€	78€	[St]	⏱ 0,15h/St	029.000.011

25 Türspion, Aluminium KG **344**

Türspion mit Linsensystem, inkl. Deckklappe, Einbau in vorhandene Öffnung.
Türblattdicke: .....
Einbauhöhe: **..... / Eignung für Rollstuhlfahrer**
Rohrdurchmesser: 15 mm
Material: Aluminium
Oberfläche: **anodisiert / eloxiert**
Farbton: .....
Angeb. Fabrikat: .....

▶	▷	ø netto €	◁	◀	[Einheit]	Ausf.-Dauer	Positionsnummer
15€	32€	**38€**	62€	90€	[St]	⏱ 0,15h/St	029.000.020

26 Lüftungsprofil, Fenster KG **334**

Lüftungsprofil für Fenster, als schallgedämmte Nachströmöffnung, rahmenintegriert, bestehend aus Innenteil, Luftkanal und Wetterschutzgitter.
Fensterrahmen: **Vollprofil / Hohlprofil**
Profiltiefe: .....
Luftrichtung: Zuluft
Volumenstrom: mind. ..... m^3/h
Material: stranggepresstes Aluminium und Kunststoff
Farbe: weiß, ähnlich RAL 9010
Filterart: Staub- und Insektenfilter
Filterklasse: G2
Normschallpegeldifferenz: Dn,w 40dB
Schalldämmmaß: Rw 34dB
Angeb. Fabrikat: .....

▶	▷	ø netto €	◁	◀	[Einheit]	Ausf.-Dauer	Positionsnummer
109€	208€	**245€**	274€	397€	[St]	⏱ 0,35h/St	029.000.022

023
024
025
026
027
028
029
030
031
032
033
034
036
037
038
039

Nr.	Kurztext / Langtext					Kostengruppe
▶	▷	ø netto €	◁	◀	[Einheit] Ausf.-Dauer	Positionsnummer

27 Lüftungsgitter, Türblatt KG **344**

Lüftungsgitter in Holz-Türblatt, als Überströmöffnung zwischen Wohnräumen, stufenlos regulierbar und verschließbar; Komplettsystem bestehend aus Rahmen und Gitter, inkl. beidseitiger elastischer Verfugung.
Freier Querschnitt: A= ..... cm^2
Rahmengröße: .....
Farbe: weiß
Material: **Aluminium / Kunststoff**
Angeb. Fabrikat: .....

35€ 58€ **68€** 85€ 144€ [St] ⏱ 0,15h/St 029.000.026

28 Halb-Schließzylinder KG **344**

Profil-Halbzylinder, Sicherheitsstufe gem. beiliegendem Schließkonzept, mit je 6 Stiftzuhaltungen, inkl. vernickelter Stulpschraube und je 3 Schlüsseln.
Variantenklasse: .....
Grundlänge: ...... / .....
Schließart: **verschieden- / gleichschließend**
Material: Messing, matt vernickelt
Farbe: .....
Angeb. Fabrikat: .....

29€ 58€ **71€** 93€ 142€ [St] ⏱ 0,13h/St 029.000.002

29 Doppel-Schließzylinder KG **344**

Profil-Doppelzylinder, Sicherheitsstufe gem. beiliegendem Schließkonzept, mit je 6 Stiftzuhaltungen, inkl. vernickelter Stulpschraube und je 3 Schlüsseln.
Variantenklasse: .....
Grundlänge: ..... / .....
Schließart: **verschieden- / gleichschließend**
Material: Messing, matt vernickelt
Farbe: .....
Angeb. Fabrikat: .....

34€ 70€ **83€** 113€ 198€ [St] ⏱ 0,15h/St 029.000.001

30 Profilzylinderverlängerung, je 5mm KG **344**

Verlängerung des Profilzylinders je Seite und angefangene 5mm.

3€ 6€ **7€** 9€ 11€ [St] – 029.000.038

31 Profilzylinderverlängerung, je 10mm KG **344**

Verlängerung des Profilzylinders je Seite und angefangene 10mm.

3€ 6€ **7€** 10€ 14€ [St] – 029.000.012

32 Profilblindzylinder KG **344**

Profil-Blindzylinder, inkl. vernickelter Stulpschraube.
Grundlänge: ..... / .....
Material: Messing, matt vernickelt
Angeb. Fabrikat: .....

13€ 21€ **25€** 36€ 57€ [St] ⏱ 0,15h/St 029.000.003

Kosten:
Stand 1.Quartal 2025
Bundesdurchschnitt

▶ min
▷ von
ø Mittel
◁ bis
◀ max

33 Generalhaupt-, Generalschlüssel KG **344**

Generalhauptschlüssel für Profilzylinder der Schließanlage. Schlüssel **bei gleichzeitiger Bestellung mit der Schließanlage / als Nachlieferung.**

8€	15€	**17€**	23€	36€	[St]	–	029.000.027

34 Gruppen-, Hauptschlüssel KG **344**

Gruppen-, Hauptschlüssel für Profilzylinder der beschriebenen Schließanlage; Schlüssel als **gleichzeitige Bestellung mit der Schließanlage / als Nachlieferung**.

5€	10€	**12€**	16€	23€	[St]	–	029.000.028

35 Schlüssel, Buntbart KG **344**

Buntbart-BB-Schlüssel für Türschlösser Klasse 1, gleichschließend.
Material: Messing verchromt, poliert

8€	14€	**15€**	18€	26€	[St]	–	029.000.006

36 Schlüsselschrank, wandhängend KG **344**

Schlüsselkasten mit Tür und Zylinderschloss, Türöffnung: größer 90°, inkl. farbig sortiertem Musterbeutel mit Schlüsselanhängern und Indexblatt zur Selbstbeschriftung, an Wand befestigt.
Material: .....
Oberfläche: .....
Für Schlüsselanzahl: .....
Angeb. Fabrikat/Typ: .....

114€	310€	**421€**	493€	974€	[St]	⏱ 0,80h/St	029.000.024

37 Riegelschloss KG **344**

Montage von Einsteck-Riegelschloss in Türblatt, inkl. aller Bohr- und Fräsarbeiten, vorgerichtet für Profil-Halbzylinder.

78€	154€	**197€**	209€	258€	[St]	⏱ 0,15h/St	029.000.030

38 Absenkdichtung, Tür KG **344**

Absenkdichtung an Innentür, zum Abdichten von Boden-Luftspalten, band- und schlossseitig auslösend, Anschlag mit stirnseitigen Befestigungswinkeln, inkl. Druckplatten für Normfalz und PVC-Dichtprofil.
Spaltweite: bis .....
Art der Tür: **Zimmertür / Schallschutztür Rw .....**
Nutmaß (B x H): ..... x .....
Schalldämmwert: .....

76€	141€	**165€**	250€	381€	[St]	⏱ 0,20h/St	029.000.031

Nr.	Kurztext / Langtext						Kostengruppe
►	▷	**ø netto €**	◁	◄	[Einheit]	Ausf.-Dauer	Positionsnummer

Kosten:
Stand 1. Quartal 2025
Bundesdurchschnitt

39 Hausbriefkasten, Aufputz KG **610**

Briefkasten als Außenbriefkasten DIN EN 13724, **mit / ohne Zeitungsfach**, Aufputzmontage.
Material: nichtrostender Stahl, Werkstoff .....
Oberfläche: geschliffen Korn 240
Einwurföffnung: Typ 1
Einwurfschlitz: Größe 1
Schließung: 2 gleichschließende Schlüssel
Befestigungsmaterial: 4 Schrauben mit Wanddübel
Untergrund: **Stahlbeton / Mauerwerk**, verputzt, 20 mm
Angeb. Fabrikat/Typ: .....

1.518€	1.668€	**1.785€**	1.814€	1.883€	[St]	⏱ 0,80h/St	029.000.039

40 WC-Schild, taktil, Kunststoff KG **344**

WC-Schild mit Piktogramm und taktiler Beschriftung in Brailleschrift.
Einbauort: .....
Befestigung: .....
Material: Polyamid
Abmessung: 200 x 100 mm
Oberfläche: .....
Design: .....
Angeb. Fabrikat: .....

–	54€	**62€**	78€	–	[St]	⏱ 0,10h/St	029.000.043

41 WC-Schild, taktil, Aluminium KG **344**

WC-Schild mit Piktogramm und taktiler Beschriftung in Brailleschrift.
Einbauort: .....
Befestigung: .....
Material: Aluminium, eloxiert
Abmessung: 150 x 150 mm
Design: .....
Angeb. Fabrikat: .....

–	73€	**82€**	103€	–	[St]	⏱ 0,10h/St	029.000.051

A 1 Handlaufbeschriftung, taktil, Alu, Braille/Profilschrift Beschreibung für Pos. **42-43**

Taktile Handlaufbeschriftung aus Aluminiumschild mit Blinden- und Profilschrift.
Anwendungsbereich: **innen / außen**
Handlauf: .....
Befestigung: geklebt
Form: **flach / rund**
Qualität: eloxiert nach EV1
Farbe: silberfarben

42 Handlaufbeschriftung, taktil, Alu, 36,5/43, Blinden-/Profilschrift KG **359**

Wie Ausführungsbeschreibung A 1
Abmessung (H x L): 36,5 x 43 mm
Beschriftung: bis 5 Zeichen

–	57€	**66€**	82€	–	[St]	⏱ 0,10h/St	029.000.044

► min
▷ von
ø Mittel
◁ bis
◄ max

43 Handlaufbeschriftung, taktil, Alu, 36,5/173, Blinden-/Profilschrift KG **359**

Wie Ausführungsbeschreibung A 1
Abmessung (H x L): 36,5 x 173 mm
Beschriftung: bis 12 Zeichen

–	97€	**112€**	141€	–	[St]	⏱ 0,10h/St	029.000.046

030

Kosten:
Stand 1. Quartal 2025
Bundesdurchschnitt

► min
▷ von
ø Mittel
◁ bis
◄ max

Rollladenarbeiten — Preise €

Nr.	Positionen	Einheit	►	▷	ø brutto € / ø netto €	◁	◄
1	Rollladenkasten	m	86	103	**109**	112	135
			72	87	**91**	94	113
2	Deckel, Rollladenkasten	m	32	41	**44**	49	59
			27	35	**37**	41	50
3	Vorbaurollladen, Führungsschiene, Gurtwickler	St	264	489	**547**	691	1.024
			222	411	**460**	581	861
4	Rollladen, Führungsschiene, Gurtwickler	St	182	318	**369**	442	647
			153	267	**310**	371	543
5	Elektromotor, Rollladen	St	201	275	**289**	343	449
			169	231	**243**	288	377
6	Jalousie/Raffstore/Lamellen, außen, elektrisch	St	479	747	**847**	967	1.291
			403	628	**712**	813	1.085
7	Fallarmmarkise, Acrylgarngewebe, 3,0m²	St	743	835	**910**	975	1.063
			624	702	**765**	819	893
8	Gelenkarmmarkise, Terrassenmarkise, bis 15m²	St	3.413	4.233	**4.546**	4.805	5.353
			2.868	3.557	**3.820**	4.038	4.499
9	Verdunkelung, innen, bis 3,50m²	St	222	330	**370**	447	572
			186	278	**311**	376	481
10	Schiebeladen, zweiteilig, Metall/Holz, manuell, bis 4m²	St	1.181	1.705	**1.847**	2.087	2.689
			992	1.433	**1.552**	1.753	2.260
11	Fensterladen, Holz, zweiteilig	St	449	978	**1.152**	1.456	2.227
			377	822	**968**	1.223	1.872
12	Windwächter-Anlage, Sonnenschutz	St	698	1.232	**1.447**	1.656	2.238
			586	1.035	**1.216**	1.392	1.880
13	Sonnenschutz-Wetterstation	St	1.035	1.737	**2.149**	2.443	2.888
			870	1.460	**1.806**	2.053	2.427
14	Rollgitteranlage, elektrisch	St	7.239	8.879	**10.002**	10.858	12.259
			6.083	7.461	**8.405**	9.124	10.302
15	Rolltoranlage, elektrisch	St	5.434	13.295	**14.275**	15.791	20.725
			4.567	11.172	**11.995**	13.269	17.416
16	Stundensatz, Facharbeiter/-in	h	83	91	**92**	94	99
			70	77	**77**	79	83
17	Stundensatz, Helfer/-in	h	53	65	**70**	74	82
			44	54	**59**	62	69

1 Rollladenkasten KG **338**

Rollladen-Kasten, tragend, vorbereitet für den Einbau von gurtbetriebenem Rollladen-Element aus Welle und Panzer/Behang.
Befestigungsuntergrund: .....
Fensterbreite: .....
Wanddicke: .....
Dämmung: **ohne / mit**
Kastenmaterial: **Leichtbeton / Kunststoff**
Dämmstoff: PUR
Bemessungswert der Wärmeleitfähigkeit: max. ..... W/(mK)
Nennwert Wärmeleitfähigkeit: 0,025 W/(mK)
Dämmstoffdicke: ..... mm
Oberflächen: außen für WDVS, innen für Putz
Arbeitshöhe: bis 3,50 m

72€ 87€ **91€** 94€ 113€ [m] ⏱ 0,30h/m 030.000.001

2 Deckel, Rollladenkasten KG **338**

Deckel für Rollladen-Kasten, bestehend aus Abdeckplatte und aufgeklebter Wärmedämmschicht, als sichtbare, revisionierbare Abdeckung in bestehende Öffnung.
Kastengröße (B x H): ..... x .....
Material: Deckel aus Hart-PVC, PUR-Dämmstoff
Bemessungswert der Wärmeleitfähigkeit: max. ..... W/(mK)
Nennwert der Wärmeleitfähigkeit: 0,025 W/(mK)
Dämmstoffdicke: ..... mm
Oberfläche: Farbe nach Musterkarte
Arbeitshöhe: bis 3,50 m

27€ 35€ **37€** 41€ 50€ [m] ⏱ 0,05h/m 030.000.002

3 Vorbaurollladen, Führungsschiene, Gurtwickler KG **338**

Rollladen als Einzelrollladen-Vorbauelement, aus dreiseitig geschlossenem Kasten, mit abnehmbaren Revisionsdeckel, Behang/Panzer. Welle und Antrieb durch handbetriebenen Gurtaufzug, inkl. Aufbaugurtwickler innen, schwenkbar, Behangstäbe schallreduzierend gelagert für geräuscharmen Lauf.
Anforderung:

- Windwiderstand: Klasse **1 / 2**
- Einbruchhemmung: RC2
- Lebensdauerklasse 3 nach DIN EN 13659:2009-01
- revisionierbar

U-Wert: ..... W/(m²K)
Luftschalldämmung: Rw 40dB
Dämmung: **ohne / mit**, Dämmstoffdicke: ..... mm
Kastengröße (Bx H x T): ..... x ..... x .....
Fenstergröße (B x H): ..... x .....
Behanghöhe (Fensterhöhe + Kastenhöhe): ......
Kastenecken: **gerundet / scharfkantig**
Materialien:

- Kasten: Aluminium
- Welle: Stahlrohr, verzinkt
- Behang: **Aluminium / PVC-U** - Hohlkammerprofil, Körper ausgeschäumt
- Führungsschiene: **Kunststoff / Aluminium**

Nr.	Kurztext / Langtext						Kostengruppe
▶	▷	ø netto €	◁	◀	[Einheit]	Ausf.-Dauer	Positionsnummer

Oberfläche und Farbe:
- Behang: .....
- Führungsschiene: .....

Untergrund: .....
Arbeitshöhe: bis 3,50 m
Angeb. Fabrikat: .....

222€	411€	**460€**	581€	861€	[St]	⏱ 0,80h/St	030.000.003

Kosten:
Stand 1.Quartal 2025
Bundesdurchschnitt

4 Rollladen, Führungsschiene, Gurtwickler KG **338**

Rollladen als Einzelrollladen, in bauseitigen Kasten eingesetzt, aus einteiliger Welle, Behang, Behangstäbe nichtrostend, verbunden für schallreduzierten Lauf, Führungsschienen mit Gurt und wandintegriertem Gurtaufzug mit Einlasswickler; inkl. Abdeckplatte und Hochhebesicherung.
Einbau Gurtwickler: in verputzte Wandfläche
Anforderung:
Windwiderstand: Klasse **1 / 2**
Einbruchhemmung: Klasse RC 2
Dämmung: **ohne / mit**
Dämmstoffdicke: ..... mm
Kastengröße (Bx H x T): ..... x ..... x .....
Fenstergröße (B x H): ..... x .....
Behanghöhe (Fensterhöhe + Kastenhöhe): ......
Materialien:
- Abdeckplatte: **Kunststoff / Aluminium**
- Welle: Stahlrohr, verzinkt
- Behang: **Aluminium / PVC-U** - Hohlkammerprofil, Körper ausgeschäumt
- Führungsschiene: **Kunststoff / Aluminium**

Untergrund: .....
Arbeitshöhe: bis 3,50 m
Angeb. Fabrikat: .....

153€	267€	**310€**	371€	543€	[St]	⏱ 0,60h/St	030.000.004

5 Elektromotor, Rollladen KG **338**

Elektromotor für Rollladenantrieb, Anschluss durch das Gewerk Elektroarbeiten. Der Entfall von Gurt und Gurtwickler ist im Preis zu berücksichtigen. Die Motorleistung ist entsprechend Behanggröße zu dimensionieren.
Kasten (H): .....
Fenstergröße (B x H): ..... x .....
Behanghöhe (Fensterhöhe + Kastenhöhe): ......
Material Behang: **Aluminium / Kunststoff / .....**
Arbeitshöhe: bis 3,50 m

169€	231€	**243€**	288€	377€	[St]	⏱ 0,20h/St	030.000.005

▶ min
▷ von
ø Mittel
◁ bis
◀ max

6 **Jalousie/Raffstore/Lamellen, außen, elektrisch** KG **338**

Außenjalousie-Anlage, mit Kegelrad-Getriebe, elektrisch betrieben, inkl. Blenden und seitlicher Führung auf Fensterrahmen, Behang aus konkav-konvex geformten, wetterbeständigen Lamellen, Behang geräuscharm geführt, Lamellen nichtrostend mit Kunststoffband verbunden, Oberschiene als stranggepresstes Profil, Unterschiene als Hohlprofil. Heben, Senken und Verstellen der Lamellen durch Elektromotor. Anschluss über mitzuliefernde Steckerkupplung, Nennspannung 220 V, Nennleistung abgestimmt auf Anlagengröße, Zuleitung und Anschluss an Steckerkupplung durch Gewerk Elektroarbeiten.

Abmessungen:
- Fenstergröße (B x H): ..... x .....
- Wetterschutzblende (B x H x T): ..... x ..... x .....
- Seitenblende (B x H): ..... x .....
- Behang (B x H): ...... x .....

Anforderung:
- Windwiderstand: Klasse **1 / 2**
- Einbruchhemmung: Klasse RC 2
- Lebensdauerklasse 3 nach DIN EN 13659
- revisionierbar

Material/Teile:
- Behang: Lamellen aus Aluminium, **gebördelt / ungebördelt**, Lamellendicke 0,22-0,30mm
- Lamellenbreite (B): ...... mm
- Führung: **stranggepresste Alu-Schiene inkl. Abstandhalter / Niro-Führungsseil inkl. Spannseilhalter** für Montage auf Fensterrahmen
- Lamelle: **mit Führungsnippeln für Schienen / gestanzt für Seilführung**
- Lamellenstanzungen: **nicht geöst / geöst**
- Unterschiene: Stahl, verzinkt

Oberflächen:
- Lamellen/Behang: einbrennlackiert
- Schienen und Blenden: **naturfarben / pulverbeschichtet Farbton: .....**
- Kunststoffteile: schwarz

Untergrund: .....
Arbeitshöhe: bis 3,50 m
Angeb. Fabrikat: .....

403€	628€	**712€**	813€	1.085€	[St]	⏱ 1,80h/St	030.000.006

Nr.	Kurztext / Langtext						Kostengruppe
▶	▷	ø netto €	◁	◀	[Einheit]	Ausf.-Dauer	Positionsnummer

Kosten:
Stand 1. Quartal 2025
Bundesdurchschnitt

7 Fallarmmarkise, Acrylgarngewebe, 3,0m² — KG **338**

Fallarmmarkise DIN EN 13561, als Einzelanlage, Montage an Außenwand/Fassade.
Behanggröße (B x H): 1.200 x 2.500 mm (von Mitte Welle bis Unterkante Unterschiene)
Fläche Behang: ca. 3,0 m²
Markise bestehend aus:

- Behang: Acrylgarngewebe, genäht, Dessin und Farbton nach Standardfächer des AN, ohne Volant/-rollo
- Abdeckung als Halbrundblende, aus Aluminium, anodisiert
- Fallarm aus Aluminium, anodisiert, Länge über 100 bis 125 cm
- Oberschiene als C-Profil aus Aluminium, anodisiert,
- Antrieb durch Kurbel mit Endbegrenzung, Bedienkraftklasse 1, mit Kurbelhalter, mit Kegelradgetriebe, Kurbel und -stange aus Aluminium, eloxiert
- Gelenkplatte

Windwiderstand: Klasse **1 / 2**
Einbruchhemmung: Klasse RC ....
Untergrund: **Mauerwerk / Stahlbeton mit WDVS Dämmung = ...** mm
Arbeitshöhe: bis 3,50 m
Angeb. Fabrikat: .....

▶	▷	ø	◁	◀	Einheit	Ausf.-Dauer	Positionsnummer
624€	702€	**765€**	819€	893€	[St]	⏱ 2,20h/St	030.000.019

8 Gelenkarmmarkise, Terrassenmarkise, bis 15m² — KG **338**

Gelenkarmmarkise liefern und montieren. Anlage bestehend aus korrosionsgeschützten Konsolen für Befestigung der Anlage, Verankerung im Untergrund.
Einbau: **Wand / Decke**
Regenschutzhaube: .....
Gelenkarme aus stranggepresstem Aluminium-Profil: Form: .....
Ausfall-Profil: Form: .....
Tuchwelle aus: .....
Tragrohr aus: .....
Aluminiumteile: pulverbeschichtet ähnlich RAL .....
Abmessung Anlage - ausgefahren (L x B): ..... x .....
Betrieb: **elektrisch / Kurbelbetrieb**
Bespannung/Behang: **Acrylfaser / Polyester**, imprägniert, lichtecht und UV-beständig
Windwiderstandsklasse: .....
Farbe/Muster: nach Mustervorlage und Wahl des Bauherrn
Preisgruppe: .....
Untergrund: .....
Arbeitshöhe: bis 3,50 m
Angebot. Fabrikat Markise: .....
Angebot. Fabrikat Motor: .....

▶	▷	ø	◁	◀	Einheit	Ausf.-Dauer	Positionsnummer
2.868€	3.557€	**3.820€**	4.038€	4.499€	[St]	⏱ 3,00h/St	030.000.017

▶ min
▷ von
ø Mittel
◁ bis
◀ max

9 Verdunkelung, innen, bis 3,50m² KG **338**

Verdunkelungsanlage, innen, in bauseitigen Kasten, bestehend aus Behang, seitlichen Führungsschienen, einteiliger Welle, Fallstab und Gurt, Behang lichtdicht, mit schallreduziertem Lauf, sowie mit wandintegriertem Gurtaufzug mit Einlasswickler, inkl. Abdeckplatte.
Öffnungsgröße (B x H): ..... x .....
Einbau Gurtwickler: verputzte Wandfläche
Rohbaurichtmaß Kasten (B x H x T): ..... x ..... x .....
Fensterhöhe: .....
Lichtdichtheit: .....
Bedienkraftklasse: .....
Material:

- Abdeckplatte: **Kunststoff / Aluminium**
- Behang: Textilgewebe mit Aussteifungen gegen Faltenwurf
- Führungs-/Lichtschutzschiene aus Stahlblech
- Fallstab aus Stahl mit elastischem Kunststoff-Dichtprofil
- Welle: Stahlrohr, verzinkt
- Einfallschiene: **Stahl / Aluminium**

Oberflächen:

- Behang: lichtdicht schwarz
- Fallstab und Einfallschiene: einbrennlackiert schwarz
- Kunststoffteile: schwarz

Untergrund: .....
Arbeitshöhe: bis 3,50 m
Angeb. Fabrikat: .....

186€	278€	**311€**	376€	481€	[St]	⏱ 0,50h/St	030.000.008

10 Schiebeladen, zweiteilig, Metall/Holz, manuell, bis 4m² KG **338**

Schiebeladen, als Jalousieladen, zweiteilig, mit Schiebebeschlägen, Führung, oberer Tragschiene und unterer Führungsschiene, Laden geräuscharm geführt, Füllung nichtrostend in Rahmen befestigt, Tragschiene mit Arretierungen und Endpuffer vor Außenflucht, einschl. aller Beschläge und Verriegelung.
Öffnungsgröße (B x H): ..... x .....
Untergrund: WDVS mit Mauerwerk, Dämmstoffdicke: ..... mm
Windwiderstand: Klasse **1 / 2**
Einbruchwiderstand: Klasse RC2
Führung: Alu-Strangpress-Profil .....
Rahmen Schiebeladen: Rohrprofil aus **Aluminium / Stahl**, Ecken verschweißt und verschliffen
Füllung Schiebeladen: **Stahlblech / Lamellen aus Nadelholz, Douglasie / Lärche** Unterseite profiliert, Lamellenbreite 45 mm, Lamellendicke 20-25 mm, Lamellen **feststehend / beweglich**
Trag- und Führungsschiene: **Aluminium- / Edelstahl**-Flachprofil

023
024
025
026
027
028
029
030
031
032
033
034
036
037
038
039

Nr.	Kurztext / Langtext						Kostengruppe
▶	▷	ø netto €	◁	◀	[Einheit]	Ausf.-Dauer	Positionsnummer

Oberflächen:
- Holzflächen: gehobelt und geschliffen, lasierend, offenporig beschichtet
- Aluminiumteile: **pulverbeschichtet / E6**, C1 - natur
- Stahlblech: pulverbeschichtet
- Farben: .....
- Edelstahlteile: matt

Bedienung: manuell
Untergrund: .....
Arbeitshöhe: bis 3,50 m
Angeb. Fabrikat: .....

▶	▷	ø	◁	◀	Einheit	Ausf.-Dauer	Positionsnummer
992€	1.433€	**1.552€**	1.753€	2.260€	[St]	⏱ 3,00h/St	030.000.009

Kosten:
Stand 1. Quartal 2025
Bundesdurchschnitt

11 Fensterladen, Holz, zweiteilig KG **338**

Fensterladen, paarweise, manuell bedient, bestehend aus Rahmen inkl. Füllung, Beschlägen mit Verankerung in Außenwänden, Feststeller und Verriegelungen, Füllung aus Holzlamellen, wetterbeständig beschichtet, Laden geräuscharm geführt, Lamellen nichtrostend in Rahmen befestigt.
Windwiderstand: Klasse **1 / 2**
Einbruchwiderstand: Klasse **RC2 / RC .....**
Dämmung: **ohne / mit**
Dämmstoffdicke: ..... mm
Öffnungsgröße (B x H): ..... x .....
Ladengröße (Paar): .....
Material und Form:
Rahmen Fensterladen und Füllung: Holzprofil 40 x 40 mm, profiliert
Holzart: **Douglasie / Lärche / Eiche**
- Füllung Fensterladen Holzprofil, Schmalseiten und Unterseite profiliert, Ecken stabil verbunden und verschliffen

Sortierklasse: S10
Holzart: **Douglasie / Lärche / Eiche**
Lamellenbreite: 45 mm
Lamellendicke: 20-25 mm
Einbauhöhe: **bis 3,00 / über 3,00** m
Angeb. Fabrikat: .....

▶	▷	ø	◁	◀	Einheit	Ausf.-Dauer	Positionsnummer
377€	822€	**968€**	1.223€	1.872€	[St]	⏱ 2,50h/St	030.000.010

12 Windwächter-Anlage, Sonnenschutz KG **338**

Windwächter-Anlage für Sonnenschutzanlage bzw. Markise, Montage an exponierter Stelle der Außenwand, vorgerichtet für bauseitigen Verkabelungsanschluss, inkl. Steuerung für Einbau in bauseitigen Schaltschrank.
Beschreibung Anlage: .....
Dämmung: **ohne / mit**
Dämmstoffdicke: ..... mm
Oberfläche: **pulverbeschichtet / einbrennlackiert**
Farbe: .....
Untergrund: .....
Arbeitshöhe: bis 3,50 m
Angeb. Fabrikat: .....

▶	▷	ø	◁	◀	Einheit	Ausf.-Dauer	Positionsnummer
586€	1.035€	**1.216€**	1.392€	1.880€	[St]	⏱ 0,35h/St	030.000.011

▶ min
▷ von
ø Mittel
◁ bis
◀ max

13 **Sonnenschutz-Wetterstation** KG **338**

Sonnenschutz-Wetterstation, aus kompaktem, massivem, witterungs- und UV-beständigem Kunststoff. Anschluss am Messwertgeber steckbar, über 4-adrige Anschlussleitung. Leitung bis max. 200m verlängerbar.
Folgende Messwerte erfassend:

- Sonneneinstrahlung getrennt nach Himmelsrichtungen
- Erfassung der Dämmerung ohne zusätzlichen Messwertgeber
- Beheizbare Niederschlagssensorfläche, unter 15°C selbstständig zuschaltend

Spannungsversorgung: 24 V DC über die Sonnenschutzzentrale, ohne zusätzliche Netzteile
Abmessungen Anlage (B x H x T): ..... x ..... x ..... mm
Untergrund: .....
Arbeitshöhe: bis 3,50 m
Angeb. Fabrikat: .....

870€ 1.460€ **1.806€** 2.053€ 2.427€ [St] ⏱ 0,30h/St 030.000.018

14 **Rollgitteranlage, elektrisch** KG **334**

Rollgitter-Anlage mit allen notwendigen Zubehörteilen, in bauseitige Öffnung; stabiles und einbruchhemmendes Rollgitter mit Motorbedienung und elektronischer Steuerung, Anlage mit Körperschalldämmung für leisen Lauf, Führungsschienen mit Einlage für materialschonenden Betrieb, Rollgitterkasten aus Leichtmetall-Formteil, Anlage mit einbruchhemmender Hochschiebesicherung, mit Notbedienung.
Einbruchwiderstand: Klasse RC .....
Abmessung Rollgitter: .....
Verfügbarer Querschnitt: .....
Material und Form:

- Gitter: **Flachstahl- / Aluminium-Wabe**, 155 x 120 mm, Gewicht ....kg/m²
- Antriebswelle aus Stahl, achteckig
- Führungsschiene aus Aluminium, stranggepresst
- Rollgitter-Kasten: **Aluminium- / Stahlblech**-Formteil, mehrfach gekantet, mit seitlichen Blenden
- Endstab aus stranggepresstem Aluminium mit Gummi-Abschlussprofil

Oberflächen:

- Aluminiumteile: E6, **C1 - natur / pulverbeschichtet**
- Schienen und Blenden: pulverbeschichtet, Farbe: .....

Bedienung der Anlage:

- Notbedienung als Handkurbel
- Deckenzugtaster mit Kette, montiert innen
- Schlüsselschalter als **Aufputz- / Unterputzschalter**, **außen / innen und außen**
- Handsender

Steuerung:

- **240** V **/ 24** V Sicherheits-Kleinspannung
- Schutzart IP54, "Tor zu" in Totmannschaltung (Dauerdruck) mit Drucktastern "Auf-Halt-Zu"
- selbstüberwachende, elektromechanische Schließkantensicherung
- betriebsfertig verkabelt, mit CEE-Stecker

Einbausituation: ....
Arbeitshöhe: bis .....
Angeb. Fabrikat: .....

6.083€ 7.461€ **8.405€** 9.124€ 10.302€ [St] ⏱ 9,00h/St 030.000.012

023 024 025 026 027 028 029 **030** 031 032 033 034 036 037 038 039

Nr.	Kurztext / Langtext						Kostengruppe
▶	▷	**ø netto €**	◁	◀	[Einheit]	Ausf.-Dauer	Positionsnummer

Kosten:
Stand 1. Quartal 2025
Bundesdurchschnitt

▶ min
▷ von
ø Mittel
◁ bis
◀ max

15 Rolltoranlage, elektrisch — KG **334**

Rolltoranlage mit allen notwendigen Zubehörteilen, in bauseitige Öffnung, Rolltor mit Motorbedienung und elektronischer Steuerung, Anlage mit Körperschalldämmung für leisen Lauf, Führungsschienen mit Einlage für materialschonenden Betrieb, Rolltorkasten aus Leichtmetall-Formteil, Anlage mit einbruchhemmender Hochschiebesicherung, mit Notbedienung.
Windwiderstand: Klasse **1 / 2**
Einbruchwiderstand: Klasse RC .....
Abmessung Rolltor: .....
Verfügbarer Querschnitt: .....
Material und Form:

- Stäbe/Panzer: Aluminium-Hohlprofil, Dicke **14 / 18** mm, Deckfläche **55 / 75** mm, Gewicht ..... kg/m²
- Antriebswelle aus Stahl, achteckig
- Führungsschiene aus Aluminium, stranggepresst
- Rolltor-Kasten: **Aluminium- / Stahlblechformteil**, mehrfach gekantet, mit seitlichen Blenden
- Endstab aus stranggepresstem Aluminium mit Gummi-Abschlussprofil

Oberflächen:

- Aluminiumteile: E6, C1 - **natur / pulverbeschichtet**
- Schienen und Blenden: pulverbeschichtet, Farbe: .....

Bedienung der Anlage:

- Notbedienung als Handkurbel
- Deckenzugtaster mit Kette, montiert innen
- Schlüsselschalter als **Aufputz- / Unterputzschalter, außen / innen**
- Handsender

Steuerung:

- **240** V / **24** V Sicherheits-Kleinspannung
- Schutzart IP54, "Tor zu" in Totmannschaltung (Dauerdruck) mit Drucktastern "Auf-Halt-Zu" - selbstüberwachende, elektromechanische Schließkantensicherung
- betriebsfertig verkabelt, mit CEE-Stecker

Einbausituation: .....
Arbeitshöhe: bis .....
Angeb. Fabrikat: .....

▶	▷	ø	◁	◀	Einheit	Ausf.-Dauer	Positionsnummer
4.567€	11.172€	**11.995€**	13.269€	17.416€	[St]	⏱ 12,00h/St	030.000.013

16 Stundensatz, Facharbeiter/-in

Stundenlohnarbeiten für Vorarbeiter/-in, Facharbeiter/-in und Gleichgestellte. Der Verrechnungssatz für die jeweilige Arbeitskraft umfasst sämtliche Aufwendungen wie Lohn- und Gehaltskosten, Lohn- und Gehaltsnebenkosten, Zuschläge, lohngebundene und lohnabhängige Kosten, sonstige Sozialkosten, Gemeinkosten, Wagnis und Gewinn. Leistung nach besonderer Anordnung der Bauüberwachung. Anmeldung und Nachweis gem. VOB/B.

▶	▷	ø	◁	◀	Einheit	Ausf.-Dauer	Positionsnummer
70€	77€	**77€**	79€	83€	[h]	⏱ 1,00h/h	030.000.014

17 Stundensatz, Helfer/-in

Stundenlohnarbeiten für Werker/-in, Helfer/-in und Gleichgestellte. Der Verrechnungssatz für die jeweilige Arbeitskraft umfasst sämtliche Aufwendungen wie Lohn- und Gehaltskosten, Lohn- und Gehaltsnebenkosten, Zuschläge, lohngebundene und lohnabhängige Kosten, sonstige Sozialkosten, Gemeinkosten, Wagnis und Gewinn. Leistung nach besonderer Anordnung der Bauüberwachung. Anmeldung und Nachweis gem. VOB/B.

▶	▷	ø	◁	◀	Einheit	Ausf.-Dauer	Positionsnummer
44€	54€	**59€**	62€	69€	[h]	⏱ 1,00h/h	030.000.015

031

Kosten:
Stand 1. Quartal 2025
Bundesdurchschnitt

Nr.	Positionen	Einheit	►	▷	ø brutto € / ø netto €	◁	◄
1	Handlauf, Stahl, außen, verzinkt, Rundrohr 33,7	m	54	70	**74**	82	96
			45	59	**62**	69	81
2	Handlauf, Stahl, außen, verzinkt, Rundrohr 42,4	m	68	94	**102**	117	140
			57	79	**86**	98	118
3	Handlauf, nichtrostend, Rundrohr 33,7	m	65	115	**159**	176	235
			55	96	**134**	148	197
4	Handlauf, nichtrostend, Rundrohr 42,4	m	76	141	**168**	184	230
			64	118	**141**	155	193
5	Handlauf, nichtrostend, Rundrohr 48,3	m	107	154	**193**	250	320
			90	130	**162**	210	269
6	Handlauf, Stahl, gebogen	m	166	203	**225**	254	286
			140	170	**189**	213	240
7	Handlauf, Holz, rund	m	54	111	**130**	145	200
			45	93	**109**	122	168
8	Handlaufhalter, Stahl, Wand	St	53	82	**101**	125	161
			44	69	**85**	105	135
9	Handlauf, Enden	St	21	35	**39**	40	55
			17	29	**32**	33	46
10	Handlauf, Bogenstück	St	36	66	**81**	82	109
			30	55	**68**	69	91
11	Handlauf, Ecken/Gehrungen	St	34	57	**69**	72	82
			29	48	**58**	60	69
12	Brüstungsgeländer, Fenstertür	St	454	703	**791**	891	1.083
			382	591	**665**	748	910
13	Schutzgitter, Fenster	St	370	492	**492**	557	651
			311	413	**414**	468	547
14	Brüstungs-/Treppengeländer, Flachstahlfüllung	m	391	544	**618**	704	923
			329	457	**519**	592	775
15	Brüstungs-/Treppengeländer, Lochblechfüllung	m	362	448	**496**	547	650
			304	376	**417**	460	546
16	Geländerausfachung, Stahlseil, nichtrostend	m	18	27	**35**	37	44
			15	23	**30**	31	37
17	Brüstung, VSG-Ganzglas/Edelstahl	m	1.399	1.683	**1.866**	1.870	2.149
			1.176	1.415	**1.568**	1.571	1.806
18	Stahl-Umfassungszarge, 750x2.000/2.125	St	265	336	**367**	425	532
			223	283	**308**	357	447
19	Stahl-Umfassungszarge, 875x2.000/2.125	St	266	343	**390**	449	564
			224	288	**327**	378	474
20	Stahl-Umfassungszarge, 1.000x2.000/2.125	St	293	457	**537**	611	758
			246	384	**451**	514	637
21	Stahltür, einflüglig, 1.000x2.130	St	777	1.442	**1.724**	2.439	3.663
			653	1.212	**1.449**	2.050	3.078
22	Stahltür, zweiflüglig	St	2.097	3.221	**3.849**	4.906	7.344
			1.762	2.707	**3.235**	4.123	6.172
23	Stahltür, Rauchschutz, 875x2.000/2.125	St	1.680	2.035	**2.731**	3.383	3.659
			1.412	1.710	**2.295**	2.843	3.075
24	Stahltür, Rauchschutz, 1.000x2.000/2.125	St	1.898	2.441	**3.228**	3.391	3.784
			1.595	2.052	**2.713**	2.850	3.180

► min
▷ von
ø Mittel
◁ bis
◄ max

Nr.	Positionen	Einheit	►	▷	ø brutto € / ø netto €	◁	◄
25	Stahltür, Rauchschutz, 1.250x2.000/2.125	St	2.629	3.433	**4.088**	4.661	5.465
			2.209	2.885	**3.435**	3.916	4.592
26	Stahltür, Rauchschutz, zweiflügelig	St	6.606	8.319	**9.175**	11.378	14.933
			5.551	6.990	**7.710**	9.562	12.548
27	Stahltür, Brandschutz, EI2 30, 875x2.125	St	1.019	1.392	**1.562**	1.958	2.555
			857	1.169	**1.313**	1.645	2.147
28	Stahltür, Brandschutz, EI2 30, 1.000x2.125	St	1.235	1.594	**1.755**	2.054	2.632
			1.038	1.339	**1.475**	1.726	2.212
29	Stahltür, Brandschutz, EI2 30, 1.250x2.125	St	1.742	2.411	**2.619**	3.368	4.831
			1.464	2.026	**2.201**	2.830	4.060
30	Stahltür, Brandschutz, EI2 90, 875x/2.125	St	–	2.174	**2.580**	2.995	–
			–	1.827	**2.168**	2.517	–
31	Stahltür, Brandschutz, EI2 90, 1.000x2.125	St	2.296	3.093	**4.064**	4.623	4.909
			1.930	2.599	**3.415**	3.885	4.126
32	Stahltür, Brandschutz, EI2 90, zweiflüglig	St	5.173	6.410	**6.903**	7.263	8.113
			4.347	5.387	**5.801**	6.104	6.818
33	Stahltür, Brandschutz, EI2 30, zweiflüglig	St	2.742	4.046	**4.622**	5.116	6.691
			2.304	3.400	**3.884**	4.299	5.622
34	Rohrrahmentür, Glasfüllung, EI2 30-S200C5, zweiflüglig, mehrteilig	St	8.378	13.034	**14.716**	16.693	20.548
			7.040	10.953	**12.366**	14.028	17.267
35	Stahlrahmen, Rolltor, grundiert	St	3.170	3.756	**4.020**	4.504	5.090
			2.664	3.156	**3.378**	3.785	4.278
36	Rolltor, Leichtmetall, außen	St	5.538	12.245	**14.987**	16.335	20.725
			4.653	10.290	**12.594**	13.727	17.416
37	Rollgitteranlage, elektrisch	St	7.239	9.189	**10.026**	11.250	13.320
			6.083	7.722	**8.425**	9.454	11.194
38	Sektional-/Falttor, Leichtmetall, Hallentor, gedämmt	St	2.387	5.010	**5.811**	7.233	10.086
			2.006	4.210	**4.883**	6.078	8.475
39	Garagen-Schwingtor, hand-/kraftbetätigt	St	1.598	3.711	**4.745**	6.459	9.023
			1.343	3.119	**3.987**	5.428	7.583
40	Außenwandbekleidung, Wellblech, MW, UK	m²	123	180	**208**	275	358
			103	151	**175**	231	301
41	Außenwandbekleidung, Glattblech, beschichtet	m²	141	302	**343**	407	529
			119	254	**288**	342	444
42	Vordach, Trägerprofile/VSG	St	2.005	4.298	**4.953**	5.951	7.472
			1.684	3.611	**4.163**	5.001	6.279
43	Deckenabschluss, Flachstahl	m	77	134	**153**	180	238
			65	113	**128**	151	200
44	Estrichabschluss, Winkelstahl	m	80	136	**159**	179	228
			67	114	**134**	150	192
45	Aluminiumprofile, Stahlkonstruktion	m	30	46	**56**	67	84
			25	38	**47**	57	71
46	Auflagerwinkel, Gitterroste, Stahl, außen	m	26	43	**54**	58	69
			22	36	**46**	48	58
47	Gitterroste, Stahl, verzinkt	m²	119	250	**296**	350	462
			100	210	**249**	294	388

Nr.	Positionen	Einheit	►	▷	ø brutto € / ø netto €	◁	◄
48	Trittstufe, Gitterrost, Außenbereich	St	71	107	**130**	163	236
			60	90	**109**	137	198
49	Stahltreppe, gerade, einläufig, innen, Trittbleche	St	2.419	5.390	**6.876**	8.592	12.189
			2.033	4.530	**5.778**	7.220	10.243
50	Stahltreppe, gerade, mehrläufig, innen, Trittbleche	St	5.406	10.941	**12.733**	13.515	17.270
			4.543	9.194	**10.700**	11.357	14.513
51	Spindeltreppe, Stahl, 100cm, innen, Trittroste	St	5.543	6.845	**7.400**	7.856	9.759
			4.658	5.752	**6.218**	6.602	8.201
52	Steigleiter, Stahl, verzinkt, bis 5,00m	St	269	682	**826**	1.267	1.999
			226	573	**694**	1.064	1.680
53	Steigleiter, Seitenholm, Rückenschutz	St	1.401	2.717	**3.458**	4.673	6.667
			1.177	2.283	**2.906**	3.927	5.603
54	Kellertrennwandsystem, verzinkte Metalllamellen	m²	44	58	**64**	69	79
			37	48	**54**	58	66
55	Briefkastenanlage, freistehend, bis 8 WE	St	2.058	3.341	**4.124**	4.885	6.153
			1.729	2.808	**3.465**	4.105	5.170
56	Briefkasten, Stahlblech, Wand	St	776	831	**951**	1.066	1.355
			652	698	**799**	896	1.138
57	Stundensatz, Facharbeiter/-in	h	78	86	**89**	93	100
			66	72	**75**	78	84
58	Stundensatz, Helfer/-in	h	58	67	**72**	75	86
			49	56	**61**	63	72

Kosten:
Stand 1. Quartal 2025
Bundesdurchschnitt

Nr.	**Kurztext** / Langtext						Kostengruppe
►	▷	**ø netto €**	◁	◄	[Einheit]	Ausf.-Dauer	Positionsnummer

A 1 Handlauf, außen, Stahl, verzinktem, Rundrohr — Beschreibung für Pos. **1-2**

Handlauf aus verzinktem Stahlrundrohr, außen, Handlauf steigend, in verschiedenen Längen, befestigt mit Konsolen an aufgehender Wand. Rohrkappen und Abkröpfung/Gehrung in gesonderter Position.
Einbauort: .....
Material: Stahl nach DIN EN 10025
Güte: S235JR+AR
Material Konsolen: Stahl
Mindestabstand: 50 mm
Oberfläche: feuerverzinkt
Korrosivitätskategorie DIN EN 12944: Klasse C3
Schutzdauerklasse: **L = < 7 Jahre / M = 7 < 15 Jahre / H = 15 < 25 Jahre / VH= > 25 Jahre**

1 Handlauf, Stahl, außen, verzinkt, Rundrohr: 33,7 — KG **359**

Wie Ausführungsbeschreibung A 1
Durchmesser: 33,7 mm
Wanddicke: 2,0 mm

45€	59€	**62€**	69€	81€	[m]	⏱ 0,35h/m	031.000.045

► min
▷ von
ø Mittel
◁ bis
◄ max

2 Handlauf, Stahl, außen, verzinkt, Rundrohr: 42,4 KG **359**

Wie Ausführungsbeschreibung A 1
Durchmesser: 42,4 mm
Wanddicke: 2,0 mm

57€ 79€ **86€** 98€ 118€ [m] ⏱ 0,35h/m 031.000.046

A 2 Handlauf, außen, nichtrostend, Rundrohr Beschreibung für Pos. **3-5**

Handlauf aus Rundrohr aus nichtrostendem Stahl, im Außenbereich, Handlauf steigend, in verschiedenen Längen, befestigt mit Konsolen an aufgehender Wand. Rohrkappen und Abkröpfung/Gehrung in gesonderter Position.
Einbauort: .....
Materialwerkstoff-Nr.: .....
Ausladung Mindestabstand: 50 mm
Oberfläche: **geschliffen mit Korn ca. ..... / gebürstet / blank**

3 Handlauf, nichtrostend, Rundrohr 33,7 KG **359**

Wie Ausführungsbeschreibung A 2
Durchmesser: 33,7 mm
Wanddicke: 2,0 mm

55€ 96€ **134€** 148€ 197€ [m] ⏱ 0,35h/m 031.000.047

4 Handlauf, nichtrostend, Rundrohr 42,4 KG **359**

Wie Ausführungsbeschreibung A 2
Durchmesser: 42,4 mm
Wanddicke: 2,0 mm

64€ 118€ **141€** 155€ 193€ [m] ⏱ 0,35h/m 031.000.048

5 Handlauf, nichtrostend, Rundrohr 48,3 KG **359**

Wie Ausführungsbeschreibung A 2
Durchmesser: 48,3 mm
Wanddicke: 2,0 mm

90€ 130€ **162€** 210€ 269€ [m] ⏱ 0,35h/m 031.000.049

6 Handlauf, Stahl, gebogen KG **359**

Handlauf, wie vor beschrieben, Ausführung des Handlaufs in gebogener Form, eben und ansteigend.
Biege-Radius: .....

140€ 170€ **189€** 213€ 240€ [m] ⏱ 0,40h/m 031.000.004

7 Handlauf, Holz, rund KG **359**

Handlauf aus Holz, steigend, in verschiedenen Längen. Wandlaufhalter, Rohrkappen und Abkröpfung/Gehrung in gesonderten Positionen.
Material: Eiche
Durchmesser: ..... mm
Oberfläche: geschliffen und poliert, natur
Einbauort: innen

45€ 93€ **109€** 122€ 168€ [m] ⏱ 0,32h/m 031.000.002

Nr.	Kurztext / Langtext						Kostengruppe
►	▷	**ø netto €**	◁	◀	[Einheit]	Ausf.-Dauer	Positionsnummer

8 **Handlaufhalter, Stahl, Wand** KG **359**

Handlaufhalter, aus Flachstahl-Rosette und an Handlauf mittels abgekröpftem Rundstahl von unten angeschweißt, inkl. Befestigungselemente aus nichtrostendem Stahl.
Einbauort: alle Geschosse
Untergrund: .....
Einbauort: .....
Einbau in: **Normalraum / Feuchtraum / Nassraum**
Material: Stahl nach DIN EN 10025
Güte: S 235 JR + AR
Wandhalter: Rundstahl **12 / 16** mm
Wandabstand: 50 mm
Rosette: Flachstahl 10 mm, rund D=100 mm, zwei Bohrungen
Oberfläche: **grundiert / verzinkt** für nachfolgende Beschichtung

44€ | 69€ | **85€** | 105€ | 135€ | [St] | ⏱ 0,30 h/St | 031.000.006

Kosten:
Stand 1. Quartal 2025
Bundesdurchschnitt

9 **Handlauf, Enden** KG **359**

Rohrende für Handlauf
Rohrprofil: **26,6 / 33,7 / 42,4 / 60** mm
Wanddicke: ..... mm
Ausführung Rohrende: **flache Kappe / gewölbte Kappe / gekröpfte 90°**

17€ | 29€ | **32€** | 33€ | 46€ | [St] | ⏱ 0,20 h/St | 031.000.007

10 **Handlauf, Bogenstück** KG **359**

Bogen als Übergang des Handlaufs an Ecken bzw. am Übergang von ansteigendem zu ebenem Handlauf.
Bogen: **30 / 45 / 90°**

30€ | 55€ | **68€** | 69€ | 91€ | [St] | ⏱ 0,25 h/St | 031.000.008

11 **Handlauf, Ecken/Gehrungen** KG **359**

Eck-/Übergangswinkel des Handlaufs, an Ecken bzw. am Übergang von ansteigendem zu ebenem Handlauf.
Gehrung Winkel: **30 / 45 / 90°**

29€ | 48€ | **58€** | 60€ | 69€ | [St] | ⏱ 0,20 h/St | 031.000.009

12 **Brüstungsgeländer, Fenstertür** KG **359**

Brüstungsgeländer vor Fenstertür, als Absturzsicherung, inkl. Bohrungen und Befestigungsmaterial aus nichtrostendem Stahl. Für die Ausführung werden vom AG Zeichnungen und statische Berechnungen zur Verfügung gestellt. Anforderungen gem. **Bauordnung / Technische Regeln für Arbeitsstätten (ASR) / Vorgabe des Versicherers.**
Abmessung (L x H): ..... x ..... mm
Material: **Flachstahl / Breitflachstahl** nach DIN EN 10058 bzw. DIN 59200, Qualität: S235JR - Werkstoff-Nr. 1.0038
OK Geländer: mind. ..... m über FFB
Abstand zum Fensterprofil max. ..... mm
Form:

- Rahmen aus Flachstahl 40 x 10 mm
- Füllung aus senkrechten Stäben aus Flachstahl (B x H): 40 x 10 mm
- Abstand Stäbe: d= ..... mm

Einbauort: ..... - Geschoss
Absturzhöhe: ..... m
Nutzung: **öffentliches Gebäude / Gewerbegeäude / Wohngebäude**
Oberfläche: .....

► min
▷ von
ø Mittel
◁ bis
◀ max

Montage:
- mittels angeschweißter Stahllaschen
- verdeckte Befestigung des Brüstungsgeländer **in der Fensterlaibung / auf vorgerichtetem Fensterprofil**

Befestigungsuntergrund:
Laibung der Wandöffnung aus **WDVS auf Stahlbeton / Mauerwerk / .....** bzw. Fensterprofil aus **Kunststoff / Holz / .....**

382€ 591€ **665€** 748€ 910€ [St] ⏱ 3,50h/St 031.000.072

13 Schutzgitter, Fenster — KG **334**

Schutzgitter als Einbruchschutz für Fenster, inkl. Klebedübel und Befestigungsmaterial aus nichtrostendem Stahl. Für die Ausführung werden vom AG Zeichnungen und statische Berechnungen zur Verfügung gestellt.
Material: **Flachstahl / Breitflachstahl** nach DIN EN 10058 bzw. DIN 59200
Qualität: S235JR
Abmessung (L x B): ..... x ..... mm
Form: Rahmen aus Flachstahl ..... x ..... mm
Befestigung: verdeckt, in Laibung mit .... angeschweißten Stahllaschen
Füllung aus **Rundstahl / Flachstahl** D/t= ..... mm
Oberfläche: feuerverzinkt
Untergrund: **Stahlbeton / Mauerwerk / .....**

311€ 413€ **414€** 468€ 547€ [St] ⏱ 2,80h/St 031.000.066

14 Brüstungs-/Treppengeländer, Flachstahlfüllung — KG **359**

Treppengeländer als Stahlkonstruktion, mit Handlauf aus nichtrostendem Stahl und Füllung aus senkrechten Stäben aus Flachmaterial, montiert neben den Treppenläufen, in allen Geschossen. Für die Ausführung werden vom AG Zeichnungen und statische Berechnungen zur Verfügung gestellt.
Konstruktion der Ausführungsklasse DIN EN 1090: EXC .....
Anforderungen gem. **Bauordnung / Technische Regeln für Arbeitsstätten (ASR) / Vorgabe des Versicherers**
Abmessungen:
Höhe: ..... m über **OKFF / Vorderkante Stufe**
Gesamthöhe: ca. ..... m, Abstand zu VK-Bodenbelag max. ..... mm
Form:
- Geländer ..... fach im Winkel von .....° abgekantet
- ..... Stützen mit Befestigungen unten
- ..... Befestigungen des Handlaufs an den Enden

Material/Befestigung:
- Handlauf: Rohr D = 42,4 mm, Material nichtrostender Stahl, Werkstoff: .....
- Rohrenden mit Kappen geschlossen
- Geländerpfosten: T-Stahlprofil ..... mm
- Befestigungsteile (B x L x T): Stegblech: ..... x ..... x ..... mm, Ankerplatte: ..... x ..... x ..... mm je Befestigung ..... Dübel
- im Außenbereich und in Feuchträumen alle Befestigungselemente aus nichtrostendem Stahl
- Geländerrahmen: Ober-, Untergurt aus Flachstahl ..... x ..... mm, Geländerstützen verschweißt
- Geländerfüllung: senkrechte Stäbe aus Flachstahl ..... x ..... mm, alle 120 mm senkrecht eingeschweißt

Oberflächen:
- nichtrostender Stahl: fein geschliffen, Korn ca. 240
- Stahlteile: **feuerverzinkt / verzinkt und deckend beschichtet,** Farbe: .....

023 024 025 026 027 028 029 030 **031** 032 033 034 036 037 038 039

Nr.	Kurztext / Langtext						Kostengruppe
▶	▷	ø netto €	◁	◀	[Einheit]	Ausf.-Dauer	Positionsnummer

Einbauort/Montage:

- **öffentliches Gebäude / Gewerbegebäude / Wohnhaus** in allen Geschossen
- **Normalraum / Feuchtraum / Nassraum**
- Befestigungsuntergrund Handlaufenden: HLz-Mauerwerk mit WDVS
- Befestigungsuntergrund Stahlbeton-Balkonplatte: Sichtbeton

329€	457€	**519€**	592€	775€	[m]	⏱ 2,50h/m	031.000.010

15 **Brüstungs-/Treppengeländer, Lochblechfüllung** KG **359**

Treppengeländer als Stahlkonstruktion, mit Handlauf und Füllung aus Lochblech, montiert neben den Treppenläufen. Für die Ausführung werden vom AG Zeichnungen und statische Berechnungen zur Verfügung gestellt. Anforderungen gem. **Bauordnung / Technische Regeln für Arbeitsstätten (ASR) / Vorgabe des Versicherers.**

Kosten:
Stand 1. Quartal 2025
Bundesdurchschnitt

Abmessungen:
Höhe: ..... m über **OKFF / Vorderkante Stufe**
Gesamthöhe ca. ..... m, Abstand zu VK-Bodenbelag: ..... mm
Form:

- Geländer ..... fach im Winkel von .....° abgekantet
- Stützen mit Befestigungen unten: ..... St
- Befestigungen des Handlaufs an den Enden: ..... St

Material/Befestigung:

- Handlauf: Rohr D = 33,7 mm, Material nichtrostender Stahl
- Rohrenden mit Kappen geschlossen
- Geländerpfosten: T-Stahlprofil ..... mm
- Befestigungsteile (B x L x T): Stegblech ..... x ..... x ..... mm, Ankerplatte ..... x ..... x ..... mm, Befestigung mit Klebedübel M12 je ..... St
- im Außenbereich und in Feuchträumen alle Befestigungselemente aus nichtrostendem Stahl
- Geländerrahmen: Ober-, Untergurt aus Flachstahl ..... x ..... mm, Geländerstützen verschweißt
- Geländerfüllung: Lochblech t = 1,5 mm, Quadratlockung, Lochung ..... x ..... mm, Lochanteil ca. .....%, eingepasst in Flachstahlrahmen

Oberflächen:

- nichtrostender Stahl: fein geschliffen, Korn ca. 240
- Stahlteile: **feuerverzinkt / verzinkt und deckend beschichtet,** Farbe: .....

Einbauort/Montage:

- **öffentliches Gebäude / Gewerbegebäude / Wohnhaus** in allen Geschossen
- **Normalraum / Feuchtraum / Nassraum**
- Befestigungsuntergrund Handlaufenden: HLz-Mauerwerk mit WDVS
- Befestigungsuntergrund Stahlbeton-Balkonplatte: Sichtbeton

304€	376€	**417€**	460€	546€	[m]	⏱ 2,30h/m	031.000.011

▶ min
▷ von
ø Mittel
◁ bis
◀ max

16 **Geländerausfachung, Stahlseil, nichtrostend** KG **359**

Geländerausfachung aus Seil aus nichtrostendem Stahl, angeschlossen an Geländerpfosten, einseitig mit Öse, Gegenseite mit Schraubverbindung, inkl. Spannschloss und Seilfixierung links und rechts der Pfosten.
Material: nichtrostender Stahl, Werkstoff-Nr.: 1.4......
Seil: 4 mm, **Spiralseil / Litzenseil**
Seillänge: .....
Ausführung:

- Seilende mit Anpressgewinde für Anschluss Seilspanner
- Seilende mit Anpresskopf mit **Öse / Gabel**
- Spannschlossgehäuse als Wantenspanner, Links-/Rechtsgewinde, einseitig Gabel mit Außengewinde

Montage:

- Seilausfachung waagerecht zwischen bauseitige Profilstahl-Pfosten einbauen, inkl. Bohrungen und Befestigungsstifte mit Sicherungsringen

Hinweis: Die Geländer-Konstruktion muss gegen Überklettern durch gesonderte Maßnahme gesichert werden, siehe Geländer-Richtlinie BVM 2019-04

15€ 23€ **30€** 31€ 37€ [m] ⏱ 0,15h/m 031.000.012

17 **Brüstung, VSG-Ganzglas/Edelstahl** KG **359**

Glasbrüstung, Kategorie B - DIN 18008-4, tragend, absturzsichernd, linienförmig gelagert. Bearbeitung der Glaskanten wird gesondert vergütet. Für die Ausführung werden vom AG Zeichnungen und statische Berechnungen zur Verfügung gestellt.
Anforderungen gem. **Bauordnung / Technische Regeln für Arbeitsstätten (ASR) / Vorgabe des Versicherers.**
Abmessungen:
Glasscheibe, regelhaft geteilt, ... m
Höhe: ..... m über OK FFB
Gesamthöhe Konstruktion ca. ..... m
Ausführung mit:

- Klemmkonstruktion, am unteren Rand linienförmig gelagert,
- Handlauf aus nichtrostendem Stahl, oberen Glasrand abdeckend, Oberfläche: matt
- Einfachverglasung aus Verbund-Sicherheitsglas (VSG), aus teilvorgespanntem Glas, Floatglas, zweischeibig
- zwischengelagerter Folie, Dicke: ..... mm

Untergrund: Stahlbeton

1.176€ 1.415€ **1.568€** 1.571€ 1.806€ [m] ⏱ 5,50h/m 031.000.013

023
024
025
026
027
028
029
030
031
032
033
034
036
037
038
039

Nr.	Kurztext / Langtext						Kostengruppe
▶	▷	ø netto €	◁	◀	[Einheit]	Ausf.-Dauer	Positionsnummer

A 3 Stahl-Umfassungszarge — Beschreibung für Pos. **18-20**

Umfassungszarge nach DIN 18111-1, aus Stahlblech, mit umlaufender Schattennut, zweiseitig.
Stahlblech Nenndicke: S = 1,5 mm
Zargenspiegel: .....
Türblatt: stumpf gefälzt
Dicke Türblatt: 40 mm +/-2 mm
Dichtungsprofil DIN EN 12365-1: Lippendichtungsprofil, aus ..... .
Oberfläche: **verzinkt / rostschützend grundiert für Beschichtung**

18 Stahl-Umfassungszarge, 750x2.000/2.125 — KG **344**

Wie Ausführungsbeschreibung A 3
Einbauort/Einbauhöhe: .....
Baurichtmaß (B x H): 750 x **2.000 / 2.125** mm
vorgerichtet für Bänder je Flügel: 2 Stück
Maulweite/Wanddicke: ..... mm
Anschlag: DIN **rechts / links**
Fußbodeneinstand: ..... mm
Untergrund: Mauerwerk

223€	283€	**308€**	357€	447€	[St]	⏱ 1,10h/St	031.000.051

19 Stahl-Umfassungszarge, 875x2.000/2.125 — KG **344**

Wie Ausführungsbeschreibung A 3
Einbauort/Einbauhöhe: .....
Baurichtmaß (B x H): 875 x **2.000 / 2.125** mm
vorgerichtet für Bänder je Flügel: 2 Stück
Maulweite/Wanddicke: ..... mm
Anschlag: DIN **rechts / links**
Fußbodeneinstand: ..... mm
Untergrund: Mauerwerk

224€	288€	**327€**	378€	474€	[St]	⏱ 1,10h/St	031.000.052

20 Stahl-Umfassungszarge, 1.000x2.000/2.125 — KG **344**

Wie Ausführungsbeschreibung A 3
Einbauort/Einbauhöhe: .....
Baurichtmaß (B x H): 1.000 x **2.000 / 2.125** mm
vorgerichtet für Bänder je Flügel: 2 Stück
Maulweite/Wanddicke: ..... mm
Anschlag: DIN **rechts / links**
Fußbodeneinstand: ..... mm
Untergrund: Mauerwerk

246€	384€	**451€**	514€	637€	[St]	⏱ 1,10h/St	031.000.053

Kosten:
Stand 1.Quartal 2025
Bundesdurchschnitt

▶ min
▷ von
ø Mittel
◁ bis
◀ max

21 Stahltür, einflüglig, 1.000x2.130 KG **344**

Außentürelement aus Metallkonstruktion, einflüglig, Türelement aus Türflügel und Zarge eingebaut in Massivwand, inkl. Bohrungen und Verbindungsmittel und Einbau aller Komponenten und Gangbarmachen der Türanlage.
Baurichtmaß (B x H): 1.000 x 2.125 mm
Klimaklasse: .....
mechanische Festigkeit: .....
Einbruchhemmung: Klasse RC ..... DIN EN 1627
Wärmeschutz: Ud = ... W/(m^{2}K) DIN EN ISO 10077
Schalldämmmaß Rw = ... dB DIN 4109 und VDI 2719
Luftdurchlässigkeit: .....
Windklasse: .....
Bodeneinstand: .....
Profilsystem: .....
Anschlag: DIN **rechts / links**, nach **außen / innen** aufschlagend
Zarge:

- Z-Zarge aus Stahl t = ... mm, **mit / ohne** Gegenzarge
- verdeckte Befestigung, Maueranker
- eingeschweißte Bandtaschen
- Hinterfüllung des Zargenhohlraums
- Abdichtung außenseitig mit vorkomprimiertem Dichtband zwischen Zarge und Bauwerk, raumseitig umlaufend mit überstreichbarem Dichtstoff, Farbton passend zur Türblattfarbe

Türflügel:

- Volltürblatt, d = 50 mm, Stahlblech t = ... mm
- Füllung aus Mineralwolle Ut = ... W/(m^{2}K)
- dreiseitig **gefälzt / flächenbündig**
- Flügelprofil: Tiefe = ... mm, Ansichtsbreite = ... mm
- Füllung: zweifach Isolierverglasung (B x H): ..... x ....., 2x ESG, Ug = ... W/(m^{2}K), Psi = ... W/(mK), Lichtdurchlässigkeit 75 bis 80%, innenseitige Glasleisten, vierseitig

Bänder/Beschläge:

- Federbänder: 2 Stück, aus nichtrostendem Stahl
- Drücker-Knauf-Wechselgarnitur für Hauseingangstüren auf Rosetten, aus nichtrostendem Stahl, Klasse ES2, mit Zylinderziehschutz

Schloss/Zubehör:

- Schloss für Hausabschlusstüren, Klasse 3, vorgerichtet für Profilzylinder, mit 6 Stiftzuhaltungen, Zylindergehäuse und Zylinderkern aus Messing, matt vernickelt, mit Aufbohrschutz, Länge ..... mm, inkl. ..... Schlüssel, in vorgerichtete Schlösser einbauen, inkl. gangbar machen
- Falzdichtung: **elastische Dämpfungs- / Dichtungsprofile** aus **APTK / EPDM umlaufend**
- Stulp aus nichtrostendem Stahl
- Türstopper, Aluminium mit schwarzer Gummieinlage, montiert auf .....
- Türschwelle barrierefrei nach DIN 18040

Oberflächen:

- Stahlblech: **verzinkt grundiert / verzinkt, grundiert und Farb-Beschichtung Nasslack / Pulverbeschichtung**, Farbe: .....
- nichtrostende Stahlteile: gebürstet

Montage:

- Wandaufbau im Anschlussbereich: Massivwand, außen WDVS, innen Putz
- Montage Zarge: an Normalbeton, in Wandöffnungen mit stumpfem Anschlag

653€ 1.212€ **1.449€** 2.050€ 3.078€ [St] ⏱ 2,40h/St 031.000.015

Kosten:
Stand 1.Quartal 2025
Bundesdurchschnitt

22 Stahltür, zweiflüglig KG **344**

Außentürelement aus Metallkonstruktion, zweiflüglig, Türelement bestehend aus Zarge, Stand- und Geh-Türflügel, eingebaut in Massivwand, inkl. Bohrungen und Verbindungsmittel und Einbau aller Komponenten und Gangbarmachen der Türanlage.
Einbauort: .....
Baurichtmaß (B x H): ..... x 2.125 mm
Klimaklasse: .....
mechanische Festigkeit: .....
Einbruchhemmung: Klasse RC ..... DIN EN 1627 bis 1630
Wärmeschutz: Ud = ... W/(m^{2}K) DIN EN ISO 10077
Schalldämmmaß Rw = ... dB DIN 4109 und VDI 2719
Windklasse: .....
Bodeneinstand: .....
Profilsystem: .....
Anschlag: nach **außen / innen** aufschlagend
Anforderungen:

- Außentür
- Klimaklasse: .....
- mechanische Festigkeit .....
- Bedienkräfte: .....
- Einbruchhemmung: Klasse RC .....
- Wärmeschutz: Ud = ... W/(m^{2}K)
- Schalldämmmaß Rw = ... dB

Zarge:

- Z-Zarge aus Stahl t = ... mm, **mit / ohne** Gegenzarge
- verdeckte Befestigung, Maueranker
- eingeschweißte Bandtaschen
- Hinterfüllung des Zargenhohlraums
- Abdichtung außenseitig mit vorkomprimiertem Dichtband zwischen Zarge und Bauwerk, raumseitig umlaufend mit überstreichbarem Dichtstoff, Farbton passend zur Türblattfarbe

Türflügel:

- Gehflügel (B): ....., DIN **rechts / links**
- Volltürblatt, d = 50 mm, Stahlblech t = ... mm
- Füllung aus Mineralwolle Ut = ... W/(m^{2}K)
- dreiseitig **gefälzt / flächenbündig**
- Flügelprofil: Tiefe = ... mm, Ansichtsbreite = ... mm
- Füllung: zweifach Isolierverglasung (B x H) = ... x ....., 2x ESG, Ug = ... W/(m^{2}K), Psi = ... W/(mK), Lichtdurchlässigkeit 75 bis 80%, innenseitige Glasleisten, vierseitig

Bänder/Beschläge:

- Federbänder: 2 St, nichtrostender Stahl
- Drücker-Knauf-Wechselgarnitur auf Rosetten für Hauseingangstüren, aus nichtrostendem Stahl, Klasse ES2, mit Zylinderziehschutz

Schloss/Zubehör:

- Schloss für Hausabschlusstüren, Klasse 3, vorgerichtet für Profilzylinder, mit 6 Stiftzuhaltungen, Zylindergehäuse und Zylinderkern aus Messing, matt vernickelt, mit Aufbohrschutz, Länge ..... mm, inkl. ..... Schlüssel, in vorgerichtete Schlösser einbauen, inkl. gangbar machen
- Falzdichtung: **elastische Dämpfungs- / Dichtungsprofile** aus **APTK / EPDM**, umlaufend
- Stulp aus nichtrostendem Stahl
- Türstopper, Aluminium mit schwarzer Gummieinlage, montiert auf .....
- Türschwelle barrierefrei nach DIN 18040

► min
▷ von
ø Mittel
◁ bis
◄ max

Oberflächen:
- Stahlblech: **verzinkt grundiert / verzinkt, grundiert und Farb-Beschichtung Nasslack / Pulverbeschichtung**, Farbe: .....
- nichtrostende Stahlteile: gebürstet

Montage:
- Wandaufbau im Anschlussbereich: Massivwand außen WDVS, innen Putz
- Montage Zarge: an Normalbeton, in Wandöffnungen mit stumpfem Anschlag

Geltungsbereich: **Normalraum / Feuchtraum / Nassraum**

1.762€	2.707€	**3.235€**	4.123€	6.172€	[St]	⏱ 3,40h/St	031.000.016

A 4 Stahltür, Rauchschutz — Beschreibung für Pos. **23-25**

Stahltür- Rauchschutztürelement, typengeprüft nach DIN EN 16034, einflüglig, mit Zulassung für den Anwendungsfall.
Element bestehend aus:
Zarge und Türblatt, selbstschließende Drehtür, Einbau gem. Zulassung in Innenwand, inkl. Bohrungen und Verbindungsmittel für die Verschraubung mit den bauseitigen Anschlüssen. Einbau aller Komponenten und gangbar machen, sowie Kennzeichnung mit geeignetem Kennzeichnungsschild.

Anforderung Rauchschutz:
- **dicht- + selbstschließend SaC(...) / rauchdicht + selbstschließend S200C(...)**
- Selbstschließende Eigenschaften: **C1 / .... / C5**
- Zulassung: CE-Kennzeichnung

Anforderungen Innentür:
- Klimaklasse DIN EN 1121: I = Innentür zwischen klimatisierten Räumen
- mechanische Beanspruchungsgruppe DIN EN 1192: M, mittlere Beanspruchung = Verwaltungsgebäude
- Bedienkräfte: .....
- Einbruchhemmung DIN EN 1627: RC 1 N
- Schallschutz: Schalldämmmaß Rwp = ... dB nach DIN 4109 und VDI 2719

Geltungsbereich: **Normalraum / Feuchtraum / Nassraum**

Türblatt:
- Blattdicke: 50 mm, Stahlblech t = ... mm
- Füllung aus Mineralwolle Ut = ... W/(m^{2}K)
- dreiseitig gefälzt / flächenbündig
- Flügelprofil: Tiefe = ... mm, Ansichtsbreite = ... mm
- Türelement schwellenlos, **mit automatischer Absenkdichtung / mit Halbrundprofil und Auflaufdichtung / mit Schwellenanschlag** (Bodenversatz)

Zarge:
- Maulweite: ..... mm
- Ansichtsbreite: ..... mm

Umfassungszarge aus Stahl t= 2 mm
- verdeckte Befestigung, Maueranker
- eingeschweißte Bandtaschen
- Hinterfüllung des Zargenhohlraums
- verdeckte Befestigung

Bänder/Beschläge:
- ..... St Dreirollenbänder je Flügel, dreidimensional verstellbar, Bandhöhe ca.120/160 mm, Stahl vernickelt

Nr.	Kurztext / Langtext						Kostengruppe
▶	▷	ø netto €	◁	◀	[Einheit]	Ausf.-Dauer	Positionsnummer

Drücker:
- FS-/RD-Drückergarnitur DIN 18273 für Rauchschutztüren
- Benutzungskategorie: Klasse 3
- Dauerhaftigkeit: Klasse 6
- Sicherheit für Personen: Klasse 1 – öffentlicher Bereich
- Einbruchsicherheit: Mäßig einbruchhemmend (Klasse 2)
- Material: Aluminium mit Stahlkern / nichtrostender Stahl Werkstoff 1.4401

Schloss/Zubehör:
- Einsteckschloss nach DIN 18251 vorgerichtet für PZ inkl. werkseitigem PZ Blindzylinder
- Falzdichtung: dreiseitig umlaufende Brandschutzdichtung in Grau
- Rauchschutz mit Bodendichtung, automatisch absenkbar
- Stulp aus nichtrostendem Stahl
- Schutzbeschlag: **Schild / Rosette**, Klasse ES **2 / 3**, mit Zylinderziehschutz

Türschließung:
- Gleitschienen-Obentürschließer DIN EN 1154
- Montage: bandseitig / gegenbandseitig

Oberflächen:
- Stahlprofile: **verzinkt grundiert / chromatiert, grundiert und Farbbeschichtung Nasslack / Pulverbeschichtung**, Farbe: .....
- Aluminiumteile: Pulverbeschichtet, Farbe: **..... / silber eloxiert E6/C0**
- nichtrostende Stahlteile: gebürstet

Montage/Einbauort/Verankerungsgrund:
- **Erdgeschoss / .....**
- Wandaufbau im Anschlussbereich: .....
- Montage gem. Einbauanleitung der Zulassung
- Abdichten und Versiegeln der Anschlussfugen mit Brandschutz-Silikon-Fugendichtstoff, Farbton: .....

Kosten:
Stand 1. Quartal 2025
Bundesdurchschnitt

23 **Stahltür, Rauchschutz, 875x2.000/2.125** KG **344**

Wie Ausführungsbeschreibung A 4
Einbauort: .....
Baurichtmaß (B x H): 875 x **2.000 / 2.125** mm
Anschlag: DIN **rechts / links**

1.412€ | 1.710€ | **2.295€** | 2.843€ | 3.075€ | [St] | ⏱ 2,60 h/St | 031.000.055

24 **Stahltür, Rauchschutz, 1.000x2.000/2.125** KG **344**

Wie Ausführungsbeschreibung A 4
Einbauort: .....
Baurichtmaß (B x H): 1.000 x **2.000 / 2.125** mm
Anschlag: DIN **rechts / links**

1.595€ | 2.052€ | **2.713€** | 2.850€ | 3.180€ | [St] | ⏱ 2,80 h/St | 031.000.056

25 **Stahltür, Rauchschutz, 1.250x2.000/2.125** KG **344**

Wie Ausführungsbeschreibung A 4
Einbauort: .....
Baurichtmaß (B x H): 1.250 x **2.000 / 2.125** mm
Anschlag: DIN **rechts / links**

2.209€ | 2.885€ | **3.435€** | 3.916€ | 4.592€ | [St] | ⏱ 2,90 h/St | 031.000.057

▶ min
▷ von
ø Mittel
◁ bis
◀ max

26 Stahltür, Rauchschutz, zweiflügelig KG **344**

Stahl-Rauchschutztürelement, typengeprüft nach DIN EN 16034, zweiflügelig.
Element bestehend aus:
Zarge und Türblätter, selbstschließend, Einbau in Innenwand, inkl. Bohrungen und Verbindungsmittel für die Verschraubung mit den bauseitigen Anschlüssen. Einbau aller Komponenten und gangbar machen und Kennzeichnung mit geeignetem Kennzeichnungsschild.
Einbauort: .....
Baurichtmaß (B x H): ..... x **2.000 / 2.125** mm
Anforderung Rauchschutz:

- **dicht- + selbstschließend SaC(...) / rauchdicht + selbstschließend S200C(...)**
- Selbstschließende Eigenschaften: **C1 / ..... / C5 (offen stehend gehalten / ...... / sehr häufige Betätigung)**
- Zulassung: CE-Kennzeichnung

Anforderungen Innentür:

- Klimaklasse DIN EN 1121: .....
- mechanische Beanspruchungsgruppe DIN EN 1192: .....
- Bedienkräfte: .....
- Einbruchhemmung DIN EN 1627: RC 1 N
- Schallschutz: Schalldämmmaß Rwp =..... dB nach DIN 4109 und VDI 2719

Geltungsbereich: **Normalraum / Feuchtraum / Nassraum**
Türflügel:

- Gehflügel (B): ..... DIN **rechts / links**
- Blattdicke: 50 mm, Stahlblech t = ... mm
- Füllung aus Mineralwolle Ut = ... W/(m^2K)
- doppelt gefälzt, flächenbündig
- Flügelprofil: Tiefe = ... mm, Ansichtsbreite = ... mm
- Türelement barrierefrei nach DIN 18040, mit automatischer Absenkdichtung

Zarge:

- Maulweite: .....
- Ansichtsbreite: ..... mm

Umfassungszarge aus Stahl t= 2 mm

- verdeckte Befestigung, Maueranker
- eingeschweißte Bandtaschen
- Hinterfüllung des Zargenhohlraums
- verdeckte Befestigung

Bänder/Beschläge:

- ..... St Dreirollenbänder je Flügel, dreidimensional verstellbar

Drücker:

- FS-/RD-Drückergarnitur DIN 18273 für Rauchschutztüren
- Benutzungskategorie: Klasse 3
- Dauerhaftigkeit: Klasse 6
- Sicherheit für Personen: Klasse 1 – öffentlicher Bereich
- Einbruchsicherheit: Mäßig einbruchhemmend (Klasse 2)
- Material: **Aluminium mit Stahlkern / Edelstahl Werkstoff 1.4401**

Schloss/Zubehör:

- Einsteckschloss nach DIN 18251 vorgerichtet für PZ inkl. werkseitigem PZ Blindzylinder
- Falzdichtung: dreiseitig umlaufende Brandschutzdichtung in grau
- Rauchschutz mit Bodendichtung, automatisch absenkbar
- Stulp aus nichtrostendem Stahl
- Schutzbeschlag: **Schild / Rosette**, Klasse ES **2 / 3**, mit Zylinderziehschutz

023
024
025
026
027
028
029
030
031
032
033
034
036
037
038
039

Nr.	Kurztext / Langtext						Kostengruppe
▶	▷	ø netto €	◁	◀	[Einheit]	Ausf.-Dauer	Positionsnummer

Türschließung:
- Türschließer mit Schließfolgeregelung und Mitnehmerklappe
- **Gleitschienen-Obentürschließer DIN EN 1154 / mit automatischem Türantrieb / Türfeststellanlage mit integriertem Rauchmelder / mit Fluchttürfunktion-Trafo-Wechselfunktion**
- Montage: **bandseitig / gegenbandseitig**

Oberflächen:
- Stahlprofile: **verzinkt grundiert / chromatiert, grundiert und Farbbeschichtung Nasslack / Pulverbeschichtung,** Farbe: .....
- Aluminiumteile: **Pulverbeschichtet, Farbe:.... / silber eloxiert E6/C0**
- nichtrostende Stahlteile: gebürstet

Montage/Einbauort/Verankerungsgrund:
- **Erdgeschoss / .....**
- Wandaufbau im Anschlussbereich: .....
- Montage gem. Einbauanleitung
- Abdichten und Versiegeln der Anschlussfugen mit Brandschutz-Silikon-Fugendichtstoff, Farbton: .....

Kosten:
Stand 1.Quartal 2025
Bundesdurchschnitt

▶	▷	ø	◁	◀	[Einheit]	Ausf.-Dauer	Positionsnummer
5.551€	6.990€	**7.710€**	9.562€	12.548€	[St]	⏱ 3,90h/St	031.000.040

A 5 Stahltür, Brandschutz, EI2 30 Beschreibung für Pos. **27-29**

Stahl-Brandschutztür, feuerhemmend, typengeprüft nach DIN EN 16034, einflüglig.
Element bestehend aus:
Zarge und Türblatt, selbstschließende Drehtür, Einbau in Innenwand, inkl. Bohrungen und Verbindungsmittel für die Verschraubung mit den bauseitigen Anschlüssen. Einbau aller Komponenten und gangbar machen der Türanlage.
Anforderung Brandschutz:
- **feuerhemmend + rauchdicht + selbstschließend EI2 30-S200C(...) / feuerhemmend + dicht- + selbstschließend EI2 30-SaC(...)**
- Selbstschließende Eigenschaften: **C1 / ..... / C5** (**offen stehend gehalten / ...... / sehr häufige Betätigung**)
- Zulassung: CE-Kennzeichnung
- Feuerwiderstandsklasse DIN EN 13501-2: .....

Anforderungen Innentür:
- Klimaklasse DIN EN 1121: I = Innentür zwischen klimatisierten Räumen
- mechanische Beanspruchungsgruppe DIN EN 1192: M, mittlere Beanspruchung = Verwaltungsgebäude
- Bedienkräfte: .....
- Einbruchhemmung DIN EN 1627: RC 1 N
- Schallschutz: Schalldämmmaß Rwp = ... dB nach DIN 4109 und VDI 2719

Geltungsbereich: **Normalraum / Feuchtraum / Nassraum**

Türflügel:
- Volltürblatt, d= 50 mm, Stahlblech t=1,5 mm
- Füllung aus Mineralwolle nach DIN EN 13162 Ut= ..... W/(m²K)
- doppelt gefälzt, flächenbündig
- Flügelprofil: Tiefe = ..., Ansichtsbreite = ...
- Türelement barrierefrei DIN 18040, mit automatischer Absenkdichtung

Zarge:
- Maulweite: .....
- Ansichtsbreite: .....

▶ min
▷ von
ø Mittel
◁ bis
◀ max

Umfassungszarge aus Stahl t= 2 mm
- verdeckte Befestigung, Maueranker
- eingeschweißte Bandtaschen
- Hinterfüllung des Zargenhohlraums
- verdeckte Befestigung

Bänder/Beschläge:
- ..... St Dreirollenbänder je Flügel, dreidimensional verstellbar

Drücker:
- FS-/RD-Drückergarnitur DIN 18273 für **Brandschutz- / Rauchschutztüren**
- Benutzungskategorie: Klasse 3
- Dauerhaftigkeit: Klasse 6
- Sicherheit für Personen: Klasse 1 – öffentlicher Bereich
- Einbruchsicherheit: Mäßig einbruchhemmend (Klasse 2)
- Material: **Aluminium mit Stahlkern / nichtrostender Stahl Werkstoff 1.4401**

Schloss/Zubehör:
- Einsteckschloss nach DIN 18251 für Wohnungsabschluss, vorgerichtet für Profilzylinder
- Falzdichtung: dreiseitig umlaufende Brandschutzdichtung in Grau
- Rauchschutz mit Bodendichtung, automatisch absenkbar
- Stulp aus nichtrostendem Stahl
- Schutzbeschlag: **Schild / Rosette**, Klasse ES **2 / 3**, mit Zylinderziehschutz
- Türstopper aus Aluminium mit schwarzer Gummieinlage, montiert auf .....

Türschließung:
- Gleitschienen-Obentürschließer DIN EN 1154 **mit automatischem Türantrieb / Türfeststellanlage und integriertem Rauchmelder / mit Fluchttürfunktion-Trafo-Wechselfunktion**
- Montage: **bandseitig / gegenbandseitig**

Oberflächen:
- Stahlprofile: **verzinkt grundiert / chromatiert, grundiert und Farbbeschichtung Nasslack / Pulverbeschichtung**, Farbe: .....
- Aluminiumteile: **farblos natur, eloxiert E6 EV1 / silberfarbig**
- Edelstahlteile: gebürstet

Montage/Einbauort/Verankerungsgrund:
- **Erdgeschoss / .....**
- Wandaufbau im Anschlussbereich: .....
- Montage gem. Einbauanleitung der Zulassung
- Abdichten und Versiegeln der Anschlussfugen mit Brandschutz-Silikon-Fugendichtstoff, Farbton: .....

27 **Stahltür, Brandschutz, EI2 30, 875x2.125** KG **344**

Wie Ausführungsbeschreibung A 5
Einbauort: .....
Baurichtmaß (B x H): 875 x 2.125 mm
Anschlag: DIN **rechts / links**
Oberfläche: **verzinkt grundiert / chromatiert, grundiert und Farbbeschichtung Nasslack / Pulverbeschichtung**
Farbe: .....
Befestigungsuntergrund: Beton

857€ 1.169€ **1.313€** 1.645€ 2.147€ [St] ⏱ 3,20h/St 031.000.058

Nr.	Kurztext / Langtext						Kostengruppe
▶	▷	**ø netto €**	◁	◀	[Einheit]	Ausf.-Dauer	Positionsnummer

28 Stahltür, Brandschutz, EI2 30, 1.000x2.125 KG **344**

Wie Ausführungsbeschreibung A 5
Baurichtmaß (B x H) 1.000 x 2.125 mm
Anschlag: DIN **rechts / links**
Oberfläche: **verzinkt grundiert / chromatiert, grundiert und Farbbeschichtung Nasslack / Pulverbeschichtung**
Farbe: .....
Befestigungsuntergrund: Beton

1.038€ 1.339€ **1.475€** 1.726€ 2.212€ [St] ⏱ 3,40h/St 031.000.059

29 Stahltür, Brandschutz, EI2 30, 1.250x2.125 KG **344**

Wie Ausführungsbeschreibung A 5
Einbauort: .....
Baurichtmaß (B x H): 1.250 x 2.125 mm
Anschlag: DIN **rechts / links**
Oberfläche: **verzinkt grundiert / chromatiert, grundiert und Farbbeschichtung Nasslack / Pulverbeschichtung**
Farbe: .....
Befestigungsuntergrund: Beton

1.464€ 2.026€ **2.201€** 2.830€ 4.060€ [St] ⏱ 3,60h/St 031.000.061

Kosten:
Stand 1. Quartal 2025
Bundesdurchschnitt

A 6 Stahltür, Brandschutz, EI2 90 Beschreibung für Pos. **30-31**

Stahl-Brandschutztür, feuerhemmend, typengeprüft nach DIN EN 16034, einflüglig.
Element bestehend aus:
selbstschließende Drehtür, Einbau in Innenwand, inkl. Bohrungen und Verbindungsmittel für die Verschraubung mit den bauseitigen Anschlüssen. Einbau aller Komponenten und gangbar machen der Türanlage.
Anforderung Brandschutz:
- feuerbeständig + dicht- + selbstschließend EI2 90-SaC(...)
- Selbstschließende Eigenschaften: **C1 / ..... / C5 (offen stehend gehalten / ...... / sehr häufige Betätigung)**
- Feuerwiderstandsklasse DIN EN 13501-2: .....

Anforderungen Innentür:
- Klimaklasse DIN EN 1121: I = Innentür zwischen klimatisierten Räumen
- mechanische Beanspruchungsgruppe DIN EN 1192: M, mittlere Beanspruchung = Verwaltungsgebäude
- Bedienkräfte: .....
- Einbruchhemmung DIN EN 1627: RC 1 N
- Schallschutz: Schalldämmmaß Rwp =..... dB nach DIN 4109 und VDI 2719

Geltungsbereich: **Normalraum / Feuchtraum / Nassraum**
Türflügel:
- Volltürblatt, d= ..... mm, Stahlblech t= 1,5 mm
- Füllung aus Mineralwolle nach DIN EN 13162 Ut=..... W/(m²K)
- doppelt gefälzt, **flächenbündig / .....**
- Öffnungsflügel **rechts / links** angeschlagen
- Flügelprofil: Tiefe = ... mm, Ansichtsbreite = ... mm
- **Türelement schwellenlos, mit automatischer Absenkdichtung / mit Halbrundprofil und Auflaufdichtung / mit Schwellenanschlag (Bodenversatz)**

Zarge:
- Maulweite: .....
- Ansichtsbreite: ..... mm

▶ min
▷ von
ø Mittel
◁ bis
◀ max

Umfassungszarge aus Stahl t= 2 mm
- verdeckte Befestigung, Maueranker
- eingeschweißte Bandtaschen
- Hinterfüllung des Zargenhohlraums

Bänder/Beschläge:
- ..... St Dreirollenbänder je Flügel, dreidimensional verstellbar

Drücker:
- FS-/RD-Drückergarnitur DIN 18273 für **Brandschutz- / Rauchschutztüren**
- Benutzungskategorie: Klasse 3
- Dauerhaftigkeit: Klasse 6
- Sicherheit für Personen: Klasse 1 – öffentlicher Bereich
- Einbruchsicherheit: Mäßig einbruchhemmend (Klasse 2)
- Material: **Aluminium mit Stahlkern / nichtrostender Stahl** Werkstoff 1.4401

Schloss/Zubehör:
- Einsteckschloss nach DIN 18251, Typ ....., vorgerichtet für Profilzylinder
- Falzdichtung: dreiseitig umlaufende Brandschutzdichtung in grau
- Türschwelle barrierefrei DIN 18040
- Rauchschutz mit Bodendichtung, automatisch absenkbar
- Stulp aus nichtrostendem Stahl
- Schutzbeschlag: **Schild / Rosette, Klasse ES 2 / 3, mit Zylinderziehschutz**

Türschließung:
- Gleitschienen-Obentürschließer DIN EN 1154 **mit automatischem Türantrieb / Türfeststellanlage und integriertem Rauchmelder / mit Fluchttürfunktion-Trafo-Wechselfunktion**
- Montage: **bandseitig / gegenbandseitig**

Oberflächen:
- Stahlprofile: **verzinkt grundiert / chromatiert, grundiert und Farbbeschichtung Nasslack / Pulverbeschichtung**, Farbe: .....
- Aluminiumteile: farblos natur, eloxiert E6 EV1 oder silberfarbig
- nichtrostende Stahlteile: gebürstet

Montage/Einbau:
- Untergrund: Beton
- Wandaufbau im Anschlussbereich: .....
- Abdichten und Versiegeln der Anschlussfugen mit Brandschutz-Silikon-Fugendichtstoff, Farbton: .....

30 **Stahltür, Brandschutz, EI2 90, 875x/2.125** KG **344**

Wie Ausführungsbeschreibung A 6
Einbauort: .....
Baurichtmaß Türöffnung (B x H): 875 x 2.125 mm
Anschlag: DIN **rechts / links**
Oberfläche: **verzinkt grundiert / chromatiert, grundiert und Farbbeschichtung Nasslack / Pulverbeschichtung**
Farbe: .....
Befestigungsuntergrund: Beton

– 1.827€ **2.168€** 2.517€ – [St] ⏱ 3,20h/St 031.000.062

Nr. **Kurztext** / Langtext — Kostengruppe
► ▷ **ø netto €** ◁ ◄ [Einheit] Ausf.-Dauer Positionsnummer

31 Stahltür, Brandschutz, EI2 90, 1.000x2.125 KG **344**

Wie Ausführungsbeschreibung A 6
Einbauort: .....
Baurichtmaß Türöffnung (B x H): 1.000 x 2.125 mm
Anschlag: DIN **rechts / links**
Oberfläche: **verzinkt grundiert / chromatiert, grundiert und Farbbeschichtung Nasslack / Pulverbeschichtung**
Farbe: .....
Befestigungsuntergrund: Beton

►	▷	ø	◁	◄	Einheit	Ausf.-Dauer	Positionsnummer
1.930€	2.599€	**3.415€**	3.885€	4.126€	[St]	⏱ 3,40h/St	031.000.063

32 Stahltür, Brandschutz, EI2 90, zweiflüglig KG **344**

Feuerbeständiges Stahl-Feuerschutztürelement, typengeprüft nach DIN EN 16034, zweiflüglig. Element bestehend aus selbstschließenden zweiflügeligen Drehtüren mit Schließfolgeregelung, Einbau in Innenwand, inkl. Bohrungen und Verbindungsmittel für die Verschraubung mit den bauseitigen Anschlüssen. Einbau aller Komponenten und gangbar machen der Türanlage.
Einbauort: .....
Baurichtmaß (B x H): ..... x .....
Anforderung Brandschutz:

- feuerbeständig + dicht- + selbstschließend EI2 90-SaC(...)
- Selbstschließende Eigenschaften: **C1 / ..... / C5 (offen stehend gehalten / ...... / sehr häufige Betätigung)**
- Zulassung: CE-Kennzeichnung
- Feuerwiderstandsklasse DIN EN 13501-2: .....

Anforderungen Innentür:

- Klimaklasse DIN EN 1121: I = Innentür zwischen klimatisierten Räumen
- mechanische Beanspruchungsgruppe DIN EN 1192: M, mittlere Beanspruchung = Verwaltungsgebäude
- Bedienkräfte: .....
- Einbruchshemmung DIN EN 1627: RC 1 N
- Schallschutz: Schalldämmmaß Rwp = ... dB nach DIN 4109 und VDI 2719

Geltungsbereich: **Normalraum / Feuchtraum / Nassraum**
Türflügel:

- Volltürblatt, d= 50mm, Stahlblech t=1,5 mm,
- Füllung aus Mineralwolle nach DIN EN 13162 Ut= ..... W/(m^2K)
- doppelt gefälzt, flächenbündig,
- Öffnungsflügel **rechts / links** angeschlagen
- Flügelprofil: Tiefe = ...mm, Ansichtsbreiten = ... mm
- Türelement barrierefrei DIN 18040, mit automatischer Absenkdichtung

Zarge:

- Maulweite: ..... mm
- Ansichtsbreite: ..... mm
- Umfassungszarge aus Stahl t= 2 mm
- verdeckte Befestigung, Maueranker
- eingeschweißte Bandtaschen,
- Hinterfüllung des Zargenhohlraums

Bänder/Beschläge:

- ..... St Dreirollenbänder je Flügel, dreidimensional verstellbar, Bandhöhe ca.120 / 160 mm, Stahl vernickelt

Kosten:
Stand 1.Quartal 2025
Bundesdurchschnitt

► min
▷ von
ø Mittel
◁ bis
◄ max

Drücker:
- FS-/RD-Drückergarnitur DIN 18273 für **Brandschutz- / Rauchschutztüren**
- Benutzungskategorie: Klasse 3
- Dauerhaftigkeit: Klasse 6
- Sicherheit für Personen: Klasse 1 – öffentlicher Bereich
- Einbruchsicherheit: Mäßig einbruchhemmend (Klasse 2)
- Material: **Aluminium mit Stahlkern / nichtrostender Stahl Werkstoff 1.4401**

Schloss/Zubehör:
- Einsteckschloss nach DIN 18251 für Wohnungsabschluss, alternativ werkseitiger Einbau eines Blindzylinders
- Falzdichtung: dreiseitig umlaufende Brandschutzdichtung in grau
- Rauchschutz mit Bodendichtung, automatisch absenkbar
- Stulp aus nichtrostendem Stahl
- Schutzbeschlag: **Schild / Rosette, Klasse ES 2 / 3, mit Zylinderziehschutz**

Türschließung:
- Türschließer mit Schließfolgeregelung und Mitnehmerklappe
- Gleitschienen-Obentürschließer DIN EN 1154 mit Schließfolgeregelung **/ mit automatischem Türantrieb / Türfeststellanlage mit integriertem Rauchmelder / mit Fluchttürfunktion-Trafo-Wechselfunktion**
- Montage: **bandseitig / gegenbandseitig**

Oberflächen:
- Stahlprofile: **verzinkt grundiert / chromatiert, grundiert und Farbbeschichtung Nasslack / Pulverbeschichtung**, Farbe: .....
- Aluminiumteile: **farblos natur, eloxiert E6 EV1 oder silberfarbig**
- nichtrostende Stahlteile: gebürstet

Montage/Einbauort/Verankerungsgrund:
- **Erdgeschoss / .....**
- Wandaufbau im Anschlussbereich: .....
- Montage gem. Einbauanleitung
- Abdichten und Versiegeln der Anschlussfugen mit Brandschutz-Silikon-Fugendichtstoff, Farbton: .....

4.347€	5.387€	**5.801€**	6.104€	6.818€	[St]	⏱ 4,60h/St	031.000.043

33 **Stahltür, Brandschutz, EI2 30, zweiflüglig** KG **344**

Feuerhemmende Stahl-Feuerschutztürelement, typengeprüft nach DIN EN 16034, zweiflüglig. Element bestehend aus selbstschließender Drehtür mit Schließfolgeregelung, Einbau in Innenwand, inkl. Bohrungen und Verbindungsmittel für die Verschraubung mit den bauseitigen Anschlüssen. Einbau aller Komponenten und gangbar machen und, Kennzeichnung mit geeignetem Kennzeichnungsschild.

Baurichtmaß (B x H): ..... x .....

Anforderung Brandschutz:
- **feuerhemmend + rauchdicht + selbstschließend EI2 30-S200C(...) / feuerhemmend + dicht- + selbstschließend EI2 30-SaC(...)**
- Selbstschließende Eigenschaften: **C1 / ..... / C5 (offen stehend gehalten / ...... / sehr häufige Betätigung)**
- Zulassung: CE-Kennzeichnung
- Feuerwiderstandsklasse DIN EN 13501-2: .....

Anforderungen Innentür:

- Klimaklasse DIN EN 1121: I = Innentür zwischen klimatisierten Räumen.
- mechanische Beanspruchungsgruppe DIN EN 1192: M, mittlere Beanspruchung = Verwaltungsgebäude
- Bedienkräfte: .....
- Einbruchshemmung DIN EN 1627: RC 1 N
- Schallschutz: Schalldämmmaß Rwp =..... dB nach DIN 4109 und VDI 2719

Geltungsbereich: **Normalraum / Feuchtraum / Nassraum**
Türflügel:
Volltürblatt, d= 50mm, Stahlblech t=1,5 mm

- Füllung aus Mineralwolle nach DIN EN 13162 Ut=..... W/(m^2K)
- doppelt gefälzt, flächenbündig
- Anschlag: DIN **rechts / links**
- Flügelprofil: Tiefe = ... mm, Ansichtsbreiten = ... mm
- **Türelement schwellenlos, mit automatischer Absenkdichtung / mit Halbrundprofil und Auflaufdichtung / mit Schwellenanschlag (Bodenversatz)**

Zarge:

- Maulweite: ..... mm
- Ansichtsbreite: ..... mm

Umfassungszarge aus Stahl t= 2 mm

- verdeckte Befestigung, Maueranker
- eingeschweißte Bandtaschen
- Hinterfüllung des Zargenhohlraums

Bänder/Beschläge:

- ..... St Dreirollenbänder je Flügel, dreidimensional verstellbar, Bandhöhe ca.120 / 160 mm, Stahl vernickelt

Drücker:

- FS-/RD-Drückergarnitur DIN 18273 für **Brandschutz- / Rauchschutztüren**
- Benutzungskategorie: Klasse 3
- Dauerhaftigkeit: Klasse 6
- Sicherheit für Personen: Klasse 1 – öffentlicher Bereich
- Einbruchsicherheit: Mäßig einbruchhemmend (Klasse 2)
- Material: **Aluminium mit Stahlkern / Edelstahl Werkstoff 1.4401**

Schloss/Zubehör:

- Einsteckschloss nach DIN 18251 für Wohnungsabschluss, / alternativ werkseitiger Einbau eines Blindzylinders
- Falzdichtung: dreiseitig umlaufende Brandschutzdichtung in grau
- Rauchschutz mit Bodendichtung, automatisch absenkbar
- Stulp aus nichtrostendem Stahl
- Schutzbeschlag: **Schild / Rosette**, Klasse ES **2 / 3**, mit Zylinderziehschutz

Türschließung:

- Türschließer mit Schließfolgeregelung,
- Gleitschienen-Obentürschließer DIN EN 1154 mit Schließfolgeregelung **/ mit automatischem Türantrieb / Türfeststellanlage mit integriertem Rauchmelder / mit Fluchttürfunktion-Trafo-Wechselfunktion**
- Montage: **bandseitig / gegenbandseitig**

Oberflächen:

- Stahlprofile: **verzinkt grundiert / chromatiert, grundiert und Farbbeschichtung Nasslack / Pulverbeschichtung,** Farbe: .....
- Aluminiumteile: Pulverbeschichtung
- Farbe: **..... / silber eloxiert E6/C0**
- Edelstahlteile: gebürstet

Kosten:
Stand 1.Quartal 2025
Bundesdurchschnitt

▶ min
▷ von
ø Mittel
◁ bis
◀ max

Montage/Einbauort/Verankerungsgrund
- **Erdgeschoss / .....**
- Wandaufbau im Anschlussbereich: .....
- Montage gem. Einbauanleitung
- Abdichten und Versiegeln der Anschlussfugen mit Brandschutz-Silikon-Fugendichtstoff, Farbton: .....

Angeb. Fabrikat: .....:

2.304€ 3.400€ **3.884€** 4.299€ 5.622€ [St] ⏱ 5,40h/St 031.000.041

34 **Rohrrahmentür, Glasfüllung, EI2 30-S200C5, zweiflüglig, mehrteilig** KG **344**

Brandschutztür, feuerhemmend, typengeprüft nach DIN EN 16034 als Rohrrahmenkonstruktion mit Glasfüllung, zweiflüglig, mehrteilig. Element bestehend aus selbstschließender Drehtür, Einbau in Innenwand, inkl. Bohrungen und Verbindungsmittel für die Verschraubung mit den bauseitigen Anschlüssen. Einbau aller Komponenten und gangbar machen der Türanlage.

Material: **Stahlrohr / Aluminiumrohr**

Baurichtmaß (B x H): ..... x .....
- Gehflügel als Drehtür: (B x H): ..... x ....., DIN **rechts / links**
- Stehflügel als **Drehflügel / feststehender Flügel** (B x H): ..... x .....
- Oberlicht: **geteilt / durchgehend** über Türflügel

Anforderung Brandschutz:
- **feuerhemmend + rauchdicht + selbstschließend EI2 30-C (D) / feuerhemmend + dicht- + selbstschließend EI2 30-C (D)**
- Selbstschließende Eigenschaften: **C1 / ..... / C5 (offen stehend gehalten / ...... / sehr häufige Betätigung)**
- Feuerwiderstandsklasse DIN EN 13501-2: .....
- Füllungen: Brandschutzverglasung **EI30 / EW 30 / E30**
- **Türelement schwellenlos, mit automatischer Absenkdichtung / mit Halbrundprofil und Auflaufdichtung / mit Schwellenanschlag (Bodenversatz)**

Anforderungen Innentür:
- Klimaklasse DIN EN 1121: I = Innentür zwischen klimatisierten Räumen
- mechanische Beanspruchungsgruppe DIN EN 1192: M, mittlere Beanspruchung = Verwaltungsgebäude
- Bedienkräfte: .....
- Einbruchhemmung DIN EN 1627: RC 1 N
- Schallschutz: Schalldämmmaß Rwp =..... dB nach DIN 4109 und VDI 2719

Geltungsbereich: **Normalraum / Feuchtraum / Nassraum**

Bänder / Beschläge:
- ..... St Dreirollenbänder je Flügel, dreidimensional verstellbar

Drücker:
- FS-/RD-Drückergarnitur DIN 18273 für **Brandschutz- / Rauchschutztüren**
- Benutzungskategorie: Klasse 3
- Dauerhaftigkeit: Klasse 6
- Sicherheit für Personen: Klasse 1 – öffentlicher Bereich
- Einbruchsicherheit: Mäßig einbruchhemmend (Klasse 2)

Schloss/Zubehör:
- Einsteckschloss nach DIN 18251, Typ ....., vorgerichtet für Profilzylinder
- Falzdichtung: dreiseitig umlaufende Brandschutzdichtung in grau
- Türschwelle barrierefrei DIN 18040
- Rauchschutz mit Bodendichtung, automatisch absenkbar
- Stulp aus nichtrostendem Stahl
- Schutzbeschlag: **Schild / Rosette, Klasse ES 2 / 3, mit Zylinderziehschutz**

023
024
025
026
027
028
029
030
031
032
033
034
036
037
038
039

Nr.	Kurztext / Langtext						Kostengruppe
►	▷	ø netto €	◁	◀	[Einheit]	Ausf.-Dauer	Positionsnummer

Türschließung:
- Gleitschienen-Obentürschließer DIN EN 1154**/ mit Schließfolgeregelung / mit automatischem Türantrieb / Türfeststellanlage und integriertem Rauchmelder / mit Fluchttürfunktion-Trafo-Wechselfunktion**
- Montage: **bandseitig / gegenbandseitig**

Oberflächen: .....

Farbe: .....
- Aluminiumteile: farblos natur, eloxiert E6 EV1 oder silberfarbig
- nichtrostende Stahlteile: gebürstet

Montage/Einbau:
- Untergrund: **Beton / Mauerwerk / .....**
- Wandaufbau im Anschlussbereich: .....
- Abdichten und Versiegeln der Anschlussfugen mit Brandschutz-Silikon-Fugendichtstoff, Farbton: .....
- Rohrrahmen (Hersteller/Typ): .....

Glas/Füllung (Hersteller/Typ): .....
Aufteilung s. Plan Nr: .....

7.040€ 10.953€ **12.366€** 14.028€ 17.267€ [St] ⏱ 5,20h/St 031.000.042

Kosten:
Stand 1. Quartal 2025
Bundesdurchschnitt

35 Stahlrahmen, Rolltor, grundiert — KG **334**

Stahlrahmen für einteiliges Rolltor, im bauseitigen Untergrund verankert.
Einbauort/-situation: ....
Baurichtmaß Öffnung (B x H): ..... x .....
Konstruktion: gem. Einzelbeschreibung
Material: Stahl S235JR+Ar
Oberfläche: Rostschutz grundiert, für Beschichtung
Untergrund: **Stahlbeton / Mauerwerk**

2.664€ 3.156€ **3.378€** 3.785€ 4.278€ [St] ⏱ 3,60h/St 031.000.032

36 Rolltor, Leichtmetall, außen — KG **334**

Leichtmetall-Rolltoranlage nach ASR A1.7 Türen und Tore (für kraftbetätigte Türen und Tore) und DIN EN 13241 als Hallentor mit Rolltorführungsschienen, Welle und Rolltorpanzer, wärmegedämmt, elektromechanischem Antrieb nach DIN VDE 0700 Teil 238, einschl. Verkabelungen, Fangeinrichtung, Bohrungen und Verbindungsmittel für die Verschraubung mit den bauseitigen Anschlüssen.
Baurichtmaß (B x H): ...... x .....
gef. Durchgangshöhe: .....
Wärmeschutz: Uw-Wert = ... W/(m^{2}K) nach DIN EN ISO 10077-1, DIN V 4108-4
Windlast, Prüfdruck **P1 / P2 / P3**, Klasse ..... nach DIN EN 12210
Schlagregendichtheit, Klasse ..... nach DIN EN 12208
Schalldämmmaß: Rw, R 24 dB nach DIN 4109
Einbruchhemmung: Widerstandsklasse ..... nach DIN EN 1627
Panzer: Aluminium-Hohlprofil, wärmegedämmt, mit unterem Abschlussprofil mit Gummi-Abschlussprofil
Führungsschienen: Stahl, verzinkt, einteilig, mit verschleißfesten Gleiteinlagen
Welle: Stahlrohr, verzinkt
Material/Montage:
- Befestigung der Führungsschienen an bauseitigen Untergrund mit Dübelmontage
- Befestigung der Wellenlager an bauseitigen Untergrund mit Dübelmontage

Untergrund: Stahlbeton
Einbauort/-situation: .....

4.653€ 10.290€ **12.594€** 13.727€ 17.416€ [St] ⏱ 8,00h/St 031.000.021

► min
▷ von
ø Mittel
◁ bis
◀ max

37 Rollgitteranlage, elektrisch KG **334**

Rollgitter-Anlage mit allen notwendigen Zubehörteilen, in bauseitige Öffnung; stabiles und einbruchhemmendes Rollgitter mit Motorbedienung und elektronischer Steuerung, Anlage mit Körperschalldämmung für leisen Lauf, Führungsschienen mit Einlage für materialschonenden Betrieb, Rollgitterkasten aus Leichtmetall-Formteil, Anlage mit einbruchhemmender Hochschiebesicherung, mit Notbedienung.
Einbruchwiderstand: Klasse RC .....
Baurichtmaß (B x H): ..... x .....
Gef. Durchgangshöhe: .....
Material und Form:
- Gitter: **Flachstahl- / Aluminium-Wabe**, 155 x 120 mm, Berechnungsgewicht .... kg/m^2
- Antriebswelle aus Stahl, achteckig
- Führungsschiene aus Aluminium, stranggepresst
- Rollgitter-Kasten: **Aluminium- / Stahlblech**-Formteil, mehrfach gekantet, mit seitlichen Blenden
- Endstab aus stranggepresstem Aluminium mit Gummi-Abschlussprofil

Oberflächen:
- Stahlteile feuerverzinkt
- Aluminiumteile: E6, C1 - **natur / pulverbeschichtet**
- Schienen und Blenden: pulverbeschichtet
- Farbe: .....

Bedienung der Anlage:
- Notbedienung als Handkurbel
- Deckenzugtaster mit Kette, montiert innen
- Schlüsselschalter als **Aufputz- / Unterputzschalter**, **außen / innen und außen**
- Handsender

Steuerung:
- **240 V / 24 V** Sicherheits-Kleinspannung
- Schutzart IP54, "Tor zu" in Totmannschaltung (Dauerdruck) mit Drucktastern "Auf-Halt-Zu"
- selbstüberwachende, elektromechanische Schließkantensicherung
- betriebsfertig verkabelt, mit CEE-Stecker

Material/Montage:
- Befestigung der Führungsschienen an bauseitigen Untergrund mit Dübelmontage
- Befestigung der Wellenlager an bauseitigen Untergrund mit Dübelmontage

Untergrund: Stahlbeton
Einbauort/-situation: .....

6.083€ 7.722€ **8.425€** 9.454€ 11.194€ [St] ⏱ 9,00h/St 031.000.076

023
024
025
026
027
028
029
030
031
032
033
034
036
037
038
039

Nr. **Kurztext** / Langtext — Kostengruppe
► ▷ **ø netto €** ◁ ◄ [Einheit] Ausf.-Dauer Positionsnummer

Kosten:
Stand 1. Quartal 2025
Bundesdurchschnitt

38 Sektional-/Falttor, Leichtmetall, Hallentor, gedämmt — KG **334**

Leichtmetall-Sektionaltor, als Hallentor nach ASR A1.7 Türen und Tore (für kraftbetätigte Türen und Tore) und DIN EN 13241, wärmegedämmt, mit Führungsschienen, Umlenkung, elektromechanischem Antrieb nach DIN VDE 0700 Teil 238, einschl. Verkabelungen, Bohrungen und Verbindungsmittel für die Verschraubung mit den bauseitigen Anschlüssen. Für die Ausführung werden vom AG Zeichnungen und statische Berechnungen zur Verfügung gestellt.
Baurichtmaß Öffnung: (B x H): ...... x .....
Gef. Durchgangshöhe (B x H): ..... x .....
Wärmeschutz: Uw-Wert = ... W/(m²K) nach DIN EN ISO 10077-1, DIN V 4108-4
Windlast, Prüfdruck **P1 / P2 / P3**, Klasse ..... nach DIN EN 12210
Schlagregendichtheit, Klasse ..... nach DIN EN 12208
Schalldämmmaß: Rw, R 24 dB nach DIN 4109
Einbruchhemmung: Widerstandsklasse ..... nach DIN EN 1627
Paneel: Aluminium, doppelwandig, PUR-ausgeschäumt, unteres Abschlussprofil
Führungsschienen: mit verschleißfesten Gleiteinlagen
Zubehör:

- Torantrieb elektro-mechanisch, links oder rechts angeschlagen, Aufsteckantrieb 400 V Drehspannung, IP54, Nothandkurbel und integrierte Fangvorrichtung
- Torsteuerung als Totmannsteuerung, mit ..... Stück Drucktaster
- Torbedienung und mit ..... Stück Schlüsselschalter
- Rollkasten aus farbbeschichtetem Alu-Blech
- Einbruchsicherung mit **Schloss / elektromechanischer Sicherung gegen Anheben**
- Bodendichtung aus EPDM-Lippenprofil
- Sturzgegendichtung aus EPDM-Lippenprofil

Oberflächen:

- Stahlteile: feuerverzinkt
- Aluminiumteile: anodisch oxidiert, **Pulver- / Nasslackbeschichtung**

Material/Montage:

- Befestigung der Führungsschienen mit Dübelmontage
- Befestigung der Wellenlager mit Dübelmontage

Untergrund: Stahlbeton
Einbauort/-situation: .... / Einbau hinter Sturzprofil an Deckenplatte

2.006€ 4.210€ **4.883€** 6.078€ 8.475€ [St] ⏱ 5,00h/St 031.000.022

39 Garagen-Schwingtor, hand-/kraftbetätigt — KG **334**

Schwingtor-Anlage nach DIN EN 1324 als Garagenabschluss, aus Rahmen und Schwingtorblatt, außenseitig beplankt mit senkrechter, gehobelter und feingeschliffener Schalung aus nordischer Fichte, mit Anschlagdämpfung und Öffnungshilfe im Handbetrieb, ruhiger Torlauf durch zwei kugelgelagerte Laufrollen in verzinkten Deckenlaufschienen mit Anschlagbegrenzung aus Gummi. Hubeinrichtung fein justier- und austauschbar, einschl. Bohrungen und Verbindungsmittel für die Verschraubung mit den bauseitigen Anschlüssen. Für die Ausführung werden vom AG Zeichnungen und statische Berechnungen zur Verfügung gestellt.
Baurichtmaß Öffnung: ..... x ..... m
Bauart: nach DIN EN 12604, Schutz vor Quetsch- und Scherstellen
Mindestabstände: 25 mm in allen Bereichen der Hubeinrichtung
Absturzsicherung: Multifederpaket, flexible Abdichtprofile
Betätigung: **handbetätigtes Tor / kraftbetätigtes Tor** zusammen mit Antrieb
Torzarge: aus Stahl mit Blendbrett
Torblattrahmen: verwindungsfreie Profilstahlrohre, auf Gehrung stumpf geschweißt, völlig geschlossen

- Hubeinrichtung, mit wartungsfreien Gleitlagern

► min
▷ von
ø Mittel
◁ bis
◄ max

Schloss:
- Verschluss: **durch 2 seitliche Schließriegel / 3 Punkt-Verriegelung bei elektrisch betätigtem Tor**
- Schloss vorgerichtet für Einbau eines bauseitigen Profilzylinders
- Türgriff mit Langschild, vernickelt Neusilber, mit Lochung für PZ

Beplankung:
- außenseitig beplankt mit senkrechter, gehobelter und feingeschliffener Nordische-Fichte-Schalung t = 21 mm und waagerechte Sockelleiste als Schutz gegen aufsteigende Feuchtigkeit, Deckbreite der Beplankungsprofile d = 120 mm
- Befestigung der Beplankung spannungsfrei durch Holzschraubleisten, Schwellenschiene, schraubbar, aus nichtrostendem Stahl

Oberflächen Holz:
- Profilschalung Nordische Fichte: **Grundlasur und Endlasur / Endlackiert nach RAL .....**, Farbton: .....

Oberfläche Stahl:
- feuerverzinkt
- Korrosivitätskategorie DIN EN ISO 12944: Klasse **C1 / C2**
- Korrosionsschutz für Zeitraum Klasse: **L < 7 Jahre / M = 7 < 15 Jahre / H = 15 < 25 Jahre / VH > 25 Jahre**

Farbton: .....

Material/Montage:
- Befestigung Rahmen mit Dübelmontage

Untergrund: Stahlbeton

1.343€ 3.119€ **3.987€** 5.428€ 7.583€ [St] ⏱ 4,80h/St 031.000.023

40 Außenwandbekleidung, Wellblech, MW, UK KG **335**

Außenwandbekleidung mit Wellprofilen aus Stahl, Typ W18/76 nach DIN EN 508-1, bandverzinkt und beschichtet, mit Mineralfaserdämmung und Aluminium-Unterkonstruktion; sämtliche Materialien in nichtbrennbarer Ausführung. Fenstersturz und Laibungen nach gesonderter Position. Für die Ausführung werden vom AG Zeichnungen und statische Berechnungen zur Verfügung gestellt.
Profilplatten: L= ca. 4.500 mm, Verlegung horizontal
Unterkonstruktion: ca. alle 650 mm befestigt, Profil einstellbar zur Aufnahme der bauseitigen Toleranzen bis ..... mm
Hinterlüftungsschicht: mind. 20 mm
Dämmung: Mineralwolle MW, Typ WAB, Wärmeleitfähigkeit: 0,035 W/(mK)
Brandverhalten: A1
Dämmschichtdicke ..... mm, einlagig, zwischen Z-Profilen

Material/Montage:
- Befestigung der Unterkonstruktion aus Z-Profile am Untergrund erfolgt mit Rahmendübeln
- Wellblech-Plattenstöße überlappend, regelhafte und exakte Befestigung auf UK mit Aluminiumschrauben d= 6,5 mm
- Unterer und oberer Abschluss, sowie Anschlüsse und Eckausbildung, Ausklinkungen, eventuell erforderliche Ergänzungskonstruktionen bei Außen- und Innenecken

Oberflächen:
- Wellblech-Oberfläche: Sichtseite farbbeschichtet RAL ....., Rückseite RAL .....

Einbauort:
- verputzte Außenwände mit Wandhöhe bis .....
- bauseitiger Untergrund: Hochlochziegel, Stahlbeton im Deckenbereich

103€ 151€ **175€** 231€ 301€ [m²] ⏱ 0,40h/m² 031.000.024

Nr. **Kurztext** / Langtext Kostengruppe
► ▷ **ø netto €** ◁ ◄ [Einheit] Ausf.-Dauer Positionsnummer

Kosten:
Stand 1. Quartal 2025
Bundesdurchschnitt

41 Außenwandbekleidung, Glattblech, beschichtet — KG 335

Außenwandbekleidung mit Glattblech, auf bauseitiger Unterkonstruktion aus Aluminium-Profil; sämtliche Materialien in nichtbrennbarer Ausführung. Fenstersturz und Laibungen nach gesonderter Position. Für die Ausführung werden vom AG Zeichnungen und statische Berechnungen zur Verfügung gestellt.
Art/Form:
- äußere Bekleidung mit Stahl-Glattblech t= 3 mm
- Oberfläche: verzinkt und .....-beschichtet
- Plattenformat (B x H): ..... x .....
- Verlegung **vertikal / horizontal**

Material/Montage:
- Unterkonstruktion ca. alle 650 mm sichtbar befestigt, regelhafte und exakte Befestigung auf UK mit Aluminiumschrauben d= 6,5 mm
- Unterer und oberer Abschluss, sowie Anschlüsse und Eckausbildung, Ausklinkungen, eventuell erforderliche Ergänzungskonstruktionen bei Außen- und Innenecken

Oberflächen:
- Glattblech-Oberfläche: Sichtseite farbbeschichtet RAL ....., Rückseite RAL .....

Einbauort:
- Außenwände mit Wandhöhe bis 7,00 m
- bauseitiger Untergrund: .....

►	▷	ø	◁	◄	Einheit	Ausf.-Dauer	Positionsnummer
119€	254€	**288€**	342€	444€	[m²]	⏱ 0,50 h/m²	031.000.033

42 Vordach, Trägerprofile/VSG — KG 339

Vordachkonstruktion, zur Aufnahme von VSG-Verglasung gem. DIN 18008-3, Konstruktion aus zwei Konsolen und zwei Hohlprofil-Querträger zur Aufnahme der vorgebohrten Verglasung. Für die Ausführung werden vom AG Zeichnungen und statische Berechnungen zur Verfügung gestellt.
Konstruktion der Ausführungsklasse DIN EN 1090: EXC .....
Abmessung (B x L): ..... x ....., Neigung: .....°
Scheibengröße (B x L): ..... x .....
Auflagerung Verglasung: Neoprenlager, punktförmige Halterung, ... Stück
Querträger: Hohlprofil .... x ...., t= ..... mm
Konsolen: ..... Stück, befestigt an aufgehender Wand
Material: Stahl nach DIN EN 10025. Güte: S235JR (+AR .....)
Stegblech (B x L x T): ..... x ..... x ..... mm
Ankerplatte (B x L x T): ..... x ..... x ..... mm, Dübel und Befestigung gem. anliegender statischer Berechnung
Befestigungsmittel: aus nichtrostendem Stahl
Oberflächen: **verzinkt und deckend beschichtet / feuerverzinkt**
- Korrosivitätskategorie DIN EN ISO 12944: Klasse **C1 / C2**
- Korrosionsschutz für Zeitraum Klasse: **L < Jahre / M = 7 < 15 Jahre / H = 15 < 25 Jahre**

Farbe: .....
Einbauort:
- Außenwand, wärmegedämmt, WDVS, Dämmung 160 mm
- Einbauhöhe: bis 5,00 m
- Untergrund: **Mauerwerk / Stahlbeton**

►	▷	ø	◁	◄	Einheit	Ausf.-Dauer	Positionsnummer
1.684€	3.611€	**4.163€**	5.001€	6.279€	[St]	⏱ 4,50 h/St	031.000.067

► min
▷ von
ø Mittel
◁ bis
◄ max

43 Deckenabschluss, Flachstahl KG **353**

Anschlagschiene aus scharfkantigem Flachstahl, mit punktförmigen Halterungen, als Randschiene für Estrichabstellung am Deckenrand, Innenbereich. Für die Ausführung werden vom AG Zeichnungen und statische Berechnungen zur Verfügung gestellt.
Abmessung:
- Höhe Flachstahl: H= ..... mm
- Dicke Flachstahl: T= 8 mm
- Halterungen: ca. alle 300 mm mit angeschweißtem Winkelprofil

Montage:
- befestigt mit feuerverzinkten Schrauben **M8 / M10** und Dübel, alle ..... m

Oberflächen:
- rostschützend **grundiert / feuerverzinkt**

Einbauort:
- Deckenrand im 1.OG
- Untergrund: Stahlbeton
- Einbauhöhe: ..... m

65€ 113€ **128€** 151€ 200€ [m] ⏱ 0,35h/m 031.000.025

44 Estrichabschluss, Winkelstahl KG **353**

Anschlagschiene aus scharfkantigem Winkelprofil, als Randschiene für Estrichabstellung am Deckenrand, Innenbereich. Für die Ausführung werden vom AG Zeichnungen und statische Berechnungen zur Verfügung gestellt.
Abmessung:
- ungleichmäßiger Winkelstahl: 100 x 65 mm
- Dicke Winkelstahl: t = 7 mm
- Halterungen: ca. alle 300 mm mit Bohrung im kurzen Flansch

Montage:
- befestigt mit feuerverzinkten Schrauben M8 und Dübel, l= 50 mm, auf Stahlbeton-Decke

Oberflächen: feuerverzinkt

Einbauort:
- Estrichabstellung vor Fassade im EG
- Untergrund: Stahlbeton
- Einbauhöhe: ..... m

Für die Ausführung werden vom AG folgende Unterlagen zur Verfügung gestellt: .....

67€ 114€ **134€** 150€ 192€ [m] ⏱ 0,40h/m 031.000.026

45 Aluminiumprofile, Stahlkonstruktion KG **335**

Aluminium-Profil, montiert auf Stahlkonstruktion und sichtbar befestigt mit CrNi-Schrauben.
Beschreibung der Konstruktion: ..... ggfs. mit Angabe der Ausführungsklasse DIN EN 1090: EXC .....
Profil: .....
Material: Aluminium
Oberfläche: **natur / eloxiert E6/C0 / eloxiert E6/C35**
Profil: Schenkellänge ..... mm

25€ 38€ **47€** 57€ 71€ [m] ⏱ 0,20h/m 031.000.034

Nr.	Kurztext / Langtext						Kostengruppe
▶	▷	ø netto €	◁	◀	[Einheit]	Ausf.-Dauer	Positionsnummer

Kosten:
Stand 1. Quartal 2025
Bundesdurchschnitt

46 Auflagerwinkel, Gitterroste, Stahl, außen — KG 353

Auflagerwinkel aus scharfkantigem Winkelprofil, für Gitterroste als geschlossener Rahmen. Für die Ausführung werden vom AG Zeichnungen und statische Berechnungen zur Verfügung gestellt.
Konstruktion der Ausführungsklasse DIN EN 1090: EXC .....
Abmessung:
- Rahmenmaß: geeignet für Bauhöhe Gitterrost H= ..... mm
- Rahmengröße: .....
- Halterungen: ca. alle ..... mm mit Bohrung im kurzen Flansch

Montage:
- befestigt im Außenbereich mit nichtrostenden Schrauben M8 und Dübel, Abstand L= ca. ..... mm, seitlich an die Kellerlicht-Schachtwände
- je Seite mind. 2 Befestigungsstellen

Oberflächen: feuerverzinkt
Einbauort:
- Lichtschächte im UG
- Lichtschachthöhe: .....

▶	▷	ø	◁	◀	Einheit	Ausf.-Dauer	Positionsnummer
22€	36€	**46€**	48€	58€	[m]	⏱ 0,20 h/m	031.000.027

47 Gitterroste, Stahl, verzinkt — KG 353

Gitterrostbeläge, rutschhemmend, abhebesicher als Podestfläche auf bauseitiger Stahlkonstruktion, einschl. Bohrungen und feuerverzinkten Verbindungsmitteln für die Verschraubung mit den herzustellenden Anschlüssen. Für die Ausführung werden vom AG Zeichnungen und statische Berechnungen zur Verfügung gestellt.
Konstruktion der Ausführungsklasse DIN EN 1090: EXC .....
Lichtes Gitterrost-Außenmaß (B x L): ..... x .....
Art/Form:
- Gitterrost, Maschenteilung 33,3 x 11,1 mm
- Tragstab: 30 x 3 mm
- Randstab/Einfassung: umlaufend mit Profil 30 x 3 mm

Anforderungen:
- rutschhemmend **R9 / R10 / R11**

Montage:
- auf bauseitige Stahlkonstruktion, eingepasst und befestigt mit geeigneten feuerverzinkten Gitterrostbefestigungen

Oberflächen: feuerverzinkt
Einbauort:
- ..... Geschoss
- Einbauhöhe: .....

▶	▷	ø	◁	◀	Einheit	Ausf.-Dauer	Positionsnummer
100€	210€	**249€**	294€	388€	[m²]	⏱ 0,25 h/m²	031.000.028

48 Trittstufe, Gitterrost, Außenbereich — KG 351

Trittstufe Wangentreppe, Außenbereich, aus Stahlrahmen und Gitterrost, seitlich verschraubt.
Material: Winkelrahmen aus Stahlblech
Einlage: Gitterrost, Maschenweite 30 x 30 mm
Stufenbreite: 1,00 m
Treppenauftritt: 280 mm
Oberflächen: feuerverzinkt

▶	▷	ø	◁	◀	Einheit	Ausf.-Dauer	Positionsnummer
60€	90€	**109€**	137€	198€	[St]	⏱ 0,25 h/St	031.000.080

▶ min
▷ von
ø Mittel
◁ bis
◀ max

49 **Stahltreppe, gerade, einläufig, innen, Trittbleche** KG **351**

Freitragende Stahlwangentreppe nach DIN 18065, über ein Geschoss führend; einschl. Bohrungen und verzinkten Verbindungsmitteln für die Verschraubung mit den bauseitigen Anschlüssen. Geländer nach gesonderter Position. Für die Ausführung werden vom AG Zeichnungen und statische Berechnungen zur Verfügung gestellt.

Abmessungen:
- Geschosshöhe: 2750 mm
- Stützweite: .....
- Stufen: 16 Stg
- Steigungsverhältnis: 17,2 x 28 cm
- Wangenhöhe: 280 mm
- Treppenbreite: 1,0 m
- nutzbare Treppenlaufbreite: .....
- Fußbodenaufbau unten: H= 100 mm, oben: H= 75 mm

Art/Form:
- Ausführungsklasse nach DIN EN 1090: .....
- Nutzlast: 3 kN/m^2 DIN EN 1991-1
- Material: Stahl S235JR DIN EN 10025-2, Werkstoff-Nr 1.0038
- Wange aus Breitflachstahl H 280 x T 18 mm, am oberen Ende abgewinkelt zum Anschluss an Geschossdecke
- Tritt- und Setzstufe als z-förmig abgewinkeltes Stahlblech

Profil:
- **Tränenblech / Riffelblech**, verzinkt, Abwicklung je Stufe ca. 370 mm, an Wangen angeschweißt
- letzte Stufe im Übergang zum Fußboden als Stahlblech, jedoch Abwicklung ca. 600 mm

Anschlüsse/Montage:
- oberer Anschluss an Deckenstirn aus Stahlbeton, Dicke inkl. FB: ....., mittels Stahllasche als Wangenanschluss, geschraubten Verbindung,
- unterer Anschluss aufgesetzt auf Stahlbeton, punktförmig gelagert mit Stahllaschen, geschraubte Verbindung, Dübelmontage

Oberflächen: feuerverzinkt

Einbauort:
- Innen, Trockenbereich
- zwischen 1. und 2. Geschoss
- Einbauhöhe: .....

2.033€ 4.530€ **5.778€** 7.220€ 10.243€ [St] ⏱ 7,50h/St 031.000.029

50 **Stahltreppe, gerade, mehrläufig, innen, Trittbleche** KG **351**

Freitragende Stahlwangentreppe nach DIN 18065, mehrläufig; inkl. Bohrungen und verzinkten Verbindungsmitteln für die Verschraubung mit den bauseitigen Anschlüssen. Geländer nach gesonderter Position. Für die Ausführung werden vom AG Zeichnungen und statische Berechnungen zur Verfügung gestellt.

Abmessungen:
- Stützweiten: .....
- Geschosshöhe: .....
- Treppenbreite: 1,0 m
- nutzbare Treppenlaufbreite: .....
- Stufen: ..... Stg
- Steigungsverhältnis: 17,2 x 28 cm
- Wangenhöhe: 280 mm
- Fußbodenaufbau unten: H= 100 mm, oben: H= 75 mm

Art/Form:
- Ausführungsklasse nach DIN EN 1090: .....
- Nutzlast: 3 kN/m²
- Material: Stahl S235JR DIN EN 10025-2, Werkstoff-Nr 1.0038
- Wange als Breitflachstahl H 280 x T 18 mm, am oberen Ende abgewinkelt zum Anschluss an Geschossdecke
- Tritt- und Setzstufe als z-förmig abgewinkeltes Stahlblech

Profil:
- **Tränenblech / Riffelblech**, verzinkt, Abwicklung je Stufe ca. 370 mm, an Wangen angeschweißt
- letzte Stufe im Übergang zum Fußboden als Stahlblech, jedoch Abwicklung ca. 600 mm

Anschlüsse/Montage:
- oberer Anschluss an Deckenstirn aus Stahlbeton, Dicke inkl. FB: 315 mm, mittels Stahllasche als Wangenanschluss, geschraubten Verbindung
- unterer Anschluss aufgesetzt auf Stahlbeton, punktförmig gelagert mit Stahllaschen, geschraubte Verbindung, Dübelmontage

Oberflächen: feuerverzinkt

Einbauort:
- Innenraum - Trockenbereich
- zwischen 1. und 2. Geschoss
- Einbauhöhe: bis .... m

Kosten:
Stand 1. Quartal 2025
Bundesdurchschnitt

4.543€ 9.194€ **10.700€** 11.357€ 14.513€ [St] ⏱ 8,50h/St 031.000.044

51 Spindeltreppe, Stahl, 100cm, innen, Trittroste KG **351**

Spindeltreppenanlage nach DIN 18065, einschl. Bohrungen und verzinkten Verbindungsmitteln für die Verschraubung mit den bauseitigen Anschlüssen. Geländer nach gesonderter Position. Für die Ausführung werden vom AG Zeichnungen und statische Berechnungen zur Verfügung gestellt.

Abmessung:
- lichtes Rohbaurichtmaß Treppenloch: .....
- Treppendurchmesser: D= ..... mm
- Geschosshöhe: 2,80 m
- Stufen: ..... Stg
- Steigung: .....
- Austrittpodest (L x B): 1,0 x 1,0 (m)
- Wange aus Breitflachstahl t= 10 mm
- nutzbare Laufbreite: 100 cm
- Fußbodenaufbau unten: H= 100 mm, oben: H= 75 mm

Art/Form:
- Ausführungsklasse nach DIN EN 1090: .....
- Nutzlast: 3,0 kN/m²
- Standrohr, nahtlos gezogenes Stahlrohr
- Standrohrüberstand ca. 1.000 mm für Anschluss Geländer
- quadratische Bodenplatte aus Flachstahl ....., mit vier Bohrungen M20
- Spindel-Stufen mit Flachstahleinfassung
- 1 Zwischen- und 1 Austritt-Podest mit Unterkonstruktion
- Belag und Stufen mit rutschhemmenden Press-Gitterrosten
- Maschung: 30 x 30 mm, Befestigung: .....

► min
▷ von
ø Mittel
◁ bis
◄ max

Anschlüsse/Montage:

- oberer Anschluss an Deckenstirn aus Stahlbeton, Dicke inkl. FB: 315 mm, mittels Stahllasche, geschraubter Verbindung, Dübelmontage
- unterer Anschluss aufgesetzt auf Stahlbeton, punktförmig gelagert, geschraubte Verbindung, Dübelmontage

Oberflächen: feuerverzinkt

Einbauort:

- Innenraum - Trockenbereich
- zwischen EG und 1. Obergeschoss
- Einbauhöhe: .....

4.658€ 5.752€ **6.218€** 6.602€ 8.201€ [St] ⏱ 7,50h/St 031.000.077

52 Steigleiter, Stahl, verzinkt, bis 5,00m KG **339**

Steigleiter mit Seitenholm, inkl. Bohrungen, Klebedübel und Verbindungsmittel. Für die Ausführung werden vom AG Zeichnungen und statische Berechnungen zur Verfügung gestellt.
Verwendungszweck:
Steigleiter **für Wartungs- und Kontrollzwecke nach DIN 18799-1 / für Maschinenzugänge nach DIN EN ISO 14122-1 / als Not- oder Feuerleiter an Gebäuden nach DIN 14094-1**
Ausführungsklasse nach DIN EN 1090: .....
Maße:

- Holme: Rohr D = 48,3 mm
- Sprossen: Rechteckrohr 25 x 25 x 1,5 mm
- lichte Weite: 400 mm, äußere Leiterbreite: 500 mm
- Wandabstand d = 200 mm
- Leiterlänge/Aufstiegshöhe: bis 5,00 m

Material:

- **Stahl S235JR, feuerverzinkt / nichtrostender Stahl Werkstoff 1.4571 / Leichtmetall farblos eloxiert E6/C0**

Zubehör:

- Attika-Übersteigteil mit 2 Stufen Abstieg, 1 Stück

Montage:

- alle 2,00 m am Holm befestigt, inkl. aller notwendigen nichtrostenden Verankerungsmittel

Einbauort: Außenbereich
Befestigungsgrund: **Stahlbetonwand / Mauerwerkswand**

226€ 573€ **694€** 1.064€ 1.680€ [St] ⏱ 1,80h/St 031.000.031

53 Steigleiter, Seitenholm, Rückenschutz KG **339**

Steigleiter mit Seitenholm und Rückenschutz, inkl. Bohrungen, Klebedübel und Verbindungsmittel. Für die Ausführung werden vom AG Zeichnungen und statische Berechnungen zur Verfügung gestellt.
Verwendungszweck:
Steigleiter für Wartungs- und Kontrollzwecke nach DIN 18799-1
Ausführungsklasse nach DIN EN 1090: .....
Abmessung:

- Holme: Rohr D = 48,3 mm
- Sprossen: Rundrohr D 20 mm
- lichte Weite: 400 mm, äußere Leiterbreite: 500 mm
- Wandabstand d= 200 mm
- Leiterlänge/Aufstiegshöhe: über 5,00 m

Nr.	Kurztext / Langtext						Kostengruppe
►	▷	ø netto €	◁	◄	[Einheit]	Ausf.-Dauer	Positionsnummer

Zubehör:
- Rückenschutzkorb, ab 3,0 m Leiterhöhe
- Zusteigepodest, für mehrzügige Leiter, ... St, ggf. Ruhepodest
- Attika-Übersteigteil mit 2 Stufen Abstieg, 1 St

Material: Leichtmetall – Aluminium
Montage:
- alle 2,00 m am Holm befestigt, inkl. nichtrostenden Verankerungsmittel

Oberfläche: feuerverzinkt
Untergrund: Stahlbetonwand
Einbauort:
- Außenraum
- Arbeitshöhe: ..... m

Kosten:
Stand 1. Quartal 2025
Bundesdurchschnitt

1.177€	2.283€	**2.906€**	3.927€	5.603€	[St]	⏱ 2,10 h/St	031.000.035

54 Kellertrennwandsystem, verzinkte Metalllamellen — KG **346**

Kellertrennwandsystem aus Stahlprofilen und Stahllamellen, vernietet mit Pfosten, Montage des Trennwandsystems mit Dübel und nichtrostenden Schrauben.
Lamellen: ca. 110 mm breit
Blechdicke: 0,63 mm
Pfosten: L-Profil 40 x 40 mm
Bodenabstand: 50 mm
Raumhöhe: von 2,50 bis 2,70m
Untergrund:
- Decke: Betondecke mit Dämmung 100 mm
- Boden: beschichteter Estrich t= 55 mm

Oberflächen: feuerverzinkt
Türen werden in getrennter Position vergütet.
Ausführung/Aufteilung: gem. Plannr. ....
Angeb. Fabrikat/Typ: ......

37€	48€	**54€**	58€	66€	[m²]	⏱ 0,25 h/m²	031.000.078

► min
▷ von
ø Mittel
◁ bis
◄ max

Nr.	Kurztext / Langtext						Kostengruppe
▶	▷	**ø netto €**	◁	◀	[Einheit]	Ausf.-Dauer	Positionsnummer

55 Briefkastenanlage, freistehend, bis 8 WE KG **561**

Briefkastenanlage nach DIN EN 13724 als freistehende Anlage aus verzinktem Stahlblech, bestehend aus Unterkonstruktion und Gehäuse, Layout/Gestaltung nach Angaben des AG/Architekten, Anlage mittig geteilt, eine Hälfte mit Briefkästen, andere Hälfte mit Klingelschildern, Beleuchtung und Rufstelle/Lautsprecher. Elektrischer Anschluss, Erdarbeiten und Stahlbetonfundament in gesonderten Positionen. Für die Ausführung werden vom AG Zeichnungen und statische Berechnungen zur Verfügung gestellt.
Ausführung
- Unterkonstruktion als Rechteckrohrständer: 80 x 40 mm
- Anzahl Briefkästen: .....
- Kastengröße: .....
- Klappe und Einwurf (B x H): 230-280 x 30-35 mm
- Anzahl beleuchtete Klingeltaster mit Namensschild: .....
- eine Sprechstelle als Gitter mit Lautsprecher
- Beschriftung: dunkle Buchstaben auf beschichtetem Grund
- Oberfläche Stahlblech: Sichtseite farbbeschichtet RAL ....., nicht sichtbare Teile in Standardfarbe
- Anlagengröße: .....

Angeb. Fabrikat: .....

1.729€	2.808€	**3.465€**	4.105€	5.170€	[St]	⏱ 1,20h/St	031.000.039

56 Briefkasten, Stahlblech, Wand KG **561**

Durchwurf-Briefkasten nach DIN EN 13724, aus verzinktem Stahlblech, Einbau in Wand, bestehend aus Gehäuse, Einwurfschlitz und Entnahmetür, mit Namens-Einschubleiste, mit Klingelknopf, Beleuchtung und Rufstelle/Lautsprecher. Elektrischer Anschluss in gesonderten Position. Für die Ausführung werden vom AG Zeichnungen und statische Berechnungen zur Verfügung gestellt.
Ausführung:
- Kastengröße: .....
- Klappe und Einwurf (B x H): 230-280 x 30-35 mm
- Verriegelung mit Zylinderschloss, 3 Schlüssel
- beleuchteter Klingeltaster mit Namensschild: .....
- Sprechstelle als Gitter mit Lautsprecher
- Beschriftung: dunkle Buchstaben auf beschichtetem Grund
- Oberfläche Stahlblech: Sichtseite farbbeschichtet RAL ....., nicht sichtbare Teile in Standardfarbe
- Anlagengröße: .....

Angeb. Fabrikat: .....

652€	698€	**799€**	896€	1.138€	[St]	⏱ 25,00h/St	031.000.075

57 Stundensatz, Facharbeiter/-in

Stundenlohnarbeiten für Vorarbeiter/-in, Facharbeiter/-in und Gleichgestellte. Leistung nach besonderer Anordnung der Bauüberwachung. Der Verrechnungssatz für die jeweilige Arbeitskraft umfasst sämtliche Aufwendungen wie Lohn- und Gehaltskosten, Lohn- und Gehaltsnebenkosten, Zuschläge, lohngebundene und lohnabhängige Kosten, sonstige Sozialkosten, Gemeinkosten, Wagnis und Gewinn. Leistung nach besonderer Anordnung der Bauüberwachung. Anmeldung und Nachweis gem. VOB/B.

66€	72€	**75€**	78€	84€	[h]	⏱ 1,00h/h	031.000.064

58 Stundensatz, Helfer/-in

Stundenlohnarbeiten für Werker/-in, Helfer/-in und Gleichgestellte. Leistung nach besonderer Anordnung der Bauüberwachung. Der Verrechnungssatz für die jeweilige Arbeitskraft umfasst sämtliche Aufwendungen wie Lohn- und Gehaltskosten, Lohn- und Gehaltsnebenkosten, Zuschläge, lohngebundene und lohnabhängige Kosten, sonstige Sozialkosten, Gemeinkosten, Wagnis und Gewinn.

49€	56€	**61€**	63€	72€	[h]	⏱ 1,00h/h	031.000.065

032

Kosten:
Stand 1.Quartal 2025
Bundesdurchschnitt

► min
▷ von
ø Mittel
◁ bis
◄ max

Nr.	Positionen	Einheit	►	▷	ø brutto € / ø netto €	◁	◄
1	Verglasung, Floatglas, 6mm	m²	94	100	**103**	108	119
			79	84	**87**	91	100
2	Verglasung, Floatglas, 8mm	m²	112	125	**130**	139	166
			94	105	**109**	116	140
3	Verglasung, ESG-Glas, 4mm	m²	120	145	**154**	186	220
			100	122	**129**	157	185
4	Verglasung, ESG-Glas, 6mm	m²	141	154	**162**	170	183
			118	129	**136**	143	154
5	Verglasung, ESG-Glas, 8mm	m²	140	182	**200**	213	238
			117	153	**168**	179	200
6	Verglasung, ESG-Glas,10mm	m²	209	242	**269**	272	305
			176	203	**226**	229	257
7	Verglasung, VSG-Glas, 8mm	m²	119	172	**203**	235	289
			100	145	**171**	198	243
8	Verglasung, VSG-Glas, 10mm	m²	198	220	**248**	282	317
			166	185	**208**	237	266
9	Isolierverglasung, Pfosten-Riegel-Fassade	m²	308	455	**510**	545	627
			258	383	**429**	458	527
10	Zweifach-Isolierverglasung, 0,9W/(m²K), Einzelfenster	m²	–	249	**265**	310	–
			–	209	**223**	261	–
11	Zweifach-Isolierverglasung, 1,1W/(m²K), Einzelfenster	m²	160	190	**195**	205	231
			134	160	**164**	172	194
12	Zweifach-Isolierverglasung, 1,1(W/m²K), Türen	m²	–	217	**231**	282	–
			–	183	**194**	237	–
13	Zweifach-Isolierverglasung, 0,9W/(m²K), Türen	m²	–	253	**272**	326	–
			–	212	**228**	274	–
14	Dreifach-Isolierverglasungen, 0,7W/(m²K), 4/12/4/12/4	m²	198	237	**261**	307	326
			166	199	**219**	258	274
15	Dreifach-Isolierverglasungen, 0,6W/(m²K), 4/14/4/14/4	m²	–	288	**323**	381	–
			–	242	**272**	320	–
16	Duschabtrennung, Glas	St	1.746	2.306	**2.509**	2.791	3.167
			1.467	1.938	**2.109**	2.346	2.661
17	Ganzglastürblatt, bis 2,2m²	St	755	1.060	**1.284**	1.450	1.810
			634	891	**1.079**	1.219	1.521
18	Brandschutzverglasung, Innenwände	m²	270	595	**640**	691	909
			227	500	**538**	580	764
19	Brandschutzglas, EI30 Fenster	m²	606	621	**696**	776	978
			509	522	**585**	652	822
20	Profilbauverglasung, einschalig	m²	110	125	**131**	136	156
			92	105	**110**	114	131
21	Profilbauverglasung, zweischalig	m²	203	296	**318**	341	437
			171	249	**267**	286	367
22	Vordachverglasung, Sicherheitsglas	St	207	329	**384**	417	512
			174	276	**322**	350	431
23	Geländerverglasung, VSG-Glas	m²	199	325	**366**	402	530
			167	273	**308**	338	445
24	Sichtschutzfolie, geklebt	m²	59	96	**113**	149	200
			49	81	**95**	125	168

Nr.	Positionen	Einheit	▶	▷	ø brutto € / ø netto €	◁	◀
25	Stundensatz, Facharbeiter/-in	h	69	85	**90**	94	102
			58	71	**76**	79	86

Nr. **Kurztext** / Langtext — Kostengruppe

▶ ▷ **ø netto €** ◁ ◀ [Einheit] Ausf.-Dauer Positionsnummer

A 1 **Verglasung, Einfachglas** — Beschreibung für Pos. **1-2**

Einfachverglasung, inkl. Einbau und Glasdichtung.
Verglasungsfläche: Fenster
Rahmenmaterial: .....
Befestigung: .....
Verglasungssystem: .....
Farbwirkung: neutral
Versiegelung: beidseitig
Dichtstoffgruppe: .....
Verglasung: Floatglas

1 **Verglasung, Floatglas, 6mm** — KG **334**

Wie Ausführungsbeschreibung A 1
Scheibendicke: 6 mm
Scheibengröße: .....

79€ 84€ **87€** 91€ 100€ [m2] ⏱ 0,47 h/m2 032.000.022

2 **Verglasung, Floatglas, 8mm** — KG **334**

Wie Ausführungsbeschreibung A 1
Scheibendicke: 8 mm
Scheibengröße: .....

94€ 105€ **109€** 116€ 140€ [m2] ⏱ 0,47 h/m2 032.000.023

023 024 025 026 027 028 029 030 031 032 033 034 036 037 038 039

Nr.	Kurztext / Langtext						Kostengruppe
▶	▷	ø netto €	◁	◀	[Einheit]	Ausf.-Dauer	Positionsnummer

A 2 Verglasung, Einscheibensicherheitsglas — Beschreibung für Pos. **3-6**

Einscheiben-Sicherheitsverglasung, einschl. Befestigung mit Glashalteleisten und Dichtstoff.
Ausführung nach Zeichnung: .....
Verglasungsfläche: .....
Rahmen: .....
Material: .....
Befestigungsleisten: .....
Verglasungssystem: .....
Farbwirkung: neutral
Versiegelung: beidseitig
Dichtstoffgruppe: mind. C - elastisch bleibend
Verglasung: ESG

Kosten:
Stand 1. Quartal 2025
Bundesdurchschnitt

3 Verglasung, ESG-Glas, 4mm — KG **334**

Wie Ausführungsbeschreibung A 2
Scheibendicke: 4 mm
Scheibengröße: .....

▶	▷	ø	◁	◀	[Einheit]	Ausf.-Dauer	Positionsnummer
100€	122€	**129€**	157€	185€	[m2]	0,50 h/m2	032.000.024

4 Verglasung, ESG-Glas, 6mm — KG **334**

Wie Ausführungsbeschreibung A 2
Scheibendicke: 6 mm
Scheibengröße: .....

▶	▷	ø	◁	◀	[Einheit]	Ausf.-Dauer	Positionsnummer
118€	129€	**136€**	143€	154€	[m2]	0,50 h/m2	032.000.025

5 Verglasung, ESG-Glas, 8mm — KG **334**

Wie Ausführungsbeschreibung A 2
Scheibendicke: 8 mm
Scheibengröße: .....

▶	▷	ø	◁	◀	[Einheit]	Ausf.-Dauer	Positionsnummer
117€	153€	**168€**	179€	200€	[m2]	0,50 h/m2	032.000.026

6 Verglasung, ESG-Glas,10mm — KG **334**

Wie Ausführungsbeschreibung A 2
Scheibendicke: 10 mm
Scheibengröße: .....

▶	▷	ø	◁	◀	[Einheit]	Ausf.-Dauer	Positionsnummer
176€	203€	**226€**	229€	257€	[m2]	0,50 h/m2	032.000.027

▶ min
▷ von
ø Mittel
◁ bis
◀ max

A 3 Verglasung, Verbundsicherheitsglas Beschreibung für Pos. **7-8**

Verbund-Sicherheitsverglasung, einschl. Befestigung mit Glashalteleisten und Dichtstoff.
Ausführung nach Zeichnung: .....
Verglasungsfläche: .....
Tragkonstruktion: .....
Material: .....
Befestigungsart: .....
Kantenausbildung: .....
Verglasungssystem: Va3
Dichtstoff: .....
Verglasung: VSG - zweischeibig mit Folieneinlage
Widerstandsklasse: A 1

7 Verglasung, VSG-Glas, 8mm KG **334**

Wie Ausführungsbeschreibung A 3
Scheibendicke: 8 mm
Scheibengröße: 1,0-2,0 m²

100€ 145€ **171€** 198€ 243€ [m²] ⏱ 0,70h/m² 032.000.029

8 Verglasung, VSG-Glas, 10mm KG **334**

Wie Ausführungsbeschreibung A 3
Scheibendicke: 10 mm
Scheibengröße: 1,0-2,0 m²

166€ 185€ **208€** 237€ 266€ [m²] ⏱ 0,75h/m² 032.000.030

9 Isolierverglasung, Pfosten-Riegel-Fassade KG **337**

Mehrscheiben-Isolierverglasung inkl. Einbau der Glashalteprofile, Deckschalen, Dichtprofile oder Verfugung.
Bauteil: Pfosten-Riegel-Fassade
Scheibengrößen (B x H): ..... x .....
Fassadensystem:
- Rahmenmaterial: .....
- Glaspressleisten aus .....

Technische Daten Verglasung:
- .....-Scheiben-Isolierverglasung
- Ug-Wert: ..... W/(m²K)
- g-Wert: .....%
- Psi-Wert Glasrandverbund: .....
- Schallschutz: Klasse ....., ... dB
- Lichtdurchlässigkeit TL: .....%
- Lichtreflexion außen TR: .....%
- allg. Farbwiedergabe: .....
- Verglasungssystem: Pressleistenverglasung
- Farbe: .....

258€ 383€ **429€** 458€ 527€ [m²] ⏱ 1,40h/m² 032.000.002

Nr.	Kurztext / Langtext						Kostengruppe
►	▷	ø netto €	◁	◄	[Einheit]	Ausf.-Dauer	Positionsnummer

A 4 Zweifach-Isolierverglasung, Einzelfenster Beschreibung für Pos. **10-11**

Zweifachisolierverglasung inkl. Befestigung und beidseitige Versiegelung.
Verglasungsfläche: Außenfenster
Scheibengröße (B x H): ..... x .....
Rahmenmaterial: .....
Befestigung: .....
Abstandhalter: .....
Verglasungssystem: Vf5
Versiegelung: beidseitig
Technische Daten Verglasung:

- g-Wert: .....%
- Psi-Wert Glasrandverbund: ..... W/(mK)

Schallschutz: Klasse ....., ... dB
Lichtdurchlässigkeit TL: .....%
Lichtreflexion außen TR: .....%
Allg. Farbwiedergabe: .....
Dichtstoffgruppe: E

10 Zweifach-Isolierverglasung, 0,9W/(m²K), Einzelfenster KG **334**

Wie Ausführungsbeschreibung A 4
Ug-Wert: 0,9 W/(m²K)

►	▷	ø	◁	◄	[Einheit]	Ausf.-Dauer	Positionsnummer
–	209€	**223€**	261€	–	[m²]	⏱ 0,60h/m²	032.000.032

11 Zweifach-Isolierverglasung, 1,1W/(m²K), Einzelfenster KG **334**

Wie Ausführungsbeschreibung A 4
Ug-Wert: 1,1 W/(m²K)

►	▷	ø	◁	◄	[Einheit]	Ausf.-Dauer	Positionsnummer
134€	160€	**164€**	172€	194€	[m²]	⏱ 0,60h/m²	032.000.033

A 5 Zweifach-Isolierverglasung, Türen Beschreibung für Pos. **12-13**

Zweifach-Isolierverglasung inkl. Befestigung und beidseitige Versiegelung.
Verglasungsfläche: Außentür
Rahmenmaterial Fenster: .....
Abstandhalter aus: .....
Befestigung: .....
Verglasungssystem: Vf5

Kosten:
Stand 1. Quartal 2025
Bundesdurchschnitt

► min
▷ von
ø Mittel
◁ bis
◄ max

12 **Zweifach-Isolierverglasung, 1,1(W/m²K), Türen** KG **334**

Wie Ausführungsbeschreibung A 5
Scheibengröße (B x H): ..... x .....
Technische Daten Verglasung:

- Ug-Wert: 1,1 W/(m²K)
- g-Wert: 65%
- Psi-Wert Glasrandverbund: .....W/(mK)

Schallschutz: Klasse II 30-34 dB
Lichtdurchlässigkeit TL: 82%
Lichtreflexion außen TR: 11%
Allgemeine Farbwiedergabe: 98%
Dichtstoffgruppe: E

▶	▷	ø netto €	◁	◀	[Einheit]	Ausf.-Dauer	Positionsnummer
–	183€	**194€**	237€	–	[m²]	⏱ 0,60h/m²	032.000.035

13 **Zweifach-Isolierverglasung, 0,9W/(m²K), Türen** KG **334**

Wie Ausführungsbeschreibung A 5
Scheibengröße (B x H): ..... x .....
Technische Daten Verglasung:

- Ug-Wert: 0,9 W/(m²K)
- g-Wert: 44%
- Psi-Wert Glasrandverbund: .....W/(mK)

Schallschutz: Klasse II 30-34 dB
Lichtdurchlässigkeit TL: 64%
Lichtreflexion außen TR: 25%
Allgemeine Farbwiedergabe: 98%
Dichtstoffgruppe: E

▶	▷	ø netto €	◁	◀	[Einheit]	Ausf.-Dauer	Positionsnummer
–	212€	**228€**	274€	–	[m²]	⏱ 0,60h/m²	032.000.034

14 **Dreifach-Isolierverglasungen, 0,7W/(m²K), 4/12/4/12/4** KG **334**

Verglasung: dreifach

- Innenscheibe: Floatglas, 4 mm
- Scheibenzwischenraum: 12 mm
- Mittelscheibe: 4 mm
- Scheibenzwischenraum: 12 mm
- Außenscheibe: Floatglas, 4 mm

Technische Daten:

- Ug-Wert: 0,7 W/(m²K)
- g-Wert: .....%
- Schallschutz: ..... dB
- Lichtdurchlässigkeit TL: .....%
- Lichtreflexion außen TR: .....%
- Dichtstoffgruppe: E

Scheibengröße (B x H): ..... x .....
Angeb. Fabrikat: .....

▶	▷	ø netto €	◁	◀	[Einheit]	Ausf.-Dauer	Positionsnummer
166€	199€	**219€**	258€	274€	[m²]	⏱ 1,20h/m²	032.000.041

Nr.	Kurztext / Langtext						Kostengruppe
▶	▷	ø netto €	◁	◀	[Einheit]	Ausf.-Dauer	Positionsnummer

15 **Dreifach-Isolierverglasungen, 0,6W/(m²K), 4/14/4/14/4** KG **334**

Verglasung: dreifach
- Innenscheibe: Floatglas, 4 mm
- Scheibenzwischenraum: 14 mm
- Mittelscheibe: 4 mm
- Scheibenzwischenraum: 14 mm
- Außenscheibe: Floatglas, 4 mm

Technische Daten:
- Ug-Wert: 0,6 W/(m²K)
- g-Wert: .....%
- Schallschutz: ..... dB
- Lichtdurchlässigkeit TL: .....%
- Lichtreflexion außen TR: .....%
- Dichtstoffgruppe: E

Scheibengröße (B x H): ..... x .....
Angeb. Fabrikat: .....

▶	▷	ø	◁	◀	Einheit	Ausf.-Dauer	Positionsnummer
–	242€	**272€**	320€	–	[m²]	1,20h/m²	032.000.042

16 **Duschabtrennung, Glas** KG **412**

Duschabtrennung nach DIN EN 14428, aus Seitenteil und Drehtür, als Ganzglaskonstruktion, mit geschliffenen Kanten. Glasscheibe raumhoch, unten und oben gehalten, mit Anschluss an zu fliesende Wandflächen als stumpfer Stoß. Drücker und Glashalter im System.
Abmessung (B x H): ..... x .....
Ausführung: ESG **10 / 12** mm
Oberfläche: **Klarglas / satiniert**
Flügel: **links / rechts** angeschlagen
Bänder: .....
Schloss: .....
Drückergarnitur: ......
Angeb. Fabrikat: .....

▶	▷	ø	◁	◀	Einheit	Ausf.-Dauer	Positionsnummer
1.467€	1.938€	**2.109€**	2.346€	2.661€	[St]	3,00h/St	032.000.018

17 **Ganzglastürblatt, bis 2,2m²** KG **344**

Ganzglastürblatt mit geschliffenen Kanten in vorhandene Zarge einbauen.
Abmessung (B x H): ..... x .....
Anschlag: **rechts / links**
Ausführung: ESG **10 /12** mm
Bänder: .....
Schloss: .....
Drückergarnitur: ......
Einbauort: .....
Angeb. Fabrikat: .....

▶	▷	ø	◁	◀	Einheit	Ausf.-Dauer	Positionsnummer
634€	891€	**1.079€**	1.219€	1.521€	[St]	0,20h/St	032.000.019

Kosten:
Stand 1. Quartal 2025
Bundesdurchschnitt

▶ min
▷ von
ø Mittel
◁ bis
◀ max

18 Brandschutzverglasung, Innenwände KG **346**

Brandschutzverglasung, für festverglaste Profilsysteme, inkl. Einbau der Glashalteprofile, Deckschalen, Dichtprofile oder Verfugung.
Scheibengröße (B x H): ..... x .....
Verglasung: Verbundglas
Anwendung: innen
Feuerwiderstandsklasse: **EI30 / EI60 / EI90**
Zulassung Verglasung: .....
Prüfnummer/Prüfinstitut: .....

227€	500€	**538€**	580€	764€	[m2]	⏱ 0,80h/m2	032.000.006

19 Brandschutzglas, EI30 Fenster KG **344**

Einscheiben-Brandschutzverglasung, Einbau in Fenster in vorhandenen Rahmen, inkl. Glashalteleisten und beidseitige Glasdichtung.
Einbau in Fenster.
Anwendung: **innen / außen**
Scheibengröße (B x H): ..... x .....
Gesamtnenndicke: ca. 16 mm
Verglasung: Verbundglas, mehrschichtig
Feuerwiderstandsklasse: EI30
Zulassung Verglasung: .....
Prüfnummer/Prüfinstitut: .....
Rahmenmaterial: .....
Glashalteleisten aus: .....

509€	522€	**585€**	652€	822€	[m2]	⏱ 0,60h/m2	032.000.037

20 Profilbauverglasung, einschalig KG **332**

Profilbau-Verglasung, U-förmige Glasplatten, DIN EN 572-2 oder bauaufsichtlich zugelassen. Einbau inkl. Systemprofile, Polster- und Dichtungsprofile. Sonderprofile, Öffnungen, Lüftungsflügel und Fensterbänke nach gesonderter Position.
Einbau der Glaselemente: einschalig
Zulassung Verglasung: .....
Untergrund: .....
Verglasung aus: **Klar- / Ornamentglas**
Längsdrähte: **mit / ohne**
Glasdicke: T= **6 / 7** mm
Glasfarbe: .....
Sonstige Glaseigenschaften: .....
U-Wert der Konstruktion: ..... W/(m2K)
g-Wert: .....
Lichttransmission: .....%
Ansichtsfläche (B x H): ..... x .....
Einbauhöhe: .....
Einbauort: Innenbereich

92€	105€	**110€**	114€	131€	[m2]	⏱ 2,10h/m2	032.000.036

Nr.	Kurztext / Langtext						Kostengruppe
►	▷	ø netto €	◁	◀	[Einheit]	Ausf.-Dauer	Positionsnummer

21 Profilbauverglasung, zweischalig KG **332**

Profilbau-Verglasung, zweischalig, U-förmige Glasplatten, DIN EN 572-2 oder bauaufsichtlich zugelassen. Einbau inkl. Systemprofile, Polster- und Dichtungsprofile. Sonderprofile, Öffnungen, Lüftungsflügel und Fensterbänke nach gesonderter Position.
Einbau der Glaselemente: als Isolierverglasung, zweischalig
Zulassung Verglasung: .....
Untergrund: .....
Verglasung aus: Wärmeschutz- und Sonnenschutzglas
Längsdrähte: **mit / ohne**
Profil-Abmessung: **B232 / B262 / B331 / B498 x H41 / H60** mm
Glasdicken: t= 7 mm
Glasfarbe: .....
Sonstige Glaseigenschaften: .....
Ug-Wert der Konstruktion: 1,8 W/(m²K)
g-Wert: 0,45
Lichttransmission: 41%
Rahmen: thermisch getrennte Alu-Systemprofile, anodisch eloxiert C-0
Ansichtsfläche (B x H): ..... x .....
Einbauhöhe: .....
Einbauort: Außenwand

171€ | 249€ | **267€** | 286€ | 367€ | [m²] | ⏱ 2,80h/m² | 032.000.040

22 Vordachverglasung, Sicherheitsglas KG **362**

Vordachverglasung mit Sicherheitsglas, Scheiben vorgebohrt für punktförmige Halterung, Auflagerung auf Neoprenlager auf zugelassener Gesamtkonstruktion.
Rahmenmaterial: **Aluminium / Stahl**
Verglasung: Verbundsicherheitsglas aus **TVG / ESG**
Scheibengröße (B x L): ..... x .....
Scheibendicke: .....
Neigung Verglasungsfläche: ca. .....°
Farbwirkung: .....
Scheibenrand: fein geschliffen
Bohrungen: ..... St
Haltebereich: Verguss falls erforderlich, mit Neopren-Unterlage
Befestigung: Schrauben, nichtrostender Stahl

174€ | 276€ | **322€** | 350€ | 431€ | [St] | ⏱ 0,35h/St | 032.000.009

Kosten:
Stand 1.Quartal 2025
Bundesdurchschnitt

► min
▷ von
ø Mittel
◁ bis
◀ max

23 Geländerverglasung, VSG-Glas KG **359**

Verbund-Sicherheitsverglasung in bestehende Konstruktionen als durchwurfhemmende Sonderverglasung nach DIN EN 356, inkl. Einbau der Klemmprofile.
Widerstandsklasse: **RC 2 / .....** DIN EN 1627
Rahmenmaterial: .....
Glashalteleisten aus: .....
Verglasung: VSG
Scheibendicke: nach Anforderung und Prüfzeugnis
Folie: **farblos / matt**
Anforderung: durchwurfhemmend, P4A, DIN EN 356
Verglasungssystem: **Vf3 / .....**
Farbwirkung: neutral, Weißglas,
Dichtstoffgruppe: mind. C - elastisch bleibend, DIN 18545-2
Gesamtabmessung Geländer (L x H): ..... x .....
Scheibengröße (B x H): ..... x .....

►	▷	ø netto €	◁	◄	[Einheit]	Ausf.-Dauer	Positionsnummer
167€	273€	**308€**	338€	445€	[m2]	⏱ 0,70 h/m2	032.000.013

24 Sichtschutzfolie, geklebt KG **334**

Sichtschutzfolie mit gleichmäßiger Lichtstreuung, auf bestehende Verglasung einseitig innen aufkleben.
Folie: PVC
Foliendicke: 80 nm
Beschichtung: matt, UV- und kratzbeständig
Solarenergietransmissionsgrad: .....%
Solarenergieabsorptionsgrad: .....%
Solarenergiereflektionsgrad: .....%
UV-Transmission: .....%
Sichtbare Lichttransmission: ca. 66%
Sichtbare Lichtreflektion: .....%
Brandschutzanforderungen: .....
Abmessung (B x H): ..... x .....

►	▷	ø netto €	◁	◄	[Einheit]	Ausf.-Dauer	Positionsnummer
49€	81€	**95€**	125€	168€	[m2]	⏱ 0,15 h/m2	032.000.039

25 Stundensatz, Facharbeiter/-in

Stundenlohnarbeiten für Vorarbeiter/-in, Facharbeiter/-in und Gleichgestellte. Der Verrechnungssatz für die jeweilige Arbeitskraft umfasst sämtliche Aufwendungen wie Lohn- und Gehaltskosten, Lohn- und Gehaltsnebenkosten, Zuschläge, lohngebundene und lohnabhängige Kosten, sonstige Sozialkosten, Gemeinkosten, Wagnis und Gewinn. Leistung nach besonderer Anordnung der Bauüberwachung. Anmeldung und Nachweis gem. VOB/B.

►	▷	ø netto €	◁	◄	[Einheit]	Ausf.-Dauer	Positionsnummer
58€	71€	**76€**	79€	86€	[h]	⏱ 1,00 h/h	032.000.016

033

Kosten:
Stand 1. Quartal 2025
Bundesdurchschnitt

▶ min
▷ von
ø Mittel
◁ bis
◀ max

Nr.	Positionen	Einheit	▶	▷	ø brutto € / ø netto €	◁	◀
1	Baureinigung, während Bauzeit	m²	1	2	**3**	3	5
			0,9	2,0	**2,5**	2,8	4,2
2	Treppen/Podeste reinigen	m²	0,7	1,8	**2,3**	2,7	3,9
			0,6	1,5	**1,9**	2,3	3,3
3	Bodenbelag reinigen, Hartbeläge	m²	0,8	1,6	**2,0**	2,9	4,2
			0,7	1,3	**1,7**	2,4	3,5
4	Bodenbelag reinigen, Betonflächen	m²	0,8	1,7	**2,1**	3,0	4,9
			0,6	1,5	**1,8**	2,5	4,1
5	Bodenbelag reinigen, Parkett, Holzdielen	m²	0,6	1,8	**2,3**	3,5	6,5
			0,5	1,5	**1,9**	2,9	5,5
6	Bodenbelag reinigen, Fliesen/Platten	m²	0,9	1,8	**2,2**	3,9	6,9
			0,8	1,5	**1,9**	3,3	5,8
7	Bodenbelag reinigen, Teppich	m²	0,4	1,5	**1,6**	2,5	4,2
			0,3	1,2	**1,3**	2,1	3,5
8	Fassade reinigen, Hochdruckreiniger	m²	13	23	**29**	32	43
			11	20	**25**	27	36
9	Decke reinigen, Metalldecke	m²	0,8	2,1	**2,8**	3,3	4,9
			0,7	1,8	**2,4**	2,8	4,1
10	Decke reinigen, Gipsplatten, beschichtet	m²	2	3	**3**	4	5
			1	2	**3**	3	5
11	Glasflächen reinigen, Fassadenelemente	m²	3	5	**6**	10	14
			2	4	**5**	8	12
12	Wandflächen reinigen, beschichtet	m²	1	3	**3**	4	5
			1	2	**3**	3	4
13	Wandbelag reinigen, Fliesen	m²	0,6	1,4	**1,7**	3,1	6,5
			0,5	1,2	**1,4**	2,6	5,5
14	Wandbelag reinigen, Hartbeläge; Holz, Schichtstoff	m²	0,6	1,6	**1,8**	2,5	3,9
			0,5	1,3	**1,5**	2,1	3,3
15	Türen reinigen	St	1	5	**6**	8	13
			1	4	**5**	7	11
16	Heizkörper reinigen	m²	1	2	**3**	3	4
			0,9	1,8	**2,3**	2,7	3,4
17	Waschtisch/Duschwanne reinigen	St	1	4	**5**	7	11
			0,9	3,7	**4,3**	6,3	9,2
18	WC-Schüssel/Urinal reinigen	St	2	5	**5**	7	10
			2	4	**4**	6	9
19	Handläufe reinigen	m	0,4	1,0	**1,2**	1,6	2,3
			0,3	0,8	**1,0**	1,3	1,9
20	Geländer reinigen	m	0,6	1,8	**2,3**	3,2	5,0
			0,5	1,5	**2,0**	2,7	4,2
21	Teeküche reinigen	St	35	53	**59**	84	117
			29	44	**50**	71	99
22	Einbauschrank reinigen	St	12	14	**19**	23	28
			10	12	**16**	20	24
23	Einzelfenster reinigen	St	1	6	**8**	10	17
			1	5	**6**	9	14
24	Sonnenschutz reinigen	m²	–	5	**5**	5	–
			–	4	**4**	5	–

Nr.	Positionen	Einheit	►	▷	ø brutto € / ø netto €	◁	◄
25	Aufzugsanlage reinigen	St	41	57	**71**	84	103
			34	48	**60**	70	86
26	Technikraum reinigen	m²	1,0	2,6	**3,4**	4,3	5,8
			0,8	2,2	**2,8**	3,6	4,9
27	Baureinigung, Außenbereich	m²	0,5	1,0	**1,2**	1,4	2,1
			0,4	0,8	**1,0**	1,1	1,7
28	Stundensatz, Facharbeiter/-in	h	44	52	**55**	64	75
			37	44	**46**	54	63
29	Stundensatz, Helfer/-in	h	34	43	**46**	50	58
			29	36	**39**	42	49

Nr. **Kurztext** / Langtext Kostengruppe
► ▷ **ø netto €** ◁ ◄ [Einheit] Ausf.-Dauer Positionsnummer

1 Baureinigung, während Bauzeit KG **397**

Böden, aus Beton, reinigen während der Bauzeit, von grober Verschmutzung durch Bauschutt, aufgenommene Stoffe sortieren, sammeln, und zur Entsorgung im bauseits gestellten Container fördern. Entsorgung nach gesonderter Position. Abfall ist nicht gefährlich, nicht schadstoffbelastet.

0,9€ 2,0€ **2,5€** 2,8€ 4,2€ [m²] ⏱ 0,05 h/m² 033.000.018

2 Treppen/Podeste reinigen KG **397**

Treppen (Tritt- und Setzstufe) und Podeste reinigen, Rückstände von Beton- und Malerarbeiten vorsichtig mit Spatel entfernen, sowie gründliches Abkehren bzw. Absaugen der Treppenläufe. Kratzspuren sind zu vermeiden. Gründliches Schrubben und Wischen sämtlicher Bodenflächen mit einem auf den Belag abgestimmten und vom Hersteller empfohlenen Reinigungs- und Pflegemittel. Entfernen des Zementschleiers auf allen Fliesenbelägen und aller Verunreinigungen sowie Aufkleber. Auf die dauerelastischen Verfugungen ist besondere Rücksicht zu nehmen. Nachreinigung durch nasses Aufwischen und trockenes Nachwischen der Treppengeländer, Brüstungen und Handläufe bis zur Erreichung einer streifenfreien Oberfläche.

0,6€ 1,5€ **1,9€** 2,3€ 3,3€ [m²] ⏱ 0,04 h/m² 033.000.019

3 Bodenbelag reinigen, Hartbeläge KG **397**

Feinreinigung des Bodenbelags, inkl. Sockelleisten, mit einem, auf den Belag abgestimmten und vom Hersteller empfohlenen, Reinigungs- und Pflegemittel. Reinigen bis zum Erlangen einer vollständig schmutzfreien Oberfläche. Leistung inkl. Entfernen aller Verunreinigungen und Aufkleber. Bodenbeläge verlegt in allen Geschossen.
Belag: **Linoleum / Kunststoff / Kautschuk / Kunststofflaminat / Vinyl**

0,7€ 1,3€ **1,7€** 2,4€ 3,5€ [m²] ⏱ 0,04 h/m² 033.000.001

4 Bodenbelag reinigen, Betonflächen KG **397**

Feinreinigung von Betonböden mit Oberflächenbeschichtung, inkl. Sockelleisten, mit einem auf den Belag abgestimmten und vom Hersteller empfohlenen Reinigungs- und Pflegemittel, Reinigen bis zum Erlangen einer vollständig schmutzfreien Oberfläche. Leistung inkl. Entfernen aller Verunreinigungen und Aufkleber. Bodenbeläge verlegt in allen Geschossen.
Beschichtung: **Kunstharz / Acryl / Ölfarbe / .....**

0,6€ 1,5€ **1,8€** 2,5€ 4,1€ [m²] ⏱ 0,03 h/m² 033.000.002

Nr.	Kurztext / Langtext						Kostengruppe
▶	▷	**ø netto €**	◁	◀	[Einheit]	Ausf.-Dauer	Positionsnummer

5 Bodenbelag reinigen, Parkett, Holzdielen KG **397**

Feinreinigung von Holzböden mit Oberflächenbeschichtung, inkl. Sockelleisten, mit einem auf den Belag abgestimmten und vom Hersteller empfohlenen Reinigungs- und Pflegemittel, Reinigen bis zum Erlangen einer vollständig schmutzfreien Oberfläche. Leistung inkl. Entfernen aller Verunreinigungen und Aufkleber. Bodenbeläge verlegt in allen Geschossen.
Beschichtung: **Öl-Kunstharzsiegel / Wasserlack / PU-Wassersiegel / Spezial-Hartwachs / .....**

0,5€ 1,5€ **1,9€** 2,9€ 5,5€ [m2] ⏱ 0,05 h/m2 033.000.003

6 Bodenbelag reinigen, Fliesen/Platten KG **397**

Feinreinigung von Fliesen- oder Plattenbelag, inkl. Sockelleisten, durch Wischen mit einem auf den Belag abgestimmten Reinigungsmittel, Reinigen bis zum Erlangen einer vollständig schmutzfreien Oberfläche. Leistung inkl. Entfernen des Zementschleiers und Entfernen aller Verunreinigungen und Aufkleber. Auf die dauerelastischen Verfugungen ist besondere Rücksicht zu nehmen. Bodenbeläge verlegt in allen Geschossen.
Material: **Naturstein / Kunststein**
Oberfläche: **glasiert / unglasiert**

0,8€ 1,5€ **1,9€** 3,3€ 5,8€ [m2] ⏱ 0,04 h/m2 033.000.004

Kosten:
Stand 1. Quartal 2025
Bundesdurchschnitt

7 Bodenbelag reinigen, Teppich KG **397**

Feinreinigung von textilem Bodenbelag, inkl. Sockel, Reinigen mittels Vakuum- bzw. Bürstsaugen bis zum Erlangen einer vollständig schmutzfreien Oberfläche. Leistung inkl. Entfernen aller Verunreinigungen. Bodenbeläge verlegt in allen Geschossen.
Faser: **Kunstfaser / Naturfaser**
Teppichart: **Velour / Nadelfilz / Schlingenware**
Struktur: **hochflorig / feinflorig / .....**
Sockel: **Kunststoffprofil / Kernsockelprofil mit textilem Belag / Holzsockelleiste**

0,3€ 1,2€ **1,3€** 2,1€ 3,5€ [m2] ⏱ 0,03 h/m2 033.000.005

8 Fassade reinigen, Hochdruckreiniger KG **397**

Reinigung der Fassadenflächen durch Druckstrahlen mit temperiertem Wasser, bis zum Erlangen einer vollständig schmutzfreien Oberfläche.
Arbeitshöhe: bis .....
Fensteranteil: .....
Abgrenzung zu anderen Bauteilen: .....
Passantenschutz notwendig: **ja / nein**

11€ 20€ **25€** 27€ 36€ [m2] ⏱ 0,35 h/m2 033.000.006

9 Decke reinigen, Metalldecke KG **397**

Reinigen von Metall-Decken im Innenbereich, mit Beschichtung, mit und ohne Akustiklochung, inkl. Oberflächen der Ein- und Aufbauleuchten, Rauchmelder, sowie sonstiger Installationen etc.
Arbeitshöhe: bis .....

0,7€ 1,8€ **2,4€** 2,8€ 4,1€ [m2] ⏱ 0,05 h/m2 033.000.022

▶ min
▷ von
ø Mittel
◁ bis
◀ max

10 Decke reinigen, Gipsplatten, beschichtet KG **397**

Reinigen von Gipsplatten-Decken, glatt, im Innenbereich, mit Beschichtung aus scheuerbeständiger Dispersionsfarbe, inkl. Oberflächen der Ein- und Aufbauleuchten, Rauchmelder, sowie sonstiger Installationen, etc.
Arbeitshöhe: bis .....

1€ 2€ **3€** 3€ 5€ [m2] ⏱ 0,06 h/m2 033.000.024

Nr.	Kurztext / Langtext						Kostengruppe
▶	▷	**ø netto €**	◁	◀	[Einheit]	Ausf.-Dauer	Positionsnummer

11 Glasflächen reinigen, Fassadenelemente KG **397**

Reinigung der verglasten Fassadenelemente durch Einwaschen mit einem Strip und einem Fensterwischer abziehen, unter Hinzunahme von geeignetem Reinigungsmittel, danach die Randbereiche trocken ledern und polieren bis zum Erlangen einer vollständig sauberen und trockenen Oberfläche. Abrechnung der einfachen Ansichtsfläche der zu reinigenden Bauteile:
- Reinigen der Glasflächen ESG, VSG nach Herstellerangaben
- Reinigen der beschichteten Rahmen- und Konstruktionsprofile, aller Beschläge, Verdunkelungs- und Sonnenschutz-Elemente
- Reinigen der Fensterbänke und inkl. aller Schutz- und Abdeckbleche

Reinigungsbereich: **nur außen / innen und außen / nur innen**
Arbeitshöhe: bis .....
Arbeit von **innen / vom bauseits bereitgestellten Gerüst / vom bauseits bereitgestellten Hubsteiger**
Abgrenzung zu anderen Bauteilen: .....
Passantenschutz notwendig: **ja / nein**
Reinigungsart: **Erstreinigung / Unterhaltsreinigung**

2€ 4€ **5€** 8€ 12€ [m2] ⏱ 0,10 h/m2 033.000.007

12 Wandflächen reinigen, beschichtet KG **397**

Reinigen von Wänden / Stützen im Innenbereich, durch Wischen, Saugen oder Kehren.
Bauteile: .....
Oberflächen: **Gipsplatten / Beschichtung ..... / Tapete ..... mit Beschichtung .....**
Arbeitshöhe: bis .....

1€ 2€ **3€** 3€ 4€ [m2] ⏱ 0,05 h/m2 033.000.021

13 Wandbelag reinigen, Fliesen KG **397**

Feinreinigung von Wandbelägen aus Fliesen oder Platten, in allen Geschossen, mit einem geeigneten Reinigungsmittel, Reinigen bis zum Erlangen einer vollständig schmutzfreien Oberfläche. Leistung inkl. Entfernen des Zementschleiers und Entfernen aller Verunreinigungen und Aufkleber. Auf die dauerelastischen Verfugungen ist besondere Rücksicht zu nehmen.
Material: **Naturstein / Kunststein**
Oberfläche: **glasiert / unglasiert**
Arbeitshöhe: bis .....

0,5€ 1,2€ **1,4€** 2,6€ 5,5€ [m2] ⏱ 0,03 h/m2 033.000.008

14 Wandbelag reinigen, Hartbeläge; Holz, Schichtstoff KG **397**

Feinreinigung von Wandbekleidungen, mit einem geeigneten und vom Hersteller empfohlenen Reinigungs- und Pflegemittel, Reinigen bis zum Erlangen einer vollständig schmutzfreien Oberfläche. Leistung inkl. Reinigen der Beschläge und Entfernen aller Verunreinigungen und Aufkleber.
Bekleidungshöhe: bis .....
Oberfläche: **beschichtet / unbeschichtet**
Wandbekleidung: **Hartbelag / Holz / Schichtstoff / .....**
Arbeitshöhe: bis .....

0,5€ 1,3€ **1,5€** 2,1€ 3,3€ [m2] ⏱ 0,03 h/m2 033.000.009

023 024 025 026 027 028 029 030 031 032 033 034 036 037 038 039

Nr.	Kurztext / Langtext						Kostengruppe
▶	▷	**ø netto €**	◁	◀	[Einheit]	Ausf.-Dauer	Positionsnummer

15 Türen reinigen KG **397**

Feinreinigung von Türelementen aus Zargen und Türblatt (allseitig), mit einem geeigneten und vom Hersteller empfohlenen Reinigungs- und Pflegemittel, bis zum Erlangen einer vollständig schmutzfreien Oberfläche. Leistung inkl. Reinigen der Beschläge und Entfernen aller Verunreinigungen und Aufkleber.
Türabmessung (B x H): ..... x .....
Maulweite Zarge: .....
Oberfläche: **lackbeschichtet / Schichtstoff / unbeschichtet / Glas**
Materialien: **Metall / Holz / Glasfüllung .....**
Arbeitshöhe: bis .....

1€ 4€ **5€** 7€ 11€ [St] ⏱ 0,10h/St 033.000.010

Kosten:
Stand 1. Quartal 2025
Bundesdurchschnitt

16 Heizkörper reinigen KG **397**

Feinreinigung von Heizkörpern, mit einem geeigneten Reinigungsmittel, bis zum Erlangen einer vollständig schmutzfreien Oberfläche. Leistung inkl. Reinigen der Armatur, Halterung und Zuleitung und Entfernen aller Verunreinigungen und Aufkleber, sowie ggf. Aufnehmen und Entsorgen der bauseitigen Schutzfolien.
Abmessung Heizkörper (B x H): ..... x .....
Oberfläche: lackbeschichtet
Bauform: **Platten- / Röhrenheizkörper / .....**

0,9€ 1,8€ **2,3€** 2,7€ 3,4€ [m²] ⏱ 0,04h/m² 033.000.011

17 Waschtisch/Duschwanne reinigen KG **397**

Erstreinigung von Sanitäreinrichtungen, mit einem geeigneten und vom Hersteller empfohlenen Reinigungs- und Pflegemittel, bis zum Erlangen einer vollständig schmutzfreien Oberfläche. Leistung inkl. Reinigen der Armaturen, Zu- und Abläufe und Halterungen, sowie Entfernen aller Verunreinigungen und Aufkleber.
Einbauteil: **Waschbecken / Duschwanne**
Material: **Keramik / emailliertes Stahlblech / Kunststoff**
Oberfläche: **matt / hochglänzend**

0,9€ 3,7€ **4,3€** 6,3€ 9,2€ [St] ⏱ 0,10h/St 033.000.012

18 WC-Schüssel/Urinal reinigen KG **397**

Erstreinigung von wandhängenden Sanitäreinrichtungen, mit einem geeigneten Reinigungsmittel, bis zum Erlangen einer vollständig schmutzfreien Oberfläche. Leistung inkl. Reinigen der Armaturen, Zu- und Abläufe, Deckel und Halterungen, sowie Entfernen aller Verunreinigungen und Aufkleber.
Einbauteil: **WC-Schüssel / Urinal**
Material: Keramik
Oberfläche: **matt / hochglänzend**

2€ 4€ **4€** 6€ 9€ [St] ⏱ 0,08h/St 033.000.013

▶ min
▷ von
ø Mittel
◁ bis
◀ max

19 Handläufe reinigen KG **397**

Feinreinigung von Einrichtungen, mit einem geeigneten Reinigungsmittel, bis zum Erlangen einer vollständig schmutzfreien Oberfläche. Leistung inkl. Reinigen der Halterungen, sowie Entfernen aller Verunreinigungen und Aufkleber.
Teil: **Rohrleitungen / Handläufe**
Material: **lackiertes Stahlrohr / Edelstahl / Holzprofil**
Oberfläche: **matt / hochglänzend**

0,3€ 0,8€ **1,0€** 1,3€ 1,9€ [m] ⏱ 0,02h/m 033.000.014

Nr.	**Kurztext** / Langtext						Kostengruppe
▶	▷	**ø netto €**	◁	◀	[Einheit]	Ausf.-Dauer	Positionsnummer

20 Geländer reinigen KG **397**

Feinreinigung von Geländern, bestehend aus Handlauf, Ober- und Untergurt sowie Füllung, mit einem geeigneten Reinigungsmittel, bis zum Erlangen einer vollständig schmutzfreien Oberfläche. Leistung inkl. Reinigen der Halterungen, sowie Entfernen aller Verunreinigungen und Aufkleber.
Abmessung Geländer (B x H): ..... x .....
Bauart: **Rundstäbe / Flachstäbe / Metallblech**
Material: **lackierter Stahl / Edelstahl / beschichtete Holzkonstruktion**
Oberfläche: **matt / hochglänzend**

0,5€	1,5€	**2,0€**	2,7€	4,2€	[m]	⏱ 0,04h/m	033.000.016

21 Teeküche reinigen KG **397**

Reinigen einer Teeküche, innen und außen, mit Einbauteilen und Ausstattungen.
Teeküche bestehend aus:
- Arbeitstischanlagen/Unterschränke (B x T): ..... x ..... bis ....., geschlossen
- Wandhänge-/Hochschränken (B x T): ..... x ..... x ..... bis ....., geschlossen
- Hochschränken, Regalen (B x T): ..... x ..... bis .....
- Einbauspüle, Kochfeld, Kühlschrank, Mikrowelle, Geschirrspüler, Unterbauleuchte etc.
- Beschlägen und Griffen aus Edelstahl inkl. Blenden

Arbeitshöhe: bis .....

29€	44€	**50€**	71€	99€	[St]	⏱ 0,90h/St	033.000.026

22 Einbauschrank reinigen KG **397**

Reinigung Einbauschrank, innen und außen.
Schrankart: Akten- und Garderobenschränke, Regale, Einbauschränke inkl. Fachböden
Abmessungen (B x T): ..... x ..... bis ....., geschlossen und offen
Arbeitshöhe: bis .....

10€	12€	**16€**	20€	24€	[St]	⏱ 0,20h/St	033.000.027

23 Einzelfenster reinigen KG **397**

Reinigung eines mehrteiligen Einzelfensters. Reinigen aller Fensterflügel und Festverglasungen, Innen- und Außenflächen, Paneel-, Glas- und Rahmenflächen, Beschläge, Fugen und Dichtungen durch nass wischen mit einem abgestimmten Reinigungsmittel, danach trocken ledern und polieren bis zum Erlangen einer vollständig schmutzfreien Oberflächen. Leistung inkl. zerstörungsfreier Entfernung aller Aufkleber, sowie inkl. erhöhtem Aufwand für verfestigte Verschmutzungen der Außenseiten.
Rahmenmaterial: **Kunststoff / Holz / Holz-Alu / Aluminium**
Fenstergröße (B x H): ..... x .....
Arbeitshöhe: bis .....
Arbeit von **innen / vom Gerüst / von Hubsteiger**
Abgrenzung zu anderen Bauteilen: .....
Passantenschutz notwendig: **ja / nein**

1€	5€	**6€**	9€	14€	[St]	⏱ 0,12h/St	033.000.020

Kosten:
Stand 1. Quartal 2025
Bundesdurchschnitt

Nr.	**Kurztext** / Langtext						Kostengruppe
▶	▷	**ø netto €**	◁	◀	[Einheit]	Ausf.-Dauer	Positionsnummer

24 Sonnenschutz reinigen KG **397**

Reinigung von außenliegendem Sonnenschutz, mit einem geeigneten Reinigungsmittel, bis zum Erlangen einer vollständig schmutzfreien und trockenen Oberfläche. Leistung inkl. reinigen der Führungsprofile, Schutzabdeckung, Halterung und aller Beschläge.
Behanggröße (B x H): max. ..... x ......
Arbeitshöhe: .....
Arbeitsebene: **vom Flachdach / vom Gerüst / von Hubsteiger**
Art d. Reinigung: **Erstreinigung / Unterhaltsreinigung**

▶	▷	ø	◁	◀	Einheit	Ausf.-Dauer	Positionsnummer
–	4€	**4€**	5€	–	[m²]	⏱ 0,07 h/m²	033.000.017

25 Aufzugsanlage reinigen KG **397**

Reinigung der Aufzugskabine inkl. aller Haltestellen aus verschiedenen Oberflächen mit vom Hersteller zugelassenen Reinigungsmitteln bis zum Erlangen einer vollständig schmutzfreien und trockenen Oberfläche.
Anzahl der Haltestellen: ..... St
Grundfläche Aufzug: ..... m²
Beschreibung Wandfläche: .....
Beschreibung Bodenbelag: .....
Leistung inkl. Reinigung der Unterfahrt und sämtliche Geräte.

▶	▷	ø	◁	◀	Einheit	Ausf.-Dauer	Positionsnummer
34€	48€	**60€**	70€	86€	[St]	⏱ 11,00 h/St	033.000.030

26 Technikraum reinigen KG **397**

Reinigung des Technikraumes, mit einem geeigneten Reinigungsmittel, bis zum Erlangen einer vollständig schmutzfreien und trockenen Oberfläche. Leistung: Reinigen der Böden, Wände und Decken, sowie der kompletten Ausstattung, Befestigungsprofile, Halterung und aller Beschläge und Armaturen - gem. anliegender Einzelbeschreibung.
Raumgröße (L x B): ..... x .....
Arbeitshöhe: .....
Arbeitsebene: .....
Art d. Reinigung: **Feinreinigung / Unterhaltsreinigung**

▶	▷	ø	◁	◀	Einheit	Ausf.-Dauer	Positionsnummer
0,8€	2,2€	**2,8€**	3,6€	4,9€	[m²]	⏱ 0,06 h/m²	033.000.032

27 Baureinigung, Außenbereich KG **397**

Beseitigung von Bauschutt aller Art im Außenbereich; z.B. Papierabfälle, Reste von Isolierungen, Bodenbelagsreste, Verpackungsmaterial, Mörtelreste und dergleichen. Schutt sammeln, aufnehmen und im bauseitigen Container deponieren, sortiert nach Art. Entsorgung nach gesonderter Position.
Förderlänge (L): bis .....

▶	▷	ø	◁	◀	Einheit	Ausf.-Dauer	Positionsnummer
0,4€	0,8€	**1,0€**	1,1€	1,7€	[m²]	⏱ 0,02 h/m²	033.000.015

28 Stundensatz, Facharbeiter/-in

Stundenlohnarbeiten für Vorarbeiter/-in, Facharbeiter/-in und Gleichgestellte. Verrechnungssatz für die jeweilige Arbeitskraft inkl. aller Aufwendungen wie, Lohn- und Lohnnebenkosten, Zuschläge sonstige Sozialkosten, Gemeinkosten, Wagnis und Gewinn. Leistung nach besonderer Anordnung der Bauüberwachung. Anmeldung und Nachweis gem. VOB/B.

▶	▷	ø	◁	◀	Einheit	Ausf.-Dauer	Positionsnummer
37€	44€	**46€**	54€	63€	[h]	⏱ 1,00 h/h	033.000.028

▶ min
▷ von
ø Mittel
◁ bis
◀ max

Nr.	Kurztext / Langtext						Kostengruppe
▶	▷	**ø netto €**	◁	◀	[Einheit]	Ausf.-Dauer	Positionsnummer
29	**Stundensatz, Helfer/-in**						

Stundenlohnarbeiten für Werker/-in, Helfer/-in und Gleichgestellte. Verrechnungssatz für die jeweilige Arbeitskraft inkl. aller Aufwendungen wie, Lohn- und Lohnnebenkosten, Zuschläge, sonstige Sozialkosten, Gemeinkosten, Wagnis und Gewinn. Leistung nach besonderer Anordnung der Bauüberwachung. Anmeldung und Nachweis gem. VOB/B.

29€	36€	**39€**	42€	49€	[h]	⏱ 1,00h/h	033.000.029

034

Kosten:
Stand 1. Quartal 2025
Bundesdurchschnitt

Nr.	Positionen	Einheit	►	▷	ø brutto € / ø netto €	◁	◄
1	Bauteile abdecken, abkleben	m²	1	3	**3**	5	10
			1,0	2,5	**2,9**	4,6	8,3
2	Boden abdecken, Vlies	m²	0,6	2,1	**2,8**	3,8	6,1
			0,5	1,8	**2,3**	3,2	5,1
3	Boden abdecken, Platten	m²	2	4	**5**	6	10
			2	3	**4**	5	9
4	Untergrund reinigen	m²	0,5	1,7	**2,2**	3,0	5,4
			0,5	1,4	**1,8**	2,5	4,6
5	Stoßfuge schließen, Fertigteildecke	m	5	8	**9**	12	16
			4	7	**8**	10	14
6	Spachtelung, Gipsplatten	m²	5	8	**10**	11	14
			4	7	**8**	9	12
7	Spachtelung, Betonflächen	m²	5	10	**13**	16	23
			4	9	**11**	13	19
8	Grundierung, Gipsplatten	m²	1	2	**3**	3	4
			1	2	**2**	3	4
9	Grundierung, Betonflächen, innen	m²	0,8	2,7	**3,5**	4,3	6,8
			0,7	2,2	**2,9**	3,6	5,7
10	Erstbeschichtung, innen, Dispersion, sb	m²	4	7	**8**	9	13
			3	6	**7**	8	11
11	Erstbeschichtung, innen, Putz rau, Dispersion sb	m²	6	8	**9**	11	16
			5	7	**8**	10	13
12	Erstbeschichtung, innen, Dispersion, wb	m²	5	7	**8**	10	16
			4	6	**7**	9	13
13	Erstbeschichtung, innen, Putz rau, Dispersion wb	m²	6	9	**10**	12	17
			5	7	**8**	10	14
14	Erstbeschichtung, Raufasertapete, Dispersion wb	m²	4	6	**7**	8	9
			4	5	**6**	6	8
15	Erstbeschichtung, Glasgewebe, Dispersion	m²	7	9	**10**	10	12
			6	8	**8**	8	10
16	Erstbeschichtung, Dispersions-Silikatfarbe, innen, weiß	m²	5	8	**9**	11	15
			4	7	**7**	9	13
17	Erstbeschichtung, Silikatfarbe, Putzflächen, innen	m²	6	9	**10**	13	18
			5	7	**9**	11	15
18	Erstbeschichtung, Silikatfarbe, innen, linear	m	2	3	**3**	4	5
			2	3	**3**	3	4
19	Erstbeschichtung, Dispersions-Silikatfarbe, Sichtbeton innen, linear	m	2	3	**3**	4	4
			2	3	**3**	3	3
20	Erstbeschichtung, Dispersion, Sichtmauerwerk, innen	m²	5	8	**8**	9	11
			4	6	**7**	8	10
21	Erstbeschichtung, Kalkfarbe, innen	m²	7	13	**13**	16	21
			6	11	**11**	13	18
22	Streichputz, innen	m²	8	15	**17**	19	23
			7	12	**15**	16	19
23	Erstbeschichtung, Silikatfarbe, Außenputz	m²	11	16	**19**	22	29
			9	14	**16**	18	24

► min
▷ von
ø Mittel
◁ bis
◄ max

Nr.	Positionen	Einheit	►	▷	ø brutto € / ø netto €	◁	◄
24	Erstbeschichtung, Dispersionsfarbe, Außenputz	m²	10	15	**17**	19	25
			8	12	**14**	16	21
25	Erstbeschichtung, Silikonharz, Außenbauteil	m²	–	22	**26**	30	–
			–	18	**22**	25	–
26	Imprägnierung, Sichtbetonwand, außen	m²	5	9	**12**	14	16
			4	8	**10**	12	14
27	Graffiti-Schutz, Wand	m²	22	38	**47**	75	131
			18	32	**39**	63	110
28	Bodenbeschichtung, innen, Beton, Acryl	m²	15	21	**23**	26	32
			13	18	**19**	22	27
29	Bodenbeschichtung, innen, Beton, Epoxid	m²	16	28	**32**	44	65
			14	24	**26**	37	55
30	Erstbeschichtung, Holzleisten	m	6	9	**12**	12	17
			5	8	**10**	10	14
31	Erstbeschichtung, Stürzen/Balken	m	13	18	**18**	19	22
			11	15	**15**	16	19
32	Erstbeschichtung, Laibung/Bretter	m	13	15	**16**	17	20
			11	13	**13**	14	16
33	Erstbeschichtung, Geländer	m	11	18	**21**	25	36
			9	15	**17**	21	30
34	Erstbeschichtung, Holzfenster, deckend	m²	31	39	**44**	50	61
			26	33	**37**	42	51
35	Schlussbeschichtung, Holzfenster/Tür	m²	13	17	**20**	23	27
			11	14	**17**	19	23
36	Holzimprägnierung, holzverfärbende Pilze	m²	2	5	**6**	8	10
			2	4	**5**	7	8
37	Erstbeschichtung, Lasur, Holzbauteil außen	m²	10	22	**27**	31	47
			9	19	**22**	26	40
38	Erstbeschichtung, Lasur, Holzbauteil maßhaltig, innen	m²	14	20	**22**	26	34
			11	17	**19**	22	29
39	Erstbeschichtung, Holzbauteil, außen, deckend	m²	31	37	**39**	46	57
			26	31	**33**	38	48
40	Erstbeschichtung, Stahlflächen, außen	m²	19	31	**43**	52	66
			16	26	**36**	43	55
41	Erstbeschichtung, Stahlprofil verzinkt, innen	m²	18	29	**34**	50	54
			15	25	**28**	42	46
42	Erstbeschichtung, Stahlprofil, außen	m	9	14	**16**	18	24
			8	11	**13**	15	20
43	Erstbeschichtung, Metallgeländer, innen	m	21	39	**45**	52	71
			18	33	**38**	44	60
44	Erstbeschichtung, Metallgeländer, außen	m	34	49	**56**	81	136
			28	41	**47**	68	114
45	Schlussbeschichtung, grundierter Röhrenheizkörper	m²	14	21	**22**	24	29
			12	18	**18**	20	25
46	Erstbeschichtung, Heizungsrohrleitung	m	4	7	**8**	12	25
			3	6	**6**	10	21
47	Erstbeschichtung, Stahlblech, längenorientiert	m	9	14	**17**	24	37
			7	12	**14**	20	31

Nr.	Positionen	Einheit	►	▷	ø brutto € / ø netto €	◁	◄
48	Erstbeschichtung, Stahlblech, flächig	m²	23	34	**39**	52	78
			19	29	**33**	44	66
49	Erstbeschichtung, Lüftungsrohr, Stahl	m²	21	29	**35**	45	61
			18	24	**29**	38	52
50	Erstbeschichtung, Stahlzarge	m	8	15	**17**	22	32
			7	13	**15**	19	27
51	Brandschutzbeschichtung, R30, Stahlbauteile	m²	35	85	**102**	124	174
			29	72	**85**	104	146
52	Decklack, Brandschutzbeschichtungen, Stahlteile	m²	15	18	**20**	27	34
			13	15	**17**	23	28
53	Brandschutzbeschichtung Rund-/Profilstahl	m	34	62	**67**	76	95
			29	52	**57**	63	80
54	Fugenabdichtung, Acryl	m	2	4	**5**	6	12
			2	3	**4**	5	10
55	Fugenabdichtung elastisch, Silikon	m	3	6	**7**	8	10
			3	5	**6**	7	8
56	Folienbeschriftung, geklebt	St	13	17	**20**	24	29
			11	14	**16**	20	25
57	Markierung, Kunststofffolie	m	6	9	**12**	16	23
			5	8	**10**	14	20
58	Pkw-Stellplatzmarkierung, Farbe	m	6	11	**16**	22	31
			5	9	**14**	19	26
59	Stundensatz, Facharbeiter/-in	h	67	79	**84**	89	97
			56	66	**71**	74	81
60	Stundensatz, Helfer/-in	h	43	59	**64**	70	84
			36	50	**54**	59	70

Kosten:
Stand 1. Quartal 2025
Bundesdurchschnitt

Nr. **Kurztext** / Langtext — Kostengruppe
► ▷ **ø netto €** ◁ ◄ [Einheit] Ausf.-Dauer Positionsnummer

1 Bauteile abdecken, abkleben — KG **397**

Bauteile mit Folie abdecken und abkleben, als Vorbereitung der Beschichtung. Nach erfolgter Beschichtung entfernen und komplett entsorgen.
Bauteil: .....

1,0€ 2,5€ **2,9€** 4,6€ 8,3€ [m²] ⏱ 0,03 h/m² 034.000.080

2 Boden abdecken, Vlies — KG **397**

Böden während Malerarbeiten vollflächig abdecken und abkleben, gegen Verschmutzung, inkl. Entfernen der Schutzmaßnahme nach Abschluss der Arbeiten.
Material: rutschhemmendes Abdeckvlies
Zu schützender Bodenbelag: .....

0,5€ 1,8€ **2,3€** 3,2€ 5,1€ [m²] ⏱ 0,03 h/m² 034.000.049

► min
▷ von
ø Mittel
◁ bis
◄ max

Nr.	Kurztext / Langtext						Kostengruppe
▶	▷	**ø netto €**	◁	◀	[Einheit]	Ausf.-Dauer	Positionsnummer

3 Boden abdecken, Platten — KG **397**

Böden während Malerarbeiten vollflächig abdecken, zum Schutz vor mechanischen Beschädigungen, inkl. Entfernen der Schutzmaßnahme nach Abschluss der Arbeiten.
Material: Hartfaserplatte, 3 mm
zu schützender Bodenbelag: .....

2€	3€	**4€**	5€	9€	[m²]	⏱ 0,08 h/m²	034.000.050

4 Untergrund reinigen — KG **345**

Reinigen des Untergrunds (Wand- und Deckenflächen) von grobem Schmutz und losen Bestandteilen. Material sammeln, fördern und in Behältnis des AG lagern.
Untergrund: **Putz / Mauerwerk / Beton**

0,5€	1,4€	**1,8€**	2,5€	4,6€	[m²]	⏱ 0,03 h/m²	034.000.004

5 Stoßfuge schließen, Fertigteildecke — KG **354**

Stoßfuge von Betonfertigteil-Decken auffüllen, als Untergrundvorbereitung für Tapezierarbeiten, Höhenunterschiede beispachteln.
Fugenbreite: .....
Kanten: .....
Material: kunststoffmodifizierter Zementmörtel
Arbeitshöhe: .....

4€	7€	**8€**	10€	14€	[m]	⏱ 0,08 h/m	034.000.066

6 Spachtelung, Gipsplatten — KG **345**

Spachtelung von vorhandenen Gipsplattenflächen, ganzflächig, sichtbare Befestigungsmittel und Plattenfugen verspachteln und Spachtelflächen schleifen.
Material: .....
Qualitätsstufe: .....
Arbeitshöhe: .....

4€	7€	**8€**	9€	12€	[m²]	⏱ 0,10 h/m²	034.000.012

7 Spachtelung, Betonflächen — KG **345**

Ganzflächiges Spachteln und Schleifen von Wand- und Deckenflächen, als Untergrundvorbereitung für Neubeschichtung.
Material: .....
Untergrund: Beton
Arbeitshöhe: .....

4€	9€	**11€**	13€	19€	[m²]	⏱ 0,14 h/m²	034.000.010

8 Grundierung, Gipsplatten — KG **345**

Wandflächen aus Gipsplatten vorbereiten und grundieren, geeignet für ..... .
Höhe der Bauteile: .....
Arbeitshöhe: .....

1€	2€	**2€**	3€	4€	[m²]	⏱ 0,03 h/m²	034.000.013

023
024
025
026
027
028
029
030
031
032
033
034
036
037
038
039

Nr.	**Kurztext** / Langtext						Kostengruppe
▶	▷	**ø netto €**	◁	◀	[Einheit]	Ausf.-Dauer	Positionsnummer

9 Grundierung, Betonflächen, innen KG **345**

Grundbeschichtung Betonflächen im Innenbereich, wasserverdünnbar, geeignet für späterem Dispersions-Deckbeschichtung.
Untergrund: schalungsrauer Beton, innen
Arbeitshöhe: .....

0,7€ | 2,2€ | **2,9€** | 3,6€ | 5,7€ | [m2] | ⏱ 0,03 h/m2 | 034.000.014

10 Erstbeschichtung, innen, Dispersion, sb KG **345**

Erstbeschichtung von Wänden und Decken, Dispersionsfarbe, lösemittel- und weichmacherfrei nach VDL-Richtlinie 01 mit Grund- und Schlussbeschichtung.
Untergrund: mineralisch, ...
Oberfläche: .....
Körnung: .....
Nassabrieb: Klasse 2
Kontrastverhältnis: Klasse 1
Farbe: weiß
Glanzgrad: .....
Angeb. Fabrikat: .....

3€ | 6€ | **7€** | 8€ | 11€ | [m2] | ⏱ 0,12 h/m2 | 034.000.016

11 Erstbeschichtung, innen, Putz rau, Dispersion sb KG **345**

Erstbeschichtung von Wänden und Decken, Dispersionsfarbe, lösemittel- und weichmacherfrei nach VDL-Richtlinie 01 mit Grund- und Schlussbeschichtung.
Untergrund: Putz, ...
Oberfläche: rau
Körnung: .....
Nassabrieb: Klasse 2
Kontrastverhältnis: Klasse 1
Farbe: weiß
Glanzgrad: .....
Angeb. Fabrikat: .....

5€ | 7€ | **8€** | 10€ | 13€ | [m2] | ⏱ 0,13 h/m2 | 034.000.084

12 Erstbeschichtung, innen, Dispersion, wb KG **345**

Erstbeschichtung von Wänden und Decken, Dispersionsfarbe, lösemittel- und weichmacherfrei nach VDL-Richtlinie 01 mit Grund- und Schlussbeschichtung.
Untergrund: mineralisch,.....
Oberfläche: .....
Körnung .....
Nassabrieb: Klasse 3
Farbe: weiß
Kontrastverhältnis: Klasse 1
Glanzgrad: .....
Angeb. Fabrikat: .....

4€ | 6€ | **7€** | 9€ | 13€ | [m2] | ⏱ 0,12 h/m2 | 034.000.017

Kosten:
Stand 1. Quartal 2025
Bundesdurchschnitt

▶ min
▷ von
ø Mittel
◁ bis
◀ max

13 Erstbeschichtung, innen, Putz rau, Dispersion wb KG **345**

Erstbeschichtung von Wänden und Decken, Dispersionsfarbe, lösemittel- und weichmacherfrei nach VDL-Richtlinie 01 mit Grund- und Schlussbeschichtung.
Untergrund: Putz, ...
Oberfläche: rau
Körnung: .....
Nassabrieb: Klasse 3 (waschbeständig)
Kontrastverhältnis: Klasse 1
Farbe: weiß
Glanzgrad: .....
Arbeitshöhe: .....

5€ 7€ **8€** 10€ 14€ [m2] ⏱ 0,13h/m2 034.000.087

14 Erstbeschichtung, Raufasertapete, Dispersion wb KG **345**

Erstbeschichtung von Wänden und Decken, Dispersionsfarbe, lösemittel- und weichmacherfrei nach VDL-Richtlinie 01 mit Grund- und Schlussbeschichtung.
Untergrund: Raufasertapete
Struktur: .....
Nassabrieb: .....
Kontrastverhältnis: Klasse 1
Farbe: weiß
Glanzgrad: .....
Angeb. Fabrikat: .....

4€ 5€ **6€** 6€ 8€ [m2] ⏱ 0,10h/m2 037.000.005

15 Erstbeschichtung, Glasgewebe, Dispersion KG **345**

Erstbeschichtung von Wänden und Decken, mit Dispersionsfarbe, lösemittel- und weichmacherfrei nach VDL-Richtlinie 01, mit Grund- und Schlussbeschichtung.
Untergrund: Glasgewebe
Struktur: .....
Nassabrieb: .....
Kontrastverhältnis: Klasse 1
Farbe: weiß
Glanzgrad: .....
Arbeitshöhe: .....

6€ 8€ **8€** 8€ 10€ [m2] ⏱ 0,14h/m2 037.000.008

16 Erstbeschichtung, Dispersions-Silikatfarbe, innen, weiß KG **345**

Erstbeschichtung mit Dispersions-Silikat-Farbe auf Decken und Wandflächen, innen, Farbe lösemittel- und weichmacherfrei nach VDL-Richtlinie 01, diffusionsfähig. Ausführung aus Grund-, Zwischen- und Schlussbeschichtung.
Untergrund: .....
Nassabrieb: Klasse ....
Kontrastverhältnis: Klasse 1
Farbton: .....
Glanzgrad: .....
Arbeitshöhe: .....

4€ 7€ **7€** 9€ 13€ [m2] ⏱ 0,14h/m2 034.000.018

023 024 025 026 027 028 029 030 031 032 033 **034** 036 037 038 039

Nr.	Kurztext / Langtext						Kostengruppe
►	▷	ø netto €	◁	◀	[Einheit]	Ausf.-Dauer	Positionsnummer

17 Erstbeschichtung, Silikatfarbe, Putzflächen, innen KG **345**

Erstbeschichtung mit Silikatfarbe, auf Wand- oder Deckenfläche, innen, Farbe mit mineralischen Füllstoffen und anorganischen Farbpigmenten, mit hoher Diffusionsfähigkeit, Ausführung aus Grund-, Zwischen- und Schlussbeschichtung.
Untergrund: .....
Nassabrieb: Klasse 3
Kontrastverhältnis: Klasse 1
Sd-Wert: 0,01 m, Klasse I
Farbton: .....
Glanzgrad: .....
Arbeitshöhe: .....

5€ 7€ **9€** 11€ 15€ [m²] ⏱ 0,18 h/m² 034.000.070

18 Erstbeschichtung, Silikatfarbe, innen, linear KG **345**

Erstbeschichtung mit Silikatfarbe, auf längenorientierte Bauteile, innen, Farbe mit mineralischen Füllstoffen und anorganischen Farbpigmenten, mit hoher Diffusionsfähigkeit. Ausführung aus Grund-, Zwischen- und Schlussbeschichtung.
Bauteil: .....
Untergrund: .....
Bauteilbreite: bis 30 cm
Nassabrieb: Klasse 3
Kontrastverhältnis: Klasse 1
Sd-Wert: 0,01 m, Klasse I
Brandverhalten: A2-s1-d0
Farbton: .....
Glanzgrad: .....
Arbeitshöhe: .....

2€ 3€ **3€** 3€ 4€ [m] ⏱ 0,08 h/m 034.000.071

19 Erstbeschichtung, Dispersions-Silikatfarbe, Sichtbeton innen, linear KG **345**

Erstbeschichtung mit Dispersions-Silikat-Farbe, lösemittel-/weichmacherfrei nach VDL-Richtlinie 01, auf Sichtbetonflächen von längenorientierten Bauteilen, innen, Farbe mit mineralischen Füllstoffen und anorganischen Farbpigmenten. Bestehend aus Grund-, Zwischen- und Schlussbeschichtung.
Bauteil: .....
Betonoberfläche: .....
Bauteilbreite: bis 30 cm
Farbton: .....
Farbcode: .....
Glanzgrad: .....
Arbeitshöhe: .....

2€ 3€ **3€** 3€ 3€ [m] ⏱ 0,07 h/m 034.000.069

Kosten:
Stand 1. Quartal 2025
Bundesdurchschnitt

► min
▷ von
ø Mittel
◁ bis
◀ max

20 Erstbeschichtung, Dispersion, Sichtmauerwerk, innen KG **345**

Erstbeschichtung mit Dispersionsfarbe, auf Sichtmauerwerk, innen, lösemittel- und weichmacherfrei nach VDL-Richtlinie 01, bestehend aus Grund-, Zwischen- und Schlussbeschichtung.
Bauteil: .....
Untergrund: .....
Farbton: .....
Farbcode: .....
Glanzgrad: .....
Nassabrieb: .....
Arbeitshöhe: .....

4€	6€	**7€**	8€	10€	[m2]	⏱ 0,18 h/m2	034.000.021

21 Erstbeschichtung, Kalkfarbe, innen KG **345**

Erstbeschichtung mit Kalkfarbe, auf Wand- und Deckenflächen mit Putz, innen, nass in nass gestrichen zur Vermeidung von Ansätzen, bestehend aus Grund-, Zwischen- und Schlussbeschichtung.
Bauteil: .....
Untergrund: .....
Farbton: .....
Arbeitshöhe: .....

6€	11€	**11€**	13€	18€	[m2]	⏱ 0,20 h/m2	034.000.072

22 Streichputz, innen KG **345**

Streichputz, innen, als Zwischen-, und Schlussbeschichtung mit streich- und rollfähigem, gut füllendem, organisch gebundenem Material.
Struktur: **feinkörnig / grobkörnig**
Farbe: .....
Preisgruppe: .....
Glanzgrad: .....
Bauteil: .....
Arbeitshöhe: .....

7€	12€	**15€**	16€	19€	[m2]	⏱ 0,22 h/m2	034.000.081

23 Erstbeschichtung, Silikatfarbe, Außenputz KG **335**

Erstbeschichtung von Wänden mit Putz, außen, mit Silikat-Farbe, bestehend aus Grund-, Zwischen- und Schlussbeschichtung.
Außenputz: .....
Körnung: .....
Farbton: .....
Farbcode: .....
Arbeitshöhe: .....

9€	14€	**16€**	18€	24€	[m2]	⏱ 0,20 h/m2	034.000.023

023
024
025
026
027
028
029
030
031
032
033
034
036
037
038
039

Nr.	Kurztext / Langtext						Kostengruppe
▶	▷	ø netto €	◁	◀	[Einheit]	Ausf.-Dauer	Positionsnummer

24 Erstbeschichtung, Dispersionsfarbe, Außenputz KG **335**

Erstbeschichtung von Wänden mit Putz, außen, Dispersionsfarbe, mit Grund-, Zwischen- und Schlussbeschichtung.
Untergrund: .....
Durchlässigkeit für Wasser: Klasse W3 (niedrig)
Wasserdampf-Diffusionsstromdichte: Klasse V1 (hoch)
Körnung: .....
Glanzgrad: .....
Farbton: .....
Arbeitshöhe: .....

8€	12€	**14€**	16€	21€	[m2]	0,18h/m2	034.000.094

25 Erstbeschichtung, Silikonharz, Außenbauteil KG **335**

Erstbeschichtung von Wänden mit Putz, außen, mit Silikonharz, mit Grund-, Zwischen- und Schlussbeschichtung.
Untergrund: ...
Durchlässigkeit für Wasser: Klasse W3 (niedrig)
Wasserdampf-Diffusionsstromdichte: Klasse V1 (hoch)
Körnung: .....
Glanzgrad: .....
Farbton: .....
Farbcode: .....
Arbeitshöhe: .....

–	18€	**22€**	25€	–	[m2]	0,22h/m2	034.000.097

26 Imprägnierung, Sichtbetonwand, außen KG **335**

Imprägnierung von Betonwandflächen im Außenbereich, mit farbloser Beton-Hydrophobierung, bis zur Sättigung aufbringen, vorzugsweise im Flutverfahren.
Untergrund: Betonfläche
Oberfläche: glatt geschalt, normal saugend
Beschichtungsstoff: .....
Arbeitshöhe: .....

4€	8€	**10€**	12€	14€	[m2]	0,08h/m2	034.000.025

27 Graffiti-Schutz, Wand KG **335**

Graffiti-Schutzbeschichtung auf senkrechter Wandfläche, inkl. Grundreinigung der Flächen.
Untergrund: .....
Oberfläche: .....
Beschichtungsstoff: .....
Farbton: .....
Arbeitshöhe: .....

18€	32€	**39€**	63€	110€	[m2]	0,24h/m2	034.000.055

Kosten:
Stand 1. Quartal 2025
Bundesdurchschnitt

▶ min
▷ von
ø Mittel
◁ bis
◀ max

Nr.	**Kurztext** / Langtext						Kostengruppe
▶	▷	**ø netto €**	◁	◀	[Einheit]	Ausf.-Dauer	Positionsnummer

28 Bodenbeschichtung, innen, Beton, Acryl — KG **324**

Erstbeschichtung auf Bodenfläche, im Innenbereich, aus Acrylharzlack, mit Grundierung, Zwischenbeschichtung und Schlussbeschichtung, inkl. farbloser Versiegelung.
Untergrund: normal saugende Betonflächen
Versiegelung: .....
Farbe: .....

▶	▷	ø netto €	◁	◀	[Einheit]	Ausf.-Dauer	Positionsnummer
13€	18€	**19€**	22€	27€	[m²]	⏱ 0,18h/m²	034.000.026

29 Bodenbeschichtung, innen, Beton, Epoxid — KG **324**

Erstbeschichtung auf Bodenfläche, im Innenbereich aus 2-K-Beschichtung auf Epoxidharzbasis, AgBB-geprüft, mit Grundierung, Zwischenbeschichtung und Schlussbeschichtung, einschl. farbloser Versiegelung.
Untergrund: normal saugende Betonflächen
Versiegelung: .....
Farbe: .....

▶	▷	ø netto €	◁	◀	[Einheit]	Ausf.-Dauer	Positionsnummer
14€	24€	**26€**	37€	55€	[m²]	⏱ 0,18h/m²	034.000.027

A 1 Erstbeschichtung, Holz, linear — Beschreibung für Pos. **30-33**

Erstbeschichtung auf lineare Bauteile, aus Alkydharzlack, mit Grundbeschichtung und Schlussbeschichtung.
Farbe: .....
Arbeitshöhe: .....

30 Erstbeschichtung, Holzleisten — KG **364**

Wie Ausführungsbeschreibung A 1
Profil: Holzleisten

▶	▷	ø netto €	◁	◀	[Einheit]	Ausf.-Dauer	Positionsnummer
5€	8€	**10€**	10€	14€	[m]	⏱ 0,10h/m	034.000.029

31 Erstbeschichtung, Stürzen/Balken — KG **364**

Wie Ausführungsbeschreibung A 1
Profil: **Holzstützen / Balken**

▶	▷	ø netto €	◁	◀	[Einheit]	Ausf.-Dauer	Positionsnummer
11€	15€	**15€**	16€	19€	[m]	⏱ 0,10h/m	034.000.105

32 Erstbeschichtung, Laibung/Bretter — KG **364**

Wie Ausführungsbeschreibung A 1
Bauteil: **Laibung / Firstbrett / Ortgangbrett**

▶	▷	ø netto €	◁	◀	[Einheit]	Ausf.-Dauer	Positionsnummer
11€	13€	**13€**	14€	16€	[m]	⏱ 0,10h/m	034.000.106

33 Erstbeschichtung, Geländer — KG **364**

Wie Ausführungsbeschreibung A 1
Profil: Geländerstäbe, Ober- und Untergurt

▶	▷	ø netto €	◁	◀	[Einheit]	Ausf.-Dauer	Positionsnummer
9€	15€	**17€**	21€	30€	[m]	⏱ 0,12h/m	034.000.107

Nr.	Kurztext / Langtext						Kostengruppe
▶	▷	ø netto €	◁	◀	[Einheit]	Ausf.-Dauer	Positionsnummer

34 Erstbeschichtung, Holzfenster, deckend KG **334**

Erstbeschichtung für Holzfenster und Fenstertüren, aus Alkydharzlack, mit Grundbeschichtung, zweifach Zwischenbeschichtung und Schlussbeschichtung.
Holzart: **Fichte / Kiefer / Hemlock**
Farbe: .....
Arbeitshöhe: .....

26€ | 33€ | **37€** | 42€ | 51€ | [m²] | ⏱ 0,60 h/m² | 034.000.030

35 Schlussbeschichtung, Holzfenster/Tür KG **334**

Schlussbeschichtung für Holzfenster und Fenstertür, aus Alkydharzlack.
Holzart: .....
Farbe: .....
Arbeitshöhe: .....

11€ | 14€ | **17€** | 19€ | 23€ | [m²] | ⏱ 0,20 h/m² | 034.000.031

36 Holzimprägnierung, holzverfärbende Pilze KG **335**

Imprägnierung für sichtbar bleibendes Holzbauteil, im Außenbereich, vorbeugend wirksam gegen Bläuepilze und andere holzverfärbende Pilze, aufbringen vor Einbau, inkl. säubern der Holzoberfläche, Beschichtung allseitig auftragen, stark saugende Stellen mehrfach.
Bauteil: .....
Gebrauchsklasse DIN 68800-1: 3.1
Prüfprädikat: .....
Arbeitshöhe: .....

2€ | 4€ | **5€** | 7€ | 8€ | [m²] | ⏱ 0,08 h/m² | 034.000.034

37 Erstbeschichtung, Lasur, Holzbauteil außen KG **364**

Erstbeschichtung auf unbehandeltem Holzbauteil im Außenbereich, mit Acrylharzlasur, mit Holzimprägnierung, Zwischen- und Schlussbeschichtung.
Untergrund: unbeschichtete, begrenzt maßhaltige Holzbauteile
Holzart: .....
Farbton: .....
Glanzgrad: .....
Arbeitshöhe: .....

9€ | 19€ | **22€** | 26€ | 40€ | [m²] | ⏱ 0,25 h/m² | 034.000.035

38 Erstbeschichtung, Lasur, Holzbauteil maßhaltig, innen KG **345**

Erstbeschichtung auf unbehandeltem Holzbauteil im Innenbereich, mit wasserverdünnbarer Acrylharzlasur, mit Grundbeschichtung und schichtbildender Schlussbeschichtung.
Untergrund: maßhaltige Holzbauteile
Holzoberfläche: .....
Holzart: .....
Farbe: .....
Glanzgrad: .....
Arbeitshöhe: .....

11€ | 17€ | **19€** | 22€ | 29€ | [m²] | ⏱ 0,22 h/m² | 034.000.020

Kosten:
Stand 1. Quartal 2025
Bundesdurchschnitt

▶ min
▷ von
ø Mittel
◁ bis
◀ max

Nr.	Kurztext / Langtext						Kostengruppe
▶	▷	**ø netto €**	◁	◀	[Einheit]	Ausf.-Dauer	Positionsnummer

39 **Erstbeschichtung, Holzbauteil, außen, deckend** KG **335**

Erstbeschichtung, deckend, von unbehandeltem Holzbauteil im Außenbereich, mit wasserverdünnbarem Dispersionslack, mit Holzimprägnierung, Zwischen- und Schlussbeschichtung.
Untergrund: unbeschichtete, begrenzt maßhaltige Holzbauteile
Holzoberfläche: .....
Holzart: .....
Farbe: .....
Glanzgrad: .....
Arbeitshöhe: .....

26€ 31€ **33€** 38€ 48€ [m2] ⏱ 0,28h/m2 034.000.036

40 **Erstbeschichtung, Stahlflächen, außen** KG **359**

Erstbeschichtung auf unbeschichteter Stahlfläche, außen, aus Alkydharzlack, mit Grund-, Zwischen- und Schlussbeschichtung. Korrosionsschutz nach gesonderter Position.
Bauteil: .....
Farbe: .....
Glanzgrad: .....
Arbeitshöhe: .....

16€ 26€ **36€** 43€ 55€ [m2] ⏱ 0,30h/m2 034.000.065

41 **Erstbeschichtung, Stahlprofil verzinkt, innen** KG **359**

Erstbeschichtung auf grundierten Stahlprofilen, innen, mit Grund- und Schlussbeschichtung mit Alkydharzlack.
Bauteil: .....
Farbe: .....
Glanzgrad: .....
Arbeitshöhe: .....

15€ 25€ **28€** 42€ 46€ [m2] ⏱ 0,18h/m2 034.000.104

42 **Erstbeschichtung, Stahlprofil, außen** KG **359**

Erstbeschichtung auf verzinktem Stahlprofilen, außen, mit Grund- und Schlussbeschichtung. Untergrundvorbereitung und Korrosionsschutzbeschichtung nach gesonderter Position.
- Grundbeschichtung mit wasserverdünnbarem 2-Komponenten-Reaktionsharzbeschichtungsstoff für Zinkuntergründe
- Schlussbeschichtung mit deckendem Alkydharzlack

Untergrund: verzinkte Geländerkonstruktion
Farbe: .....
Glanzgrad: .....
Arbeitshöhe: .....

8€ 11€ **13€** 15€ 20€ [m] ⏱ 0,20h/m 034.000.040

43 **Erstbeschichtung, Metallgeländer, innen** KG **359**

Erstbeschichtung auf unbeschichteten Stahlgeländer, innen, aus Alkydharzlack, mit Grund- und Schlussbeschichtung.
Geländer: .....
Farbe: .....
Glanzgrad: .....
Arbeitshöhe: .....

18€ 33€ **38€** 44€ 60€ [m] ⏱ 0,40h/m 034.000.108

Nr.	Kurztext / Langtext						Kostengruppe
▶	▷	ø netto €	◁	◀	[Einheit]	Ausf.-Dauer	Positionsnummer

44 Erstbeschichtung, Metallgeländer, außen KG **359**

Erstbeschichtung auf unbeschichteten Stahlgeländer, außen, aus Alkydharzlack, mit Grundierung, Zwischen- und Schlussbeschichtung.
Geländer: .....
Farbe: .....
Glanzgrad: .....
Arbeitshöhe: .....

28€	41€	**47€**	68€	114€	[m]	⏱ 0,40 h/m	034.000.059

45 Schlussbeschichtung, grundierter Röhrenheizkörper KG **423**

Schlussbeschichtung, auf werksseitig grundiertem Röhrenheizkörper, Alkydharzlack-Schlussbeschichtung.
Heizkörper: .....
Farbe: .....
Glanzgrad: .....

12€	18€	**18€**	20€	25€	[m²]	⏱ 0,20 h/m²	034.000.038

46 Erstbeschichtung, Heizungsrohrleitung KG **422**

Erstbeschichtung von grundierten Heizrohrleitungen, aus Alkydharzlack, mit Grund- und Schlussbeschichtung.
Rohrdurchmesser: .....
Farbe: .....
Glanzgrad: .....
Arbeitshöhe: .....

3€	6€	**6€**	10€	21€	[m]	⏱ 0,06 h/m	034.000.037

47 Erstbeschichtung, Stahlblech, längenorientiert KG **461**

Erstbeschichtung auf unbeschichtetem Stahlblech, innen, aus Alkydharzlack, mit Grund-, Zwischen- und Schlussbeschichtung.
Bauteil: .....
Abwicklung: bis max. 500 mm
Farbe: .....
Glanzgrad: .....
Arbeitshöhe: .....

7€	12€	**14€**	20€	31€	[m]	⏱ 0,10 h/m	034.000.041

48 Erstbeschichtung, Stahlblech, flächig KG **345**

Erstbeschichtung auf unbeschichtetem Stahlblech, innen, aus Alkydharzlack, mit Grund-, Zwischen- und Schlussbeschichtung.
Bauteil: .....
Oberfläche: .....
Farbe: .....
Glanzgrad: .....
Arbeitshöhe: .....

19€	29€	**33€**	44€	66€	[m²]	⏱ 0,30 h/m²	034.000.042

Kosten:
Stand 1. Quartal 2025
Bundesdurchschnitt

▶ min
▷ von
ø Mittel
◁ bis
◀ max

Nr.	Kurztext / Langtext						Kostengruppe
▶	▷	**ø netto €**	◁	◀	[Einheit]	Ausf.-Dauer	Positionsnummer

49 Erstbeschichtung, Lüftungsrohr, Stahl KG **431**

Erstbeschichtung auf verzinktem Stahlblech, innen, aus Alkydharzlack, mit Grund-, Zwischen- und Schlussbeschichtung.
Bauteil: .....
Oberfläche: .....
Farbe: .....
Glanzgrad: .....
Arbeitshöhe: .....

18€	24€	**29€**	38€	52€	[m2]	⏱ 0,28h/m2	034.000.043

50 Erstbeschichtung, Stahlzarge KG **344**

Erstbeschichtung auf grundierter Stahlzarge, innen, aus Alkydharzlack-Schlussbeschichtung.
Zargenprofil: .....
Farbe: .....
Glanzgrad: .....
Arbeitshöhe: .....

7€	13€	**15€**	19€	27€	[m]	⏱ 0,25h/m	034.000.044

51 Brandschutzbeschichtung, R30, Stahlbauteile KG **361**

Brandschutzbeschichtung auf Stahlflächen, innen, auf Wasser basierendem Beschichtungssystem, gem. Zulassung aufbringen, inkl. Vorbehandlung, Grundierung und Schlussbeschichtung.
Stahlbauteil: **Träger / Fachwerkbinder / Stütze**
Beschichtungsverfahren: .....
Farbton: .....
Gef. Feuerwiderstand: R30
Einbauort: .....
Arbeitshöhe: .....

29€	72€	**85€**	104€	146€	[m2]	⏱ 0,50h/m2	034.000.045

52 Decklack, Brandschutzbeschichtungen, Stahlteile KG **333**

Brandschutzbeschichtung auf Stahlflächen, mit Grundierung und Schlussbeschichtung.
Stahlbauteil: **Träger / Fachwerkbinder / Stütze**
Abmessung: .....
Beschichtungsverfahren: .....
Farbton: .....
Gef. Feuerwiderstand: .....
Beschichtungsstoff: .....
Einbauort: .....
Arbeitshöhe: .....

13€	15€	**17€**	23€	28€	[m2]	⏱ 0,15h/m2	034.000.046

023
024
025
026
027
028
029
030
031
032
033
034
036
037
038
039

Nr. **Kurztext** / Langtext — Kostengruppe
▶ ▷ **ø netto €** ◁ ◀ [Einheit] Ausf.-Dauer Positionsnummer

Kosten:
Stand 1. Quartal 2025
Bundesdurchschnitt

53 Brandschutzbeschichtung Rund-/Profilstahl — KG 345

Brandschutzbeschichtung auf Stahlprofilen, auf Wasser basierendem Beschichtungssystem, innen, gem. Zulassung, mit Grund- und Deckbeschichtung.
Profil und Abmessung: .....
Beschichtungsverfahren: .....
Farbton: .....
Gef. Feuerwiderstand: .....
Einbauort: .....
Arbeitshöhe: .....

▶	▷	ø	◁	◀	Einheit	Ausf.-Dauer	Positionsnummer
29€	52€	**57€**	63€	80€	[m]	⏱ 0,30h/m	034.000.064

54 Fugenabdichtung, Acryl — KG 345

Fugenabdichtung mit anstrichverträglichem Ein-Komponenten-Dichtstoff auf Acryldispersionsbasis, inkl. notwendiger Flankenvorbehandlung an den Anschlussflächen und Hinterlegen der Fugenhohlräume mit Hinterfüllmaterial, Fuge glatt gestrichen.
Fugenbreite: bis **8 / 12** mm
Arbeitshöhe: .....

▶	▷	ø	◁	◀	Einheit	Ausf.-Dauer	Positionsnummer
2€	3€	**4€**	5€	10€	[m]	⏱ 0,04h/m	034.000.047

55 Fugenabdichtung elastisch, Silikon — KG 345

Fugenabdichtung mit Ein-Komponenten-Dichtstoff auf Silikonbasis, inkl. notwendiger Flankenvorbehandlung an den Anschlussflächen und Hinterlegen der Fugenhohlräume mit Hinterfüllmaterial, Fuge glatt gestrichen.
Fugenbreite: bis **8 / 12** mm
Arbeitshöhe: .....

▶	▷	ø	◁	◀	Einheit	Ausf.-Dauer	Positionsnummer
3€	5€	**6€**	7€	8€	[m]	⏱ 0,05h/m	034.000.048

56 Folienbeschriftung, geklebt — KG 345

Buchstaben / Beschriftung auf bauseitigen Untergrund kleben
Einbauort: **außen / innen**
Untergrund: **Türblatt / Wandfläche**
Oberfläche: .....
Schriftart: .....
Buchstabengröße: .....
Farbe: .....
Arbeitshöhe: .....

▶	▷	ø	◁	◀	Einheit	Ausf.-Dauer	Positionsnummer
11€	14€	**16€**	20€	25€	[St]	⏱ 0,10h/St	034.000.052

57 Markierung, Kunststofffolie — KG 353

Markierung aus Kunststofffolie, auf Boden im Innenbereich, rutschhemmend, UV-beständig, zweifarbig, auf glatte Flächen.
Untergrund: .....
Abmessung: .....
Rutschhemmung: R..... mit Verdrängung V.....
Farben: schwarz und gelb

▶	▷	ø	◁	◀	Einheit	Ausf.-Dauer	Positionsnummer
5€	8€	**10€**	14€	20€	[m]	⏱ 0,08h/m	034.000.054

▶ min
▷ von
ø Mittel
◁ bis
◀ max

58 Pkw-Stellplatzmarkierung, Farbe KG **324**

Markierung aus 2-Komponenten-Markierungsfarbe, auf Boden in Tiefgarage, geeignet für hohe Verkehrsbelastung, Markierung rutschhemmend und UV-beständig; inkl. exaktem Einmessen der Striche.
Untergrund: **Beton / Gussasphalt**
Rutschhemmung: R.....
Strichbreite: ca. 120 mm
Strichfarbe: weiß

▶	▷	ø netto €	◁	◀	[Einheit]	Ausf.-Dauer	Positionsnummer
5€	9€	**14€**	19€	26€	[m]	⏱ 0,15h/m	034.000.061

59 Stundensatz, Facharbeiter/-in

Stundenlohnarbeiten für Vorarbeiter/-in, Gesellin/Geselle, Facharbeiter/-in und Gleichgestellte, sowie ähnliche Fachkräfte. Der Verrechnungssatz für die jeweilige Arbeitskraft umfasst sämtliche Aufwendungen wie Lohn- und Gehaltskosten, Lohn- und Gehaltsnebenkosten, Zuschläge, lohngebundene und lohnabhängige Kosten, sonstige Sozialkosten, Gemeinkosten, Wagnis und Gewinn. Leistung nach besonderer Anordnung der Bauüberwachung. Anmeldung und Nachweis gem. VOB/B.

▶	▷	ø netto €	◁	◀	[Einheit]	Ausf.-Dauer	Positionsnummer
56€	66€	**71€**	74€	81€	[h]	⏱ 1,00h/h	034.000.078

60 Stundensatz, Helfer/-in

Stundenlohnarbeiten für Arbeitskräfte ohne Facharbeiterqualifikation (Helfer/-innen, Hilfsarbeiter/-innen, Ungelernte, Angelernte). Der Verrechnungssatz für die jeweilige Arbeitskraft umfasst sämtliche Aufwendungen wie Lohn- und Gehaltskosten, Lohn- und Gehaltsnebenkosten, Zuschläge, lohngebundene und lohnabhängige Kosten, sonstige Sozialkosten, Gemeinkosten, Wagnis und Gewinn. Leistung nach besonderer Anordnung der Bauüberwachung. Anmeldung und Nachweis gem. VOB/B.

▶	▷	ø netto €	◁	◀	[Einheit]	Ausf.-Dauer	Positionsnummer
36€	50€	**54€**	59€	70€	[h]	⏱ 1,00h/h	034.000.079

036

Kosten:
Stand 1. Quartal 2025
Bundesdurchschnitt

Nr.	Positionen	Einheit	►	▷	ø brutto € / ø netto €	◁	◄
1	Randstreifen abschneiden	m	0,4	0,6	**0,7**	1,1	1,9
			0,3	0,5	**0,6**	0,9	1,6
2	Untergrund prüfen, Oberflächenzugfestigkeit	St	31	38	**41**	46	51
			26	32	**35**	38	42
3	Sinterschicht abschleifen, Calciumsulfatestrich	m²	1	3	**3**	4	6
			0,9	2,1	**2,5**	3,3	4,8
4	Untergrund reinigen	m²	0,5	1,1	**1,4**	2,1	3,6
			0,4	0,9	**1,1**	1,8	3,0
5	Boden kugelstrahlen	m²	3	5	**6**	8	12
			3	4	**5**	7	10
6	Voranstrich, Bodenbelag	m²	1,0	2,6	**3,0**	4,2	6,9
			0,8	2,2	**2,6**	3,5	5,8
7	Sportboden, Doppelschwinger, Holz	m²	43	64	**75**	85	108
			36	54	**63**	72	91
8	Sportboden, Nutzschicht, Linoleum	m²	41	47	**49**	53	59
			35	39	**41**	45	49
9	Gerätehülsenabdeckung, mit Rahmen/Deckel	St	57	85	**91**	100	126
			48	71	**76**	84	106
10	Spielfeldmarkierung	m	5	6	**6**	7	9
			4	5	**5**	6	7
11	Textiler Belag, Nadelvlies	m²	37	45	**49**	57	75
			31	38	**41**	48	63
12	Textiler Belag, Kugelgarn	m²	48	63	**68**	90	125
			41	53	**57**	76	105
13	Textiler Belag, Naturhaar-Polyamidgemisch	m²	51	68	**71**	77	96
			43	57	**60**	65	81
14	Textiler Belag, Tuftingteppich	m²	61	67	**70**	77	96
			51	56	**59**	65	81
15	Textiler Belag, Kunstfaser/Web-Teppich	m²	49	58	**60**	65	78
			41	48	**50**	54	65
16	Textiler Belag, Naturfaser/Wolle/Sisal	m²	88	95	**100**	106	115
			74	80	**84**	89	97
17	Korkunterlage, Linoleum	m²	21	25	**27**	28	35
			17	21	**22**	24	29
18	Linoleumbelag, 2,5mm	m²	32	48	**52**	60	79
			27	40	**44**	50	67
19	Linoleumbelag, über 2,5mm	m²	42	54	**58**	65	80
			36	45	**49**	54	67
20	Linoleumbahnen verschweißen	m²	1	3	**4**	5	8
			1	3	**3**	5	7
21	Bodenbelag, PVC, 2,0mm	m²	30	42	**46**	54	69
			26	35	**39**	45	58
22	Bodenbelag, PVC, 2,5mm	m²	36	53	**56**	64	85
			31	45	**47**	54	71
23	Bodenbelag, PVC, 3,0mm	m²	39	56	**63**	70	89
			33	47	**53**	59	75
24	Bodenbelag, PVC, Schaumstoff, 4,5mm	m²	43	59	**68**	78	96
			36	49	**57**	65	81

► min
▷ von
ø Mittel
◁ bis
◄ max

Nr.	Positionen	Einheit	►	▷	ø brutto € / ø netto €	◁	◄
25	PVC-Bahnen verschweißen	m²	1	2	**3**	3	4
			1	2	**2**	3	3
26	Bodenbelag, Kautschuk, 2,0mm	m²	52	70	**77**	83	99
			44	59	**65**	70	83
27	Bodenbelag, Kautschukplatten, bis 3,2mm	m²	72	90	**97**	113	145
			61	76	**82**	95	122
28	Bodenbelag, Naturkorkparkett, 12mm	m²	52	68	**76**	86	101
			44	57	**64**	72	85
29	Bodenbelag, Laminat, schwimmend, 7,2mm	m²	41	51	**57**	65	75
			35	43	**48**	54	63
30	Bodenbelag, Laminat, schwimmend 8,3mm	m²	45	60	**61**	67	81
			38	50	**51**	57	68
31	Bodenbeläge verlegen	m²	16	21	**24**	26	38
			14	18	**20**	22	32
32	Treppenstufe, elastischer Bodenbelag	St	33	66	**74**	92	129
			28	56	**62**	77	109
33	Treppenstufe, textiler Belag	St	38	57	**63**	71	95
			32	48	**53**	60	80
34	Treppenstufe, Laminat	St	–	40	**47**	51	–
			–	34	**39**	43	–
35	Treppenkante, Kunststoffprofil	m	20	27	**29**	33	41
			16	23	**25**	28	34
36	Treppenkante, Aluminiumprofil	m	–	30	**38**	47	–
			–	25	**32**	40	–
37	Treppenkante, Messingprofil	m	38	54	**61**	75	86
			32	45	**51**	63	72
38	Fußabstreifer, Reinstreifen	St	822	1.475	**1.803**	1.994	2.814
			691	1.240	**1.515**	1.676	2.365
39	Fußabstreifer, Kokosfasermatte	m²	171	274	**279**	300	378
			144	230	**235**	252	317
40	Rohrdurchführung anarbeiten, Bodenbelag	St	3	6	**7**	9	13
			3	5	**6**	8	11
41	Bodenbelag anarbeiten, Stützen	St	–	10	**15**	20	–
			–	8	**13**	17	–
42	Trennschiene, Aluminium	m	16	19	**20**	21	23
			14	16	**17**	18	20
43	Trennschiene, nichtrostender Stahl	m	20	25	**28**	30	35
			17	21	**23**	25	30
44	Übergangsprofil, Aluminium	m	14	19	**23**	24	29
			12	16	**19**	20	24
45	Dehnfugenprofil, Aluminium	m	25	41	**48**	61	87
			21	35	**40**	51	73
46	Verfugung, elastisch, Silikon	m	4	6	**7**	9	14
			3	5	**6**	7	11
47	Sockelausbildung, Holzleiste	m	9	15	**17**	21	33
			8	13	**15**	18	28
48	Sockelausbildung, textiler Belag	m	5	8	**9**	13	20
			5	7	**8**	11	17

Kosten:
Stand 1. Quartal 2025
Bundesdurchschnitt

Nr.	Positionen	Einheit	►	▷	ø brutto € / ø netto €	◁	◄
49	Sockelausbildung, Sporthalle	m	–	73	**86**	111	–
			–	61	**73**	93	–
50	Sockelausbildung, PVC	m	5	8	**9**	11	16
			4	6	**7**	9	13
51	Sockelausbildung, Lino-/Kautschuk	m	7	14	**16**	24	39
			6	12	**14**	20	33
52	Sockelausbildung, Aluminiumprofil	m	19	23	**26**	32	38
			16	20	**22**	27	32
53	Erstpflege, Bodenbelag	m²	1	3	**4**	7	15
			1	3	**3**	6	12
54	Schutzabdeckung, Bodenbelag, Hartfaserplatte	m²	7	8	**9**	10	12
			6	7	**8**	8	10
55	Schutzabdeckung, Kunststofffolie	m²	3	4	**4**	5	6
			3	3	**4**	4	5
56	Stundensatz, Facharbeiter/-in	h	70	82	**87**	89	99
			59	69	**73**	75	83
57	Stundensatz, Helfer/-in	h	57	66	**69**	72	79
			48	56	**58**	60	67

Nr. **Kurztext** / Langtext — Kostengruppe
► ▷ **ø netto €** ◁ ◄ [Einheit] Ausf.-Dauer Positionsnummer

1 Randstreifen abschneiden KG **353**

Abschneiden des Überstandes des Randdämmstreifens, für Bodenbelagarbeiten.
Randdämmstreifen: PE-Schaum

0,3€ 0,5€ **0,6€** 0,9€ 1,6€ [m] ⏱ 0,01 h/m 036.000.069

2 Untergrund prüfen, Oberflächenzugfestigkeit KG **353**

Prüfen der Oberflächenzugfestigkeit, an vorbereitetem Untergrund, Prüfflächen durch Ringnut begrenzen, Protokollieren der Ergebnisse durch Eintragen in vom AG gestellte Pläne.
Untergrund: Beton
Hinweis: Nur über Prüfpflicht des Auftragnehmers hinausgehende Leistung!

26€ 32€ **35€** 38€ 42€ [St] ⏱ 0,50 h/St 036.000.068

3 Sinterschicht abschleifen, Calciumsulfatestrich KG **353**

Anschleifen und Absaugen des Untergrundes aus Calciumsulfatestrich, für Bodenbelagarbeiten.

0,9€ 2,1€ **2,5€** 3,3€ 4,8€ [m²] ⏱ 0,05 h/m² 036.000.044

4 Untergrund reinigen KG **353**

Bodenbeläge von groben Verschmutzungen und losen Teilen reinigen, sammeln und Schutt entsorgen, inkl. Deponiegebühr.

0,4€ 0,9€ **1,1€** 1,8€ 3,0€ [m²] ⏱ 0,04 h/m² 036.000.002

► min
▷ von
ø Mittel
◁ bis
◄ max

Nr.	Kurztext / Langtext						Kostengruppe
►	▷	**ø netto €**	◁	◄	[Einheit]	Ausf.-Dauer	Positionsnummer

5 Boden kugelstrahlen KG **353**

Verschmutzten Untergrund zur Aufnahme eines neuen Bodenbelags bis auf einen tragfähigen Grund strahlen, anschließend Fläche staubfrei absaugen.
Strahlverfahren: **Sand- / Kugelstrahlen**
Untergrund: Zementestrich
Abtragsdicke: ca.5 mm

3€ | 4€ | **5€** | 7€ | 10€ | [m2] | ⏱ 0,10 h/m2 | 036.000.007

6 Voranstrich, Bodenbelag KG **353**

Voranstrich für nachfolgende Bodenbeläge, vollflächig auf oberflächentrockene Flächen.
Untergrund: .....-Estrich

0,8€ | 2,2€ | **2,6€** | 3,5€ | 5,8€ | [m2] | ⏱ 0,05 h/m2 | 036.000.005

7 Sportboden, Doppelschwinger, Holz KG **324**

Lastverteilerschicht für Sportboden, als flächenelastische Doppelschwinger, mit Blindboden, Schwing- und Zwischenlage sowie Auflager aus Holz, mit Prüfzeugnis.
Aufbauhöhe: .....
Höhenausgleich: .....
Untergrund: .....
Holzart: .....
Angeb. Fabrikat: .....

36€ | 54€ | **63€** | 72€ | 91€ | [m2] | ⏱ 0,20 h/m2 | 036.000.010

8 Sportboden, Nutzschicht, Linoleum KG **324**

Sportboden-Oberbelag auf Lastverteilerschicht, geklebt, Oberbelag sporthallengeeignet, für starke Beanspruchung, inkl. Verfugen der Bahnenstöße mit Schmelzdraht. Herstellen von Durchdringungen im Bereich der Sportgerätehülsen und Belegen der Abdeckungen nach gesonderter Position.
Oberbelag: Linoleum
Brandverhalten Klasse: .....
Dicke: **3,2 / 4,0** mm
Nutzschichtdicke: ca. 2,4 mm
Farbe: .....
Dispersions-Kleber: D .....
Emissionen: EC.....
Angeb. Fabrikat: .....

35€ | 39€ | **41€** | 45€ | 49€ | [m2] | ⏱ 0,16 h/m2 | 036.000.011

9 Gerätehülsenabdeckung, mit Rahmen/Deckel KG **324**

Gerätehülsenabdeckung, inkl. Bodenbelag, Rahmen aus Metall, runder Deckel, wasserfest.
Metallrahmen: .....
Durchmesser: über 120 bis 180 mm

48€ | 71€ | **76€** | 84€ | 106€ | [St] | ⏱ 0,90 h/St | 036.000.014

Nr.	Kurztext / Langtext						Kostengruppe
►	▷	ø netto €	◁	◀	[Einheit]	Ausf.-Dauer	Positionsnummer

10 Spielfeldmarkierung KG **324**

Spielfeldmarkierung nach den Vorschriften der nationalen und internationalen Sportverbände. Ausführung nach genehmigtem und freigegebenem Sportgeräte-Einrichtungsplan.

4€	5€	**5€**	6€	7€	[m]	⏱ 0,05h/m	036.000.013

11 Textiler Belag, Nadelvlies KG **353**

Textiler Bodenbelag aus Kunstfasern, als Nadelvliesbelag, für gewerblichen Anwendungsbereich mit starker Beanspruchung, vollflächig geklebt. Durchdringungen, elektrisch leitende Verklebung und Metallnetz nach gesonderter Position.
Belagdicke: 3,5 mm
Bahnenbreite: 200 cm
Untergrund: fertig gespachtelt
Beanspruchungsklasse: 33
Komfortklasse: LC 1, einfach
Trittschallverbesserung: bis 22 dB
Wärmedurchlasswiderstand: 0,12 (m^2K/W)
Ableitwiderstand: ..... Ohm
Aufladungsspannung: max. 2 kV (antistatisch)
Brandverhalten: Bfl-s1
Eignungen Stuhlrollen: Typ H
Eignung Fußbodenheizung: .....
Nutzschicht: Polyamid, vermischt mit anderen Fasern
Oberfläche: grobfaserig, ...
Farbe: .....
Rücken: PAC-Vlies
Verklebung: Dispersionskleber D.....
Emissionen: .....
Einbauort: .....
Angeb. Fabrikat: .....

31€	38€	**41€**	48€	63€	[m^2]	⏱ 0,18h/m^2	036.000.015

Kosten:
Stand 1.Quartal 2025
Bundesdurchschnitt

► min
▷ von
ø Mittel
◁ bis
◀ max

12 Textiler Belag, Kugelgarn KG **353**

Textiler Bodenbelag aus Kunstfasern, als Polvlies-(Kugelgarn)belag , für gewerblichen Anwendungsbereich mit starker Beanspruchung, vollflächig geklebt. Durchdringungen, elektrisch leitende Verklebung und Metallnetz nach gesonderter Position.
Belagdicke: 5,5mm
Bahnenbreite: 200cm
Untergrund: fertig gespachtelt
Beanspruchungsklasse: 33
Komfortklasse: LC 2, gut
Trittschallverbesserung: 20 dB
Wärmedurchlasswiderstand: 0,08 (m^2K/W)
Ableitwiderstand: ..... Ohm
Aufladungsspannung: max. 2 kV (antistatisch)
Brandverhalten: Cfl-s1
Eignungen Stuhlrollen: Typ H
Eignung Fußbodenheizung: ja
Nutzschicht: Faserkugel aus Polyamid, vermischt mit anderen Fasern
Oberfläche: Kugelgarn - Struktur 21
Farbe: .....
Rücken: latexiert
Verklebung: Dispersionskleber D1
Emissionen: EC1
Einbauort: .....
Angeb. Fabrikat: .....

41€ 53€ **57€** 76€ 105€ [m^2] ⏱ 0,18 h/m^2 036.000.072

Nr.	Kurztext / Langtext						Kostengruppe
►	▷	**ø netto €**	◁	◄	[Einheit]	Ausf.-Dauer	Positionsnummer

13 Textiler Belag, Naturhaar-Polyamidgemisch KG **353**

Textiler Bodenbelag als Teppich, aus Natur-Kunstfasergemisch, für privaten Anwendungsbereich, vollflächig geklebt. Durchdringungen, elektrisch leitende Verklebung und Metallnetz nach gesonderter Position.
Belagdicke: ca. 5 mm
Belagbreite: 200 cm
Untergrund: fertig gespachtelt
Beanspruchungsklasse: **21 / 22 / 22+ / 23**
Komfortklasse: LC4, luxuriös
Trittschallverbesserung: mind. 22 dB
Wärmedurchlasswiderstand: 0,10 (m^2K/W)
Ableitwiderstand: ..... Ohm
Aufladungsspannung: .....
Brandverhalten: Cfl-s1
Eignungen Stuhlrollen: Typ H
Eignung Fußbodenheizung: nein
Nutzschicht: Naturhaar-Polyamidgemisch
Polmaterial: 40% Natur-Ziegenhaar, 60% Polyamid 6
Oberfläche: **feinfasrig meliert / .....**
Farbe: .....
Lichtechtheit: 5
Wasserechtheit: 4-5
Rücken: Schwerbeschichtung
Verklebung: Dispersionskleber D.....
Emissionen: .....
Einbauort: .....
Angeb. Fabrikat: .....

43€	57€	**60€**	65€	81€	[m²]	⏱ 0,18 h/m²	036.000.074

Kosten:
Stand 1. Quartal 2025
Bundesdurchschnitt

► min
▷ von
ø Mittel
◁ bis
◄ max

14 Textiler Belag, Tuftingteppich KG **353**

Textiler Bodenbelag aus Kunstfasergemisch, als Tuftingteppich, für privaten Anwendungsbereich, vollflächig geklebt. Durchdringungen, elektrisch leitende Verklebung und Metallnetz nach gesonderter Position.
Belagdicke: ca. 7 mm
Bahnenbreite: 400 cm
Untergrund: fertig gespachtelt
Beanspruchungsklasse: 23
Komfortklasse: LC3
Trittschallverbesserung: mind. 24 dB
Wärmedurchlasswiderstand: 0,11 (m^2K/W)
Ableitwiderstand: 10 hoch 9 Ohm
Aufladungsspannung: .....
Brandverhalten: Cfl-s1
Eignungen Stuhlrollen: Typ H
Eignung Fußbodenheizung: nein
Nutzschicht: 100% Polyamid
Polmaterial: PA
Oberfläche: Schlinge, 1/10"
Farbe: .....
Lichtechtheit: 5
Wasserechtheit: 4
Rücken: Textilrücken
Verklebung: Dispersionskleber D.....
Emissionen: .....
Einbauort: .....
Angeb. Fabrikat: .....

▶	▷	ø netto €	◁	◀	[Einheit]	Ausf.-Dauer	Positionsnummer
51€	56€	**59€**	65€	81€	[m^2]	⏱ 0,18 h/m^2	036.000.017

Nr.	Kurztext / Langtext						Kostengruppe
►	▷	ø netto €	◁	◀	[Einheit]	Ausf.-Dauer	Positionsnummer

15 Textiler Belag, Kunstfaser/Web-Teppich KG **353**

Textiler Bodenbelag als Webteppich, aus Kunstfasergemisch, für privaten Anwendungsbereich, vollflächig geklebt. Durchdringungen, elektrisch leitende Verklebung und Metallnetz nach gesonderter Position.
Belagdicke: ca. 4,5 mm
Bahnenbreite: 400 cm
Untergrund: fertig gespachtelt
Beanspruchungsklasse: 23
Komfortklasse: LC3
Trittschallverbesserung: mind. 22 dB
Wärmedurchlasswiderstand: 0,12 (m^2K/W)
Ableitwiderstand: 10 Ohm
Aufladungsspannung: .....
Brandverhalten: Cfl-s1
Eignungen Stuhlrollen: Typ H
Eignung Fußbodenheizung: nein
Trägermaterial: 100% PES-Vlies
Nutzschicht: Polyamidgemisch
Polmaterial: 100% Polyamid
Oberfläche: Web-Schlinge, ...-gemustert
Farbe: .....
Lichtechtheit: 5
Wasserechtheit: 4
Rücken: latexiert
Verklebung: Dispersionskleber D.....
Emissionen: .....
Einbauort: .....
Angeb. Fabrikat: .....

41€	48€	**50€**	54€	65€	[m^2]	⏱ 0,18 h/m^2	036.000.016

Kosten:
Stand 1. Quartal 2025
Bundesdurchschnitt

► min
▷ von
ø Mittel
◁ bis
◀ max

16 Textiler Belag, Naturfaser/Wolle/Sisal KG **353**

Textiler Bodenbelag als Webteppich, aus Naturfaser, für privaten Anwendungsbereich, vollflächig geklebt. Durchdringungen, elektrisch leitende Verklebung und Metallnetz nach gesonderter Position.
Belagdicke: ca. .....
Bahnenbreite: 400 cm
Untergrund: fertig gespachtelt
Beanspruchungsklasse: 23
Komfortklasse: LC2
Trittschallverbesserung: mind. ..... dB
Wärmedurchlasswiderstand: ..... W/(m²K)
Ableitwiderstand: .... Ohm
Aufladungsspannung: .....
Brandverhalten: Efl-s1
Eignungen Stuhlrollen: Typ H
Eignung Fußbodenheizung: ja
Trägermaterial: .....
Nutzschicht: **Sisal / Wolle / .....**
Oberfläche: gewebt, ...-gemustert
Farbe: .....
Lichtechtheit: 5
Wasserechtheit: 4
Rücken: latexiert
Verklebung: Dispersionskleber D.....
Emissionen: .....
Einbauort: .....
Angeb. Fabrikat: .....

74€	80€	**84€**	89€	97€	[m²]	⏱ 0,18 h/m²	036.000.018

17 Korkunterlage, Linoleum KG **353**

Unterlage für Bodenbelag aus gepressten Korkbahnen, auf Untergrund verkleben.
Untergrund: fertig gespachtelt
Oberbelag: Linoleum
Korkplattendicke: 2 mm
Brandverhalten: .....
Verklebung: .....
Emissionen: .....
Einbauort: .....

17€	21€	**22€**	24€	29€	[m²]	⏱ 0,12 h/m²	036.000.019

Nr.	Kurztext / Langtext						Kostengruppe
▶	▷	**ø netto €**	◁	◀	[Einheit]	Ausf.-Dauer	Positionsnummer

Kosten:
Stand 1. Quartal 2025
Bundesdurchschnitt

▶ min
▷ von
ø Mittel
◁ bis
◀ max

18 Linoleumbelag, 2,5mm KG **353**

Bodenbelag aus Linoleum-Bahnen, stuhlrollengeeignet, permanent antistatisch, zigarettenglutbeständig, für öffentlichen/gewerblichen Anwendungsbereich. Herstellen von Durchdringungen und elektrisch leitende Verklebung und Metallnetz nach gesonderter Position.
Belagdicke: 2,5 mm
Bahnenbreite: 200 cm
Untergrund: fertig gespachtelt
Beanspruchungsklasse: 34
Komfortklasse: LC2,
Trittschallverbesserung: mind. 5 dB
Ableitwiderstand: .... Ohm, antistatisch
Aufladungsspannung: max. 2 kV
Brandverhalten: Cfl-s1
Eignungen Stuhlrollen: Typ W
Eignung Fußbodenheizung: ja
Bewertungsgruppe Rutschgefahr: .....
Oberfläche: marmoriert
Farbe: .....
Lichtechtheit: .....
Emissionen: .....
Einbauort: .....
Angeb. Fabrikat: .....

▶	▷	ø	◁	◀	Einheit	Ausf.-Dauer	Positionsnummer
27€	40€	**44€**	50€	67€	[m²]	⏱ 0,17 h/m²	036.000.020

19 Linoleumbelag, über 2,5mm KG **353**

Bodenbelag aus Linoleum-Bahnen, stuhlrollengeeignet, permanent antistatisch, zigarettenglutbeständig, für öffentlichen/gewerblichen Anwendungsbereich. Herstellen von Durchdringungen und elektrisch leitende Verklebung und Metallnetz nach gesonderter Position.
Belagdicke: **3,2 / 4,0** mm
Bahnenbreite: 200 cm
Untergrund: fertig gespachtelt
Beanspruchungsklasse: **34 / 42 / 43**
Trittschallverbesserung: mind. 6 dB
Ableitwiderstand: .... Ohm, antistatisch
Aufladungsspannung: max. 2 kV
Brandverhalten: Cfl-s1
Eignungen Stuhlrollen: Typ W
Eignung Fußbodenheizung: ja
Bewertungsgruppe Rutschgefahr: .....
Oberfläche: .....
Farbe: .....
Lichtechtheit: .....
Emissionen: .....
Einbauort: .....
Angeb. Fabrikat: .....

▶	▷	ø	◁	◀	Einheit	Ausf.-Dauer	Positionsnummer
36€	45€	**49€**	54€	67€	[m²]	⏱ 0,17 h/m²	036.000.021

Nr.	Kurztext / Langtext						Kostengruppe
►	▷	**ø netto €**	◁	◄	[Einheit]	Ausf.-Dauer	Positionsnummer

20 Linoleumbahnen verschweißen KG **353**

Belagsnähte des Linoleumbelags fräsen und thermisch verschweißen, mittels Schweißschnur.
Belagdicke: 2,5 mm
Nahtbreite: 4 mm
Farbe: .....

1€	3€	**3€**	5€	7€	[m2]	⏱ 0,02 h/m2	036.000.022

21 Bodenbelag, PVC, 2,0mm KG **353**

Bodenbelag aus Kunststoffbahnen aus homogenem PVC, stuhlrollengeeignet, permanent antistatisch, für gewerblichen/industriellen Anwendungsbereich. Herstellen von Durchdringungen, elektrisch leitende Verklebung und Metallnetz, nach gesonderter Position.
Belagdicke: 2,0 mm
Bahnenbreite: 200 cm
Untergrund: fertig gespachtelt
Beanspruchungsklasse: **34 / 43**
Trittschallverbesserung: mind. 4 dB
Ableitwiderstand: .... Ohm, antistatisch
Aufladungsspannung: max. 2 kV
Brandverhalten: Bfl-s1
Eignung Stuhlrollen: Typ W
Eignung Fußbodenheizung: ja
Rutschhemmung: R10
Oberfläche/Dekor: .....
Farbe: .....
Lichtechtheit: .....
Emissionen: .....
Einbauort: .....
Angeb. Fabrikat: .....

26€	35€	**39€**	45€	58€	[m2]	⏱ 0,17 h/m2	036.000.060

Nr.	Kurztext / Langtext						Kostengruppe
▶	▷	ø netto €	◁	◀	[Einheit]	Ausf.-Dauer	Positionsnummer

Kosten:
Stand 1.Quartal 2025
Bundesdurchschnitt

▶ min
▷ von
ø Mittel
◁ bis
◀ max

22 Bodenbelag, PVC, 2,5mm KG **353**

Bodenbelag aus Kunststoffbahnen aus PVC mit partikelbasiertem erhöhten Gleitwiderstand, stuhlrollengeeignet, permanent antistatisch, für gewerblichen/industriellen Anwendungsbereich. Herstellen von Durchdringungen, elektrisch leitende Verklebung und Metallnetz, nach gesonderter Position.
Belagdicke: 2,5 mm
Bahnenbreite: 200 cm
Untergrund: fertig gespachtelt
Beanspruchungsklasse: 43
Trittschallverbesserung: mind. 4 dB
Ableitwiderstand: .... Ohm, antistatisch
Aufladungsspannung: max. 2 kV
Brandverhalten: Bfl-s1
Eignung Stuhlrollen: Typ W
Eignung Fußbodenheizung: ja
Rutschhemmung: R10
Oberfläche/Dekor: .....
Farbe: .....
Lichtechtheit: .....
Emissionen: .....
Einbauort: .....
Angeb. Fabrikat: .....

31€	45€	**47€**	54€	71€	[m²]	⏱ 0,17h/m²	036.000.083

23 Bodenbelag, PVC, 3,0mm KG **353**

Bodenbelag aus Kunststoffbahnen aus homogenem PVC, stuhlrollengeeignet, permanent antistatisch, für gewerblichen/industriellen Anwendungsbereich. Herstellen von Durchdringungen, elektrisch leitende Verklebung und Metallnetz, nach gesonderter Position.
Belagdicke: 3,0 mm
Bahnenbreite: 200 cm
Untergrund: fertig gespachtelt
Beanspruchungsklasse: **34 / 43**
Trittschallverbesserung: mind. ..... dB
Ableitwiderstand: .... Ohm, antistatisch
Aufladungsspannung: max. 2 kV
Brandverhalten: Bfl-s1
Eignung Stuhlrollen: Typ W
Eignung Fußbodenheizung: ja
Rutschhemmung: R10
Oberfläche/Dekor: .....
Farbe: .....
Lichtechtheit: .....
Emissionen: .....
Einbauort: .....
Angeb. Fabrikat: .....

33€	47€	**53€**	59€	75€	[m²]	⏱ 0,17h/m²	036.000.023

Nr.	Kurztext / Langtext						Kostengruppe
▶	▷	ø netto €	◁	◀	[Einheit]	Ausf.-Dauer	Positionsnummer

24 **Bodenbelag, PVC, Schaumstoff, 4,5mm** KG **353**

Bodenbelag aus Polyvinylchlorid (PVC)-Bahnen, mit Trägerschicht aus Schaumstoff, stuhlrollengeeignet, permanent antistatisch, für gewerblichen Anwendungsbereich. Herstellen von Durchdringungen, elektrisch leitende Verklebung und Metallnetz nach gesonderter Position.
Belagdicke: 4,0 bis 4,5 mm
Nutzschichtdicke: ..... mm
Bahnenbreite: ..... cm
Untergrund: fertig gespachtelt
Beanspruchungsklasse: **33 / 43**
Trittschallverbesserung: mind. ..... dB
Brandverhalten: Bfl-s1
Eignung Stuhlrollen: Typ W
Eignung Fußbodenheizung: ja
Rutschhemmung: R .....
Oberfläche/Dekor: .....
Farbe: ....
Lichtechtheit: .....
Emissionen: .....
Einbauort: .....
Angeb. Fabrikat: .....

▶	▷	ø netto €	◁	◀	[Einheit]	Ausf.-Dauer	Positionsnummer
36€	49€	**57€**	65€	81€	[m2]	⏱ 0,20 h/m2	036.000.075

25 **PVC-Bahnen verschweißen** KG **353**

Belagsnähte des PVC-Belags fräsen und thermisch verschweißen, mittels Schweißschnur.
Nahtbreite: 4 mm
Farbe: .....

▶	▷	ø netto €	◁	◀	[Einheit]	Ausf.-Dauer	Positionsnummer
1€	2€	**2€**	3€	3€	[m2]	⏱ 0,03 h/m2	036.000.024

023
024
025
026
027
028
029
030
031
032
033
034
036
037
038
039

Nr.	Kurztext / Langtext						Kostengruppe
▶	▷	ø netto €	◁	◀	[Einheit]	Ausf.-Dauer	Positionsnummer

26 Bodenbelag, Kautschuk, 2,0mm KG **353**

Bodenbelag aus Kautschuk in Bahnen, für gewerblichen Anwendungsbereich mit sehr starker Beanspruchung, vollflächig geklebt.
Untergrund: fertig gespachtelt
Bahnenbreite: ..... cm
Beanspruchungsklasse: 34
Aufladungsspannung: max. 2kV (antistatisch)
Trittschallverbesserung: 4 bis 6 dB
Brandverhalten. CFL-s1
Eignung: Stuhlrollen, Typ W
Eignung Fußbodenheizung: ja
Rutschhemmung: R9
Nutzschicht: homogen
Oberfläche/Dekor: granulatgemustert, strukturiert
Farbe: .....
Lichtechtheit: .....
Verklebung: Dispersionskleber D.....
Emissionen: .....
Einbauort: .....
Angeb. Fabrikat: .....
Belagdicke: 2,0 mm

▶	▷	ø	◁	◀	Einheit	Ausf.-Dauer	Positionsnummer
44€	59€	**65€**	70€	83€	[m2]	⏱ 0,18h/m2	036.000.061

27 Bodenbelag, Kautschukplatten, bis 3,2mm KG **353**

Bodenbelag aus Kautschuk-Platten, für gewerblichen Anwendungsbereich mit sehr starker Beanspruchung, stuhlrollengeeignet, UV-beständig, permanent antistatisch, zigarettenglutbeständig, vollflächig geklebt.
Untergrund: fertig gespachtelt
Materialstärke: 2,7-3,2 mm
Plattenformat: 100 x 100 cm
Beanspruchungsklasse: 34
Aufladungsspannung: max. 2kV (antistatisch)
Trittschallverbesserung: bis 12 dB
Brandverhalten: BfL-s1
Eignung: Stuhlrollen, Typ W
Eignung Fußbodenheizung: ja
Rutschhemmung: R10
Nutzschicht: homogen
Oberfläche/Dekor: Noppen, 0,5mm, verlegt im Fugenschnitt
Farbe: .....
Lichtechtheit: .....
Verklebung: .....
Emissionen: .....
Einbauort: .....
Angeb. Fabrikat: .....

▶	▷	ø	◁	◀	Einheit	Ausf.-Dauer	Positionsnummer
61€	76€	**82€**	95€	122€	[m2]	⏱ 0,20h/m2	036.000.025

Kosten:
Stand 1.Quartal 2025
Bundesdurchschnitt

▶ min
▷ von
ø Mittel
◁ bis
◀ max

Nr.	Kurztext / Langtext						Kostengruppe
►	▷	**ø netto €**	◁	◄	[Einheit]	Ausf.-Dauer	Positionsnummer

28 **Bodenbelag, Naturkorkparkett, 12mm** KG **353**

Bodenbelag aus mehrschichtigem Naturkork-Fertigparkett, aus Kork-HDF-Kork-Verbundplatte, für privaten Anwendungsbereich mit intensiver Beanspruchung, ohne Verklebung.
Untergrund: fertig gespachtelt
Materialstärken: 3,0-6,0-3,0 (mm)
Plattenformat: ..... x ..... cm
Beanspruchungsklasse: 23
Aufladungsspannung: max. 2kV (antistatisch)
Trittschallverbesserung: bis 17 dB
Brandverhalten: EfL-s1
Eignung: Stuhlrollen, Typ W
Rutschhemmung: R9
Nutzschicht: homogen
Muster/Farbe/Korkart: .....
Oberfläche: Acryllack-Beschichtung
Verbindung: mechanisch verriegelt
Emissionen: EC1
Einbauort: .....
Angeb. Fabrikat: .....

44€	57€	**64€**	72€	85€	[m2]	⏱ 0,24 h/m2	036.000.026

29 **Bodenbelag, Laminat, schwimmend, 7,2mm** KG **353**

Bodenbelag aus mehrschichtigem Laminat, HDF-Trägerplatte, für Wohnbereich mit starker Beanspruchung, ohne Verklebung.
Untergrund: fertig gespachtelt
Materialstärken: 7,2 mm
Plattenformat: ..... cm
Beanspruchungsklasse: 23
Trittschallverbesserung: bis ..... dB
Brandverhalten: Dfl-s1
Eignung: Stuhlrollen, Typ W
Eignung Fußbodenheizung: ja
Rutschhemmung: R9
Nutzschicht: homogen
Muster/Farbe/Dekor: .....
Oberfläche: Melaminharzbeschichtung
Lichtechtheit: .....
Verbindung: mechanisch verriegelt
Emissionen: .....
Einbauort: .....
Angeb. Fabrikat: .....

35€	43€	**48€**	54€	63€	[m2]	⏱ 0,30 h/m2	036.000.063

Nr.	Kurztext / Langtext						Kostengruppe
►	▷	ø netto €	◁	◄	[Einheit]	Ausf.-Dauer	Positionsnummer

Kosten:
Stand 1.Quartal 2025
Bundesdurchschnitt

30 **Bodenbelag, Laminat, schwimmend 8,3mm** KG **353**

Bodenbelag aus mehrschichtigem Laminat, HDF-Trägerplatte, für gewerblichen Anwendungsbereich mit mäßiger Beanspruchung, ohne Verklebung.
Untergrund: fertig gespachtelt
Materialstärken: 8,3 mm
Plattenformat: ..... cm
Beanspruchungsklasse: 31
Trittschallverbesserung: bis ..... dB
Brandverhalten: Dfl-s1
Eignung: Stuhlrollen, Typ W
Eignung Fußbodenheizung: ja
Rutschhemmung: R9
Nutzschicht: homogen
Muster/Farbe/Dekor: .....
Oberfläche: Melaminharzbeschichtung
Lichtechtheit: .....
Verbindung: mechanisch verriegelt
Emissionen: .....
Einbauort: .....
Angeb. Fabrikat: .....

38€	50€	**51€**	57€	68€	[m²]	⏱ 0,30h/m²	036.000.064

31 **Bodenbeläge verlegen** KG **353**

Bauseitig gestellten Bodenbelag verlegen.
Befestigung: verkleben
Untergrund: gespachtelter Zementestrich
Bodenbelag: .....

14€	18€	**20€**	22€	32€	[m²]	⏱ 0,18h/m²	036.000.046

32 **Treppenstufe, elastischer Bodenbelag** KG **353**

Elastischer Belag für gerade Treppe.
Belag aus: Trittstufen-, Setzstufenbelag und Kantenprofil
Untergrund: Stahlbeton, grundiert
Belag: .....
Profil: .....
Steigungsverhältnis: 17,5 x 28,0 cm
Stufenbreite: .....
Farbe: .....
Befestigung: verkleben
Angeb. Fabrikat: .....

28€	56€	**62€**	77€	109€	[St]	⏱ 0,35h/St	036.000.027

► min
▷ von
ø Mittel
◁ bis
◄ max

Nr.	Kurztext / Langtext						Kostengruppe
▶	▷	ø netto €	◁	◀	[Einheit]	Ausf.-Dauer	Positionsnummer

33 Treppenstufe, textiler Belag — KG **353**

Textiler Belag für gerade Treppe.
Belag aus: Trittstufenbelag und Kantenprofil
Untergrund: Stahlbeton, grundiert
Belag: .....
Beanspruchungsklasse: .....
Profil: .....
Steigungsverhältnis: 17,5 x 28,0 cm
Stufenbreite: .....
Farbe: .....
Befestigung: verkleben
Angeb. Fabrikat: .....

▶	▷	ø netto €	◁	◀	[Einheit]	Ausf.-Dauer	Positionsnummer
32€	48€	**53€**	60€	80€	[St]	⏱ 0,35h/St	036.000.028

34 Treppenstufe, Laminat — KG **353**

Belag für gerade Treppe aus Laminat,
Belag aus: Trittstufenbelag und Kantenprofil
Untergrund: Stahlbeton, grundiert
Belag: Laminat
Profil: .....
Belagdicke: .....
Kantenschutz: .....
Steigungsverhältnis: 17,5 x 28,0 cm
Stufenbreite: .....
Farbe: .....
Befestigung: verkleben
Angeb. Fabrikat: .....

▶	▷	ø netto €	◁	◀	[Einheit]	Ausf.-Dauer	Positionsnummer
–	34€	**39€**	43€	–	[St]	⏱ 0,25h/St	036.000.065

A 2 Treppenkante, Kunststoffprofil — Beschreibung für Pos. **35-37**

Kantenprofil für Trittstufe.
Untergrund: .....
Profil: Längsrillen, Schenkellänge bis 45 mm
Belagsdicke: .....
Stufenbreite: .....
Farbe: .....
Befestigung: verkleben

35 Treppenkante, Kunststoffprofil — KG **353**

Wie Ausführungsbeschreibung A 2
Material: Kunststoff

▶	▷	ø netto €	◁	◀	[Einheit]	Ausf.-Dauer	Positionsnummer
16€	23€	**25€**	28€	34€	[m]	⏱ 0,15h/m	036.000.029

36 Treppenkante, Aluminiumprofil — KG **353**

Wie Ausführungsbeschreibung A 2
Material: Aluminium

▶	▷	ø netto €	◁	◀	[Einheit]	Ausf.-Dauer	Positionsnummer
–	25€	**32€**	40€	–	[m]	⏱ 0,19h/m	036.000.066

Nr.	Kurztext / Langtext						Kostengruppe
▶	▷	ø netto €	◁	◀	[Einheit]	Ausf.-Dauer	Positionsnummer

37 Treppenkante, Messingprofil KG **353**

Wie Ausführungsbeschreibung A 2
Material: Messing

▶	▷	ø netto €	◁	◀	[Einheit]	Ausf.-Dauer	Positionsnummer
32€	45€	**51€**	63€	72€	[m]	⏱ 0,19h/m	036.000.076

38 Fußabstreifer, Reinstreifen KG **324**

Fußabstreiferanlage aus Rahmen und Gliedermatte eingelegt in Metallrahmen; mit Reinstreifen, aufrollbar, geräuschdämmend und quer unterspülbar, Einbau einschl. Nivellieren auf OK Fertigfußboden und aller notwendigen Befestigungsmittel.
Einsatzbereich: .....
Belastung: normale bis starke Lauffrequentierung, Rollstuhleignung
Untergrund: .....
Rahmenmaterial: .....
Anlagengröße: .....
Anlagenhöhe: .....
Trägermaterial: Aluminium
Profil: profiliertes Gummiprofil
Stegabstand: .....
Angeb. Fabrikat: .....

▶	▷	ø netto €	◁	◀	[Einheit]	Ausf.-Dauer	Positionsnummer
691€	1.240€	**1.515€**	1.676€	2.365€	[St]	⏱ 0,15h/St	036.000.030

39 Fußabstreifer, Kokosfasermatte KG **324**

Fußabstreifer aus Kokos, Rücken PVC-kaschiert, in bauseitige Aussparung im Fußboden.
Abmessung: .....
Materialstärke: .....
Angeb. Fabrikat: .....

▶	▷	ø netto €	◁	◀	[Einheit]	Ausf.-Dauer	Positionsnummer
144€	230€	**235€**	252€	317€	[m²]	⏱ 0,10h/m²	036.000.043

40 Rohrdurchführung anarbeiten, Bodenbelag KG **353**

Oberbelag an Rohrdurchführung anarbeiten.
Oberbelag: .....
Dicke: .....
Durchführung: rund
Durchmesser: 42 mm

▶	▷	ø netto €	◁	◀	[Einheit]	Ausf.-Dauer	Positionsnummer
3€	5€	**6€**	8€	11€	[St]	⏱ 0,05h/St	036.000.031

41 Bodenbelag anarbeiten, Stützen KG **353**

Oberbelag an Stützen anarbeiten.
Oberbelag: .....
Dicke: .....
Stützenquerschnitt: .....

▶	▷	ø netto €	◁	◀	[Einheit]	Ausf.-Dauer	Positionsnummer
–	8€	**13€**	17€	–	[St]	⏱ 0,08h/St	036.000.067

Kosten:
Stand 1. Quartal 2025
Bundesdurchschnitt

▶ min
▷ von
ø Mittel
◁ bis
◀ max

42 Trennschiene, Aluminium KG **353**

Aluminium-Trennschiene in Bodenbelag.
Bodenbelag: .....
Profilgröße: .....
Einbauort: .....
Angeb. Fabrikat: .....

14€	16€	**17€**	18€	20€	[m]	⏱ 0,08h/m	036.000.078

43 Trennschiene, nichtrostender Stahl KG **353**

Trennschiene aus nichtrostendem Stahl in Bodenbelag.
Bodenbelag: .....
Profilgröße: .....
Einbauort: .....
Angeb. Fabrikat: .....

17€	21€	**23€**	25€	30€	[m]	⏱ 0,08h/m	036.000.079

44 Übergangsprofil, Aluminium KG **353**

Befestigen mit Dübeln und Schrauben.
Material: Aluminium
Breite: .....

12€	16€	**19€**	20€	24€	[m]	⏱ 0,15h/m	036.000.048

45 Dehnfugenprofil, Aluminium KG **353**

Bewegungsfugenprofil aus L-Profil, in Belaghöhe auf bauseitigen Estrich montieren, Bodenbelag oberflächenbündig anarbeiten.
Bodenbelag: .....
Einbauort: .....
Profilgröße: .....
Material: Aluminium
Oberfläche: .....
Angeb. Fabrikat: .....

21€	35€	**40€**	51€	73€	[m]	⏱ 0,20h/m	036.000.033

46 Verfugung, elastisch, Silikon KG **353**

Elastische Verfugung mit 1-Komponenten-Dichtstoff auf Silikonbasis, Fuge glatt gestrichen, inkl. notwendiger Flankenvorbehandlung an den Anschlussflächen und Hinterlegen der Fugenhohlräume mit geeignetem Hinterstopfmaterial.

3€	5€	**6€**	7€	11€	[m]	⏱ 0,04h/m	036.000.034

47 Sockelausbildung, Holzleiste KG **353**

Sockelleisten an aufgehenden Wandflächen, mit Holz-Profil, Stöße und Stirnseiten schräg abgeschnitten und Schnittkanten sauber geschliffen, Ecken mit Gehrungsschnitten.
Material: .....
Profil: ca. 60 x 16 mm
Oberfläche: stoßfest farblos lackiert
Befestigung: verdübelt, mit nichtrostenden Senkkopf-Schrauben

8€	13€	**15€**	18€	28€	[m]	⏱ 0,08h/m	036.000.035

Nr.	Kurztext / Langtext						Kostengruppe
▶	▷	**ø netto €**	◁	◀	[Einheit]	Ausf.-Dauer	Positionsnummer

48 Sockelausbildung, textiler Belag KG **353**

Sockelleisten an aufgehenden Wandflächen, für textilen Belag, Ecken mit Gehrungsschnitten.
Material: PVC
Leistenhöhe: ca. 60 mm
Belag: .....
Farbe: .....
Befestigung: verdübelt, mit nichtrostenden Senkkopf-Schrauben

5€	7€	**8€**	11€	17€	[m]	⏱ 0,04 h/m	036.000.036

49 Sockelausbildung, Sporthalle KG **353**

Sportboden-Sockelleiste, senkrecht, hinterlüftet, aus Hartholz mit Dichtungslippe.
Holz: .....
Breite: über 25 bis 30 mm
Höhe: über 60 bis 80 mm
Oberfläche: transparent beschichtet
Befestigung: Schrauben, Dübel

–	61€	**73€**	93€	–	[m]	⏱ 0,10 h/m	036.000.037

50 Sockelausbildung, PVC KG **353**

Sockelleisten an aufgehenden Wandflächen aus PVC, inkl. Verschweißen der Übergänge und Stöße, Ecken mit Gehrungsschnitten.
Material: PVC, hart
Leistenhöhe: ca. 60 mm
Belag: .....
Farbe: .....
Befestigung: verdübelt, mit nichtrostenden Senkkopf-Schrauben

4€	6€	**7€**	9€	13€	[m]	⏱ 0,04 h/m	036.000.038

51 Sockelausbildung, Lino-/Kautschuk KG **353**

Sockelleisten an aufgehenden Wandflächen aus Linoleum, inkl. Verschweißen der Übergänge und Stöße, Ecken mit Gehrungsschnitten.
Material: Linoleum
Leistenhöhe: ca. 60 mm
Belag: .....
Farbe: .....
Befestigung: verdübelt, mit nichtrostenden Senkkopf-Schrauben

6€	12€	**14€**	20€	33€	[m]	⏱ 0,08 h/m	036.000.039

52 Sockelausbildung, Aluminiumprofil KG **324**

Sockelleisten an aufgehenden Wandflächen aus Linoleum, inkl. Verschweißen der Übergänge und Stöße, Ecken mit Gehrungsschnitten.
Material: Aluminium
Profilhöhe: 70 mm
Farbe/Oberfläche: eloxiert, natur, gebürstet
Befestigung: verdübelt, mit nichtrostenden Senkkopf-Schrauben

16€	20€	**22€**	27€	32€	[m]	⏱ 0,08 h/m	036.000.080

Kosten:
Stand 1. Quartal 2025
Bundesdurchschnitt

▶ min
▷ von
ø Mittel
◁ bis
◀ max

Nr.	**Kurztext** / Langtext						Kostengruppe
►	▷	**ø netto €**	◁	◄	[Einheit]	Ausf.-Dauer	Positionsnummer

53 Erstpflege, Bodenbelag KG **324**

Erstpflege des Oberbelags, mit Pflegemitteln abgestimmt auf benötigte Oberflächeneigenschaften. Arbeiten innerhalb einer Woche nach Aufforderung durch die Bauleitung des Architekten ausführen.

1€ | 3€ | **3€** | 6€ | 12€ | [m²] | ⏱ 0,02 h/m² | 036.000.040

54 Schutzabdeckung, Bodenbelag, Hartfaserplatte KG **397**

Bodenbelag mit Hartfaserplatten zum Schutz vor mechanischen Beschädigungen für nachfolgende Arbeiten vollflächig abdecken und abkleben, inkl. Entfernen und Entsorgen nach Abschluss der Arbeiten.

6€ | 7€ | **8€** | 8€ | 10€ | [m²] | ⏱ 0,10 h/m² | 036.000.041

55 Schutzabdeckung, Kunststofffolie KG **397**

Bodenbelag mit fester Kunststofffolie zum Schutz vor Verschmutzung für nachfolgende Arbeiten vollflächig abdecken und Stöße verkleben, inkl. Entfernen und Entsorgen nach Abschluss der Arbeiten.
Folie: PE-Folie, 0,5 mm

3€ | 3€ | **4€** | 4€ | 5€ | [m²] | ⏱ 0,03 h/m² | 036.000.049

56 Stundensatz, Facharbeiter/-in

Stundenlohnarbeiten für Facharbeiter/-in, Spezialfacharbeiter/-in, Vorarbeiter/-in und jeweils Gleichgestellte. Verrechnungssatz für die jeweilige Arbeitskraft inkl. aller Aufwendungen wie Lohn- und Gehaltskosten, Lohn- und Gehaltsnebenkosten, Zuschläge, lohngebundene und lohnabhängige Kosten, sonstige Sozialkosten, Gemeinkosten, Wagnis und Gewinn. Leistung nach besonderer Anordnung der Bauüberwachung. Nachweis und Anmeldung gem. VOB/B.

59€ | 69€ | **73€** | 75€ | 83€ | [h] | ⏱ 1,00 h/h | 036.000.050

57 Stundensatz, Helfer/-in

Stundenlohnarbeiten für Werker/-in, Fachwerker/-in und jeweils Gleichgestellte. Leistung nach besonderer Anordnung der Bauüberwachung. Verrechnungssatz für die jeweilige Arbeitskraft inkl. aller Aufwendungen wie Lohn- und Gehaltskosten, Lohn- und Gehaltsnebenkosten, Zuschläge, lohngebundene und lohnabhängige Kosten, sonstige Sozialkosten, Gemeinkosten, Wagnis und Gewinn. Nachweis und Anmeldung gem. VOB/B.

48€ | 56€ | **58€** | 60€ | 67€ | [h] | ⏱ 1,00 h/h | 036.000.051

Nr.	Positionen	Einheit	►	▷	ø brutto € / ø netto €	◁	◄
1	Schutzabdeckung, Inneneinrichtung	m²	2	3	**3**	5	6
			2	3	**3**	4	5
2	Schutzabdeckung, Boden, Hartfaserplatte	m²	2	6	**8**	8	10
			2	5	**7**	7	9
3	Schutzabdeckung, Boden, Folie	m²	2	3	**3**	3	4
			2	2	**3**	3	3
4	Schutzabdeckung, Boden, Vlies	m²	2	4	**4**	5	6
			2	3	**4**	4	5
5	Schutzabdeckung, Boden, Pappe	m²	3	4	**5**	6	9
			2	4	**4**	5	8
6	Gipsplattenflächen vorbehandeln, spachteln/grundieren	m²	0,9	1,8	**2,0**	2,5	3,5
			0,8	1,5	**1,6**	2,1	3,0
7	Vorbehandlung Untergrund, Fluat	m²	1	3	**4**	5	7
			1,0	2,7	**3,4**	4,0	6,2
8	Grundbeschichtung, Gipsplattenflächen	m²	0,8	2,5	**3,1**	6,1	9,4
			0,6	2,1	**2,6**	5,1	7,9
9	Raufasertapete, fein/weiß, Decke	m²	5	8	**9**	10	14
			5	6	**7**	9	12
10	Raufasertapete, grob/weiß, Decke	m²	7	9	**11**	14	17
			6	8	**9**	11	15
11	Raufasertapete, fein/weiß, Wand	m²	5	9	**10**	13	19
			5	7	**8**	11	16
12	Raufasertapete, grob/weiß, Wand	m²	6	9	**10**	14	20
			5	7	**9**	11	17
13	Raufasertapete, lineare Bauteile	m	1	2	**3**	3	5
			1	2	**2**	3	4
14	Raufasertapete, Dispersion	m²	10	12	**14**	16	21
			9	10	**11**	14	18
15	Glasgewebe, fein, Wand	m²	8	12	**14**	15	17
			6	10	**12**	12	14
16	Glasgewebe, grob, Wand	m²	9	13	**15**	17	21
			8	11	**13**	14	17
17	Glasgewebe, fein, Decke	m²	10	14	**17**	18	21
			8	12	**14**	15	18
18	Glasgewebe, grob, Decke	m²	10	14	**16**	18	21
			8	12	**13**	15	18
19	Glasgewebe, lineare Bauteile	m	3	6	**7**	7	8
			3	5	**6**	6	7
20	Glasgewebe, Dispersion	m²	16	22	**24**	27	35
			14	18	**20**	23	29
21	Prägetapete, Wand	m²	17	25	**30**	38	47
			14	21	**25**	32	39
22	Fugenabdichtung, Acryl, anstrichverträglich	m	2	4	**4**	7	10
			2	3	**4**	6	8

Kosten:
Stand 1. Quartal 2025
Bundesdurchschnitt

► min
▷ von
ø Mittel
◁ bis
◄ max

Nr.	Kurztext / Langtext					Kostengruppe
▶	▷	ø netto €	◁	◀	[Einheit] Ausf.-Dauer	Positionsnummer

1 Schutzabdeckung, Inneneinrichtung KG **397**

Schutzabdeckung von Einrichtungsgegenständen, für Tapezierarbeiten, inkl. vorhalten, wieder entfernen und entsorgen, Ränder überlappt und staubdicht verschlossen durch Abkleben.
Material: Folie
Dicke: 0,3 mm
Arbeitshöhe: .....

2€ 3€ **3€** 4€ 5€ [m²] ⏱ 0,05h/m² 037.000.013

2 Schutzabdeckung, Boden, Hartfaserplatte KG **397**

Schutzabdeckung von Böden liefern, herstellen, vorhalten, wieder entfernen und entsorgen, Ränder überlappt und staubdicht verschlossen durch Abkleben.
Abdeckung: Hartfaserplatte
Dicke: 5 mm

2€ 5€ **7€** 7€ 9€ [m²] ⏱ 0,12h/m² 037.000.014

A 1 Schutzabdeckung, Boden Beschreibung für Pos. **3-5**

Schutzabdeckung von Böden, für Tapezierarbeiten, inkl. vorhalten, wieder entfernen und entsorgen, Ränder überlappt und staubdicht verschlossen durch Abkleben.

3 Schutzabdeckung, Boden, Folie KG **397**

Wie Ausführungsbeschreibung A 1
Abdeckung: Folie
Dicke: 0,3 mm
Vorhaltedauer: 4 Wochen

2€ 2€ **3€** 3€ 3€ [m²] ⏱ 0,04h/m² 037.000.030

4 Schutzabdeckung, Boden, Vlies KG **397**

Wie Ausführungsbeschreibung A 1
Abdeckung: Vlies
Masse: 200 g/m²
Vorhaltedauer: 4 Wochen

2€ 3€ **4€** 4€ 5€ [m²] ⏱ 0,04h/m² 037.000.052

5 Schutzabdeckung, Boden, Pappe KG **397**

Wie Ausführungsbeschreibung A 1
Abdeckung: Pappe
Vorhaltedauer: 4 Wochen

2€ 4€ **4€** 5€ 8€ [m²] ⏱ 0,04h/m² 037.000.031

6 Gipsplattenflächen vorbehandeln, spachteln/grundieren KG **345**

Wand- und Deckenflächen aus Gipsplatten spachteln, schleifen und grundieren, als Untergrundvorbehandlung für die Tapezierung.
Oberflächenqualität: .....
Grundierungsstoff: .....
Arbeitshöhe: .....

0,8€ 1,5€ **1,6€** 2,1€ 3,0€ [m²] ⏱ 0,02h/m² 037.000.033

Kosten:
Stand 1. Quartal 2025
Bundesdurchschnitt

Nr.	Kurztext / Langtext						Kostengruppe
▶	▷	**ø netto €**	◁	◀	[Einheit]	Ausf.-Dauer	Positionsnummer

7 Vorbehandlung Untergrund, Fluat KG **345**

Unterlage für Wandbespannung vorbereiten, Neutralisieren mit Fluat.
Untergrund: Putzflächen, pH-Wert >8
Raumhöhe: .....
Angeb. Fabrikat: .....

1,0€	2,7€	**3,4€**	4,0€	6,2€	[m2]	⏱ 0,01 h/m2	037.000.043

8 Grundbeschichtung, Gipsplattenflächen KG **345**

Wand- und Deckenflächen aus Gipsplatten vorbereiten und grundieren.
Einbauort: .....
Raumhöhe: 3,00m
Oberbelag: **Malervlies / .....**

0,6€	2,1€	**2,6€**	5,1€	7,9€	[m2]	⏱ 0,04 h/m2	037.000.050

9 Raufasertapete, fein/weiß, Decke KG **345**

Raufasertapete, aus Papierlagen mit strukturbildenden Holzspänen, auf vorbereitete Flächen auf Stoß kleben, zur nachfolgenden Beschichtung mit Dispersionsfarbe.
Einbauort: Decke
Wandhöhe: .....
Untergrund: .....
Struktur: RF - gem. BFS-Info 05-01
Arbeitshöhe: .....

5€	6€	**7€**	9€	12€	[m2]	⏱ 0,12 h/m2	037.000.035

10 Raufasertapete, grob/weiß, Decke KG **345**

Raufasertapete, aus Papierlagen mit strukturbildenden Holzspänen, auf vorbereitete Flächen auf Stoß kleben, zur nachfolgenden Beschichtung mit Dispersionsfarbe.
Einbauort: Decke
Wandhöhe: .....
Untergrund: .....
Struktur: RG - gem. BFS-Info 05-01
Arbeitshöhe: .....

6€	8€	**9€**	11€	15€	[m2]	⏱ 0,12 h/m2	037.000.036

11 Raufasertapete, fein/weiß, Wand KG **345**

Raufasertapete, aus Papierlagen mit strukturbildenden Holzspänen, auf vorbereitete Flächen auf Stoß kleben, zur nachfolgenden Beschichtung mit Dispersionsfarbe.
Einbauort: Wand
Raumhöhe: .....
Untergrund: .....
Struktur: RF - gem. BFS-Info 05-01
Arbeitshöhe: .....

5€	7€	**8€**	11€	16€	[m2]	⏱ 0,12 h/m2	037.000.037

▶ min
▷ von
ø Mittel
◁ bis
◀ max

12 Raufasertapete, grob/weiß, Wand KG **345**

Raufasertapete, aus Papierlagen mit strukturbildenden Holzspänen, auf vorbereitete Flächen auf Stoß kleben, zur nachfolgenden Beschichtung mit Dispersionsfarbe.
Einbauort: Wand
Raumhöhe: .....
Untergrund: .....
Struktur: RG - gem. BFS-Info 05-01
Arbeitshöhe: .....

►	▷	ø netto €	◁	◄	[Einheit]	Ausf.-Dauer	Positionsnummer
5€	7€	**9€**	11€	17€	[m²]	⏱ 0,12 h/m²	037.000.038

13 Raufasertapete, lineare Bauteile KG **345**

Raufasertapete, aus Papierlagen mit strukturbildenden Holzspänen, auf vorbereitete Flächen auf Stoß kleben, zur nachfolgenden Beschichtung mit Dispersionsfarbe.
Bauteile: Stützen, Pfeiler, Lisenen, Laibungen u.dgl.
Höhe: .....
Bauteilbreite: bis **15 / 30 / 60** cm
Untergrund: .....
Material: .....
Struktur: **RF / RG** - gem. BFS-Info 05-01
Körnung: .....
Arbeitshöhe: .....

►	▷	ø netto €	◁	◄	[Einheit]	Ausf.-Dauer	Positionsnummer
1€	2€	**2€**	3€	4€	[m]	⏱ 0,06 h/m	037.000.029

14 Raufasertapete, Dispersion KG **345**

Raufasertapete und nachfolgende Dispersions-Beschichtung, auf Wand- oder Deckenflächen, einschl. Grundierung, Raufasertapete auf Stoß kleben.
Untergrund: .....
Material: Raufaser aus Papierlagen
Struktur: Holzspan
Oberfläche: **fein / mittel / grob / .....**
Körnung: .....
Dispersionsfarbe: lösemittel- und weichmacherfrei
Nassabrieb: **Klasse 3 / Klasse 2**
Kontrastverhältnis: Klasse ......
Beschichtungsgänge: **einmal / zweimal**
Farbe: **weiß / farbig**
Farbcode: **RAL / NCS**
Glanzgrad: **glänzend / mittlerer Glanz / matt / stumpfmatt**
Arbeitshöhe: 2,75 m

►	▷	ø netto €	◁	◄	[Einheit]	Ausf.-Dauer	Positionsnummer
9€	10€	**11€**	14€	18€	[m²]	⏱ 0,24 h/m²	037.000.006

Nr.	Kurztext / Langtext						Kostengruppe
▶	▷	**ø netto €**	◁	◀	[Einheit]	Ausf.-Dauer	Positionsnummer

15 Glasgewebe, fein, Wand KG **345**

Glasgewebe auf vorbereitete Flächen auf Stoß kleben, zur nachfolgenden Beschichtung mit Dispersionsfarbe.
Einbauort: Wand
Raumhöhe: .....
Material: .....
Belag: Glasgewebe
Untergrund: .....
Oberfläche: fein
Arbeitshöhe: .....

▶	▷	ø	◁	◀	Einheit	Ausf.-Dauer	Positionsnummer
6€	10€	**12€**	12€	14€	[m2]	⏱ 0,14h/m2	037.000.039

16 Glasgewebe, grob, Wand KG **345**

Glasgewebe auf vorbereitete Flächen auf Stoß kleben, zur nachfolgenden Beschichtung mit Dispersionsfarbe.
Einbauort: Wand
Raumhöhe: .....
Material: .....
Belag: Glasgewebe
Untergrund: .....
Oberfläche: grob
Arbeitshöhe: .....

▶	▷	ø	◁	◀	Einheit	Ausf.-Dauer	Positionsnummer
8€	11€	**13€**	14€	17€	[m2]	⏱ 0,14h/m2	037.000.040

17 Glasgewebe, fein, Decke KG **354**

Glasgewebe auf vorbereitete Flächen auf Stoß kleben, zur nachfolgenden Beschichtung mit Dispersionsfarbe.
Einbauort: Decke
Raumhöhe: .....
Material: .....
Belag: Glasgewebe
Untergrund: .....
Oberfläche: fein
Arbeitshöhe: .....

▶	▷	ø	◁	◀	Einheit	Ausf.-Dauer	Positionsnummer
8€	12€	**14€**	15€	18€	[m2]	⏱ 0,14h/m2	037.000.041

18 Glasgewebe, grob, Decke KG **354**

Glasgewebe auf vorbereitete Flächen auf Stoß kleben, zur nachfolgenden Beschichtung mit Dispersionsfarbe.
Einbauort: Decke
Raumhöhe: .....
Material: .....
Belag: Glasgewebe
Untergrund: .....
Oberfläche: grob
Arbeitshöhe: .....

▶	▷	ø	◁	◀	Einheit	Ausf.-Dauer	Positionsnummer
8€	12€	**13€**	15€	18€	[m2]	⏱ 0,14h/m2	037.000.042

Kosten:
Stand 1. Quartal 2025
Bundesdurchschnitt

▶ min
▷ von
ø Mittel
◁ bis
◀ max

19 **Glasgewebe, lineare Bauteile** KG **345**

Glasgewebe und nachfolgende Dispersions-Beschichtung, auf längenorientierten Bauteilen, einschl. Grundierung und Tapete auf Stoß kleben.
Abrechnung nach m.
Bauteile: Stützen, Pfeiler, Lisenen, Laibungen u.dgl.
Bauteilbreite: bis **15 / 30 / 60** cm
Untergrund: .....
Material: .....
Belag: Glasgewebe
Oberfläche: **fein / mittel / grob**
Struktur: .....
Arbeitshöhe: .....

3€ 5€ **6€** 6€ 7€ [m] ⏱ 0,07 h/m 037.000.027

20 **Glasgewebe, Dispersion** KG **345**

Glasgewebe und nachfolgende Dispersions-Beschichtung, auf Wand- oder Deckenflächen, einschl. Grundierung, Glasgewebe auf Stoß kleben.
Untergrund: .....
Bauteil: .....
Material: .....
Oberfläche: **fein / mittel / grob**
Struktur: .....
Dispersionsfarbe: lösemittel- und weichmacherfrei
Nassabrieb: **Klasse 3 (waschbeständig) / Klasse 2 (scheuerbeständig)**
Kontrastverhältnis: Klasse .....
Beschichtungsgänge: **einmal / zweimal**
Farbe: **weiß / farbig**
Farbcode: **RAL / NCS**
Glanzgrad: **glänzend / mittlerer Glanz / matt / stumpfmatt**
Raumhöhe: .....
Arbeitshöhe: .....

14€ 18€ **20€** 23€ 29€ [m²] ⏱ 0,20 h/m² 037.000.009

21 **Prägetapete, Wand** KG **345**

Prägetapete, auf vorbereitete Flächen auf Stoß kleben, zur nachfolgenden Beschichtung mit Dispersionsfarbe.
Einbauort: Wände
Raumhöhe: .....
Untergrund: .....
Material: .....
Art, Form: Prägetapete, gem. beiliegendem Muster / Hersteller-Nr. .....
Ansatz: **ansatzfrei / gerade / versetzt / gestürzt / horizontal**
Rapport: .....
Rollenbreite: **53 / .....**
Verarbeitung: **Kleistertechnik / Wandklebetechnik / Vorkleisterung**
Entfernung: **restlos abziehbar / spaltbar abziehbar / nass**
Arbeitshöhe: .....

14€ 21€ **25€** 32€ 39€ [m²] ⏱ 0,15 h/m² 037.000.017

Nr.	Kurztext / Langtext						Kostengruppe
►	▷	ø netto €	◁	◀	[Einheit]	Ausf.-Dauer	Positionsnummer

22 **Fugenabdichtung, Acryl, anstrichverträglich** KG **345**

Verfugung mit anstrichverträglichem Ein-Komponenten-Dichtstoff auf Acryldispersionsbasis, inkl. notwendiger Flankenvorbehandlung an den Anschlussflächen und Hinterlegen der Fugenhohlräume mit Hinterfüllmaterial, Fuge geglättet.
Untergrund: **Putz / Gipsplattenflächen**
Farbton: weiß
Fugenbreite: bis .....
Arbeitshöhe: .....

►	▷	ø	◁	◀	Einheit	Ausf.-Dauer	Positionsnummer
2€	3€	**4€**	6€	8€	[m]	⏱ 0,10h/m	037.000.012

Kosten:
Stand 1.Quartal 2025
Bundesdurchschnitt

► min
▷ von
ø Mittel
◁ bis
◀ max

038

Kosten:
Stand 1. Quartal 2025
Bundesdurchschnitt

► min
▷ von
ø Mittel
◁ bis
◀ max

Nr.	Positionen	Einheit	►	▷	ø brutto € / ø netto €	◁	◀
1	Unterkonstruktion, Holzlattung	m²	7	12	**14**	16	21
			6	10	**12**	14	18
2	Unterkonstruktion, Holz, zweilagig, 30x50mm	m²	13	22	**24**	31	44
			11	18	**20**	26	37
3	Unterkonstruktion, Holz, 2x80/40mm	m²	44	51	**52**	58	69
			37	42	**44**	49	58
4	Unterkonstruktion, Rauspund	m²	35	43	**47**	51	73
			29	36	**40**	43	61
5	Unterkonstruktion, Aluminium, VHF	m²	72	88	**98**	126	182
			60	74	**82**	106	153
6	Fassadendämmung, MW 035, 120mm, kaschiert	m²	28	36	**39**	45	60
			23	30	**33**	38	50
7	Fassadendämmung, MW 035, 160mm, kaschiert	m²	32	46	**52**	63	84
			27	39	**44**	53	70
8	Fassadendämmung, Brandbarriere	m²	33	37	**40**	47	54
			28	32	**34**	40	46
9	Winddichtung, Polyestervlies	m²	11	15	**16**	18	21
			9	12	**14**	15	17
10	Fassadenbekleidung, Holz, Fasenbretter, Feder	m²	115	132	**142**	161	197
			97	111	**119**	135	166
11	Fassadenbekleidung, Holz, Boden-Deckelschalung	m²	127	148	**160**	172	194
			106	124	**134**	145	163
12	Fassadenbekleidung, Holz, Stülpschalung	m²	101	117	**124**	142	172
			85	98	**104**	120	145
13	Fassadenbekleidung, HPL-Platte	m²	210	234	**245**	252	276
			177	196	**206**	212	232
14	Fassadenbekleidung, Harzkompositplatten	m²	270	282	**317**	357	455
			227	237	**267**	300	383
15	Fassadenbekleidung, Holzzementplatten	m²	183	200	**223**	256	296
			153	168	**187**	215	249
16	Fassadenbekleidung, Faserzementplatten	m²	86	94	**102**	120	138
			72	79	**86**	101	116
17	Fassadenbekleidung, Faserzement-Tafeln	m²	187	207	**218**	230	262
			157	174	**183**	193	220
18	Fassadenbekleidung, Faserzement-Stülpdeckung	m²	169	194	**204**	212	231
			142	163	**171**	178	194
19	Fassadenbekleidung, Metall, Bandblech	m²	95	134	**147**	156	189
			80	112	**124**	131	159
20	Fassadenbekleidung, Metall, Wellblech	m²	76	91	**96**	100	111
			64	76	**81**	84	93
21	Fassadenbekleidung, Aluminiumverbundplatten	m²	211	272	**306**	392	534
			177	229	**257**	329	449
22	Fassadenbekleidung, Schindeln	m²	121	164	**202**	214	239
			102	138	**170**	180	201
23	Fassadenbekleidung, Ziegelplatten	m²	155	235	**266**	282	321
			130	198	**223**	237	270
24	Fensterbank, Aluminium, außen	St	42	68	**78**	85	104
			35	57	**65**	72	87

Nr.	Positionen	Einheit	►	▷	ø brutto € / ø netto €	◁	◄
25	Laibungsbekleidung, Fenster/Tür	m	42	63	**69**	77	104
			35	53	**58**	65	87
26	Außeneck, Aluprofil	m	17	42	**57**	71	94
			14	36	**48**	60	79
27	Attikaabdeckung, Aluminiumblech	m	53	116	**151**	173	258
			45	97	**127**	145	217
28	Dauergerüstanker, Fassade	St	36	60	**64**	66	101
			30	51	**54**	56	85
29	Stundensatz, Facharbeiter/-in	h	85	93	**98**	100	107
			71	79	**82**	84	90
30	Stundensatz, Helfer/in	h	57	69	**79**	82	88
			48	58	**67**	69	74

Nr. **Kurztext** / Langtext Kostengruppe

► ▷ **ø netto €** ◁ ◄ [Einheit] Ausf.-Dauer Positionsnummer

1 Unterkonstruktion, Holzlattung KG **335**

Traglattung aus Holzlatten, für vorgehängte, hinterlüftete Fassadenbekleidung, inkl. Befestigungsmittel.
Fassadenbekleidung: .....
Befestigungsgrund: .....
Ebenheit der Bekleidungsfläche DIN 18202: .....
Holzart: Nadelholz
Sortierklasse: S10
Festigkeitsklasse DIN EN 338: **C27 / 24** M
Festigkeitsklasse: .....
Lattenquerschnitt: **30 x 50 / 40 x 60** mm
Lattenabstand: .....
Arbeitshöhe: .....

6€ 10€ **12€** 14€ 18€ [m²] ⏱ 0,12 h/m² 038.000.003

2 Unterkonstruktion, Holz, zweilagig, 30x50mm KG **335**

Unterkonstruktion aus senkrechter und waagerechter Lattung, für vorgehängte, hinterlüftete Fassadenbekleidung, inkl. Befestigungsmittel.
Fassadenbekleidung: .....
Befestigungsgrund: .....
Ebenheit der Bekleidungsfläche DIN 18202: .....
Holzart: Nadelholz
Sortierklasse: S10
Festigkeitsklasse DIN EN 338: C27 M
Holzschutz: Gebrauchsklasse .....
Festigkeitsklasse: .....
Lattenquerschnitte: 30 x 50 mm
Lattenabstände: .....
Arbeitshöhe: .....

11€ 18€ **20€** 26€ 37€ [m²] ⏱ 0,16 h/m² 038.000.010

Nr.	Kurztext / Langtext						Kostengruppe
▶	▷	ø netto €	◁	◀	[Einheit]	Ausf.-Dauer	Positionsnummer

3 **Unterkonstruktion, Holz, 2x80/40mm** KG **335**

Unterkonstruktion aus senkrechter und waagerechter Lattung, hochkant montiert, für vorgehängte, hinterlüftete Fassadenbekleidung, inkl. Befestigungsmittel.
Fassadenbekleidung: .....
Befestigungsgrund: .....
Ebenheit der Bekleidungsfläche DIN 18202: .....
Holzart: Nadelholz
Sortierklasse: S10
Festigkeitsklasse DIN EN 338: C24 M
Holzschutz: Gebrauchsklasse .....
Festigkeitsklasse: .....
Lattenquerschnitte: 80/40 mm
Lattenabstände: .....
Arbeitshöhe: .....

▶	▷	ø	◁	◀	Einheit	Ausf.-Dauer	Positionsnummer
37€	42€	**44€**	49€	58€	[m²]	⏱ 0,16 h/m²	038.000.054

4 **Unterkonstruktion, Rauspund** KG **335**

Holzschalung als Unterlage für vorgehängte, hinterlüftete Fassadenbekleidung, aus Rauspund mit chem. Holzschutz, Befestigung entspr. dem Anwendungsfall, geeignet für den Außenbereich.
Holzart: Nadelholz
Brettdicke: 24 mm
Schalung: Rauspund
Holzschutz: Gebrauchsklasse .....
Befestigungsgrund: Holz
Befestigung gem.: **..... / anliegender statischer Bemessung**
Verlegung: **waagerecht / senkrecht**
Arbeitshöhe: .....

▶	▷	ø	◁	◀	Einheit	Ausf.-Dauer	Positionsnummer
29€	36€	**40€**	43€	61€	[m²]	⏱ 0,30 h/m²	038.000.011

5 **Unterkonstruktion, Aluminium, VHF** KG **335**

Unterkonstruktion aus justierbaren Wandwinkeln und Tragprofilen, für vorgehängte, hinterlüftete Außenwandbekleidung, Befestigung mit Dübeln und Schrauben. Profilarten und -abstände, Abmessungen von Fest- und Gleitpunkten sowie alle Verbindungs- und Verankerungsmittel gem. statischer Berechnung.
Befestigungsgrund: .....
Ebenheit der Bekleidungsfläche DIN 18202: .....
Bekleidung: großformatige Wandtafeln
Verlegung: ......
Befestigung: **verdeckt / sichtbar**
Abstand UK bis VK Bekleidung: .....
Material: Aluminium
Arbeitshöhe: .....

▶	▷	ø	◁	◀	Einheit	Ausf.-Dauer	Positionsnummer
60€	74€	**82€**	106€	153€	[m²]	⏱ 0,24 h/m²	038.000.012

Kosten:
Stand 1. Quartal 2025
Bundesdurchschnitt

▶ min
▷ von
ø Mittel
◁ bis
◀ max

A 1 Fassadendämmung, Mineralwolle, kaschiert — Beschreibung für Pos. **6-7**

Wärmedämmung der vorgehängten, hinterlüfteten Fassade, aus Mineralwolle mit einseitiger, schwarzer Vlieskaschierung, zwischen Unterkonstruktion hinter Bekleidung.
Unterkonstruktion: .....
Dämmstoff: MW
Anwendung: WAB-zg
Brandverhalten Klasse: A1 - nicht brennbar

6 Fassadendämmung, MW 035, 120mm, kaschiert — KG **335**

Wie Ausführungsbeschreibung A 1
Bemessungswert der Wärmeleitfähigkeit: max. 0,035 W/(mK)
Nennwert Wärmeleitfähigkeit: 0,034 W/(mK)
Dämmschichtdicke: 120 mm
Einbaulage: .....
Arbeitshöhe: .....

▶	▷	ø netto €	◁	◀	[Einheit]	Ausf.-Dauer	Positionsnummer
23€	30€	**33€**	38€	50€	[m²]	⏱ 0,24 h/m²	038.000.031

7 Fassadendämmung, MW 035, 160mm, kaschiert — KG **335**

Wie Ausführungsbeschreibung A 1
Bemessungswert der Wärmeleitfähigkeit: max. 0,035 W/(mK)
Nennwert Wärmeleitfähigkeit: 0,034 W/(mK)
Dämmschichtdicke: 160 mm
Einbaulage: .....
Arbeitshöhe: .....

▶	▷	ø netto €	◁	◀	[Einheit]	Ausf.-Dauer	Positionsnummer
27€	39€	**44€**	53€	70€	[m²]	⏱ 0,24 h/m²	038.000.032

8 Fassadendämmung, Brandbarriere — KG **335**

Brandbarriere/Brandsperre DIN 18516-1, für vorgehängte hinterlüftete Außenwandbekleidung, Überdeckung vertikal oder horizontal des Brandabschnittes.
Material: Mineralwolle, MW DIN EN 13162, Anwendungsgebiet DIN 4108-10 WAB
Nennwert Wärmeleitfähigkeit: 0,038 W/(m²K)
Brandverhalten: Klasse A1 - nichtbrennbar
Schmelzpunkt größer gleich 1.000°C
Dämmschichtdicke: .....
Breite: 200 mm
Arbeitshöhe: .....

▶	▷	ø netto €	◁	◀	[Einheit]	Ausf.-Dauer	Positionsnummer
28€	32€	**34€**	40€	46€	[m²]	⏱ 0,15 h/m²	038.000.049

023 024 025 026 027 028 029 030 031 032 033 034 036 037 038 039

Nr.	**Kurztext** / Langtext						Kostengruppe
▶	▷	**ø netto €**	◁	◀	[Einheit]	Ausf.-Dauer	Positionsnummer

9 Winddichtung, Polyestervlies KG **335**

Winddichtung der vorgehängten, hinterlüfteten Fassadenbekleidung, mit Unterspannbahn aus armiertem Polyestervlies, UV-beständig und diffusionsoffen. Anschlüsse an durchdringende Bauteile nach gesonderter Position.
Unterspannbahn: .....
Sd-Wert: <=0,1 m
Reißfestigkeit: >250 N/50 mm
Wassersäule: >200 mm
Brandverhalten Klasse: **E / .....**
Farbe: schwarz
Arbeitshöhe: ....

9€	12€	**14€**	15€	17€	[m²]	⏱ 0,12 h/m²	038.000.013

10 Fassadenbekleidung, Holz, Fasenbretter, Feder KG **335**

Fassadenbekleidung mit Fasenbretter und langer Feder, aus Nadelholz, als waagerechte Bekleidung.
Unterkonstruktion: ....
Holzart: .....
Brettdicke: 24 mm
Brettbreite: .....
Oberfläche: gehobelt
Kante: .....
Befestigung: .....
Arbeitshöhe: ....

97€	111€	**119€**	135€	166€	[m²]	⏱ 0,70 h/m²	038.000.055

11 Fassadenbekleidung, Holz, Boden-Deckelschalung KG **335**

Fassadenbekleidung mit senkrechter Boden-Deckel-Schalung aus Nadelholz, auf Unterkonstruktion, sichtbar befestigt.
Unterkonstruktion: .....
Holzart: .....
Brettdicke: 24 mm
Abmessung Bodenbretter: .....
Abmessung Deckelbretter: .....
Oberfläche: gehobelt
Kante: .....
Befestigung: .....
Arbeitshöhe: .....

106€	124€	**134€**	145€	163€	[m²]	⏱ 0,64 h/m²	038.000.004

Kosten:
Stand 1. Quartal 2025
Bundesdurchschnitt

▶ min
▷ von
ø Mittel
◁ bis
◀ max

Nr.	**Kurztext** / Langtext					Kostengruppe
▶	▷	**ø netto €**	◁	◀	[Einheit] Ausf.-Dauer	Positionsnummer

12 Fassadenbekleidung, Holz, Stülpschalung KG **335**

Fassadenbekleidung mit waagerechte Stülpschalung aus Nadelholz, auf Unterkonstruktion, sichtbar befestigt.
Unterkonstruktion: .....
Holzart: .....
Brettdicke: 24 mm
Deck-/Ansichtsbreite: .....
Oberfläche: gehobelt
Kante: .....
Befestigung: .....
Arbeitshöhe: .....

85€ 98€ **104€** 120€ 145€ [m2] ⏱ 0,76h/m2 038.000.005

13 Fassadenbekleidung, HPL-Platte KG **335**

Fassadenbekleidung mit Hochdruck-Schichtstoffpress-Tafeln (HPL), als vorgehängte, hinterlüftete Fassade, auf vorhandener Unterkonstruktion, Befestigung sichtbar.
Unterkonstruktion: **Holz-UK / Aluminium-UK**
Plattentyp: .....
Brandverhalten: .....
Tafeldicke: 8 mm
Tafelgröße: .....
Zuschnitt aus Tafelgröße: .....
Oberfläche: .....
Farbe: ähnlich RAL .....
Befestigung: nichtrostende **Klammern / Schrauben / Nieten**
Farbton Befestigung: **Kopf lackiert in RAL ..... / Kopf Stahl natur**
Einbauort/Fassade: .....
Arbeitshöhe: .....

177€ 196€ **206€** 212€ 232€ [m2] ⏱ 0,75h/m2 038.000.015

14 Fassadenbekleidung, Harzkompositplatten KG **335**

Fassadenbekleidung mit faserverstärkten Harzkompositplatten, als vorgehängte, hinterlüftete Fassade, auf vorhandener Unterkonstruktion, Befestigung sichtbar.
Unterkonstruktion: Aluminium-UK
Plattentyp: .....
Brandverhalten: .....
Tafeldicke: .....
Tafelgröße: .....
Zuschnitt aus Tafelgröße: .....
Oberfläche: .....
Farbe: ähnlich RAL .....
Befestigung: Befestigungselemente, kopfbeschichtet
Einbauort/Fassade: .....
Arbeitshöhe: .....

227€ 237€ **267€** 300€ 383€ [m2] ⏱ 0,75h/m2 038.000.034

Nr.	Kurztext / Langtext						Kostengruppe
►	▷	**ø netto €**	◁	◄	[Einheit]	Ausf.-Dauer	Positionsnummer

15 Fassadenbekleidung, Holzzementplatten KG **335**

Fassadenbekleidung mit Holzzementplatten, als vorgehängte, hinterlüftete Fassade, auf vorhandener Unterkonstruktion, Befestigung sichtbar.
Unterkonstruktion: Holz-UK
Plattentyp: .....
Brandverhalten: .....
Tafeldicke: .....
Tafelgröße: .....
Zuschnitt aus Tafelgröße: .....
Oberfläche: beschichtet
Farbe: ähnlich RAL .....
Befestigung: Befestigungselemente, kopfbeschichtet
Einbauort/Fassade: .....
Arbeitshöhe: .....

►	▷	ø	◁	◄	Einheit	Ausf.-Dauer	Positionsnummer
153€	168€	**187€**	215€	249€	[m²]	⏱ 0,75 h/m²	038.000.035

16 Fassadenbekleidung, Faserzementplatten KG **335**

Fassadenbekleidung mit kleinformatigen Faserzementplatten, als vorgehängte, hinterlüftete Fassade, auf vorhandener Unterkonstruktion.
Unterkonstruktion: .....
Tafel-Typ: .....
Brandverhalten: A1 - nicht brennbar
Deckungsart: .....
Tafeldicke: .....
Plattengröße: ..... x .....
Fugenausbildung: .....
Oberfläche: .....
Oberflächenschutz: .....
Kantenausbildung: .....
Farbe: .....
Befestigung: .....
Einbauort/Fassade: .....
Arbeitshöhe: .....

►	▷	ø	◁	◄	Einheit	Ausf.-Dauer	Positionsnummer
72€	79€	**86€**	101€	116€	[m²]	⏱ 0,48 h/m²	038.000.036

Kosten:
Stand 1. Quartal 2025
Bundesdurchschnitt

► min
▷ von
ø Mittel
◁ bis
◄ max

17 Fassadenbekleidung, Faserzement-Tafeln KG **335**

Fassadenbekleidung mit großformatigen Faserzement-Tafeln, als vorgehängte, hinterlüftete Fassade, auf vorhandener Unterkonstruktion.
Unterkonstruktion: .....
Plattentyp: .....
Brandverhalten: A1 - nicht brennbar
Tafeldicke: 8 mm
Tafelgröße: 3.100 x 1.500 / 1.250 mm
Zuschnitt aus Tafelgröße: .....
Fugenbreite: .....
Oberfläche: körnig, seidig matt
Oberflächenschutz: Reinacrylatbeschichtung mit Oberflächenversiegelung
Kantenausbildung: .....
Farbe: .....
Befestigung: sichtbar mit Schrauben
Farbe Befestigungsmittel: kopfbeschichtet
Einbauort/Fassade: .....
Arbeitshöhe: .....

157€ 174€ **183€** 193€ 220€ [m2] ⏱ 0,50 h/m2 038.000.037

18 Fassadenbekleidung, Faserzement-Stülpdeckung KG **335**

Fassadenbekleidung mit großformatigen Faserzement-Tafeln, als vorgehängte, hinterlüftete Fassade, als Stülpdeckung mit senkrechte Fugen und hinterlegen Fugenband, in der Überdeckung befestigt, auf vorhandene Unterkonstruktion.
Unterkonstruktion: Holz-UK
Plattentyp: .....
Brandverhalten: A1 - nicht brennbar
Tafeldicke: 10 mm
Tafelgröße: .....
Zuschnitt aus Tafelgröße: .....
Fugenbreite: .....
Oberfläche: strukturiert
Oberflächenschutz: deckend beschichtet
Kantenausbildung: .....
Farbe: .....
Befestigung: in der Überdeckung
Einbauort/Fassade: .....
Arbeitshöhe: .....

142€ 163€ **171€** 178€ 194€ [m2] ⏱ 0,46 h/m2 038.000.038

Nr.	Kurztext / Langtext							Kostengruppe
►	▷	ø netto €	◁	◄		[Einheit]	Ausf.-Dauer	Positionsnummer

19 Fassadenbekleidung, Metall, Bandblech KG **335**

Fassadenbekleidung mit Metallblech, als vorgehängte, hinterlüftete Fassade, senkrecht verlegt, unsichtbar befestigen, auf vorhandener Unterkonstruktion.
Untergrund: Holzschalung mit Trennlage
Deckungsart: **Stehfalz / Winkelfalz / Doppelstehfalz**
Material: Titanzinkblech
Blechdicke: .....
Deckungsart: **Stehfalz / Winkelstehfalz**
Bänderbreite: **670** mm **für Achsmaß 600** mm **/ 570** mm **für Achsmaß 500** mm
Oberfläche: **walzblank / vorbewittert**
Befestigung: nichtrostend und unsichtbar mit **Haften / Klammern / Schrauben**
Einbauort/Fassade: .....
Arbeitshöhe: .....

80€	112€	**124€**	131€	159€	[m²]	⏱ 0,45 h/m²	038.000.009

20 Fassadenbekleidung, Metall, Wellblech KG **335**

Fassadenbekleidung mit Wellblech-Fassadenplatten, als vorgehängte, hinterlüftete Fassade, vertikal auf vorhandene Metall-Unterkonstruktion, Längs- und Querstöße überlappend, Befestigung sichtbar auf Wellenberg; Konstruktion mit unterem Einhängeblech.
Unterkonstruktion: .....
Plattentyp: Stahl-Wellblech, Profil 18/76 mm
Blechdicke: .....
Tafelbreite: .....
Oberfläche: feuerverzinkt, beschichtet
Oberseite: Korrosionsschutzklasse K III
Unterseite: Korrosionsschutzklasse K II
Farbton: .....
Hafte: geschraubt
Einhängeblech: ca. 250 mm, d= 0,8 mm
Einbauort/Fassade: .....
Arbeitshöhe: .....

64€	76€	**81€**	84€	93€	[m²]	⏱ 0,30 h/m²	038.000.007

Kosten:
Stand 1. Quartal 2025
Bundesdurchschnitt

► min
▷ von
ø Mittel
◁ bis
◄ max

Nr.	**Kurztext** / Langtext						Kostengruppe
▶	▷	**ø netto €**	◁	◀	[Einheit]	Ausf.-Dauer	Positionsnummer

21 Fassadenbekleidung, Aluminiumverbundplatten KG **335**

Fassadenbekleidung mit Aluminiumverbundplatten, als vorgehängte, hinterlüftete Fassade inkl. justierbare Unterkonstruktion, Befestigung nicht sichtbar.
Befestigungsuntergrund: ......
Unterkonstruktion: Aluminium-UK, zweilagig
Schalenabstand: .....
Ebenheit der Bekleidungsfläche DIN 18202: .....
Plattentyp: Alu-Verbund-Platte
Brandverhalten: A2 -s1, d0 (nichtbrennbar)
Tafeldicke: .....
Tafelgröße: .....
Oberfläche: bandbeschichtet, für Außenanwendung
Farbe: .....
Befestigung: **nichtrostende Klammern / Befestigungswinkel**
Farbton Befestigung: **lackiert in RAL ..... / eloxiert natur**
Einbauort/Fassade: .....
Arbeitshöhe: .....

177€ 229€ **257€** 329€ 449€ [m²] ⏱ 0,75 h/m² 038.000.041

22 Fassadenbekleidung, Schindeln KG **335**

Fassadenbekleidung mit Schindeln, als vorgehängte, hinterlüftete Fassade, auf vorhandener Unterkonstruktion, mit Befestigungsmitteln aus nichtrostendem Stahl.
Unterkonstruktion: mehrlagige Holz-UK
Schindelmaterial: **Schiefer / gespaltene Holzschindeln / ......**
Materialspezifikation: .....
Schindelform: **Bogenschnitt rechts / Bogenschnitt links / rechteckig / Segmentbogen / .....**
Schindeldicke: .....
Schindelgröße: .....
Deckungsart: .....
Überdeckung: **Einfach- / Doppel- / Dreifachdeckung**
Befestigung: unsichtbar, im Bereich der Überdeckung
Einbauort/Fassade: .....
Arbeitshöhe: .....

102€ 138€ **170€** 180€ 201€ [m²] ⏱ 1,00 h/m² 038.000.008

Nr.	Kurztext / Langtext						Kostengruppe
▶	▷	**ø netto €**	◁	◀	[Einheit]	Ausf.-Dauer	Positionsnummer

23 Fassadenbekleidung, Ziegelplatten KG **335**

Fassadenbekleidung mit waagerecht verlegten Ziegelplatten, als vorgehängte, hinterlüftete Fassade, auf vorhandener Unterkonstruktion, Befestigung mit Aluminium-Federprofil und Spezial-Plattenhalter.
Unterkonstruktion: Alu-UK
Befestigungsuntergrund: .....
Ziegeltyp: .....
Ziegeldicke: .....
Ziegelformat: .....
Oberfläche/Farbe: .....
Fugenausbildung: .....
Befestigung: nicht sichtbar, im Bereich der Überdeckung
Einbauort/Fassade: .....
Arbeitshöhe: .....

▶	▷	ø	◁	◀	[Einheit]	Ausf.-Dauer	Positionsnummer
130€	198€	**223€**	237€	270€	[m²]	⏱ 0,40 h/m²	038.000.017

24 Fensterbank, Aluminium, außen KG **334**

Fensterbank aus Aluminium-Strangpressprofil, außen, mit Bordstücken mit Bewegungsausgleich, eingebaut im Gefälle von mind. 8%, Profil entdröhnt, mit Schutz gegen Abheben.
Profilsystem: .....
Dicke: .....
Untergrund: .....
Ausladung: .....
Fensterbanklänge: .....
Abwicklung: .....
Kantungen: .....
Oberfläche: eloxiert
Farbton: .....
Einbauort/Fassade: .....
Arbeitshöhe: .....

▶	▷	ø	◁	◀	[Einheit]	Ausf.-Dauer	Positionsnummer
35€	57€	**65€**	72€	87€	[St]	⏱ 0,40 h/St	038.000.021

25 Laibungsbekleidung, Fenster/Tür KG **334**

Laibungsbekleidung der vorgehängten, hinterlüfteten Fassade, inkl. Unterkonstruktion, Zuschnitt der Platten bzw. Tafeln, sowie Befestigung.
Bereich: **Fensterlaibung / Türlaibung**
Unterkonstruktion: Aluminium-UK
Befestigungsuntergrund: ......
Plattentyp: .....
Tafeldicke: .....
Tafelgröße: .....
Laibungstiefe: ....
Oberfläche: .....
Farbe: .....
Befestigung: **nichtrostende Klammern / Befestigungswinkel**
Farbton Befestigung: **lackiert in RAL ..... / eloxiert natur**
Einbauort/Fassade: .....
Arbeitshöhe: .....

▶	▷	ø	◁	◀	[Einheit]	Ausf.-Dauer	Positionsnummer
35€	53€	**58€**	65€	87€	[m]	⏱ 0,35 h/m	038.000.042

Kosten:
Stand 1. Quartal 2025
Bundesdurchschnitt

▶ min
▷ von
ø Mittel
◁ bis
◀ max

Nr.	Kurztext / Langtext						Kostengruppe
▶	▷	**ø netto €**	◁	◀	[Einheit]	Ausf.-Dauer	Positionsnummer

26 Außeneck, Aluprofil KG **335**

Außenecke mit sichtbar bleibendem Aluminium-Formteil.
Unterkonstruktion: .....
Form: .....
Kantung: ..... St
Zuschnitt: .....
Oberfläche: **nasslackiert / chromatiert und pulverbeschichtet**
Klimazone: .....
Farbton: .....
Einbauort/Fassade: .....
Arbeitshöhe: .....

14€	36€	**48€**	60€	79€	[m]	⏱ 0,20 h/m	038.000.045

27 Attikaabdeckung, Aluminiumblech KG **335**

Attikaabdeckung mit Aluminiumblech, einschl. erforderliche Stoßverbinder und Unterkonstruktion.
Windzone: .....
Geländekategorie: .....
Gebäudehöhe: .....
Dicke: 2 mm
Kantungen: ..... St
Abwicklung ca. .....
Oberfläche: **anodisch eloxiert / nasslackiert / chromatiert und pulverbeschichtet**
Farbton: .....
Einbauort/Fassade: .....
Detail siehe Anlagen/Plan-Nr.: .....

45€	97€	**127€**	145€	217€	[m]	⏱ 0,45 h/m	038.000.046

28 Dauergerüstanker, Fassade KG **392**

Dauergerüstanker DIN 4426 für Befestigung von Gerüsten an vorgehängten, hinterlüfteten Fassadenbekleidungen, geeignet für Wartungs- und Instandhaltungsarbeiten der Fassade, die äußere Schale zerstörungsfrei durch die Fuge durchdringend, zur Aufnahme der aus dem Gerüst auftretenden Zug-, Druck- und Querkräfte, mit Kunststoff-Schutzstopfen.
Gewindegröße: M12
Lastklasse: .....
Material: nichtrostender Stahl
Befestigung: gedübelt, thermisch getrennt
Untergrund: **Mauerwerk / gerissener Beton**
Schalen Abstand (VK Bekleidung bis Tragschale): bis .....
Einbau nach: **vorgegebenem Ankerplan / Ausführung gem. Zeichnung**
Einbauort/Fassade: .....
Arbeitshöhe: .....

30€	51€	**54€**	56€	85€	[St]	⏱ 0,10 h/St	038.000.022

Nr.	Kurztext / Langtext						Kostengruppe
►	▷	**ø netto €**	◁	◄	[Einheit]	Ausf.-Dauer	Positionsnummer

29 Stundensatz, Facharbeiter/-in

Stundenlohnarbeiten für Vorarbeiter/-in, Facharbeiter/-in und Gleichgestellte. Der Verrechnungssatz für die jeweilige Arbeitskraft umfasst sämtliche Aufwendungen wie Lohn- und Gehaltskosten, Lohn- und Gehaltsnebenkosten, Zuschläge, lohngebundene und lohnabhängige Kosten, sonstige Sozialkosten, Gemeinkosten, Wagnis und Gewinn. Leistung nach besonderer Anordnung der Bauüberwachung. Anmeldung und Nachweis gem. VOB/B.

71€	79€	**82€**	84€	90€	[h]	⏱ 1,00h/h	038.000.019

30 Stundensatz, Helfer/in

Stundenlohnarbeiten für Werker/-in, Helfer/-in und Gleichgestellte (z.B. Baufachwerker/-in, Helfer/-in, Hilfsmonteur/-in, Ungelernte/-r, Angelernte/-r). Der Verrechnungssatz für die jeweilige Arbeitskraft umfasst sämtliche Aufwendungen wie Lohn- und Gehaltskosten, Lohn- und Gehaltsnebenkosten, Zuschläge, lohngebundene und lohnabhängige Kosten, sonstige Sozialkosten, Gemeinkosten, Wagnis und Gewinn. Leistung nach besonderer Anordnung der Bauüberwachung. Anmeldung und Nachweis gem. VOB/B.

48€	58€	**67€**	69€	74€	[h]	⏱ 1,00h/h	038.000.020

Kosten:
Stand 1.Quartal 2025
Bundesdurchschnitt

► min
▷ von
ø Mittel
◁ bis
◄ max

039

Kosten:
Stand 1.Quartal 2025
Bundesdurchschnitt

► min
▷ von
ø Mittel
◁ bis
◀ max

Nr.	Positionen	Einheit	►	▷	ø brutto € / ø netto €	◁	◀
1	Unterdecke, abgehängt, Mineralfaserplatte 15mm	m^2	34	48	**55**	61	80
			29	41	**46**	51	67
2	Wandanschluss, Decke, Mineralplatte	m	6	8	**8**	9	10
			5	6	**7**	7	8
3	Anschnitt, schräg, Mineralplatte	m	9	14	**16**	22	30
			8	12	**13**	18	25
4	Metall-Kassettendecke, abgehängt	m^2	86	100	**106**	113	124
			72	84	**89**	95	104
5	Metall-Paneeldecke, abgehängt	m^2	81	102	**108**	115	136
			68	86	**91**	96	114
6	Deckenbekleidung Gipsplatte, einlagig, Federschiene	m^2	64	67	**68**	73	78
			53	57	**57**	61	66
7	Unterdecke, abgehängt, Gipsplatten, einlagig	m^2	52	65	**69**	75	96
			43	54	**58**	63	81
8	Unterdecke, abgehängt, Gips-Lochplatten	m^2	82	100	**107**	113	124
			69	84	**90**	95	104
9	Unterdecke, abgehängt, GK/GF, zweilagig	m^2	72	95	**102**	118	148
			60	80	**86**	100	124
10	Unterdecke, abgehängt, F90A/EI90, selbsttragend	m^2	129	181	**207**	248	339
			108	152	**174**	208	285
11	Verstärkung, Unterkonstruktion, Unterdecke	m^2	9	14	**16**	22	29
			8	12	**13**	19	24
12	Unterkonstruktion, Federschiene, Unterdecke	m^2	12	18	**26**	31	41
			10	16	**22**	26	35
13	Weitspannträger, Unterdecke	m^2	23	28	**31**	31	38
			20	23	**26**	26	32
14	Wandanschluss, Schattennutprofil, Unterdecke	m	8	16	**19**	23	33
			7	14	**16**	19	28
15	Verblendung, Deckensprung, Unterdecke	m	32	52	**60**	73	98
			27	43	**51**	61	82
16	Öffnungen/Ausschnitte, bis DN200, Unterdecke	St	8	15	**19**	22	27
			7	13	**16**	19	23
17	Aussparung, Langfeldleuchte, Unterdecke	m	12	27	**32**	37	52
			10	23	**27**	31	44
18	Bekleidung, Dachgeschoss, Gipsplatten, einlagig, Holz-UK	m^2	57	62	**70**	85	92
			48	52	**59**	72	77
19	Bekleidung, Dachgeschoss, Gipsplatten, zweilagig, Holz-UK	m^2	71	77	**87**	105	114
			59	64	**73**	89	96
20	Bekleidung Dachschräge, Gipsplatte, MW-Dämmung	m^2	83	92	**103**	125	134
			69	77	**87**	105	113
21	Bekleidung DG, Zementplatte, Feuchtraum, Holz-UK	m^2	110	121	**136**	163	174
			92	102	**114**	137	146
22	Montagewand, Holz-UK, 110mm, Gipsplatten, zweilagig, MW 40mm, EI30	m^2	108	118	**123**	134	157
			90	99	**103**	113	132
23	Montagewand, Metall-UK, 100mm, Gipsplatten, einlagig, MW 40mm	m^2	77	91	**98**	110	141
			65	77	**83**	92	118

Nr.	Positionen	Einheit	►	▷	ø brutto € ø netto €	◁	◄
24	Montagewand, Metall-UK, 150mm, Gipsplatten zweilagig, MW 40mm, EI30	m²	81	109	**117**	133	168
			68	92	**98**	112	142
25	Montagewand, Metall-UK, 100mm, Gipsplatten DF zweilagig, MW 50mm, EI90	m²	88	115	**127**	146	189
			74	97	**107**	123	159
26	Montagewand, Gipsplatten, Brandwand, 100mm	m²	–	234	**279**	320	–
			–	196	**234**	269	–
27	Montagewand, Metall-UK, 200mm, Gips doppellagig, doppeltes Ständerwerk	m²	112	136	**144**	158	190
			94	115	**121**	133	160
28	Montagewand, Metall-UK, 125mm, Gips einlagig, doppeltes Ständerwerk, MW80mm	m²	109	119	**125**	127	136
			92	100	**105**	107	114
29	Innenwand, Gipswandbauplatte, Mauerwerk	m²	82	96	**99**	105	116
			69	80	**83**	88	98
30	Anschluss, Montagewand, Dachschräge	m	11	13	**15**	17	19
			9	11	**13**	14	16
31	Anschluss, gleitend, Montagewand	m	11	23	**26**	29	39
			10	19	**21**	24	33
32	Ecken, Kantenprofil, Montagewand	m	8	11	**13**	16	24
			7	10	**11**	14	20
33	Montagewand, freies Wandende	m	11	21	**26**	33	46
			9	18	**22**	27	38
34	Montagewand, T-Anschluss	m	10	15	**17**	21	29
			8	12	**14**	18	25
35	Montagewand, Sockelunterschnitt	m	5	10	**11**	15	22
			4	9	**10**	12	19
36	Türöffnung, Montagewand	St	46	78	**92**	114	165
			39	65	**78**	96	139
37	Fensteröffnung, Montagewand	St	42	91	**114**	162	233
			35	77	**96**	136	196
38	Türzargen, Aluminium beschichtet	St	167	249	**276**	363	603
			140	209	**232**	305	507
39	Türzargen, Umfassungszarge, einbauen	St	55	89	**102**	141	206
			46	75	**85**	119	173
40	Revisionsklappe 15x15	St	37	68	**78**	98	125
			31	57	**65**	83	105
41	Revisionsklappe 30x30	St	50	90	**103**	129	171
			42	76	**87**	109	144
42	Revisionsklappe 40x60	St	74	103	**118**	158	217
			62	87	**99**	133	182
43	Revisionsöffnung/-klappe, eckig, Brandschutz EI90	St	355	523	**577**	668	862
			299	440	**485**	561	725
44	Montagewand, Verstärkung UK, Mehrschichtholz-Plattenstreifen	m	12	24	**27**	32	45
			10	20	**23**	27	38

Trockenbauarbeiten **Preise €**

Nr.	Positionen	Einheit	►	▷	ø brutto € / ø netto €	◁	◄
45	Montagewand, Verstärkung UK, CW-Profile	m	9	17	**19**	21	28
			7	14	**16**	18	24
46	Tragständer/Traverse, wandhängende Lasten	St	48	75	**83**	84	128
			40	63	**70**	71	108
47	Vorsatzschale, GK/GF	m^2	56	68	**73**	87	128
			47	57	**61**	73	108
48	Vorsatzschale, Feuchträume	m^2	67	83	**86**	101	131
			56	70	**73**	85	110
49	Vorsatzschale, GK/GF, Schallschutz, R>50dB	m^2	54	76	**82**	100	127
			45	64	**69**	84	107
50	Schachtwand, Gipsplatten, EI 90	m^2	75	96	**106**	134	182
			63	81	**89**	112	153
51	Verkofferung/Bekleidung, Rohrleitungen, Abw. 800mm	m	69	89	**99**	115	158
			58	75	**83**	97	132
52	Trockenputz, Gipsverbundplatte	m^2	50	67	**73**	85	106
			42	56	**62**	71	89
53	Trockenputz, Gipsbauplatte A/H2	m^2	32	45	**50**	59	88
			27	38	**42**	50	74
54	Gipsplatten-/Gipsfaser-Bekleidung, einlagig, auf UK	m^2	27	37	**39**	43	52
			23	31	**33**	36	44
55	Gipsplatten-/Gipsfaser-Bekleidung, doppelt, auf UK	m^2	59	70	**74**	79	88
			50	59	**62**	66	74
56	Gipsplatten-Bekleidung, EI90, einseitig, auf UK	m^2	76	126	**152**	166	237
			64	106	**128**	139	199
57	Gipsplatten-/Gipsfaser-Bekleidung, Lüftungskanal	m^2	72	107	**119**	122	149
			60	90	**100**	102	125
58	Laibung, Fenster, Gipsfaserplatte	m	24	28	**30**	35	46
			20	24	**26**	30	38
59	Laibung, Fenster, Gipsplatte Typ A	m	16	27	**29**	33	40
			14	22	**25**	28	34
60	Laibung, Dachfenster, Gipsverbundplatte, 20mm	m	37	57	**68**	93	124
			32	48	**57**	78	104
61	Imprägnierung, Gipsplatte	m^2	3	5	**6**	7	11
			3	4	**5**	6	9
62	Dampfsperre, Trockenbau	m^2	7	10	**12**	18	32
			6	9	**10**	15	27
63	Mineralwolledämmung, zwischen Sparren	m^2	21	30	**34**	41	53
			18	25	**29**	34	45
64	Dämmschicht, bis 60mm, zwischen UK	m^2	10	14	**15**	22	32
			9	12	**13**	18	26
65	Doppelboden, Plattenbelag/Unterkonstruktion	m^2	141	237	**265**	323	487
			119	199	**222**	272	409
66	Revisionsöffnung, Doppelboden	St	65	113	**119**	145	187
			55	95	**100**	122	157
67	Trockenestrich, Spanplatten, 25mm, einlagig	m^2	41	55	**59**	68	82
			34	46	**49**	57	69
68	Trockenestrich, GF-Platten, 18mm, einlagig	m^2	38	48	**53**	62	72
			32	40	**45**	52	60

Kosten:
Stand 1. Quartal 2025
Bundesdurchschnitt

► min
▷ von
ø Mittel
◁ bis
◄ max

Nr.	Positionen	Einheit	►	▷	ø brutto € / ø netto €	◁	◄
69	Trockenestrich, GF-Platten, 12,5mm, zweilagig	m²	–	51	**61**	77	–
			–	43	**51**	65	–
70	Ausgleichschicht, Mineralstoff, Trockenestrich	m²	18	25	**29**	32	42
			15	21	**24**	27	35
71	WC-Trennwandanlage, HPL-Kompaktplatten	m²	248	292	**309**	337	395
			209	245	**260**	283	332
72	Urinaltrennwand, Schichtstoff-Verbundelemente	St	176	301	**369**	394	540
			148	253	**310**	331	454
73	Montagewand, Waschbecken-Tragständer	St	162	229	**256**	315	518
			136	193	**215**	265	435
74	Verfugung, Acryl-Dichtstoff überstreichbar	m	2	4	**5**	8	16
			2	4	**5**	7	13
75	Spachtelung, Gipsplatten, erhöhte Qualität Q3	m²	6	11	**13**	16	22
			5	9	**11**	14	18
76	Gipsplatten-Bekleidung anarbeiten, Installationsdurchführung	St	10	22	**28**	37	54
			8	19	**23**	31	46
77	Stundensatz, Facharbeiter/-in	h	65	81	**88**	96	119
			54	68	**74**	80	100
78	Stundensatz, Helfer/-in	h	58	70	**75**	79	90
			48	58	**63**	67	76

Nr. **Kurztext** / Langtext Kostengruppe

► ▷ **ø netto €** ◁ ◄ [Einheit] Ausf.-Dauer Positionsnummer

1 Unterdecke, abgehängt, Mineralfaserplatte 15mm KG **354**

Unterdecke aus Mineralfaserplatten, abgehängte Decke, inkl. Unterkonstruktion für Einlegekonstruktion, abgehängt mit Schnellabhängern, Wandanschlussausbildung mit Winkelprofil nach gesonderter Position. Mineralwolleplatten gesundheitlich unbedenklich nach TRGS 500, mit RAL Gütezeichen der Gütegemeinschaft Mineralwolle.
Unterkonstruktion: sichtbar, weiß beschichtet, T-Schienen 24 mm breit
Decklage: Mineralwolleplatten
Schallabsorption: aw = ...
Beanspruchungsklasse: .....
Kantenausbildung: .....
Ausführung: .....
Oberflächendesign: .....
Brandverhalten: A2-s1,d0
Plattendicke: 15 mm
Farbe: weiß - endbeschichtet
Systemraster: ..... x .....
Brandschutz: .....
Einbauhöhe: ca. .....
Abhängehöhe: bis 1,00 m

29€ 41€ **46€** 51€ 67€ [m²] ⏱ 0,50h/m² 039.000.001

Nr.	Kurztext / Langtext						Kostengruppe
►	▷	**ø netto €**	◁	◄	[Einheit]	Ausf.-Dauer	Positionsnummer

2 Wandanschluss, Decke, Mineralplatte KG **354**

Wandanschluss mit L-förmigen Wandwinkel, für abgehängte Mineralwolleplattendecke, sichtbar, Profile in den Ecken stumpf gestoßen.
Untergrund: .....
Winkelgröße: 25 x 25 x 1 mm
Oberfläche: .....
Brandschutz: .....

5€	6€	**7€**	7€	8€	[m]	⏱ 0,10 h/m	039.000.002

3 Anschnitt, schräg, Mineralplatte KG **354**

Schrägschnitte der Einlege-Mineralplatten und Pass-Elemente, der abgehängten Unterdecke.
Zuschnitte: schräg
Plattenformat: .....
Plattendicke: .....

8€	12€	**13€**	18€	25€	[m]	⏱ 0,20 h/m	039.000.003

4 Metall-Kassettendecke, abgehängt KG **354**

Unterdecke aus Metallkassetten, als abgehängte Decke, inkl. Unterkonstruktion, abgehängt mit Schnellabhängern, Decke mit vollflächiger Auflage aus Rieselschutz (z.B. Vlies) und akustisch wirkender Mineralwolledämmung, Fugen und Übergänge der Kassetten als Pressfuge ausbilden. Wandanschlussausbildung nach gesonderter Position.
Unterkonstruktion: **Klemmschienensystem / Auflagesystem**
Kassetten: beschichtetes **Aluminiumblech / verzinktes Stahlblech**
Plattendicke: mind. 0,6 mm
Systemraster: **312,5 x 312,5 / 600 x 600 / 625 x 625** mm
Ausführung Kassetten: **abklappbar / abnehmbar**
Oberfläche: **einbrennlackiert / pulverbeschichtet**
Farbe: weiß RAL .....
Design: .....
Freier Querschnitt .....%
Dämmung: MW - DI, mit RAL-Gütesiegel
Dämmdicke: 40 mm
Brandverhalten: A2-s1,d0
Einbauhöhe: ca. .....
Abhängehöhe: bis 1,00 m

72€	84€	**89€**	95€	104€	[m²]	⏱ 0,65 h/m²	039.000.004

Kosten:
Stand 1. Quartal 2025
Bundesdurchschnitt

► min
▷ von
ø Mittel
◁ bis
◄ max

5 Metall-Paneeldecke, abgehängt KG **354**

Unterdecke aus Metallpaneelen, als abgehängte Decke, inkl. Unterkonstruktion, abgehängt mit Schnellabhängern, Decke mit vollflächiger Auflage aus Rieselschutz (z.B. Vlies) und akustisch wirkender Mineralwolledämmung; Fugen und Übergänge der Paneele als Pressfuge ausbilden. Wandanschlussausbildung nach gesonderter Position.
Unterkonstruktion: **Klemmschienensystem / Auflagesystem**
Paneel: beschichtetes **Aluminiumblech / verzinktes Stahlblech**
Plattendicke: mind. 0,6 mm
Systembreite: 200 mm
Ausführung: .....
Oberfläche: **einbrennlackiert / pulverbeschichtet**
Farbe: weiß RAL .....
Design: .....
Freier Querschnitt: .....%
Dämmung: MW - DI, mit RAL-Gütesiegel
Dämmdicke: 40 mm
Brandverhalten: A2-s1,d0
Einbauhöhe: ca. ..... m
Abhängehöhe: bis 1,00 m

68€	86€	**91€**	96€	114€	[m2]	⏱ 0,70h/m2	039.000.094

6 Deckenbekleidung Gipsplatte, einlagig, Federschiene KG **354**

Deckenbekleidung aus Gipsplatten inkl. Unterkonstruktion verzinktes Stahlprofil als Federschiene. Wandanschlussausbildung nach gesonderter Position.
Bekleidung: Gipsplatten, Typ A
Plattendicke: 12,5 mm
Oberfläche: Qualitätsstufe Q2
Feuerwiderstand: ohne Anforderung
Einbauhöhe: ca. .....

53€	57€	**57€**	61€	66€	[m2]	⏱ 0,52h/m2	039.000.063

7 Unterdecke, abgehängt, Gipsplatten, einlagig KG **354**

Unterdecke aus Gipsplatten, als abgehängte Decke, inkl. Unterkonstruktion. Wandanschlussausbildung nach gesonderter Position.
Unterkonstruktion: Metallprofile CD 60/27/06, UD 28/27/06
Abhängung: **Nonius-Schnellabhänger / Draht mit Öse**
Bekleidung: Gipsplatte Typ A
Plattendicke: 1x 12,5 mm
Oberfläche: Qualitätsstufe Q2
Dämmung: **ohne Dämmung / akustisch wirkende MW-Platte, d= 40** mm
Brandschutz: ohne Anforderung
Untergrund: .....
Einbauhöhe: ca. ..... m
Abhängehöhe: bis 0,50 m

43€	54€	**58€**	63€	81€	[m2]	⏱ 0,52h/m2	039.000.005

023
024
025
026
027
028
029
030
031
032
033
034
036
037
038
039

Nr.	Kurztext / Langtext						Kostengruppe
▶	▷	**ø netto €**	◁	◀	[Einheit]	Ausf.-Dauer	Positionsnummer

8 Unterdecke, abgehängt, Gips-Lochplatten KG **354**

Unterdecke aus gelochten Gipsplatten als abgehängte Decke, Rückseite mit Akustikvlies, inkl. Unterkonstruktion. Wandanschlussausbildung nach gesonderter Position.
Unterkonstruktion: Metallprofile CD 60/27/06, UD 28/27/06
Abhängung: **Nonius-Schnellabhänger / Draht mit Öse**
Bekleidung: Gipsplatte Typ A
Plattendicke: 12,5 mm
Oberfläche: Qualitätsstufe Q2
Ausführung: gelocht
Oberflächendesign: .....
Dämmung: **ohne Dämmung / akustisch wirkende MW-Platte, d= 40** mm
Schallabsorption: aw = ...
Feuerwiderstand: ohne Anforderung
Untergrund: .....
Einbauhöhe: ca. ..... m
Abhängehöhe: bis 0,50 m

69€ 84€ **90€** 95€ 104€ [m²] ⏱ 0,80 h/m² 039.000.095

9 Unterdecke, abgehängt, GK/GF, zweilagig KG **354**

Unterdecke aus mehrlagigen Gips- / Gipsfaserplatten, als abgehängte Decke, inkl. Unterkonstruktion, abgehängt mit Schnellabhängern. Wandanschlussausbildung nach gesonderter Position.
Unterkonstruktion: Metallprofile CD 60/27/06, UD 28/27/06
Bekleidung: **Gipsplatte Typ A / Gipsfaserplatte**
Plattendicke: 2x 12,5 mm
Oberfläche: Qualitätsstufe Q2
Dämmung: **ohne Dämmung / akustisch wirkende MW-Platte, d= 40** mm
Schallabsorption: aw = ...
Brandschutz: ohne Anforderung
Untergrund: .....
Einbauhöhe: ca. ..... m
Abhängehöhe: bis 0,50 m

60€ 80€ **86€** 100€ 124€ [m²] ⏱ 0,60 h/m² 039.000.006

Kosten:
Stand 1. Quartal 2025
Bundesdurchschnitt

▶ min
▷ von
ø Mittel
◁ bis
◀ max

10 Unterdecke, abgehängt, F90A/EI90, selbsttragend KG **354**

Freitragende Unterdecke mit ober- und unterseitiger Beplankung aus Brandschutz-Bauplatten, inkl. Unterkonstruktion. Randanschlüsse, Durchführungen und dgl. nach gesonderter Position.
Unterkonstruktion: Tragprofil aus Metallprofil
Bekleidung: zementgebundene Silikat-Bauplatten
Plattendicke: .....
Brandverhalten: A1
Rohdichte: ..... kg/m³
Oberfläche: Qualitätsstufe Q2
Feuerwiderstand: **F90A / EI90**, Brandbelastung von oben und unten
Randanschlüsse: .....
Raumhöhe: .....
Untergrund: .....
Einbauhöhe: .....
Spannweite: .....

108€ 152€ **174€** 208€ 285€ [m²] ⏱ 0,75h/m² 039.000.075

11 Verstärkung, Unterkonstruktion, Unterdecke KG **354**

Verstärkung der Unterkonstruktion für abgehängte Decke, mit OSB-Holzplattenstreifen, geeignet für die Montage von Einbauteilen.
Bauteile: **Anbauleuchten / Gardinenleisten / Abhängekonstruktionen**
Abmessung Holzstreifen: .....

8€ 12€ **13€** 19€ 24€ [m²] ⏱ 0,04h/m² 039.000.050

12 Unterkonstruktion, Federschiene, Unterdecke KG **354**

Federschiene, Unterkonstruktion der abgehängten GK-/GF-Decke.
Federschiene: aus verzinktem Stahlblechprofil, Hutprofil 98 x 15 mm
Abstand UK: .....
Untergrund: .....

10€ 16€ **22€** 26€ 35€ [m²] ⏱ 0,06h/m² 039.000.064

13 Weitspannträger, Unterdecke KG **354**

Weitspannträger Unterkonstruktion, freitragende Decke, ohne Brandbeanspruchung, Tragprofil aus Metall-Systemprofilen, geeignet für unterseitige Beplankung mit Gipsplatten.
Platten: .....
Untergrund: .....

20€ 23€ **26€** 26€ 32€ [m²] ⏱ 0,08h/m² 039.000.076

14 Wandanschluss, Schattennutprofil, Unterdecke KG **354**

Wandanschluss mit Schattenfugen-Profil, für Gipsplatten-Deckenbekleidung, inkl. Unterkonstruktion, Profil flächenbündig anspachteln und glatt feinschleifen.
Brandschutz: .....
Fugenbreite: ca. 15 mm
Fugentiefe: 12,5 mm
Untergrund: .....

7€ 14€ **16€** 19€ 28€ [m] ⏱ 0,16h/m 039.000.009

Nr.	Kurztext / Langtext						Kostengruppe
▶	▷	ø netto €	◁	◀	[Einheit]	Ausf.-Dauer	Positionsnummer

15 Verblendung, Deckensprung, Unterdecke KG **354**

Verblendung von Deckensprung in abgehängter Decke, inkl. Unterkonstruktion und einlagiger Beplankung mit Gipsplatten. Eck-/Kantenprofil am Übergang der abgehängten Decke nach getrennter Position.
Blendenhöhe: 50-800 mm
Unterteilung: 50-400 mm
Höhe: 400-800 mm
Abhängehöhe: .....
Bekleidung: Gipsplatte Typ A, 1x 12,5 mm
Oberfläche: Qualitätsstufe Q2

27€ 43€ **51€** 61€ 82€ [m] ⏱ 0,14h/m 039.000.010

16 Öffnungen/Ausschnitte, bis DN200, Unterdecke KG **354**

Leuchtenausschnitt in abgehängter Decke, für runde Einbauleuchten (Downlights), inkl. ggfs. Auswechslung der Unterkonstruktion.
Durchmesser: bis 200 mm
Feuerwiderstand Bauteil: EI....., von unten
Bekleidung: .....
Plattendicke: .....

7€ 13€ **16€** 19€ 23€ [St] ⏱ 0,20h/St 039.000.011

17 Aussparung, Langfeldleuchte, Unterdecke KG **354**

Leuchtenausschnitt in abgehängter Decke, für Langfeld-Einbauleuchten, inkl. evtl. Auswechselung der Unterkonstruktion.
Aussparungsgröße (B x L): 150 x 2.000 mm
Feuerwiderstand Bauteil: EI....., von unten
Bekleidung: .....
Plattendicke: .....

10€ 23€ **27€** 31€ 44€ [m] ⏱ 0,25h/m 039.000.012

18 Bekleidung, Dachgeschoss, Gipsplatten, einlagig, Holz-UK KG **354**

Bekleidung aus Gipsplatten im Dachgeschoss, inkl. Unterkonstruktion aus Holzlatten und Verspachtelung. Anschlussausbildung nach gesonderter Position.
Holzlattung: .....
Achsmaß: .....
Bekleidung: Gipsplatte Typ A
Plattendicke: 1x 12,5 mm
Oberfläche: Qualitätsstufe Q2
Untergrund: .....

48€ 52€ **59€** 72€ 77€ [m²] ⏱ 0,06h/m² 039.000.100

Kosten:
Stand 1. Quartal 2025
Bundesdurchschnitt

▶ min
▷ von
ø Mittel
◁ bis
◀ max

19 Bekleidung, Dachgeschoss, Gipsplatten, zweilagig, Holz-UK KG **354**

Bekleidung aus Gipsplatten im Dachgeschoss, inkl. Unterkonstruktion aus Holzlatten und Verspachtelung. Anschlussausbildung nach gesonderter Position.
Holzlattung: .....
Achsmaß: .....
Bekleidung: Gipsplatte Typ A
Plattendicke: 2x 12,5 mm
Oberfläche: Qualitätsstufe Q2
Untergrund: .....

59€ | 64€ | **73€** | 89€ | 96€ | [m²] | ⏱ 0,18 h/m² | 039.000.101

20 Bekleidung Dachschräge, Gipsplatte, MW-Dämmung KG **354**

Bekleidung aus Gipsplatten im Dachgeschoss, Dämmung zwischen Sparren aus Mineralwolleplatten, inkl. Unterkonstruktion aus Holzlatten und Verspachtelung. Anschlussausbildung nach gesonderter Position.
Holzlattung: .....
Bekleidung: Gipsplatte Typ A
Plattendicke: 1x 12,5 mm
Oberfläche: Qualitätsstufe Q2
Dämmung: MW
Dämmdicke: **120 / 140 / 160 / 180** mm

69€ | 77€ | **87€** | 105€ | 113€ | [m²] | ⏱ 0,75 h/m² | 039.000.102

21 Bekleidung DG, Zementplatte, Feuchtraum, Holz-UK KG **354**

Bekleidung aus Zement-Bauplatten im Dachgeschoss, inkl. Unterkonstruktion aus Holzlatten, Verklebung der Plattenfugen und Verspachtelung. Anschlussausbildung nach gesonderter Position.
Holzlattung: .....
Achsmaß: .....
Bekleidung: Zement-Bauplatte
Plattendicke: 1x 12,5 mm
Oberfläche: Qualitätsstufe Q2
Untergrund: .....

92€ | 102€ | **114€** | 137€ | 146€ | [m²] | ⏱ 0,80 h/m² | 039.000.104

Nr.	Kurztext / Langtext						Kostengruppe
▶	▷	**ø netto €**	◁	◀	[Einheit]	Ausf.-Dauer	Positionsnummer

22 Montagewand, Holz-UK, 110mm, Gipsplatten, zweilagig, MW 40mm, EI30 KG **342**

Nichttragende Trennwand, als beidseitig beplankte Holzständerwand, mit Dämmschicht aus Mineralwolleplatten, abrutschsicher und dicht gestoßen, inkl. Trennstreifen, inkl. verspachteln und schleifen von Fugen und Befestigungsmitteln.
Boden: Estrich
Unterkonstruktion: Einfach-Ständerwerk aus Holzprofilen
Profilquerschnitt: 60 x 60 mm
Ständerabstand: 62,5 cm
Beplankung: Gipskartonplatte GKB Typ **A / H2 / DF / DFH2**
Plattendicken: 2x 12,5 mm, je Seite
Oberfläche: Qualitätsstufe Q2
Dämmung: MW
Dämmdicke: 40 mm
Anschlüsse: starrer Anschluss
Feuerwiderstand: EI 30
Brandbelastung: .....
Wanddicke: 110 mm
Wandhöhe: .....
Einbaubereich: **1 / 2**

90€	99€	**103€**	113€	132€	[m²]	⏱ 0,40h/m²	039.000.078

23 Montagewand, Metall-UK, 100mm, Gipsplatten, einlagig, MW 40mm KG **342**

Nichttragende innere Trennwand, als beidseitig beplankte Montagewand, mit Dämmschicht aus Mineralwolleplatten, abrutschsicher und dicht gestoßen, inkl. Trennstreifen, inkl. verspachteln und schleifen von Fugen und Befestigungsmitteln.
Boden: Estrich
Unterkonstruktion: Einfach-Ständerwerk aus verzinkten Stahlblechprofilen
Profile: CW/UW 75
Profilgröße: 75 mm
Beplankung: Gipskartonplatte GKB Typ **A / H2 (imprägniert)**
Plattendicken je Seite: 1x 12,5 mm
Oberfläche: Qualitätsstufe Q2
Dämmung: MW
Dämmdicke: 40 mm
Anschlüsse: starrer Anschluss
Feuerwiderstand: ohne Anforderung
Wanddicke: 100 mm
Wandhöhe: bis 3,00 m
Einbaubereich: **1 / 2**

65€	77€	**83€**	92€	118€	[m²]	⏱ 0,40h/m²	039.000.144

Kosten:
Stand 1. Quartal 2025
Bundesdurchschnitt

▶ min
▷ von
ø Mittel
◁ bis
◀ max

24 Montagewand, Metall-UK, 150mm, Gipsplatten zweilagig, MW 40mm, EI30 KG **342**

Nichttragende innere Trennwand, als beidseitig beplankte Montagewand mit Dämmschicht aus Mineralwolleplatten, abrutschsicher und dicht gestoßen, inkl. Trennstreifen, inkl. verspachteln und schleifen von Fugen und Befestigungsmitteln.
Boden: **Estrich / Rohboden**
Unterkonstruktion: Einfach-Ständerwerk aus verzinkten Stahlblechprofilen
Profile: CW/UW 100
Beplankung:Gipsplatte Typ **A / H2**
Plattendicken je Seite: 2x 12,5 mm
Oberfläche: Qualitätsstufe Q2
Dämmung: MW
Dämmdicke: 40 mm
Anschlüsse: starrer Anschluss
Feuerwiderstand: EI 30
Brandbelastung: beidseitig
Wanddicke: 150 mm
Wandhöhe: .....
Einbaubereich: **1 / 2**

68€	92€	**98€**	112€	142€	[m2]	⏱ 0,65h/m2	039.000.017

25 Montagewand, Metall-UK, 100mm, Gipsplatten DF zweilagig, MW 50mm, EI90 KG **342**

Nichttragende innere Trennwand, als beidseitig beplankte Montagewand, mit Dämmschicht aus Mineralwolleplatten, abrutschsicher und dicht gestoßen, inkl. Trennstreifen, inkl. verspachteln und schleifen von Fugen und Befestigungsmitteln.
Boden: **Estrich / Rohboden**
Unterkonstruktion: Einfach-Ständerwerk aus verzinkten Stahlblechprofilen
Profile: CW/UW 50
Beplankung: Gipskartonplatte Typ **DF / DFH2**
Plattendicken je Seite: 2x 12,5 mm
Oberfläche: Qualitätsstufe Q2
Dämmung: MW
Dämmdicke: 50 mm
Rohdichte Dämmung: .....
Anschlüsse: starrer Anschluss
Feuerwiderstand: EI 90
Brandbelastung: beidseitig
Schalldämmung: Rw,R = 55 dB
Wärmedurchgangskoeffizient: 0,61 W/(mK)
Wanddicke: 100 mm
Wandhöhe: .....
Einbaubereich: **1 / 2**

74€	97€	**107€**	123€	159€	[m2]	⏱ 0,65h/m2	039.000.018

Nr.	Kurztext / Langtext						Kostengruppe
►	▷	**ø netto €**	◁	◄	[Einheit]	Ausf.-Dauer	Positionsnummer

26 Montagewand, Gipsplatten, Brandwand, 100mm KG **342**

Nichttragende innere Trennwand, als beidseitig beplankte Montagewand, mit Stahlblecheinlage und Dämmschicht aus Mineralwolleplatten, abrutschsicher und dicht gestoßen, einschl. Verspachtelung von Fugen und Befestigungsmitteln.
Boden: **Estrich / Rohboden**
Unterkonstruktion: Einfach-Ständerwerk aus verzinkten Stahlblechprofilen
Profile: CW/UW 100
Profilabstand: 312,5 mm
Bekleidung: Gipsplatte, Typ DF
Beplankung: 1x 20 und 1x 12,5 mm, je Seite
Stahlblecheinlage je Seite: 0,5 mm
Oberfläche: Qualitätsstufe Q2
Dämmung: MW
Dämmdicke: 80 mm
Rohdichte Dämmung: 40 kg/m^2
Anschlüsse: starrer Anschluss
Feuerwiderstand: **F90A / EI 90-M**
Brandbelastung: beidseitig
Wanddicke: 166 mm
Wandhöhe: .....
Einbaubereich: **1 / 2**

►	▷	ø	◁	◄	Einheit	Ausf.-Dauer	Positionsnummer
–	196€	**234€**	269€	–	[m^2]	⏱ 1,70h/m^2	039.000.114

27 Montagewand, Metall-UK, 200mm, Gips doppellagig, doppeltes Ständerwerk KG **342**

Nichttragende innere Trennwand, als beidseitig beplankte Installationswand mit doppeltem Ständerwerk, mit Dämmschicht aus Mineralwolleplatten, abrutschsicher und dicht gestoßen,inkl. Trennstreifen, inkl. verspachteln und schleifen von Fugen und Befestigungsmitteln.
Boden: **Estrich / Rohboden**
Unterkonstruktion: Doppelständerwerk aus verzinkten Stahlblech-Profilen
Profile: 2x CW/UW 75
Bekleidung: Gipsplatte Typ **DF / DFH2**
Beplankung: je Seite: 2x 12,5 mm
Oberfläche: Qualitätsstufe Q2
Dämmung: MW
Dämmdicke: 2x 40 mm
Anschlüsse: starrer Anschluss
Feuerwiderstand: .....
Brandbelastung: beidseitig
Schalldämmung: Rw, R >61 dB
Wärmedurchgangskoeffizient: 0,60 W/(m^{2}K)
Wanddicke: über 200 mm
Wandhöhe: .....
Einbaubereich: **1 / 2**

►	▷	ø	◁	◄	Einheit	Ausf.-Dauer	Positionsnummer
94€	115€	**121€**	133€	160€	[m^2]	⏱ 0,80h/m^2	039.000.019

Kosten:
Stand 1. Quartal 2025
Bundesdurchschnitt

► min
▷ von
ø Mittel
◁ bis
◄ max

28 Montagewand, Metall-UK, 125mm, Gips einlagig, doppeltes Ständerwerk, MW80mm KG **342**

Nichttragende innere Trennwand, als beidseitig beplankte Installationswand mit doppeltem Ständerwerk, mit Dämmschicht aus Mineralwolleplatten, abrutschsicher und dicht gestoßen, inkl. Trennstreifen, inkl verspachteln und schleifen von Fugen und Befestigungsmitteln.
Boden: **Estrich / Rohboden**
Unterkonstruktion: Doppelständerwerk aus verzinkten Stahlblechprofilen
Profile: 2x CW/UW 50
Beplankung: Gipsplatte Typ **DF / DFH2**
Plattendicken je Seite: 1x 12,5 mm
Oberfläche: Qualitätsstufe Q2
Dämmung: MW
Dämmdicke: 2x 40 mm
Anschlüsse: starrer Anschluss
Feuerwiderstand: EI 30
Brandbelastung: beidseitig
Schalldämmung: Rw, R = 52 dB
Wärmedurchgangskoeffizient: 0,60 W/(mK)
Wanddicke: 125 mm
Wandhöhe: bis 2,75 m
Einbaubereich: **1 / 2**

92€	100€	**105€**	107€	114€	[m²]	⏱ 0,75 h/m²	039.000.015

29 Innenwand, Gipswandbauplatte, Mauerwerk KG **342**

Mauerwerk der nichttragenden Trennwand aus Gipswandbauplatten, eingebaut auf Rohdecke.
Wanddicke: **80 / 100 mm**
Feuerwiderstand: .....
Brandbelastung: .....
Brandverhalten: A1
Rohdichte: ..... kg/m³
Oberfläche: **Fugen abziehen / ganzflächig Spachteln / ohne Verspachtelung**
Wandanschluss: .....
Wandhöhe: .....
Einbaubereich **1 / 2**

69€	80€	**83€**	88€	98€	[m²]	⏱ 0,60 h/m²	039.000.079

30 Anschluss, Montagewand, Dachschräge KG **342**

Anschluss der nichttragenden Montagewand an Dachschräge, hinterlegt, als Schattenfuge einschl. Kantprofil. Abrechnung nach Länge des Anschlusses, in der Schräge gemessen.
Wanddicke: .....
Wandhöhe: von ..... bis .....
Bekleidung: Gipsplatte Typ ...., d= 12,5 mm
Beplankung je Wandseite: .....
Dachschräge: .....°

9€	11€	**13€**	14€	16€	[m]	⏱ 0,20 h/m	039.000.070

Kosten:
Stand 1. Quartal 2025
Bundesdurchschnitt

Nr.	Kurztext / Langtext						Kostengruppe
▶	▷	ø netto €	◁	◀	[Einheit]	Ausf.-Dauer	Positionsnummer

31 Anschluss, gleitend, Montagewand KG **342**

Gleitender Anschluss für Montagewand, bis 20mm, inkl. aller notwendiger Profilschienen.
Beplankung je Wandseite: **einlagig / zweilagig**
Anschluss: **oben / seitlich**
Gipsplatten: Typ .....
Wanddicke: .....

10€ | 19€ | **21€** | 24€ | 33€ | [m] | ⏱ 0,30 h/m | 039.000.026

32 Ecken, Kantenprofil, Montagewand KG **342**

Eckausbildung der Montagewand, im Grundriss rechtwinklig, Ausführung mit Eck-/Kantenprofil.

7€ | 10€ | **11€** | 14€ | 20€ | [m] | ⏱ 0,18 h/m | 039.000.053

33 Montagewand, freies Wandende KG **342**

Freies Wandende der Montagewand, inkl. der Eck-/Kantenprofile.
Beplankung: **einlagig / zweilagig**
Gipsplatte: Typ .....
Breite der Stirnfläche: .....
Oberfläche: Qualitätsstufe Q2

9€ | 18€ | **22€** | 27€ | 38€ | [m] | ⏱ 0,30 h/m | 039.000.062

34 Montagewand, T-Anschluss KG **342**

T-Verbindung für Montagewand, Ausführung mit starrer Verbindung und Beplankung.
Ausführung: **unterbrochen / mit Inneneckprofilen**
Beplankung: **einlagig / zweilagig**
Gipsplatten: Typ .....
Wanddicken: .....

8€ | 12€ | **14€** | 18€ | 25€ | [m] | ⏱ 0,16 h/m | 039.000.028

35 Montagewand, Sockelunterschnitt KG **342**

Ausbildung eines unterschnittenen Sockels in vor beschriebener Montagewand mit zweilagiger Beplankung.
Leistung im Zuge der Wandmontage:

- Unterschnitt herstellen
- fehlende zweite Beplankung durch zusätzliche Gipsplattenstreifen innerhalb der Wand ergänzen

Höhe Sockelprofil ab OK FFB: ca. 60 mm
Tiefe Sockelprofil: 12,5 mm
FB-Aufbau: ca. .....
Ausführung gem. Detail Nr. .....

4€ | 9€ | **10€** | 12€ | 19€ | [m] | ⏱ 0,15 h/m | 039.000.147

▶ min
▷ von
ø Mittel
◁ bis
◀ max

Nr.	Kurztext / Langtext						Kostengruppe
▶	▷	ø netto €	◁	◀	[Einheit]	Ausf.-Dauer	Positionsnummer

36 Türöffnung, Montagewand KG **344**

Türöffnung in Gipskarton- bzw. Gipsplatten-Montagewänden herstellen, mit Türpfosten aus UA-Profilen, inkl. aller erforderlichen Türpfostenwinkel-Profile bzw. verstärkten Profile bei Wandhöhen über 2.600mm und schweren Türblättern.
Baurichtmaß (B x H): **625 / 750 / 875 / 1.000** x 2.125 mm
Bekleidung: Gipsplatte Typ .....
Beplankung: **einlagig / zweilagig** je Seite
Wanddicke: **75 / 100 / 125 / 150** mm
Wandhöhe: ...

39€	65€	**78€**	96€	139€	[St]	⏱ 0,50h/St	039.000.020

37 Fensteröffnung, Montagewand KG **344**

Fensteröffnung in Gipskarton- bzw. Gipsplatten-Montagewänden mit Rand aus UA-Profilen, inkl. aller erforderlichen Türpfostenwinkel-Profile bzw. verstärkten Profile bei Wandhöhen über 2.600mm.
Baurichtmaß (B x H): ..... x .....
Bekleidung: Gipsplatte Typ .....
Beplankung: **einlagig / zweilagig** je Seite
Wanddicke: **75 / 100 / 125 / 150** mm
Wandhöhe: .....

35€	77€	**96€**	136€	196€	[St]	⏱ 0,50h/St	039.000.072

38 Türzargen, Aluminium beschichtet KG **344**

Türzarge als Umfassungszarge, in Montagewand einbauen, mit Anschlagdämpfung als Hohlkammerprofil, Hohlraum dicht hinterfüllt mit Mineralwolle. Zarge mit Kerbe im Schließblech genau auf Meterriss ausrichten.
Türzarge: **einteilig / dreiteilig**
Material: Aluminium-Strangpressprofil
Profildicke: **1,5 / 2 mm**
Maulweite: .....
Zargen-Profil: .....
Türblätter: **gefälzt / ungefälzt**
Türband: Objektbänder, Typ ..... / .....
Zargenoberfläche: .....
Baurichtmaß (B x H): **625 / 750 / 875 / 1.000** x 2.130 mm
Wanddicke: .....

140€	209€	**232€**	305€	507€	[St]	⏱ 1,10h/St	039.000.021

39 Türzargen, Umfassungszarge, einbauen KG **344**

Einbau von bauseitig gelieferten und gestellten Umfassungszargen in Montagewände.
Material: **Stahlblech / Aluminiumblech**
Ausführung: **einteilig / dreiteilig**
Fußbodeneinstand: **mit / ohne**
Baurichtmaß (B x H): **625 / 750 / 875 / 1.000** x 2.130 mm
Bekleidung: .....
Wanddicke:.....

46€	75€	**85€**	119€	173€	[St]	⏱ 0,75h/St	039.000.022

023 024 025 026 027 028 029 030 031 032 033 034 036 037 038 039

Nr.	Kurztext / Langtext						Kostengruppe
▶	▷	ø netto €	◁	◀	[Einheit]	Ausf.-Dauer	Positionsnummer

A 1 Revisionsklappe beplankt — Beschreibung für Pos. **40-42**

Revisionsklappe für Wandbekleidung bzw. Vorsatzschale. Klappe ohne sichtbaren Verschluss. Einbau- und Klapprahmen aus Aluminium, öffnen der Klappe durch leichtes Andrücken, Ausführung mit Fangarmsicherung; inkl. herstellen der Aussparung, inkl. flächenbündiger Beplankung und Verspachtelung.
Brandschutz: ohne Anforderung
Bekleidung: .....

40 Revisionsklappe 15x15 — KG **345**

Wie Ausführungsbeschreibung A 1
Beplankung: **einlagig / zweilagig** je Seite
Plattendicke: .....
Klappengröße: 150 x 150 mm

31€	57€	**65€**	83€	105€	[St]	⏱ 0,25h/St	039.000.088

41 Revisionsklappe 30x30 — KG **345**

Wie Ausführungsbeschreibung A 1
Beplankung: **einlagig / zweilagig** je Seite
Plattendicke: .....
Klappengröße: 300 x 300 mm

42€	76€	**87€**	109€	144€	[St]	⏱ 0,26h/St	039.000.142

42 Revisionsklappe 40x60 — KG **345**

Wie Ausführungsbeschreibung A 1
Beplankung: **einlagig / zweilagig** je Seite
Plattendicke: .....
Klappengröße: 400 x 600 mm

62€	87€	**99€**	133€	182€	[St]	⏱ 0,28h/St	039.000.089

43 Revisionsöffnung/-klappe, eckig, Brandschutz EI90 — KG **345**

Revisionsklappe für Wandbekleidung bzw. Vorsatzschale mit Brandschutzanforderung, Klappe ohne sichtbaren Verschluss, Einbau- und Klapprahmen aus Aluminium, öffnen der Klappe durch leichtes Andrücken, Ausführung mit Fangarmsicherung; inkl. herstellen der Aussparung, inkl. flächenbündiger Beplankung und Verspachtelung der Revisionsklappe.
Bekleidung: .....
Beplankung: **einlagig / zweilagig** je Seite
Plattendicke: .....
Klappengröße (L x B): bis 500 x 500 mm
Brandschutz: EI 90
Angeb. Fabrikat: .....

299€	440€	**485€**	561€	725€	[St]	⏱ 0,55h/St	039.000.025

44 Montagewand, Verstärkung UK, Mehrschichtholz-Plattenstreifen — KG **342**

Verstärkung der Unterkonstruktion der Montagewand mit Mehrschichtholz-Plattenstreifen, eingebaut in Oberschrankhöhe.
Plattenstreifen: 300 mm

10€	20€	**23€**	27€	38€	[m]	⏱ 0,12h/m	039.000.048

Kosten:
Stand 1. Quartal 2025
Bundesdurchschnitt

▶ min
▷ von
ø Mittel
◁ bis
◀ max

Nr.	Kurztext / Langtext						Kostengruppe
▶	▷	**ø netto €**	◁	◀	[Einheit]	Ausf.-Dauer	Positionsnummer

45 Montagewand, Verstärkung UK, CW-Profile KG **342**

Verstärkung der Unterkonstruktion der Montagewand, mit zusätzlichen Metall-Profil.
Profilstärke: 0,6 mm,
Profil: CW .....

7€	14€	**16€**	18€	24€	[m]	⏱ 0,10h/m	039.000.047

46 Tragständer/Traverse, wandhängende Lasten KG **342**

Traggerüst im Wandhohlraum, befestigt an Rohfußboden und Decke, aus verzinkten Stahlblechprofilen, Objektbefestigung mit Gewindestangen, U-Scheiben und Stahlmuttern von selbstschneidenden Schrauben.
Einbaubereich: **1 / 2**
Wandhängende Lasten: bis 1,5 kN/m
Wandhöhe: .....

40€	63€	**70€**	71€	108€	[St]	⏱ 0,20h/St	039.000.073

47 Vorsatzschale, GK/GF KG **345**

Nichttragende innere, freistehende Vorsatzschale, inkl. Trennstreifen, inkl. verspachteln und schleifen von Fugen und Befestigungsmitteln.
Befestigung: .....
Unterkonstruktion: Einfach-Ständerwerk aus verzinkten Stahlblechprofilen
Profilgröße: **50 / 75 mm**
Bekleidung: .....
Plattendicke: **1x ..... / 2x .....** mm
Oberfläche: Qualitätsstufe Q2
Anschluss: starrer Anschluss .....
Brandschutz: **EI 0 / EI 30**
Brandbelastung: einseitig
Wanddicke: .....
Wandhöhe: .....
Einbaubereich: **1 / 2**

47€	57€	**61€**	73€	108€	[m²]	⏱ 0,40h/m²	039.000.031

Kosten:
Stand 1. Quartal 2025
Bundesdurchschnitt

Nr.	**Kurztext** / Langtext						Kostengruppe
▶	▷	**ø netto €**	◁	◀	[Einheit]	Ausf.-Dauer	Positionsnummer

48 Vorsatzschale, Feuchträume KG **345**

Nichttragende innere, freistehende Vorsatzschale, als Installationswand/Schachtwand im Feuchtbereich, mit Dämmschicht aus Mineralwolleplatten, abrutschsicher und dicht gestoßen,inkl. Trennstreifen, inkl. verspachteln und schleifen von Fugen und Befestigungsmitteln.
Befestigung: frei stehend zwischen Stb-Boden und Stb-Decke
Unterkonstruktion: Einfach-Ständerwerk aus verzinkten Stahlblechprofilen
Profile: CW/UW **50 / 75** mm
Beplankung: **Gipsplatte Typ H2 / Gipsfaserplatte**
Plattendicken einseitig: 12,5 mm
Oberfläche: Qualitätsstufe Q2
Dämmung: MW, d= ..... mm, ... kg/m³
Wärmeleitfähigkeit: ..... W/(mK)
Strömungswiderstand: mind. 5 kPa s/m²
Anschluss: starrer Anschluss
Feuerwiderstand: EI 0
Wanddicke: **62,5 / 75 / 87,5 / 100 / 112,5** mm
Wandhöhe: ..... m
Einbaubereich: **1 / 2**

56€ | 70€ | **73€** | 85€ | 110€ | [m²] | ⏱ 0,40 h/m² | 039.000.029

49 Vorsatzschale, GK/GF, Schallschutz, R>50dB KG **345**

Nichttragende innere, freistehende Vorsatzschale oder Schachtwand, schalldämmend, mit Dämmschicht aus Mineralwolleplatten, abrutschsicher und dicht gestoßen, inkl. Trennstreifen, inkl. verspachteln und schleifen von Fugen und Befestigungsmitteln.
Befestigung: .....
Unterkonstruktion: Einfach-Ständerwerk aus verzinkten Stahlblechprofilen
Profile: CW/UW .....
Bekleidung: .....
Plattendicken: 2x .....
Oberfläche: Qualitätsstufe Q2
Dämmung: .....
Wärmedurchgangskoeffizient: ..... W/(m²K)
Strömungswiderstand: mind. 5 kPa s/m²
Dämmdicke: .....
flächenbezogene Masse: ..... kg/m²
Anschlüsse: starrer Anschluss
Feuerwiderstand: EI 0
Schalldämmung: Rw, R = >50 dB
Wanddicke: .....
Wandhöhe: .....
Einbaubereich: **1 / 2**

45€ | 64€ | **69€** | 84€ | 107€ | [m²] | ⏱ 0,45 h/m² | 039.000.030

▶ min
▷ von
ø Mittel
◁ bis
◀ max

Nr.	Kurztext / Langtext						Kostengruppe
►	▷	**ø netto €**	◁	◄	[Einheit]	Ausf.-Dauer	Positionsnummer

50 Schachtwand, Gipsplatten, EI 90 KG **342**

Nichttragende innere, freistehende Schachtwand, inkl. Trennstreifen, inkl. verspachteln und schleifen von Fugen und Befestigungsmitteln.
Befestigung: .....
Unterkonstruktion: Einfach-Ständerwerk aus verzinkten Stahlblechprofilen
Profile: CW/UW **50 / 75** mm
Bekleidung: Gipsplatte GKB Typ DF .....
Plattendicke: 2x .....
Oberfläche: Qualitätsstufe Q2
Anschluss: starrer Anschluss
Feuerwiderstand: EI 90
Brandbelastung: einseitig
Wanddicke: .....
Wandhöhe: .....

63€	81€	**89€**	112€	153€	[m²]	⏱ 0,55 h/m²	039.000.056

51 Verkofferung/Bekleidung, Rohrleitungen, Abw. 800mm KG **345**

Bekleidung von Installationsleitungen, mit Hohlraumdämmung aus Mineralwolle, inkl. verspachteln und schleifen. Abrechnung der notwendigen Eck-/Kantenprofile und V-Fräsungen nach getrennter Position.
Ansicht: **zweiseitig / dreiseitig**
Höhe Verkofferung: .....
Abwicklung: bis 800 mm
Bekleidung: **Gipsplatte / Gipsfaserplatte**
Plattendicke: 1x 12,5 mm
Oberfläche: Qualitätsstufe Q2
Dämmung: MW, A1, 30 kg/m³, 5 kPa x s/m²
Untergrund: .....

58€	75€	**83€**	97€	132€	[m]	⏱ 0,40 h/m	039.000.032

52 Trockenputz, Gipsverbundplatte KG **345**

Wandbekleidung aus Gipsverbundplatten mit aufkaschierter Dämmschicht, auf vorbereitete Wandflächen, inkl. Verspachtelung.
Plattendicke: 1x 12,5 mm
Dämmschicht: **MW / PS**
Wärmedämmung: ..... W/(mK)
Dämmdicke: **40 / 60 / 80** mm
Oberfläche: Qualitätsstufe Q2
Brandverhalten Klasse: **A1 / E**
Einbauhöhe: .....
Untergrund: .....

42€	56€	**62€**	71€	89€	[m²]	⏱ 0,35 h/m²	039.000.033

Kosten:
Stand 1. Quartal 2025
Bundesdurchschnitt

Nr.	Kurztext / Langtext						Kostengruppe
►	▷	**ø netto €**	◁	◄	[Einheit]	Ausf.-Dauer	Positionsnummer

53 Trockenputz, Gipsbauplatte A/H2 KG **345**

Wandbekleidung als Trockenputz aus Gipsplatten, auf vorbereitete Wandflächen, Anschlüsse ringsum, an Boden und Wände starr, inkl. Verspachtelung.
Bekleidung: Gipsplatte Typ **A/H2**
Plattendicke: 1 x 12,5 mm
Oberfläche: Qualitätsstufe Q2
Einbauhöhe: .....
Untergrund: **Mauerwerk / Stahlbeton**

►	▷	ø	◁	◄	Einheit	Ausf.-Dauer	Positionsnummer
27€	38€	**42€**	50€	74€	[m²]	⏱ 0,35 h/m²	039.000.034

54 Gipsplatten-/Gipsfaser-Bekleidung, einlagig, auf UK KG **364**

Einlagige Bekleidung von Wand oder Decke mit Gipsplatten, auf vorhandener Unterkonstruktion, inkl. verspachteln und schleifen.
Bauteil: .....
Untergrund: .....
Achsmaß: .....
Bekleidung: einseitig, **Gipsfaserplatte / Gipsplatte,** Typ .....
Plattendicke: 1x 12,5 mm
Einbauhöhe: bis 3,00 m
Oberfläche: Qualitätsstufe Q2

►	▷	ø	◁	◄	Einheit	Ausf.-Dauer	Positionsnummer
23€	31€	**33€**	36€	44€	[m²]	⏱ 0,32 h/m²	039.000.035

55 Gipsplatten-/Gipsfaser-Bekleidung, doppelt, auf UK KG **364**

Zweilagige Bekleidung von Wand oder Decke mit Gipsplatten, auf vorhandener Unterkonstruktion, inkl. Verspachtelung.
Bauteil: .....
Untergrund: .....
Achsmaß: .....
Bekleidung: einseitig, **Gipsfaserplatte / Gipsplatte,** Typ .....
Plattendicke: 2x 12,5 mm
Einbauhöhe: bis 3,00 m
Oberfläche: Qualitätsstufe Q2

►	▷	ø	◁	◄	Einheit	Ausf.-Dauer	Positionsnummer
50€	59€	**62€**	66€	74€	[m²]	⏱ 0,44 h/m²	039.000.036

56 Gipsplatten-Bekleidung, EI90, einseitig, auf UK KG **364**

Feuerbeständige Bekleidung von Wand oder Decke mit Gipsplatten, auf vorhandener Unterkonstruktion, inkl. verspachteln und schleifen.
Bauteil: .....
Befestigungsuntergrund: .....
Achsmaß: .....
Bekleidung: Gipsplatte **Typ DF / Typ DF H2**
Plattendicke: .....
Feuerwiderstand: EI90
Brandbelastung: von unten, in Verbindung mit der Dachkonstruktion aus Holzsparren und harter Bedachung
Einbauhöhe: .....
Oberfläche: Qualitätsstufe Q2

►	▷	ø	◁	◄	Einheit	Ausf.-Dauer	Positionsnummer
64€	106€	**128€**	139€	199€	[m²]	⏱ 0,50 h/m²	039.000.037

► min
▷ von
ø Mittel
◁ bis
◄ max

57 Gipsplatten-/Gipsfaser-Bekleidung, Lüftungskanal KG **354**

Bekleidung Lüftungs-Stahlblechkanal, Kanal abgehängt, innen, inkl. Verspachtelung.
Kanalquerschnitt: .....
Beplankung: **einfach / doppelt** je Seite
Feuerwiderstand: EI .....
Brandbelastung: .....
Verkleidungsflächen: .....
Abwicklung: .....
Untergrund: **Stahlbeton- / Holzbalkendecke**
Oberfläche: Qualitätsstufe Q2
Einbauhöhe: .....
Abhänghöhe: .....

60€ 90€ **100€** 102€ 125€ [m²] ⏱ 0,40h/m² 039.000.038

58 Laibung, Fenster, Gipsfaserplatte KG **336**

Fensterlaibung mit Gipsfaserplatten bekleiden, einschl. Ausbildung der Ecken und Übergänge an Wandbekleidung mit Kantenschutzprofil.
Bekleidung: Gipsfaserplatte
Plattendicke: 12,5 mm
Untergrund: Holzsparren
Laibungstiefe: .....
Abwicklung: .....
Oberfläche: Qualitätsstufe Q2

20€ 24€ **26€** 30€ 38€ [m] ⏱ 0,18h/m 039.000.080

59 Laibung, Fenster, Gipsplatte Typ A KG **336**

Fensterlaibung mit Gipsplatten bekleiden, einschl. Ausbildung der Ecken und Übergänge an Wandbekleidung mit Kantenschutzprofil.
Platte: Gipsplatte, GKB Typ A
Plattendicke: 12,5 mm
Untergrund: Holzsparren
Laibungstiefe: .....
Abwicklung: .....
Oberfläche: Qualitätsstufe Q2

14€ 22€ **25€** 28€ 34€ [m] ⏱ 0,20h/m 039.000.081

60 Laibung, Dachfenster, Gipsverbundplatte, 20mm KG **364**

Dachfensteranschluss (Laibung) mit Gipsverbundplatte, bestehend aus faserkaschierter Gipsplatte und Dämmschicht aus Polystyrol-Hartschaum, inkl. Anarbeiten an Dachflächenfenster mit umlaufendem Kunststoffanschlussprofil, sowie Herstellen des Anschlusses an die Wandbekleidung aus Gipsplatten mit Eckschiene und Gewebeband.
Untergrund: Holzsparren
Elementdicke: 20 mm
Wärmeleitfähigkeit Dämmstoff: 0,032 W/(mK)
Oberfläche: Qualitätsstufe Q2

32€ 48€ **57€** 78€ 104€ [m] ⏱ 0,35h/m 039.000.082

Nr.	Kurztext / Langtext						Kostengruppe
▶	▷	ø netto €	◁	◀	[Einheit]	Ausf.-Dauer	Positionsnummer

61 Imprägnierung, Gipsplatte KG **342**

Mehrpreis für die Verwendung von imprägnierten Gipsplatten Typ H2, anstelle normaler Gipsplatte Typ A.
Plattendicke: 12,5 mm
Einbauort: Feuchträume

▶	▷	ø	◁	◀	Einheit	Ausf.-Dauer	Positionsnummer
3€	4€	**5€**	6€	9€	[m²]	⏱ 0,04h/m²	039.000.042

62 Dampfsperre, Trockenbau KG **364**

Dampfsperrbahn mit, Anschlüssen, Durchdringungen und Überlappungen mit systemabgestimmten Klebebändern. Vergütung der Randanschlüsse, Durchdringungen und Aussparungen nach gesonderter Position.
Sd-Wert: <=2,30 m
Einbauort: ......

▶	▷	ø	◁	◀	Einheit	Ausf.-Dauer	Positionsnummer
6€	9€	**10€**	15€	27€	[m²]	⏱ 0,03h/m²	039.000.040

Kosten:
Stand 1.Quartal 2025
Bundesdurchschnitt

63 Mineralwolledämmung, zwischen Sparren KG **364**

Wärmedämmung zwischen Sparren, als Matte, stumpf gestoßen, Matte gegenüber Sparrenabstand mit 10mm Übermaß zuschneiden und bündig mit Sparrenunterkante dicht gestoßen und abgleitsicher einbauen.
Dämmstoff: MW
Anwendung: **DZ / WH**
Bemessungswert der Wärmeleitfähigkeit: max. 0,032 W/(mK)
Nennwert der Wärmeleitfähigkeit: 0,031 W/(mK)
Brandverhalten: A1
Dämmdicke: .....
Sparrenabstand: 600-800 mm

▶	▷	ø	◁	◀	Einheit	Ausf.-Dauer	Positionsnummer
18€	25€	**29€**	34€	45€	[m²]	⏱ 0,20h/m²	039.000.039

64 Dämmschicht, bis 60mm, zwischen UK KG **342**

Dämmschicht in Installationsebene, einlagig, zwischen Holztragprofile einbauen.
Einbauort: Außenwände, innenliegende Installationsebene
Abstand Unterkonstruktion: 62,5 cm
Dämmstoff: **Mineralwolle / Zellulose**
Anwendung: **DZ / WH**
Bemessungswert der Wärmeleitfähigkeit: max. 0,035 W/(mK)
Nennwert der Wärmeleitfähigkeit: 0,034 W/(mK)
Brandverhalten: .....
Dämmdicke: bis 60 mm

▶	▷	ø	◁	◀	Einheit	Ausf.-Dauer	Positionsnummer
9€	12€	**13€**	18€	26€	[m²]	⏱ 0,10h/m²	039.000.067

▶ min
▷ von
ø Mittel
◁ bis
◀ max

65 Doppelboden, Plattenbelag/Unterkonstruktion KG **353**

Doppelboden-Anlage, bestehend aus Unterkonstruktion und Plattenbelag, Tragkonstruktion aus höhenverstellbaren, nivellierbaren, korrosionsgeschützten Stahlprofilen, mit Auflagerplatte, vorbereitet zur Aufnahme der Plattenbeläge.
Bauuntergrund: .....
Belastung: .....
Lastklasse: Elementklasse .....
Bauhöhe: .....
Plattenbelag: **Mineralplatte / Stahlwanne mit Füllung aus Leichtbeton**
Plattendicke: .....
Plattenformat: 600 x 600 mm
Oberfläche: .....
Feuerwiderstand: .....
Brandverhalten: .....
Brandbelastung: .....

119€ 199€ **222€** 272€ 409€ [m²] ⏱ 0,70 h/m² 039.000.055

66 Revisionsöffnung, Doppelboden KG **353**

Revisionsöffnungen für Doppelboden-System, mit aufnehmbarer Doppel-Bodenplatte als Abdeckplatte, Einbaurahmen mit höhenverstellbarem Spezialprofil.
Einbau: fußbodeneben in den vorgenannten Hohlboden
Bodenaufbau: .....
Bodenplatten: .....
Brandverhalten: Klasse A1 nach EN 13501
Abmessung: 600 x 600 mm

55€ 95€ **100€** 122€ 157€ [St] ⏱ 0,20 h/St 039.000.140

67 Trockenestrich, Spanplatten, 25mm, einlagig KG **353**

Trockenestrich aus zementgebundenen Holzspanplatten, auf Dämmschicht, zur Aufnahme von Bodenbelag.
Untergrund: .....
Plattendicke: 25 mm
Einzellasttragfähigkeit: ..... kN

34€ 46€ **49€** 57€ 69€ [m²] ⏱ 0,30 h/m² 039.000.159

68 Trockenestrich, GF-Platten, 18mm, einlagig KG **353**

Trockenestrich aus Gipsfaserplatten, auf Dämmschicht, zur Aufnahme von Parkettbelag.
Untergrund: .....
Plattendicke: 18 mm
Einzellasttragfähigkeit: ..... kN
Feuerwiderstand: .....

32€ 40€ **45€** 52€ 60€ [m²] ⏱ 0,30 h/m² 039.000.043

Nr.	Kurztext / Langtext					Kostengruppe
►	▷	ø netto €	◁	◀	[Einheit]	Ausf.-Dauer	Positionsnummer

69 Trockenestrich, GF-Platten, 12,5mm, zweilagig KG **353**

Trockenestrich aus Gipsfaserplatten, zweilagig, auf Dämmschicht, zur Aufnahme von Parkettbelag.
Untergrund: .....
Plattendicke: 2x 12,5 mm
Einzellasttragfähigkeit: ..... kN
Feuerwiderstand: .....

– 43€ **51€** 65€ – [m2] ⏱ 0,30h/m2 039.000.158

70 Ausgleichschicht, Mineralstoff, Trockenestrich KG **353**

Ausgleichsschicht unter Trockenestrich, aus Schüttung aus gebrochenem Mineralstoff, einschl. Verdichten.
Schüttungsdicke i.M.: bis 30 mm (verdichtet)
Körnung: bis 2 mm

15€ 21€ **24€** 27€ 35€ [m2] ⏱ 0,15h/m2 039.000.049

71 WC-Trennwandanlage, HPL-Kompaktplatten KG **346**

WC-Trennwandanlage aus HPL-Kompaktplatten nach DIN EN 438-7, mit Tragkonstruktion aus Aluminium-Profilen.Konstruktion beidselts dei Tür senkrecht bis zum Boden durchgehende Aluminium-Rundprofile mit integrierten Türanschlagstegen und geräuschdämpfendem Gummikeder. Über der Vorderfront ein waagerechtes durchgehendes Aluminium-Profil, vordere Kante stark abgerundet. Wandanschluss durch Aluminium-U-Profile. Integrierte Füße aus Aluminium, auf dem Boden verdübelt, mit trittsicheren Abdeckrosetten, Farbe wie Rundrohre.
Trennwandhöhe: .....
Bodenabstand: 15 cm
Zwischenwände: .....
Türen: .....
Plattendicke: 13 mm
Oberfläche: raumatt
Farben: .....
Ausstattung je Kabine:
1 Kleiderhaken
1 Tür-Puffer
Angeb. Fabrikat: .....

209€ 245€ **260€** 283€ 332€ [m2] ⏱ 0,45h/m2 039.000.044

72 Urinaltrennwand, Schichtstoff-Verbundelemente KG **342**

Urinaltrennwand, wandhängend, Ecken gerundet, aus Verbundelementen.
Abmessung (H x T): 900 x 450 mm
Bodenfreiheit: ca. 600 mm
Ausführung: **HPL-Vollkernplatten / ESG-Sicherheitsglas mit Siebdruck-Oberfläche**
Dicke: .....
Befestigungsuntergrund: .....
Angeb. Fabrikat: .....

148€ 253€ **310€** 331€ 454€ [St] ⏱ 0,75h/St 039.000.083

Kosten:
Stand 1.Quartal 2025
Bundesdurchschnitt

► min
▷ von
ø Mittel
◁ bis
◀ max

Nr.	Kurztext / Langtext						Kostengruppe
►	▷	**ø netto €**	◁	◄	[Einheit]	Ausf.-Dauer	Positionsnummer

73 Montagewand, Waschbecken-Tragständer KG **342**

Waschbecken-Tragständer, aus verzinkten Stahlprofilen, in Montagewand, wandhängend, einseitig.
Ausstattung: Halterung für Wandbatterie und Ablaufrohr, Rohr-in-Rohr-System, inkl. Zubehör
Konsollast: bis 0,7 kN/m

136€ | 193€ | **215€** | 265€ | 435€ | [St] | ⏱ 0,60h/St | 039.000.046

74 Verfugung, Acryl-Dichtstoff überstreichbar KG **342**

Plastoelastische Verfugung mit überstreichbarem Ein-Komponenten-Dichtstoff auf Acryldispersionsbasis, inkl. Flankenvorbehandlung an den Anschlussflächen und Hinterlegen der Fugenhohlräume mit Hinterfüllmaterial, Fuge geglättet.
Fugenbreite: .....
Untergrund: .....

2€ | 4€ | **5€** | 7€ | 13€ | [m] | ⏱ 0,05h/m | 039.000.045

75 Spachtelung, Gipsplatten, erhöhte Qualität Q3 KG **345**

Spachtelung der Oberfläche mit Qualitätsstufe Q2 zum Erreichen einer höheren Qualitätsstufe, bei Gipsplattenbekleidungen an Wänden, geeignet für feinstrukturierten Wandbelag bzw. Farbanstrich.
Oberfläche: Qualitätsstufe Q3

5€ | 9€ | **11€** | 14€ | 18€ | [m²] | ⏱ 0,10h/m² | 039.000.061

76 Gipsplatten-Bekleidung anarbeiten, Installationsdurchführung KG **342**

Gipsplatten-Bekleidung anarbeiten an Leitungen. Preis je Wandseite (St).
Leitung: **Sanitär- / Lüftungs- / Heizungsleitung**
Leitungsprofil: **rechteckig / rund**
Abmessungen: bis **0,1 / 0,5** m²

8€ | 19€ | **23€** | 31€ | 46€ | [St] | ⏱ 0,12h/St | 039.000.074

77 Stundensatz, Facharbeiter/-in

Stundenlohnarbeiten für Vorarbeiter/-in, Gesellin/Geselle, Facharbeiter/-in und Gleichgestellte, sowie ähnliche Fachkräfte.
Der Verrechnungssatz für die jeweilige Arbeitskraft umfasst sämtliche Aufwendungen wie Lohn- und Gehaltskosten, Lohn- und Gehaltsnebenkosten, Zuschläge, lohngebundene und lohnabhängige Kosten, sonstige Sozialkosten, Gemeinkosten, Wagnis und Gewinn. Leistung nach besonderer Anordnung der Bauüberwachung. Anmeldung und Nachweis gem. VOB/B.

54€ | 68€ | **74€** | 80€ | 100€ | [h] | ⏱ 1,00h/h | 039.000.084

78 Stundensatz, Helfer/-in

Stundenlohnarbeiten für Arbeitskräfte ohne Facharbeiterqualifikation (Helfer/-innen, Hilfsarbeiter/-innen, Ungelernte, Angelernte).
Der Verrechnungssatz für die jeweilig Arbeitskraft umfasst sämtliche Aufwendungen wie Lohn- und Gehaltskosten, Lohn- und Gehaltsnebenkosten, Zuschläge, lohngebundene und lohnabhängige Kosten, sonstige Sozialkosten, Gemeinkosten, Wagnis und Gewinn. Leistung nach besonderer Anordnung der Bauüberwachung. Anmeldung und Nachweis gem. VOB/B.

48€ | 58€ | **63€** | 67€ | 76€ | [h] | ⏱ 1,00h/h | 039.000.085

023 024 025 026 027 028 029 030 031 032 033 034 036 037 038 039

C Gebäudetechnik

Kosten:
Stand 1.Quartal 2025
Bundesdurchschnitt

► min
▷ von
ø Mittel
◁ bis
◄ max

Nr.	Positionen	Einheit	►	▷	ø brutto € / ø netto €	◁	◄
1	Gas-Brennwerttherme, Wand, bis 15kW	St	6.327	7.327	**7.742**	8.655	10.304
			5.317	6.157	**6.506**	7.273	8.659
2	Gas-Brennwerttherme, Wand, 15 bis 25kW	St	6.477	8.026	**9.315**	9.872	11.479
			5.442	6.745	**7.828**	8.296	9.646
3	Gas-Brennwerttherme, Wand, 25 bis 50kW	St	8.754	10.694	**11.706**	13.339	15.280
			7.356	8.987	**9.837**	11.210	12.840
4	Gas-Brennwertkessel, bis 25kW	St	6.173	7.814	**8.579**	9.342	11.231
			5.187	6.566	**7.210**	7.850	9.438
5	Gas-Brennwertkessel, 50 bis 70kW	St	9.694	11.512	**13.269**	16.130	17.315
			8.146	9.674	**11.151**	13.554	14.550
6	Gas-Brennwertkessel, 150 bis 225kW	St	17.387	20.493	**20.887**	25.080	29.641
			14.611	17.221	**17.552**	21.076	24.908
7	Gas-Brennwertkessel, 400 bis 600kW	St	36.944	42.222	**46.520**	48.345	53.624
			31.045	35.481	**39.092**	40.626	45.062
8	Öl-Brennwerttherme, Wand, 15 bis 25kW	St	8.018	9.465	**11.136**	13.363	13.920
			6.738	7.954	**9.358**	11.229	11.697
9	Heizöltank, stehend, 5.000 Liter	St	3.718	4.140	**6.084**	6.468	8.442
			3.124	3.479	**5.112**	5.435	7.094
10	Schornsteinanlage	St	5.049	8.021	**9.360**	12.205	16.055
			4.243	6.740	**7.866**	10.256	13.491
11	Neutralisationsanlage, Brennwertgeräte	St	390	641	**719**	940	1.356
			328	539	**604**	790	1.140
12	Neutralisationsgranulat 5kg	St	94	125	**150**	161	192
			79	105	**126**	135	161
13	Heizungsverteiler, Vorlaufverteiler/Rücklaufsammler	St	2.107	3.914	**4.037**	4.931	6.738
			1.770	3.289	**3.392**	4.144	5.662
14	Holz/Pellet-Heizkessel, bis 25kW	St	15.032	17.111	**17.885**	19.784	22.315
			12.632	14.379	**15.029**	16.625	18.752
15	Holz/Pellet-Heizkessel, 25 bis 50kW	St	16.027	17.907	**20.334**	25.007	28.600
			13.468	15.048	**17.088**	21.014	24.034
16	Holz/Pellet-Heizkessel, 50 bis 120kW	St	29.807	50.302	**55.504**	77.731	105.726
			25.048	42.271	**46.642**	65.320	88.846
17	Pellet-Fördersystem, Förderschnecke	St	3.336	4.328	**4.671**	5.557	6.775
			2.803	3.637	**3.925**	4.670	5.693
18	Pellet-Fördersystem, Saugleitung	St	2.251	3.623	**4.634**	6.000	7.200
			1.891	3.045	**3.894**	5.042	6.051
19	Brennstofflagerbehälter für Holzpellets	St	3.519	4.932	**5.605**	5.682	7.094
			2.957	4.145	**4.710**	4.775	5.962
20	Erdgas-BHKW-Anlage, 1,0kW$_{el}$, 2,5kW$_{th}$	St	27.904	28.871	**34.136**	38.015	38.709
			23.449	24.261	**28.686**	31.946	32.528
21	Erdgas-BHKW-Anlage, 1,5-3,0kW$_{el}$, 4-10kW$_{th}$	St	41.563	42.407	**47.230**	52.255	54.244
			34.927	35.636	**39.689**	43.912	45.584
22	Erdgas-BHKW-Anlage, 5-20kW$_{el}$, 10-45kW$_{th}$	St	79.236	82.924	**95.530**	108.529	111.254
			66.585	69.684	**80.277**	91.201	93.491
23	Flach-Solarkollektoranlage, thermisch, bis 10m²	St	7.995	11.112	**13.109**	14.325	17.277
			6.719	9.338	**11.016**	12.038	14.519
24	Flach-Solarkollektoranlage, thermisch, 10-20m²	St	14.925	18.297	**19.714**	21.329	25.467
			12.542	15.376	**16.566**	17.924	21.401

Nr.	Positionen	Einheit	►	▷	ø brutto € ø netto €	◁	◄
25	Flach-Solarkollektoranlage, thermisch, 20-30m²	St	19.706	25.760	**29.194**	30.758	36.024
			16.560	21.647	**24.533**	25.847	30.272
26	Pufferspeicher bis 500 Liter, Heizung	St	1.165	1.950	**2.254**	2.949	4.160
			979	1.639	**1.894**	2.478	3.496
27	Pufferspeicher bis 1.000 Liter, Heizung	St	1.956	3.632	**4.052**	5.010	7.873
			1.644	3.052	**3.405**	4.210	6.616
28	Pufferspeicher bis 2.000 Liter, Heizung	St	2.391	3.981	**4.541**	5.802	7.769
			2.009	3.345	**3.816**	4.876	6.528
29	Trinkwarmwasserbereiter, Durchflussprinzip, 1-15 l/min	St	4.170	4.947	**5.497**	6.321	7.352
			3.504	4.157	**4.619**	5.312	6.178
30	Trinkwarmwasserbereiter, Durchflussprinzip, 1-30 l/min	St	4.896	5.553	**6.170**	7.096	7.989
			4.114	4.666	**5.185**	5.963	6.713
31	Wärmepumpe, bis 15kW, Wasser	St	21.291	22.683	**22.722**	23.190	24.582
			17.891	19.061	**19.094**	19.487	20.657
32	Wärmepumpe, 15-25kW, Wasser	St	21.591	24.953	**25.397**	26.213	29.574
			18.144	20.969	**21.342**	22.027	24.852
33	Wärmepumpe, 25-35kW, Wasser	St	23.712	26.265	**29.774**	33.835	38.436
			19.926	22.072	**25.020**	28.433	32.299
34	Wärmepumpe, 35-50kW, Wasser	St	26.850	37.986	**40.254**	44.262	55.398
			22.563	31.921	**33.827**	37.195	46.553
35	Wärmepumpe, bis 15kW, Sole	St	14.688	17.083	**18.376**	20.820	25.901
			12.343	14.356	**15.442**	17.495	21.766
36	Wärmepumpe, 15-25kW, Sole	St	21.743	25.463	**27.960**	29.216	32.318
			18.271	21.398	**23.496**	24.551	27.158
37	Wärmepumpe, 25-35kW, Sole	St	27.230	32.954	**34.336**	36.045	41.768
			22.882	27.692	**28.854**	30.290	35.100
38	Wärmepumpe, bis 15kW, Luft	St	14.512	17.628	**18.873**	20.325	23.812
			12.195	14.814	**15.860**	17.079	20.010
39	Wärmepumpe, 15-25kW, Luft	St	28.086	29.918	**31.684**	32.081	33.913
			23.602	25.141	**26.625**	26.959	28.498
40	Wärmepumpe, 25-35kW, Luft	St	35.457	39.100	**39.798**	40.213	43.856
			29.796	32.857	**33.444**	33.792	36.854
41	Brunnenanlage, WP bis 15kW	St	15.425	16.826	**21.033**	25.660	27.002
			12.962	14.140	**17.674**	21.563	22.690
42	Brunnenanlage, WP 15-25kW	St	18.038	18.718	**23.398**	28.546	31.077
			15.158	15.730	**19.662**	23.988	26.116
43	Brunnenanlage, WP 25-35kW	St	21.033	22.339	**27.924**	34.067	35.459
			17.674	18.773	**23.466**	28.628	29.797
44	Brunnenanlage, WP 35-50kW	St	37.447	40.871	**51.089**	62.329	64.183
			31.468	34.346	**42.932**	52.377	53.935
45	Erdsondenanlage, Wärmepumpe	m	98	115	**119**	126	139
			83	97	**100**	106	117
46	Inbetriebnahme Wärmepumpe	psch	827	2.043	**2.240**	3.687	6.759
			695	1.716	**1.883**	3.098	5.680
47	Wartung, Wärmepumpe	psch	361	383	**385**	393	415
			303	322	**324**	331	349
48	Membran-Druckausdehnungsgefäß, bis 50 Liter	St	111	166	**185**	224	305
			93	140	**156**	188	257

Nr.	Positionen	Einheit	►	▷	ø brutto € / ø netto €	◁	◄
49	Membran-Druckausdehnungsgefäß, bis 100 Liter	St	170	224	**227**	242	297
			142	188	**191**	204	250
50	Membran-Druckausdehnungsgefäß, bis 500 Liter	St	380	579	**636**	869	1.307
			319	486	**535**	730	1.098
51	Membran-Druckausdehnungsgefäß, über 500 Liter	St	1.619	2.539	**2.829**	3.343	5.322
			1.360	2.133	**2.377**	2.809	4.472
52	Trinkwarmwasserspeicher	St	2.644	3.959	**4.670**	5.513	7.540
			2.222	3.327	**3.924**	4.633	6.337
53	Speicher-Wassererwärmer mit Solar, bis 400 Liter	St	1.049	1.895	**2.272**	2.899	3.721
			881	1.593	**1.909**	2.436	3.127
54	Elektro Heizeinsatz, Heizungsanlage	St	388	501	**553**	597	734
			326	421	**465**	501	616
55	Umwälzpumpen, bis 2,50m³/h	St	573	751	**774**	832	1.011
			481	631	**651**	699	849
56	Umwälzpumpen, bis 5,00m³/h	St	849	928	**970**	991	1.106
			713	780	**815**	833	930
57	Umwälzpumpen, ab 5,00m³/h	St	1.252	1.475	**1.559**	1.865	2.926
			1.052	1.240	**1.310**	1.567	2.458
58	Absperrklappen, bis DN25	St	131	165	**176**	223	237
			110	139	**148**	187	199
59	Absperrklappen, DN32	St	134	171	**196**	228	265
			112	144	**165**	191	223
60	Absperrklappen, DN65	St	196	237	**296**	331	386
			165	199	**249**	278	324
61	Absperrklappen, DN80	St	248	296	**318**	358	424
			208	249	**267**	301	356
62	Rückschlagventil, DN65	St	174	241	**262**	383	540
			146	202	**221**	322	454
63	Dreiwegeventil, DN40	St	684	758	**777**	794	868
			575	637	**653**	667	729
64	Heizungsverteiler, Wandmontage, 3 Heizkreise	St	313	333	**392**	407	846
			263	280	**330**	342	711
65	Heizungsverteiler, Wandmontage, 5 Heizkreise	St	482	507	**562**	662	911
			405	426	**472**	556	766
66	Füllarmatur, Heizung	St	32	41	**46**	49	58
			27	35	**38**	41	49
67	Stundensatz, Obermonteur/-in Heizung	h	73	78	**80**	83	87
			61	65	**67**	70	73
68	Stundensatz, Helfer/-in Heizung	h	49	56	**61**	63	74
			41	47	**51**	53	63

Kosten:
Stand 1. Quartal 2025
Bundesdurchschnitt

► min
▷ von
ø Mittel
◁ bis
◄ max

A 1 Gas-Brennwerttherme, Wand Beschreibung für Pos. **1-3**

Brennwerttherme, für geschlossene Heizungsanlage, wandhängende Montage, einschl. sicherheitstechnischer Einrichtungen, mit MSR in digitaler Ausführung; einschl. interner Verdrahtung.
Betriebsmittel: Erdgas

1 Gas-Brennwerttherme, Wand, bis 15kW KG **421**

Wie Ausführungsbeschreibung A 1
Kesselkörper: **Edelstahl / Aluminium**
Erdgas: **E / L / Flüssiggas / Bioerdgas**
Wärmeleistung: bis 15 kW, modulierend 30-100%
Auslegungsvorlauftemperatur: **bis 75 / 85**°C
Max. zulässiger Betriebsdruck: **4 / 6 / 10** bar
Heizmedium: Wasser
Norm-Nutzungsgrad bei 40 / 30°C: **102 / über 108**% (bezogen auf den unteren Heizwert)

5.317€ 6.157€ **6.506€** 7.273€ 8.659€ [St] ⏱ 3,80h/St 040.000.085

2 Gas-Brennwerttherme, Wand, 15 bis 25kW KG **421**

Wie Ausführungsbeschreibung A 1
Kesselkörper: **Edelstahl / Aluminium**
Erdgas: **E / L / Flüssiggas / Bioerdgas**
Wärmeleistung: 15-25 kW, modulierend 30-100%
Auslegungsvorlauftemperatur: **bis 75 / 85**°C
Max. zulässiger Betriebsdruck: **4 / 6 / 10** bar
Heizmedium: Wasser
Norm-Nutzungsgrad bei 40 / 30°C: **102 / über 108**% (bezogen auf den unteren Heizwert)

5.442€ 6.745€ **7.828€** 8.296€ 9.646€ [St] ⏱ 3,80h/St 040.000.035

3 Gas-Brennwerttherme, Wand, 25 bis 50kW KG **421**

Wie Ausführungsbeschreibung A 1
Kesselkörper: **Edelstahl / Aluminium**
Erdgas: **E / L / Flüssiggas / Bioerdgas**
Wärmeleistung: 25-50 kW, modulierend 30-100%
Auslegungsvorlauftemperatur: **bis 75 / 85**°C
Max. zulässiger Betriebsdruck: **4 / 6 / 10** bar
Heizmedium: Wasser
Norm-Nutzungsgrad bei 40 / 30°C: **102 / über 108**% (bezogen auf den unteren Heizwert)

7.356€ 8.987€ **9.837€** 11.210€ 12.840€ [St] ⏱ 4,10h/St 040.000.036

Nr.	Kurztext / Langtext						Kostengruppe
▶	▷	**ø netto €**	◁	◀	[Einheit]	Ausf.-Dauer	Positionsnummer

A 2 Gas-Brennwertkessel — Beschreibung für Pos. **4-7**

Gas-Brennwertkessel für geschlossene Heizungsanlagen; für den Betrieb mit gleitend abgesenkter Kesselwasser-Temperatur ohne untere Begrenzung, modulierender Brenner, mit Edelstahl-Heizflächen. Alle abgasberührten Teile, wie Brennkammer, Nachschaltheizflächen und Abgassammelkasten, aus Edelstahl. Kesselkörper allseitig wärmegedämmt, Ummantelung aus Stahlblech, epoxidharzbeschichtet. Lieferumfang: Kessel mit schwenkbarer Kesseltür, inkl. Erdgas-Unit-Brenner, Reinigungsdeckel am Abgassammelkasten, Gegenflanschen mit Schrauben und Dichtungen an allen Stutzen, Wärmedämmung, Brennkammerschauglas. inkl. elektronischer Kesselkreisregelung, komplett mit allen Fühlern, Thermostaten und dem Sicherheitstemperaturbegrenzer.

4 Gas-Brennwertkessel, bis 25kW — KG **421**

Wie Ausführungsbeschreibung A 2
Kesselkörperabmessung: .....
Gesamtabmessungen: ..... (mit Kesselregulierung)
Gewicht komplett mit Wärmedämmung ..... kg
Kesselkörper: .....
Erdgas: **E / L / Flüssiggas / Bioerdgas**
Max. Nennwärmeleistung: ..... kW
Feuerungst. Wirkungsgrad: bis 108%
Abgasseitiger Widerstand: ..... mbar
Zul. Vorlauftemperatur: bis **90 / 100**°C
Max. zulässiger Betriebsdruck: **4 / 6 / 10** bar
Wasserinhalt: ..... Liter
Abgasrohr, lichte Weite: ..... mm

▶	▷	ø	◁	◀	Einheit	Ausf.-Dauer	Positionsnummer
5.187€	6.566€	**7.210€**	7.850€	9.438€	[St]	⏱ 5,00h/St	040.000.086

5 Gas-Brennwertkessel, 50 bis 70kW — KG **421**

Wie Ausführungsbeschreibung A 2
Kesselkörperabmessung: .....
Gesamtabmessungen: ..... (mit Kesselregulierung)
Gewicht komplett mit Wärmedämmung ..... kg
Kesselkörper: .....
Erdgas: **E / L / Flüssiggas / Bioerdgas**
Max. Nennwärmeleistung: ..... kW
Feuerungst. Wirkungsgrad: bis 108%
Abgasseitiger Widerstand: ..... mbar
Zul. Vorlauftemperatur: bis **90 / 100**°C
Max. zulässiger Betriebsdruck: **4 / 6 / 10** bar
Wasserinhalt: ..... Liter
Abgasrohr, lichte Weite: ..... mm

▶	▷	ø	◁	◀	Einheit	Ausf.-Dauer	Positionsnummer
8.146€	9.674€	**11.151€**	13.554€	14.550€	[St]	⏱ 5,50h/St	040.000.039

Kosten:
Stand 1.Quartal 2025
Bundesdurchschnitt

▶ min
▷ von
ø Mittel
◁ bis
◀ max

6 Gas-Brennwertkessel, 150 bis 225kW KG **421**

Wie Ausführungsbeschreibung A 2
Kesselkörperabmessung: .....
Gesamtabmessungen: ..... (mit Kesselregulierung)
Gewicht komplett mit Wärmedämmung ..... kg
Kesselkörper: .....
Erdgas: **E / L / Flüssiggas / Bioerdgas**
Max. Nennwärmeleistung: ..... kW
Feuerungst. Wirkungsgrad: bis 108%
Abgasseitiger Widerstand: ..... mbar
Zul. Vorlauftemperatur: bis **90 / 100**°C
Max. zulässiger Betriebsdruck: **4 / 6 / 10** bar
Wasserinhalt: ..... Liter
Abgasrohr, lichte Weite: ..... mm

14.611 17.221€ **17.552€** 21.076€ 24.908€ [St] ⏱ 6,70h/St 040.000.088

7 Gas-Brennwertkessel, 400 bis 600kW KG **421**

Wie Ausführungsbeschreibung A 2
Kesselkörperabmessung: .....
Gesamtabmessungen: ..... (mit Kesselregulierung)
Gewicht komplett mit Wärmedämmung ..... kg
Kesselkörper: .....
Erdgas: **E / L / Flüssiggas / Bioerdgas**
Max. Nennwärmeleistung: ..... kW
Feuerungst. Wirkungsgrad: bis 108%
Abgasseitiger Widerstand: ..... mbar
Zul. Vorlauftemperatur: bis **90 / 100**°C
Max. zulässiger Betriebsdruck: **4 / 6 / 10** bar
Wasserinhalt: ..... Liter
Abgasrohr, lichte Weite: ..... mm

31.045 35.481€ **39.092€** 40.626€ 45.062€ [St] ⏱ 10,00h/St 040.000.010

8 Öl-Brennwerttherme, Wand, 15 bis 25kW KG **421**

Öl-Brennwerttherme, für geschlossene Heizungsanlage, für Heizöl EL DIN 51603-1, Kesselkörper aus Metall, wandhängende Montage, mit modulierendem Brenner, einschl. Ummantelung mit Wärmedämmung, einschl. sicherheitstechnischer Einrichtungen DIN EN 12828, mit MSR in digitaler Ausführung; einschl. interner Verdrahtung.
Kesselkörper: **Edelstahl / Aluminium / Gusseisen**
Heizöl: **EL schwefelarm / A Bio 10**
Wärmeleistung: ..... kW, modulierend 30-100%
Auslegungsvorlauftemperatur: bis **75 / 85**°C
Max. zulässiger Betriebsdruck: 3 bar
Heizmedium: Wasser
Norm-Nutzungsgrad bei 50 / 30°C: 98 / über 104% (bezogen auf den unteren Heizwert)
Ausführung gem. Einzelbeschreibung: .....

6.738€ 7.954€ **9.358€** 11.229€ 11.697€ [St] ⏱ 4,20h/St 040.000.083

Kosten:
Stand 1. Quartal 2025
Bundesdurchschnitt

► min
▷ von
ø Mittel
◁ bis
◄ max

Nr.	**Kurztext** / Langtext						Kostengruppe
►	▷	**ø netto €**	◁	◄	[Einheit]	Ausf.-Dauer	Positionsnummer

9 Heizöltank, stehend, 5.000 Liter KG **421**

Heizöllagerbehälter in stehender Ausführung, für oberirdische Lagerung im Gebäude. Leckschutzauskleidung mit Bauartzulassung. Überwachung mit Vakuum. Eventueller Zusatz: Heizölauffangbehälter, Entlüftungsleitung, Füllleitung, Entlüftungshaube, Grenzwertgeber, Tankinhaltsanzeiger, Tankeinbaugarnitur, Sicherheitsrohr, Doppelpumpenaggregat, Absperrkombination, Filterkombination, Schnellschlussventile, Kugelhähne, Motor- und Schutzschalter, Elektroleitungen, Bezeichnungsschilder, Doppelkugel-Fußventil.
Material Behälter: **Stahl / GFK**
Brutto-Lagervolumen: 5.000 Liter
Abmessung: .....
Einbringung: **am Stück / geteilt**, mit Unterstützungskonstruktion

3.124€ | 3.479€ | **5.112€** | 5.435€ | 7.094€ | [St] | ⏱ 2,00h/St | 040.000.032

10 Schornsteinanlage KG **429**

Schornsteinanlage, industriell gefertigtes, doppelwandiges, wärmegedämmtes, druck- und kondensatdichtes Schornstein- und Abgassystem in Elementbauweise, bauaufsichtlich zugelassen, Feuerstätte mit niedrigen Abgastemperaturen, feuchte bzw. kondensierende Betriebsweise, ausbrenngeprüft bis 1.000°C. Eventuell Zusatz: mit Konsolblechen, Zwischenstütze, Inspektionselement, Wandführungsstützen, Mündungsabschluss, Verbindungskupplung, Wetterkragen einschl. Befestigung, Dichtungen und Verbindungsstücke, mit Inspektionselementen, Schiebeelementen, Gleitmittel, Befestigungsbänder, Dichtungsmittel für Kesselanschluss, Messöffnung, Klemmbänder, Unterstützung.
Installation: **Außenwandmontage / im Schacht**
Material: Edelstahl
Wandstärke: 1 mm
Schornsteinhöhe: ..... m

4.243€ | 6.740€ | **7.866€** | 10.256€ | 13.491€ | [St] | ⏱ 6,00h/St | 040.000.033

11 Neutralisationsanlage, Brennwertgeräte KG **421**

Neutralisationsanlage geeignet für Kondenswasser aus Erdgas/Heizöl. Gehäuse aus durchsichtigem Kunststoff mit Markierung für minimalen und maximalen Füllstand. Komplett mit Neutralisationsgranulat befüllt, Halteschellen und vorbereitetem Abwasseranschluss für HT-Rohr, inkl. Siphon.
Brennwertgeräte: bis ..... kW
Gesamtabmessungen Länge: ..... mm
Durchmesser: ..... mm
Anschluss Fallstrang: ca. 4,00 m

328€ | 539€ | **604€** | 790€ | 1.140€ | [St] | ⏱ 0,90h/St | 040.000.027

12 Neutralisationsgranulat 5kg KG **421**

Neutralisationsgranulat als **Nachfüllpack / Erstbefüllung** in 5kg.

79€ | 105€ | **126€** | 135€ | 161€ | [St] | ⏱ 0,15h/St | 040.000.096

13 Heizungsverteiler, Vorlaufverteiler/Rücklaufsammler KG **421**

Heizungsverteiler als kombinierter Vorlaufverteiler und Rücklaufsammler, Quadratform und eingeschweißtem Trennsteg. **Mit / ohne** Zwischenisolierung zur thermischen Trennung von Vor- und Rücklauf, Wärmedämmung mit Schutzmantel. Mit paarweise nebeneinander angeordneten Stutzen (fluchtend) mit Vorschweißflanschen, auf Spindelhöhe ausgerichtet, mit Anschlussstutzen für Entleerung, Entlüftung, Druckmessung und Temperaturmessung an jeder Kammer, mit Messstutzen für Regelung, Stutzenabstand variabel entsprechend Durchmesser und Wärmedämmstärke des Stutzens. Mit Konsolen für Wand- / Bodenbefestigung. Inklusive Bohrungen und Befestigungselementen.
Material: Stahl
Schutzmantel: **Aluminium / Stahlblech verzinkt**
Max. Heizwasserdurchsatz: ..... m^3/h
Max. Mediumtemperatur: **100 / 120**°C
Max. Betriebs-Druck: **6 / 10** bar
Anzahl der Gruppen: (je 2 Stutzen)
Dimension: ..... x DN.....
Doppelkammer-Größe: 150 x 150 mm^2

►	▷	ø netto €	◁	◄	Einheit	Ausf.-Dauer	Positionsnummer
1.770€	3.289€	**3.392€**	4.144€	5.662€	[St]	⏱ 2,00h/St	040.000.028

A 3 Holz/Pellet-Heizkessel Beschreibung für Pos. **14-16**

Heizkessel für geschlossene Warmwasserheizungsanlagen für Festbrennstoff zur Erzeugung von Warmwasser. Kesselkörper aus Metall, für stehende Montage, einschl. sicherheitstechnischer Einrichtungen. Anschlussstutzen für Vor-, Rücklauf, Entlüftung, Füllung, Entleerung. Mit CE-Registrierung und Bauartzulassung.

14 Holz/Pellet-Heizkessel, bis 25kW KG **421**

Wie Ausführungsbeschreibung A 3
Kesselkörper: **Stahl / Guss**
Brennstoff: **Stückholz / Pellets DIN EN ISO 17225-2**
Wärmeleistung: ..... kW
Auslegungsvorlauftemperatur: bis 110°C
Max. zulässiger Betriebsdruck: **6 / 10 / 16 / 25** bar
Heizmedium: Wasser
Norm-Nutzungsgrad: bei **75 / 60**°C: **92 / 94**% (bezogen auf den unteren Heizwert)
Abmessungen Kesselkörper: Länge ..... mm, Breite: ..... mm, Höhe: ..... mm
Gesamtabmessungen: Länge ..... mm, Breite (mit Kesselregulierung) ..... mm, Höhe: ..... mm
Gewicht komplett mit Wärmedämmung: ..... kg
Wasserinhalt: ..... Liter

►	▷	ø netto €	◁	◄	Einheit	Ausf.-Dauer	Positionsnummer
12.632	14.379€	**15.029€**	16.625€	18.752€	[St]	⏱ 5,00h/St	040.000.043

Nr.	Kurztext / Langtext						Kostengruppe
▶	▷	**ø netto €**	◁	◀	[Einheit]	Ausf.-Dauer	Positionsnummer

15 Holz/Pellet-Heizkessel, 25 bis 50kW KG **421**

Wie Ausführungsbeschreibung A 3
Kesselkörper: **Stahl / Guss**
Brennstoff: **Stückholz / Pellets DIN EN ISO 17225-2**
Wärmeleistung: ..... kW
Auslegungsvorlauftemperatur: bis 110°C
Max. zulässiger Betriebsdruck: **6 / 10 / 16 / 25** bar
Heizmedium: Wasser
Norm-Nutzungsgrad: bei **75 / 60**°C: **92 / 94**% (bezogen auf den unteren Heizwert)
Abmessungen Kesselkörper: Länge ..... mm, Breite: ..... mm, Höhe: ..... mm
Gesamtabmessungen: Länge ..... mm, Breite (mit Kesselregulierung) ..... mm, Höhe: ..... mm
Gewicht komplett mit Wärmedämmung: ..... kg
Wasserinhalt: ..... Liter

13.468	15.048€	**17.088€**	21.014€	24.034€	[St]	⏱ 5,20h/St	040.000.044

Kosten:
Stand 1. Quartal 2025
Bundesdurchschnitt

16 Holz/Pellet-Heizkessel, 50 bis 120kW KG **421**

Wie Ausführungsbeschreibung A 3
Kesselkörper: **Stahl / Guss**
Brennstoff: **Stückholz / Pellets DIN EN ISO 17225-2**
Wärmeleistung: ..... kW
Auslegungsvorlauftemperatur: bis 110°C
Max. zulässiger Betriebsdruck: **6 / 10 / 16 / 25** bar
Heizmedium: Wasser
Norm-Nutzungsgrad: bei **75 / 60**°C: **92 / 94**% (bezogen auf den unteren Heizwert)
Abmessungen Kesselkörper: Länge ..... mm, Breite: ..... mm, Höhe: ..... mm
Gesamtabmessungen: Länge ..... mm, Breite (mit Kesselregulierung) ..... mm, Höhe: ..... mm
Gewicht komplett mit Wärmedämmung: ..... kg
Wasserinhalt: ..... Liter

25.048	42.271€	**46.642€**	65.320€	88.846€	[St]	⏱ 6,00h/St	040.000.004

17 Pellet-Fördersystem, Förderschnecke KG **421**

Beschickungssystem für Pelletfeuerungen als Förderschnecke mit Antrieb und Steuerung. Lagerbodenschnecke mit ziehendem Antrieb und Übergabetrichter für Beschickung des Kessels mit Brennstoff. Antriebseinheit mit Stirnradgetriebemotor. Auswurf mit Revisionsdeckel, Sicherheitsendschalter und Fallrohr/Adapter zur nachfolgenden Födereinrichtung. Schnecke und Kanal aus Stahl geschweißt. Rohrförderschnecke für Pellets, Steigungswinkel bis 65°. Ziehender Antrieb mit Auswurf über einer Fallstrecke. Der Antrieb erfolgt über Stirnradgetriebemotor. Steuerung im Schaltkasten vorverkabelt.
Lagerbodenschnecke: ..... m
Schneckendurchmesser: ..... mm
Waagerechte Länge: ..... m
Durchmesser Förderschnecke: max. 120 mm
Länge der Rohrförderschnecke: ..... m
Max. Förderkapazität: ..... kg/h
Anschluss 230 V 50 Hz: 0,5 kW

2.803€	3.637€	**3.925€**	4.670€	5.693€	[St]	⏱ 0,60h/St	040.000.026

▶ min
▷ von
ø Mittel
◁ bis
◀ max

Nr.	Kurztext / Langtext						Kostengruppe
►	▷	**ø netto €**	◁	◄	[Einheit]	Ausf.-Dauer	Positionsnummer

18 Pellet-Fördersystem, Saugleitung KG **421**

Austragungssystem für Pelletfeuerungen mit Saugturbine im Metallgehäuse. Zwischenbehälter, Saugschlauch mit Drahtspirale, Rückluftschlauch, Austragungsschnecke im Lager mit max. 2.500mm offenem Schneckenkanal, Absaugung von Übergabestation, Kapazitätsfühler mit Relais, Steuerung im Schaltkasten vorverkabelt, Zeitschaltuhr zur Einstellung der Saugzeit.
Gesamtschlauchlänge: bis 30 m
Länge Saugschlauch mit Drahtspirale: 15 m
Länge Rückluftschlauch: 15 m
Austragungssystem: Saugprinzip
Max. Förderkapazität: **5 / 10** kg/h
Anschluss 230 V 50 Hz: 1,1 kW

1.891€ 3.045€ **3.894€** 5.042€ 6.051€ [St] ⏱ 0,30h/St 040.000.029

19 Brennstofflagerbehälter für Holzpellets KG **421**

Brennstofflagerbehälter aus Stahlgestell und flexiblem Gewebe für Holzpellets als **Sacksilo / Betonschacht / Fertig-Kunststoffbehälter** inkl. Anschluss.
Aufstellort: **innerhalb des Gebäudes / außerhalb des Gebäudes / unterirdisch**
Ausführung Behälter: **luftdurchlässig / luftundurchlässig**, Staubdicht, **antistatisch / wasserdicht** und frostsicher
Inhalt: ..... t
Länge/Breite Aufstellraum: .....m / ..... m
Raumhöhe: ..... m

2.957€ 4.145€ **4.710€** 4.775€ 5.962€ [St] ⏱ 4,50h/St 040.000.097

20 Erdgas-BHKW-Anlage, 1,0kW$_{el}$, 2,5kW$_{th}$ KG **421**

Blockheizkraftwerk als Kompaktmodul in Gehäuse, schallgedämmt, zur Erzeugung von Heizwärme und Strom. Mit Schaltschrank, Verkabelung innerhalb des Moduls hitze- und schwingungsfest verlegt, einschl. Brennstoffversorgungseinrichtungen bestehend aus: Gasregelstrecke, Gasfilter, Gasabsperrarmaturen, Manometern, ... einschl. Abgassystem, als Viertakt-Otto-Motor, einschl. aller erforderlichen elektrischen Anschlüsse und aller erforderlichen Anschlüsse für Brennstoff, Heizwasser, Abgas (ca. 10-15m) und Kondensat.
Betriebsweise: konstant
Kondensat-Hebeanlage: **ja / nein**
Brennstoff: Erdgas
Aufstellung: schallentkoppelt, stationär im Gebäude
Thermische Leistung: bis 2,5 kW$_{th}$
Elektrische Leistung: bis 1,0 kW$_{el}$
Elektrischer Wirkungsgrad: mind. 25%
Gesamtwirkungsgrad: mind. 90%
Schallleistungspegel: max. 60 dB(A)
Schaltschrank: **integriert / separat**

23.449 24.261€ **28.686€** 31.946€ 32.528€ [St] ⏱ 8,00h/St 040.000.053

Nr.	Kurztext / Langtext						Kostengruppe
▶	▷	**ø netto €**	◁	◀	[Einheit]	Ausf.-Dauer	Positionsnummer

21 **Erdgas-BHKW-Anlage, 1,5-3,0kW$_{el}$, 4-10kW$_{th}$** KG **421**

Blockheizkraftwerk als Kompaktmodul in Gehäuse, schallgedämmt, zur Erzeugung von Heizwärme und Strom. Mit Schaltschrank, Verkabelung innerhalb des Moduls hitze- und schwingungsfest verlegt, einschl. Brennstoffversorgungseinrichtungen bestehend aus: Gasregelstrecke, Gasfilter, Gasabsperrarmaturen, Manometern, ... einschl. Abgassystem, als Viertakt-Otto-Motor, Leistung einschl. aller erforderlichen elektrischen Anschlüsse und aller erforderlichen Anschlüsse für Brennstoff, Heizwasser, Abgas (ca. 10-15m) und Kondensat.
Betriebsweise: konstant
Kondensat-Hebeanlage: **ja / nein**
Brennstoff: Erdgas
Aufstellung: schallentkoppelt, stationär im Gebäude
Thermische Leistung: bis 4.0-10,0 kW$_{th}$
Elektrische Leistung: bis 1,5-3,0 kW$_{el}$
Elektrischer Wirkungsgrad: mind. 25%
Gesamtwirkungsgrad: mind. 90%
Schallleistungspegel: max. 60 dB(A)
Schaltschrank: **integriert / separat**
Ausführung gem. nachfolgender Einzelbeschreibung: .....

34.927 35.636€ **39.689€** 43.912€ 45.584€ [St] ⏱ 8,50h/St 040.000.054

22 **Erdgas-BHKW-Anlage, 5-20kW$_{el}$, 10-45kW$_{th}$** KG **421**

Blockheizkraftwerk als Kompaktmodul in Gehäuse, schallgedämmt, zur Erzeugung von Heizwärme und Strom. Mit Schaltschrank, Verkabelung innerhalb des Moduls hitze- und schwingungsfest verlegt, einschl. Brennstoffversorgungseinrichtungen bestehend aus: Gasregelstrecke, Gasfilter, Gasabsperrarmaturen, Manometern, ... einschl. Abgassystem, als Viertakt-Otto-Motor, Leistung einschl. aller erforderlichen elektrischen Anschlüsse und aller erforderlichen Anschlüsse für Brennstoff, Heizwasser, Abgas (ca. 10-15m) und Kondensat.
Betriebsweise: konstant
Kondensat-Hebeanlage: **ja / nein**
Brennstoff: Erdgas
Aufstellung: schallentkoppelt, stationär im Gebäude
Thermische Leistung: bis 10.0-45,0 kW$_{th}$
Elektrische Leistung: bis 5,0-20,0 kW$_{el}$
Elektrischer Wirkungsgrad: mind. 25%
Gesamtwirkungsgrad: mind. 90%
Schallleistungspegel: max. 60 dB(A)
Schaltschrank: **integriert / separat**
Ausführung gem. nachfolgender Einzelbeschreibung: .....

66.585 69.684€ **80.277€** 91.201€ 93.491€ [St] ⏱ 12,00h/St 040.000.055

Kosten:
Stand 1.Quartal 2025
Bundesdurchschnitt

▶ min
▷ von
ø Mittel
◁ bis
◀ max

A 4 Flach-Solarkollektoranlage, thermisch Beschreibung für Pos. **23-25**

Flachkollektor für Heizung in Aufdachmontage mit konstruktiver Verankerung sowie systembedingten Befestigungsmitteln und gedämmter Solarpumpenregelgruppe. Module mit korrosions- und witterungsbeständigem Rahmen und mit hochselektiver Vakuumbeschichtung, rückseitig hochtemperaturbeständige Wärmeschutzdämmung, mit durchgehender Wanne, hochtransparentes, gehärtetes Solarsicherheitsglas, mit Bauartzulassung, 2 Fühlerhülsen für Fühler. Leistung einschl. Anschlussfittinge für Kupferrohr sowie sämtlicher Verbindungs- und Dichtungsmaterialien und ca. 40m fertigisolierter Solaranschlussleitungen mit Dachdurchführungen und Frostschutz-Befüllung.

23 Flach-Solarkollektoranlage, thermisch, bis 10m² KG **421**

Wie Ausführungsbeschreibung A 4
Frostschutz-Befüllung (Menge, Art und Mischungsverhältnis): .....
Kollektor-Neigungswinkel: min./max. 15-75°
Mindest-Ertrag: 500 kWh/(m²a) gem. Prüfverfahren nach EN12975-2
Maximaler Betriebsdruck: 10 bar
Aperturfläche: bis 10 m²
Ausführung gem. nachfolgender Einzelbeschreibung: .....

6.719€ 9.338€ **11.016€** 12.038€ 14.519€ [St] ⏱ 4,90h/St 040.000.056

24 Flach-Solarkollektoranlage, thermisch, 10-20m² KG **421**

Wie Ausführungsbeschreibung A 4
Frostschutz-Befüllung (Menge, Art und Mischungsverhältnis): .....
Kollektor-Neigungswinkel: min./max. 15-75°
Mindest-Ertrag: 500 kWh/(m²a) gem. Prüfverfahren nach EN12975-2
Maximaler Betriebsdruck: 10 bar
Aperturfläche: 10 bis 20 m²
Ausführung gem. nachfolgender Einzelbeschreibung: .....

12.542 15.376€ **16.566€** 17.924€ 21.401€ [St] ⏱ 5,80h/St 040.000.057

25 Flach-Solarkollektoranlage, thermisch, 20-30m² KG **421**

Wie Ausführungsbeschreibung A 4
Frostschutz-Befüllung (Menge, Art und Mischungsverhältnis): .....
Kollektor-Neigungswinkel: min./max. 15-75°
Mindest-Ertrag: 500 kWh/(m²a) gem. Prüfverfahren nach EN12975-2
Maximaler Betriebsdruck: 10 bar
Aperturfläche: 20 bis 30 m²
Ausführung gem. nachfolgender Einzelbeschreibung: .....

16.560 21.647€ **24.533€** 25.847€ 30.272€ [St] ⏱ 7,00h/St 040.000.058

26 Pufferspeicher bis 500 Liter, Heizung KG **421**

Pufferspeicher als Wärmespeicheranlage für den Einsatz in Heizungsanlagen mit Wärmeschutzmantel, einschl. Schaltung und Regelung, sowie Anschlussleitungen.
Speicher: Stahl, innen unbehandelt, außen Grundbeschichtung
Nenninhalt: ..... Liter
Maximaler zulässiger Betriebsüberdruck: 6 bar
Ausführung gem. nachfolgender Einzelbeschreibung: .....

979€ 1.639€ **1.894€** 2.478€ 3.496€ [St] ⏱ 3,40h/St 040.000.059

Kosten:
Stand 1. Quartal 2025
Bundesdurchschnitt

Nr.	**Kurztext** / Langtext						Kostengruppe
►	▷	**ø netto €**	◁	◄	[Einheit]	Ausf.-Dauer	Positionsnummer

27 **Pufferspeicher bis 1.000 Liter, Heizung** KG **421**

Pufferspeicher als Wärmespeicheranlage für den Einsatz in Heizungsanlagen mit Wärmeschutzmantel, einschl. Schaltung und Regelung, sowie Anschlussleitungen.
Speicher: Stahl, innen unbehandelt, außen Grundbeschichtung
Nenninhalt: ..... Liter
Maximaler zulässiger Betriebsüberdruck: 6 bar
Ausführung gem. nachfolgender Einzelbeschreibung: .....

1.644€ 3.052€ **3.405€** 4.210€ 6.616€ [St] ⏱ 4,60h/St 040.000.060

28 **Pufferspeicher bis 2.000 Liter, Heizung** KG **421**

Pufferspeicher als Wärmespeicheranlage für den Einsatz in Heizungsanlagen mit Wärmeschutzmantel, einschl. Schaltung und Regelung, sowie Anschlussleitungen.
Speicher: Stahl, innen unbehandelt, außen Grundbeschichtung
Nenninhalt: ..... Liter
Maximaler zulässiger Betriebsüberdruck: 6 bar
Ausführung gem. nachfolgender Einzelbeschreibung: .....

2.009€ 3.345€ **3.816€** 4.876€ 6.528€ [St] ⏱ 4,80h/St 040.000.090

A 5 **Trinkwarmwasserbereiter, Durchflussprinzip** Beschreibung für Pos. **29-30**

Trinkwarmwasserbereiter zur Brauchwasserbereitung im Durchlaufprinzip mit Wärmetauscher aus kupferverlöteten Edelstahlplatten, mit Umwälzpumpe und Fertigdämmung einschl. Absperrkugelhähnen, zusätzlich mit Zirkulationspumpe, Rückflussverhinderer, Verrohrungs- und Verschraubungsteile in der Station montiert und an Regelung angeschlossen. Entlüftungsmöglichkeiten auf der Heizungsseite, mit Rückflussverhinderer der Heizkreispumpe, elektronischer Trinkwasserregler (proportional) zur konstanten Warmwassertemperaturregelung in Abhängigkeit der eingestellten Warmwassertemperatur und Zapfleistung durch Modulation der Heizkreispumpe.

29 **Trinkwarmwasserbereiter, Durchflussprinzip, 1-15 l/min** KG **421**

Wie Ausführungsbeschreibung A 5
Technische Daten:
Betriebsdruck Heizung: 3 bar
Betriebsdruck Trinkwasser: 6 bar
Maximale zulässige Vorlauftemperatur Heizung: 95°C
Versorgungsspannung 230 V AC / 50 HZ
Zapfleistung Warmwasser (55-60°C): 1-15 l/min
Ausführung gem. nachfolgender Einzelbeschreibung: .....

3.504€ 4.157€ **4.619€** 5.312€ 6.178€ [St] ⏱ 0,40h/St 040.000.061

30 **Trinkwarmwasserbereiter, Durchflussprinzip, 1-30 l/min** KG **421**

Wie Ausführungsbeschreibung A 5
Technische Daten:
Betriebsdruck Heizung: 3 bar
Betriebsdruck Trinkwasser: 6 bar
Maximale zulässige Vorlauftemperatur Heizung: 95°C
Versorgungsspannung 230 V AC / 50 HZ
Zapfleistung Warmwasser (55-60°C): 1-30 l/min
Ausführung gem. nachfolgender Einzelbeschreibung: .....

4.114€ 4.666€ **5.185€** 5.963€ 6.713€ [St] ⏱ 0,40h/St 040.000.062

► min
▷ von
ø Mittel
◁ bis
◄ max

Nr.	Kurztext / Langtext						Kostengruppe
▶	▷	**ø netto €**	◁	◀	[Einheit]	Ausf.-Dauer	Positionsnummer

A 6 Wärmepumpe, Wasser — Beschreibung für Pos. **31-34**

Elektrisch angetriebene Wärmepumpe für Raumheizung und zur Erwärmung von Trinkwasser DIN EN 14511 für Innenaufstellung, mit Verdichter, einschl. Schwingungsdämpfer, Regelung für Warmwasserbereitung und einen geregelten Heizkreis. Leistung einschl. Anschlusszubehör und Inbetriebnahme

31 Wärmepumpe, bis 15kW, Wasser — KG **421**

Wie Ausführungsbeschreibung A 6
Wärmequelle: Wasser, gem. beigefügter Wasseranalyse
Minimale Wärmequellentemperatur: ca. 10°C
Maximale Vorlauftemperatur:
Mind. 60°C zur Raumheizung / mind. 72°C zur WW-Bereitung
Nennwärmeleistung: bis 15 kW (bei W10W35)
Leistungszahl (COP): mind. 5,5 (bei W10W35)
Maximaler Schallleistungspegel 55 dB(A)
Maximaler Betriebsdruck: mind. PN 6
Bemessungsbetriebsspannung: 400 V AC
Ausführung gem. nachfolgender Einzelbeschreibung: .....

17.891	19.061€	**19.094€**	19.487€	20.657€	[St]	⏱ 6,00h/St	040.000.063

32 Wärmepumpe, 15-25kW, Wasser — KG **421**

Wie Ausführungsbeschreibung A 6
Wärmequelle: Wasser, gem. beigefügter Wasseranalyse
Minimale Wärmequellentemperatur: ca. 10°C
Maximale Vorlauftemperatur:
Mind. 60°C zur Raumheizung / mind. 72°C zur WW-Bereitung
Nennwärmeleistung: 15-25 kW (bei W10W35)
Leistungszahl (COP): mind. 5,5 (bei W10W35)
Maximaler Schallleistungspegel 55 dB(A)
Maximaler Betriebsdruck: mind. PN 6
Bemessungsbetriebsspannung: 400 V AC
Ausführung gem. nachfolgender Einzelbeschreibung: .....

18.144	20.969€	**21.342€**	22.027€	24.852€	[St]	⏱ 6,00h/St	040.000.069

33 Wärmepumpe, 25-35kW, Wasser — KG **421**

Wie Ausführungsbeschreibung A 6
Wärmequelle: Wasser, gem. beigefügter Wasseranalyse
Minimale Wärmequellentemperatur: ca. 10°C
Maximale Vorlauftemperatur:
Mind. 60°C zur Raumheizung / mind. 72°C zur WW-Bereitung
Nennwärmeleistung: 25-35 kW (bei W10W35)
Leistungszahl (COP): mind. 5,5 (bei W10W35)
Maximaler Schallleistungspegel 55 dB(A)
Maximaler Betriebsdruck: mind. PN 6
Bemessungsbetriebsspannung: 400 V AC
Ausführung gem. nachfolgender Einzelbeschreibung: .....

19.926	22.072€	**25.020€**	28.433€	32.299€	[St]	⏱ 6,00h/St	040.000.070

Nr.	Kurztext / Langtext						Kostengruppe
►	▷	**ø netto €**	◁	◄	[Einheit]	Ausf.-Dauer	Positionsnummer

34 Wärmepumpe, 35-50kW, Wasser KG **421**

Wie Ausführungsbeschreibung A 6
Wärmequelle: Wasser, gem. beigefügter Wasseranalyse
Minimale Wärmequellentemperatur: ca. 10°C
Maximale Vorlauftemperatur:
Mind. 60°C zur Raumheizung / mind. 72°C zur WW-Bereitung
Nennwärmeleistung: 35-50 kW (bei W10W35)
Leistungszahl (COP): mind. 5,5 (bei W10W35)
Maximaler Schallleistungspegel 55 dB(A)
Maximaler Betriebsdruck: mind. PN 6
Bemessungsbetriebsspannung: 400 V AC
Ausführung gem. nachfolgender Einzelbeschreibung: .....

22.563	31.921€	**33.827€**	37.195€	46.553€	[St]	⏱ 7,00h/St	040.000.071

A 7 Wärmepumpe, Sole Beschreibung für Pos. **35-37**

Elektrisch angetriebene Wärmepumpe für Raumheizung und zur Erwärmung von Trinkwasser DIN EN 14511 für Innenaufstellung, mit Verdichter einschl. Schwingungsdämpfer sowie Regelung für Warmwasserbereitung und einen geregelten Heizkreis. Leistung einschl. Anschlusszubehör und Inbetriebnahme.

35 Wärmepumpe, bis 15kW, Sole KG **421**

Wie Ausführungsbeschreibung A 7
Wärmequelle: **Sole / Wasser** über **Erdsonden / Erdkollektoren**
Solequalität: .....
Minimale Wärmequellentemperatur: 0°C
Maximale Vorlauftemperatur:
Mind. 60°C zur Raumheizung / mind. 72°C zur WW-Bereitung
Nennwärmeleistung: bis 15 kW (bei B0W35)
Leistungszahl (COP): mind. 4,5 (bei B0W35)
Maximaler Schallleistungspegel: 55 dB(A)
Maximaler Betriebsdruck: mind. PN 6
Bemessungsbetriebsspannung: 400 V AC
Ausführung gem. nachfolgender Einzelbeschreibung: .....

12.343	14.356€	**15.442€**	17.495€	21.766€	[St]	⏱ 6,00h/St	040.000.064

Kosten:
Stand 1.Quartal 2025
Bundesdurchschnitt

► min
▷ von
ø Mittel
◁ bis
◄ max

Nr.	Kurztext / Langtext						Kostengruppe
►	▷	**ø netto €**	◁	◄	[Einheit]	Ausf.-Dauer	Positionsnummer

36 Wärmepumpe, 15-25kW, Sole KG **421**

Wie Ausführungsbeschreibung A 7
Wärmequelle: **Sole / Wasser** über **Erdsonden / Erdkollektoren**
Solequalität: .....
Minimale Wärmequellentemperatur: 0°C
Maximale Vorlauftemperatur:
Mind. 60°C **zur Raumheizung / mind. 72**°C **zur WW-Bereitung**
Nennwärmeleistung: 15-25 kW (bei B0W35)
Leistungszahl (COP): mind. 4,7 (bei B0W35)
Maximaler Schallleistungspegel: 55 dB(A)
Maximaler Betriebsdruck: mind. PN 6
Bemessungsbetriebsspannung: 400 V AC
Ausführung gem. nachfolgender Einzelbeschreibung: .....

18.271	21.398€	**23.496€**	24.551€	27.158€	[St]	⏱ 6,00h/St	040.000.072

37 Wärmepumpe, 25-35kW, Sole KG **421**

Wie Ausführungsbeschreibung A 7
Wärmequelle: **Sole / Wasser** über **Erdsonden / Erdkollektoren**
Solequalität: .....
Minimale Wärmequellentemperatur: 0°C
Maximale Vorlauftemperatur:
Mind. 60°C **zur Raumheizung / mind. 72**°C **zur WW-Bereitung**
Nennwärmeleistung: 25-35 kW (bei B0W35)
Leistungszahl (COP): mind. 4,7 (bei B0W35)
Maximaler Schallleistungspegel: 55 dB(A)
Maximaler Betriebsdruck: mind. PN 6
Bemessungsbetriebsspannung: 400 V AC
Ausführung gem. nachfolgender Einzelbeschreibung: .....

22.882	27.692€	**28.854€**	30.290€	35.100€	[St]	⏱ 6,00h/St	040.000.073

Nr.	Kurztext / Langtext					Kostengruppe
▶	▷	**ø netto €**	◁	◀	[Einheit]	Ausf.-Dauer	Positionsnummer

A 8 Wärmepumpe, Luft Beschreibung für Pos. **38-40**

Elektrisch angetriebene Wärmepumpe für Raumheizung und zur Erwärmung von Trinkwasser DIN EN 14511 für Innen-/Außenaufstellung, mit Verdichter, einschl. Schwingungsdämpfer sowie Regelung für Warmwasserbereitung und einen geregelten Heizkreis. Leistung einschl. Anschlusszubehör und Inbetriebnahme.

38 Wärmepumpe, bis 15kW, Luft KG **421**

Wie Ausführungsbeschreibung A 8
Wärmequelle: Luft
Minimale Wärmequellentemperatur: -18°C
Maximaler Vorlauftemperatur:
Mind. 55°C zur Raumheizung mit zusätzlichem elektrischen Heizstab / mind. 72°C zur WW-Bereitung
Montage/Aufstellung: schallentkoppelt
Nennwärmeleistung bis 15 kW (bei A2W35)
Leistungszahl (COP): mind. 4,0 (bei A2W35)
Maximaler Schallleistungspegel: 60 dB(A)
Maximaler Betriebsdruck: mind. PN 6
Bemessungsbetriebsspannung: 400 V AC
Ausführung gem. nachfolgender Einzelbeschreibung: .....

12.195 14.814€ **15.860€** 17.079€ 20.010€ [St] ⏱ 6,00h/St 040.000.091

39 Wärmepumpe, 15-25kW, Luft KG **421**

Wie Ausführungsbeschreibung A 8
Wärmequelle: Luft
Minimale Wärmequellentemperatur: -18°C
Maximaler Vorlauftemperatur:
Mind. 55°C zur Raumheizung mit zusätzlichem elektrischen Heizstab / mind. 72°C zur WW-Bereitung
Montage/Aufstellung: schallentkoppelt
Nennwärmeleistung 15-25 kW (bei A2W35)
Leistungszahl (COP): mind. 3,5 (bei A2W35)
Maximaler Schallleistungspegel: 65 dB(A)
Maximaler Betriebsdruck: mind. PN 6
Bemessungsbetriebsspannung: 400 V AC
Ausführung gem. nachfolgender Einzelbeschreibung: .....

23.602 25.141€ **26.625€** 26.959€ 28.498€ [St] ⏱ 6,00h/St 040.000.092

Kosten:
Stand 1. Quartal 2025
Bundesdurchschnitt

▶ min
▷ von
ø Mittel
◁ bis
◀ max

Nr.	Kurztext / Langtext					Kostengruppe
▶	▷	ø netto €	◁	◀	[Einheit]	Ausf.-Dauer	Positionsnummer

40 Wärmepumpe, 25-35kW, Luft KG **421**

Wie Ausführungsbeschreibung A 8
Wärmequelle: Luft
Minimale Wärmequellentemperatur: -18°C
Maximaler Vorlauftemperatur:
Mind. 55°C zur Raumheizung mit zusätzlichem elektrischen Heizstab / mind. 72°C zur WW-Bereitung
Montage/Aufstellung: schallentkoppelt
Nennwärmeleistung 25-35 kW (bei A2W35)
Leistungszahl (COP): mind. 3,4 (bei A2W35)
Maximaler Schallleistungspegel: 65 dB(A)
Maximaler Betriebsdruck: mind. PN 6
Bemessungsbetriebsspannung: 400 V AC
Ausführung gem. nachfolgender Einzelbeschreibung: .....

29.796 32.857€ **33.444€** 33.792€ 36.854€ [St] ⏱ 6,00h/St 040.000.093

A 9 Brunnenanlage Beschreibung für Pos. **41-44**

Brunnenanlage für Wärmepumpe mit Filterrohren im Bereich des Grundwasserspiegels oder durchlässigen Horizonts und Filterkies, Schacht aus Fertigteilen, mit Sumpf- oder Aufsatzrohr sowie Bodenkappe, Brunnenkopf (Flanschanschluss) mit Durchgang für Pumpensteigrohre, Kabelverbindung, inkl. Einbau von Steigrohren, einschl. Zubehör. Schächte für Saug- und Schluckbrunnen aus Beton-/Stahlbetonfertigteilen, ohne Schachtunterteil, mit Steigeisengang und Abdeckung. Liefern und Montieren der erdverlegten Leitungen DN50 (von den Brunnen bis zum Übergabepunkt Innenkante Gebäude), inkl. aller Form-, Verbindungsteile, Armaturen, Anschlussverschraubungen und Dichtungen. Erdkabel für Brunnenpumpe verlegen und anklemmen, Leistung einschl. Pumpversuch zur Leistungsermittlung, Erstellung einer Wasseranalyse über das Brunnenwasser, mit Gutachten zur Erlangung der wasserrechtlichen Erlaubnis für die thermische Nutzung von Grundwasser. Die Baustelleneinrichtung mit An- und Abtransport des Bohrgerätes sowie Aufstellen / Umsetzen der Bohranlage von Bohrpunkt zu Bohrpunkt auf hindernisfreiem, von LKW befahrbarem Gelände, ist Leistungsbestandteil.

41 Brunnenanlage, WP bis 15kW KG **421**

Wie Ausführungsbeschreibung A 9
Brunnenbohrung:
Bodenmaterial (Beschreibung der Homogenbereiche nach Unterlagen des AG): .....
Bohrtiefe: 0-15 m
Wärmepumpe: bis 15 kW, mehrstufige Unterwasserpumpe
Nennförderstrom: bis 3,5 m^3/h (für GW dT 4K)
Beton-/Stahlbetonfertigteilen: DN1500
Lichte Schachttiefe: über 1,5 m bis 2,0 m
Ausführung gem. nachfolgender Einzelbeschreibung: .....

12.962 14.140€ **17.674€** 21.563€ 22.690€ [St] ⏱ 14,00h/St 040.000.066

Kosten:
Stand 1. Quartal 2025
Bundesdurchschnitt

Nr.	**Kurztext** / Langtext						Kostengruppe
▶	▷	**ø netto €**	◁	◀	[Einheit]	Ausf.-Dauer	Positionsnummer

42 Brunnenanlage, WP 15-25kW KG **421**

Wie Ausführungsbeschreibung A 9
Brunnenbohrung:
Bodenmaterial (Beschreibung der Homogenbereiche nach Unterlagen des AG): .....
Bohrtiefe: 0-15 m
Wärmepumpe: 15-25 kW, mehrstufige Unterwasserpumpe
Nennförderstrom: bis 5,5 m³/h (für GW dT 4K)
Beton-/Stahlbetonfertigteilen: DN1500
Lichte Schachttiefe: über 1,5 m bis 2,0 m
Ausführung gem. nachfolgender Einzelbeschreibung: .....

15.158 | 15.730€ | **19.662€** | 23.988€ | 26.116€ | [St] | ⏱ 17,00 h/St | 040.000.077

43 Brunnenanlage, WP 25-35kW KG **421**

Wie Ausführungsbeschreibung A 9
Brunnenbohrung:
Bodenmaterial (Beschreibung der Homogenbereiche nach Unterlagen des AG): .....
Bohrtiefe: 0-15 m
Wärmepumpe: 25-35 kW, mehrstufige Unterwasserpumpe
Nennförderstrom: bis 7,5 m³/h (für GW dT 4K)
Beton-/Stahlbetonfertigteilen: DN1500
Lichte Schachttiefe: über 1,5 m bis 2,0 m
Ausführung gem. nachfolgender Einzelbeschreibung: ....

17.674 | 18.773€ | **23.466€** | 28.628€ | 29.797€ | [St] | ⏱ 20,00 h/St | 040.000.078

44 Brunnenanlage, WP 35-50kW KG **421**

Wie Ausführungsbeschreibung A 9
Brunnenbohrung:
Bodenmaterial (Beschreibung der Homogenbereiche nach Unterlagen des AG): .....
Bohrtiefe: 0-15 m
Wärmepumpe: 35-50 kW, mehrstufige Unterwasserpumpe
Nennförderstrom: bis 11,0 m³/h (für GW dT 4K)
Beton-/Stahlbetonfertigteilen: DN1500
Lichte Schachttiefe: über 1,5 m bis 2,0 m
Ausführung gem. nachfolgender Einzelbeschreibung: .....

31.468 | 34.346€ | **42.932€** | 52.377€ | 53.935€ | [St] | ⏱ 22,00 h/St | 040.000.079

▶ min
▷ von
ø Mittel
◁ bis
◀ max

Nr.	**Kurztext** / Langtext						Kostengruppe
►	▷	**ø netto €**	◁	◄	[Einheit]	Ausf.-Dauer	Positionsnummer

45 Erdsondenanlage, Wärmepumpe KG **421**

Erdsondenanlage mit druckgeprüften Doppel-U- Sonden und Füllung des Ringraums mit Zement-Bentonit-Suspension. Ausführung der Erdwärmesondenbohrung(en) einschl. eventuell notwendiger Verrohrung des Bohrlochs. Leistung inkl. Antrag auf wasserrechtliche Genehmigung einschl. Bohrgenehmigung zur Vorlage bei der zuständigen Behörde und Nebenarbeiten und Versicherungen. Graphische Darstellung der Bohrergebnisse, Ausbauzeichnung. Baustelleneinrichtung mit An- und Abtransport Bohrgerät, Mannschaft und Ausrüstung, Auf- und Abbau des Bohrgeräts je Ansatzpunkt einschl. Umsetzen.
Bohrloch: ca. 160 mm
Doppel-U-Sonden: 32 mm einschl. Fußstück
Durchflussspülung und Befüllung: mit **Wasser / Wasser-Glykol**
Sondentiefe: bis 50 m
Überstand Sonden über Gelände: ca. 1,00 m
Ausführung gem. nachfolgender Einzelbeschreibung: .....

83€ | 97€ | **100€** | 106€ | 117€ | [m] | ⏱ 0,20 h/m | 040.000.067

46 Inbetriebnahme Wärmepumpe KG **421**

Die Erstinbetriebnahme der Wärmepumpe sollte rechtzeitig angemeldet werden. Die Inbetriebnahme hat gem. der Vorgaben des Wärmepumpenherstellers sowie den gesetzlichen Bestimmungen unter Berücksichtigung der Garantie und Gewährleistung zu erfolgen, einschl. An- und Abreisekosten, inkl. Aushändigung des unterzeichneten Übergabe und Inbetriebnahmeprotokolls.
Leistungsumfang: Inbetriebsetzen der Wärmepumpe, Inbetriebnahme der Regelungsanlage, Inbetriebsetzen und Programmieren Fernüberwachung, Überprüfen der Hersteller-Projektierungsrichtlinien, Protokollerstellung mit allen eingestellten Parametern, inkl. Aushändigung des unterzeichneten Übergabe-/Inbetriebnahmeprotokolls.

695€ | 1.716€ | **1.883€** | 3.098€ | 5.680€ | [psch] | ⏱ 4,80 h/psch | 040.000.100

47 Wartung, Wärmepumpe KG **421**

Wartung einer Luft, Wasser, Sole Wärmepumpe gem. der Vorgaben des Wärmepumpenherstellers sowie den gesetzlichen Bestimmungen unter Berücksichtigung der Garantie und Gewährleistung.

303€ | 322€ | **324€** | 331€ | 349€ | [psch] | ⏱ 1,80 h/psch | 040.000.101

48 Membran-Druckausdehnungsgefäß, bis 50 Liter KG **421**

Membran-Druckausdehnungsgefäß mit Abnahmebescheinigung DIN EN 13831 für Heizungswasser.
Zulässiger Betriebsdruck: **3 / 6 / 10 bar**
Vordruck Druckausdehnungsgefäß: ..... bar
Nennvolumen Ausdehnungsgefäß: ..... Liter
Werkstoff: Stahl
Aufstellung: stehend
Oberfläche außen: lackiert

93€ | 140€ | **156€** | 188€ | 257€ | [St] | ⏱ 1,00 h/St | 040.000.094

49 Membran-Druckausdehnungsgefäß, bis 100 Liter KG **421**

Membran-Druckausdehnungsgefäß mit Abnahmebescheinigung DIN EN 13831 für Heizungswasser.
Zulässiger Betriebsdruck: **3 / 6 / 10 bar**
Vordruck Druckausdehnungsgefäß: ..... bar
Nennvolumen Ausdehnungsgefäß: ..... Liter
Werkstoff: Stahl
Aufstellung: stehend
Oberfläche außen: lackiert

142€ | 188€ | **191€** | 204€ | 250€ | [St] | ⏱ 1,50 h/St | 040.000.095

Nr.	Kurztext / Langtext						Kostengruppe
▶	▷	**ø netto €**	◁	◀	[Einheit]	Ausf.-Dauer	Positionsnummer

50 Membran-Druckausdehnungsgefäß, bis 500 Liter KG **421**

Membran-Druckausdehnungsgefäß mit Abnahmebescheinigung DIN EN 13831 für Heizungswasser.
Zulässiger Betriebsdruck: **3 / 6 / 10 bar**
Vordruck Druckausdehnungsgefäß: ..... bar
Nennvolumen Ausdehnungsgefäß: ..... Liter
Werkstoff: Stahl
Aufstellung: stehend
Oberfläche außen: lackiert

▶	▷	ø	◁	◀	Einheit	Ausf.-Dauer	Positionsnummer
319€	486€	**535€**	730€	1.098€	[St]	⏱ 2,50h/St	040.000.008

51 Membran-Druckausdehnungsgefäß, über 500 Liter KG **421**

Membran-Druckausdehnungsgefäß mit Abnahmebescheinigung DIN EN 13831 für Heizungswasser.
Zulässiger Betriebsdruck: **3 / 6 / 10 bar**
Vordruck Druckausdehnungsgefäß: ..... bar
Nennvolumen Ausdehnungsgefäß: ..... Liter
Werkstoff: Stahl
Aufstellung: stehend
Oberfläche außen: lackiert

▶	▷	ø	◁	◀	Einheit	Ausf.-Dauer	Positionsnummer
1.360€	2.133€	**2.377€**	2.809€	4.472€	[St]	⏱ 3,00h/St	040.000.011

52 Trinkwarmwasserspeicher KG **421**

Speicher-Wassererwärmung für Trinkwasser DIN 4753-7 und DVGW W 551. Mit Einbauheizfläche DIN 4708-2 als Glattrohrwärmetauscher aus geschweißtem nichtrostendem Stahlrohr. Warmwasserdauerleistung bei Erwärmung von 10 auf 60°C und Heizwasser-Vorlauftemperatur von 70°C ..... l/h. Behälter mit Korrosionsschutzeinrichtung, mit Anschlussstutzen für Heizmitteleintritt, Mess- und Regeleinrichtung, Kalt-, Warm- und Zirkulationswasser. Mit Wärmedämmung und Ummantelung, abnehmbar.
Bauart: **stehend / liegend**
Speicherinhalt: ..... Liter
Leistungskennzahl Nl: ..... [ ]
Maximale Speichertemperatur: 95°C
Zulässiger Druck: **4 / 6 / 10 bar**
Maximale Heizwassertemperatur: .....°C
Behälter: **Stahl emailliert / Edelstahl**
Durchmesser ohne Wärmedämmung: ..... m
Höhe: ..... m
Gewicht: ..... kg

▶	▷	ø	◁	◀	Einheit	Ausf.-Dauer	Positionsnummer
2.222€	3.327€	**3.924€**	4.633€	6.337€	[St]	⏱ 5,80h/St	040.000.020

Kosten:
Stand 1.Quartal 2025
Bundesdurchschnitt

▶ min
▷ von
ø Mittel
◁ bis
◀ max

53 Speicher-Wassererwärmer mit Solar, bis 400 Liter KG **421**

Bivalenter Speicher-Wassererwärmer für Trinkwasser DIN 4753-7 und DVGW W 551, mit zwei innenliegenden Heizflächen DIN 4708-2, mit Einbauheizfläche für Solaraufheizung und weiteren Wärmeerzeuger. Leistung einschl. Anschlüssen für Medien und für Messwertgeber, mit Revisionsöffnung, mit abnehmbarer Wärmedämmung und Ummantelung, mit Anschlussleitungen.
Speicher: Bauart stehend
Material: **nichtrostendem Stahl / Stahl emailliert**
Speicherinhalt: bis 400 Liter
DIN 4708-2 bei Erwärmung von 10 auf 45°C
Leistungskennzahl je Heizfläche mindestens NL 2,5 (nach DIN 4708 bei Speicher-/VL-Temperatur **60 / 70**°C)
Ausführung gem. nachfolgender Einzelbeschreibung: .....

881€	1.593€	**1.909€**	2.436€	3.127€	[St]	⏱ 2,50h/St	040.000.068

54 Elektro Heizeinsatz, Heizungsanlage KG **422**

Elektro-Heizeinsatz, Heizleistung von 2,4 oder 6kW wählbar. Einsetzbar bei weichem bis mittelhartem Trinkwasser bis 2,5mol/m³ (14° dH, Härtebereich mittel). Mit Sicherheitstemperaturbegrenzer und Temperaturregler.

326€	421€	**465€**	501€	616€	[St]	⏱ 1,00h/St	040.000.102

55 Umwälzpumpen, bis 2,50m³/h KG **421**

Kreiselpumpe als Umwälzpumpe, Ausführung als Nassläufer, für Heizwasser VDI 2035 Blatt 1+2, Wärmedämmschalen.
Leistung: **regelbar / stufenlos regelbar**
Regelgröße: **Druck / Differenzdruck / Temperatur / Signal**
Max. Betriebstemperatur: **90 / 100 / 110**°C
Max. Betriebsdruck: **6 / 10 / 16** bar
Maximale Druckerhöhung: ..... bar
Max. Förderleistung: ..... m³/h
Gewindeanschluss/Flanschanschluss: DN.....
Werkstoff Gehäuse: **Bronze / Gusseisen / Rotguss / Stahl, nichtrostend**
Werkstoff Laufrad: **Bronze / Kunststoff / Stahl, nichtrostend**
Energieeffizienzklasse: **A / B / C**

481€	631€	**651€**	699€	849€	[St]	⏱ 0,70h/St	040.000.009

56 Umwälzpumpen, bis 5,00m³/h KG **422**

Kreiselpumpe als Umwälzpumpe, Ausführung als Nassläufer, für Heizwasser VDI 2035 Blatt 1+2, Wärmedämmschalen.
Leistung: **regelbar / stufenlos regelbar**
Regelgröße: **Druck / Differenzdruck / Temperatur / Signal**
Max. Betriebstemperatur: **90 / 100 / 110**°C
Max. Betriebsdruck: **6 / 10 / 16** bar
Maximale Druckerhöhung: ..... bar
Max. Förderleistung: ..... m³/h
Gewindeanschluss/Flanschanschluss: DN.....
Werkstoff Gehäuse: **Bronze / Gusseisen / Rotguss / Stahl, nichtrostend**
Werkstoff Laufrad: **Bronze / Kunststoff / Stahl, nichtrostend**
Energieeffizienzklasse: **A / B / C**

713€	780€	**815€**	833€	930€	[St]	⏱ 0,80h/St	040.000.012

Nr.	Kurztext / Langtext						Kostengruppe
▶	▷	ø netto €	◁	◀	[Einheit]	Ausf.-Dauer	Positionsnummer

57 Umwälzpumpen, ab 5,00m³/h KG **422**

Kreiselpumpe als Umwälzpumpe, Ausführung als Nassläufer, für Heizwasser VDI 2035 Blatt 1+2, Wärmedämmschalen.
Leistung: **regelbar / stufenlos regelbar**
Regelgröße: **Druck / Differenzdruck / Temperatur / Signal**
Max. Betriebstemperatur: **90 / 100 / 110**°C
Max. Betriebsdruck: **6 / 10 / 16** bar
Maximale Druckerhöhung: ..... bar
Max. Förderleistung: ..... m³/h
Gewindeanschluss/Flanschanschluss: DN.....
Werkstoff Gehäuse: **Bronze / Gusseisen / Rotguss / Stahl, nichtrostend**
Werkstoff Laufrad: **Bronze / Kunststoff / Stahl, nichtrostend**
Energieeffizienzklasse: **A / B / C**

Kosten:
Stand 1.Quartal 2025
Bundesdurchschnitt

1.052€	1.240€	**1.310€**	1.567€	2.458€	[St]	⏱ 1,00h/St	040.000.013

58 Absperrklappen, bis DN25 KG **422**

Absperrklappe als Zwischenflanscharmatur, für Betrieb mit Heizungswasser, inkl. zwei Gegenflanschen.
Heizungswasser: **bis / über 120**°C
Gehäuse: **Guss / Bronze / .....**
Nenndruck PN: **6 / 10 / 16** bar
Nenndurchmesser Rohr: bis DN25
Betätigung: über **Handhebel / Rasterhebel**
Baulänge: .....

110€	139€	**148€**	187€	199€	[St]	⏱ 0,35h/St	040.000.049

59 Absperrklappen, DN32 KG **422**

Absperrklappe als Zwischenflanscharmatur, für Betrieb mit Heizungswasser, inkl. zwei Gegenflanschen.
Heizungswasser: **bis / über 120**°C
Gehäuse: **Guss / Bronze / .....**
Nenndruck PN: **6 / 10 / 16** bar
Nenndurchmesser Rohr: DN32
Betätigung: über **Handhebel / Rasterhebel**
Baulänge: .....

112€	144€	**165€**	191€	223€	[St]	⏱ 0,38h/St	040.000.014

60 Absperrklappen, DN65 KG **422**

Absperrklappe als Zwischenflanscharmatur, für Betrieb mit Heizungswasser, inkl. zwei Gegenflanschen.
Heizungswasser: **bis / über 120**°C
Gehäuse: **Guss / Bronze / .....**
Nenndruck PN: **6 / 10 / 16** bar
Nenndurchmesser Rohr: DN65
Betätigung: über **Handhebel / Rasterhebel**
Baulänge: .....

165€	199€	**249€**	278€	324€	[St]	⏱ 0,50h/St	040.000.017

▶ min
▷ von
ø Mittel
◁ bis
◀ max

Nr.	Kurztext / Langtext						Kostengruppe
▶	▷	**ø netto €**	◁	◀	[Einheit]	Ausf.-Dauer	Positionsnummer

61 Absperrklappen, DN80 KG **422**

Absperrklappe als Zwischenflanscharmatur, für Betrieb mit Heizungswasser, inkl. zwei Gegenflanschen.
Heizungswasser: **bis / über 120**°C
Gehäuse: **Guss / Bronze / .....**
Nenndruck PN: **6 / 10 / 16** bar
Nenndurchmesser Rohr: DN80
Betätigung: über **Handhebel / Rasterhebel**
Baulänge: .....

208€ | 249€ | **267€** | 301€ | 356€ | [St] | ⏱ 0,60h/St | 040.000.018

62 Rückschlagventil, DN65 KG **422**

Rückschlagventil in Zwischenflanschausführung mit Spezialzentrierung, zum Einbau zwischen Rohrleitungsflanschen, inklusive Gegenflanschen, entsprechend langen Schrauben und Dichtungen.
Nennweite: DN65
Nenndruck: PN 6

146€ | 202€ | **221€** | 322€ | 454€ | [St] | ⏱ 0,40h/St | 040.000.021

63 Dreiwegeventil, DN40 KG **421**

Dreiwege-Mischventil mit Verschraubung, Kennlinie A-AB gleichprozentig, B-AB linear. Für Heizungsverteilungen inkl. elektrischem Stellantrieb für 3-Punkt oder Auf-Zu-Regelung sowie Verschraubungen und Dichtungen.
Material Gehäuse: Grauguss
Nenndruck: PN 16
Nennweite: DN40
Max. Vorlauftemperatur: 95°C
kvs-Wert: 25 m^3/h
Spannung: 230 V, 50 Hz

575€ | 637€ | **653€** | 667€ | 729€ | [St] | ⏱ 0,90h/St | 040.000.022

64 Heizungsverteiler, Wandmontage, 3 Heizkreise KG **421**

Heizungsverteiler als kombinierter Vor- und Rücklaufverteiler. Abgangsstutzen Vor- und Rücklauf nebeneinander, als Rohrstutzen, mit Vorschweißflansch. Für Abgänge DN25-DN100 mit Stutzenabstand 350mm, bei größeren Dimensionen 400mm. Flanschstutzen DN25-DN100 sind auf gleiche Spindelhöhe, für Armaturen entsprechend den Baulängenreihen F1, F4, oder K1, abgestimmt. Entleerungsmuffen DN15 für Vor- und Rücklaufbalken. Verteiler werkseitig druckgeprüft und grundiert. Heizkreisverteiler für 3 Heizkreise (1 Anschluss Wärmeerzeuger Vor-/Rücklauf, 2 Anschlüsse für Heizkreise (DN25-DN100). Inkl. Wärmedämmschalen für Verteiler entsprechend Heizungsanlagenverordnung.
Material: Stahl
Vorschweißflansch: **PN 6 / PN 10 / PN 16**

263€ | 280€ | **330€** | 342€ | 711€ | [St] | ⏱ 0,75h/St | 040.000.050

Kosten:
Stand 1. Quartal 2025
Bundesdurchschnitt

Nr.	**Kurztext** / Langtext						Kostengruppe
▶	▷	**ø netto €**	◁	◀	[Einheit]	Ausf.-Dauer	Positionsnummer

65 Heizungsverteiler, Wandmontage, 5 Heizkreise KG **421**

Heizungsverteiler als kombinierter Vor- und Rücklaufverteiler. Abgangsstutzen Vor- und Rücklauf nebeneinander, als Rohrstutzen, mit Vorschweißflansch. Für Abgänge DN25 - DN100 mit Stutzenabstand 350mm, bei größeren Dimensionen 400mm. Flanschstutzen DN25-DN100 sind auf gleiche Spindelhöhe, für Armaturen entsprechend den Baulängenreihen F1, F4, oder K1, abgestimmt. Entleerungsmuffen DN15 für Vor- und Rücklaufbalken. Verteiler werkseitig druckgeprüft und grundiert. Heizkreisverteiler für 5 Heizkreise (1 Anschluss Wärmeerzeuger Vor-/Rücklauf, 2 Anschlüsse für Heizkreise (DN25-DN100). Inkl. Wärmedämmschalen für Verteiler entsprechend Heizungsanlagenverordnung.
Material: Stahl
Vorschweißflansch: **PN 6 / PN 10 / PN 16**

405€ 426€ **472€** 556€ 766€ [St] ⏱ 0,90h/St 040.000.051

66 Füllarmatur, Heizung KG **421**

Manuelle Heizungsfüll-/-nachfüllstation mit flexibler Schlauchanbindung zum Befüllen von Warmwasser-Heizungsanlagen. Bestehend aus Absperrarmatur mit Systemtrenner, einem Wandschlauchhalter, 5m Wasserschlauch 1/2" für maximal 12bar Betriebsdruck, zwei halben Schlauchverschraubungen 1/2" aus Messing, inklusive Befestigungselementen für Wandbefestigung.
Temperaturbereich: bis 40°C (Füllwasser)

27€ 35€ **38€** 41€ 49€ [St] ⏱ 0,10h/St 040.000.052

67 Stundensatz, Obermonteur/-in Heizung

Verrechnungssatz für die jeweilige Arbeitskraft inkl. aller Aufwendungen wie Lohn- und Gehaltskosten, Lohn- und Gehaltsnebenkosten, Zuschläge, lohngebundene und lohnabhängige Kosten, sonstige Sozialkosten, Gemeinkosten, Wagnis und Gewinn. Leistung nach besonderer Anordnung der Bauüberwachung. Nachweis und Anmeldung gem. VOB/B.

61€ 65€ **67€** 70€ 73€ [h] ⏱ 1,00h/h 040.000.098

68 Stundensatz, Helfer/-in Heizung

Verrechnungssatz für die jeweilige Arbeitskraft inkl. aller Aufwendungen wie Lohn- und Gehaltskosten, Lohn- und Gehaltsnebenkosten, Zuschläge, lohngebundene und lohnabhängige Kosten, sonstige Sozialkosten, Gemeinkosten, Wagnis und Gewinn. Leistung nach besonderer Anordnung der Bauüberwachung. Nachweis und Anmeldung gem. VOB/B.

41€ 47€ **51€** 53€ 63€ [h] ⏱ 1,00h/h 040.000.099

▶ min
▷ von
ø Mittel
◁ bis
◀ max

Kosten:
Stand 1. Quartal 2025
Bundesdurchschnitt

► min
▷ von
ø Mittel
◁ bis
◀ max

Nr.	Positionen	Einheit	►	▷	ø brutto € / ø netto €	◁	◀
1	Strangregulierventil, DN15	St	101	118	**122**	129	146
			85	99	**102**	109	123
2	Überströmventil, DN15	St	59	105	**133**	146	192
			49	88	**112**	123	162
3	Schmutzfänger, DN40	St	105	144	**159**	227	304
			88	121	**134**	191	255
4	Schnellentlüfter, DN10	St	18	48	**54**	74	138
			15	40	**46**	62	116
5	Zeigerthermometer, Bimetall	St	20	31	**36**	64	94
			17	26	**31**	54	79
6	Manometer, Rohrfeder	St	59	88	**106**	115	144
			49	74	**89**	96	121
7	Absperrventil, Guss, DN15	St	40	59	**68**	86	119
			34	49	**57**	72	100
8	Absperrventil, Guss, DN20	St	65	86	**88**	102	130
			55	72	**74**	86	109
9	Absperrventil, Guss, DN25	St	100	146	**149**	160	187
			84	123	**125**	135	157
10	Absperrventil, Guss, DN32	St	105	145	**157**	196	257
			88	122	**132**	164	216
11	Absperrventil, Guss, DN40	St	183	209	**228**	249	288
			154	176	**191**	209	242
12	Absperrventil, Guss, DN50	St	220	260	**277**	329	384
			185	218	**233**	276	323
13	Absperrventil, Guss, DN65	St	234	285	**336**	368	416
			196	239	**282**	309	349
14	Badheizkörper/Handtuchheizkörper, beschichtet	St	609	983	**1.069**	1.236	1.965
			512	826	**898**	1.039	1.651
15	Rohrleitung, Kupfer, DN15	m	17	24	**26**	29	37
			15	20	**22**	25	31
16	Rohrleitung, Kupfer, DN20	m	19	27	**31**	33	44
			16	23	**26**	28	37
17	Rohrleitung, Kupfer, DN25	m	32	37	**38**	43	51
			27	31	**32**	37	43
18	Rohrleitung, C-Stahlrohr, DN10	m	16	19	**22**	25	28
			14	16	**19**	21	24
19	Rohrleitung, C-Stahlrohr, DN12	m	18	21	**26**	26	29
			15	17	**21**	21	24
20	Rohrleitung, C-Stahlrohr, DN15	m	21	26	**26**	28	31
			18	22	**22**	24	26
21	Rohrleitung, C-Stahlrohr, DN20	m	24	29	**31**	39	43
			20	24	**26**	33	36
22	Rohrleitung, C-Stahlrohr, DN25	m	30	35	**37**	40	45
			25	30	**31**	34	38
23	Rohrleitung, C-Stahlrohr, DN32	m	38	45	**46**	47	55
			32	38	**39**	40	46
24	Rohrleitung, C-Stahlrohr, DN40	m	39	49	**63**	67	80
			33	41	**53**	57	67

Nr.	Positionen	Einheit	►	▷	ø brutto € / ø netto €	◁	◄
25	Rohrleitung, C-Stahlrohr, DN50	m	40	67	**74**	82	100
			34	56	**62**	69	84
26	Rohrleitung, C-Stahlrohr, Bogen, DN50	St	20	34	**43**	51	64
			17	29	**36**	43	54
27	Rohrleitung, Stahlrohr, DN65	m	44	53	**56**	63	82
			37	44	**47**	53	69
28	Rohrleitung, Stahlrohr, DN80	m	55	59	**67**	74	90
			46	50	**57**	62	76
29	Rohrleitung, Stahlrohr, DN100	m	72	78	**92**	108	116
			60	65	**77**	91	98
30	Rohrleitung, Stahlrohr, DN150	m	90	100	**114**	121	127
			76	84	**96**	101	106
31	Rohrleitung, PE-X 17mm, Fußbodenheizung	m	10	13	**15**	16	19
			9	11	**13**	14	16
32	Rohrleitung, PE-X 20mm, Fußbodenheizung	m	14	17	**19**	21	24
			12	14	**16**	18	20
33	Rohrleitung, PE-X 25mm, Fußbodenheizung	m	20	22	**26**	28	32
			17	19	**22**	23	27
34	Rohrleitung, Verbundrohr, 16mm, Fußbodenheizung	m	26	29	**30**	30	32
			22	24	**25**	25	27
35	Rohrleitung, Verbundrohr, 20mm, Fußbodenheizung	m	30	35	**39**	43	47
			25	30	**33**	36	39
36	Rohrleitung, Verbundrohr, 26mm, Fußbodenheizung	m	33	37	**45**	50	54
			28	31	**38**	42	45
37	Röhrenheizkörper, Stahl, h=500	St	11	13	**19**	23	24
			10	11	**16**	19	20
38	Röhrenheizkörper, Stahl, h=600	St	18	20	**27**	29	35
			15	17	**22**	24	29
39	Röhrenheizkörper, Stahl, h=900	St	19	22	**30**	37	40
			16	19	**26**	31	34
40	Kompaktheizkörper, Stahl, H=500, L=bis 700, Typ 11	St	191	220	**239**	268	311
			161	185	**201**	225	261
41	Kompaktheizkörper, Stahl, H=500, L=bis 700, Typ 22	St	216	248	**270**	302	351
			181	209	**227**	254	295
42	Kompaktheizkörper, Stahl, H=500, L=bis 700, Typ 33	St	301	346	**376**	421	489
			253	291	**316**	354	411
43	Kompaktheizkörper, Stahl, H=500, L=700-1.400, Typ 11	St	351	404	**439**	483	536
			295	340	**369**	406	450
44	Kompaktheizkörper, Stahl, H=500, L=700-1.400, Typ 22	St	376	432	**470**	526	611
			316	363	**395**	442	513
45	Kompaktheizkörper, Stahl, H=500, L=700-1.400, Typ 33	St	518	596	**648**	725	842
			435	501	**544**	610	708
46	Kompaktheizkörper, Stahl, H=500, L=1.400-2.100, Typ 11	St	482	554	**603**	675	783
			405	466	**506**	567	658
47	Kompaktheizkörper, Stahl, H=500, L=1.400-2.100, Typ 22	St	544	626	**680**	762	884
			457	526	**572**	640	743
48	Kompaktheizkörper, Stahl, H=500, L=1.400-2.100, Typ 33	St	703	808	**878**	949	1.054
			591	679	**738**	797	886

Wärmeversorgungsanlagen - Leitungen, Armaturen, Heizflächen — Preise €

Kosten:
Stand 1.Quartal 2025
Bundesdurchschnitt

Nr.	Positionen	Einheit	►	▷	ø brutto € / ø netto €	◁	◄
49	Kompaktheizkörper, Stahl, H=600, L=bis 700, Typ 11	St	216	248	**270**	302	351
			181	208	**227**	254	295
50	Kompaktheizkörper, Stahl, H=600, L=bis 700, Typ 22	St	242	278	**302**	339	393
			203	234	**254**	285	330
51	Kompaktheizkörper, Stahl, H=600, L=bis 700, Typ 33	St	324	372	**405**	453	526
			272	313	**340**	381	442
52	Kompaktheizkörper, Stahl, H=600, L=700-1.400, Typ 11	St	384	442	**480**	528	586
			323	371	**403**	444	492
53	Kompaktheizkörper, Stahl, H=600, L=700-1.400, Typ 22	St	441	507	**552**	618	717
			371	426	**464**	519	603
54	Kompaktheizkörper, Stahl, H=600, L=700-1.400, Typ 33	St	551	633	**688**	771	895
			463	532	**579**	648	752
55	Kompaktheizkörper, Stahl, H=600, L=1.400-2.100, Typ 11	St	498	573	**623**	698	810
			419	482	**524**	586	681
56	Kompaktheizkörper, Stahl, H=600, L=1.400-2.100, Typ 22	St	559	643	**699**	783	908
			470	540	**587**	658	763
57	Kompaktheizkörper, Stahl, H=600, L=1.400-2.100, Typ 33	St	727	836	**909**	982	1.091
			611	703	**764**	825	917
58	Kompaktheizkörper, Stahl, H=900, L=bis 700, Typ 11	St	284	327	**355**	398	462
			239	275	**299**	335	388
59	Kompaktheizkörper, Stahl, H=900, L=bis 700, Typ 22	St	317	365	**396**	444	515
			266	306	**333**	373	433
60	Kompaktheizkörper, Stahl, H=900, L=bis 700, Typ 33	St	435	500	**543**	609	706
			365	420	**457**	511	594
61	Kompaktheizkörper, Stahl, H=900, L=1.400-2.100, Typ 11	St	672	773	**840**	940	1.092
			564	649	**706**	790	917
62	Kompaktheizkörper, Stahl, H=900, L=1.400-2.100, Typ 22	St	727	836	**909**	1.018	1.182
			611	703	**764**	856	993
63	Kompaktheizkörper, Stahl, H=900, L=1.400-2.100, Typ 33	St	915	1.053	**1.144**	1.236	1.339
			769	885	**961**	1.038	1.125
64	Radiavektoren, Profilrohre, H=140, L=bis 700	St	545	772	**838**	991	1.093
			458	649	**704**	833	918
65	Radiavektoren, Profilrohre, H=140, L=1.400-2.100	St	883	1.330	**1.380**	1.738	2.146
			742	1.118	**1.160**	1.461	1.804
66	Radiavektoren, Profilrohre, H=210, L=bis 700	St	557	769	**913**	1.102	1.355
			468	646	**767**	926	1.139
67	Radiavektoren, Profilrohre, H=210, L=1.400-2.100	St	1.126	1.696	**1.859**	2.084	2.640
			946	1.425	**1.562**	1.751	2.218
68	Radiavektoren, Profilrohre, H=280, L=bis 700	St	564	929	**1.016**	1.271	1.635
			474	781	**854**	1.068	1.374
69	Radiavektoren, Profilrohre, H=280, L=700-1.400	St	735	1.265	**1.474**	1.814	2.332
			617	1.063	**1.238**	1.524	1.960
70	Thermostatventil, DN15	St	17	25	**31**	37	45
			14	21	**26**	31	38
71	Heizkörperverschraubung, DN15	St	19	24	**27**	29	36
			16	20	**23**	24	31
72	Heizkörper ausbauen/wieder einbauen	St	38	60	**75**	98	192
			32	51	**63**	82	161

► min
▷ von
ø Mittel
◁ bis
◄ max

Nr.	Positionen	Einheit	▶	▷	ø brutto € / ø netto €	◁	◀
73	Kappenventil, Ausdehnungsgefäß, DN20	St	34	38	**46**	58	61
			28	32	**39**	49	52
74	Muffenkugelhahn, DN15	St	10	26	**33**	43	63
			9	22	**28**	36	53
75	Membran-Sicherheitsventil	St	13	23	**29**	39	45
			11	19	**24**	32	38
76	Verteiler Heizungswasser	St	300	448	**516**	608	785
			252	376	**433**	511	660
77	Deckenstrahlplatte, Stahlblech beschichtet/Stahlrohre	St	3.222	4.341	**4.601**	5.113	7.687
			2.708	3.648	**3.866**	4.297	6.460
78	Heizkreisverteiler, Fußbodenheizung, 5 Heizkreise	St	248	356	**396**	429	493
			208	300	**333**	361	414
79	Verteilerschrank, Fußbodenheizung, Unterputz	St	664	674	**754**	807	868
			558	567	**634**	678	730
80	Verteilerschrank, Fußbodenheizung, Aufputz	St	646	652	**693**	735	740
			543	548	**582**	618	621
81	Umlenkungsbogen, Heizleitung	St	3	4	**5**	6	7
			3	4	**4**	5	6
82	Tacker/EPS-Systemträger, Fußbodenheizung	m²	10	11	**13**	15	17
			8	9	**11**	12	15
83	Noppen/EPS-Systemträger, Fußbodenheizung	m²	12	14	**15**	16	19
			10	12	**12**	14	16
84	Noppen-Systemträger, Dämmung, Fußbodenheizung	m²	18	25	**26**	30	37
			15	21	**22**	25	31
85	Noppen-Systemträger, Fußbodenheizung	m²	13	17	**19**	23	27
			11	15	**16**	19	23
86	Fußbodenheizung, Typ A, Träger/PE-X Rohr, 100	m²	37	40	**42**	45	49
			31	34	**35**	38	41
87	Fußbodenheizung, Typ A, Träger/PE-X Rohr, 200	m²	29	31	**33**	35	38
			24	26	**27**	30	32
88	Anbindeleitung, PE-X 17mm, Fußbodenheizung	m	4	6	**6**	7	8
			3	5	**5**	6	7
89	Schutzummantelung, Fußbodenheizrohr	St	2	4	**4**	5	7
			2	3	**4**	4	6
90	Ummantelung, Anbindeleitung	m	2	3	**4**	5	7
			2	3	**3**	5	6
91	Funktionsheizen, Fußbodenheizung	m²	2	2	**3**	4	6
			1	2	**2**	3	5
92	Belegreifheizen, Fußbodenheizung	m²	0,3	0,5	**0,6**	0,9	4,1
			0,3	0,4	**0,5**	0,7	3,4
93	Einregulierung/Inbetriebnahme, Fußbodenheizung	psch	355	452	**1.238**	3.290	5.647
			298	380	**1.040**	2.765	4.745
94	Messung, Feuchte, Fußbodenheizung	St	62	71	**85**	107	121
			52	59	**72**	90	102
95	Abgleichventil, hydraulisch DN15	St	142	147	**195**	238	292
			119	123	**164**	200	245
96	Abgleichventil, hydraulisch DN20	St	145	213	**227**	261	321
			122	179	**191**	219	270

Kosten:
Stand 1.Quartal 2025
Bundesdurchschnitt

Nr.	Positionen	Einheit	►	▷	ø brutto € / ø netto €	◁	◄
97	Abgleichventil, hydraulisch DN32	St	229	258	**289**	307	366
			192	217	**243**	258	308
98	Abgleichventil, hydraulisch DN50	St	310	331	**368**	385	446
			261	278	**309**	323	375
99	Abgleichventil, hydraulisch DN80	St	922	1.001	**1.080**	1.117	1.155
			775	841	**907**	939	971
100	Schlamm und Magnetitabscheider 1 1/4"	St	255	275	**278**	297	317
			214	231	**234**	249	266
101	Schlamm und Magnetitabscheider 1 1/2"	St	326	428	**454**	491	539
			274	360	**382**	413	453
102	Hydraulischer Abgleich	St	581	683	**691**	838	991
			488	574	**580**	704	833

Nr. **Kurztext** / Langtext — Kostengruppe

► ▷ **ø netto €** ◁ ◄ [Einheit] Ausf.-Dauer Positionsnummer

1 Strangregulierventil, DN15 — KG **421**

Strangregulierventil als Durchgangsventil in Schrägsitzausführung. Stufenlose Voreinstellung über Handrad. Ablesbarkeit der Voreinstellung unabhängig von der Handradstellung. Alle Funktionselemente auf der Handradseite. Montage im Vor- und Rücklauf möglich. Ventilgehäuse und Kopfstück, Spindel und Ventilkegel aus entzinkungsbeständigem Messing (Ms-EZB) / Rotguss, Kegel mit Dichtung aus PTFE, wartungsfreie Spindelabdichtung durch doppelten O-Ring. Messventil und Füll- und Entleerkugelhahn anschließ- und austauschbar. Inklusive Verschraubung beidseitig.

Strangregulierventil: **PN 6 / 10 / 16** bar
Ventilgehäuse und Kopfstück aus: **Rotguss / Grauguss**
Betriebstemperatur **120 / 150**°C
Nennweite: DN15
Anschlussgewinde: Rp 1/2 IG

85€ 99€ **102€** 109€ 123€ [St] ⏱ 0,20h/St 041.000.009

2 Überströmventil, DN15 — KG **421**

Differenzdruck-Überströmventil mit Federhaube aus Kunststoff, Membrane aus EPDM, einschl. Anzeigenhülse, inkl. beidseitiger Verschraubung.

Ausführung: **Eckausführung / gerade Ausführung**
Material: **Messing / Rotguss / Grauguss** mit eingebauter Differenzdruck-Anzeige
Differenzdruck: zwischen 0,05 und 0,5 bar
Betriebstemperatur: **110 / 120 / 150**°C
Betriebsdruck: max. **3 / 6 / 10** bar
Nennweite: DN15
Anschlussgewinde Rp 1/2 IG

49€ 88€ **112€** 123€ 162€ [St] ⏱ 0,35h/St 041.000.010

► min
▷ von
ø Mittel
◁ bis
◄ max

3 Schmutzfänger, DN40 KG **421**

Schmutzfänger, mit **einfachem / doppeltem** Sieb, aus Niro-Stahldrahtgeflecht.
Betriebsdruck: PN **6 / 10 / 16** bar
Gehäuse: Grauguss
Betriebstemperatur: **110 / 120 / 150**°C
Nennweite: DN40
Anschlussgewinde: Rp 1 1/2 IG

▶	▷	ø netto €	◁	◀	[Einheit]	Ausf.-Dauer	Positionsnummer
88€	121€	**134€**	191€	255€	[St]	⏱ 0,30h/St	041.000.011

4 Schnellentlüfter, DN10 KG **421**

Schwimmerentlüfter zur permanenten, automatischen Entlüftung von Heizungsanlagen.
Anschlussgewinde: Rp 3/8 IG
Material Gehäuse: **Messing / Grauguss**
Material Schwimmer: Kunststoff
Betriebstemperatur: 115°C
Betriebsdruck PN: **6 / 10 / 16** bar

▶	▷	ø netto €	◁	◀	[Einheit]	Ausf.-Dauer	Positionsnummer
15€	40€	**46€**	62€	116€	[St]	⏱ 0,10h/St	041.000.012

5 Zeigerthermometer, Bimetall KG **421**

Zeigerthermometer DIN EN 13190, Tauchrohr radial, aus nichtrostendem Stahl, inklusive Tauchhülse, eingeschweißt in Medienrohr.
Messelement: Bimetall
Tauchrohr-Einbaulänge: **63 / 80 / 100 / 160** mm
Tauchrohrdurchmesser: **6 / 8 / 10** mm
Gehäuse: **Aluminium / Edelstahl**
Übersteckring: **Messing / Edelstahl**, poliert
Gehäusedurchmesser: **63 / 80 / 100 / 160** mm
Anzeigebereich: **-40 / 0**°C bis **60 / 100 / 160**°C
Zifferblatt: Aluminium, weiß, Skalenaufdruck schwarz
Instrumentenglas Schutzart: IP65
Messgenauigkeit: Klasse 1

▶	▷	ø netto €	◁	◀	[Einheit]	Ausf.-Dauer	Positionsnummer
17€	26€	**31€**	54€	79€	[St]	⏱ 0,05h/St	041.000.013

6 Manometer, Rohrfeder KG **421**

Manometer, als Rohrfedermanometer mit verstellbarer Markierung, Rohrfeder aus nichtrostendem Stahl.
Anschlusszapfen: R 1/4, radial nach unten
Anschluss: **hinten / seitlich**
Gehäusedurchmesser: **63 / 80 / 100 / 160** mm
Gehäuse: **Messing / nichtrostender Stahl**
Anzeigebereich: bis **3 / 6 / 10 / 16 / 25** bar
Nenndruck: PN **6 / 10 / 16 / 25** bar
Messgenauigkeit: 1,6% vom Skalenendwert

▶	▷	ø netto €	◁	◀	[Einheit]	Ausf.-Dauer	Positionsnummer
49€	74€	**89€**	96€	121€	[St]	⏱ 0,05h/St	041.000.014

Kosten:
Stand 1. Quartal 2025
Bundesdurchschnitt

Nr.	**Kurztext** / Langtext						Kostengruppe
▶	▷	**ø netto €**	◁	◀	[Einheit]	Ausf.-Dauer	Positionsnummer

A 1 Absperrventil, Guss — Beschreibung für Pos. **7-13**

Absperrventil als Durchgangsventil in Schrägsitzausführung, mit Entleerung. Spindel und Ventilkegel aus entzinkungsbeständigem Messing (Ms-EZB), Kegel mit Dichtung aus PTFE, wartungsfreie Spindelabdichtung durch doppelten O-Ring, inklusive beidseitiger Verschraubung, zwei Gegenflanschen mit Schrauben, Pressverbindung inklusive Pressfittinge.

7 Absperrventil, Guss, DN15 — KG **422**

Wie Ausführungsbeschreibung A 1
Betriebsdruck PN: **6 / 10 / 16** bar
Gehäuse und Kopfstück: **Rotguss / Grauguss**
Betriebstemperatur: **120 / 150**°C
Nennweite: DN15
Anschluss: Rp 1/2 IG x Rp 1/2 IG

▶	▷	ø	◁	◀	Einheit	Ausf.-Dauer	Positionsnummer
34€	49€	**57€**	72€	100€	[St]	⏱ 0,30h/St	041.000.033

8 Absperrventil, Guss, DN20 — KG **422**

Wie Ausführungsbeschreibung A 1
Betriebsdruck PN: **6 / 10 / 16** bar
Gehäuse und Kopfstück: **Rotguss / Grauguss**
Betriebstemperatur: **120 / 150**°C
Nennweite: DN20
Anschluss: Rp 3/4 IG x Rp 3/4 IG

▶	▷	ø	◁	◀	Einheit	Ausf.-Dauer	Positionsnummer
55€	72€	**74€**	86€	109€	[St]	⏱ 0,32h/St	041.000.034

9 Absperrventil, Guss, DN25 — KG **422**

Wie Ausführungsbeschreibung A 1
Betriebsdruck PN: **6 / 10 / 16** bar
Gehäuse und Kopfstück: **Rotguss / Grauguss**
Betriebstemperatur: **120 / 150**°C
Nennweite: DN25
Anschluss: Rp 1 IG x Rp 1 IG

▶	▷	ø	◁	◀	Einheit	Ausf.-Dauer	Positionsnummer
84€	123€	**125€**	135€	157€	[St]	⏱ 0,36h/St	041.000.035

10 Absperrventil, Guss, DN32 — KG **422**

Wie Ausführungsbeschreibung A 1
Betriebsdruck PN: **6 / 10 / 16** bar
Gehäuse und Kopfstück: **Rotguss / Grauguss**
Betriebstemperatur: **120 / 150**°C
Nennweite: DN32
Anschluss: Rp 1 1/4 IG x Rp 1 1/4 IG

▶	▷	ø	◁	◀	Einheit	Ausf.-Dauer	Positionsnummer
88€	122€	**132€**	164€	216€	[St]	⏱ 0,40h/St	041.000.036

▶ min
▷ von
ø Mittel
◁ bis
◀ max

11 Absperrventil, Guss, DN40 KG **422**

Wie Ausführungsbeschreibung A 1
Betriebsdruck PN: **6 / 10 / 16** bar
Gehäuse und Kopfstück: **Rotguss / Grauguss**
Betriebstemperatur: **120 / 150**°C
Nennweite: DN40
Anschluss: Rp 1 1/2 IG x Rp 1 1/2 IG

154€ 176€ **191€** 209€ 242€ [St] ⏱ 0,45h/St 041.000.037

12 Absperrventil, Guss, DN50 KG **422**

Wie Ausführungsbeschreibung A 1
Betriebsdruck PN: **6 / 10 / 16** bar
Gehäuse und Kopfstück: **Rotguss / Grauguss**
Betriebstemperatur: **120 / 150**°C
Nennweite: DN50
Anschluss: Rp 2 IG x Rp 2 IG

185€ 218€ **233€** 276€ 323€ [St] ⏱ 0,50h/St 041.000.038

13 Absperrventil, Guss, DN65 KG **422**

Wie Ausführungsbeschreibung A 1
Betriebsdruck PN: **6 / 10 / 16** bar
Gehäuse und Kopfstück: **Rotguss / Grauguss**
Betriebstemperatur: **120 / 150**°C
Nennweite: DN65
Anschluss: Rp 2 1/2 IG x Rp 2 1/2 IG

196€ 239€ **282€** 309€ 349€ [St] ⏱ 0,60h/St 041.000.039

14 Badheizkörper/Handtuchheizkörper, beschichtet KG **423**

Bad-/ Handtuchheizkörper mit Thermostat und elektrischem Heizeinsatz. Rohre horizontal, gerade, mit integrierter 2-Rohr Armatur und Anschlussverschraubung, inkl. elektr. Raumtemperaturregelung, Elektroheizpatrone mit Trockenlaufschutz, einschl. Montage und Anschluss.
Material: Stahl
Beschichtung DIN 55900-2: Pulverbeschichtung
Farbe: **weiß / Sonderfarbton**
Maximale Betriebstemperatur: **90 / 120**°C
Maximaler Betriebsdruck PN: **6 / 10** bar
Höhe: 1800 mm
Breite: 600 mm
Tiefe: 40 mm
Heizleistung DIN EN 442-2: 800 W
Elektrische Heizpatrone 230 V / 50 Hz: 600 W
Schutzart: IP 3X DIN EN 60529 (VDE 0470-1)

512€ 826€ **898€** 1.039€ 1.651€ [St] ⏱ 1,80h/St 041.000.015

Nr.	Kurztext / Langtext						Kostengruppe
▶	▷	**ø netto €**	◁	◀	[Einheit]	Ausf.-Dauer	Positionsnummer

A 2 Rohrleitung, Kupfer — Beschreibung für Pos. **15-17**

Rohrleitung aus nahtlosem Kupferrohr DIN EN 1057, für Heizungswasser, Form- und Verbindungsstücke werden gesondert vergütet, inkl. Rohrbefestigung, Schweiß-, Löt-, Dichtungsmittel und Herstellen der Verbindungen.

15 Rohrleitung, Kupfer, DN15 — KG **422**

Wie Ausführungsbeschreibung A 2
Außendurchmesser: 18 mm
Rohrstärke: 1 mm

▶	▷	ø	◁	◀	Einheit	Ausf.-Dauer	Positionsnummer
15€	20€	**22€**	25€	31€	[m]	⏱ 0,15 h/m	041.000.110

16 Rohrleitung, Kupfer, DN20 — KG **422**

Wie Ausführungsbeschreibung A 2
Außendurchmesser: 22 mm
Rohrstärke: 1 mm

▶	▷	ø	◁	◀	Einheit	Ausf.-Dauer	Positionsnummer
16€	23€	**26€**	28€	37€	[m]	⏱ 0,17 h/m	041.000.111

17 Rohrleitung, Kupfer, DN25 — KG **422**

Wie Ausführungsbeschreibung A 2
Außendurchmesser: 28 mm
Rohrstärke: 1 mm

▶	▷	ø	◁	◀	Einheit	Ausf.-Dauer	Positionsnummer
27€	31€	**32€**	37€	43€	[m]	⏱ 0,20 h/m	041.000.112

A 3 Rohrleitung, C-Stahlrohr — Beschreibung für Pos. **18-25**

Rohrleitung in Stangen, geschweißte Ausführung, Rohre außen grundiert mit Kunststoffmantel aus Polypropylen, einschl. Fittings, Materialwechsel bei Armaturen etc. bis DN50, falls nicht separat aufgeführt.

18 Rohrleitung, C-Stahlrohr, DN10 — KG **422**

Wie Ausführungsbeschreibung A 3
C-Stahlrohr: .....
Werkstoff: RSt. 34-2
Farbe: **..... / cremeweiß RAL 9001**
Nennweite: 12 x 1,2 mm

▶	▷	ø	◁	◀	Einheit	Ausf.-Dauer	Positionsnummer
14€	16€	**19€**	21€	24€	[m]	⏱ 0,13 h/m	041.000.121

19 Rohrleitung, C-Stahlrohr, DN12 — KG **422**

Wie Ausführungsbeschreibung A 3
C-Stahlrohr: .....
Werkstoff: RSt. 34-2
Farbe: **..... / cremeweiß RAL 9001**
Nennweite: 15 x 1,2 mm

▶	▷	ø	◁	◀	Einheit	Ausf.-Dauer	Positionsnummer
15€	17€	**21€**	21€	24€	[m]	⏱ 0,15 h/m	041.000.122

Kosten:
Stand 1. Quartal 2025
Bundesdurchschnitt

▶ min
▷ von
ø Mittel
◁ bis
◀ max

Nr.	Kurztext / Langtext						Kostengruppe
►	▷	**ø netto €**	◁	◀	[Einheit]	Ausf.-Dauer	Positionsnummer

20 Rohrleitung, C-Stahlrohr, DN15 KG **422**

Wie Ausführungsbeschreibung A 3
C-Stahlrohr: .....
Werkstoff: RSt. 34-2
Farbe: **..... / cremeweiß RAL 9001**
Nennweite: 18 x 1,2 mm

18€	22€	**22€**	24€	26€	[m]	⏱ 0,18h/m	041.000.001

21 Rohrleitung, C-Stahlrohr, DN20 KG **422**

Wie Ausführungsbeschreibung A 3
C-Stahlrohr: .....
Werkstoff: RSt. 34-2
Farbe: **..... / cremeweiß RAL 9001**
Nennweite: 22 x 1,5 mm

20€	24€	**26€**	33€	36€	[m]	⏱ 0,22h/m	041.000.017

22 Rohrleitung, C-Stahlrohr, DN25 KG **422**

Wie Ausführungsbeschreibung A 3
C-Stahlrohr: .....
Werkstoff: RSt. 34-2
Farbe: **..... / cremeweiß RAL 9001**
Nennweite: 28 x 1,5 mm

25€	30€	**31€**	34€	38€	[m]	⏱ 0,25h/m	041.000.018

23 Rohrleitung, C-Stahlrohr, DN32 KG **422**

Wie Ausführungsbeschreibung A 3
C-Stahlrohr: .....
Werkstoff: RSt. 34-2
Farbe: **..... / cremeweiß RAL 9001**
Nennweite: 35 x 1,5 mm

32€	38€	**39€**	40€	46€	[m]	⏱ 0,28h/m	041.000.019

24 Rohrleitung, C-Stahlrohr, DN40 KG **422**

Wie Ausführungsbeschreibung A 3
C-Stahlrohr: .....
Werkstoff: RSt. 34-2
Farbe: **..... / cremeweiß RAL 9001**
Nennweite: 42 x 1,5 mm

33€	41€	**53€**	57€	67€	[m]	⏱ 0,33h/m	041.000.020

040 | **041** | 042 | 044 | 045 | 046 | 047 | 053 | 054 | 058 | 061 | 063 | 069 | 075

Kosten:
Stand 1. Quartal 2025
Bundesdurchschnitt

Nr.	Kurztext / Langtext						Kostengruppe
▶	▷	**ø netto €**	◁	◀	[Einheit]	Ausf.-Dauer	Positionsnummer

25 Rohrleitung, C-Stahlrohr, DN50 — KG **422**

Wie Ausführungsbeschreibung A 3
C-Stahlrohr: .....
Werkstoff: RSt. 34-2
Farbe: **..... / cremeweiß RAL 9001**
Nennweite: 54 x 1,5 mm

▶	▷	ø	◁	◀	Einheit	Ausf.-Dauer	Positionsnummer
34€	56€	**62€**	69€	84€	[m]	⏱ 0,36 h/m	041.000.021

26 Rohrleitung, C-Stahlrohr, Bogen, DN50 — KG **422**

Form- und Verbindungsstücke als Bogen 90°, für Rohrleitung in geschweißter Ausführung. Rohrleitung: Präzisionsstahlrohr DIN EN 10305-3
Werkstoff: .....
Außendurchmesser: 54 mm

▶	▷	ø	◁	◀	Einheit	Ausf.-Dauer	Positionsnummer
17€	29€	**36€**	43€	54€	[St]	⏱ 0,40 h/St	041.000.002

A 4 Rohrleitung, Stahlrohr — Beschreibung für Pos. **27-30**

Rohrleitung aus nahtlosem Stahlrohr, für Heizungswasser, Form- und Verbindungsstücke werden gesondert vergütet, inkl. Rohrbefestigung.

27 Rohrleitung, Stahlrohr, DN65 — KG **422**

Wie Ausführungsbeschreibung A 4
Rohrleitung: Stahlrohr DIN EN 10216-1, Maße DIN EN 10220
Oberfläche: schwarz
Außendurchmesser: 76,1 mm
Verlegung: bis **3,50 / 5,00 / 7,00** m über **Gelände / Fußboden**

▶	▷	ø	◁	◀	Einheit	Ausf.-Dauer	Positionsnummer
37€	44€	**47€**	53€	69€	[m]	⏱ 0,40 h/m	041.000.022

28 Rohrleitung, Stahlrohr, DN80 — KG **422**

Wie Ausführungsbeschreibung A 4
Rohrleitung: Stahlrohr DIN EN 10216-1, Maße DIN EN 10220
Oberfläche: schwarz
Außendurchmesser: 88,9 mm
Verlegung: bis **3,50 / 5,00 / 7,00** m **über Gelände / Fußboden**

▶	▷	ø	◁	◀	Einheit	Ausf.-Dauer	Positionsnummer
46€	50€	**57€**	62€	76€	[m]	⏱ 0,44 h/m	041.000.023

29 Rohrleitung, Stahlrohr, DN100 — KG **422**

Wie Ausführungsbeschreibung A 4
Rohrleitung: Stahlrohr DIN EN 10216-1, Maße DIN EN 10220
Oberfläche: schwarz
Außendurchmesser: 108 mm
Verlegung: bis **3,50 / 5,00 / 7,00** m **über Gelände / Fußboden**

▶	▷	ø	◁	◀	Einheit	Ausf.-Dauer	Positionsnummer
60€	65€	**77€**	91€	98€	[m]	⏱ 0,48 h/m	041.000.024

▶ min
▷ von
ø Mittel
◁ bis
◀ max

Nr.	Kurztext / Langtext						Kostengruppe
▶	▷	**ø netto €**	◁	◀	[Einheit]	Ausf.-Dauer	Positionsnummer

30 Rohrleitung, Stahlrohr, DN150 — KG **422**

Wie Ausführungsbeschreibung A 4
Rohrleitung: Stahlrohr DIN EN 10216-1, Maße DIN EN 10220
Oberfläche: schwarz
Außendurchmesser: 168,3 mm
Verlegung: bis **3,50 / 5,00 / 7,00** m über **Gelände / Fußboden**

76€ | 84€ | **96€** | 101€ | 106€ | [m] | ⏱ 0,55h/m | 041.000.025

A 5 Rohrleitung, PE-X-Rohr, Fußbodenheizung — Beschreibung für Pos. **31-33**

Rohrleitung der Fußbodenheizung DIN EN 1264-1, für Verlegesystem Typ A (Verlegung im Estrich), mit Rohr aus Polyethylen PE-X DIN EN ISO 15875-1 und DIN EN ISO 15875-2, sauerstoffdicht DIN 4726.
Vorlauftemperatur: .....°C
Norm-Innentemperatur: .....°C

31 Rohrleitung, PE-X 17mm, Fußbodenheizung — KG **422**

Wie Ausführungsbeschreibung A 5
Außendurchmesser: 17 mm
Verlegeabstand: ..... mm

9€ | 11€ | **13€** | 14€ | 16€ | [m] | ⏱ 0,14h/m | 041.000.068

32 Rohrleitung, PE-X 20mm, Fußbodenheizung — KG **422**

Wie Ausführungsbeschreibung A 5
Außendurchmesser: 20 mm
Verlegeabstand: ..... mm

12€ | 14€ | **16€** | 18€ | 20€ | [m] | ⏱ 0,14h/m | 041.000.069

33 Rohrleitung, PE-X 25mm, Fußbodenheizung — KG **422**

Wie Ausführungsbeschreibung A 5
Außendurchmesser: 25 mm
Verlegeabstand: ..... mm

17€ | 19€ | **22€** | 23€ | 27€ | [m] | ⏱ 0,14h/m | 041.000.070

A 6 Rohrleitung, Mehrschichtrohr, Fußbodenheizung — Beschreibung für Pos. **34-36**

Heizleitung der Fußbodenheizung DIN EN 1264-1, für Verlegesystem Typ A (Verlegung im Estrich), mit Rohr aus Mehrschichtverbundwerkstoff (PE, Aluminium, PE) DIN 16836, sauerstoffdicht DIN 4726.
Vorlauftemperatur: .....°C
Norm-Innentemperatur: .....°C

34 Rohrleitung, Verbundrohr, 16mm, Fußbodenheizung — KG **422**

Wie Ausführungsbeschreibung A 6
Außendurchmesser: 16 mm
Verlegeabstand: 100 mm

22€ | 24€ | **25€** | 25€ | 27€ | [m] | ⏱ 0,14h/m | 041.000.071

Nr.	Kurztext / Langtext						Kostengruppe
▶	▷	**ø netto €**	◁	◀	[Einheit]	Ausf.-Dauer	Positionsnummer

35 Rohrleitung, Verbundrohr, 20mm, Fußbodenheizung KG **422**

Wie Ausführungsbeschreibung A 6
Außendurchmesser: 20 mm
Verlegeabstand: 100 mm

25€ | 30€ | **33€** | 36€ | 39€ | [m] | ⏱ 0,14h/m | 041.000.072

36 Rohrleitung, Verbundrohr, 26mm, Fußbodenheizung KG **422**

Wie Ausführungsbeschreibung A 6
Außendurchmesser: 26 mm
Verlegeabstand: 100 mm

28€ | 31€ | **38€** | 42€ | 45€ | [m] | ⏱ 0,14h/m | 041.000.073

Kosten:
Stand 1. Quartal 2025
Bundesdurchschnitt

A 7 Röhrenheizkörper, Stahl Beschreibung für Pos. **37-39**

Röhrenheizkörper als Mehrsäuler in Gliederbauweise mit vertikalen Präzisionsrundrohren und Kopfstück vollständig verschweißt. Wärmeleistung geprüft DIN EN 442-2. Lieferung montagefertig mit 2 bis 4 stirnseitigen Anschlussen für Vorlauf, Rücklauf, Entlüftung und Entleerung. Mit Lieferung, fachgerechter Montage sowie Montagezubehör für Massivwände oder Leichtbauwänden. Wandkonsolen, verzinkt mit Schalldämmteil für Mehrsäuler.

37 Röhrenheizkörper, Stahl, h=500 KG **423**

Wie Ausführungsbeschreibung A 7
Wärmekörper: mit Pulver-Einbrenn-Fertiglackierung
Farbe: RAL 9010
Max. Betriebstemperatur: **bis 120**°C **/ über 120**°C
Max. Betriebsdruck: **4 / 6 / 10 / 12** bar
Bauhöhe: 500 mm
Bautiefe: ..... mm
Glieder: ..... St
Normwärmeabgabe je Glied: ..... W
Hinweis: Preisangaben pro HK-Glied

10€ | 11€ | **16€** | 19€ | 20€ | [St] | ⏱ 0,12h/St | 041.000.003

38 Röhrenheizkörper, Stahl, h=600 KG **423**

Wie Ausführungsbeschreibung A 7
Wärmekörper: mit Pulver-Einbrenn-Fertiglackierung
Farbe: RAL 9010
Max. Betriebstemperatur: **bis 120**°C **/ über 120**°C
Max. Betriebsdruck: **4 / 6 / 10 / 12** bar
Bauhöhe: 600 mm
Bautiefe: ..... mm
Glieder: ..... St
Normwärmeabgabe je Glied: ..... W
Hinweis: Preisangaben pro HK-Glied

15€ | 17€ | **22€** | 24€ | 29€ | [St] | ⏱ 0,15h/St | 041.000.026

▶ min
▷ von
ø Mittel
◁ bis
◀ max

39 Röhrenheizkörper, Stahl, h=900 — KG **423**

Wie Ausführungsbeschreibung A 7
Wärmekörper: mit Pulver-Einbrenn-Fertiglackierung
Farbe: RAL 9010
Max. Betriebstemperatur: **bis 120**°C **/ über 120**°C
Max. Betriebsdruck: **4 / 6 / 10 / 12** bar
Bauhöhe: 900 mm
Bautiefe: ..... mm
Glieder: ..... St
Normwärmeabgabe je Glied: ..... W
Hinweis: Preisangaben pro HK-Glied

16€ 19€ **26€** 31€ 34€ [St] ⏱ 0,18h/St 041.000.027

A 8 Kompaktheizkörper, Stahl — Beschreibung für Pos. **40-63**

Kompaktheizkörper als Plattenheizkörper, Sickenteilung 33 1/3mm. Übergreifende obere Abdeckung und geschlossene seitliche Blenden. Zweischichtlackierung, lösungsmittelfrei im Heizbetrieb, entfettet, eisenphosphoriert, grundiert mit kathodischem Elektrotauchlack und elektrostatisch pulverbeschichtet, Rückseite mit vier Befestigungslaschen (ab Baulänge 1.800mm = 6St). Einschl. Montageset, bestehend aus Bohrkonsolen, Abstandshalter und Sicherungsbügel zur Befestigung sowie Blind- und Entlüftungsstopfen. Mit Lieferung, Montage sowie Montagezubehör, einschl. Einschraubventil mit Voreinstellung.

40 Kompaktheizkörper, Stahl, H=500, L=bis 700, Typ 11 — KG **423**

Wie Ausführungsbeschreibung A 8
Heizkörper: Typ 11
Material: Stahlblech St. 12.03
Blechstärke: 1,25 mm
Farbe: weiß
Anschlüsse: G 1/2 **vertikal links / rechts**
Betriebsdruck: max. **4 / 6 / 10** bar
Medium: Heißwasser bis **110 / 120**°C
Bautiefe: ..... mm
Bauhöhe: 500 mm
Baulänge: bis 700 mm
Fabrikat: .....
Typ: .....
Normwärmeabgabe: ..... W/m

161€ 185€ **201€** 225€ 261€ [St] ⏱ 1,00h/St 041.000.083

Nr.	Kurztext / Langtext					Kostengruppe
▶	▷	**ø netto €**	◁	◀	[Einheit]	Ausf.-Dauer	Positionsnummer

41 Kompaktheizkörper, Stahl, H=500, L=bis 700, Typ 22 KG **423**

Wie Ausführungsbeschreibung A 8
Heizkörper: Typ 22
Material: Stahlblech St. 12.03
Blechstärke: 1,25 mm
Farbe: weiß
Anschlüsse: G 1/2 **vertikal links / rechts**
Betriebsdruck: max. **4 / 6 / 10** bar
Medium: Heißwasser bis **110 / 120**°C
Bautiefe: ..... mm
Bauhöhe: 500 mm
Baulänge: bis 700 mm
Fabrikat: .....
Typ: .....
Normwärmeabgabe: ..... W/m

181€ | 209€ | **227€** | 254€ | 295€ | [St] | ⏱ 1,00h/St | 041.000.084

42 Kompaktheizkörper, Stahl, H=500, L=bis 700, Typ 33 KG **423**

Wie Ausführungsbeschreibung A 8
Heizkörper: Typ 33
Material: Stahlblech St. 12.03
Blechstärke: 1,25 mm
Farbe: weiß
Anschlüsse: G 1/2 **vertikal links / rechts**
Betriebsdruck: max. **4 / 6 / 10** bar
Medium: Heißwasser bis **110 / 120**°C
Bautiefe: ..... mm
Bauhöhe: 500 mm
Baulänge: bis 700 mm
Fabrikat: .....
Typ: .....
Normwärmeabgabe: ..... W/m

253€ | 291€ | **316€** | 354€ | 411€ | [St] | ⏱ 1,00h/St | 041.000.085

Kosten:
Stand 1. Quartal 2025
Bundesdurchschnitt

▶ min
▷ von
ø Mittel
◁ bis
◀ max

43 Kompaktheizkörper, Stahl, H=500, L=700-1.400, Typ 11 KG **423**

Wie Ausführungsbeschreibung A 8
Heizkörper: Typ 11
Material: Stahlblech St. 12.03
Blechstärke: 1,25 mm
Farbe: weiß
Anschlüsse: G 1/2 **vertikal links / rechts**
Betriebsdruck: max. **4 / 6 / 10** bar
Medium: Heißwasser bis **110 / 120**°C
Bautiefe: ..... mm
Bauhöhe: 500 mm
Baulänge: 701-1.400 mm
Fabrikat: .....
Typ: .....
Normwärmeabgabe: ..... W/m

295€ 340€ **369€** 406€ 450€ [St] ⏱ 1,10h/St 041.000.086

44 Kompaktheizkörper, Stahl, H=500, L=700-1.400, Typ 22 KG **423**

Wie Ausführungsbeschreibung A 8
Heizkörper: Typ 22
Material: Stahlblech St. 12.03
Blechstärke: 1,25 mm
Farbe: weiß
Anschlüsse: G 1/2 **vertikal links / rechts**
Betriebsdruck: max. **4 / 6 / 10** bar
Medium: Heißwasser bis **110 / 120**°C
Bautiefe: ..... mm
Bauhöhe: 500 mm
Baulänge: 701-1.400 mm
Fabrikat: .....
Typ: .....
Normwärmeabgabe: ..... W/m

316€ 363€ **395€** 442€ 513€ [St] ⏱ 1,10h/St 041.000.087

Kosten:
Stand 1. Quartal 2025
Bundesdurchschnitt

Nr.	**Kurztext** / Langtext						Kostengruppe
▶	▷	**ø netto €**	◁	◀	[Einheit]	Ausf.-Dauer	Positionsnummer

45 **Kompaktheizkörper, Stahl, H=500, L=700-1.400, Typ 33** KG **423**

Wie Ausführungsbeschreibung A 8
Heizkörper: Typ 33
Material: Stahlblech St. 12.03
Blechstärke: 1,25 mm
Farbe: weiß
Anschlüsse: G 1/2 **vertikal links / rechts**
Betriebsdruck: max. **4 / 6 / 10** bar
Medium: Heißwasser bis **110 / 120**°C
Bautiefe: ..... mm
Bauhöhe: 500 mm
Baulänge: 701-1.400 mm
Fabrikat: .....
Typ: .....
Normwärmeabgabe: ..... W/m

▶	▷	ø	◁	◀	Einheit	Ausf.-Dauer	Positionsnummer
435€	501€	**544€**	610€	708€	[St]	⏱ 1,10h/St	041.000.088

46 **Kompaktheizkörper, Stahl, H=500, L=1.400-2.100, Typ 11** KG **423**

Wie Ausführungsbeschreibung A 8
Heizkörper: Typ 11
Material: Stahlblech St. 12.03
Blechstärke: 1,25 mm
Farbe: weiß
Anschlüsse: G 1/2 **vertikal links / rechts**
Betriebsdruck: max. **4 / 6 / 10** bar
Medium: Heißwasser bis **110 / 120**°C
Bautiefe: ..... mm
Bauhöhe: 500 mm
Baulänge: 1.401-2.100 mm
Fabrikat: .....
Typ: .....
Normwärmeabgabe: ..... W/m

▶	▷	ø	◁	◀	Einheit	Ausf.-Dauer	Positionsnummer
405€	466€	**506€**	567€	658€	[St]	⏱ 1,30h/St	041.000.089

▶ min
▷ von
ø Mittel
◁ bis
◀ max

Nr.	**Kurztext** / Langtext						Kostengruppe
►	▷	**ø netto €**	◁	◀	[Einheit]	Ausf.-Dauer	Positionsnummer

47 **Kompaktheizkörper, Stahl, H=500, L=1.400-2.100, Typ 22** KG **423**

Wie Ausführungsbeschreibung A 8
Heizkörper: Typ 22
Material: Stahlblech St. 12.03
Blechstärke: 1,25 mm
Farbe: weiß
Anschlüsse: G 1/2 **vertikal links / rechts**
Betriebsdruck: max. **4 / 6 / 10** bar
Medium: Heißwasser bis **110 / 120**°C
Bautiefe: ..... mm
Bauhöhe: 500 mm
Baulänge: 1.401-2.100 mm
Fabrikat: .....
Typ: .....
Normwärmeabgabe: ..... W/m

457€	526€	**572€**	640€	743€	[St]	⏱ 1,30h/St	041.000.090

48 **Kompaktheizkörper, Stahl, H=500, L=1.400-2.100, Typ 33** KG **423**

Wie Ausführungsbeschreibung A 8
Heizkörper: Typ 33
Material: Stahlblech St. 12.03
Blechstärke: 1,25 mm
Farbe: weiß
Anschlüsse: G 1/2 **vertikal links / rechts**
Betriebsdruck: max. **4 / 6 / 10** bar
Medium: Heißwasser bis **110 / 120**°C
Bautiefe: ..... mm
Bauhöhe: 500 mm
Baulänge: 1.401-2.100 mm
Fabrikat: .....
Typ: .....
Normwärmeabgabe: ..... W/m

591€	679€	**738€**	797€	886€	[St]	⏱ 1,30h/St	041.000.091

Kosten:
Stand 1. Quartal 2025
Bundesdurchschnitt

Nr.	**Kurztext** / Langtext						Kostengruppe
▶	▷	**ø netto €**	◁	◀	[Einheit]	Ausf.-Dauer	Positionsnummer

49 Kompaktheizkörper, Stahl, H=600, L=bis 700, Typ 11 KG **423**

Wie Ausführungsbeschreibung A 8
Heizkörper: Typ 11
Material: Stahlblech St. 12.03
Blechstärke: 1,25 mm
Farbe: weiß
Anschlüsse: G 1/2 **vertikal links / rechts**
Betriebsdruck: max. **4 / 6 / 10** bar
Medium: Heißwasser bis **110 / 120**°C
Bautiefe: ..... mm
Bauhöhe: 600 mm
Baulänge: bis 700 mm
Fabrikat: .....
Typ: .....
Normwärmeabgabe: ..... W/m

▶	▷	ø	◁	◀	Einheit	Ausf.-Dauer	Positionsnummer
181€	208€	**227€**	254€	295€	[St]	⏱ 1,00h/St	041.000.092

50 Kompaktheizkörper, Stahl, H=600, L=bis 700, Typ 22 KG **423**

Wie Ausführungsbeschreibung A 8
Heizkörper: Typ 22
Material: Stahlblech St. 12.03
Blechstärke: 1,25 mm
Farbe: weiß
Anschlüsse: G 1/2 **vertikal links / rechts**
Betriebsdruck: max. **4 / 6 / 10** bar
Medium: Heißwasser bis **110 / 120**°C
Bautiefe: ..... mm
Bauhöhe: 600 mm
Baulänge: bis 700 mm
Fabrikat: .....
Typ: .....
Normwärmeabgabe: ..... W/m

▶	▷	ø	◁	◀	Einheit	Ausf.-Dauer	Positionsnummer
203€	234€	**254€**	285€	330€	[St]	⏱ 1,00h/St	041.000.093

▶ min
▷ von
ø Mittel
◁ bis
◀ max

51 Kompaktheizkörper, Stahl, H=600, L=bis 700, Typ 33 KG **423**

Wie Ausführungsbeschreibung A 8
Heizkörper: Typ 33
Material: Stahlblech St. 12.03
Blechstärke: 1,25 mm
Farbe: weiß
Anschlüsse: G 1/2 **vertikal links / rechts**
Betriebsdruck: max. **4 / 6 / 10** bar
Medium: Heißwasser bis **110 / 120**°C
Bautiefe: ..... mm
Bauhöhe: 600 mm
Baulänge: bis 700 mm
Fabrikat: .....
Typ: .....
Normwärmeabgabe: ..... W/m

272€ 313€ **340€** 381€ 442€ [St] ⏱ 1,00h/St 041.000.094

52 Kompaktheizkörper, Stahl, H=600, L=700-1.400, Typ 11 KG **423**

Wie Ausführungsbeschreibung A 8
Heizkörper: Typ 11
Material: Stahlblech St. 12.03
Blechstärke: 1,25 mm
Farbe: weiß
Anschlüsse: G 1/2 **vertikal links / rechts**
Betriebsdruck: max. **4 / 6 / 10** bar
Medium: Heißwasser bis **110 / 120**°C
Bautiefe: ..... mm
Bauhöhe: 600 mm
Baulänge: 701-1.400 mm
Fabrikat: .....
Typ: .....
Normwärmeabgabe: ..... W/m

323€ 371€ **403€** 444€ 492€ [St] ⏱ 1,10h/St 041.000.095

Kosten:
Stand 1.Quartal 2025
Bundesdurchschnitt

Nr.	**Kurztext** / Langtext						Kostengruppe
▶	▷	**ø netto €**	◁	◀	[Einheit]	Ausf.-Dauer	Positionsnummer

53 **Kompaktheizkörper, Stahl, H=600, L=700-1.400, Typ 22** KG **423**

Wie Ausführungsbeschreibung A 8
Heizkörper: Typ 22
Material: Stahlblech St. 12.03
Blechstärke: 1,25 mm
Farbe: weiß
Anschlüsse: G 1/2 **vertikal links / rechts**
Betriebsdruck: max. **4 / 6 / 10** bar
Medium: Heißwasser bis **110 / 120**°C
Bautiefe: ..... mm
Bauhöhe: 600 mm
Baulänge: 701-1.400 mm
Fabrikat: .....
Typ: .....
Normwärmeabgabe: ..... W/m

▶	▷	ø	◁	◀	Einheit	Ausf.-Dauer	Positionsnummer
371€	426€	**464€**	519€	603€	[St]	⏱ 1,10h/St	041.000.096

54 **Kompaktheizkörper, Stahl, H=600, L=700-1.400, Typ 33** KG **423**

Wie Ausführungsbeschreibung A 8
Heizkörper: Typ 33
Material: Stahlblech St. 12.03
Blechstärke: 1,25 mm
Farbe: weiß
Anschlüsse: G 1/2 **vertikal links / rechts**
Betriebsdruck: max. **4 / 6 / 10** bar
Medium: Heißwasser bis **110 / 120**°C
Bautiefe: ..... mm
Bauhöhe: 600 mm
Baulänge: 701-1.400 mm
Fabrikat: .....
Typ: .....
Normwärmeabgabe: ..... W/m

▶	▷	ø	◁	◀	Einheit	Ausf.-Dauer	Positionsnummer
463€	532€	**579€**	648€	752€	[St]	⏱ 1,10h/St	041.000.097

▶ min
▷ von
ø Mittel
◁ bis
◀ max

Nr.	Kurztext / Langtext						Kostengruppe
▶	▷	**ø netto €**	◁	◀	[Einheit]	Ausf.-Dauer	Positionsnummer

55 Kompaktheizkörper, Stahl, H=600, L=1.400-2.100, Typ 11 KG **423**

Wie Ausführungsbeschreibung A 8
Heizkörper: Typ 11
Material: Stahlblech St. 12.03
Blechstärke: 1,25 mm
Farbe: weiß
Anschlüsse: G 1/2 **vertikal links / rechts**
Betriebsdruck: max. **4 / 6 / 10** bar
Medium: Heißwasser bis **110 / 120**°C
Bautiefe: ..... mm
Bauhöhe: 600 mm
Baulänge: 1.401-2.100 mm
Fabrikat: .....
Typ: .....
Normwärmeabgabe: ..... W/m

419€	482€	**524€**	586€	681€	[St]	⏱ 1,30h/St	041.000.098

56 Kompaktheizkörper, Stahl, H=600, L=1.400-2.100, Typ 22 KG **423**

Wie Ausführungsbeschreibung A 8
Heizkörper: Typ 22
Material: Stahlblech St. 12.03
Blechstärke: 1,25 mm
Farbe: weiß
Anschlüsse: G 1/2 **vertikal links / rechts**
Betriebsdruck: max. **4 / 6 / 10** bar
Medium: Heißwasser bis **110 / 120**°C
Bautiefe: ..... mm
Bauhöhe: 600 mm
Baulänge: 1.401-2.100 mm
Fabrikat: .....
Typ: .....
Normwärmeabgabe: ..... W/m

470€	540€	**587€**	658€	763€	[St]	⏱ 1,30h/St	041.000.099

Kosten:
Stand 1. Quartal 2025
Bundesdurchschnitt

Nr.	**Kurztext** / Langtext						Kostengruppe
►	▷	**ø netto €**	◁	◄	[Einheit]	Ausf.-Dauer	Positionsnummer

57 Kompaktheizkörper, Stahl, H=600, L=1.400-2.100, Typ 33 KG **423**

Wie Ausführungsbeschreibung A 8
Heizkörper: Typ 33
Material: Stahlblech St. 12.03
Blechstärke: 1,25 mm
Farbe: weiß
Anschlüsse: G 1/2 **vertikal links / rechts**
Betriebsdruck: max. **4 / 6 / 10** bar
Medium: Heißwasser bis **110 / 120**°C
Bautiefe: ..... mm
Bauhöhe: 600 mm
Baulänge: 1.401-2.100 mm
Fabrikat: .....
Typ: .....
Normwärmeabgabe: ..... W/m

611€	703€	**764€**	825€	917€	[St]	⏱ 1,30h/St	041.000.100

58 Kompaktheizkörper, Stahl, H=900, L=bis 700, Typ 11 KG **423**

Wie Ausführungsbeschreibung A 8
Heizkörper: Typ 11
Material: Stahlblech St. 12.03
Blechstärke: 1,25 mm
Farbe: weiß
Anschlüsse: G 1/2 **vertikal links / rechts**
Betriebsdruck: max. **4 / 6 / 10** bar
Medium: Heißwasser bis **110 / 120**°C
Bautiefe: ..... mm
Bauhöhe: 900 mm
Baulänge: bis 700 mm
Fabrikat: .....
Typ: .....
Normwärmeabgabe: ..... W/m

239€	275€	**299€**	335€	388€	[St]	⏱ 1,00h/St	041.000.101

► min
▷ von
ø Mittel
◁ bis
◄ max

Nr.	Kurztext / Langtext						Kostengruppe
►	▷	**ø netto €**	◁	◄	[Einheit]	Ausf.-Dauer	Positionsnummer

59 Kompaktheizkörper, Stahl, H=900, L=bis 700, Typ 22 KG **423**

Wie Ausführungsbeschreibung A 8
Heizkörper: Typ 22
Material: Stahlblech St. 12.03
Blechstärke: 1,25 mm
Farbe: weiß
Anschlüsse: G 1/2 **vertikal links / rechts**
Betriebsdruck: max. **4 / 6 / 10** bar
Medium: Heißwasser bis **110 / 120**°C
Bautiefe: ..... mm
Bauhöhe: 900 mm
Baulänge: bis 700 mm
Fabrikat: .....
Typ: .....
Normwärmeabgabe: ..... W/m

266€	306€	**333€**	373€	433€	[St]	⏱ 1,00h/St	041.000.102

60 Kompaktheizkörper, Stahl, H=900, L=bis 700, Typ 33 KG **423**

Wie Ausführungsbeschreibung A 8
Heizkörper: Typ 33
Material: Stahlblech St. 12.03
Blechstärke: 1,25 mm
Farbe: weiß
Anschlüsse: G 1/2 **vertikal links / rechts**
Betriebsdruck: max. **4 / 6 / 10** bar
Medium: Heißwasser bis **110 / 120**°C
Bautiefe: ..... mm
Bauhöhe: 900 mm
Baulänge: bis 700 mm
Fabrikat: .....
Typ: .....
Normwärmeabgabe: ..... W/m

365€	420€	**457€**	511€	594€	[St]	⏱ 1,00h/St	041.000.103

Nr.	Kurztext / Langtext						Kostengruppe
▶	▷	**ø netto €**	◁	◀	[Einheit]	Ausf.-Dauer	Positionsnummer

61 **Kompaktheizkörper, Stahl, H=900, L=1.400-2.100, Typ 11** KG **423**

Wie Ausführungsbeschreibung A 8
Heizkörper: Typ 11
Material: Stahlblech St. 12.03
Blechstärke: 1,25 mm
Farbe: weiß
Anschlüsse: G 1/2 **vertikal links / rechts**
Betriebsdruck: max. **4 / 6 / 10** bar
Medium: Heißwasser bis **110 / 120**°C
Bautiefe: ..... mm
Bauhöhe: 900 mm
Baulänge: 1.401-2.100 mm
Fabrikat: .....
Typ: .....
Normwärmeabgabe: ..... W/m

▶	▷	ø	◁	◀	Einheit	Ausf.-Dauer	Positionsnummer
564€	649€	**706€**	790€	917€	[St]	⏱ 1,30h/St	041.000.107

62 **Kompaktheizkörper, Stahl, H=900, L=1.400-2.100, Typ 22** KG **423**

Wie Ausführungsbeschreibung A 8
Heizkörper: Typ 22
Material: Stahlblech St. 12.03
Blechstärke: 1,25 mm
Farbe: weiß
Anschlüsse: G 1/2 **vertikal links / rechts**
Betriebsdruck: max. **4 / 6 / 10** bar
Medium: Heißwasser bis **110 / 120**°C
Bautiefe: ..... mm
Bauhöhe: 900 mm
Baulänge: 1.401-2.100 mm
Fabrikat: .....
Typ: .....
Normwärmeabgabe: ..... W/m

▶	▷	ø	◁	◀	Einheit	Ausf.-Dauer	Positionsnummer
611€	703€	**764€**	856€	993€	[St]	⏱ 1,30h/St	041.000.108

Kosten:
Stand 1.Quartal 2025
Bundesdurchschnitt

▶ min
▷ von
ø Mittel
◁ bis
◀ max

63 Kompaktheizkörper, Stahl, H=900, L=1.400-2.100, Typ 33 KG **423**

Wie Ausführungsbeschreibung A 8
Heizkörper: Typ 33
Material: Stahlblech St. 12.03
Blechstärke: 1,25 mm
Farbe: weiß
Anschlüsse: G 1/2 **vertikal links / rechts**
Betriebsdruck: max. **4 / 6 / 10** bar
Medium: Heißwasser bis **110 / 120**°C
Bautiefe: ..... mm
Bauhöhe: 900 mm
Baulänge: 1.401-2.100 mm
Fabrikat: .....
Typ: .....
Normwärmeabgabe: ..... W/m

769€ 885€ **961€** 1.038€ 1.125€ [St] ⏱ 1,30h/St 041.000.109

A 9 Radiavektor, Profilrohr Beschreibung für Pos. **64-69**

Radiavektor in vollständig geschweißter Ausführung mit 2 bis 5 hintereinander und 1 bis 4 übereinander angeordneten wasserführenden Profilrohren. Wärmeleistung geprüft DIN EN 442-2. Lieferung montagefertig mit 2 bis 4 stirnseitigen Anschlüssen für Vorlauf, Rücklauf, Entlüftung und Entleerung, fachgerechte Montage sowie Montagezubehör.

64 Radiavektoren, Profilrohre, H=140, L=bis 700 KG **423**

Wie Ausführungsbeschreibung A 9
Wärmeleistung: ..... W/m
Wärmekörper: mit Pulvereinbrenn-Fertiglackierung
Farbe: RAL 9010
Anschluss: **wechselseitig / gleichseitig Standkonsolen EFK mit Kunststoffkappe FK**
Max. Betriebstemperatur: **100 / 120**°C
Max. Betriebsdruck: **4 / 6 / 10** bar
Fabrikat: .....
Modell: .....
Typ: .....
Bauhöhe: 140 mm
Bautiefe: ..... mm
Baulänge: bis 700 mm

458€ 649€ **704€** 833€ 918€ [St] ⏱ 1,60h/St 041.000.005

Nr.	Kurztext / Langtext						Kostengruppe
▶	▷	ø netto €	◁	◀	[Einheit]	Ausf.-Dauer	Positionsnummer

65 **Radiavektoren, Profilrohre, H=140, L=1.400-2.100** KG **423**

Wie Ausführungsbeschreibung A 9
Wärmeleistung: ..... W/m
Wärmekörper: mit Pulvereinbrenn-Fertiglackierung
Farbe: RAL 9010
Anschluss: **wechselseitig / gleichseitig Standkonsolen EFK mit Kunststoffkappe FK**
Max. Betriebstemperatur: **100 / 120**°C
Max. Betriebsdruck: **4 / 6 / 10** bar
Fabrikat: .....
Modell: .....
Typ: .....
Bauhöhe: 140 mm
Bautiefe: ..... mm
Baulänge: 1.401-2.100 mm

742€	1.118€	**1.160€**	1.461€	1.804€	[St]	⏱ 1,72h/St	041.000.047

66 **Radiavektoren, Profilrohre, H=210, L=bis 700** KG **423**

Wie Ausführungsbeschreibung A 9
Wärmeleistung: ..... W/m
Wärmekörper: mit Pulvereinbrenn-Fertiglackierung
Farbe: RAL 9010
Anschluss: **wechselseitig / gleichseitig Standkonsolen EFK mit Kunststoffkappe FK**
Max. Betriebstemperatur: **100 / 120**°C
Max. Betriebsdruck: **4 / 6 / 10** bar
Fabrikat: .....
Modell: .....
Typ: .....
Bauhöhe: 210 mm
Bautiefe: ..... mm
Baulänge: bis 700 mm

468€	646€	**767€**	926€	1.139€	[St]	⏱ 1,60h/St	041.000.031

67 **Radiavektoren, Profilrohre, H=210, L=1.400-2.100** KG **423**

Wie Ausführungsbeschreibung A 9
Wärmeleistung: ..... W/m
Wärmekörper: mit Pulvereinbrenn-Fertiglackierung
Farbe: RAL 9010
Anschluss: **wechselseitig / gleichseitig Standkonsolen EFK mit Kunststoffkappe FK**
Max. Betriebstemperatur: **100 / 120**°C
Max. Betriebsdruck: **4 / 6 / 10** bar
Fabrikat: .....
Modell: .....
Typ: .....
Bauhöhe: 210 mm
Bautiefe: ..... mm
Baulänge: 1.401-2.100 mm

946€	1.425€	**1.562€**	1.751€	2.218€	[St]	⏱ 1,72h/St	041.000.050

Kosten:
Stand 1.Quartal 2025
Bundesdurchschnitt

▶ min
▷ von
ø Mittel
◁ bis
◀ max

Nr.	Kurztext / Langtext						Kostengruppe
▶	▷	ø netto €	◁	◀	[Einheit]	Ausf.-Dauer	Positionsnummer

68 Radiavektoren, Profilrohre, H=280, L=bis 700 KG **423**

Wie Ausführungsbeschreibung A 9
Wärmeleistung: ..... W/m
Wärmekörper: mit Pulvereinbrenn-Fertiglackierung
Farbe: RAL 9010
Anschluss: **wechselseitig / gleichseitig Standkonsolen EFK mit Kunststoffkappe FK**
Max. Betriebstemperatur: **100 / 120**°C
Max. Betriebsdruck: **4 / 6 / 10** bar
Fabrikat: .....
Modell: .....
Typ: .....
Bauhöhe: 280 mm
Bautiefe: ..... mm
Baulänge: bis 700 mm

474€	781€	**854€**	1.068€	1.374€	[St]	⏱ 1,60h/St	041.000.032

69 Radiavektoren, Profilrohre, H=280, L=700-1.400 KG **423**

Wie Ausführungsbeschreibung A 9
Wärmeleistung: ..... W/m
Wärmekörper: mit Pulvereinbrenn-Fertiglackierung
Farbe: RAL 9010
Anschluss: **wechselseitig / gleichseitig Standkonsolen EFK mit Kunststoffkappe FK**
Max. Betriebstemperatur: **100 / 120**°C
Max. Betriebsdruck: **4 / 6 / 10** bar
Fabrikat: .....
Modell: .....
Typ: .....
Bauhöhe: 280 mm
Bautiefe: ..... mm
Baulänge: bis 1.400 mm

617€	1.063€	**1.238€**	1.524€	1.960€	[St]	⏱ 1,64h/St	041.000.051

70 Thermostatventil, DN15 KG **423**

Heizkörperventil, als Durchgangs-, Eck- oder Axialventil. Gehäuse aus korrosionsbeständigem, entzinkungsfreiem Rotguss. Mit Niro-Spindelabdichtung und doppelter O-Ring-Abdichtung. Thermostat-Oberteil und äußerer O-Ring ohne Entleeren der Anlage auswechselbar. Anschluss Innengewinde für Gewinderohr, oder in Verbindung mit Klemmverschraubung für Kupfer-, Präzisionsstahl- oder Verbundrohr. Inkl. Thermostat-Kopf mit eingebautem Fühler.
Zul. Betriebstemperatur: 120°C
Zul. Betriebsdruck: **6 / 10** bar
Nennweite: DN15

14€	21€	**26€**	31€	38€	[St]	⏱ 0,10h/St	041.000.006

Nr.	Kurztext / Langtext						Kostengruppe
▶	▷	**ø netto €**	◁	◀	[Einheit]	Ausf.-Dauer	Positionsnummer

71 **Heizkörperverschraubung, DN15** KG **423**

Heizkörper-Anschlussmontageeinheit für den Unterputz-Anschluss von Ventilheizkörpern aus **der Wand / aus dem Boden,** bestehend aus dem Kugelhahnblock mit Anschlussnippel in Eckform, Anschlussverschraubungs-Set, 2 Heizkörper-Anschlussrohre sowie Montageeinheit. Inkl. Schiebehülsen und allen sonstigen Verbindungs- und Befestigungsmaterialien.
Mittenabstand Anschluss: 50 mm
Nennweite: DN15

16€	20€	**23€**	24€	31€	[St]	⏱ 0,10h/St	041.000.008

72 **Heizkörper ausbauen/wieder einbauen** KG **423**

Heizkörper nach Aufforderung der Bauleitung einmal geschlossen ausbauen und wieder geschlossen einbauen.
Heizkörper: **Röhren- / Plattenheizkörper / Konvektor**
Einheit: Stück
Förderweg: .....
Lagerstelle: .....

32€	51€	**63€**	82€	161€	[St]	⏱ 1,00h/St	041.000.053

73 **Kappenventil, Ausdehnungsgefäß, DN20** KG **422**

Muffen-Kappenventil aus Messing zum Einbau in die Ausdehnungsleitung vor dem Membran-Ausdehnungsgefäß, **mit Plombiervorrichtung / Stahlkappe** gegen unbeabsichtigtes Schließen gesichert.
Gewindeanschluss DN20

28€	32€	**39€**	49€	52€	[St]	⏱ 0,30h/St	041.000.054

74 **Muffenkugelhahn, DN15** KG **422**

Muffenkugelhahn, Gehäuse und Kugel aus Rotguss, Kugelabdichtung PTFE, O-Ringe EPDM, Bedienungsknebel aus Kunststoff, inkl. Wärmedämm-Halbschalen aus PUR sowie Spannringe.
Nennweite: DN15

9€	22€	**28€**	36€	53€	[St]	⏱ 0,50h/St	041.000.055

75 **Membran-Sicherheitsventil** KG **422**

Membran-Sicherheitsventil für geschlossene Heizungsanlagen DIN EN 12828, federbelastet, bauteilgeprüft, Gehäuse aus Rotguss.
Muffenanschluss Eintritt: DN20
Austritt: DN25
Abblaseleistung: 100 kW
Ansprechdruck: **2,5 / 3,0** bar

11€	19€	**24€**	32€	38€	[St]	⏱ 0,45h/St	041.000.056

Kosten:
Stand 1. Quartal 2025
Bundesdurchschnitt

▶ min
▷ von
ø Mittel
◁ bis
◀ max

76 Verteiler Heizungswasser KG **422**

Heizkreisverteiler für Pumpenwarmwasserheizungen als **Verteiler / Sammler / Verteiler-Sammler-Kombination**. Mit Flanschanschlüssen für ..... Anschlussstutzen, abnehmbarer Wärmedämmung und Befestigungsklammern, inkl. **Stand- / Wandkonsolen**.
Maximale Betriebstemperatur: **bis / über 120**°C
Maximaler Betriebsdruck: **4 / 6 / 10 / 16** bar
Werkstoff: Stahl
Maximale Anschlussdimension: DN.....
Achsabstand der Anschlüsse: ..... mm
Inklusive: **Stand- / Wandkonsolen**
Aufstellung: **Boden / Wand**
Schutzmantel: **Aluminium / Stahl verzinkt**

▶	▷	ø netto €	◁	◀	[Einheit]	Ausf.-Dauer	Positionsnummer
252€	376€	**433€**	511€	660€	[St]	⏱ 1,20h/St	041.000.007

77 Deckenstrahlplatte, Stahlblech beschichtet/Stahlrohre KG **423**

Deckenstrahlplatte mit Kopfstück, Anschlussmuffen, Aufhängekonstruktion, Abdeckblech, Stirn und Umlenkblechen, zum Heizen und Kühlen, zur Installation an der Decke. Die Temperaturübertragung erfolgt mittels Wärmestrahlung. Wärmeleistung geprüft, mit Registrierung.
Medium: **Wasser / Klimakaltwasser**
Betriebstemperatur: bis 120°C
Max. Betriebsdruck: **6 / 10 / 16 bar**
Auslegungs-Wärmeleistung: .....
Wärmedämmung: **als Schallschluckplatte mit 40** mm **Dicke / mineralfaserfreien Stoffen mit 40** mm **Dicke / Baustoffklasse A2 nicht brennbar**
Rohdichte: min. 15 kg/m³
Bemessungswert der Wärmeleitfähigkeit: max. 0,040 W/(mK)
Ausführung Strahlfläche: **Blech / gelochtes Blech, 1** mm **/ 1,25** mm
Lage der Leitung: **über Strahlblech eingelegt / unter dem Strahlblech eingelegt**
Rohrleitung: **Stahlgewinderohr mittelschwer / Präzisionsstahlrohr, geschweißt / nahtlos schwarz**
Oberflächenschutz: **Grundbeschichtung / Deckbeschichtung als Pulverbeschichtung oder Grundbeschichtung, Deckbeschichtung als Pulverbeschichtung**
Farbton: **weiß / Sonderfarbton**
Länge Strahlplatte: ..... mm
Breite Strahlplatte: ..... mm

▶	▷	ø netto €	◁	◀	[Einheit]	Ausf.-Dauer	Positionsnummer
2.708€	3.648€	**3.866€**	4.297€	6.460€	[St]	⏱ 5,00h/St	041.000.135

Nr.	Kurztext / Langtext						Kostengruppe
▶	▷	**ø netto €**	◁	◀	[Einheit]	Ausf.-Dauer	Positionsnummer

78 **Heizkreisverteiler, Fußbodenheizung, 5 Heizkreise** KG **422**

Heizkreisverteiler für Fußbodenheizungen, mit Verschraubungen für Heizungsrohre, Übergangsverschraubungen für Heizkreisrohre, Entlüftung und Entleerung, Heizkreis-Rückläufe mit Durchflussanzeiger und Feinregulierung, einschl. Klemmringverschraubungen, mit 3/4" Eurokonus, bestehend aus Grundkörper mit O-Ring, Klemmring und Überwurfmutter, zum Anschluss des Heizkreisrohres an den Heizkreisverteiler.
Werkstoff: .....
Befestigung, schallgedämmt: **in / an** .....
Anschluss: **waagerecht / senkrecht**
Max. Betriebstemperatur in °C: 60
Max. Betriebsüberdruck in bar: 4
Max. Volumenstrom in m³/h: 3
Nenndruck PN: **6 / 10** bar
Gewindeanschluss: R 1"
Heizkreisanschluss: G 3/4 Eurokonus
Anzahl Heizkreise: 5
Baulänge: ..... mm

208€	300€	**333€**	361€	414€	[St]	⏱ 1,06h/St	041.000.059

79 **Verteilerschrank, Fußbodenheizung, Unterputz** KG **422**

Verteilerschrank für Heizkreisverteiler, für Wandeinbau, zur Aufnahme der Fußboden-Heizkreisverteiler, der Anschluss- und der Regelungskomponenten, mit Tür mit Zylinderschloss und höhenverstellbarem Sockel, mit Estrich-Abschlussblende, Türbereich mit Kantenschutz, Schranktür mit Kippsicherung und Verriegelung, mit horizontal und vertikal einstellbarer Verteilerbefestigung, mit integrierter Normschiene zur Befestigung der Regelungskomponenten.
Werkstoff: Stahlblech, ...
RAL-Farbe: .....
Schrankhöhe: ..... mm
Schranktiefe: ..... mm
Schrankbreite: ..... mm
Höhenverstellbarkeit: ..... mm
Heizkreise: .....

558€	567€	**634€**	678€	730€	[St]	⏱ 1,20h/St	041.000.058

80 **Verteilerschrank, Fußbodenheizung, Aufputz** KG **422**

Verteilerschrank für Heizkreisverteiler, für Wandaufbau, zur Aufnahme der Fußboden-Heizkreisverteiler, der Anschluss- und der Regelungskomponenten, mit Tür mit Zylinderschloss und höhenverstellbarem Sockel, mit Estrich-Abschlussblende, Türbereich mit Kantenschutz, Schranktür mit Kippsicherung und Verriegelung, mit horizontal und vertikal einstellbarer Verteilerbefestigung, mit integrierter Normschiene zur Befestigung der Regelungskomponenten.
Werkstoff: Stahlblech, ...
RAL-Farbe: .....
Schrankhöhe: ..... mm
Schranktiefe: ..... mm
Schrankbreite: ..... mm
Höhenverstellbarkeit: ..... mm
Heizkreise: .....

543€	548€	**582€**	618€	621€	[St]	⏱ 1,00h/St	041.000.057

Kosten:
Stand 1. Quartal 2025
Bundesdurchschnitt

▶ min
▷ von
ø Mittel
◁ bis
◀ max

81 Umlenkungsbogen, Heizleitung — KG 422

Rohrführungsbogen aus Kunststoff, zur 90° - Umlenkung der Heizkreisrohre, zur sicheren Rohreinführung an den Verteilerkästen.
Heizkreisrohr: .....
Außendurchmesser: .....

3€	4€	**4€**	5€	6€	[St]	⏱ 0,10h/St	041.000.113

82 Tacker/EPS-Systemträger, Fußbodenheizung — KG 422

Tacker-Systemelement für Rohrleitungen der Fußbodenheizung mit EPS-Wärmedämmplatte und aufkaschierten Mehrschicht-Gewebe, zur Aufnahme der Heizleitungen in Verlegesystem Typ A, DIN EN 1264-1.
Untergrund: .....
Nutzlast: ..... kN/m^2
Dämmstoffdicke: .....
Anwendungstyp: .....
Angeb. Fabrikat: .....

8€	9€	**11€**	12€	15€	[m^2]	⏱ 0,10h/m^2	041.000.077

83 Noppen/EPS-Systemträger, Fußbodenheizung — KG 422

Noppen-Systemelement für Rohrleitungen der Fußbodenheizung mit EPS-Wärmedämmplatte und Kunststoff-Folienkaschierung zur Aufnahme der Heizleitungen in Verlegesystem Typ A, DIN EN 1264-1.
Untergrund: .....
Nutzlast: ..... kN/m^2
Dämmstoffdicke: .....
Anwendungstyp: .....
Angeb. Fabrikat: .....

10€	12€	**12€**	14€	16€	[m^2]	⏱ 0,10h/m^2	041.000.078

84 Noppen-Systemträger, Dämmung, Fußbodenheizung — KG 422

Systemträgerplatten für Rohrleitungen der Fußbodenheizung aus Noppenplatten zur Aufnahme der Heizleitungen in Verlegesystem Typ A (Verlegung im Estrich) mit Trittschall- und Wärmedämmung.
Untergrund: .....
Nutzlast: ..... kN/m^2
Heizleitung: ..... mm
Dämmschichten: .....
Wärmeleitfähigkeit: ..... (W/mK)
Angeb. Fabrikat: .....

15€	21€	**22€**	25€	31€	[m^2]	⏱ 0,10h/m^2	041.000.079

85 Noppen-Systemträger, Fußbodenheizung — KG 422

Systemträgerplatten für Rohrleitungen der Fußbodenheizung aus Noppenplatten zur Aufnahme der Heizleitungen in Verlegesystem Typ A (Verlegung im Estrich).
Untergrund: .....
Nutzlast: ..... kN/m^2
Heizleitung: .....
Angeb. Fabrikat: .....

11€	15€	**16€**	19€	23€	[m^2]	⏱ 0,08h/m^2	041.000.080

Nr.	Kurztext / Langtext						Kostengruppe
►	▷	ø netto €	◁	◀	[Einheit]	Ausf.-Dauer	Positionsnummer

A 10 Fußbodenheizung, Typ A, Träger/Leitung — Beschreibung für Pos. **86-87**

Fußbodenheizung, für Verlegesystem Typ A (Verlegung im Estrich), Rohr aus Polyethylen PE-X, sauerstoffdicht, einschl. Trägersystem.
Vorlauftemperatur: 30°C
Norm-Innentemperatur: 18°C
Außendurchmesser: 17 mm
Rohrstärke: 2 mm
Trägersystem: .....
Ausführung gem. Einzelbeschreibung: .....
Angeb. Fabrikat / Typ: .....

86 Fußbodenheizung, Typ A, Träger/PE-X Rohr, 100 — KG **423**

Wie Ausführungsbeschreibung A 10
Verlegeabstand: 100 mm

►	▷	ø	◁	◀	Einheit	Ausf.-Dauer	Positionsnummer
31€	34€	**35€**	38€	41€	[m²]	⏱ 1,20 h/m²	041.000.016

87 Fußbodenheizung, Typ A, Träger/PE-X Rohr, 200 — KG **423**

Wie Ausführungsbeschreibung A 10
Verlegeabstand: 200 mm

►	▷	ø	◁	◀	Einheit	Ausf.-Dauer	Positionsnummer
24€	26€	**27€**	30€	32€	[m²]	⏱ 1,00 h/m²	041.000.114

88 Anbindeleitung, PE-X 17mm, Fußbodenheizung — KG **423**

Anbindeleitung der Fußbodenheizung DIN EN 1264-1, für Verlegesystem Typ A (Verlegung im Estrich), mit Rohr aus Polyethylen PE-X DIN EN ISO 15875-1 und DIN EN ISO 15875-2, sauerstoffdicht DIN 4726, einschl. Trägerbefestigung.
Vorlauftemperatur: .....°C
Norm-Innentemperatur: .....°C
Außendurchmesser: 17 mm
Wanddicke: 2

►	▷	ø	◁	◀	Einheit	Ausf.-Dauer	Positionsnummer
3€	5€	**5€**	6€	7€	[m]	⏱ 0,10 h/m	041.000.074

89 Schutzummantelung, Fußbodenheizrohr — KG **423**

Flexible Ummantelung zum Schutz des Fußbodenheizungsrohrs beim Kreuzen von **Dehn-/Bewegungsfugen** und im Verteilerbereich.
Ausführung: .....
Material: .....
Länge.: ..... mm
Außendurchmesser: ...... mm
Innendurchmesser: ..... mm
Ausführung gem. Einzelbeschreibung: .....

►	▷	ø	◁	◀	Einheit	Ausf.-Dauer	Positionsnummer
2€	3€	**4€**	4€	6€	[St]	⏱ 0,10 h/St	041.000.115

Kosten:
Stand 1. Quartal 2025
Bundesdurchschnitt

► min
▷ von
ø Mittel
◁ bis
◀ max

Nr.	Kurztext / Langtext						Kostengruppe
▶	▷	ø netto €	◁	◀	[Einheit]	Ausf.-Dauer	Positionsnummer

90 Ummantelung, Anbindeleitung KG **423**

Flexible Ummantelung als Überschub für Anbindeleitungen, zur Reduzierung der Heizleistung.
Ausführung: .....
Material: .....
Länge.: ..... mm
Außendurchmesser: ...... mm
Innendurchmesser: ..... mm
Ausführung gem. Einzelbeschreibung: .....

2€	3€	**3€**	5€	6€	[m]	⏱ 0,10h/m	041.000.116

91 Funktionsheizen, Fußbodenheizung KG **423**

Auf- und Abheizen der Fußbodenheizfläche nach Freigabe durch die Estrichfirma, gem. Aufheizprotokoll des Estrichherstellers, einschl. Erstellen eines Funktionsheiz-Protokolls.
Estrich: .....
Ausführung gem. Einzelbeschreibung: .....

1€	2€	**2€**	3€	5€	[m2]	⏱ 0,16h/m2	041.000.117

92 Belegreifheizen, Fußbodenheizung KG **423**

Belegreifheizen, nach abgeschlossenem Funktionsheizen und vor dem Belegen des Estrichs mit Oberbelägen, zur schnelleren Austrocknung des Estrichs. Belegreifheizen nach Datenblatt "FBH-D4" der "Schnittstellenkoordination bei beheizten Fußbodenkonstruktionen" des BVF (Bundesverbands Flächenheizung e.V.), einschl. Erstellen eines Belegreifheiz-Protokolls.
Estrich: .....
Ausführung gem. Einzelbeschreibung: .....

0,3€	0,4€	**0,5€**	0,7€	3,4€	[m2]	–	041.000.118

93 Einregulierung/Inbetriebnahme, Fußbodenheizung KG **423**

Verteilerweise Einregulierung der gesamten Fußboden-Heizungsanlage mit vorhergegangenem Befüllen, Spülen und Druckprobe nach Herstellerangabe. Einstellung der erforderlichen Wassermengen für die einzelnen Heizkreise, Inbetriebnahme und Erstellen eines Einstellprotokolls.
Ausführung gem. Einzelbeschreibung: .....

298€	380€	**1.040€**	2.765€	4.745€	[psch]	–	041.000.119

94 Messung, Feuchte, Fußbodenheizung KG **353**

Feuchtigkeitsmessung des Estrichs der Fußbodenheizung, entsprechend Schnittstellenkoordination des BVF (Bundesverbands Flächenheizung e.V.) mit Protokollierung. Messstellenset aus Kunststoff, pro Raum eine Messstelle, bei größeren Räumen (etwa 50m2) entsprechend mehr. Um den Messpunkt herum darf sich im abstand von 10cm (Durchmesser 20cm) kein Heizrohr befinden.
Ausführung gem. Einzelbeschreibung: .....

52€	59€	**72€**	90€	102€	[St]	⏱ 0,50h/St	041.000.120

Nr.	Kurztext / Langtext						Kostengruppe
►	▷	ø netto €	◁	◄	[Einheit]	Ausf.-Dauer	Positionsnummer

A 11 Abgleichventil, hydraulisch Beschreibung für Pos. **95-99**

Abgleichventil für den hydraulischen Abgleich des Trink-, Heiz- oder Kühlsystems mit Voreinstellung, Absperrung und Durchflussmessung, geeignet für Wassermischungen mit gebräuchlichen Korrosions- und Frostschutzzusätzen, hydraulisch einstellbar.

95 Abgleichventil, hydraulisch DN15 KG **422**

Wie Ausführungsbeschreibung A 11
Typ: .....
Modell: .....
Dimension: DN15
Max. Betriebstemperatur .....°C
Max. Betriebsdruck: ..... bar
Gehäuse: **Messing / Rotguss**
Schauglas: Kunststoff
Fabrikat: .....

►	▷	ø	◁	◄	Einheit	Ausf.-Dauer	Positionsnummer
119€	123€	**164€**	200€	245€	[St]	⏱ 0,25h/St	041.000.123

96 Abgleichventil, hydraulisch DN20 KG **422**

Wie Ausführungsbeschreibung A 11
Typ: .....
Modell: .....
Dimension: DN20
Max. Betriebstemperatur .....°C
Max. Betriebsdruck: ..... bar
Gehäuse: **Messing / Rotguss**
Schauglas: Kunststoff
Fabrikat: .....

►	▷	ø	◁	◄	Einheit	Ausf.-Dauer	Positionsnummer
122€	179€	**191€**	219€	270€	[St]	⏱ 0,27h/St	041.000.136

97 Abgleichventil, hydraulisch DN32 KG **422**

Wie Ausführungsbeschreibung A 11
Typ: .....
Modell: .....
Dimension: DN32
Max. Betriebstemperatur .....°C
Max. Betriebsdruck: ..... bar
Gehäuse: **Messing / Rotguss**
Schauglas: Kunststoff
Fabrikat: .....

►	▷	ø	◁	◄	Einheit	Ausf.-Dauer	Positionsnummer
192€	217€	**243€**	258€	308€	[St]	⏱ 0,33h/St	041.000.125

Kosten:
Stand 1. Quartal 2025
Bundesdurchschnitt

► min
▷ von
ø Mittel
◁ bis
◄ max

Nr.	**Kurztext** / Langtext						Kostengruppe
▶	▷	**ø netto €**	◁	◀	[Einheit]	Ausf.-Dauer	Positionsnummer

98 Abgleichventil, hydraulisch DN50 KG **422**

Wie Ausführungsbeschreibung A 11
Typ: .....
Modell: .....
Dimension: DN50
Max. Betriebstemperatur .....°C
Max. Betriebsdruck: ..... bar
Gehäuse: **Messing / Rotguss**
Schauglas: Kunststoff
Fabrikat: .....

261€	278€	**309€**	323€	375€	[St]	⏱ 0,38h/St	041.000.127

99 Abgleichventil, hydraulisch DN80 KG **422**

Wie Ausführungsbeschreibung A 11
Typ: .....
Modell: .....
Dimension: DN80
Max. Betriebstemperatur .....°C
Max. Betriebsdruck: ..... bar
Gehäuse: **Messing / Rotguss**
Schauglas: Kunststoff
Fabrikat: .....

775€	841€	**907€**	939€	971€	[St]	⏱ 0,65h/St	041.000.129

A 12 Schlamm und Magnetitabscheider Beschreibung für Pos. **100-101**

Schlamm und Magnetitabscheider für Heiz- und Kühlwassersysteme bzw. geschlossene flüssigkeitsgefüllte Anlagensysteme, geeignet für die Medien Wasser, Heizungswasser, Klimakaltwasser und Wasser-/Glykolgemisch, als Abscheider zur Entfernung von zirkulierenden Verunreinigungen (Schmutz und Schlamm), Eisenoxide (magnetische Partikel) aus wasserführenden Systemen.

100 Schlamm und Magnetitabscheider 1 1/4" KG **422**

Wie Ausführungsbeschreibung A 12
Technische Daten:
Abscheidertyp: .....
Gehäuse: .....
Betriebsdruck: .....
Anschluss: .....
Volumenstrom: ..... m³/h
Betriebstemperatur max.: C
Baulänge: ..... mm
Filterwirksamkeit: ..... ƒ-m
Fabrikat: .....

214€	231€	**234€**	249€	266€	[St]	⏱ 0,60h/St	041.000.137

Nr.	Kurztext / Langtext						Kostengruppe
►	▷	**ø netto €**	◁	◄	[Einheit]	Ausf.-Dauer	Positionsnummer

101 Schlamm und Magnetitabscheider 1 1/2" KG **422**

Wie Ausführungsbeschreibung A 12
Technische Daten:
Abscheidertyp: .....
Gehäuse: .....
Betriebsdruck: .....
Anschluss: .....
Volumenstrom: ..... m³/h
Betriebstemperatur max.: C
Baulänge: ..... mm
Filterwirksamkeit: ..... *ƒ*-m
Fabrikat: .....

274€	360€	**382€**	413€	453€	[St]	⏱ 0,75h/St	041.000.138

102 Hydraulischer Abgleich KG **421**

Hydraulischer Abgleich der gesamten Heizungsanlage gem. VOB Teil C, Einstellen aller Regulierventile, Heizkörperthermostatventile, Pumpen, inkl. aller hierfür erforderlichen Messgeräte, Einstellwerkzeuge sowie Erstellung eines Protokolls.

488€	574€	**580€**	704€	833€	[St]	⏱ 2,80h/St	041.000.134

Kosten:
Stand 1. Quartal 2025
Bundesdurchschnitt

► min
▷ von
ø Mittel
◁ bis
◄ max

042

Kosten:
Stand 1. Quartal 2025
Bundesdurchschnitt

▶ min
▷ von
ø Mittel
◁ bis
◀ max

Nr.	Positionen	Einheit	▶	▷	ø brutto € / ø netto €	◁	◀
1	Hauseinführung, DN25	St	157	221	**245**	268	367
			132	186	**205**	225	308
2	Hauswasserstation, Druckminderer/Wasserfilter, DN40	St	499	745	**871**	940	1.425
			419	626	**732**	790	1.197
3	Leitung, Metallverbundrohr, DN12	m	9	16	**19**	22	27
			7	14	**16**	18	23
4	Leitung, Metallverbundrohr, DN15	m	11	20	**22**	26	37
			9	16	**19**	22	31
5	Leitung, Metallverbundrohr, DN20	m	15	24	**28**	32	41
			13	20	**23**	27	34
6	Leitung, Metallverbundrohr, DN25	m	20	33	**38**	44	54
			17	28	**32**	37	45
7	Leitung, Metallverbundrohr, DN32	m	29	43	**49**	56	71
			25	36	**42**	47	60
8	Leitung, Metallverbundrohr, DN40	m	46	62	**69**	75	85
			39	52	**58**	63	71
9	Leitung, Metallverbundrohr, DN50	m	59	72	**80**	85	100
			49	60	**67**	72	84
10	Leitung, Kupferrohr, 15mm	m	20	28	**32**	34	40
			17	23	**27**	29	33
11	Leitung, Kupferrohr, 18mm	m	25	30	**33**	37	44
			21	25	**28**	31	37
12	Leitung, Kupferrohr, 22mm	m	26	32	**35**	43	52
			22	27	**29**	36	44
13	Leitung, Kupferrohr, 28mm	m	31	40	**44**	52	65
			26	34	**37**	44	54
14	Leitung, Kupferrohr, 35mm	m	42	52	**57**	58	78
			35	44	**48**	49	66
15	Leitung, Kupferrohr, 42mm	m	50	62	**67**	71	88
			42	52	**56**	60	74
16	Leitung, Kupferrohr, 54mm	m	62	85	**90**	98	114
			52	71	**75**	83	96
17	Leitung, Edelstahlrohr, 15mm	m	12	24	**28**	31	37
			10	20	**23**	26	31
18	Leitung, Edelstahlrohr, 18mm	m	17	26	**30**	31	43
			14	22	**26**	26	36
19	Leitung, Edelstahlrohr, 22mm	m	19	35	**35**	41	54
			16	29	**29**	34	45
20	Leitung, Edelstahlrohr, 28mm	m	22	36	**39**	45	60
			18	30	**33**	38	50
21	Leitung, Edelstahlrohr, 35mm	m	33	49	**53**	61	78
			28	41	**44**	52	66
22	Leitung, Edelstahlrohr, 42mm	m	41	59	**62**	76	95
			34	50	**52**	64	80
23	Leitung, Edelstahlrohr, 54mm	m	47	64	**69**	85	114
			40	54	**58**	71	96
24	Löschwasserleitung, verzinktes Rohr, DN50	m	71	76	**78**	81	86
			59	63	**65**	68	72

Nr.	Positionen	Einheit	►	▷	ø brutto € / ø netto €	◁	◄
25	Löschwasserleitung, verzinktes Rohr, DN100	m	110	116	**131**	140	143
			93	97	**110**	118	120
26	Kugelhahn, DN15	St	21	32	**34**	54	88
			17	27	**28**	45	74
27	Kugelhahn, DN25	St	25	52	**62**	87	126
			21	44	**52**	73	106
28	Kugelhahn, DN50	St	81	120	**129**	187	265
			68	101	**109**	157	223
29	Eckventil, DN15	St	10	34	**41**	57	88
			8	29	**35**	48	74
30	Absperr-Schrägsitzventil DN15	St	75	99	**113**	129	162
			63	83	**95**	109	136
31	Absperr-Schrägsitzventil, DN25	St	87	141	**162**	207	291
			73	118	**136**	174	245
32	Absperr-Schrägsitzventil, DN50	St	160	297	**362**	421	528
			134	250	**304**	354	444
33	Absperr-Schrägsitzventil, DN65	St	548	560	**623**	693	705
			460	470	**524**	582	592
34	Zirkulations-Regulierventil, DN20	St	117	138	**153**	162	183
			98	116	**128**	136	154
35	Zirkulations-Regulierventil, DN32	St	247	278	**289**	316	347
			207	234	**243**	266	292
36	Warmwasser-Zirkulationspumpe, DN20	St	260	390	**449**	545	759
			218	328	**377**	458	638
37	Füll- und Entleerventil, DN15	St	12	19	**22**	27	37
			10	16	**18**	22	31
38	Membran-Sicherheitsventil, Warmwasserbereiter	St	55	78	**95**	121	199
			46	65	**80**	101	167
39	Enthärtungsanlage, vollautomatisch, Ionenaustausch-verfahren	St	2.430	3.041	**3.081**	3.091	3.702
			2.042	2.556	**2.589**	2.597	3.111
40	Leitung, Kupferrohr ummantelt, DN10	m	4	5	**6**	7	7
			4	4	**5**	5	6
41	Leitung, Kupferrohr ummantelt, DN20	m	11	12	**12**	13	15
			9	10	**10**	11	13

Nr.	**Kurztext** / Langtext						Kostengruppe
►	▷	**ø netto €**	◁	◄	[Einheit]	Ausf.-Dauer	Positionsnummer

1 Hauseinführung, DN25 KG **412**

Wanddurchführung für **Erdgas / Trinkwasser** mit Absperrarmatur nach Vorschrift des zuständigen Versorgungsunternehmens. Anschlüsse **mit / ohne** anschweißenden Dichtungsbahnen für Bauten, einschl. Herstellen der für Hauseinführung notwendigen Kernbohrung.
Wand: **Beton / Mauerwerk**
Dicke: bis 24 cm
Abdichtung: **drückendes / nichtdrückendes Wasser**
Medium: Erdgas, Trinkwasser
Material: **Gusseisen / Kunststoff / Stahl**
Medienleitung: DN25
Anschluss PN: 10 bar

132€ 186€ **205€** 225€ 308€ [St] ⏱ 0,40h/St 042.000.010

2 Hauswasserstation, Druckminderer/Wasserfilter, DN40 KG **412**

Hauswasserstation geprüft DIN EN 13443-1, mit Druckminderer (Armaturengruppe I) mit Feinfilter in Klarsichthaube aus Polyethylen. Filtrationsfeinheit 0,1mm mit Rückspülvorrichtung, Ablaufhahn DN15 (R1/2) und Rückflussverhinderer. Mit Vor- und Hinterdruckmanometer, einstellbar. Gerade Bauform mit Anschlüsse mit Verschraubungen DN40 (R1 1/2).
Vordruck max.: 16 bar
Hinterdruck: 1,5 bis 6 bar
Mindestdruckgefälle: ca. 1 bar
Betriebstemperatur max.: 40°C

419€ 626€ **732€** 790€ 1.197€ [St] ⏱ 0,80h/St 042.000.009

A 1 Leitung, Metallverbundrohr Beschreibung für Pos. **3-9**

Metallverbundrohr aus Mehrschichtverbundwerkstoff (PE, Aluminium, PE), für Trinkwasser warm und kalt, einschl. Dichtungs- und Befestigungsmittel. Form- und Verbindungsstücke (Fittings) werden gesondert vergütet.

3 Leitung, Metallverbundrohr, DN12 KG **412**

Wie Ausführungsbeschreibung A 1
Nennweite: DN12
Außendurchmesser: 16 mm
Wandstärke: 2,25 mm
Lieferung: **Stangen / Ringen**
Verlegehöhe: **3,50 / 5,00 / 7,00** m

7€ 14€ **16€** 18€ 23€ [m] ⏱ 0,28h/m 042.000.008

4 Leitung, Metallverbundrohr, DN15 KG **412**

Wie Ausführungsbeschreibung A 1
Nennweite: DN15
Außendurchmesser: 20 mm
Wandstärke: 2,5 mm
Lieferung: **Stangen / Ringen**
Verlegehöhe: **3,50 / 5,00 / 7,00** m

9€ 16€ **19€** 22€ 31€ [m] ⏱ 0,28h/m 042.000.042

Kosten:
Stand 1. Quartal 2025
Bundesdurchschnitt

► min
▷ von
ø Mittel
◁ bis
◄ max

Nr.	Kurztext / Langtext						Kostengruppe
►	▷	**ø netto €**	◁	◄	[Einheit]	Ausf.-Dauer	Positionsnummer

5 Leitung, Metallverbundrohr, DN20 KG **412**

Wie Ausführungsbeschreibung A 1
Nennweite: DN20
Außendurchmesser: 26 mm
Wandstärke: 3 mm
Lieferung: **Stangen / Ringen**
Verlegehöhe: **3,50 / 5,00 / 7,00** m

13€	20€	**23€**	27€	34€	[m]	⏱ 0,28h/m	042.000.045

6 Leitung, Metallverbundrohr, DN25 KG **412**

Wie Ausführungsbeschreibung A 1
Nennweite: DN25
Außendurchmesser: 32 mm
Wandstärke: 3 mm
Lieferung: **Stangen / Ringen**
Verlegehöhe: **3,50 / 5,00 / 7,00** m

17€	28€	**32€**	37€	45€	[m]	⏱ 0,28h/m	042.000.043

7 Leitung, Metallverbundrohr, DN32 KG **412**

Wie Ausführungsbeschreibung A 1
Nennweite: DN32
Außendurchmesser: 40 mm
Wandstärke: 3,5 mm
Lieferung: **Stangen / Ringen**
Verlegehöhe: **3,50 / 5,00 / 7,00** m

25€	36€	**42€**	47€	60€	[m]	⏱ 0,28h/m	042.000.046

8 Leitung, Metallverbundrohr, DN40 KG **412**

Wie Ausführungsbeschreibung A 1
Nennweite: DN40
Außendurchmesser: 50 mm
Wandstärke: 4 mm
Lieferung: **Stangen / Ringen**
Verlegehöhe: **3,50 / 5,00 / 7,00** m

39€	52€	**58€**	63€	71€	[m]	⏱ 0,28h/m	042.000.047

9 Leitung, Metallverbundrohr, DN50 KG **412**

Wie Ausführungsbeschreibung A 1
Nennweite: DN50
Außendurchmesser: 63 mm
Wandstärke: 4 mm
Lieferung: **Stangen / Ringen**
Verlegehöhe: **3,50 / 5,00 / 7,00** m

49€	60€	**67€**	72€	84€	[m]	⏱ 0,28h/m	042.000.049

Kosten:
Stand 1. Quartal 2025
Bundesdurchschnitt

▶ min
▷ von
ø Mittel
◁ bis
◀ max

Nr.	**Kurztext** / Langtext					Kostengruppe
▶	▷	**ø netto €**	◁	◀	[Einheit] Ausf.-Dauer	Positionsnummer

A 2 Leitung, Kupferrohr — Beschreibung für Pos. **10-16**

Kupferrohr, blank, in Stangen, einschl. Rohrverbindung **löten / pressen**, mit Aufhängung.

10 Leitung, Kupferrohr, 15mm — KG **412**

Wie Ausführungsbeschreibung A 2
Nennweite: 15 mm
Wandstärke: 1 mm
Verlegehöhe: **3,50 / 5,00 / 7,00** m

17€ | 23€ | **27€** | 29€ | 33€ | [m] | ⏱ 0,25h/m | 042.000.001

11 Leitung, Kupferrohr, 18mm — KG **412**

Wie Ausführungsbeschreibung A 2
Nennweite: 18 mm
Wandstärke: 1 mm
Verlegehöhe: **3,50 / 5,00 / 7,00** m

21€ | 25€ | **28€** | 31€ | 37€ | [m] | ⏱ 0,25h/m | 042.000.011

12 Leitung, Kupferrohr, 22mm — KG **412**

Wie Ausführungsbeschreibung A 2
Nennweite: 22 mm
Wandstärke: 1 mm
Verlegehöhe: **3,50 / 5,00 / 7,00** m

22€ | 27€ | **29€** | 36€ | 44€ | [m] | ⏱ 0,25h/m | 042.000.012

13 Leitung, Kupferrohr, 28mm — KG **412**

Wie Ausführungsbeschreibung A 2
Nennweite: 28 mm
Wandstärke: 1 mm
Verlegehöhe: **3,50 / 5,00 / 7,00** m

26€ | 34€ | **37€** | 44€ | 54€ | [m] | ⏱ 0,25h/m | 042.000.013

14 Leitung, Kupferrohr, 35mm — KG **412**

Wie Ausführungsbeschreibung A 2
Nennweite: 35 mm
Wandstärke: 1,2 mm
Verlegehöhe: **3,50 / 5,00 / 7,00** m

35€ | 44€ | **48€** | 49€ | 66€ | [m] | ⏱ 0,25h/m | 042.000.014

15 Leitung, Kupferrohr, 42mm — KG **412**

Wie Ausführungsbeschreibung A 2
Nennweite: 42 mm
Wandstärke: 1,2 mm
Verlegehöhe: **3,50 / 5,00 / 7,00** m

42€ | 52€ | **56€** | 60€ | 74€ | [m] | ⏱ 0,25h/m | 042.000.015

Nr.	**Kurztext** / Langtext						Kostengruppe
►	▷	**ø netto €**	◁	◄	[Einheit]	Ausf.-Dauer	Positionsnummer

16 Leitung, Kupferrohr, 54mm KG **412**

Wie Ausführungsbeschreibung A 2
Nennweite: 54 mm
Wandstärke: 1,5 mm
Verlegehöhe: **3,50 / 5,00 / 7,00** m

52€	71€	**75€**	83€	96€	[m]	⏱ 0,25h/m	042.000.016

A 3 Leitung, Edelstahlrohr Beschreibung für Pos. **17-23**

Rohrleitung; Edelstahl aus nichtrostendem Cr-Ni-Mo-Stahl, in geschweißter Ausführung, DVGW GW 541 für Trinkwasser DIN 1988-200, in Stangen, beständig gegen alle natürlichen Trinkwasserinhaltsstoffe, verlegt nach den Richtlinien des Herstellers, einschl. Rohrverbindung sowie Befestigungsmaterial, körperschallgedämmt.

17 Leitung, Edelstahlrohr, 15mm KG **412**

Wie Ausführungsbeschreibung A 3
Werkstoff-Nr.: .....
Maximaler Betriebsdruck: 16 bar
Maximale Temperatur: 85°C
Nennweite: 15 mm
Wandstärke: 1 mm
Verlegung in Gebäuden bis **3,50 / 5,00 / 7,00** m **über Gelände / Fußboden**

10€	20€	**23€**	26€	31€	[m]	⏱ 0,14h/m	042.000.004

18 Leitung, Edelstahlrohr, 18mm KG **412**

Wie Ausführungsbeschreibung A 3
Werkstoff-Nr.: .....
Maximaler Betriebsdruck: 16 bar
Maximale Temperatur: 85°C
Nennweite: 18 mm
Wandstärke: 1 mm
Verlegung in Gebäuden bis **3,50 / 5,00 / 7,00** m **über Gelände / Fußboden**

14€	22€	**26€**	26€	36€	[m]	⏱ 0,14h/m	042.000.023

19 Leitung, Edelstahlrohr, 22mm KG **412**

Wie Ausführungsbeschreibung A 3
Werkstoff-Nr.: .....
Maximaler Betriebsdruck: 16 bar
Maximale Temperatur: 85°C
Nennweite: 22 mm
Wandstärke: 1,2 mm
Verlegung in Gebäuden bis **3,50 / 5,00 / 7,00** m **über Gelände / Fußboden**

16€	29€	**29€**	34€	45€	[m]	⏱ 0,14h/m	042.000.024

Kosten:
Stand 1. Quartal 2025
Bundesdurchschnitt

Nr.	**Kurztext** / Langtext						Kostengruppe
▶	▷	**ø netto €**	◁	◀	[Einheit]	Ausf.-Dauer	Positionsnummer

20 Leitung, Edelstahlrohr, 28mm — KG **412**

Wie Ausführungsbeschreibung A 3
Werkstoff-Nr.: .....
Maximaler Betriebsdruck: 16 bar
Maximale Temperatur: 85°C
Nennweite: 28 mm
Wandstärke: 1,2 mm
Verlegung in Gebäuden bis **3,50 / 5,00 / 7,00** m **über Gelände / Fußboden**

18€ | 30€ | **33€** | 38€ | 50€ | [m] | ⏱ 0,14h/m | 042.000.025

21 Leitung, Edelstahlrohr, 35mm — KG **412**

Wie Ausführungsbeschreibung A 3
Werkstoff-Nr.: .....
Maximaler Betriebsdruck: 16 bar
Maximale Temperatur: 85°C
Nennweite: 35 mm
Wandstärke: 1,5 mm
Verlegung in Gebäuden bis **3,50 / 5,00 / 7,00** m **über Gelände / Fußboden**

28€ | 41€ | **44€** | 52€ | 66€ | [m] | ⏱ 0,14h/m | 042.000.026

22 Leitung, Edelstahlrohr, 42mm — KG **412**

Wie Ausführungsbeschreibung A 3
Werkstoff-Nr.: .....
Maximaler Betriebsdruck: 16 bar
Maximale Temperatur: 85°C
Nennweite: 42 mm
Wandstärke: 1,5 mm
Verlegung in Gebäuden bis **3,50 / 5,00 / 7,00** m **über Gelände / Fußboden**

34€ | 50€ | **52€** | 64€ | 80€ | [m] | ⏱ 0,14h/m | 042.000.027

23 Leitung, Edelstahlrohr, 54mm — KG **412**

Wie Ausführungsbeschreibung A 3
Werkstoff-Nr.: .....
Maximaler Betriebsdruck: 16 bar
Maximale Temperatur: 85°C
Nennweite: 54 mm
Wandstärke: 1,5 mm
Verlegung in Gebäuden bis **3,50 / 5,00 / 7,00** m **über Gelände / Fußboden**

40€ | 54€ | **58€** | 71€ | 96€ | [m] | ⏱ 0,14h/m | 042.000.028

24 Löschwasserleitung, verzinktes Rohr, DN50 — KG **474**

Rohrleitung, Gewinderohr mittelschwer, geschweißt, DIN EN 10255 einschl. Rohrbefestigung und Verbindungsstücke.
Oberfläche: verzinkt DIN EN 10240
Durchmesser: 60,3 mm
Verlegung in Gebäuden: bis **3,50 / 5,00 / 7,00** m über **Gelände / Fußboden**

59€ | 63€ | **65€** | 68€ | 72€ | [m] | ⏱ 0,40h/m | 042.000.033

▶ min
▷ von
ø Mittel
◁ bis
◀ max

Nr.	Kurztext / Langtext						Kostengruppe
►	▷	**ø netto €**	◁	◄	[Einheit]	Ausf.-Dauer	Positionsnummer

25 Löschwasserleitung, verzinktes Rohr, DN100 KG **474**

Rohrleitung, Gewinderohr mittelschwer, geschweißt, DIN EN 10255 einschl. Rohrbefestigung und Verbindungsstücke.
Oberfläche: verzinkt DIN EN 10240
Durchmesser: 114,3 mm
Verlegung in Gebäuden: bis **3,50 / 5,00 / 7,00** m über **Gelände / Fußboden**

93€ 97€ **110€** 118€ 120€ [m] ⏱ 0,70 h/m 042.000.036

26 Kugelhahn, DN15 KG **412**

Kugelhahn in Durchgangsform.
Nennweite: DN15
Gehäuse: **Rotguss / Messing**, für Trinkwasser
Anschluss Außengewinde: R 1/2

17€ 27€ **28€** 45€ 74€ [St] ⏱ 0,35 h/St 042.000.038

27 Kugelhahn, DN25 KG **412**

Kugelhahn in Durchgangsform.
Nennweite: DN25
Gehäuse: **Rotguss / Messing**, für Trinkwasser
Anschluss Außengewinde: R 1

21€ 44€ **52€** 73€ 106€ [St] ⏱ 0,35 h/St 042.000.040

28 Kugelhahn, DN50 KG **412**

Kugelhahn in Durchgangsform.
Nennweite: DN50
Gehäuse: **Rotguss / Messing**, für Trinkwasser
Anschluss Außengewinde: R 2

68€ 101€ **109€** 157€ 223€ [St] ⏱ 0,35 h/St 042.000.054

29 Eckventil, DN15 KG **412**

Eckventil, verchromt mit Rosette. Als Absperr- und Anschlussventil, mit Schneidringverschraubung.
Gehäuse: entzinkungsbeständiges Messing
Nennweite: DN15
Geräuschverhalten Gruppe DIN 4109-1: **I / II**

8€ 29€ **35€** 48€ 74€ [St] ⏱ 0,20 h/St 042.000.006

Kosten:
Stand 1.Quartal 2025
Bundesdurchschnitt

Nr.	Kurztext / Langtext					Kostengruppe
►	▷	ø netto €	◁	◄	[Einheit]	Ausf.-Dauer	Positionsnummer

A 4 Absperr-Schrägsitzventil — Beschreibung für Pos. **30-33**

Absperr-Schrägsitzventil, in Durchgangsform, Muffenanschluss, für Trinkwasser DIN 1988-200, mit Entleerung, Schallschutz-Zulassung, Gehäuse, mit wartungsfreier Spindelabdichtung, mit PTFE-Dichtung. Inkl. Dämmschale und Übergänge auf Kunststoff- bzw. Edelstahlrohr. Absperrung mit Handgriff.

30 Absperr-Schrägsitzventil DN15 — KG **412**

Wie Ausführungsbeschreibung A 4
Absperr-Schrägsitzventil, in Durchgangsform, Muffenanschluss, für Trinkwasser, mit Entleerung, Schallschutz-Zulassung, Gehäuse, mit wartungsfreier Spindelabdichtung, mit PTFE-Dichtung. Inkl. Dämmschale und Übergänge auf Kunststoff- bzw. Edelstahlrohr. Absperrung mit Handgriff.
Nennweite: DN15
Gehäuse: **Rotguss / Messing**
Maximaler Betriebsdruck: **10 / 16** bar

63€ | 83€ | **95€** | 109€ | 136€ | [St] | ⏱ 0,30h/St | 042.000.007

31 Absperr-Schrägsitzventil, DN25 — KG **412**

Wie Ausführungsbeschreibung A 4
Absperr-Schrägsitzventil, in Durchgangsform, Muffenanschluss, für Trinkwasser, mit Entleerung, Schallschutz-Zulassung, Gehäuse, mit wartungsfreier Spindelabdichtung, mit PTFE-Dichtung. Inkl. Dämmschale und Übergänge auf Kunststoff- bzw. Edelstahlrohr. Absperrung mit Handgriff.
Nennweite: DN25
Gehäuse: **Rotguss / Messing**
Maximaler Betriebsdruck: **10 / 16** bar

73€ | 118€ | **136€** | 174€ | 245€ | [St] | ⏱ 0,30h/St | 042.000.056

32 Absperr-Schrägsitzventil, DN50 — KG **412**

Wie Ausführungsbeschreibung A 4
Absperr-Schrägsitzventil, in Durchgangsform, Flanschanschluss (inkl. Gegenflanschen), für Trinkwasser, mit Entleerung, Schallschutz-Zulassung, Gehäuse, mit wartungsfreier Spindelabdichtung, mit PTFE-Dichtung. Inkl. Dämmschale und Übergänge auf Kunststoff- bzw. Edelstahlrohr. Absperrung mit Handgriff.
Nennweite: DN50
Gehäuse: **Rotguss / Messing**
Maximaler Betriebsdruck: **10 / 16** bar

134€ | 250€ | **304€** | 354€ | 444€ | [St] | ⏱ 0,30h/St | 042.000.059

33 Absperr-Schrägsitzventil, DN65 — KG **412**

Wie Ausführungsbeschreibung A 4
Absperr-Schrägsitzventil, in Durchgangsform, Flanschanschluss (inkl. Gegenflanschen), für Trinkwasser, mit Entleerung, Schallschutz-Zulassung, Gehäuse, mit wartungsfreier Spindelabdichtung, mit PTFE-Dichtung. Inkl. Dämmschale und Übergänge auf Kunststoff- bzw. Edelstahlrohr. Absperrung mit Handgriff.
Nennweite: DN65
Gehäuse: **Rotguss / Messing**
Maximaler Betriebsdruck: **10 / 16** bar

460€ | 470€ | **524€** | 582€ | 592€ | [St] | ⏱ 0,30h/St | 042.000.060

► min
▷ von
ø Mittel
◁ bis
◄ max

A 5 Zirkulations-Regulierventil Beschreibung für Pos. **34-35**

Zirkulations-Regulierventil, Schallzulassung, mit Temperatur- und digitaler Stellungsanzeige zum hydraulischen Strangabgleich und zur Strangabsperrung, mit Entleerung im Gehäuse, mit Niro-Press-Verschraubung.

34 Zirkulations-Regulierventil, DN20 KG **412**

Wie Ausführungsbeschreibung A 5
Gehäuse: **Rotguss / Messing**
Anschluss: DN20

98€ 116€ **128€** 136€ 154€ [St] ⏱ 0,25h/St 042.000.061

35 Zirkulations-Regulierventil, DN32 KG **412**

Wie Ausführungsbeschreibung A 5
Gehäuse: **Rotguss / Messing**
Anschluss: DN32

207€ 234€ **243€** 266€ 292€ [St] ⏱ 0,25h/St 042.000.063

36 Warmwasser-Zirkulationspumpe, DN20 KG **412**

Elektronisch geregelte Zirkulationspumpe, für Trinkwasser DIN 1988-200, als wellenloser Pumpenläufer ohne Lagerbuchsen, mit Rückschlagventil, beiderseits mit zweiteiligen Lötverschraubungen, flachdichtend. Als Dauerläufer mit Drehzahlregelung. Druck- und temperaturabhängige Drehzahlanpassung.
Pumpengehäuse: Rotguss
Elektroanschluss: 230 V / 50 Hz
Leistungsaufnahme: ..... Watt
Anschluss: DN20

218€ 328€ **377€** 458€ 638€ [St] ⏱ 0,80h/St 042.000.050

37 Füll- und Entleerventil, DN15 KG **412**

Füll- und Entleerkugelhahn, mit Stopfbuchse, Kette und Kappe.
Anschluss: 1/2"
Gehäuse: Rotguss

10€ 16€ **18€** 22€ 31€ [St] ⏱ 0,20h/St 042.000.041

38 Membran-Sicherheitsventil, Warmwasserbereiter KG **412**

Membran-Sicherheitsventil mit Sicherheitsventil-Austauschsatz, für geschlossene, druckfeste Warmwasserbereiter DIN 1988-200, bauteilgeprüft, mit vergrößertem Austritt.
Gehäuse: **Rotguss / Messing**
Eintritt: DN25
Austritt: DN32
Ansprechdruck: **6, 10, 16** bar
Nenninhalt WWB: bis 5.000 LM

46€ 65€ **80€** 101€ 167€ [St] ⏱ 0,40h/St 042.000.048

Kosten:
Stand 1. Quartal 2025
Bundesdurchschnitt

Nr.	**Kurztext** / Langtext						Kostengruppe
►	▷	**ø netto €**	◁	◀	[Einheit]	Ausf.-Dauer	Positionsnummer

39 Enthärtungsanlage, vollautomatisch, Ionenaustauschverfahren KG **412**

Vollautomatische Enthärtungsanlage für kaltes Trinkwasser DIN EN 14743 und DIN 19636-100, mit selbstständiger Ermittlung der Rohwasserhärte. Vollautomatische Einstellung auf die gewünschte Resthärte per Knopfdruck und permanenter Überprüfung und Nachregulierung bei Abweichungen. Eingebaute Desinfektionseinrichtung mit platinierten Titanelektroden zur Desinfektion des Ionenaustauschers.
Nenndurchfluss: 1,8 m^3/h bei 0,8 bar
Max. Durchfluss (kurzzeitig): 3,5 m^3/h
Rohranschluss: DN25
Einbaulänge: 195 mm
Salzvorratsbehälter: 36 kg
Salzverbrauch: 0,36 kg je m^3, bei Enthärtung von 20° dH auf 8° dH
Nenndruck: PN 10
Kapazität je kg Salz: 5,0 mol
Betriebstemperatur: max. 30°C
Betriebsdruck: 2-7 bar
Mindestfließdruck bei Nenndurchfluss: 2 bar
Elektroanschluss: **230 V / 50 Hz**

2.042€ 2.556€ **2.589€** 2.597€ 3.111€ [St] ⏱ 1,00h/St 042.000.064

A 6 Leitung, Kupferrohr ummantelt Beschreibung für Pos. **40-41**

Leitung aus Kupferrohr DIN EN 1057 für Trinkwasser-, Heizung-, Gas-, Flüssiggas-Installationen sowie für alle Leitungen ohne Wärmedämmanforderungen. Zum Pressen und Löten geeignet. Ummantelung zur Verminderung von Tauwasserbildung, Schutz vor mechanischer Beschädigung und Korrosionsschutz. Lieferung in Ringen, inkl. Rohrverbindung sowie Befestigungsmaterial, körperschallgedämmt.

40 Leitung, Kupferrohr ummantelt, DN10 KG **412**

Wie Ausführungsbeschreibung A 6
Stegmantel: Kunststoff
Farbe: grau
Zulässige Betriebstemperatur: 100°C
Brandverhalten: B2
Beanspruchungsklasse: B
Lieferung: in Ringen
Rohr: 12 x 1 mm
Mantel Außendurchmesser: 16 mm
Maximaler Betriebsdruck: ..... bar

4€ 4€ **5€** 5€ 6€ [m] ⏱ 0,15h/m 042.000.065

► min
▷ von
ø Mittel
◁ bis
◀ max

41 Leitung, Kupferrohr ummantelt, DN20 KG **412**

Wie Ausführungsbeschreibung A 6
Stegmantel: Kunststoff
Farbe: grau
Zulässige Betriebstemperatur: 100°C
Brandverhalten: B2
Beanspruchungsklasse: B
Lieferung: in Ringen
Rohr: 22 x 1 mm
Mantel Außendurchmesser: 27 mm
Maximaler Betriebsdruck: ..... bar

►	▷	ø netto €	◁	◄	[Einheit]	Ausf.-Dauer	Positionsnummer
9€	10€	**10€**	11€	13€	[m]	⏱ 0,15h/m	042.000.068

044

Kosten:
Stand 1. Quartal 2025
Bundesdurchschnitt

Nr.	Positionen	Einheit	►	▷	ø brutto € / ø netto €	◁	◄
1	Bodenablauf, DN/OD110	St	621	671	**685**	699	750
			522	564	**576**	587	630
2	Dachentwässerung DN70	St	176	206	**216**	244	287
			148	173	**181**	205	241
3	Rohrbelüfter DN50	St	63	97	**117**	126	154
			53	82	**99**	106	129
4	Rohrbelüfter DN70	St	91	126	**143**	156	196
			77	106	**120**	131	165
5	Rohrbelüfter DN100	St	106	133	**145**	156	206
			89	112	**122**	131	174
6	Grundleitung, PVC-U, DN100	m	31	35	**38**	39	42
			26	29	**32**	33	36
7	Abwasserleitung, Guss, DN80	m	50	56	**60**	60	66
			42	47	**51**	51	56
8	Formstück, Bogen, Guss, DN80	St	21	31	**39**	46	75
			17	28	**33**	39	63
9	Formstück, Abzweig, Guss, DN80	St	35	39	**41**	43	49
			30	33	**34**	36	41
10	Putzstück, Guss, DN80	St	30	44	**52**	64	79
			25	37	**44**	54	66
11	Abwasserleitung, Guss, DN100	m	64	74	**81**	84	93
			54	62	**68**	71	78
12	Formstück, Bogen, Guss, DN100	St	30	40	**41**	48	63
			25	33	**34**	41	53
13	Formstück, Abzweig, Guss, DN100	St	24	38	**51**	53	64
			20	32	**43**	45	54
14	Putzstück, Guss, DN100	St	55	69	**78**	80	94
			46	58	**66**	67	79
15	Abwasserleitung, Guss, DN125	m	76	96	**123**	137	139
			64	81	**103**	115	117
16	Formstück, Bogen, Guss, DN125	St	38	47	**55**	65	81
			32	39	**46**	55	68
17	Formstück, Abzweig, Guss, DN125	St	26	55	**67**	84	107
			22	46	**56**	70	90
18	Abwasserleitung, Guss, DN150	m	104	122	**146**	148	155
			88	102	**123**	124	130
19	Formstück, Bogen, Guss, DN150	St	45	64	**78**	88	100
			37	54	**65**	74	84
20	Formstück, Abzweig, Guss, DN150	St	64	106	**133**	149	165
			54	89	**112**	125	139
21	Putzstück, Guss, DN150	St	133	159	**190**	208	245
			112	134	**160**	175	206
22	Abwasserleitung, HT-Rohr, DN/OD63	m	18	21	**22**	24	27
			15	18	**19**	20	23
23	Formstück, HT-Bogen, DN/OD63	St	8	9	**9**	10	11
			7	8	**8**	8	9
24	Formstück, HT-Abzweig, DN/OD63	St	7	13	**15**	20	29
			6	11	**13**	17	24

► min
▷ von
ø Mittel
◁ bis
◄ max

 Erläuterungen zu den Tabellen siehe Seite 52
Mustertexte geprüft: Zentralverband Sanitär Heizung Klima (ZVSHK)

Nr.	Positionen	Einheit	▶	▷	ø brutto € ø netto €	◁	◀
25	Abwasserleitung, HT-Rohr, DN/OD75	m	27	33	**36**	45	59
			23	27	**30**	38	49
26	Formstück, HT-Bogen, DN/OD75	St	5	9	**10**	18	26
			5	8	**8**	15	22
27	Formstück, HT-Abzweig, DN/OD75	St	6	12	**13**	16	20
			5	10	**11**	13	17
28	Abwasserleitung, HT-Rohr, DN/OD110	m	34	39	**41**	43	51
			29	32	**34**	36	43
29	Formstück, HT-Bogen, DN/OD110	St	7	11	**13**	16	23
			6	9	**11**	14	19
30	Formstück, HT-Abzweig, DN/OD110	St	8	28	**32**	73	134
			7	23	**27**	62	113
31	Formstück, HT Doppelabzweig, DN/OD110	St	28	40	**55**	78	87
			24	34	**47**	65	73
32	Formstück, HT Übergangsrohr, DN/OD110	St	1	5	**7**	12	17
			1	4	**6**	10	15
33	Abwasserleitung, PE-Rohr, DN/OD75	m	25	33	**40**	41	50
			21	28	**33**	35	42
34	Formstück, PE-Bogen, DN/OD75	St	8	11	**12**	14	18
			7	9	**10**	12	15
35	Formstück, PE-Abzweig, DN/OD75	St	13	15	**17**	19	20
			11	12	**14**	16	17
36	Abwasserleitung, PE-Rohr, DN/OD110	m	51	53	**60**	82	121
			43	45	**51**	69	102
37	Formstück, PE-Bogen, DN/OD110	St	22	25	**33**	41	43
			18	21	**28**	35	36
38	Formstück, PE-Abzweig, DN/OD110	St	24	27	**39**	44	49
			20	23	**33**	37	41
39	Formstück, PE-Putzstück, DN/OD110	St	43	49	**62**	74	78
			36	41	**52**	62	65
40	Abwasserleitung, PE-Rohr, DN/OD160	m	84	95	**114**	133	139
			70	80	**96**	112	117
41	Formstück, PE-Abzweig, DN/OD160	St	117	131	**149**	161	181
			98	110	**125**	136	152
42	Druckleitung, Schmutzwasserhebeanlage DN/OD50	m	31	35	**46**	52	55
			26	30	**39**	44	46
43	Doppelabzweig, Guss DN100	St	74	78	**84**	90	94
			62	66	**70**	75	79
44	Abwasserleitung, PP-Rohre, DN/OD63, schallgedämmt	m	26	33	**38**	42	51
			22	27	**32**	35	43
45	Abwasserleitung, PP-Rohre, DN/OD75, schallgedämmt	m	26	33	**37**	42	51
			22	27	**31**	35	43
46	Abwasserleitung, PP-Rohre, DN/OD90, schallgedämmt	m	38	45	**54**	60	73
			32	38	**45**	51	61
47	Abwasserleitung, PP-Rohre, DN/OD110 schallgedämmt	m	39	47	**55**	61	74
			33	40	**46**	51	62
48	Abwasser-Rohrbogen, PP, DN/OD63, schallgedämmt	St	9	13	**15**	18	22
			7	11	**12**	15	19

Kosten:
Stand 1. Quartal 2025
Bundesdurchschnitt

► min
▷ von
ø Mittel
◁ bis
◄ max

Nr.	Positionen	Einheit	►	▷	ø brutto € / ø netto €	◁	◄
49	Abwasser-Rohrbogen, PP, DN/OD75, schallgedämmt	St	11	16	**19**	23	28
			9	14	**16**	19	24
50	Abwasser-Rohrbogen, PP, DN/OD90, schallgedämmt	St	16	23	**26**	31	39
			13	19	**22**	26	33
51	Abwasser-Rohrbogen, PP, DN/OD110, schallgedämmt	St	35	50	**58**	69	86
			29	42	**48**	58	73
52	Abwasser-Abzweig, PP, DN/OD63, schallgedämmt	St	15	22	**25**	30	37
			12	18	**21**	25	31
53	Abwasser-Abzweig, PP, DN/OD75, schallgedämmt	St	19	27	**31**	38	47
			16	23	**26**	32	39
54	Abwasser-Abzweig, PP, DN/OD90, schallgedämmt	St	27	39	**45**	54	67
			23	33	**38**	45	56
55	Abwasser-Abzweig, PP, DN/OD110, schallgedämmt	St	28	41	**47**	57	71
			24	35	**40**	48	60
56	Bodenablauf, bodengleiche Dusche	St	552	606	**674**	808	930
			464	510	**566**	679	781
57	Bodenablauf, Rinne, bodengleiche Dusche	St	682	728	**909**	1.091	1.255
			573	611	**764**	917	1.055
58	Duschrinne, Edelstahl, 900mm	St	413	647	**697**	813	998
			347	544	**586**	683	838

Nr. **Kurztext** / Langtext — Kostengruppe
► ▷ **ø netto €** ◁ ◄ [Einheit] Ausf.-Dauer Positionsnummer

1 Bodenablauf, DN/OD110 KG **411**

Bodenablauf DIN EN 1253-1 für frostfreie Räume, mit Geruchsverschluss und Reinigungsöffnung, mit 2 Isolierflanschen, sowie Aufstockelement,
mit Rostrahmen und Rost.
Nennweite: DN/OD110
Ablaufleistung: 2,0 l/s
Gehäuse: Gusseisen
Isolierflansch: DN/OD110
Aufstockelement: 45 / 300 mm (kürzbar)
Abgang: **waagerecht / senkrecht**
Rost: **V4A / Gusseisen grundbeschichtet**
Abmessung (L x B): 150 x 150 mm

522€ 564€ **576€** 587€ 630€ [St] ⏱ 0,80h/St 044.000.036

Nr.	**Kurztext** / Langtext						Kostengruppe
►	▷	**ø netto €**	◁	◀	[Einheit]	Ausf.-Dauer	Positionsnummer

2 Dachentwässerung DN70 KG **411**

Dachwasserablauf für Flachdachentwässerung (mit planmäßig vollgefüllt betriebener Regenwasserleitung), mit Grundkörper aus Kunststoff, Flanschring für Anschluss an Dampfsperre, Befestigungsscheibe für Flanschring, mit Ablaufkörper, sowie Befestigungsscheibe für Einsatzring. Höhenverstellbares Aufsatzstück, mit Laubfangkorb, Isolierkörper, einschl. Befestigungsmaterial.
Nennweite: DN70
Werkstoff Grund- und Ablaufkörper: PE-HD
Anschlussstutzen Abflussleistung: PE-HD
Ablaufleistung: 1-12 l/s

148€ 173€ **181€** 205€ 241€ [St] ⏱ 0,60h/St 044.000.038

3 Rohrbelüfter DN50 KG **411**

Rohrbelüfter zur Belüftung von Abwasserleitungen DIN EN 12380. Mit Sieb für Lufteinlassöffnung, mit Lippendichtung für Abwasserleitung. Allgemeine bauaufsichtliche Zulassung.
Abmessung: DN50

53€ 82€ **99€** 106€ 129€ [St] ⏱ 0,15h/St 044.000.039

4 Rohrbelüfter DN70 KG **411**

Rohrbelüfter zur Belüftung von Abwasserleitungen DIN EN 12380. Mit Sieb für Lufteinlassöffnung, mit Lippendichtung für Abwasserleitung. Allgemeine bauaufsichtliche Zulassung.
Abmessung: DN70

77€ 106€ **120€** 131€ 165€ [St] ⏱ 0,15h/St 044.000.051

5 Rohrbelüfter DN100 KG **411**

Rohrbelüfter zur Belüftung von Abwasserleitungen DIN EN 12380. Mit Sieb für Lufteinlassöffnung, mit Lippendichtung für Abwasserleitung. Allgemeine bauaufsichtliche Zulassung.
Abmessung: DN100

89€ 112€ **122€** 131€ 174€ [St] ⏱ 0,15h/St 044.000.052

6 Grundleitung, PVC-U, DN100 KG **411**

Abwasserleitung als Grundleitung aus PVC-U-Rohren, allgemeine bauaufsichtliche Zulassung, Verlegung in vorhandenem Graben.
Grundleitung für: **Schmutzwasser / Regenwasser**
Bettung: **gesondert vergütet / bauseits**
Nennweite: DN100

26€ 29€ **32€** 33€ 36€ [m] ⏱ 0,25h/m 044.000.035

7 Abwasserleitung, Guss, DN80 KG **411**

Abwasserleitungen aus muffenlosen Gussrohren, DIN EN 877 und DIN 19522, innen mit Zweikomponenten-Epoxid-Schutzschicht, außen mit Schutzfarbe versehen. Inklusive aller Verbindungsmaterialien, verschraubbare Spannhülsen aus nichtrostendem Stahl mit Gummidichtmanschette, auch kraftschlüssig, sowie allen Befestigungsteilen. Verlegung in Gebäuden.
Nennweite: DN80
Schutzfarbe: **rotbraun / grau**
Verlegehöhe: bis **3,50 / 5,00 / 10,00** m

42€ 47€ **51€** 51€ 56€ [m] ⏱ 0,40h/m 044.000.034

Kosten:
Stand 1. Quartal 2025
Bundesdurchschnitt

Nr.	Kurztext / Langtext						Kostengruppe
▶	▷	**ø netto €**	◁	◀	[Einheit]	Ausf.-Dauer	Positionsnummer

8 Formstück, Bogen, Guss, DN80 KG **411**

Bogen aller Winkelgrade für Schmutz- und Regenwasserleitung aus Guss, innen mit Zweikomponenten-Epoxid-Schutzschicht, außen mit Schutzfarbe versehen.
Nennweite: DN80
Winkelgrad: .....°

17€ | 28€ | **33€** | 39€ | 63€ | [St] | ⏱ 0,20h/St | 044.000.001

9 Formstück, Abzweig, Guss, DN80 KG **411**

Abzweig aller Winkelgrade für Schmutz- und Regenwasserleitung aus Guss, innen mit Zweikomponenten-Epoxid-Schutzschicht, außen mit Schutzfarbe versehen.
Nennweite: DN80
Winkelgrad: .....°

30€ | 33€ | **34€** | 36€ | 41€ | [St] | ⏱ 0,30h/St | 044.000.002

10 Putzstück, Guss, DN80 KG **411**

Reinigungsöffnung für Schmutz- und Regenwasserleitung aus Guss, innen mit Zweikomponenten Epoxid-Schutzschicht, außen mit Schutzfarbe versehen.
Öffnung: **rechteckig / rund**
Nennweite: DN80

25€ | 37€ | **44€** | 54€ | 66€ | [St] | ⏱ 0,20h/St | 044.000.003

11 Abwasserleitung, Guss, DN100 KG **411**

Abwasserleitungen aus muffenlosen Gussrohren, DIN EN 877 und DIN 19522, innen mit Zweikomponenten-Epoxid-Schutzschicht, außen mit Schutzfarbe versehen. Inklusive aller Verbindungsmaterialien, verschraubbare Spannhülsen aus nichtrostendem Stahl mit Gummidichtmanschette, auch kraftschlüssig, sowie allen Befestigungsteilen. Verlegung in Gebäuden.
Nennweite: DN100
Schutzfarbe: **rotbraun / grau**
Verlegehöhe: bis **3,50 / 5,00 / 10,00** m

54€ | 62€ | **68€** | 71€ | 78€ | [m] | ⏱ 0,50h/m | 044.000.004

12 Formstück, Bogen, Guss, DN100 KG **411**

Bogen aller Winkelgrade für Schmutz- und Regenwasserleitung aus Guss, innen mit Zweikomponenten-Epoxid-Schutzschicht, außen mit Schutzfarbe versehen.
Nennweite: DN100
Winkelgrad: .....°

25€ | 33€ | **34€** | 41€ | 53€ | [St] | ⏱ 0,25h/St | 044.000.005

13 Formstück, Abzweig, Guss, DN100 KG **411**

Abzweig aller Winkelgrade für Schmutz- und Regenwasserleitung aus Guss, innen mit Zweikomponenten-Epoxid-Schutzschicht, außen mit Schutzfarbe versehen.
Nennweite: DN100
Winkelgrad: .....°

20€ | 32€ | **43€** | 45€ | 54€ | [St] | ⏱ 0,40h/St | 044.000.006

▶ min
▷ von
ø Mittel
◁ bis
◀ max

Nr.	**Kurztext** / Langtext						Kostengruppe
▶	▷	**ø netto €**	◁	◀	[Einheit]	Ausf.-Dauer	Positionsnummer

14 Putzstück, Guss, DN100 KG **411**

Reinigungsöffnung für Schmutz- und Regenwasserleitung aus Guss, innen mit Zweikomponenten-Epoxid-Schutzschicht, außen mit Schutzfarbe versehen.
Öffnung: **rechteckig / rund**
Nennweite: DN100

46€ | 58€ | **66€** | 67€ | 79€ | [St] | ⏱ 0,25h/St | 044.000.007

15 Abwasserleitung, Guss, DN125 KG **411**

Abwasserleitungen aus muffenlosen Gussrohren, DIN EN 877 und DIN 19522, innen mit Zweikomponenten-Epoxid-Schutzschicht, außen mit Schutzfarbe versehen. Inklusive aller Verbindungsmaterialien, verschraubbare Spannhülsen aus nichtrostendem Stahl mit Gummidichtmanschette, auch kraftschlüssig, sowie allen Befestigungsteilen. Verlegung in Gebäuden.
Nennweite: DN125
Schutzfarbe: **rotbraun / grau**
Verlegehöhe: bis **3,50 / 5,00 / 10,00** m

64€ | 81€ | **103€** | 115€ | 117€ | [m] | ⏱ 0,50h/m | 044.000.008

16 Formstück, Bogen, Guss, DN125 KG **411**

Bogen aller Winkelgrade für Schmutz- und Regenwasserleitung aus Guss, innen mit Zweikomponenten-Epoxid-Schutzschicht, außen mit Schutzfarbe versehen.
Nennweite: DN125
Winkelgrad: .....°

32€ | 39€ | **46€** | 55€ | 68€ | [St] | ⏱ 0,30h/St | 044.000.009

17 Formstück, Abzweig, Guss, DN125 KG **411**

Abzweig aller Winkelgrade für Schmutz- und Regenwasserleitung aus Guss, innen mit Zweikomponenten-Epoxid-Schutzschicht, außen mit Schutzfarbe versehen.
Nennweite: DN125
Winkelgrad: .....°

22€ | 46€ | **56€** | 70€ | 90€ | [St] | ⏱ 0,40h/St | 044.000.010

18 Abwasserleitung, Guss, DN150 KG **411**

Abwasserleitungen aus muffenlosen Gussrohren, DIN EN 877 und DIN 19522, innen mit Zweikomponenten-Epoxid-Schutzschicht, außen mit Schutzfarbe versehen. Inklusive aller Verbindungsmaterialien, verschraubbare Spannhülsen aus nichtrostendem Stahl mit Gummidichtmanschette, auch kraftschlüssig, sowie allen Befestigungsteilen. Verlegung in Gebäuden.
Nennweite: DN150
Schutzfarbe: **rotbraun / grau**
Verlegehöhe: bis **3,50 / 5,00 / 10,00** m

88€ | 102€ | **123€** | 124€ | 130€ | [m] | ⏱ 0,50h/m | 044.000.012

19 Formstück, Bogen, Guss, DN150 KG **411**

Bogen aller Winkelgrade für Schmutz- und Regenwasserleitung aus Guss, innen mit Zweikomponenten-Epoxid-Schutzschicht, außen mit Schutzfarbe versehen.
Nennweite: DN150
Winkelgrad: .....°

37€ | 54€ | **65€** | 74€ | 84€ | [St] | ⏱ 0,30h/St | 044.000.013

Nr.	Kurztext / Langtext						Kostengruppe
▶	▷	**ø netto €**	◁	◀	[Einheit]	Ausf.-Dauer	Positionsnummer

20 **Formstück, Abzweig, Guss, DN150** KG **411**

Abzweig aller Winkelgrade für Schmutz- und Regenwasserleitung aus Guss, innen mit Zweikomponenten-Epoxid-Schutzschicht, außen mit Schutzfarbe versehen.
Nennweite: DN150
Winkelgrad: .....°

54€ | 89€ | **112€** | 125€ | 139€ | [St] | ⏱ 0,45h/St | 044.000.014

21 **Putzstück, Guss, DN150** KG **411**

Reinigungsöffnung für Schmutz- und Regenwasserleitung aus Guss, innen mit Zweikomponenten-Epoxid-Schutzschicht, außen mit Schutzfarbe versehen.
Öffnung: **rechteckig / rund**
Nennweite: DN150

112€ | 134€ | **160€** | 175€ | 206€ | [St] | ⏱ 0,30h/St | 044.000.015

Kosten:
Stand 1. Quartal 2025
Bundesdurchschnitt

22 **Abwasserleitung, HT-Rohr, DN/OD63** KG **411**

HT-Abwasserrohre mit Steckmuffensystem und mit werkseitig eingebautem Lippendichtring zur Entwässerung innerhalb von Gebäuden und zur Ableitung von aggressiven Medien. Chemische Beständigkeit: Resistent gegenüber anorganischen Salzen, Laugen und Milchsäuren in Konzentrationen, wie sie zum Beispiel in Laborwässern vorhanden sind. Material heißwasserbeständig, lichtstabilisiert, dauerhaft schwer entflammbar.
Material: Polypropylen (PP)
Nennweite: DN/OD63

15€ | 18€ | **19€** | 20€ | 23€ | [m] | ⏱ 0,30h/m | 044.000.016

23 **Formstück, HT-Bogen, DN/OD63** KG **411**

HT-Bogen aller Winkelgrade für Schmutz- und Regenwasserleitung aus PP DIN EN 1451-1, Steckmuffensystem mit werkseitig vormontiertem Lippendichtring.
Nennweite: DN/OD63
Winkelgrad: .....°

7€ | 8€ | **8€** | 8€ | 9€ | [St] | ⏱ 0,10h/St | 044.000.017

24 **Formstück, HT-Abzweig, DN/OD63** KG **411**

HT-Abzweig aller Winkelgrade für Schmutz- und Regenwasserleitung aus PP DIN EN 1451-1, Steckmuffensystem mit werkseitig vormontiertem Lippendichtring.
Nennweite: DN/OD63
Winkelgrad: .....°

6€ | 11€ | **13€** | 17€ | 24€ | [St] | ⏱ 0,15h/St | 044.000.018

25 **Abwasserleitung, HT-Rohr, DN/OD75** KG **411**

HT-Abwasserrohre DIN EN 1451-1 mit Steckmuffensystem und mit werkseitig eingebautem Lippendichtring zur Entwässerung innerhalb von Gebäuden und zur Ableitung von aggressiven Medien. Chemische Beständigkeit: Resistent gegenüber anorganischen Salzen, Laugen und Milchsäuren in Konzentrationen, wie sie zum Beispiel in Laborwässern vorhanden sind. Material heißwasserbeständig, lichtstabilisiert, dauerhaft schwer entflammbar.
Material: Polypropylen (PP)
Nennweite: DN/OD75

23€ | 27€ | **30€** | 38€ | 49€ | [m] | ⏱ 0,30h/m | 044.000.019

▶ min
▷ von
ø Mittel
◁ bis
◀ max

Nr.	**Kurztext** / Langtext						Kostengruppe
▶	▷	**ø netto €**	◁	◀	[Einheit]	Ausf.-Dauer	Positionsnummer

26 Formstück, HT-Bogen, DN/OD75 KG **411**

HT-Bogen aller Winkelgrade für Schmutz- und Regenwasserleitung aus PP DIN EN 1451-1, Steckmuffensystem mit werkseitig vormontiertem Lippendichtring.
Nennweite: DN/OD75
Winkelgrad: .....°

5€	8€	**8€**	15€	22€	[St]	⏱ 0,10h/St	044.000.020

27 Formstück, HT-Abzweig, DN/OD75 KG **411**

HT-Abzweig aller Winkelgrade für Schmutz- und Regenwasserleitung aus PP DIN EN 1451-1, Steckmuffensystem mit werkseitig vormontiertem Lippendichtring.
Nennweite: DN/OD75
Winkelgrad: .....°

5€	10€	**11€**	13€	17€	[St]	⏱ 0,15h/St	044.000.021

28 Abwasserleitung, HT-Rohr, DN/OD110 KG **411**

HT-Abwasserrohre DIN EN 1451-1 mit Steckmuffensystem und mit werkseitig eingebautem Lippendichtring zur Entwässerung innerhalb von Gebäuden und zur Ableitung von aggressiven Medien. Chemische Beständigkeit: Resistent gegenüber anorganischen Salzen, Laugen und Milchsäuren in Konzentrationen, wie sie zum Beispiel in Laborwässern vorhanden sind. Material heißwasserbeständig, lichtstabilisiert, dauerhaft schwer entflammbar.
Material: Polypropylen (PP)
Nennweite: DN/OD110

29€	32€	**34€**	36€	43€	[m]	⏱ 0,35h/m	044.000.022

29 Formstück, HT-Bogen, DN/OD110 KG **411**

HT-Bogen aller Winkelgrade für Schmutz- und Regenwasserleitung aus PP DIN EN 1451-1, Steckmuffensystem mit werkseitig vormontiertem Lippendichtring.
Nennweite: DN/OD110
Winkelgrad: .....°

6€	9€	**11€**	14€	19€	[St]	⏱ 0,10h/St	044.000.023

30 Formstück, HT-Abzweig, DN/OD110 KG **411**

HT-Abzweig aller Winkelgrade für Schmutz- und Regenwasserleitung aus PP DIN EN 1451-1, Steckmuffensystem mit werkseitig vormontiertem Lippendichtring.
Nennweite: DN/OD110
Winkelgrad: .....°

7€	23€	**27€**	62€	113€	[St]	⏱ 0,20h/St	044.000.024

31 Formstück, HT Doppelabzweig, DN/OD110 KG **411**

HT-Eck-Doppelabzweig für Schmutz- und Regenwasserleitung aus PP DIN EN 1451-1, Steckmuffensystem mit werkseitig vormontiertem Lippendichtring, Abgänge mit gleichen bzw. reduzierten Durchmessern, **87, 70, 45**°, in **Eck- / Gabelform.**
Anschluss: DN/OD110

24€	34€	**47€**	65€	73€	[St]	⏱ 0,20h/St	044.000.048

Kosten:
Stand 1. Quartal 2025
Bundesdurchschnitt

▶ min
▷ von
ø Mittel
◁ bis
◀ max

Nr.	Kurztext / Langtext						Kostengruppe
▶	▷	**ø netto €**	◁	◀	[Einheit]	Ausf.-Dauer	Positionsnummer

32 Formstück, HT Übergangsrohr, DN/OD110 KG **411**

HT-Übergangsrohr exzentrisch für Schmutz- und Regenwasserleitung aus PP DIN EN 1451-1, Steckmuffensystem mit werkseitig vormontiertem Lippendichtring.
Anschluss: DN/OD110
Übergang auf: **DN/OD75 / DN/OD63**

1€ | 4€ | **6€** | 10€ | 15€ | [St] | ⏱ 0,12h/St | 044.000.049

33 Abwasserleitung, PE-Rohr, DN/OD75 KG **411**

Abwasserleitung aus PE-Rohr, heißwasserbeständig und schallgedämmt, Verlegung in Gebäuden, Form- und Verbindungsstücke werden gesondert vergütet, einschl. Rohrbefestigungen, körperschallgedämmt.
Nennweite: DN/OD75

21€ | 28€ | **33€** | 35€ | 42€ | [m] | ⏱ 0,30h/m | 044.000.025

34 Formstück, PE-Bogen, DN/OD75 KG **411**

Bogen aller Winkelgrade für Schmutz- und Regenwasserleitung aus PE.
Nennweite: DN/OD75
Winkelgrad: .....°

7€ | 9€ | **10€** | 12€ | 15€ | [St] | ⏱ 0,10h/St | 044.000.026

35 Formstück, PE-Abzweig, DN/OD75 KG **411**

Abzweig aller Winkelgrade für Schmutz- und Regenwasserleitung aus PE.
Nennweite: DN/OD75
Winkelgrad: .....°

11€ | 12€ | **14€** | 16€ | 17€ | [St] | ⏱ 0,16h/St | 044.000.027

36 Abwasserleitung, PE-Rohr, DN/OD110 KG **411**

Abwasserleitung aus PE-Rohr, heißwasserbeständig und schallgedämmt, Verlegung in Gebäuden, Form- und Verbindungsstücke werden gesondert vergütet, einschl. Rohrbefestigungen, körperschallgedämmt.
Nennweite: DN/OD110

43€ | 45€ | **51€** | 69€ | 102€ | [m] | ⏱ 0,34h/m | 044.000.028

37 Formstück, PE-Bogen, DN/OD110 KG **411**

Bogen aller Winkelgrade für Schmutz- und Regenwasserleitung aus PE.
Nennweite: DN/OD110
Winkelgrad: .....°

18€ | 21€ | **28€** | 35€ | 36€ | [St] | ⏱ 0,10h/St | 044.000.029

38 Formstück, PE-Abzweig, DN/OD110 KG **411**

Abzweig aller Winkelgrade für Schmutz- und Regenwasserleitung aus PE.
Nennweite: DN/OD110
Winkelgrad: .....°

20€ | 23€ | **33€** | 37€ | 41€ | [St] | ⏱ 0,16h/St | 044.000.030

Nr.	**Kurztext** / Langtext						Kostengruppe
▶	▷	**ø netto €**	◁	◀	[Einheit]	Ausf.-Dauer	Positionsnummer

39 Formstück, PE-Putzstück, DN/OD110 KG **411**

Reinigungsöffnung für Schmutz- und Regenwasserleitung aus PE.
Öffnung: **rechteckig / rund**
Nennweite: DN/OD110

36€ 41€ **52€** 62€ 65€ [St] ⏱ 0,10h/St 044.000.031

40 Abwasserleitung, PE-Rohr, DN/OD160 KG **411**

Abwasserleitung aus PE-Rohr, heißwasserbeständig und schallgedämmt, Verlegung in Gebäuden, Form- und Verbindungsstücke werden gesondert vergütet, einschl. Rohrbefestigungen, körperschallgedämmt.
Nennweite: DN/OD160

70€ 80€ **96€** 112€ 117€ [m] ⏱ 0,40h/m 044.000.032

41 Formstück, PE-Abzweig, DN/OD160 KG **411**

Abzweig aller Winkelgrade für Schmutz- und Regenwasserleitung aus PE.
Nennweite: DN/OD160
Winkelgrad: .....°

98€ 110€ **125€** 136€ 152€ [St] ⏱ 0,10h/St 044.000.033

42 Druckleitung, Schmutzwasserhebeanlage DN/OD50 KG **411**

Druckleitung, Schmutzwasserhebeanlage, aus korrosionsfestem Material, Verlegung **unterhalb / in der Bodenplatte** zum bauseitigen Anschluss oberhalb des Fertigbodens, Durchdringungen abgedichtet gegen **drückendes / nichtdrückendes Wasser**, komplett mit allen Anschluss- und Abdichtungsmaterialien.
Druckleitung: DN/OD50
Maximaldruck: **4 / 6** bar

26€ 30€ **39€** 44€ 46€ [m] ⏱ 0,30h/m 044.000.047

43 Doppelabzweig, Guss DN100 KG **411**

Eck-Doppelabzweig für Schmutz- und Regenwasserleitung aus Guss, innen mit Zweikomponenten-Epoxid-Schutzschicht, außen mit Schutzfarbe versehen. **87, 70, 45°**, Abgänge mit gleichen bzw. reduzierten Durchmessern, in **Eck- / Gabelform**.
Anschluss: DN100

62€ 66€ **70€** 75€ 79€ [St] ⏱ 0,32h/St 044.000.050

A 1 Abwasserleitung, PP-Rohre, schallgedämmt Beschreibung für Pos. **44-47**

Schallgedämmte Abwasserleitung aus mineralverstärktes Polypropylen (PP)-Rohr für Entwässerungsanlagen innerhalb von Gebäuden. Einsetzbar bis 95°C (kurzzeitig); geeignet zur Ableitung chemisch aggressiver Abwässer mit einem pH-Wert von 2 bis 12. Rohrverbindungen sind bis zu einem Wasserüberdruck von 0,5 bar dicht.
Material Lippendichtring: Styrol-Butadien-Kautschuk (SBR)

44 Abwasserleitung, PP-Rohre, DN/OD63, schallgedämmt KG **411**

Wie Ausführungsbeschreibung A 1
Nennweite: DN/OD63
Baulänge: 1,00 m

22€ 27€ **32€** 35€ 43€ [m] ⏱ 0,28h/m 044.000.053

Kosten:
Stand 1. Quartal 2025
Bundesdurchschnitt

Nr.	**Kurztext** / Langtext						Kostengruppe
►	▷	**ø netto €**	◁	◀	[Einheit]	Ausf.-Dauer	Positionsnummer

45 Abwasserleitung, PP-Rohre, DN/OD75, schallgedämmt KG **411**

Wie Ausführungsbeschreibung A 1
Nennweite: DN/OD75
Baulänge: 1,00 m

22€	27€	**31€**	35€	43€	[m]	⏱ 0,28h/m	044.000.054

46 Abwasserleitung, PP-Rohre, DN/OD90, schallgedämmt KG **411**

Wie Ausführungsbeschreibung A 1
Nennweite: DN/OD90
Baulänge: 1,00 m

32€	38€	**45€**	51€	61€	[m]	⏱ 0,28h/m	044.000.055

47 Abwasserleitung, PP-Rohre, DN/OD110 schallgedämmt KG **411**

Wie Ausführungsbeschreibung A 1
Nennweite: DN/OD110
Baulänge: 1,00 m

33€	40€	**46€**	51€	62€	[m]	⏱ 0,32h/m	044.000.056

A 2 Abwasser-Rohrbogen, PP, schallgedämmt Beschreibung für Pos. **48-51**

Bogen aller Winkelgrade schallgedämmt für Schmutz- und Regenwasserleitung aus PP DIN EN 1451-1.
Material Rohre und Formteile: mineralverstärktes Polypropylen (PP)
Material Lippendichtring: Styrol-Butadien-Kautschuk (SBR)

48 Abwasser-Rohrbogen, PP, DN/OD63, schallgedämmt KG **411**

Wie Ausführungsbeschreibung A 2
Nennweite: DN/OD63
Winkelgrad: .....°

7€	11€	**12€**	15€	19€	[St]	⏱ 0,12h/St	044.000.057

49 Abwasser-Rohrbogen, PP, DN/OD75, schallgedämmt KG **411**

Wie Ausführungsbeschreibung A 2
Nennweite: DN/OD75
Winkelgrad: .....°

9€	14€	**16€**	19€	24€	[St]	⏱ 0,12h/St	044.000.058

50 Abwasser-Rohrbogen, PP, DN/OD90, schallgedämmt KG **411**

Wie Ausführungsbeschreibung A 2
Nennweite: DN/OD90
Winkelgrad: .....°

13€	19€	**22€**	26€	33€	[St]	⏱ 0,12h/St	044.000.059

► min
▷ von
ø Mittel
◁ bis
◀ max

Nr.	Kurztext / Langtext						Kostengruppe
▶	▷	ø netto €	◁	◀	[Einheit]	Ausf.-Dauer	Positionsnummer

51 Abwasser-Rohrbogen, PP, DN/OD110, schallgedämmt KG **411**

Wie Ausführungsbeschreibung A 2
Nennweite: DN/OD110
Winkelgrad: .....°

29€ | 42€ | **48€** | 58€ | 73€ | [St] | ⏱ 0,12h/St | 044.000.060

A 3 Abwasser-Abzweig, PP, schallgedämmt Beschreibung für Pos. **52-55**

Abzweig aller Winkelgrade schallgedämmt für Schmutz- und Regenwasserleitung aus PP DIN EN 1451-1.
Material Rohre und Formteile: mineralverstärktes Polypropylen (PP)
Material Lippendichtring: Styrol-Butadien-Kautschuk (SBR)

52 Abwasser-Abzweig, PP, DN/OD63, schallgedämmt KG **411**

Wie Ausführungsbeschreibung A 3
Nennweite: DN/OD63
Winkelgrad: .....°

12€ | 18€ | **21€** | 25€ | 31€ | [St] | ⏱ 0,16h/St | 044.000.061

53 Abwasser-Abzweig, PP, DN/OD75, schallgedämmt KG **411**

Wie Ausführungsbeschreibung A 3
Nennweite: DN/OD75
Winkelgrad: .....°

16€ | 23€ | **26€** | 32€ | 39€ | [St] | ⏱ 0,16h/St | 044.000.062

54 Abwasser-Abzweig, PP, DN/OD90, schallgedämmt KG **411**

Wie Ausführungsbeschreibung A 3
Nennweite: DN/OD90
Winkelgrad: .....°

23€ | 33€ | **38€** | 45€ | 56€ | [St] | ⏱ 0,16h/St | 044.000.063

55 Abwasser-Abzweig, PP, DN/OD110, schallgedämmt KG **411**

Wie Ausführungsbeschreibung A 3
Nennweite: DN/OD110
Winkelgrad: .....°

24€ | 35€ | **40€** | 48€ | 60€ | [St] | ⏱ 0,16h/St | 044.000.064

56 Bodenablauf, bodengleiche Dusche KG **411**

Boden-/Deckenablauf DIN EN 1253-1 aus Gusseisen, mit herausnehmbarem Glockengeruchverschluss, mit Pressdichtungsflansch, Abgang **senkrecht / waagerecht**, Gehäuse epoxiert, mit Aufsatzstück aus Gusseisen, epoxiert, mit Pressdichtungsflansch, stufenlos höhenverstellbar, mit Abdichtring, rückstausicher, mit Rostrahmen aus nichtrostendem Stahl.
Durchmesser: DN70-100
Rostrahmen-Nennmaß (L x B): 150 x 150 mm
Gitterrost: nichtrostender Stahl, rutschhemmend, Klasse: L 15
zusätzliche Ausführungsoptionen: .....
Fabrikat: .....
Typ: .....

464€ | 510€ | **566€** | 679€ | 781€ | [St] | ⏱ 1,20h/St | 044.000.067

Nr.	Kurztext / Langtext						Kostengruppe
►	▷	ø netto €	◁	◄	[Einheit]	Ausf.-Dauer	Positionsnummer

57 Bodenablauf, Rinne, bodengleiche Dusche KG **411**

Rinnenablauf für Dusche, höhenverstellbar, Gehäuse aus nichtrostendem Stahl, mit Geruchsverschluss und Reinigungsöffnung, mit Anschlussrand.
Anschluss: DN50-70
Baulänge: über 600 bis 1.000 mm
Abgang: **seitlich / senkrecht**
Rost: nichtrostendem Stahl, Klasse K 3
Zusätzliche Ausführungsoptionen: .....
Fabrikat: .....
Typ: .....

573€ 611€ **764€** 917€ 1.055€ [St] ⏱ 1,00h/St 044.000.068

58 Duschrinne, Edelstahl, 900mm KG **411**

Entwässerungsrinne für den Duschbereich aus Edelstahl mit umlaufendem Anschlussrand mit Anschluss für Abdichtung, Geruchsverschluss, mit herausnehmbaren Kammeinsatz.
Ablaufstutzen: DN50, für Steckrohrmuffensysteme
Ablaufleistung 0,6l /s
Belastbarkeit: K 3
Rinnenlänge 900 mm
Rinnenbreite: ..... mm

347€ 544€ **586€** 683€ 838€ [St] ⏱ 1,00h/St 044.000.065

Kosten:
Stand 1. Quartal 2025
Bundesdurchschnitt

► min
▷ von
ø Mittel
◁ bis
◄ max

Kosten:
Stand 1. Quartal 2025
Bundesdurchschnitt

► min
▷ von
ø Mittel
◁ bis
◄ max

Nr.	Positionen	Einheit	►	▷	ø brutto € ø netto €	◁	◄
1	Handwaschbecken, Keramik	St	131	215	**224**	254	358
			110	180	**188**	214	301
2	Waschtisch, Keramik 550x450	St	181	278	**330**	379	492
			152	234	**278**	318	413
3	Waschtisch, Keramik 600x500	St	213	345	**419**	503	679
			179	290	**352**	423	571
4	Waschbecken, barrierefrei	St	356	403	**474**	640	877
			299	339	**399**	538	737
5	Raumsparsiphon, Waschtisch, unterfahrbar	St	87	97	**111**	133	167
			73	81	**93**	112	140
6	UP-Siphon, Waschtisch	St	38	54	**58**	70	100
			32	45	**48**	59	84
7	Einhebel-Mischbatterie, Standmontage	St	214	303	**346**	444	642
			180	254	**290**	373	539
8	Spiegel, Kristallglas	St	48	71	**84**	108	137
			40	59	**70**	91	115
9	Spiegel, hochkant, für Waschtisch	St	110	125	**147**	191	235
			93	105	**124**	161	198
10	Badewanne, Stahl	St	445	677	**734**	853	1.304
			374	569	**617**	717	1.096
11	Einhandmischer, Badewanne	St	91	285	**400**	608	830
			76	240	**336**	511	698
12	Thermostatarmatur, Badewanne	St	476	635	**794**	1.072	1.548
			400	534	**667**	901	1.301
13	WC, wandhängend	St	305	439	**443**	522	725
			256	369	**373**	438	609
14	WC, barrierefrei	St	535	700	**778**	862	1.272
			449	588	**654**	724	1.069
15	WC-Spülkasten, mit Betätigungsplatte	St	266	296	**337**	394	482
			223	249	**283**	331	405
16	Notruf, barrierefreies WC	St	627	880	**1.057**	1.238	1.481
			527	740	**889**	1.040	1.245
17	WC-Sitz	St	71	134	**150**	181	256
			60	112	**126**	152	215
18	WC-Bürste	St	8	50	**88**	93	116
			7	42	**74**	78	97
19	WC-Toilettenpapierhalter	St	41	77	**91**	107	142
			35	65	**76**	90	119
20	Duschwanne, Stahl 80x80	St	216	309	**348**	392	485
			182	259	**292**	330	407
21	Duschwanne, Stahl 90x90	St	295	457	**524**	567	753
			248	384	**440**	476	633
22	Duschwanne, Stahl 100x100	St	326	472	**563**	648	850
			274	397	**473**	545	714
23	Duschwanne, Stahl 100x80	St	333	601	**712**	813	967
			280	505	**598**	683	813
24	Einhebelmischarmatur, Dusche	St	288	550	**655**	728	922
			242	462	**551**	612	775

Nr.	Positionen	Einheit	►	▷	ø brutto € / ø netto €	◁	◄
25	Duschabtrennung, Kunststoff	St	1.100	1.213	**1.278**	1.336	1.474
			925	1.020	**1.074**	1.123	1.239
26	Urinal, Keramik	St	271	344	**397**	424	501
			228	289	**333**	356	421
27	Installationselement, Urinal	St	301	346	**370**	422	490
			253	291	**311**	355	411
28	Bidet, Keramik	St	284	582	**750**	909	1.922
			239	489	**630**	764	1.616
29	Einhandmischer, Bidet	St	249	321	**376**	452	621
			209	270	**316**	379	522
30	Ausgussbecken, Stahl	St	122	150	**164**	214	270
			103	126	**138**	180	227
31	Seifenspender, Wandmontage	St	96	148	**172**	241	350
			80	125	**144**	202	294
32	Papierhandtuchspender, Wandmontage	St	39	82	**101**	142	225
			33	69	**85**	119	189
33	Einhandmischer, Spültisch	St	55	277	**368**	511	784
			46	233	**310**	429	659
34	Installationselement, WC	St	306	365	**407**	441	495
			257	307	**342**	371	416
35	Installationselement, barrierefreies WC, mit Stützgriffen	St	693	853	**1.066**	1.279	1.492
			582	717	**896**	1.075	1.254
36	Installationselement, Hygiene-Spül-WC, mit Stützgriffen	St	972	1.196	**1.495**	1.795	2.094
			817	1.005	**1.257**	1.508	1.759
37	Installationselement, Hygiene-Spül-WC	St	384	466	**549**	659	757
			323	392	**461**	553	636
38	Installationselement, Waschtisch	St	71	138	**184**	217	291
			60	116	**154**	183	244
39	Installationselement, barrierefreier Waschtisch, mit Stützgriffen	St	494	614	**706**	847	967
			415	516	**593**	712	812
40	Installationselement, barrierefreier Waschtisch, höhenverstellbar	St	338	383	**451**	532	609
			284	322	**379**	447	511
41	Installationselement, Stützgriff	St	229	300	**353**	423	483
			193	252	**296**	356	406
42	Unterkonstruktion Stützgriff/Sitz	St	102	133	**157**	188	215
			86	112	**132**	158	181
43	Haltegriff, Edelstahl, 600mm	St	108	155	**167**	214	274
			91	130	**140**	180	231
44	Haltegriff, Kunststoff, 300mm	St	112	161	**196**	233	323
			94	135	**165**	196	272
45	Duschhandlauf, Edelstahl, 600mm	St	401	576	**649**	737	957
			337	484	**545**	619	804
46	Duschsitz, klappbar	St	439	531	**571**	573	664
			369	446	**480**	481	558
47	WC-Rückenstütze	St	349	450	**510**	532	613
			294	379	**429**	447	515

Nr.	Positionen	Einheit	►	▷	ø brutto € / ø netto €	◁	◄
48	Stützgriff, fest, WC	St	480	564	**706**	847	953
			403	474	**593**	712	800
49	Stützgriff, fest, WC mit Spülauslösung	St	723	811	**882**	970	1.102
			608	682	**741**	815	926
50	Stützgriff, klappbar, WC	St	552	679	**849**	1.018	1.163
			464	571	**713**	856	977
51	Stützgriff, fest, Waschtisch	St	389	478	**598**	717	819
			327	402	**502**	603	688
52	Stützgriff, klappbar, Waschtisch	St	553	630	**692**	754	830
			465	529	**581**	634	698
53	Stundensatz, Obermonteur/-in Sanitär	h	63	72	**75**	80	87
			53	61	**63**	67	73
54	Stundensatz, Helfer/-in Sanitär	h	56	62	**65**	65	73
			47	52	**54**	55	61

Kosten:
Stand 1.Quartal 2025
Bundesdurchschnitt

Nr. **Kurztext** / Langtext — Kostengruppe
► ▷ **ø netto €** ◁ ◄ [Einheit] Ausf.-Dauer Positionsnummer

1 Handwaschbecken, Keramik — KG **412**

Handwaschbecken mit Überlauf aus Sanitärporzellan, inkl. Befestigung und Schallschutzset DIN 4109.
Größe: ..... x ..... cm
Farbe: .....
Fabrikat: .....
Typ: .....

110€ 180€ **188€** 214€ 301€ [St] ⏱ 0,90h/St 045.000.001

A 1 Waschtisch, Keramik — Beschreibung für Pos. **2-3**

Waschtisch mit Überlauf aus Sanitärporzellan installieren, einschl. Befestigung und Schallschutzset.

2 Waschtisch, Keramik 550x450 — KG **412**

Wie Ausführungsbeschreibung A 1
Größe: ca. 550 x 450 mm
Farbe: .....
Fabrikat: .....
Typ: .....

152€ 234€ **278€** 318€ 413€ [St] ⏱ 0,90h/St 045.000.016

3 Waschtisch, Keramik 600x500 — KG **412**

Wie Ausführungsbeschreibung A 1
Größe: ca. 600 x 500 mm
Farbe: .....
Fabrikat: .....
Typ: .....

179€ 290€ **352€** 423€ 571€ [St] ⏱ 1,20h/St 045.000.027

► min
▷ von
ø Mittel
◁ bis
◄ max

Nr.	**Kurztext** / Langtext						Kostengruppe
▶	▷	**ø netto €**	◁	◀	[Einheit]	Ausf.-Dauer	Positionsnummer

4 Waschbecken, barrierefrei KG **412**

Waschbecken, als barrierefreie Ausführung unterfahrbar DIN 18040, aus Sanitärporzellan, glasiert, weiß, mit wasserabweisender Beschichtung, mit Loch für Einlocharmatur, mit Überlauf, für Ablaufventil, inkl. Befestigung und Schallschutzset.
Breite: über 500 bis 550 mm
Ausladung: über 450 bis 500 mm
Fabrikat: .....
Typ: .....

299€ 339€ **399€** 538€ 737€ [St] ⏱ 1,25h/St 045.000.037

5 Raumsparsiphon, Waschtisch, unterfahrbar KG **412**

Geruchsverschluss für Waschbecken, 1 1/4 x DN32, aus Messing, verchromt, als Wandeinbaugeruchsverschluss mit Kasten und Abdeckung, mit Reinigungsöffnung, durch Abdeckplatte verdeckt, für Wandanschluss, verstellbar.

73€ 81€ **93€** 112€ 140€ [St] ⏱ 0,15h/St 045.000.062

6 UP-Siphon, Waschtisch KG **412**

Geruchsverschluss für Waschtisch,1 1/4" aus Kunststoff, als Wandeinbaugeruchsverschluss durch Abdeckplatte verdeckt, verstellbar.

32€ 45€ **48€** 59€ 84€ [St] ⏱ 0,15h/St 045.000.075

7 Einhebel-Mischbatterie, Standmontage KG **412**

Einhand-Waschtischarmatur für Standmontage mit Keramikkartusche und Zugstangen-Ablaufgarnitur, inkl. Temperaturbegrenzer und Schnellmontagesystem.
Farbe: .....
Fabrikat: .....
Typ: .....

180€ 254€ **290€** 373€ 539€ [St] ⏱ 0,80h/St 045.000.002

8 Spiegel, Kristallglas KG **610**

Kristallspiegel, rechteckig, Kanten geschliffen, inkl. Befestigung mit Spiegelklammern.
Abmessung: 600 x 500 mm
Spiegelklammern: **Metall / Kunststoff**
Ecken: **abgerundet / gerade**

40€ 59€ **70€** 91€ 115€ [St] ⏱ 0,45h/St 045.000.019

9 Spiegel, hochkant, für Waschtisch KG **412**

Kristallspiegel, rechteckig, rahmenlos mit C-Kante, poliert und versiegelt.
Befestigung: Magnetaufhängung
Höhe: 1.000 mm
Breite: 500 bis 600 mm
Stärke: ..... mm

93€ 105€ **124€** 161€ 198€ [St] ⏱ 0,48h/St 045.000.065

Kosten:
Stand 1.Quartal 2025
Bundesdurchschnitt

▶ min
▷ von
ø Mittel
◁ bis
◀ max

Nr.	**Kurztext** / Langtext					Kostengruppe
▶	▷	**ø netto €**	◁	◀	[Einheit] Ausf.-Dauer	Positionsnummer

10 Badewanne, Stahl KG **412**

Badewannenanlage bestehend aus Badewanne Stahl emailliert, 1x Badewannenfüße oder Träger für oben beschriebene Badewanne; 1x Rolle Wannenprofil-Dämmstreifen für Bade- und Duschwannen, aus Polyethylen-Schaumstoff, oberseitig mit Silikonfolie kaschiert, Ab- und Überlaufgarnitur, Grund- und Fertigset für Normalwannen.
Farbe: .....
Größe: 170 x 80 cm

374€ 569€ **617€** 717€ 1.096€ [St] ⏱ 1,80h/St 045.000.003

11 Einhandmischer, Badewanne KG **412**

Einhandmischer für Badewanne in Wandmontage, eigensicher gegen Rückfließen, aus Metall, verchromt, Kugelmischsystem mit Griff, Luftsprudler und Rosetten, inkl. Temperaturbegrenzer, Geräuschverhalten DIN 4109 Gruppe I, mit Prüfzeichen.
Einbau: **Auf- / Unterputz**
Ausführungsoptionen: .....
Fabrikat: .....
Typ: .....

76€ 240€ **336€** 511€ 698€ [St] ⏱ 0,80h/St 045.000.004

12 Thermostatarmatur, Badewanne KG **412**

Thermostat-Wandeinbaubatterie, aus Messing, sichtbare Teile verchromt, mit Temperaturwähler, Grad-Markierung und Temperatursperre, Geräuschverhalten DIN 4109 Gruppe I, mit Prüfzeichen. Armatur für Wanne, mit Absperrung und automatischer Rückstellung, mit Armhebel, Betätigungselement aus Metall, verchromt.
Ausführungsoptionen: .....
Fabrikat: .....
Typ: .....

400€ 534€ **667€** 901€ 1.301€ [St] ⏱ 1,20h/St 045.000.069

13 WC, wandhängend KG **412**

WC-Anlage, bestehend aus: 1x Tiefspül-WC aus Sanitärporzellan, wandhängend, inkl. Befestigung und Schallschutzset DIN 4109.
Länge: ..... m
Breite: ..... m
Farbe: .....
Spülrand: **mit / ohne**

256€ 369€ **373€** 438€ 609€ [St] ⏱ 1,80h/St 045.000.005

14 WC, barrierefrei KG **412**

Tiefspül-WC, wandhängend an Installationselement, als barrierefreie Ausführung DIN 18040, aus Sanitärporzellan, spülrandlos, glasiert, weiß, mit wasserabweisender Beschichtung, inkl. WC-Sitz und Rückenstütze und Schallschutzset.
Spülwasserbedarf: 6 l
Abgang: waagerecht
Fabrikat: .....
Typ: .....

449€ 588€ **654€** 724€ 1.069€ [St] ⏱ 2,00h/St 045.000.038

15 WC-Spülkasten, mit Betätigungsplatte KG **412**

Unterputz-Spülkasten aus Kunststoff mit wassersparender Zweimengenspültechnik, schwitzwasserisoliert, für Wasseranschluss links, rechts oder hinten mittig, inkl. Betätigungsplatte für Betätigung von vorne, mit 2-Mengenauslösung, Befestigungsrahmen und Befestigung.
Inhalt: **3 / 6** Liter
Geräuschklasse: I
Größe: ..... x ..... x ..... m
Farbe: .....

223€ 249€ **283€** 331€ 405€ [St] ⏱ 0,85h/St 045.000.006

16 Notruf, barrierefreies WC KG **452**

Notruf, barrierefreies WC als Kompakt-Set, bestehend aus 1-Kammer-Signalleuchte rot, Zugtaster, Abstelltaster, Meldeeinheit und Netzteil, einschl. Stromquelle für Sicherheitszwecke DIN VDE 0100-560 (VDE 0100-560), Weiterleitung Störung an Meldeeinheit, Weiterleitung Notruf an Meldeeinheit.
Ausführungsoptionen: .....
Fabrikat: .....
Typ: .....

527€ 740€ **889€** 1.040€ 1.245€ [St] ⏱ 1,20h/St 045.000.074

17 WC-Sitz KG **412**

WC-Sitz einschl. Deckel und Scharniere.
Scharniere: **Edelstahl / Kunststoff**
Farbe: .....
Material: ....

60€ 112€ **126€** 152€ 215€ [St] ⏱ 0,20h/St 045.000.007

18 WC-Bürste KG **610**

WC-Bürstengarnitur mit herausnehmbarem Glaseinsatz, Bürste mit Griff und Ersatzbürstenkopf, inkl. Befestigungsmaterial.
Farbe: .....

7€ 42€ **74€** 78€ 97€ [St] ⏱ 0,20h/St 045.000.008

19 WC-Toilettenpapierhalter KG **610**

Toilettenpapierhalter, offene Form mit gebogenem Halter und Abdeckung, für Wandaufbau, inkl. Befestigungsmaterial.
Rollenbreite: 100 und 120 mm
Material: Nylon
Farbe: Standardfarbe nach Wahl
Befestigungsschrauben **sichtbar / verdeckt**

35€ 65€ **76€** 90€ 119€ [St] ⏱ 0,20h/St 045.000.017

Kosten:
Stand 1.Quartal 2025
Bundesdurchschnitt

Nr.	Kurztext / Langtext					Kostengruppe
▶	▷	ø netto €	◁	◀	[Einheit] Ausf.-Dauer	Positionsnummer

A 2 **Duschwanne, Stahl** — Beschreibung für Pos. **20-23**

Duschwannenanlage bestehend aus:
1x Duschwanne Stahlemaille inkl. Füße für Duschwanne
1x Rolle Wannenprofil-Dämmstreifen für Bade- und Duschwannen, aus Polyäthylen-Schaumstoff, oberseitig mit Silikonfolie kaschiert, Schallschutz DIN 4109
1x Ablaufgarnitur für Duschwannen mit Haube

20 **Duschwanne, Stahl 80x80** — KG **412**

Wie Ausführungsbeschreibung A 2
Größe: 80 x 80 x 6 cm
Farbe: .....
Ablauf: **40 / 50** mm

182€ | 259€ | **292€** | 330€ | 407€ | [St] | ⏱ 1,40h/St | 045.000.009

21 **Duschwanne, Stahl 90x90** — KG **412**

Wie Ausführungsbeschreibung A 2
Größe: 90 x 90 x 6 cm
Farbe: .....
Ablauf: **40 / 50** mm

248€ | 384€ | **440€** | 476€ | 633€ | [St] | ⏱ 1,40h/St | 045.000.030

22 **Duschwanne, Stahl 100x100** — KG **412**

Wie Ausführungsbeschreibung A 2
Größe: 100 x 100 x 6 cm
Farbe: .....
Ablauf: **40 / 50** mm

274€ | 397€ | **473€** | 545€ | 714€ | [St] | ⏱ 1,40h/St | 045.000.031

23 **Duschwanne, Stahl 100x80** — KG **412**

Wie Ausführungsbeschreibung A 2
Größe: 100 x 80 x 6 cm
Farbe: .....
Ablauf: **40 / 50** mm

280€ | 505€ | **598€** | 683€ | 813€ | [St] | ⏱ 1,40h/St | 045.000.033

24 **Einhebelmischarmatur, Dusche** — KG **412**

Unterputz-Brausearmatur, Einhebelmischer für Dusche in Wandmontage, eigensicher gegen Rückfließen, aus Metall verchromt, Kugelmischsystem mit Griff, Luftsprudler und Rosetten, einschl. Temperaturbegrenzer, Geräuschverhalten DIN 4109 Gruppe I, mit Prüfzeichen.
Anschluss: DN15

242€ | 462€ | **551€** | 612€ | 775€ | [St] | ⏱ 0,80h/St | 045.000.010

▶ min
▷ von
ø Mittel
◁ bis
◀ max

Nr.	Kurztext / Langtext						Kostengruppe
►	▷	**ø netto €**	◁	◀	[Einheit]	Ausf.-Dauer	Positionsnummer

25 Duschabtrennung, Kunststoff KG **610**

Duschabtrennung für Duschwanne, als Einzelanlage. Tür mit schmutzabweisender Beschichtung. Rahmen aus Kunststoff, mit Seitenwänden. Befestigung mit Wandanschlussprofil, wassergeschützt angesetzt. Mit Befestigungs- und Dichtmaterial.
Tür: **Drehtür / Schiebefalttür**
Kunststoff: **klar / mit Dekor mit schmutzabweisender Beschichtung**
Rahmen Farbe: **weiß / Standardfarbe**
Seitenwände: **1 / 2**
Breite Eingang: 800 mm
Breite Seitenteil: 800 mm
Höhe: 2.000 mm

925€	1.020€	**1.074€**	1.123€	1.239€	[St]	⏱ 2,00h/St	045.000.041

26 Urinal, Keramik KG **412**

Urinal-Anlage, Urinal aus Sanitärporzellan, verdeckter Zulauf und hinterer Abgang, verdeckter Schraubbefestigung, inkl. herausnehmbarem Sieb aus Edelstahl mit einer geschlossenen Randeinfassung aus EPDM und Absaugsiphon, mit Schallschutzset DIN 4109.
Farbe: .....
Stutzen AD: 50 mm
Abgang: waagerecht

228€	289€	**333€**	356€	421€	[St]	⏱ 1,50h/St	045.000.011

27 Installationselement, Urinal KG **419**

Urinal-Installationselement mit selbsttragendem Montagerahmen, Oberfläche pulverbeschichtet, mit verstellbaren Fußstützen verzinkt, für einen Fußbodenaufbau 0-20cm, mit zwei kompletten Keramikbefestigungen und vormontiertem Passstück, Absperrventil und Schmutzfänger, mit Einbauspülkasten DIN EN 14055 und Schutzteil, Einlaufbogen und PE-Fertigablaufanschlussbogen, inkl. Anschlussgarnitur für Einlauf und Ablaufsiphon, einschl. Befestigungsmaterial.
Keramikbefestigungen: M8
Absperrventil: R 1/2
Einlaufbogen: DN25
Ablaufbogen: DN40

253€	291€	**311€**	355€	411€	[St]	⏱ 1,30h/St	045.000.012

28 Bidet, Keramik KG **412**

Bidet DIN EN 14528 aus Sanitärporzellan, wandhängend, inkl. Befestigung und Schallschutzset.
Farbe: .....

239€	489€	**630€**	764€	1.616€	[St]	⏱ 2,40h/St	045.000.014

29 Einhandmischer, Bidet KG **412**

Einhandmischer für Bidet mit Keramikkartusche, Zugknopfablaufgarnitur, Kugelgelenk-Strahlregler und flexiblen Anschlüssen.
Farbe: .....

209€	270€	**316€**	379€	522€	[St]	⏱ 0,80h/St	045.000.015

Kosten:
Stand 1. Quartal 2025
Bundesdurchschnitt

Nr.	**Kurztext** / Langtext							Kostengruppe
▶	▷	**ø netto €**	◁	◀		[Einheit]	Ausf.-Dauer	Positionsnummer

30 Ausgussbecken, Stahl KG **412**

Ausgussbecken aus emaillierten Stahl, mit Rückwand, für wandhängenden Einbau, mit Klapprost aus Stahl, verzinkt, inkl. Befestigung.
Größe: 500 x 350 mm
Farbe: weiß

103€ | 126€ | **138€** | 180€ | 227€ | [St] | ⏱ 1,20 h/St | 045.000.021

31 Seifenspender, Wandmontage KG **610**

Seifenspender für Flüssigseife, Wandmontage, inkl. Befestigung. Ausführungsform rechteckig. Spender für Einwegbehälter, mit vollständiger Erstbefüllung, Entnahme durch Drücken, Gehäuse verschließbar, inkl. Befestigung.
Gehäuse: **Kunststoff / Stahl nichtrostend**
Inhalt: **0,5 / 0,75** Liter

80€ | 125€ | **144€** | 202€ | 294€ | [St] | ⏱ 0,40 h/St | 045.000.022

32 Papierhandtuchspender, Wandmontage KG **610**

Papierhandtuchspender, für Wandmontage, für Falt-Papierhandtücher, inkl. Erstbefüllung und Befestigung.
Fassungsvermögen: 300 Stück
Handtücher in: Lagen-Falzung, **25 / 33** cm
Gehäuse: **Kunststoff / Stahl nichtrostend**
Vorratsbehälter: verschließbar

33€ | 69€ | **85€** | 119€ | 189€ | [St] | ⏱ 0,35 h/St | 045.000.023

33 Einhandmischer, Spültisch KG **412**

Einhandmischer für Spültisch, Kugelmischsystem, schwenkbarer Auslauf, Luftsprudler.
Oberfläche: verchromt
Durchmesser: DN15

46€ | 233€ | **310€** | 429€ | 659€ | [St] | ⏱ 0,70 h/St | 045.000.024

34 Installationselement, WC KG **419**

WC-Installationselement für wandhängendes WC, Rahmen aus Stahl, pulverbeschichtet mit verstellbaren Fußstützen verzinkt, für einen Fußbodenaufbau von 0-20cm mit UP-Spülkasten, Betätigungsplatte mit Befestigungsrahmen, umstellbar auf Spül-Stopp-Funktion, für Betätigung von vorn. Vormontierter Wasseranschluss, Eckventil, schallgeschützter **Klemm- / Pressanschluss** aus Rotguss, C-Anschlussbogen, WC-Anschlussgarnitur, Befestigungsmaterial für Element und WC, inkl. Klein- und Befestigungsmaterial.
Wasseranschluss: Rp1/2
Anschlussbogen: **DN90 / DN100**

257€ | 307€ | **342€** | 371€ | 416€ | [St] | ⏱ 1,00 h/St | 045.000.026

▶ min
▷ von
ø Mittel
◁ bis
◀ max

Nr. **Kurztext** / Langtext — Kostengruppe
▶ ▷ **ø netto €** ◁ ◀ [Einheit] Ausf.-Dauer Positionsnummer

35 Installationselement, barrierefreies WC, mit Stützgriffen — KG **419**

Installationselement als Einzelelement, statisch belastbar und stufenlos höhenverstellbar, für wandhängendes barrierefreies WC, mit beidseitiger Befestigungsmöglichkeit von Stützgriffen, inkl. Einbauspülkasten und Ablaufbogen aus PE-HD-Rohr. Element für Metallständerwände und Vorwandmontage, zum Beplanken mit **Gipskarton / Gipsfaserplatten**, für Aufbau auf Rohfußboden, zur Wand- und Fußbodenbefestigung. Leistung mit Befestigung und Anschlüssen für Zu- und Abläufe.
Verstellbereich: 0 bis 200 mm
Einbauhöhe: über 1.000 bis 1.200 mm
Breite: 850 bis 1.000 mm
Fabrikat: .....
Typ: .....

582€ 717€ **896€** 1.075€ 1.254€ [St] ⏱ 1,30h/St 045.000.042

36 Installationselement, Hygiene-Spül-WC, mit Stützgriffen — KG **419**

Installationselement als Einzelelement, statisch belastbar und stufenlos höhenverstellbar, für wandhängendes Hygiene-Spül-WC, mit beidseitiger Befestigungsmöglichkeit von Stützgriffen, inkl. Einbauspülkasten, mit Wasserzuleitung und Elektroanschluss für Anschluss von barrierefreiem Hygiene-Spül-WC sowie Ablaufbogen aus PE-HD-Rohr. Element für Metallständerwände und Vorwandmontage, zum Beplanken mit **Gipskarton / Gipsfaserplatten**, für Aufbau auf Rohfußboden, zur Wand- und Fußbodenbefestigung. Leistung mit Befestigung und Anschlüssen für Zu- und Abläufe.
Verstellbereich: 0 bis 200 mm
Einbauhöhe: über 1.000 bis 1.200 mm
Breite: 850 bis 1.000 mm
Fabrikat: .....
Typ: .....

817€ 1.005€ **1.257€** 1.508€ 1.759€ [St] ⏱ 1,50h/St 045.000.043

37 Installationselement, Hygiene-Spül-WC — KG **419**

Installationselement als Einzelelement, statisch belastbar und stufenlos höhenverstellbar, für wandhängendes Hygiene-Spül-WC, inkl. Einbauspülkasten DIN EN 14055 mit Wasserzuleitung und Elektroanschluss, für Anschluss von barrierefreiem Hygiene-Spül-WC sowie Ablaufbogen aus PE-HD-Rohr. Element für Metallständerwände und Vorwandmontage, zum Beplanken mit **Gipskarton / Gipsfaserplatten,** für Aufbau auf Rohfußboden, zur Wand- und Fußbodenbefestigung. Leistung mit Befestigung und Anschlüssen für Zu- und Abläufe.
Verstellbereich: 0 bis 200 mm
Einbauhöhe: über 1.000 bis 1.200 mm
Breite: 400 bis 600 mm
Fabrikat: .....
Typ: .....

323€ 392€ **461€** 553€ 636€ [St] ⏱ 1,30h/St 045.000.044

38 Installationselement, Waschtisch — KG **419**

Installationselement für Waschtisch mit Einlocharmatur, Rahmen aus Stahl, pulverbeschichtet, schallgeschützter Befestigung für Wandscheiben, Ablaufbogen, Gumminippel , Befestigungsmaterial für Element (Bodenbefestigung) und Waschtisch, selbstbohrende Schrauben für Befestigung an Ständerwand, inkl. Klein- und Befestigungsmaterial.
Ablaufbogen: **DN40 / DN50**
Gumminippel: 40/30

60€ 116€ **154€** 183€ 244€ [St] ⏱ 0,90h/St 045.000.025

Kosten:
Stand 1.Quartal 2025
Bundesdurchschnitt

Nr.	**Kurztext** / Langtext					Kostengruppe
►	▷	**ø netto €**	◁	◄	[Einheit] Ausf.-Dauer	Positionsnummer

39 Installationselement, barrierefreier Waschtisch, mit Stützgriffen KG **419**

Installationselement als Einzelelement, statisch belastbar und stufenlos höhenverstellbar, für wandhängenden barrierefreien Waschtisch, mit beidseitiger Befestigungsmöglichkeit von Stützgriffen, inkl. Unterputz-Geruchsverschluss. Element für Metallständerwände und Vorwandmontage, zum Beplanken mit **Gipskarton / Gipsfaserplatten**, für Aufbau auf Rohfußboden, zur Wand- und Fußbodenbefestigung. Leistung mit Befestigung und Anschlüssen für Zu- und Abläufe.
Verstellbereich: 0 bis 200 mm
Einbauhöhe Installationselement: über 1.000 bis 1.200 mm
Breite Installationselement: 1.200 bis 1.300 mm
Fabrikat: .....
Typ: .....

415€ 516€ **593€** 712€ 812€ [St] ⏱ 1,20h/St 045.000.047

40 Installationselement, barrierefreier Waschtisch, höhenverstellbar KG **419**

Installationselement als Einzelelement, statisch belastbar und stufenlos höhenverstellbar, für nachträglich im fertigen Bad höhenverstellbaren wandhängenden barrierefreien Waschtisch, mit Unterputz-Geruchsverschluss. Element für Metallständerwände und Vorwandmontage, zum Beplanken mit **Gipskarton / Gipsfaserplatten**, für Aufbau auf Rohfußboden, zur Wand- und Fußbodenbefestigung. Leistung mit Befestigung und Anschlüssen für Zu- und Abläufe.
Verstellbereich Keramik: 200 mm
Einbauhöhe: über 1.000 bis 1.200 mm
Breite: 400 bis 600 mm
Fabrikat: .....
Typ: .....

284€ 322€ **379€** 447€ 511€ [St] ⏱ 1,70h/St 045.000.050

41 Installationselement, Stützgriff KG **419**

Installationselement als Einzelelement, statisch belastbar und stufenlos höhenverstellbar, für wandhängenden Stützgriff, für Metallständerwände und Vorwandmontage, zum Beplanken mit **Gipskarton / Gipsfaserplatten,** für Aufbau auf Rohfußboden, zur Wand- und Fußbodenbefestigung.
Belastung: bis ..... kg
Verstellbereich: 0 bis 200 mm
Einbauhöhe: über 1.000 bis 1.200 mm
Breite: 300 bis 400 mm
Fabrikat: .....
Typ: .....

193€ 252€ **296€** 356€ 406€ [St] ⏱ 1,30h/St 045.000.048

42 Unterkonstruktion Stützgriff/Sitz KG **419**

Unterkonstruktion für wandhängenden **Stützgriff / Sitz**, für Metallständerwände und Vorwandmontage, zum Beplanken mit **Gipskarton / Gipsfaserplatten**. Montageplatte als wasserfest verleimte Furnierholzplatte, einschl. Befestigungsmaterial an Metallständern.
Belastung: bis kg .....
Stärke Montageplatte: mind. 30 mm
Höhe Montageplatte: 250 bis 500 mm
Breite Montageplatte: 300 bis 400 mm
Fabrikat: .....
Typ: .....

86€ 112€ **132€** 158€ 181€ [St] ⏱ 1,30h/St 045.000.049

► min
▷ von
ø Mittel
◁ bis
◄ max

43 Haltegriff, Edelstahl, 600mm KG **412**

Haltegriff aus Edelstahl, gebürstet, mit Befestigung.
Grifflänge: 600mm
Griffdurchmesser: 32 mm
Wandabstand: 50 mm
Belastung max.: 200 kg
Fabrikat: .....
Typ: .....

91€	130€	**140€**	180€	231€	[St]	⏱ 0,30h/St	045.000.034

44 Haltegriff, Kunststoff, 300mm KG **412**

Haltegriff, gerade Form, aus Kunststoff mit Stahlkern.
Profilquerschnitt: rund
Länge: 300 mm
Befestigung: mit Rosetten, Schrauben verdeckt
Zusätzliche Ausführungsoptionen: .....
Fabrikat: .....
Typ: .....

94€	135€	**165€**	196€	272€	[St]	⏱ 0,30h/St	045.000.052

45 Duschhandlauf, Edelstahl, 600mm KG **412**

Duschhandlauf mit 90-Grad Winkel aus verchromtem Messingrohr mit Befestigung.
Höhenverstellbarkeit: ..... mm
Seitenverstellbarkeit: ..... mm
Rohrdurchmesser: 32 mm
Fabrikat: .....
Typ: .....

337€	484€	**545€**	619€	804€	[St]	⏱ 0,40h/St	045.000.035

46 Duschsitz, klappbar KG **412**

Klappsitz für Dusche aus Rahmen in Kunststoff, mit korrosionsgeschütztem Stahlkern, Arretierung und Fallbremse, inkl. Befestigung mit verdeckten Schrauben.
Wandbefestigung: **Leichtbauwände inkl. Unterkonstruktion / Mauerwerk / Beton**
Zusätzliche Ausführungsoptionen: .....
Fabrikat: .....
Typ: .....

369€	446€	**480€**	481€	558€	[St]	⏱ 0,15h/St	045.000.054

47 WC-Rückenstütze KG **412**

Rückenstütze für WC mit Befestigungselementen.
WC-Ausladung: von 650 bis 700 mm
Material: Kunststoff
Farbton: weiß
Zusätzliche Ausführungsoptionen: .....
Fabrikat: .....
Typ: .....

294€	379€	**429€**	447€	515€	[St]	⏱ 0,10h/St	045.000.055

Kosten:
Stand 1. Quartal 2025
Bundesdurchschnitt

Nr.	**Kurztext** / Langtext						Kostengruppe
▶	▷	**ø netto €**	◁	◀	[Einheit]	Ausf.-Dauer	Positionsnummer

48 Stützgriff, fest, WC KG **412**

Stützgriff, fest, für WC, aus Kunststoff mit Stahlkern, inkl. Befestigung mit Flansch, Schrauben verdeckt.
Farbton: weiß
Ausladung: 850 mm
Belastbar: bis 100 kg am Griffvorderteil
Zusätzliche Ausführungsoptionen: .....
Fabrikat: .....
Typ: .....

▶	▷	ø	◁	◀	Einheit	Ausf.-Dauer	Positionsnummer
403€	474€	**593€**	712€	800€	[St]	⏱ 0,15h/St	045.000.056

49 Stützgriff, fest, WC mit Spülauslösung KG **412**

Stützgriff, fest, für WC, aus Kunststoff mit Stahlkern, mit Spülauslösung, manuell, inkl. Befestigung mit Flansch, Schrauben verdeckt.
Farbton: weiß
Ausladung: 850 mm
Belastbar: bis 100 kg am Griffvorderteil
Zusätzliche Ausführungsoptionen: ....
Fabrikat: .....
Typ: .....

▶	▷	ø	◁	◀	Einheit	Ausf.-Dauer	Positionsnummer
608€	682€	**741€**	815€	926€	[St]	⏱ 0,35h/St	045.000.057

50 Stützgriff, klappbar, WC KG **412**

Stützklappgriff, klappbar, für WC, aus Kunststoff mit Stahlkern, mit Arretierung und Fallbremse, inkl. Befestigung mit Flansch, Schrauben verdeckt.
Farbton: weiß
Ausladung: 850 mm
Belastbar: bis 100 kg am Griffvorderteil
Zusätzliche Ausführungsoptionen: .....
Fabrikat: .....
Typ: .....

▶	▷	ø	◁	◀	Einheit	Ausf.-Dauer	Positionsnummer
464€	571€	**713€**	856€	977€	[St]	⏱ 0,35h/St	045.000.058

51 Stützgriff, fest, Waschtisch KG **412**

Stützgriff, fest, für Waschtisch, aus Kunststoff mit Stahlkern, inkl. Befestigung verdeckt.
Farbton: weiß
Ausladung: 600 mm
Belastbar bis 100 kg am Griffvorderteil
Fabrikat: .....
Typ: .....

▶	▷	ø	◁	◀	Einheit	Ausf.-Dauer	Positionsnummer
327€	402€	**502€**	603€	688€	[St]	⏱ 0,35h/St	045.000.060

▶ min
▷ von
ø Mittel
◁ bis
◀ max

52 Stützgriff, klappbar, Waschtisch KG **412**

Stützklappgriff, klappbar, für Waschtisch, aus Kunststoff mit Stahlkern, mit Arretierung und Fallbremse, inkl. Befestigung verdeckt.
Farbton: weiß
Ausladung: 600 mm
Belastbar: bis 100 kg am Griffvorderteil
Fabrikat: .....
Typ: .....

465€ 529€ **581€** 634€ 698€ [St] ⏱ 0,42h/St 045.000.061

53 Stundensatz, Obermonteur/-in Sanitär

Verrechnungssatz für die jeweilige Arbeitskraft inkl. aller Aufwendungen wie Lohn- und Gehaltskosten, Lohn- und Gehaltsnebenkosten, Zuschläge, lohngebundene und lohnabhängige Kosten, sonstige Sozialkosten, Gemeinkosten, Wagnis und Gewinn. Leistung nach besonderer Anordnung der Bauüberwachung. Nachweis und Anmeldung gem. VOB/B.

53€ 61€ **63€** 67€ 73€ [h] ⏱ 1,00h/h 045.000.079

54 Stundensatz, Helfer/-in Sanitär

Verrechnungssatz für die jeweilige Arbeitskraft inkl. aller Aufwendungen wie Lohn- und Gehaltskosten, Lohn- und Gehaltsnebenkosten, Zuschläge, lohngebundene und lohnabhängige Kosten, sonstige Sozialkosten, Gemeinkosten, Wagnis und Gewinn. Leistung nach besonderer Anordnung der Bauüberwachung. Nachweis und Anmeldung gem. VOB/B.

47€ 52€ **54€** 55€ 61€ [h] ⏱ 1,00h/h 045.000.080

Gas-, Wasser- und Entwässerungsanlagen - Betriebseinrichtungen | Preise €

Kosten:
Stand 1. Quartal 2025
Bundesdurchschnitt

Nr.	Positionen	Einheit	►	▷	ø brutto € / ø netto €	◁	◄
1	Abwasserhebeanlage	St	2.991	5.168	**5.869**	7.162	10.321
			2.513	4.343	**4.932**	6.018	8.673
2	Regenwassernutzungsanlagen	St	4.921	6.519	**7.340**	8.076	10.510
			4.135	5.478	**6.168**	6.787	8.832
3	Druckerhöhungsanlage	St	9.043	19.437	**26.596**	30.783	36.717
			7.599	16.333	**22.349**	25.868	30.855
4	Regenwasserspeicher, Stahlbeton	St	5.416	6.869	**7.552**	8.650	10.876
			4.551	5.773	**6.346**	7.269	9.140
5	Kreiselpumpe, Wasser/Abwasser	St	3.057	3.210	**3.319**	3.418	3.572
			2.569	2.698	**2.789**	2.872	3.001
6	Enthärtungsanlage bis 2m³/h	St	3.662	4.447	**5.232**	6.017	6.415
			3.078	3.737	**4.397**	5.056	5.390
7	Enthärtungsanlage bis 5m³/h	St	5.180	5.294	**6.229**	7.163	8.521
			4.353	4.449	**5.234**	6.019	7.160
8	Enthärtungsanlage bis 10m³/h	St	8.197	9.000	**10.589**	12.177	12.278
			6.888	7.563	**8.898**	10.233	10.318

Nr.	**Kurztext** / Langtext						Kostengruppe
►	▷	**ø netto €**	◁	◄	[Einheit]	Ausf.-Dauer	Positionsnummer

1 Abwasserhebeanlage KG **411**

Automatische Schmutzwasser-Hebeanlage für fäkalienfreies Abwasser, bestehend aus Kunststoffsammelbehälter mit automatisch schaltender Tauchmotorpumpe und Rückschlagklappe, zwei um 90° versetzte Zulaufstutzen, Entlüftungs- und Druckstutzen. Abdeckung mit Zwischengehäuse, höhenverstellbar. Abdeckplatte wahlweise als Strukturblech, Ausführung mit Bodenablauf und Geruchsverschluss. Alarmschaltgerät netzunabhängig, mit Ausschalter, piezokeramischem Signalgeber.
Zulauf: DN.....
Schallpegel bei Betrieb: max. ..... dBA
Spannung: 230 V, 50 HZ
Volumenstrom: ..... m³/h
Förderhöhe: ..... m
Schutzart: IP .....

2.513€ 4.343€ **4.932€** 6.018€ 8.673€ [St] ⏱ 8,00h/St 046.000.001

2 Regenwassernutzungsanlagen KG **412**

Automatische Regenwassernutzungsanlage, als Regenwasserkompaktmodulsystem, zur Regenwassernutzung aus Zisterne oder Behältern. Nachspeisebehälter mit 150 Liter, mehrstufige Kreiselpumpe,Tauchpumpe mit Schwimmerschalter und 10,0 m Leitungs-Schlauch; inkl. Schwimmender Feinfilterung. Gebereinheit mit 8 Liter Membrandruckbehälter, Vollelektrischer Regler, Niveausensor mit bis 20m Kabel.

- Betriebsspannung: 230 V/50 Hz
- Schutzart: IP 41
- Ansaughöhe max.: 8 m
- Betriebsdruck max.: 8 bar
- Förderleistung max.: 16 m³/h
- Förderhöhe max.: 56 m

4.135€ 5.478€ **6.168€** 6.787€ 8.832€ [St] ⏱ 8,00h/St 046.000.002

► min
▷ von
ø Mittel
◁ bis
◄ max

Nr.	Kurztext / Langtext						Kostengruppe
▶	▷	ø netto €	◁	◀	[Einheit]	Ausf.-Dauer	Positionsnummer

3 Druckerhöhungsanlage KG **412**

Druckerhöhungsanlage für Trinkwasser, mit Kreiselpumpe. Anschluss an die öffentliche Versorgung. Leitung aus Stahl, in anschlussfertiger Kompaktbauweise, schwingungsgedämpft
Membran-Enddruckbehälter: bis **150 / 300 / 500 / 750 / 1.000** Liter
Volumenstrom: ..... m³/h
Anlagenförderdruck: ..... MPa
Betriebsüberdruck auf der Enddruckseite max.: ..... MPa

7.599€ 16.333€ **22.349€** 25.868€ 30.855€ [St] ⏱ 28,00h/St 046.000.003

4 Regenwasserspeicher, Stahlbeton KG **551**

Regenwasserspeicher (Zisterne) aus Stahlbeton, als monolithischer Betonguss, einschl. Konus und befahrbarer Abdeckung sowie allen Passelementen, inkl. revisionierbarem Filter. Ausstattung mit eingebautem Dichtelement für steckfertigen Anschluss aller Leitungen, für Zu- und Ablauf sowie für Leerrohr.
Elastomerdichtung, verschraubbar, Behälter DN..... mm
Wassernutzung: **Toilettenspülung / Gartenwasser / .....**
Bauteilhöhe: ca. ..... m
Volumen: ca. ..... m³
Angeschlossene Entwässerungsfläche: ca. ..... m²
Konstruktion bestehend aus:
- Schachtringen mit Falz DIN 4034, Innendurchmesser **3.000 / .....** mm, Höhe **750 / .....** mm
- Konus mit Falz DIN 4034, exzentrisch, Innendurchmesser **3.000 / .....** mm, Höhe **600 / .....** mm
- Schachtabdeckung: DIN 1229, DN 600, Klasse **A15 / B250 / D400**, ohne Lüftung

Aufstellung: unterirdisch, in bauseitig vorbereiteter Baugrubensohle

4.551€ 5.773€ **6.346€** 7.269€ 9.140€ [St] ⏱ 3,00h/St 046.000.004

5 Kreiselpumpe, Wasser/Abwasser KG **542**

Kreiselpumpe Nassläufer stufenlos regelbar, differenzdruckgeregelt, mit Motor, mit Motorschutz. Körperschallgedämmt.
Medium: **Wasser / Abwasser**
Benötigter Volumenstrom Pumpe: ..... m³/h
Fördermenge: ..... m³/h
Mind.-Förderhöhe: ..... m
Anteil Calziumhydrogencarbonat Ca(HCO3)2 im Trinkwasser bis 3,6 mol/m³ (20° dH)
Betriebsdruck PN 10
Bemessungsbetriebsspannung 230 V AC

2.569€ 2.698€ **2.789€** 2.872€ 3.001€ [St] ⏱ 1,00h/St 046.000.005

Kosten:
Stand 1. Quartal 2025
Bundesdurchschnitt

Nr.	Kurztext / Langtext						Kostengruppe
►	▷	**ø netto €**	◁	◄	[Einheit]	Ausf.-Dauer	Positionsnummer

6 Enthärtungsanlage bis 2m³/h KG **412**

Vollautomatische Enthärtungsanlage, nach dem Ionenaustauschverfahren für kaltes Trinkwasser, gem. beiliegender Wasseranalyse, mit eingebautem Bedientableau.
Nennvolumenstrom: bis 2 m³/h
Maximaler Durchfluss (kurzzeitig): 3,5 m³/h
Maximaler Druckverlust bei Nennvolumenstrom: 1,0 bar
Betriebsüberdruck der Anlage: min./max. 2/8 bar
Betriebstemperatur Wasser/Umgebung: 30/40°C
Bemessungsbetriebsspannung: 230 V AC
Salzvorratsbehälter: mind. 30-50 kg
Max. Salzverbrauch: 0,4 kg/m³, (bei Enthärtung von 20° dH auf 8° dH)
Anschluss: DN25

3.078€ 3.737€ **4.397€** 5.056€ 5.390€ [St] ⏱ 1,20h/St 046.000.006

7 Enthärtungsanlage bis 5m³/h KG **412**

Vollautomatische Enthärtungsanlage, nach dem Ionenaustauschverfahren für kaltes Trinkwasser, gem. beiliegender Wasseranalyse, mit eingebautem Bedientableau.
Nennvolumenstrom: bis 5 m³/h
Maximaler Durchfluss (kurzzeitig): 3,5 m³/h
Maximaler Druckverlust bei Nennvolumenstrom: 1,0 bar
Betriebsüberdruck der Anlage: min./max. 2/8 bar
Betriebstemperatur Wasser/Umgebung: 30/40°C
Bemessungsbetriebsspannung: 230 V AC
Salzvorratsbehälter: mind. 30-50 kg
Max. Salzverbrauch: 0,4 kg/m³, (bei Enthärtung von 20° dH auf 8° dH)
Anschluss: DN25

4.353€ 4.449€ **5.234€** 6.019€ 7.160€ [St] ⏱ 1,25h/St 046.000.007

8 Enthärtungsanlage bis 10m³/h KG **412**

Vollautomatische Enthärtungsanlage, nach dem Ionenaustauschverfahren für kaltes Trinkwasser, gem. beiliegender Wasseranalyse, mit eingebautem Bedientableau.
Nennvolumenstrom: bis 10 m³/h
Maximaler Durchfluss (kurzzeitig): 3,5 m³/h
Maximaler Druckverlust bei Nennvolumenstrom: 1,0 bar
Betriebsüberdruck der Anlage: min./max. 2/8 bar
Betriebstemperatur Wasser/Umgebung: 30/40°C
Bemessungsbetriebsspannung: 230 V AC
Salzvorratsbehälter: mind. 30-50 kg
Max. Salzverbrauch: 0,4 kg/m³, (bei Enthärtung von 20° dH auf 8° dH)
Anschluss: DN65

6.888€ 7.563€ **8.898€** 10.233€ 10.318€ [St] ⏱ 1,30h/St 046.000.008

► min
▷ von
ø Mittel
◁ bis
◄ max

047

Kosten:
Stand 1. Quartal 2025
Bundesdurchschnitt

Nr.	Positionen	Einheit	►	▷	ø brutto € / ø netto €	◁	◄
1	Kompaktdämmhülse, Rohrleitung DN15	m	9	11	**12**	13	15
			8	9	**10**	11	12
2	Kompaktdämmhülse, Rohrleitung DN25	m	13	16	**22**	24	30
			11	14	**19**	20	26
3	Wärmedämmung, Rohrleitung, DN15	m	15	25	**29**	29	39
			13	21	**24**	24	33
4	Rohrdämmung, MW-alukaschiert, DN15	m	12	19	**25**	29	39
			10	16	**21**	24	33
5	Rohrdämmung, MW-alukaschiert, DN25	m	29	35	**38**	46	56
			24	30	**32**	38	47
6	Rohrdämmung, MW-alukaschiert, DN40	m	35	40	**51**	55	67
			30	33	**42**	46	56
7	Rohrdämmung, MW-alukaschiert, DN65	m	42	50	**60**	78	98
			35	42	**51**	65	82
8	Rohrdämmung, MW/Blech DN20	m	34	40	**47**	49	53
			28	34	**40**	41	44
9	Rohrdämmung, MW/Blech DN40	m	43	50	**62**	74	79
			36	42	**52**	62	66
10	Lüftungskanal Mineral alukaschiert	m	36	43	**44**	48	55
			30	36	**37**	41	47
11	Brandschutzabschottung, R90, DN15	St	18	28	**32**	38	53
			15	23	**27**	32	44
12	Brandschutzabschottung, R90, DN20	St	47	53	**57**	58	64
			39	44	**48**	49	54
13	Brandschutzabschottung, R90, DN25	St	56	65	**66**	73	81
			47	55	**56**	61	68
14	Brandschutzabschottung, R90, DN32	St	62	74	**78**	88	104
			52	63	**66**	74	88
15	Brandschutzabschottung, R90, DN40	St	94	102	**108**	116	137
			79	85	**91**	98	116
16	Brandschutzabschottung, R90, DN50	St	96	125	**134**	160	189
			81	105	**113**	134	159
17	Brandschutzabschottung, R90, DN65	St	119	128	**138**	169	190
			100	108	**116**	142	160
18	Körperschalldämmung, Abwasserrohre	m	12	17	**17**	19	23
			10	14	**14**	16	20
19	Wärmedämmschalen für Armaturen und Pumpen, DN15	St	24	26	**29**	30	34
			20	22	**25**	26	29
20	Wärmedämmschalen für Armaturen und Pumpen, DN20	St	24	29	**34**	41	43
			20	24	**29**	35	36
21	Wärmedämmschalen für Armaturen und Pumpen, DN25	St	30	36	**40**	42	46
			25	31	**33**	35	39
22	Wärmedämmschalen für Armaturen und Pumpen, DN32	St	33	38	**41**	43	47
			28	32	**35**	36	39
23	Wärmedämmschalen für Armaturen und Pumpen, DN40	St	45	50	**51**	56	60
			38	42	**43**	47	50

► min
▷ von
ø Mittel
◁ bis
◄ max

Nr.	Positionen	Einheit	▶	▷	ø brutto € / ø netto €	◁	◀
24	Wärmedämmschalen für Armaturen und Pumpen, DN50	St	47 39	51 43	**59** **50**	60 51	63 53

Nr. **Kurztext** / Langtext Kostengruppe

▶ ▷ **ø netto €** ◁ ◀ [Einheit] Ausf.-Dauer Positionsnummer

A 1 Kompaktdämmhülse, Rohrleitung Beschreibung für Pos. **1-2**

Asymmetrische Wärmedämmung DIN 4140 für Rohrleitungen haustechnischer Anlagen auf Rohfußboden (gegen beheizte Räume oder auf Zusatzdämmung). Kompaktdämmhülsen in Anti-Körperschall-Ausführung. Zur Verlegung im Dämmbereich des Fußbodenaufbaus. Polsterlage aus miteinander vernadelten Kunststoff-Fasern und geschlossenzelligem Polyethylen mit reißfestem Gittergewebe.

1 Kompaktdämmhülse, Rohrleitung DN15 KG **422**

Wie Ausführungsbeschreibung A 1
Nennwert der Wärmeleitfähigkeit: 0,040 W/(mK)
Normalentflammbar: B2, DIN 4102-1
Nennweite: DN15
Dämmschichtdicke 1/2 gem. GEG: 13 mm
Bauhöhe: 36 mm

8€ 9€ **10€** 11€ 12€ [m] ⏱ 0,05h/m 047.000.005

2 Kompaktdämmhülse, Rohrleitung DN25 KG **422**

Wie Ausführungsbeschreibung A 1
Nennwert der Wärmeleitfähigkeit: 0,040W/(mK)
Normalentflammbar: B2, DIN 4102-1
Nennweite: DN25
Dämmschichtdicke 1/2 gem. GEG: 20 mm
Bauhöhe: 51 mm

11€ 14€ **19€** 20€ 26€ [m] ⏱ 0,05h/m 047.000.017

3 Wärmedämmung, Rohrleitung, DN15 KG **422**

Wärmedämmung für Rohrleitungen DIN 4140 haustechnischer Anlagen im sichtbaren Bereich unter der Decke. Mineralfaserschalen einseitig geschlitzt, nichtbrennbar A1 DIN EN 13501-1, einseitig Alu-Folie kaschiert. Sämtliche Quer- und Längsfugen werden dicht gestoßen und mit 10cm breiten selbstklebenden Alustreifen verbunden. Sicherung der Längsfuge mit Alu-Klebestreifen in der Mitte der Bahnenbreite. Verkleidung mit PVC-Mantel (Isogenopack) 0,35mm stark, schwer entflammbar.
Verlegung bis: **3,50 / 5,00 / 7,00** m über Fußboden
Nennwert der Wärmeleitfähigkeit: 0,040 W/(mK)
Rohrdurchmesser: 18 mm
Dämmschichtstärke 1/1 gem. GEG: 20 mm

13€ 21€ **24€** 24€ 33€ [m] ⏱ 0,30h/m 047.000.006

Nr.	Kurztext / Langtext						Kostengruppe
▶	▷	ø netto €	◁	◀	[Einheit]	Ausf.-Dauer	Positionsnummer

A 2 Rohrdämmung, MW-alukaschiert — Beschreibung für Pos. **4-7**

Wärmedämmung einschl. Ummantelung DIN 4140 an Rohrleitungen für Heizung, Warmwasser und Zirkulation nach GEG in Gebäuden. Dämmung aus Mineralwolle, als Matte, auf verzinktem Drahtgeflecht mit verzinktem Draht versteppt, befestigen mit Stahlhaken aus dem Werkstoff des Drahtgeflechts. Längs- und Rundstöße mit selbstklebender Aluminiumfolie überklebt.

4 Rohrdämmung, MW-alukaschiert, DN15 — KG **422**

Wie Ausführungsbeschreibung A 2
Rohrleitung: Stahl, schwarz
Nennweite: DN15
Baustoffklasse DIN EN 13501-1: nichtbrennbar A1
Dämmstärke Wärmedämmung: 100% nach GEG
Dämmschichtdicke: 20 mm
Nennwert der Wärmeleitfähigkeit: 0,035 W/(mK) bei 40°C
Oberkante Dämmung: **Fußboden / über Gelände bis 3,50** m **/ bis 5,00** m

▶	▷	ø	◁	◀	Einheit	Ausf.-Dauer	Positionsnummer
10€	16€	**21€**	24€	33€	[m]	⏱ 0,30h/m	047.000.002

5 Rohrdämmung, MW-alukaschiert, DN25 — KG **422**

Wie Ausführungsbeschreibung A 2
Rohrleitung: Stahl, schwarz
Nennweite: DN25
Baustoffklasse DIN EN 13501-1: nichtbrennbar A1
Dämmstärke Wärmedämmung: 100% nach GEG
Dämmschichtdicke: 30 mm
Nennwert der Wärmeleitfähigkeit: 0,035 W/(mK) bei 40°C
Oberkante Dämmung: **Fußboden / über Gelände bis 3,50** m **/ bis 5,00** m

▶	▷	ø	◁	◀	Einheit	Ausf.-Dauer	Positionsnummer
24€	30€	**32€**	38€	47€	[m]	⏱ 0,30h/m	047.000.008

6 Rohrdämmung, MW-alukaschiert, DN40 — KG **422**

Wie Ausführungsbeschreibung A 2
Rohrleitung: Stahl, schwarz
Nennweite: DN40
Baustoffklasse DIN EN 13501-1: nichtbrennbar A1
Dämmstärke Wärmedämmung: 100% nach GEG
Dämmschichtdicke: 40 mm
Nennwert der Wärmeleitfähigkeit: 0,035 W/(mK) bei 40°C
Oberkante Dämmung: **Fußboden / über Gelände bis 3,50** m **/ bis 5,00** m

▶	▷	ø	◁	◀	Einheit	Ausf.-Dauer	Positionsnummer
30€	33€	**42€**	46€	56€	[m]	⏱ 0,30h/m	047.000.031

Kosten:
Stand 1. Quartal 2025
Bundesdurchschnitt

▶ min
▷ von
ø Mittel
◁ bis
◀ max

Nr.	**Kurztext** / Langtext						Kostengruppe
▶	▷	**ø netto €**	◁	◀	[Einheit]	Ausf.-Dauer	Positionsnummer

7 Rohrdämmung, MW-alukaschiert, DN65 KG **422**

Wie Ausführungsbeschreibung A 2
Rohrleitung: Stahl, schwarz
Nennweite: DN65
Baustoffklasse DIN EN 13501-1: nichtbrennbar A1
Dämmstärke Wärmedämmung: 100% nach GEG
Dämmschichtdicke: 70 mm
Nennwert der Wärmeleitfähigkeit: 0,035 W/(mK) bei 40°C
Oberkante Dämmung: **Fußboden / über Gelände bis 3,50** m **/ bis 5,00** m

35€ 42€ **51€** 65€ 82€ [m] ⏱ 0,30h/m 047.000.012

A 3 Rohrdämmung, MW/Blech Beschreibung für Pos. **8-9**

Wärmedämmung einschl. Ummantelung DIN 4140 an Rohrleitungen für Heizung, Warmwasser und Zirkulation nach GEG in Gebäuden. Dämmung aus Mineralwolle, als Matte, auf verzinktem Drahtgeflecht mit verzinktem Draht versteppt, befestigen mit Stahlhaken aus dem Werkstoff des Drahtgeflechts. Ummantelung aus nichtprofiliertem Blech, Blechdicke für normale mechanische Beanspruchung, Überlappungen verschrauben, einschl. Stützkonstruktion aus Hartschaum.

8 Rohrdämmung, MW/Blech DN20 KG **422**

Wie Ausführungsbeschreibung A 3
Rohrleitung: Stahl, schwarz
Nennweite: DN20
Baustoffklasse DIN EN 13501-1: nichtbrennbar A1
Dämmstärke Wärmedämmung: 100% nach GEG
Dämmschichtdicke: 20 mm
Nennwert der Wärmeleitfähigkeit: 0,035 W/(mK) bei 40°C
Ummantelung: **Stahl feuerverzinkt / Alu-Ummantelung**
Oberkante Dämmung: **Fußboden / über Gelände bis 3,50** m **/ bis 5,00** m

28€ 34€ **40€** 41€ 44€ [m] ⏱ 0,30h/m 047.000.003

9 Rohrdämmung, MW/Blech DN40 KG **422**

Wie Ausführungsbeschreibung A 3
Rohrleitung: Stahl, schwarz
Nennweite: DN40
Baustoffklasse DIN EN 13501-1: nichtbrennbar A1
Dämmstärke Wärmedämmung: 100% nach GEG
Dämmschichtdicke: 40 mm
Nennwert der Wärmeleitfähigkeit: 0,035 W/(mK) bei 40°C
Ummantelung: **Stahl feuerverzinkt / Alu-Ummantelung**
Oberkante Dämmung: **Fußboden / über Gelände bis 3,50** m **/ bis 5,00** m

36€ 42€ **52€** 62€ 66€ [m] ⏱ 0,30h/m 047.000.013

Kosten:
Stand 1. Quartal 2025
Bundesdurchschnitt

Nr.	**Kurztext** / Langtext						Kostengruppe
►	▷	**ø netto €**	◁	◀	[Einheit]	Ausf.-Dauer	Positionsnummer

10 Lüftungskanal Mineral alukaschiert KG **431**

Wärmedämmung an Lüftungskanälen DIN 4140, in Gebäuden. Für gerade Kanäle, Dämmung aus Mineralwolle, als Matte, auf verzinktem Drahtgeflecht mit verzinktem Draht versteppt, Befestigen mit Stahlhaken aus dem Werkstoff des Drahtgeflechts, Wärmeleitfähigkeit für haustechnische Anlagen nach GEG. Zur Ausbildung einer Dampfsperre sind sämtliche Kanten, Stöße, Ausschnitte, usw. mit Aluminium-Umklebeband dicht zu verkleben.
Oberkante Dämmung über Gelände / Fußboden: **3,50 / 5,00** m
Baustoffklasse DIN EN 13501-1: nichtbrennbar A1
Wärmeleitfähigkeit 0,035 W/(mK): bei 40° Mitteltemperatur
Wärmedämmung: 100% nach GEG
Dämmschichtdicke: **30 / 50** mm
Kanalumfang: 0,5-4,0 m

30€	36€	**37€**	41€	47€	[m]	⏱ 0,40h/m	047.000.001

A 4 Brandschutzabschottung, R90 Beschreibung für Pos. **11-17**

Brandschutzabschottung von Rohrleitungen haustechnischer Anlagen nach **MLAR / LAR**, mit allgemeinem bauaufsichtlichen Prüfzeugnis / Zulassung. Dämmstoff aus Mineralwolle, nicht brennbar. Zur Verlegung in rundem Wanddurchbruch, ohne Hüllrohr, Verfüllung des Ringspalts mit Mörtel MG III, beidseitige Weiterführung der Dämmung.

11 Brandschutzabschottung, R90, DN15 KG **422**

Wie Ausführungsbeschreibung A 4
Bauteil: **Wand / Decke / leichte Trennwand**
Feuerwiderstandsklasse: R90, DIN EN 13501-2
Montagehöhe: bis **3,50 / 5,00 / 7,00** m über Fußboden
Rohrleitung: **Stahl / Kupfer**
Ringspalt: bis 15 mm
Außendurchmesser der Rohrleitung: 18 mm
Außendurchmesser Schott: 60 mm
Dämmlänge: 1.000 mm

15€	23€	**27€**	32€	44€	[St]	⏱ 0,40h/St	047.000.007

12 Brandschutzabschottung, R90, DN20 KG **422**

Wie Ausführungsbeschreibung A 4
Bauteil: **Wand / Decke / leichte Trennwand**
Feuerwiderstandsklasse: R90, DIN EN 13501-2
Montagehöhe: bis **3,50 / 5,00 / 7,00** m über Fußboden
Rohrleitung: **Stahl / Kupfer**
Ringspalt: bis 15 mm
Außendurchmesser der Rohrleitung: 22 mm
Außendurchmesser Schott: 60 mm
Dämmlänge: 1.000 mm

39€	44€	**48€**	49€	54€	[St]	⏱ 0,40h/St	047.000.018

► min
▷ von
ø Mittel
◁ bis
◀ max

13 Brandschutzabschottung, R90, DN25 KG **422**

Wie Ausführungsbeschreibung A 4
Bauteil: **Wand / Decke / leichte Trennwand**
Feuerwiderstandsklasse: R90, DIN EN 13501-2
Montagehöhe: bis **3,50 / 5,00 / 7,00** m über Fußboden
Rohrleitung: **Stahl / Kupfer**
Ringspalt: bis 15 mm
Außendurchmesser der Rohrleitung: 28 mm
Außendurchmesser Schott: 80 mm
Dämmlänge: 1.000 mm

47€ 55€ **56€** 61€ 68€ [St] ⏱ 0,40h/St 047.000.019

14 Brandschutzabschottung, R90, DN32 KG **422**

Wie Ausführungsbeschreibung A 4
Bauteil: **Wand / Decke / leichte Trennwand**
Feuerwiderstandsklasse: R90, DIN EN 13501-2
Montagehöhe: bis **3,50 / 5,00 / 7,00** m über Fußboden
Rohrleitung: **Stahl / Kupfer**
Ringspalt: bis 15 mm
Außendurchmesser der Rohrleitung: 35 mm
Außendurchmesser Schott: 80 mm
Dämmlänge: 1.000 mm

52€ 63€ **66€** 74€ 88€ [St] ⏱ 0,40h/St 047.000.020

15 Brandschutzabschottung, R90, DN40 KG **422**

Wie Ausführungsbeschreibung A 4
Bauteil: **Wand / Decke / leichte Trennwand**
Feuerwiderstandsklasse: R90, DIN EN 13501-2
Montagehöhe: bis **3,50 / 5,00 / 7,00** m über Fußboden
Rohrleitung: **Stahl / Kupfer**
Ringspalt: bis 15 mm
Außendurchmesser der Rohrleitung: 48 mm
Außendurchmesser Schott: 100 mm
Dämmlänge: 1.000 mm

79€ 85€ **91€** 98€ 116€ [St] ⏱ 0,40h/St 047.000.021

16 Brandschutzabschottung, R90, DN50 KG **422**

Wie Ausführungsbeschreibung A 4
Bauteil: **Wand / Decke / leichte Trennwand**
Feuerwiderstandsklasse: R90, DIN EN 13501-2
Montagehöhe: bis **3,50 / 5,00 / 7,00** m über Fußboden
Rohrleitung: **Stahl / Kupfer**
Ringspalt: bis 15 mm
Außendurchmesser der Rohrleitung: 63 mm
Außendurchmesser Schott: 130 mm
Dämmlänge: 1.000 mm

81€ 105€ **113€** 134€ 159€ [St] ⏱ 0,40h/St 047.000.022

Kosten:
Stand 1. Quartal 2025
Bundesdurchschnitt

Nr.	**Kurztext** / Langtext						Kostengruppe
►	▷	**ø netto €**	◁	◄	[Einheit]	Ausf.-Dauer	Positionsnummer

17 Brandschutzabschottung, R90, DN65 KG **422**

Wie Ausführungsbeschreibung A 4
Bauteil: **Wand / Decke / leichte Trennwand**
Feuerwiderstandsklasse: R90, DIN EN 13501-2
Montagehöhe: bis **3,50 / 5,00 / 7,00** m über Fußboden
Rohrleitung: **Stahl / Kupfer**
Ringspalt: bis 15 mm
Außendurchmesser der Rohrleitung: 76 mm
Außendurchmesser Schott: 180 mm
Dämmlänge: 1.000 mm

100€ 108€ **116€** 142€ 160€ [St] ⏱ 0,40 h/St 047.000.023

18 Körperschalldämmung, Abwasserrohre KG **422**

Körperschalldämmung aus PE mit robuster Außenhaut, aus hochflexiblem, geschlossenzelligem Weichpolyethylen Abwasserisoliersystem zur Körperschalldämmung, mit diffusionsdichter Außenhaut und montagefreundlicher Innengleitfolie, als Schall- und Schwitzwasserschutz für Abwasserrohre.
Einsatz: bis +105°C
Brandklasse: B2, DIN 4102-1
Isolierstärke: 4 mm
Nennweite: DN50-150

10€ 14€ **14€** 16€ 20€ [m] ⏱ 0,20 h/m 047.000.030

A 5 Wärmedämmschalen für Armaturen und Pumpen Beschreibung für Pos. **19-24**

Wärmedämmschalen DIN 4140 für Armaturen und Pumpen. Bestehend aus einem zusammenklappbaren Formteil aus Polyethylen mit kratzfester Oberfläche aus PE-Gittergewebe. Entleerungsöffnungen vorgeprägt, Lieferung inkl. Verschlussclipsen, mit handelsüblichen Klebern diffusionsdicht verschließbar.

19 Wärmedämmschalen für Armaturen und Pumpen, DN15 KG **422**

Wie Ausführungsbeschreibung A 5
Baustoffklasse: B1, DIN 4102-1
Wärmeleitwert 0,034 W/(mK): bei 10°C und 0,040 W/(mK) bei 40°C
Wasserdampfdiffusionsfaktor µ: 5.000
Temperaturbereich: -80°C bis +100°C
Abmessungen: Länge: 130 mm, Breite: 70 mm, Höhe: 112 mm
Nennweite: DN15

20€ 22€ **25€** 26€ 29€ [St] ⏱ 0,10 h/St 047.000.024

20 Wärmedämmschalen für Armaturen und Pumpen, DN20 KG **422**

Wie Ausführungsbeschreibung A 5
Baustoffklasse: B1, DIN 4102-1
Wärmeleitwert 0,034 W/(mK) bei 10°C und 0,040 W/(mK) bei 40°C
Wasserdampfdiffusionsfaktor µ: 5.000
Temperaturbereich: -80°C bis +100°C
Abmessungen: Länge: 130 mm, Breite: 70 mm, Höhe: 112 mm
Nennweite: DN20

20€ 24€ **29€** 35€ 36€ [St] ⏱ 0,10 h/St 047.000.025

► min
▷ von
ø Mittel
◁ bis
◄ max

Nr.	**Kurztext** / Langtext						Kostengruppe
▶	▷	**ø netto €**	◁	◀	[Einheit]	Ausf.-Dauer	Positionsnummer

21 Wärmedämmschalen für Armaturen und Pumpen, DN25 KG **422**

Wie Ausführungsbeschreibung A 5
Baustoffklasse: B1, DIN 4102-1
Wärmeleitwert 0,034 W/(mK) bei 10°C und 0,040 W/(mK) bei 40°C
Wasserdampfdiffusionsfaktor µ: 5.000
Temperaturbereich: -80°C bis +100°C
Abmessungen: Länge: 145 mm, Breite: 80 mm, Höhe: 130 mm
Nennweite: DN25

25€ 31€ **33€** 35€ 39€ [St] ⏱ 0,10h/St 047.000.026

22 Wärmedämmschalen für Armaturen und Pumpen, DN32 KG **422**

Wie Ausführungsbeschreibung A 5
Baustoffklasse: B1, DIN 4102-1
Wärmeleitwert 0,034 W/(mK): bei 10°C und 0,040 W/(mK) bei 40°C
Wasserdampfdiffusionsfaktor µ: 5.000
Temperaturbereich: -80°C bis +100°C
Abmessungen: Länge: 195 mm, Breite: 137 mm, Höhe: 203 mm
Nennweite: DN32

28€ 32€ **35€** 36€ 39€ [St] ⏱ 0,10h/St 047.000.027

23 Wärmedämmschalen für Armaturen und Pumpen, DN40 KG **422**

Wie Ausführungsbeschreibung A 5
Baustoffklasse: B1, DIN 4102-1
Wärmeleitwert 0,034 W/(mK): bei 10°C und 0,040 W/(mK) bei 40°C
Wasserdampfdiffusionsfaktor µ: 5.000
Temperaturbereich: -80°C bis +100°C
Abmessungen: Länge: 196 mm, Breite: 163mm, Höhe: 230 mm
Nennweite: DN40

38€ 42€ **43€** 47€ 50€ [St] ⏱ 0,10h/St 047.000.028

24 Wärmedämmschalen für Armaturen und Pumpen, DN50 KG **422**

Wie Ausführungsbeschreibung A 5
Baustoffklasse: B1, DIN 4102-1
Wärmeleitwert 0,034 W/(mK) bei 10°C und 0,040 W/(mK) bei 40°C
Wasserdampfdiffusionsfaktor µ: 5.000
Temperaturbereich: -80°C bis +100°C
Abmessungen: Länge: 212 mm, Breite: 182 mm, Höhe: 253 mm
Nennweite: DN50

39€ 43€ **50€** 51€ 53€ [St] ⏱ 0,10h/St 047.000.029

Kosten:
Stand 1. Quartal 2025
Bundesdurchschnitt

► min
▷ von
ø Mittel
◁ bis
◄ max

Nr.	Positionen	Einheit	►	▷	ø brutto € ø netto €	◁	◄
1	Gitterrinne, Stahl, 200mm	m	36	44	**47**	51	60
			31	37	**39**	43	50
2	Kabelrinne, Stahl, 100mm	m	23	32	**37**	41	48
			19	27	**31**	34	40
3	Kabelrinne, Stahl, 200mm	m	34	47	**52**	69	108
			28	39	**44**	58	91
4	Kabelrinne, Stahl, 300mm	m	39	57	**66**	86	134
			32	48	**55**	73	112
5	Kabelrinne, Stahl , 400mm	m	36	64	**71**	96	143
			30	53	**60**	81	120
6	Elektroinstallationsrohr, 16mm	m	3	5	**5**	7	11
			2	4	**5**	6	9
7	Elektroinstallationsrohr, 25mm	m	5	9	**11**	13	18
			4	8	**9**	11	15
8	Elektroinstallationsrohr, 40mm	m	14	17	**18**	20	24
			12	15	**15**	17	20
9	Leitungsführungskanal PVC 15x15	m	4	7	**8**	11	17
			3	6	**7**	9	14
10	Leitungsführungskanal PVC 30x30	m	7	11	**12**	15	21
			6	9	**10**	13	17
11	Leitungsführungskanal PVC 90x40	m	8	15	**19**	29	40
			6	13	**16**	24	33
12	Leitungsführungskanal PVC 110x60	m	14	27	**34**	50	83
			12	23	**29**	42	70
13	Installationsleitung, NYM-J 1x6mm^2	m	3	3	**3**	3	4
			2	3	**3**	3	3
14	Installationsleitung, NYM-J 1x10mm^2	m	3	4	**5**	6	6
			3	3	**4**	5	5
15	Installationsleitung, NYM-J 1x16mm^2	m	4	5	**5**	6	7
			3	4	**4**	5	6
16	Installationsleitung, NYM-J 3x1,5mm^2	m	0,7	2,1	**3,0**	3,7	5,3
			0,6	1,8	**2,5**	3,1	4,5
17	Installationsleitung, NYM-J 3x2,5mm^2	m	3	4	**4**	5	6
			3	3	**4**	4	5
18	Installationsleitung, NYM-J 5x1,5mm^2	m	1	2	**3**	4	5
			0,9	2,0	**2,5**	3,0	4,2
19	Installationsleitung, NYM-J 5x2,5mm^2	m	1	3	**4**	4	5
			1	2	**3**	4	5
20	Installationsleitung, NYM-J 5x4mm^2	m	4	5	**6**	8	9
			3	5	**5**	7	8
21	Installationsleitung, NYM-J 5x6mm^2	m	5	7	**8**	9	11
			4	6	**7**	8	9
22	Installationsleitung, NYM-J 5x10mm^2	m	7	10	**12**	15	21
			6	8	**10**	13	17
23	Installationsleitung, NYM-J 5x16mm^2	m	11	16	**19**	23	30
			9	13	**16**	20	26
24	Installationsleitung, NYM-J 1x6mm^2, AD	m	5	6	**8**	10	10
			4	5	**6**	8	8

Nr.	Positionen	Einheit	►	▷	ø brutto € / ø netto €	◁	◄
25	Installationsleitung, NYM-J 1x10mm², AD	m	7	8	**10**	13	14
			6	7	**8**	11	12
26	Installationsleitung, NYM-J 1x16mm², AD	m	10	10	**12**	15	16
			8	9	**10**	13	14
27	Installationsleitung, NYM-J 3x1,5mm², AD	m	5	5	**6**	8	9
			4	4	**5**	7	7
28	Installationsleitung, NYM-J 3x2,5mm², AD	m	5	6	**7**	9	10
			4	5	**6**	8	8
29	Installationsleitung, NYM-J 5x2,5mm², AD	m	9	9	**11**	14	14
			7	8	**9**	11	12
30	Installationsleitung, NYM-J 5x4mm², AD	m	11	12	**14**	18	19
			9	10	**12**	15	16
31	Installationsleitung, NYM-J 5x6mm², AD	m	14	14	**17**	21	23
			11	12	**14**	18	19
32	Installationsleitung, NYM-J 5x10mm², AD	m	18	19	**23**	29	30
			15	16	**19**	24	25
33	Installationsleitung, NYM-J 5x16mm², AD	m	27	28	**33**	42	43
			23	23	**28**	35	36
34	Installationsleitung, NYM-J 1x6mm², uP	m	4	5	**6**	7	8
			4	4	**5**	6	7
35	Installationsleitung, NYM-J 1x16mm², uP	m	4	4	**5**	7	7
			3	4	**4**	6	6
36	Installationsleitung, NYM-J 3x2,5mm², uP	m	5	5	**6**	8	9
			4	4	**5**	7	7
37	Installationsleitung, NYM-J 5x2,5mm², uP	m	6	7	**8**	11	11
			5	6	**7**	9	10
38	Installationsleitung, NYM-J 5x6mm², uP	m	15	15	**18**	23	24
			13	13	**15**	19	20
39	Geräteeinbaukanal, 130x60	m	23	37	**46**	49	60
			19	31	**39**	41	50
40	Geräteeinbaukanal, 170x60	m	42	51	**54**	60	72
			35	43	**46**	50	61
41	Geräteeinbaukanal, 210x60	m	54	67	**68**	75	86
			45	57	**57**	63	72
42	Sockelleistenkanal, 70x20	m	10	21	**24**	29	38
			8	18	**20**	24	32
43	Potentialausgleichsschiene, Stahl, verzinkt	St	25	51	**59**	93	158
			21	43	**50**	78	133
44	Tastschalter, Aus-/Wechselschalter, einpolig, uP	St	27	37	**37**	42	50
			22	31	**31**	35	42
45	Tastschalter, Aus-/Wechselschalter, zweipolig, uP	St	21	27	**29**	33	39
			17	22	**24**	28	33
46	Tastschalter, Serienschalter, uP	St	20	33	**38**	46	69
			17	27	**32**	39	58
47	Tastschalter, Kreuzschalter, uP	St	25	35	**40**	45	57
			21	29	**34**	38	48
48	Tastschalter, Taster, Kontrolllicht, uP	St	20	38	**48**	87	125
			17	32	**41**	73	105

Kosten:
Stand 1. Quartal 2025
Bundesdurchschnitt

Nr.	Positionen	Einheit	►	▷	ø brutto € / ø netto €	◁	◄
49	Verbindungs-/Abzweigdose, aP	St	21	32	**35**	36	66
			18	27	**30**	30	55
50	Verbindungs-/Abzweigkasten, aP	St	19	26	**31**	37	48
			16	22	**26**	31	41
51	Heizungs-Not-Ausschalter, aP	St	37	44	**48**	54	66
			31	37	**41**	45	55
52	Installationsschalter, Taster, aP	St	30	34	**36**	39	42
			25	28	**31**	33	36
53	Installationsschalter, Aus-/Wechselschalter, aP	St	25	32	**35**	38	48
			21	27	**29**	32	40
54	Gerätedose, Brandschutz, uP	St	27	32	**34**	36	40
			22	27	**28**	30	34
55	Gerätedose, uP, luftdicht	St	25	31	**37**	46	48
			21	26	**31**	39	40
56	Gerätedose, uP	St	8	17	**20**	52	96
			7	14	**17**	44	81
57	Dreifach-Schutzkontaktsteckdose, 16A, 250V, aP, Deckel	St	35	41	**49**	63	66
			30	35	**41**	53	55
58	Zweifach-Schutzkontaktsteckdose, 16A, 250V, aP, Deckel	St	30	36	**43**	55	57
			25	30	**36**	46	48
59	Schutzkontaktsteckdose, 16A, 250V, aP, Deckel	St	25	32	**38**	48	54
			21	27	**32**	40	46
60	Dreifach-Schutzkontaktsteckdose, 16A, 250V, Wand, aP	St	37	43	**46**	50	56
			31	36	**39**	42	47
61	Zweifach-Schutzkontaktsteckdose, 16A, 250V, Wand, aP	St	23	35	**40**	46	59
			19	29	**34**	38	50
62	Schutzkontaktsteckdose, 16A, 250V, Wandmontage, aP	St	16	22	**26**	29	38
			13	19	**21**	24	32
63	Schutzkontaktsteckdose, 16A, 250V, uP, IP44, Deckel	St	25	32	**35**	39	46
			21	27	**29**	33	39
64	Schutzkontaktsteckdose, 16A, 250V, uP, IP24	St	17	20	**22**	24	29
			14	17	**19**	20	24
65	Photovoltaik 2kWp	St	6.287	6.309	**7.511**	9.539	11.046
			5.283	5.302	**6.312**	8.016	9.282
66	Photovoltaik 10kWp	St	22.722	23.328	**27.772**	35.270	39.133
			19.094	19.604	**23.338**	29.639	32.885
67	Batteriespeicher bis 10kWh	St	9.916	11.599	**12.560**	13.663	15.596
			8.333	9.747	**10.555**	11.482	13.106
68	Bewegungsmelder	St	144	237	**279**	330	450
			121	199	**234**	278	378
69	Stundensatz, Monteur/-in Elektro	h	68	76	**80**	81	91
			57	64	**67**	68	77
70	Stundensatz, Helfer/-in Elektro	h	51	57	**61**	64	72
			43	48	**51**	53	60

► min
▷ von
ø Mittel
◁ bis
◄ max

Nr.	Kurztext / Langtext						Kostengruppe
►	▷	ø netto €	◁	◄	[Einheit]	Ausf.-Dauer	Positionsnummer

1 Gitterrinne, Stahl, 200mm KG **444**

Gitterrinne mit Trennsteg und Wandausleger, einschl. systembedingter Verbindungsstücke, Formstücke, Befestigungsmaterial.
Werkstoff: Stahl, feuerverzinkt
Drahtdurchmesser: 4 mm
Breite: 200 mm
Höhe: 60 mm
Trennstege: 1
Angeb. Fabrikat: .....

31€	37€	**39€**	43€	50€	[m]	⏱ 0,20h/m	053.000.001

A 1 Kabelrinne, Stahl Beschreibung für Pos. **2-5**

Kabelrinne mit Trennsteg und Wandausleger, einschl. systembedingten Verbindungsstücken, Formstücken, Befestigungsmaterial.
Norm: DIN EN 61537 (VDE 0639)
Werkstoff: Stahl, feuerverzinkt, DIN EN ISO 1461
Dicke Metallwerkstoff: 1,5 mm
Ausführung: gelocht
Höhe: 60 mm
Trennstege: 1

2 Kabelrinne, Stahl, 100mm KG **444**

Wie Ausführungsbeschreibung A 1
Breite: 100 mm
Angeb. Fabrikat: .....

19€	27€	**31€**	34€	40€	[m]	⏱ 0,20h/m	053.000.002

3 Kabelrinne, Stahl, 200mm KG **444**

Wie Ausführungsbeschreibung A 1
Breite: 200 mm
Angeb. Fabrikat: .....

28€	39€	**44€**	58€	91€	[m]	⏱ 0,25h/m	053.000.007

4 Kabelrinne, Stahl, 300mm KG **444**

Wie Ausführungsbeschreibung A 1
Breite: 300 mm
Angeb. Fabrikat: .....

32€	48€	**55€**	73€	112€	[m]	⏱ 0,30h/m	053.000.008

5 Kabelrinne, Stahl , 400mm KG **444**

Wie Ausführungsbeschreibung A 1
Breite: 400 mm
Angeb. Fabrikat: .....

30€	53€	**60€**	81€	120€	[m]	⏱ 0,40h/m	053.000.009

Kosten:
Stand 1. Quartal 2025
Bundesdurchschnitt

Nr.	Kurztext / Langtext							Kostengruppe
▶	▷	**ø netto €**	◁	◀	[Einheit]	Ausf.-Dauer		Positionsnummer

A 2 Elektroinstallationsrohr — Beschreibung für Pos. **6-8**

Elektroinstallationsrohr, geschlossen, für Verlegung unter Putz, mit Befestigung.
Norm: DIN EN 61386 (VDE 0605)
Werkstoff: Kunststoff, halogenfrei
Ausführung: einwandig, gewellt, flexibel
Druckfestigkeitsklasse: 3 - mittel (750N)
Klasse Schlagbeanspruchung: 3 - mittel (2 kg/100 mm)

6 Elektroinstallationsrohr, 16mm — KG **444**

Wie Ausführungsbeschreibung A 2
Außendurchmesser: 16 mm

▶	▷	ø	◁	◀	Einheit	Ausf.-Dauer	Positionsnummer
2€	4€	**5€**	6€	9€	[m]	⏱ 0,10 h/m	053.000.020

7 Elektroinstallationsrohr, 25mm — KG **444**

Wie Ausführungsbeschreibung A 2
Außendurchmesser: 25 mm

▶	▷	ø	◁	◀	Einheit	Ausf.-Dauer	Positionsnummer
4€	8€	**9€**	11€	15€	[m]	⏱ 0,10 h/m	053.000.021

8 Elektroinstallationsrohr, 40mm — KG **444**

Wie Ausführungsbeschreibung A 2
Außendurchmesser: 40 mm

▶	▷	ø	◁	◀	Einheit	Ausf.-Dauer	Positionsnummer
12€	15€	**15€**	17€	20€	[m]	⏱ 0,10 h/m	053.000.022

A 3 Leitungsführungskanal PVC-U — Beschreibung für Pos. **9-12**

Leitungsführungskanal, einschl. systembedingter Verbindungsstücke, Formstücke, Befestigungsmaterial.
Norm: DIN EN 50085-2-1 (VDE 0604-2-1)
Werkstoff: PVC-U

9 Leitungsführungskanal PVC 15x15 — KG **444**

Wie Ausführungsbeschreibung A 3
Breite: 15 mm
Höhe: 15 mm
Farbe: reinweiß RAL 9010
Befestigung: auf **Beton / Mauerwerk / Installationswand**

▶	▷	ø	◁	◀	Einheit	Ausf.-Dauer	Positionsnummer
3€	6€	**7€**	9€	14€	[m]	⏱ 0,04 h/m	053.000.035

10 Leitungsführungskanal PVC 30x30 — KG **444**

Wie Ausführungsbeschreibung A 3
Breite: 30 mm
Höhe: 30 mm
Farbe: reinweiß RAL 9010
Befestigung: auf **Beton / Mauerwerk / Installationswand**

▶	▷	ø	◁	◀	Einheit	Ausf.-Dauer	Positionsnummer
6€	9€	**10€**	13€	17€	[m]	⏱ 0,04 h/m	053.000.036

▶ min
▷ von
ø Mittel
◁ bis
◀ max

11 Leitungsführungskanal PVC 90x40 KG **444**

Wie Ausführungsbeschreibung A 3
Breite: 90 mm
Höhe: 40 mm
Farbe: reinweiß RAL 9010
Befestigung: auf **Beton / Mauerwerk / Installationswand**

6€	13€	**16€**	24€	33€	[m]	⏱ 0,05 h/m	053.000.037

12 Leitungsführungskanal PVC 110x60 KG **444**

Wie Ausführungsbeschreibung A 3
Breite: 110 mm
Höhe: 60 mm
Farbe: reinweiß RAL 9010
Befestigung: auf **Beton / Mauerwerk / Installationswand**

12€	23€	**29€**	42€	70€	[m]	⏱ 0,05 h/m	053.000.038

A 4 Installationsleitung, NYM-J Beschreibung für Pos. **13-23**

Installationsleitung in vorhandener **Kabelrinne / Kanal / Rohr / Montagewand.**
Norm: DIN VDE 0250-204 (VDE 0250-204)
Leitungstyp: NYM-J

13 Installationsleitung, NYM-J 1x6mm² KG **444**

Wie Ausführungsbeschreibung A 4
Ader-/Leiterzahl: 1x6 mm²
Metallzahl: Cu-Zahl 58

2€	3€	**3€**	3€	3€	[m]	⏱ 0,04 h/m	053.000.044

14 Installationsleitung, NYM-J 1x10mm² KG **444**

Wie Ausführungsbeschreibung A 4
Ader-/Leiterzahl: 1x10 mm²
Metallzahl: Cu-Zahl 96

3€	3€	**4€**	5€	5€	[m]	⏱ 0,04 h/m	053.000.045

15 Installationsleitung, NYM-J 1x16mm² KG **444**

Wie Ausführungsbeschreibung A 4
Ader-/Leiterzahl: 1x16 mm²
Metallzahl: Cu-Zahl 154

3€	4€	**4€**	5€	6€	[m]	⏱ 0,06 h/m	053.000.046

16 Installationsleitung, NYM-J 3x1,5mm² KG **444**

Wie Ausführungsbeschreibung A 4
Ader-/Leiterzahl: 3x1,5 mm²
Metallzahl: Cu-Zahl 43

0,6€	1,8€	**2,5€**	3,1€	4,5€	[m]	⏱ 0,07 h/m	053.000.047

Kosten:
Stand 1. Quartal 2025
Bundesdurchschnitt

Nr.	**Kurztext** / Langtext						Kostengruppe
►	▷	**ø netto €**	◁	◄	[Einheit]	Ausf.-Dauer	Positionsnummer

17 Installationsleitung, NYM-J 3x2,5mm² — KG **444**
Wie Ausführungsbeschreibung A 4
Ader-/Leiterzahl: 3x2,5 mm²
Metallzahl: Cu-Zahl 72

►	▷	ø	◁	◄	[Einheit]	Ausf.-Dauer	Positionsnummer
3€	3€	**4€**	4€	5€	[m]	⏱ 0,09h/m	053.000.048

18 Installationsleitung, NYM-J 5x1,5mm² — KG **444**
Wie Ausführungsbeschreibung A 4
Ader-/Leiterzahl: 5x1,5 mm²
Metallzahl: Cu-Zahl 72

►	▷	ø	◁	◄	[Einheit]	Ausf.-Dauer	Positionsnummer
0,9€	2,0€	**2,5€**	3,0€	4,2€	[m]	⏱ 0,05h/m	053.000.075

19 Installationsleitung, NYM-J 5x2,5mm² — KG **444**
Wie Ausführungsbeschreibung A 4
Ader-/Leiterzahl: 5x2,5 mm²
Metallzahl: Cu-Zahl 120

►	▷	ø	◁	◄	[Einheit]	Ausf.-Dauer	Positionsnummer
1€	2€	**3€**	4€	5€	[m]	⏱ 0,05h/m	053.000.051

20 Installationsleitung, NYM-J 5x4mm² — KG **444**
Wie Ausführungsbeschreibung A 4
Ader-/Leiterzahl: 5x4 mm²
Metallzahl: Cu-Zahl 192

►	▷	ø	◁	◄	[Einheit]	Ausf.-Dauer	Positionsnummer
3€	5€	**5€**	7€	8€	[m]	⏱ 0,07h/m	053.000.049

21 Installationsleitung, NYM-J 5x6mm² — KG **444**
Wie Ausführungsbeschreibung A 4
Ader-/Leiterzahl: 5x6 mm²
Metallzahl: Cu-Zahl 288

►	▷	ø	◁	◄	[Einheit]	Ausf.-Dauer	Positionsnummer
4€	6€	**7€**	8€	9€	[m]	⏱ 0,09h/m	053.000.050

22 Installationsleitung, NYM-J 5x10mm² — KG **444**
Wie Ausführungsbeschreibung A 4
Ader-/Leiterzahl: 5x10 mm²
Metallzahl: Cu-Zahl 430

►	▷	ø	◁	◄	[Einheit]	Ausf.-Dauer	Positionsnummer
6€	8€	**10€**	13€	17€	[m]	⏱ 0,10h/m	053.000.052

23 Installationsleitung, NYM-J 5x16mm² — KG **444**
Wie Ausführungsbeschreibung A 4
Ader-/Leiterzahl: 5x16 mm²
Metallzahl: Cu-Zahl 768

►	▷	ø	◁	◄	[Einheit]	Ausf.-Dauer	Positionsnummer
9€	13€	**16€**	20€	26€	[m]	⏱ 0,12h/m	053.000.053

► min
▷ von
ø Mittel
◁ bis
◄ max

Nr.	Kurztext / Langtext						Kostengruppe
▶	▷	ø netto €	◁	◀	[Einheit]	Ausf.-Dauer	Positionsnummer

A 5 Installationsleitung, NYM-J, AD — Beschreibung für Pos. **24-33**

Installationsleitung, mit Sammelbefestigung aus Metall.
Norm: DIN VDE 0250-204 (VDE 0250-204)
Leitungstyp: NYM-J

24 Installationsleitung, NYM-J 1x6mm², AD — KG **444**

Wie Ausführungsbeschreibung A 5
Ader-/Leiterzahl: 1x6 mm²
Metallzahl: Cu-Zahl 58

4€	5€	**6€**	8€	8€	[m]	⏱ 0,02 h/m	053.000.059

25 Installationsleitung, NYM-J 1x10mm², AD — KG **444**

Wie Ausführungsbeschreibung A 5
Ader-/Leiterzahl: 1x10 mm²
Metallzahl: Cu-Zahl 96

6€	7€	**8€**	11€	12€	[m]	⏱ 0,04 h/m	053.000.060

26 Installationsleitung, NYM-J 1x16mm², AD — KG **444**

Wie Ausführungsbeschreibung A 5
Ader-/Leiterzahl: 1x16 mm²
Metallzahl: Cu-Zahl 154

8€	9€	**10€**	13€	14€	[m]	⏱ 0,06 h/m	053.000.061

27 Installationsleitung, NYM-J 3x1,5mm², AD — KG **444**

Wie Ausführungsbeschreibung A 5
Ader-/Leiterzahl: 3x1,5 mm²
Metallzahl: Cu-Zahl 43

4€	4€	**5€**	7€	7€	[m]	⏱ 0,07 h/m	053.000.062

28 Installationsleitung, NYM-J 3x2,5mm², AD — KG **444**

Wie Ausführungsbeschreibung A 5
Ader-/Leiterzahl: 3x2,5 mm²
Metallzahl: Cu-Zahl 72

4€	5€	**6€**	8€	8€	[m]	⏱ 0,09 h/m	053.000.063

29 Installationsleitung, NYM-J 5x2,5mm², AD — KG **444**

Wie Ausführungsbeschreibung A 5
Ader-/Leiterzahl: 5x2,5 mm²
Metallzahl: Cu-Zahl 120

7€	8€	**9€**	11€	12€	[m]	⏱ 0,05 h/m	053.000.064

040
041
042
044
045
046
047
053
054
058
061
063
069
075

Kosten:
Stand 1. Quartal 2025
Bundesdurchschnitt

Nr.	Kurztext / Langtext					Kostengruppe
▶	▷	**ø netto €**	◁	◀	[Einheit] Ausf.-Dauer	Positionsnummer

30 Installationsleitung, NYM-J 5x4mm², AD KG **444**

Wie Ausführungsbeschreibung A 5
Ader-/Leiterzahl: 5x4 mm²
Metallzahl: Cu-Zahl 192

9€ | 10€ | **12€** | 15€ | 16€ | [m] | ⏱ 0,07 h/m | 053.000.065

31 Installationsleitung, NYM-J 5x6mm², AD KG **444**

Wie Ausführungsbeschreibung A 5
Ader-/Leiterzahl: 5x6 mm²
Metallzahl: Cu-Zahl 288

11€ | 12€ | **14€** | 18€ | 19€ | [m] | ⏱ 0,09 h/m | 053.000.066

32 Installationsleitung, NYM-J 5x10mm², AD KG **444**

Wie Ausführungsbeschreibung A 5
Ader-/Leiterzahl: 5x10 mm²
Metallzahl: Cu-Zahl 430

15€ | 16€ | **19€** | 24€ | 25€ | [m] | ⏱ 0,10 h/m | 053.000.067

33 Installationsleitung, NYM-J 5x16mm², AD KG **444**

Wie Ausführungsbeschreibung A 5
Ader-/Leiterzahl: 5x16 mm²
Metallzahl: Cu-Zahl 768

23€ | 23€ | **28€** | 35€ | 36€ | [m] | ⏱ 0,12 h/m | 053.000.068

A 6 Installationsleitung, NYM-J, uP Beschreibung für Pos. **34-38**

Installationsleitung unter Putz, mit Befestigung.
Norm: DIN VDE 0250-204 (VDE 0250-204)
Leitungstyp: NYM-J

34 Installationsleitung, NYM-J 1x6mm², uP KG **444**

Wie Ausführungsbeschreibung A 6
Ader-/Leiterzahl: 1x6 mm²
Metallzahl: Cu-Zahl 58

4€ | 4€ | **5€** | 6€ | 7€ | [m] | ⏱ 0,02 h/m | 053.000.054

35 Installationsleitung, NYM-J 1x16mm², uP KG **444**

Wie Ausführungsbeschreibung A 6
Ader-/Leiterzahl: 1x16 mm²
Metallzahl: Cu-Zahl 154

3€ | 4€ | **4€** | 6€ | 6€ | [m] | ⏱ 0,04 h/m | 053.000.055

▶ min
▷ von
ø Mittel
◁ bis
◀ max

Nr.	Kurztext / Langtext						Kostengruppe
►	▷	ø netto €	◁	◀	[Einheit]	Ausf.-Dauer	Positionsnummer

36 Installationsleitung, NYM-J 3x2,5mm², uP KG **444**

Wie Ausführungsbeschreibung A 6
Ader-/Leiterzahl: 3x2,5 mm²
Metallzahl: Cu-Zahl 72

4€	4€	**5€**	7€	7€	[m]	⏱ 0,05h/m	053.000.056

37 Installationsleitung, NYM-J 5x2,5mm², uP KG **444**

Wie Ausführungsbeschreibung A 6
Ader-/Leiterzahl: 5x2,5mm²
Metallzahl: Cu-Zahl 120

5€	6€	**7€**	9€	10€	[m]	⏱ 0,07h/m	053.000.057

38 Installationsleitung, NYM-J 5x6mm², uP KG **444**

Wie Ausführungsbeschreibung A 6
Ader-/Leiterzahl: 5x6 mm²
Metallzahl: Cu-Zahl 288

13€	13€	**15€**	19€	20€	[m]	⏱ 0,09h/m	053.000.058

A 7 Geräteeinbaukanal Beschreibung für Pos. **39-41**

Geräteeinbaukanal mit Trennsteg, einschl. systembedingter Verbindungsstücke, Kabelhalteklammern, Formstücke, Befestigungsmaterial.
Norm: DIN EN 50085-2-1 (VDE 0604-2-1)
Werkstoff: PVC-U

39 Geräteeinbaukanal, 130x60 KG **444**

Wie Ausführungsbeschreibung A 7
Breite: 130 mm
Höhe: 60 mm
Farbe: reinweiß RAL 9010
Befestigung: auf **Beton / Mauerwerk / Installationswand**
Trennstege: 1

19€	31€	**39€**	41€	50€	[m]	⏱ 0,08h/m	053.000.043

40 Geräteeinbaukanal, 170x60 KG **444**

Wie Ausführungsbeschreibung A 7
Breite: 170 mm
Höhe:60 mm
Farbe: reinweiß RAL 9010
Befestigung: auf **Beton / Mauerwerk / Installationswand**
Trennstege: 1

35€	43€	**46€**	50€	61€	[m]	⏱ 0,10h/m	053.000.041

Kosten:
Stand 1. Quartal 2025
Bundesdurchschnitt

Nr.	**Kurztext** / Langtext						Kostengruppe
►	▷	**ø netto €**	◁	◄	[Einheit]	Ausf.-Dauer	Positionsnummer

41 **Geräteeinbaukanal, 210x60** — KG **444**

Wie Ausführungsbeschreibung A 7
Breite: 210 mm
Höhe: 60 mm
Farbe: reinweiß RAL 9010
Befestigung: auf **Beton / Mauerwerk / Installationswand**
Trennstege: 1

►	▷	ø	◁	◄	Einheit	Ausf.-Dauer	Positionsnummer
45€	57€	**57€**	63€	72€	[m]	0,12h/m	053.000.042

42 **Sockelleistenkanal, 70x20** — KG **444**

Sockelleistenkanal, einschl. systembedingter Verbindungsstücke, Formstücke, Befestigungsmaterial.
Norm: DIN EN 50085-2-1 (VDE 0604-2-1)
Werkstoff: PVC-U
Breite: 70 mm
Höhe: 20 mm
Farbe: reinweiß RAL 9010
Befestigung: auf **Beton / Mauerwerk / Installationswand**

►	▷	ø	◁	◄	Einheit	Ausf.-Dauer	Positionsnummer
8€	18€	**20€**	24€	32€	[m]	0,08h/m	053.000.069

43 **Potentialausgleichsschiene, Stahl, verzinkt** — KG **446**

Potentialausgleichsschiene mit Abdeckhaube aus schlagfestem Polystyrol, Befestigungsmaterial. Ausführung mit Anschluss für 7x2,5 bis 25mm^2, Flachband 30x3,5, Massivrundleiter Durchmesser 8 bis 10mm.
Norm: VDE 0618, Teil 1 (VDE 0618-1)
Angeb. Fabrikat: .....

►	▷	ø	◁	◄	Einheit	Ausf.-Dauer	Positionsnummer
21€	43€	**50€**	78€	133€	[St]	0,60h/St	053.000.006

A 8 **Tastschalter** — Beschreibung für Pos. **44-48**

Tastschalter in Gerätedose mit Schraubbefestigung, einschl. Wippe mit Symbol, Kontrolllampe, anteilig Abdeckrahmen mit Beschriftungsfeld, unter Putz.
Norm: DIN EN 60669-1 (VDE 0632-1)

44 **Tastschalter, Aus-/Wechselschalter, einpolig, uP** — KG **444**

Wie Ausführungsbeschreibung A 8
Tastschalter in Gerätedose mit Schraubbefestigung, einschl. Wippe mit Symbol, Kontrolllampe, anteilig Abdeckrahmen mit Beschriftungsfeld, unter Putz.
Norm: DIN EN 60669-1 (VDE 0632-1)
Leistung: Aus-/Wechselschalter, einpolig
Nennstrom: 10 A
Nennspannung: 250V AC
Schutzart: IP 20
Farbe: reinweiß, RAL 9010
Befestigung: in Gerätedose, Einsatz mit Schrauben
Angeb. Fabrikat: .....

►	▷	ø	◁	◄	Einheit	Ausf.-Dauer	Positionsnummer
22€	31€	**31€**	35€	42€	[St]	0,18h/St	054.000.001

► min
▷ von
ø Mittel
◁ bis
◄ max

45 Tastschalter, Aus-/Wechselschalter, zweipolig, uP KG **444**

Wie Ausführungsbeschreibung A 8
Tastschalter in Gerätedose mit Schraubbefestigung, einschl. Wippe mit Symbol, Kontrolllampe, anteilig Abdeckrahmen mit Beschriftungsfeld, unter Putz.
Norm: DIN EN 60669-1 (VDE 0632-1)
Leistung: Aus-/Wechselschalter, zweipolig
Nennstrom: 10 A
Nennspannung: 250V AC
Schutzart: IP 20
Farbe: reinweiß, RAL 9010
Angeb. Fabrikat: .....

17€ 22€ **24€** 28€ 33€ [St] ⏱ 0,18h/St 054.000.002

46 Tastschalter, Serienschalter, uP KG **444**

Wie Ausführungsbeschreibung A 8
Leistung: Serienschalter, einpolig
Nennstrom: 10 A
Nennspannung: 250V AC
Schutzart: IP 20
Farbe: reinweiß, RAL 9010
Angeb. Fabrikat: .....

17€ 27€ **32€** 39€ 58€ [St] ⏱ 0,18h/St 054.000.014

47 Tastschalter, Kreuzschalter, uP KG **444**

Wie Ausführungsbeschreibung A 8
Leistung: Kreuzschalter, einpolig
Nennstrom: 10 A
Nennspannung: 250V AC
Schutzart: IP 20
Farbe: reinweiß, RAL 9010
Angeb. Fabrikat: .....

21€ 29€ **34€** 38€ 48€ [St] ⏱ 0,18h/St 054.000.015

48 Tastschalter, Taster, Kontrolllicht, uP KG **444**

Wie Ausführungsbeschreibung A 8
Leistung: Taster, einpolig
Nennstrom: 10 A
Nennspannung: 250V AC
Schutzart: IP 20
Farbe: reinweiß, RAL 9010
Angeb. Fabrikat: .....

17€ 32€ **41€** 73€ 105€ [St] ⏱ 0,18h/St 054.000.016

Kosten:
Stand 1. Quartal 2025
Bundesdurchschnitt

Nr.	**Kurztext** / Langtext						Kostengruppe
▶	▷	**ø netto €**	◁	◀	[Einheit]	Ausf.-Dauer	Positionsnummer

49 Verbindungs-/Abzweigdose, aP KG **444**

Verbindungsdose als Abzweigdose mit Deckel, mit Schraubbefestigung, auf Putz/Wandmontage.
Norm: DIN EN 60695 (VDE 0471)
Werkstoff Elektrobauteil: Polystyrol
Durchmesser: 70 mm
Abmessungen(L x B x T): 80 x 80 x 52 mm
Anschlusssystem: 5 Klemmen, 4 mm^2
Schutzart: IP65
Angeb. Fabrikat: .....

▶	▷	ø	◁	◀	Einheit	Ausf.-Dauer	Positionsnummer
18€	27€	**30€**	30€	55€	[St]	⏱ 0,18 h/St	054.000.021

50 Verbindungs-/Abzweigkasten, aP KG **444**

Verbindungskasten als Abzweigdose, mit Deckel, mit Schraubbefestigung, auf Putz/Wandmontage.
Norm: DIN EN 60670-1 (VDE 0606-1)
Werkstoff Elektrobauteil: Polystyrol
Farbe: grau
Abmessungen (L x B x T): 200 x 250 x 155 mm
Anschlusssystem: 5 Klemmen, 4 mm^2
Schutzart: IP54
Angeb. Fabrikat: .....

▶	▷	ø	◁	◀	Einheit	Ausf.-Dauer	Positionsnummer
16€	22€	**26€**	31€	41€	[St]	⏱ 0,18 h/St	054.000.023

51 Heizungs-Not-Ausschalter, aP KG **444**

Heizungs-Not-Ausschalter auf Putz, mit Schraubenbefestigung.
Norm: DIN VDE 0620
Leistung: Heizungs-Not-Ausschalter, zweipolig
Nennstrom: 16 A
Nennspannung: 250 V
Schutzart: IP 44
Farbe: grau
Angeb. Fabrikat: .....

▶	▷	ø	◁	◀	Einheit	Ausf.-Dauer	Positionsnummer
31€	37€	**41€**	45€	55€	[St]	⏱ 0,12 h/St	054.000.008

52 Installationsschalter, Taster, aP KG **444**

Installationsschalter einschl. Wippe mit Symbol, mit Beschriftungsfeld, Kontrolllampe, auf Putz, mit Schraubenbefestigung.
Norm: DIN EN 60669-1 (VDE 0632-1)
Leistung: Taster, zweipolig
Nennstrom: 10 A
Nennspannung: 250 V AC
Schutzart: IP 44
Farbe: grau RAL 7035
Angeb. Fabrikat: .....

▶	▷	ø	◁	◀	Einheit	Ausf.-Dauer	Positionsnummer
25€	28€	**31€**	33€	36€	[St]	⏱ 0,15 h/St	054.000.035

▶ min
▷ von
ø Mittel
◁ bis
◀ max

Nr.	Kurztext / Langtext						Kostengruppe
▶	▷	**ø netto €**	◁	◀	[Einheit]	Ausf.-Dauer	Positionsnummer

53 Installationsschalter, Aus-/Wechselschalter, aP KG **444**

Installationsschalter einschl. Wippe mit Symbol, mit Beschriftungsfeld, Kontrolllampe, auf Putz, mit Schraubenbefestigung.
Norm: DIN EN 60669-1 (VDE 0632-1)
Leistung: Aus-/Wechselschalter, einpolig
Nennstrom: 10 A
Nennspannung: 250 V AC
Schutzart: IP 44
Farbe: grau RAL 7035
Angeb. Fabrikat: .....

21€ | 27€ | **29€** | 32€ | 40€ | [St] | ⏱ 0,15h/St | 054.000.034

54 Gerätedose, Brandschutz, uP KG **444**

Gerätedose mit Brandschutzanforderungen, in Mauerwerk, mit Schraubenbefestigung und Klemmen, anteilig, unter Putz.
Norm: DIN EN 60670-1 (VDE 0606-1)/DIN 49073
Werkstoff: Kunststoff, halogenfrei
Durchmesser Installationsgerät: 60 mm
Tiefe: Installationsgerät: 60 mm
Farbe: schwarz
Angeb. Fabrikat: .....

22€ | 27€ | **28€** | 30€ | 34€ | [St] | ⏱ 0,30h/St | 054.000.033

55 Gerätedose, uP, luftdicht KG **444**

Gerätedose, luftdicht, in Mauerwerk, mit Schraubenbefestigung und Klemmen, anteilig, unter Putz.
Norm: DIN EN 60670-1 (VDE 0606-1)/DIN 49073
Werkstoff: Kunststoff, halogenfrei
Durchmesser Installationsgerät: 60 mm
Tiefe: Installationsgerät: 40 mm
Ausführung: unter Putz
Farbe: schwarz
Einbringung: in Mauerwerk, mit Schrauben
Angeb. Fabrikat: .....

21€ | 26€ | **31€** | 39€ | 40€ | [St] | ⏱ 0,30h/St | 054.000.032

56 Gerätedose, uP KG **444**

Gerätedose in Mauerwerk, mit Schrauben und Klemmen, anteilig, unter Putz.
Norm: DIN EN 60670-1 (VDE 0606-1)/DIN 49073
Werkstoff: Kunststoff, halogenfrei
Durchmesser Installationsgerät: 60 mm
Tiefe: Installationsgerät: 40 mm
Schutzart: IP20
Farbe: schwarz
Angeb. Fabrikat: .....

7€ | 14€ | **17€** | 44€ | 81€ | [St] | ⏱ 0,30h/St | 054.000.047

Kosten:
Stand 1. Quartal 2025
Bundesdurchschnitt

Nr.	**Kurztext** / Langtext						Kostengruppe
▶	▷	**ø netto €**	◁	◀	[Einheit]	Ausf.-Dauer	Positionsnummer

57 Dreifach-Schutzkontaktsteckdose, 16A, 250V, aP, Deckel KG **444**

Dreifach-Schutzkontaktsteckdose einschl. Klappdeckel, in Gerätedose mit Schraubenbefestigung, einschl. Beschriftungsfeld, **auf Putz / Wandmontage**.
Norm: DIN VDE 0620-1 (VDE 0620-1)
Nennstrom: 16 A
Nennspannung: 250 V
Schutzart: IP 44
Farbe: reinweiß RAL 9010
Angeb. Fabrikat: .....

30€	35€	**41€**	53€	55€	[St]	⏱ 0,18h/St	054.000.031

58 Zweifach-Schutzkontaktsteckdose, 16A, 250V, aP, Deckel KG **444**

Zweifach-Schutzkontaktsteckdose einschl. Klappdeckel, in Gerätedose mit Schraubenbefestigung, einschl. Beschriftungsfeld, **auf Putz / Wandmontage**.
Norm: DIN VDE 0620-1 (VDE 0620-1)
Nennstrom: 16 A
Nennspannung: 250 V
Schutzart: IP 44
Farbe: reinweiß RAL 9010
Angeb. Fabrikat: .....

25€	30€	**36€**	46€	48€	[St]	⏱ 0,18h/St	054.000.030

59 Schutzkontaktsteckdose, 16A, 250V, aP, Deckel KG **444**

Schutzkontaktsteckdose einschl. Klappdeckel, in Gerätedose mit Schraubenbefestigung, einschl. Beschriftungsfeld, **auf Putz / Wandmontage**.
Norm: DIN VDE 0620-1 (VDE 0620-1)
Nennstrom: 16 A
Nennspannung: 250 V
Schutzart: IP 44
Farbe: reinweiß RAL 9010
Angeb. Fabrikat: .....

21€	27€	**32€**	40€	46€	[St]	⏱ 0,18h/St	054.000.029

60 Dreifach-Schutzkontaktsteckdose, 16A, 250V, Wand, aP KG **444**

Dreifach-Schutzkontaktsteckdose in Gerätedose mit Schraubenbefestigung, einschl. Beschriftungsfeld, **auf Putz / Wandmontage**.
Norm: DIN VDE 0620-1 (VDE 0620-1)
Nennstrom: 16 A
Nennspannung: 250 V
Schutzart: IP 24
Farbe: reinweiß RAL 9010
Angeb. Fabrikat: .....

31€	36€	**39€**	42€	47€	[St]	⏱ 0,18h/St	054.000.028

▶ min
▷ von
ø Mittel
◁ bis
◀ max

61 Zweifach-Schutzkontaktsteckdose, 16A, 250V, Wand, aP KG **444**

Zweifach-Schutzkontaktsteckdose in Gerätedose mit Schraubenbefestigung, einschl. Beschriftungsfeld, **auf Putz / Wandmontage**.
Norm: DIN VDE 0620-1 (VDE 0620-1)
Nennstrom: 16 A
Nennspannung: 250 V
Schutzart: IP 24
Farbe: reinweiß RAL 9010
Angeb. Fabrikat: .....

19€ 29€ **34€** 38€ 50€ [St] ⏱ 0,18h/St 054.000.027

62 Schutzkontaktsteckdose, 16A, 250V, Wandmontage, aP KG **444**

Schutzkontaktsteckdose in Gerätedose mit Schraubenbefestigung, einschl. Beschriftungsfeld, **auf Putz / Wandmontage**.
Norm: DIN VDE 0620-1 (VDE 0620-1)
Nennstrom: 16 A
Nennspannung: 250 V
Schutzart: IP 24
Farbe: reinweiß RAL 9010
Angeb. Fabrikat: .....

13€ 19€ **21€** 24€ 32€ [St] ⏱ 0,18h/St 054.000.026

63 Schutzkontaktsteckdose, 16A, 250V, uP, IP44, Deckel KG **444**

Schutzkontaktsteckdose in Gerätedose und Klappdeckel, mit Schraubbefestigung einschl. Abdeckrahmen mit Beschriftungsfeld, unter Putz.
Norm: DIN VDE 0620-1 (VDE 0620-1)
Nennstrom: 16 A
Nennspannung: 250 V
Schutzart: IP 44
Farbe: reinweiß RAL 9010
Angeb. Fabrikat: .....

21€ 27€ **29€** 33€ 39€ [St] ⏱ 0,28h/St 054.000.025

64 Schutzkontaktsteckdose, 16A, 250V, uP, IP24 KG **444**

Schutzkontaktsteckdose in Gerätedose mit Schraubbefestigung einschl. Abdeckrahmen mit Beschriftungsfeld, unter Putz.
Norm: DIN VDE 0620-1 (VDE 0620-1)
Nennstrom: 16 A
Nennspannung: 250 V
Schutzart: IP 24
Farbe: reinweiß RAL 9010
Angeb. Fabrikat: .....

14€ 17€ **19€** 20€ 24€ [St] ⏱ 0,18h/St 054.000.024

Kosten:
Stand 1. Quartal 2025
Bundesdurchschnitt

Nr.	**Kurztext** / Langtext						Kostengruppe
▶	▷	**ø netto €**	◁	◀	[Einheit]	Ausf.-Dauer	Positionsnummer

A 9 Photovoltaik — Beschreibung für Pos. **65-66**

Solaranlage zur Stromgewinnung als Photovoltaiksystem zur **Aufdach-/Inndach-/Flachdachlösung**, mit konstruktiver Verankerung. Leistung einschl. systembedingter Befestigungsmittel und Befestigungskonstruktionsmaterial, Befestigung gem. statischem Einzelnachweis, mit Wechselrichter mit Datenlogger, Powermanagement, DC-Schalter und dreipoliger Einspeisung, einschl. ca. 100m Elektrokabel, komplett verdrahtet, mit Durchführungen, Anschlussarbeiten und Inbetriebnahme.

65 Photovoltaik 2kWp — KG **442**

Wie Ausführungsbeschreibung A 9
Nennleistung System: 2 kWp
Polykristalline PV-Module: mind. 250 Wp
Auflast (Schneelast): bis 5 kN/m²
Dynamische Last (Windlast): bis 2 kN/m²
Ausführung gem. Einzelbeschreibung: .....

▶	▷	ø	◁	◀	Einheit	Ausf.-Dauer	Positionsnummer
5.283€	5.302€	**6.312€**	8.016€	9.282€	[St]	⏱ 14,00h/St	053.000.023

66 Photovoltaik 10kWp — KG **442**

Wie Ausführungsbeschreibung A 9
Nennleistung System: 10 kWp
Polykristalline PV-Module: mind. 250 Wp
Auflast (Schneelast): bis 5 kN/m²
Dynamische Last (Windlast): bis 2 kN/m²
Ausführung gem. Einzelbeschreibung: .....

▶	▷	ø	◁	◀	Einheit	Ausf.-Dauer	Positionsnummer
19.094	19.604€	**23.338€**	29.639€	32.885€	[St]	⏱ 48,00h/St	053.000.024

67 Batteriespeicher bis 10kWh — KG **442**

Strom Batteriespeicher zur Eigenstrom-Nutzung, inkl. Batterie Wechselrichter.

▶	▷	ø	◁	◀	Einheit	Ausf.-Dauer	Positionsnummer
8.333€	9.747€	**10.555€**	11.482€	13.106€	[St]	⏱ 3,00h/St	053.000.071

68 Bewegungsmelder — KG **444**

Bewegungsmelder für 230 V AC **mit Unterkriechschutz / mit Rückfeldüberwachung** mit integriertem Dämmerungsschalter.
Sensorart: **Ultraschall / Infrarot / Radar / optisch**
Erfassungsbereich: .....°
Reichweite: ..... m
Schnittstelle: **RS232 / KNX-TP / DALI / COM**
Ausschaltverzögerung: **1s bis 11 / 30s bis 30 / 2s bis 16** min
Schutzart IP: **44 / 2X / 24 / 3X / 54 / 55 / 65 / 67**
Einbaubereich: **Wandmontage / Deckenmontage / Eckmontage**
Montagehöhe: **bis 3 / über 3 bis 6 / über 6 bis 9 / über 9 bis 12** m

▶	▷	ø	◁	◀	Einheit	Ausf.-Dauer	Positionsnummer
121€	199€	**234€**	278€	378€	[St]	⏱ 1,80h/St	053.000.070

69 Stundensatz, Monteur/-in Elektro

Verrechnungssatz für die jeweilige Arbeitskraft inkl. aller Aufwendungen wie Lohn- und Gehaltskosten, Lohn- und Gehaltsnebenkosten, Zuschläge, lohngebundene und lohnabhängige Kosten, sonstige Sozialkosten, Gemeinkosten, Wagnis und Gewinn. Leistung nach besonderer Anordnung der Bauüberwachung. Nachweis und Anmeldung gem. VOB/B.

▶	▷	ø	◁	◀	Einheit	Ausf.-Dauer	Positionsnummer
57€	64€	**67€**	68€	77€	[h]	⏱ 1,00h/h	053.000.072

▶ min
▷ von
ø Mittel
◁ bis
◀ max

Nr.	**Kurztext** / Langtext						Kostengruppe
▶	▷	**ø netto €**	◁	◀	[Einheit]	Ausf.-Dauer	Positionsnummer

70 Stundensatz, Helfer/-in Elektro

Verrechnungssatz für die jeweilige Arbeitskraft inkl. aller Aufwendungen wie Lohn- und Gehaltskosten, Lohn- und Gehaltsnebenkosten, Zuschläge, lohngebundene und lohnabhängige Kosten, sonstige Sozialkosten, Gemeinkosten, Wagnis und Gewinn. Leistung nach besonderer Anordnung der Bauüberwachung. Nachweis und Anmeldung gem. VOB/B.

43€	48€	**51€**	53€	60€	[h]	⏱ 1,00h/h	053.000.073

054

Kosten:
Stand 1. Quartal 2025
Bundesdurchschnitt

Nr.	Positionen	Einheit	►	▷	ø brutto € / ø netto €	◁	◄
1	Installationskleinverteiler, uP, 356x348x70mm	St	98	127	**138**	152	182
			82	106	**116**	128	153
2	Installationskleinverteiler, uP, 755x348x94,5mm	St	256	342	**379**	470	701
			215	288	**318**	395	589
3	Zählerschrank, uP, Multimediafeld	St	1.515	2.247	**2.435**	3.058	4.169
			1.273	1.888	**2.047**	2.570	3.504
4	Fehlerstromschutzschalter, 25A, vierpolig	St	48	69	**80**	89	108
			41	58	**67**	75	90
5	Fehlerstromschutzschalter 63A, vierpolig	St	86	128	**147**	171	217
			72	107	**124**	144	182
6	Leitungsschutzschalter 6kA, dreipolig B16A	St	42	55	**59**	67	88
			35	46	**49**	56	74
7	Leitungsschutzschalter 6kA, dreipolig B20A	St	46	61	**67**	79	98
			38	51	**56**	66	83
8	Leitungsschutzschalter 6kA, dreipolig C16A	St	42	58	**70**	83	110
			35	49	**59**	70	92
9	Leitungsschutzschalter 6kA, einpolig B10A	St	20	27	**29**	32	39
			16	22	**24**	27	33
10	Sicherungssockel, dreipolig	St	38	63	**73**	92	134
			32	53	**62**	78	113
11	Lasttrennschalter, 63A	St	76	122	**149**	190	258
			64	102	**125**	160	217

Nr. **Kurztext** / Langtext — Kostengruppe
► ▷ **ø netto €** ◁ ◄ [Einheit] Ausf.-Dauer Positionsnummer

A 1 Installationskleinverteiler, uP — Beschreibung für Pos. **1-2**

Installationskleinverteiler mit Kunststoffmauerkasten, Blendrahmen mit Tür aus Stahlblech, Blindabdeckungen.
Norm: DIN EN 60670-24, DIN 43871
Schutzart: IP30
Schutzartklasse: II
Montageart: Unterputz
Umgebungsbedingungen: .....

1 Installationskleinverteiler, uP, 356x348x70mm — KG **444**

Wie Ausführungsbeschreibung A 1
Verteilerreihen: 1
Farbe: reinweiß RAL 9010
Höhe: 356 mm
Breite: 348 mm
Tiefe: 70 mm
Angeb. Fabrikat: .....

82€ 106€ **116€** 128€ 153€ [St] ⏱ 0,85h/St 054.000.036

► min
▷ von
ø Mittel
◁ bis
◄ max

Nr.	Kurztext / Langtext						Kostengruppe
▶	▷	**ø netto €**	◁	◀	[Einheit]	Ausf.-Dauer	Positionsnummer

2 Installationskleinverteiler, uP, 755x348x94,5mm KG **444**

Wie Ausführungsbeschreibung A 1
Verteilerreihen: 4
Farbe: reinweiß RAL 9010
Höhe: 755 mm
Breite: 348 mm
Tiefe: 94,5 mm
Angeb. Fabrikat: .....

215€ 288€ **318€** 395€ 589€ [St] ⏱ 1,00h/St 054.000.037

3 Zählerschrank, uP, Multimediafeld KG **444**

Zählerschrank mit Multimediafeld und Dreifach-Steckdose, Kunststoffmauerkasten, Blendrahmen mit Tür aus Stahlblech, Blindabdeckungen.
Norm: DIN EN 0603/1, DIN 43870
Schutzart: IP44
Schutzklasse: II
Montageart: Unterputz
Verteilerreihen: 7
Farbe: reinweiß RAL 9010
Höhe: 1100 mm
Breite: 1050 mm
Tiefe: 205 mm
Angeb. Fabrikat: .....

1.273€ 1.888€ **2.047€** 2.570€ 3.504€ [St] ⏱ 0,85h/St 054.000.038

A 2 Fehlerstromschutzschalter Beschreibung für Pos. **4-5**

Fehlerstromschutzschalter als Reiheneinbaugerät nach DIN 43880, mit Aufnahmevorrichtung für Beschriftungsschild.
Norm: DIN EN 61008-1 (VDE 0664-10)
Berührungsschutz: fingersicher (DIN EN 50274 (VDE 0660-514)
Typ Fehlerstrom: A pulsstromsensitiv
Bemessungsfehlerstrom (mA) Schutzschalter: 30
Anzahl Pole: 3+N
Bemessungsbetriebsspannung: 400 V AC
Kurzschlussfestigkeit: 6 kA
Max. Stoßstromfestigkeit: 250A
Antrieb Schalter: handbetätigt
Angeb. Fabrikat: .....

4 Fehlerstromschutzschalter, 25A, vierpolig KG **444**

Wie Ausführungsbeschreibung A 2
Bemessungsstrom: 25 A

41€ 58€ **67€** 75€ 90€ [St] ⏱ 0,45h/St 054.000.043

5 Fehlerstromschutzschalter 63A, vierpolig KG **444**

Wie Ausführungsbeschreibung A 2
Bemessungsstrom: 63 A

72€ 107€ **124€** 144€ 182€ [St] ⏱ 0,50h/St 054.000.044

Nr.	Kurztext / Langtext						Kostengruppe
►	▷	ø netto €	◁	◀	[Einheit]	Ausf.-Dauer	Positionsnummer

A 3 Leitungsschutzschalter 6 kA — Beschreibung für Pos. **6-9**

Leitungsschutzschalter als Reiheneinbaugerät nach DIN 43880, mit Aufnahmevorrichtung für Beschriftungsschild.
Norm: DIN EN 60898-1 (VDE 0641-11)
Berührungsschutz: fingersicher DIN EN 50274 (VDE 0660-514)
Bemessungsbetriebsspannung: 230/400 V AC

6 Leitungsschutzschalter 6kA, dreipolig B16A — KG **444**

Wie Ausführungsbeschreibung A 3
Bemessungsschaltvermögen: 6 kA
Anzahl Pole: 3
Auslösecharakteristik Schutzschalter: B
Bemessungsstrom: 16 A
Angeb. Fabrikat: .....

35€	46€	**49€**	56€	74€	[St]	⏱ 0,65h/St	054.000.039

7 Leitungsschutzschalter 6kA, dreipolig B20A — KG **444**

Wie Ausführungsbeschreibung A 3
Bemessungsschaltvermögen: 6 kA
Anzahl Pole: 3
Auslösecharakteristik Schutzschalter: B
Bemessungsstrom: 20 A
Angeb. Fabrikat: .....

38€	51€	**56€**	66€	83€	[St]	⏱ 0,65h/St	054.000.040

8 Leitungsschutzschalter 6kA, dreipolig C16A — KG **444**

Wie Ausführungsbeschreibung A 3
Bemessungsschaltvermögen: 6 kA
Anzahl Pole: 3
Auslösecharakteristik Schutzschalter: C
Bemessungsstrom: 16 A
Angeb. Fabrikat: .....

35€	49€	**59€**	70€	92€	[St]	⏱ 0,65h/St	054.000.041

9 Leitungsschutzschalter 6kA, einpolig B10A — KG **444**

Wie Ausführungsbeschreibung A 3
Bemessungsschaltvermögen: 6 kA
Ausführung Abdeckung: beidseitige Klemmenabdeckung
Anzahl Pole: 1
Auslösecharakteristik Schutzschalter: B
Bemessungsstrom: 10 A
Angeb. Fabrikat: .....

16€	22€	**24€**	27€	33€	[St]	⏱ 0,65h/St	054.000.042

Kosten:
Stand 1. Quartal 2025
Bundesdurchschnitt

► min
▷ von
ø Mittel
◁ bis
◀ max

Nr.	**Kurztext** / Langtext						Kostengruppe
▶	▷	**ø netto €**	◁	◀	[Einheit]	Ausf.-Dauer	Positionsnummer

10 Sicherungssockel, dreipolig KG **444**

Sicherungssockel mit Abdeckung, auf Tragschiene und Neutralleiterklemme. Bestückung mit Sicherungssockel/-unterteil/Trennschalter, mit Sicherungseinsatz.
Norm: DIN VDE 0636-3 (VDE 0636-3)
Bemessungsstrom: 63 A
Anzahle Pole: 3

▶	▷	ø netto €	◁	◀	[Einheit]	Ausf.-Dauer	Positionsnummer
32€	53€	**62€**	78€	113€	[St]	⏱ 0,30h/St	054.000.045

11 Lasttrennschalter, 63A KG **444**

Lasttrennschalter mit Berührungsschutz nach DIN VDE 0106/100
Norm: DIN VDE 0632
Nennstrom: 63 A
Betriebsspannung: 400 V AC
Anschlussquerschnitt bei starrem Leiter: 16 mm^2

▶	▷	ø netto €	◁	◀	[Einheit]	Ausf.-Dauer	Positionsnummer
64€	102€	**125€**	160€	217€	[St]	⏱ 0,45h/St	054.000.046

Nr.	Positionen	Einheit	►	▷	ø brutto € / ø netto €	◁	◄
1	Anbauleuchte, LED, Feuchtraum	St	171	178	**198**	218	223
			144	149	**166**	183	187
2	Einbauleuchte, LED, 39W	St	181	194	**215**	234	242
			152	163	**180**	196	204
3	Pendelleuchte, LED 47W, bis 598mm	St	307	345	**367**	491	511
			258	290	**309**	413	429
4	Pendelleuchte, LED 47W, bis 1.198mm	St	374	394	**469**	514	529
			315	331	**394**	432	444
5	Einbaudownlight, LED, 9W	St	66	68	**78**	85	88
			55	57	**66**	71	74
6	Einbaudownlight, LED, 17,8W	St	68	74	**91**	95	100
			57	63	**76**	80	84

058

Kosten:
Stand 1. Quartal 2025
Bundesdurchschnitt

Nr. **Kurztext** / Langtext — Kostengruppe
► ▷ **ø netto €** ◁ ◄ [Einheit] Ausf.-Dauer Positionsnummer

1 Anbauleuchte, LED, Feuchtraum KG **445**

Anbauleuchte für Feuchtraum, Gehäuse aus Kunststoff (Polycarbonat), innenliegende Halterung, Stahlblech, weiß lackiert, Refraktor Kunststoff (PMMA oder PC), innenprismatisch.
Befestigung: **Decke / Wand**
Abmessung: ..... (bis 1278 mm)
Leuchtmittel: LED 28 W
Lichtfarbe: 840, neutralweiß
Leuchtenlichtstrom: 3.350 lm
Elektrische Ausstattung: Betriebsgerät
Schutzart: IP 66
Schutzklasse: I
Spannung: 0-240 V / 50-60 Hz
Farbe: Lichtgrau
Zubehör: Befestigungsmaterial
Angeb. Fabrikat: .....

144€ 149€ **166€** 183€ 187€ [St] ⏱ 0,35h/St 058.000.003

► min
▷ von
ø Mittel
◁ bis
◄ max

Nr.	Kurztext / Langtext						Kostengruppe
▶	▷	ø netto €	◁	◀	[Einheit]	Ausf.-Dauer	Positionsnummer

2 Einbauleuchte, LED, 39W KG **445**

Einbauleuchte in abgehängter Decke, Gehäuse aus Aluminium, Diffusor und Lightguide aus vergilbungsfreiem PMMA (opal), seitliche Lichteinkopplung mit LED-Betriebsgerät extern.
Abmessung: ..... (bis 1.233 mm)
Abstrahlwinkel: 60°
Leuchtmittel: LED 39 W
Lichtfarbe: 830, warmweiß
Leuchtenlichtstrom: 3.600 lm
Lebensdauer: 50.000 h (L70/B10)
Schutzart: IP 20
Schutzklasse: II
Spannung: 220-240 V / 50-60 Hz
Für Deckenstärke: 10-25 mm
Gehäusefarbe: weiß
Zubehör: Befestigungsmaterial
Angeb. Fabrikat: .....

152€	163€	**180€**	196€	204€	[St]	⏱ 0,60h/St	058.000.020

3 Pendelleuchte, LED 47W, bis 598mm KG **445**

Pendelleuchte, Abdeckung aus Stahlblech, pulverbeschichtet, Rahmen aus Aluminium, eloxiert, Diffusor aus Kunststoff (PMMA) opal, seitliche Lichteinkopplung mit LED, mit 2-Punkt-Stahlseilabhängung, stufenlos höhenverstellbar.
Abstrahlwinkel: 120°
Leuchtmittel: LED 47 W
Lichtfarbe: 830, warmweiß
Leuchtenlichtstrom: 4.300 lm
Schutzart: IP 40
Schutzklasse: I
Spannung: 100-240 V / 50-60 Hz
Gehäusefarbe: aluminium, eloxiert
Zubehör: Befestigungsmaterial
Abmessung: ..... (bis 598 mm)
Angeb. Fabrikat: .....

258€	290€	**309€**	413€	429€	[St]	⏱ 0,50h/St	058.000.023

Nr.	Kurztext / Langtext						Kostengruppe
►	▷	ø netto €	◁	◄	[Einheit]	Ausf.-Dauer	Positionsnummer

4 Pendelleuchte, LED 47W, bis 1.198mm KG **445**

Pendelleuchte, Abdeckung aus Stahlblech, pulverbeschichtet, Rahmen aus Aluminium, eloxiert, Diffusor aus Kunststoff (PMMA) opal, seitliche Lichteinkopplung mit LED, mit 2-Punkt-Stahlseilabhängung, stufenlos höhenverstellbar.
Abstrahlwinkel: 120°
Leuchtmittel: LED 47 W
Lichtfarbe: 830, warmweiß
Leuchtenlichtstrom: 4.300 lm
Schutzart: IP 40
Schutzklasse: I
Spannung: 100-240 V / 50-60 Hz
Gehäusefarbe: aluminium, eloxiert
Zubehör: Befestigungsmaterial
Abmessung: ..... (bis 1.198 mm)
Angeb. Fabrikat: .....

315€	331€	**394€**	432€	444€	[St]	⏱ 0,55h/St	058.000.024

Kosten:
Stand 1.Quartal 2025
Bundesdurchschnitt

A 1 Einbaudownlight, LED Beschreibung für Pos. **5-6**

Einbaudownlight mit LED, Gehäuse aus Aluminium-Druckguss, pulverbeschichtet, Lightguide und Kunststoffabdeckung aus vergilbungsfreiem Kunststoff (PMMA), Abdeckung Kunststoff opal matt, Deckenbefestigung mit Federsystem. Betriebsgerät: extern über Steckverbindung, mit Verbindungsleitung zwischen Leuchte und LED-Konverter 250mm.
Abstrahlwinkel: 110°
Lichtfarbe: 830, warmweiß
Lebensdauer: L70> 50.000 h
Spannung: 220-240 V / 50-60 Hz
für Deckenstärke: 1-20 mm
Schutzart: IP40
Schutzklasse: II
Zubehör: Befestigungsmaterial

5 Einbaudownlight, LED, 9W KG **445**

Wie Ausführungsbeschreibung A 1
Durchmesser: 170 mm
Einbautiefe: 27-53 mm
Lichtleistung: LED 9 W
Leuchtenlichtstrom: 940 lm
Angeb. Fabrikat: .....

55€	57€	**66€**	71€	74€	[St]	⏱ 0,30h/St	058.000.017

6 Einbaudownlight, LED, 17,8W KG **445**

Wie Ausführungsbeschreibung A 1
Durchmesser: 234 mm
Einbautiefe: 31-56 mm
Lichtleistung: LED 17,8 W
Leuchtenlichtstrom: 1.650 lm
Angeb. Fabrikat: .....

57€	63€	**76€**	80€	84€	[St]	⏱ 0,40h/St	058.000.018

► min
▷ von
ø Mittel
◁ bis
◄ max

Nr.	Positionen	Einheit	►	▷	ø brutto € / ø netto €	◁	◄
1	Installationsleitung, symmetrisch J-Y(St)Y 2x2x0,8mm, BS	m	5	6	**6**	7	8
			4	5	**5**	6	7
2	Installationsleitung, symmetrisch J-Y(St)Y 4x2x0,8mm, BS	m	5	6	**7**	7	8
			4	5	**6**	6	7
3	Installationsleitung, symmetrisch J-Y(St)Y 10x2x0,8mm, BS	m	9	10	**10**	11	12
			8	8	**9**	9	10
4	Installationsleitung, symmetrisch J-Y(St)Y 20x2x0,8mm, BS	m	12	13	**15**	15	16
			10	11	**12**	13	13
5	Installationsleitung, symmetrisch J-Y(St)Y 2x2x0,8mm, KR/K/R/MW	m	4	5	**6**	7	8
			3	4	**5**	6	6
6	Installationsleitung, symmetrisch J-Y(St)Y 4x2x0,8mm, KR/K/R/MW	m	6	7	**8**	10	10
			5	6	**7**	9	9
7	Installationsleitung, symmetrisch J-Y(St)Y 10x2x0,8mm, KR/K/R/MW	m	6	7	**8**	11	11
			5	6	**7**	9	9
8	Installationsleitung, symmetrisch J-Y(St)Y 20x2x0,8mm, KR/K/R/MW	m	6	7	**9**	11	12
			5	6	**7**	9	10
9	Installationsleitung, symmetrisch J-Y(St)Y 2x2x0,8mm, AD	m	5	6	**7**	8	9
			4	5	**6**	7	7
10	Installationsleitung, symmetrisch J-Y(St)Y 4x2x0,8mm, AD	m	6	7	**9**	11	11
			5	6	**7**	9	9
11	Installationsleitung, symmetrisch J-Y(St)Y 10x2x0,8mm, AD	m	6	8	**9**	12	12
			5	7	**8**	10	10
12	Installationsleitung, symmetrisch J-Y(St)Y 20x2x0,8mm, AD	m	10	11	**13**	16	17
			8	9	**11**	14	14
13	Installationsleitung, symmetrisch J-Y(St)Y 2x2x0,8mm, uP	m	4	5	**6**	7	8
			3	4	**5**	6	7
14	Installationsleitung, symmetrisch J-Y(St)Y 4x2x0,8mm, uP	m	5	6	**7**	9	9
			4	5	**6**	8	8
15	Installationsleitung, symmetrisch J-Y(St)Y 10x2x0,8mm, uP	m	6	7	**9**	11	11
			5	6	**7**	9	10
16	Installationsleitung, symmetrisch J-Y(St)Y 20x2x0,8mm, uP	m	10	11	**13**	16	17
			8	9	**11**	13	14

Kosten:
Stand 1. Quartal 2025
Bundesdurchschnitt

► min
▷ von
ø Mittel
◁ bis
◄ max

Nr.	Kurztext / Langtext						Kostengruppe
►	▷	**ø netto €**	◁	◀	[Einheit]	Ausf.-Dauer	Positionsnummer

A 1 Installationsleitung, symmetrisch J-Y(St)Y, BS — Beschreibung für Pos. **1-4**

Installationsleitung symmetrisch
Norm: DIN VDE 0815 (VDE 0815)
Leitungstyp: J-Y(St)Y
Verlegung: mit Metallbügel oder Bügelschelle

1 Installationsleitung, symmetrisch J-Y(St)Y 2x2x0,8mm, BS — KG **444**

Wie Ausführungsbeschreibung A 1
Ader-/Leiterzahl: 2 x 2 x 0,8 mm

4€ | 5€ | **5€** | 6€ | 7€ | [m] | ⏱ 0,09h/m | 061.000.001

2 Installationsleitung, symmetrisch J-Y(St)Y 4x2x0,8mm, BS — KG **444**

Wie Ausführungsbeschreibung A 1
Ader-/Leiterzahl: 4 x 2 x 0,8 mm

4€ | 5€ | **6€** | 6€ | 7€ | [m] | ⏱ 0,09h/m | 061.000.002

3 Installationsleitung, symmetrisch J-Y(St)Y 10x2x0,8mm, BS — KG **444**

Wie Ausführungsbeschreibung A 1
Ader-/Leiterzahl: 10 x 2 x 0,8 mm

8€ | 8€ | **9€** | 9€ | 10€ | [m] | ⏱ 0,13h/m | 061.000.003

4 Installationsleitung, symmetrisch J-Y(St)Y 20x2x0,8mm, BS — KG **444**

Wie Ausführungsbeschreibung A 1
Ader-/Leiterzahl: 20 x 2 x 0,8 mm

10€ | 11€ | **12€** | 13€ | 13€ | [m] | ⏱ 0,16h/m | 061.000.004

A 2 Installationsleitung, symmetrisch J-Y(St)Y, KR/K/R/MW — Beschreibung für Pos. **5-8**

Installationsleitung symmetrisch
Norm: DIN VDE 0815 (VDE 0815)
Leitungstyp: J-Y(St)Y
Verlegung: in vorhandener **Kabelrinne / Kanal / Rohr / Montagewan**d

5 Installationsleitung, symmetrisch J-Y(St)Y 2x2x0,8mm, KR/K/R/MW — KG **444**

Wie Ausführungsbeschreibung A 2
Ader-/Leiterzahl: 2 x 2 x 0,8 mm

3€ | 4€ | **5€** | 6€ | 6€ | [m] | ⏱ 0,03h/m | 061.000.008

6 Installationsleitung, symmetrisch J-Y(St)Y 4x2x0,8mm, KR/K/R/MW — KG **444**

Wie Ausführungsbeschreibung A 2
Ader-/Leiterzahl: 4 x 2 x 0,8 mm

5€ | 6€ | **7€** | 9€ | 9€ | [m] | ⏱ 0,03h/m | 061.000.009

Nr.	Kurztext / Langtext						Kostengruppe
►	▷	**ø netto €**	◁	◀	[Einheit]	Ausf.-Dauer	Positionsnummer

7 **Installationsleitung, symmetrisch J-Y(St)Y 10x2x0,8mm, KR/K/R/MW** KG **444**

Wie Ausführungsbeschreibung A 2
Ader-/Leiterzahl: 10 x 2 x 0,8 mm

5€	6€	**7€**	9€	9€	[m]	⏱ 0,05h/m	061.000.010

8 **Installationsleitung, symmetrisch J-Y(St)Y 20x2x0,8mm, KR/K/R/MW** KG **444**

Wie Ausführungsbeschreibung A 2
Ader-/Leiterzahl: 20 x 2 x 0,8 mm

5€	6€	**7€**	9€	10€	[m]	⏱ 0,06h/m	061.000.011

A 3 **Installationsleitung, symmetrisch J-Y(St)Y, AD** Beschreibung für Pos. **9-12**

Installationsleitung symmetrisch
Norm: DIN VDE 0815 (VDE 0815)
Leitungstyp: J-Y(St)Y
Verlegung: oberhalb der Abhangdecke mit Metallsammelbefestigung

9 **Installationsleitung, symmetrisch J-Y(St)Y 2x2x0,8mm, AD** KG **444**

Wie Ausführungsbeschreibung A 3
Ader-/Leiterzahl: 2 x 2 x 0,8 mm

4€	5€	**6€**	7€	7€	[m]	⏱ 0,05h/m	061.000.012

10 **Installationsleitung, symmetrisch J-Y(St)Y 4x2x0,8mm, AD** KG **444**

Wie Ausführungsbeschreibung A 3
Ader-/Leiterzahl: 4 x 2 x 0,8 mm

5€	6€	**7€**	9€	9€	[m]	⏱ 0,05h/m	061.000.013

11 **Installationsleitung, symmetrisch J-Y(St)Y 10x2x0,8mm, AD** KG **444**

Wie Ausführungsbeschreibung A 3
Ader-/Leiterzahl: 10x 2 x 0,8 mm

5€	7€	**8€**	10€	10€	[m]	⏱ 0,08h/m	061.000.014

12 **Installationsleitung, symmetrisch J-Y(St)Y 20x2x0,8mm, AD** KG **444**

Wie Ausführungsbeschreibung A 3
Ader-/Leiterzahl: 20 x 2 x 0,8 mm

8€	9€	**11€**	14€	14€	[m]	⏱ 0,09h/m	061.000.015

Kosten:
Stand 1. Quartal 2025
Bundesdurchschnitt

► min
▷ von
ø Mittel
◁ bis
◀ max

Nr.	Kurztext / Langtext						Kostengruppe
►	▷	**ø netto €**	◁	◀	[Einheit]	Ausf.-Dauer	Positionsnummer

A 4 Installationsleitung, symmetrisch J-Y(St)Y, uP — Beschreibung für Pos. **13-16**

Installationsleitung symmetrisch
Norm: DIN VDE 0815 (VDE 0815)
Leitungstyp: J-Y(St)Y
Verlegung: unter Putz

13 Installationsleitung, symmetrisch J-Y(St)Y 2x2x0,8mm, uP — KG **444**

Wie Ausführungsbeschreibung A 4
Ader-/Leiterzahl: 2 x 2 x 0,8 mm

►	▷	ø netto €	◁	◀	[Einheit]	Ausf.-Dauer	Positionsnummer
3€	4€	**5€**	6€	7€	[m]	⏱ 0,02 h/m	061.000.017

14 Installationsleitung, symmetrisch J-Y(St)Y 4x2x0,8mm, uP — KG **444**

Wie Ausführungsbeschreibung A 4
Ader-/Leiterzahl: 4 x 2 x 0,8 mm

►	▷	ø netto €	◁	◀	[Einheit]	Ausf.-Dauer	Positionsnummer
4€	5€	**6€**	8€	8€	[m]	⏱ 0,04 h/m	061.000.016

15 Installationsleitung, symmetrisch J-Y(St)Y 10x2x0,8mm, uP — KG **444**

Wie Ausführungsbeschreibung A 4
Ader-/Leiterzahl: 10 x 2 x 0,8 mm

►	▷	ø netto €	◁	◀	[Einheit]	Ausf.-Dauer	Positionsnummer
5€	6€	**7€**	9€	10€	[m]	⏱ 0,07 h/m	061.000.018

16 Installationsleitung, symmetrisch J-Y(St)Y 20x2x0,8mm, uP — KG **444**

Wie Ausführungsbeschreibung A 4
Ader-/Leiterzahl: 20 x 2 x 0,8 mm

►	▷	ø netto €	◁	◀	[Einheit]	Ausf.-Dauer	Positionsnummer
8€	9€	**11€**	13€	14€	[m]	⏱ 0,08 h/m	061.000.019

063

Kosten:
Stand 1. Quartal 2025
Bundesdurchschnitt

► min
▷ von
ø Mittel
◁ bis
◄ max

Gefahrenmeldeanlagen — Preise €

Nr.	Positionen	Einheit	►	▷	ø brutto € / ø netto €	◁	◄
1	Brandmeldezentrale, bis 4 Ringe-/Linien	St	2.172	3.440	**4.057**	4.867	6.887
			1.825	2.891	**3.410**	4.090	5.787
2	Brandmeldezentrale, ab 5 Ringe-/Linien	St	7.991	9.866	**10.937**	12.550	15.290
			6.715	8.291	**9.191**	10.547	12.849
3	Feuerwehr - Schlüsseldepot	St	1.878	2.337	**2.531**	3.058	4.016
			1.578	1.964	**2.127**	2.570	3.375
4	Notruf, für Barrierefreies WC	St	627	880	**1.057**	1.238	1.481
			527	740	**889**	1.040	1.245
5	Rauchmelder, optisch	St	96	183	**202**	223	295
			81	154	**170**	188	248
6	Rauchmelder, Ionisation	St	346	388	**431**	472	518
			291	326	**362**	396	436
7	Rauchwarnmelder, optisch	St	35	68	**80**	96	136
			30	57	**67**	81	115
8	Rauchwarnmelder, Funkvernetzte	St	98	150	**176**	203	259
			83	126	**148**	170	217
9	Wärme-Differenzialmelder	St	76	106	**120**	146	192
			64	89	**101**	123	161
10	Kombinierter Rauch-/Wärmemelder	St	154	208	**261**	275	314
			129	174	**220**	231	263
11	Handfeuermelder, Aufputz	St	98	135	**154**	177	235
			82	114	**129**	149	197
12	Signalgeber, akustisch	St	106	185	**217**	248	305
			89	155	**183**	209	256
13	Signalgeber, akustisch/optisch	St	275	343	**364**	406	498
			231	289	**306**	341	418
14	Signalgeber, optisch	St	173	193	**214**	235	259
			146	162	**180**	198	218
15	Anzeige-Tableau	St	815	904	**1.054**	1.102	1.307
			685	760	**885**	926	1.099
16	Feuerwehr-Bedienfeld	St	523	727	**810**	1.347	1.933
			440	611	**681**	1.132	1.624
17	Überfallmelder, Handtaster, Aufputz	St	85	100	**106**	114	129
			71	84	**89**	96	108
18	Rauchauslöseeinrichtung, Aufputz	St	1.001	1.349	**1.532**	1.793	2.297
			842	1.133	**1.287**	1.507	1.930

Nr.	Kurztext / Langtext						Kostengruppe
▶	▷	ø netto €	◁	◀	[Einheit]	Ausf.-Dauer	Positionsnummer

1 Brandmeldezentrale, bis 4 Ringe-/Linien KG **456**

Brandmeldezentrale mit **Grenzwert - Linientechnik oder Ringbustechnik**
Ausführung als **Ringleitung oder Linien / Zonenleitung**
Anzahl **Ringleitungen oder Linien / Zonenleitungen:** ..... St
Insgesamt ausbaubare Leitungen: ..... St
Ausgebaut mit Stichleitungen für adressierbare Melder: ..... St
Insgesamt ausbaubare Stichleitungen für adressierbare Melder: ..... St
Ausgebaut mit Stichleitungen für Grenzwertmelder: ..... St
Insgesamt ausbaubare Stichleitungen für Grenzwertmelder: ..... St
Ausgebaut mit Meldergruppen: ..... St
Insgesamt ausbaubare Meldergruppen: ..... St
Ausbaubare Koppler: ..... St
Registriereinheit: **mit internem Drucker / digital / digital, mit Schnittstelle zum Drucker**
Brandmeldezentrale mit Ersatzstromversorgung, für eine Überbrückungszeit von: **4 / 12 / 24 / 30 / 48 / 72** h
Alarmierungszeit mindestens 0,5 h

1.825€ 2.891€ **3.410€** 4.090€ 5.787€ [St] ⏱ 6,80h/St 063.000.002

2 Brandmeldezentrale, ab 5 Ringe-/Linien KG **456**

Brandmeldezentrale mit **Grenzwert - Linientechnik oder Ringbustechnik**
Ausführung als **Ringleitung oder Linien / Zonenleitung**
Anzahl **Ringleitungen oder Linien / Zonenleitungen:** ..... St
Insgesamt ausbaubare Leitungen: ..... St
Ausgebaut mit Stichleitungen für adressierbare Melder: ..... St
Insgesamt ausbaubare Stichleitungen für adressierbare Melder: ..... St
Ausgebaut mit Stichleitungen für Grenzwertmelder: ..... St
Insgesamt ausbaubare Stichleitungen für Grenzwertmelder: ..... St
Ausgebaut mit Meldergruppen: ..... St
Insgesamt ausbaubare Meldergruppen: ..... St
Ausbaubare Koppler: ..... St
Registriereinheit: **mit internem Drucker / digital / digital, mit Schnittstelle zum Drucker**
Brandmeldezentrale mit Ersatzstromversorgung, für eine Überbrückungszeit von: **4 / 12 / 24 / 30 / 48 / 72** h
Alarmierungszeit mindestens 0,5 h

6.715€ 8.291€ **9.191€** 10.547€ 12.849€ [St] ⏱ 7,80h/St 063.000.003

3 Feuerwehr - Schlüsseldepot KG **456**

Feuerwehr - Schlüsseldepot Gehäuse aus Stahl. Die Schließung erfolgt nach den Anschlussbedingungen der zuständigen behördlich benannten hilfeleistenden Stelle.
Einbauort: **Unterputzmontage / in WDVS, mit Einbauschutz / in Montagesäule**
Überwachte Schlüssel: ..... St
Meldeanlagenbauteilklasse: **FSD1 / FSD2 / FSD3**

1.578€ 1.964€ **2.127€** 2.570€ 3.375€ [St] ⏱ 1,50h/St 063.000.004

4 Notruf, für barrierefreies WC KG **452**

Notruf für barrierefreies WC als Kompakt-Set, bestehend aus 1-Kammer-Signalleuchte rot, Zugtaster, Abstelltaster, Meldeeinheit und Netzteil, einschl. Stromquelle für Sicherheitszwecke DIN VDE 0100-560 (VDE 0100-560), Weiterleitung Störung an Meldeeinheit, Weiterleitung Notruf an Meldeeinheit.

527€ 740€ **889€** 1.040€ 1.245€ [St] ⏱ 1,20h/St 063.000.001

Nr.	Kurztext / Langtext						Kostengruppe
▶	▷	ø netto €	◁	◀	[Einheit]	Ausf.-Dauer	Positionsnummer

5 Rauchmelder, optisch KG **456**

Optischer Rauchmelder, nach dem Streulichtprinzip, passend zur überwachten Anschaltung an die Brandmeldezentrale. Einsatz bei einer Betriebsumgebungstemperatur von -10°C bis +60°C. Frühzeitige Erfassung offener Brände mit entsprechender Rauchentwicklung; intelligente Auswerteelektronik und optische Alarmanzeige sowie zusätzlicher Ausgang zur Anschaltung von externen Geräten, mit Meldersockel.
Energieversorgung: **aus Zentrale über Busleitung / aus Zentrale über separate Stichleitung / Batterie**
Schutzart: IP 42
Netzspannung: 24 V
Angeb. Fabrikat: .....
Ausführungshöhe über Fußboden: **bis 4 / über 4 / über 6** m

81€ 154€ **170€** 188€ 248€ [St] ⏱ 0,35h/St 063.000.005

Kosten:
Stand 1. Quartal 2025
Bundesdurchschnitt

6 Rauchmelder, Ionisation KG **456**

Ionisations-Rauchmelder, mit zwei getrennten Ionisations-Messkammern, passend zur überwachten Anschaltung an die Brandmeldezentrale. Einsatz bei einer Betriebsumgebungstemperatur von -10°C bis +60°C frühzeitige Erfassung offener Brände mit entsprechender Rauchentwicklung, intelligente Auswerteelektronik und optische Alarmanzeige sowie zusätzlicher Ausgang zur Anschaltung von externen Geräten, mit Meldersockel.
Schutzart: IP 42
Netzspannung: 24 V
Angeb. Fabrikat: .....
Ausführungshöhe über Fußboden: **bis 4 / über 4 / über 6** m

291€ 326€ **362€** 396€ 436€ [St] ⏱ 0,35h/St 063.000.006

7 Rauchwarnmelder, optisch KG **456**

Optischer Rauchwarnmelder, nach dem Streulichtprinzip, passend zur überwachten Anschaltung an die Brandmeldezentrale. Einsatz bei einer Betriebsumgebungstemperatur von -10°C bis +60°C. Frühzeitige Erfassung offener Brände mit entsprechender Rauchentwicklung; intelligente Auswerteelektronik und optische Alarmanzeige sowie zusätzlicher Ausgang zur Anschaltung von externen Geräten, mit Meldersockel.
Energieversorgung: **mit interner Primärbatterie / mit externer Energieversorgung**
Schutzart: IP 42
Netzspannung: 24 V
Angeb. Fabrikat: .....
Ausführungshöhe über Fußboden: **bis 4 / über 4 / über 6** m

30€ 57€ **67€** 81€ 115€ [St] ⏱ 0,35h/St 063.000.007

▶ min
▷ von
ø Mittel
◁ bis
◀ max

8 Rauchwarnmelder, Funkvernetzte KG **456**

Funkvernetzte Rauchwarnmelder, nach dem Streulichtprinzip, passend zur überwachten Anschaltung an die Brandmeldezentrale. Einsatz bei einer Betriebsumgebungstemperatur von -10°C bis +60°C. Frühzeitige Erfassung offener Brände mit entsprechender Rauchentwicklung; intelligente Auswerteelektronik und optische Alarmanzeige sowie zusätzlicher Ausgang zur Anschaltung von externen Geräten, mit Meldersockel.
Energieversorgung: **mit interner Primärbatterie / mit externer Energieversorgung**
Schutzart: IP 42
Netzspannung: 24 V
Angeb. Fabrikat: .....
Ausführungshöhe über Fußboden: **bis 4 / über 4 / über 6** m

83€ 126€ **148€** 170€ 217€ [St] ⏱ 0,35h/St 063.000.008

Nr.	**Kurztext** / Langtext						Kostengruppe
▶	▷	**ø netto €**	◁	◀	[Einheit]	Ausf.-Dauer	Positionsnummer

9 Wärme-Differenzialmelder KG **456**

Wärme-Differenzialmelder mit Maximalwertauslösung. Temperaturerfassung mit Halbleitern, einschl. Sockel. Integriertem Signalgeber im Sockel.
Signalart: **optisch / akustisch / optisch und akustisch**
Signal als: **Notsignal / Warnsignal**
Energieversorgung: **mit interner Primärbatterie / mit externer Energieversorgung**
Schalldruckpegel mind. 80 dB(A)
Gehäuse: **Kunststoff / Metall**
Bezeichnungsschild: .....
Ausführungshöhe über Fußboden: **bis 4 / über 4 / über 6** m

64€ | 89€ | **101€** | 123€ | 161€ | [St] | ⏱ 0,35h/St | 063.000.009

10 Kombinierter Rauch-/Wärmemelder KG **456**

Kombi-Melder mit integriertem Optischen Rauchmelder und Thermodifferenzialmelder, mit gewichteter Verknüpfung der Daten beider Melderfunktionen zur Erkennung von Schwelbränden und Bränden mit hoher Wärmeentwicklung mit Meldersockel und Trenner integriert im Melder. Soundgeber mind. 96dB(A). Eigenfunktionskontrolle, Notredundanz und automatischer Umweltanpassung. Mit Ferndiagnose und Softadressierung. Ringbus fähig über 2 Adern.
Spezifikation: .....
Gehäuse: ABS weiß ähnlich RAL 9010
Schutzart: IP 40

129€ | 174€ | **220€** | 231€ | 263€ | [St] | ⏱ 0,50h/St | 063.000.010

11 Handfeuermelder, Aufputz KG **456**

Handfeuermelder für Anwendung **in Innenräumen / im freien** für Meldereinzelerkennung, in Aufputzausführung. Gehäuse aus **Isolierstoff / Druckguss.**
Bezeichnungsschild: .....

82€ | 114€ | **129€** | 149€ | 197€ | [St] | ⏱ 0,30h/St | 063.000.011

12 Signalgeber, akustisch KG **456**

Akustischer Signalgeber als elektronischer Schallgeber mit integriertem punktförmigem Melder für die Alarmierungseinrichtung einer Brandmeldeanlage.
Signalgeber als: **Notsignal / Warnsignal**
Gehäuse: **Kunststoff / Stahl / Leichtmetall**
Anwendung Melder: **in Gebäuden (Typ A) / im Freien (Typ B)**
Montageort: **für Deckenmontage Kategorie C / für Wandmontage Kategorie W**
Arbeitshöhe: **bis / ab** 3,5 m

89€ | 155€ | **183€** | 209€ | 256€ | [St] | ⏱ 0,40h/St | 063.000.012

Nr.	Kurztext / Langtext						Kostengruppe
▶	▷	ø netto €	◁	◀	[Einheit]	Ausf.-Dauer	Positionsnummer

13 Signalgeber, akustisch/optisch KG **456**

Akustischer und Optischer Signalgeber als elektronischer Schallgeber und Blitzleuchte einschl. Leuchtmittel mit integriertem punktförmigem Melder für die Alarmierungseinrichtung einer Brandmeldeanlage.
Signalgeber als: **Notsignal / Warnsignal**
Farbton: rot
Gehäuse: **Kunststoff / Stahl / Leichtmetall**
Anwendung Melder: **in Gebäuden (Typ A) / im Freien (Typ B)**
Montageort: **für Deckenmontage Kategorie C / für Wandmontage Kategorie W**
Arbeitshöhe: **bis / ab** 3,5 m

231€ 289€ **306€** 341€ 418€ [St] ⏱ 0,50h/St 063.000.013

Kosten:
Stand 1. Quartal 2025
Bundesdurchschnitt

14 Signalgeber, optisch KG **456**

Optischer Signalgeber als Gefahrensignal mit Blitzleuchte einschl. Leuchtmittel mit integriertem punktförmigem Melder für die Alarmierungseinrichtung einer Brandmeldeanlage.
Signalgeber als: **Notsignal / Warnsignal**
Farbton: rot
Gehäuse: **Kunststoff / Stahl / Leichtmetall**
Anwendung Melder: **in Gebäuden (Typ A) / im Freien (Typ B)**
Montageort: **für Deckenmontage Kategorie C / für Wandmontage Kategorie W**
Arbeitshöhe: **bis / ab** 3,5 m

146€ 162€ **180€** 198€ 218€ [St] ⏱ 0,40h/St 063.000.014

15 Anzeige-Tableau KG **456**

Anzeige-Tableau, mit alphanumerischem Anzeigeelement, zur Anzeige aller Meldungen und Zustände der Brandmeldezentrale, mit mind. 3 LED-Anzeigeelementen, zur Anzeige aller Alarmmeldungen und Störungen, für Aufputzmontage.

685€ 760€ **885€** 926€ 1.099€ [St] ⏱ 1,60h/St 063.000.015

16 Feuerwehr-Bedienfeld KG **456**

Feuerwehr-Bedienfeld einschl. Schließzylinder.
Schutzart: **IP 44 / IP 3X**
Betriebsspannung: V
Einbau: **Aufputz / Unterputz**

440€ 611€ **681€** 1.132€ 1.624€ [St] ⏱ 1,50h/St 063.000.016

17 Überfallmelder, Handtaster, Aufputz KG **456**

Überfallmelder als Handtaster in Aufputzausführung.
Anschluss: **in Linientechnik / in Bustechnik / direkt an Zentrale**
- Impulsauslösung
- Alarmwiederholung
- Sabotageüberwachung

Schutzart: IP40
Abmessungen (D x T): ..... x ..... mm
Gehäuse: Kunststoff
Farbe: .....

71€ 84€ **89€** 96€ 108€ [St] ⏱ 0,65h/St 063.000.017

▶ min
▷ von
ø Mittel
◁ bis
◀ max

Nr.	Kurztext / Langtext						Kostengruppe
▶	▷	**ø netto €**	◁	◀	[Einheit]	Ausf.-Dauer	Positionsnummer

18 Rauchauslöseeinrichtung, Aufputz KG **456**

Rauchauslöseeinrichtung zur Ansteuerung von Brandschutzklappen und zugehöriger Ventilatoren, Gehäuse mit Staukreuz, optischen Rauchdetektor nach EN 54-7, Auswerteelektronik, potentialfreien Ausgängen, Rauchdetektor geschützt, zugänglich und überprüfbar, mit Gehäuses, Funktionstest, Rückstellung, LED-Anzeigen für Betrieb, Störungen und Verschmutzungsgrade. Einbau lage- und strömungsrichtungsunabhängig. In Aufputzausführung, Montage an Wand.
Anschlussspannung: 230 V, **50 / 60** Hz

842€	1.133€	**1.287€**	1.507€	1.930€	[St]	⏱ 2,15h/St	063.000.021

069

Kosten:
Stand 1. Quartal 2025
Bundesdurchschnitt

▶ min
▷ von
ø Mittel
◁ bis
◀ max

Aufzüge **Preise €**

Nr.	Positionen	Einheit	▶	▷	ø brutto € / ø netto €	◁	◀
1	Personenaufzug/Lastenaufzug bis 320kg	St	46.295	56.621	**59.058**	63.167	73.493
			38.903	47.580	**49.628**	53.081	61.759
2	Personenaufzug/Lastenaufzug bis 630kg, barrierefrei, Typ 2	St	59.026	69.133	**73.384**	79.427	89.978
			49.601	58.095	**61.667**	66.745	75.612
3	Personenaufzug/Lastenaufzug bis 1.275kg, barrierefrei, Typ 3	St	73.848	96.054	**110.801**	128.943	157.939
			62.057	80.717	**93.110**	108.355	132.722
4	Personenaufzug/Lastenaufzug über 1.000 bis 1.600kg	St	115.508	132.713	**134.706**	148.623	165.828
			97.066	111.523	**113.198**	124.893	139.351
5	Bettenaufzug, 2.500kg	St	106.628	141.825	**146.717**	148.590	183.787
			89.604	119.181	**123.292**	124.866	154.443
6	Sitzlift, Treppe innen, gerade	St	5.858	6.517	**11.926**	16.199	16.846
			4.923	5.476	**10.022**	13.613	14.156
7	Sitzlift, Treppe innen, gewendelt	St	11.540	13.494	**19.864**	26.511	29.919
			9.698	11.340	**16.693**	22.278	25.142
8	Plattformlift, Treppe innen, gerade	St	14.698	15.805	**19.727**	28.574	30.311
			12.351	13.282	**16.577**	24.012	25.471
9	Plattformlift, Treppe innen, gewendelt	St	22.316	23.992	**32.702**	37.755	38.996
			18.753	20.161	**27.481**	31.727	32.769
10	Plattformlift, Treppe außen, gerade	St	21.166	21.807	**26.587**	29.658	31.358
			17.786	18.325	**22.342**	24.923	26.351
11	Plattformaufzug, bis 2 Etagen, barrierefrei, verglast, außen	St	41.144	41.202	**58.534**	70.684	73.471
			34.574	34.624	**49.189**	59.399	61.741
12	Plattformaufzug, bis 5 Etagen, barrierefrei, verglast, außen	St	103.655	105.050	**114.827**	123.599	126.200
			87.105	88.278	**96.493**	103.865	106.051
13	Schachtgerüst, Aufzug	m^2	284	453	**522**	592	746
			239	381	**439**	497	627
14	Hublift, Förderplattform, 1,5m	St	14.171	15.288	**18.100**	26.460	27.146
			11.908	12.847	**15.210**	22.235	22.811
15	Hublift, Förderplattform, 3,0m	St	23.245	23.912	**29.400**	32.339	33.133
			19.534	20.094	**24.705**	27.176	27.843
16	Kleingüteraufzug mit Traggerüst	St	12.403	14.740	**16.574**	18.596	20.934
			10.423	12.387	**13.928**	15.627	17.591
17	Verglasung Aufzugsanlage	m^2	173	279	**324**	396	503
			145	235	**272**	333	423
18	Schachttür, Aufzugsanlage	St	1.682	1.869	**2.317**	2.591	2.797
			1.413	1.570	**1.947**	2.177	2.350
19	Türlaibung, Aufzugsanlage	St	1.864	2.012	**2.091**	2.141	2.289
			1.566	1.691	**1.757**	1.799	1.924
20	Fahrkorb-Tableau, Aufzugsanlage	St	1.054	1.331	**1.499**	1.563	1.786
			886	1.119	**1.259**	1.313	1.501
21	Prüfung vor Inbetriebnahme, Aufzugsanlage	psch	809	1.183	**1.534**	1.671	1.901
			680	994	**1.289**	1.404	1.597
22	Inbetriebnahme und Endabnahme Aufzugsanlage	psch	1.511	2.750	**2.827**	4.376	6.250
			1.270	2.311	**2.376**	3.678	5.252
23	Wartung Personenaufzug	St	1.488	2.819	**3.328**	3.997	5.810
			1.250	2.369	**2.797**	3.359	4.883
24	Brandfallsteuerung	St	499	579	**615**	664	767
			419	487	**517**	558	644

Nr.	Positionen	Einheit	►	▷	ø brutto € / ø netto €	◁	◄
25	Fern-/Notrufeinrichtung, Aufzugsanlage	St	813	1.005	**1.195**	1.342	1.535
			683	845	**1.004**	1.128	1.290
26	Schutzauskleidung Aufzugskabine	St	4.956	5.406	**5.681**	5.794	6.110
			4.165	4.543	**4.774**	4.869	5.135
27	Stundensatz, Monteur/-in Aufzüge	h	87	110	**115**	139	179
			73	92	**97**	117	151
28	Stundensatz, Helfer/-in Aufzüge	h	55	72	**78**	83	97
			46	61	**65**	70	82

Nr. **Kurztext** / Langtext — Kostengruppe
► ▷ **ø netto €** ◁ ◄ [Einheit] Ausf.-Dauer Positionsnummer

1 Personenaufzug/Lastenaufzug bis 320kg KG **461**

Seilaufzug, bis 320kg Nutzlast, als **Personenaufzug / Lastenaufzug**, elektrisch betrieben.
Gruppengröße: 4 Personen
Gruppensteuerung: Auf-/Abwärts-Sammelsteuerung
Geschwindigkeit: **1,6 / 1,0 / 0,5** m/s
Nennlast: 320 kg
Anzahl der **Fahrten / Fahrzeit** je Tag ca. **1,5 / 3,0 / 6,0** (Stunden je Tag) nach VDI 4707 Bl.1
Schallwerte 1 Meter vom Antrieb entfernt: max. 65 dB(A)
Schalwerte in der Kabine während der Fahrt: max. 51 dB(A)
Schallwert ein Meter vor geschlossener Schachttür: max. 53 dB(A)
Brandschutz: **Türen ohne Brandanforderung / E120 nach EN81-58**
Anzahl Haltestellen: .... Geschosse. Summe Zugänge: ..... Zugänge
Schachtausführung: Betonschacht
Schacht-Abmessung (L x B x T): ..... x ..... x ..... mm
Schachtgrubentiefe: ..... mm
Schachtkopfhöhe: ..... mm
Förderhöhe: ..... mm
Motor: Energieeffizienzklasse ....., mit ..... kW
Nennstrom: .....
Anlaufstrom: .....
Hersteller/Typ des Antriebes: .....
Hersteller/Typ des Motors: .....
Hersteller/Typ der Steuerung: .....
Hersteller/Typ des Fahrkorbes: .....
Hersteller/Typ der elektronischen Steuerung: .....

38.903 47.580€ **49.628€** 53.081€ 61.759€ [St] ⏱ 180,00h/St 069.000.001

Nr.	Kurztext / Langtext							Kostengruppe
►	▷	ø netto €	◁	◀		[Einheit]	Ausf.-Dauer	Positionsnummer

2 **Personenaufzug/Lastenaufzug bis 630kg, barrierefrei, Typ 2** KG **461**

Seilaufzug als **Personenaufzug / Lastenaufzug**, elektrisch betrieben, Ausstattung für Personen mit Behinderung.
Nennlast: **630 kg / 8 Personen**
Türbreite: mind. 90 cm
Fahrkorbbreite: mind. 110 cm
Fahrkorbtiefe: mind. 210 cm
Typ: Personenaufzug EN81-70 barrierefrei, Nutzung durch 1 Rollstuhlbenutzer mit Begleitperson nach EN 12183 oder durch elektrisch angetriebenen Rollstuhl der Klassen A oder B DIN EN 12184
Gruppengröße: 8 Personen
Gruppensteuerung: Auf-/Abwärts-Sammelsteuerung
Geschwindigkeit: **1,6 / 1,0** / **0,5** m/s
Nennlast: 630 kg
Anzahl der **Fahrten / Fahrzeit** je Tag: ca. **1,5 / 3,0 / 6,0** (Stunden je Tag) nach VDI 4707 Bl.1
Schallwert 1 Meter vom Antrieb entfernt: max. ..... dB(A)
Schalwert in der Kabine während der Fahrt: max. 51 dB(A)
Schallwert1 Meter vor geschlossener Schachttür: max. ..... dB(A)
Türausbildung: gem. DIN 18091
Brandschutz: Türen **ohne Brandanforderung / E120 nach EN81-58**
Türausbildung gem. DIN 18091
Anzahl Haltestellen: ..... Geschosse
Summe Zugänge: ..... Zugänge
Korrosionsschutz für Stahlteile:
Korrosivitätsklasse: C....., Schutzdauer: **L / M / H / VH**
Schachtausführung: Betonschacht nach EN81
Schacht-Abmessung (L x B x T): ..... x ..... x ..... mm
Schachtgrubentiefe: ..... mm
Schachtkopfhöhe: ..... mm
Förderhöhe: ..... mm
Aufzugsantrieb: **im Schacht / im gesonderten Maschinenraum**
Antrieb, Kabinenausstattung, Ausführung Schachtkorb und Türen, gem. Einzelbeschreibung
Bieterangaben:
Motor: Energieeffizienzklasse ....., mit ..... kW
Nennstrom: .....
Anlaufstrom: .....
Hersteller/Typ des Antriebes: .....
Hersteller/Typ des Motors: .....
Hersteller/Typ der Steuerung: .....
Hersteller/Typ des Fahrkorbes: .....
Hersteller/Typ der elektronischen Steuerung: .....

►	▷	ø	◁	◀	[Einheit]	Ausf.-Dauer	Positionsnummer
49.601	58.095€	**61.667€**	66.745€	75.612€	[St]	⏱ 220,00h/St	069.000.004

Kosten:
Stand 1. Quartal 2025
Bundesdurchschnitt

► min
▷ von
ø Mittel
◁ bis
◀ max

3 Personenaufzug/Lastenaufzug bis 1.275kg, barrierefrei, Typ 3 KG **461**

Seilaufzug als **Personenaufzug / Lastenaufzug**, elektrisch betrieben, Ausstattung für Personen mit Behinderung.
Nennlast: **1.275 kg / 13 Personen**
Gruppensteuerung: Auf-/Abwärts-Sammelsteuerung
Geschwindigkeit: **1,6 / 1,0 / 0,5** m/s
Nennlast: 1.275 kg
Anzahl der **Fahrten / Fahrzeit** je Tag: ca. **1,5 / 3,0 / 6,0** (Stunden je Tag) nach VDI 4707 Bl.1
Schallwert 1 Meter vom Antrieb entfernt: max. ..... dB(A)
Schallwert in der Kabine während der Fahrt: max. 51 dB(A)
Schallwert: Meter vor geschlossener Schachttür max. ..... dB(A)
Türausbildung: gem. DIN 18091
Brandschutz: Türen **ohne Brandanforderung / E120 nach EN81-58**
Anzahl Haltestellen: .... Geschosse
Summe Zugänge: ..... Zugänge
Korrosionsschutz für Stahlteile:
Korrosivitätsklasse: C....., Schutzdauer: **L / M / H / VH**
Schachtausführung: Betonschacht nach EN81
Schacht-Abmessung (L x B x T): ..... x ..... x ..... mm
Schachtgrubentiefe: ..... mm
Schachtkopfhöhe: ..... mm
Förderhöhe: ..... mm
Aufzugsantrieb: **im Schacht / im gesonderten Maschinenraum**
Bieterangaben:
Motor: Energieeffizienzklasse ....., mit ..... kW
Nennstrom: ..... / Anlaufstrom: .....
Türbreite: mind. 90 cm
Fahrkorbbreite: mind. 200 cm
Fahrkorbtiefe: mind. 140 cm
Hersteller/Typ des Antriebes: .....
Hersteller/Typ des Motors: .....
Hersteller/Typ der Steuerung: .....
Hersteller/Typ des Fahrkorbes: .....
Hersteller/Typ der elektronischen Steuerung: .....

62.057	80.717€	**93.110€**	108.355€	132.722€	[St]	⏱ 240,00h/St	069.000.002

040 041 042 044 045 046 047 053 054 058 061 063 **069** 075

Nr.	Kurztext / Langtext						Kostengruppe
►	▷	ø netto €	◁	◀	[Einheit]	Ausf.-Dauer	Positionsnummer

4 Personenaufzug/Lastenaufzug über 1.000 bis 1.600kg KG **461**

Seilaufzug als **Personenaufzug / Lastenaufzug**, elektrisch betrieben.
Gruppensteuerung: Auf-/Abwärts-Sammelsteuerung
Geschwindigkeit: **1,6 / 1,0 / 0,5** m/s
Anzahl der **Fahrten / Fahrzeit** je Tag: ca. **1,5 / 3,0 / 6,0** (Stunden je Tag) nach VDI 4707 Bl.1
Schallwert 1 Meter vom Antrieb entfernt: max. ..... dB(A)
Schallwert in der Kabine während der Fahrt: max. 51 dB(A)
Schallwert 1 Meter vor geschlossener Schachttür: max. ..... dB(A)
Brandschutz: **Türen ohne Brandanforderung / E120 nach EN81-58**
Anzahl Haltestellen: ..... Geschosse.
Zugänge: ..... Zugänge
Korrosionsschutz für Stahlteile:
Korrosivitätsklasse: C....., Schutzdauer: **L / M / H / VH**
Schachtausführung: Betonschacht nach EN81
Schacht-Abmessung (L x B x T): ..... x ..... x ..... mm
Schachtgrubentiefe: ..... mm
Schachtkopfhöhe: ..... mm
Förderhöhe: ..... mm
Aufzugsantrieb: **im Schacht / im gesonderten Maschinenraum**
Bieterangaben:
Motor: Energieeffizienzklasse ....., mit ..... kW
Nennstrom: .....
Anlaufstrom: .....
Hersteller/Typ des Antriebes: .....
Hersteller/Typ des Motors: .....
Hersteller/Typ der Steuerung: .....
Hersteller/Typ des Fahrkorbes: .....
Hersteller/Typ der elektronischen Steuerung: .....

►	▷	ø netto €	◁	◀	[Einheit]	Ausf.-Dauer	Positionsnummer
97.066	111.523€	**113.198€**	124.893€	139.351€	[St]	⏱ 240,00h/St	069.000.003

Kosten:
Stand 1.Quartal 2025
Bundesdurchschnitt

► min
▷ von
ø Mittel
◁ bis
◀ max

5 **Bettenaufzug, 2.500kg** KG **461**

Seilaufzug als Personenaufzug, elektrisch betrieben EN 81-1, liefern und betriebsfertig montieren. Ausführung gem. anliegender Einzelbeschreibungen. Einsatzempfehlung: Bettenaufzug gem. DIN 15309, in Krankenhäuser und Kliniken, Bettengröße 1,00x2,30m, mit Geräten für die medizinische Versorgung und Notbehandlung der Patienten, mit Begleitperson am Kopfende und/oder seitlich stehend. Ausführung barrierefrei EN81-70.
Gruppengröße: 33 Personen
Gruppensteuerung: Auf-/Abwärts-Sammelsteuerung
Geschwindigkeit: **1,0 / 0,5** m/s
Nennlast: 2.500 kg
Anzahl der **Fahrten / Fahrzeit** je Tag: ca. ..... (Stunden je Tag) nach VDI 4707 Bl.1
Schallwert 1 Meter vom Antrieb entfernt: max. ..... dB(A)
Schallwert in der Kabine während der Fahrt: max. 51 dB(A)
Schallwert 1 Meter vor geschlossener Schachttür: max. ..... dB(A)
Brandschutz: E120 nach EN81-58
Anzahl Haltestellen: ..... Geschosse
Zugänge: ..... **Zugänge / Türen** gegenüber: ..... Geschosse
Korrosionsschutz für Stahlteile:
Korrosivitätsklasse: C....., Schutzdauer: **L / M / H / VH**
Schachtausführung: Betonschacht nach EN81
Schacht-Abmessung (B x T): 2.775 x 3.250 mm
Schachtgrubentiefe: ..... mm
Schachtkopfhöhe: ..... mm
Förderhöhe: ..... mm
Aufzugsantrieb: **im Schacht / im gesonderten Maschinenraum**
Bieterangaben:
Motor: Energieeffizienzklasse ....., mit ..... kW
Nennstrom: ..... / Anlaufstrom: .....
Hersteller/Typ des Antriebes: .....
Hersteller/Typ des Motors: .....
Hersteller/Typ der Steuerung: .....
Hersteller/Typ des Fahrkorbes: .....
Hersteller/Typ der elektronischen Steuerung: .....

89.604 119.181€ **123.292€** 124.866€ 154.443€ [St] ⏱ 260,00h/St 069.000.008

Nr.	Kurztext / Langtext						Kostengruppe
▶	▷	**ø netto €**	◁	◀	[Einheit]	Ausf.-Dauer	Positionsnummer

Kosten:
Stand 1.Quartal 2025
Bundesdurchschnitt

A 1 **Sitzlift, Treppe innen** — Beschreibung für Pos. **6-7**

Sitzlift mit Stangenantrieb für Treppen im Innenbereich, mit außenseitiger Stützenmontage auf Treppenstufen, gepolsterten Sitz, klappbar, mit Rücken- und beidseitiger Armlehne, mit Gurt und Fußbrett.
Förderlänge: ..... m (1 Wohngeschoss)
Neigungswinkel: 0-.....°
Betrieb: Zahnstangenantrieb, Akkumotor 0,36 kW
Tragfähigkeit: 125 kg
Fahrgeschwindigkeit: max. 0,11 m/s
Stromversorgung: 230 V / 50 Hz
Steuerung: Totmannsteuerung
Bedienung: Fernbedienung und Taster, Joystick auf Lehne
Fahrschiene: parallele Stahlrohre,
Oberfläche: Stahlrohre, pulverbeschichtet, Farbe: RAL ......
Korrosivitätsklasse: C....., Schutzdauer: **L / M / H / VH**

6 **Sitzlift, Treppe innen, gerade** — KG **461**

Wie Ausführungsbeschreibung A 1
Treppenlauf: gerade

4.923€	5.476€	**10.022€**	13.613€	14.156€	[St]	–	069.000.012

7 **Sitzlift, Treppe innen, gewendelt** — KG **461**

Wie Ausführungsbeschreibung A 1
Treppenlauf: gewendelt

9.698€	11.340€	**16.693€**	22.278€	25.142€	[St]	–	069.000.013

A 2 **Plattformlift, Treppe** — Beschreibung für Pos. **8-10**

Plattformlift mit Fahrschiene und Antriebsseil, für Treppen mit Plattformrückwand und äußerer Wandbefestigung, Plattform mit Auffahrrampen, automatischen Sicherheitsbügel und Bedieneinheit.
Nutzgröße: mind. 860 mm x 650 mm
Förderlänge: ..... m (1 Wohngeschoss)
Neigungswinkel: 0-.....°
Betrieb: Seilantrieb, bis 2,2 kW
Tragfähigkeit: 250 kg
Fahrgeschwindigkeit: max. 0,52 m/s
Stromversorgung: 230 V / 50 Hz
Steuerung: Totmannsteuerung
Bedienung: Außenbefehlsgeber, Bedienpanel
Schlüsselaktivierung: **ja / nein**
Fahrschiene: parallele Stahlrohre
Oberfläche: Stahlrohre, pulverbeschichtet, Farbe: RAL-......
Korrosivitätsklasse: C....., Schutzdauer: **L / M / H / VH**

8 **Plattformlift, Treppe innen, gerade** — KG **461**

Wie Ausführungsbeschreibung A 2
Einbauort: innen
Treppenlauf: gerade

12.351	13.282€	**16.577€**	24.012€	25.471€	[St]	–	069.000.014

▶ min
▷ von
ø Mittel
◁ bis
◀ max

Nr.	Kurztext / Langtext						Kostengruppe
▶	▷	ø netto €	◁	◀	[Einheit]	Ausf.-Dauer	Positionsnummer

9 Plattformlift, Treppe innen, gewendelt KG **461**

Wie Ausführungsbeschreibung A 2
Einbauort: innen
Treppenlauf: kurvig, ...

▶	▷	ø netto €	◁	◀	[Einheit]	Ausf.-Dauer	Positionsnummer
18.753	20.161€	**27.481€**	31.727€	32.769€	[St]	–	069.000.015

10 Plattformlift, Treppe außen, gerade KG **461**

Wie Ausführungsbeschreibung A 2
Einbauort: außen
Treppenlauf: gerade

▶	▷	ø netto €	◁	◀	[Einheit]	Ausf.-Dauer	Positionsnummer
17.786	18.325€	**22.342€**	24.923€	26.351€	[St]	–	069.000.016

A 3 Personenaufzug, Plattform, verglast, barrierefrei Beschreibung für Pos. **11-12**

Aufzugsanlage mit Senkrechtplattform und Seitenschutz, Aufzugstraggerüst aus Stahlprofilen mit Verglasung, Automatiktüren, Bedienelementen, Ausstattungen und Klappsitz. Die Inbetriebnahme mit Schlüsselschalter am Bedientableau an Zugang, Sicherheitseinrichtung mit Not-Stopptaster, Notruf, Notruftonsignal, Notlicht und Notablass bei Stromausfall.
Tragfähigkeit: 400 kg
Geschwindigkeit: 0,15 m/s
Nutzgröße (B x L): ..... mm
Bedienung: Tableau
Stromversorgung: 230 V / 50 Hz
Steuerung: Totmann-Steuerung, Selbsterhaltungsteuerung
Schachtkonstruktion: Stahlprofile, lackiert, Farbton: RAL .....
Korrosivitätsklasse: C....., Schutzdauer: **L / M / H / VH**
Verglasung: Wärmeschutzglas, Sicherheitsverglasung
U-Werte, Hüllflächen: .....
Schachtgrubentiefe: .....
Türen: .....

11 Plattformaufzug, bis 2 Etagen, barrierefrei, verglast, außen KG **461**

Wie Ausführungsbeschreibung A 3
Haltestellen: 2 St
Förderhöhe: bis 15 m
Einbauort: außen, ...

▶	▷	ø netto €	◁	◀	[Einheit]	Ausf.-Dauer	Positionsnummer
34.574	34.624€	**49.189€**	59.399€	61.741€	[St]	–	069.000.019

12 Plattformaufzug, bis 5 Etagen, barrierefrei, verglast, außen KG **461**

Wie Ausführungsbeschreibung A 3
Haltestellen: 5 St
Förderhöhe: bis 15 m
Einbauort: außen, ...

▶	▷	ø netto €	◁	◀	[Einheit]	Ausf.-Dauer	Positionsnummer
87.105	88.278€	**96.493€**	103.865€	106.051€	[St]	–	069.000.020

Nr.	Kurztext / Langtext						Kostengruppe
▶	▷	ø netto €	◁	◀	[Einheit]	Ausf.-Dauer	Positionsnummer

13 Schachtgerüst, Aufzug KG **461**

Aufzugschachtgerüst, als geschweißte Stahlkonstruktion, Aufnahme einer Aufzugsanlage mit Haltestellen und Zugängen.
Tragfähigkeit: ..... kg
Förderhöhe: ..... m
Haltestellen: ..... St
Zugänge: ..... St
Schachtinnenmaße (L x B x H): ..... x ..... x ..... m
Oberfläche: .....
Einbauort: .....

▶	▷	ø	◁	◀	Einheit	Ausf.-Dauer	Positionsnummer
239€	381€	**439€**	497€	627€	[m²]	⏱ 3,00h/m²	069.000.022

Kosten:
Stand 1.Quartal 2025
Bundesdurchschnitt

A 4 Hublift, Förderplattform Beschreibung für Pos. **14-15**

Hublift mit Förderplattform und Fördermast, Konstruktion selbsttragend, mit Wandbefestigung, Geländer mit Ausfachung, Bekleidungen aus Metall, sowie oberer Sicherheitstüre mit Blechbekleidung zur Sturzabsicherung und mitfahrender Sicherheitstüre.
Zugänge: gegenüber, 90° versetzt
Nutzgröße (B x L): 1.100 x 1.400 mm
Schachtgrube: ...
Betrieb: Spindelantrieb, 1,5 kW
Tragfähigkeit: 340 kg
Fahrgeschwindigkeit: max. 0,005 m/s
Stromversorgung: 230 V / 50 Hz
Steuerung: Totmannsteuerung
Bedienung: Wippschalter
Schlüsselaktivierung: **ja / nein**
Rahmen der Antriebseinheit und Türen: Aluminium, eloxiert
Geländer: nichtrostendes Stahlrohr, 40 mm
Ausfachung: Stahlblech, pulverbeschichtet, Farbe: .....
Stahlprofile, lackiert, Farbton: RAL .....
Korrosivitätsklasse: C....., Schutzdauer: **L / M / H / VH**
Bekleidung: .....

14 Hublift, Förderplattform, 1,5m KG **461**

Wie Ausführungsbeschreibung A 4
Einbauort: **Hochparterre / versetzte Geschossebene, innen / außen**
Förderhöhe: bis 1,50 m

▶	▷	ø	◁	◀	Einheit	Ausf.-Dauer	Positionsnummer
11.908	12.847€	**15.210€**	22.235€	22.811€	[St]	–	069.000.017

15 Hublift, Förderplattform, 3,0m KG **461**

Wie Ausführungsbeschreibung A 4
Einbauort: ....., **innen / außen**
Förderhöhe: bis 3,0 m

▶	▷	ø	◁	◀	Einheit	Ausf.-Dauer	Positionsnummer
19.534	20.094€	**24.705€**	27.176€	27.843€	[St]	–	069.000.018

▶ min
▷ von
ø Mittel
◁ bis
◀ max

Nr.	**Kurztext** / Langtext						Kostengruppe
▶	▷	**ø netto €**	◁	◀	[Einheit]	Ausf.-Dauer	Positionsnummer

16 Kleingüteraufzug mit Traggerüst KG **461**

Kleingüteraufzug, mit selbsttragendem, vormontiertem Schachtgerüst liefern und betriebsfertig montieren. Ausführung gem. anliegender Einzelbeschreibungen, Anlagen-Nr.: .....
Aufzugstyp: Lastenaufzug, **elektrisch / hydraulisch** betrieben EN 81-3
Steuerung: Hol- und Sendesteuerung
Geschwindigkeit: **0,15 / 0,30 / 0,45** m/s
Nennlast: **50-100 / über 100-300** kg
Fahrzeit je Tag: ca. **1,5 / 3,0 / 6,0** (Stunden je Tag) nach VDI 4707 Bl.1
Schallwert 1 Meter vom Antrieb entfernt: max. ..... dB(A)
Schallwert 1 Meter vor geschlossener Schachttür: max. ..... dB(A)
Türausbildung: gem DIN 18091
Anzahl Haltestellen: .... , Geschosse. Summe Zugänge: ..... Stück
Schachtausführung: Traggerüst aus korrosionsgeschützter Stahlkonstruktion, mit F 30 Verkleidung aus verzinkten Stahlblechen
Korrosivitätsklasse: C....., Schutzdauer: **L / M / H / VH**
Schachtabmessung (L x B x T): ..... x ..... x ..... mm
Schachtkopfhöhe: ..... mm
Kabine: verzinkte Stahlkonstruktion
Kabinenlänge/-breite/-höhe (L x B x H): ..... x ..... x ..... mm
Förderhöhe: ..... mm
Beladung: **einseitig / zweiseitig gegenüberliegend**
Öffnung: **Schiebetür / Drehtür**
Öffnungshöhe: **Brüstungshöhe / bodenbündig**
Ausführung Fahrkorb, Türrahmen, Türblatt, Tableau: gem. Einzelbeschreibung
Türverriegelung: elektrisch überwacht
Aufzugsantrieb: **im Schacht / im gesonderten Maschinenraum**
Bieterangaben:
Motor: Energieeffizienzklasse ....., mit ..... kW
Nennstrom: ..... / Anlaufstrom: .....
Hersteller/Typ des Antriebes: .....
Hersteller/Typ des Motors: .....
Hersteller/Typ der Steuerung: .....
Hersteller/Typ des Fahrkorbes: .....
Hersteller/Typ der elektronischen Steuerung: .....

10.423	12.387€	**13.928€**	15.627€	17.591€	[St]	⏱ 120,00h/St	069.000.005

17 Verglasung Aufzugsanlage KG **461**

Absturzsichernde Verglasung, für Aufzugsverglasung.
Verglasungen: VSG aus 2x 8 mm TVG mit PVB-Folie 0,76 mm bzw. nach Statik
Scheibengrößen:

- Aufzugrückseite (B x H): ca. ..... x ..... mm
- Seiten: 2 x ca. ..... x ..... mm

145€	235€	**272€**	333€	423€	[m²]	⏱ 1,50h/m²	069.000.009

Kosten:
Stand 1. Quartal 2025
Bundesdurchschnitt

► min
▷ von
ø Mittel
◁ bis
◄ max

Nr.	Kurztext / Langtext						Kostengruppe
►	▷	ø netto €	◁	◄	[Einheit]	Ausf.-Dauer	Positionsnummer

18 Schachttür, Aufzugsanlage KG **461**

Schachttür, für Personen-/Lastenaufzug, Schiebetür mit **1 / 2** Türblättern horizontal bewegt, **seitlich / mittig** öffnend, entdröhnt. Montage Schachttüren an Innenseite des Aufzugschachts, Befestigung Schachttüren an bauseitigen Ankerschienen.
Türblätter: Stahl, grundiert
Türöffnung (B x H): 0,90 x 2,10 m
Türrahmen als Eckprofil dreiseitig umlaufend, vorgerichtet für Anschluss der Laibungsbekleidungen
Türschwelle: Stahl, nichtrostend, matt

1.413€ 1.570€ **1.947€** 2.177€ 2.350€ [St] ⏱ 1,50 h/St 069.000.023

19 Türlaibung, Aufzugsanlage KG **461**

Türlaibung, für Personen-/Lastenaufzug, mit Anschluss an umlaufendes Türportal, Tiefe Einfassungen: mit Bauüberwachung des AG mittels Zeichnung und Aufmaß abstimmen, aus Stahl, mit Grundbeschichtung.
Türöffnung (B x H): 0,90 x 2,10 m

1.566€ 1.691€ **1.757€** 1.799€ 1.924€ [St] ⏱ 4,50 h/St 069.000.024

20 Fahrkorb-Tableau, Aufzugsanlage KG **461**

Tableau für Befehlsgeber im Fahrkorb, Tableaugröße, Beschriftung und Anordnung nach DIN EN 81-70, mit Schlüsselschalter, einschl. Profilhalbzylinder und 3 Schlüsseln. Ausführung mit Tasten für die Funktionen Fahrbefehl, Tür-Auf, Tür-Zu, Notruf.

886€ 1.119€ **1.259€** 1.313€ 1.501€ [St] ⏱ 1,50 h/St 069.000.025

21 Prüfung vor Inbetriebnahme, Aufzugsanlage KG **461**

Prüfung der Aufzugsanlage vor erstmaliger Inbetriebnahme veranlassen und durchführen durch zugelassene Überwachungsstelle, Ausführung gem. §15 Betriebssicherheitsverordnung. Leistung einschl. Gebühren und Prüfbescheinigung an den AG übergeben in .....facher Ausfertigung.

680€ 994€ **1.289€** 1.404€ 1.597€ [psch] ⏱ 2,00 h/psch 069.000.026

22 Inbetriebnahme und Endabnahme Aufzugsanlage KG **461**

Inbetriebnahme und Endabnahme mit Konformitätsbescheinigung durchführen, einschl. Übergabe der Konformitätserklärung mit allen erforderlichen Dokumentationen zur sofortigen Inbetriebnahme des Aufzuges und Verwendung durch die Benutzer (z. B. Prüfbescheinigungen durch eine vom AN frei gewählte benannte Stelle aus der europäischen Nando-Datenbank oder Nachweise eines Qualitätssicherungsverfahrens zur eigenverantwortlichen Endabnahme durch den AN), sämtliche Unterlagen, Bescheinigungen und Dokumentationen jeweils zweifach, geheftet in Ordnern.

1.270€ 2.311€ **2.376€** 3.678€ 5.252€ [psch] ⏱ 2,80 h/psch 069.000.027

23 Wartung Personenaufzug KG **461**

Vollwartung für Aufzugsanlagen, inkl. aller Verbrauchs- und Bedarfsstoffe, sowie aller Ersatzteile über den Gesamtgewährleistungszeitraum von 4 Jahren hinaus.
Aufzugstyp: Personenaufzug, ... Personen, Nutzlast bis ...... kg
Aufzug-Nr.: ..... / Einbauort: .....
Vergütung: je **Aufzug / Kalenderjahr**

1.250€ 2.369€ **2.797€** 3.359€ 4.883€ [St] ⏱ 3,00 h/St 069.000.010

Nr.	Kurztext / Langtext						Kostengruppe
▶	▷	**ø netto €**	◁	◀	[Einheit]	Ausf.-Dauer	Positionsnummer

24 Brandfallsteuerung KG **461**

Brandfall-Steuerung als Erweiterung der Aufzugsanlagensteuerung, ausgelöst durch vorhandene Brandmeldeanlage über potentialfreiem Kontakt, mit einer Haupt und einer alternativen Brandfallhaltestelle.
Anforderung: Im Brandfall, löscht die Aufzugssteuerung automatisch alle Außen- und Innenfahrbefehle und sperrt die Eingabe neuer Fahrbefehle. Die optischen Türsicherungs- und Überwachungssysteme werden überbrückt. Der Aufzug fährt in die vorgegebene Evakuierungshaltestelle und wird dort mit offener Tür stillgesetzt. Es ist zu verhindern, dass der Aufzug in eine brennende oder verrauchte Haltestelle fährt. Sofern die Evakuierungsebene nicht brand- und rauchfrei ist, wird automatisch eine alternative Fluchtetage angesteuert. Mit dem Löschen des Signales "Brandfall" geht der Aufzug wieder in den Normalbetrieb über.

419€ 487€ **517€** 558€ 644€ [St] ⏱ 3,00h/St 069.000.028

25 Fern-/Notrufeinrichtung, Aufzugsanlage KG **461**

Drahtloses Notrufsystem mit GSM-Modul, als Schnittstelle zwischen Notrufsystem und GSM-Mobilfunknetz. Relais-Ausgang zur Meldung von Netzverlust. Einstellbar von Ferne über DTMF-Codes und SMS. Externe Antenne mit SMA-Anschluss. Bereitstellen eines Telefonanschluss mit folgende Leistungsmerkmale:
Mobilfunk-Netz als Alternative zum analogen Festnetzanschluss
Entfernung zwischen Mobilfunk-Modul und Notrufsystem: bis zu 500 m
Zertifiziert nach EN 81-28 durch: **TÜV / DEKRA / .....**
Aufschaltbar: auf Notrufleitstellen und Standardtelefone
Frequenzstandard: **GSM900 / GSM1800 / UMTS / LTE**
Spannungsversorgung: 230 V AC
Überwachtes Netzteil mit Notstrom-Akku
LED-Anzeigen für Status und Empfangsstärke
Abmessungen: ..... x ..... x ..... mm

683€ 845€ **1.004€** 1.128€ 1.290€ [St] ⏱ 5,50h/St 069.000.029

26 Schutzauskleidung Aufzugskabine KG **461**

Aufzugskabine auskleiden, zum Schutz vor Baubetrieb, während der gesamten Bauzeit vorhalten, danach rückstandsfrei demontieren, inkl. Entsorgung.
Abmessung: ca. ..... x ..... m
Auskleidung (H x T): 2,20 x 2,10 m
Material: OSB-Platten, d=18mm, Hinterlegung mit Luftpolsterfolie
Stöße: verklebt mit Kunststoffband.
Ausschnitte für Bedienelemente: ..... St
Vorhaltedauer: gesamte Bauzeit - siehe Bauzeiten-Terminplan

4.165€ 4.543€ **4.774€** 4.869€ 5.135€ [St] ⏱ 18,00h/St 069.000.011

27 Stundensatz, Monteur/-in Aufzüge

Verrechnungssatz für die jeweilige Arbeitskraft inkl. aller Aufwendungen wie Lohn- und Gehaltskosten, Lohn- und Gehaltsnebenkosten, Zuschläge, lohngebundene und lohnabhängige Kosten, sonstige Sozialkosten, Gemeinkosten, Wagnis und Gewinn. Leistung nach besonderer Anordnung der Bauüberwachung. Nachweis und Anmeldung gem. VOB/B.

73€ 92€ **97€** 117€ 151€ [h] ⏱ 1,00h/h 069.000.006

28 Stundensatz, Helfer/-in Aufzüge

Verrechnungssatz für die jeweilige Arbeitskraft inkl. aller Aufwendungen wie Lohn- und Gehaltskosten, Lohn- und Gehaltsnebenkosten, Zuschläge, lohngebundene und lohnabhängige Kosten, sonstige Sozialkosten, Gemeinkosten, Wagnis und Gewinn. Leistung nach besonderer Anordnung der Bauüberwachung. Nachweis und Anmeldung gem. VOB/B.

46€ 61€ **65€** 70€ 82€ [h] ⏱ 1,00h/h 069.000.007

075

Kosten:
Stand 1. Quartal 2025
Bundesdurchschnitt

► min
▷ von
ø Mittel
◁ bis
◄ max

Nr.	Positionen	Einheit	►	▷	**ø brutto €** ø netto €	◁	◄
1	Dezentrales Fassaden-Lüftungsgerät bis 45m³/h	St	630	1.176	**1.378**	1.384	1.930
			530	988	**1.158**	1.163	1.622
2	Brandschutz Absperrvorrichtung, K90, DN100	St	236	297	**312**	345	404
			199	250	**262**	290	339
3	Be- und Entlüftungsgerät, bis 5.000m³/h	St	6.815	11.097	**12.862**	15.374	24.466
			5.726	9.325	**10.809**	12.919	20.560
4	Be- und Entlüftungsgerät, bis 12.000m³/h	St	17.664	20.980	**24.422**	27.714	29.406
			14.844	17.630	**20.523**	23.289	24.711
5	Abluftrohrventilator, Einbaugerät	St	2.065	2.952	**3.443**	4.136	5.014
			1.736	2.480	**2.894**	3.476	4.214
6	Kanalventilator	St	2.089	3.091	**3.634**	4.232	5.643
			1.756	2.598	**3.054**	3.556	4.742
7	Kulissenschalldämpfer, rechteckig, Stahlblech, verzinkt	St	499	812	**966**	1.070	1.248
			419	682	**812**	899	1.049
8	Kulissenschalldämpfer, rund, Stahlblech, verzinkt	St	250	323	**345**	393	466
			210	272	**290**	330	392
9	Schalldämpfer, flach, runder Anschluss	St	151	180	**205**	211	238
			127	151	**172**	178	200
10	Wetterschutzgitter, Außenluft-/Fortluft	St	188	347	**381**	508	704
			158	292	**320**	427	592
11	Luftleitung, rechteckig, Stahlblech verzinkt	m²	65	82	**85**	91	107
			55	69	**71**	76	90
12	Luftleitung, rechteckig, Kunststoff	m²	155	202	**264**	313	364
			130	170	**221**	263	306
13	Luftleitung, feuerbeständig L30/L90	m²	234	290	**292**	301	384
			196	243	**245**	253	323
14	Formstücke, verzinkt, Luftleitung	m²	87	106	**124**	147	178
			73	89	**104**	123	149
15	Formteile, Kunststoff, Lüftungskanäle	m²	276	284	**343**	386	407
			232	239	**288**	324	342
16	Luftleitung, Wickelfalz, verzinkt, DN100	m	24	26	**27**	28	31
			20	22	**23**	24	26
17	Luftleitung, Wickelfalz, verzinkt, DN125	m	24	30	**34**	45	62
			21	26	**28**	38	52
18	Luftleitung, Wickelfalz, verzinkt, DN160	m	27	35	**36**	46	62
			23	29	**31**	39	52
19	Luftleitung, Wickelfalz, verzinkt, DN180	m	33	37	**43**	54	55
			27	31	**36**	45	46
20	Luftleitung, Wickelfalz, verzinkt, DN250	m	48	53	**61**	72	80
			40	45	**51**	60	67
21	Luftleitung, Wickelfalz, verzinkt, DN500	m	78	86	**98**	110	118
			65	72	**82**	93	100
22	Luftleitung, Aluminium, flexibel, DN80	m	9	17	**21**	21	28
			8	14	**18**	18	24
23	Luftleitung, Aluminium, flexibel, DN100	m	14	23	**27**	37	49
			12	20	**23**	31	41
24	Rohrbogen, Luftleitung	St	18	27	**31**	40	53
			15	23	**26**	34	45

Nr.	Positionen	Einheit	▶	▷	ø brutto € / ø netto €	◁	◀
25	Abzweigstück, Luftleitung	St	22	29	**30**	33	39
			19	25	**25**	28	33
26	Lüftungsgitter, Zu-/Abluft	St	55	121	**150**	181	284
			46	102	**126**	152	238
27	Drallauslass, Decke	St	139	471	**697**	770	1.098
			117	396	**585**	647	922
28	Brandschutzklappen, RLT, eckig	St	505	847	**976**	1.060	1.286
			424	712	**820**	891	1.081
29	Brandschutzklappen, RLT, rund, Küche	St	5.902	8.166	**10.213**	11.617	16.340
			4.960	6.862	**8.582**	9.762	13.731
30	Tellerventil, Zu-/Abluft	St	33	75	**89**	124	191
			28	63	**75**	105	161
31	Wickelfalzrohr, Reduzierstück, DN100/DN80	St	21	26	**30**	36	42
			18	22	**25**	30	36
32	Drosselklappe, DN100	St	39	57	**71**	83	103
			33	48	**60**	70	87
33	Drosselklappe, 200x200mm	St	66	80	**97**	116	127
			56	67	**82**	98	106
34	Lüftungsgerät mit WRG, Zentral, Bypass, Feuerstätten-funktion	St	3.761	4.813	**5.107**	5.473	6.067
			3.161	4.044	**4.292**	4.599	5.098
35	Außenwanddurchlass, DN110	St	145	161	**217**	262	284
			122	136	**182**	220	239
36	Außenwanddurchlass, DN160	St	335	360	**454**	496	515
			282	302	**381**	417	433
37	Lüftungsgerät für Abluft	St	317	336	**345**	367	391
			266	282	**290**	308	328
38	KWL-Lüftungsgerät, in Außenwand, bis 100m³/h mit WRG	St	2.603	2.849	**3.165**	3.609	3.770
			2.187	2.394	**2.660**	3.032	3.168
39	KWL-Lüftungsgerät, Wohngebäude, bis 200m³/h mit WRG	St	6.003	6.202	**6.892**	7.856	8.280
			5.045	5.212	**5.791**	6.602	6.958
40	KWL-Lüftungsgerät, Wohngebäude, bis 350m³/h mit WRG	St	6.160	6.864	**7.627**	8.695	9.243
			5.176	5.768	**6.409**	7.307	7.767
41	KWL-Lüftungsgerät, Wohngebäude, bis 500m³/h mit WRG	St	8.417	8.861	**9.846**	11.224	11.655
			7.073	7.447	**8.274**	9.432	9.794
42	VRF-Außengerät, Heizen/Kühlen, 10kW	St	3.795	4.479	**6.765**	10.750	11.157
			3.189	3.764	**5.685**	9.034	9.375
43	VRF-Außengerät, Heizen/Kühlen, 15kW	St	8.541	9.046	**12.693**	17.247	17.868
			7.177	7.602	**10.666**	14.493	15.015
44	VRF-Außengerät, Heizen/Kühlen, 20KW	St	12.374	12.513	**16.159**	19.183	19.331
			10.398	10.516	**13.579**	16.120	16.244
45	VRF-Innenwandgerät, Heizen/Kühlen, 2,5kW	St	1.392	1.475	**2.032**	2.560	2.614
			1.170	1.240	**1.707**	2.151	2.197
46	VRF-Innenwandgerät, Heizen/Kühlen, 3,5kW	St	1.393	1.575	**2.177**	2.787	2.869
			1.171	1.323	**1.829**	2.342	2.411
47	VRF-Innenwandgerät, Heizen/Kühlen, 5,0kW	St	1.744	1.918	**2.616**	3.314	3.467
			1.466	1.612	**2.198**	2.785	2.914

Nr.	Positionen	Einheit	►	▷	ø brutto € / ø netto €	◁	◄
48	VRF-Verteilereinheit, Innengerät	St	1.149	1.231	**1.896**	2.281	2.545
			966	1.035	**1.593**	1.917	2.138
49	Zubehörmontage, VRF-Anlage	psch	1.744	2.058	**2.421**	3.155	3.488
			1.466	1.729	**2.034**	2.651	2.931
50	Inbetriebnahme, VRF-Anlage	psch	402	684	**764**	1.008	1.426
			338	575	**642**	847	1.198
51	Stundensatz, Monteur/-in Lüftung/Kälte	h	73	86	**92**	104	123
			61	72	**77**	88	104
52	Stundensatz, Helfer/-in Lüftung/Kälte	h	58	68	**73**	75	80
			49	57	**61**	63	67

Kosten:
Stand 1.Quartal 2025
Bundesdurchschnitt

Nr. **Kurztext** / Langtext — Kostengruppe
► ▷ **ø netto €** ◁ ◄ [Einheit] Ausf.-Dauer Positionsnummer

1 Dezentrales Fassaden-Lüftungsgerät bis 45m³/h — KG **431**

Dezentrales Fassaden-Lüftungsgerät zur Be- und Entlüftung von Wohnungen oder Einzelräumen mit Wärmerückgewinnung als Geräteeinheit, bestehend aus: Wärmespeicher, Strömungsgleichrichter, Insektenschutzgitter, EC-Axialventilator mit Schutzgitter, Auszugshilfe mit EPP-Grundkörper. Inkl. verschließbarer Kunststoff-Design-Innenblende mit integriertem Filter.
Maße: 230 x 230 x 40 mm
Wärmebereitstellungsgrad: bis .....%
Betriebsarten: WRG, Querlüftung, Zuluft
Luftleistung (Stufen): **14 / 24 / 32 / 37 / 45** m³/h
Spannungsversorgung: 12 V DC
Leistungsaufnahme: **1,6 / 2,1 / 2,8 / 3,4 / 4,5** W
Schalldruck LPA in 3m: ..... dB(A)
Schalldämmung: ..... dB
Wandstärken min.: ..... mm

530€ 988€ **1.158€** 1.163€ 1.622€ [St] ⏱ 3,50h/St 075.000.058

2 Brandschutz Absperrvorrichtung, K90, DN100 — KG **431**

Brandschutz-Deckenschott, wartungsfrei, Anschlussstutzen oben und unten, als Absperrvorrichtung für Lüftungsanlagen DIN 18017-3, für Einbau in massive Decke gem. Herstellerangaben. Verfüllung des Ringspalts mit Mörtel MG III. Absperrvorrichtung ohne Querschnittsveränderung, für Anschluss an nicht brennbare Luftleitung.
Anschlüsse: DN100
Feuerwiderstandsklasse: K90, DIN 4102-6
Montagehöhe: bis **3,5 / 5,00 / 7,00** m über Fußboden

199€ 250€ **262€** 290€ 339€ [St] ⏱ 1,60h/St 075.000.020

► min
▷ von
ø Mittel
◁ bis
◄ max

Nr.	Kurztext / Langtext						Kostengruppe
►	▷	**ø netto €**	◁	◄	[Einheit]	Ausf.-Dauer	Positionsnummer

A 1 Be- und Entlüftungsgerät Beschreibung für Pos. **3-4**

Lüftungsanlage, Konstruktionsart: liegend, Zu- und Abluft übereinander; Gehäuse in doppelschaliger Ausführung aus korrosionsgeschütztem Material mit dazwischenliegender, formstabiler und fest mit den Deckblechen verbundener Schall- und Wärmedämmung (nichtbrennbar A1). Innen- und Außenschale aus verzinktem Stahlblech, Rahmenkonstruktion verzinkt. Türen an der Gerätevorderseite mit nachstellbaren, wartungsfreien Scharnieren und umlaufenden, formschlüssig eingelassenen und alterungsbeständigen Profilgummidichtungen. Die Türen sind mit Vorreibverschlüssen und Türgriffen ausgestattet.
Anlagenbestandteile: Ventilator Zu-Abluft, Filter Zuluft, Heizregister über **Warmwasser / Dampf** elektrisch, Kühlregister über **Kaltwasser / Direktverdampfer**, Luftbefeuchter über Dampflanze, elektrisch, Sprühbefeuchter, Wärmerückgewinner über Kreuzstrom, Wärmerohr, Kreislaufverbundsystem, Rotor Mischkammer

3 Be- und Entlüftungsgerät, bis 5.000m³/h KG **431**

Wie Ausführungsbeschreibung A 1
Zuluftmenge: ..... m³/h
Abluftmenge: ..... m³/h
Zulufttemperatur: min. / max. ..... / .....°C
Ablufttemperatur: min. / max. ..... / .....°C
Zuluftfeuchte: min. / max. .....% relativ
Gerätequerschnitt Zuluft: Breite ..... m, Höhe ..... m
Abluft: Breite ..... m, Höhe ..... m
Filter Zuluft: **M5** bzw. **F7 / F9**, Mindest-Wirkungsgrad: .....

5.726€ 9.325€ **10.809€** 12.919€ 20.560€ [St] ⏱ 3,50h/St 075.000.001

4 Be- und Entlüftungsgerät, bis 12.000m³/h KG **431**

Wie Ausführungsbeschreibung A 1
Zuluftmenge: ..... m³/h
Abluftmenge: ..... m³/h
Zulufttemperatur: min. / max. ..... / .....°C
Ablufttemperatur: min. / max. ..... / .....°C
Zuluftfeuchte: min. / max. .....% relativ
Gerätequerschnitt Zuluft: Breite ..... m, Höhe ..... m
Abluft: Breite ..... m, Höhe ..... m
Filter Zuluft: **M5** bzw. **F7 / F9**, Mindest-Wirkungsgrad: .....

14.844 17.630€ **20.523€** 23.289€ 24.711€ [St] ⏱ 6,00h/St 075.000.002

5 Abluftrohrventilator, Einbaugerät KG **431**

Abluftventilator als **Radialrohrventilator / Axialrohrventilator** in Unterputzgehäuse ohne Brandschutz für den Unterputzeinbau in Wand und Decke. Luftdichte Rückschlagklappe, Steckverbindung für elektrischen Anschluss und Putzdeckel. Aus schwerentflammbarem Kunststoff. Für Bedarfs- und Grundlüftung. Betriebsbereite Lieferung mit Innenfassade, Lieferung mit Schalldämmplatte, integrierter Steckverbindung für elektrischen Anschluss, Schutzisoliert. Wartungsfreier, Energiesparmotor. Flache Innenfassade, geräuschdämpfend für flüsterleisen Betrieb. Mit Filterwechselanzeige bei verschmutztem Dauerfilter. Filter mit einem Griff herausnehmbar.
Anschlussdurchmesser Luftaustritt: **DN75 / DN80**
Schutzart: IP 55
Energiesparmotor: 230 V, ... Hz, ... **W**
Geräusch: Schallleistung **..... / ..... dB(A)**

1.736€ 2.480€ **2.894€** 3.476€ 4.214€ [St] ⏱ 2,00h/St 075.000.003

040
041
042
044
045
046
047
053
054
058
061
063
069
075

Nr.	Kurztext / Langtext					Kostengruppe
▶	▷	**ø netto €**	◁	◀	[Einheit]	Ausf.-Dauer	Positionsnummer

Kosten:
Stand 1. Quartal 2025
Bundesdurchschnitt

6 Kanalventilator KG **431**

Kanalventilator für Kanalanschluss, aus verzinktem Stahlblech mit schallabsorbierender Innenauskleidung. Motor und Laufrad herausnehmbar, mit beidseitigem genormtem Kanal-Flanschprofil. Mit systemgebundenem Zubehör sowie Verbindungs- und Befestigungsmaterial.
H x L x T: ..... x ..... x ..... mm
Luftleistung: ..... m³/h
Leistung: 230 / 400 V, ... Hz, ... W
Drehzahl: ..... U/min
Kanalanschluss: ..... mm

1.756€ 2.598€ **3.054€** 3.556€ 4.742€ [St] ⏱ 1,80 h/St 075.000.059

7 Kulissenschalldämpfer, rechteckig, Stahlblech, verzinkt KG **431**

Kulissenschalldämpfer, rechteckig, Gehäuse aus verzinktem Stahlblech mit beidseitigen 4-Loch-Anschlussrahmen als Leichtbauprofil. Aufbau: Rahmen aus sendzimirverzinktem Stahlblech Absorptionsmaterial als Füllung aus Mineralwolle mit aufkaschierter Glasseidenvliesabdeckung, Baustoffklasse A2 (nicht brennbar) Standardkulisse für Einsatz vorwiegend bei mittleren und hohen Frequenzen. Inkl. Gummilippendichtungen und sämtlichen Befestigungs-, Verbindungs- und Abdichtungsmaterialien.
Breite: ..... mm
Höhe: ..... mm
Länge: ..... mm
Dämpfung (250 Hz): ..... dB

419€ 682€ **812€** 899€ 1.049€ [St] ⏱ 1,00 h/St 075.000.004

8 Kulissenschalldämpfer, rund, Stahlblech, verzinkt KG **431**

Kulissenschalldämpfer, rund, Gehäuse aus Stahlblech verzinkt. Anschluss an die Kanalleitung durch 50mm langen Stutzen aus Stahlblech verzinkt, Dämpfung nach dem Absorptionsprinzip durch ringförmige Kammer mit Mineralwollefüllung, welche zum Luftstrom hin mit verzinktem Lochblech abriebfest abgedeckt ist. Inkl. Gummilippendichtungen und sämtlichen Befestigungs-, Verbindungs- und Abdichtungsmaterialien.
Nennweite: ..... mm
Außendurchmesser: ..... mm
Dämpfung (250 Hz): ..... dB
Länge: ..... mm

210€ 272€ **290€** 330€ 392€ [St] ⏱ 1,00 h/St 075.000.005

9 Schalldämpfer, flach, runder Anschluss KG **431**

Schalldämpfer, als rechteckiger Flachschalldämpfer mit rundem Anschluss, aus Aluminium, in flexibler Ausführung, Absorbermaterial mineralfaserfrei, nicht brennbar Klasse A2
Temperaturbeständig: bis 200°C
Nennweite Schalldämpfer: 100 mm
Dämpfung (250 Hz): mind.10 dB
Länge: ca. 500 mm
Abmessungen Außenrohr: Breite: 195 mm, Höhe: 120 mm

127€ 151€ **172€** 178€ 200€ [St] ⏱ 1,00 h/St 075.000.033

▶ min
▷ von
ø Mittel
◁ bis
◀ max

10 Wetterschutzgitter, Außenluft-/Fortluft KG **431**

Wetterschutzgitter für Außen- und Fortluft, rahmenlos, schrauben- und nietenlos zum Einbau in Maueröffnungen oder Fassadenverkleidungen, bestehend aus: Halterprofilen, Halter, Lamellen und Vogelschutzgitter, Gitter mit unterer Abtropflamelle und oberer Ausgleichslamelle nach Maßangabe.
Farbe .....
Montagehöhe: OK Wetterschutzgitter ca. ..... m über Gelände
Breite: ..... mm
Höhe: ..... mm
Lamellenabstand: ..... mm
Volumenstrom: ..... m³/h
Druckabfall: ..... Pa
Schallleistungspegel max.: ..... B(A)

158€ 292€ **320€** 427€ 592€ [St] ⏱ 1,00h/St 075.000.006

11 Luftleitung, rechteckig, Stahlblech verzinkt KG **431**

Luftleitung, rechteckig, aus verzinktem Stahlblech, inklusive sämtlicher Verbindungsteile und Abdichtungen sowie allen notwendigen Befestigungsteilen und Aufhängekonstruktion.
Medium: Luft
Material: Stahlblech verzinkt
Kantenlänge: bis **500 / 1.000 / 2.000** mm
Temperatur: min. / max. ..... / .....°C
Montagehöhe: bis **3,50 / 5,00 / 7,00** m

55€ 69€ **71€** 76€ 90€ [m²] ⏱ 0,40h/m² 075.000.008

12 Luftleitung, rechteckig, Kunststoff KG **431**

Luftleitung, rechteckig, aus Kunststoff, inklusive sämtlicher Verbindungsteile und Abdichtungen sowie allen notwendigen Befestigungsteilen und Aufhängekonstruktion.
Medium: Luft
Material: **PVC / PE / PP**
Kantenlänge: bis ..... mm
Temperatur: min. / max. ..... / .....°C
Montagehöhe: bis **3,50 / 5,00 / 7,00** m

130€ 170€ **221€** 263€ 306€ [m²] ⏱ 0,90h/m² 075.000.009

13 Luftleitung, feuerbeständig L30/L90 KG **431**

Zweischalige Luftleitung als brandschutztechnische Bekleidung, von Luft führenden Kanälen und Rohrleitungen, für eine Feuerwiderstandsdauer von 30 / 90 Minuten. Fertigung aus Brandschutzplatten (A1), d=45mm, stumpf gestoßen. Die Stoßfugen der beiden Plattenlagen sind fugenversetzt, Versatz 100mm, auszuführen. Plattenverbindung mit Schrauben oder Klammern. Die Lüftungsleitungen sind auf Stahlprofile oder Traversen aufzulagern, die mit Gewindestangen abgehängt werden. Die Befestigung an Massivdecken, F90, erfolgt mit bauaufsichtlich zugelassenen Dübeln. Gewindestangen über 1,50m Länge sind brandschutztechnisch über die gesamte Länge zu bekleiden. Senkrechte Kanäle sind geschossweise, max. 5,00m, auf die Massivdecken, F90, aufzusetzen.
Brandschutztechnische Bekleidung: **L30 / L90**
Rohrleitungen: .....
Feuerwiderstandsklasse: **F30 / F90**
Montagehöhe: bis **3,50 / 5,00 / 7,00** m

196€ 243€ **245€** 253€ 323€ [m²] ⏱ 1,00h/m² 075.000.010

Kosten:
Stand 1. Quartal 2025
Bundesdurchschnitt

Nr.	Kurztext / Langtext						Kostengruppe
►	▷	ø netto €	◁	◄	[Einheit]	Ausf.-Dauer	Positionsnummer

14 Formstücke, verzinkt, Luftleitung KG **431**

Formteile der Luftleitung in Rechteckform und als Übergänge auf rund bzw. oval, aus verzinktem Stahlblech, inkl. sämtlicher Verbindungsteile und Abdichtungen sowie allen notwendigen Befestigungsteilen.
Medium: Luft
Material: Stahlblech verzinkt
Kantenlänge: bis **500 / 1.000 / 2.000** mm
Temperatur: min. / max. ..... / .....°C
Montagehöhe: bis **3,50 / 5,00 / 7,00** m

73€ | 89€ | **104€** | 123€ | 149€ | [m2] | ⏱ 0,40 h/m2 | 075.000.011

15 Formteile, Kunststoff, Lüftungskanäle KG **431**

Formteile der Luftleitung in Rechteckform und als Übergänge auf rund bzw. oval, aus Kunststoff, inkl. sämtlicher Verbindungsteile und Abdichtungen sowie allen notwendigen Befestigungsteilen.
Medium: Luft
Material: **PVC / PE / PP**
Kantenlänge: bis ..... mm
Temperatur: min. / max. ..... / .....°C
Montagehöhe: bis **3,50 / 5,00 / 7,00** m

232€ | 239€ | **288€** | 324€ | 342€ | [m2] | ⏱ 0,60 h/m2 | 075.000.012

A 2 Luftleitung, Wickelfalz, verzinkt Beschreibung für Pos. **16-21**

Luftleitung mit Wickelfalzrohren aus verzinktem Stahlblech, inkl. sämtlicher Verbindungsteile (z.B. Muffen, Steckverbindungen und Enddeckel) und Abdichtungen sowie allen notwendigen bauaufsichtlich zugelassenen Befestigungsteilen.

16 Luftleitung, Wickelfalz, verzinkt, DN100 KG **431**

Wie Ausführungsbeschreibung A 2
Material: Stahlblech verzinkt
Nennweite: DN100
Montagehöhe: bis **3,50 / 5,00 / 7,00**

20€ | 22€ | **23€** | 24€ | 26€ | [m] | ⏱ 0,18 h/m | 075.000.013

17 Luftleitung, Wickelfalz, verzinkt, DN125 KG **431**

Wie Ausführungsbeschreibung A 2
Material: Stahlblech verzinkt
Nennweite: DN125
Montagehöhe: bis **3,50 / 5,00 / 7,00** m

21€ | 26€ | **28€** | 38€ | 52€ | [m] | ⏱ 0,20 h/m | 075.000.021

18 Luftleitung, Wickelfalz, verzinkt, DN160 KG **431**

Wie Ausführungsbeschreibung A 2
Material: Stahlblech verzinkt
Nennweite: DN160
Montagehöhe: bis **3,50 / 5,00 / 7,00** m

23€ | 29€ | **31€** | 39€ | 52€ | [m] | ⏱ 0,25 h/m | 075.000.022

► min
▷ von
ø Mittel
◁ bis
◄ max

Nr.	Kurztext / Langtext						Kostengruppe
▶	▷	ø netto €	◁	◀	[Einheit]	Ausf.-Dauer	Positionsnummer

19 Luftleitung, Wickelfalz, verzinkt, DN180 KG **431**

Wie Ausführungsbeschreibung A 2
Material: Stahlblech verzinkt
Nennweite: DN180
Montagehöhe: bis **3,50 / 5,00 / 7,00** m

27€	31€	**36€**	45€	46€	[m]	⏱ 0,28h/m	075.000.023

20 Luftleitung, Wickelfalz, verzinkt, DN250 KG **431**

Wie Ausführungsbeschreibung A 2
Material: Stahlblech verzinkt
Nennweite: DN250
Montagehöhe: bis **3,50 / 5,00 / 7,00** m

40€	45€	**51€**	60€	67€	[m]	⏱ 0,33h/m	075.000.026

21 Luftleitung, Wickelfalz, verzinkt, DN500 KG **431**

Wie Ausführungsbeschreibung A 2
Material: Stahlblech verzinkt
Nennweite: DN500
Montagehöhe: bis **3,50 / 5,00 / 7,00** m

65€	72€	**82€**	93€	100€	[m]	⏱ 0,47h/m	075.000.030

22 Luftleitung, Aluminium, flexibel, DN80 KG **431**

Elastische Luftleitung aus zweilagig gestauchtem Aluminium. Inkl. Befestigungsmaterial an Luftrohrstutzen.
Nennweite: DN80
Länge: 1,25 m, ausziehbar bis 5,00 m
Betriebsdruck: ..... Pa

8€	14€	**18€**	18€	24€	[m]	⏱ 0,10h/m	075.000.034

23 Luftleitung, Aluminium, flexibel, DN100 KG **431**

Elastische Luftleitung aus zweilagig gestauchtem Aluminium. Inkl. Befestigungsmaterial an Luftrohrstutzen.
Nennweite: DN100
Länge: 1,25 m, ausziehbar bis 5,00 m
Betriebsdruck: .... Pa

12€	20€	**23€**	31€	41€	[m]	⏱ 0,10h/m	075.000.032

24 Rohrbogen, Luftleitung KG **431**

Rohrbogen der Luftleitung, alle Winkelgrade, für Wickelfalzrohr aus verzinktem Stahlblech, inkl. sämtlicher Verbindungsteile (z.B. Muffen, Steckverbindungen) und Abdichtungen sowie allen notwendigen Befestigungsteilen. Material: Stahlblech verzinkt
Nennweite: DN.....
Montagehöhe bis: **3,50 / 5,00 / 7,00** m
Winkelgrad: .....°

15€	23€	**26€**	34€	45€	[St]	⏱ 0,10h/St	075.000.018

040 041 042 044 045 046 047 053 054 058 061 063 069 **075**

Nr.	Kurztext / Langtext						Kostengruppe
▶	▷	ø netto €	◁	◀	[Einheit]	Ausf.-Dauer	Positionsnummer

Kosten:
Stand 1. Quartal 2025
Bundesdurchschnitt

25 Abzweigstück, Luftleitung — KG **431**

Abzweigstück der Luftleitung, als Abzweig 90°, für Wickelfalzrohr aus verzinktem Stahlblech, inkl. sämtlicher Verbindungsteile (z.B. Muffen, Steckverbindungen) und Abdichtungen sowie allen notwendigen Befestigungsteilen.
Material: Stahlblech verzinkt
Nennweite: DN.....
Montagehöhe bis: **3,50 / 5,00 / 7,00** m

▶	▷	ø	◁	◀	Einheit	Ausf.-Dauer	Positionsnummer
19€	25€	**25€**	28€	33€	[St]	⏱ 0,10h/St	075.000.019

26 Lüftungsgitter, Zu-/Abluft — KG **431**

Lüftungsgitter, mit Anbauteilen, für Zu- und Abluft, für Einbau in Rundrohr / Rechteckkanal mit frontseitig waagerechten oder senkrechten Tropfenlenklamellen. Rahmen und Lamellen aus Stahlblech mit Epoxidharz-Pulverbeschichtung oder Einbrennlackierung. Anbauteile aus elektrolytisch verzinktem Stahlblech, mit angeklebter Schaumstoffdichtung und Schlitzschieber zur Luftmengenregulierung
Farbe: .....
Volumenstrom max.: ..... m^3/h
Länge: ..... mm
Höhe: ..... mm

▶	▷	ø	◁	◀	Einheit	Ausf.-Dauer	Positionsnummer
46€	102€	**126€**	152€	238€	[St]	⏱ 0,30h/St	075.000.014

27 Drallauslass, Decke — KG **431**

Decken-Dralluftdurchlass für **Zuluft / Abluft**, **mit / ohne** Strahlverstellung. Luftdurchlass aus verzinktem Stahl, für Einbau in abgehängter Decke.
Luftdurchsatz max.: ..... m^3/h
Breite: ..... mm
Länge: ..... mm
Höhe Anschlusskasten: ..... mm
Leitungsanschluss seitlich, DN.....

▶	▷	ø	◁	◀	Einheit	Ausf.-Dauer	Positionsnummer
117€	396€	**585€**	647€	922€	[St]	⏱ 0,90h/St	075.000.015

28 Brandschutzklappen, RLT, eckig — KG **431**

Brandschutzklappe für Luftleitungen rechteckig DIN EN 15650, aus Stahl verzinkt, für Einbau in massive **Wand / Decke**. Gehäuse mit **1 / 2** Inspektionsöffnungen, Auslösung durch Schmelzlot. Kontrolle Klappenblatt über elektrische Endschalter.
Feuerwiderstandsklasse: **EI30 / EI60 / EI90 / EI120**, DIN EN 13501-3
Höhe: ..... mm
Breite: ..... mm
Höhe: ..... mm
Einbaulänge: **500 / 600** mm
Einbau in: Wand / Decke
Auslösetemperatur: **72 / 95**°C
Kontrolle Klappenblatt: **0 / 1 / 2**

▶	▷	ø	◁	◀	Einheit	Ausf.-Dauer	Positionsnummer
424€	712€	**820€**	891€	1.081€	[St]	⏱ 1,80h/St	075.000.016

▶ min
▷ von
ø Mittel
◁ bis
◀ max

Nr.	Kurztext / Langtext						Kostengruppe
▶	▷	**ø netto €**	◁	◀	[Einheit]	Ausf.-Dauer	Positionsnummer

29 Brandschutzklappen, RLT, rund, Küche KG **431**

Brandschutzklappe für Luftleitungen rund DIN EN 15650. Zugelassen für fetthaltige Abluft aus Küchen. Gehäuse aus **Stahl verzinkt / andere Materialien**.
Feuerwiderstandsklasse: **EI30 /EI60 / EI90 / EI120**, DIN EN 13501-3
Durchmesser: ..... mm
Einbaulänge: **500 / 600** mm
Einbau in: **Wand / Decke**

4.960€ | 6.862€ | **8.582€** | 9.762€ | 13.731€ | [St] | ⏱ 3,00h/St | 075.000.017

30 Tellerventil, Zu-/Abluft KG **431**

Tellerventil für Zu- / Abluft, mit Mengenregulierung. Für Montage in beliebiger Lage in Decke und Wand aus einbrennlackiertem Stahlblech, mit niedrigem Schallleistungspegel auch bei hohem Druckabfall, mit passendem Rohrmontagering (20mm) mit Bajonettverschluss. Inkl. Befestigungs-, Klein- und Dichtmaterial.
Anschlussdimension: DN100

28€ | 63€ | **75€** | 105€ | 161€ | [St] | ⏱ 0,20h/St | 075.000.036

31 Wickelfalzrohr, Reduzierstück, DN100/DN80 KG **431**

Reduzierstück, zentrisch (symmetrisch), für Wickelfalz-Rundrohr verzinkt, mit werkseitig vormontierter Lippendichtung aus EPDM.
EPDM Anschlüsse: **DN100 / DN80**

18€ | 22€ | **25€** | 30€ | 36€ | [St] | ⏱ 0,10h/St | 075.000.038

32 Drosselklappe, DN100 KG **431**

Drosselklappe aus verzinktem Stahlblech für Wickelfalz-Rundrohr verzinkt, mit Klappenflügel und außenliegender, stufenlos verstellbarer Feststellvorrichtung.
Anschlüsse: DN100

33€ | 48€ | **60€** | 70€ | 87€ | [St] | ⏱ 0,12h/St | 075.000.039

33 Drosselklappe, 200x200mm KG **431**

Drosselklappe aus verzinktem Stahlblech für rechteckigen Lüftungskanal verzinkt, mit Klappenflügel und außenliegender, stufenlos verstellbarer Feststellvorrichtung.
Anschlüsse: 200 x 200 mm

56€ | 67€ | **82€** | 98€ | 106€ | [St] | ⏱ 0,20h/St | 075.000.040

Nr.	Kurztext / Langtext						Kostengruppe
▶	▷	ø netto €	◁	◀	[Einheit]	Ausf.-Dauer	Positionsnummer

Kosten:
Stand 1.Quartal 2025
Bundesdurchschnitt

34 Lüftungsgerät mit WRG, Zentral, Bypass, Feuerstättenfunktion KG **431**

Lüftungsgerät mit Wärmerückgewinnung und Bypass zur kontrollierten Be- und Entlüftung von Wohnungen und Wohnhäusern mit einem zentralen Luftverteilsystem. Effiziente Konstantvolumenstrom geregelte EC-Ventilatoren. Vereisungsschutzfunktion und Abtauautomatik. Integrierter automatischer Sommer-Bypass mit einstellbarer Schalttemperatur. Auskühlschutzfunktion. Optionalen Rauchsensor. Der gleichzeitige Betrieb von Lüftungsanlage und Feuerstätte ist ohne zusätzliche Sicherheitskomponenten möglich. LCD-Klartextanzeige. Filterwartungsanzeige mit einstellbarem Intervall. Außengehäuse Stahlblech, pulverbeschichtet RAL, **Wand / Decken**-Montage mit beiliegender Konsole. Kondensatwasseranschluss des Lüftungsgeräts.
Technische Daten:
Luftvolumenstrom Werkseinstellung: **90 / 160 / 250** m³/h
Schalldruckpegel (1m Abstand): **29 / 34 / 42** dB(A)
Wärmerückgewinnungsgrad: max. 95%
Wärmebereitstellungsgrad: max. 88%
Spannungsversorgung: 1~/N/PE 230 V 50 Hz
Leistungsaufnahme, Stufen: **19 / 36 / 95** W
Leistungsaufnahme: max. 136 W
Stromaufnahme: max. 1,2 A
Schutzart: IP 20
Filterklasse Zuluft/Abluft: **M5 / M5**
Luftkanalanschlüsse: **4 x DN150 / DN160**
Kondensatanschluss: ..... mm
Abmessungen (B x H x T): ..... x ..... x ..... mm
Gewicht: ..... kg
Einsatzgrenzen Außentemperatur: -20°C bis +40°C
Einsatzgrenzen Raumtemperatur: +15°C bis +40°C

3.161€	4.044€	**4.292€**	4.599€	5.098€	[St]	⏱ 6,50h/St	075.000.041

A 3 Außenwanddurchlass, mit Filter/Schalldämpfer Beschreibung für Pos. **35-36**

Außenwandluftdurchlass - Rundkanal, variables Teleskoprohr 305-535mm mit Schalldämpfer, steckbarem weißem Außengitter, Insektenschutz, Winddrucksicherung und Innenblende mit Staubfilter.

35 Außenwanddurchlass, DN110 KG **431**

Wie Ausführungsbeschreibung A 3
Volumenstrom: V(8Pa) = 10 m³/h
Nennweite Rundkanal: DN110

122€	136€	**182€**	220€	239€	[St]	⏱ 1,00h/St	075.000.042

36 Außenwanddurchlass, DN160 KG **431**

Wie Ausführungsbeschreibung A 3
Volumenstrom: V(8Pa) = 10 m³/h
Nennweite Rundkanal: DN160

282€	302€	**381€**	417€	433€	[St]	⏱ 1,20h/St	075.000.043

▶ min
▷ von
ø Mittel
◁ bis
◀ max

Nr.	Kurztext / Langtext						Kostengruppe
►	▷	**ø netto €**	◁	◄	[Einheit]	Ausf.-Dauer	Positionsnummer

37 Lüftungsgerät für Abluft KG **431**

Lüftungsgerät (1,2 oder 3-stufig) für den Einbau in Wände oder Decken (ohne Brandschutzanforderung). Der Anschlussstutzen ist **seitlich / hinten** am Kasten angebracht. Mit federbelasteter Rückschlagklappe, verhindert Geruchs- und (Kalt) Rauchübertragung. Das Lüftungsgerät kann im Schutzbereich I eingebaut werden.
Leckluftrate: < 0,01 m^3/h
Elektroanschluss: 230 VAC / 50 Hz
Nennleistung: **6 / 11 / 23** W bei **30 (40) / 60 /100** m^3/h
Eigengeräusch LA: **26 / 30 / 33 / 39** dB(A) bei **30 / 40 / 60 / 100** m^3/h
Abmessungen (L x B x T): 242 x 242 x 100 mm
Anschlussstutzen: NW80

266€	282€	**290€**	308€	328€	[St]	⏱ 2,00h/St	075.000.044

38 KWL-Lüftungsgerät, in Außenwand, bis 100m³/h mit WRG KG **431**

Dezentrales Lüftungsgerät mit Wärmerückgewinnung zur kontrollierten Be- und Entlüftung von Wohngebäuden, zur Innenmontage, für Zu-und Abluft, mit Außen- und Fortluftbetrieb. EC-Ventilatoren mit mind. drei Ventilatorstufen, Wärmerückgewinnung mit Wärmetauscher, mit Bedieneinheit am Gerät, mit Ab- und Außenluftfilter, hängende Außenwandmontage, einschl. Befestigungsmaterial und Montageset zur Außenwanddurchführung und Wetterschutzgittereinheit für Außenluftansaugung und Fortluftausblas.
Ausführung: **Aufputzmontage / Unterputzmontage**
Luftvolumenstrom: bis 100 m^3/h
Wärmerückgewinnungsgrad: mind. 85%
Spannungsversorgung: 1~/N/PE 230 V 50Hz
Ausführung gem. nachfolgender Einzelbeschreibung: .....

2.187€	2.394€	**2.660€**	3.032€	3.168€	[St]	⏱ 1,35h/St	075.000.045

A 4 KWL-Lüftungsgerät, Wohngebäude, mit WRG Beschreibung für Pos. **39-41**

Zentrales Lüftungsgerät mit Wärmerückgewinnung zur kontrollierten Be- und Entlüftung von Wohngebäuden, zur Innenmontage, für Zu- und Abluft, mit Außen- und Fortluftbetrieb. EC-Ventilatoren mit mind. drei Ventilatorstufen, Wärmerückgewinnung mit Wärmetauscher, mit Bedieneinheit am Gerät, mit Ab- und Außenluftfilter, einschl. Befestigungsmaterial und Montageset zur Außenwanddurchführung und Wetterschutzgittereinheit für Außenluftansaugung und Fortluftausblas, einschl. 4 Geräteschalldämpfern.

39 KWL-Lüftungsgerät, Wohngebäude, bis 200m³/h mit WRG KG **431**

Wie Ausführungsbeschreibung A 4
Montageart: **wandhängend / deckenhängend / stehend**
Luftvolumenstrom: bis 200 m^3/h
Wärmerückgewinnungsgrad: mind. 85%
Spannungsversorgung: 1~/N/PE 230 V 50 Hz
Ausführung gem. nachfolgender Einzelbeschreibung: .....

5.045€	5.212€	**5.791€**	6.602€	6.958€	[St]	⏱ 1,40h/St	075.000.046

Nr. **Kurztext** / Langtext | Kostengruppe
▶ ▷ **ø netto €** ◁ ◀ [Einheit] Ausf.-Dauer Positionsnummer

Kosten:
Stand 1.Quartal 2025
Bundesdurchschnitt

40 KWL-Lüftungsgerät, Wohngebäude, bis 350m³/h mit WRG KG **431**

Wie Ausführungsbeschreibung A 4
Montageart: **wandhängend / deckenhängend / stehend**
Luftvolumenstrom: bis 350 m³/h
Wärmerückgewinnungsgrad: mind. 85%
Spannungsversorgung: 1~/N/PE 230 V 50 Hz
Ausführung gem. nachfolgender Einzelbeschreibung: .....

5.176€ 5.768€ **6.409€** 7.307€ 7.767€ [St] ⏱ 1,40h/St 075.000.047

41 KWL-Lüftungsgerät, Wohngebäude, bis 500m³/h mit WRG KG **431**

Wie Ausführungsbeschreibung A 4
Montageart: **wandhängend / deckenhängend / stehend**
Luftvolumenstrom: bis 500 m³/h
Wärmerückgewinnungsgrad: mind. 85%
Spannungsversorgung: 1~/N/PE 230 V 50 Hz
Ausführung gem. nachfolgender Einzelbeschreibung: .....

7.073€ 7.447€ **8.274€** 9.432€ 9.794€ [St] ⏱ 1,50h/St 075.000.048

A 5 VRF-Außengerät Heizen/Kühlen Beschreibung für Pos. **42-44**

VFR-Außengerät für die Klimatisierung von Wohnräumen, Gehäuse und Rahmen aus verzinktem beschichteten Stahl, UV- und witterungsbeständig, mit Schalldämmung, mit Wärmetauscher, Axialventilator, Kompressor drehzahlgeregelt mit Invertertechnologie, Kältekreislauf mit Filtern, Sammler, Ölabscheider und mit Kältemittel vorgefüllt, einschl. komplett verdrahteter Steuerung mit MSR -und Sicherheitsbauteilen sowie Bedieneinheit, inkl. Montagematerial.
Montageart: **bodenstehend / an Wand / auf Dach**
Betriebsart: **Kühlen / Kühlen und Heizen**
Wärmetauscher: **Verdampfer / Verflüssiger aus Kupferrohr mit Aluminiumlamellen**
Luftvolumenstrom: ..... m³/h
Schalldruckpegel in 1m Abstand - Kühlen: ..... dB(A)
Schalldruckpegel in 1m Abstand - Heizen: ..... dB(A)
Betriebsspannung: **230 / 400** V
Kältemittel: R410A / R32
Anschluss von Innengeräten max.: .....
Max. Rohrleitungslänge: ..... m
Max. Höhendifferenz: ...... m
Geräteabmessungen (L x B x H): ..... x ..... x ..... mm

42 VRF-Außengerät, Heizen/Kühlen, 10kW KG **434**

Wie Ausführungsbeschreibung A 5
Heizleistung: 10 kW
COP: .....
Kälteleistung: ..... kW
EER: .....

3.189€ 3.764€ **5.685€** 9.034€ 9.375€ [St] ⏱ 2,10h/St 075.000.049

▶ min
▷ von
ø Mittel
◁ bis
◀ max

Nr.	Kurztext / Langtext						Kostengruppe
▶	▷	ø netto €	◁	◀	[Einheit]	Ausf.-Dauer	Positionsnummer

43 **VRF-Außengerät, Heizen/Kühlen, 15kW** KG **434**

Wie Ausführungsbeschreibung A 5
Heizleistung: 15 kW
COP: .....
Kälteleistung: ..... kW
EER: .....

7.177€	7.602€	**10.666€**	14.493€	15.015€	[St]	⏱ 2,10h/St	075.000.050

44 **VRF-Außengerät, Heizen/Kühlen, 20KW** KG **434**

Wie Ausführungsbeschreibung A 5
Heizleistung: 20 kW
COP: .....
Kälteleistung: ..... kW
EER: .....

10.398	10.516€	**13.579€**	16.120€	16.244€	[St]	⏱ 2,10h/St	075.000.051

A 6 **VRF-Innenwandgerät, Heizen/Kühlen** Beschreibung für Pos. **45-47**

VRF-Innengerät für die Klimatisierung von Wohnräumen, Kältesystem mit Schutzgas gefüllt, mit Wärmetauscher, Luftansaugung mit Filter und Luftausblas mit motorbetriebenen Luftleitlamellen, Kondensatwanne, Ventilator mit Querstromgebläse, einschl. komplett verdrahteter Steuerung mit allen notwendigen MSR- und Sicherheitsbauteilen sowie mit Fernbedieneinheit, inkl. Montagematerial.
Betriebsart: **Kühlen / Kühlen und Heizen**
Wärmetauscher: **Verdampfer / Verflüssiger aus Kupferrohr mit Aluminiumlamellen**
Luftvolumenstrom von-bis: ..... m^3/h
Luftansaugung: **vorne / unten / oben**
Luftfilter: .....
Luftausblas: **vorne / unten / oben**
Schalldruckpegel von - bis: ..... dB(A)
Betriebsspannung: **230 / 400** V / über Außengerät
Kältemittel: R410A / R32
Gehäuse: Kunststoff
Geräteabmessungen (L x B x H): ..... x ..... x ..... mm
Farbe: .....

45 **VRF-Innenwandgerät, Heizen/Kühlen, 2,5kW** KG **434**

Wie Ausführungsbeschreibung A 6
Heizleistung: 2,5 kW
SCOP: .....
Kälteleistung: ..... kW
SEER: .....

1.170€	1.240€	**1.707€**	2.151€	2.197€	[St]	⏱ 1,80h/St	075.000.052

Kosten:
Stand 1. Quartal 2025
Bundesdurchschnitt

Nr.	Kurztext / Langtext						Kostengruppe
►	▷	ø netto €	◁	◄	[Einheit]	Ausf.-Dauer	Positionsnummer

46 VRF-Innenwandgerät, Heizen/Kühlen, 3,5kW — KG **434**

Wie Ausführungsbeschreibung A 6
Heizleistung: 3,5 kW
SCOP: .....
Kälteleistung: ..... kW
SEER: .....

►	▷	ø	◁	◄	Einheit	Ausf.-Dauer	Positionsnummer
1.171€	1.323€	**1.829€**	2.342€	2.411€	[St]	⏱ 1,80h/St	075.000.053

47 VRF-Innenwandgerät, Heizen/Kühlen, 5,0kW — KG **434**

Wie Ausführungsbeschreibung A 6
Heizleistung: 5,0 kW
SCOP: .....
Kälteleistung: ..... kW
SEER: .....

►	▷	ø	◁	◄	Einheit	Ausf.-Dauer	Positionsnummer
1.466€	1.612€	**2.198€**	2.785€	2.914€	[St]	⏱ 1,80h/St	075.000.054

48 VRF-Verteilereinheit, Innengerät — KG **434**

VRF-Verteilereinheit als Multi-Split-Regeleinheit, zum Einbau im Gebäudeinneren.
Abmessungen (L x B x T): ..... x ..... x ..... mm
Geräteanzahl: .....
Leistung: .....
Ausführung gem. Einzelbeschreibung: .....
Angeb. Fabrikat: .....

►	▷	ø	◁	◄	Einheit	Ausf.-Dauer	Positionsnummer
966€	1.035€	**1.593€**	1.917€	2.138€	[St]	⏱ 1,00h/St	075.000.055

► min
▷ von
ø Mittel
◁ bis
◄ max

49 Zubehörmontage, VRF-Anlage KG **434**

Montage von Zubehör der VRF-Anlage mit Leitungen und Leitungsabzweigungen. Die Kühlleitungen aus nahtlos gezogenem Kupferrohr in Kühlschrankqualität unter Schutzgas gelötet, mit Kälteschellen auf C- Profilen montiert, evakuiert und mit Kältemittel gefüllt. Die Flüssigkeits- und die Gasleitung sind mit diffusionsdichter und bezügl. Brandschutz zugelassenen Dämmung von min. 13mm Wanddicke umschlossen und mit den Kälteschellen verklebt. Die gesamte Verrohrung ist nach den derzeitig gültigen Regeln für das Kälteanlagenbauhandwerk zu erstellen.
Einbauort: .....
Bei den folgenden Massen handelt es sich um ca. Angaben:
Flüssigkeitsleitung Ø 10 mm: ..... m
Flüssigkeitsleitung Ø 6 mm: ..... m
Gasleitung Ø 10 mm ..... m
Gasleitung Ø 16 mm ..... m
Leitungs-Isolierung Ø 10 mm ..... m
Leitungs-Isolierung Ø 16 mm: ..... m
Leitungs-Isolierung Ø 6 mm: ..... m
Anzahl Brandschutzdurchführung Ø 10 mm: .....
Anzahl Brandschutzdurchführung Ø 16 mm: .....
Anzahl Brandschutzdurchführung Ø 6 mm: .....
Leitungs-Isolierung mit Blechmantel, wetterbeständig
Außen-Ø 10 mm: ..... m
Außen Ø 16 mm: ..... m
Außen Ø 6 mm: ..... m
Bus Kabel LIYCY 2x1,5 mm²: ..... m
Zusätzliche Kältemittelnachfüllmenge:..... kg

1.466€ 1.729€ **2.034€** 2.651€ 2.931€ [psch] ⏱ 1,30h/psch 075.000.056

50 Inbetriebnahme, VRF-Anlage KG **434**

Die Inbetriebnahme hat gem. der Vorgaben des Herstellers sowie den gesetzlichen Bestimmungen unter Berücksichtigung der Garantie und Gewährleistung zu erfolgen, einschl. An- und Abreisekosten, inkl. Aushändigung des unterzeichneten Übergabe und Inbetriebnahmeprotokolls. Leistungsumfang: Inbetriebnahme der Kälteanlage, Inbetriebsetzen und Programmieren, Überprüfen der Hersteller-Projektierungsrichtlinien, Protokollerstellung mit allen eingestellten Parametern, inkl. Aushändigung des unterzeichneten Übergabe-/Inbetriebnahmeprotokolls.
Einbauort: .....

338€ 575€ **642€** 847€ 1.198€ [psch] ⏱ 1,50h/psch 075.000.057

51 Stundensatz, Monteur/-in Lüftung/Kälte

Verrechnungssatz für die jeweilige Arbeitskraft inkl. aller Aufwendungen wie Lohn- und Gehaltskosten, Lohn- und Gehaltsnebenkosten, Zuschläge, lohngebundene und lohnabhängige Kosten, sonstige Sozialkosten, Gemeinkosten, Wagnis und Gewinn. Leistung nach besonderer Anordnung der Bauüberwachung. Nachweis und Anmeldung gem. VOB/B.

61€ 72€ **77€** 88€ 104€ [h] ⏱ 1,00h/h 075.000.060

52 Stundensatz, Helfer/-in Lüftung/Kälte

Verrechnungssatz für die jeweilige Arbeitskraft inkl. aller Aufwendungen wie Lohn- und Gehaltskosten, Lohn- und Gehaltsnebenkosten, Zuschläge, lohngebundene und lohnabhängige Kosten, sonstige Sozialkosten, Gemeinkosten, Wagnis und Gewinn. Leistung nach besonderer Anordnung der Bauüberwachung. Nachweis und Anmeldung gem. VOB/B.

49€ 57€ **61€** 63€ 67€ [h] ⏱ 1,00h/h 075.000.061

D Freianlagen

Titel des Leistungsbereichs	LB-Nr.
Landschaftsbauarbeiten	003
Landschaftsbauarbeiten - Pflanzen	004
Straßen, Wege, Plätze	080

003

Kosten:
Stand 1. Quartal 2025
Bundesdurchschnitt

▶ min
▷ von
ø Mittel
◁ bis
◀ max

Nr.	Positionen	Einheit	▶	▷	ø brutto € / ø netto €	◁	◀
1	Baugelände abräumen, entsorgen	t	153	194	**222**	237	263
			129	163	**187**	199	221
2	Stammschutz, Brettermantel, bis 60cm	St	60	71	**77**	82	92
			51	60	**65**	69	78
3	Hochstamm einschlagen	St	14	15	**16**	18	19
			12	13	**13**	15	16
4	Strauchpflanze einschlagen	St	4	5	**5**	6	8
			3	4	**5**	5	7
5	Baum herausnehmen, einschlagen	St	134	171	**190**	213	246
			112	144	**159**	179	207
6	Strauch herausnehmen, einschlagen, 60-100cm	St	25	31	**32**	40	50
			21	26	**27**	34	42
7	Strauch herausnehmen, einschlagen, 100-150cm	St	27	36	**42**	46	56
			23	30	**35**	39	47
8	Baugelände roden	m^2	9	13	**14**	18	27
			8	11	**12**	15	22
9	Grasnarbe abtragen, seitlich lagern	m^2	3	4	**4**	5	6
			3	3	**4**	4	5
10	Grasnarbe abtragen, entsorgen	m^2	4	5	**5**	5	6
			3	4	**4**	4	5
11	Bewachsene Fläche mähen	m^2	2	2	**3**	4	5
			1	2	**2**	3	4
12	Metallzaun abbrechen, entsorgen	m	9	14	**16**	19	27
			7	12	**14**	16	23
13	Zaun Viereck-Drahtgeflecht abbrechen bis 2,0m, entsorgen	m	15	17	**18**	19	22
			12	15	**15**	16	18
14	Zaun Viereck-Drahtgeflecht, bis 1,5m, abbauen, seitlich lagern	m	12	14	**14**	15	17
			10	11	**12**	13	14
15	Bauzaun, Bretter 2,00m	m	16	19	**21**	23	32
			13	16	**17**	20	27
16	Bauzaun, inkl. Tore	m	11	15	**16**	20	28
			9	12	**14**	16	23
17	Baum fällen, Durchmesser bis 15cm, entsorgen	St	53	76	**83**	90	110
			45	64	**70**	75	92
18	Baum fällen, Durchmesser bis 30cm, entsorgen	St	110	131	**143**	151	179
			92	110	**120**	127	150
19	Baum fällen, Durchmesser bis 50cm, entsorgen	St	174	224	**238**	276	345
			146	188	**200**	232	290
20	Baum fällen, Durchmesser über 50cm, entsorgen	St	235	297	**333**	353	397
			197	249	**280**	297	333
21	Wurzelstock roden, bis 30cm	St	70	82	**89**	99	115
			59	69	**75**	83	97
22	Wurzelstock fräsen, einarbeiten	St	89	119	**124**	141	172
			75	100	**104**	118	144
23	Organische Stoffe aufnehmen, entsorgen	m^3	24	32	**37**	39	52
			20	27	**31**	33	43

Nr.	Positionen	Einheit	▶	▷	ø brutto € / ø netto €	◁	◀
24	Oberboden abtragen, lagern	m³	17	22	**25**	28	34
			15	19	**21**	24	29
25	Oberboden abtragen, lagern, bis 20cm	m²	4	6	**7**	9	12
			3	5	**6**	7	10
26	Oberboden abtragen, lagern, bis 30cm	m²	5	8	**8**	10	12
			4	6	**7**	8	10
27	Oberboden abtragen, lagern, über 30cm	m²	8	10	**10**	12	15
			7	8	**9**	10	13
28	Oberboden abtragen, einarbeiten, 30cm	m³	23	27	**28**	31	35
			20	23	**24**	26	30
29	Oberboden auftragen, lagernd	m³	9	13	**15**	18	24
			8	11	**13**	15	20
30	Oberboden liefern und einbauen, bis 30cm	m³	40	49	**54**	60	73
			34	41	**45**	50	61
31	Oberboden liefern, andecken	m³	35	46	**49**	52	62
			29	38	**41**	44	52
32	Baugelände abräumen	m²	4	6	**6**	8	10
			3	5	**5**	7	9
33	Betonfundament	m²	302	327	**347**	350	368
			254	275	**292**	294	309
34	Einzelfundamente, Zaunpfosten	St	72	120	**150**	158	242
			61	101	**126**	133	204
35	Einzelfundament, Mastleuchte	St	153	201	**207**	209	257
			128	169	**174**	175	216
36	Gründungssohle verdichten	m²	1	2	**3**	3	5
			1	2	**2**	3	4
37	Aushub Dränleitung	m³	32	35	**36**	38	42
			27	29	**30**	32	35
38	Pflanzgrube für Kleingehölz 20x20x20	St	5	7	**7**	9	9
			4	6	**6**	7	8
39	Pflanzgrube für Kleingehölz 30x30x30	St	5	8	**9**	10	12
			4	6	**8**	8	10
40	Pflanzgrube für Rankgehölz 50x50x50	St	13	16	**18**	20	24
			11	13	**15**	17	20
41	Pflanzgrube für Solitärbaum 80x80x80	St	24	31	**34**	47	63
			20	26	**29**	40	53
42	Pflanzgrube für Solitärbaum 150x150x80	St	38	64	**75**	87	108
			32	54	**63**	73	91
43	Pflanzgrube für Solitärbaum 300x300x100	St	97	128	**149**	164	199
			81	107	**125**	138	167
44	Pflanzgraben für Hecke herstellen	m	11	14	**16**	17	19
			9	12	**13**	14	16
45	Handaushub, Zulage	m³	67	86	**92**	98	109
			56	72	**78**	83	92
46	Pflanzgrube verfüllen, Oberboden-Gemisch	St	29	40	**45**	49	61
			24	33	**38**	41	51
47	Pflanzgrube verfüllen, Baumsubstrat	St	53	67	**69**	74	85
			44	56	**58**	62	71

Kosten:
Stand 1. Quartal 2025
Bundesdurchschnitt

Nr.	Positionen	Einheit	▶	▷	**ø brutto €** / ø netto €	◁	◀
48	Vegetationsflächen lockern, aufreißen	m²	0,7	1,0	**1,2**	1,5	2,1
			0,6	0,9	**1,0**	1,2	1,8
49	Vegetationsflächen lockern, fräsen	m²	0,8	1,2	**1,3**	1,6	2,2
			0,7	1,0	**1,1**	1,4	1,8
50	Tiefenlockerung, Boden	m²	0,5	0,7	**0,8**	0,8	1,0
			0,4	0,6	**0,6**	0,7	0,8
51	Bodenverbesserung, Komposterde	m²	2	3	**4**	4	6
			2	3	**3**	4	5
52	Bodenverbesserung, Kiessand	m²	2	3	**3**	3	4
			2	2	**2**	3	3
53	Bodenverbesserung, Rindenhumus	m²	2	3	**3**	3	4
			1	2	**3**	3	4
54	Mulchsubstrat liefern, einbauen	m²	5	7	**7**	8	10
			4	6	**6**	7	8
55	Pflanzflächen mulchen, Rindenmulch	m²	6	7	**8**	8	9
			5	6	**7**	7	8
56	Vegetationsfläche, organische Düngung	m²	0,6	1,0	**1,1**	1,4	2,0
			0,5	0,8	**0,9**	1,2	1,7
57	Langzeitdünger	m²	0,1	0,5	**0,6**	1,1	1,8
			0,1	0,4	**0,5**	0,9	1,5
58	Rasenplanum	m²	0,8	1,9	**2,2**	3,0	4,6
			0,7	1,6	**1,9**	2,6	3,8
59	Feinplanum, Vegetationsfläche	m²	1	2	**2**	3	4
			1	2	**2**	2	4
60	Feinplanum, Rasenfläche	m²	1	2	**2**	3	4
			1	2	**2**	3	4
61	Solitär/Hochstamm nach Einschlag pflanzen	St	22	27	**30**	34	38
			19	23	**25**	29	32
62	Solitärgehölz nach Einschlag pflanzen	St	33	37	**39**	43	46
			28	31	**32**	36	39
63	Hochstamm/Solitär, liefern/pflanzen, 100-125cm	St	48	69	**77**	84	160
			40	58	**65**	70	134
64	Hochstamm/Solitär, liefern/pflanzen, 125-150cm	St	53	96	**127**	183	256
			45	81	**107**	154	215
65	Hochstamm/Solitär, liefern/pflanzen, 12-16cm	St	122	152	**155**	228	326
			102	128	**130**	191	274
66	Baumverankerung, Unterflur	St	140	178	**193**	212	248
			117	149	**162**	178	209
67	Verdunstungsschutz, Baumstamm	St	21	29	**33**	37	45
			18	24	**27**	31	38
68	Pflanzverankerung, Baumpfahl	St	21	24	**26**	27	30
			17	21	**22**	23	25
69	Pflanzenverankerung, Pfahl-Zweibock	St	49	63	**70**	82	104
			41	53	**59**	69	88
70	Pflanzenverankerung, Pfahl-Dreibock	St	65	85	**94**	108	138
			55	71	**79**	91	116
71	Ansaat, Spielrasen	m²	0,9	1,6	**1,8**	2,5	4,0
			0,8	1,3	**1,5**	2,1	3,3

▶ min
▷ von
ø Mittel
◁ bis
◀ max

Nr.	Positionen	Einheit	►	▷	ø brutto € / ø netto €	◁	◄
72	Ansaat, Gebrauchsrasen	m²	0,7	1,1	**1,3**	1,5	2,0
			0,6	0,9	**1,1**	1,2	1,7
73	Fertigrasen liefern, einbauen	m²	12	16	**17**	21	26
			10	13	**14**	17	22
74	Rasenflächen Mähen	m²	1	2	**3**	3	5
			1	2	**2**	3	4
75	Rasenfläche düngen	m²	0,2	0,5	**0,6**	0,7	1,0
			0,2	0,4	**0,5**	0,6	0,8
76	Heckenschnitt, Hainbuche	m	6	7	**8**	9	11
			5	6	**7**	8	9
77	Fertigstellungspflege, Baum	St	29	45	**63**	77	86
			25	37	**53**	65	72
78	Fertigstellungspflege, Sträucher	St	77	90	**96**	100	113
			65	76	**80**	84	95
79	Fertigstellungspflege Stauden, Bodendecker	m²	0,7	1,8	**1,9**	2,4	3,4
			0,6	1,5	**1,6**	2,0	2,8
80	Fertigstellungspflege, Hecken bis 2,00m	m	10	12	**13**	14	16
			8	10	**11**	12	14
81	Pflanzflächen wässern	m²	0,5	1,4	**1,8**	2,4	3,7
			0,4	1,2	**1,5**	2,0	3,1
82	Wässern der Hecke	m²	2	4	**4**	5	7
			2	3	**3**	4	6
83	Wässern Solitärgehölze	St	7	9	**10**	10	12
			6	8	**8**	8	10
84	Wässern der Rasenfläche	m²	0,3	0,7	**0,8**	0,9	1,4
			0,3	0,6	**0,7**	0,8	1,2
85	Pflanzflächen lockern, Baumscheiben	m²	0,8	1,4	**1,5**	2,2	3,5
			0,7	1,1	**1,3**	1,9	3,0
86	Bewässerungssack Neupflanzungen, 60 l	St	–	21	**22**	26	–
			–	18	**19**	22	–
87	Bewässerungssack Neupflanzungen, 100 l	St	–	30	**32**	38	–
			–	25	**27**	32	–
88	Gießrand zur Bewässerung des Wurzelballens herstellen	m	–	8	**8**	9	–
			–	6	**7**	8	–
89	Baumsubstrat für nicht befahrbare, freitragend überbaute Baugruben	m³	–	4	**5**	5	–
			–	4	**4**	4	–
90	Baumbelüftungs- und Entwässerungs-Set	St	–	8	**9**	10	–
			–	7	**7**	8	–
91	Abdeckelement für Baumbelüftungs- und Entwässerungs-Set	St	47	63	**69**	77	83
			39	53	**58**	65	70
92	Wurzelbewässerungs- und Wurzelbelüftungssystem	St	209	275	**299**	332	359
			176	231	**251**	279	301
93	Wasserretensionsbox, Speicherung von Wasser unter Baumstandort	St	63	85	**93**	103	114
			53	71	**79**	86	96

Kosten:
Stand 1. Quartal 2025
Bundesdurchschnitt

Nr.	Positionen	Einheit	►	▷	ø brutto € / ø netto €	◁	◄
94	Feinplanie Blühwiese	m²	0,9	1,2	**1,4**	1,5	1,6
			0,8	1,0	**1,2**	1,3	1,3
95	Ansaat Blühwiese	m²	–	2	**2**	3	–
			–	2	**2**	2	–
96	Blühwiese, Artenzusammensetzung Blütenstauden/Gräser	m²	5	7	**7**	8	8
			4	6	**6**	7	7
97	Fertigstellungspflege Blühwiese	m²	–	0,6	**0,6**	0,7	–
			–	0,5	**0,5**	0,6	–
98	Viereck-Drahtgeflecht, 1,00m	m	42	52	**58**	69	84
			35	44	**49**	58	70
99	Viereck-Drahtgeflecht, 1,50m	m	53	79	**95**	102	129
			44	66	**80**	86	108
100	Viereck-Drahtgeflecht, 2,00m	m	67	101	**102**	123	157
			56	84	**86**	104	132
101	Stabgitterzaun, 0,80m	m	53	89	**97**	100	141
			44	75	**81**	84	118
102	Stabgitterzaun, 1,40m	m	68	99	**104**	118	162
			57	83	**87**	99	136
103	Stabgitterzaun, 2,00m	m	94	109	**132**	149	211
			79	92	**111**	125	178
104	Drehflügeltor, einflüglig, lichte Weite 1,1m, H 1,2m	St	1.245	1.526	**1.589**	1.675	1.877
			1.046	1.283	**1.336**	1.407	1.577
105	Drehflügeltor, einflüglig, lichte Weite 1,3m, H 1,0m	St	1.176	1.564	**1.887**	2.148	2.536
			989	1.314	**1.586**	1.805	2.131
106	Drehflügeltor, einflüglig, lichte Weite 1,5m, H 1,2m	St	1.280	1.941	**2.083**	3.038	4.075
			1.076	1.631	**1.750**	2.553	3.425
107	Drehflügeltor, zweiflüglig, lichte Weite 2,5m, H 1,2m	St	2.695	3.289	**3.332**	3.583	3.973
			2.265	2.764	**2.800**	3.011	3.339
108	Drehflügeltor, zweiflüglig, lichte Weite 4,0m, H 1,2m	St	2.377	2.860	**3.177**	3.508	3.990
			1.998	2.403	**2.669**	2.948	3.353
109	Stahltor, einflüglig, beschichtet	St	1.321	1.756	**1.778**	2.005	2.382
			1.110	1.476	**1.494**	1.685	2.002
110	Stahltor, zweiflüglig, beschichtet	St	1.429	1.775	**1.974**	2.251	2.596
			1.201	1.491	**1.659**	1.891	2.181
111	Zaunpfosten, Stahlrohr	St	53	68	**73**	81	99
			44	57	**62**	68	83
112	Holzzaun, Kiefer/Sandsteinpfosten	m	183	240	**280**	283	345
			154	202	**235**	238	290
113	Eckausbildung, Holzzaun	St	61	87	**102**	115	140
			52	73	**86**	97	118
114	Holzzaun, Senkrechtzaun, 1,0m	m	213	263	**273**	300	379
			179	221	**229**	252	319
115	Holzzaun, Staketenzaun, 1,0m	m	90	112	**121**	146	181
			75	94	**102**	123	152
116	Holzzauntüre, Senkrechtzaun, einflüglig	St	304	423	**499**	557	659
			255	356	**420**	468	554
117	Ballfangzaun, Gittermatten	m	337	437	**446**	475	548
			283	367	**375**	399	461

► min
▷ von
ø Mittel
◁ bis
◄ max

Nr.	Positionen	Einheit	►	▷	ø brutto € ø netto €	◁	◄
118	Sichtschutzzaun aus Holzelementen Höhe 1,0m	m	137	170	**179**	207	216
			116	143	**150**	174	182
119	Sichtschutzzaun aus Holzelementen Höhe 2,0m	m	197	238	**248**	251	292
			166	200	**208**	211	246
120	Formstück, PVC-Rohrbogen, DN100	St	11	15	**16**	18	22
			10	12	**13**	15	19
121	Abwasserkanal, PVC-U, DN/ID100	m	32	36	**38**	41	45
			27	30	**32**	34	38
122	Abwasserkanal, PVC-U, DN/ID150	m	42	51	**55**	59	70
			35	43	**46**	50	59
123	Formstück, PVC-U Bogen, DN/ID100	St	18	21	**22**	24	28
			15	17	**18**	20	24
124	Formstück, PVC-U Bogen, DN/ID150	St	19	23	**24**	26	32
			16	19	**20**	22	27
125	Schachtabdeckung, Klasse A, Guss	St	231	292	**319**	325	353
			194	245	**268**	273	296
126	Schachtabdeckung, Klasse B, Guss	St	251	313	**331**	383	498
			211	263	**278**	322	418
127	Regenwasserzisterne	St	3.713	4.743	**5.269**	5.875	7.064
			3.121	3.986	**4.428**	4.937	5.936
128	Regenwasserkanal, PVC-U-Rohre, DN100	m	23	32	**35**	38	44
			19	27	**29**	32	37
129	Regenwasserkanal, PVC-U-Rohre, DN150	m	33	40	**44**	47	51
			28	34	**37**	40	43
130	Regenwasserkanal, PVC-U-Rohre, DN200	m	35	43	**48**	57	68
			30	36	**40**	48	57
131	Dränleitung, PVC-Vollsickerrohr, DN100	m	21	28	**31**	36	43
			18	23	**26**	30	36
132	Dränleitung, PVC-Vollsickerrohr, DN150	m	27	33	**38**	41	47
			23	28	**32**	35	39
133	Formstück, Dränleitung, PVC, Bogen	St	13	18	**21**	23	28
			11	15	**17**	19	24
134	Formstück, Dränleitung, PVC, Abzweig	St	33	40	**44**	50	60
			28	34	**37**	42	51
135	Versickerungsmulden herstellen	m²	4	8	**9**	14	19
			4	7	**8**	11	16
136	Filtervlies	m²	3	4	**4**	5	7
			3	4	**4**	4	6
137	Kiesbett herstellen, 0/2	m³	50	62	**63**	65	74
			42	52	**53**	55	62
138	Kiesbett herstellen, 16/32	m³	59	76	**81**	91	105
			50	64	**68**	77	88
139	Vegetationsmatte, liefern/verlegen	m²	39	51	**55**	61	81
			32	43	**46**	52	68
140	Bewässerungseinrichtung, Hochstämme	St	78	107	**116**	130	174
			65	90	**98**	109	147
141	Baumschutzgitter, Metall	St	1.002	1.194	**1.263**	1.300	1.445
			842	1.004	**1.061**	1.092	1.214

Nr.	Positionen	Einheit	►	▷	ø brutto € / ø netto €	◁	◄
142	Rankhilfe, Edelstahlseil	m	16	27	**33**	37	55
			13	23	**28**	31	46
143	Baumscheibe, Grauguss	St	1.804	2.793	**2.939**	3.160	3.760
			1.516	2.347	**2.469**	2.656	3.160
144	Spielgerät, Doppelschaukel	St	4.116	4.927	**5.384**	5.587	7.295
			3.459	4.141	**4.524**	4.695	6.131
145	Spielgerät, Hangrutsche	St	3.874	5.287	**6.057**	7.109	9.003
			3.255	4.443	**5.090**	5.974	7.566
146	Spielgerät, Klettergerüst	St	1.178	10.902	**12.511**	14.147	23.871
			990	9.161	**10.513**	11.888	20.059
147	Spielgerät, Federwipptier	St	1.492	1.850	**1.890**	2.113	2.454
			1.254	1.554	**1.588**	1.775	2.062
148	Spielsand, Körnung 0/2	t	37	47	**52**	75	102
			31	40	**43**	63	86
149	Spielsand auswechseln, bis 40cm	m³	15	21	**24**	28	35
			13	17	**20**	23	29
150	Einfassung, Sandkasten	m²	61	75	**80**	95	113
			52	63	**67**	80	95
151	Wegeeinfassung, Naturwerkstein	m	34	43	**47**	54	68
			29	36	**40**	46	57
152	Fallschutz auskoffern	m²	3	5	**7**	9	11
			2	4	**6**	7	9
153	Fallschutz, Kies	m²	31	37	**40**	46	52
			26	31	**33**	39	44
154	Fallschutzbelag, Gummigranulatplatten	m²	94	136	**145**	160	191
			79	114	**122**	135	160
155	Schall-Sichtschutzwand, Stahlbeton, 2,0m	St	462	609	**684**	742	868
			388	512	**575**	623	729
156	Fahrradständer, Stahlrohrkonstruktion	St	647	733	**756**	801	874
			544	616	**636**	673	734
157	Abfallbehälter, Stahlblech	St	677	968	**1.099**	1.171	1.343
			568	813	**923**	984	1.128
158	Großraumbox, Müllcontainer	St	–	1.998	**2.298**	2.607	–
			–	1.679	**1.931**	2.191	–
159	Rankhilfe, Flechtmatten	St	132	232	**243**	269	341
			111	195	**204**	226	287
160	Poller, Aluminium	St	332	481	**595**	607	869
			279	404	**500**	510	731
161	Poller, Beton	St	264	532	**555**	579	724
			222	447	**466**	487	608
162	Poller, Stahl, beschichtet	St	403	522	**571**	630	746
			338	439	**480**	530	627
163	Poller, Naturwerkstein	St	316	615	**654**	727	1.316
			266	517	**549**	611	1.106
164	Hinweisschild, Aluminium	St	253	328	**340**	356	407
			213	276	**285**	299	342
165	Gewässerabdichtung, Teichfolie	m²	26	37	**44**	46	57
			22	31	**37**	39	47

Kosten:
Stand 1. Quartal 2025
Bundesdurchschnitt

► min
▷ von
ø Mittel
◁ bis
◄ max

Nr.	Positionen	Einheit	►	▷	ø brutto € / ø netto €	◁	◄
166	Planum Gewässer	m²	6	10	**11**	16	21
			5	8	**9**	13	18
167	Sauberkeitsschicht, Teich	m²	5	6	**8**	8	9
			4	5	**7**	7	8
168	Wurzelanker im Teich	m²	31	43	**44**	49	53
			26	36	**37**	41	45
169	Befestigung, Gewässerabdichtungsbahn Uferbereich	m	18	22	**24**	25	28
			15	18	**20**	21	24
170	Teichrand herstellen	m²	13	15	**17**	18	20
			11	13	**14**	15	17
171	Dachfläche reinigen	m²	2	2	**3**	3	3
			2	2	**2**	2	3
172	Durchwurzelungsschutzschicht, PVC-P 0,8mm	m²	24	27	**27**	29	31
			20	22	**23**	24	26
173	Trenn-, Schutz- und Speichervlies, 500	m²	7	8	**8**	9	10
			5	6	**7**	8	9
174	Trenn-, Schutz- und Speichervlies, 300	m²	5	6	**7**	7	9
			4	5	**5**	6	8
175	Dränageelement, PE-Platte, 40mm, Dachbegrünung	m²	21	23	**25**	26	28
			17	19	**21**	22	24
176	Flächendränage, begehbare Flachdächer, HDPE	m²	92	124	**133**	150	162
			77	104	**112**	126	136
177	Filtervlies, Dränageabdeckung, 100g/m²	m²	4	5	**6**	7	8
			3	4	**5**	6	7
178	Filtermatte, Dachbegrünung	m²	2	3	**3**	4	5
			2	3	**3**	3	4
179	Kontrollschacht, extensive Dachbegrünung, Höhe bis 20cm	St	106	118	**122**	131	150
			89	99	**103**	110	126
180	Kontrollschacht, intensive Dachbegrünung, Höhe bis 40cm	St	241	252	**257**	263	281
			202	212	**216**	221	236
181	Sicherheitsstreifen, Kies, Dachbegrünung	m²	11	15	**16**	18	21
			10	12	**14**	15	18
182	Kiesfangleiste, L-Profil, Dachbegrünung	m	23	29	**32**	35	44
			19	24	**27**	29	37
183	Einschichtsubstrat, extensive Dachbegrünung	m²	25	29	**31**	35	41
			21	25	**26**	29	35
184	Mehrschichtsubstrat, extensive Dachbegrünung	m²	32	37	**38**	40	43
			27	31	**32**	33	36
185	Begrünungssubstrat, Natur-Bims, Dachbegrünung	m²	12	18	**19**	20	23
			10	15	**16**	17	20
186	Mehrschichtsubstrat, intensive Dachbegrünung	m²	39	43	**46**	48	52
			33	36	**39**	41	44
187	Nassansaat, extensive Dachbegrünung, Saatgutmischung	m²	4	7	**9**	11	15
			4	6	**7**	9	12
188	Trockenansaat, extensive Dachbegrünung, Saatgutmischung	m²	4	6	**7**	8	9
			3	5	**6**	7	8
189	Düngung, Dachbegrünung, extensiv	m²	0,4	0,8	**0,9**	0,9	1,1
			0,4	0,6	**0,8**	0,8	0,9

Nr.	Positionen	Einheit	►	▷	ø brutto € / ø netto €	◁	◄
190	Wässern, Dachbegrünung, extensiv	m²	0,7	0,9	**1,0**	1,2	1,2
			0,6	0,8	**0,8**	1,0	1,1
191	Stelzlager, Unterbau, Plattenbeläge, Dachbegrünung, H 25-40mm	St	8	11	**11**	13	14
			7	9	**10**	11	12
192	Stelzlager, Unterbau, Plattenbeläge, Dachbegrünung, H 145-225mm	St	12	15	**16**	18	19
			10	13	**13**	15	16
193	Stelzlager, Aufstockelement, höhenverstellbar, H 80mm	St	7	9	**9**	10	11
			6	7	**8**	9	9
194	Plattenlager, Betonplatten, höhenverstellbar, H 10mm	St	6	8	**8**	10	10
			5	7	**7**	8	9
195	Sekurant, Anseilsicherung, Stahl verzinkt	St	238	287	**312**	325	386
			200	241	**262**	274	325
196	Fertigstellungspflege, extensive Dachbegrünung	m²	2	4	**5**	6	10
			2	3	**4**	5	8
197	Trenn-, Schutz-, Speichervlies	m²	2	3	**3**	3	4
			2	2	**2**	3	3
198	Stundensatz, Helfer/-in	h	59	65	**66**	69	74
			50	54	**55**	58	63
199	Stundensatz, Facharbeiter/-in	h	70	81	**86**	91	97
			59	68	**73**	76	81

Kosten:
Stand 1. Quartal 2025
Bundesdurchschnitt

Nr. **Kurztext** / Langtext — Kostengruppe
► ▷ **ø netto €** ◁ ◄ [Einheit] Ausf.-Dauer Positionsnummer

1 Baugelände abräumen, entsorgen — KG **594**

Baugelände abräumen, von unbelasteten Steinen, Schutt und Unrat abräumen. Räumgut entsorgen.
Maschineneinsatz: **ja / nein**

129€ 163€ **187€** 199€ 221€ [t] ⏱ 2,90 h/t 003.000.080

2 Stammschutz, Brettermantel, bis 60cm — KG **211**

Stammschutz durch Ummantelung herstellen.
Stammdurchmesser: über 40 bis 60 cm
Material: Brettermantel inkl. Polsterung
Dicke der Lattung: mind. 24 mm
Höhe: mind. 2,00 m

51€ 60€ **65€** 69€ 78€ [St] ⏱ 1,00 h/St 003.000.288

3 Hochstamm einschlagen — KG **573**

Hochstamm auf der Baustelle gem. Angaben des AG bis zur Verwendung in vorbereiteter Fläche einschlagen. Pflanzenlieferung wird gesondert vergütet.
Stammumfang: bis 15 cm

12€ 13€ **13€** 15€ 16€ [St] ⏱ 1,15 h/St 003.000.319

► min
▷ von
ø Mittel
◁ bis
◄ max

Nr.	Kurztext / Langtext						Kostengruppe
▶	▷	ø netto €	◁	◀	[Einheit]	Ausf.-Dauer	Positionsnummer

4 Strauchpflanze einschlagen KG **573**

Strauchpflanze auf der Baustelle gem. Angaben des AG bis zur Verwendung in vorbereiteter Fläche einschlagen. Pflanzenlieferung wird gesondert vergütet.

3€	4€	**5€**	5€	7€	[St]	⏱ 0,30h/St	003.000.320

5 Baum herausnehmen, einschlagen KG **573**

Baum herausnehmen, mit Ballen, transportieren und bis zur Wiedereinpflanzung einschlagen.
Stammumfang: 18 bis 20 cm

112€	144€	**159€**	179€	207€	[St]	⏱ 2,55h/St	003.000.276

6 Strauch herausnehmen, einschlagen, 60-100cm KG **573**

Strauch herausnehmen, mit Ballen, transportieren und bis zur Wiedereinpflanzung einschlagen.
Wuchsbreite: bis 50 cm
Wuchshöhe: über 50 bis 100 cm

21€	26€	**27€**	34€	42€	[St]	⏱ 0,30h/St	003.000.274

7 Strauch herausnehmen, einschlagen, 100-150cm KG **573**

Strauch herausnehmen, mit Ballen, transportieren und bis zur Wiedereinpflanzung einschlagen.
Wuchsbreite: über 50 bis 100 cm
Wuchshöhe: über 100 bis 150 cm

23€	30€	**35€**	39€	47€	[St]	⏱ 0,60h/St	003.000.275

8 Baugelände roden KG **214**

Baugelände roden, Räumgut abfahren. Auf dem Gelände vorhanden: Busch-, Hecken- und Baumbestand bis 10cm Stammdurchmesser (gemessen in 1m Stammhöhe).

8€	11€	**12€**	15€	22€	[m^2]	⏱ 0,10h/m^2	003.000.271

9 Grasnarbe abtragen, seitlich lagern KG **214**

Grasnarbe abtragen, zerkleinern, seitlich zur Abfuhr lagern. Abrechnung in der Abwicklung.
Schichtdicke: über 3 bis 5 cm
Bodengruppen DIN 18915: .....

3€	3€	**4€**	4€	5€	[m^2]	⏱ 0,04h/m^2	003.000.004

10 Grasnarbe abtragen, entsorgen KG **214**

Grasnarbe abtragen, laden, abfahren entsorgen. Abrechnung in der Abwicklung.
Schichtdicke: über 3 bis 5 cm
Bodengruppen DIN 18915: .....

3€	4€	**4€**	4€	5€	[m^2]	⏱ 0,04h/m^2	003.000.361

11 Bewachsene Fläche mähen KG **214**

Bewachsene Fläche, Gräser und Kräuter mähen und Schnittgut entsorgen.
Wuchshöhe: bis 70 cm

1€	2€	**2€**	3€	4€	[m^2]	⏱ 0,02h/m^2	003.000.005

Kosten:
Stand 1.Quartal 2025
Bundesdurchschnitt

► min
▷ von
ø Mittel
◁ bis
◄ max

Nr.	**Kurztext** / Langtext						Kostengruppe
►	▷	**ø netto €**	◁	◄	[Einheit]	Ausf.-Dauer	Positionsnummer

12 Metallzaun abbrechen, entsorgen — KG **594**

Metallzaun inkl. Stahlpfosten und Fundamente abbrechen, abfahren, entsorgen.Leistung inkl. Führen des Entsorgungsnachweises.
Material: Stahlgittermatten
Zaunhöhe: 1,50 m
Zaunlänge: ..... m
Maschineneinsatz: **ja / nein**

7€ | 12€ | **14€** | 16€ | 23€ | [m] | ⏱ 0,15h/m | 003.000.150

13 Zaun Viereck-Drahtgeflecht abbrechen bis 2,0m, entsorgen — KG **594**

Zaun einschl. Stahlpfosten und Fundamente abbrechen, abfahren und entsorgen.
Material: Zaun Viereck-Drahtgeflecht, kunststoffummantelt
Zaunhöhe: bis 2,00 m
Zaunlänge: ..... m

12€ | 15€ | **15€** | 16€ | 18€ | [m] | ⏱ 0,25h/m | 003.000.196

14 Zaun Viereck-Drahtgeflecht, bis 1,5m, abbauen, seitlich lagern — KG **594**

Zaun einschl. Stahlpfosten, abbauen, seitlich lagern.
Material: Zaun Viereck-Drahtgeflecht, kunststoffummantelt, inkl. Stahlpfosten
Zaunhöhe: bis 1,50 m
Zaunlänge: ..... m

10€ | 11€ | **12€** | 13€ | 14€ | [m] | ⏱ 0,20h/m | 003.000.072

15 Bauzaun, Bretter 2,00m — KG **591**

Bauzaun, als geschlossener Zaun auf unbefestigtem Untergrund, aufstellen und räumen.
Material: Bretter, einseitig gehobelt
Zaunhöhe: 2,00 m über OK Gelände

13€ | 16€ | **17€** | 20€ | 27€ | [m] | ⏱ 0,20h/m | 003.000.289

16 Bauzaun, inkl. Tore — KG **591**

Bauzaun als Schutzzaun inkl. Tore aufstellen, vorhalten und beseitigen.
Zaunhöhe: ..... m
Material: Baustahlgewebe
Vorhaltedauer: ..... Wochen

9€ | 12€ | **14€** | 16€ | 23€ | [m] | ⏱ 0,18h/m | 003.000.073

A 1 Baum fällen, entsorgen — Beschreibung für Pos. **17-20**

Baum fällen, als Einzelbaum.
Baum: **frei fallend / stückweise abnehmen**
Maschineneinsatz: **ja / nein**

17 Baum fällen, Durchmesser bis 15cm, entsorgen — KG **214**

Wie Ausführungsbeschreibung A 1
Baumart: .....
Stammdurchmesser: bis 15 cm
Baumhöhe: ..... m

45€ | 64€ | **70€** | 75€ | 92€ | [St] | ⏱ 1,60h/St | 003.000.074

Nr.	Kurztext / Langtext						Kostengruppe
▶	▷	**ø netto €**	◁	◀	[Einheit]	Ausf.-Dauer	Positionsnummer

18 Baum fällen, Durchmesser bis 30cm, entsorgen KG **214**

Wie Ausführungsbeschreibung A 1
Baumart: .....
Stammdurchmesser: bis 30 cm
Baumhöhe: ..... m

92€	110€	**120€**	127€	150€	[St]	⏱ 2,50h/St	003.000.075

19 Baum fällen, Durchmesser bis 50cm, entsorgen KG **214**

Wie Ausführungsbeschreibung A 1
Baumart: .....
Stammdurchmesser: bis 50 cm
Baumhöhe: ..... m

146€	188€	**200€**	232€	290€	[St]	⏱ 3,20h/St	003.000.076

20 Baum fällen, Durchmesser über 50cm, entsorgen KG **214**

Wie Ausführungsbeschreibung A 1
Baumart: .....
Stammdurchmesser: über 50 cm
Baumhöhe: ..... m

197€	249€	**280€**	297€	333€	[St]	⏱ 3,80h/St	003.000.077

21 Wurzelstock roden, bis 30cm KG **214**

Wurzelstöcke gefällter Bäume roden, gerodete Stoffe häckseln und auf Baustelle lagern.
Stammdurchmesser: bis 30 cm (an Schnittstelle)
Rodungstiefe: .....
Entfernung Lagerfläche bis ..... m

59€	69€	**75€**	83€	97€	[St]	⏱ 0,80h/St	003.000.322

22 Wurzelstock fräsen, einarbeiten KG **214**

Wurzelstock roden, fräsen und Material in Boden einarbeiten.
Baumart: .....
Rodungstiefe. ..... cm
Durchmesser: ..... cm
Einbauort: Baustelle

75€	100€	**104€**	118€	144€	[St]	⏱ 1,00h/St	003.000.079

23 Organische Stoffe aufnehmen, entsorgen KG **214**

Organische Stoffe aller Art aufnehmen und entsorgen.
Wuchshöhe: bis 70 cm

20€	27€	**31€**	33€	43€	[m³]	⏱ 0,16h/m³	080.000.027

Nr.	Kurztext / Langtext						Kostengruppe
►	▷	ø netto €	◁	◄	[Einheit]	Ausf.-Dauer	Positionsnummer

24 Oberboden abtragen, lagern KG **511**

Oberboden, profilgerecht abtragen, laden, fördern und Bodengruppen getrennt lagern.
Bodengruppe DIN 18196: .....
Gesamtabtragstiefe: bis 30 cm
Förderweg: bis ..... km
Mengenermittlung nach Aufmaß an der Entnahmestelle.

►	▷	ø	◁	◄	Einheit	Ausf.-Dauer	Positionsnummer
15€	19€	**21€**	24€	29€	[m³]	⏱ 0,15h/m³	003.000.199

A 2 Oberboden abtragen, lagern Beschreibung für Pos. **25-27**

Oberboden, profilgerecht abtragen, laden, fördern und lagern.
Bodenzuordnung lt. **Aufstellung / Bericht / gemeinsamer Feststellung**

Kosten:
Stand 1. Quartal 2025
Bundesdurchschnitt

25 Oberboden abtragen, lagern, bis 20cm KG **214**

Wie Ausführungsbeschreibung A 2
Bodengruppen: ..... DIN 18196
Gesamtabtragstiefe: bis 20 cm
Förderweg: bis ..... km
Mengenermittlung nach Aufmaß an der Entnahmestelle.

►	▷	ø	◁	◄	Einheit	Ausf.-Dauer	Positionsnummer
3€	5€	**6€**	7€	10€	[m²]	⏱ 0,06h/m²	003.000.324

26 Oberboden abtragen, lagern, bis 30cm KG **214**

Wie Ausführungsbeschreibung A 2
Bodengruppen: ..... DIN 18196
Gesamtabtragstiefe: bis 30 cm
Förderweg: bis ..... km
Mengenermittlung nach Aufmaß an der Entnahmestelle.

►	▷	ø	◁	◄	Einheit	Ausf.-Dauer	Positionsnummer
4€	6€	**7€**	8€	10€	[m²]	⏱ 0,06h/m²	003.000.325

27 Oberboden abtragen, lagern, über 30cm KG **214**

Wie Ausführungsbeschreibung A 2
Bodengruppen: ..... DIN 18196
Gesamtabtragstiefe: über 30 cm
Förderweg: bis ..... km
Mengenermittlung nach Aufmaß an der Entnahmestelle.

►	▷	ø	◁	◄	Einheit	Ausf.-Dauer	Positionsnummer
7€	8€	**9€**	10€	13€	[m²]	⏱ 0,08h/m²	003.000.326

► min
▷ von
ø Mittel
◁ bis
◄ max

Nr.	Kurztext / Langtext						Kostengruppe
▶	▷	**ø netto €**	◁	◀	[Einheit]	Ausf.-Dauer	Positionsnummer

28 Oberboden abtragen, einarbeiten, 30cm KG **214**

Oberboden, profilgerecht lösen, fördern und laden, mit LKW des AN zur zugelassenen Lagerstelle abfahren, dort lagenweise einarbeiten.
Bodenzuordnung: lt. **Aufstellung / Bericht / gemeinsamer Feststellung**
Bodengruppen: ..... DIN 18196
Gesamtabtragstiefe i.M.: 30 cm
Aushub: nicht schadstoffbelastet
Zuordnung: .....
Lagerstätte (Bezeichnung/Ort): .....
Förderweg: bis ..... km
Mengenermittlung nach Aufmaß an der Entnahmestelle.

20€ 23€ **24€** 26€ 30€ [m³] ⏱ 0,20h/m³ 003.000.327

29 Oberboden auftragen, lagernd KG **571**

Oberboden, zwischengelagert, laden, fördern, profilgerecht auftragen, eine Bodengruppe.
Bodengruppen: ..... DIN 18196
Auftragsdicke: .....
Förderweg: bis 0,5 km

8€ 11€ **13€** 15€ 20€ [m³] ⏱ 0,10h/m³ 003.000.094

30 Oberboden liefern und einbauen, bis 30cm KG **571**

Oberboden, liefern, profilgerecht auftragen, eine Bodengruppe.
Bodengruppen: ..... DIN 18196
Auftragsdicke: über 20 bis 30 cm

34€ 41€ **45€** 50€ 61€ [m³] ⏱ 0,19h/m³ 003.000.188

31 Oberboden liefern, andecken KG **571**

Oberboden, liefern, profilgerecht auftragen, eine Bodengruppe.
Bodengruppe DIN 18196: 2-4
Einbauort: .....
Auftragsdicke: .....

29€ 38€ **41€** 44€ 52€ [m³] ⏱ 0,19h/m³ 003.000.291

32 Baugelände abräumen KG **214**

Baugelände von unbelasteten Steinen, Schutt und Unrat abräumen. Räumgut trennen, laden, fördern und lagern.

3€ 5€ **5€** 7€ 9€ [m²] ⏱ 0,05h/m² 003.000.001

33 Betonfundament KG **561**

Einzelfundament, Ortbeton unbewehrt.
Beton: C12/15
Fundamentlänge: ..... cm
Fundamenttiefe: bis 0,80 cm
Fundamentbreite: 30 cm

254€ 275€ **292€** 294€ 309€ [m²] ⏱ 3,10h/m² 080.000.314

Kosten:
Stand 1. Quartal 2025
Bundesdurchschnitt

Nr.	**Kurztext** / Langtext						Kostengruppe
▶	▷	**ø netto €**	◁	◀	[Einheit]	Ausf.-Dauer	Positionsnummer

34 Einzelfundamente, Zaunpfosten KG **541**

Einzelfundament für Zaunpfosten einschl. Aushub und Schalung. Überschüssiger Boden ist zu entsorgen.
Beton: C20/25
Fundamentmaße (L x B x T): 30 x 30 x 80 cm

61€ | 101€ | **126€** | 133€ | 204€ | [St] | ⏱ 1,00 h/St | 003.000.119

35 Einzelfundament, Mastleuchte KG **541**

Einzelfundament Mastleuchte einschl. Aushub und Schalung. Überschüssiger Boden ist zu entsorgen.
Beton: C20/25
Fundamentmaße (L x B x T): 60 x 60 x 80 cm

128€ | 169€ | **174€** | 175€ | 216€ | [St] | ⏱ 1,10 h/St | 003.000.362

36 Gründungssohle verdichten KG **511**

Gründungssohle verdichten, in Baugruben.
Verdichtungsgrad: mind. DPr 0,95
Verformungsmodul: mind. EV2 45 Mpa

1€ | 2€ | **2€** | 3€ | 4€ | [m²] | ⏱ 0,02 h/m² | 003.000.092

37 Aushub Dränleitung KG **511**

Boden für Dränleitung profilgerecht lösen, Aushub laden, fördern, lagern. Arbeiten mit dem Gerät.
Grabenbreite: bis 0,80 m
Aushubtiefe: bis 0,80 m
Förderweg: bis 150 m
Baumaßnahme der Geotechnischen Kategorie 1 DIN 4020
Homogenbereich 1, mit einer Bodengruppe
Bodengruppen DIN 18196: .....
Homogenbereich 1 oben: 0 m
Homogenbereich 1 unten: bis 0,80 m
Massenanteile der Steine DIN EN ISO 14688-1: über ..... bis .....%
Massenanteile der Blöcke DIN EN ISO 14688-1: über ..... bis .....%
Konsistenz DIN EN ISO 14688-1: von ..... bis .....
Lagerungsdichte: ..... von ..... bis .....

27€ | 29€ | **30€** | 32€ | 35€ | [m³] | ⏱ 0,29 h/m³ | 003.000.090

▶ min
▷ von
ø Mittel
◁ bis
◀ max

A 3 Pflanzgrube für Kleingehölz Beschreibung für Pos. **38-40**

Pflanzgrube für Kleingehölz ausheben und verdrängten Boden zu Gießrändern aufhäufeln oder seitlich einplanieren. Grubensohle bis zur Pflanzung sauber halten.
Grubensohle lockern: Tiefe bis 20cm

38 Pflanzgrube für Kleingehölz 20x20x20 KG **571**

Wie Ausführungsbeschreibung A 3
Größe: 20 x 20 x 20 cm
Bodengruppen: .... DIN 18915

4€ | 6€ | **6€** | 7€ | 8€ | [St] | ⏱ 0,20 h/St | 003.000.207

Nr.	Kurztext / Langtext						Kostengruppe
►	▷	**ø netto €**	◁	◄	[Einheit]	Ausf.-Dauer	Positionsnummer

39 Pflanzgrube für Kleingehölz 30x30x30 KG **571**

Wie Ausführungsbeschreibung A 3
Größe: 30 x 30 x 30 cm
Bodengruppen: .... DIN 18915

4€ 6€ **8€** 8€ 10€ [St] ⏱ 0,20h/St 003.000.208

40 Pflanzgrube für Rankgehölz 50x50x50 KG **571**

Wie Ausführungsbeschreibung A 3
Größe: 50 x 50 x 50 cm
Bodengruppen: .... DIN 18915

11€ 13€ **15€** 17€ 20€ [St] ⏱ 0,22h/St 003.000.209

A 4 Pflanzgrube Solitär Beschreibung für Pos. **41-43**

Pflanzgrube ausheben, Aushub seitlich einarbeiten. Grubensohle bis zur Pflanzung sauber halten.
Grubensohle lockern: Tiefe bis 20cm

41 Pflanzgrube für Solitärbaum 80x80x80 KG **571**

Wie Ausführungsbeschreibung A 4
Größe: 80 x 80 x 80 cm
Bodengruppen: .... DIN 18915

20€ 26€ **29€** 40€ 53€ [St] ⏱ 0,28h/St 003.000.292

42 Pflanzgrube für Solitärbaum 150x150x80 KG **571**

Wie Ausführungsbeschreibung A 4
Größe: 150 x 150 x 80 cm
Bodengruppen: .... DIN 18915

32€ 54€ **63€** 73€ 91€ [St] ⏱ 0,50h/St 003.000.379

43 Pflanzgrube für Solitärbaum 300x300x100 KG **571**

Wie Ausführungsbeschreibung A 4
Größe: 300 x 300 x 100 cm
Bodengruppen: .... DIN 18915

81€ 107€ **125€** 138€ 167€ [St] ⏱ 1,20h/St 003.000.268

44 Pflanzgraben für Hecke herstellen KG **571**

Pflanzgraben ausheben, Aushub seitlich planieren, Sohle lockern.
Größe (B x T): 50 x 50 cm
Bodengruppen: .... DIN 18915

9€ 12€ **13€** 14€ 16€ [m] ⏱ 0,20h/m 003.000.211

Nr.	Kurztext / Langtext						Kostengruppe
▶	▷	ø netto €	◁	◀	[Einheit]	Ausf.-Dauer	Positionsnummer

45 Handaushub, Zulage — KG **511**

Handaushub als Zulage für Erd- und Oberbauarbeiten in Rohrgräben.
Tiefe: ..... cm
Breite: ..... cm
Bodengruppen DIN 18915: .....

▶	▷	ø	◁	◀	Einheit	Ausf.-Dauer	Positionsnummer
56€	72€	**78€**	83€	92€	[m³]	0,95 h/m³	003.000.028

46 Pflanzgrube verfüllen, Oberboden-Gemisch — KG **571**

Pflanzgrube mit Oberbodengemisch verfüllen.
Material: 60% Oberboden, 30% Sand, 10% Kompost, gütegesichert
Pflanzgrube: 100 x 100 cm
Schichtdicke: 80 cm

▶	▷	ø	◁	◀	Einheit	Ausf.-Dauer	Positionsnummer
24€	33€	**38€**	41€	51€	[St]	0,07 h/St	003.000.012

Kosten:
Stand 1. Quartal 2025
Bundesdurchschnitt

47 Pflanzgrube verfüllen, Baumsubstrat — KG **571**

Pflanzgrube der Bäume mit Baumsubstrat verfüllen.
Substrat: Humus-Basis Mischung
Körnung: 0/16
Schichtdicke: 30 cm
Angebot. Fabrikat: .....

▶	▷	ø	◁	◀	Einheit	Ausf.-Dauer	Positionsnummer
44€	56€	**58€**	62€	71€	[St]	0,07 h/St	003.000.016

48 Vegetationsflächen lockern, aufreißen — KG **571**

Vegetationstragschicht kreuzweise lockern durch aufreißen. Steine, Unrat ab Durchmesser 5cm und schwer verrottbare Pflanzenteile ablesen, Unkraut ausgraben. Anfallende Stoffe entsorgen.
Tiefe: 30 cm
Bodengruppen DIN 18915: .....

▶	▷	ø	◁	◀	Einheit	Ausf.-Dauer	Positionsnummer
0,6€	0,9€	**1,0€**	1,2€	1,8€	[m²]	0,01 h/m²	003.000.019

49 Vegetationsflächen lockern, fräsen — KG **571**

Vegetationsflächen kreuzweise lockern durch Fräsen. Steine, Unrat ab Durchmesser 5cm, schwer verrottbare Pflanzenteile ablesen und Unkraut ausgraben. Anfallende Stoffe sind zu entsorgen.
Tiefe: bis 15 cm
Bodengruppen DIN 18915: .....

▶	▷	ø	◁	◀	Einheit	Ausf.-Dauer	Positionsnummer
0,7€	1,0€	**1,1€**	1,4€	1,8€	[m²]	0,01 h/m²	003.000.018

50 Tiefenlockerung, Boden — KG **571**

Vegetationsflächen kreuzweise lockern durch grubben. Steine, Unrat ab Durchmesser 5cm und schwer verrottbare Pflanzenteile ablesen, Unkraut ausgraben. Anfallende Stoffe sind zu entsorgen.
Tiefe: 25 cm
Bodengruppen DIN 18915: .....

▶	▷	ø	◁	◀	Einheit	Ausf.-Dauer	Positionsnummer
0,4€	0,6€	**0,6€**	0,7€	0,8€	[m²]	0,01 h/m²	003.000.015

▶ min
▷ von
ø Mittel
◁ bis
◀ max

Nr.	Kurztext / Langtext						Kostengruppe
▶	▷	ø netto €	◁	◀	[Einheit]	Ausf.-Dauer	Positionsnummer

51 Bodenverbesserung, Komposterde KG **571**

Bodenverbesserung der Vegetationsfläche gleichmäßig aufbringen und einarbeiten.
Material: Komposterde
Einzelkorn: bis 5 cm
Menge: ..... l/m²
Arbeitstiefe: 5 cm
Bodengruppen DIN 18915: .....

2€	3€	**3€**	4€	5€	[m²]	⏱ 0,01 h/m²	003.000.009

52 Bodenverbesserung, Kiessand KG **571**

Bodenverbesserung der Vegetationsfläche, Material gleichmäßig aufbringen und einarbeiten.
Material: Kiessand
Körnung: 0/4
Menge: 20 kg/m²
Arbeitstiefe: 5 cm
Bodengruppen DIN 18915: .....

2€	2€	**2€**	3€	3€	[m²]	⏱ 0,05 h/m²	003.000.010

53 Bodenverbesserung, Rindenhumus KG **571**

Bodenverbesserung der Vegetationsfläche, Material gleichmäßig aufbringen und einarbeiten.
Material: Rindenhumus gütegesichert
Menge: ..... l/m²
Arbeitstiefe: 5 cm
Bodengruppen DIN 18915: .....

1€	2€	**3€**	3€	4€	[m²]	⏱ 0,05 h/m²	003.000.011

54 Mulchsubstrat liefern, einbauen KG **573**

Mulchschicht nachbessern, ganzflächig, auf Baumscheibe gleichmäßig aufbringen.
Material: Rindenmulch, gütegesichert
Körnung: 0/20
Schichtdicke: mind. 8 cm

4€	6€	**6€**	7€	8€	[m²]	⏱ 0,04 h/m²	003.000.017

55 Pflanzflächen mulchen, Rindenmulch KG **573**

Mulchen der Pflanzfläche mit gütegesichertem Rindenmulch.
Mulchdicke: über 10-15 cm
Körnung: .....

5€	6€	**7€**	7€	8€	[m²]	⏱ 0,10 h/m²	004.000.196

56 Vegetationsfläche, organische Düngung KG **571**

Grunddüngung der Vegetationsfläche, organischer Dünger aufbringen und einarbeiten.
Material: .....
Menge: 60 g/m²
Angeb. Fabrikat: .....

0,5€	0,8€	**0,9€**	1,2€	1,7€	[m²]	⏱ 0,02 h/m²	003.000.008

Nr.	Kurztext / Langtext						Kostengruppe
►	▷	ø netto €	◁	◄	[Einheit]	Ausf.-Dauer	Positionsnummer

57 Langzeitdünger KG **573**

Düngung der Pflanzfläche, mit organisch-mineralischem Dünger mit Langzeitwirkung aufbringen und einarbeiten.
Menge: 50 g/m²

►	▷	ø	◁	◄	Einheit	Ausf.-Dauer	Positionsnummer
0,1€	0,4€	**0,5€**	0,9€	1,5€	[m²]	⏱ 0,01 h/m²	003.000.329

58 Rasenplanum KG **574**

Feinplanum für Rasenfläche, Anschlüsse an Kanten, Wege- und Platzbeläge oberflächengleich, Steine von mehr als 5cm Durchmesser und schwer verrottbare Pflanzenteile ablesen, anfallende Stoffe zur Abfuhr Seitlich lagern.
Bodengruppen: ..... DIN 18915
Ebenheit: zulässige Abweichung bei 4,00 m 3 cm, bei 2,00 m 2 cm

►	▷	ø	◁	◄	Einheit	Ausf.-Dauer	Positionsnummer
0,7€	1,6€	**1,9€**	2,6€	3,8€	[m²]	⏱ 0,02 h/m²	004.000.215

Kosten:
Stand 1. Quartal 2025
Bundesdurchschnitt

59 Feinplanum, Vegetationsfläche KG **574**

Feinplanum für Rasenfläche. Steine von mehr als 5 cm Durchmesser und schwer verrottbare Pflanzenteile ablesen, anfallende Stoffe zur Abfuhr auf Haufen setzen.
Bodengruppen: ..... DIN 18915
Abweichung Ebenheit: bei 4,00 m 3 cm, bei 2,00 m 2 cm

►	▷	ø	◁	◄	Einheit	Ausf.-Dauer	Positionsnummer
1€	2€	**2€**	2€	4€	[m²]	⏱ 0,03 h/m²	003.000.330

60 Feinplanum, Rasenfläche KG **574**

Feinplanum für Rasenfläche. Steine von mehr als 5 cm Durchmesser und schwer verrottbare Pflanzenteile ablesen, anfallende Stoffe zur Abfuhr auf Haufen setzen.
Bodengruppen: ..... DIN 18915
Abweichung Ebenheit: bei 4,00 m 3 cm, bei 2,00 m 2 cm

►	▷	ø	◁	◄	Einheit	Ausf.-Dauer	Positionsnummer
1€	2€	**2€**	3€	4€	[m²]	⏱ 0,03 h/m²	003.000.014

61 Solitär/Hochstamm nach Einschlag pflanzen KG **573**

Solitärgehölz bauseits lagernd, aus Einschlagort entnehmen und gem. Pflanzplan in vorbereitete Pflanzgrube pflanzen, Pflanzgrube wieder verfüllen.
Höhe: bis 100 cm
Breite: über 100 bis 200 cm
Bodengruppen: ..... DIN 18915
Pflanzlieferung wird gesondert vergütet

►	▷	ø	◁	◄	Einheit	Ausf.-Dauer	Positionsnummer
19€	23€	**25€**	29€	32€	[St]	⏱ 1,10 h/St	003.000.331

62 Solitärgehölz nach Einschlag pflanzen KG **573**

Solitärgehölz bauseits lagernd, aus Einschlagort entnehmen und gem. Pflanzplan in vorbereitete Pflanzgrube pflanzen, Pflanzgrube wieder verfüllen.
Höhe: bis 100 cm
Breite: bis 100 cm
Bodengruppen: ..... DIN 18915

►	▷	ø	◁	◄	Einheit	Ausf.-Dauer	Positionsnummer
28€	31€	**32€**	36€	39€	[St]	⏱ 1,00 h/St	003.000.332

► min
▷ von
ø Mittel
◁ bis
◄ max

Nr.	Kurztext / Langtext						Kostengruppe
▶	▷	**ø netto €**	◁	◀	[Einheit]	Ausf.-Dauer	Positionsnummer

A 5 Hochstamm/Solitär, liefern/pflanzen — Beschreibung für Pos. **63-65**

Hochstamm in Solitärqualität mit Drahtballen liefern und pflanzen, einschl. ausheben und wiederverfüllen der Pflanzgrube sowie Herstellen der Baumscheibe mit Gießrand. Der überschüssige Boden ist im Baustellenbereich einzubauen.
Pflanzgrube: doppelte Ballengröße

63 Hochstamm/Solitär, liefern/pflanzen, 100-125cm — KG **573**

Wie Ausführungsbeschreibung A 5
Gehölzeart: .....
Stammhöhe: 100-125 cm
Bodengruppen: ..... DIN 18915

40€ | 58€ | **65€** | 70€ | 134€ | [St] | ⏱ 1,60h/St | 003.000.363

64 Hochstamm/Solitär, liefern/pflanzen, 125-150cm — KG **573**

Wie Ausführungsbeschreibung A 5
Gehölzeart: .....
Stammhöhe: 125-150 cm
Bodengruppen: ..... DIN 18915

45€ | 81€ | **107€** | 154€ | 215€ | [St] | ⏱ 1,60h/St | 003.000.338

65 Hochstamm/Solitär, liefern/pflanzen, 12-16cm — KG **573**

Wie Ausführungsbeschreibung A 5
Gehölzeart: .....
Stammumfang: 12-16 cm
Bodengruppen: ..... DIN 18915

102€ | 128€ | **130€** | 191€ | 274€ | [St] | ⏱ 1,90h/St | 003.000.337

66 Baumverankerung, Unterflur — KG **573**

Unterflur-Baumverankerung mit Stahlanker mit Gurtschlaufen und Spanngurten aus Polyestergewebe.
Breite: 60 mm
Angeb. Fabrikat: .....

117€ | 149€ | **162€** | 178€ | 209€ | [St] | ⏱ 1,20h/St | 003.000.346

67 Verdunstungsschutz, Baumstamm — KG **573**

Verdunstungs- und Stammschutz durch Schilfbandage, umwickelt mit Kokosstricken.
Stammdurchmesser: über 15-20 cm
Stammhöhe: bis 2,00 m
Bandage: Schilfrohrmatten
Angeb. Fabrikat: .....

18€ | 24€ | **27€** | 31€ | 38€ | [St] | ⏱ 0,50h/St | 003.000.356

68 Pflanzverankerung, Baumpfahl — KG **573**

Pflanzenverankerung mit Baumpfahl, schräg, weißgeschält.
Pfahllänge: 150 cm
Zopfdicke: 6-8 cm
Bindegut: Kokosstrick

17€ | 21€ | **22€** | 23€ | 25€ | [St] | ⏱ 0,50h/St | 004.000.183

Nr.	Kurztext / Langtext						Kostengruppe
▶	▷	ø netto €	◁	◀	[Einheit]	Ausf.-Dauer	Positionsnummer

Kosten:
Stand 1. Quartal 2025
Bundesdurchschnitt

▶ min
▷ von
ø Mittel
◁ bis
◀ max

69 Pflanzenverankerung, Pfahl-Zweibock — KG **573**

Pflanzenverankerung, zwei senkrechten Baumpfählen, weißgeschält, Zopf und Bindegurt.
Pfahllänge: 300 cm
Zopfdicke: 6-8 cm
Bindegut: Kokosstrick
Angeb. Fabrikat: .....

41€ | 53€ | **59€** | 69€ | 88€ | [St] | ⏱ 0,80 h/St | 003.000.347

70 Pflanzenverankerung, Pfahl-Dreibock — KG **573**

Pflanzenverankerung, Pfahl-Dreibock, Rahmen aus Halbrundhölzern, Pfähle weißgeschält, Zopf und Bindegurt. Die drei Baumpfähle sind oben im Dreieck zu versteifen.
Pfahllänge: 300 cm
Zopfdicke: 6-8 cm
Bindegut: Kokosstrick
Angeb. Fabrikat: .....

55€ | 71€ | **79€** | 91€ | 116€ | [St] | ⏱ 1,00 h/St | 004.000.185

71 Ansaat, Spielrasen — KG **574**

Rasenansaat mit Regel-Saatgutmischung als Spielrasen in zwei Arbeitsgängen.
RSM-Mischung: 2.3
Saatgutmenge: 25 g/m²
Angeb. Fabrikat: .....

0,8€ | 1,3€ | **1,5€** | 2,1€ | 3,3€ | [m²] | ⏱ 0,01 h/m² | 040.002.17

72 Ansaat, Gebrauchsrasen — KG **574**

Rasenansaat mit Regel-Saatgutmischung als Gebrauchsrasen in zwei Arbeitsgängen.
RSM-Mischung: 2.2
Saatgutmenge: 25 g/m²
Angeb. Fabrikat: .....

0,6€ | 0,9€ | **1,1€** | 1,2€ | 1,7€ | [m²] | ⏱ 0,01 h/m² | 004.000.216

73 Fertigrasen liefern, einbauen — KG **574**

Fertigrasen als Gebrauchsrasen verlegen, mit Regel-Saatgutmischung. Saatgutmischung nach Angeben des Herstellers.
Dicke: ..... cm
Sollhöhe: zulässige Abweichung +/-3 cm
Bodengruppen DIN 18915: .....

10€ | 13€ | **14€** | 17€ | 22€ | [m²] | ⏱ 0,25 h/m² | 004.000.218

74 Rasenflächen Mähen — KG **574**

Rasenfläche Mähen, Gebrauchsrasen, ein Schnitt, Schnittgut in Behälter AN laden, Behältergröße bis 0,05m³, auf der Baustelle bereitstellen. Der Schnittzeitpunkt ist mit der Bauleitung abzustimmen.
Wuchshöhe: 6 bis 10 cm
Schnitthöhe: 4 cm

1€ | 2€ | **2€** | 3€ | 4€ | [m²] | ⏱ 0,01 h/m² | 004.000.221

Nr.	Kurztext / Langtext						Kostengruppe
►	▷	**ø netto €**	◁	◀	[Einheit]	Ausf.-Dauer	Positionsnummer

75 Rasenfläche düngen KG **574**

Düngung der Rasenfläche, mineralischer Dünger, ausbringen und einarbeiten.
Menge: ..... g/m²
Angeb. Fabrikat: .....

0,2€	0,4€	**0,5€**	0,6€	0,8€	[m²]	⏱ 0,01 h/m²	004.000.220

76 Heckenschnitt, Hainbuche KG **573**

Hecke schneiden. Schnittgut auf der Baustelle lagern.
Höhe vor dem Schnitt: über 1,00 bis 1,50 m
Breite vor dem Schnitt: über 0,50 m
Geforderte Schnitthöhe: bis 0,5 m
Abrechnung nach Schnittfläche, Schnitt zweiseitig und oben, einschl. Köpfe.

5€	6€	**7€**	8€	9€	[m]	⏱ 0,10 h/m	003.000.349

77 Fertigstellungspflege, Baum KG **573**

Fertigstellungspflege Baum:

- Pflanzfläche, Pflanzscheiben lockern hierbei sind die Besonderheiten des Bewuchs zu beachten
- unerwünschter Aufwuchs ist abzutrennen und zu entfernen
- Steine Durchmesser größer 5 cm und Unrat aus gelockerten Flächen sind abzulesen
- Verankerungen sind zu überprüfen und gegebenenfalls nachzubessern
- trockene oder beschädigte Pflanzenteile abschneiden und entfernen
- Pflanzenschnitt entsprechender den Besonderheiten der betreffenden Pflanzenart durchführen
- Wunden an Gehölze behandeln

Die Leistung umfasst 3 Arbeitsgänge im Jahr, Fertigstellungspflege für 1 Jahr nach erfolgter Pflanzung. Abrechnung in der Horizontalprojektion.

25€	37€	**53€**	65€	72€	[St]	⏱ 0,95 h/St	004.000.336

78 Fertigstellungspflege, Sträucher KG **573**

Entwicklungspflege Sträucher:

- Pflanzfläche, lockern hierbei sind die Besonderheiten des Bewuchs zu beachten
- unerwünschter Aufwuchs ist abzutrennen und zu entfernen
- Steine Durchmesser größer 5 cm und Unrat aus gelockerten Flächen sind abzulesen
- Trockene oder beschädigte Pflanzenteile abschneiden und entfernen
- Pflanzenschnitt entsprechen den Besonderheiten der betreffenden Pflanzenart durchführen

Die Leistung umfasst 3 Arbeitsgänge im Jahr, Fertigstellungspflege für 1 Jahr nach erfolgter Pflanzung. Abrechnung in der Horizontalprojektion.

65€	76€	**80€**	84€	95€	[St]	⏱ 1,20 h/St	003.000.350

Nr.	Kurztext / Langtext						Kostengruppe
►	▷	ø netto €	◁	◄	[Einheit]	Ausf.-Dauer	Positionsnummer

79 Fertigstellungspflege Stauden, Bodendecker KG **573**

Fertigstellungspflege Stauden und Bodendecker:

- Pflanzfläche, lockern hierbei sind die Besonderheiten des Bewuchs zu beachten
- unerwünschter Aufwuchs ist abzutrennen und zu entfernen
- Steine Durchmesser größer 5 cm und Unrat aus gelockerten Flächen sind abzulesen
- Trockene oder beschädigte Pflanzenteile abschneiden und entfernen
- Pflanzenschnitt entsprechen den Besonderheiten der betreffenden Pflanzenart durchführen

Die Leistung umfasst 3 Arbeitsgänge im Jahr, Fertigstellungspflege für 1 Jahr nach erfolgter Pflanzung. Abrechnung in der Horizontalprojektion.

►	▷	ø	◁	◄	Einheit	Ausf.-Dauer	Positionsnummer
0,6€	1,5€	**1,6€**	2,0€	2,8€	[m2]	⏱ 0,03h/m2	003.000.351

Kosten:
Stand 1. Quartal 2025
Bundesdurchschnitt

80 Fertigstellungspflege, Hecken bis 2,00m KG **573**

Fertigstellungspflege Hecke:

- Pflanzfläche lockern hierbei sind die Besonderheiten des Bewuchs zu beachten
- Steine Durchmesser größer 5 cm und Unrat aus gelockerter Fläche sind abzulesen
- beidseitiger Heckenschnitt entsprechend den Besonderheiten der betreffenden Pflanzenart durchführen, Schnittgut entsorgen

Schnitthöhe: bis ca. 2,00 m
Obere und untere Schnittbreite: 0,50-1,00 m
Geforderte Höhe: ..... m
Die Leistung umfasst 1 Arbeitsgang.

►	▷	ø	◁	◄	Einheit	Ausf.-Dauer	Positionsnummer
8€	10€	**11€**	12€	14€	[m]	⏱ 0,18h/m	004.000.335

81 Pflanzflächen wässern KG **573**

Wässern der Pflanzfläche mit Wasser aus bauseits vorhandenen Zapfstellen. Die Anzahl der Arbeitsgänge ist abhängig von den natürlichen Niederschlägen und mit AG abzustimmen.
Menge je Arbeitsgang: 25 l/m2
Entfernung der Zapfstellen: ..... m

►	▷	ø	◁	◄	Einheit	Ausf.-Dauer	Positionsnummer
0,4€	1,2€	**1,5€**	2,0€	3,1€	[m2]	⏱ 0,02h/m2	003.000.352

82 Wässern der Hecke KG **573**

Wässern der Hecken,Wasser kann aus bauseits vorhandenen Zapfstellen unentgeltlich entnommen werden.
Arbeitsgänge: ..... St
Menge je Arbeitsgang: 10 l/m2
Vergütung je Arbeitsgang

►	▷	ø	◁	◄	Einheit	Ausf.-Dauer	Positionsnummer
2€	3€	**3€**	4€	6€	[m2]	⏱ 0,05h/m2	004.000.339

83 Wässern Solitärgehölze KG **573**

Wässern der Solitärgehölze, Wasser kann aus bauseits vorhandenen Zapfstellen unentgeltlich entnommen werden.
Arbeitsgänge: ..... St
Menge je Arbeitsgang: 50 l/St
Vergütung nach bewässerten Einheiten

►	▷	ø	◁	◄	Einheit	Ausf.-Dauer	Positionsnummer
6€	8€	**8€**	8€	10€	[St]	⏱ 0,05h/St	003.000.357

► min
▷ von
ø Mittel
◁ bis
◄ max

Nr.	Kurztext / Langtext						Kostengruppe
▶	▷	**ø netto €**	◁	◀	[Einheit]	Ausf.-Dauer	Positionsnummer

84 Wässern der Rasenfläche KG **573**

Wässern der Rasenfläche, Gebrauchsrasen, Wasser kann aus bauseits vorhandenen Zapfstellen unentgeltlich entnommen werden.
Arbeitsgänge: 10 St
Wassermenge je Arbeitsgang: ca. 25 l/m²
Vergütung je Arbeitsgang

0,3€	0,6€	**0,7€**	0,8€	1,2€	[m²]	⏱ 0,02h/m²	004.000.342

85 Pflanzflächen lockern, Baumscheiben KG **573**

Lockern der Pflanzfläche, unerwünschten Aufwuchs abtrennen, auf Gehölzflächen, Bearbeitungstiefe 2cm, Steine ab 5cm Durchmesser von der Fläche entfernen, anfallende Stoffe zum Mulchen der Fläche verwenden.
Arbeitsgänge: 6 St

0,7€	1,1€	**1,3€**	1,9€	3,0€	[m²]	⏱ 0,07h/m²	003.000.354

86 Bewässerungssack Neupflanzungen, 60 l KG **573**

Montage eines Baumbewässerungssackes nach erfolgter Pflanzung für die ersten 2-3 Jahren vom Frühjahr bis Spätsommer je nach Bodenfeuchte und natürlicher Niederschlagsmenge. Der Bewässerungssack ist um den Stamm zu legen und wird mit einem Reißverschluss fixiert und anschließend mit Wasser füllen.
Baumbewässerungssack: 60 Liter
Farbe: grün

–	18€	**19€**	22€	–	[St]	–	003.000.364

87 Bewässerungssack Neupflanzungen, 100 l KG **573**

Montage eines Baumbewässerungssackes nach erfolgter Pflanzung für die ersten 2-3 Jahren vom Frühjahr bis Spätsommer je nach Bodenfeuchte und natürlicher Niederschlagsmenge. Der Bewässerungssack ist um den Stamm zu legen und wird mit einem Reißverschluss fixiert und anschließend mit Wasser füllen.
Baumbewässerungssack: 100 Liter
Farbe: grün

–	25€	**27€**	32€	–	[St]	–	003.000.380

88 Gießrand zur Bewässerung des Wurzelballens herstellen KG **573**

Gießrand rund um den Baumstamm herstellen, Überlappung mit Clipverbindung.
Tiefe: ca. 10 cm eingraben
Gießrandhöhe sichtbar: 20 cm
Material: LDPE, Alterungsbeständig, UV-beständig
Stärke: 3 mm
Durchmesser: 110 cm
Wasserkapazität: 195 Liter

–	6€	**7€**	8€	–	[m]	⏱ 0,04h/m	003.000.365

Nr.	Kurztext / Langtext						Kostengruppe
►	▷	ø netto €	◁	◄	[Einheit]	Ausf.-Dauer	Positionsnummer

89 Baumsubstrat für nicht befahrbare, freitragend überbaute Baugruben KG **573**

Substrat für die Baumpflanzung/Sanierung zur Verbesserung der Nährstoffhaltefähigkeit und Langzeitversorgung der Bäume, liefern und höhengerecht einbauen. Hergestellt in homogener Mischung gem. den Empfehlungen der FLL für Baumpflanzungen Teil 2 Pflanzgrubenbauweise 1 und Vorgaben der Düngemittelverordnung.
Einbaustärke: ..... cm
Verdichtungsfaktor: ca. 1,25-1,3
Mischung: Löß, Lava, Bims - Basis, angereichert mit Huminstoffen
Körnung: 0/16

►	▷	ø	◁	◄	Einheit	Ausf.-Dauer	Positionsnummer
–	4€	**4€**	4€	–	[m³]	⏱ 0,09h/m³	003.000.366

90 Baumbelüftungs- und Entwässerungs-Set KG **573**

Material liefern und das Rohr ringförmig um den Wurzelballen nach Planung verlegen, mit dem T-Stück verbinden und bis nach oben mit dem Dränrohr verlängern in geplanter Höhe einbauen.
Material: ca. 5 m flexibles Dränrohr, PVC-U, mit erhöhter Luft- und Wassereintrittsfläche > 80 cm²/m
Nenndurchmesser: DN80

►	▷	ø	◁	◄	Einheit	Ausf.-Dauer	Positionsnummer
–	7€	**7€**	8€	–	[St]	–	003.000.367

91 Abdeckelement für Baumbelüftungs- und Entwässerungs-Set KG **573**

Universelles Abdeckelement verschließbar, geeignet für Bewässerung und Belüftung zum Anschluss an Baumbelüftungs- und Entwässerungsrohr.
Abdeckung: druckfestem Aluminiumguss
Entwässerungsrohr: DN80

►	▷	ø	◁	◄	Einheit	Ausf.-Dauer	Positionsnummer
39€	53€	**58€**	65€	70€	[St]	–	003.000.368

92 Wurzelbewässerungs- und Wurzelbelüftungssystem KG **573**

Wurzelbewässerungs- und Wurzelbelüftungssystem liefern und nach Herstellerangaben einbauen.
Bewässerungsrohr: PE
Durchmesser: DN80
Einlassgitter: Aluminium
Deckel: Edelstahl, schwenkbar
Durchmesser: 8 cm
Länge: 500 cm
Ballendurchmesser: bis 153 cm

►	▷	ø	◁	◄	Einheit	Ausf.-Dauer	Positionsnummer
176€	231€	**251€**	279€	301€	[St]	–	003.000.378

93 Wasserretensionsbox, Speicherung von Wasser unter Baumstandort KG **573**

Drossel, zur Kontrolle von Abflussgeschwindigkeiten sowie als Überlauflösung des Wassers aus der Baumrigole liefern und einbauen.
Modulgröße (L x B x H): 800 x 400 x 150 mm, inkl. Kapillarvlies
Belastbar: bis 100 kN/m²

►	▷	ø	◁	◄	Einheit	Ausf.-Dauer	Positionsnummer
53€	71€	**79€**	86€	96€	[St]	–	003.000.370

94 Feinplanie Blühwiese KG **573**

Bodenvorbereitung, Flächen mit Fräse oder Kreiselegge bearbeiten. Wurzeln, Steine und sonstige erdfremde Bestandteile sind abzulesen und abzufahren. Flächen gleichmäßig andrücken und unter Berücksichtigung der Bodensetzung fein planieren.

►	▷	ø	◁	◄	Einheit	Ausf.-Dauer	Positionsnummer
0,8€	1,0€	**1,2€**	1,3€	1,3€	[m²]	⏱ 0,04h/m²	003.000.371

Kosten:
Stand 1.Quartal 2025
Bundesdurchschnitt

► min
▷ von
ø Mittel
◁ bis
◄ max

Nr.	Kurztext / Langtext						Kostengruppe
►	▷	**ø netto €**	◁	◄	[Einheit]	Ausf.-Dauer	Positionsnummer

95 Ansaat Blühwiese KG **573**

Aussaat einer Mischung aus gebietsheimischen Arten, Aussaat in zwei gekreuzten Arbeitsgängen mit je der Hälfte der Saatgutmenge. Das Saatgut ist nicht einzuarbeiten, die Flächen sind nach der Aussaat anzuwalzen. Aussaat erfolgt erst nach Prüfung und Freigabe des Saatguts durch den Auftraggeber.

►	▷	ø netto €	◁	◄	[Einheit]	Ausf.-Dauer	Positionsnummer
–	2€	**2€**	2€	–	[m²]	⏱ 0,03 h/m²	003.000.372

96 Blühwiese, Artenzusammensetzung Blütenstauden + Gräser KG **573**

Mischungszusammensetzung aus Kräuter, Gräser und Leguminosen, ausschließlich Wildformen aus gesicherter, gebietseigener Herkunft.
Produktionsraum: .....
Mindestanforderungen Wildpflanzensaatgut: technische Reinheit 80%, Keimfähigkeit 70%

►	▷	ø netto €	◁	◄	[Einheit]	Ausf.-Dauer	Positionsnummer
4€	6€	**6€**	7€	7€	[m²]	–	003.000.373

97 Fertigstellungspflege Blühwiese KG **573**

Saatflächen mähen in zwei bis drei Arbeitsgängen im ersten Jahr nach der Aussaat. Das Schnittgut ist abzufahren, die Flächen aufzulockern und Fehlstellen nachzusähen.
1. Schnitt: ca. 8 bis 10 Wochen nach der Ansaat
2. Schnitt: zum Ende der Vegetationsperiode oder früher, je nach Unkrautaufwuchs
3. Schnitt: nach Bedarf bei hohem Aufkommen unerwünschter Beikräuter

►	▷	ø netto €	◁	◄	[Einheit]	Ausf.-Dauer	Positionsnummer
–	0,5€	**0,5€**	0,6€	–	[m²]	⏱ 0,03 h/m²	003.000.374

A 6 Zaun Viereck-Drahtgeflecht Beschreibung für Pos. **98-100**

Zaun Viereck-Drahtgeflecht aus kunststoffummanteltem Viereckdrahtgeflecht mit Rundrohrpfosten, Abdeckkappen, End- und Eckstreben. Leistung einschl. Fundament- und Verspannarbeiten, einschl. Erdarbeiten. (Beschreibung der Homogenbereiche nach Unterlagen des AG.)
Pfostendurchmesser: 60 mm
Farbe: grün RAL 6005
Pfostenabstand: 2,50 m
Betonfundamente: C12/15

98 Viereck-Drahtgeflecht, 1,00m KG **541**

Wie Ausführungsbeschreibung A 6
Zaunhöhe: 1,00 m
Anzahl Eckstreben: ..... St
Anzahl Endstreben: 4 St
Fundamentmaße (L x B x T): ..... x ..... x ..... cm
Maschenweite: ..... mm

►	▷	ø netto €	◁	◄	[Einheit]	Ausf.-Dauer	Positionsnummer
35€	44€	**49€**	58€	70€	[m]	⏱ 0,20 h/m	003.000.170

003
004
080

Kosten:
Stand 1. Quartal 2025
Bundesdurchschnitt

Nr.	Kurztext / Langtext						Kostengruppe
►	▷	ø netto €	◁	◀	[Einheit]	Ausf.-Dauer	Positionsnummer

99 Viereck-Drahtgeflecht, 1,50m — KG **541**

Wie Ausführungsbeschreibung A 6
Zaunhöhe: 1,50 m
Anzahl Eckstreben: ..... St
Anzahl Endstreben: 4 St
Fundamentmaße (L x B x T): ..... x ..... x ..... cm
Maschenweite: ..... mm

44€	66€	**80€**	86€	108€	[m]	⏱ 0,22h/m	003.000.172

100 Viereck-Drahtgeflecht, 2,00m — KG **541**

Wie Ausführungsbeschreibung A 6
Zaunhöhe: 2,00 m
Anzahl Eckstreben: ..... St
Anzahl Endstreben: 4 St
Fundamentmaße (L x B x T): ..... x ..... x ..... cm
Maschenweite: ..... mm

56€	84€	**86€**	104€	132€	[m]	⏱ 0,30h/m	003.000.174

A 7 Stabgitterzaun — Beschreibung für Pos. **101-103**

Stabgitterzaun aus Doppelstabmatte und waagerechten Doppelstäben, an den Kreuzpunkten im Rechteckverbund doppelt verschweißt. Pfosten aus feuerverzinktem, profiliertem Stahlblech mit PVC-U Abdeckkappen. Leistung inkl. Erd- und Fundamentarbeiten. (Beschreibung der Homogenbereiche nach Unterlagen des AG.)
Feldlänge: 2,50 m
Pfostenquerschnitt: 60 x 40 x 2 mm
Füllung: senkrecht 6 mm, waagerecht 8 mm
Maschenweite: 50 x 200 mm
Oberfläche: verzinkt

101 Stabgitterzaun, 0,80m — KG **541**

Wie Ausführungsbeschreibung A 7
Zaunhöhe: 0,80 m
Fundamentmaße (L x B x T): ..... x ..... x ..... cm

44€	75€	**81€**	84€	118€	[m]	⏱ 0,30h/m	003.000.177

102 Stabgitterzaun, 1,40m — KG **541**

Wie Ausführungsbeschreibung A 7
Zaunhöhe: 1,40 m
Fundamentmaße (L x B x T): ..... x ..... x ..... cm

57€	83€	**87€**	99€	136€	[m]	⏱ 0,34h/m	003.000.180

103 Stabgitterzaun, 2,00m — KG **541**

Wie Ausführungsbeschreibung A 7
Zaunhöhe: 2,00 m
Fundamentmaße (L x B x T): ..... x ..... x ..... cm

79€	92€	**111€**	125€	178€	[m]	⏱ 0,38h/m	003.000.183

► min
▷ von
ø Mittel
◁ bis
◀ max

A 8 Drehflügeltor, einflüglig Beschreibung für Pos. **104-106**

Drehflügeltor für Stabgitterzaun, handbetätigt, einflüglig, feuerverzinkt, mit Drückergarnitur, beidseitig fest, aus nichtrostendem Stahl, gebürstet. Mit umlaufendem Rahmen, aus Stahlvierkantrohr.
Querschnitt Rahmen: ..... x ..... mm
Querschnitt Pfosten: ..... x ..... mm
Pulverbeschichtung: Farbe RAL nach Wahl des AG
Betonfundamente: C20/25

104 Drehflügeltor, einflüglig, lichte Weite 1,1m, H 1,2m KG **541**

Wie Ausführungsbeschreibung A 8
Lichte Weite: 1,10 m
Höhe: 1,20 m
Gesamtpfostenlänge: 1,70 m

1.046€ 1.283€ **1.336€** 1.407€ 1.577€ [St] ⏱ 1,50h/St 003.000.296

105 Drehflügeltor, einflüglig, lichte Weite 1,3m, H 1,0m KG **541**

Wie Ausführungsbeschreibung A 8
Lichte Weite: 1,30 m
Höhe: 1,0 m
Gesamtpfostenlänge: 1,50 m

989€ 1.314€ **1.586€** 1.805€ 2.131€ [St] ⏱ 1,50h/St 003.000.297

106 Drehflügeltor, einflüglig, lichte Weite 1,5m, H 1,2m KG **541**

Wie Ausführungsbeschreibung A 8
Lichte Weite: 1,50 m
Höhe: 1,20 m
Gesamtpfostenlänge: 1,70 m

1.076€ 1.631€ **1.750€** 2.553€ 3.425€ [St] ⏱ 1,50h/St 003.000.298

A 9 Drehflügeltor, zweiflüglig Beschreibung für Pos. **107-108**

Drehflügeltor für Stabgitterzaun, zweiflüglig, feuerverzinkt, mit Drückergarnitur, beidseitig fest, aus nichtrostendem Stahl, gebürstet.
Querschnitt Rahmen: .....x ..... mm
Querschnitt Pfosten: ..... x ..... mm
Pulverbeschichtung: Farbe RAL nach Wahl des AG
Betonfundamente: C20/25

107 Drehflügeltor, zweiflüglig, lichte Weite 2,5m, H 1,2m KG **541**

Wie Ausführungsbeschreibung A 9
Lichte Weite: 2,50 m
Höhe: 1,20 m
Gesamtpfostenlänge: 1,70 m

2.265€ 2.764€ **2.800€** 3.011€ 3.339€ [St] ⏱ 1,50h/St 003.000.299

Nr.	Kurztext / Langtext						Kostengruppe
▶	▷	ø netto €	◁	◀	[Einheit]	Ausf.-Dauer	Positionsnummer

108 **Drehflügeltor, zweiflüglig, lichte Weite 4,0m, H 1,2m** KG **541**

Wie Ausführungsbeschreibung A 9
Lichte Weite 4,00 m
Höhe 1,20 m
Gesamtpfostenlänge: 1,70 m

1.998€ 2.403€ **2.669€** 2.948€ 3.353€ [St] ⏱ 1,50h/St 003.000.301

109 **Stahltor, einflüglig, beschichtet** KG **541**

Einflügliges Stahltor mit Torsäulen und waagerechten Querstreben aus Rohrprofilen, verzinkt und beschichtet, mit Torfeststellung. Leistung einschl. Abdeckung sowie Grund- und Ankerplatte zum einbetonieren. Lieferung und Montage als komplette Leistung.
Torbreite: 1,50 m
Torhöhe: 1,20 m
Torsäulen: Quadratprofile
Abmessung: 180 x 180 x 5 mm
Torrahmen: Rechteckprofile
Abmessung: 80 x 40 x 3 mm
Torbeschlag: Knauf, Rundrosetten
Material: .....
Scharniere: angeschraubt
Beschichtung: Pulverlack
Farbe: .....

1.110€ 1.476€ **1.494€** 1.685€ 2.002€ [St] ⏱ 5,20h/St 003.000.116

110 **Stahltor, zweiflüglig, beschichtet** KG **541**

Zweiflügliges Stahltor mit Gang- und Standflügel, Torsäulen und waagerechten Querstreben aus Rohrprofilen, verzinkt und beschichtet, mit Torfeststellung. Kantriegel mit Bodenverankerung nur bei geöffnetem Gangflügel zu betätigen. Leistung einschl. Abdeckung sowie Grund- und Ankerplatte zum einbetonieren. Lieferung und Montage als komplette Leistung.
Torbreite: 5,00 m
Torhöhe: 1,60 m
Teilung: mittig
Gangflügel: links
Torsäulen: Quadratprofile
Abmessung: 200 x 200 x 5 mm
Torrahmen: Rechteckprofile
Abmessung: 80 x 40 x 3 mm
Torbeschlag: Knauf, Rundrosetten
Material: .....
Türbänder: verstellbar, M 20
Beschichtung: Pulverlack
Farbe: .....

1.201€ 1.491€ **1.659€** 1.891€ 2.181€ [St] ⏱ 7,40h/St 003.000.117

Kosten:
Stand 1.Quartal 2025
Bundesdurchschnitt

▶ min
▷ von
ø Mittel
◁ bis
◀ max

111 Zaunpfosten, Stahlrohr KG **541**

Zaunpfosten aus Stahlrohr, feuerverzinkt und zinkphosphatiert, mit schwarzer Kunststoffkappe.
Durchmesser: 40 mm
Länge: 200 cm
Fundamenttiefe: 50 cm

44€ 57€ **62€** 68€ 83€ [St] ⏱ 0,30h/St 003.000.118

112 Holzzaun, Kiefer/Sandsteinpfosten KG **541**

Holzzaun mit Senkrechtlattung, Zaunpfosten aus Sandsäulen, einschl. Briefkastenanlage. Alle Holzteile aus Kiefer, kesseldruckimprägniert, gehobelt, Farbe braun. Verbindung der Holzteile durch Schrauben. Kopf der Latten abgeschrägt.
Zaunfeldlänge: 2,00 m, mit ca. 20 Latten
Lattenlänge: 120 cm
Lattenquerschnitt: 4 x 6 cm
Sandsäule Querschnitt: 15 x 10 cm
Briefkastenanlage (H x B): 59 x 73 cm

154€ 202€ **235€** 238€ 290€ [m] ⏱ 1,20h/m 003.000.121

113 Eckausbildung, Holzzaun KG **541**

Eckausbildung für Holzzaun, inkl. aller erforderlichen Materialien und Leistungen.

52€ 73€ **86€** 97€ 118€ [St] ⏱ 0,60h/St 003.000.122

114 Holzzaun, Senkrechtzaun, 1,0m KG **541**

Holzzaun, einseitig, senkrechter Lattung, aus gefrästen Halbrundhölzer, mit 2 Riegeln und Holzpfosten. Inkl. Erd- und Fundamentarbeiten. Befestigung mit korrosionsbeständigen Schrauben.
Holzart: .....
Holzschutz: .....
Kopfausbildung: konisch zugespitzt
Durchmesser: 60 mm
Lattenabstand: 30 mm
Querriegel oben und unten: 28 x 90 mm
Pfosten: Rundholz
Durchmesser: 10 cm
Pfostenlänge: 160 cm
Pfostenabstand: ca. 3,00 m
Fundamentbeton: C12/15
Fundamentmaße (L x B x T): ..... x ..... x ..... cm
Zaunhöhe: 1,00 m

179€ 221€ **229€** 252€ 319€ [m] ⏱ 0,70h/m 003.000.358

Nr.	Kurztext / Langtext						Kostengruppe
▶	▷	ø netto €	◁	◀	[Einheit]	Ausf.-Dauer	Positionsnummer

Kosten:
Stand 1. Quartal 2025
Bundesdurchschnitt

115 Holzzaun, Staketenzaun, 1,0m — KG **541**

Staketenzaun, Vierkantlatten, allseitig gehobelt, Holzpfosten quadratisch, inkl. Erd- und Fundamentarbeiten.
Holzart: .....
Holzschutz: .....
Vierkantlatten: 2 x 10 cm
Kopfausbildung: .....
Holzpfosten: 10 x 10 cm
Pfostenlänge: 1,60 m
Pfostenabstand: ca. 3,00 m
Fundamentbeton: C12/15
Fundamentmaße (L x B x T): ..... x ..... x ..... cm
Zaunhöhe: 1,00 m

▶	▷	ø	◁	◀	Einheit	Ausf.-Dauer	Positionsnummer
75€	94€	**102€**	123€	152€	[m]	⏱ 0,75 h/m	003.000.359

116 Holzzauntüre, Senkrechtzaun, einflüglig — KG **541**

Zauntür für Senkrechtzaun, einflüglig, Schlagrichtung DIN rechts/links, geschraubt mit Rundholzpfosten, Kastenschloss und Beschläge, inkl. Erd- und Fundamentierungsarbeiten.
Holzart: .....
Holzschutz: .....
Türgröße: 100 x 100 cm
Kopfausbildung: konisch zugespitzt
Durchmesser: 60 mm
Lattenabstand: 30 mm
Pfosten: Rundholz: 120 x 120 mm
Durchmesser: 10 cm
Pfostenlänge: 160 cm
Betonfundamente: C12/15
Fundamentmaße (L x B x T): ..... x ..... x ..... cm

▶	▷	ø	◁	◀	Einheit	Ausf.-Dauer	Positionsnummer
255€	356€	**420€**	468€	554€	[St]	⏱ 0,60 h/St	003.000.360

117 Ballfangzaun, Gittermatten — KG **542**

Ballfangzaun aus Gittermatten und Rechteckrohrpfosten mit Einklippteil aus Kunststoff, beschichtet mit Polyester-Pulver.
Zaunhöhe: 4,00 m
Maschenweite: 50 x 200 m

▶	▷	ø	◁	◀	Einheit	Ausf.-Dauer	Positionsnummer
283€	367€	**375€**	399€	461€	[m]	⏱ 2,00 h/m	003.000.120

118 Sichtschutzzaun aus Holzelementen Höhe 1,0m — KG **542**

Sichtschutzzaun aus vorgefertigten Holzelementen in der Holzart Lärche liefern und an vorhandenen Pfosten 10x10cm montieren.
Holzart: Lärche
Höhe: 1,00 m
Einzelfeldlänge: 1,00 m
Lattung: beidseitig, Querschnitt 30 x 12 mm

▶	▷	ø	◁	◀	Einheit	Ausf.-Dauer	Positionsnummer
116€	143€	**150€**	174€	182€	[m]	⏱ 2,00 h/m	003.000.215

▶ min
▷ von
ø Mittel
◁ bis
◀ max

Nr.	Kurztext / Langtext						Kostengruppe
▶	▷	ø netto €	◁	◀	[Einheit]	Ausf.-Dauer	Positionsnummer

119 Sichtschutzzaun aus Holzelementen Höhe 2,0m KG **542**

Sichtschutzzaun aus vorgefertigten Holzelementen liefern und an vorhandenen Pfosten 10x10cm montieren.
Holzart: Lärche
Höhe: 2,00 m
Einzelfeldlänge: 2,00 m
Lattung: beidseitig, Querschnitt 30 x 12 mm

166€ | 200€ | **208€** | 211€ | 246€ | [m] | ⏱ 2,50h/m | 003.000.216

120 Formstück, PVC-Rohrbogen, DN100 KG **551**

Form- und Verbindungsstücke aus PVC-U-Rohren mit Steckmuffe und Dichtungsmittel.
Formteil: Bogen
Bogenwinkel: **15° / 30° / 40° / 87°**
Nennweite: DN100
Steifigkeitsklasse: SN ..... kN/m²
Angeb. Fabrikat: .....

10€ | 12€ | **13€** | 15€ | 19€ | [St] | ⏱ 0,23h/St | 003.000.205

A 10 Abwasserkanal, PVC-Rohre Beschreibung für Pos. **121-122**

Abwasserkanal aus PVC-U-Rohren einschl. Bettung Typ1.

121 Abwasserkanal, PVC-U, DN/ID100 KG **551**

Wie Ausführungsbeschreibung A 10
Nenngröße: DN/ID100
Grabentiefe: ..... m
Bettungsschicht unten: Dicke 15 cm, gebrochen Stoffe
Bettungsschicht oben: Sand
Steifigkeitsklasse: SN ..... kN/m²
Angeb. Fabrikat: .....

27€ | 30€ | **32€** | 34€ | 38€ | [m] | ⏱ 0,25h/m | 003.000.030

122 Abwasserkanal, PVC-U, DN/ID150 KG **551**

Wie Ausführungsbeschreibung A 10
Nenngröße: DN/ID150
Grabentiefe: ..... m
Bettungsschicht unten: Dicke 15 cm, gebrochen Stoffe
Bettungsschicht oben: Sand
Steifigkeitsklasse: SN ..... kN/m²
Angeb. Fabrikat: .....

35€ | 43€ | **46€** | 50€ | 59€ | [m] | ⏱ 0,28h/m | 003.000.032

Nr.	Kurztext / Langtext						Kostengruppe
▶	▷	ø netto €	◁	◀	[Einheit]	Ausf.-Dauer	Positionsnummer

A 11 Formstück, PVC-U Bogen — Beschreibung für Pos. **123-124**

Formstück aus PVC-U-Rohren mit Steckmuffe und Dichtungsmittel.
Formteil: Bogen

123 Formstück, PVC-U Bogen, DN/ID100 — KG **551**

Wie Ausführungsbeschreibung A 11
Nennweite: DN/ID100
Bogenwinkel: .....°
Steifigkeitsklasse: SN ..... kN/m²
Angeb. Fabrikat: .....

▶	▷	ø	◁	◀	Einheit	Ausf.-Dauer	Positionsnummer
15€	17€	**18€**	20€	24€	[St]	⏱ 0,23h/St	003.000.097

Kosten:
Stand 1. Quartal 2025
Bundesdurchschnitt

124 Formstück, PVC-U Bogen, DN/ID150 — KG **551**

Wie Ausführungsbeschreibung A 11
Nennweite: DN/ID150
Bogenwinkel: .....°
Steifigkeitsklasse: SN ..... kN/m²
Angeb. Fabrikat: .....

▶	▷	ø	◁	◀	Einheit	Ausf.-Dauer	Positionsnummer
16€	19€	**20€**	22€	27€	[St]	⏱ 0,26h/St	003.000.098

A 12 Schachtabdeckung, Guss — Beschreibung für Pos. **125-126**

Schachtabdeckung, befahrbar, Gusseisen mit Betonfüllung und Lüftungsöffnungen, höhengerecht setzen.
Durchmesser: 800 mm
Abdeckung: rund

125 Schachtabdeckung, Klasse A, Guss — KG **551**

Wie Ausführungsbeschreibung A 12
Belastungsklasse: A 15

▶	▷	ø	◁	◀	Einheit	Ausf.-Dauer	Positionsnummer
194€	245€	**268€**	273€	296€	[St]	⏱ 1,10h/St	003.000.053

126 Schachtabdeckung, Klasse B, Guss — KG **551**

Wie Ausführungsbeschreibung A 12
Belastungsklasse: B 125

▶	▷	ø	◁	◀	Einheit	Ausf.-Dauer	Positionsnummer
211€	263€	**278€**	322€	418€	[St]	⏱ 1,20h/St	003.000.054

127 Regenwasserzisterne — KG **552**

Regenwasserspeicher für Erdeinbau in vorbereitete Baugrube, inkl. Konus, Schachtabdeckung, aller Auslauf- und Zulaufmuffen.
Material: .....
Abmessung (L x B x H): ..... x ..... x ..... m
Volumen: ..... m³
Einbautiefe: ..... m

▶	▷	ø	◁	◀	Einheit	Ausf.-Dauer	Positionsnummer
3.121€	3.986€	**4.428€**	4.937€	5.936€	[St]	⏱ 1,80h/St	003.000.142

▶ min
▷ von
ø Mittel
◁ bis
◀ max

A 13 Regenwasserkanal, PVC-U-Rohre — Beschreibung für Pos. **128-130**

Regenwasserkanal aus PVC-U Rohren mit Formstücken in vorhandenen Graben, einschl. Anschluss- und Dichtungsarbeiten.

128 Regenwasserkanal, PVC-U-Rohre, DN100 — KG **551**

Wie Ausführungsbeschreibung A 13
Nenngröße: DN100
Steifigkeitsklasse: .....
Grabentiefe: ..... m
Überdeckungshöhe: ..... cm
Angeb. Fabrikat: .....

▶	▷	ø netto €	◁	◀	[Einheit]	Ausf.-Dauer	Positionsnummer
19€	27€	**29€**	32€	37€	[m]	⏱ 0,35h/m	003.000.144

129 Regenwasserkanal, PVC-U-Rohre, DN150 — KG **551**

Wie Ausführungsbeschreibung A 13
Nenngröße: DN150
Steifigkeitsklasse: .....
Grabentiefe: ..... m
Überdeckungshöhe: ..... cm
Angeb. Fabrikat: .....

▶	▷	ø netto €	◁	◀	[Einheit]	Ausf.-Dauer	Positionsnummer
28€	34€	**37€**	40€	43€	[m]	⏱ 0,46h/m	003.000.145

130 Regenwasserkanal, PVC-U-Rohre, DN200 — KG **551**

Wie Ausführungsbeschreibung A 13
Nenngröße: DN200
Steifigkeitsklasse: .....
Grabentiefe: ..... m
Überdeckungshöhe: ..... cm
Angeb. Fabrikat: .....

▶	▷	ø netto €	◁	◀	[Einheit]	Ausf.-Dauer	Positionsnummer
30€	36€	**40€**	48€	57€	[m]	⏱ 0,48h/m	003.000.212

131 Dränleitung, PVC-Vollsickerrohr, DN100 — KG **551**

Dränleitung aus PVC-Vollsickerrohren mit Steckmuffen und Formstücken, einschl. Filtervlies und Sickerpackung aus Kies, sowie Grabarbeiten.
Nenngröße: DN100
Schlitzbreite: .....
Grabentiefe: .....
Sickerpackung: Rollkies
Körnung: .....

▶	▷	ø netto €	◁	◀	[Einheit]	Ausf.-Dauer	Positionsnummer
18€	23€	**26€**	30€	36€	[m]	⏱ 0,15h/m	003.000.062

Nr.	Kurztext / Langtext						Kostengruppe
►	▷	**ø netto €**	◁	◄	[Einheit]	Ausf.-Dauer	Positionsnummer

132 Dränleitung, PVC-Vollsickerrohr, DN150 KG **551**

Dränleitung aus PVC-Vollsickerrohren mit Steckmuffen und Formstücken, einschl. Filtervlies und Sickerpackung aus Kies, sowie Grabarbeiten.
Nenngröße: DN150
Schlitzbreite: .....
Grabentiefe: .....
Sickerpackung: Rollkies
Körnung: .....

23€	28€	**32€**	35€	39€	[m]	⏱ 0,17h/m	003.000.281

133 Formstück, Dränleitung, PVC, Bogen KG **551**

Form- und Verbindungsstücke für Dränleitung, aus PVC-Vollsickerrohren, mit Steckmuffe.
Formteil Bogen: 45°
Durchmesser: DN100
Rohrtyp: .....

11€	15€	**17€**	19€	24€	[St]	⏱ 0,20h/St	003.000.283

134 Formstück, Dränleitung, PVC, Abzweig KG **551**

Form- und Verbindungsstücke für Dränleitung, aus PVC-Vollsickerrohre mit Steckmuffe.
Formteil: Abzweig 45°
Durchmesser: DN100/DN100
Rohrtyp: .....
Angeb. Fabrikat: .....

28€	34€	**37€**	42€	51€	[St]	⏱ 0,25h/St	003.000.282

135 Versickerungsmulden herstellen KG **551**

Versickerungsmulde herstellen, der Erdaushub für Geländemodelierung ist mit einzurechnen. Überschüssigen Aushub und sonstige Stoffe abfahren und entsorgen, inkl. Entsorgungsnachweis.

4€	7€	**8€**	11€	16€	[m²]	⏱ 0,10h/m²	003.000.059

136 Filtervlies KG **363**

Filterschicht mit Vlies zwischen Dränschicht und Intensivsubstrat.
Material: 100% PP-Endloser, normal entflammbar GRK 2
Flächengewicht: 150 g/m²
Höchstzugkraft: 7,5 kN/m
Angeb. Fabrikat: .....

3€	4€	**4€**	4€	6€	[m²]	⏱ 0,03h/m²	003.000.060

137 Kiesbett herstellen, 0/2 KG **531**

Kiesbett herstellen, inkl. Verdichten.
Einbaustärke: .....
Körnung: 0/2
Abweichung der Sollhöhe: +/-2 cm
Verdichtungsgrad: DPr **97 / 103**%

42€	52€	**53€**	55€	62€	[m³]	⏱ 1,00h/m³	003.000.165

Kosten:
Stand 1. Quartal 2025
Bundesdurchschnitt

► min
▷ von
ø Mittel
◁ bis
◄ max

Nr.	Kurztext / Langtext						Kostengruppe
►	▷	**ø netto €**	◁	◄	[Einheit]	Ausf.-Dauer	Positionsnummer

138 Kiesbett herstellen, 16/32 KG **531**

Kiesbett mit gewaschenem Rollkies herstellen, inkl. Verdichten.
Einbaustärke: .....
Körnung: 16/32
Abweichung der Sollhöhe: +/-2 cm
Verdichtungsgrad: DPr **97 / 103**%

50€	64€	**68€**	77€	88€	[m³]	⏱ 1,10 h/m³	003.000.061

139 Vegetationsmatte, liefern/verlegen KG **363**

Vegetationsmatte vorkultiviert, auf vorbereitete Fläche verlegen und durchdringend Bewässern.
Vegetationstyp: Sedum-Kräuter-Gräser

32€	43€	**46€**	52€	68€	[m²]	⏱ 0,16 h/m²	003.000.355

140 Bewässerungseinrichtung, Hochstämme KG **573**

Bewässerungseinrichtung für Hochstamm mit Wasserverteilung aus Dränageleitung, T-Stück und Endkappe aus Metall, sowie Kiesabdeckung.
Bewässerungsring: 1,00 m
Dränleitung: DN80
Siebkies: 8/16 mm
Schichtdicke: 10 cm
Einbautiefe: 30 cm

65€	90€	**98€**	109€	147€	[St]	⏱ 0,80 h/St	003.000.141

141 Baumschutzgitter, Metall KG **573**

Baumschutzgitter aus Stahl, feuerverzinkt, zweiteilig als Halbschalen, einschl. Verbindungsschrauben.
Abmessung: 183 x 64 cm
Farbe: anthrazit
Angeb. Fabrikat: .....

842€	1.004€	**1.061€**	1.092€	1.214€	[St]	⏱ 1,20 h/St	003.000.134

142 Rankhilfe, Edelstahlseil KG **573**

Rankseil als vertikale und horizontale Rankhilfe mit Klettersprossen im Abstand ca. 1,00m, Einbau in Teilstücken.
Material: .....
Durchmesser: .....
Angeb. Fabrikat: .....

13€	23€	**28€**	31€	46€	[m]	⏱ 0,12 h/m	003.000.133

143 Baumscheibe, Grauguss KG **573**

Baumscheibenabdeckung aus Guss, quadratisch, bestehend aus vier Segmenten.
Fläche A: 1,50 x 1,50 m
Gewicht: 43 kg
Farbe: .....
Angeb. Fabrikat: .....

1.516€	2.347€	**2.469€**	2.656€	3.160€	[St]	⏱ 1,30 h/St	003.000.293

Kosten:
Stand 1. Quartal 2025
Bundesdurchschnitt

Nr.	Kurztext / Langtext						Kostengruppe
►	▷	ø netto €	◁	◄	[Einheit]	Ausf.-Dauer	Positionsnummer

144 Spielgerät, Doppelschaukel KG **562**

Spielgerät als Doppelschaukel liefern und aufbauen, inkl. Nebenarbeiten.
Sicherheitssitz: Gummi mit Aluminiumeinlage
Aufhängung: Einpunktaufhängung, lückenlos
Kettenaufnahme: Klemmadapter, Edelstahl
Liefernachweis: .....
Angebt. Fabrikat: .....

3.459€ 4.141€ **4.524€** 4.695€ 6.131€ [St] ⏱ 3,60h/St 003.000.105

145 Spielgerät, Hangrutsche KG **562**

Spielgerät als Hangrutsche in Kurvenform liefern und fachgerecht nach Angaben des Herstellers aufbauen, inkl. aller Fundament- und Nebenarbeiten.
Material: Edelstahl
Liefernachweis: .....
Angebt. Fabrikat: .....

3.255€ 4.443€ **5.090€** 5.974€ 7.566€ [St] ⏱ 3,80h/St 003.000.103

146 Spielgerät, Klettergerüst KG **562**

Spielgerät als Klettergerüst, liefern und fachgerecht nach Angaben des Herstellers aufbauen, inkl. aller Fundament- und Nebenarbeiten.
Liefernachweis: .....
Angeb Fabrikat: .....

990€ 9.161€ **10.513€** 11.888€ 20.059€ [St] ⏱ 8,00h/St 003.000.107

147 Spielgerät, Federwipptier KG **562**

Spielgerät als Federwipptier, liefern und fachgerecht nach Angaben des Herstellers aufbauen, inkl. aller Fundament- und Nebenarbeiten.
Liefernachweis: .....
Angeb. Fabrikat: .....

1.254€ 1.554€ **1.588€** 1.775€ 2.062€ [St] ⏱ 2,85h/St 003.000.106

148 Spielsand, Körnung 0/2 KG **562**

Sandkastenfüllung aus gewaschenem und unbelastetem Sand einbauen.
Körnung: 0/2
Füllhöhe: 30 cm
Angeb. Fabrikat: .....

31€ 40€ **43€** 63€ 86€ [t] ⏱ 0,20h/t 003.000.100

149 Spielsand auswechseln, bis 40cm KG **536**

Sandkastenfüllung durch güteüberprüftes Material austauschen. Aushub zur Abfuhr seitlich lagern und unbelasteten Sand liefern und einbringen.
Aushubtiefe: bis 40 cm
Füllhöhe: bis 40 cm

13€ 17€ **20€** 23€ 29€ [m³] ⏱ 0,20h/m³ 003.000.175

► min
▷ von
ø Mittel
◁ bis
◄ max

Nr.	Kurztext / Langtext						Kostengruppe
▶	▷	**ø netto €**	◁	◀	[Einheit]	Ausf.-Dauer	Positionsnummer

150 Einfassung, Sandkasten KG **536**

Einfassung aus Pflastersteinen mit beidseitiger Rückenstütze aus Beton, höhengerecht und bündig versetzt.
Steinmaterial: .....
Pflastersteine (L x B x H): ..... x ..... x ..... m
Beton: C12/15
Fundamentstärke: 20 cm

52€	63€	**67€**	80€	95€	[m2]	⏱ 0,50h/m2	003.000.101

151 Wegeeinfassung, Naturwerkstein KG **531**

Pflasterstreifen als Randeinfassung aus Naturstein in Beton mit beidseitiger Rückenstütze, höhengerecht und bündig versetzt.
Steinmaterial: .....
Steinabmessungen: 12 x 12 cm
Bettung: 20 cm
Rückenstütze: 10 cm
Beton: C12/15
Angeb. Fabrikat: .....

29€	36€	**40€**	46€	57€	[m]	⏱ 0,30h/m	003.000.102

152 Fallschutz auskoffern KG **536**

Oberboden im Fallschutzbereich profilgerecht lösen, laden und entsorgen, inkl. Deponiegebühr.
Aushubtiefe: ..... cm

2€	4€	**6€**	7€	9€	[m2]	⏱ 0,20h/m2	003.000.109

153 Fallschutz, Kies KG **536**

Fallschutzbelag aus gewaschenem Rundkies liefern, profilgerecht auftragen und verdichten.
Schichtstärke: mind. 40 cm
Kies: 0/4 bis 2/6

26€	31€	**33€**	39€	44€	[m2]	⏱ 0,06h/m2	003.000.111

154 Fallschutzbelag, Gummigranulatplatten KG **536**

Fallschutzbelag DIN EN 1176-1 aus Platten, vollelastisch, auf vorhandene Tragschicht verlegen.
Platten: Gummigranulat, -fasern
Gesamtdicke mind. 10 mm, einschichtig
Tragschicht: Asphaltbeton
Fallhöhe: <=60 cm

79€	114€	**122€**	135€	160€	[m2]	⏱ 0,80h/m2	003.000.280

Nr.	Kurztext / Langtext							Kostengruppe
▶	▷	ø netto €	◁	◀		[Einheit]	Ausf.-Dauer	Positionsnummer

Kosten:
Stand 1. Quartal 2025
Bundesdurchschnitt

155 Schall-Sichtschutzwand, Stahlbeton, 2,0m — KG **542**

Schall-Sichtschutzwand aus Stahlbeton mit gerippter Porenbeton-Vorsatzschale, einschl. Pfosten, Sockelelement und Gründung.
Aufstellfläche: Erdwall
Höhe: ca. 2,00 m, über Gelände
Wandelemente: Stahlbeton
Dicke: 12 cm
Rückseite: strukturiert, vertikaler Besenstrich
Fahrbahnseite: schalungsglatt
Farbe: betongrau
Vorsatzschale: Porenbeton
Oberfläche: vertieft-gerippt
Farbe: erdbraun
Pfosten: Stahlbeton
Gründung: Köcherfundament
Befestigung: Pfahlachse, ...
Achsabstand: 5,0 m

▶	▷	ø	◁	◀	Einheit	Ausf.-Dauer	Positionsnummer
388€	512€	**575€**	623€	729€	[St]	⏱ 3,20h/St	003.000.114

156 Fahrradständer, Stahlrohrkonstruktion — KG **561**

Fahrradständer als Einzelständer, Stahlrohrkonstruktion, feuerverzinkt, einbauen in Fundament, Fundament wird gesondert vergütet.
Abmessung: ..... cm
Oberfläche: .....
Angeb. Fabrikat: .....

▶	▷	ø	◁	◀	Einheit	Ausf.-Dauer	Positionsnummer
544€	616€	**636€**	673€	734€	[St]	⏱ 0,36h/St	003.000.130

157 Abfallbehälter, Stahlblech — KG **561**

Abfallbehälter aus feuerverzinktem Stahl, Unterkonstruktion zum einbetonieren, einschl. Deckel, Erd- und Fundamentarbeiten.
(Beschreibung der Homogenbereiche nach Unterlagen des AG.)
Fundament: ..... cm
Fassungsvermögen: ..... Liter
Oberfläche nach RAL: .....
Angeb. Fabrikat: .....

▶	▷	ø	◁	◀	Einheit	Ausf.-Dauer	Positionsnummer
568€	813€	**923€**	984€	1.128€	[St]	⏱ 0,20h/St	003.000.129

158 Großraumbox, Müllcontainer — KG **561**

Containerbox für Müllcontainer aus Sichtbeton, ohne Boden, mit halbhoher Tür, schräger Klappe mit zusätzlichen Einwurfklappen.
Alle Metallteile verzinkt.
Volumen: 1.100 l
Breite: 162 cm
Höhe: 165 cm
Tiefe: 134 cm
Gewicht: 1.800 kg
Oberfläche: glatt geschalt
Farbe: grau
Angeb. Fabrikat: .....

▶	▷	ø	◁	◀	Einheit	Ausf.-Dauer	Positionsnummer
–	1.679€	**1.931€**	2.191€	–	[St]	⏱ 1,80h/St	003.000.131

▶ min
▷ von
ø Mittel
◁ bis
◀ max

Nr.	Kurztext / Langtext						Kostengruppe
▶	▷	**ø netto €**	◁	◀	[Einheit]	Ausf.-Dauer	Positionsnummer

159 Rankhilfe, Flechtmatten KG **561**

Rankhilfe bestehend aus Stahlrohr mit Flechtmatten.
Stahlrohr: 3/4" und 1"
Flechtmatten: 10 x 10 cm
Stärke: 5 mm
Angeb. Fabrikat: .....

111€	195€	**204€**	226€	287€	[St]	⏱ 0,60h/St	003.000.132

160 Poller, Aluminium KG **561**

Absperrpfosten rund aus Aluminium **ortsfest einbetoniert / umklappbar mit Feuerwehrdreikant**, einschl. Erd- und Fundamentarbeiten. (Beschreibung der Homogenbereiche nach Unterlagen des AG.)
Fundament: ..... cm
Höhe über OK-Gelände: ..... m
Durchmesser: ..... cm
Oberfläche nach RAL: 9006

279€	404€	**500€**	510€	731€	[St]	⏱ 0,45h/St	003.000.126

161 Poller, Beton KG **561**

Absperrpfosten aus Beton, Einbau in befestigter Fläche, einschl. Erd- und Fundamentarbeiten. (Beschreibung der Homogenbereiche nach Unterlagen des AG.)
Fundament: .....
Höhe über OK-Gelände: 0,90-1,00 m
Pfosten: 40 x 40 cm
Angeb. Fabrikat: .....

222€	447€	**466€**	487€	608€	[St]	⏱ 1,00h/St	003.000.125

162 Poller, Stahl, beschichtet KG **561**

Absperrpfosten Aluminium mit Sicherheitsschloss zum Herausnehmen des Pfosten inkl. Bodenhülse, Erd- und Fundamentarbeiten. (Beschreibung der Homogenbereiche nach Unterlagen des AG.)
Pfosten: ..... cm
Höhe über OK-Gelände: 0,90-1,00 m
Fundament: ..... cm
Oberfläche: Weiß beschichtet mit rotem Folienring
Angeb. Fabrikat: .....

338€	439€	**480€**	530€	627€	[St]	⏱ 0,40h/St	003.000.127

163 Poller, Naturwerkstein KG **561**

Absperrpfosten Granit, grau, Kanten gesägt, leicht gefast einschl. Erd- und Fundamentarbeiten. (Beschreibung der Homogenbereiche nach Unterlagen des AG.)
Fundament: 30 x 35 x 35 cm
Höhe über OK-Gelände: ..... m
Pfosten: 35 x 35 x 40 cm
Oberfläche: geflammt
Angeb. Fabrikat: .....

266€	517€	**549€**	611€	1.106€	[St]	⏱ 0,60h/St	003.000.128

Nr.	Kurztext / Langtext						Kostengruppe
▶	▷	ø netto €	◁	◀	[Einheit]	Ausf.-Dauer	Positionsnummer

164 Hinweisschild, Aluminium KG **561**

Hinweisschild für Spielplatz aus Aluminium mit Fünffarbdruck und Piktogrammen. Schild rechteckig beschnitten und gerundet, Rückseite mit Klarlack beschichtet, feuerverzinkten Stahlrohr und Halterung, einschl. Erd- und Fundamentarbeiten. (Beschreibung der Homogenbereiche nach Unterlagen des AG.)
Abmessung: 62 x 83 cm
Dicke: 2 mm
Höhe: 60 cm
Angeb. Fabrikat: .....

213€ | 276€ | **285€** | 299€ | 342€ | [St] | ⏱ 1,00h/St | 003.000.136

165 Gewässerabdichtung, Teichfolie KG **580**

Gewässerabdichtung aus Dichtungsbahnen für Teich.
Dichtungsbahn: EDPM- Kautschuk, bitumenverträglich
Dicke: ..... mm
Angeb. Fabrikat: .....

22€ | 31€ | **37€** | 39€ | 47€ | [m²] | ⏱ 0,04h/m² | 003.000.261

166 Planum Gewässer KG **580**

Planum für Gewässer, Teich, einschl. verdichten und ausgleichen von Unebenheiten. Steine und Fremdkörper ab 5cm absammeln, anfallende Stoffe zur Abfuhr lagern, eine Bodengruppe.
Bodengruppen DIN 18915: .....
Auf-und Abtrag: +/-5 cm
Sollhöhe: zulässige Abweichung +/-3 cm

5€ | 8€ | **9€** | 13€ | 18€ | [m²] | ⏱ 0,04h/m² | 003.000.242

167 Sauberkeitsschicht, Teich KG **580**

Sauberkeitsschicht für Dichtungsbahnen für Teich auf vorbereitetem Planum aus Sand.
Körnung: 0/2
Dicke: 5 cm

4€ | 5€ | **7€** | 7€ | 8€ | [m²] | ⏱ 0,02h/m² | 003.000.244

168 Wurzelanker im Teich KG **580**

Wurzelanker/Verwurzelungsgewebe im Teich, Übergangsbereich zwischen Luft und Wasser.
Material: ....
Flächengröße: .....
Einbauort: .....
Angeb. Fabrikat: .....

26€ | 36€ | **37€** | 41€ | 45€ | [m²] | ⏱ 0,15h/m² | 003.000.248

169 Befestigung, Gewässerabdichtungsbahn Uferbereich KG **580**

Befestigung der Gewässerabdichtungsbahn, im Uferbereich von Teichen
Grabenbreite: 40 cm
Tiefe: 20 cm
Grabenfüllung: Kies
Körnung: 8/16

15€ | 18€ | **20€** | 21€ | 24€ | [m] | ⏱ 0,07h/m | 003.000.251

Kosten:
Stand 1. Quartal 2025
Bundesdurchschnitt

▶ min
▷ von
ø Mittel
◁ bis
◀ max

Nr.	Kurztext / Langtext						Kostengruppe
▶	▷	**ø netto €**	◁	◀	[Einheit]	Ausf.-Dauer	Positionsnummer

170 Teichrand herstellen KG **580**

Teichrandstreifen mit gewaschenem Rundkies auf vorbereitete Schutzlage.
Breite: ..... cm
Dicke: ..... cm
Körnung: 16/32

▶	▷	ø netto €	◁	◀	[Einheit]	Ausf.-Dauer	Positionsnummer
11€	13€	**14€**	15€	17€	[m2]	⏱ 0,05h/m2	003.000.253

171 Dachfläche reinigen KG **363**

Reinigung des Untergrundes der Dachfläche von grober Verschmutzung. Stoffe sammeln und seitlich lagern. Abfall nicht gefährlich und nicht schadstoffbelastet.
Dicke: bis 2 cm

▶	▷	ø netto €	◁	◀	[Einheit]	Ausf.-Dauer	Positionsnummer
2€	2€	**2€**	2€	3€	[m2]	⏱ 0,02h/m2	003.000.263

172 Durchwurzelungsschutzschicht, PVC-P 0,8mm KG **363**

Durchwurzelungsschutzschicht aus Kunststoffbahnen, als zusätzliche Lage auf der Dachabdichtung, lose verlegen.
Material: Polyvinylchlorid (PVC-P) bitumenverträglich
Dicke: 0,8 mm

▶	▷	ø netto €	◁	◀	[Einheit]	Ausf.-Dauer	Positionsnummer
20€	22€	**23€**	24€	26€	[m2]	⏱ 0,15h/m2	003.000.264

A 14 Trenn-, Schutz- und Speichervlies Beschreibung für Pos. **173-174**

Schutzlage als Schutz der Dachabdichtung vor mechanischer Beanspruchung und zur Wasserspeicherung lose verlegen.
Material: Chemiefaser

173 Trenn-, Schutz- und Speichervlies, 500 KG **363**

Wie Ausführungsbeschreibung A 14
Dicke: ..... cm
Gewicht: 500 g/m2
Lagen: .....
Festigkeitsklasse: .....
Angeb. Fabrikat: .....

▶	▷	ø netto €	◁	◀	[Einheit]	Ausf.-Dauer	Positionsnummer
5€	6€	**7€**	8€	9€	[m2]	⏱ 0,04h/m2	003.000.234

174 Trenn-, Schutz- und Speichervlies, 300 KG **363**

Wie Ausführungsbeschreibung A 14
Dicke: 3 cm
Gewicht: 300 g/m2
Lagen: .....
Festigkeitsklasse: .....
Angeb. Fabrikat: .....

▶	▷	ø netto €	◁	◀	[Einheit]	Ausf.-Dauer	Positionsnummer
4€	5€	**5€**	6€	8€	[m2]	⏱ 0,04h/m2	003.000.219

Kosten:
Stand 1. Quartal 2025
Bundesdurchschnitt

▶ min
▷ von
ø Mittel
◁ bis
◀ max

Nr.	**Kurztext** / Langtext						Kostengruppe
▶	▷	**ø netto €**	◁	◀	[Einheit]	Ausf.-Dauer	Positionsnummer

175 Dränageelement, PE-Platte, 40mm, Dachbegrünung KG **363**

Dränschicht für Dachbegrünung aus Kunststoffprofilplatten.
Einsatzbereich: Extensivbegrünung
Material: PE-Kunststoff
Plattendicke: 40 mm
Füllmaterial: .....
Druckfestigkeit max.: ..... kg/m²
Füllvolumen: ..... l/m²
Farbe: .....
Angeb. Fabrikat: .....

17€ | 19€ | **21€** | 22€ | 24€ | [m²] | ⏱ 0,12 h/m² | 003.000.260

176 Flächendränage, begehbare Flachdächer, HDPE KG **363**

Dränagematte als Flächendränage unter Gehbelagsfläche auf Dachbegrünung liefern und einbauen.
Material: Hart-Polyethylen (HDPE)
Material Filterschicht: Polypropylen PP
Gewicht Filterschicht: ca. 135 g/m²
Druckfestigkeit (bei 18% Stauchung): 400 kN/m²
Gesamtnenndicke: ca. 10 mm
Gesamtgewicht: 750 g/m²

77€ | 104€ | **112€** | 126€ | 136€ | [m²] | ⏱ 0,11 h/m² | 003.000.302

177 Filtervlies, Dränageabdeckung, 100g/m² KG **363**

Filtervlies als Dränageabdeckung auf Dränschicht verlegen und an den Ränder hochführen.
Material: Kunststoffvlies
Gewicht: 100 g/m²
Überlappung: ..... cm
Angeb. Fabrikat: .....

3€ | 4€ | **5€** | 6€ | 7€ | [m²] | ⏱ 0,08 h/m² | 003.000.233

178 Filtermatte, Dachbegrünung KG **363**

Filterschicht mit mechanisch befestigter Filtermatte zwischen Dränschicht und Intensivsubstrat.
Material: 100% PP-Endlosfaser, normal entflammbar GRK 2
Flächengewicht: 105 g/m²
Höchstzugkraft: 7,5 kN/m
Angeb. Fabrikat: .....

2€ | 3€ | **3€** | 3€ | 4€ | [m²] | ⏱ 0,03 h/m² | 003.000.067

179 Kontrollschacht, extensive Dachbegrünung, Höhe bis 20cm KG **363**

Kontrollschacht für Dachflächen geeignet für Extensivbegrünung für Dachablauf inkl. Bodenplatte und Deckel, aufstockbar.
Material: Kunststoff
Schachthöhe: bis 20 cm
Durchmesser: 30 cm
Angeb. Fabrikat: .....

89€ | 99€ | **103€** | 110€ | 126€ | [St] | ⏱ 0,55 h/St | 003.000.236

Nr.	Kurztext / Langtext						Kostengruppe
▶	▷	**ø netto €**	◁	◀	[Einheit]	Ausf.-Dauer	Positionsnummer

180 Kontrollschacht, intensive Dachbegrünung, Höhe bis 40cm KG **363**

Kontrollschacht für Dachflächen geeignet für Intensivbegrünung für Dachablauf inkl. Bodenplatte und Deckel, aufstockbar in 10cm Stufe.
Material: Kunststoff
Schachthöhe: bis 40 cm
Durchmesser: 30 cm
Angeb. Fabrikat: .....

202€	212€	**216€**	221€	236€	[St]	⏱ 0,65h/St	003.000.237

181 Sicherheitsstreifen, Kies, Dachbegrünung KG **363**

Sicherheitsstreifen aus gewaschenem Rundkies, im Bereich von Aufkantungen, An- und Abschlussbereiche von Einbauten.
Schüttdicke: 5 cm
Streifenbreite: 30cm
Körnung: 16/32

10€	12€	**14€**	15€	18€	[m²]	⏱ 0,16h/m²	003.000.220

182 Kiesfangleiste, L-Profil, Dachbegrünung KG **363**

Kiesleiste für Dachbegrünung als Winkelprofil, gelocht.
Material: Aluminium
Kantungen: .....
Dicke: bis 2 mm
Höhe: .....
Dachneigung: bis 5°
Angeb. Fabrikat: .....

19€	24€	**27€**	29€	37€	[m]	⏱ 0,04h/m	003.000.239

183 Einschichtsubstrat, extensive Dachbegrünung KG **363**

Vegetationstragschicht für einschichtige Dachbegrünung als Vegetationssubstrat für Extensivbegrünung.
Schichtdicke: 8 cm
Anteil Organische Substanz bei Trockensubstanz: 0%
Gewicht wassergesättigt: max. 800 kg/m³
Angeb. Fabrikat: .....

21€	25€	**26€**	29€	35€	[m²]	⏱ 0,09h/m²	003.000.241

184 Mehrschichtsubstrat, extensive Dachbegrünung KG **363**

Vegetationstragschicht für mehrschichtige Dachbegrünung als Vegetationssubstrat für Intensivbegrünung.Die Eigenschaften haben die Anforderungen der FLL-Richtlinien an Vegetationssubstrate für Extensivbegrünungen und Vorgaben der Düngemittelverordnung zu entsprechen.
Schichtdicke: 10 cm
Anteil Organische Substanz bei Trockensubstanz: 0%
Gewicht wassergesättigt: max. 800 kg/m³
Angeb. Fabrikat: .....

27€	31€	**32€**	33€	36€	[m²]	⏱ 0,15h/m²	003.000.226

Nr.	Kurztext / Langtext						Kostengruppe
►	▷	ø netto €	◁	◀	[Einheit]	Ausf.-Dauer	Positionsnummer

185 Begrünungssubstrat, Natur-Bims, Dachbegrünung KG **363**

Begrünungssubstrat für extensive Dachbegrünung, liefern und auf die fertig verdichtete Schichthöhe einbauen.
Schichtdicke: .....
Material: Natur-Bims, bzw. Leicht-Lava
Gewicht trocken ca. 538 kg/m³
Gewicht wassergesättigt ca. 1.252 kg/m³

►	▷	ø	◁	◀	Einheit	Ausf.-Dauer	Positionsnummer
10€	15€	**16€**	17€	20€	[m²]	⏱ 0,07 h/m²	003.000.309

186 Mehrschichtsubstrat, intensive Dachbegrünung KG **363**

Intensivsubstrat als Vegetationstragschicht für mehrschichtige Dachbegrünung, strukturstabilisiert für breites Pflanzenspektrum lose einbauen. Die Eigenschaften haben die Anforderungen der FLL-Richtlinien an Vegetationssubstrate für Intensivbegrünungen und Vorgaben der Düngemittelverordnung zu entsprechen.
Material: .....
Schichtdicke: 10 cm
Anteil Organische Substanz bei Trockensubstanz: 0%
Gewicht wassergesättigt: max. 800 kg/m³
Angeb. Fabrikat: .....

►	▷	ø	◁	◀	Einheit	Ausf.-Dauer	Positionsnummer
33€	36€	**39€**	41€	44€	[m²]	⏱ 0,18 h/m²	003.000.224

187 Nassansaat, extensive Dachbegrünung, Saatgutmischung KG **363**

Ansaat der Dachbegrünung im Anspritzverfahren mit wässriger Kleberlösung aus Zellulose auf vorbereiteter Vegetationsfläche herstellen. Saatgutmischung bestehend aus Sedum-Sprossen und Kräuter in Sorten für extensive Dachbegrünung.
Sedumsprossen: ..... g/m²
Kräutersamen: ..... g/m²
Angebot. Fabrikat: .....

►	▷	ø	◁	◀	Einheit	Ausf.-Dauer	Positionsnummer
4€	6€	**7€**	9€	12€	[m²]	⏱ 0,08 h/m²	003.000.222

188 Trockenansaat, extensive Dachbegrünung, Saatgutmischung KG **363**

Ansaat der Dachbegrünung im Trockensaatverfahren mit Sedum-Sprossen in Sorten, inkl. Düngung und durchdringendes Wässern.
Saatgutmenge: ca. 50-80 g/m²
Düngung: ca. 30 g/m²
Angeb. Fabrikat: .....

►	▷	ø	◁	◀	Einheit	Ausf.-Dauer	Positionsnummer
3€	5€	**6€**	7€	8€	[m²]	⏱ 0,04 h/m²	003.000.218

189 Düngung, Dachbegrünung, extensiv KG **363**

Düngen der extensiven Dachbegrünung mit mineralischen Dünger.
Bewuchs: Moos Sedum
Menge je Arbeitsgang: 50 g/m²
Angeb. Fabrikat: .....

►	▷	ø	◁	◀	Einheit	Ausf.-Dauer	Positionsnummer
0,4€	0,6€	**0,8€**	0,8€	0,9€	[m²]	⏱ 0,02 h/m²	003.000.256

190 Wässern, Dachbegrünung, extensiv KG **363**

Wässern der Dachbegrünung, extensiv, Wasser kann den vorh. Zapfstellen unentgeltlich entnommen werden, die Kosten für das Wasser trägt der AG.
Arbeitsgang: 10 l/m², ein Arbeitsgang

►	▷	ø	◁	◀	Einheit	Ausf.-Dauer	Positionsnummer
0,6€	0,8€	**0,8€**	1,0€	1,1€	[m²]	⏱ 0,02 h/m²	003.000.257

Kosten:
Stand 1. Quartal 2025
Bundesdurchschnitt

► min
▷ von
ø Mittel
◁ bis
◀ max

Nr.	Kurztext / Langtext						Kostengruppe
►	▷	ø netto €	◁	◀	[Einheit]	Ausf.-Dauer	Positionsnummer

191 Stelzlager, Unterbau, Plattenbeläge, Dachbegrünung, H 25-40mm KG **363**

Stelzlager höhenverstellbar, als Unterbau für Plattenbeläge liefern und fachgerecht einbauen.
Material: Polypropylen
Möglicher Gefälleausgleich: bis 8%
Höhe: 25 bis 40 mm

7€ | 9€ | **10€** | 11€ | 12€ | [St] | ⏱ 0,10h/St | 003.000.310

192 Stelzlager, Unterbau, Plattenbeläge, Dachbegrünung, H 145-225mm KG **363**

Stelzlager höhenverstellbar, als Unterbau für Plattenbeläge liefern und fachgerecht einbauen.
Material: Polypropylen
Möglicher Gefälleausgleich: bis 8%
Höhe: 145 bis 225 mm

10€ | 13€ | **13€** | 15€ | 16€ | [St] | ⏱ 0,10h/St | 003.000.306

193 Stelzlager, Aufstockelement, höhenverstellbar, H 80mm KG **363**

Stelzlager zum Aufstocken, höhenverstellbar, liefern und fachgerecht einbauen.
Material: Polypropylen
Höhe: 80 mm

6€ | 7€ | **8€** | 9€ | 9€ | [St] | ⏱ 0,08h/St | 003.000.307

194 Plattenlager, Betonplatten, höhenverstellbar, H 10mm KG **363**

Plattenlager für die höhenausgleichende Verlegung von Betonplatten einschl. aller Materialien liefern.
Durchmesser: 120 mm
Auflagenhöhe: 10 mm
Fugenstärke: 4 mm
Fugenhöhe: 18 mm

5€ | 7€ | **7€** | 8€ | 9€ | [St] | ⏱ 0,08h/St | 003.000.308

195 Sekurant, Anseilsicherung, Stahl verzinkt KG **363**

Anschlagskonstruktion für Anseilsicherung als Stütze für Flachdach. Durchdringungsfrei herstellen, mit Auflast zu befestigen.
Material: Stahl verzinkt
Höhe über Befestigungsfläche: über 24 bis 35 cm
Typ: E - Einzelanschlagspunk
Dachneigung: bis 5°
Angeb. Fabrikat: .....

200€ | 241€ | **262€** | 274€ | 325€ | [St] | ⏱ 1,20h/St | 003.000.258

Kosten:
Stand 1. Quartal 2025
Bundesdurchschnitt

Nr.	Kurztext / Langtext						Kostengruppe
▶	▷	ø netto €	◁	◀	[Einheit]	Ausf.-Dauer	Positionsnummer

196 Fertigstellungspflege, extensive Dachbegrünung — KG **363**

Fertigstellungspflege gem. der FLL - Dachbegrünungsrichtlinie für extensive Dachbegrünung.

- unerwünschten Aufwuchs, Laub und Unrat entfernen
- Nachsaat und Ausbessern an Kahlstellen
- Nachpflanzung ausgefallener Pflanzen
- Nachfüllen von fehlendem Substrat

Anfallende Stoffe sind zu entsorgen.
Anzahl Arbeitsgänge: 2 Stück pro Jahr
Ausführungszeitpunkt: .....
Dachneigung: .....
Begrünungsverfahren: .....

▶	▷	ø	◁	◀	Einheit	Ausf.-Dauer	Positionsnummer
2€	3€	**4€**	5€	8€	[m²]	⏱ 0,03 h/m²	003.000.255

197 Trenn-, Schutz-, Speichervlies — KG **363**

Trennlage zwischen Untergrund und Obermaterial.
Untergrund: .....
Tragschicht: .....
Vlies: .....
Funktion: .....
Angeb. Fabrikat: .....

▶	▷	ø	◁	◀	Einheit	Ausf.-Dauer	Positionsnummer
2€	2€	**2€**	3€	3€	[m²]	⏱ 0,03 h/m²	003.000.066

198 Stundensatz, Helfer/-in

Stundenlohnarbeiten für Werker/-in, Helfer/-in und Gleichgestellte. Leistung nach besonderer Anordnung der Bauüberwachung. Anmeldung und Nachweis gem. VOB/B.

▶	▷	ø	◁	◀	Einheit	Ausf.-Dauer	Positionsnummer
50€	54€	**55€**	58€	63€	[h]	⏱ 1,00 h/h	003.000.295

199 Stundensatz, Facharbeiter/-in

Stundenlohnarbeiten für Vorarbeiter/-in, Facharbeiter/in und Gleichgestellte. Leistung nach besonderer Anordnung der Bauüberwachung. Anmeldung und Nachweis gem. VOB/B.

▶	▷	ø	◁	◀	Einheit	Ausf.-Dauer	Positionsnummer
59€	68€	**73€**	76€	81€	[h]	⏱ 1,00 h/h	003.000.294

▶ min
▷ von
ø Mittel
◁ bis
◀ max

Kosten:
Stand 1.Quartal 2025
Bundesdurchschnitt

Nr.	Positionen	Einheit	►	▷	ø brutto € / ø netto €	◁	◄
1	Heckenpflanze, Hainbuche bis 200cm	St	16	20	**22**	25	30
			14	17	**18**	21	25
2	Heckenpflanze, Eibe bis 100cm	St	45	61	**70**	80	100
			37	51	**59**	67	84
3	Heckenpflanze, Buchsbaum	St	4	7	**9**	11	15
			4	6	**8**	10	13
4	Heckenpflanze, Liguster bis 100cm	St	3	5	**6**	7	9
			2	4	**5**	6	8
5	Heckenpflanze, Lorbeerkirsche bis 100cm	St	26	29	**31**	32	35
			22	24	**26**	27	29
6	Heckenpflanze, Rot-Buche bis 200cm	St	37	51	**53**	61	70
			31	43	**44**	51	59
7	Heckenpflanze, Blut-Buche bis 200cm	St	41	56	**61**	67	80
			34	47	**51**	56	67
8	Heckenpflanze, Feld-Ahorn bis 200cm	St	23	28	**31**	35	38
			19	24	**26**	29	32
9	Solitär, Hainbuche StU 16-18	St	328	419	**453**	554	670
			275	352	**381**	466	563
10	Solitär, Säulen-Hainbuche, StU 10-12	St	491	575	**633**	688	772
			412	484	**532**	578	649
11	Solitär, Rotblühende Rosskastanie, StU 16-18	St	292	402	**424**	441	519
			246	338	**356**	370	436
12	Solitär, Kugel-Ahorn StU 14-16	St	425	558	**627**	662	776
			357	469	**527**	556	652
13	Solitär, Feld-Ahorn StU 18-20	St	263	393	**448**	550	724
			221	330	**376**	462	608
14	Solitär, Winterlinde StU 25-30	St	433	542	**598**	646	741
			364	455	**502**	543	623
15	Solitär, Wald-Kiefer StU 18-20	St	381	671	**716**	801	942
			320	564	**602**	673	791
16	Solitär, Gemeine Esche StU 16-18	St	320	380	**417**	444	520
			269	319	**350**	373	437
17	Solitär, Vogelbeere StU 16-18	St	203	281	**303**	334	396
			170	236	**255**	281	333
18	Solitär, Schwedische Mehlbeere StU 14-16	St	261	303	**309**	322	354
			219	254	**260**	270	297
19	Solitär, Baum-Hasel StU 16-18	St	305	328	**442**	490	543
			256	276	**371**	412	457
20	Solitär, Rotdorn in Sorten StU 20-25	St	344	474	**488**	543	681
			289	398	**410**	456	572
21	Solitär, Blutbuche, StU 20-25	St	494	607	**660**	688	781
			415	510	**555**	578	657
22	Solitär, Stieleiche StU 14-16	St	216	331	**342**	380	453
			181	278	**287**	319	381
23	Solitär, Flachrohr Bambus Höhe 100-125	St	149	185	**195**	199	224
			125	155	**164**	167	189
24	Solitär, Platane StU 16-18	St	261	349	**403**	468	566
			219	293	**339**	393	475

► min
▷ von
ø Mittel
◁ bis
◄ max

Nr.	Positionen	Einheit	▶	▷	ø brutto € / ø netto €	◁	◀
25	Solitär, Schwarzerle StU 16-18	St	153	192	**211**	227	274
			129	161	**177**	191	230
26	Solitär, Fächerblattbaum StU 20-25	St	376	573	**673**	907	1.178
			316	482	**566**	762	990
27	Solitär, Blauglockenbaum StU 18-20	St	431	490	**501**	535	594
			362	412	**421**	450	499
28	Solitär, Robinie StU 16-18	St	377	429	**463**	498	560
			317	361	**389**	418	470
29	Solitär, Magnolie Höhe 125-150	St	252	318	**345**	389	425
			212	267	**290**	327	357
30	Straßenbaum, stadtklimaresistent, Spitzahorn StU 16-18	St	–	617	**664**	730	–
			–	519	**558**	613	–
31	Straßenbaum, stadtklimaresistent, Säulen-Spitzahorn StU 16-18	St	429	564	**613**	668	754
			361	474	**515**	562	634
32	Straßenbaum, stadtklimaresistent, Kornelkirsche StU 10-12	St	292	398	**424**	483	512
			246	335	**356**	406	431
33	Straßenbaum, stadtklimaresistent, Wollapfel StU 12-14	St	295	385	**410**	463	533
			248	324	**344**	389	448
34	Straßenbaum, stadtklimaresistent, Zierkirsche StU 16-18	St	–	487	**544**	609	–
			–	409	**457**	512	–
35	Straßenbaum, stadtklimaresistent, Stadtlinde StU 16-18	St	–	619	**666**	759	–
			–	520	**560**	638	–
36	Straßenbaum, stadtklimaresistent, Kaiserlinde StU 16-18	St	–	646	**702**	814	–
			–	543	**590**	684	–
37	Straßenbaum, stadtklimaresistent, Robinie StU 16-18	St	431	580	**624**	705	768
			362	488	**524**	593	645
38	Straßenbaum, stadtklimaresistent, Holzapfel StU 16-18	St	–	380	**404**	465	–
			–	319	**340**	391	–
39	Straßenbaum, stadtklimaresistent, Speierling	St	–	472	**519**	566	–
			–	397	**436**	476	–
40	Anlagenbaum, stadtklimaresistent, Sal-Weide	St	–	479	**515**	582	–
			–	403	**433**	489	–
41	Anlagenbaum, stadtklimaresistent, Silberweide	St	346	468	**509**	560	601
			291	394	**428**	471	505
42	Anlagenbaum, stadtklimaresistent, Kulturapfel	St	–	538	**592**	633	–
			–	452	**497**	532	–
43	Obstgehölze Apfel in Sorten StU 16-18	St	241	328	**358**	439	639
			203	276	**301**	369	537
44	Obstgehölze, Weidenblättrige Birne StU 16-18	St	449	594	**632**	702	758
			377	499	**531**	590	637
45	Obstgehölze, Zwerg-Blut-Pflaume Höhe 80-100	St	37	52	**53**	60	75
			31	44	**44**	51	63
46	Obstgehölze, Blut-Pflaume StU 16-18	St	–	286	**304**	344	–
			–	240	**255**	289	–
47	Obstgehölze, japanische Blütenkirsche StU 12-14	St	377	433	**469**	474	536
			317	364	**394**	398	451

Nr.	Positionen	Einheit	►	▷	ø brutto € / ø netto €	◁	◄
48	Obstgehölze, Walnussbaum StU 14-16	St	211	321	**363**	414	499
			177	270	**305**	348	420
49	Weidentunnel, Silber-Weide	St	3	5	**6**	8	12
			3	4	**5**	7	10
50	Strauch, Kupfer-Felsenbirne	St	46	57	**63**	66	87
			38	48	**53**	56	73
51	Strauch, Gewöhnliche Haselnuss	St	27	34	**36**	38	45
			23	28	**30**	32	37
52	Strauch, Rhododendron in Sorten	St	46	58	**62**	69	83
			39	49	**52**	58	70
53	Strauch, Hortensie in Sorten	St	14	19	**21**	25	34
			12	16	**18**	21	28
54	Strauch, Flieder in Sorten	St	43	71	**82**	88	115
			36	59	**69**	74	97
55	Strauch, Forsythie	St	22	27	**27**	29	36
			19	23	**23**	25	30
56	Strauch, Europäische Eibe	St	83	114	**130**	151	194
			70	95	**109**	127	163
57	Strauch, Berberitze in Sorten	St	19	24	**26**	29	33
			16	20	**22**	24	28
58	Strauch, Zwergmispel in Sorten	St	3	4	**5**	6	8
			2	3	**4**	5	7
59	Strauch, Immergrüne Heckenkirsche	St	2	3	**4**	6	8
			2	3	**3**	5	7
60	Strauch, Rote Johannisbeere in Sorten	St	4	5	**6**	6	9
			3	5	**5**	5	8
61	Strauch, Heckenrose	St	2	3	**3**	5	6
			2	3	**3**	4	5
62	Staude, wilde Rosen in Sorten	St	5	6	**6**	7	8
			4	5	**5**	6	7
63	Staude, Frauenmantel	St	2	3	**3**	3	4
			2	2	**3**	3	3
64	Staude, Kastanienblättriges Schaublatt	St	3	5	**5**	5	7
			2	4	**4**	4	6
65	Staude, Pracht-Storchenschnabel	St	2	3	**4**	4	5
			2	3	**3**	4	4
66	Staude, Schwefel-Elfenblume	St	3	4	**4**	5	5
			3	3	**3**	4	4
67	Gras, Feinhalm-Chinaschilf	St	6	7	**7**	7	8
			5	6	**6**	6	7
68	Gras, Blau-Schwingel	St	3	3	**3**	4	4
			2	3	**3**	3	3
69	Gras, Rasenschmiele-Goldschleier	St	2	3	**3**	3	3
			2	2	**2**	2	3
70	Gras, Schnee-Marbel	St	2	3	**3**	3	4
			2	2	**2**	3	3
71	Kletterpflanze, Wilder Wein	St	7	12	**13**	14	18
			6	10	**11**	12	15

Kosten:
Stand 1. Quartal 2025
Bundesdurchschnitt

► min
▷ von
ø Mittel
◁ bis
◄ max

Nr.	Positionen	Einheit	►	▷	ø brutto € / ø netto €	◁	◄
72	Kletterpflanze, Berg-Waldrebe	St	9	9	**10**	10	10
			7	8	**8**	8	9
73	Kletterpflanze, Efeu	St	4	6	**7**	7	9
			3	5	**6**	6	8
74	Wasserpflanzen liefern	St	3	5	**5**	8	12
			3	4	**5**	7	10
75	Wasserpflanze, Teich-Simse	St	3	3	**4**	4	4
			2	3	**3**	3	4
76	Wasserpflanze, Sumpfdotterblume	St	3	4	**4**	4	5
			2	3	**3**	4	4

Nr. **Kurztext** / Langtext — Kostengruppe

► ▷ **ø netto €** ◁ ◄ [Einheit] Ausf.-Dauer Positionsnummer

1 Heckenpflanze, Hainbuche bis 200cm KG **573**

Carpinus betulus (Hainbuche), liefern und einpflanzen.
Pflanzqualität: Heckenpflanze, 2x verpflanzt, mit Ballen
Höhe: bis 200 cm

14€ 17€ **18€** 21€ 25€ [St] ⏱ 0,18h/St 004.000.223

2 Heckenpflanze, Eibe bis 100cm KG **573**

Taxus baccata (Gewöhnliche Eibe) liefern und einpflanzen.
Pflanzqualität: Heckenpflanze, 4x verpflanzt, mit Ballen
Höhe: bis 100 cm

37€ 51€ **59€** 67€ 84€ [St] ⏱ 0,17h/St 004.000.224

3 Heckenpflanze, Buchsbaum KG **573**

Buxus sempervierens (Buchsbaum), liefern und einpflanzen.
Pflanzqualität: Heckenpflanze, 2x verpflanzt, im Container
Höhe: 20-25 cm

4€ 6€ **8€** 10€ 13€ [St] ⏱ 0,17h/St 004.000.226

4 Heckenpflanze, Liguster bis 100cm KG **573**

Ligustrum vulgare (Liguster), liefern und einpflanzen.
Pflanzqualität: Heckenpflanze, verpflanzter Strauch, 6 Triebe ohne Ballen
Höhe: bis 100 cm

2€ 4€ **5€** 6€ 8€ [St] ⏱ 0,17h/St 004.000.227

5 Heckenpflanze, Lorbeerkirsche bis 100cm KG **573**

Prunus laurocerrasus (Kirschlorbeer), liefern und einpflanzen.
Pflanzqualität: Heckenpflanze, 2x verpflanzt, ohne Ballen mit 5-7 Trieben
Höhe: bis 100 cm

22€ 24€ **26€** 27€ 29€ [St] ⏱ 0,17h/St 004.000.229

Kosten:
Stand 1. Quartal 2025
Bundesdurchschnitt

Nr.	Kurztext / Langtext							Kostengruppe
►	▷	ø netto €	◁	◄		[Einheit]	Ausf.-Dauer	Positionsnummer
6	**Heckenpflanze, Rot-Buche bis 200cm**							KG **573**
	Fagus sylvatica (Rot-Buche), liefern und einpflanzen. Pflanzqualität: Heckenpflanze, 3x verpflanzt, mit Ballen geschnitten Höhe: 175-200 cm							
31€	43€	**44€**	51€	59€		[St]	⏱ 0,18h/St	004.000.232
7	**Heckenpflanze, Blut-Buche bis 200cm**							KG **573**
	Fagus sylvatica purpurea (Blut-Buche), liefern und einpflanzen. Pflanzqualität: Heckenpflanze, 3x verpflanzt, mit Ballen geschnitten Höhe: 175-200 cm							
34€	47€	**51€**	56€	67€		[St]	⏱ 0,18h/St	004.000.234
8	**Heckenpflanze, Feld-Ahorn bis 200cm**							KG **573**
	Acer campestre (Feld-Ahorn) liefern und einpflanzen. Pflanzqualität: Heckenpflanze, 2x verpflanzt, mit Ballen geschnitten Höhe: 175-200 cm							
19€	24€	**26€**	29€	32€		[St]	⏱ 0,18h/St	004.000.236
9	**Solitär, Hainbuche StU 16-18**							KG **573**
	Carpinus betulus (Hainbuche), liefern und einpflanzen. Pflanzqualität: Solitär, 3x verpflanzt, mit Drahtballen Stammumfang: 16-18 cm							
275€	352€	**381€**	466€	563€		[St]	⏱ 3,00h/St	004.000.248
10	**Solitär, Säulen-Hainbuche, StU 10-12**							KG **573**
	Carpinus betulus Fastigiata (Säulen Hainbuche), liefern und einpflanzen. Pflanzqualität: Solitär, H 3x verpflanzt, mit Drahtballen Stammumfang: 10-12 cm							
412€	484€	**532€**	578€	649€		[St]	⏱ 2,60h/St	004.000.237
11	**Solitär, Rotblühende Rosskastanie, StU 16-18**							KG **573**
	Aesculus carnea (Rotblühende Rosskastanie), liefern und einpflanzen. Pflanzqualität: Solitär, 3x verpflanzt, mit Drahtballen Stammumfang: 16-18 cm							
246€	338€	**356€**	370€	436€		[St]	⏱ 2,00h/St	004.000.238
12	**Solitär, Kugel-Ahorn StU 14-16**							KG **573**
	Acer platanoides 'Globosum' (Kugel-Ahorn), liefern und einpflanzen. Pflanzqualität: Solitär, H 3x verpflanzt, mit Drahtballen Stammumfang: 14-16 cm							
357€	469€	**527€**	556€	652€		[St]	⏱ 2,60h/St	004.000.242

► min
▷ von
ø Mittel
◁ bis
◄ max

Nr.	Kurztext / Langtext						Kostengruppe
►	▷	**ø netto €**	◁	◄	[Einheit]	Ausf.-Dauer	Positionsnummer

13 Solitär, Feld-Ahorn StU 18-20 KG **573**

Acer campestre (Feld-Ahorn), liefern und einpflanzen.
Pflanzqualität: Solitär, H 3x verpflanzt, mit Drahtballen
Stammumfang: 16-18 cm

221€ | 330€ | **376€** | 462€ | 608€ | [St] | ⏱ 2,60 h/St | 004.000.243

14 Solitär, Winterlinde StU 25-30 KG **573**

Tilia cordata (Winterlinde), liefern und einpflanzen.
Pflanzqualität: Solitär, H 4x verpflanzt, mit Drahtballen
Stammumfang: 25-30 cm

364€ | 455€ | **502€** | 543€ | 623€ | [St] | ⏱ 3,40 h/St | 004.000.245

15 Solitär, Wald-Kiefer StU 18-20 KG **573**

Pinus sylvetris (Wald-Kiefer), liefern und einpflanzen
Pflanzqualität: Solitär, H 4x verpflanzt, mit Drahtballen
Stammumfang: 18-20 cm

320€ | 564€ | **602€** | 673€ | 791€ | [St] | ⏱ 2,60 h/St | 004.000.246

16 Solitär, Gemeine Esche StU 16-18 KG **573**

Fraxinus excelsior (Gemeine Esche), liefern und einpflanzen.
Pflanzqualität: Solitär, H 3x verpflanzt, mit Drahtballen
Stammumfang: 16-18 cm

269€ | 319€ | **350€** | 373€ | 437€ | [St] | ⏱ 2,00 h/St | 004.000.249

17 Solitär, Vogelbeere StU 16-18 KG **573**

Sorbus aucuparia (Vogelbeere), liefern und einpflanzen.
Pflanzqualität: Solitär, H 3x verpflanzt, mit Drahtballen
Stammumfang: 16-18 cm

170€ | 236€ | **255€** | 281€ | 333€ | [St] | ⏱ 2,00 h/St | 004.000.250

18 Solitär, Schwedische Mehlbeere StU 14-16 KG **573**

Sorbus intermedia (Mehlbeere, liefern und einpflanzen.
Pflanzqualität: Solitär, 3x verpflanzt, mit Drahtballen
Stammumfang: 14-16 cm

219€ | 254€ | **260€** | 270€ | 297€ | [St] | ⏱ 2,00 h/St | 004.000.252

19 Solitär, Baum-Hasel StU 16-18 KG **573**

Corylus colurna (Baumhasel), liefern und einpflanzen.
Pflanzqualität: Solitär, H 3x verpflanzt, mit Drahtballen
Stammumfang: 16-18 cm

256€ | 276€ | **371€** | 412€ | 457€ | [St] | ⏱ 2,00 h/St | 004.000.253

Kosten:
Stand 1. Quartal 2025
Bundesdurchschnitt

▶ min
▷ von
ø Mittel
◁ bis
◀ max

Nr.	**Kurztext** / Langtext						Kostengruppe
▶	▷	**ø netto €**	◁	◀	[Einheit]	Ausf.-Dauer	Positionsnummer

20 Solitär, Rotdorn in Sorten StU 20-25 KG **573**

Crataegus laevigata (Rotdorn), liefern und einpflanzen.
Pflanzqualität: Solitär, H 4x verpflanzt, mit Drahtballen
Stammumfang: 20-25 cm

289€	398€	**410€**	456€	572€	[St]	⏱ 3,40h/St	004.000.255

21 Solitär, Blutbuche, StU 20-25 KG **573**

Fagus sylvatica (Blut-Buche), liefern und einpflanzen.
Pflanzqualität: Solitär, H 4x verpflanzt, mit Drahtballen
Stammumfang: 20-25 cm

415€	510€	**555€**	578€	657€	[St]	⏱ 3,00h/St	004.000.256

22 Solitär, Stieleiche StU 14-16 KG **573**

Quercus robur (Stiel-Eiche), liefern und einpflanzen.
Pflanzqualität: Solitär, H 3x verpflanzt, mit Drahtballen
Stammumfang: 14-16 cm

181€	278€	**287€**	319€	381€	[St]	⏱ 2,60h/St	004.000.257

23 Solitär, Flachrohr Bambus Höhe 100-125 KG **573**

Phyllostachys bissetii (Bambus), liefern und einpflanzen.
Pflanzqualität: Solitär, 3x verpflanzt, Container .....
Höhe: 100-150 cm

125€	155€	**164€**	167€	189€	[St]	⏱ 2,10h/St	004.000.260

24 Solitär, Platane StU 16-18 KG **573**

Platanus x acerifolia (Platane), liefern und pflanzen.
Pflanzqualität: Solitär, H 3x verpflanzt, mit Drahtballen
Höhe: 100-150 cm

219€	293€	**339€**	393€	475€	[St]	⏱ 2,60h/St	004.000.261

25 Solitär, Schwarzerle StU 16-18 KG **573**

Alnus glutinosa (Schwarzerle), liefern und einpflanzen.
Pflanzqualität: Solitär, H 3x verpflanzt, mit Drahtballen
Stammumfang: 16-18 cm

129€	161€	**177€**	191€	230€	[St]	⏱ 2,00h/St	004.000.262

26 Solitär, Fächerblattbaum StU 20-25 KG **573**

Ginkgo biloba (Fächerblattbaum), liefern und einpflanzen.
Pflanzqualität: Solitär, H 3x verpflanzt, mit Drahtballen
Stammumfang: 20-25 cm

316€	482€	**566€**	762€	990€	[St]	⏱ 3,00h/St	004.000.263

Nr.	Kurztext / Langtext						Kostengruppe
▶	▷	ø netto €	◁	◀	[Einheit]	Ausf.-Dauer	Positionsnummer

27 Solitär, Blauglockenbaum StU 18-20 KG **573**

Paulownia tomentosa (Blauglockenbaum), liefern und einpflanzen.
Pflanzqualität: Solitär, H 3x verpflanzt, mit Drahtballen
Stammumfang: 18-20 cm

362€	412€	**421€**	450€	499€	[St]	⏱ 2,60h/St	004.000.264

28 Solitär, Robinie StU 16-18 KG **573**

Robinia pseudoacacia (Robinie), liefern und einpflanzen.
Pflanzqualität: Solitär, H 3x verpflanzt, mit Drahtballen
Stammumfang: 16-18 cm

317€	361€	**389€**	418€	470€	[St]	⏱ 2,60h/St	004.000.268

29 Solitär, Magnolie Höhe 125-150 KG **573**

Magnolia (Magnolie), liefern und einpflanzen.
Pflanzqualität: Solitär, 3x verpflanzt, mit Drahtballen
Höhe: 125-150 cm

212€	267€	**290€**	327€	357€	[St]	⏱ 2,60h/St	004.000.269

A 1 Straßenbaum, stadtklimaresistent Beschreibung für Pos. **30-39**

Solitär Straßenbau mit besonderen Eigenschaften: stadtklimaresistent, insektenfreundlich liefern und einpflanzen.

30 Straßenbaum, stadtklimaresistent, Spitzahorn StU 16-18 KG **573**

Wie Ausführungsbeschreibung A 1
Acer platanoides "Allershausen" (Spitzahorn)
Pflanzqualität: Solitär, 3x verpflanzt mit Drahtballen
Stammumfang: 16-18 cm

–	519€	**558€**	613€	–	[St]	⏱ 2,40h/St	004.000.345

31 Straßenbaum, stadtklimaresistent, Säulen-Spitzahorn StU 16-18 KG **573**

Wie Ausführungsbeschreibung A 1
Acer platanoides "Columnare" (Spitzahorn)
Pflanzqualität: Solitär, 3x verpflanzt, mit Drahtballen
Stammumfang: 16-18 cm

361€	474€	**515€**	562€	634€	[St]	⏱ 2,40h/St	004.000.346

32 Straßenbaum, stadtklimaresistent, Kornelkirsche StU 10-12 KG **573**

Wie Ausführungsbeschreibung A 1
Kornus mas (Kornelkirsche)
Pflanzqualität: Solitär, H 3x verpflanzt, mit Drahtballen
Stammumfang: 10-12 cm

246€	335€	**356€**	406€	431€	[St]	⏱ 0,30h/St	004.000.347

Nr.	Kurztext / Langtext						Kostengruppe
►	▷	ø netto €	◁	◄	[Einheit]	Ausf.-Dauer	Positionsnummer

33 Straßenbaum, stadtklimaresistent, Wollapfel StU 12-14 KG **573**

Wie Ausführungsbeschreibung A 1
Malus tschonoskii (Wollapfel)
Pflanzqualität: Solitär, H 3x verpflanzt, mit Drahtballen
Stammumfang: 12-14 cm

►	▷	ø netto €	◁	◄	[Einheit]	Ausf.-Dauer	Positionsnummer
248€	324€	**344€**	389€	448€	[St]	⏱ 2,00h/St	004.000.348

34 Straßenbaum, stadtklimaresistent, Zierkirsche StU 16-18 KG **573**

Wie Ausführungsbeschreibung A 1
Prunus x schmittii (Zierkirsche)
Pflanzqualität: Solitär, H 3x verpflanzt, mit Drahtballen
Stammumfang: 16-18 cm

►	▷	ø netto €	◁	◄	[Einheit]	Ausf.-Dauer	Positionsnummer
–	409€	**457€**	512€	–	[St]	⏱ 2,00h/St	004.000.349

Kosten:
Stand 1. Quartal 2025
Bundesdurchschnitt

35 Straßenbaum, stadtklimaresistent, Stadtlinde StU 16-18 KG **573**

Wie Ausführungsbeschreibung A 1
Tilia cordata "Greenspire" (Stadtlinde)
Pflanzqualität: Solitär, 3x verpflanzt, mit Drahtballen
Stammumfang: 16-18 cm

►	▷	ø netto €	◁	◄	[Einheit]	Ausf.-Dauer	Positionsnummer
–	520€	**560€**	638€	–	[St]	⏱ 2,50h/St	004.000.350

36 Straßenbaum, stadtklimaresistent, Kaiserlinde StU 16-18 KG **573**

Wie Ausführungsbeschreibung A 1
Tilia x europaea "Pallida" (Kaiserlinde)
Pflanzqualität: Solitär, 3x verpflanzt, mit Drahtballen
Stammumfang: 16-18 cm

►	▷	ø netto €	◁	◄	[Einheit]	Ausf.-Dauer	Positionsnummer
–	543€	**590€**	684€	–	[St]	⏱ 2,50h/St	004.000.351

37 Straßenbaum, stadtklimaresistent, Robinie StU 16-18 KG **573**

Wie Ausführungsbeschreibung A 1
Robinia pseudoacacia "Nyirsegi" (Robinie)
Pflanzqualität: Solitär, 3x verpflanzt, mit Drahtballen
Stammumfang: 16-18 cm

►	▷	ø netto €	◁	◄	[Einheit]	Ausf.-Dauer	Positionsnummer
362€	488€	**524€**	593€	645€	[St]	⏱ 2,20h/St	004.000.352

► min
▷ von
ø Mittel
◁ bis
◄ max

38 Straßenbaum, stadtklimaresistent, Holzapfel StU 16-18 KG **573**

Wie Ausführungsbeschreibung A 1
Malus sylvestris (Holzapfel)
Pflanzqualität: Solitär, H 3x verpflanzt, mit Drahtballen
Stammumfang: 10-12 cm

►	▷	ø netto €	◁	◄	[Einheit]	Ausf.-Dauer	Positionsnummer
–	319€	**340€**	391€	–	[St]	⏱ 1,90h/St	004.000.353

Nr.	Kurztext / Langtext						Kostengruppe
▶	▷	ø netto €	◁	◀	[Einheit]	Ausf.-Dauer	Positionsnummer

39 Straßenbaum, stadtklimaresistent, Speierling KG **573**

Wie Ausführungsbeschreibung A 1
Sorbus domestica (Speierling)
Pflanzqualität: Solitär, 3x verpflanzt, mit Drahtballen
Höhe: 200-250 cm

–	397€	**436€**	476€	–	[St]	⏱ 0,60h/St	004.000.354

A 2 Anlagenbaum, stadtklimaresistent Beschreibung für Pos. **40-42**

Solitär Straßenbau mit besonderen Eigenschaften: stadtklimaresistent, insektenfreundlich liefern und einpflanzen.

40 Anlagenbaum, stadtklimaresistent, Sal-Weide KG **573**

Wie Ausführungsbeschreibung A 2
Salix caprea (Sal-Weide)
Pflanzqualität: Solitär, 3x verpflanzt, mit Drahtballen
Stammumfang: 16-18 cm

–	403€	**433€**	489€	–	[St]	⏱ 2,00h/St	004.000.356

41 Anlagenbaum, stadtklimaresistent, Silberweide KG **573**

Wie Ausführungsbeschreibung A 2
Salix alba (Silberweide)
Pflanzqualität: Solitär, 3x verpflanzt, mit Drahtballen
Stammumfang: 16-18 cm

291€	394€	**428€**	471€	505€	[St]	⏱ 2,00h/St	004.000.357

42 Anlagenbaum, stadtklimaresistent, Kulturapfel KG **573**

Wie Ausführungsbeschreibung A 2
Malus domestica Kulturapfel
Pflanzqualität: Solitär, 3x verpflanzt, mit Drahtballen
Stammumfang: 14-16 cm

–	452€	**497€**	532€	–	[St]	⏱ 2,00h/St	004.000.358

43 Obstgehölze Apfel in Sorten StU 16-18 KG **573**

Obstgehölze in Sorten.
Pflanzqualität: H 3x verpflanzt, mit Drahtballen liefern und pflanzen.
Stammumfang: 16-18 cm

203€	276€	**301€**	369€	537€	[St]	⏱ 2,30h/St	004.000.270

44 Obstgehölze, Weidenblättrige Birne StU 16-18 KG **573**

Pyrus salicifolia (Weidenblättrige Birne), liefern und einpflanzen.
Pflanzqualität: H 3x verpflanzt, mit Drahtballen
Stammumfang: 16-18 cm

377€	499€	**531€**	590€	637€	[St]	⏱ 2,30h/St	004.000.274

Nr.	Kurztext / Langtext						Kostengruppe
►	▷	ø netto €	◁	◄	[Einheit]	Ausf.-Dauer	Positionsnummer

45 Obstgehölze, Zwerg-Blut-Pflaume Höhe 80-100 KG **573**

Prunus cistena (Zwerg-Blut-Pflaume), liefern und einpflanzen.
Pflanzqualität: H 3x verpflanzt, mit Ballen
Höhe: 80-100 cm

31€	44€	**44€**	51€	63€	[St]	⏱ 1,45h/St	004.000.275

46 Obstgehölze, Blut-Pflaume StU 16-18 KG **573**

Prunus cistena (Blut-Pflaume), liefern und einpflanzen.
Pflanzqualität: H 3x verpflanzt, mit Ballen
Stammumfang: 16-18 cm

–	240€	**255€**	289€	–	[St]	⏱ 1,80h/St	004.000.276

Kosten:
Stand 1.Quartal 2025
Bundesdurchschnitt

47 Obstgehölze, japanische Blütenkirsche StU 12-14 KG **573**

Prunus serrulata (Japanisch Blütenkirsche), liefern und einpflanzen.
Pflanzqualität: H 4x verpflanzt, mit Drahtballen
Stammumfang: 12-14 cm

317€	364€	**394€**	398€	451€	[St]	⏱ 1,80h/St	004.000.278

48 Obstgehölze, Walnussbaum StU 14-16 KG **574**

Juglans regia (Walnuss-Baum), liefern und einpflanzen.
Pflanzqualität: Solitär, H 3x verpflanzt, mit Drahtballen
Stammumfang: 14-16 cm

177€	270€	**305€**	348€	420€	[St]	⏱ 2,60h/St	004.000.280

49 Weidentunnel, Silber-Weide KG **573**

Salix alba (Silberweide) liefern und einpflanzen. Pflanzruten als Weidentunnel mit einander verflechten.
Material: geeignet für Einbau als Weidentunnel, zweijährig, schlank und gleichmäßig biegsam
Äste: Länge ca. 3,00 m

3€	4€	**5€**	7€	10€	[St]	⏱ 0,08h/St	004.000.282

50 Strauch, Kupfer-Felsenbirne KG **573**

Amelanchier lamarckii, (Kupfer-Felsenbirne), liefern und einpflanzen
Pflanzqualität: Strauch, 3x verpflanzt, mit Drahtballen
Höhe: 100-150 cm

38€	48€	**53€**	56€	73€	[St]	⏱ 0,95h/St	004.000.283

► min
▷ von
ø Mittel
◁ bis
◄ max

51 Strauch, Gewöhnliche Haselnuss KG **573**

Corylus avellana (Gewöhnliche Haselnuss), liefern und einpflanzen.
Pflanzqualität: Strauch, 3x verpflanzt, mit Ballen
Höhe: 125-150 cm

23€	28€	**30€**	32€	37€	[St]	⏱ 0,95h/St	004.000.285

Nr.	Kurztext / Langtext						Kostengruppe
▶	▷	ø netto €	◁	◀	[Einheit]	Ausf.-Dauer	Positionsnummer

52 Strauch, Rhododendron in Sorten — KG **573**

Rhododendron albrechti (Rhododendron albrechtii), liefern und einpflanzen.
Pflanzqualität: Strauch, im Container 3 Liter
Höhe: 40-50 cm

39€	49€	**52€**	58€	70€	[St]	⏱ 0,25h/St	004.000.286

53 Strauch, Hortensie in Sorten — KG **573**

Hydrangea (Hortensie), liefern und einpflanzen.
Pflanzqualität: Strauch, 2x verpflanzt, im Container 3 Liter
Höhe: 40-60 cm

12€	16€	**18€**	21€	28€	[St]	⏱ 0,20h/St	004.000.287

54 Strauch, Flieder in Sorten — KG **573**

Syringa vulgaris (Gemeiner Flieder), liefern und einpflanzen
Pflanzqualität: Strauch, 2x verpflanzt, im Container 3 Liter
Höhe: 125-150 cm

36€	59€	**69€**	74€	97€	[St]	⏱ 0,28h/St	004.000.288

55 Strauch, Forsythie — KG **573**

Forsythia intermedia (Forsythie, Goldglöckchen), liefern und einpflanzen.
Pflanzqualität: Strauch, als Solitär 3x verpflanzt, mit Drahtballen
Höhe 125-150 cm

19€	23€	**23€**	25€	30€	[St]	⏱ 0,28h/St	004.000.289

56 Strauch, Europäische Eibe — KG **573**

Taxus baccata (Gewöhnliche Eibe), liefern und einpflanzen.
Pflanzqualität: Strauch, 4x verpflanzt, mit Drahtballen
Höhe: 80-90 cm

70€	95€	**109€**	127€	163€	[St]	⏱ 0,30h/St	004.000.294

57 Strauch, Berberitze in Sorten — KG **573**

Berberis candidula (Berberitze), liefern und einpflanzen.
Pflanzqualität: Strauch, 2x verpflanzt, mit Ballen
Höhe: 40-50 cm

16€	20€	**22€**	24€	28€	[St]	⏱ 0,25h/St	004.000.296

58 Strauch, Zwergmispel in Sorten — KG **573**

Cotoneaster dammeri (Zwergmispel), liefern und einpflanzen.
Pflanzqualität: Strauch, 2x verpflanzt, im Container ..... Liter
Höhe: 40-60 cm

2€	3€	**4€**	5€	7€	[St]	⏱ 0,04h/St	004.000.297

Kosten:
Stand 1. Quartal 2025
Bundesdurchschnitt

Nr.	**Kurztext** / Langtext							Kostengruppe
►	▷	**ø netto €**	◁	◄	[Einheit]	Ausf.-Dauer		Positionsnummer

59 Strauch, Immergrüne Heckenkirsche KG **573**

Lonicera nitida (Immergrüne Heckenkirsche), liefern und einpflanzen.
Pflanzqualität: Strauch, 2x verpflanzt, im Container ..... Liter
Höhe: 40-60 cm

2€ | 3€ | **3€** | 5€ | 7€ | [St] | ⏱ 0,04 h/St | 004.000.298

60 Strauch, Rote Johannisbeere in Sorten KG **573**

Ribes rubrum (Rote Johannisbeere), liefern und einpflanzen.
Pflanzqualität: Strauch, verpflanzt, 3 Triebe ohne Ballen
Höhe: 30-40 cm

3€ | 5€ | **5€** | 5€ | 8€ | [St] | ⏱ 0,05 h/St | 004.000.300

61 Strauch, Heckenrose KG **573**

Rosa canina (Heckenrose), liefern und einpflanzen.
Pflanzqualität: Strauch, verpflanzt, 4 Triebe ohne Ballen
Höhe: 60-100 cm

2€ | 3€ | **3€** | 4€ | 5€ | [St] | ⏱ 0,08 h/St | 004.000.302

62 Staude, wilde Rosen in Sorten KG **573**

Rosa glauca (Hechtrose), liefern und einpflanzen.
Pflanzqualität: Strauch, verpflanzt, 4 Triebe ohne Ballen
Höhe: 60-100 cm

4€ | 5€ | **5€** | 6€ | 7€ | [St] | ⏱ 0,08 h/St | 004.000.303

63 Staude, Frauenmantel KG **573**

Alchemilla mollis (Frauenmantel), liefern und einpflanzen.
Pflanzqualität: Staude, mit Topfballen
Topfgröße: P 1,0

2€ | 2€ | **3€** | 3€ | 3€ | [St] | ⏱ 0,04 h/St | 004.000.305

64 Staude, Kastanienblättriges Schaublatt KG **573**

Rodgersia aesculifolia (Kastanienblättriges Schaublatt), liefern und einpflanzen.
Pflanzqualität: Staude, mit Topfballen
Topfgröße: P 0,75

2€ | 4€ | **4€** | 4€ | 6€ | [St] | ⏱ 0,04 h/St | 004.000.308

65 Staude, Pracht-Storchenschnabel KG **573**

Geranium x magnificum (Pracht-Storchenschnabel), liefern und einpflanzen.
Pflanzqualität: Staude, mit Topfballen
Topfgröße: P 1,0

2€ | 3€ | **3€** | 4€ | 4€ | [St] | ⏱ 0,04 h/St | 004.000.311

► min
▷ von
ø Mittel
◁ bis
◄ max

Nr.	Kurztext / Langtext						Kostengruppe
▶	▷	ø netto €	◁	◀	[Einheit]	Ausf.-Dauer	Positionsnummer

66 Staude, Schwefel-Elfenblume KG **573**

Epimedium versicolor (Schwefel-Elfenblume), liefern und einpflanzen.
Pflanzqualität: Staude, mit Topfballen
Topfgröße: P 1,0

▶	▷	ø netto €	◁	◀	[Einheit]	Ausf.-Dauer	Positionsnummer
3€	3€	**3€**	4€	4€	[St]	0,04h/St	004.000.312

67 Gras, Feinhalm-Chinaschilf KG **573**

Miscanthus sinensis (Feinhalm-Chinaschilf), liefern und einpflanzen.
Pflanzqualität: Ziergras, mit Topfballen
Topfgröße: P 1,0

▶	▷	ø netto €	◁	◀	[Einheit]	Ausf.-Dauer	Positionsnummer
5€	6€	**6€**	6€	7€	[St]	0,04h/St	004.000.314

68 Gras, Blau-Schwingel KG **573**

Festuca glauca (Blau-Schwingel), liefern und pflanzen
Pflanzqualität: Ziergras, mit Topfballen
Topfgröße: P 1,0

▶	▷	ø netto €	◁	◀	[Einheit]	Ausf.-Dauer	Positionsnummer
2€	3€	**3€**	3€	3€	[St]	0,04h/St	004.000.315

69 Gras, Rasenschmiele-Goldschleier KG **573**

Deschampsia cespitosa (Rasenschmiele-Goldhafer), liefern und einpflanzen.
Pflanzqualität: Ziergras, mit Topfballen
Topfgröße: P 1,0

▶	▷	ø netto €	◁	◀	[Einheit]	Ausf.-Dauer	Positionsnummer
2€	2€	**2€**	2€	3€	[St]	0,04h/St	004.000.316

70 Gras, Schnee-Marbel KG **573**

Luzula nivea (Schnee-Marbel), liefern und einpflanzen.
Pflanzqualität: Ziergras, mit Topfballen
Topfgröße: P 1,0

▶	▷	ø netto €	◁	◀	[Einheit]	Ausf.-Dauer	Positionsnummer
2€	2€	**2€**	3€	3€	[St]	0,04h/St	004.000.318

71 Kletterpflanze, Wilder Wein KG **573**

Parthenocissus quinquefolia (Wilder Wein), liefern und einpflanzen.
Pflanzqualität: Kletterpflanze, 2x verpflanzt, mit Topfballen
Topfgröße: P .....
Höhe: 60-80 cm

▶	▷	ø netto €	◁	◀	[Einheit]	Ausf.-Dauer	Positionsnummer
6€	10€	**11€**	12€	15€	[St]	0,12h/St	004.000.322

72 Kletterpflanze, Berg-Waldrebe KG **573**

Clematis Alba (Berg-Waldrebe), liefern und einpflanzen.
Pflanzqualität: Kletterpflanze, 2x verpflanzt, im Container ..... Liter
Topfgröße: P .....
Höhe: 60-100 cm

▶	▷	ø netto €	◁	◀	[Einheit]	Ausf.-Dauer	Positionsnummer
7€	8€	**8€**	8€	9€	[St]	0,12h/St	004.000.323

Nr.	Kurztext / Langtext							Kostengruppe
►	▷	**ø netto €**	◁	◄		[Einheit]	Ausf.-Dauer	Positionsnummer

73 Kletterpflanze, Efeu KG **573**

Hedera Helix (Efeu), liefern und einpflanzen.
Pflanzqualität: Kletterpflanze, mit Topfballen
Topfgröße: P 1,0
Höhe: 80-100 cm

►	▷	ø	◁	◄	[Einheit]	Ausf.-Dauer	Positionsnummer
3€	5€	**6€**	6€	8€	[St]	⏱ 0,12 h/St	004.000.325

74 Wasserpflanzen liefern KG **583**

Wasserpflanzen mit Topfballen, in verschiedenen Sorten liefern und einpflanzen.
Topfgröße: P .....

►	▷	ø	◁	◄	[Einheit]	Ausf.-Dauer	Positionsnummer
3€	4€	**5€**	7€	10€	[St]	⏱ 0,04 h/St	004.000.327

75 Wasserpflanze, Teich-Simse KG **583**

Scirpus lacustris (Teiche-Simse), liefern und einpflanzen.
Pflanzqualität: Wasserpflanzen, mit Topfballen
Topfgröße: P 0,5

►	▷	ø	◁	◄	[Einheit]	Ausf.-Dauer	Positionsnummer
2€	3€	**3€**	3€	4€	[St]	⏱ 0,06 h/St	004.000.328

76 Wasserpflanze, Sumpfdotterblume KG **583**

Caltha palustris (Sumpfdotterblume), liefern und einpflanzen.
Pflanzqualität: Wasserpflanzen, mit Topfballen
Topfgröße: P 0,5

►	▷	ø	◁	◄	[Einheit]	Ausf.-Dauer	Positionsnummer
2€	3€	**3€**	4€	4€	[St]	⏱ 0,06 h/St	004.000.330

Kosten:
Stand 1. Quartal 2025
Bundesdurchschnitt

► min
▷ von
ø Mittel
◁ bis
◄ max

003
004
080

080

Kosten:
Stand 1. Quartal 2025
Bundesdurchschnitt

Nr.	Positionen	Einheit	►	▷	**ø brutto €** / ø netto €	◁	◄
1	Asphaltbelag aufbrechen, entsorgen	m²	29	32	**33**	35	40
			24	27	**27**	29	34
2	Betonplatten, abbrechen, entsorgen	m²	6	8	**9**	10	13
			5	7	**7**	8	11
3	Betonpflaster aufnehmen, lagern	m²	14	17	**17**	19	21
			12	14	**14**	16	18
4	Treppen/Bordsteine/Kantensteine aufnehmen, entsorgen	m	8	11	**12**	14	20
			6	9	**10**	12	17
5	Schotter entsorgen	m³	25	31	**34**	36	41
			21	26	**29**	30	34
6	Planum herstellen	m²	1,0	1,2	**1,3**	1,5	1,9
			0,8	1,0	**1,1**	1,3	1,6
7	Untergrund verdichten, Wegeflächen	m²	0,8	1,4	**1,6**	2,0	2,7
			0,6	1,1	**1,3**	1,7	2,2
8	Untergrund verdichten, Fundamente	m²	1	2	**2**	2	3
			1	1	**2**	2	2
9	Lastplattendruckversuch	St	230	279	**295**	338	445
			193	235	**248**	284	374
10	Frostschutzschicht, Schotter 0/16, bis 30cm	m²	15	18	**20**	22	29
			13	15	**17**	19	24
11	Frostschutzschicht, Schotter 0/32, bis 30cm	m²	16	22	**23**	25	31
			14	18	**19**	21	26
12	Frostschutzschicht, RCL 0/56, bis 30cm	m²	13	16	**18**	20	24
			11	13	**15**	17	20
13	Frostschutzschicht, Kies 0/16, bis 30cm	m²	13	16	**17**	18	21
			11	14	**14**	15	18
14	Frostschutzschicht, Kies 0/45, bis 30cm	m²	14	18	**20**	26	34
			12	15	**17**	22	29
15	Tragschicht, Schotter 0/16, bis 30cm	m²	13	15	**15**	16	18
			11	12	**13**	14	15
16	Tragschicht, Schotter 0/32, bis 30cm	m²	17	19	**21**	22	24
			15	16	**17**	18	20
17	Tragschicht, Kies 0/16, bis 30cm	m²	15	16	**17**	17	18
			13	14	**14**	14	15
18	Tragschicht, Kies 0/45, bis 30cm	m²	15	20	**22**	22	24
			13	16	**18**	19	21
19	Tragschicht aus RCL-Schotter 0/32, bis 30cm	m²	13	15	**16**	17	19
			11	13	**13**	14	16
20	Tragschicht aus RCL-Schotter 0/45, bis 30cm	m²	15	17	**17**	18	20
			12	14	**14**	15	16
21	Rasentragschicht 0/16	m²	13	14	**16**	21	24
			11	12	**13**	17	20
22	Rasentragschicht 0/32	m²	15	18	**19**	21	25
			13	15	**16**	18	21
23	Schotterrasendeckschicht, 20cm	m²	16	21	**25**	32	41
			13	18	**21**	27	35
24	Asphalttragschicht, 10cm	m²	34	36	**38**	39	40
			28	31	**32**	32	34

► min
▷ von
ø Mittel
◁ bis
◄ max

Nr.	Positionen	Einheit	►	▷	ø brutto € / ø netto €	◁	◄
25	Asphaltbinderschicht, 6cm	m²	26	29	**30**	32	34
			22	24	**25**	27	29
26	Asphaltbetondeckschicht, 3,5cm	m²	20	24	**27**	31	36
			17	20	**23**	26	30
27	Wassergebundene Decke	m²	14	19	**22**	26	32
			12	16	**19**	22	27
28	Pflasterdecke, Beton mit Sickerfugen	m²	36	49	**53**	60	69
			30	41	**44**	50	58
29	Pflasterdecke, Beton, versickerungsfähig, 15x15	m²	40	54	**57**	66	72
			34	45	**48**	55	60
30	Pflasterdecke, Beton, versickerungsfähig, 30x15	m²	45	56	**60**	68	78
			37	47	**51**	57	65
31	Pflasterdecke, Beton, haufenporig, 12,5x12,5	m²	24	33	**35**	40	43
			20	27	**30**	33	36
32	Pflasterdecke, Beton, haufenporig, 25x12,5	m²	28	36	**39**	44	48
			23	31	**33**	37	40
33	Versickerungsfähiges Pflaster, Doppel-T-Verbundstein, 20x16,5	m²	29	39	**41**	47	51
			24	32	**35**	40	43
34	Versickerungsfähiges Pflaster, Doppel-T-Verbundstein, 10x16,5	m	25	33	**36**	40	44
			21	28	**30**	33	37
35	Rasenfugenstein, Beton, 20x15	m²	28	36	**40**	46	49
			23	31	**34**	38	41
36	Rasenfugenstein, Beton, 20x20	m²	29	38	**42**	47	52
			24	32	**35**	39	44
37	Betonplatte, Beton, 40x40cm, mit extra großer Rasenfuge	m²	28	38	**41**	46	51
			23	32	**35**	39	43
38	Naturwerksteinpflaster, begrünbarer Fuge, polygonal	m²	57	77	**82**	90	100
			48	65	**69**	76	84
39	Rasengittersteinen, 19,5x19,5 ohne verfüllen	m²	24	33	**36**	39	43
			20	27	**30**	33	36
40	Rasengitterplatte, Beton, 40x40	m²	30	39	**42**	48	51
			25	33	**35**	40	43
41	Rasenplatte, Kunststoff, 50x50	m²	27	37	**41**	45	50
			23	31	**34**	38	42
42	Rasenplatte, Kunststoff-RCL, 50x40	m²	47	64	**69**	77	84
			40	53	**58**	65	71
43	Rasenplatte, Kunststoff-RCL, 60x40	m²	–	67	**72**	80	–
			–	56	**61**	67	–
44	Rasengitterplatte, Kunststoff-RCL, 40x40	m²	19	27	**29**	32	35
			16	23	**24**	27	30
45	Rasengitterplatte, SBR-Gummigranulat, 10x10, 4,5cm	m²	44	61	**65**	73	80
			37	51	**55**	62	68
46	Rasengitterplatte, SBR-Gummigranulat, 10x10, 5,5cm	m²	–	63	**68**	76	–
			–	53	**57**	64	–
47	Füllung, Begrünung Rasengitterplatte, Quarzsand, 5cm	m³	66	86	**95**	107	117
			55	72	**80**	90	98

Kosten:
Stand 1. Quartal 2025
Bundesdurchschnitt

Straßen, Wege, Plätze — Preise €

Nr.	Positionen	Einheit	▶	▷	ø brutto € / ø netto €	◁	◀
48	Füllung, Begrünung Rasengitterplatte, Splitt, 5cm	m^3	112	150	**160**	174	189
			94	126	**134**	146	158
49	Füllung, Begrünung Rasengitterplatte, Min.-org. Substrat, Mauerpfeffer	m^2	25	32	**35**	39	43
			21	27	**30**	33	36
50	Fugenverfüllung, Rasenfuge Betonpflastersteine	m^3	79	106	**113**	130	139
			67	89	**95**	109	117
51	Pflasterklinkerdecke	m^2	71	114	**133**	141	159
			59	96	**112**	119	134
52	Pflasterdecke, Granit, 8x8	m^2	107	125	**137**	145	158
			90	105	**115**	122	132
53	Pflasterdecke, Granit, 10x10	m^2	125	157	**163**	167	189
			105	132	**137**	140	159
54	Pflasterdecke, Granit, 11x11	m^2	139	173	**193**	206	240
			116	145	**162**	173	201
55	Pflasterzeile, Granit gebraucht, einzeilig	m	40	48	**48**	51	56
			34	40	**41**	43	47
56	Pflasterzeile, Granit, dreizeilig	m	57	68	**74**	80	100
			48	57	**62**	67	84
57	Pflasterzeile, Großsteinpflaster, Granit	m	41	48	**51**	58	62
			35	40	**43**	48	52
58	Plattenbelag, Granit, 60x60	m^2	104	126	**132**	142	163
			87	106	**111**	119	137
59	Plattenbelag, Basalt, 60x60	m^2	184	223	**270**	293	298
			155	188	**227**	246	251
60	Plattenbelag, Travertin, 60x60	m^2	158	174	**189**	199	242
			133	146	**159**	167	203
61	Plattenbelag, Sandstein, 60x60	m^2	165	192	**206**	218	236
			139	161	**173**	183	199
62	Pflasterdecke, Betonpflaster	m^2	41	47	**50**	54	61
			35	40	**42**	45	52
63	Betonplattenbelag, 40x40	m^2	50	71	**79**	88	105
			42	60	**66**	74	88
64	Betonplatte, Natursteinoptik, polygonal	m^2	–	73	**81**	91	–
			–	62	**68**	77	–
65	Terrassenbelag aus Beton, 50x25x5	m^2	70	93	**99**	117	121
			59	78	**83**	99	102
66	Terrassenbelag aus Beton, 50x25x8	m^2	78	108	**116**	136	142
			65	91	**98**	114	119
67	Terrassenbelag aus Beton, 50x50x8	m^2	84	114	**121**	140	147
			70	96	**102**	117	124
68	Terrassenbelag aus Beton, 60x30x8	m^2	75	104	**111**	129	137
			63	87	**94**	109	115
69	Terrassenbelag aus Beton, 60x60x8	m^2	77	106	**113**	133	140
			64	89	**95**	112	117
70	Traufe, Betonplatten	m	11	14	**15**	17	20
			10	12	**12**	14	17

▶ min
▷ von
ø Mittel
◁ bis
◀ max

Nr.	Positionen	Einheit	►	▷	ø brutto € / ø netto €	◁	◄
71	Holzbelag Lärche	m²	209	226	**231**	236	271
			176	190	**194**	199	228
72	Holzbelag Douglasie	m²	107	142	**169**	193	228
			90	119	**142**	162	191
73	Holzbelag Bangkirai	m²	–	173	**233**	276	–
			–	145	**196**	232	–
74	Belag aus Holzpaneele 60x60	m²	–	198	**208**	229	–
			–	166	**175**	192	–
75	Belag aus Holzpaneele 120x60	m²	–	176	**186**	204	–
			–	148	**156**	172	–
76	Unterkonstruktion, Terrasse, Bauschnittholz	m²	–	29	**31**	34	–
			–	24	**26**	29	–
77	Randabschluss, Deckbrett	m	–	67	**73**	79	–
			–	57	**61**	66	–
78	Rippenplatte, 30x30x8, Rippenabstand 50x6, o. Fase, anthrazit	m²	131	177	**192**	221	233
			110	149	**162**	186	196
79	Rippenplatte, 20x10x8, mit Fase, anthrazit	m	111	150	**161**	187	198
			93	126	**136**	157	167
80	Noppenplatte, 30x30x8, 32 Noppen, mit Fase, Kegel, anthrazit	m²	128	175	**186**	221	229
			108	147	**156**	186	192
81	Noppenplatte, 20x10x8, 8 Noppen, mit Fase, Kegel, weiß	m²	99	127	**138**	156	256
			84	107	**116**	131	215
82	Leitstreifen, Betonsteinpflaster	m	–	488	**567**	670	–
			–	410	**477**	563	–
83	Pflastersteine schneiden, Beton	m	14	20	**23**	25	31
			12	17	**19**	21	26
84	Plattenbelag schneiden, Beton	m	20	24	**26**	28	33
			17	20	**22**	23	28
85	Blockstufe, Beton, 15x35x100	St	132	190	**233**	252	328
			111	160	**196**	212	276
86	Blockstufe, Beton, 17x28x100	m	133	172	**191**	213	258
			112	144	**160**	179	217
87	Blockstufe, Naturwerkstein, Länge 100	m	189	224	**238**	252	273
			159	188	**200**	212	229
88	Blockstufe, Kontraststreifen Beton, 20x40x120	m	240	255	**265**	274	301
			201	214	**223**	231	253
89	Blockstufe, Kontraststreifen PVC, 20x40x120	m	–	212	**226**	260	–
			–	178	**190**	218	–
90	Winkelstufe, Beton, 17x28x100	m	192	227	**253**	265	300
			161	191	**213**	222	252
91	Winkelstufe, Beton, 17x28x150	m	212	234	**309**	369	396
			178	197	**260**	310	332
92	Winkelstufe, Kontraststreifen Beton, 20x36x120	m	158	210	**225**	257	279
			133	176	**189**	216	235
93	Winkelstufe, Kontraststreifen PVC, 20x36x120	m	148	185	**194**	216	237
			124	155	**163**	181	199

Kosten:
Stand 1. Quartal 2025
Bundesdurchschnitt

Nr.	Positionen	Einheit	►	▷	ø brutto € / ø netto €	◁	◄
94	Legestufe, Kontraststreifen Beton, 8x40x120	m	176	230	**247**	277	307
			148	193	**208**	233	258
95	Legestufe, Kontraststreifen PVC, 8x40x120	m	155	202	**215**	243	267
			130	170	**181**	204	224
96	L-Stufe, Kontraststreifen Beton,15x38x80	m	146	183	**195**	221	240
			123	154	**164**	185	202
97	Bordstein, Naturwerkstein 15x25, L=100	m	53	63	**67**	73	77
			44	53	**56**	62	65
98	Bordstein, Naturwerkstein 18x25, L=100	m	59	67	**72**	81	86
			49	57	**60**	68	72
99	Bordstein, Naturwerkstein 30x25, L=100	m	64	74	**80**	88	93
			54	62	**67**	74	78
100	Bordstein, Beton, 12x15x25, L=50	m	32	39	**46**	48	51
			27	33	**39**	40	43
101	Bordstein, Beton, 12x15x30, L=50	m	34	41	**46**	52	59
			28	35	**39**	44	50
102	Bordstein, Beton, 12x18x30, L=50	m	37	45	**51**	56	67
			31	38	**43**	47	56
103	Bordstein, Beton, 12x18x30, L=100	m	39	50	**54**	61	75
			32	42	**45**	52	63
104	Bordstein, Beton, 8x25, L=50	m	32	35	**39**	44	47
			27	30	**33**	37	40
105	Bordstein, Beton, 8x25, L=100	m	33	39	**42**	46	54
			28	32	**35**	38	45
106	Bordstein, Beton, 10x25, L=50	m	34	35	**37**	39	43
			28	29	**31**	32	36
107	Bordstein, Beton, 8x20	m	33	38	**40**	44	51
			28	32	**34**	37	43
108	Rasenbordstein, Kantstein, Beton	m	30	41	**42**	46	53
			25	35	**36**	39	45
109	Tastbordstein, Beton, 25x20, L=100	m	105	138	**152**	178	185
			88	116	**128**	149	156
110	Übergangsbordstein, Beton, dreiteilig, 12x15x30, L=50	m	91	118	**126**	139	150
			76	99	**106**	116	126
111	Übergangsbordstein, Beton, dreiteilig, 12x15x30, L=100	m	122	145	**163**	186	194
			103	122	**137**	156	163
112	Weg-/Beeteinfassung, Aluminium, gerade	m	34	50	**60**	69	82
			28	42	**50**	58	69
113	Weg-/Beeteinfassung, Aluminium, Bogen	m	98	126	**134**	152	165
			82	106	**113**	127	139
114	Weg-/Beeteinfassung, Aluminium, Stoßverbinder	St	88	112	**119**	135	143
			74	94	**100**	113	120
115	Weg-/Beeteinfassung, Aluminium, Eckverbinder, Außenecke 90°	St	51	57	**59**	63	69
			43	48	**49**	53	58
116	Weg-/Beeteinfassung, Aluminium, Erdnagel	St	26	34	**36**	40	44
			22	29	**31**	34	37

► min
▷ von
ø Mittel
◁ bis
◄ max

Nr.	Positionen	Einheit	►	▷	ø brutto € / ø netto €	◁	◄
117	Weg-/Beeteinfassung, Cortenstahl, gerade	m	54	66	**75**	88	107
			45	55	**63**	74	90
118	Weg-/Beeteinfassung, Cortenstahl, Profilverbinder	St	98	129	**140**	156	168
			83	108	**118**	131	142
119	Weg-/Beeteinfassung, Cortenstahl, Eckverbinder, Außenecke 90°	St	59	77	**82**	91	101
			50	65	**69**	77	85
120	Weg-/Beeteinfassung, Cortenstahl, Beton- und Erdanker	St	19	24	**26**	28	31
			16	20	**21**	24	26
121	Weg-/Beeteinfassung, 15x22, L=50	m	82	97	**110**	123	134
			69	81	**92**	103	113
122	Weg-/Beeteinfassung, 15x22, L=100	m	120	141	**154**	175	189
			101	119	**129**	147	159
123	Winkelstützmauerelement, Beton, Höhe 55	m	169	187	**192**	199	213
			142	157	**161**	167	179
124	Winkelstützmauerelement, Beton, Höhe 80	m	196	219	**230**	243	286
			165	184	**193**	204	240
125	Winkelstützmauerelement, Beton, Höhe 130	m	381	413	**435**	455	486
			321	347	**366**	382	409
126	Winkelstützmauerelement, Beton, Höhe 155	m	396	458	**495**	576	676
			333	385	**416**	484	568
127	Gabionen, 50x50x50	St	–	162	**173**	197	–
			–	136	**145**	166	–
128	Gabionen, 150x50x50	St	–	301	**310**	354	–
			–	253	**261**	297	–
129	Gabionen, 100x100x100	St	–	533	**562**	657	–
			–	448	**472**	552	–
130	Gabionen, 150x100x100	St	–	694	**731**	862	–
			–	583	**614**	725	–
131	Gabionen, 200x50x50	St	–	389	**414**	488	–
			–	327	**348**	410	–
132	Gabionen, 200x100x100	St	–	951	**1.012**	1.124	–
			–	800	**851**	944	–
133	Gabionen, 300x50x50	St	–	519	**546**	611	–
			–	436	**459**	514	–
134	Trockenmauer als Stützwand - Bruchsteinmauerwerk	m	–	438	**456**	515	–
			–	368	**383**	433	–
135	Trockenmauer als freistehende Mauer- Granitblöcke - Findlinge	m	–	356	**374**	423	–
			–	299	**315**	355	–
136	Naturwerksteinmauerwerk als Quadermauerwerk	m	198	314	**368**	435	539
			167	263	**309**	366	453
137	Naturwerksteinmauerwerk als Außenwand	m	210	257	**283**	307	354
			176	216	**238**	258	298
138	Speicherelement, Box Niederschlagswasser, 600 l	St	1.043	1.390	**1.511**	1.677	1.813
			876	1.168	**1.270**	1.409	1.524
139	Speicherelement, Tank Niederschlagswasser, 1.600 l	St	2.356	3.222	**3.464**	3.880	4.192
			1.980	2.707	**2.911**	3.261	3.523

Nr.	Positionen	Einheit	►	▷	ø brutto € ø netto €	◁	◄
140	Speicherelement, Zisterne Niederschlagswasser, 1.000 l	St	–	2.473	**2.659**	2.898	–
			–	2.078	**2.234**	2.436	–
141	Speicherelement, Flachtank Niederschlagswasser, 600 l	St	–	1.094	**1.164**	1.303	–
			–	919	**978**	1.095	–
142	Speicherelement, Rigole, Niederschlagswasser, 420 l	St	517	709	**771**	840	956
			434	596	**648**	706	803
143	Speicherelement, Sickertunnel, Niederschlagswasser, 300 l	St	–	469	**515**	556	–
			–	394	**433**	468	–
144	Speicherelement, Box Niederschlagswasser, 400 l	St	–	1.072	**1.140**	1.231	–
			–	901	**958**	1.035	–

Kosten:
Stand 1. Quartal 2025
Bundesdurchschnitt

Nr. **Kurztext** / Langtext — Kostengruppe
► ▷ **ø netto €** ◁ ◄ [Einheit] Ausf.-Dauer Positionsnummer

1 Asphaltbelag aufbrechen, entsorgen — KG **594**

Asphaltbelag streifenförmig aufbrechen, einschl. Unterbau aus Kies-Schotter-Gemisch. Anfallende Stoffe laden, abfahren und fachgerecht entsorgen, einschl. Deponiegebühr.
Material: ohne Schadstoffbelastung, Zuordnung RC 1 (nach EBV)
Asphalt Dicke: bis 15 cm
Breite: 70-100 cm
Unterbau Dicke: ..... cm

24€ 27€ **27€** 29€ 34€ [m2] ⏱ 0,16 h/m2 080.000.305

2 Betonplatten, abbrechen, entsorgen — KG **594**

Abbruch Plattenbelag als Randeinfassung inkl. Bettung. Ohne Schadstoffbelastung, Zuordnung RC 1 (nach EBV).
Plattenbelag: Betonplatten
Maße: 50 x 50 x 5 cm
Bettung: Kiessand
Bettungsdicke: 10 cm
Geräteeinsatz möglich: .....

5€ 7€ **7€** 8€ 11€ [m2] ⏱ 0,10 h/m2 080.000.306

3 Betonpflaster aufnehmen, lagern — KG **594**

Pflasterbelag einschl. Bettung aufnehmen, reinigen und zur Wiederverwendung seitlich lagern. Nicht wiederverwendbare Stoffe auf LKW des AN laden und entsorgen.
Pflasterbelag: Betonpflastersteine
Plattendicke: 80 mm
Bettung: Kiessand
Bettungsdicke: 4 mm

12€ 14€ **14€** 16€ 18€ [m2] ⏱ 0,12 h/m2 080.000.309

► min
▷ von
ø Mittel
◁ bis
◄ max

Nr.	Kurztext / Langtext						Kostengruppe
▶	▷	**ø netto €**	◁	◀	[Einheit]	Ausf.-Dauer	Positionsnummer

4 Treppen/Bordsteine/Kantensteine aufnehmen, entsorgen KG **594**

Betonfertigteile einschl. Fundamente aufnehmen und Stoffe sortenrein laden und entsorgen. Ohne Schadstoffbelastung, Zuordnung RC 1 (nach EBV).
Fertigteile: **Treppen / Bordsteine / Einfassungen / Kantensteine**
Fundamenttiefe: bis 30 cm

6€ 9€ **10€** 12€ 17€ [m] ⏱ 0,10 h/m 080.000.310

5 Schotter entsorgen KG **594**

Schottertragschicht und Frostschutzschicht, zwischengelagert laden und Entsorgen. Ohne Schadstoffbelastung, Zuordnung RC 1 (nach EBV).
Dicke: bis 40 cm

21€ 26€ **29€** 30€ 34€ [m³] ⏱ 0,20 h/m³ 080.000.311

6 Planum herstellen KG **530**

Planum für befestigte Fläche herstellen. Arbeiten mit Gerät.
Verformungsmodul: mind. EV2 45 Mpa
Verdichtungsgrad: mind. DPr 0,92 bis 0,95%
Sollhöhe: Zulässige Abweichung +/-2 cm

0,8€ 1,0€ **1,1€** 1,3€ 1,6€ [m²] ⏱ 0,02 h/m² 080.000.316

7 Untergrund verdichten, Wegeflächen KG **530**

Untergrund für Wegeflächen verdichten, inkl. Ausgleich von Unebenheiten.
Verformungsmodul: mind. EV2 45 Mpa
Verdichtungsgrad: mind. DPr 0,92 bis 0,95%
Sollhöhe: Zulässige Abweichung +/-2 cm

0,6€ 1,1€ **1,3€** 1,7€ 2,2€ [m²] ⏱ 0,02 h/m² 080.000.317

8 Untergrund verdichten, Fundamente KG **530**

Gründungssohle verdichten, Fundamente inkl. Ausgleich von Unebenheiten.
Verformungsmodul: mind. EV2 45 Mpa
Verdichtungsgrad: DPr 97%
Sollhöhe: Zulässige Abweichung +/-2 cm

1€ 1€ **2€** 2€ 2€ [m²] ⏱ 0,04 h/m² 080.000.318

9 Lastplattendruckversuch KG **533**

Lastplattendruckversuch zum Nachweis der geforderten Verdichtung des Bodens. Durchführung und Auswertung sowie Gerätestellung erfolgt durch ein neutrales Prüflabor nach Wahl des Auftragnehmers. Abrechnung je Versuch, inkl. aller Geräte, Honorare und Nebenkosten.

193€ 235€ **248€** 284€ 374€ [St] ⏱ 2,90 h/St 080.000.365

Nr.	Kurztext / Langtext						Kostengruppe
►	▷	**ø netto €**	◁	◄	[Einheit]	Ausf.-Dauer	Positionsnummer

A 1 Frostschutzschicht, Schotter bis 30cm — Beschreibung für Pos. **10-11**

Schottertragschicht aus frostfestem Material, korngestuft. gem. ZTV-SoB-STB herstellen. Verwendung von Recyclingmaterial ist nicht zulässig.
Schichtdicke: bis 30 cm

10 Frostschutzschicht, Schotter 0/16, bis 30cm — KG **530**

Wie Ausführungsbeschreibung A 1
Einbauort: .....
Tragfähigkeit: .....
Belastungsklasse RStO 12: .....
Körnung: 0/16
Sieblinie: .....
Verdichtungsgrad: ..... DPr

►	▷	ø	◁	◄	Einheit	Ausf.-Dauer	Positionsnummer
13€	15€	**17€**	19€	24€	[m²]	0,14h/m²	080.000.319

11 Frostschutzschicht, Schotter 0/32, bis 30cm — KG **530**

Wie Ausführungsbeschreibung A 1
Einbauort: .....
Tragfähigkeit: .....
Belastungsklasse RStO 12: .....
Körnung: 0/32
Sieblinie: .....
Verdichtungsgrad: ..... DPr

►	▷	ø	◁	◄	Einheit	Ausf.-Dauer	Positionsnummer
14€	18€	**19€**	21€	26€	[m²]	0,14h/m²	080.000.320

12 Frostschutzschicht, RCL 0/56, bis 30cm — KG **530**

Frostschutzschicht aus frostfestem,schadstofffreiem Recyclingmaterial herstellen, einschl. profilgerecht verdichten.
Einbauort: Fahr- und Stellflächen
Schichtdicke: bis 30 cm
Körnung: 0/56
Verdichtungsgrad: DPr 1
Sieblinie: .....

►	▷	ø	◁	◄	Einheit	Ausf.-Dauer	Positionsnummer
11€	13€	**15€**	17€	20€	[m²]	0,14h/m²	080.000.322

Kosten:
Stand 1. Quartal 2025
Bundesdurchschnitt

► min
▷ von
ø Mittel
◁ bis
◄ max

Nr.	Kurztext / Langtext						Kostengruppe
►	▷	**ø netto €**	◁	◄	[Einheit]	Ausf.-Dauer	Positionsnummer

A 2 Frostschutzschicht, Kies bis 30 cm — Beschreibung für Pos. **13-14**

Frostschutzschicht Kies aus frostfestem, korngestuften Material herstellen und verdichten Verwendung von Recyclingmaterial ist nicht zulässig.
Schichtdicke: bis 30 cm

13 Frostschutzschicht, Kies 0/16, bis 30cm — KG **530**

Wie Ausführungsbeschreibung A 2
Einbauort: .....
Tragfähigkeit: .....
Belastungsklasse RStO 12: .....
Körnung: 0/16
Sieblinie: .....
Verdichtungsgrad: ..... DPr

►	▷	ø netto €	◁	◄	[Einheit]	Ausf.-Dauer	Positionsnummer
11€	14€	**14€**	15€	18€	[m²]	⏱ 0,14h/m²	080.000.323

14 Frostschutzschicht, Kies 0/45, bis 30cm — KG **530**

Wie Ausführungsbeschreibung A 2
Einbauort: .....
Tragfähigkeit: .....
Belastungsklasse RStO 12: .....
Körnung: 0/45
Sieblinie: .....
Verdichtungsgrad: ..... DPr

►	▷	ø netto €	◁	◄	[Einheit]	Ausf.-Dauer	Positionsnummer
12€	15€	**17€**	22€	29€	[m²]	⏱ 0,14h/m²	080.000.325

A 3 Tragschicht, Schotter — Beschreibung für Pos. **15-16**

Schottertragschicht, aus korngestuftem Material herstellen. Verwendung von Recyclingmaterial ist nicht zulässig.
Schichtdicke: bis 30 cm
Verdichtungsgrad: mind. DPr 95%

15 Tragschicht, Schotter 0/16, bis 30cm — KG **530**

Wie Ausführungsbeschreibung A 3
Einbauort: Wegefläche
Körnung: 0/16
Sieblinie: .....
Sollhöhe: zulässige Abweichung +/-2,0 cm

►	▷	ø netto €	◁	◄	[Einheit]	Ausf.-Dauer	Positionsnummer
11€	12€	**13€**	14€	15€	[m²]	⏱ 0,12h/m²	080.000.326

16 Tragschicht, Schotter 0/32, bis 30cm — KG **530**

Wie Ausführungsbeschreibung A 3
Einbauort: Fahrbahn
Belastungsklasse RStO 12: .....
Körnung: 0/32
Sieblinie: .....
Sollhöhe: zulässige Abweichung +/-2,0 cm

►	▷	ø netto €	◁	◄	[Einheit]	Ausf.-Dauer	Positionsnummer
15€	16€	**17€**	18€	20€	[m²]	⏱ 0,12h/m²	080.000.327

Nr.	Kurztext / Langtext						Kostengruppe
►	▷	**ø netto €**	◁	◀	[Einheit]	Ausf.-Dauer	Positionsnummer

A 4 Tragschicht, Kies — Beschreibung für Pos. **17-18**

Tragschicht aus Kies mit Verdichtungsgrad mind. 1DPr herstellen. Nachweis der Frostbeständigkeit ist vorzulegen.

17 Tragschicht, Kies 0/16, bis 30cm — KG **530**

Wie Ausführungsbeschreibung A 4
Einbauort: Wegefläche
Körnung: 0/16
Sieblinie: .....
Sollhöhe: zulässige Abweichung +/-2,0 cm

13€ | 14€ | **14€** | 14€ | 15€ | [m²] | ⏱ 0,12 h/m² | 080.000.329

18 Tragschicht, Kies 0/45, bis 30cm — KG **530**

Wie Ausführungsbeschreibung A 4
Einbauort: Fahrbahn
Belastungsklasse RStO 12: .....
Körnung: 0/45
Sieblinie: .....
Sollhöhe: zulässige Abweichung +/-2,0 cm

13€ | 16€ | **18€** | 19€ | 21€ | [m²] | ⏱ 0,12 h/m² | 080.000.330

A 5 Tragschicht aus RCL-Schotter, bis 30cm — Beschreibung für Pos. **19-20**

Tragschicht aus Recyclingschotter (RCL-Schotter) nach ZTV SoB-StB herstellen.
Schichtdicke: bis 30 cm
Verformungsmodul: mind. EV2 100 MPa
Verdichtungsgrad: mind. DPr 1

19 Tragschicht aus RCL-Schotter 0/32, bis 30cm — KG **530**

Wie Ausführungsbeschreibung A 5
Einbauort: Fahrbahn
Belastungsklasse RSTO12. .....
Körnung: 0/32

11€ | 13€ | **13€** | 14€ | 16€ | [m²] | ⏱ 0,12 h/m² | 080.000.170

20 Tragschicht aus RCL-Schotter 0/45, bis 30cm — KG **530**

Wie Ausführungsbeschreibung A 5
Einbauort: Fahrbahn
Belastungsklasse RSTO12. .....
Körnung: 0/45

12€ | 14€ | **14€** | 15€ | 16€ | [m²] | ⏱ 0,12 h/m² | 080.000.171

Kosten:
Stand 1. Quartal 2025
Bundesdurchschnitt

► min
▷ von
ø Mittel
◁ bis
◀ max

Nr.	**Kurztext** / Langtext						Kostengruppe
►	▷	**ø netto €**	◁	◀	[Einheit]	Ausf.-Dauer	Positionsnummer

A 6 Rasentragschicht — Beschreibung für Pos. **21-22**

Tragschicht für Schotterrasenfläche
Schichtdicke: 20 cm
Material: Kies-Oberbodengemisch
Bodengruppe DIN 18915: .....
Tragfähigkeit: 45 MN/m2
Ebenflächigkeit unter der 4m Latte: +/-2 cm

21 Rasentragschicht 0/16 — KG **530**

Wie Ausführungsbeschreibung A 6
Körnung: 0/16

►	▷	ø netto €	◁	◀	[Einheit]	Ausf.-Dauer	Positionsnummer
11€	12€	**13€**	17€	20€	[m2]	⏱ 0,12 h/m2	080.000.178

22 Rasentragschicht 0/32 — KG **530**

Wie Ausführungsbeschreibung A 6
Körnung: 0/32

►	▷	ø netto €	◁	◀	[Einheit]	Ausf.-Dauer	Positionsnummer
13€	15€	**16€**	18€	21€	[m2]	⏱ 0,12 h/m2	080.000.173

23 Schotterrasendeckschicht, 20cm — KG **574**

Schotterrasen aus Schotter-Humus-Gemisch, einschl. Abwalzen und Einsanden nach Einsaat.
Schotter: .....
Bodengruppen DIN 18915: .....
Dicke: 20 cm
Angeb. Fabrikat: .....

►	▷	ø netto €	◁	◀	[Einheit]	Ausf.-Dauer	Positionsnummer
13€	18€	**21€**	27€	35€	[m2]	⏱ 0,13 h/m2	080.000.351

24 Asphalttragschicht, 10cm — KG **530**

Asphalttragschicht herstellen, inkl. verdichten.
Mischgutart: AC 32 T S
Bindemittel: 50/70 TL Bitumen-StB
Einbauort: .....
Einbaudicke: 10 cm verdichtet verdichteter Zustand
Verdichtungsgrad: ..... DPr

►	▷	ø netto €	◁	◀	[Einheit]	Ausf.-Dauer	Positionsnummer
28€	31€	**32€**	32€	34€	[m2]	⏱ 0,10 h/m2	080.000.331

25 Asphaltbinderschicht, 6cm — KG **530**

Asphaltbinderschicht ZTV Asphalt-StB, natürliche Gesteinskörnung TL Gestein, Asphaltgranulat kann zugegeben werden.
Schichtdicke: 6 cm
Belastungsklasse: .....
Mischgutart: AC 16 B S
Bindemittel: 30/45
Einbaudicke: 6 cm im verdichteten Zustand
Einbaubreite: ..... m

►	▷	ø netto €	◁	◀	[Einheit]	Ausf.-Dauer	Positionsnummer
22€	24€	**25€**	27€	29€	[m2]	⏱ 0,08 h/m2	080.000.434

Nr.	Kurztext / Langtext						Kostengruppe
▶	▷	ø netto €	◁	◀	[Einheit]	Ausf.-Dauer	Positionsnummer

26 Asphaltbetondeckschicht, 3,5cm KG **530**

Asphaltdeckschicht aus Asphaltbeton, ZTV, natürliche Gesteinskörnung TL Gestein, Einbaudicke gem. TPD-StB durch Messen mit Tiefenlehre.
Mischgutart: AC 11 D LW
Bindemittel: 70/100 TL Bitumen-StB
Schichtdicke: 3,5 cm

17€ | 20€ | **23€** | 26€ | 30€ | [m²] | ⏱ 0,05h/m² | 080.000.435

27 Wassergebundene Decke KG **531**

Wassergebundene Deckschicht zweischichtig korngestuft, auf bauseitiger Tragschicht mit Zugabe von Wasser bis zur vollständigen Bindung herstellen. Verdichtung durch Walzen.
Obere Schicht: 0/8
Schichtdicke: 4 cm
Untere Schicht: dynamisch 4/16
Mindestschichtdicke: 8 cm
Gefälle: max. 3%

12€ | 16€ | **19€** | 22€ | 27€ | [m²] | ⏱ 0,13h/m² | 080.000.350

28 Pflasterdecke, Beton mit Sickerfugen KG **534**

Pflasterdecke aus Betonpflastersteinen mit Sickerfugen, ungebundene Bauweise, Fugen mit Splitt Gemisch vollständig verfüllen und abrütteln.
Einbauort: .....
Pflasterformat (L x B): ..... cm
Pflasterdicke: .....
Farbe: .....
Bettung: Brechsand-Splitt-Gemisch
Körnung: 0/5
Bettungsdicke: 3-5 cm
Verlegeart: .....
Fugenbreite: .....
Angeb. Fabrikat. .....

30€ | 41€ | **44€** | 50€ | 58€ | [m²] | ⏱ 0,20h/m² | 080.000.179

A 7 Pflasterdecke, Beton, versickerungsfähig Beschreibung für Pos. **29-30**

Pflasterdecke, Beton, versickerungsfähig, einschl. Bettung und einsanden.
Verlegung: im Halbsteinverband
Dicke: 8 cm
Farben: grau
Bettung: 3-5 cm Splitt 2/5 mm im verdichteter Zustand

29 Pflasterdecke, Beton, versickerungsfähig, 15x15 KG **530**

Wie Ausführungsbeschreibung A 7
Steinformat: 15 x 15 cm
Einbauort: .....

34€ | 45€ | **48€** | 55€ | 60€ | [m²] | ⏱ 0,42h/m² | 080.000.376

Kosten:
Stand 1. Quartal 2025
Bundesdurchschnitt

▶ min
▷ von
ø Mittel
◁ bis
◀ max

Nr.	**Kurztext** / Langtext					Kostengruppe
▶	▷	**ø netto €**	◁	◀	[Einheit] Ausf.-Dauer	Positionsnummer

30 Pflasterdecke, Beton, versickerungsfähig, 30x15 — KG **530**

Wie Ausführungsbeschreibung A 7
Steinformat: 30 x 15 cm
Einbauort: .....

37€ | 47€ | **51€** | 57€ | 65€ | [m²] | ⏱ 0,42 h/m² | 080.000.377

A 8 Pflasterdecke, Beton, haufenporig — Beschreibung für Pos. **31-32**

Pflasterdecke aus versickerungsfähigem, haufporigem Pflaster einschl. Bettung und einsanden. Verlegung im Halbsteinverband.
Dicke: 8 cm
Farben: grau
Bettung: 3-5 cm Splitt 2/5 mm im verdichteter Zustand

31 Pflasterdecke, Beton, haufenporig, 12,5x12,5 — KG **530**

Wie Ausführungsbeschreibung A 8
Steinformat: 12,5 x 12,5 cm
Einbauort: .....

20€ | 27€ | **30€** | 33€ | 36€ | [m²] | ⏱ 0,50 h/m² | 080.000.381

32 Pflasterdecke, Beton, haufenporig, 25x12,5 — KG **530**

Wie Ausführungsbeschreibung A 8
Steinformat: 25 x 12,5 cm
Einbauort: .....

23€ | 31€ | **33€** | 37€ | 40€ | [m²] | ⏱ 0,42 h/m² | 080.000.380

33 Versickerungsfähiges Pflaster, Doppel-T-Verbundstein, 20x16,5 — KG **532**

Versickerungsfähiges haufporiges Pflaster einschl. Bettung und einsanden. Verlegung im Halbsteinverband.
Steinformat: Doppel-T-Verbundstein
Steinformat: 20 x 16,5 cm
Dicke: 8 cm
Farben: grau
Bettung: 3-5 cm Splitt 2/5 mm im verdichteter Zustand
Einbauort: .....

24€ | 32€ | **35€** | 40€ | 43€ | [m²] | ⏱ 0,42 h/m² | 080.000.378

34 Versickerungsfähiges Pflaster, Doppel-T-Verbundstein, 10x16,5 — KG **532**

Versickerungsfähiges haufporiges Pflaster einschl. Bettung und einsanden als Randstein. Verlegung im Halbsteinverband.
Steinformat: Doppel-T-Verbundstein
Steinformat: 10 x 16,5 cm
Dicke: 8 cm
Farben: grau
Bettung: 3-5 cm Splitt 2/5 mm im verdichteter Zustand
Einbauort: .....

21€ | 28€ | **30€** | 33€ | 37€ | [m] | ⏱ 0,50 h/m | 080.000.379

Kosten:
Stand 1. Quartal 2025
Bundesdurchschnitt

Nr.	**Kurztext** / Langtext						Kostengruppe
▶	▷	**ø netto €**	◁	◀	[Einheit]	Ausf.-Dauer	Positionsnummer

A 9 Rasenfugenstein, Beton — Beschreibung für Pos. **35-36**

Pflasterstein aus Beton, mit angeformten Abstandhaltern für 30mm. Verlegung im Halbsteinverband.
Dicke 8 cm
Farben: grau
Bettung: 3-5 cm Splitt 2/5 mm im verdichteter Zustand

35 Rasenfugenstein, Beton, 20x15 — KG **530**

Wie Ausführungsbeschreibung A 9
Steinformat: 20 x 15 cm
Einbauort: .....

▶	▷	ø	◁	◀	Einheit	Ausf.-Dauer	Positionsnummer
23€	31€	**34€**	38€	41€	[m²]	⏱ 0,33 h/m²	080.000.384

36 Rasenfugenstein, Beton, 20x20 — KG **530**

Wie Ausführungsbeschreibung A 9
Steinformat: 20 x 20 cm
Einbauort: ...

▶	▷	ø	◁	◀	Einheit	Ausf.-Dauer	Positionsnummer
24€	32€	**35€**	39€	44€	[m²]	⏱ 0,33 h/m²	080.000.385

37 Betonplatte, Beton, 40x40cm, mit extra großer Rasenfuge — KG **530**

Betonplatte mit extra großer Rasenfuge. Verlegung im Halbsteinverband, mit Abstandhaltern.
Steinformat: 40 x 40 cm
Dicke 7 cm
Farben: grau
Bettung: 3-5 cm Splitt 0/5 mm im verdichteter Zustand
Begrünte Fuge mindestens 5 cm
Einbauort: .....

▶	▷	ø	◁	◀	Einheit	Ausf.-Dauer	Positionsnummer
23€	32€	**35€**	39€	43€	[m²]	⏱ 0,25 h/m²	080.000.391

38 Naturwerksteinpflaster, begrünbarer Fuge, polygonal — KG **530**

Pflasterstein aus Naturwerkstein mit begrünbarer Fuge.
Steinformat: polygonal; Dicke 6 cm
Naturstein: Granit
Farben: sandgrau
Bettung: 5 cm, Splitt 2/5 mm im verdichteter Zustand
Begrünte Fuge mindestens 5 cm
Einbauort: .....

▶	▷	ø	◁	◀	Einheit	Ausf.-Dauer	Positionsnummer
48€	65€	**69€**	76€	84€	[m²]	⏱ 0,50 h/m²	080.000.386

39 Rasengittersteinen, 19,5x19,5 ohne verfüllen — KG **530**

Rasengittersteine aus Beton, zur Flächenbefestigung setzen ohne Verfüllung.
Rastermaß: 19,5 x 19,5 cm
Dicke: 8 cm
Farben: grau
Bettung: 3-5 cm Splitt 2/5 mm im verdichteter Zustand
Einbauort: .....

▶	▷	ø	◁	◀	Einheit	Ausf.-Dauer	Positionsnummer
20€	27€	**30€**	33€	36€	[m²]	⏱ 0,25 h/m²	080.000.388

▶ min
▷ von
ø Mittel
◁ bis
◀ max

Nr.	Kurztext / Langtext						Kostengruppe
►	▷	**ø netto €**	◁	◄	[Einheit]	Ausf.-Dauer	Positionsnummer

40 Rasengitterplatte, Beton, 40x40 — KG **530**

Rasengittersteine aus Beton, zur Flächenbefestigung setzen ohne Verfüllung.
Rastermaß: Steinformat: 40 x 40 cm
Dicke: 8 cm
Steinformat: Raute
Farben: grau
Bettung: 3-5 cm Splitt 2/5 mm im verdichteter Zustand
Einbauort: .....

25€	33€	**35€**	40€	43€	[m2]	⏱ 0,25 h/m2	080.000.389

41 Rasenplatte, Kunststoff, 50x50 — KG **534**

Rasengitterplatte aus Kunststoff, UV-beständig für Verkehrsfläche inkl. Verfüllung FLL Richtlinie
Rastermaß: 50 x 50 cm
Dicke: 4 cm
Farben: anthrazit
Bettung: 3-5 cm Splitt 2/5 mm im verdichteter Zustand

23€	31€	**34€**	38€	42€	[m2]	⏱ 0,25 h/m2	080.000.390

A 10 Rasenplatte, Kunststoff-RCL — Beschreibung für Pos. **42-43**

Rasenplatte aus Recyclings-Kunststoff.
Rastermaß: 50,0 x 40,0 cm
Kammergröße: ca. 4 cm
Farben: grau
Bettung: 3-5 cm Splitt 2/5 mm im verdichteter Zustand

42 Rasenplatte, Kunststoff-RCL, 50x40 — KG **534**

Wie Ausführungsbeschreibung A 10
Dicke: 4 cm
Einbauort: .....

40€	53€	**58€**	65€	71€	[m2]	⏱ 0,25 h/m2	080.000.402

43 Rasenplatte, Kunststoff-RCL, 60x40 — KG **534**

Wie Ausführungsbeschreibung A 10
Dicke: 8 cm
Einbauort: .....

–	56€	**61€**	67€	–	[m2]	⏱ 0,25 h/m2	080.000.403

44 Rasengitterplatte, Kunststoff-RCL, 40x40 — KG **534**

Rasengitterplatte aus Kunststoff, mit mindestens 40% begrünbarer Fläche, ohne Bettung auf gewachsenen Untergrund.
Rastermaß: 40,0 x 40,0 cm
Dicke: 3,5 cm
Farben: grau
Einbauort: ....

16€	23€	**24€**	27€	30€	[m2]	⏱ 0,25 h/m2	080.000.401

Kosten:
Stand 1. Quartal 2025
Bundesdurchschnitt

Nr.	Kurztext / Langtext						Kostengruppe
▶	▷	ø netto €	◁	◀	[Einheit]	Ausf.-Dauer	Positionsnummer

A 11 Rasengitterplatte, SBR-Gummigranulat — Beschreibung für Pos. **45-46**

Rasengitterplatte aus SBR-Gummigranulat, mit mindestens 40% begrünbarer Fläche.
Rastermaß: 10,0 x 10,0 cm
Farben: grau

45 Rasengitterplatte, SBR-Gummigranulat, 10x10, 4,5cm — KG **534**

Wie Ausführungsbeschreibung A 11
Dicke: 4,5 cm
Einbauort: .....

▶	▷	ø netto €	◁	◀	[Einheit]	Ausf.-Dauer	Positionsnummer
37€	51€	**55€**	62€	68€	[m²]	⏱ 0,25 h/m²	080.000.404

46 Rasengitterplatte, SBR-Gummigranulat, 10x10, 5,5cm — KG **534**

Wie Ausführungsbeschreibung A 11
Dicke: 5,5 cm
Einbauort: .....

▶	▷	ø netto €	◁	◀	[Einheit]	Ausf.-Dauer	Positionsnummer
–	53€	**57€**	64€	–	[m²]	⏱ 0,25 h/m²	080.000.405

47 Füllung, Begrünung Rasengitterplatte, Quarzsand, 5cm — KG **530**

Füllung zur Begrünung der Rasengitterplatte gem. FFL-Richtlinie befahrbare, begrünbare Vegetationsflächen
Einsaat: Sportrasen-Samen, inkl. Düngesubstrat
Füllung: bis 20 mm unter OK Belag

▶	▷	ø netto €	◁	◀	[Einheit]	Ausf.-Dauer	Positionsnummer
55€	72€	**80€**	90€	98€	[m³]	⏱ 0,17 h/m³	080.000.392

48 Füllung, Begrünung Rasengitterplatte, Splitt, 5cm — KG **530**

Füllung zur Begrünung der Gitterplatte.
Gemisch: 60% Splitt 0/6, 40% Humus
Einsaat: Sportrasen-Samen, inkl. Düngesubstrat
Füllung: bis 20 mm unter OK Belag

▶	▷	ø netto €	◁	◀	[Einheit]	Ausf.-Dauer	Positionsnummer
94€	126€	**134€**	146€	158€	[m³]	⏱ 0,25 h/m³	080.000.393

49 Füllung, Begrünung Rasengitterplatte, Min.-org. Substrat, Mauerpfeffer — KG **530**

Füllung zur Begrünung der Gitterplatte, mit Mineralisch-organisches Substrat.
Gemisch: Augit, Olivin, Magnetit, Limonit, Biotit, Tone verschiedener Arten, angereichert mit Kompost
Bepflanzung: Mauerpfeffer Sprossen
Einbaustärke: ca. 5 cm

▶	▷	ø netto €	◁	◀	[Einheit]	Ausf.-Dauer	Positionsnummer
21€	27€	**30€**	33€	36€	[m²]	⏱ 0,15 h/m²	080.000.407

50 Fugenverfüllung, Rasenfuge Betonpflastersteine — KG **530**

Rasenfugen mit Vegetationstragschicht für begrünbare Beläge.
Ansaat: RSM 5.1 Parkplatzrasen

▶	▷	ø netto €	◁	◀	[Einheit]	Ausf.-Dauer	Positionsnummer
67€	89€	**95€**	109€	117€	[m³]	⏱ 0,17 h/m³	080.000.387

▶ min
▷ von
ø Mittel
◁ bis
◀ max

Nr.	Kurztext / Langtext						Kostengruppe
▶	▷	**ø netto €**	◁	◀	[Einheit]	Ausf.-Dauer	Positionsnummer

51 Pflasterklinkerdecke KG **533**

Pflasterdecke aus Pflasterklinker DIN 18503, ungebunden, Gefälle verlegen, inkl. Bettung und Fugen einschlämmen.
Verlegeart: .....
Plattenmaße (L x B x T): ..... x ..... x ..... mm
Kanten: gefast
Form: .....
Bettungsdicke: 10-15 cm
Bettungsmaterial: Brechsand-Splitt-Gemisch
Körnung: 0/5
Einbauort: Fahrbahn
Nutzung: .....

59€ 96€ **112€** 119€ 134€ [m²] ⏱ 0,75 h/m² 080.000.227

A 12 Pflasterdecke, Granit Beschreibung für Pos. **52-54**

Pflasterdecke für Fußgängerflächen mit Natursteinpflaster, gebundene Bauweise, Fugen mit zementgebundenen Pflasterfugenmörtel, nicht wasserdurchlässig.
Pflastermaterial: Granit
Bettung: Kiessand
Körnung:0/4

52 Pflasterdecke, Granit, 8x8 KG **531**

Wie Ausführungsbeschreibung A 12
Plattenformat (L x B x H): 8 x 8 x 8 cm
Dickenabweichung: Klasse .....
Farbe: .....
Verlegeart: .....
Angeb. Fabrikat: .....

90€ 105€ **115€** 122€ 132€ [m²] ⏱ 1,20 h/m² 080.000.337

53 Pflasterdecke, Granit, 10x10 KG **531**

Wie Ausführungsbeschreibung A 12
Plattenformat (L x B x H): 10 x 10 x 10 cm
Dickenabweichung: Klasse .....
Farbe: .....
Verlegeart: .....
Angeb. Fabrikat: .....

105€ 132€ **137€** 140€ 159€ [m²] ⏱ 1,10 h/m² 080.000.339

54 Pflasterdecke, Granit, 11x11 KG **531**

Wie Ausführungsbeschreibung A 12
Plattenformat (L x B x H): 11 x 11 x 11 cm
Dickenabweichung: Klasse .....
Farbe: .....
Verlegeart: .....
Angeb. Fabrikat: .....

116€ 145€ **162€** 173€ 201€ [m²] ⏱ 0,95 h/m² 080.000.340

Kosten:
Stand 1. Quartal 2025
Bundesdurchschnitt

Nr.	Kurztext / Langtext						Kostengruppe
►	▷	ø netto €	◁	◄	[Einheit]	Ausf.-Dauer	Positionsnummer

55 Pflasterzeile, Granit gebraucht, einzeilig KG **530**

Pflasterstreifen einzeilig als Randeinfassung aus Natursteinpflaster in Beton setzen, Fugen mit Pflasterfugenmörtel verfüllen.
Gesteinsart: Granit, gebraucht
Pflasterformat (L x B x H): ..... x ..... x ..... cm
Dickenabweichung Klasse:.....
Frostbeständigkeitsklasse: .....
Farbe: grau
Bettungsdicke: 20 cm
Fundementbeton: C12/15
Verlegeart: in Reihe
Angebotener Stein: .....

34€ | 40€ | **41€** | 43€ | 47€ | [m] | ⏱ 0,30 h/m | 080.000.342

56 Pflasterzeile, Granit, dreizeilig KG **530**

Pflasterstreifen dreizeilig als Randeinfassung aus Natursteinpflaster in Beton setzen, Fugen mit Pflasterfugenmörtel verfüllen.
Gesteinsart: Granit,
Pflasterformat (L x B x H): ..... x ..... x ..... cm
Dickenabweichung Klasse:.....
Frostbeständigkeitsklasse: .....
Farbe: .....
Bettungsdicke: 20 cm
Fundementbeton: C12/15
Verlegeart: in Reihe
Angebotener Stein: .....

48€ | 57€ | **62€** | 67€ | 84€ | [m] | ⏱ 0,40 h/m | 080.000.344

57 Pflasterzeile, Großsteinpflaster, Granit KG **530**

Pflasterstreifen einzeilig als Randeinfassung aus Natursteinpflaster in Beton setzen, Fugen mit Pflasterfugenmörtel verfüllen.
Gesteinsart: Granit, gebraucht
Pflasterformat (L x B x H): 15 x 17 x 17 cm
Dickenabweichung Klasse: .....
Frostbeständigkeitsklasse: .....
Farbe: grau
Bettungsdicke: 20 cm
Fundementbeton: C12/15
Verlegeart: in Reihe
Angebotener Stein: .....

35€ | 40€ | **43€** | 48€ | 52€ | [m] | ⏱ 0,42 h/m | 080.000.366

► min
▷ von
ø Mittel
◁ bis
◄ max

Nr.	Kurztext / Langtext						Kostengruppe
▶	▷	**ø netto €**	◁	◀	[Einheit]	Ausf.-Dauer	Positionsnummer

58 Plattenbelag, Granit, 60x60 KG **533**

Plattenbelag aus Naturstein barrierefrei DIN 18040/3 in ungebundener Bauweise in Brechsand-Splitt-Gemisch verlegen, Fugen mit Bettungsstoff einschlämmen. Plattenmaterial: Granit
Plattenformat (L x B): bis 60 x 60 cm
Plattendicke: 5 cm
Fugenbreite: max. 5 mm
Bruchlastklasse: .....
Oberfläche: **geflammt / gestockt**
Farbe: grau
Kanten: abgerundet
Bettung: Körnung 0/2
Bettungsdicke: 3 bis 5 cm
Fugenbreite: ..... mm
Verlegeart: parallele Reihen
Angebotener Stein: .....
Steinbruch des angebotenen Materials: .....

87€	106€	**111€**	119€	137€	[m2]	⏱ 0,80h/m2	080.000.219

59 Plattenbelag, Basalt, 60x60 KG **533**

Plattenbelag aus Naturstein barrierefrei DIN 18040/3 in ungebundener Bauweise in Brechsand-Splitt-Gemisch verlegen, Fugen mit Bettungsstoff einschlämmen.
Plattenmaterial: Basalt
Plattenformat (L x B): bis 60 x 60 cm
Plattendicke: 5 cm
Fugenbreite: max. 5 mm
Bruchlastklasse: .....
Oberfläche: .....
Farbe: .....
Kanten: abgerundet
Bettung: Körnung 0/2
Bettungsdicke: 3 bis 5 cm
Fugenbreite: ..... mm
Verlegeart: parallele Reihen
Angebotener Stein: .....
Steinbruch des angebotenen Materials: .....

155€	188€	**227€**	246€	251€	[m2]	⏱ 0,80h/m2	080.000.220

Nr.	Kurztext / Langtext						Kostengruppe
►	▷	ø netto €	◁	◄	[Einheit]	Ausf.-Dauer	Positionsnummer

60 **Plattenbelag, Travertin, 60x60** KG **533**

Plattenbelag aus Naturwerkstein barrierefrei DIN 18040/3 in ungebundener Bauweise in Brechsand-Splitt-Gemisch verlegen, Fugen mit Bettungsstoff einschlämmen.
Plattenmaterial: Travertin
Plattenformat (L x B): bis 60 x 60 cm
Plattendicke: 5 cm
Fugenbreite: max. 5 mm
Bruchlastklasse: .....
Oberfläche: .....
Farbe: .....
Kanten: abgerundet
Bettung: Körnung 0/2
Bettungsdicke: 3 bis 5 cm
Fugenbreite: ..... mm
Verlegeart: parallele Reihen
Angebotener Stein: .....
Steinbruch des angebotenen Materials: .....

►	▷	ø	◁	◄	Einheit	Ausf.-Dauer	Positionsnummer
133€	146€	**159€**	167€	203€	[m²]	⏱ 0,80 h/m²	080.000.222

61 **Plattenbelag, Sandstein, 60x60** KG **533**

Plattenbelag aus Naturwerkstein barrierefrei DIN 18040/3 in ungebundener Bauweise in Brechsand-Splitt-Gemisch verlegen, Fugen mit Bettungsstoff einschlämmen.
Plattenmaterial: Sandstein
Plattenformat (L x B): bis 60 x 60 cm
Plattendicke: 5 cm
Fugenbreite: max. 5 mm
Bruchlastklasse: .....
Oberfläche: .....
Farbe: .....
Kanten: abgerundet
Bettung: Körnung 0/2
Bettungsdicke: 3 bis 5 cm
Fugenbreite: ..... mm
Verlegeart: parallele Reihen
Angebotener Stein: .....
Steinbruch des angebotenen Materials: .....

►	▷	ø	◁	◄	Einheit	Ausf.-Dauer	Positionsnummer
139€	161€	**173€**	183€	199€	[m²]	⏱ 0,80 h/m²	080.000.223

Kosten:
Stand 1. Quartal 2025
Bundesdurchschnitt

► min
▷ von
ø Mittel
◁ bis
◄ max

Nr.	Kurztext / Langtext						Kostengruppe
▶	▷	**ø netto €**	◁	◀	[Einheit]	Ausf.-Dauer	Positionsnummer

62 **Pflasterdecke, Betonpflaster** KG **530**

Bodenbelag aus Betonwerksteinplatten, in ungebundener Bauweise auf Splitt, mit Fugenfüllung aus Sand.
Einbauort: .....
Plattenformat (L x B): ..... x ..... cm
Plattendicke: 8 cm
Witterungsbeständigkeitsklasse: .....
Oberfläche: ....
Kantenausbildung: .....
Verlegeart: .....
Bettungsdicke: 3-5 cm
Fugenbreite: ..... mm
Körnung: 0/2
Angeb. Fabrikat/Lieferant: .....

35€	40€	**42€**	45€	52€	[m2]	⏱ 0,45 h/m2	080.000.335

63 **Betonplattenbelag, 40x40** KG **530**

Plattenbelag aus Betonplatten ungebunden auf Sand legen, Fugen mit Sand einkehren.
Einbauort: .....
Plattenformat (L x B): 40 x 40 cm
Plattendicke: 8 cm
Witterungsbeständigkeitsklasse: .....
Oberfläche: ....
Kantenausbildung: .....
Verlegeart: .....
Bettungsdicke: 3-5 cm
Fugenbreite: ..... mm
Körnung: 0/2
Angeb. Fabrikat/Lieferant: .....

42€	60€	**66€**	74€	88€	[m2]	⏱ 0,40 h/m2	080.000.332

64 **Betonplatte, Natursteinoptik, polygonal** KG **530**

Betonplatte mit Natursteinoptik in polygonalem Format. Verlegung mit begrünbarer Fuge.
Steinformat: polygonal verschiedene Formate
Dicke 7 cm
Farben: grau
Bettung: 3-5 cm Splitt 0/5 mm im verdichteter Zustand
Begrünte Fuge mindestens 5 cm
Einbauort: ...

–	62€	**68€**	77€	–	[m2]	⏱ 0,40 h/m2	080.000.439

Kosten:
Stand 1. Quartal 2025
Bundesdurchschnitt

► min
▷ von
ø Mittel
◁ bis
◄ max

Nr.	Kurztext / Langtext							Kostengruppe
►	▷	ø netto €	◁	◄		[Einheit]	Ausf.-Dauer	Positionsnummer

A 13 Terrassenbelag aus Beton — Beschreibung für Pos. **65-69**

Bodenbelag aus Betonwerksteinplatten, in ungebundener Bauweise im Sandbett verlegen, Fugen mit Sand verfüllen.
Einbauort: Terrasse
Untergrund: waagerecht
Fugenbreite: 3 mm
Fugenfüllung: Sand
Bettungsdicke: 40 mm
Witterungsbeständigkeitsklasse: 1

65 Terrassenbelag aus Beton, 50x25x5 — KG **533**

Wie Ausführungsbeschreibung A 13
Gefälle: .....
Oberfläche: .....
Plattenmaße (L x B): 50 x 25 cm
Plattendicke: 5 cm
Verlegeart: Rechteckverband

►	▷	ø	◁	◄	Einheit	Ausf.-Dauer	Positionsnummer
59€	78€	**83€**	99€	102€	[m2]	⏱ 0,50 h/m2	080.000.396

66 Terrassenbelag aus Beton, 50x25x8 — KG **533**

Wie Ausführungsbeschreibung A 13
Gefälle: .....
Oberfläche: .....
Plattenmaße (L x B): 50 x 25 cm
Plattendicke: 8 cm
Verlegeart: Rechteckverband

►	▷	ø	◁	◄	Einheit	Ausf.-Dauer	Positionsnummer
65€	91€	**98€**	114€	119€	[m2]	⏱ 0,50 h/m2	080.000.397

67 Terrassenbelag aus Beton, 50x50x8 — KG **533**

Wie Ausführungsbeschreibung A 13
Gefälle: .....
Oberfläche: .....
Plattenmaße (L x B): 50 x 50 cm
Plattendicke: 8 cm
Verlegeart: Quadratverband

►	▷	ø	◁	◄	Einheit	Ausf.-Dauer	Positionsnummer
70€	96€	**102€**	117€	124€	[m2]	⏱ 0,50 h/m2	080.000.398

68 Terrassenbelag aus Beton, 60x30x8 — KG **533**

Wie Ausführungsbeschreibung A 13
Oberfläche: .....
Plattenmaße (L x B): 60 x 30 cm
Plattendicke: 8 cm
Verlegeart: Rechteckverband

►	▷	ø	◁	◄	Einheit	Ausf.-Dauer	Positionsnummer
63€	87€	**94€**	109€	115€	[m2]	⏱ 0,50 h/m2	080.000.399

Nr.	Kurztext / Langtext						Kostengruppe
▶	▷	ø netto €	◁	◀	[Einheit]	Ausf.-Dauer	Positionsnummer

69 Terrassenbelag aus Beton, 60x60x8 KG **533**

Wie Ausführungsbeschreibung A 13
Oberfläche: .....
Plattenmaße (L x B): 60 x 60 cm
Plattendicke: 8 cm
Verlegeart: Quadratverband

64€	89€	**95€**	112€	117€	[m2]	⏱ 0,70h/m2	080.000.400

70 Traufe, Betonplatten KG **530**

Plattenbelag aus Betonplatten als Traufe, ungebunden Bauweise, mit Bettung aus Brechsand-Splitt-Gemisch verlegen und Fugen verfüllen.
Einbauort: am Gebäude
Plattenformat (L x B): ..... x .....
Plattendicke: 7 cm
Witterungsbeständigkeitsklasse: 3
Kantenausbildung: .....
Oberfläche: .....
Farbe: .....
Verlegeart: .....
Bettungsdicke: 3 bis 5 cm
Körnung: 0/5

10€	12€	**12€**	14€	17€	[m]	⏱ 0,10h/m	080.000.334

A 14 Holzbelag, Terrasse Beschreibung für Pos. **71-73**

Terrassenbelag, aus Holzrosten bestehende aus Gehbelage gehobelt, parallel besäumt, ohne chemischen Holzschutz, trittsicher verlegt von oben verschraubt, Traghölzer aus Nadelholz.
Oberfläche: geriffelt
Gebrauchsklasse: 0
Dicke: 25 mm
Breite: 80 mm
Fugenbreite: 4 bis 6 mm
Verlegeart: regelmäßigen Verband

71 Holzbelag Lärche KG **533**

Wie Ausführungsbeschreibung A 14
Holzart: Lärche

176€	190€	**194€**	199€	228€	[m2]	⏱ 1,30h/m2	080.000.345

72 Holzbelag Douglasie KG **533**

Wie Ausführungsbeschreibung A 14
Holzart: Douglasie

90€	119€	**142€**	162€	191€	[m2]	⏱ 1,30h/m2	080.000.426

Kosten:
Stand 1. Quartal 2025
Bundesdurchschnitt

▶ min
▷ von
ø Mittel
◁ bis
◀ max

Nr.	Kurztext / Langtext					Kostengruppe
▶	▷	ø netto €	◁	◀	[Einheit] Ausf.-Dauer	Positionsnummer

73 Holzbelag Bangkirai — KG **533**

Wie Ausführungsbeschreibung A 14
Holzart: Bangkirai

–	145€	**196€**	232€	–	[m²]	⏱ 1,30h/m²	080.000.427

A 15 Belag aus Holzpaneele — Beschreibung für Pos. **74-75**

Belag aus Holzpaneele liefern und verlegen. Kesseldruckimprägniert, inkl. aller Anpassungsarbeiten (Längsschnitte, Querschnitte für das fluchtgerechte arbeiten, anfasen, beischleifen) in den Randbereichen der Terrassenfläche. Alle Hirnenden der Dielen sind splitterfrei zu verarbeiten und mit Hirnholzversiegelung zu versiegeln. Anordnung der Dielenstöße nach Angabe der Bauleitung.

74 Belag aus Holzpaneele 60x60 — KG **533**

Wie Ausführungsbeschreibung A 15
Holzart: Kiefer
Fugenbreite zu Wänden: 15-20 mm
Ausführung in: 1-2% Gefälle in Wasserfließrichtung verlegen
Bretter Dicke: 26 mm
Bretter Breite: 95 mm
Maße: 60 x 60 cm

–	166€	**175€**	192€	–	[m²]	⏱ 0,20h/m²	080.000.187

75 Belag aus Holzpaneele 120x60 — KG **533**

Wie Ausführungsbeschreibung A 15
Holzart: Kiefer
Fugenbreite zu Wänden: 15-20 mm
Ausführung in: 1-2% Gefälle in Wasserfließrichtung verlegen
Bretter Dicke: 26 mm
Bretter Breite: 95 mm
Maße: 120 x 60 cm

–	148€	**156€**	172€	–	[m²]	⏱ 0,25h/m²	080.000.188

76 Unterkonstruktion, Terrasse, Bauschnittholz — KG **533**

Unterkonstruktion für Balkon-/Terrassenboden, aus Bauschnittholz, ohne chemischen Holzschutz. Untergrund Holz, mechanisch befestigen, Unebenheiten über 20 bis 50mm ausgleichen.
Gebrauchsklasse: 0
Festigkeitsklasse: C
Sortierklasse S 10
Dicke: 40 mm
Breite: 60 mm
Achsabstand: über 40 bis 50 cm

–	24€	**26€**	29€	–	[m²]	⏱ 0,30h/m²	003.000.375

Nr.	Kurztext / Langtext						Kostengruppe
▶	▷	**ø netto €**	◁	◀	[Einheit]	Ausf.-Dauer	Positionsnummer

77 Randabschluss, Deckbrett KG **533**

Randabschluss mit Deckbrettern, ohne chemischen Holzschutz, gehobelt, parallel besäumt.
Holzart: Kiefer
Breite: bis 120 mm
Dicke: 28 mm
Gebrauchsklasse 0 DIN 68800-1
Sortierklasse S 10
Güteklasse: 1
Untergrund: Holz

–	57€	**61€**	66€	–	[m]	⏱ 0,70h/m	003.000.377

78 Rippenplatte, 30x30x8, Rippenabstand 50x6, o. Fase, anthrazit KG **531**

Bodenindikatoren mit taktilen Rippenplatten nach DIN 18040- 3 und DIN 32984, aus Beton, im Außenbereich an Überquerungsstellen.
Format: 30 x 30 cm
Steinstärke: 8 cm
Fugenbreite: max. 5 mm
Farbe: anthrazit
Oberfläche: trapezförmige Rippen, Höhe 4-5 mm
Rippenabstand: 50 x 6, 6 Rippen im Abstand 50 mm, ohne Fase
Verband: Halbsteinverband ohne Kreuzfugen

110€	149€	**162€**	186€	196€	[m²]	⏱ 0,10h/m²	080.000.246

79 Rippenplatte, 20x10x8, mit Fase, anthrazit KG **531**

Bodenindikatoren mit taktilen Rippenplatten nach DIN 18040- 3 und DIN 32984, aus Beton, im Außenbereich an Überquerungsstellen.
Format: 20 x 10 cm
Steinstärke: 8 cm
Fugenbreite: max. 5 mm
Farbe: anthrazit
Oberfläche: trapezförmige Rippen, Höhe 4-5 mm
Rippenabstand: 2 Rippen im Abstand 50 mm, mit Fase
Verlegeart: einreihig

93€	126€	**136€**	157€	167€	[m]	⏱ 0,10h/m	080.000.251

80 Noppenplatte, 30x30x8, 32 Noppen, mit Fase, Kegel, anthrazit KG **531**

Bodenindikatoren mit taktile Noppenplatten nach DIN 18040- 3 und DIN 32984, aus Beton, im Außenbereich an Überquerungsstellen.
Format: 30 x 30 cm
Steinstärke: 8 cm
Fugenbreite: max. 5 mm
Farbe: anthrazit
Oberfläche: 32 Noppen diagonal, mit Fasen, Kegelstumpf
Verband: Halbsteinverband ohne Kreuzfugen

108€	147€	**156€**	186€	192€	[m²]	⏱ 0,10h/m²	080.000.253

Nr.	Kurztext / Langtext						Kostengruppe
►	▷	**ø netto €**	◁	◀	[Einheit]	Ausf.-Dauer	Positionsnummer

81 **Noppenplatte, 20x10x8, 8 Noppen, mit Fase, Kegel, weiß** KG **531**

Bodenindikatoren mit taktile Noppenplatten nach DIN 18040- 3 und DIN 32984, aus Beton, im Außenbereich an Überquerungsstellen.
Format: 20 x 10 cm
Steinstärke: 8 cm
Fugenbreite: max. 5 mm
Farbe: Weißbeton
Oberfläche: 8 Noppen diagonal, mit Fasen, Kegelstumpf
Verband: Halbsteinverband ohne Kreuzfugen

84€ 107€ **116€** 131€ 215€ [m2] ⏱ 0,10 h/m2 080.000.256

82 **Leitstreifen, Betonsteinpflaster** KG **531**

Rechteckpflaster aus Beton mit Minifaser als Leitstreifen nach DIN 18040- 3 und DIN 32984, aus Beton mit einseitiger Rückenstütze versetzen.
Farbe: Grau
Maße (L x B x D): 10 x 20 x 8 cm
Beton: C12/17
Einbauhöhe: +3 cm

– 410€ **477€** 563€ – [m] ⏱ 0,65 h/m 080.000.296

83 **Pflastersteine schneiden, Beton** KG **530**

Schnittkanten herstellen, Pflastersteinbelag aus Beton, Schnittgut entsorgen. Arbeiten mit diamantbesetzten Trennscheiben.
Pflasterformat (L x B): ..... x .....
Steindicke: ..... cm
Abrechnung nach Aufmaß

12€ 17€ **19€** 21€ 26€ [m] ⏱ 0,17 h/m 080.000.346

84 **Plattenbelag schneiden, Beton** KG **530**

Schneiden von Plattenbelägen aus Betonplatten, Schnittgut entsorgen. Arbeiten mit Nassschneidegerät.
Steindicke: ..... cm
Abrechnung nach Aufmaß

17€ 20€ **22€** 23€ 28€ [m] ⏱ 0,17 h/m 080.000.347

A 16 **Blockstufe, Beton, Betonbettung** Beschreibung für Pos. **85-86**

Blockstufe als Betonfertigteil in Bettung aus Beton verlegen.
Fundamentdicke: mind: 20 cm

Kosten:
Stand 1. Quartal 2025
Bundesdurchschnitt

► min
▷ von
ø Mittel
◁ bis
◀ max

Nr.	Kurztext / Langtext						Kostengruppe
▶	▷	**ø netto €**	◁	◀	[Einheit]	Ausf.-Dauer	Positionsnummer

85 Blockstufe, Beton, 15x35x100 KG **544**

Wie Ausführungsbeschreibung A 16
Festigkeitsklasse: C 20/25
Stufenlänge: 100 cm
Stufenhöhe: 15 cm
Stufenbreite: 35 cm
Farbe: .....
Sichtflächen: sandgestrahlt
Kantenausbildung: gefast
Fundamentbeton: .....
Angeb. Fabrikat: .....

111€	160€	**196€**	212€	276€	[St]	⏱ 0,75h/St	080.000.349

86 Blockstufe, Beton, 17x28x100 KG **544**

Wie Ausführungsbeschreibung A 16
Festigkeitsklasse: C30/37
Stufenlänge: 100 cm
Stufenhöhe: 17 cm
Stufenbreite: 28 cm
Farbe: .....
Sichtflächen: Sichtbeton
Kantenausbildung: gefast
Fundamentbeton: C12/15
Angeb. Fabrikat: .....

112€	144€	**160€**	179€	217€	[m]	⏱ 0,75h/m	080.000.212

87 Blockstufe, Naturwerkstein, Länge 100 KG **544**

Blockstufe aus Naturwerkstein in Bettung aus Beton setzen. Vorderseite und zwei Köpfe gestockt.
Gesteinsart: .....
Stufenlänge: 100 cm
Höhe: .....
Breite: .....
Kantenausbildung: gefast
Oberfläche:
Fundamentbeton: C12/15
Bettungsdicke: 20 cm
Rückenstütze: 15 cm
Angeb. Fabrikat: .....

159€	188€	**200€**	212€	229€	[m]	⏱ 0,80h/m	080.000.216

Kosten:
Stand 1. Quartal 2025
Bundesdurchschnitt

Nr.	Kurztext / Langtext						Kostengruppe
►	▷	ø netto €	◁	◄	[Einheit]	Ausf.-Dauer	Positionsnummer

88 Blockstufe, Kontraststreifen Beton, 20x40x120 KG **544**

Blockstufe mit Kontraststreifen nach DIN 18040- 3 und DIN 32975, als Betonfertigteil. Kontraststreifen aus Beton in der Länge der Stufe.
Einbauort: auf bauseitigem Fundament
Festigkeitsklasse: C20/25
Stufengröße (H x B x L): 20 x 40 x 120 cm
Kontraststreifengröße (H x B): **8 x 5 / 5 x 5** cm
Farbe: grau
Oberfläche: .....
Kantenausbildung: gefast
Fundament: Dicke mind. 20 cm
Angeb. Fabrikat: .....

►	▷	ø	◁	◄	Einheit	Ausf.-Dauer	Positionsnummer
201€	214€	**223€**	231€	253€	[m]	⏱ 0,60 h/m	080.000.234

89 Blockstufe, Kontraststreifen PVC, 20x40x120 KG **544**

Blockstufe mit Kontraststreifen nach DIN 18040- 3 und DIN 32975, aus PVC als Betonfertigteil, Kontraststreifen aus PVC in der Länge der Stufe.
Einbauort: auf bauseitigem Fundament
Festigkeitsklasse: C20/25
Stufengröße (H x B x): 20 x 40 x 100 cm
Kontraststreifengröße (H x B): 4,3 x 2,2 cm
Farbe: grau
Oberfläche: .....
Kantenausbildung: gefast
Fundament: Dicke mind. 20 cm
Angeb. Fabrikat: .....

►	▷	ø	◁	◄	Einheit	Ausf.-Dauer	Positionsnummer
–	178€	**190€**	218€	–	[m]	⏱ 0,60 h/m	080.000.224

A 17 Winkelstufe, Beton Beschreibung für Pos. **90-91**

Winkelstufe als Betonfertigteil in Bettung aus Beton verlegen. Trittfläche, Vorderseite und zwei Köpfe Sichtbeton
Festigkeitsklasse: C30/37
Stufenhöhe: 17 cm
Stufenbreite: 28 cm
Kante: gefast
Farbe: .....
Fundamentbeton: C12/15
Bettungsdicke: 20 cm
Angeb. Fabrikat: .....

90 Winkelstufe, Beton, 17x28x100 KG **544**

Wie Ausführungsbeschreibung A 17
Stufenlänge: 100 cm

►	▷	ø	◁	◄	Einheit	Ausf.-Dauer	Positionsnummer
161€	191€	**213€**	222€	252€	[m]	⏱ 0,95 h/m	080.000.214

► min
▷ von
ø Mittel
◁ bis
◄ max

Nr.	Kurztext / Langtext						Kostengruppe
▶	▷	**ø netto €**	◁	◀	[Einheit]	Ausf.-Dauer	Positionsnummer

91 Winkelstufe, Beton, 17x28x150 KG **544**

Wie Ausführungsbeschreibung A 17
Stufenlänge: 150 cm

178€	197€	**260€**	310€	332€	[m]	⏱ 1,00h/m	080.000.215

92 Winkelstufe, Kontraststreifen Beton, 20x36x120 KG **544**

Winkelstufe mit Kontraststreifen nach DIN 18040- 3 und DIN 32975, als Betonfertigteil Kontraststreifen aus Beton in der Länge der Stufe.
Einbauort: auf bauseitigem Fundament
Festigkeitsklasse: C20/25
Stufengröße (H x B x L): 20 x 36 x 120 cm
Kontraststreifengröße (H x B): **8 x 5 / 5 x 5** cm
Farbe: grau
Oberfläche: ....
Kantenausbildung: gefast
Fundament: Dicke mind. 20 cm
Angeb. Fabrikat: .....

133€	176€	**189€**	216€	235€	[m]	⏱ 0,60h/m	080.000.236

93 Winkelstufe, Kontraststreifen PVC, 20x36x120 KG **544**

Winkelstufe mit Kontraststreifen nach DIN 18040- 3 und DIN 32975, aus PVC als Betonfertigteil, Kontraststreifen aus Beton in der Länge der Stufe
Einbauort: auf bauseitigem Fundament
Festigkeitsklasse: C20/25
Stufengröße (H x B x L): 20 x 36 x 120 cm
Kontraststreifengröße (H x B): 4,3 x 2,2 cm
Farbe: grau
Oberfläche: .....
Kantenausbildung: gefast
Fundament: Dicke mind. 20 cm
Angeb. Fabrikat: .....

124€	155€	**163€**	181€	199€	[m]	⏱ 0,60h/m	080.000.237

94 Legestufe, Kontraststreifen Beton, 8x40x120 KG **544**

Legestufe mit Kontraststreifen nach DIN 18040- 3 und DIN 32975, als Betonfertigteil, Kontraststreifen aus Beton in der Länge der Stufe.
Einbauort: auf bauseitigem Fundament
Festigkeitsklasse: C30/37
Stufengröße (H x B x L): 8 x 40 x 120 cm
Kontraststreifengröße (H x B): **8 x 5 / 5 x 5** cm
Farbe: grau
Oberfläche: ....
Kantenausbildung: gefast
Fundament: Dicke 20 cm
Beton: C12/15
Angeb. Fabrikat: .....

148€	193€	**208€**	233€	258€	[m]	⏱ 0,60h/m	080.000.238

Nr.	Kurztext / Langtext						Kostengruppe
►	▷	**ø netto €**	◁	◄	[Einheit]	Ausf.-Dauer	Positionsnummer

95 **Legestufe, Kontraststreifen PVC, 8x40x120** KG **544**

Legestufe mit Kontraststreifen nach DIN 18040- 3 und DIN 32975, aus PVC als Betonfertigteil, Kontraststreifen aus Beton in der Länge der Stuf.
Einbauort: auf bauseitigem Fundament
Festigkeitsklasse: C30/37
Stufengröße (H x B x L): 8 x 40 x 120 cm
Kontraststreifengröße (H x B): 4,3 x 2,2 cm
Farbe: grau
Oberfläche: ....
Kantenausbildung: gefast
Fundament: Dicke 20 cm
Beton: C12/15
Angeb. Fabrikat: .....

►	▷	ø	◁	◄	Einheit	Ausf.-Dauer	Positionsnummer
130€	170€	**181€**	204€	224€	[m]	⏱ 0,60h/m	080.000.239

96 **L-Stufe, Kontraststreifen Beton,15x38x80** KG **544**

Legestufe mit Kontraststreifen nach DIN 18040- 3 und DIN 32975, als Betonfertigteil Kontraststreifen aus Beton in der Länge der Stufe
Einbauort: auf bauseitigem Fundament
Festigkeitsklasse: C20/25
Stufengröße (H x B x L): 15 x 38 x 80 cm
Kontraststreifengröße (H x B): **8 x 5 / 5 x 5** cm
Farbe: grau
Oberfläche: ....
Kantenausbildung: gefast
Fundament: Dicke mind. 20 cm
Angeb. Fabrikat: .....

►	▷	ø	◁	◄	Einheit	Ausf.-Dauer	Positionsnummer
123€	154€	**164€**	185€	202€	[m]	⏱ 0,50h/m	080.000.240

A 18 **Bordstein, Naturwerkstein** Beschreibung für Pos. **97-99**

Bordsteinen aus Naturwerkstein als Randeinfassung einschl. Rückenstütze. Bewegungsfugen von Fundamentsohle bis OK Bordstein durchgehend, gefüllt. Die Stoßfugen und Bewegungsfugen nach Angaben des Herstellers einbauen.
Gesteinsart: Granit
Fundamentbeton: C25/30
Bettungsdicke: 20 cm

97 **Bordstein, Naturwerkstein 15x25, L=100** KG **530**

Wie Ausführungsbeschreibung A 18
Form: .....
Maße (L x B x H): 100 x 15 x 25 cm
Witterungs-Widerstandsfähigkeit: .....
Oberflächenstruktur: .....
Rückenstütze Breite: ..... cm

►	▷	ø	◁	◄	Einheit	Ausf.-Dauer	Positionsnummer
44€	53€	**56€**	62€	65€	[m]	⏱ 0,30h/m	080.000.180

Kosten:
Stand 1.Quartal 2025
Bundesdurchschnitt

► min
▷ von
ø Mittel
◁ bis
◄ max

98 Bordstein, Naturwerkstein 18x25, L=100 KG **530**

Wie Ausführungsbeschreibung A 18
Form: .....
Maße (L x B x H): 100 x 18 x 25 cm
Witterungs-Widerstandsfähigkeit: .....
Oberflächenstruktur: .....
Rückenstütze Breite: ..... cm

49€ | 57€ | **60€** | 68€ | 72€ | [m] | ⏱ 0,30h/m | 080.000.182

99 Bordstein, Naturwerkstein 30x25, L=100 KG **530**

Wie Ausführungsbeschreibung A 18
Form: .....
Maße (L x B x H): 100 x 30 x 25 cm
Witterungs-Widerstandsfähigkeit: .....
Oberflächenstruktur: .....
Rückenstütze Breite: ..... cm

54€ | 62€ | **67€** | 74€ | 78€ | [m] | ⏱ 0,30h/m | 080.000.184

A 19 Bordstein, Beton, Form HB Beschreibung für Pos. **100-103**

Bordsteine aus Beton als Randeinfassung mit Rückenstütze aus Beton und Unterbeton. Leistung einschl. Passstücke herstellen und Bewegungsfugen einbauen, inkl. schließen mit dauerelastischen Fugenband.

100 Bordstein, Beton, 12x15x25, L=50 KG **530**

Wie Ausführungsbeschreibung A 19
Form: HB 15/25
Bordsteinlänge: 50 cm
Witterungs-Widerstandsfähigkeit: .....
Oberflächenstruktur: .....
Kantenausbildung: .....
Farbe: naturgrau
Fundamentbeton: .....
Bettungsdicke: 15 cm
Rückenstütze Breite: 15 cm

27€ | 33€ | **39€** | 40€ | 43€ | [m] | ⏱ 0,28h/m | 080.000.356

101 Bordstein, Beton, 12x15x30, L=50 KG **530**

Wie Ausführungsbeschreibung A 19
Form: HB 15/30
Bordsteinlänge: 50 cm
Witterungs-Widerstandsfähigkeit: .....
Oberflächenstruktur: .....
Kantenausbildung: .....
Farbe: naturgrau
Fundamentbeton: .....
Bettungsdicke: 15 cm
Rückenstütze Breite: 15 cm

28€ | 35€ | **39€** | 44€ | 50€ | [m] | ⏱ 0,28h/m | 080.000.353

Kosten:
Stand 1. Quartal 2025
Bundesdurchschnitt

Nr.	**Kurztext** / Langtext						Kostengruppe
▶	▷	**ø netto €**	◁	◀	[Einheit]	Ausf.-Dauer	Positionsnummer

102 **Bordstein, Beton, 12x18x30, L=50** KG **530**

Wie Ausführungsbeschreibung A 19
Form: HB 18/30
Bordsteinlänge: 50 cm
Witterungs-Widerstandsfähigkeit: .....
Oberflächenstruktur: .....
Kantenausbildung: .....
Farbe: naturgrau
Fundamentbeton: .....
Bettungsdicke: 20 cm
Rückenstütze Breite: 15 cm

▶	▷	ø	◁	◀	Einheit	Ausf.-Dauer	Positionsnummer
31€	38€	**43€**	47€	56€	[m]	⏱ 0,28 h/m	080.000.355

103 **Bordstein, Beton, 12x18x30, L=100** KG **530**

Wie Ausführungsbeschreibung A 19
Form: HB 18/30
Bordsteinlänge: 100 cm
Witterungs-Widerstandsfähigkeit: .....
Oberflächenstruktur: .....
Kantenausbildung: .....
Farbe: naturgrau
Fundamentbeton: .....
Bettungsdicke: 20 cm
Rückenstütze Breite: 15 cm

▶	▷	ø	◁	◀	Einheit	Ausf.-Dauer	Positionsnummer
32€	42€	**45€**	52€	63€	[m]	⏱ 0,30 h/m	080.000.362

A 20 **Bordstein, Beton, Form TB** Beschreibung für Pos. **104-106**

Bordsteine aus Beton als Randeinfassung mit Rückenstütze aus Beton und Unterbeton. Leistung einschl. Passstücke herstellen und Bewegungsfugen einbauen, inkl. schließen mit dauerelastischen Fugenband.

104 **Bordstein, Beton, 8x25, L=50** KG **530**

Wie Ausführungsbeschreibung A 20
Form: TB 8/25
Bordsteinlänge: 50 cm
Witterungs-Widerstandsfähigkeit: .....
Oberflächenstruktur: .....
Kantenausbildung: beidseitig gefast
Farbe: grau
Fundamentbeton: ..... cm
Bettungsdicke: ..... cm
Rückenstütze Dicke: ..... cm
Fugenbreite: ..... mm

▶	▷	ø	◁	◀	Einheit	Ausf.-Dauer	Positionsnummer
27€	30€	**33€**	37€	40€	[m]	⏱ 0,30 h/m	080.000.357

▶ min
▷ von
ø Mittel
◁ bis
◀ max

Nr.	Kurztext / Langtext						Kostengruppe
▶	▷	**ø netto €**	◁	◀	[Einheit]	Ausf.-Dauer	Positionsnummer

105 Bordstein, Beton, 8x25, L=100 KG **530**

Wie Ausführungsbeschreibung A 20
Form: TB 8/25
Bordsteinlänge: 100 cm
Witterungs-Widerstandsfähigkeit: .....
Oberflächenstruktur: .....
Kantenausbildung: beidseitig gefast
Farbe: grau
Fundamentbeton: ..... cm
Bettungsdicke: ..... cm
Rückenstütze Dicke: ..... cm
Fugenbreite: ..... mm

28€	32€	**35€**	38€	45€	[m]	⏱ 0,32 h/m	080.000.358

106 Bordstein, Beton, 10x25, L=50 KG **530**

Wie Ausführungsbeschreibung A 20
Form: TB 8/25
Bordsteinlänge: 50 cm
Witterungs-Widerstandsfähigkeit: .....
Oberflächenstruktur: .....
Kantenausbildung: beidseitig gefast
Farbe: grau
Fundamentbeton: ..... cm
Bettungsdicke: ..... cm
Rückenstütze Dicke: ..... cm
Fugenbreite: ..... mm

28€	29€	**31€**	32€	36€	[m]	⏱ 0,30 h/m	080.000.359

107 Bordstein, Beton, 8x20 KG **530**

Bordstein aus Beton als Randeinfassung für Wege-, Pflanzflächen- und Rasenflächen in Betonbettung mit beidseitiger Rückenstütze setzen. Passstücke herstellen und Fugen mit Kompriband schließen.
Form: TB 8/20
Bordsteinlänge: ..... cm
Witterungs-Widerstandsfähigkeit: .....
Oberflächenstruktur: .....
Kantenausbildung: beidseitig gefast
Farbe: grau
Fundamentbeton: ..... cm
Bettungsdicke: ..... cm
Rückenstütze Dicke: ..... cm
Fugenbreite: ..... mm

28€	32€	**34€**	37€	43€	[m]	⏱ 0,30 h/m	080.000.361

Kosten:
Stand 1. Quartal 2025
Bundesdurchschnitt

Nr.	**Kurztext** / Langtext						Kostengruppe
►	▷	**ø netto €**	◁	◀	[Einheit]	Ausf.-Dauer	Positionsnummer

108 Rasenbordstein, Kantstein, Beton KG **530**

Randeinfassung mit Bordsteinen aus Beton mit beidseitiger Rückenstütze aus Beton und Betonbettung.
Leistung einschl. Passstücke herstellen und Fugenverschluss.
Steinformat: 10 x 25 cm
Kantenausbildung: einseitig **abgerundet / gefast**
Fundamentdicke: 10-12 cm
Rückenstütze: beidseitig
Menge: ab 10,00 m

►	▷	ø	◁	◀	Einheit	Ausf.-Dauer	Positionsnummer
25€	35€	**36€**	39€	45€	[m]	⏱ 0,32 h/m	080.000.364

109 Tastbordstein, Beton, 25x20, L=100 KG **530**

Tastbordstein mit Aussparung bzw. der Anpassung an Straßenabläufe.
Fundament aus Beton C20/25
Format: 25 x 20 x 100 cm
Farbe: Weißbeton

►	▷	ø	◁	◀	Einheit	Ausf.-Dauer	Positionsnummer
88€	116€	**128€**	149€	156€	[m]	⏱ 0,32 h/m	080.000.243

110 Übergangsbordstein, Beton, dreiteilig, 12x15x30, L=50 KG **530**

Bordstein als dreiteiliger Übergang zwischen Nullabsenkung und Hochbord, einschl. der Aussparung bzw. der Anpassung an Straßenabläufe.
Betonfundament: C20/25
Dreiteiliger Übergang bestehend aus:
Übergangsstein 1 mit 6 cm Einbauhöhe auf Übergangsstein 2 mit Einbauhöhe 3 cm auf Schrägstein mit Nullabsenkung
Format: 12 x 15 x 30
Länge je Stein: 50 cm
Farbe: Weißbeton

►	▷	ø	◁	◀	Einheit	Ausf.-Dauer	Positionsnummer
76€	99€	**106€**	116€	126€	[m]	⏱ 0,35 h/m	080.000.245

111 Übergangsbordstein, Beton, dreiteilig, 12x15x30, L=100 KG **530**

Bordstein als dreiteiliger Übergang zwischen Nullabsenkung und Hochbord, einschl. der Aussparung bzw. der Anpassung an Straßenabläufe.
Betonfundament: C20/25
Dreiteiliger Übergang bestehend aus:
Übergangsstein 1 mit 6 cm Einbauhöhe auf Übergangsstein 2 mit Einbauhöhe 3 cm auf Schrägstein mit Nullabsenkung
Format: 12 x 15 x 30
Länge je Stein: 100 cm
Farbe: Weißbeton

►	▷	ø	◁	◀	Einheit	Ausf.-Dauer	Positionsnummer
103€	122€	**137€**	156€	163€	[m]	⏱ 0,38 h/m	080.000.244

112 Weg-/Beeteinfassung, Aluminium, gerade KG **530**

Wege- und Beeteinfassung aus Aluminium als gerades Profil liefern und unter Beachtung der Einbauhinweise des Herstellers verlegen. Abgestumpfte Oberkante und keilförmige Unterkante.
Profilhöhe: 100 mm
Profillänge: 2.500 mm

►	▷	ø	◁	◀	Einheit	Ausf.-Dauer	Positionsnummer
28€	42€	**50€**	58€	69€	[m]	⏱ 0,10 h/m	080.000.367

► min
▷ von
ø Mittel
◁ bis
◀ max

Nr.	**Kurztext** / Langtext						Kostengruppe
▶	▷	**ø netto €**	◁	◀	[Einheit]	Ausf.-Dauer	Positionsnummer

113 Weg-/Beeteinfassung, Aluminium, Bogen — KG **530**

Wege- und Beeteinfassung aus Aluminium als Bogenprofil liefern und unter Beachtung der Einbauhinweise des Herstellers verlegen. Abgestumpfte Oberkante und keilförmige Unterkante.
Profilhöhe: 100 mm
Profillänge: im Durchmesser ca. 500 mm

▶	▷	ø netto €	◁	◀	[Einheit]	Ausf.-Dauer	Positionsnummer
82€	106€	**113€**	127€	139€	[m]	⏱ 0,07 h/m	080.000.368

114 Weg-/Beeteinfassung, Aluminium, Stoßverbinder — KG **530**

Alu-Stoßverbinder als Verbinder der Wege- und Beeteinfassung liefern und unter Beachtung der Einbauhinweise des Herstellers verwenden.
Profilhöhe: 90 mm
Profillänge: 100 mm

▶	▷	ø netto €	◁	◀	[Einheit]	Ausf.-Dauer	Positionsnummer
74€	94€	**100€**	113€	120€	[St]	⏱ 0,05 h/St	080.000.369

115 Weg-/Beeteinfassung, Aluminium, Eckverbinder, Außenecke 90° — KG **530**

Eckverbinder für Außenecke 90° aus Aluminium als Verbinder der Wege- und Beeteinfassung liefern und unter Beachtung der Einbauhinweise des Herstellers verwenden.
Profilhöhe: 90 mm
Profillänge: je Schenkel 75 mm

▶	▷	ø netto €	◁	◀	[Einheit]	Ausf.-Dauer	Positionsnummer
43€	48€	**49€**	53€	58€	[St]	⏱ 0,05 h/St	080.000.370

116 Weg-/Beeteinfassung, Aluminium, Erdnagel — KG **530**

Alu-Erdnagel aus Aluminium als Verbinder der Wege- und Beeteinfassung mit Lochstanzung liefern und unter Beachtung der Einbauhinweise des Herstellers verwenden. Gerundet, Oberkante mit Arretiernase, Unterkante spitz zulaufend.
Länge: 300 mm

▶	▷	ø netto €	◁	◀	[Einheit]	Ausf.-Dauer	Positionsnummer
22€	29€	**31€**	34€	37€	[St]	⏱ 0,01 h/St	080.000.371

117 Weg-/Beeteinfassung, Cortenstahl, gerade — KG **530**

Wege- und Beeteinfassung aus Cortenstahl liefern und unter Beachtung der Einbauhinweise des Herstellers verlegen. Biegefähiges, gerades Profil mit Vierkantlöchern.
Profilhöhe: 105 mm
Profillänge: 2.400 mm
Profilstärke: 3 mm

▶	▷	ø netto €	◁	◀	[Einheit]	Ausf.-Dauer	Positionsnummer
45€	55€	**63€**	74€	90€	[m]	⏱ 0,10 h/m	080.000.372

118 Weg-/Beeteinfassung, Cortenstahl, Profilverbinder — KG **530**

Verbinder aus Cortenstahl für Profilverbindungen liefern und unter Beachtung der Einbauhinweise des Herstellers verwenden. Profil mit Anker-/Verbindungsschraublöchern.
Profilhöhe: 60 mm
Profillänge: 140 mm
Profilstärke: 3 mm

▶	▷	ø netto €	◁	◀	[Einheit]	Ausf.-Dauer	Positionsnummer
83€	108€	**118€**	131€	142€	[St]	⏱ 0,07 h/St	080.000.373

Kosten:
Stand 1. Quartal 2025
Bundesdurchschnitt

Nr.	Kurztext / Langtext						Kostengruppe
►	▷	ø netto €	◁	◀	[Einheit]	Ausf.-Dauer	Positionsnummer

119 Weg-/Beeteinfassung, Cortenstahl, Eckverbinder, Außenecke 90° KG **530**

Eckverbinder für Außenecke 90° aus Cortenstahl für Profilverbindungen liefern und unter Beachtung der Einbauhinweise des Herstellers verwenden. Profil mit Anker-/Verbindungsschraublöchern.
Profilhöhe: 105 mm
Profillänge: je Schenkel 300 mm
Profilstärke: 3 mm

►	▷	ø	◁	◀	Einheit	Ausf.-Dauer	Positionsnummer
50€	65€	**69€**	77€	85€	[St]	⏱ 0,05 h/St	080.000.374

120 Weg-/Beeteinfassung, Cortenstahl, Beton- und Erdanker KG **530**

Beton- und Erdanker als Verbinder der Wege- und Beeteinfassung liefern und unter Beachtung der Einbauhinweise des Herstellers verwenden.
Profilhöhe: 60 mm
Profillänge: 300 mm
Profilstärke: 5 mm

►	▷	ø	◁	◀	Einheit	Ausf.-Dauer	Positionsnummer
16€	20€	**21€**	24€	26€	[St]	⏱ 0,01 h/St	080.000.375

121 Weg-/Beeteinfassung, 15x22, L=50 KG **530**

Bordsteinen aus Beton als Rollstuhl-Überfahrstein.
Witterungswiderstand Klasse: D
Festigkeit Klasse: U
Abriebwiderstand Klasse: I
Gleit/Rutschwiderstand: SRT = 55
Fundament aus Beton C20/25
Format: 15 x 22 x 50 cm, mit 1 cm Fase
Radius: ...
Farbe: Weißbeton

►	▷	ø	◁	◀	Einheit	Ausf.-Dauer	Positionsnummer
69€	81€	**92€**	103€	113€	[m]	⏱ 0,28 h/m	080.000.242

122 Weg-/Beeteinfassung, 15x22, L=100 KG **530**

Bordsteinen aus Beton als Rollstuhl-Überfahrstein.
Witterungswiderstand Klasse: D
Festigkeit Klasse: U
Abriebwiderstand Klasse: I
Gleit/Rutschwiderstand: SRT = 55
Fundament aus Beton C20/25
Format: 15 x 22 x 100 cm, mit 1 cm Fase
Radius: ...
Farbe: Weißbeton

►	▷	ø	◁	◀	Einheit	Ausf.-Dauer	Positionsnummer
101€	119€	**129€**	147€	159€	[m]	⏱ 0,30 h/m	080.000.241

► min
▷ von
ø Mittel
◁ bis
◀ max

Nr.	Kurztext / Langtext						Kostengruppe
▶	▷	**ø netto €**	◁	◀	[Einheit]	Ausf.-Dauer	Positionsnummer

A 21 Winkelstützmauerelement, Beton — Beschreibung für Pos. **123-126**

Einfassung aus Winkelstützmauerelementen als Stahlbetonfertigteil, Sichtflächen in Sichtbeton, in Betonbettung.
Festigkeitsklasse: C30/37
Sichtbeton: glatt
Sichtkanten: gefast
Expositionsklasse: .....
Beton: C12/15
Fundamentdicke: 20 cm
Angebot. Fabrikat: .....

123 Winkelstützmauerelement, Beton, Höhe 55 — KG **543**

Wie Ausführungsbeschreibung A 21
Winkelhöhe: 55 cm
Fußlänge: 30 cm

142€	157€	**161€**	167€	179€	[m]	⏱ 0,55h/m	080.000.417

124 Winkelstützmauerelement, Beton, Höhe 80 — KG **543**

Wie Ausführungsbeschreibung A 21
Winkelhöhe: 80 cm
Fußlänge: 50 cm

165€	184€	**193€**	204€	240€	[m]	⏱ 0,75h/m	080.000.418

125 Winkelstützmauerelement, Beton, Höhe 130 — KG **543**

Wie Ausführungsbeschreibung A 21
Winkelhöhe: 130 cm
Fußlänge: 70 cm

321€	347€	**366€**	382€	409€	[m]	⏱ 1,05h/m	080.000.420

126 Winkelstützmauerelement, Beton, Höhe 155 — KG **543**

Wie Ausführungsbeschreibung A 21
Winkelhöhe: 155 cm
Fußlänge: 80 cm

333€	385€	**416€**	484€	568€	[m]	⏱ 1,17h/m	080.000.421

Nr.	Kurztext / Langtext						Kostengruppe
▶	▷	ø netto €	◁	◀	[Einheit]	Ausf.-Dauer	Positionsnummer

A 22 Gabionen — Beschreibung für Pos. **127-133**

Gabionen aus witterungs- und mechanisch beständigem Füllmaterial liefern und einbauen. Gabionen sind aus elektrisch punktgeschweißten Gittermatten hergestellt. Die Einzelteile werden vor Ort ausgelegt und mit Spiralschließen zu einem kompletten Behälter zusammengefügt. Alle Komponenten sind verzinkt.

127 Gabionen, 50x50x50 — KG **543**

Wie Ausführungsbeschreibung A 22
Gabionenbehälter: 50 x 50 x 50 cm
Stahldrahtstärke: 3,5 mm
Maschenweite: 10 x 10 cm
Befüllung: mit frostbeständigem Gestein mit einer Größe größer der Maschenweite; Gabionen, händisch füllen, dichte lagenweise Packungen
Einbauort: .....

▶	▷	ø netto €	◁	◀	[Einheit]	Ausf.-Dauer	Positionsnummer
–	136€	**145€**	166€	–	[St]	⏱ 2,00h/St	080.000.189

128 Gabionen, 150x50x50 — KG **543**

Wie Ausführungsbeschreibung A 22
Gabionenbehälter: 150 x 50 x 50 cm
Stahldrahtstärke: 3,5 mm
Maschenweite: 10 x 10 cm
Befüllung: mit frostbeständigem Gestein mit einer Größe größer der Maschenweite; Gabionen, händisch füllen, dichte lagenweise Packungen
Einbauort: .....

▶	▷	ø netto €	◁	◀	[Einheit]	Ausf.-Dauer	Positionsnummer
–	253€	**261€**	297€	–	[St]	⏱ 2,00h/St	080.000.193

129 Gabionen, 100x100x100 — KG **543**

Wie Ausführungsbeschreibung A 22
Gabionenbehälter: 100 x 100 x 100 cm
Stahldrahtstärke: 3,5 mm
Maschenweite: 10 x 10 cm
Befüllung: mit frostbeständigem Gestein mit einer Größe größer der Maschenweite; Gabionen, händisch Füllen, dichte lagenweise Packungen
Einbauort: .....

▶	▷	ø netto €	◁	◀	[Einheit]	Ausf.-Dauer	Positionsnummer
–	448€	**472€**	552€	–	[St]	⏱ 2,00h/St	080.000.192

130 Gabionen, 150x100x100 — KG **543**

Wie Ausführungsbeschreibung A 22
Gabionenbehälter: 150 x 100 x 100 cm
Stahldrahtstärke: 3,5 mm
Maschenweite: 10 x 10 cm
Befüllung: mit frostbeständigem Gestein mit einer Größe größer der Maschenweite; Gabionen, händisch füllen, dichte lagenweise Packungen
Einbauort: .....

▶	▷	ø netto €	◁	◀	[Einheit]	Ausf.-Dauer	Positionsnummer
–	583€	**614€**	725€	–	[St]	⏱ 2,00h/St	080.000.195

Kosten:
Stand 1. Quartal 2025
Bundesdurchschnitt

▶ min
▷ von
ø Mittel
◁ bis
◀ max

Nr.	Kurztext / Langtext						Kostengruppe
▶	▷	**ø netto €**	◁	◀	[Einheit]	Ausf.-Dauer	Positionsnummer

131 Gabionen, 200x50x50 KG **543**

Wie Ausführungsbeschreibung A 22
Gabionenbehälter: 200 x 50 x 50 cm
Stahldrahtstärke: 3,5 mm
Maschenweite: 10 x 10 cm
Befüllung: mit frostbeständigem Gestein mit einer Größe größer der Maschenweite; Gabionen, händisch füllen, dichte lagenweise Packungen
Einbauort: .....

▶	▷	ø netto €	◁	◀	[Einheit]	Ausf.-Dauer	Positionsnummer
–	327€	**348€**	410€	–	[St]	⏱ 2,00h/St	080.000.196

132 Gabionen, 200x100x100 KG **543**

Wie Ausführungsbeschreibung A 22
Gabionenbehälter: 200 x 100 x 100 cm
Stahldrahtstärke: 3,5 mm
Maschenweite: 10 x 10 cm
Befüllung: mit frostbeständigem Gestein mit einer Größe größer der Maschenweite; Gabionen, händisch füllen, dichte lagenweise Packungen
Einbauort: .....

▶	▷	ø netto €	◁	◀	[Einheit]	Ausf.-Dauer	Positionsnummer
–	800€	**851€**	944€	–	[St]	⏱ 2,00h/St	080.000.198

133 Gabionen, 300x50x50 KG **543**

Wie Ausführungsbeschreibung A 22
Gabionenbehälter: 300 x 50 x 50 cm
Stahldrahtstärke: 3,5 mm
Maschenweite: 10 x 10 cm
Befüllung: mit frostbeständigem Gestein mit einer Größe größer der Maschenweite; Gabionen, händisch füllen, dichte lagenweise Packungen
Einbauort: .....

▶	▷	ø netto €	◁	◀	[Einheit]	Ausf.-Dauer	Positionsnummer
–	436€	**459€**	514€	–	[St]	⏱ 2,00h/St	080.000.199

134 Trockenmauer als Stützwand - Bruchsteinmauerwerk KG **543**

Trockenmauer als Stützwand in unregelmäßig und lagerhaften Bruchsteinmauerwerk herstellen. Die Sichtflächen sollen unbearbeitet sein. Aufbau der Mauer, so dass keine Stoßfuge über 2 Schichten geht.
Steinhöhe: 2 bis 20 cm
Steinlänge: mind. 1,5 bis 2-fache der Höhe
Mauerwerksdicke an der Krone: über 50 cm
Mauerwerkshöhe: 2,50 m
Gründung, Dimensionierung und Dossierung nach statischem Erfordernis.
Gesteinsart: .....

▶	▷	ø netto €	◁	◀	[Einheit]	Ausf.-Dauer	Positionsnummer
–	368€	**383€**	433€	–	[m]	⏱ 5,00h/m	080.000.202

Nr.	Kurztext / Langtext						Kostengruppe
▶	▷	**ø netto €**	◁	◀	[Einheit]	Ausf.-Dauer	Positionsnummer

135 **Trockenmauer als freistehende Mauer- Granitblöcke - Findlinge** KG **543**

Trockenmauer als freistehende Wand, zweihäuptig mit Findlingen. Die Sichtflächen sollen unbearbeitet sein.
Steindurchmesser bis 60 cm
Steinlänge mindestens 1,5 bis 2-fache der Höhe
Mauerwerksdicke an der Krone über 50 cm
Mauerwerkshöhe: 1,00 Meter
Gründung, Dimensionierung und Dossierung nach statischem Erfordernis.
Gesteinsart: .....

▶	▷	ø	◁	◀	[Einheit]	Ausf.-Dauer	Positionsnummer
–	299€	**315€**	355€	–	[m]	⏱ 5,00h/m	080.000.204

136 **Naturwerksteinmauerwerk als Quadermauerwerk** KG **543**

Natursteinmauerwerk als Quadermauerwerk Außenwand herstellen. Einseitig sichtbar. Sichtflächen spaltgrau. Mauermörtel MG III, Fugen sind zu glätten.
Mauerwerksdicke mind. 30 cm
Mauerwerkshöhe: bis 3,00 m
Gründung, Dimensionierung und Dossierung nach statischem Erfordernis.
Gesteinsart: .....

▶	▷	ø	◁	◀	[Einheit]	Ausf.-Dauer	Positionsnummer
167€	263€	**309€**	366€	453€	[m]	⏱ 4,00h/m	080.000.186

137 **Naturwerksteinmauerwerk als Außenwand** KG **543**

Natursteinmauerwerk als Natursteinmauerwerk Außenwand herstellen. Einseitig sichtbar. Sichtflächen spaltgrau. Mauermörtel MG III, Fugen sind zu glätten.
Mauerwerksdicke mind. 50 cm
Mauerwerkshöhe: bis 2,00 m
Gründung, Dimensionierung und Dossierung nach statischem Erfordernis.
Gesteinsart: .....

▶	▷	ø	◁	◀	[Einheit]	Ausf.-Dauer	Positionsnummer
176€	216€	**238€**	258€	298€	[m]	⏱ 4,00h/m	080.000.205

A 23 **Speicherelement, Niederschlagswasser** Beschreibung für Pos. **138-144**

Speicherelement zur Zwischenspeicherung von Niederschlagswasser.

138 **Speicherelement, Box Niederschlagswasser, 600 l** KG **552**

Wie Ausführungsbeschreibung A 23
Format: Box
Maße (L x B x H): ..... x ..... x ..... cm
Nettospeichervolumen: 600 Liter pro Box
Material: HDPE
Befahrbar: SLW 60

▶	▷	ø	◁	◀	[Einheit]	Ausf.-Dauer	Positionsnummer
876€	1.168€	**1.270€**	1.409€	1.524€	[St]	⏱ 0,50h/St	080.000.411

Kosten:
Stand 1.Quartal 2025
Bundesdurchschnitt

▶ min
▷ von
ø Mittel
◁ bis
◀ max

Nr.	Kurztext / Langtext						Kostengruppe
►	▷	**ø netto €**	◁	◄	[Einheit]	Ausf.-Dauer	Positionsnummer

139 Speicherelement, Tank Niederschlagswasser, 1.600 l KG **552**

Wie Ausführungsbeschreibung A 23
Format: Tank
Maße (L x B x H) ..... x ..... x ..... cm
Nettospeichervolumen: 1.600 Liter
Material: glasfaserverstärktes Polypropylen

►	▷	ø netto €	◁	◄	[Einheit]	Ausf.-Dauer	Positionsnummer
1.980€	2.707€	**2.911€**	3.261€	3.523€	[St]	⏱ 1,30h/St	080.000.412

140 Speicherelement, Zisterne Niederschlagswasser, 1.000 l KG **552**

Wie Ausführungsbeschreibung A 23
Format: Zisterne
Maße (L x B x H) ..... x ..... x ..... cm
Nettospeichervolumen: 1.000 Liter
Material: glasfaserverstärktes Polypropylen

►	▷	ø netto €	◁	◄	[Einheit]	Ausf.-Dauer	Positionsnummer
–	2.078€	**2.234€**	2.436€	–	[St]	⏱ 2,00h/St	080.000.413

141 Speicherelement, Flachtank Niederschlagswasser, 600 l KG **542**

Wie Ausführungsbeschreibung A 23
Format: Flachtank
Maße (L x B x H) ..... x ..... x ..... cm
Nettospeichervolumen: 600 Liter
Material: glasfaserverstärktes Polypropylen

►	▷	ø netto €	◁	◄	[Einheit]	Ausf.-Dauer	Positionsnummer
–	919€	**978€**	1.095€	–	[St]	⏱ 0,50h/St	080.000.414

142 Speicherelement, Rigole, Niederschlagswasser, 420 l KG **552**

Wie Ausführungsbeschreibung A 23
Format: Flachtank
Maße (L x B x H) ..... x ..... x ..... cm
Nettospeichervolumen: 420 Liter
Material: Polypropylen PP (100% recycelbar)
Befahrbar: SLW 60

►	▷	ø netto €	◁	◄	[Einheit]	Ausf.-Dauer	Positionsnummer
434€	596€	**648€**	706€	803€	[St]	⏱ 0,50h/St	080.000.415

143 Speicherelement, Sickertunnel, Niederschlagswasser, 300 l KG **552**

Wie Ausführungsbeschreibung A 23
Format: Sickertunnel
Maße (L x B x H) ..... x ..... x ..... cm
Nettospeichervolumen: 300 Liter
Material: Polypropylen PP (100% recycelbar)
Befahrbar: SLW 60S

►	▷	ø netto €	◁	◄	[Einheit]	Ausf.-Dauer	Positionsnummer
–	394€	**433€**	468€	–	[St]	⏱ 0,70h/St	080.000.416

Nr.	Kurztext / Langtext						Kostengruppe
►	▷	ø netto €	◁	◄	[Einheit]	Ausf.-Dauer	Positionsnummer

144 Speicherelement, Box Niederschlagswasser, 400 l KG **552**

Wie Ausführungsbeschreibung A 23
Format: Box
Maße (L x B x H) ..... x ..... x ..... cm
Nettospeichervolumen: 400 Liter pro Box
Material: HDPE
Befahrbar: SLW 60

►	▷	ø netto €	◁	◄	[Einheit]	Ausf.-Dauer	Positionsnummer
–	901€	**958€**	1.035€	–	[St]	⏱ 0,50h/St	080.000.410

Kosten:
Stand 1.Quartal 2025
Bundesdurchschnitt

► min
▷ von
ø Mittel
◁ bis
◄ max

E

Barrierefreies Bauen

Positionsverweise Barrierefreies Bauen

Nr.	Positionen	Einheit	►	▷	ø brutto € / ø netto €	◁	◄
1	Öffnungen, Mauerwerk bis 24cm, 1,01/2,13	St	37	55	**67**	75	99
	LB 012, Pos. 36, Seite 204		31	46	**56**	63	83
2	Öffnungen, Mauerwerk bis 2,50m²	m²	10	14	**15**	19	25
	LB 012, Pos. 37, Seite 205		9	11	**13**	16	21
3	Öffnung überdecken, Ziegelsturz	m	32	36	**38**	42	52
	LB 012, Pos. 47, Seite 207		27	30	**32**	35	44
4	Öffnung überdecken, KS-Sturz, 17,5cm	m	33	47	**53**	66	90
	LB 012, Pos. 48, Seite 208		28	40	**44**	56	75
5	Öffnung überdecken, Betonsturz, 24cm	m	40	83	**101**	118	149
	LB 012, Pos. 49, Seite 208		34	70	**85**	100	125
6	Maueranschlussschiene, 28/15	m	15	24	**28**	32	40
	LB 012, Pos. 63, Seite 211		12	21	**24**	27	34
7	Maueranschlussschiene, 38/17	m	23	32	**33**	40	52
	LB 012, Pos. 64, Seite 211		19	27	**27**	34	44
8	Außenbelag, Betonwerkstein, Sandbett	m²	83	116	**126**	134	158
	LB 014, Pos. 2, Seite 263		70	97	**106**	112	132
9	Außenbelag, Naturwerkstein, Splittbett	m²	125	166	**193**	204	256
	LB 014, Pos. 3, Seite 263		105	139	**162**	172	215
10	Innenbelag, Terrazzoplatten	m²	156	183	**190**	192	231
	LB 014, Pos. 4, Seite 263		131	154	**160**	161	194
11	Innenbelag, Betonwerkstein	m²	131	147	**152**	169	206
	LB 014, Pos. 5, Seite 264		110	124	**127**	142	173
12	Innenbelag, Naturwerkstein, Granit	m²	217	263	**289**	309	362
	LB 014, Pos. 6, Seite 264		183	221	**243**	260	304
13	Innenbelag, Naturwerkstein, Marmor	m²	139	177	**190**	219	256
	LB 014, Pos. 7, Seite 265		117	149	**160**	184	215
14	Innenbelag, Naturwerkstein, Kalkstein	m²	150	181	**205**	221	249
	LB 014, Pos. 8, Seite 265		126	152	**172**	186	209
15	Innenbelag, Naturwerkstein, Solnhofer Kalkstein	m²	141	207	**219**	235	277
	LB 014, Pos. 9, Seite 266		118	174	**184**	198	233
16	Innenbelag, Naturwerkstein, Schiefer	m²	120	154	**169**	176	194
	LB 014, Pos. 10, Seite 266		101	129	**142**	148	163
17	Innenbelag, Naturwerkstein, Travertin	m²	180	231	**257**	309	329
	LB 014, Pos. 11, Seite 267		151	195	**216**	259	277
18	Innenbelag, Naturwerkstein, Kalkstein, R10	m²	195	219	**234**	248	297
	LB 014, Pos. 12, Seite 267		164	184	**197**	208	250
19	Blockstufe, Naturwerkstein	m	205	297	**337**	415	563
	LB 014, Pos. 21, Seite 269		172	250	**284**	349	473
20	Blockstufe, Betonwerkstein	m	148	236	**273**	334	440
	LB 014, Pos. 22, Seite 269		124	199	**229**	281	369
21	Treppe, Naturwerkstein, Winkelstufe, 1,00m	St	142	208	**227**	262	316
	LB 014, Pos. 23, Seite 270		119	175	**191**	220	266
22	Treppenbelag, Naturwerkstein, Tritt-/Setzstufe	m	172	199	**212**	236	283
	LB 014, Pos. 24, Seite 270		145	167	**178**	199	238
23	Stufengleitschutzprofil, Treppe	m	27	31	**32**	33	36
	LB 014, Pos. 25, Seite 270		23	26	**27**	28	31
24	Rillenfräsung, Stufenkante	m	38	42	**46**	60	65
	LB 014, Pos. 26, Seite 270		32	35	**39**	50	55

Kosten:
Stand 1. Quartal 2025
Bundesdurchschnitt

► min
▷ von
ø Mittel
◁ bis
◄ max

Nr.	Positionen	Einheit	▶	▷	ø brutto € ø netto €	◁	◀
25	Aufmerksamkeitsstreifen, Stufenkante, PU-Einzelrippen	m	–	48	**53**	67	–
	LB 014, Pos. 27, Seite 271		–	40	**44**	56	–
26	Aufmerksamkeitsstreifen, Stufenkante, Klebeband	m	–	9	**10**	13	–
	LB 014, Pos. 28, Seite 271		–	8	**8**	11	–
27	Aufmerksamkeitsstreifen, Setzstufe, Klebeband	m	–	6	**6**	8	–
	LB 014, Pos. 29, Seite 271		–	5	**5**	7	–
28	Leitsystem, innen, Rippenfliesen, Edelstahl, 3 Rippen	m	–	195	**217**	277	–
	LB 014, Pos. 46, Seite 276		–	164	**182**	233	–
29	Leitsystem, innen, Rippenfliesen, Edelstahl, 7 Rippen	m	–	242	**271**	350	–
	LB 014, Pos. 47, Seite 276		–	203	**228**	294	–
30	Leitsystem, Rippenfliese/Begleitstreifen, Edelstahl, 200mm	m	–	261	**300**	381	–
	LB 014, Pos. 48, Seite 276		–	219	**252**	320	–
31	Leitsystem, Rippenfliese/Begleitstreifen, Edelstahl, 400mm	m	–	275	**331**	414	–
	LB 014, Pos. 49, Seite 276		–	231	**278**	348	–
32	Kontraststreifen, Noppenfliesen, Edelstahl, 300mm	m	–	71	**80**	102	–
	LB 014, Pos. 50, Seite 277		–	60	**67**	85	–
33	Kontraststreifen, Noppenfliesen, Edelstahl, 600mm	m	–	74	**83**	106	–
	LB 014, Pos. 51, Seite 277		–	62	**70**	89	–
34	Edelstahlrippen, 16mm, Streifen, dreireihig	m	–	270	**314**	390	–
	LB 014, Pos. 52, Seite 277		–	227	**264**	328	–
35	Edelstahlrippen, 35mm, Streifen, dreireihig	m	–	279	**320**	400	–
	LB 014, Pos. 53, Seite 277		–	234	**269**	336	–
36	Kunststoffrippen, 16mm, Streifen, dreireihig	m	–	73	**82**	102	–
	LB 014, Pos. 54, Seite 278		–	61	**69**	86	–
37	Kunststoffrippen, 35mm, Streifen, dreireihig	m	–	87	**96**	121	–
	LB 014, Pos. 55, Seite 278		–	73	**80**	102	–
38	Aufmerksamkeitsfeld, 600/600, Noppenfliesen, Edelstahl	St	–	386	**444**	564	–
	LB 014, Pos. 56, Seite 278		–	325	**373**	474	–
39	Aufmerksamkeitsfeld, 1200/1200, Noppenfliesen, Edelstahl	St	–	1.020	**1.200**	1.487	–
	LB 014, Pos. 57, Seite 278		–	857	**1.008**	1.250	–
40	Aufmerksamkeitsfeld, 600/600, Noppen, Edelstahl	St	–	683	**776**	985	–
	LB 014, Pos. 58, Seite 279		–	574	**652**	828	–
41	Aufmerksamkeitsfeld, 900/900, Noppen, Edelstahl	St	–	1.467	**1.595**	2.057	–
	LB 014, Pos. 59, Seite 279		–	1.233	**1.340**	1.729	–
42	Aufmerksamkeitsfeld, 600/600, Noppen, Kunststoff	St	–	320	**359**	464	–
	LB 014, Pos. 60, Seite 279		–	269	**302**	390	–
43	Aufmerksamkeitsfeld, 900/900, Noppen, Kunststoff	St	–	587	**675**	850	–
	LB 014, Pos. 61, Seite 279		–	493	**567**	714	–
44	Verbundabdichtung, Wand	m^2	14	21	**24**	29	40
	LB 024, Pos. 5, Seite 439		12	18	**21**	24	34
45	Verbundabdichtung, Boden	m^2	12	20	**24**	28	37
	LB 024, Pos. 6, Seite 440		10	17	**20**	23	31
46	Verbundabdichtung, Kunststoffbahn, Boden	m^2	18	21	**24**	26	30
	LB 024, Pos. 7, Seite 440		15	17	**20**	22	25
47	Verbundabdichtung, Kunststoffbahn, Wand	m^2	19	24	**26**	29	32
	LB 024, Pos. 8, Seite 440		16	20	**22**	24	27
48	Wandfliesen, 25x20	m^2	69	80	**88**	101	117
	LB 024, Pos. 27, Seite 445		58	67	**74**	85	99

Kosten:
Stand 1. Quartal 2025
Bundesdurchschnitt

Barrierefreies Bauen — Preise €

Nr.	Positionen	Einheit	▶	▷	ø brutto € / ø netto €	◁	◀
49	Bodenfliesen, 10x10	m²	81	119	**137**	153	185
	LB 024, Pos. 35, Seite 447		68	100	**115**	128	156
50	Bodenfliesen, 15x15	m²	78	103	**116**	133	172
	LB 024, Pos. 36, Seite 447		66	86	**97**	111	145
51	Bodenfliesen, 20x20	m²	75	97	**107**	119	147
	LB 024, Pos. 37, Seite 447		63	81	**90**	100	123
52	Bodenfliesen, 30x30	m²	69	92	**100**	112	140
	LB 024, Pos. 38, Seite 448		58	77	**84**	94	118
53	Bodenfliesen, 40x40	m²	66	85	**92**	106	118
	LB 024, Pos. 39, Seite 448		56	72	**77**	89	99
54	Bodenfliesen, 30x60	m²	77	93	**99**	116	125
	LB 024, Pos. 40, Seite 448		65	78	**83**	97	105
55	Bodenfliesen, 60x60	m²	92	133	**154**	165	227
	LB 024, Pos. 41, Seite 449		77	112	**130**	138	191
56	Bodenfliesen, 20x20, strukturiert	m²	92	105	**119**	139	148
	LB 024, Pos. 42, Seite 449		77	88	**100**	116	125
57	Bodenfliesen, 30x30, strukturiert	m²	96	109	**121**	140	154
	LB 024, Pos. 43, Seite 449		80	92	**102**	118	129
58	Bodenfliesen, 30x30, R11	m²	103	119	**128**	133	144
	LB 024, Pos. 44, Seite 450		87	100	**108**	112	121
59	Bodenfliesen, Großküche, 20x20, R12	m²	78	94	**107**	121	133
	LB 024, Pos. 45, Seite 450		66	79	**90**	102	112
60	Bodenfliesen, Großküche, 30x30, R12	m²	110	138	**145**	161	188
	LB 024, Pos. 46, Seite 450		93	116	**122**	135	158
61	Treppenbelag, Tritt- und Setzstufe	m	150	181	**187**	198	221
	LB 024, Pos. 47, Seite 451		126	152	**157**	166	186
62	Bodenfliesen, Bla-Feinsteinzeug, bis 20x20	m²	75	93	**101**	118	147
	LB 024, Pos. 49, Seite 451		63	78	**85**	99	123
63	Begleitstreifen, Kontraststreifen, Steinzeug, innen	m	–	87	**98**	124	–
	LB 024, Pos. 53, Seite 453		–	73	**82**	105	–
64	Aufmerksamkeitsfeld, Noppenfliesen, Steinzeug, innen	St	–	294	**338**	423	–
	LB 024, Pos. 54, Seite 453		–	247	**284**	355	–
65	Leitsystem, Rippenfliesen, Steinzeug, innen	m	–	108	**125**	159	–
	LB 024, Pos. 55, Seite 453		–	91	**105**	134	–
66	Türblatt, einflüglig, Röhrenspan, HPL, 1.000x2.000/2.125	St	274	391	**612**	628	883
	LB 027, Pos. 3, Seite 511		230	328	**515**	528	742
67	Innentür, rauchdicht, S200-C5, einflüglig, 1.000x2.000/2.125	St	1.048	1.405	**1.517**	1.712	3.001
	LB 027, Pos. 5, Seite 512		881	1.181	**1.275**	1.439	2.522
68	Innentür, EI2 30-SaC5, einflüglig 1.000x2.000/2.125	St	1.828	2.784	**3.006**	3.565	5.131
	LB 027, Pos. 8, Seite 513		1.536	2.340	**2.526**	2.995	4.312
69	Innentür, Röhrenspan, einflüglig, 1.000x2.000/2.125	St	579	872	**982**	1.236	1.696
	LB 027, Pos. 11, Seite 514		487	733	**825**	1.038	1.425
70	Innentür, zweiflüglig, Röhrenspan	St	1.888	2.659	**2.971**	3.464	4.534
	LB 027, Pos. 12, Seite 515		1.587	2.234	**2.497**	2.911	3.810
71	Türblatt, einflüglig, Vollspan, 1.000x2.000/2.125	St	371	569	**705**	914	1.171
	LB 027, Pos. 15, Seite 516		312	478	**592**	768	984

▶ min
▷ von
ø Mittel
◁ bis
◀ max

Nr.	Positionen	Einheit	▶	▷	ø brutto € / ø netto €	◁	◀
72	Türblatt, Vollspan, zweiflüglig	St	1.185	1.498	**1.690**	1.708	2.264
	LB 027, Pos. 16, Seite 516		996	1.259	**1.420**	1.435	1.903
73	Stahleckzarge, innen, 1.000x2.000/2.125	St	195	230	**258**	294	322
	LB 027, Pos. 21, Seite 519		164	193	**216**	247	271
74	Stahl-Umfassungszarge, innen, 1.000x2.000/2.125	St	278	396	**444**	489	598
	LB 027, Pos. 23, Seite 520		233	333	**373**	411	503
75	Holz-Umfassungszarge, innen, 1.000x2.000/2.125	St	459	520	**570**	584	644
	LB 027, Pos. 25, Seite 520		386	437	**479**	490	541
76	Handlauf-Profil, Holz	m	46	78	**87**	109	154
	LB 027, Pos. 59, Seite 533		39	66	**73**	92	129
77	Geländer, gerade, Rundstabholz	m	322	512	**564**	663	899
	LB 027, Pos. 60, Seite 533		271	430	**474**	557	755
78	Drückergarnitur, Wohnungstür, Metall	St	189	270	**297**	330	410
	LB 029, Pos. 3, Seite 552		159	227	**250**	277	344
79	Drückergarnitur, Wohnungstür, Stahl-Nylon	St	46	75	**90**	109	153
	LB 029, Pos. 4, Seite 553		38	63	**75**	92	129
80	Drückergarnitur, Objekttür, Aluminium	St	74	108	**129**	151	196
	LB 029, Pos. 5, Seite 553		62	91	**108**	127	164
81	Drückergarnitur, niro	St	123	243	**290**	365	518
	LB 029, Pos. 6, Seite 554		104	204	**243**	307	435
82	Drückergarnitur, Objekttür, niro, barrierefrei	St	–	488	**548**	674	–
	LB 029, Pos. 7, Seite 554		–	410	**460**	566	–
83	Drückergarnitur, Objekttür, niro, Ellenbogenbetätigung	St	–	525	**604**	730	–
	LB 029, Pos. 8, Seite 555		–	441	**507**	614	–
84	Bad-/WC-Garnitur, Objektbereich, Aluminium	St	45	87	**106**	126	166
	LB 029, Pos. 9, Seite 555		38	73	**89**	106	140
85	Bad-/WC-Garnitur, Objektbereich, Edelstahl	St	73	192	**210**	248	356
	LB 029, Pos. 10, Seite 556		61	161	**176**	208	299
86	Stoßgriff, Tür, Aluminium	St	181	385	**485**	694	1.042
	LB 029, Pos. 11, Seite 556		152	323	**407**	583	876
87	Obentürschließer, einflüglige Tür	St	306	432	**467**	607	965
	LB 029, Pos. 12, Seite 556		257	363	**393**	510	811
88	Obentürschließer, zweiflüglige Tür	St	622	963	**1.172**	1.425	1.909
	LB 029, Pos. 13, Seite 557		523	809	**985**	1.197	1.604
89	Obentürschließer Innentür ohne Anforderung	St	240	283	**286**	328	388
	LB 029, Pos. 15, Seite 557		202	237	**241**	276	326
90	Türantrieb, kraftbetätigte Tür, einflüglig	St	3.969	5.753	**6.535**	7.610	9.709
	LB 029, Pos. 16, Seite 557		3.335	4.835	**5.492**	6.395	8.159
91	Türantrieb, kraftbetätigte Tür, zweiflüglig	St	4.121	7.149	**8.407**	9.899	12.888
	LB 029, Pos. 17, Seite 558		3.463	6.008	**7.065**	8.318	10.831
92	Elektrischer Türantrieb	St	3.844	4.581	**5.266**	5.792	6.740
	LB 029, Pos. 18, Seite 558		3.230	3.850	**4.425**	4.867	5.664
93	Sensorleiste, Türblatt	St	703	948	**1.038**	1.189	1.544
	LB 029, Pos. 19, Seite 558		591	797	**872**	999	1.297
94	Fingerschutz, Türkante	St	127	238	**284**	347	462
	LB 029, Pos. 20, Seite 559		107	200	**239**	292	388
95	Türöffner elektrisch	St	120	218	**242**	331	610
	LB 029, Pos. 21, Seite 559		101	183	**203**	278	513

Kosten:
Stand 1. Quartal 2025
Bundesdurchschnitt

Nr.	Positionen	Einheit	▶	▷	ø brutto € / ø netto €	◁	◀
96	Fluchttürsicherung, elektrische Verriegelung	St	1.167	1.551	**1.787**	2.065	2.435
	LB 029, Pos. 22, Seite 559		981	1.303	**1.502**	1.735	2.046
97	Türspion, Aluminium	St	18	38	**45**	73	108
	LB 029, Pos. 25, Seite 561		15	32	**38**	62	90
98	Absenkdichtung, Tür	St	90	168	**197**	298	453
	LB 029, Pos. 38, Seite 563		76	141	**165**	250	381
99	WC-Schild, taktil, Kunststoff	St	–	64	**74**	93	–
	LB 029, Pos. 40, Seite 564		–	54	**62**	78	–
100	WC-Schild, taktil, Aluminium	St	–	87	**98**	123	–
	LB 029, Pos. 41, Seite 564		–	73	**82**	103	–
101	Handlaufbeschriftung, taktil, Alu, 36,5/43, Blinden-/Profilschrift	St	–	68	**79**	97	–
	LB 029, Pos. 42, Seite 564		–	57	**66**	82	–
102	Handlaufbeschriftung, taktil, Alu, 36,5/173, Blinden-/Profilschrift	St	–	116	**133**	168	–
	LB 029, Pos. 43, Seite 565		–	97	**112**	141	–
103	Handlauf, Stahl, außen, verzinkt, Rundrohr: 33,7	m	54	70	**74**	82	96
	LB 031, Pos. 1, Seite 578		45	59	**62**	69	81
104	Handlauf, Stahl, außen, verzinkt, Rundrohr: 42,4	m	68	94	**102**	117	140
	LB 031, Pos. 2, Seite 579		57	79	**86**	98	118
105	Handlauf, nichtrostend, Rundrohr 33,7	m	65	115	**159**	176	235
	LB 031, Pos. 3, Seite 579		55	96	**134**	148	197
106	Handlauf, nichtrostend, Rundrohr 42,4	m	76	141	**168**	184	230
	LB 031, Pos. 4, Seite 579		64	118	**141**	155	193
107	Handlauf, nichtrostend, Rundrohr 48,3	m	107	154	**193**	250	320
	LB 031, Pos. 5, Seite 579		90	130	**162**	210	269
108	Handlauf, Stahl, gebogen	m	166	203	**225**	254	286
	LB 031, Pos. 6, Seite 579		140	170	**189**	213	240
109	Handlauf, Holz, rund	m	54	111	**130**	145	200
	LB 031, Pos. 7, Seite 579		45	93	**109**	122	168
110	Handlaufhalter, Stahl, Wand	St	53	82	**101**	125	161
	LB 031, Pos. 8, Seite 580		44	69	**85**	105	135
111	Handlauf, Enden	St	21	35	**39**	40	55
	LB 031, Pos. 9, Seite 580		17	29	**32**	33	46
112	Handlauf, Bogenstück	St	36	66	**81**	82	109
	LB 031, Pos. 10, Seite 580		30	55	**68**	69	91
113	Handlauf, Ecken/Gehrungen	St	34	57	**69**	72	82
	LB 031, Pos. 11, Seite 580		29	48	**58**	60	69
114	Brüstungs-/Treppengeländer, Flachstahlfüllung	m	391	544	**618**	704	923
	LB 031, Pos. 14, Seite 581		329	457	**519**	592	775
115	Brüstungs-/Treppengeländer, Lochblechfüllung	m	362	448	**496**	547	650
	LB 031, Pos. 15, Seite 582		304	376	**417**	460	546
116	Bodenablauf, bodengleiche Dusche	St	552	606	**674**	808	930
	LB 044, Pos. 56, Seite 803		464	510	**566**	679	781
117	Bodenablauf, Rinne, bodengleiche Dusche	St	682	728	**909**	1.091	1.255
	LB 044, Pos. 57, Seite 804		573	611	**764**	917	1.055
118	Waschtisch, Keramik 550x450	St	181	278	**330**	379	492
	LB 045, Pos. 2, Seite 808		152	234	**278**	318	413

▶ min
▷ von
ø Mittel
◁ bis
◀ max

Nr.	Positionen	Einheit	►	▷	ø brutto € / ø netto €	◁	◄
119	Waschtisch, Keramik 600x500	St	213	345	**419**	503	679
	LB 045, Pos. 3, Seite 808		179	290	**352**	423	571
120	Waschbecken, barrierefrei	St	356	403	**474**	640	877
	LB 045, Pos. 4, Seite 809		299	339	**399**	538	737
121	Raumsparsiphon, Waschtisch, unterfahrbar	St	87	97	**111**	133	167
	LB 045, Pos. 5, Seite 809		73	81	**93**	112	140
122	UP-Siphon, Waschtisch	St	38	54	**58**	70	100
	LB 045, Pos. 6, Seite 809		32	45	**48**	59	84
123	Spiegel, hochkant, für Waschtisch	St	110	125	**147**	191	235
	LB 045, Pos. 9, Seite 809		93	105	**124**	161	198
124	Einhandmischer, Badewanne	St	91	285	**400**	608	830
	LB 045, Pos. 11, Seite 810		76	240	**336**	511	698
125	Thermostatarmatur, Badewanne	St	476	635	**794**	1.072	1.548
	LB 045, Pos. 12, Seite 810		400	534	**667**	901	1.301
126	WC, barrierefrei	St	535	700	**778**	862	1.272
	LB 045, Pos. 14, Seite 810		449	588	**654**	724	1.069
127	Notruf, barrierefreies WC	St	627	880	**1.057**	1.238	1.481
	LB 045, Pos. 16, Seite 811		527	740	**889**	1.040	1.245
128	Einhebelmischarmatur, Dusche	St	288	550	**655**	728	922
	LB 045, Pos. 24, Seite 812		242	462	**551**	612	775
129	Einhandmischer, Spültisch	St	55	277	**368**	511	784
	LB 045, Pos. 33, Seite 814		46	233	**310**	429	659
130	Installationselement, barrierefreies WC, mit Stützgriffen	St	693	853	**1.066**	1.279	1.492
	LB 045, Pos. 35, Seite 815		582	717	**896**	1.075	1.254
131	Installationselement, Hygiene-Spül-WC, mit Stützgriffen	St	972	1.196	**1.495**	1.795	2.094
	LB 045, Pos. 36, Seite 815		817	1.005	**1.257**	1.508	1.759
132	Installationselement, Hygiene-Spül-WC	St	384	466	**549**	659	757
	LB 045, Pos. 37, Seite 815		323	392	**461**	553	636
133	Installationselement, barrierefreier Waschtisch, mit Stützgriffen	St	494	614	**706**	847	967
	LB 045, Pos. 39, Seite 816		415	516	**593**	712	812
134	Installationselement, barrierefreier Waschtisch, höhenverstellbar	St	338	383	**451**	532	609
	LB 045, Pos. 40, Seite 816		284	322	**379**	447	511
135	Installationselement, Stützgriff	St	229	300	**353**	423	483
	LB 045, Pos. 41, Seite 816		193	252	**296**	356	406
136	Unterkonstruktion Stützgriff/Sitz	St	102	133	**157**	188	215
	LB 045, Pos. 42, Seite 816		86	112	**132**	158	181
137	Haltegriff, Edelstahl, 600mm	St	108	155	**167**	214	274
	LB 045, Pos. 43, Seite 817		91	130	**140**	180	231
138	Haltegriff, Kunststoff, 300mm	St	112	161	**196**	233	323
	LB 045, Pos. 44, Seite 817		94	135	**165**	196	272
139	Duschhandlauf, Edelstahl, 600mm	St	401	576	**649**	737	957
	LB 045, Pos. 45, Seite 817		337	484	**545**	619	804
140	Duschsitz, klappbar	St	439	531	**571**	573	664
	LB 045, Pos. 46, Seite 817		369	446	**480**	481	558
141	WC-Rückenstütze	St	349	450	**510**	532	613
	LB 045, Pos. 47, Seite 817		294	379	**429**	447	515

Kosten:
Stand 1. Quartal 2025
Bundesdurchschnitt

► min
▷ von
ø Mittel
◁ bis
◀ max

Barrierefreies Bauen							Preise €
Nr.	**Positionen**	**Einheit**	►	▷	**ø brutto €** ø netto €	◁	◀
142	Stützgriff, fest, WC	St	480	564	**706**	847	953
	LB 045, Pos. 48, Seite 818		403	474	**593**	712	800
143	Stützgriff, fest, WC mit Spülauslösung	St	723	811	**882**	970	1.102
	LB 045, Pos. 49, Seite 818		608	682	**741**	815	926
144	Stützgriff, klappbar, WC	St	552	679	**849**	1.018	1.163
	LB 045, Pos. 50, Seite 818		464	571	**713**	856	977
145	Stützgriff, fest, Waschtisch	St	389	478	**598**	717	819
	LB 045, Pos. 51, Seite 818		327	402	**502**	603	688
146	Stützgriff, klappbar, Waschtisch	St	553	630	**692**	754	830
	LB 045, Pos. 52, Seite 819		465	529	**581**	634	698
147	Notruf, für Barrierefreies WC	St	627	880	**1.057**	1.238	1.481
	LB 063, Pos. 4, Seite 863		527	740	**889**	1.040	1.245
148	Personenaufzug/Lastenaufzug bis 630kg, barrierefrei, Typ 2	St	59.026	69.133	**73.384**	79.427	89.978
	LB 069, Pos. 2, Seite 870		49.601	58.095	**61.667**	66.745	75.612
149	Personenaufzug/Lastenaufzug bis 1.275kg, barrierefrei, Typ 3	St	73.848	96.054	**110.801**	128.943	157.939
	LB 069, Pos. 3, Seite 871		62.057	80.717	**93.110**	108.355	132.722
150	Sitzlift, Treppe innen, gerade	St	5.858	6.517	**11.926**	16.199	16.846
	LB 069, Pos. 6, Seite 874		4.923	5.476	**10.022**	13.613	14.156
151	Sitzlift, Treppe innen, gewendelt	St	11.540	13.494	**19.864**	26.511	29.919
	LB 069, Pos. 7, Seite 874		9.698	11.340	**16.693**	22.278	25.142
152	Plattformlift, Treppe innen, gerade	St	14.698	15.805	**19.727**	28.574	30.311
	LB 069, Pos. 8, Seite 874		12.351	13.282	**16.577**	24.012	25.471
153	Plattformlift, Treppe innen, gewendelt	St	22.316	23.992	**32.702**	37.755	38.996
	LB 069, Pos. 9, Seite 875		18.753	20.161	**27.481**	31.727	32.769
154	Plattformlift, Treppe außen, gerade	St	21.166	21.807	**26.587**	29.658	31.358
	LB 069, Pos. 10, Seite 875		17.786	18.325	**22.342**	24.923	26.351
155	Plattformaufzug, bis 2 Etagen, barrierefrei, verglast, außen	St	41.144	41.202	**58.534**	70.684	73.471
	LB 069, Pos. 11, Seite 875		34.574	34.624	**49.189**	59.399	61.741
156	Plattformaufzug, bis 5 Etagen, barrierefrei, verglast, außen	St	103.655	105.050	**114.827**	123.599	126.200
	LB 069, Pos. 12, Seite 875		87.105	88.278	**96.493**	103.865	106.051
157	Hublift, Förderplattform, 1,5m	St	14.171	15.288	**18.100**	26.460	27.146
	LB 069, Pos. 14, Seite 876		11.908	12.847	**15.210**	22.235	22.811
158	Hublift, Förderplattform, 3,0m	St	23.245	23.912	**29.400**	32.339	33.133
	LB 069, Pos. 15, Seite 876		19.534	20.094	**24.705**	27.176	27.843
159	Plattenbelag, Granit, 60x60	m^2	104	126	**132**	142	163
	LB 080, Pos. 58, Seite 981		87	106	**111**	119	137
160	Plattenbelag, Basalt, 60x60	m^2	184	223	**270**	293	298
	LB 080, Pos. 59, Seite 981		155	188	**227**	246	251
161	Plattenbelag, Travertin, 60x60	m^2	158	174	**189**	199	242
	LB 080, Pos. 60, Seite 982		133	146	**159**	167	203
162	Plattenbelag, Sandstein, 60x60	m^2	165	192	**206**	218	236
	LB 080, Pos. 61, Seite 982		139	161	**173**	183	199
163	Pflasterdecke, Betonpflaster	m^2	41	47	**50**	54	61
	LB 080, Pos. 62, Seite 983		35	40	**42**	45	52
164	Betonplattenbelag, 40x40	m^2	50	71	**79**	88	105
	LB 080, Pos. 63, Seite 983		42	60	**66**	74	88

Nr.	Positionen	Einheit	►	▷	ø brutto € / ø netto €	◁	◄
165	Rippenplatte, 30x30x8, Rippenabstand 50x6, o. Fase, anthrazit	m²	131	177	**192**	221	233
	LB 080, Pos. 78, Seite 987		110	149	**162**	186	196
166	Rippenplatte, 20x10x8, mit Fase, anthrazit	m	111	150	**161**	187	198
	LB 080, Pos. 79, Seite 987		93	126	**136**	157	167
167	Noppenplatte, 30x30x8, 32 Noppen, mit Fase, Kegel, anthrazit	m²	128	175	**186**	221	229
	LB 080, Pos. 80, Seite 987		108	147	**156**	186	192
168	Noppenplatte, 20x10x8, 8 Noppen, mit Fase, Kegel, weiß	m²	99	127	**138**	156	256
	LB 080, Pos. 81, Seite 988		84	107	**116**	131	215
169	Leitstreifen, Betonsteinpflaster	m	–	488	**567**	670	–
	LB 080, Pos. 82, Seite 988		–	410	**477**	563	–
170	Blockstufe, Kontraststreifen Beton, 20x40x120	m	240	255	**265**	274	301
	LB 080, Pos. 88, Seite 990		201	214	**223**	231	253
171	Blockstufe, Kontraststreifen PVC, 20x40x120	m	–	212	**226**	260	–
	LB 080, Pos. 89, Seite 990		–	178	**190**	218	–
172	Winkelstufe, Kontraststreifen Beton, 20x36x120	m	158	210	**225**	257	279
	LB 080, Pos. 92, Seite 991		133	176	**189**	216	235
173	Winkelstufe, Kontraststreifen PVC, 20x36x120	m	148	185	**194**	216	237
	LB 080, Pos. 93, Seite 991		124	155	**163**	181	199
174	Legestufe, Kontraststreifen Beton, 8x40x120	m	176	230	**247**	277	307
	LB 080, Pos. 94, Seite 991		148	193	**208**	233	258
175	Legestufe, Kontraststreifen PVC, 8x40x120	m	155	202	**215**	243	267
	LB 080, Pos. 95, Seite 992		130	170	**181**	204	224
176	L-Stufe, Kontraststreifen Beton,15x38x80	m	146	183	**195**	221	240
	LB 080, Pos. 96, Seite 992		123	154	**164**	185	202

F

Brandschutz

Kosten:
Stand 1. Quartal 2025
Bundesdurchschnitt

▶ min
▷ von
ø Mittel
◁ bis
◀ max

Brandschutz **Preise €**

Nr.	Positionen	Einheit	▶	▷	ø brutto € / ø netto €	◁	◀
1	Deckenanschluss gleitend, mit Brandschutz	m	37	61	**63**	69	87
	LB 012, Pos. 60, Seite 210		31	51	**53**	58	73
2	Brandschutzbeschichtung, R30, Stahlbauteile	m^2	78	104	**110**	116	136
	LB 017, Pos. 16, Seite 323		65	87	**92**	97	115
3	Brandschutzbeschichtung, Stahlbauteile, Decklack	m^2	17	35	**38**	53	71
	LB 017, Pos. 17, Seite 324		14	30	**32**	44	60
4	Dachfenster/Dachausstieg	St	517	802	**822**	1.002	1.363
	LB 020, Pos. 75, Seite 363		434	674	**691**	842	1.146
5	Sicherheitsdachhaken, verzinkt	St	18	24	**28**	32	40
	LB 022, Pos. 84, Seite 412		15	20	**23**	26	34
6	Sicherheitstritt, Standgitter	St	90	121	**135**	143	165
	LB 022, Pos. 85, Seite 412		75	102	**113**	120	139
7	WDVS, Brandbarriere, 200mm	m	9	14	**17**	22	34
	LB 023, Pos. 47, Seite 427		7	12	**14**	18	28
8	Innentür, rauchdicht, S200-C5, einflüglig, 875x2.000/2.125	St	550	890	**1.010**	1.308	1.732
	LB 027, Pos. 4, Seite 512		462	748	**849**	1.099	1.455
9	Innentür, rauchdicht, S200-C5, einflüglig, 1.000x2.000/2.125	St	1.048	1.405	**1.517**	1.712	3.001
	LB 027, Pos. 5, Seite 512		881	1.181	**1.275**	1.439	2.522
10	Innentür, EI2 30-SaC5, einflüglig, 750x2.000/2.125	St	1.330	1.973	**2.176**	2.412	4.270
	LB 027, Pos. 6, Seite 513		1.118	1.658	**1.828**	2.027	3.588
11	Innentür, EI2 30-SaC5, einflüglig, 875x2.000/2.125	St	1.441	2.198	**2.431**	3.222	4.818
	LB 027, Pos. 7, Seite 513		1.211	1.847	**2.043**	2.707	4.049
12	Innentür, EI2 30-SaC5, einflüglig 1.000x2.000/2.125	St	1.828	2.784	**3.006**	3.565	5.131
	LB 027, Pos. 8, Seite 513		1.536	2.340	**2.526**	2.995	4.312
13	Fluchttürsicherung, elektrische Verriegelung	St	1.167	1.551	**1.787**	2.065	2.435
	LB 029, Pos. 22, Seite 559		981	1.303	**1.502**	1.735	2.046
14	Stahltür, Rauchschutz, 875x2.000/2.125	St	1.680	2.035	**2.731**	3.383	3.659
	LB 031, Pos. 23, Seite 588		1.412	1.710	**2.295**	2.843	3.075
15	Stahltür, Rauchschutz, 1.000x2.000/2.125	St	1.898	2.441	**3.228**	3.391	3.784
	LB 031, Pos. 24, Seite 588		1.595	2.052	**2.713**	2.850	3.180
16	Stahltür, Rauchschutz, 1.250x2.000/2.125	St	2.629	3.433	**4.088**	4.661	5.465
	LB 031, Pos. 25, Seite 588		2.209	2.885	**3.435**	3.916	4.592
17	Stahltür, Rauchschutz, zweiflügelig	St	6.606	8.319	**9.175**	11.378	14.933
	LB 031, Pos. 26, Seite 589		5.551	6.990	**7.710**	9.562	12.548
18	Stahltür, Brandschutz, EI2 30, 875x2.125	St	1.019	1.392	**1.562**	1.958	2.555
	LB 031, Pos. 27, Seite 591		857	1.169	**1.313**	1.645	2.147
19	Stahltür, Brandschutz, EI2 30, 1.000x2.125	St	1.235	1.594	**1.755**	2.054	2.632
	LB 031, Pos. 28, Seite 592		1.038	1.339	**1.475**	1.726	2.212
20	Stahltür, Brandschutz, EI2 30, 1.250x2.125	St	1.742	2.411	**2.619**	3.368	4.831
	LB 031, Pos. 29, Seite 592		1.464	2.026	**2.201**	2.830	4.060
21	Stahltür, Brandschutz, EI2 90, 875x/2.125	St	–	2.174	**2.580**	2.995	–
	LB 031, Pos. 30, Seite 593		–	1.827	**2.168**	2.517	–
22	Stahltür, Brandschutz, EI2 90, 1.000x2.125	St	2.296	3.093	**4.064**	4.623	4.909
	LB 031, Pos. 31, Seite 594		1.930	2.599	**3.415**	3.885	4.126
23	Stahltür, Brandschutz, EI2 90, zweiflüglig	St	5.173	6.410	**6.903**	7.263	8.113
	LB 031, Pos. 32, Seite 594		4.347	5.387	**5.801**	6.104	6.818

Nr.	Positionen	Einheit	►	▷	ø brutto € / ø netto €	◁	◄
24	Stahltür, Brandschutz, EI2 30, zweiflüglig	St	2.742	4.046	**4.622**	5.116	6.691
	LB 031, Pos. 33, Seite 595		2.304	3.400	**3.884**	4.299	5.622
25	Rohrrahmentür, Glasfüllung, EI2 30-S200C5, zweiflüglig, mehrteilig	St	8.378	13.034	**14.716**	16.693	20.548
	LB 031, Pos. 34, Seite 597		7.040	10.953	**12.366**	14.028	17.267
26	Brandschutzverglasung, Innenwände	m²	270	595	**640**	691	909
	LB 032, Pos. 18, Seite 617		227	500	**538**	580	764
27	Brandschutzglas, EI30 Fenster	m²	606	621	**696**	776	978
	LB 032, Pos. 19, Seite 617		509	522	**585**	652	822
28	Brandschutzbeschichtung, R30, Stahlbauteile	m²	35	85	**102**	124	174
	LB 034, Pos. 51, Seite 641		29	72	**85**	104	146
29	Decklack, Brandschutzbeschichtungen, Stahlteile	m²	15	18	**20**	27	34
	LB 034, Pos. 52, Seite 641		13	15	**17**	23	28
30	Brandschutzbeschichtung Rund-/Profilstahl	m	34	62	**67**	76	95
	LB 034, Pos. 53, Seite 642		29	52	**57**	63	80
31	Fassadendämmung, Brandbarriere	m²	33	37	**40**	47	54
	LB 038, Pos. 8, Seite 677		28	32	**34**	40	46
32	Unterdecke, abgehängt, F90A/EI90, selbsttragend	m²	129	181	**207**	248	339
	LB 039, Pos. 10, Seite 695		108	152	**174**	208	285
33	Montagewand, Holz-UK, 110mm, Gipsplatten, zweilagig, MW 40mm, EI30	m²	108	118	**123**	134	157
	LB 039, Pos. 22, Seite 698		90	99	**103**	113	132
34	Montagewand, Metall-UK, 150mm, Gipsplatten zweilagig, MW 40mm, EI30	m²	81	109	**117**	133	168
	LB 039, Pos. 24, Seite 699		68	92	**98**	112	142
35	Montagewand, Metall-UK, 100mm, Gipsplatten DF zweilagig, MW 50mm, EI90	m²	88	115	**127**	146	189
	LB 039, Pos. 25, Seite 699		74	97	**107**	123	159
36	Montagewand, Gipsplatten, Brandwand, 100mm	m²	–	234	**279**	320	–
	LB 039, Pos. 26, Seite 700		–	196	**234**	269	–
37	Revisionsöffnung/-klappe, eckig, Brandschutz EI90	St	355	523	**577**	668	862
	LB 039, Pos. 43, Seite 704		299	440	**485**	561	725
38	Schachtwand, Gipsplatten, EI 90	m²	75	96	**106**	134	182
	LB 039, Pos. 50, Seite 707		63	81	**89**	112	153
39	Gipsplatten-Bekleidung, EI90, einseitig, auf UK	m²	76	126	**152**	166	237
	LB 039, Pos. 56, Seite 708		64	106	**128**	139	199
40	Löschwasserleitung, verzinktes Rohr, DN50	m	71	76	**78**	81	86
	LB 042, Pos. 24, Seite 786		59	63	**65**	68	72
41	Löschwasserleitung, verzinktes Rohr, DN100	m	110	116	**131**	140	143
	LB 042, Pos. 25, Seite 787		93	97	**110**	118	120
42	Brandschutzabschottung, R90, DN15	St	18	28	**32**	38	53
	LB 047, Pos. 11, Seite 828		15	23	**27**	32	44
43	Brandschutzabschottung, R90, DN20	St	47	53	**57**	58	64
	LB 047, Pos. 12, Seite 828		39	44	**48**	49	54
44	Brandschutzabschottung, R90, DN25	St	56	65	**66**	73	81
	LB 047, Pos. 13, Seite 829		47	55	**56**	61	68
45	Brandschutzabschottung, R90, DN32	St	62	74	**78**	88	104
	LB 047, Pos. 14, Seite 829		52	63	**66**	74	88

Kosten:
Stand 1.Quartal 2025
Bundesdurchschnitt

Brandschutz							Preise €
Nr.	**Positionen**	**Einheit**	►	▷	**ø brutto €** ø netto €	◁	◄
46	Brandschutzabschottung, R90, DN40	St	94	102	**108**	116	137
	LB 047, Pos. 15, Seite 829		79	85	**91**	98	116
47	Brandschutzabschottung, R90, DN50	St	96	125	**134**	160	189
	LB 047, Pos. 16, Seite 829		81	105	**113**	134	159
48	Brandschutzabschottung, R90, DN65	St	119	128	**138**	169	190
	LB 047, Pos. 17, Seite 830		100	108	**116**	142	160
49	Brandmeldezentrale, bis 4 Ringe-/Linien	St	2.172	3.440	**4.057**	4.867	6.887
	LB 063, Pos. 1, Seite 863		1.825	2.891	**3.410**	4.090	5.787
50	Brandmeldezentrale, ab 5 Ringe-/Linien	St	7.991	9.866	**10.937**	12.550	15.290
	LB 063, Pos. 2, Seite 863		6.715	8.291	**9.191**	10.547	12.849
51	Feuerwehr - Schlüsseldepot	St	1.878	2.337	**2.531**	3.058	4.016
	LB 063, Pos. 3, Seite 863		1.578	1.964	**2.127**	2.570	3.375
52	Rauchmelder, optisch	St	96	183	**202**	223	295
	LB 063, Pos. 5, Seite 864		81	154	**170**	188	248
53	Rauchmelder, Ionisations	St	346	388	**431**	472	518
	LB 063, Pos. 6, Seite 864		291	326	**362**	396	436
54	Rauchwarnmelder, optisch	St	35	68	**80**	96	136
	LB 063, Pos. 7, Seite 864		30	57	**67**	81	115
55	Rauchwarnmelder, Funkvernetzte	St	98	150	**176**	203	259
	LB 063, Pos. 8, Seite 864		83	126	**148**	170	217
56	Wärme-Differentialmelder	St	76	106	**120**	146	192
	LB 063, Pos. 9, Seite 865		64	89	**101**	123	161
57	Kombinierter Rauch-/Wärmemelder	St	154	208	**261**	275	314
	LB 063, Pos. 10, Seite 865		129	174	**220**	231	263
58	Handfeuermelder, Aufputz	St	98	135	**154**	177	235
	LB 063, Pos. 11, Seite 865		82	114	**129**	149	197
59	Signalgeber, akustisch	St	106	185	**217**	248	305
	LB 063, Pos. 12, Seite 865		89	155	**183**	209	256
60	Signalgeber, akustisch / optisch	St	275	343	**364**	406	498
	LB 063, Pos. 13, Seite 866		231	289	**306**	341	418
61	Signalgeber, optisch	St	173	193	**214**	235	259
	LB 063, Pos. 14, Seite 866		146	162	**180**	198	218
62	Anzeige-Tableau	St	815	904	**1.054**	1.102	1.307
	LB 063, Pos. 15, Seite 866		685	760	**885**	926	1.099
63	Feuerwehr-Bedienfeld	St	523	727	**810**	1.347	1.933
	LB 063, Pos. 16, Seite 866		440	611	**681**	1.132	1.624
64	Rauchauslöseeinrichtung, Aufputz	St	1.001	1.349	**1.532**	1.793	2.297
	LB 063, Pos. 18, Seite 867		842	1.133	**1.287**	1.507	1.930
65	Brandschutz Absperrvorrichtung, K90, DN100	St	236	297	**312**	345	404
	LB 075, Pos. 2, Seite 882		199	250	**262**	290	339
66	Brandschutzklappen, RLT, eckig	St	505	847	**976**	1.060	1.286
	LB 075, Pos. 28, Seite 888		424	712	**820**	891	1.081
67	Brandschutzklappen, RLT, rund, Küche	St	5.902	8.166	**10.213**	11.617	16.340
	LB 075, Pos. 29, Seite 889		4.960	6.862	**8.582**	9.762	13.731

► min
▷ von
ø Mittel
◁ bis
◄ max

Anhang

Regionalfaktoren

Regionalfaktoren Deutschland

Diese Faktoren geben Aufschluss darüber, inwieweit die Baukosten in einer bestimmten Region Deutschlands teurer oder günstiger liegen als im Bundesdurchschnitt. Sie können dazu verwendet werden, die BKI Baukosten an das besondere Baupreisniveau einer Region anzupassen.
Hinweis: Alle Angaben wurden durch Untersuchungen des BKI weitgehend verifiziert. Dennoch können Abweichungen zu den angegebenen Werten entstehen. In Grenznähe zu einem Land-/Stadtkreis mit anderen Baupreisfaktoren sollte dessen Baupreisniveau mit berücksichtigt werden, da die Übergänge zwischen den Land-/Stadtkreisen fließend sind. Die Besonderheiten des Einzelfalls können ebenfalls zu Abweichungen führen.
Für die größeren Inseln Deutschlands wurden separate Regionalfaktoren ermittelt. Dazu wurde der zugehörige Landkreis in Festland und Inseln unterteilt. Alle Inseln eines Landkreises erhalten durch dieses Verfahren den gleichen Regionalfaktor. Der Regionalfaktor des Festlandes erhält keine Inseln mehr und ist daher gegenüber früheren Ausgaben verringert.

Land- / Stadtkreis / Insel	**Bundeskorrekturfaktor**
Aachen, Städteregion	0,935
Ahrweiler	0,985
Aichach-Friedberg	1,085
Alb-Donau-Kreis	1,040
Altenburger Land	0,881
Altenkirchen (Westerwald)	1,009
Altmarkkreis Salzwedel	0,855
Altötting	1,009
Alzey-Worms	0,942
Amberg, Stadt	1,075
Amberg-Sulzbach	1,023
Ammerland	0,823
Amrum, Insel	1,278
Anhalt-Bitterfeld	0,833
Ansbach	1,080
Ansbach, Stadt	1,108
Aschaffenburg	1,103
Aschaffenburg, Stadt	1,047
Augsburg	1,049
Augsburg, Stadt	1,239
Aurich, Festlandanteil	0,732
Aurich, Inselanteil	1,201
Bad Dürkheim	1,005
Bad Kissingen	1,064
Bad Kreuznach	0,972
Bad Tölz-Wolfratshausen	1,225
Baden-Baden, Stadtkreis	1,039
Baltrum, Insel	1,201
Bamberg	1,078
Bamberg, Stadt	1,170
Barnim	0,859
Bautzen	0,889
Bayreuth	1,080
Bayreuth, Stadt	1,011
Berchtesgadener Land	1,100
Bergstraße	1,002
Berlin, Stadt	1,128
Bernkastel-Wittlich	1,070
Biberach	1,052
Bielefeld, Stadt	0,836
Birkenfeld	1,053
Bochum, Stadt	0,894
Bodenseekreis	0,969
Bonn, Stadt	0,918
Borken	0,918
Borkum, Insel	1,099
Bottrop, Stadt	0,826
Brandenburg an der Havel, Stadt	1,022
Braunschweig, Stadt	0,697
Breisgau-Hochschwarzwald	1,088
Bremen, Stadt	0,937
Bremerhaven, Stadt	0,914
Burgenlandkreis	0,894
Böblingen	1,127
Börde	0,867
Calw	1,030
Celle	0,876
Cham	0,872
Chemnitz, Stadt	0,850
Cloppenburg	0,759
Coburg	1,027
Coburg, Stadt	1,098
Cochem-Zell	1,035
Coesfeld	0,921
Cottbus, Stadt	0,971
Cuxhaven	0,773
Dachau	1,227
Dahme-Spreewald	0,930
Darmstadt, Stadt	1,025
Darmstadt-Dieburg	0,979
Deggendorf	1,004

Delmenhorst, Stadt 0,797
Dessau-Roßlau, Stadt 0,854
Diepholz 0,798
Dillingen a.d.Donau 1,058
Dingolfing-Landau 0,972
Dithmarschen 1,063
Donau-Ries 1,031
Donnersbergkreis 0,957
Dortmund, Stadt 0,770
Dresden, Stadt 0,940
Duisburg, Stadt 0,953
Düren 0,955
Düsseldorf, Stadt 0,940

Ebersberg 1,309
Eichsfeld 0,931
Eichstätt 1,056
Eifelkreis Bitburg-Prüm 1,002
Elbe-Elster 0,899
Emden, Stadt 0,670
Emmendingen 1,117
Emsland 0,819
Ennepe-Ruhr-Kreis 0,884
Enzkreis 1,044
Erding 1,132
Erfurt, Stadt 0,902
Erlangen, Stadt 1,137
Erlangen-Höchstadt 1,022
Erzgebirgskreis 0,912
Essen, Stadt 0,871
Esslingen 0,989
Euskirchen 0,889

Fehmarn, Insel 1,171
Flensburg, Stadt 0,797
Forchheim 1,124
Frankenthal (Pfalz), Stadt 0,881
Frankfurt (Oder), Stadt 0,907
Frankfurt am Main, Stadt 0,981
Freiburg im Breisgau, Stadtkreis 1,166
Freising 1,054
Freudenstadt 1,017
Freyung-Grafenau 1,018
Friesland, Festlandanteil 0,810
Friesland, Inselanteil 1,408
Fulda 1,017
Föhr, Insel 1,278
Fürstenfeldbruck 1,218
Fürth 1,045
Fürth, Stadt 1,053

Garmisch-Partenkirchen 1,212
Gelsenkirchen, Stadt 0,854
Gera, Stadt 0,938
Germersheim 1,021
Gießen 0,964
Gifhorn 0,834
Goslar 0,796
Gotha 0,880
Grafschaft Bentheim 0,817
Greiz 0,922
Groß-Gerau 1,015
Göppingen 1,009
Görlitz 0,893
Göttingen 0,902
Günzburg 1,042
Gütersloh 0,905

Hagen, Stadt 0,864
Halle (Saale), Stadt 0,729
Hamburg, Freie und Hansestadt 1,112
Hameln-Pyrmont 0,819
Hamm, Stadt 0,893
Hannover, Region 0,900
Harburg 0,951
Harz 0,816
Havelland 1,006
Haßberge 1,095
Heidekreis 0,881
Heidelberg, Stadtkreis 1,092
Heidenheim 1,001
Heilbronn 0,990
Heilbronn, Stadtkreis 0,990
Heinsberg 0,953
Helgoland, Insel 1,409
Helmstedt 0,854
Herford 0,863
Herne, Stadt 0,951
Hersfeld-Rotenburg 1,001
Herzogtum Lauenburg 0,952
Hiddensee, Insel 1,121
Hildburghausen 0,863
Hildesheim 0,820
Hochsauerlandkreis 0,922
Hochtaunuskreis 1,025
Hof 1,074
Hof, Stadt 1,101
Hohenlohekreis 1,030
Holzminden 0,782
Höxter 0,902

Ilm-Kreis 0,893
Ingolstadt, Stadt 1,109

Jena, Stadt 1,046
Jerichower Land 0,862
Juist, Insel 1,201

Kaiserslautern	0,933
Kaiserslautern, Stadt	0,973
Karlsruhe	0,961
Karlsruhe, Stadtkreis	1,102
Kassel	1,033
Kassel, Stadt	0,946
Kaufbeuren	1,114
Kelheim	1,019
Kempten (Allgäu)	1,112
Kiel, Stadt	1,161
Kitzingen	1,027
Kleve	0,914
Koblenz, Stadt	0,875
Konstanz	1,052
Krefeld, Stadt	0,841
Kronach	1,146
Kulmbach	1,096
Kusel	0,933
Kyffhäuserkreis	0,860
Köln, Stadt	0,917
Lahn-Dill-Kreis	1,023
Landau in der Pfalz, Stadt	0,984
Landsberg am Lech	1,108
Landshut	0,995
Landshut, Stadt	1,075
Langeoog, Insel	1,073
Leer, Festlandanteil	0,744
Leer, Inselanteil	1,099
Leipzig	0,978
Leipzig, Stadt	0,820
Leverkusen, Stadt	0,848
Lichtenfels	1,053
Limburg-Weilburg	0,961
Lindau (Bodensee)	1,090
Lippe	0,886
Ludwigsburg	1,088
Ludwigshafen am Rhein, Stadt	1,053
Ludwigslust-Parchim	0,925
Lörrach	1,022
Lübeck, Hansestadt	0,934
Lüchow-Dannenberg	0,867
Lüneburg	0,893
Magdeburg, Stadt	0,884
Main-Kinzig-Kreis	0,996
Main-Spessart	1,074
Main-Tauber-Kreis	1,015
Main-Taunus-Kreis	0,984
Mainz, Stadt	0,986
Mainz-Bingen	1,006
Mannheim, Stadtkreis	1,073
Mansfeld-Südharz	0,898
Marburg-Biedenkopf	0,985
Mayen-Koblenz	0,989
Mecklenburgische Seenplatte	0,915
Meißen	0,913
Memmingen	1,044
Merzig-Wadern	0,943
Mettmann	0,902
Miesbach	1,271
Miltenberg	1,128
Minden-Lübbecke	0,826
Mittelsachsen	0,925
Märkisch-Oderland	0,908
Märkischer Kreis	0,906
Mönchengladbach, Stadt	0,913
Mühldorf a.Inn	1,025
Mülheim an der Ruhr, Stadt	0,879
München	1,347
München, Stadt	1,502
Münster, Stadt	0,896
Neckar-Odenwald-Kreis	1,039
Neu-Ulm	1,083
Neuburg-Schrobenhausen	1,052
Neumarkt i.d.OPf.	0,961
Neumünster, Stadt	0,877
Neunkirchen	0,950
Neustadt a.d.Aisch-Bad Windsheim	1,088
Neustadt a.d.Waldnaab	1,026
Neustadt an der Weinstraße, Stadt	0,967
Neuwied	0,917
Nienburg (Weser)	0,777
Norderney, Insel	1,201
Nordfriesland, Festlandanteil	1,105
Nordfriesland, Inselanteil	1,278
Nordhausen	0,851
Nordsachsen	0,902
Nordwest-Mecklenburg, Inselanteil	1,219
Nordwestmecklenburg, Festlandanteil	0,964
Northeim	0,887
Nürnberg, Stadt	1,066
Nürnberger Land	1,120
Oberallgäu	1,070
Oberbergischer Kreis	0,869
Oberhausen, Stadt	0,871
Oberhavel	0,992
Oberspreewald-Lausitz	0,932
Odenwaldkreis	0,973
Oder-Spree	0,942
Offenbach	0,972
Offenbach am Main, Stadt	0,962
Oldenburg	0,849
Oldenburg (Oldb), Stadt	0,823
Olpe	0,986
Ortenaukreis	0,987

Osnabrück ... 0,855
Osnabrück, Stadt ... 0,799
Ostalbkreis ... 1,049
Ostallgäu ... 1,059
Osterholz ... 0,870
Ostholstein, Festlandanteil ... 0,919
Ostholstein, Inselanteil ... 1,171
Ostprignitz-Ruppin ... 0,917

Paderborn ... 0,910
Passau ... 0,948
Passau, Stadt ... 1,051
Peine ... 0,806
Pellworm, Insel ... 1,278
Pfaffenhofen a.d.Ilm ... 1,054
Pforzheim, Stadtkreis ... 1,008
Pinneberg, Festlandanteil ... 0,975
Pinneberg, Inselanteil ... 1,409
Pirmasens, Stadt ... 0,993
Plön ... 0,966
Poel, Insel ... 1,219
Potsdam, Stadt ... 1,063
Potsdam-Mittelmark ... 0,948
Prignitz ... 0,818

Rastatt ... 0,998
Ravensburg ... 1,004
Recklinghausen ... 0,854
Regen ... 0,937
Regensburg ... 1,005
Regensburg, Stadt ... 1,094
Rems-Murr-Kreis ... 1,048
Remscheid, Stadt ... 0,885
Rendsburg-Eckernförde ... 0,966
Reutlingen ... 1,018
Rhein-Erft-Kreis ... 0,905
Rhein-Hunsrück-Kreis ... 1,018
Rhein-Kreis Neuss ... 0,885
Rhein-Lahn-Kreis ... 1,048
Rhein-Neckar-Kreis ... 1,041
Rhein-Pfalz-Kreis ... 0,996
Rhein-Sieg-Kreis ... 0,970
Rheingau-Taunus-Kreis ... 1,050
Rheinisch-Bergischer Kreis ... 0,920
Rhön-Grabfeld ... 1,107
Rosenheim ... 1,229
Rosenheim, Stadt ... 1,199
Rostock ... 0,946
Rostock, Stadt ... 0,964
Rotenburg (Wümme) ... 0,763
Roth ... 1,116
Rottal-Inn ... 0,990
Rottweil ... 0,962
Rügen, Insel ... 1,121

Saale-Holzland-Kreis ... 0,872
Saale-Orla-Kreis ... 0,840
Saalekreis ... 0,866
Saalfeld-Rudolstadt ... 0,945
Saarbrücken, Regionalverband ... 0,951
Saarlouis ... 0,963
Saarpfalz-Kreis ... 0,976
Salzgitter, Stadt ... 0,809
Salzlandkreis ... 0,806
Schaumburg ... 0,781
Schleswig-Flensburg ... 0,882
Schmalkalden-Meiningen ... 0,983
Schwabach, Stadt ... 1,075
Schwalm-Eder-Kreis ... 0,984
Schwandorf ... 0,979
Schwarzwald-Baar-Kreis ... 0,936
Schweinfurt ... 1,119
Schweinfurt, Stadt ... 1,041
Schwerin, Stadt ... 1,100
Schwäbisch Hall ... 0,958
Segeberg ... 0,935
Siegen-Wittgenstein ... 0,932
Sigmaringen ... 1,012
Soest ... 0,873
Solingen, Stadt ... 0,889
Sonneberg ... 0,888
Speyer, Stadt ... 1,078
Spiekeroog, Insel ... 1,073
Spree-Neiße ... 0,735
St. Wendel ... 0,984
Stade ... 0,827
Starnberg ... 1,302
Steinburg ... 0,959
Steinfurt ... 0,879
Stendal ... 0,698
Stormarn ... 0,952
Straubing, Stadt ... 1,272
Straubing-Bogen ... 1,015
Stuttgart, Stadtkreis ... 1,108
Suhl, Stadt ... 0,826
Sylt, Insel ... 1,278
Sächsische Schweiz-Osterzgebirge ... 0,992
Sömmerda ... 0,912
Südliche Weinstraße ... 1,002
Südwestpfalz ... 0,999

Teltow-Fläming ... 0,936
Tirschenreuth ... 1,081
Traunstein ... 1,126
Trier, Stadt ... 1,101
Trier-Saarburg ... 1,106
Tuttlingen ... 1,018
Tübingen ... 1,064

Uckermark	0,922
Uelzen	0,844
Ulm, Stadtkreis	1,086
Unna	0,901
Unstrut-Hainich-Kreis	0,833
Unterallgäu	1,022
Usedom, Insel	1,061
Vechta	0,850
Verden	0,809
Viersen	0,930
Vogelsbergkreis	0,982
Vogtlandkreis	0,906
Vorpommern-Greifswald, Festlandanteil	0,999
Vorpommern-Greifswald, Inselanteil	1,061
Vorpommern-Rügen, Festlandanteil	0,932
Vorpommern-Rügen, Inselanteil	1,121
Vulkaneifel	0,974
Waldeck-Frankenberg	0,980
Waldshut	1,035
Wangerooge, Insel	1,408
Warendorf	0,898
Wartburgkreis	0,888
Weiden i.d.OPf., Stadt	1,052
Weilheim-Schongau	1,144
Weimar, Stadt	1,182
Weimarer Land	0,904
Weißenburg-Gunzenhausen	1,060
Werra-Meißner-Kreis	0,997
Wesel	0,938
Wesermarsch	0,830
Westerwaldkreis	1,010
Wetteraukreis	0,989
Wiesbaden, Stadt	0,968
Wilhelmshaven, Stadt	0,843
Wittenberg	0,773
Wittmund, Festlandanteil	0,763
Wittmund, Inselanteil	1,073
Wolfenbüttel	0,864
Wolfsburg, Stadt	0,851
Worms, Stadt	0,992
Wunsiedel i.Fichtelgebirge	1,077
Wuppertal, Stadt	0,847
Würzburg	1,127
Würzburg, Stadt	1,172
Zingst, Insel	1,121
Zollernalbkreis	1,013
Zweibrücken, Stadt	0,994
Zwickau	0,936

Regionalfaktoren Österreich

Bundesland	Korrekturfaktor
Burgenland	1,115
Kärnten	1,103
Niederösterreich	1,028
Oberösterreich	1,104
Salzburg	1,104
Steiermark	1,097
Tirol	1,019
Vorarlberg	1,069
Wien	1,095

Regionalfaktoren für den Europa-Raum

Land	Korrekturfaktor
Albanien	0,324
Belgien	0,640
Bosnien und Herzegowina	0,303
Bulgarien	0,415
Dänemark	0,848
Deutschland	1,000
Estland	0,511
Finnland	0,884
Frankreich	0,754
Griechenland	0,473
Irland	0,687
Island	0,833
Italien	0,571
Kroatien	0,341
Lettland	0,528
Litauen	0,476
Luxemburg	0,836
Malta	0,563
Mazedonien	0,336
Montenegro	0,370
Niederlande	0,810
Norwegen	0,889
Österreich	1,101
Polen	0,448
Portugal	0,458
Rumänien	0,367
Schweden	0,988
Schweiz	1,078
Serbien	0,383
Slowakei	0,497
Slowenien	0,452
Spanien	0,526
Tschechien	0,508
Türkei	0,320
Ungarn	0,442
Zypern	0,480

Anhang

Stichwortverzeichnis Positionen

A

B

C

D

E

F

Fußboden, Bretter, gespundet, gehobelt 312

G

H

I

J

K

L

P

Q

R

S

T

U

V

W

Z